Chemie in der Praxis

Gert Blumenthal, Dietmar Linke, Siegfried Vieth

Chemie

Grundwissen für Ingenieure

Chemie in der Praxis

Herausgegeben von

Prof. Dr. Erwin Müller-Erlwein, Technische Fachhochschule Berlin
Prof. Dr. Wolfram Trowitzsch-Kienast, Technische Fachhochschule Berlin
Prof. Dr. Hartmut Widdecke, Fachhochschule Braunschweig/Wolfenbüttel

Die Reihe *Chemie in der Praxis* richtet sich an Studierende in praxisorientierten Studiengängen besonders an Fachhochschulen, aber auch im universitären Bereich. Ihnen sollen Begleittexte angeboten werden für solche Studienrichtungen, in denen die Kenntnis von und der Umgang mit chemischen Produkten, Denk- und Verfahrensweisen einen wichtigen Bestandteil bilden.

Darüber hinaus wendet sich die Reihe aber auch an Ingenieure und andere Fachkräfte, denen in ihrem Berufsbild immer wieder „chemische" Frage- und Aufgabenstellungen unterschiedlichster Art begegnen. Ihnen bietet die Reihe Gelegenheit, fundamentales Chemie-Wissen sowohl aufzufrischen als auch neue und erweiterte Anwendungsmöglichkeiten kennen zu lernen.

Zielsetzung der Herausgeber bei der Zusammenstellung der einzelnen Titel ist, eine solide und angemessene Vermittlung von Basiswissen mit einem Höchstmaß an Aktualität in der Praxis zu verknüpfen. Hierzu wird bewusst auf eine umfangreiche Darstellung der theoretischen Grundlagen verzichtet, um statt dessen die für die Praxis relevanten Aspekte in einer verständlichen Weise darzulegen.

Gert Blumenthal, Dietmar Linke,
Siegfried Vieth

Chemie

Grundwissen für Ingenieure

Teubner

Bibliografische Information der Deutschen Bibliothek
Die Deutsche Bibliothek verzeichnet diese Publikation in der Deutschen Nationalbibliografie; detaillierte bibliografische Daten sind im Internet über <http://dnb.ddb.de> abrufbar.

Dr. rer. nat. habil. Gert Blumenthal
Geboren 1931 in Berlin. Studium der Chemie an der Humboldt-Universität zu Berlin (HUB). 1959 Diplom bei G. Rienäcker, 1966 Promotion bei E. Thilo, ab 1969 Dozent für Allgemeine Chemie. 1973-1990 Arbeitsgruppen-, Abteilungs- und Bereichsleiter am Zentralinstitut für anorganische Chemie der Akademie der Wissenschaften (ZIAC/AdW) der DDR, Berlin-Adlershof; dort 1987 Habilitation auf dem Gebiet der anorganischen Chlorchemie. 1992 Beendigung des Arbeitsverhältnisses infolge Auflösung der AdW. Ab 1994 Ruhestand. Derzeitiges Interessengebiet ist die Solartechnik und Solarchemie. (Kap. 16-34)

Prof. Dr. rer. nat. habil. Dietmar Linke
Geboren 1940 in Auscha (jetzt: Tschechische Republik). Studium der Chemie an der Friedrich-Schiller-Universität Jena. 1963 und 1968 Diplom und Promotion bei E. Uhlig, 1968-78 Oberassistent, 1978 Habilitation auf festkörper- und glaschemischem Gebiet, 1979 -1982 Hochschuldozent für Anorganische Chemie und Geschichte der Chemie an der HUB, Arbeitsaufenthalte an Akademie-Instituten in Leningrad und Moskau sowie an der Universität Bordeaux I. 1982-1992 Abteilungsleiter „Keramische Werkstoffe" am ZIAC/AdW Berlin. Seit 1993 an der Brandenburgischen Technischen Universität (BTU) Cottbus. Arbeiten auf dem Gebiet der technischen Keramik, 1995-2005 als Lehrstuhlleiter Anorganische Chemie. Seit 1999 Mitglied der Leibniz-Sozietät. (Kap. 0, 1-15, 42)

Dr. rer. nat. habil. Siegfried Vieth
Geboren 1956 in Berlin. Studium der Chemie an der HUB. 1981 und 1984 Diplom und Promotion bei W. Jugelt auf dem Gebiet der präparativen organischen Elektrochemie. Danach wissenschaftlicher Mitarbeiter an verschiedenen AdW-Instituten bzw. deren Folgeeinrichtungen auf den Arbeitsgebieten Gentechnik und Organische Synthesechemie. Auslandsaufenthalte in Debrecen und Mailand. Seit 1994 am Lehrstuhl Anorganische Chemie der BTU Cottbus, z. Z. als wissenschaftlicher Assistent. Arbeiten zur Synthese-Optimierung von technischer Keramik durch gezielten Einsatz organischer Additive. (Kap. 35-41)

1. Auflage August 2006

Alle Rechte vorbehalten
© B.G. Teubner Verlag / GWV Fachverlage GmbH, Wiesbaden 2006

Lektorat: Ulrich Sandten / Kerstin Hoffmann

Der B.G. Teubner Verlag ist ein Unternehmen von Springer Science+Business Media.
www.teubner.de

Umschlaggestaltung: Ulrike Weigel, www.CorporateDesignGroup.de
Buchgestaltung: Ivonne Domnick
Druck und buchbinderische Verarbeitung: Strauss Offsetdruck, Mörlenbach
Gedruckt auf säurefreiem und chlorfrei gebleichtem Papier.

ISBN-10 3-519-03551-0
ISBN-13 978-3-519-03551-0

Vorwort

Im „Jahr der Chemie (2003)" waren viele Veranstaltungen und populärwissenschaftlichen Publikationen – etwa das von der „Gesellschaft Deutscher Chemiker" offerierte Buch „Chemie rund um die Uhr" – darauf gerichtet, die engen Beziehungen der Chemie zu unserem Alltag aufzuzeigen und so Berührungsängste zu diesem meist ungeliebten Fach abzubauen.

Die Chemie als Wissenschaftsdisziplin entwickelt immer engere Beziehungen zu Physik, Biologie, Medizin und Mathematik; auch ihre traditionell große Bedeutung für nahezu die gesamte Technik wächst weiter. Angesichts weltumspannender Produktions- und Handelsbeziehungen birgt diese Allgegenwart der Chemie aber auch Risiken. Es bedarf stets erheblicher Anstrengungen, um mit Umsicht den Gefahren zu begegnen, die vom Eintritt einer wachsenden Zahl neuer Stoffe in die Biosphäre ausgehen können. Die Katastrophen von Seveso/Italien (1976) und Bhopal/Indien (1984) sind hierfür eine ständige Mahnung.

Dieses Buch soll in erster Linie d e n Studienanfängern dienen, die in ingenieur- und naturwissenschaftlichen Disziplinen eine Nebenfachausbildung mittleren Umfangs in Chemie zu absolvieren haben. Die Komplexität chemischer Sachverhalte macht bekanntlich diesen Studierenden das Studium nicht leicht, besonders denen, die mit nur geringen Vorkenntnissen in Chemie, in anderen Naturwissenschaften und in Mathematik an die Hochschulen kommen. Schwierig ist es auch für Lehrbuchautoren, einen für alle vertretbaren Kompromiß bei der Auswahl des Stoffes, bei der Ausführlichkeit seiner Darlegung und bei der Verknüpfung seiner Teile zu finden. Schließlich kann die allgemeine Chemie nicht ohne gewisse Kenntnisse zu anorganischen und organischen Verbindungen verstanden werden; Stoffeigenschaften und Reaktionen ihrerseits verlangen immer auch ein umfangreiches Präsenzwissen zu allgemeinen Zusammenhängen und Gesetzmäßigkeiten.

Große Teile des dargelegten Stoffes, speziell zur „Allgemeinen Chemie" und zur „Organischen Chemie", wurden über mehrere Jahre vor einem entsprechenden Hörerkreis behandelt, in zwei jeweils einsemestrigen 30stündigen Vorlesungen und parallel dazu in Übungen gleichen Umfangs, gewidmet je zur Hälfte vertiefenden Seminaren und Laborpraktika. Für Studiengänge, die der Chemieausbildung mehr Platz einräumen, vermittelt der Teil „Anorganische Chemie" auf der Grundlage des Periodensystems der Elemente vertiefte Kenntnisse zu anorganischen Stoffen. Alle drei Teile können somit in angemessener Auswahl entsprechenden einsemestrigen Modulen zugrundegelegt werden.

Betont werden Themen, die teils zum Aufgabenfeld künftiger Umweltingenieure und Verfahrenstechniker hinführen, dem Finden sachgerechter Lösungswege für stoffliche Umsetzungen, teils die Physikausbildung dort ergänzen, wo eine materialwissenschaftliche Spezialisierung angestrebt wird und dementsprechend breitere Stoffkenntnisse von Bedeutung sind.

Bei der hier vorgelegten Behandlung der Allgemeinen, Anorganischen und Organischen Chemie wird – trotz der vorgegebenen knappen Seitenzahl – eine möglichst verständliche Darstellung des Stoffes angestrebt. Durch eingefügte Beispiele und durch das bewußt umfangreich gehaltene Register wird versucht, die Vielzahl der Einzelbefunde überschaubar zu halten. Hinweise auf bedeutende Forscher und die historische Entwicklung der Chemie sollen zeigen, daß die Chemie in stetiger Entwicklung begriffen war und daß sie es noch heute ist.

Bezüge zum Alltag, zu Umweltproblemen, zu Analysenmethoden, zu industriellen Verfahren und auch zu biochemischen Prozessen können hilfreich sein für eine vertiefte Beschäftigung mit anderen als den hier behandelten Teilgebieten der Chemie, etwa mit Analytischer, Physikalischer oder Technischer Chemie. Dafür muß aber auf entsprechende eigenständige Lehrbücher verwiesen werden. Weiterführender Chemieliteratur ist ein gesondertes Kapitel gewidmet, das auch Hinweise zu Chemie-Software und zu entsprechenden Datenbanken enthält.

Im Text werden für chemische Stoffe neben der korrekten Bezeichnung gemäß IUPAC, der „International Union of Pure and Applied Chemistry", auch historisch bedingte Trivialnamen behandelt, wenn sie noch gebräuchlich sind. Tabellen mit wichtigen Stoff-Kennwerten sind in den laufenden Text eingefügt, allerdings naturgemäß nicht in der Ausführlichkeit eigenständiger Datensammlungen. Die meisten Kapitel enden mit Aufgaben zum Überprüfen des Lernerfolgs.

Die Autoren hoffen, daß das Buch auch bei Lehrern und Schülern Interesse findet, sowie bei allen anderen, die inzwischen mehr über die Chemie wissen wollen, als ihnen der Chemieunterricht an der Schule vermitteln konnte.

Dem Gutachter, Herrn Prof. Dr. W. Trowitzsch-Kienast, sind wir sehr dankbar für die gründliche Durchsicht des Manuskripts und für zahlreiche wertvolle Hinweise. Dem Verlag danken wir für die erwiesene Geduld bei der Fertigstellung des Manuskripts; hier sei für die ersten Jahre der Zusammenarbeit besonders Herr Dr. P. Spuhler erwähnt, für die Gegenwart Herr U. Sandten. Frau Dipl.-Chem. Christina Olschewski danken wir für die Mitwirkung am Erarbeiten des Registers, Frau Gabriele Kunz für die Gestaltung des Periodensystems in der Anlage.

Berlin/Cottbus, im Juli 2006

Gert Blumenthal   Dietmar Linke   Siegfried Vieth

Inhaltsverzeichnis

0   Einleitung   1

Allgemeine Chemie

1   Reine Stoffe und ihre Benennung   7

2   Zustandsformen reiner Stoffe   17

3   Stoffgemische   25

4   Stöchiometrie   33

9 Siede- und Schmelzdiagramme von binären Gemischen 129

10 Entropie und Zweiter Hauptsatz (Chemische Thermodynamik II) 135

11 Elektrochemie, chemisches Gleichgewicht und Thermodynamik 145

12 Säure-Base-Reaktionen (Gleichgewichte in wäßrigen Lösungen I) 163

Anorganische Chemie

27 Lanthanoide
Cer Ce, Praseodym Pr, Neodym Nd, Promethium Pm, Samarium Sm, Europium Eu, Gadolinium Gd, Terbium Tb, Dysprosium Dy, Holmium Ho, Erbium Er, Thulium Tm, Ytterbium Yb, Lutetium Lu — 315

28 Die 1. Reihe der Übergangselemente
Titan Ti, Vanadium V, Chrom Cr, Mangan Mn, Eisen Fe, Cobalt Co, Nickel Ni — 319

29 Die 2. und 3. Reihe der Übergangselemente
Zirconium Zr, Hafnium Hf, Niobium Nb, Tantal Ta, Molybdän Mo, Wolfram W, Technetium Tc, Rhenium Re — 335

30 Die Platinmetalle
Ruthenium Ru, Osmium Os, Rhodium Rh, Iridium Ir, Palladium Pd, Platin Pt — 341

31 11. Gruppe (I. Nebengruppe)
Kupfer Cu, Silber Ag, Gold Au   347

32 12. Gruppe (II. Nebengruppe)
Zink Zn, Cadmium Cd, Quecksilber Hg   353

33 Kernreaktionen   359

34 Actinoide
Thorium Th, Protactinium Pa, Uran U, Neptunium Np,
Plutonium Pu, Americium Am, Curium Cm, Berkelium Bk,
Californium Cf, Einsteinium Es, Fermium Fm, Mendelevium Md,
Nobelium No, Lawrencium Lr   363

 **Organische Chemie**

Grundlegende Konstanten[1]

Physikalische Größe	Symbol	Zahlenwert und Einheit
Atomare Masseneinheit	u	$1,6605402 \cdot 10^{-27}$ kg
Avogadro-Konstante	N_A	$6,0221367 \cdot 10^{23}$ mol^{-1}
Boltzmann-Konstante	$k \ (= R/N_A)$	$1,380658 \cdot 10^{-23}$ J/K
Dielektrizitätskonstante des Vakuums	ε_0	$8,85419 \cdot 10^{-12}$ C^2 / (J $\cdot$ m)
Elementarladung	e	$1,60217733 \cdot 10^{-19}$ C
Fallbeschleunigung	g	$9,80665$ m/s^2
Faraday-Konstante	$F \ (= N_A \cdot e)$	$9,6485309 \cdot 10^4$ C/mol
Gaskonstante, universelle	$R \ (= N_A \cdot k)$	$8,314510$ J/(K $\cdot$ mol) $0,08314 \cdot$ l $\cdot$ bar/(K $\cdot$ mol)
Lichtgeschwindigkeit im Vakuum	c_0	$2,99792458 \cdot 10^8$ m/s
Plancksches Wirkungsquantum	h	$6,62607595 \cdot 10^{-34}$ J $\cdot$ s
Ruhemasse des Elektrons	m_e	$9,1093897 \cdot 10^{-31}$ kg
Ruhemasse des Neutrons	m_n	$1,6749286 \cdot 10^{-27}$ kg
Ruhemasse des Protons	m_p	$1,6726231 \cdot 10^{-27}$ kg
Basis des natürlichen Logarithmus	e	$2,718282$
Umrechnung $^{10}\log x \rightarrow \ \ln x$	$^{10}\log x = 0,4342935 \ln x$	
Umrechnung $\ln x \ \rightarrow \ ^{10}\log x$	$\ln x = 2,30259 \ ^{10}\log x$	
Energieäquivalent: Elektronenvolt je Teilchen $\rightarrow$ Kilojoule je Mol Teilchen	1 eV/Teilchen $\triangleq$ 96,49 kJ/mol Teilchen	

---

[1] meist entnommen aus D'Ans·Lax (s. Tab. 42.1, Lit. [15/1])

Verzeichnis ausgewählter Symbole und Abkürzungen

a, A	Arbeit[2]	h, H	Enthalpie[2]
A	Frequenzfaktor	hcp	hexagonal dichte(ste) Packung
a_i	Aktivität von i	IR	Infrarot
AO	Atomorbital	IUPAC	International Union of Pure and Applied Chemistry
$A_r(X)$	relative Atommasse von X	k	Geschwindigkeitskonstante
ÄP	Äquivalenzpunkt	k	Boltzmann-Konstante
B	Base	$K_{c\,(x,\,p)}$	(stöchiometrische) Gleichgewichtskonstanten
b_i	Molalität	K_{th}	thermodynamische Gleichgewichtskonstante
c, c_0	Lichtgeschwindigkeit	K_w	Ionenprodukt des Wassers
c, C	Wärmekapazität[2]	Kp.	Siedepunkt (präparative Chemie)
c_i	(Stoffmengen-)Konzentration	KZ	Koordinationszahl
ccp	kubisch dichte(ste) Packung	l	flüssig (liquidus)
d	Wellenfunktion mit l = 2	l	Nebenquantenzahl
D	Dissoziationsgrad	L	Ligand
e, e^-	Elektron, Elementarladung	L	Löslichkeitsprodukt
E	Energie	m; M	Masse; molare Masse
E_a	Aktivierungsenergie	m	Magnetquantenzahl
E_A	Elektronenaffinität	M	Metall (allgemein)
$E_{I(n)}$	(n.) Ionisierungsenergie	MO	Molekülorbital
$E_{n,l,m}$	Energie-Eigenwerte	n	Elektronenzahl, Atomzahl
E, EMK	elektromotorische Kraft	n	Hauptquantenzahl
E^o	Standardpotential	n	Koordinationszahl
EDTE	Ethylendiamintetraessigsäure	n	Neutron
EN	Elektronegativität	n	Stoffmenge (z.B. in Mol)
EP	Elektronenpaar	N	Hauptgruppennummer
f	Wellenfunktion mit l = 3	N_A	Avogadro-Konstante
f, F	freie Energie[2]	OZ	Oxidationszahl
F	Faraday-Konstante	p	Proton
F	Freiheitsgrad (Phasenregel)	p	Druck, Kraft
$f_i, f_\pm$	Aktivitätskoeffizient	p	Wellenfunktion mit l = 1
FCKW	Fluorchlorkohlenwasserstoffe	p(X)	$-^{10}\log (X)$
Fp.	Schmelzpunkt (präp. Chemie)	p_i	Partialdruck
g	gasförmig	q	Ladung
g, G	freie Enthalpie[2]	q, Q	Wärme[2]
h	Plancksches Wirkungsquantum	r	Abstand, Radius

---

[2] Kleinbuchstaben für spezifische, Großbuchstaben für molare Größen

		Indices	
R	Gaskonstante, universelle	a	Aktivierungs-
R	Reaktant	ads	Adsorptions-
s	Wellenfunktion mit $l = 0$	aq	Hydratations-
s	fest (solidus)	at	Atomisierungs-
s	Spinquantenzahl	ÄP	Äquivalenzpunkt
s, S	Entropie[2]	c	Verbrennungs-
t	Zeit	cr	kritisch
$t_{1/2}$	Halbwertszeit	dil	Verdünnungs-
T	absolute Temperatur	diss	Dissoziations-
u, U	innere Energie[2]	eq	Gleichgewicht
U_G	Gitterenergie	f	Bildungs-
UV	Ultraviolett	fus	Schmelz-
v	Geschwindigkeit	G	Gitter-
v, V	Volumen[2]	h	Hin- (Reaktion)
W	Wahrscheinlichkeit	mix	Mischungs-
w_i	Massenanteil von i	mom	momentan
x_i	Stoffmengenanteil von i	r	Reaktions-
Z	Ordnungszahl	r	Rück- (Reaktion)
z_i	Ionenladung	rev	reversibel
β_i	Massenkonzentration	S	Säure-
δ^+, δ^-	Partialladung(en)	sat	Sättigungs-
$\Delta \ldots$	Differenz (z.B. ΔH, ΔG, ΔS)	sol	Lösungs-
ΔV	Gleichgewichtszellspannung	sp	spezifisch
ε	Dielektrizitätskonstante	stab	Stabilitäts-
λ	Wellenlänge	sub	Sublimations-
μ	Dipolmoment	trs	Umwandlungs-
ν	Frequenz (Strahlung)	vap	Verdampfungs-
ν_i	Stöchiometriezahlen	°	Standard-
$|\nu_i|$	stöchiometrische Faktoren	[i]	Stoffmengenkonzentration von i
Ψ	Wellenfunktion	$\rightarrow$	chemische Reaktion (hin)
π, π^*	(zentrosymmetrische) MO	$\leftarrow$	chemische Reaktion (zurück)
ρ	Dichte	$\rightleftharpoons$	chemisches Gleichgewicht
σ, σ^*	(rotationssymmetrische) MO	$\leftrightarrow$	Mesomeriepfeil
σ_h, σ_v	Symmetrieebenen		
τ	Reaktionsgrad		
ϑ, θ	Celsiustemperatur		

Hinweis auf einige Tabellen

Tab.	Inhalt	Seite
8.6	Ausgewählte thermochemische Daten (298,15 K, 1 bar): Molare Standard-Bildungsenthalpien $\Delta_f H^\circ$ und molare Standardentropien S°	120f.
11.1	Ausgewählte Standard-Elektroden- bzw. -Redoxpotentiale E° (298 K, 1 bar, Aktivität a = 1)	148f.
12.2	Spalte 1-3: Dissoziationsgrad D von Brønstedsäuren H_nA in Abhängigkeit von der Dissoziationskonstante $K_{S(n)}$; Spalte 4-6: Einige pK_S-Werte	168
13.2	Löslichkeitsprodukte L (25 °C) und pL-Werte für ausgewählte Salze A_nB_m	179
42.1	Auswahl zur Fachliteratur Chemie	515ff.

Einleitung

Die *Chemie* ist die Lehre von den Stoffen, ihrem Aufbau, ihren stofflichen Veränderungen und den dabei geltenden Gesetzmäßigkeiten.

„Der Zweck der Chemie ist nicht bloß, spekulative Betrachtungen über die chemische Natur der Körper anzustellen, und den Geist, das Streben nach höherer Ausbildung zu befriedigen, sondern diese durch Vermehrung, Vervollkommnung und gehörige Bearbeitung zur Befriedigung physischer Bedürfnisse brauchbar zu machen, und die Resultate chemischer Forschungen zur Erweiterung der Wissenschaften und zur Verbesserung der Künste und Gewerbe anzuwenden."

J. W. Döbereiner[1], „Lehrbuch der allgemeinen Chemie,
zum Gebrauche seiner Vorlesungen entworfen", 1. Band, Jena 1811

Heute ist die Chemie – trotz ihrer eindrucksvollen Entwicklung in den letzten 200 Jahren im Sinne des Zitats – in weiten Kreisen in Verruf gekommen. „Chemieunfälle", Umweltverschmutzung, Einsatz chemischer Waffen, „Designer-Drogen" sind Schlagworte, die heute oft viel stärker mit „Chemie" assoziiert werden als der selbstverständlich gewordene alltägliche Gebrauch unzähliger chemischer Erzeugnisse, ohne die unsere moderne Zivilisation unvorstellbar wäre.

Chemie kann heute selbst in einem kleinen Lehrbuch noch weniger als früher als eigenständige Einzelwissenschaft behandelt werden. Oft gibt es Überschneidungen mit anderen Disziplinen, und zwar nicht nur mit den anderen Naturwissenschaften, wie der *Physik*, der *Biologie* oder den *Geowissenschaften*.

- So verhalf überhaupt erst die *Mathematik* der Chemie zum Rang einer exakten Wissenschaft[2]. Im Gegenzug hat die Komplexität chemischer Sachverhalte die Entwicklung der Mathematik und neuerdings der *Informatik* sehr befördert.

- Gegenwärtig erleben wir, wie die multidisziplinär angelegte *Materialforschung* unter Einbeziehen der *Festkörperchemie* immer bessere Voraussetzungen für die Erfassung, Verarbeitung und Verbreitung von Datenströmen schafft.

- Einen wesentlichen Anteil an der Bedeutung der Chemie für die Volkswirtschaft und für unseren Alltag haben Ingenieurdisziplinen, wie die *Verfahrenstechnik*, der *Maschinen- und Apparatebau* sowie die *Elektrotechnik* und die *Elektronik*.

- Die *Molekularbiologie* schließlich ist undenkbar ohne enge Verbindung mit *Biochemie* und *Pharmaforschung* einerseits, *Medizin* und *Meßtechnik* andererseits.

Naturgemäß ändert sich das Beziehungsgeflecht zwischen den einzelnen Gebieten mit dem Erkenntnisforschritt. Häufig nimmt die Komplexität der betrachteten Vorgänge zu, manchmal ergeben sich aber auch Eingrenzungen durch die Korrektur irrtümlicher Vorstellungen.

---

[1] Johann Wolfgang Döbereiner (1780-1849), deutscher Chemiker

[2] Noch für Immanuel Kant (1724-1804) galt die damalige, überwiegend qualitativ-beschreibende Chemie als weitgehend unvereinbar mit der Mathematik.

Beispiel 0.1

„Lebenskraft" (*vis vitalis*): Das Postulat des Wirkens dieser Kraft als Vorbedingung für die Synthese „organischer" Verbindungen wurde hinfällig, als man im zweiten Viertel des 19. Jahrhunderts solche Stoffe aus rein „anorganischen" Substanzen herstellte (s. 35.1).

Beispiel 0.2

Äquivalenz von Energie E *und Masse* m: Über viele Jahrzehnte konnten chemische Prozesse im Rahmen der beiden *Erhaltungssätze für Masse und Energie* anscheinend völlig ausreichend beschrieben werden. Das änderte sich mit der Entdeckung der *Radioaktivität* sowie mit dem Erkenntnisgewinn zum *Atombau* und zur *Entstehung der chemischen Elemente im Universum*. Für alle Prozesse, die mit Umwandlungen der Atomkerne einhergehen, hat man nunmehr die von Einstein[3] im Jahre 1907 aufgestellte Gleichung zu berücksichtigen,

$$E = m \cdot c^2 \quad (c - \text{Lichtgeschwindigkeit}) \tag{0.1}$$

um die mit den erheblichen Energieänderungen verbundenen Massenänderungen zu erfassen.

So beeindruckend auch heute die Chemie für den interessierten Betrachter erscheinen mag, so bedrückend wird oft die nähere Beschäftigung mit ihr für Studierende mit Chemie als Nebenfach. Die Ursachen hierfür liegen nicht nur in der inzwischen weithin beklagten Vernachlässigung der „harten" Naturwissenschaften Physik und Chemie in den Schulen, sondern auch in einigen Besonderheiten der Chemie selbst. Das soll an einigen Beispielen belegt werden.

Beispiel 0.3

Die *zwei Bezugs-Ebenen chemischer Gleichungen*: Die Gleichungen für beliebige chemische Prozesse, wie zum Beispiel für die Chlorknallgas-Reaktion,

$$Cl_2 + H_2 \rightarrow 2\,HCl, \tag{0.2}$$

interpretiert man teils *mikroskopisch-atomistisch*, hinsichtlich der beteiligten Atome/Moleküle, teils mit Blick auf *makroskopische Stoffmengen* (z. B. in Mol) bzw. *Massen* (z. B. in Gramm):

- Ein Wasserstoff-Molekül H_2 reagiert mit einem Molekül Chlor Cl_2 zu zwei Molekülen Chlorwasserstoff HCl.
- Ein Mol Wasserstoff (1 mol H_2) und ein Mol Chlor (1 mol Cl_2) reagieren zu zwei Molen Chlorwasserstoff (2 mol HCl).
- 2,016 g H_2 reagieren mit 70,96 g Cl_2 zu 72,976 g HCl.

Beispiel 0.4

Der unterschiedliche *Informationsgehalt der chemischen Formeln* (1.2.1):
- Die stöchiometrische oder *Summenformel* nennt Art und Anzahl der Atome im Molekül, z. B. $C_2H_4O_2$ für *Essigsäure (Ethansäure)*[4], H_2SO_4 für *Schwefelsäure*.

---

[3] Albert Einstein (1879-1955), dt.-schweiz.-US-amerikan. Physiker, 1921 Nobelpreis für Physik
[4] Die *empirische Formel* CH_2O gäbe die Elementproportionen an, nicht jedoch die Molekülgröße.

- *Erweiterte Summenformeln* dienen zum Herausheben wesentlicher Atomgruppen, liefern also schon einige Informationen über die Anordnung der Atome, z. B. $H_3C\text{-}CO(OH)$ für Essigsäure, $O_2S(OH)_2$ für Schwefelsäure.

- *Strukturformeln* geben im einfachsten Fall lediglich die Art der Verknüpfung der Atome und deren Bindigkeit wieder (s. 36.1.1), sie können aber auch viele Informationen enthalten zur räumlichen Anordnung der Bestandteile zueinander [*Koordinationspolyeder* (s. 2.1.8, 21.3.2), *Konfiguration* (s. 36.1.4), *Chiralität* (s. 38.2), *Konformation* (s. 36.1.2)].

Beispiel 0.5

Die *Koexistenz verschiedener Nomenklaturen* für chemische Verbindungen: Neben rationell gebildeten Namen werden parallel oder gar bevorzugt die überlieferten *Trivialnamen* verwendet. Auch nutzen andere Disziplinen abweichende Bezeichnungen (s. 1.2.2).

Beispiel 0.6

Die häufige *Verwendung „unscharfer" Begriffe*: Es ist unmöglich, die vielen Millionen existierender Stoffe nur einigen wenigen klar abgegrenzten Typen zuzuordnen. Zur Beschreibung werden deshalb oft Begriffe verwendet, die nur näherungsweise definiert oder auf fiktive Grenzzustände bezogen sind [*Bindungstyp* (s. 6.5) und *-polarität* (s. 7.3.2); *Oxidationszahl und formale Ladung* (s. 6.4), *Elektronenwolke* (s. 5.2.1, 6.1.1), *Mesomerie* (s. 6.4.3)].

Beispiel 0.7

Der *gleichzeitige Gebrauch verschiedener Modelle, Hypothesen und Theorien*: Der Zugang zur heutigen Chemie wird für den Neuling dadurch erschwert, daß er allenthalben auf ein Nebeneinander älterer und neuerer Konzepte stößt, was oft weder im Gespräch noch im Lehrbuch explizit zum Ausdruck kommt. Das gilt etwa für die verschiedenen *Säure-Base-Modelle* (s. 12.2.4) oder die Varianten zur *Beschreibung chemischer Bindungen* (s. 6.1.3, 7.1.3).

Beispiel 0.8

Die *Notwendigkeit solider Faktenkenntnisse*: Auch heute, wo es oft als unmodern gilt, sich „Lernstoff" einzuprägen, ist Chemie nur mit abrufbereitem Wissen über zahlreiche Fakten und Zusammenhänge zu verstehen oder gar zu betreiben. Man ist sonst nicht in der Lage, einfache Aufgaben zu lösen, geschweige denn Analogieschlüsse zu ziehen und ein „Gefühl" für mögliche Stoffeigenschaften und -reaktionen zu entwickeln.

Beruhigend kann man sagen, daß manches Vorgenannte in abgewandelter Form auch für andere Disziplinen gilt. – Und was die Substanzfülle betrifft: Gerade der enge Bezug der Chemie zu konkreten Stoffen mit all ihren Eigenschafts-Nuancen und Reaktivitäts-Abstufungen macht ihren besonderen Reiz aus. In ihrer noch immer nur partiellen Berechenbarkeit ähnelt die Chemie durchaus dem Zusammenleben der Menschen, das gleichfalls durch zahlreiche Faktoren bestimmt wird, durch wesentliche Charakterzüge oder nur situationsbedingte Unwägbarkeiten. Gerade diese Analogie war es, die seinerzeit (1809) Johann Wolfgang von Goethe in seinem Gesellschaftsroman „Die Wahlverwandtschaften" verarbeitete.

Trotz aller Komplexität chemischer Wechselwirkungen gelingt es immer besser, Substanzen und Materialien mit den jeweils gewünschten Eigenschaften „maßzuschneidern". Das verspricht auch zukünftig ein weites Betätigungsfeld für alle, die im Sinne von Brechts Galilei „die Mühsal der menschlichen Existenz erleichtern" wollen, ohne deshalb gleich hauptamtliche Chemiker sein zu müssen.

Gerade die Chemiker seiner Zeit warnte Lichtenberg[5] vor Einseitigkeit:

„ Wer nur Chemie versteht, der versteht auch die nicht recht".

Was würde er umgekehrt wohl heute zu all denen sagen, die schon an der Schule der Chemie möglichst weit aus dem Wege gehen? Die Autoren möchten auch die Studierenden mit einer solchen Grundhaltung für die Beschäftigung mit der Chemie gewinnen. Wir greifen die – vielleicht einzige? – Redewendung auf, in der die „Chemie" heutzutage positiv belegt ist, und drücken die Hoffnung aus:

Wer sich nicht vor Chemie verschließt, bei dem wird sie auch ansonsten stimmen!

Wir wünschen viel Erfolg beim systematischen Erarbeiten der anschließenden Kapitel zur allgemeinen, anorganischen und organischen Chemie.

---

[5] Georg Christoph Lichtenberg (1742-1799), deutscher Physiker und Schriftsteller

„Alle Wissenschaften bestehen notwendigerweise aus drei Dingen: Aus der Reihe der Fakten, die die Wissenschaft begründen, aus den Ideen, die sie auslösen, aus den Worten, durch die sie ausgedrückt werden."

A. L. Lavoisier[1]

Allgemeine Chemie

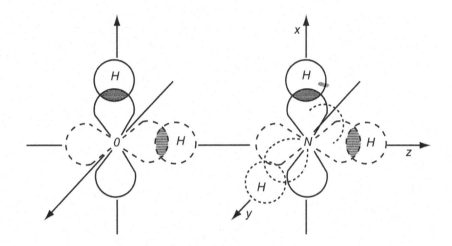

→   chemische Reaktion (hin)

←   chemische Reaktion (zurück)

⇌   chemisches Gleichgewicht

↔   Mesomeriepfeil

---

[1] Antoine Laurent Lavoisier (1740 geboren, 1794 hingerichtet), französischer Chemiker

Reine Stoffe und ihre Benennung

Hier geht es um grundlegende Begriffe, betreffend Elemente und Verbindungen als reine Stoffe (1.1), sowie um Regeln zu deren sachgemäßer Benennung (1.2).

Beginnen wir im Sinne des Zitats mit den „Worten" der Chemie zur Erfassung der stofflichen Vielfalt. Üblicherweise faßt der *Stoffbegriff* solche Eigenschaften der betrachteten Objekte zusammen, die unabhängig von deren mehr oder weniger zufälligen äußeren Form sind.

Beispiel 1.1

Schlüssel, Schreibfedern und Maschinenteile bestehen aus dem Stoff *Stahl*, Möbel, und Zäune aus *Holz*. Weitere Stoffe sind *Eisen, Bronze, Wasser, Kochsalz, Marmor* und *Granit*.

Charakteristische Eigenschaften von Stoffen sind beispielsweise deren *Dichte, elektrische Leitfähigkeit, Farbe, thermische Beständigkeit* (*Schmelz-, Siede-, Zersetzungs-Temperatur*), sowie ihre *Mischbarkeit* mit anderen Stoffen.

Weniger scharf beschreiben lassen sich Parameter für das chemische Verhalten von Stoffen, z. B. *Bindungstyp* und *Bindungspolarität*, die wichtig sind für das Verständnis der *Reaktivität* gegenüber Partnern unter den jeweiligen Bedingungen.

Wir unterscheiden *reine Stoffe* und *Stoffgemische*. Reine Stoffe, *chemische Elemente* oder *chemische Verbindungen*, haben eine definierte Zusammensetzung. In der Regel treten sie in verschiedenen *Aggregatzuständen* auf, bilden also mehr als eine *Phase*. Bei Stoffgemischen ist die Zusammensetzung in weiten Grenzen variabel. Auch sie treten ein- oder mehrphasig auf.

1.1 Reine Stoffe

Man unterscheidet *Elemente* und *Verbindungen*. Sieht man von Isotopie-Effekten (s. 1.1.1, s. 5.1.2) ab, so enthalten *reine kristalline Stoffe* im *thermodynamischen Gleichgewicht* meist nur eine einzige Species (z. B. Molekül, Atom). Bei der Umwandlungstemperatur zwischen verschiedenen Modifikationen können auch unterschiedliche Baugruppen zeitlich unbegrenzt koexistieren. Liegt nur eine einzige Phase vor, spricht man nicht nur von einem reinen, sondern von einem *phasenreinen Stoff*. Reine Stoffe haben unter bestimmtem Druck eine definierte *Umwandlungs-, Schmelz-* und *Siede-*Temperatur.

1.1.1 Die chemischen Elemente

Die große Vielfalt der Erscheinungsformen der belebten und der unbelebten Natur auf der Erde baut sich aus gut 90 von den bisher insgesamt über 110 bekannten Elementen auf (s. 16). Der Aufbau der Atome dieser Elemente wird später ausführlich dargestellt (s. 5). Hier sind jedoch vorab einige Begriffe für das Verständnis der Atommassen erforderlich.

Alle Atome eines Elements haben zwar dieselbe *Kernladungs-*, also *Protonenzahl* oder *Ordnungszahl*[1] Z, können aber eine unterschiedliche Anzahl von *Neutronen* im Kern enthalten. *Protonen* und *Neutronen* werden als *Nukleonen* zusammengefaßt, Atomarten mit definierter Protonen- und Neutronenzahl als *Nuklide*. *Mischelemente* bestehen somit aus Atomen identischer Kernladungs-, aber unterschiedlicher Nukleonenzahl. Da alle ihre jeweiligen Nuklide denselben Platz im Periodensystem einnehmen, werden sie als *Isotope*[2] bezeichnet.

Die meisten Elemente haben zwei oder mehr stabile, also nicht radioaktive Isotope. Bei *Zinn* Sn treten sogar 10 stabile Nuklide auf. Zu den etwa 20 *Reinelementen* mit nur einem stabilen Isotop gehören *Aluminium* Al, *Arsen* As, *Beryllium* Be, *Bismut* Bi, *Cobalt* Co, *Fluor* F, *Iod* I, *Natrium* Na und *Phosphor* P. Sie haben fast ganzzahlige relative Atommassen und – mit Ausnahme von Beryllium Be – alle auch ungerade Kernladungszahlen. Die Elemente liegen bei Raumtemperatur und Normaldruck meist nicht atomar vor:

- *Edelgase* allerdings sind als Atome stabil.
- Bei den anderen Nichtmetall-Elementen treten mehrere Atome zu Molekülen zusammen, je zwei bei *Wasserstoff* und *Chlor* (H_2, Cl_2), zwei oder drei bei *Sauerstoff* (O_2, O_3), vier bei *weißem Phosphor* (P_4) und in der Regel acht bei *Schwefel* (S_8).
- *Metalle*, die rund drei Viertel aller Elemente ausmachen und die bis auf *Quecksilber* bei Raumtemperatur fest sind, bilden *Raumgitter*, also größere Atomverbände (M_∞), deren Ausdehnung letztlich nur durch die Kristallabmessungen begrenzt ist.
- Die Ausbildung von Raumgittern bei den Elementen ist nicht auf Metalle beschränkt. Auch Nichtmetall-Elemente mit mehrbindigen Atomen können unendlich ausgedehnte Raumnetze bilden, wie z. B. Kohlenstoff in der *Diamant*-Modifikation.

Atome haben eine äußerst geringe Masse. Die *atomare Masseneinheit* u ist der zwölfte Teil der Masse eines Atoms des Nuklids ^{12}C (sprich: „Kohlenstoff-zwölf"):
1 u = 1,6605402 · 10^{-27} kg.

1.1.2 Der Molbegriff

Es wäre außerordentlich unpraktisch, wollte man in der Chemie mit den absoluten Massen der Einzelatome selbst arbeiten. Auf die größeren Zähleinheiten als „Eins" zurückzugreifen, die im Alltag mehr oder weniger gebräuchlich sind (z. B. als „Dutzend" für 12, als „Schock" für 60 gleiche Objekte), wäre ebenso verfehlt. Ein solches „Häufchen" Atome hätte noch keine wägbare Masse. Einen hinreichend großen „Haufen" stellt dagegen ein Mol[3] Atome dar.

> **Definition 1.1** Das *Mol* (Einheit: mol) ist die *SI-Basiseinheit*[4] der *Stoffmenge* n. Es umfaßt jeweils eine Menge N_A von 6,0221367 · 10^{23} Objekten, also z. B. von Atomen, Molekülen, Elementarteilchen, Photonen, Formelumsätzen.
> Für N_A, N_A = 6,0221367 · 10^{23} mol^{-1}, ist der Name *Avogadro-Konstante*[5] üblich

---

[1] Die *Ordnungzahl* (engl. *atomic number*) steht für den Platz des Elements im Periodensystem.

[2] *isotopos*, griech. derselbe Ort

[3] *moles* lat. Masse, Haufen, Menge; *mole* engl. Maulwurf, *Moll* niederdt. Maulwurf

[4] *SI* Abkürzung für - frz. Système International d' Unités, Internationales Einheitensystem

[5] Amadeo Avogadro, Conte de Quaregna (1776-1856), italienischer Chemiker

Das Mol ist so gewählt, daß die *molare Masse* M(X), also die Masse je mol X in Gramm, gerade denselben Zahlenwert hat wie die Masse des jeweiligen Objekts X in atomaren Masseneinheiten u.

Beispiel 1.2

Für 1 mol ^{12}C ergibt sich als molare Masse $M(^{12}C)$: 12 u · N_A =
= 12 · 1,6605402 · 10^{-27} kg · 6,0221367 · 10^{23} mol^{-1} = 119,99999 · 10^{-4} kg/mol = 12,00000 g/mol

---

Neben der molaren Masse (veraltet: *Molmasse*) M(X) wird die *relative Atommasse* A_r(X) (früher: „Atomgewicht") verwendet.

$$A_r(X) = M(X) / \{1/12\ M(^{12}C)\} \tag{1.1}$$

Sie ist definiert als Quotient aus der Masse von 1 mol der betreffenden Atome X und einem Zwölftel der Masse von 1 mol des *Nuklids* ^{12}C. A_r ist einheitenfrei, also eine bloße Zahl. Der Zahlenwert der *molaren Masse* M(X) ist identisch mit A_r(X), sofern für M(X) die übliche Einheit *g/mol* gewählt wird.

1.1.3 Chemische Verbindungen

Verbindungen bestehen aus wenigstens zwei verschiedenen Elementen. Deren relative Atommassen, A_r(A), A_r(B) usw., ergeben durch Summation M_r(AB...) die *relative Molekülmasse* der Verbindungen. Analoges gilt für die molare Masse M(AB) der Verbindung. Da sich die Elemente A, B, ... entsprechend den Gesetzen der Stöchiometrie[6] im allgemeinen nur in bestimmten Verhältnissen kleiner ganzer Zahlen vereinigen, gemäß (z·A):(y·B):(x·C) ... = const, haben Verbindungen meist eine konstante Zusammensetzung $A_z B_y C_x$···. Während also für die *Stoffmengenverhältnisse* (*Mengen* der Atome, nicht Massen!) kleine ganze Zahlen gelten, sind die *Massenverhältnisse* wegen des großen Wertebereichs – zwischen 1 und 260 – für die relativen Atommassen A_r(X) der kombinierenden Elemente X sehr variabel.

Beispiel 1.3

Bei Raumtemperatur treten 22,9898 g Natrium (*1 mol Na*) stets mit 35,4527 g gasförmigem Chlor (*1/2 mol Cl_2 = 1 mol Cl*) zu 58,4425 g Natriumchlorid (*1 mol NaCl*) zusammen. Dabei entsteht aus zwei sehr aggressiven Elementen das harmlose, in gewissen Mengen für uns lebensnotwendige *Kochsalz*. – Ein instruktives Beispiel dafür, daß Verbindungen im Vergleich zu ihren Ausgangs-Elementen ganz andere Eigenschaften aufweisen können!

Hinweis. Beim Formulieren von Reaktionsgleichungen sollte man sich immer bewußt sein, daß gewaltige Unterschiede darin bestehen,

- ob z. B. „*Wasserstoff*" als H, H_2, H^+ oder H^- in die Reaktion eintritt,

- ob „*Metalle*" M in elementarer Form oder als Kationen M^{n+} vorliegen,

- ob „*Halogene*" als freies Halogen X_2 oder als Halogenid-Ionen X^- auftreten! –

Verbindungen lassen sich durch chemische oder physikalische Einwirkungen wieder in die Elemente zerlegen. Bei Natriumchlorid gelingt das z. B. durch *Elektrolyse* der Salzschmelze.

---

[6] griech. *stoicheion* Elementarbestandteil, *metron* Maß

Elektrochemisch konnten nach 1800 auch Stoffe zerlegt werden, die man bis dahin für Elemente gehalten hatte (Beispiel s. 11.5).

Die Anzahl der Atome je Molekül kann sehr groß sein. *Eiweiße* und *Cellulose* bestehen z. B. aus *Makromolekülen*, in denen Tausende von Atomen gesetzmäßig miteinander verbunden sind. – Auch bei anorganischen Feststoffen mit Raumnetzstruktur (z. B. *Diamant, P_{schwarz}*) ist die Zahl der miteinander verknüpften Atome nur durch die Kristallgröße beschränkt. *Ionenkristalle* wie *Natriumchlorid* werden anstelle der Atome besser durch *Kationen* und *Anionen* beschrieben.

1.2 Nomenklatur der Chemie

1.2.1 Chemische Formeln

Schon die Alchemisten verwendeten Zeichen, um Stoffe und Reaktionen zu beschreiben. Die Vielzahl verschiedener Symbole für identische Stoffe und die meist mystische Ausdrucksweise führten aber eher zum Verschleiern der Sachverhalte als zu deren Klärung. Im 19. Jahrhundert, wesentlich befördert durch Berzelius[7], setzte sich allmählich die heute übliche Zeichensprache durch, die ausschließlich Buchstaben und Ziffern verwendet.

Elemente. Vierzehn der chemischen Elemente werden entsprechend den *IUPAC-Regeln*[8] mit dem ersten, die übrigen zusätzlich mit einem zweiten Buchstaben ihres wissenschaftlichen Namens bezeichnet[9]. So stehen die Symbole H für *Wasserstoff* (*Hydrogenium*), O für *Sauerstoff* (*Oxygenium*), I für *Iod*, Fe für *Eisen* (*Ferrum*), Au für *Gold* (*Aurum*), Rn für *Radon*. Daß ein Elementsymbol neben der qualitativen Benennung der Elementarsubstanz auch Quantitatives ausdrücken kann (ein einzelnes Atom bzw. ein Mol des Stoffes), wurde schon erwähnt (s. 0).

Verbindungen. Hierfür faßt man die Symbole der enthaltenen Elemente zusammen und gibt deren jeweiligen *Stoffmengen*-Anteil (also nicht *Massen*-Anteil!) durch eine entsprechende Zahl rechts unten am Elementsymbol an. Für die Reihenfolge der Elemente in der Formel gelten bestimmte Regeln; bei organischen Substanzen folgen meist auf C und H die übrigen Elemente in alphabetischer Reihe.

Beispiel 1.4

NaCl steht für *Natriumchlorid,* H_2SO_4 für *Schwefelsäure*, $C_6H_5NO_2$ für *Nitrobenzol*. Zu einem Mol der jeweiligen Formeleinheit NaCl sind also 1 mol Natrium und 1 mol Chlor (als Chloratome Cl bzw. als ½ mol Chlormoleküle Cl_2) zusammengetreten, zu einem Mol Nitrobenzol entsprechend 6 mol Kohlenstoff C, 5 mol Wasserstoff H (2,5 mol H_2-Moleküle), 1 mol Stickstoff N (½ mol N_2) und 2 mol Sauerstoff O (1 mol O_2).

---

[7] Jöns Jakob Berzelius (1779-1848), schwedischer Chemiker

[8] International Union of Pure and Applied Chemistry

[9] Drei Buchstaben haben Symbole vorläufig benannter Elemente, z. B. Uuu für *Unununium*, das Element 111, für das 2004 die Namensgebung „Roentgenium" (Symbol: Rg) erfolgte.

Dieser einfachste Formeltyp, der als *stöchiometrische*, *Brutto-*, *Analysen-* oder *Summenformel* bezeichnet wird, reicht schon aus für stöchiometrische Rechnungen, also z. B. für die Syntheseplanung, die Ausbeuteberechnung, die Auswertung quantitativer Analysen und zur Ermittlung der *molaren Massen* und der darauf aufbauenden Zusammensetzungsgrößen. Über die Zustandsform und den Bindungstyp des Stoffes gibt aber die *Bruttoformel* meist keine Auskunft.

Beispiel 1.5

Den Bruttoformeln HCl bzw. NaCl sieht man nicht an, daß sie für bei üblichen Temperaturen ganz unterschiedlich aggregierte Stoffe stehen, nämlich einmal für Chlorwasserstoff-*Moleküle* und einmal für das dreidimensionale *Kristallgitter* von Kochsalz.

Beispiel 1.6

Phosphor(V)-oxid, üblicherweise als P_2O_5 geschrieben, liegt als Molekül mit der *Formeleinheit* P_4O_{10} vor bzw. sogar als Hochpolymeres (s. 23.3.2).

Da *Summenformeln* besonders bei Komplexverbindungen sowie generell in der organischen Chemie kaum geeignet sind, die jeweiligen Stoffe genauer anzusprechen, sind als Übergang zu Strukturformeln *erweiterte Summenformeln* üblich, die zusammengehörende Atomgruppen als solche kenntlich machen und teilweise schon die Bindungen zwischen ihnen durch Striche andeuten (s. 0).

Beispiel 1.7

Die Formel „[Cu(NH₃)₄]SO₄·H₂O" für *Kupfertetrammin-sulfatmonohydrat* drückt aus, daß um das „Zentral-Ion" Cu^{2+} vier Moleküle Ammoniak angeordnet sind, ein Sulfatrest SO_4^{2-} als Anion fungiert und ein Molekül Wasser angelagert ist. Wie Ammoniak angeordnet ist und woran Wasser gebunden ist, geht aus dieser partiell erweiterten Summenformel nicht hervor.

Beispiel 1.8

Valeriansäure „$C_5H_{10}O_2$" gibt sich durch $H_3C-CH_2-CH_2-CH_2-COOH$ bzw. durch $H_3C-(CH_2)_3-COOH$ als Carbonsäure mit einem n-Butyl-Substituenten zu erkennen, somit als Stellungs-Isomeres der Trimethylessigsäure „$C_5H_{10}O_2$" mit der Formel $(H_3C)_3C-COOH$.

Eine ganze Anzahl weiterer Formeltypen beschreibt als *Strukturformeln* mehr oder weniger abstrakt die Anordnung der Valenzelektronen und die Bindungsverhältnisse, kurz gesagt, die Struktur der Elementmoleküle und Verbindungen. Sie werden an geeigneten Stellen genauer behandelt (z. B. s. 22.3.2, 36.1).

1.2.2 Namen der Elemente und anorganischen Verbindungen[10]

Die verbindlichen IUPAC-Regeln zielen auf möglichst einheitliche Namen in den verschiedenen Sprachen. Das impliziert für die deutsche chemische Fachsprache vor allem die Anwendung der „c-c"-Schreibweise statt der umgangssprachlich üblichen „k-z"-Schreibung.

Beispiel 1.9

Nach IUPAC also *Calcium, Scandium, Cobalt, Cäsium, Carbonat, Silicat, Acetat;* als veraltet gilt somit nunmehr Kalzium, Skandium, Kobalt, Zäsium, Karbonat, Silikat, Azetat.

Auch sonst erfolgen Anpassungen an international übliche Namen, neuerdings etwa bei *Iod* und *Iodid* statt früher Jod und Jodid, oder auch *Bismut* statt Wismut.

Originär deutsche Bezeichnungen haben sich erhalten bei *Blei* Pb, *Eisen* Fe, *Gold* Au, *Kalium* K, *Kohlenstoff* C, *Kupfer* Cu, *Natrium* Na, *Quecksilber* Hg, *Sauerstoff* O, *Schwefel* S, *Silber* Ag, *Stickstoff* N, *Wasserstoff* H und *Zinn* Sn.

Binäre Verbindungen (d. h. solche zwischen zwei Elementen). Zuerst kommt der Name des Elements mit der geringeren *Elektronegativität* (s. 6.3.2), dann der des elektronegativeren und die Endung **-id**. Gibt es mehrere Verbindungen zwischen zwei Elementen, so fügt man dem Elementnamen in Klammern die *Oxidationszahl* (s. 6.4.2) in *römischen* Ziffern[11] und einen Bindestrich an.

Alternativ kann auch die Zahl der jeweiligen Partner mit den entsprechenden *griechischen* Zahlwörtern angegeben werden, d.h. für **1** móno, **2** di, **3** tri, **4** tétra, **5** pénta, **6** héxa, **7** hépta, **8** ócta, **9** ennéa[12], **10** déca. Diese Benennung ist vor allem bei Verbindungen zwischen zwei Nichtmetallen üblich.

Beispiel 1.10

$CaBr_2$ *Calciumbromid,* $FeCl_2$ *Eisen(II)-chlorid,* $FeCl_3$ *Eisen(III)-chlorid;* N_2O *Distickstoffoxid* [Dinitrogenoxid], P_4O_{10} *Tetraphosphordekaoxid,* CO *Kohlenstoffmonoxid* [Carbonmonoxid][13].

Säuren, Hydroxide und Salze (Tab. 1.1). Für die anorganischen Säuren sind *Trivialnamen* üblich, die auf „-säure" enden. Die Namen von *Hydroxiden* und *Salzen* werden an sich wie die der binären Verbindungen zwischen Metall und Nichtmetall gebildet. Anionen von sauerstofffreien Säuren aus zwei und mehr Elementen erhalten wiederum die Endung **-id**.

Anionen von *Sauerstoffsäuren*, in denen das jeweilige Element in seiner höchsten Oxidationsstufe vorliegt, erkennt man an der Endung **-at**, die mit der niedrigeren Oxidationsstufe an der Endung **-it**. Existieren dort mehr als zwei Sauerstoffsäuren, kann der *geringste* Sauerstoffgehalt durch die Vorsilbe **Hypo-**, der *höchste* durch **Per-** ausgedrückt werden. Statt **-it** und **-at** ist auch der einheitliche Gebrauch von **-at** möglich, dann mit in

---

[10] zur Nomenklatur organischer Verbindungen s. 36.1

[11] für „Null", die keine Entsprechung bei den römischen Ziffern hat, ist „0" zu setzen.

[12] Für **9** wird meist das lateinische *nona* verwendet.

[13] Die umgangssprachlich üblichen Namen Kohlenmonoxid bzw. Kohlenoxid sind inkorrekt.

Klammern nachgestellter Oxidationszahl wie bei anderen anionischen Komplexen. Die *Ionenladung* des Anions wird nicht extra benannt, da sie sich aus der Formel ergibt.

Tab. 1.1 Nomenklaturbeispiele für Hydroxide sowie für Säuren und deren Anionen

Name	Brutto-formel	Name des Anions	Bruttoformel des Anions
Thallium(I)-hydroxid	TlOH	Hydroxid-Ion	OH^-
Thallium(III)-hydroxid	$Tl(OH)_3$	Hydroxid-Ion	OH^-
Salpetrige Säure	HNO_2	Nitrit-Ion	NO_2^-
Salpetersäure	HNO_3	Nitrat-Ion	NO_3^-
Chlorwasserstoffsäure (Salzsäure)	HCl	Chlorid-Ion	Cl^-
Unterchlorige Säure	HOCl	Hypochlorit-Ion [Chlorat(I)]	OCl^-
Chlorige Säure	$HClO_2$	Chlorit-Ion [Chlorat(III)]	ClO_2^-
Chlorsäure	$HClO_3$	Chlorat-Ion [Chlorat(V)]	ClO_3^-
Perchlorsäure	$HClO_4$	Perchlorat-Ion [Chlorat(VII)]	ClO_4^-
Schwefelwasserstoff(säure)	H_2S	Hydrogensulfid-Ion, Sulfid-Ion	HS^-, S^{2-}
Schweflige Säure	„H_2SO_3"[1]	Hydrogensulfit-Ion, Sulfit-Ion	HSO_3^-, SO_3^{2-}
Schwefelsäure	H_2SO_4	Hydrogensulfat-Ion, Sulfat-Ion	HSO_4^-, SO_4^{2-}
Cyanwasserstoffsäure (Blausäure)	HCN	Cyanid-Ion	CN^-
Thiocyansäure (Rhodanwasserstoff)	HSCN	Thiocyanat-Ion (Rhodanid-Ion)	SCN^-

[1] Schweflige Säure ist in reiner Form nicht stabil, s. 24.3.2

Komplexverbindungen. Man unterscheidet *Neutralkomplexe, komplexe Kationen* und *komplexe Anionen*. Wichtig ist hier die Angabe

- der Anzahl und des Namens (Tab. 1.2) der jeweiligen *Liganden* (bei mehreren Liganden Angabe in alphabetischer Folge der Ligandnamen),

- des Namens des *Zentral-Ions/-Atoms* in deutsch, bei Anionenkomplexen allerdings in lateinisch sowie unter Anhängen der Endung **-at**,

- der *Oxidationszahl* des Zentral-Ions/-Atoms, jeweils in Klammern.

Tab. 1.2 Formeln und Namen wichtiger Liganden sowie Nomenklaturbeispiele für Komplexe

H_2O	NH_3	CO	OH^-	F^-	Cl^-	CN^-	S^{2-}	SCN^-	$S_2O_3^{2-}$	H_3C-COO^-
aqua	ammin	carbonyl	hydroxo	fluoro	chloro	cyano	thio	thiocyanato	thiosulfato	acetato
Kationischer Komplex:	$[CoCl(NH_3)_5]Cl_2$			Pentaamminchlorocobalt(II)-chlorid						
	$[Ni(H_2O)_2(NH_3)_4]SO_4$			Tetraammindiaquanickel(II)-sulfat						
Neutralkomplex:	$[PtCl_2(NH_3)_2]$			Diammindichloroplatin(II)						
	$[Ni(CO)_4]$			Tetracarbonylnickel(0)						
Anionischer Komplex:	$K_4[Fe(CN)_6]$			Kalium-hexacyanoferrat(II)						
	$K_2[PdCl_4]$			Kalium-tetrachloropalladat(II)						

Andere Bezeichnungen. Neben der rationellen Benennung sind vielfach noch Trivialnamen gebräuchlich, z. B. *Soda* für Natriumcarbonat, *Pottasche* für Kaliumcarbonat, *Kochsalz* für Natriumchlorid, *Kalomel* für Quecksilber(I)-chlorid, *Sublimat* für Quecksilber(II)-chlorid, *gelbes Blutlaugensalz* für Kalium-hexacyano-ferrat(II) bzw. *rotes* für Kaliumhexacyano-ferrat(III) $K_3[Fe(CN)_6]$.

Gelegentlich ist die Verwechslungsgefahr alternativer Namen mit IUPAC-Namen groß, besonders bei pharmazeutisch verwendeten lateinischen Namen für Salze; z. B. steht dort *Natrium chloratum* für *Natriumchlorid* NaCl, aber *Natrium chloricum* für *Natriumchlorat* $NaClO_3$.

Viele als Minerale, zum Teil in unterschiedlichen Modifikationen vorkommende Stoffe tragen in den *Geowissenschaften* eingeführte Namen.

Beispiel 1.11

Natriumchlorid kommt vor als *Halit* (*Steinsalz*), Bleisulfid PbS als *Galenit (Bleiglanz)*, Eisendisulfid FeS_2 als *Pyrit* („*Eisenkies*") bzw. *Markasit*, Quecksilbersulfid als *Cinnabarit* (*Zinnober*), Natrium-hexafluoroaluminat Na_3AlF_6 als *Kryolith (Eisstein)*.

Diese Namen sollten in der Chemie auch den tatsächlichen Mineralen vorbehalten bleiben, z. B. bei deren Verwendung als Ausgangsstoffe für technische Verfahren oder zur Benennung der durch sie verkörperten Strukturtypen (s. 7.3).

Aufgaben

Aufgabe 1.1

Ein Stück reines Eisen habe eine Masse m = 170 g und ein Volumen von 21,6 cm^3.

a)   Welche Stoffmenge Eisen ist in dem Metallstück enthalten?

b)   Welche Masse hat ein Eisenatom?

c)   Wie groß ist etwa der Radius eines Eisenatoms? (Anleitung: Betrachten Sie das auf ein Atom entfallende Volumen als würfelförmig, den Radius als halbe Kantenlänge des Würfels.)

Aufgabe 1.2

Ergänzen Sie in nachfolgender Tabelle die fehlenden Angaben:

Name	Formel und Stöchiometriezahl	Stoffmenge in mol	Molare Masse in g/mol	Masse der jeweiligen Stoffmenge in g
	2 SO$_2$	2,0		
Kohlenstoffdioxid			44,01	132,03
	0,1 CuO			
Natriumcarbonat				106,00

Aufgabe 1.3

Die Weltjahresernte an Weizen, Mais und Reis betrug 1996 jeweils zwischen 585 und 562 Millionen Tonnen. Für Mais gelte 575 Millionen Tonnen, als Masse eines Maiskorns 250 mg.

a)   Wieviel Mole Mais, n_{Mais}, wurden 1996 weltweit geerntet?

b)   Wielange könnte die Welt beim derzeitigen Verbrauch mit 1 mol Maiskörnern auskommen?

c)   Welche Masse hat die Stoffmenge n_{Fe} an Eisen, die mit n_{Mais} von a) identisch ist?

Aufgabe 1.4

Im Garten stehen Regentonnen mit insgesamt 200 l Volumen. Wieviel Mol Regentropfen kann man speichern, wenn 20 Tropfen ein Volumen $v = 1$ cm^3 haben?

Aufgabe 1.5

Trivialnamen: Geben Sie die Summenformeln für die folgenden Verbindungen an: Salzsäure, Lachgas, Natronlauge, Flußsäure, Pottasche, Branntkalk, Kochsalz, Salmiak, Salpetersäure

Aufgabe 1.6

Benennen Sie die folgenden Komplexverbindungen:

$K_3[Fe(CN)_6]$, $[Fe(OH_2)_6]Cl_3$, $Ag_2[HgI_4]$, $K[Ag(CN)_2]$, $[Ag(NH_3)_2]NO_3$

Zustandsformen reiner Stoffe

Wichtig für die Systematisierung reiner Stoffe hinsichtlich ihrer Zustandsformen sind die Begriffe Aggregatzustand (2.1), Phase (2.2) und die Verknüpfung beider. Über das Phasengesetz (2.3) gelingt eine übersichtliche Beschreibung der Zustandsänderungen in Abhängigkeit von Druck und Temperatur.

2.1 Der Aggregatzustand

Meist liegt ein Stoff nicht nur in wenigen Atomen oder Molekülen vor, sondern als direkt wahrnehmbare Anhäufung (Aggregation), also als *makroskopisches Teilchensystem*. Der jeweilige *Aggregatzustand* wird vor allem durch zwei gegenläufige Faktoren bestimmt, durch die *Anziehungskräfte* zwischen den Teilchen und durch deren – der Anziehung entgegenwirkende – *Wärmebewegung* (Tab. 2.1). Das Existenzgebiet der jeweiligen Aggregatzustände ist wesentlich vom *Druck* p und von der *Temperatur* T abhängig (s. Bild 2.1). Sind Stoffe hinreichend thermisch stabil, so können sie in allen drei Aggregatzuständen vorliegen, also fest (s)[1], flüssig (l)[1] und gasförmig (g).

Tab. 2.1 Zur Abgrenzung der drei Aggregatzustände voneinander

Aggregat-zustand	Anziehungs-kräfte	Wärme-bewegung	Bemerkungen
fest (s)	maximal	minimal	Grenzfall: *„idealer"* (kristalliner) *Festkörper* mit ungestörter *„Fernordnung"*
flüssig (l)	noch immer sehr groß	wesentlich bis groß	nur *„Nahordnung"*; hier auch einzuordnen: *Gläser, Harze, Flüssigkristalle, amorphe Stoffe*
gasförmig (g)	minimal	maximal	Grenzfall: *„ideales"* Gas ohne jede Wechselwirkung zwischen den Teilchen

Ideale Festkörper weisen eine ungestörte *Fernordnung* auf, d. h. eine streng periodische Anordnung ihrer Gitterbausteine im Raum (s. 7.1). Ein solcher Zustand ist allenfalls beim absoluten Nullpunkt näherungsweise verwirklicht (s. 10.1.1). *Flüssigkeiten* sind ohne Fernordnung. Zwar bleibt die Anordnung der Teilchen in der 1. Koordinationssphäre, die sogenannte *Nahordnung*, meist erhalten, jedoch fehlt der Orientierung der weiter entfernten Nachbarn jede Regelmäßigkeit.

Beispiel 2.1

So liegen in Schmelzen von Siliciumdioxid oder in dem daraus erhältlichem *Kieselglas* wie im Kristall tetraedrische SiO_4-Baugruppen vor, ihre Verknüpfung über Sauerstoffbrücken –Si–O–Si– ist aber ohne jede Periodizität.

---

[1] lat.: *solidus*, fest; *liquidus*, flüssig

Von *idealen Gasen* spricht man, wenn die Atome oder Moleküle keinerlei Wechselwirkung mehr untereinander aufweisen. Dieser Zustand ist bei vielen Gasen schon bei Normaldruck und Raumtemperatur angenähert verwirklicht, noch weitaus besser natürlich bei niedrigen Drücken und hohen Temperaturen.

Grenzfälle. Da nichtkristalline feste Körper keine wohlgeformten Kristalle bilden, bezeichnet man sie häufig als amorph[2]. Wegen ihrer hohen *Fehlordnung* sind sie energiereicher und oft reaktiver als entsprechende kristalline Phasen.

Obwohl es zur Einteilung amorpher Stoffe keine einheitliche Festlegung gibt, ist es für viele Betrachtungen zweckmäßig, die aus der Schmelze nichtkristallin erstarrten Stoffe als *Gläser* abzugrenzen. Die übrigen amorphen Materialien kann man nach ihrer Herkunft grob unterteilen als aus dem Dampf abgeschieden (z. B. *Ruß*), aus Lösung erhalten (*Gele*), aus Feststoffen durch Energieeintrag (Beschuß mit energiereichen Teilchen, Feinstmahlung).

Im „vierten Aggregatzustand", dem „*Plasma*", haben die Stoffe – bei extrem hohen Temperaturen und/oder extrem niedrigen Drücken – in der Regel ihre chemische Individualität verloren. Sie stellen ionisierte, quasineutrale Gase dar.

Plasmen werden hier nicht näher behandelt, sie sind aber am Aufbau des Universums maßgeblich beteiligt; auch gewinnen plasmachemische Prozesse ständig an technischer Bedeutung.

2.2 Der Phasenbegriff in der Chemie

Zur ausreichenden stofflichen Charakterisierung eines Systems wird im allgemeinen neben dem Begriff „*Aggregatzustand*" der Begriff „*Phase*" benötigt.

> **Definition 2.1** Als eine *Phase* oder ein *homogenes System* bezeichnet man jede Anhäufung von Teilchen, die makroskopisch homogen ist, d. h. eine räumlich konstante Beschaffenheit aufweist.

Eine *reine Phase* (ein *reiner Stoff*) besteht aus lauter gleichartigen Teilchen, die allerdings auch – wie z. B. in reinem Wasser – teilweise dissoziiert oder assoziiert sein können. Eine *Mischphase* (eine *Mischung*) enthält dagegen zwei oder mehrere Stoffe. Meist hat man es in der materiellen Welt mit *Mehrphasensystemen* (*heterogenen Systemen*) zu tun. – Wichtige Sonderfälle sind die *Erdatmosphäre* und die *Weltozeane*. Obwohl sich bei ihnen Größen wie Druck, Dichte, Konzentrationen u.a. stetig mit der Höhe bzw. Tiefe im Raum ändern, stellen sie *quasihomogene* Phasen oder kontinuierliche Systeme dar, werden also auch noch als *einphasig* betrachtet.

Hinweis. Beachte die Unterschiede zwischen dem *Stoff-* und dem *Phasenbegriff*: *Einstoffsysteme* können mehrphasig sein, *Mehrstoffsysteme* einphasig!

Beim Gebrauch der in der Chemie und in der Verfahrenstechnik allgegenwärtigen Begriffe Stoffsystem, Aggregatzustand und Phase ist eine sorgfältige Abgrenzung der einschlägigen Termini wichtig. Schließlich können, um nur ein Beispiel zu nennen, sowohl Einstoff- als auch Mehrstoffsysteme in einem Aggregatzustand ein- oder mehrphasig vorliegen. Die mögliche Verwirrung ergibt sich durch die vielfältig auftretenden Kombinationen der

---

[2] *amorphos* griech. gestaltlos

Begriffspaare *Einstoff-/Mehrstoffsysteme* sowie *Einphasen-/Mehrphasensysteme*. Das Studium der Tabellen 2.2/2.3 wird helfen, die Systematik zu verstehen!

Ordnung in diese anscheinend recht verwickelten Sachverhalte vermag die klassische *Thermodynamik* (s. 8, 10) zu bringen: Nach ihr läßt sich der *Zustand* eines stofflich und energetisch bestimmten Systems als Summe makroskopischer *Stoffeigenschaften* beschreiben, vorausgesetzt, daß ein *thermisches, mechanisches* und *chemisches Gleichgewicht* vorliegt.

Solche Eigenschaften sind die *Zustandsvariablen Druck, Temperatur, Volumen*, bei *Mehrstoffsystemen* auch die *Zusammensetzung*. Die gegenseitige Abhängigkeit der *Zustandsvariablen* voneinander führt zu den *Zustandsgleichungen*, über die man Aussagen zum *Energie-* bzw. *Ordnungszustand* des jeweiligen Systems erhält, meist unter Nutzen speziell definierter *Zustandsfunktionen*.

Zurück zu den *Mehrstoffsystemen*: Sie umfassen ein- oder mehrphasige *Gemische* mehrerer Stoffe *unterschiedlicher chemischer Zusammensetzung*.

Tab. 2.2 Zur Systematik von Stoffen

	1. ...	2. Untergliederung	Möglichkeiten zur weiteren Untergliederung
	Rein-stoff	*Element*	– Reinelement, Mischelement – Nichtmetall, Metall, Halbmetall, Halbleiter – fest, flüssig, gasförmig (z. B. bei 25 °C, 1 bar)
Stoff		*Verbindung*	– anorganisch, organisch – ionisch, kovalent, metallisch gebunden – binär, ternär, ...; Komplexverbindungen – fest, flüssig, gasförmig (z. B. bei 25 °C, 1 bar)
	Ge-misch	zwei-/mehrphasig: *heterogenes* Gemisch (≡ *Gemenge*)	– grobdispers, feindispers – Aggregatzustände: s/s, s/l, s/l/g, s/g, l/g, l/l – metallisch/nichtmetallisch (z. B. Erz/Gangart)
		einphasig: *homogenes* Gemisch (≡ *Mischphase, Mischung, Lösung*)	– feste Lösungen (Mischkristalle, Legierungen) – flüssige Lösungen (Meerwasser, Wein) – gasförmige Mischungen (Luft, Knallgas)

Liegen diese Stoffe im jeweiligen Aggregatzustand *einphasig* vor (also definitionsgemäß *homogen*), spricht man von einer *Mischphase*, einer *Mischung* oder auch von einer (gasförmigen, flüssigen, festen) *Lösung*. Gasförmige Gemische sind immer einphasig, also als Mischungen/Lösungen anzusprechen. Ist das *Gemisch mehrphasig*, also *heterogen*, spricht man von einem *Gemenge*.

Hinweis. Die hier erfolgte Benennung von Gemischen, Gemengen und Mischungen wird häufig nicht so konsequent befolgt. „Mischungen" wird oft – wie auch in der Umgangssprache – für Gemenge verwendet, also für mehrphasige und dementsprechend heterogene Gemische.

Tab. 2.3 Beispiele für die Begriffe „Aggregatzustand" und „Phase"

Der Reinstoff *Wasser* kann gleichzeitig in drei Aggregatzuständen vorliegen (fest/flüssig/gasförmig - s/l/g); dem entspricht die Koexistenz von drei Phasen (*Wasser/Eis/Wasserdampf*).

Eine wäßrige *Zuckerlösung* stellt eine Phase dar, die aus zwei Stoffen (Wasser, Zucker) besteht.

Milch ist ein Zweiphasen-Vielstoff-System, eine Emulsion von Fett in einer wäßrigen Lösung verschiedener Stoffe.

Die Backzutaten *Zucker/Mehl/Backpulver/Salz* bilden zunächst ein fest-festes Vierkomponenten-Vierphasen-*Gemenge*, nach Zugabe von *Butter/Ei/Milch* ein kompliziertes fest-flüssiges *Gemenge* mit zumindest *partieller Löslichkeit* einiger Komponenten ineinander.

Viele *Elemente*, also *elementare Reinstoffe*, bilden im festen Aggregatzustand unterschiedliche Phasen (sie liegen in mehreren *Modifikationen* vor, sogen. *Allotropen*), z. B. *Schwefel monoklin* und *rhombisch*, *Kohlenstoff* als *Graphit, Diamant, Fulleren(e)*.

Auch Verbindungen können mehrere kristalline Modifikationen besitzen, sogen. *Polymorphe*, z. B. bei *Siliciumdioxid* als *Quarz, Cristobalit, Tridymit*; darüber hinaus existieren äußerlich feste, strukturell aber amorphe bis mikrokristalline Formen (*Opal, Chalcedon),* im Aufbau ähnlich den flüssigkeitsanalogen Zuständen (SiO_2 als *Kieselglas*).

Polymorphie zeigt auch *Calciumcarbonat*, das sehr häufig als *Calcit* auftritt (*Marmor, Doppelspat*), seltener als *Aragonit*, sehr selten als *Vaterit*.

Granit besteht aus drei Phasen, nämlich entsprechend dem alten Schüler-Merkreim aus den drei Feststoffen *„Feldspat, Quarz* und *Glimmer*, diese drei vergeß' ich nimmer!"

Die Berührungsflächen zwischen den einzelnen Phasen, s-s, s-l, l-l usw., werden *Phasengrenzflächen* genannt; bei Kombinationen s-g oder l-g spricht man auch von *Oberflächen*. Dort ändern sich die Eigenschaften *unstetig*, also sprunghaft, zumindest bei makroskopischer Betrachtungsweise.

Grenzen haben eine Doppelfunktion: Sie trennen Verschiedenes, verbinden aber zugleich Benachbartes. Entsprechend lassen sich unterschiedliche *Subsysteme* angeben, die je nach Aufgabenstellung zweckmäßig zu wählen sind, z. B., indem man bewußt die jeweils unwichtigen Zusammenhänge wegläßt.

Beispiel 2.2

So wird man *Würfelzucker* oder *Grießzucker* häufig genauso als *einphasig* auffassen können wie einen einzelnen großen *Kandiszucker-Kristall*, obwohl im polykristallinen Zustand eigentlich ein zweiphasiges Zweistoffsystem „Zucker–Luft" vorliegt. – Für den technologischen Ablauf in einer Zuckerfabrik wäre ein solcher Unterschied aber natürlich sehr wesentlich!

Zustands- oder Phasendiagramme (s. 2.3, 9). Sie ermöglichen für Ein- und Mehrstoffsysteme eine anschauliche Darstellung der Phasenbeziehungen in Abhängigkeit vom Druck, von der Temperatur und gegebenenfalls von der Zusammensetzung. So gestatten sie Aussagen zu Änderungen des *Aggregatzustands* bzw. zu *Modifikations-Umwandlungen*, zum Auftreten chemischer *Verbindungen* oder veränderter *Mischphasen*, zur *Trennbarkeit von Stoffgemischen*, zur Werkstoffoptimierung durch Zusätze und zur Effektivität technologischer Abläufe.

2.3 Phasengesetz und Phasendiagramm für reine Stoffe

Das von Gibbs[3] aufgestellte *Phasengesetz* (1876) gibt die maximale Anzahl der Phasen an, die sich miteinander im thermodynamischen Gleichgewicht befinden:

> **Definition 2.2** Phasengesetz: Die Summe aus der Anzahl P der *Phasen* eines Systems und der Anzahl F seiner *Freiheiten* ist um die Zahl 2 größer als die Anzahl K seiner *Komponenten*.
>
> P + F = K + 2   (2.1)

Als Anzahl der Freiheiten oder *Freiheitsgrade* bezeichnet man die Zahl der Zustandsvariablen wie Druck p, Temperatur T und *Molenbruch* x_i (s. 1.1.6), die **unabhängig** voneinander verändert werden können, ohne daß sich dadurch die Anzahl der Phasen ändert. Die Zahl K ist die Zahl der chemischen Individuen, die zur Bildung aller Phasen des im Gleichgewicht vorliegenden Systems ausreichen.

Beispiel 2.3

Für das System *Calciumcarbonat/Calciumoxid/Kohlenstoffdioxid* ist K = 2; der jeweils dritte Stoff bildet sich zwangsläufig über das Gleichgewicht

$$CaO + CO_2 \rightleftharpoons CaCO_3$$ (2.2)

Für reine Stoffe nimmt das Phasengesetz wegen K = 1 mit P + F = 3 eine besonders einfache Form an. Da nur eine Komponente vorliegt, entfällt die sonst notwendige Angabe der Zusammensetzung des Gemischs. Somit kann man schon in einem zweiachsigen Koordinatensystem die Abhängigkeit des Aggregatzustands von Druck und Temperatur darstellen, z. B. für *Wasser* (Bild 2-1).

In einem von der Umgebung abgeschlossenen System haben Eis bzw. Wasser bei jeder Temperatur einen bestimmten *Sättigungsdampfdruck* p; ist Luft zugegen, wirkt dieser Druck nunmehr als *Wasserdampf-Partialdruck*, der sich mit dem der Luft zum Umgebungsdruck (z. B. 1 bar) ergänzt. Die jeweiligen Wertepaare[4] Druck-Temperatur (p/T bzw. p/ϑ) ergeben die *Sublimationsdruckkurve* (A) für die Koexistenz von Eis und Wasserdampf und die *Dampfdruckkurve* (B), die flüssiges Wasser vom Wasserdampf abgrenzt. A und B geben somit an, welche Dampfdrücke[5] sich einstellen, wenn die Gesamtmenge von Wasser bzw. Eis in einen abgeschlossenen, zunächst evakuierten Raum eingebracht wird. Die Dampfdruckkurve endet bei der *kritischen Temperatur* T_{cr} bzw. ϑ_{cr}, oberhalb der Wasser und Wasserdampf nicht mehr als getrennte Phasen unterschieden werden können.

---

[3] Josiah Willard Gibbs (1839-1903), US-amerikanischer Mathematiker und Physiker

[4] T - Temperatur in K (Kelvin, nicht Grad Kelvin), ϑ - Temperatur in °C (Grad Celsius); das auch zulässige Zeichen „t" für die Celsiustemperatur wird hier nicht verwendet, um Verwechslungen mit „t" für Zeit auszuschließen

[5] Der Plural von Druck ist hier Drücke; „Drucke" sind der Plural von „Druck" im Sinne eines Druckerzeugnisses (Farbdrucke, Sonderdrucke, Wiegendrucke)

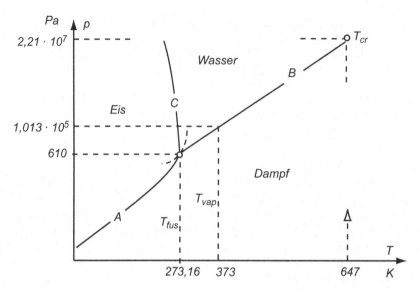

Bild 2-1 Phasendiagramm von Wasser (vereinfacht; Druck p in Pascal, Temperatur T in Kelvin)

Entscheidend für den jeweiligen Übergang zwischen Wasserdampf und den zwei kondensierten Phasen, Eis bzw. Wasser, ist der *Umgebungsdruck*. Wird der Dampfdruck des Wassers gleich diesem, ist die zugehörige Temperatur die *Siedetemperatur* T_{vap} (ϑ_{vap})[6] für den Übergang l → g bzw. die damit identische *Kondensationstemperatur* für den Phasenwechsel g → l.

Somit kann über den äußeren Druck die *Siedetemperatur* in weiten Grenzen verändert werden, was man ausnutzt für Destillationen bei Unterdruck (schonende *„Vakuumdestillation"*) oder Überdruck (*„Schnellkochtopf"*, schnelleres Garen wegen der erhöhten Siedetemperatur).

Bei sehr geringen (Partial-)Dampfdrücken und den durch Kurve A bestimmten tiefen Temperaturen geht Eis unmittelbar in Wasserdampf über (*Sublimation*) bzw. bilden sich Eiskristalle aus Wasserdampf (*Re- oder Desublimation*).

Die Sublimation wird z. B. zur schonenden Entfernung von Wasser im Vakuum aus Lebensmitteln oder Medikamenten genutzt (*Gefriertrocknung*). Die Bildung von Eiskristallen aus Wasserdampf ist uns als *Rauhreif* und *Schnee* im Winter vertraut.

Der Schnittpunkt der Kurven A und B in Bild 2-1 bestimmt die *Schmelztemperatur* T_{fus} von Eis bzw. die *Erstarrungs-* oder *Gefriertemperatur* von Wasser unter seinem eigenen Dampfdruck von 610 Pa: T_{fus} = 273,16 K; ϑ_{fus} = +0,01 °C

Der minimale Unterschied zwischen der Schmelztemperatur reinen Eises und dem Thermometer-Fixpunkt 0 °C für an Luft schmelzendes Eis („Eispunkt") resultiert aus zwei Einflüssen:

- Erstens erniedrigt sich der Partialdampfdruck des Wassers etwas durch die Sättigung von Wasser mit Luft; es liegt also kein reines Wasser vor, sondern eine Mischphase *Wasser-Luft*.

- Zweitens steht Eis an Luft unter dem 180x höheren Druck von ca. 10^5 Pa. Wie die Schmelz-druckkurve C zeigt, <u>fällt</u> T_{fus} von Eis wegen dessen Struktur (s. 24.2.2) bei höherem Druck.

---

[6] lat.: *vaporatio* - Verdampfung, Verflüchtigung; *fusio* - das Gießen, Schmelzen

Hinweis. Abweichend von den hier gebrachten Symbolen für die Siede- und Schmelztemperatur, T_{vap}, T_{fus}, ϑ_{vap}, ϑ_{fus}, die den Regeln zur Benennung physikalisch-chemischer Größen in der Thermodynamik entsprechen, sind im Laboralltag und auch im Teil „Organische Chemie" dieses Buches andere Abkürzungen wie „Fp." für „Schmelzpunkt" und „Kp." für „Siedepunkt" üblich.

Die Paare p/T, durch die die Kurven A, B und C festgelegt werden, grenzen jeweils *Zwei-Phasen-Gebiete* voneinander ab: s $\rightleftharpoons$ g (A), l $\rightleftharpoons$ g (B) und s $\rightleftharpoons$ l (C). Längs A, B und C gibt es wegen P = 2 also nur eine Freiheit; ein geänderter Druck legt zwangsläufig die neue *Gleichgewichtstemperatur* fest und umgekehrt. Innerhalb der Einphasengebiete s, l, g können dagegen Druck p und Temperatur T wegen P = 1 und F = 2 in weiten Grenzen unabhängig voneinander variiert werden. Bei der *Schmelztemperatur* T_{fus} koexistieren alle drei Phasen s/l/g; wegen P = 3 wird F = 0, man spricht von einem *Tripelpunkt*.

Hinweis. Die Ausführungen zu Bild 2-1 gelten prinzipiell auch für andere Reinstoffe. Allerdings ist dort fast immer die Druckabhängigkeit der Schmelztemperatur invers zu der von Wasser, d. h. T_{fus} steigt mit dem Druck. Beim Vorliegen mehrerer fester Modifikationen, z. B. von rhombischem und monoklinem Schwefel, gibt es im Diagramm entsprechend viele Tripelpunkte[7].

Bei allen Betrachtungen zu Bild 2-1 wurde stillschweigend das Vorliegen eines *thermodynamischen Gleichgewichts* vorausgesetzt. Später wird erläutert werden (s. 10.2.1, 15), daß sich Gleichgewichte oft nur verzögert einstellen, so daß sich auch *Nichtgleichgewichtszustände* sehr lange halten können, solange nämlich, bis die für die Bildung von hinreichend vielen *Keimen* der neuen Phase notwendige *Aktivierungsenergie* aufgebracht worden ist (s. 15.3).

Beispiel 2.4

Verzögerte Gleichgewichtseinstellung im System Wasser-Luft:

- Wasser kann bei erschütterungsfreiem Arbeiten deutlich über die jeweilige Siedetemperatur hinaus erhitzt werden, ohne daß es siedet (*„Siedeverzug"*). Dieser Zustand einer *überhitzten Flüssigkeit* kann durch geringfügige Einwirkung (Einwerfen eines Siedesteins, Klopfen am Gefäß) explosionsartig aufgehoben werden, deshalb äußerste Vorsicht!

- Wasserdampf kann ohne Wechsel des Aggregatzustands unter die für den Phasenübergang erforderliche Temperatur abgekühlt werden. Durch Staubteilchen oder eingebrachte Fremdkristalle kann solch ein *übersättigter* Dampf zum Abregnen oder Schneien veranlaßt werden. Bei der aus der Atomphysik bekannten *Wilsonschen Nebelkammer*[8] sind es Elementarteilchen, die längs ihrer Bahnen die Übersättigung aufheben.

- Wasser kann bis deutlich unter 0 °C abgekühlt werden, ohne daß sich Eiskristalle bilden. Die *unterkühlte Flüssigkeit* kann wiederum durch mechanische Erschütterung, durch *Fremdkeime* (Staub, mikroskopisch kleine Glassplitter vom Rühren im Becherglas) oder durch *Eigenkeime* (Einwerfen von Eiskristallen, z. B. von Schneeflocken) zum raschen Durchkristallisieren unter Anstieg auf die Gleichgewichts-Erstarrungstemperatur von 0 °C gebracht werden.

Die Behandlung von Mehrstoffsystemen (s. 9) verlangt das Einbeziehen der *Zusammensetzung* als zusätzlicher Zustandsvariablen.

---

[7] Auch das Phasendiagramm von Wasser zeigt bei hohen Drücken weitere Eis-Modifikationen.

[8] Charles Thomson Rees Wilson (1869-1959), schottischer Physiker, 1927 Nobelpreis für Physik

Aufgaben

Aufgabe 2.1 Phasen/Ordnungszustände:

a) Was ist eine Phase?

b) Nennen Sie je zwei Beispiele für (I) eine reine Phase, (II) ein einphasiges Mehrstoffsystem, (III) ein mehrphasiges Einstoffsystem.

c) Erklären Sie die Begriffe „Fernordnung" und „Nahordnung". Geben Sie je ein Beispiel für entsprechende anorganische Stoffe.

Aufgabe 2.2 Phasenumwandlungen/Aggregatzustände:

a) Nennen Sie zwei Beispiele für die Phasenumwandlung anorganischer Verbindungen oder Elemente unter Änderung des Aggregatzustandes (mit Angabe der Umwandlungstemperatur).

b) Wie erklären Sie, daß oft die bei der jeweils dafür geltenden Temperatur erwartete Umwandlung ausbleibt, so daß „unterkühlte" Schmelzen, „überhitzte" Flüssigkeiten, „übersättigte" Lösungen entstehen?

c) Um das gestörte thermodynamische Gleichgewicht wieder herzustellen, was empfehlen Sie gegen eine (I) „unterkühlte" Schmelze, (II) „überhitzte" Flüssigkeit, (III) „übersättigte" Lösung?

Aufgabe 2.3 Ein- bzw. Mehrphasigkeit: Die uns umgebenden Stoffe sind selten reine Stoffe.

Nennen Sie je drei Beispiele für feste anorganische Substanzen (natürliche Stoffe oder technische Produkte), die sich erklären lassen als

a) Gemenge (mehrphasig; gekennzeichnet durch Phasengrenzen) aus festen Phasen,

Beispiel	Name der einzelnen Phasen im Gemenge
1:	
2:	
3:	

b) Mischungen (einphasig!) aus festen Phasen (Mischkristalle).

Beispiel	Name der zu einer Phase zusammengetretenen Stoffe
1:	
2:	
3:	

Aufgabe 2.4 Phasendiagramm des Wassers.

a) Skizzieren Sie das Diagramm. Markieren Sie

– die Schmelztemperatur T_{fus},
– die Siedetemperatur T_{vap} bei Normaldruck,
– den Bereich, in dem Sublimation erfolgt.

Markieren Sie an zwei geeigneten Stellen Punkte im Diagramm, die metastabilen Zuständen einer unterkühlten bzw. einer überhitzten Flüssigkeit entsprechen.

b) Wie hängt die Schmelztemperatur von Eis vom Druck ab? Wie ist das normalerweise bei anderen Feststoffen? Begründen Sie das besondere Verhalten von Eis/Wasser über die Struktur der beiden Phasen.

Aufgabe 2.5 Sieden und Sublimieren.

a) Unter welchen Bedingungen sublimieren reine Stoffe? Wann sieden sie?

b) Kann jeder Stoff sublimiert werden?

c) Was ist Gefriertrocknung, und wofür wird sie industriell genutzt?

Stoffgemische

Neben der qualitativen Einteilung der Stoffgemische (3.1) sind die Möglichkeiten zur Trennung in ihre Bestandteile (3.2) ebenso von Bedeutung wie ihre quantitative Charakterisierung durch geeignete Zusammensetzungsvariable (3.3).

3.1 Klassifizierung nach der Mischbarkeit

Gasmischungen. Gase mischen sich immer vollständig, eine Mehrphasen-Kombination g-g gibt es nicht. Die wichtigste Gasmischung ist *Luft*, ein Vielkomponentensystem. Sieht man von den wechselnden Mengen an Wasserdampf ab, so entfallen in trockener Luft Volumenanteile φ_i von $\approx$ 99,99 % auf nur vier Stoffe, Stickstoff N_2 (78,10 %), Sauerstoff O_2 (20,93 %), Argon Ar (0,933 %) und Kohlenstoffdioxid CO_2 (0,03 %). Zum letzten Prozent-Hundertstel tragen Dutzende weiterer Komponenten natürlichen oder anthropogenen[1] Ursprungs bei.

Flüssigkeitsgemische. In Flüssigkeiten ist die Wechselwirkung der Teilchen viel stärker als in Gasen. Deshalb überrascht es nicht, daß sich nicht alle Flüssigkeiten unbegrenzt miteinander mischen, sondern nach der alten Alchimistenregel *„similia similibus solvuntur"* (Ähnliches wird durch Ähnliches gelöst) nur die „ähnlichen". Zwei Stoffe A und B sind dann „ähnlich", wenn sich die *Wechselwirkungsenergien* der Teilchen untereinander (E_{A-A}, E_{B-B}) bzw. miteinander (E_{A-B}) nur wenig unterscheiden. Bei völliger Übereinstimmung sind *ideale Mischungen* zu erwarten. Treten neben den allgegenwärtigen *van-der-Waals-Kräften* (s. 6.5) zwischen den Molekülen auch stärkere *Dipol-Dipol-Wechselwirkungen* oder gar *Wasserstoffbrückenbindungen* (s. 6.5) auf, ist ein solcher Idealfall selten.

Grob teilt man ein in *unpolare* und in *polare Flüssigkeiten*, je nach dem *Dipolmoment* der einzelnen Moleküle und ihrer Tendenz zur *Assoziation*.

Zwar sind Moleküle definitionsgemäß nach außen elektrisch neutral, doch sind die elektrischen Partialladungen in ihnen oft nicht zentrosymmetrisch verteilt. Das Verhalten solcher *polaren Moleküle* ist vereinfacht das eines Dipols, d.h. zweier entgegengesetzt gleicher punktförmiger (Partial-)*Ladungen* q_i im Abstand r voneinander. Das *Dipolmoment* μ ergibt sich als $\mu = q_i \cdot r$.

Unpolare oder *wenig polare Flüssigkeiten*, wie Kohlenwasserstoffe, Halogenkohlenwasserstoffe, Ether und Ester haben geringe *Dipolmomente* und niedrige *Dielektrizitätskonstanten*. Entsprechend niedrig sind ihre Schmelz- und Siedetemperaturen. Sie lassen sich meist gut miteinander mischen, auch lösen sich unpolare Feststoffe in ihnen recht gut.

Polare Flüssigkeiten haben relativ hohe Dielektrizitätskonstanten, sie neigen zur *Assoziation*. Oft wirken auch noch *Wasserstoffbrückenbindungen* (s. 7.3.2). Dementsprechend sind die Schmelz- und Siedetemperaturen häufig höher als die unpolarer Flüssigkeiten ähnlicher molarer Masse. Polare Flüssigkeiten, wie Wasser, Methanol und Ethanol, mischen sich miteinander zwar nicht ideal, aber doch in jedem Verhältnis. Es besteht ein kontinuierlicher Übergang von völlig unpolaren zu ausgesprochen polaren Flüssigkeiten, woraus sich viele Fälle zwischen weitgehender Unmischbarkeit und vollständiger Mischbarkeit ergeben.

---

[1] griech *anthropos* Mensch, -*genes* hervorbringend, verursacht

Beispiel 3.1

Wasser und Benzin mischen sich kaum. Ethanol mischt sich dagegen unbegrenzt sowohl mit Wasser als auch mit Benzin, kann also als Lösungsvermittler dienen. So verhindert im Winter ein Ethanol-Zusatz zu Autobenzin das störende Gefrieren von Wassertropfen im Tank.

Beispiel 3.2

Nimmt die Polarität organischer Verbindungen zu, etwa durch die Einführung von Hydroxylgruppen, wächst ihre Mischbarkeit mit polaren Flüssigkeiten wie Wasser, z. B. in der Reihe 1-Propanol $\rightarrow$ 1,3-Propandiol $\rightarrow$ 1,2,3-Propantriol (Glycerin, Glycerol) (s. Tab. 36.3).

Analoge Betrachtungen gelten auch für die Löslichkeit von Feststoffen in Flüssigkeiten. Polare Feststoffe, z. B. viele Salze, haben eine hohe Löslichkeit in Wasser (s. 13.1.1, 24.2.2), sie sind *hydrophil*[2]. Unpolare Feststoffe, z. B. höhere, bei Raumtemperatur feste Paraffine, sind *hydrophob*, also gering wasserlöslich.

3.2. Trennung von Gemischen

Bei heterogenen Gemischen, also *Gemengen*, sind die sogenannten *dispersen Systeme* besonders wichtig. Bei ihnen liegt die *disperse Phase*[3] in feiner Verteilung in einem homogenen *Dispersionsmittel* vor. Dabei kann die *Dispersität*, also der *Zerteilungsgrad* der einzelnen Partikeln, sehr stark schwanken (Tab. 3.1).

Die dispergierten Teilchen in *grobdispersen Systemen* haben Durchmesser von mehr als 1 µm; sie sind unter dem Mikroskop sichtbar, teils schon mit bloßem Auge. *Kolloiddisperse Systeme* verkörpern mit Teilchen zwischen 1 µm und 1 nm den fließenden Übergang zu den *homogenen Systemen*, also zu den *Mischungen* mit molekularer bzw. atomarer Verteilung der Bestandteile. Kolloid gelöste Teilchen bewirken den *Tyndall-Effekt*,[4] die Lichtstreuung bei seitlicher Beleuchtung, die zur Bestimmung der ungefähren molaren Masse genutzt werden kann.

Für nicht allzu feinteilige Stoffgemenge nutzt man *mechanische Trennverfahren* aufgrund unterschiedlicher Größe, Dichte oder Löslichkeit der voneinander abzutrennenden Partikeln, und zwar beim *Sieben, Filtrieren, Extrahieren, Schlämmen* (Goldwäsche), *Windsichten* (Trennen der Spreu vom Weizen), sowie beim *Sedimentieren* (Absitzenlassen) bzw. *Zentrifugieren* von Schwebstoffen und dem anschließenden Abgießen (*Dekantieren*) der überstehenden Flüssigkeit.

Sehr feinteilige, also kolloiddispers vorliegende Stoffe können mittels *Ultrafiltration* durch feinstporige Membranen vom Dispersionsmittel getrennt werden (*Dialyse*).

---

[2] griech.: *hydrophil* wasserfreundlich, *hydrophob* wasserabweisend

[3] *dispergere* lat. zerstreuen

[4] John Tyndall (1820-1893), irischer Physiker

Tab. 3.1 Disperse Systeme (Dispersphase A, Dispergiermittel B); s fest, l flüssig, g gasförmig

Dispersionstyp	A	B	Beispiele
Aerosol[1]	s	g	Rauch, Erd- und Industriestäube
	l	g	Spray-Medikamente u. -lacke, Nebel
Schäume	g	l	Meeresbrandung, Waschflotte
	g	s	Bimsstein, Polyurethanschäume
Emulsionen[2]	l	l	Salben, Milch (Öl in Wasser), Butter (Wasser in Öl), Latex (Gummibaum-Milchsaft)
Suspensionen[2]	s	l	Tusche, Pasten, Schlämme, photographische Schichten[3]
feste Sole	s	s	Anlauffarbgläser (Goldrubinglas), Polymerfüllungen

[1] solutus lat. aufgelöst; A und e in „Aero..." werden üblicherweise getrennt gesprochen
[2] lat.: emulgere ausmelken, suspendere aufhängen, in der Schwebe halten
[3] Die fälschlich „Emulsionen" genannten lichtempfindlichen Schichten werden hergestellt durch Aufschlämmen (Suspendieren) von Silberhalogenidkristalliten in Gelatine-"Lösung"

Bei magnetisierbaren Stoffen kann deren Abtrennung im *Magnetfeld* erfolgen. Bei der Erzaufbereitung gelingt oft eine Anreicherung durch *Flotation*, das ist ein Auftrennen von Mahlgut über die unterschiedliche *Benetzbarkeit* von Erz und Gangart durch *Tenside* (s. 39.3). – Übliche *thermische Trennverfahren*, wie Destillieren, Schmelzen und Sublimieren, sind bei Gemengen wenig verbreitet.

Von *Mischungen* oder *Lösungen* spricht man bei *molekulardispersen Gemischen* mit Teilchendurchmessern im Subnanometer-Bereich. Man bezeichnet Mischungen häufig dann als *Lösungen*, wenn ein Bestandteil in großem Überschuß vorliegt (*Lösungsmittel*) oder vor dem Mischen einen anderen Aggregatzustand hatte (*Salze*). Sie können in allen drei Aggregatzuständen auftreten.

Beispiel 3.3

Essig ist eine Lösung von *Essigsäure* in Wasser (eine Mischung von Essigsäure mit Wasser), *Messing* eine feste Lösung von Zink in Kupfer, *Luft* eine Mischung verschiedener Gase.

Mischungen haben oft deutlich veränderte Eigenschaften gegenüber denen der reinen Komponenten. So wird *Chlorwasserstoff* erst durch das Lösen in Wasser, durch Hydratation und Dissoziation, zu einer starken Säure. Mischungen weisen statt konstanter Schmelz- und Siedetemperaturen in der Regel *Schmelz-* und *Siedeintervalle* auf (vgl. aber *azeotrope Mischungen*, s. 9.1). Die Abtrennung eines der Bestandteile erfolgt oft durch *Fraktionieren (Destillieren, Kondensieren, Fällen)*. Wenn thermische Trennverfahren ausscheiden, z. B. bei Komponenten, die nur in geringen Anteilen in der Mischung vorliegen, nutzt man chemische Reaktionen zur Abtrennung, z. B. von sauren Komponenten aus *Industrieabgasen* (CO_2, SO_2) durch Salzbildung mit geeigneten basischen Stoffen (CaO), von Schwermetall-Ionen aus *Abwässern* durch Ausfällen als schwerlösliche Salze oder durch Adsorption/Desorption an geeigneten *Ionenaustauscher*-Harzen.

3.3 Gehaltsangaben von Gemischen

Zur Kennzeichnung von Gemischen ist deren quantitative Zusammensetzung wichtig. Heterogene Gemische (Gemenge) können jede beliebige Bruttozusammensetzung haben; bei homogenen Mischphasen (Mischungen) ist die Zusammensetzung oft begrenzt durch die maximale *Löslichkeit* der Bestandteile ineinander. Da rechnerisch auch Gemenge als Summe von Mischphasen erfaßt werden können, gelten für beide Gemisch-Typen dieselben *Zusammensetzungsgrößen*.

3.3.1 Zusammensetzungsgrößen

Will man die Zusammensetzung von Gemischen erfassen, muß zunächst klar sein, welche Teilchen als deren Bestandteile zugrundegelegt werden sollen. Hier gibt es eine gewisse Willkür, natürlich nur bis zur einmal getroffenen Entscheidung.

Beispiel 3.4

Einer *Stoffportion* i an Schwefel mit *Ringmolekülen* S_8 kann man die Stoffmenge $n(S_8)$ zuordnen, oder den achtmal größeren Wert $n(S)$, wenn man auf Atome bezieht, oder den damit identischen Wert $n(1/8\ S_8)$ beim Bezug auf Moleküle S_8, die in Atome zerlegt gedacht sind.

Die Portionen der jeweiligen Stoffe i im Gemisch interessieren meist als deren *Masse* m_i, *Stoffmenge* n_i, *Volumen* V_i, manchmal auch als deren *Teilchenzahl* N_i. Meist bildet man Quotienten aus einer der vorgenannten Größen für einzelne Stoffportionen i und einer summarischen Größe m, n, V und N für alle Bestandteile des Gemischs[5]. Es ergeben sich zahlreiche Möglichkeiten (DIN 1310, DIN 32625). Die in der Chemie wichtigsten werden in Tab. 3.2 zusammengestellt.

Tab. 3.2 Wichtige Zusammensetzungsgrößen zur Kennzeichnung von Gemischen

⇓ **Nenner** / **Zähler** ⇒	*Stoffmenge* n_i (mol)	*Masse* m_i (g, kg)
Gesamtstoffmenge n n = Σ n_i (mol)	**Stoffmengenanteil** (Molenbruch[1]) x_i $x_i = n_i / n$ (–) $x_i = 0...1$ (≡ 0...100 %)	–
Gesamtmasse m m = Σ m_i (g, kg)	–	**Massenanteil**, (-bruch[1]) w_i $w_i = m_i / m$ (–) $w_i = 0...1$ (≡ 0...100 %)
Gesamtvolumen V V = Σ v_i (cm³, l)[2]	**Stoffmengenkonzentration** c_i („Konzentration") $c_i = n_i / v$ (mol/l)	**Massenkonzentration** β_i $\beta_i = m_i / v$ (kg/m³, g/l)
Masse einer *Vorzugs-komponente* m_L (g, kg)	**Molalität** b_i $b_i = n_i / m_L$ (mol/kg)	–

[1] veraltete Bezeichnung (weitere s. S. 31)
[2] Hier ist aber zu beachten: Additivität gilt streng nur für ideale Mischungen!

---

[5] Nur gelegentlich wird nicht auf alle Bestandteile bezogen, sondern nur auf eine Vorzugskomponente (vgl. Molalität in Tab. 3.2)

Die Summen aller *Stoffmengenanteile* x_i bzw. *Massenanteile* w_i der jeweiligen Komponenten i am Gemisch ergeben definitionsgemäß immer den Wert 1 (bzw. den identischen Ausdruck 100 %)[6]. Für x_i und w_i, jeweils als Dezimalbrüche oder als Prozentangaben, halten sich noch hartnäckig die – den DIN-Richtlinien widersprechenden – älteren Bezeichnungen „Molenbruch, Mol-% (Atom-%)" und „Massenbruch, Masse-% (Gewichts-%)". Wird „%" oder „...%ig" ohne Zusätze verwendet, so ist wie im Sprachalltag immer ein Massenanteil w_i gemeint.

Ähneln sich die molaren Massen der Komponenten, so unterscheiden sich Stoffmengen- und Massenanteile wenig; es gibt aber auch große Unterschiede.

Beispiel 3.5

Palladium kann das Vielfache seines Volumens an Wasserstoff lösen (s. 30.3). In der entstehenden supraleitenden Phase $PdH_{0,8}$ sind ...

... die *Stoffmengenanteile* x_i		... die *Massenanteile* w_i	
x(Pd)	= n(Pd) / {n(Pd) + n(H)}	**w(Pd)**	= m(Pd) / {m(Pd) + m(H)}
	= 1,0 mol / 1,8 mol		= 106,42 g / 107,23 g
	= 0,556 ≡ **55,6 %**,		= 0,992 ≡ **99,2 %**,
x(H)	= n(H) / {n(Pd) + n(H)}	**w(H)**	= m(H) / {m(Pd) + m(H)}
	= 0,8 mol / 1,8 mol		= 0,81 g / 107,23 g
	= 0,444 ≡ **44,4 %**,		= 0,008 ≡ **0,8 %**.

Neben Stoffmengen- und Massenanteil kann man auch einen – in Tab. 3.2 nicht enthaltenen – *Volumenanteil* φ_i („Volumen-%") definieren. Er bringt aber an sich keine neue Information: Für den Grenzfall *idealer Gase* gilt strenge Additivität der Volumenanteile der einzelnen Gase im Gemisch. Deshalb sind hier die Werte φ_i entsprechend der *Zustandsgleichung der idealen Gase* (s. Gl. 4.4) mit den Stoffmengenanteilen x_i identisch. Bei *kondensierten*, also festen und flüssigen *Mischphasen* sind Volumenanteile ohnehin kaum in Gebrauch, da dort ideale Mischbarkeit nur selten verwirklicht ist. Zum Festlegen des Volumenanteils müßte also die jeweilige *Volumenkontraktion* oder *Volumendilatation* bekannt sein.

Beispiel 3.6

Mischt man 1,00 l reines Ethanol mit 1,00 l Wasser, so ergeben sich nicht 2,00 l Mischung, sondern lediglich 1,93 l.

Im Labor wird für wäßrige Lösungen die *Stoffmengenkonzentration* c_i bevorzugt, die man – abweichend von der DIN-Empfehlung – meist einfach als „Konzentration" bezeichnet.

Nicht mehr anzuwenden sind die Begriffe *Molarität* M und *Normalität* N, die dennoch besonders für *Maßlösungen* noch immer sehr verbreitet sind. M und N sind nämlich die *Zahlenwerte* der jeweiligen Stoffmengenkonzentrationen an Teilchen (M) bzw. Teilchenäquivalenten (N), sofern diese stets in „mol/l" angegeben werden. Da an diese Einheit gebunden, stellen M und N also weder Größen dar noch bloße Zahlenwerte. Sie fügen sich folglich nicht konsistent in das SI-System ein. Tab. 3.3 gibt SI-gerechte Alternativen zu diesen veralteten Ausdrücken, sowohl ausführliche als auch kurze.

---

[6] Das Zeichen „%" steht bekanntlich für 1/100 (von *pro centum* lat. je hundert)

Tab. 3.3 „Molarität" und „Normalität" und ihre SI-gerechten Alternativen

---

Ausgangssituation: Drei Säuren als verdünnt-wäßrige Lösungen,

- *Schwefelsäure* H_2SO_4 einer Stoffmengenkonzentration $c(H_2SO_4)$ = 0,5   mol/l,

- Orthophosphorsäure H_3PO_4 mit $c(H_3PO_4)$ = 0,333 mol/l,

- Salzsäure HCl mit $c(HCl)$ = 1   mol/l.

Je ein Liter dieser Lösungen vermag bei der Umsetzung mit 1 mol Natriumhydroxid gerade ein Mol Wasserstoff-Ionen zur Verfügung zu stellen, wobei letztlich – nach Abdampfen des Wassers – 0,5 mol Na_2SO_4, 0,333 mol Na_3PO_4 und 1 mol NaCl anfielen. Äquivalente für eine solche Umsetzung sind also: 0,5 mol H_2SO_4 $\hat{=}$ 0,333 mol H_3PO_4 $\hat{=}$ 1 mol HCl.

Veraltete Formulierungen mit „Molarität" und „Normalität":

- „Die Lösungen sind halb-, drittel-, einmolar an der jeweiligen Säure, aber einnormal an H^+_{aq}"[1].

- oder   „Die Molarität der Lösung ist ein halb, ein drittel, eins."

- Die Kurzbezeichnung solcher „Normallösungen" ist:
  ½ M H_2SO_4 (1 N H_2SO_4);   ⅓ M H_3PO_4 (1 N H_3PO_4);   1 M HCl (1 N HCl).

SI-gerechte Formulierungen: „Die Stoffmengenkonzentration der jeweiligen Säure ist

$c(H_2SO_4)$ = 0,5 mol/l, $c(H_3PO_4)$ = 0,333 mol/l, $c(HCl)$ = 1,0 mol/l;

die Stoffmengenkonzentration an Wasserstoff-Ionen ist in allen Fällen $c(H^+_{aq})$ = 1 mol/l"[1].

Die Kurzbezeichnung solcher „Maßlösungen" ist: „H_2SO_4, 0,5 mol/l" (½ H_2SO_4, 1,0 mol/l), „H_3PO_4, 0,333 mol/l" (⅓ H_3PO_4, 1,0 mol/l), „HCl, 1,0 mol/l".

---

[1] Die aktuelle Konzentration $[H^+_{aq}]$ ist – gemäß den unterschiedlichen Säurestärken – in den drei Lösungen zwar unterschiedlich; in allen Fällen kann aber 1 mol H^+_{aq} abgespalten werden.

Die *Stoffmengenkonzentration* hat den Nachteil, daß sie temperatur-, in geringem Maße auch druckabhängig ist. Das gilt nicht für die relativ selten verwendete *Molalität* b_i, da bei ihr die jeweilige Stoffmenge auf die *Masse* m_L *des Lösungsmittels* L bezogen wird. – In der Praxis werden häufig stark verdünnte Lösungen eingesetzt, deren Dichte nahezu gleich der des reinen Lösungsmittels ist. (Stoffmengen-)Konzentration und Molalität unterscheiden sich dann kaum.

Statt der üblichen Konzentration wird manchmal die *Massenkonzentration* β_i verwendet, z. B. in der Spurenanalytik mit der Einheit mg/l oder μg/l. Für den Grenzfall reiner Stoffe geht β_i in die *Dichte* ρ_i des Stoffes i über.

3.3.2 Herstellen einer definierten Säurelösung

Nun soll ein Übungsbeispiel für verdünnte Schwefelsäure durchgerechnet werden. Hilfreich sind vorab einige Überlegungen zu 100%iger Schwefelsäure[7]:

- Reine Schwefelsäure hat bei 20 °C – entsprechend der tabellierten *Dichte* $\rho(H_2SO_4)$ = 1,8305 g/cm³ – eine *Massenkonzentration* $\beta(H_2SO_4)$ = 1,8305 kg/l.

---

[7] In der Regel ist diese Schwefelsäure wegen ihrer Hygroskopizität nicht 100%ig; für genaues Arbeiten ist deshalb jeweils die aktuelle Konzentration zu ermitteln

- Ein Liter enthält eine Stoffmenge von 18,68 mol $\{= (1830,5 \text{ g/l}) / (98 \text{ g/mol})\}$, die *Stoffmengenkonzentration* ist folglich $c(H_2SO_4) = 18,68$ mol/l.

- *Stoffmengen-* und *Massenanteil*, $x(H_2SO_4)$ und $w(H_2SO_4)$, sind beide 1 (100 %).

Beispiel 3.7

Erstens soll bei 20 °C (der Eichtemperatur von Maßkolben), 1 l einer verdünnt-wäßrigen Schwefelsäure der Stoffmengenkonzentration $c(H_2SO_4) = 1$ mol/l hergestellt werden.
Zweitens sind für diese Lösung die zuvor eingeführten Zusammensetzungsgrößen zu berechnen.
Zu 1.
Es ist 1 mol $H_2SO_{4(conc)}$, das sind $m(H_2SO_4) = 98$ g, in soviel Wasser zu geben (Vorsicht, starke Wärmeentwicklung!), daß bei 20 °C genau ein Volumen $v(\text{Lösung}) = 1$ l erreicht wird. Die Masse $m(H_2O)$ des benötigten Wassers muß nicht bekannt sein, da man beim richtigen Auffüllen des 1-l-Maßkolbens das gewünschte Volumen zwangsläufig erhält. Praktisch ergeben sich zwei Schritte: (1) Eingeben der Säure in ziemlich viel destilliertes Wasser (z. B. in ca. ¾ l), um ein zu starkes Aufheizen durch die Mischungswärme zu vermeiden; (2) Abkühlenlassen des Kolbens auf 20 °C und Auffüllen auf 1000 ml. Nach Umschütteln (!!) ist die Lösung gebrauchsfertig.
Zu 2.
Schon bekannt ist die *Stoffmengenkonzentration* $c(H_2SO_4) = 1$ mol/l.
Für die anderen Größen wird die Masse $m(H_2O)$ benötigt. Sie könnte durch Wägen bestimmt werden, läßt sich aber einfacher aus der tabellierten Dichte der betreffenden verdünnten Säure berechnen.
Hierfür findet man $\rho = 1,0608$ g/cm^3. Demnach hat 1 l Lösung die Masse 1060,8 g, wovon 98 g auf H_2SO_4 entfallen. Daraus folgt $m(H_2O) = 962,8$ g (= 53,46 mol). Damit sind die anderen Werte zugänglich: Die Schwefelsäure hat

- einen *Stoffmengenanteil* $x(H_2SO_4) = 1$ mol / $(1 + 53,46)$ mol $= 0,0187$ = 1,87 %;

- einen *Massenanteil* $w(H_2SO_4) = 98$ g / $(98 + 962,8)$ g $= 0,0924$ = 9,24 %;

- eine *Molalität* $b(H_2SO_4) = 1$ mol / 962,8 g H_2O = 1,039 mol/kg H_2O;

- eine *Massenkonzentration* $\beta(H_2SO_4)$ = 98 g/l.

Aufgaben

Aufgabe 3.1

Auf einer Laborflasche steht (nicht DIN-gerecht, aber noch immer üblich): 2 M H_2SO_4.

a) Was bedeutet das?

b) Wieviel Gramm H_2SO_4 enthält 1 kg der Lösung ($\rho = 1,12$ g/cm^3)?

Aufgabe 3.2

Berechnen Sie für eine 25%ige wäßrige Lösung von Salpetersäure (Dichte $\rho = 1,15$ g/ml) deren

a) Stoffmengenanteil x_i,

b) Stoffmengenkonzentration c_i,

c) Massenkonzentration β_i.

Aufgabe 3.3

Ansetzen einer Schwefelsäure und Bestimmung des H_2SO_4-Gehalts:

a) Wieviel ml einer etwa halbkonzentrierten Schwefelsäure A [Massenkonz. $\beta(H_2SO_4)$ = 51 %; Dichte 1,40 g/ml] braucht man zur Herstellung von 2 l einer Schwefelsäure B mit c_B = 2 mol/l?

b) Bei der Titration einer Schwefelsäureprobe wurden bis zur Neutralisation 28,4 ml einer Lauge mit c(NaOH) = 0,098 mol/l verbraucht. Wieviel Milligramm Schwefelsäure enthielt die Probe?

Aufgabe 3.4

Es sind 200 g einer Lösung herzustellen, die 10%ig an Natriumsulfat Na_2SO_4 ist. Wieviel Gramm des Natriumsulfat-dekahydrats („Glaubersalz") braucht man?

Aufgabe 3.5 Verdünnen von Lösungen:

a) Mit welcher Masse an Wasser muß man 100 g einer 60%igen Salpetersäure S [w(S) = 60 %] mischen, um eine Säure mit w(S) = 12 % zu erhalten?

b) Wieviel ml einer mittelstarken Schwefelsäure [w = 25 %; Dichte (20 °C) = 1,18 g/ml] sind bei 20 °C abzumessen, um mit Wasser 2 l 10%ige Säure zu erhalten (w = 10 %, ρ = 1,07 g / ml)?

c) Warum erhält man nicht einfach ein gewünschtes Volumen einer verdünnten Schwefelsäure durch Vermischen entsprechender Volumina von Wasser und 100%iger Schwefelsäure?

Stöchiometrie

Die Chemie als Wissenschaft von der Stoffwandlung benötigt für die Reaktionsgleichungen möglichst exakte Informationen zur Stoff- und Ladungsbilanz (4.1). Da Umsetzungen häufig unvollständig ablaufen, interessiert auch die über das Massenwirkungsgesetz zugängliche Lage der jeweiligen Gleichgewichte (4.2).

4.1 Reaktionsgleichungen, stöchiometrisches Rechnen

Durch *chemische Reaktionen* entstehen neue Stoffe mit anderer Zusammensetzung und Struktur und mit dementsprechend veränderten Eigenschaften. Chemische Reaktionen sind mit physikalischen Vorgängen verbunden, z. B. mit dem Freiwerden oder dem Verbrauch von *Reaktionswärme* (s. 8.3).

Durch Reaktionsgleichungen läßt sich die Bildung von *Reaktionsprodukten* aus den *Ausgangsstoffen* (*Reaktanten*, *Edukten*) qualitativ und quantitativ beschreiben. Hierzu verbindet man die links stehenden Formeln der Ausgangsstoffe über einen nach rechts gerichteten Pfeil „→" mit den Formeln der Produkte. Für die Fälle, in denen auch die *Rückreaktion* nennenswert abläuft, gilt der Doppelpfeil[1] „⇌".

Beispiel 4.1

Ammoniaksynthese nach Haber-Bosch (s. 23.2.2): 1 mol Stickstoff und 3 mol Wasserstoff reagieren mehr oder weniger weitgehend zu 2 mol Ammoniak:

$$N_{2(g)} + 3\,H_{2(g)} \rightleftharpoons 2\,NH_{3(g)} \tag{4.1}$$

Beispiel 4.2

Fällung von *Silberchlorid*: 1 mol Silber-Ionen und 1 mol Chlorid-Ionen reagieren in wäßriger Lösung zu 1 mol Silberchlorid, das weitgehend als Niederschlag ausfällt.

$$Ag^+_{(aq)} + Cl^-_{(aq)} \rightleftharpoons AgCl\downarrow \tag{4.2}$$

Zur genaueren Charakterisierung einer Reaktion sind auch Angaben notwendig zu Druck, Temperatur und zum Energieumsatz; hierzu s. 4.2 sowie 8, 10, 15 für die thermodynamische bzw. kinetische Behandlung von Reaktionen. – Hier geht es zunächst nur um ein phänomenologisches Verständnis für die Stoffwandlung, um z. B. die für den Start in ein Chemiepraktikum wichtigen Reaktionen (s. 12-14) und die zugehörige Stöchiometrie[2] verstehen zu können.

---

[1] Nicht zulässig ist hier der Mesomerie-Doppelpfeil „↔", da er keine Gleichgewichtsreaktionen beschreibt (s. 6.4.3, 36.1.7).

[2] die Wortschöpfung (s. S. 9, Fußnote 6) geht zurück auf die „Meßkunst chemischer Elemente" 1792/93 von Jeremias Benjamin Richter (1762-1807), dt. Chemiker

Stoff- und Ladungsbilanz. Eine Reaktionsgleichung ist formal richtig, wenn die Teilsummen der jeweiligen Elemente und der Ladungen auf beiden Seiten der Gleichung übereinstimmen, also *Stoffbilanz* und *Ladungsbilanz* ausgeglichen sind.

Die richtigen – eben die stöchiometrischen – Verhältnisse zwischen den Reaktionsteilnehmern werden vor den Formeln der Partner durch die *stöchiometrischen Faktoren* angegeben, für die man meist die kleinstmöglichen ganzen Zahlen wählt.

Definition 4.1 Die stöchiometrischen Faktoren $|v_i|$ sind die Absolutwerte vorzeichenbehafteter Stöchiometriezahlen v_i, die für Reaktionsprodukte positiv, für Ausgangsstoffe negativ sind.

Da bei üblichen Reaktionen im Rahmen der Meßgenauigkeit keine meßbaren Änderungen der Gesamtmasse auftreten, kann für die Massenbilanz das *Gesetz von der Erhaltung der Masse* als erfüllt gelten[3]. Auf dieser Grundlage beruhen auch die in der Frühzeit der exakten Chemie erkannten Gesetze. Aus heutiger Sicht sind sie nichts weiter als eine logische Folgerung aus dem Aufbau der Stoffe aus Atomen und Molekülen sowie aus der Konstanz der elementspezifischen *molaren Massen*.

Definition 4.2 Das *Gesetz von den konstanten Proportionen*: In der jeweiligen Verbindung AB_x liegen die Elemente in konstanten Massenverhältnissen vor (Richter 1792, Proust 1797-1808)[4].

Beispiel 4.3

In Stickstoffdioxid NO_2 ist das Massenverhältnis von Stickstoff zu Sauerstoff stets $m(N) : m(O) = 14{,}00674$ g $: 31{,}9988$ g, entsprechend den molaren Massen $M(N)$ bzw. $M(O)$ und der Stöchiometrie $N : O = 1 : 2$.

Definition 4.3 Das *Gesetz von den multiplen Proportionen* drückt aus, daß sich beim Vorliegen mehrerer Verbindungen zwischen zwei Elementen (AB, AB_2, AB_3, A_3B_4, ...) die Massen des einen, die mit einer bestimmten Masse des anderen verbunden sind, zueinander wie kleine ganze Zahlen verhalten (Dalton 1804/08)[4].

Beispiel 4.4

Neben dem vorgenannten Oxid des Stickstoffs existieren weitere, wie N_2O, NO, N_2O_4, N_2O_5. Sie haben wie NO_2 konstante, aber gemäß der anderen Stöchiometrie der Formeln natürlich andere Massenverhältnisse. Bezieht man jeweils auf zwei Stickstoffe ($2 \cdot 14{,}00674$ g), so ergeben sich die entsprechenden Massen $m(n \cdot O)$ an Sauerstoff je nach Formel des Oxids:

Formel	N_2O	NO	NO_2	N_2O_4	N_2O_5
$m(n \cdot O)$ je 2 N	$1 \cdot 15{,}9994$ g	$2 \cdot 15{,}9994$ g	$4 \cdot 15{,}9994$ g	$4 \cdot 15{,}9994$ g	$5 \cdot 15{,}9994$ g

---

[3] Kernchemische Umwandlungen bleiben hierbei also ausgeschlossen (s. 0)

[4] Joseph Louis Proust (1754-1826), frz. Chemiker; John Dalton (1766-1844), brit. Naturforscher

Die Massen des jeweils mit 2 Stickstoffatomen verbundenen Sauerstoffs verhalten sich also für die Reihe N_2O, NO, NO_2, N_2O_4, N_2O_5 wie 1 : 2 : 4 : 4 : 5. – Analog gilt für das Massenverhältnis des mit jeweils 2 Sauerstoffen verbundenen Stickstoffs die Reihe 4 : 2 : 1 : 1 : 5.

Definition 4.4 *Volumengesetz* von Avogadro (1811): Die Volumina stöchiometrisch miteinander reagierender idealer Gase stehen zueinander im Verhältnis kleiner ganzer Zahlen.

Beispiel 4.5

Ideale Gase haben bei identischen Temperaturen für identische Stoffmengen auch übereinstimmende Volumina v (s. Gl. 4.4). Ihre Volumina stehen damit im Verhältnis der jeweiligen stöchiometrischen Faktoren $|v_i|$ zueinander, also etwa für die Ammoniaksynthese (Gl. 4.1)
$v(H_2) : v(N_2) : v(NH_3) = 3 : 1 : 2$.

Stöchiometrisches Rechnen verlangt in der Regel nur einfachste Elementar-Mathematik. Dennoch haben viele Anfänger erhebliche Schwierigkeiten mit der Stöchiometrie, besonders mit dem Wechselspiel zwischen ihrem „chemischen" Teil (Formeln, stöchiometrische Faktoren) und dem „mathematischen".

Häufig glaubt man, es gäbe einfache Regeln dafür, welche Produkte durch die Reaktion der Ausgangsstoffe miteinander entstehen. Zwar kann der Fortgeschrittene sehr wohl – aufgrund seiner Faktenkenntnisse und sonstigen Erfahrungen – eine große Zahl von für ihn neuen Reaktionen zutreffend formulieren. Dem Anfänger fehlt aber zunächst dieses Hintergrundwissen!

Jedes stöchiometrische Rechnen setzt also zumindest die Kenntnis der Bruttoformeln der „wesentlichen" Ausgangsstoffe und der „wesentlichen" Produkte voraus. Hier ist eine neue Schwierigkeit verborgen: Was ist „wesentlich", was nicht? Das ist nicht pauschal zu beantworten oder gar einem Tabellenwerk zu entnehmen! Hier ist Problemverständnis und Mitdenken gefragt, Fähigkeiten, die vor allem durch Üben entsprechender Beispiele entwickelt werden können. Über die hier enthaltenen Aufgaben hinaus wird in Kap. 42 auf weiterführende Literatur verwiesen, auch speziell zur Stöchiometrie (z. B. 42, Lit. [52b]).

Bei Ionengleichungen, wie sie uns in den Kapiteln 12-14 vorrangig begegnen, sind meist nur die tatsächlich an der Reaktion beteiligten Teilchen „wesentlich".

Beispiel 4.6

Fällt man 1 mol *Silberchlorid* AgCl durch Zugabe einer Silbernitrat-Lösung zu einer Lösung von *Natriumchlorid*, so ist es zunächst unerheblich, mit welcher – aus Gründen der Elektroneutralität unverzichtbaren – „Mitgift" an Gegen-Ionen die Silber-Ionen Ag^+ mit den Chlorid-Ionen Cl^- zusammenkommen. Aus je einem Mol der genannten Ionen wird ein Mol Produkt entstehen, unabhängig davon, mit welchem Kation Chlorid-, mit welchem Anion Silber-Ionen eingebracht werden. – Daß man bei Silber wegen der geringeren Löslichkeit der üblichen anderen Salze fast immer auf das Nitrat zurückgreift, ändert nichts am Wesen dieser Aussage.

Für die Fragen nach der Masse m_i von 1 mol AgCl und den Masse-Anteilen w_i von Silber und Chlor hieran sind die molaren Massen $M(Ag)$, $M(Cl)$ und $M(AgCl)$ „wesentlich". Die *Massen* m_i werden aus den *Stoffmengen* n_i und den *molaren Massen* M_i nach der einfachen Beziehung erhalten:

$$m_i = n_i \cdot M_i \tag{4.3}$$

Fragt man dagegen, welche Masse an *Silbernitrat* für die Fällung erforderlich sei, dann wird auch das Anion *Nitrat* für die Rechnung „wesentlich"! – Bei Salzhydraten wie $CuSO_4 \cdot 5H_2O$ wäre auch das Kristallwasser zu berücksichtigen.

Fragte man nach der zusätzlichen Belastung des Abwassers, die sich ergäbe, wenn man nach dem Abfiltrieren des Silberchlorids die verbleibende verdünnte Natriumnitrat-Lösung in den Ausguß „entsorgte", werden weitere Daten „wesentlich", die mit unserer Reaktion nicht unmittelbar zu tun haben, also etwa der tägliche Gesamtanfall von *Abwasser* in der jeweiligen Einrichtung, der „normale" Gehalt des Abwassers an verschiedenen Kat- und Anionen, auch die Häufigkeit der Herstellung von Silberchlorid.

Damit ließe sich dann der zusätzliche Einfluß der Präparation von Silberchlorid auf die „Salzfracht" des Abwassers berechnen. Zwar wird oft der Anstieg der Gesamt-Stoffmenge an Salzen nur gering sein, dennoch könnten für ökologisch wichtige Ionen – in unserem Falle also für Nitrat – zulässige Grenzwerte für die Abwasserbelastung erreicht oder überschritten werden.

Schon dieses Silberchlorid-Beispiel mag verdeutlichen, daß die Probleme beim stöchiometrischen Rechnen weniger im Rechnen selbst liegen, als im Erfassen der Aufgabenstellung und in der Bewertung der benötigten, manchmal mit vertretbarem Aufwand nur näherungsweise erhältlichen Daten.

Noch eine Anmerkung: Da Silberchlorid – wie andere schwerlösliche Stoffe auch – nicht absolut unlöslich ist (s. 13.1), müßten im Abwasser auch dessen sehr geringe Anteile berücksichtigt werden, allerdings kaum wegen der Salzbelastung, sondern wegen der *Toxizität von Silber-Ionen* (Trinkwasser-Grenzwert 0,01 mg/l) und wegen des Ziels, möglichst viel vom *Wertstoff Silber* zurückzuhalten (z. B. durch Fällen von AgCl mit einem Chlorid-Überschuß).

Sind Gase an den Reaktionen beteiligt, ergeben sich Rechenvorteile, wenn man sie als ideal behandeln kann, was für einen weiten Temperatur- und Druckbereich möglich ist. Über die *Zustandsgleichung für ideale Gase*,

$$p \cdot v = n \cdot R \cdot T, \tag{4.4}$$
p Druck, v Volumen, n Stoffmenge, R Gaskonstante, T absolute Temperatur,

kann man jeweils die Volumina errechnen. Bei der *Normtemperatur* $T_n = 273{,}15$ K ($\vartheta_n = 0$ °C) und dem *Normdruck* $p_n = 101325$ Pa beträgt das *stoffmengenbezogene* (molare) *Volumen* eines idealen Gases $V_{m,0} = 22{,}4141$ l/mol (s. 8.2.3).

Nicht nur die Reaktionen gemäß Gl. (4.1, 4.2), sondern auch viele andere verlaufen in *Mischphasen*, also in gasförmigen, flüssigen oder auch festen Mischungen. Die hier zur Charakterisierung benötigten Zusammensetzungsgrößen, *Massenanteil*, *Stoffmengenanteil* und andere, wurden in 3.3 behandelt.

Bei Gasmischungen, für die der Gesamtdruck p bekannt ist, werden anstelle der *Stoffmengenanteile* x_i der einzelnen Gase i gern deren – dazu proportionale – *Partialdrücke* p_i angegeben:

$$p_i = x_i \cdot p; \qquad p = \sum p_i \tag{4.5}$$

Diese Drücke hätten die einzelnen Gase, könnten sie das insgesamt verfügbare Volumen jeweils allein ausfüllen.

4.2 Chemisches Gleichgewicht und Massenwirkungsgesetz (Einführung)

Die Gleichungen 0.1, 4.1 und 4.2 zeigten, daß chemische Umsetzungen oft unvollständig ablaufen. In der Regel stellt sich ein *Gleichgewicht* ein zwischen Ausgangsstoffen und Produkten ein, dessen Lage sehr unterschiedlich sein kann:

- Die *Knallgas-Reaktion* (Gl. 0.1) verläuft praktisch vollständig.

- Die Fällung von *Silberchlorid* (Gl. 4.2) ist wegen dessen Schwerlöslichkeit in Wasser zwar noch so weitgehend, daß sie für quantitative Bestimmungen von Silber- bzw. Chlorid-Ionen genutzt werden kann, aber nicht mehr „vollständig".

- Die *Ammoniak-Synthese* (Gl. 4.1) schließlich ist ein gutes Beispiel für eine Gleichgewichtsreaktion, bei der alle Partner in wesentlichen Anteilen vorliegen.

> **Definition 4.5** Im chemischen Gleichgewicht verläuft Hin- und Rückreaktion mit gleicher Geschwindigkeit. Ist dieses *dynamische Gleichgewicht* einmal eingestellt, ändern sich x_i und w_i, die *Stoffmengen-* bzw. *Massen-Anteile* der Reaktionspartner i, nicht mehr. Ihre *Aktivitäten* a_i sind konstant, genauso wie deren Verhältnis zueinander.

Ohne das für die Definition der *Aktivität* notwendige *chemische Potential* μ abzuhandeln, sei angemerkt, daß in realen Mischungen Abweichungen von d e n Gesetzmäßigkeiten auftreten, die jeweils für idealisierte Grenzfälle gelten, also für *ideale Gase*, für *ideale* flüssige oder feste *Mischungen* oder auch für unendlich verdünnte *Elektrolytlösungen*. Das führt dazu, daß Salzlösungen in ihren Eigenschaften verdünnter wirken als sie sind. Ihre „Aktivität" bleibt hinter ihrer Konzentration zurück, in wäßrigen Systemen z. B. hinsichtlich der durch die gelösten Stoffe bewirkten *Siedetemperatur-Erhöhung* oder *Gefriertemperatur-Erniedrigung* von Wasser.

Für Gleichgewichts-Berechnungen kann man zwar weiterhin Konzentrationen verwenden, eigentlich müßte man aber mit Korrekturfaktoren arbeiten, den sogenannten *Aktivitätskoeffizienten* f_i, die gemäß

$$a_i = f_i \cdot c_i \qquad\qquad (4.6)$$

als Proportionalitätsfaktoren zwischen Konzentrationen und Aktivitäten vermitteln.

Die Koeffizienten f_i sind konzentrationsabhängig und im allgemeinen nur experimentell zugänglich: Für unendlich verdünnte Lösungen nehmen sie den Grenzwert „1" an. Für eine Konzentration von 0,1 mol/l an 1:1-Elektrolyten wie NaCl oder KNO_3 ergibt sich der mittlere, für Kat- und Anionen gleichermaßen gültige Aktivitätskoeffizient $f_\pm$ zu $f_\pm \approx 0,8$ (s. auch 11.1.2).

Kennt man Aktivitäten a_i und stöchiometrische Faktoren $|v_i|$, so kann für

$$|v_A| \cdot A + |v_B| \cdot B \rightleftharpoons |v_C| \cdot C + |v_D| \cdot D \qquad\qquad (4.7)$$

entsprechend dem Massenwirkungsgesetz (Guldberg und Waage, 1864)[5] die *thermodynamische Gleichgewichtskonstante* K_{th} formuliert werden:

---

[5] Cato Maximilian Guldberg (1836-1902) norwegischer Mathematiker;
  Peter Waage (1833-1900), norwegischer Chemiker

$$K_{th} = \frac{a(C)^{|v_C|} \cdot a(D)^{|v_D|}}{a(A)^{|v_A|} \cdot a(B)^{|v_B|}} \tag{4.8a}$$

Sie nimmt – nomen est omen! – für die gegebenen Reaktionsbedingungen einen konstanten Wert an. Nur bedingt konstant, zum Beispiel für eine bestimmte Elektrolytkonzentration, sind dagegen die sogenannten *konventionellen* oder *stöchiometrischen Gleichgewichtskonstanten* K_c, K_x oder K_p. Sie sind jeweils über die Stoffmengen-Konzentrationen c_i bzw. $[i]$[6], Stoffmengenanteile x_i oder Partialdrücke p_i der Partner i zugänglich, z. B. als sogen. *Konzentrationskonstante* K_c,

$$K_c = \frac{c(C)^{|v_C|} \cdot c(D)^{|v_D|}}{c(A)^{|v_A|} \cdot c(B)^{|v_B|}} \equiv \frac{[C]^{|v_C|} \cdot [D]^{|v_D|}}{[A]^{|v_A|} \cdot [B]^{|v_B|}} \tag{4.8b}$$

In allen Fällen stehen die Ausdrücke für die *Endprodukte* im Zähler, die für die *Ausgangsstoffe* im Nenner. Für den Betrag von K_{th}, K_c usw. sind alle Werte möglich. Bei $K \Rightarrow \infty$ liegt kein Gleichgewicht mehr vor, die Ausgangsstoffe sind aufgebraucht. Auch bei $K = 0$ gibt es kein Gleichgewicht, die Ausgangsstoffe haben nicht reagiert. Der Wert $K = 1$ ergibt sich bei gleichen Zahlenwerten von Zähler und Nenner, also z. B. für eine 50%ige Umsetzung gemäß Gl. (4.7), wenn alle stöchiometrischen Faktoren den Wert $|v_i| = 1$ haben.

Tabellenwerke enthalten meist *stöchiometrische Konstanten*, also K_c, K_x, K_p. Bei der späteren Behandlung der Reaktionen in wäßrigen Lösungen (s. 12-14) werden ebenfalls K_c-Werte zugrundegelegt; das ist für die in der Regel ziemlich verdünnten Lösungen in guter Näherung erlaubt. Entsprechende Übungsaufgaben zum Massenwirkungsgesetz werden erst dort angegeben.

Zum Abschluß ein Hinweis auf ein nützliches qualitatives Prinzip:

Definition 4.6 „*Prinzip des kleinsten Zwangs*" nach *Le Chatelier* und *Braun* (1884/86)[7]: Wird auf ein System, das sich im thermodynamischen Gleichgewicht befindet, ein Zwang ausgeübt, z. B. durch das Ändern von Druck, Temperatur oder Zusammensetzung, dann läuft die Reaktion in d e r Richtung, durch die der Zwang abgebaut wird.

Beispiel 4.7

Demnach begünstigt ...

- Temperaturanstieg die energieverbrauchende Reaktion (Eis im Eis/Wasser-Gemisch schmilzt),

- Temperaturerniedrigung den energieliefernden Prozeß (Wasser im Gemisch erstarrt zu Eis),

- Druckerhöhung die mit Volumenverminderung einhergehende Reaktion [gemäß Gl. (4.1) erhöht sich die Ammoniak-Ausbeute],

---

[6] Für Gleichgewichtskonzentrationen der Species i wird noch – entgegen der DIN-Empfehlung – das Symbol [i] verwendet; dadurch werden Formeln platzsparender wiedergegeben.

[7] Henry Louis Le Chatelier (1850-1936), französischer Chemiker; Karl Ferdinand Braun (1850-1918) deutscher Physiker, Nobelpreisträger für Physik 1909

- Druckerniedrigung eine Volumenvermehrung (NH_3 zerfällt verstärkt in die Elemente),

- der Entzug einer Komponente (Entweichen als Gas, Ausfallen als Niederschlag) die Reaktion, die zur Nachbildung dieser Stoffe führt,

- die Zufuhr einer Komponente deren verstärkte Umsetzung [Zugabe eines Chlorid-Überschusses bei Gl. (4.2) bewirkt eine vollständigere Ausfällung der Silber-Ionen].

Bei stöchiometrischen Rechnungen zur Gleichgewichts-Beeinflussung ist immer zu empfehlen, zunächst nach dem Prinzip von Le Chatelier und Braun die erwartete Tendenz einzuschätzen. Man erkennt leichter Rechenfehler, auch wird die Rechnung spannender, wenn man mit einer begründeten Erwartung darangeht!

Aufgaben

Aufgabe 4.1 Silberchloridfällung.

Errechnen Sie

a) die Masse m von 1 mol AgCl,

b) die Masse-Anteile w_{Ag} und w_{Cl} an AgCl,

c) die Masse des für 1 mol AgCl benötigten Silbernitrats.

Aufgabe 4.2

80 mg einer Verbindung enthalten 40 mg Molybdän, der Rest ist Schwefel. Welche Brutto-Formel paßt zu diesen Angaben?

Aufgabe 4.3

Wieviel Gramm Wasser entstehen bei der Verbrennung von 10 g Wasserstoff?

Aufgabe 4.4

Vervollständigen Sie die folgenden Reaktionsgleichungen:

a) Fe $+$ $\rightarrow FeS$

b) SO_4^{2-} $+$ $\rightarrow Ag_2SO_4$

c) Al $+$ Cu^{2+} $\rightarrow Al^{3+}$ $+$

d) $C_6H_{12}O_6$ $+$ O_2 $\rightarrow CO_2$ $+$ H_2O

Aufgabe 4.5

Berechnen Sie für die Ammoniak-Synthese nach *Haber-Bosch* (s. 23.2.2) gemäß Gl. 4.1 die Änderungen des Volumens je Formelumsatz

a) für 0 °C und Normdruck bei 100%iger Umsetzung,

b) für 450 °C, 20 MPa und eine Ausbeute von 11 %.

c) Wie sind die Partialdrücke im Reaktionsgemisch gemäß b)?

Aufgabe 4.6

Alaun, Kaliumaluminium-sulfatdodekahydrat, $KAl(SO_4)_2 \cdot 12H_2O$, wird vielseitig verwendet, zum Beispiel zum Ausflocken von Schwebstoffen bei der Wasserreinigung.

a) Welche Masse an Aluminiummetall braucht man theoretisch für ein Kilogramm Alaun?

b) Wie ist der Aluminiumbedarf bei einer praktischen Ausbeute der Reaktion von 80 %?

Aufgabe 4.7

Herstellen einer Salzsäure der Stoffmengenkonzentration c(HCl) = 5 mol/l:

Aus Kochsalz kann mit konzentrierter Schwefelsäure gemäß $NaCl + H_2SO_4 \rightarrow HCl\uparrow + NaHSO_4$ Chlorwasserstoff entwickelt werden, der dann in Wasser eingeleitet wird.

a) Wieviel Gramm Kochsalz werden benötigt, um mit überschüssiger Schwefelsäure 500 ml einer Salzsäure der Stoffmengenkonzentration c(HCl) = 5 mol/l herzustellen?

b) Wieviel Milliliter einer 93%igen Schwefelsäure (Dichte 1,83 g/ml) braucht man, wenn gerade das Doppelte der benötigten Stoffmenge an Schwefelsäure eingesetzt werden soll?

Aufgabe 4.8

Phosphate lassen sich aus Abwasser mit „Kalkmilch" (das ist eine Aufschlämmung von Branntkalk in Wasser) als Apatit $Ca_5(PO_4)_3OH$ ausfällen. Ein Abwasser enthalte durchschnittlich je Liter 8 mg Phosphor, die als Orthophosphat-Ionen PO_4^{3-} vorliegen sollen. Wieviel Kilogramm gebrannten Kalks braucht man monatlich, um bei einem Tagesdurchsatz von je 1000 m^3 Abwasser das Phosphat auszufällen? [1 Monat = 30 Tage; Fällung vollständig verlaufend]

Aufgabe 4.9

Eingangskontrolle eines Rohstoffs: Zur Herstellung von Zement wird calciumcarbonathaltiges Gestein gebrannt, wobei CO_2 entweicht. 0,50 g Gestein liefern 80 ml CO_2 (für 0 °C und 1 bar).

a) Welche Stoffmengen n_i an CO_2 und Branntkalk entstehen beim Brennen?

b) Welchen „Gehalt" [genauer: Massenanteil w_i] an Calciumcarbonat hat das Gestein?

c) Welches Gasvolumen $v(CO_2)$ erhielte man aus 0,50 g 100%ig reinen Calciumcarbonats bei der Zersetzungstemperatur von 800 °C und bei Normaldruck?

Atombau

„Seit der Entdeckung der Spektralanalyse konnte kein Kundiger zweifeln, daß das Problem des Atoms gelöst sein würde, wenn man gelernt hätte, die Sprache der Spektren zu verstehen. ... Für alle Zeiten wird die Theorie der Spektrallinien den Namen Bohrs tragen. Aber noch ein anderer Name wird dauernd mit ihr verknüpft sein, der Name Plancks. Alle ganzzahligen Gesetze der Spektrallinien und der Atomistik fließen letzten Endes aus der Quantentheorie. Sie ist das geheimnisvolle Organon, auf dem die Natur die Spektralmusik spielt und nach dessen Rhythmus sie den Bau der Atome und der Kerne regelt.“

A. Sommerfeld[1], „Atombau und Spektrallinien" (1919); aus dem Vorwort seines Buches

Nach kurzer Einführung zum Atombegriff und zu den Atombausteinen (5.1) kann der Aufbau der Elektronenhülle (5.2) über die vier Quantenzahlen der Elektronenzustände und einige Auswahlregeln erklärt werden. Daraus folgt zwanglos das Periodensystem der Elemente (PSE) mit seinen Gesetzmäßigkeiten (5.3).

5.1 Der Atombegriff in der Chemie, Atombausteine

Griechische Naturphilosophen[2] postulierten den Aufbau der Stoffe aus *Atomen*, aus kleinsten, nicht weiter teilbaren Partikeln[3] unterschiedlicher Form. Später wurde diese Hypothese verworfen; man hielt einen leeren Raum zwischen den Atomen[3] für unmöglich. Obwohl auch in der Zeit der Scholastik nicht ganz verdrängt, lebte die *Atomhypothese* erst wieder auf, nachdem luftleere Räume erzeugt[4] und erste Verbindungsgesetze (s. 4.1) erkannt worden waren.

Definition 5.1 Die *Daltonsche Atomhypothese* (1803/07):

- Jedes Element besteht aus winzigen Partikeln, den Atomen.
- Alle Atome eines bestimmten Elementes sind untereinander gleich.
- Atome unterschiedlicher Elemente haben verschiedene Eigenschaften.
- In chemischen Reaktionen werden Atome weder erzeugt noch zerstört.
- Verbindungen bestehen aus Atomen mindestens zweier verschiedener Elemente.
- In einer bestimmten Verbindung ist die relative Anzahl und Art der Atome konstant.

Zwar war nun eine zwanglose Erklärung der stöchiometrischen Gesetze (s. 4.1) möglich, jedoch blieb offen, wodurch sich die Atome verschiedener Elemente unterscheiden ließen.

---

[1] Arnold Johannes Wilhelm Sommerfeld (1868-1951), deutscher Physiker
[2] Leukipp (2. Hälfte 5. Jhdt. vor unserer Zeit); Demokrit von Abdera (um 460 - um 375 v.u.Z.)
[3] *atomos*, griech. unteilbar; *„horror vacui"* lat. Furcht vor dem Leeren
[4] durch Otto von Guericke (1602-1686) um 1654 mit seinen „Magdeburger Halbkugeln"

Ende des 19., Anfang des 20. Jahrhunderts wurden Befunde zur Existenz von Atomen und zu ihrer weiteren Teilbarkeit erbracht, also im Widerspruch zum dennoch beibehaltenen Namen. Zu diesem spannenden Kapitel der Naturwissenschaften muß aber auf Lehrbücher der Atomphysik verwiesen werden.

Chemische Reaktionen sind – abgesehen von den *Kernreaktionen* (s. 33) und der darauf aufbauenden *Radiochemie* – nur mit Änderungen in der Elektronenhülle der Atome verbunden. Somit tangieren die Arbeiten der Kernphysiker zur Feinstruktur der Atomkerne den Chemiker in der Regel nicht. Ihn interessieren vor allem drei Elementarteilchen, die *Elektronen* sowie die *Protonen* und *Neutronen* als die wesentlichen Kernbausteine oder *Nukleonen*.

Tab. 5.1 Die für die Chemie wesentlichen Atombausteine

Teilchentyp		Masse [1]	Ladung [2]
Nukleonen	Proton p	$1836{,}1_5$	+1
	Neutron n	1838,7	0
	Elektron e^-	1	-1

[1] in Vielfachen der Ruhemasse m_e der Elektronen [$9{,}1093897 \cdot 10^{-31}$ kg]
[2] in Vielfachen der Elementarladung e^- [$1{,}60217733 \cdot 10^{-19}$ C (Coulomb = Ampere·Sekunde)]

Die in 1.1.1 erwähnte *atomare Masseneinheit u* hat einen etwas geringeren Wert, als er durch Summation über die jeweiligen Absolutmassen von p, n, e^- erhalten wird. Das hängt mit dem sogenannten *Massendefekt* zusammen, der gemäß Gl. (0.1) auftritt, wenn die genannten Elementarteilchen unter beträchtlichem Energiegewinn zum Atom zusammentreten (s. Aufgabe 5.1).

Massenzahl. Für *Nuklide* von Rein- oder Mischelementen gilt (s. 1.1.1): Protonenanzahl = Elektronenanzahl = Kernladungszahl = Ordnungszahl Z. Da gemäß Tab. 5.1 der Elektronenbeitrag zur Atommasse fast zu vernachlässigen ist, genügt es, die Nuklide durch ihre *Massenzahl* zu charakterisieren. Eine Bestimmung der Isotopen-Anteile in Mischelementen gelingt durch *Massenspektrometrie*.

Definition 5.2 Die *Massenzahl* ist die Summe der Nukleonen im Atom. Sie steht links oben am Elementsymbol des Nuklids, die *Ordnungszahl* links unten:

$$^{12}_{6}C,\ ^{13}_{6}C,\ ^{14}_{6}C,\ ^{37}_{17}Cl,\ ^{138}_{56}Ba,\ ^{208}_{82}Pb,\ ^{238}_{92}U\ .$$

Isotopie-Effekte. Zwar bedingt die Elektronenhülle im wesentlichen die chemischen Eigenschaften eines Elementes, dennoch spielen auch Isotopie-Einflüsse eine Rolle. Das gilt besonders für den *Wasserstoff*, wo sich durch das Vorliegen eines Neutrons (*Deuterium*, ^{2}H) bzw. zweier Neutronen im Kern (*Tritium*, ^{3}H) die Massenzahl des Wasserstoffs verdoppelt bzw. verdreifacht (s. 18.2). Aber auch Isotope schwerer Elemente, wie die des Urans, lassen sich trotz der nur geringen Unterschiede in ihren Eigenschaften trennen.

5.2 Aufbau der Elektronenhülle

Der Aufbau der Elektronenhülle konnte aus den *Atomspektren* aufgeklärt werden, also durch die Analyse der unter bestimmten Bedingungen abgegebenen (emittierten) oder aufgenommenen (absorbierten) elektromagnetischen Strahlung. Energie kann dabei nach dem Befund von Planck[5] (1900),

$$E = h \cdot \nu \qquad \qquad (5.1)$$

h – Plancksches Wirkungsquantum, ν (= nü) – Frequenz der Strahlung,

nur in Form von „Energiepaketen" (*Quanten*) übertragen werden, d. h. nur in ganzzahligen Vielfachen des Produkts h · ν. Die Erkenntnis von Rutherford[6] (1911), daß fast die gesamte Masse der Atome in einem vergleichsweise winzigen positiven Atomkern vereinigt ist, baute Bohr[7] weiter aus.

Definition 5.3 Die *Bohr-Postulate* (1913): Die Elektronen umkreisen den Atomkern ohne Energieabgabe, also strahlungslos, auf definierten Bahnen, die sich aus der Quantelung des Bahndrehimpulsmoments ($m_e \cdot v_e \cdot r$) ergeben (m_e, v_e – Masse bzw. Geschwindigkeit des Elektrons, r – Radius der jeweiligen 1., 2., 3., ... n. Bahn). Führt man Elektronen Energie zu, können sie durch *Absorption* definierter Quanten in angeregte Energiezustände einer höheren *Hauptquantenzahl* n übergehen, von denen aus sie – nunmehr unter *Emission* von Strahlung – Zustände mit niedrigeren n-Werten einnehmen können. Frequenz ν und Wellenlänge λ der Strahlung werden dabei bestimmt durch die Differenz Δn zwischen beiden Kreisbahnen.

Das so entwickelte *Rutherford-Bohrsche Atommodell* gab die beobachteten Wellenlängen der unterschiedlichen Spektralserien für das *Einelektronensystem* Wasserstoffatom perfekt wieder. Bei *Mehrelektronensystemen* versagte es aber vollständig. Es entsprach auch nicht den besonderen Verhältnissen im Mikrokosmos, wonach Ort und Impuls eines Elektrons niemals gleichzeitig genau zu bestimmen sind, wie *Heisenberg*[8] später fand (1927, *Unbestimmtheitsrelation*). Dennoch waren die Postulate für das Wasserstoffatom nicht ganz abwegig.

Allerdings mußte man die Gewißheit (also die 100%ige Wahrscheinlichkeit) aufgeben, ein Elektron lediglich bei einem der Bohrschen Radien (r_1, r_2, r_3, ... r_n) anzutreffen. Auch bei anderen Abständen ist die Aufenthalts*wahrscheinlichkeit* $\neq$ 0. Dennoch liegen deren Maxima weiterhin bei einem Bohrschen Radius, wenn auch mit Werten sehr deutlich unter den Bohrschen „100 %".

Aussagen zur Elektronenhülle folgen aus der *Schrödinger-Gleichung*[8] (1926), die hier nur sehr allgemein in ihrer zeitunabhängigen Form angegeben wird:

$$H \Psi = E \cdot \Psi \qquad \qquad (5.2)$$

(sprich: *"H auf Psi gleich E mal Psi"*; Ψ – Wellenfunktion, H – Hamilton-Operator[9]).

---

[5] Max Karl Ernst Ludwig Planck (1858-1947), deutscher Physiker, Nobelpreis für Physik 1918

[6] Ernest Rutherford (1871-1937), Lord Rutherford of Nelson, britischer Physiker neuseeländischer Herkunft, 1908 Nobelpreis für Chemie

[7] Niels Hendrik David Bohr (1885-1962), dänischer Physiker, 1922 Nobelpreis für Physik

[8] Werner Karl Heisenberg (1901-1976), dt. Physiker, 1932 Nobelpreis für Physik; Erwin Schrödinger (1887-1961), österreichischer Physiker, 1933 Nobelpreis für Physik

[9] Sir William Rowan Hamilton (1805-1865 bei), irischer Mathematiker, Physiker und Astronom

Wendet man den *Hamilton-Operator* H auf die – in der Regel komplexe –Wellenfunktion $\Psi_{n,l,m}$ an, erhält man für Einelektronensysteme wie das Wasserstoffatom charakteristische Energie-*Eigenwerte* $E_{n,l,m}$. Auf die Bedeutung des Zahlentripels n, l, m wird im nächsten Abschnitt eingegangen.

Der Begriff „*Wellenfunktion*" ist synonym mit den Begriffen „*Bahn*(funktion), *Orbital*[10], *Zustand*(sfunktion), „*Eigenfunktion, Schale*"; er hat – entgegen der Darstellung in vielen Lehrbüchern! – keinerlei anschauliche Bedeutung.

Definition 5.4 Born[11] gab 1926 eine anschauliche Deutung: Das Integral über das Quadrat[12] der jeweiligen Wellenfunktion $\Psi_{n,l,m}$ für den interessierenden Bereich der Ortskoordinaten ergibt die Aufenthaltswahrscheinlichkeit für das betreffende Volumenelement. Die Gewißheit (= 100%ige Wahrscheinlichkeit), das Elektron anzutreffen, ergibt sich für alle Elektronenzustände erst bei Integration von r = 0 bis r → ∞ :

$$\int_{0}^{\infty} \Psi^2 dx \cdot dy \cdot dz \equiv 1 \tag{5.3}$$

Wir gehen nun unmittelbar über zu den für die Chemie wichtigsten Resultaten der Quantenmechanik. Sie betreffen die vier Quantenzahlen n, l, m und s, die Auswahlregeln nach Hund[13] und Pauli[14] sowie das Aufbauprinzip.

Quantenzahlen und Auswahlregeln.

1. Der Raum um den Atomkern ist in gewisse Bereiche aufteilbar, die man üblicherweise – wenn auch nicht korrekt! – als *Orbitale* bezeichnet.

2. Ein Orbital (= Zustand) wird jeweils durch einen Satz der drei Quantenzahlen n, l und m bestimmt; für die verschiedenen l-Werte sind zusätzliche Buchstaben-Symbole (s, p, d, f) festgelegt (s. Definition 5.5). – Man spricht oft von „s-, p-, d-, f-Elektronen" statt von Elektronen, die s-, p-, d-, f-Zustände besetzen. In Wirklichkeit sind Elektronen natürlich ununterscheidbar.

3. Zwei Elektronenzustände in einem Orbital unterscheiden sich zusätzlich um 1 in der *Spinquantenzahl*[15] s (s = ±1/2).

4. Jedes Orbital kann 0, 1 oder 2 Elektronen aufnehmen, jedoch nicht mehr. Das ist eine Formulierung des *Pauli-Prinzips*, wonach sich zwei Elektronen eines Systems immer in mindestens einer Quantenzahl unterscheiden müssen.

---

[10] *orbis*, lat. Kreis, Scheibe, Rad, Bahn

[11] Max Born (1882-1970) dt. Physiker, Physik-Nobelpreis 1954

[12] bzw. – bei komplexem Ψ – das Produkt aus Ψ und der komplex konjugierten Funktion Ψ^*

[13] Friedrich Hund (1896-1997), dt. Physiker

[14] Wolfgang Pauli (1900-1958), schweiz.-amerik. Physiker österreichischer Herkunft

[15] Für den Anfänger ist irritierend, daß sich der Kleinbuchstabe „s" sowohl für die Spinquantenzahl als auch für ein Orbital mit l = 0 eingebürgert hat

---

Definition 5.5 *Werteumfang für n, l, m*:

Die *Hauptquantenzahl* **n** durchläuft die Reihe der natürlichen Zahlen, ist für die Grundzustände der Atome aber nicht größer als 7: **n = 1** (K-) , **2** (L-), **3** (M-), **4** (N-Schale), ...

Die *Orbital-* oder *Nebenquantenzahl* **l** ist mit n verknüpft über $l \leq (n - 1)$; von l = 0 beginnend, ist ihr Maximalwert also l = n - 1; z. B. für n = 4: l = 0 (**s**-), 1 (**p**-), 2 (**d**-), 3 (**f**-Orbitale).

Die *Magnetquantenzahl* **m** ist für jedes l definiert als $|m| \leq l$; bis l = 3 ergäben sich also

$$l = 0 \quad \rightarrow \quad m = 0; \qquad\qquad\qquad \textit{ein } \textbf{s}\text{-Zustand}$$
$$l = 1 \quad \rightarrow \quad m = 0, \pm1; \qquad\qquad \textit{drei } \textbf{p}\text{-Zustände}$$
$$l = 2 \quad \rightarrow \quad m = 0, \pm1, \pm2; \qquad\quad \textit{fünf } \textbf{d}\text{-Zustände}$$
$$l = 3 \quad \rightarrow \quad m = 0, \pm1, \pm2, \pm3 \qquad \textit{sieben } \textbf{f}\text{-Zustände}.$$

---

5. Zu jedem durch **n** charakterisierten Zustand gehören **n** Gruppen von s-, p-, d-, f-Orbitalen. Deren auf jeden l-Wert entfallende Anzahl folgt gemäß Definition. 5.5 zu (2 l + 1). Die Gesamtzahl der Einelektronenzustände ergibt sich aus Tab. 5.2.

6. Die Energien der Gruppen von s-, p-, d-, f-Zuständen zu einer vorgegebenen Hauptquantenzahl n sind unterschiedlich (außer im Falle wasserstoffähnlicher Atome bzw. Atom-Ionen), innerhalb der Gruppen p, d und f aber gleich.

7. In Gegenwart äußerer Felder können die sonst energetisch gleichwertigen (*entarteten*) Orbitale einer bestimmten (n,l)-Kombination, also etwa 2p, 3d, 3p, 4d, verschiedene Energien annehmen. So spalten bei der Komplexbildung die fünf 3d-Orbitale im oktaedrischen Ligandenfeld in zwei Untergruppen auf.

8. Zur Besetzung entarteter Orbitale: Nach der Hundschen Regel werden energiegleiche Zustände zunächst nur einfach mit Elektronen besetzt; leere neben doppeltbesetzten Orbitalen sind also dadurch ausgeschlossen.

9. „*Aufbauprinzip*": Die Elektronenkonfiguration eines Atoms im Grundzustand ergibt sich durch Auffüllen der verfügbaren Orbitale so, daß insgesamt die niedrigste Gesamtenergie resultiert. Im Regelfall[16] gilt nachstehende Abfolge:

$$1s \Rightarrow 2s \Rightarrow 2p \Rightarrow 3s \Rightarrow 3p \Rightarrow 4s \Rightarrow 3d \Rightarrow 4p \Rightarrow 5s \Rightarrow 4d \Rightarrow 5p \Rightarrow 6s \Rightarrow 5d{\approx}4f \Rightarrow 6p \Rightarrow 7s \Rightarrow...$$

Aus den Punkten 1-9 folgt nunmehr das *Periodensystem der Elemente*.

Tab. 5.2 Anzahl und Art der Einelektronen-Energiezustände in Abhängigkeit von n, l, m und s

n = 1: Ein s-Zustand mit bis zu 2 Elektronen, also insgesamt	$\leq$ **2**	Elektronen
n = 2: wie für n = 1, + **drei**[1]) p-Zustände mit bis zu 6, also insgesamt je „Schale"	$\leq$ **8**	Elektronen
n = 3: wie für n = 2, + **fünf** d-Zustände mit bis zu 10, $\Rightarrow$	$\Sigma \leq$ **18**	Elektronen
n = 4: wie für n = 3, + **sieben** f-Zustände mit bis zu 14, $\Rightarrow$	$\Sigma \leq$ **32**	Elektronen
n beliebig: $\Rightarrow$	$\Sigma \leq$ **2 n^2**	Elektronen

[1]) Die Zahlworte (drei, fünf, sieben) statt Ziffern (3, 5, 7) sollen Verwechslungen mit 3p, 5d und 7f ausschließen; die fettgedruckten Beispiele betreffen Zustände **1s**, **2p**, **3d** und **4f**

---

[16] zu einigen Besonderheiten siehe 5.3.2

5.3 Das Periodensystem der Elemente (PSE)

5.3.1 Geschichtliches

Obwohl gesicherte Erkenntnisse zum Atombau erst im 20. Jahrhundert erhalten wurden, gab es schon im gesamten 19. Jahrhundert Versuche zur Systematisierung der chemischen Elemente. Basis dafür waren die relativen Atommassen A_{rel}; trotz vieler Ungereimtheiten bei der Definition von Atomen, Molekülen und Äquivalenten wurden sie in den ersten sechs Jahrzehnten des 19. Jahrhunderts zunehmend verläßlich bestimmt. *Döbereiner* war unstrittig der erste Chemiker, der ab 1816 Dreiergruppen von Elementen (*Triaden*) mitteilte, bei denen das Atomgewicht des mittleren Elements mit dem arithmetischen Mittel der Atomgewichte der beiden randständigen Elemente recht gut übereinstimmte. Das betraf z. B. die Triaden Ca-Sr-Ba, Li-Na-K, P-As-Sb, S-Se-Te, Cl-Br-I.

Über Zwischenstufen kam es schließlich 1869/70 durch Mendelejew[17] und Meyer[18] zum *Periodensystem der Elemente*[19]: Die Anordnung der Elemente nach steigendem Atomgewicht ergab die periodische Wiederkehr ähnlicher chemischer Eigenschaften. Mendelejew nutzte das, um die Existenz noch unbekannter Elemente – wie *Gallium, Scandium und Germanium* – ebenso vorauszusagen wie einige ihrer Eigenschaften. Manchmal, zum Beispiel bei Cobalt-Nickel und Tellur-Iod, ergaben sich „Inversionen" dergestalt, daß die schwereren Elemente Nickel und Tellur aus chemischen Gründen vor den leichteren eingeordnet werden mußten, was man zunächst auf Analysenfehler zurückführte[20].

Hinweis. Die gültige Erklärung erfolgte erst 1913 durch *Moseley*[21]. Er fand beim Studium der Röntgenspektren[22] der Atome, daß die Wellenzahl $1/\lambda$ für die elementspezifische *charakteristische Röntgenstrahlung* proportional zum Quadrat einer ganzen Zahl Z ansteigt, die identisch ist mit der Kernladungszahl. Dadurch gelang die widerspruchsfreie Anordnung aller Elemente.

Ab dem Ende der 20er Jahre des 20. Jahrhunderts konnten zunehmend die Erkenntnisse zur Energetik der Elektronenhülle in die Systematik des Periodensystems der Elemente einbezogen werden. Dazu kam das volle Verständnis für die "Inversionen" durch die Entdeckung des Neutrons im Jahre 1932.

5.3.2 Reihenfolge der Energieniveaus, Elektronenkonfiguration

Die Stellung der Elemente im PSE wird bestimmt durch deren *Elektronenkonfiguration* im *Grundzustand*, also im jeweils niedrigsten Energiezustand. Besetzt werden bei den ...

---

[17] Dimitrij Iwanovitsch Mendelejew (1834-1907), russischer Chemiker

[18] Julius Lothar Meyer (1830-1895), deutscher Chemiker

[19] Die Bezeichnung „Periodisches System" ist zwar ebenfalls verbreitet, aber nicht korrekt; nicht das System selbst ist periodisch, es faßt nur Elementperioden zusammen.

[20] Heute ist ohne weiteres verständlich, daß für „Inversionen" die unterschiedlichen relativen Anteile leichter und schwerer Nuklide verantwortlich sind (vgl. die Werte im PSE).

[21] Henry Gwyn Jeffreys Moseley (1887 geboren, 1915 gefallen), britischer Chemiker

[22] Wilhelm Conrad Röntgen (1845-1923), deutscher Physiker, 1. Physik-Nobelpreis (1901)

- ... *Hauptgruppenelementen* die s- und p-Zustände (1s, 2s, 2p, 3s, 3p, ...),

- ... *Nebengruppenelementen* die d-Zustände (3d, 4d, 5d),

- ... *Lanthanoiden*[23] die 4f-Zustände, den *Actinoiden* die 5f-Zustände.

Wie in 5.2 erläutert, sind die Zustände nach dem Aufbauprinzip zu besetzen, wobei gleichzeitig *Pauli-Prinzip* und *Hundsche Regel* zu beachten sind.

Das wäre sehr einfach, wenn die relative Lage der jeweiligen Energieniveaus immer der Hauptquantenzahl folgte, also nach 1s, 2s und 2p erst <u>alle</u> Niveaus mit n = 3 besetzt würden, danach <u>alle</u> mit n = 4, dann <u>alle</u> mit n = 5 usw.

Diese Abfolge gibt es tatsächlich, allerdings nur für das Ein-Elektronen-Atom *Wasserstoff*, wenn dessen einziges Elektron zur Besetzung von höheren Energieniveaus angeregt wird. Die Energie-Eigenwerte $E_{n,l,m}$ sind hier nur von n abhängig, nicht von l; man spricht deshalb von einer *l-Entartung*.

Bei allen Mehrelektronen-Atomen ist wegen der unterschiedlichen radialen Abhängigkeit der s-, p-, d- und f-Wellenfunktionen die l-Entartung aufgehoben. Der erhoffte Energie-Anstieg gemäß 1s $\Rightarrow$ 2s $\Rightarrow$ 2p $\Rightarrow$ 3s $\Rightarrow$ 3p $\Rightarrow$ 3d $\Rightarrow$ 4s ... wird ab dem Element Argon Ar modifiziert. Auf dessen Konfiguration $3s^2 3p^6$ [sprich: „Drei-ess-zwei (kurze Pause) drei-pe-sechs"] folgt für Kalium K nicht $3s^2 3p^6 3d^1$, sondern $3s^2 3p^6 4s^1$, für Calcium Ca $3s^2 3p^6 4s^2$ und erst dann mit Scandium Sc das erste 3d-Element ($3s^2 3p^6 4s^2 3d^1$).

Um das Wirken von Pauli-Prinzip und Hundscher Regel zu verdeutlichen, zeigt Tab. 5.3 für die ersten 30 Elemente die *Elektronenkonfiguration* im Grundzustand:

Jedes durch das Quantenzahlen-Tripel n,l,m definierte Energieniveau wird durch ein gesondertes Kästchen symbolisiert, die Abfolge der Kästchen geht konform mit dem Anstieg der Energiewerte. Entartete (energetisch gleiche) Niveaus werden zu Gruppen zusammengefaßt. Jedes „Kästchen" kann maximal zwei Elektronen aufnehmen, entsprechend den beiden unterschiedlichen Werten für die Spinquantenzahl s, s = ±1/2, die bei Vollbesetzung durch entgegengesetzt gerichtete Pfeile symbolisiert werden. Durch Fettdruck hervorgehoben wird das Energieniveau, dem das gemäß dem Aufbauprinzip hinzukommende Elektron zuzuordnen ist. – Zur Platzersparnis ist es üblich, die bei der Konfiguration des jeweiligen Edelgases erreichte Besetzung für die nachfolgenden Elemente durch [He], [Ne], [Ar] usw. abzukürzen.

Neben der Aufhebung der l-Entartung sind bei Mehrelektronen-Atomen noch weitere Besonderheiten zu beobachten:

So ergibt sich für die Elektronenkonfiguration von Kupferatomen statt der Erwartung $[Ar]4s^2 3d^9$ aus spektroskopischen Befunden die Besetzung $[Ar]4s^1 3d^{10}$.

Hier drückt sich die allgemeine Tendenz aus, daß beim Vorliegen energetisch eng benachbarter anderer Niveaus d- bzw. f-Orbitale bevorzugt voll-, halb- oder nicht besetzt werden, also die Konfigurationen d^{10}, d^5, d^0 bzw. f^{14}, f^7, f^0 begünstigt sind.

Das gilt nicht nur für die Atome selbst, sondern auch für die entsprechenden Ionen. So neigen einige *Seltenerdmetalle* dazu, Ionen unüblicher Oxidationszahl zu bilden [Ce(IV) f^0; Eu(II) sowie Tb(IV) f^7; Yb(II) f^{14}; s. 27.1)].

---

[23] *-oid* griech. ähnlich

Tab. 5.3 Elektronenkonfiguration für den Grundzustand der Elemente des Periodensystems von Wasserstoff bis Zink (Ordnungszahlen Z = 1 - 30)

Z	Element		Elektronenkonfig.
1	H	Wasserstoff	$1s^1$
2	He	Helium	$1s^2 \equiv$ [He]
3	Li	Lithium	[He] $2s^1$
4	Be	Beryllium	[He] $2s^2$
5	B	Bor	[He] $2s^2\,2p^1$
6	C	Kohlenstoff	[He] $2s^2\,2p^2$
7	N	Stickstoff	[He] $2s^2\,2p^3$
8	O	Sauerstoff	[He] $2s^2\,2p^4$
9	F	Fluor	[He] $2s^2\,2p^5$
10	Ne	Neon	[He] $2s^2\,2p^6 \equiv$ [Ne]
11	Na	Natrium	[Ne] $3s^1$
12	Mg	Magnesium	[Ne] $3s^2$
13	Al	Aluminium	[Ne] $3s^2\,3p^1$
14	Si	Silicium	[Ne] $3s^2\,3p^2$
15	P	Phosphor	[Ne] $3s^2\,3p^3$
16	S	Schwefel	[Ne] $3s^2\,3p^4$
17	Cl	Chlor	[Ne] $3s^2\,3p^5$
18	Ar	Argon	[Ne] $3s^2\,3p^6 \equiv$ [Ar]
19	K	Kalium	[Ar] $4s^1$
20	Ca	Calcium	[Ar] $4s^2$
21	Sc	Scandium	[Ar] $4s^2\,3d^1$
22	Ti	Titan	[Ar] $4s^2\,3d^2$
23	V	Vanadium	[Ar] $4s^2\,3d^3$
24	Cr	Chrom	[Ar] $4s^1\,3d^5$
25	Mn	Mangan	[Ar] $4s^2\,3d^5$
26	Fe	Eisen	[Ar] $4s^2\,3d^6$
27	Co	Cobalt	[Ar] $4s^2\,3d^7$
28	Ni	Nickel	[Ar] $4s^2\,3d^8$
29	Cu	Kupfer	[Ar] $4s^1\,3d^{10}$
30	Zn	Zink	[Ar] $4s^2\,3d^{10}$
...	{Ga, Ge, ...}		{[Ar] $4s^2\,3d^{10}\,4p^{1,\,2,\,...}$}

Die Orbitale sind als Kästchenschema mit Pfeilen für die Spins dargestellt (Spalten: 1s, 2s, 2p, 3s, 3p, 4s, 3d).

{wie bei Zink, zusätzlich werden bis Z = 36 (Krypton) die 4p-Niveaus besetzt}

Es wäre ein Trugschluß zu erwarten, daß der partielle Abbau der Elektronenhülle bei der Bildung von Atom-Ionen generell dem Aufbauprinzip in umgekehrter Richtung folgte. Beispielsweise ist für das Cobalt(II)-Ion nicht die Konfiguration $[Ar]4s^23d^5$ charakteristisch, wie man aus Tab. 5.3 schließen könnte, sondern $[Ar]3d^7$. Auch bei anderen 3d-Elementen wird beim Ionisieren zuerst $4s^2$ entleert.

5.3.3 Eigenschaften der Elemente und ihre Stellung im PSE

Wie schon erwähnt, ist für das chemische Verhalten die Valenzelektronenkonfiguration wichtig. Darauf basiert die Gruppeneinteilung der Elemente des PSE:

So sind charakterisiert die Atome...

... der *Hauptgruppenelemente* durch mehr oder weniger vollständig besetzte s- und p-Orbitale der Valenzschale, also z. B.

die *Alkalimetalle* (s. 19) durch eine Konfiguration ns^1,

die *Erdalkalimetalle* (s. 20) durch ns^2,

die *Chalkogene* (s. 24) durch $n(s^2p^4)$,

die *Halogene* (s. 25) durch $n(s^2p^5)$;

d- und/oder f-Zustände sind bei ihnen entweder noch gar nicht besetzt (bis zum Element *Calcium*) oder jeweils vollständig (ab *Gallium* alle 3d-, ab *Indium* alle 4d-, ab *Hafnium* alle 4f-Orbitale usw.);

... der *Nebengruppenelemente* durch mehr oder weniger vollständig besetzte d-Orbitale der hinsichtlich der Hauptquantenzahl *zweit*äußersten Schale, z.B. die *3d-Elemente* von *Scandium* $(4s^23d^1)$ bis *Zink* $(4s^23d^{10})$;

... der *Lanthanoiden* bzw. *Actinoiden* durch mehr oder weniger vollständig besetzte f-Orbitale der hinsichtlich der Hauptquantenzahl *dritt*äußersten Schale und eine nur begonnene Besetzung der vorgelagerten d-Orbitale, d. h. bei den Lanthanoiden von *Cer* $(6s^24f^2)$ bis *Lutetium* $(6s^25d^14f^{14})$, bei den Actinoiden von *Thorium* $(7s^26d^2)$ [24] bis *Lawrencium* $(7s^26d^15f^{14})$ [25].

Drastische Unterschiede der Eigenschaften innerhalb der Elemente einer Periode, also für eine gegebene Hauptquantenzahl n, treten nur bei den *Hauptgruppenelementen* auf.

Wesentlich geringer ist die Differenzierung bei den *Nebengruppenelementen*, was plausibel ist, da es sich hier ausschließlich um *Metalle* handelt.

Früher war die Einteilung der Hauptgruppenelemente in die *1.-8. Hauptgruppe* üblich, entsprechend der Zahl der Valenzelektronen. Auch die Nebengruppenelemente wurden in eine *1.-8. Nebengruppe* eingeteilt, was bei zehn d-Zuständen nicht konsistent gelingen konnte:

- Sie erfolgte teils nach einer für die Elemente mehr oder weniger charakteristischen Ionenladung [*1. Nbgr.* Kupfer/Silber/Gold; *2. Nbgr.* Zink/Cadmium/Quecksilber],

---

[24] Hier ist wieder eine andere als die erwartete Konfiguration $5d^14f^1$ belegt.

[25] Nur erwähnt sei hier, daß neuerdings (bisher nur in wenigen Lehrbüchern) eine andere Einordnung der Lanthanoiden und Actinoiden favorisiert wird: Danach werden als Lanthanoide nach Barium die 14 Elemente Lanthan-Ytterbium eingeordnet, als Actinoide nach Radium die 14 Elemente Actinium-Nobelium. Die Gruppe 3 wird dann zu Scandium-Yttrium-Lutetium-Lawrencium statt der bisherigen, Scandium-Yttrium-Lanthan-Actinium.

- teils nach der maximalen Oxidationszahl [3.-7. Nebengruppe, beginnend mit den Elementen Scandium, Titan, Vanadium, Chrom und Mangan].

- Als *8. Nebengruppe* zusammengefaßt wurden nicht drei, sondern alle übrigen neun Elemente. Das ist chemisch kaum gerechtfertigt für die 3d-Vertreter Eisen/Cobalt/Nickel, eher für die sechs *Platinmetalle*, Ruthenium/Rhodium/Palladium, Osmium/Iridium/Platin (s. 30).

Die auf Lanthan bzw. Actinium in der 3. Nebengruppe folgenden, untereinander jeweils besonders ähnlichen Elemente besetzen als *Lanthanoide* (s. 27) bzw. *Actinoide* (s. 34) de facto denselben Platz in der Tabelle wie ihr „Mutter"-Element. – Auf dieser Grundlage basierten alle Varianten[26] der sogenannten *Kurzperioden*-Darstellung des PSE, in der die Gesetzmäßigkeiten in der Elektronenkonfiguration der Elemente nicht unmittelbar zu erkennen sind.

Bei der *Langperioden*-Darstellung des PSE (vgl. Faltblatt als Anlage) sind die d-Elemente zwischen 2. und 3. Hauptgruppe eingeschoben; Lanthanoide und Actinoide folgen innerhalb der 5d- und 6d-Reihe auf Lanthan bzw. Actinium (zu einer neueren Empfehlung vgl. Fußnote 25 auf der vorigen Seite). Um allerdings eine typographisch ungünstige überlange Tabelle zu vermeiden, stehen die f-Elemente meist weiterhin gesondert u n t e r den übrigen Elementen.

Um Inkonsequenzen bei der Gruppenfestlegung zu vermeiden, empfahl 1985 die IUPAC, die Gruppen von 1 bis 18 durchzunumerieren. Tab. 5.4 zeigt die daraus erwachsenden Unterschiede zur früheren Einteilung.

Tab. 5.4 Alternativen in der Benennung der Elementgruppen im PSE

Alte Unterscheidung nach 8 Haupt- (HG) und 8 Nebengruppen (*NG*)																	
1. HG	2. HG	3.* *NG*	4. *NG*	5. *NG*	6. *NG*	7. *NG*	8. *NG*			1. *NG*	2. *NG*	3. HG	4. HG	5. HG	6. HG	7. HG	8. HG
1	2	3*	4	5	6	7	8	9	10	11	12	13	14	15	16	17	18
Neue Einteilung in die Gruppen 1-18 (IUPAC 1985)																	

* Hier (bzw. nach 2) erfolgt zusätzlich die Einordnung der Lanthanoiden und Actinoiden

Die Gewöhnung an den neuen Vorschlag wird dadurch erleichtert, daß die alten Hauptgruppen in zwei Fällen ihre Nummern beibehalten, in den anderen sechs ihre Zahl jeweils gerade um 10 erhöht wird.

In diesem Buch werden bei der systematischen Beschreibung der Elemente und ihrer anorganischen Verbindungen beide Varianten der Benennung verwendet: Bei den d-Elementen wird die strenge Darstellung nach Gruppen aufgegeben, teils um Besonderheiten einiger 3d-Elemente gegenüber den entsprechenden Partnern mit Besetzung der 4d- bzw. 5d-Niveaus zu betonen (s. 28, 29), teils um den Zusammenhang zwischen ähnlichen Elementen nicht zu zerreißen (Platinmetalle, s. 30). – Einige Element-Eigenschaften werden zu Beginn der jeweiligen Kapitel tabellarisch verglichen, andere können dem Periodensystem (Anlage) unmittelbar entnommen werden.

---

[26] Die unterschiedlichen Empfehlungen, die Gruppen durch römische oder arabische Ziffern und zusätzlich durch angefügtes „A" oder „B" näher zu charakterisieren, seien hier nur erwähnt.

Aufgaben

Aufgabe 5.1

Berechnen Sie aus den Daten von Tabelle 5.1 die in 1.1.1 eingeführte *atomare Masseneinheit* u für $^1/_{12}$ Atom des Nuklids ^{12}C. Wie erklären Sie die Abweichung?

Aufgabe 5.2

Definieren Sie die Begriffe „Nuklid" und „Isotop".

Aufgabe 5.3

Chemische Elemente können in Reinelemente und Mischelemente eingeteilt werden. Erklären Sie die Begriffe und nennen Sie je drei Beispiele für die beiden Typen.

Aufgabe 5.4

Nennen Sie Namen und Anzahl der Atombausteine e^-, p und n für folgende Elemente:

$$^{59}_{27} a \; , \; ^{137}_{56} b \; , \; ^{207}_{82} c$$

Aufgabe 5.5

Gelegentlich haben im Periodensystem (PSE) benachbarte Elemente trotz höherer Ordnungszahl die niedrigere relative Atommasse.

a)   Wie erklären Sie das? b) Entnehmen Sie dem PSE zwei Beispiele.

c)   Ist die derzeitige Aufeinanderfolge der Elemente im PSE nur hypothetisch oder ist sie experimentell begründet. Wenn letzteres zutrifft, dann wodurch?

Aufgabe 5.6 Atombau:

a)   Nennen Sie die Quantenzahlen des wellenmechanischen Atommodells und ihre Beziehung zueinander.

b)   Was bedeuten Pauli-Prinzip und Hundsche Regel?

c)   Welche Symbole ordnet man den Elektronenzuständen zu, je nach ihrem Zahlenwert für die Nebenquantenzahl, $l = 0, 1, 2, 3$?

d)   Wieviel Elektronen gehören zur Hauptquantenzahl 3, geordnet nach den vorgenannten Elektronenzuständen?

Aufgabe 5.7

Was ist die Ursache der periodischen Wiederkehr ähnlicher Eigenschaften bei einer Zusammenstellung der chemischen Elemente nach ihrer Ordnungszahl?

Aufgabe 5.8

Wodurch unterscheiden sich die Aussagen von Bohr zum Aufenthalt der Elektronen um den Wasserstoffkern von denen der Wellenmechanik?

Aufgabe 5.9

Was ist die Ursache für die Färbung der Bunsenbrennerflamme beim Einbringen von Salzen der Alkalimetalle?

Chemische Bindung

6

„Die zugrundeliegenden physikalischen Gesetze, die notwendig sind für die mathematische Theorie eines großen Teils der Physik und der gesamten Chemie, sind somit vollständig bekannt, und die Schwierigkeit ist nur die, daß die Anwendung dieser Gesetze zu Gleichungen führt, die viel zu kompliziert sind, um gelöst werden zu können."

P.A.M. Dirac[1], Proceedings Royal Society A 123 (1929) 714

Wenn auch die Hoffnung, die Chemie vollständig auf physikalische Gesetze zurückzuführen, illusorisch bleiben mußte, gab es doch seitdem im Verständnis der chemischen Bindung große Fortschritte.

Aus dem wellenmechanischen Atommodell ergeben sich über den Orbitalbegriff unterschiedliche Aufenthaltsräume der Valenzelektronen und dementsprechende Kombinationen für Bindungspartner durch Wechselwirkungen zwischen „reinen" (6.1) oder geeignet kombinierten (6.2) Atomorbitalen. Die jeweilige Tendenz der Elemente, Valenzelektronen abzugeben oder zusätzlich aufzunehmen (6.3), führt nicht nur zu unterschiedlichen Wertigkeits- und Bindungsbegriffen (6.4), sondern gestattet auch eine Kurzcharakteristik der Bindungstypen (6.5).

6.1 Wellenmechanisches Atommodell, kovalente Bindung

6.1.1 Der Orbital-Begriff und seine Veranschaulichung

Um ein Elektron um einen Atomkern mit Sicherheit anzutreffen, müßte nach Born [Gl. (5.3)] über den gesamten Raum integriert werden. Begnügt man sich aber mit einer Aufenthaltswahrscheinlichkeit von 90-95 %, reicht es aus, dafür nur einen sehr geringen Abstand vom Kern zu berücksichtigen, etwa 100 pm.

Die Aufenthaltsräume sind für die einzelnen Orbitaltypen Ψ_{nlm} unterschiedlich, entsprechend deren jeweiliger Radial- und Winkelabhängigkeit. Für qualitative Betrachtungen genügt es aber, die *Symmetrie* der Aufenthaltsbereiche für s-, p-, d- und f-Zustände zu betrachten; sie wird durch die Nebenquantenzahl l bestimmt:

s-Orbitale (l = 0): Die Einhüllende zum festgelegten Wert der Aufenthaltswahrscheinlichkeit ist eine Kugel. s-Orbitale bewirken also keine Richtungsabhängigkeit des Elektronenaufenthalts (Abb. 6.1a).

p-Orbitale (l = 1): Die entarteten drei p-Zustände (m = 0, ±1) entsprechen – längs der drei Ortskoordinaten x, y, z – drei Aufenthaltsräumen mit je zwei „Lappen", die um den Kern einander gegenüberliegen. Durch den Kern geht je eine Knotenebene mit der Aufenthaltswahrscheinlichkeit Null (Abb. 6.1b).

---

[1] Paul Adrien Maurice Dirac (1902-1984), britischer Physiker, 1933 Nobelpreis für Physik

d-Orbitale (l = 2): Sie führen mit m = 0, ±1, ±2 zu fünf komplizierter geformten Aufenthaltsräumen (Abb. 6.1c). Zwei Untergruppen sind zu unterscheiden, je nach deren Orientierung zu den Achsen des Koordinatensystems um den Kern. Im freien Atom oder Ion sind die d-Zustände entartet, also energetisch gleich.

f-Orbitale (l = 3): Die Form der sieben Aufenthaltsräume (entsprechend m = 0, ±1, ±2, ±3) ist noch komplizierter. Da f-Orbitale zur Erklärung der chemischen Bindung kaum benötigt werden, wird hier auf eine Abbildung verzichtet.

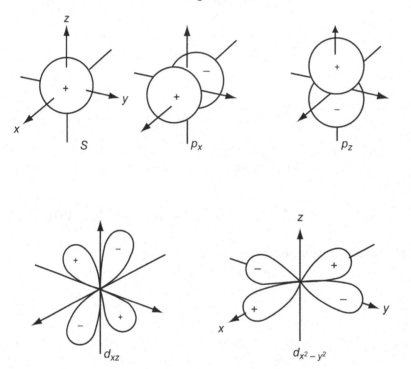

Bild 6-1 Symmetrie der Aufenthaltsräume der Elektronen für s-, p- und d-Zustände

6.1.2 Bindungskriterien (Abstand, Symmetrie, Energie)

Atome können entweder zu *homonuklearen* Element-*Molekülen* zusammentreten, wie *Wasserstoff* H_2, *Sauerstoff* O_2, *Schwefel* S_8 oder *Diamant* C_∞, oder zu den *heteronuklearen Molekülen* chemischer Verbindungen, wie *Chlorwasserstoff* HCl, *Wasser* H_2O, *Ammoniak* NH_3 oder *Methan* CH_4.

Für das Zustandekommen chemischer Bindungen sind drei Kriterien wichtig:

1. Das *Energie-Kriterium*: Die Energie-Eigenwerte zu den miteinander wechselwirkenden Wellenfunktionen der jeweiligen Valenzelektronen sollten ähnlich sein, damit die Kombination der Atomorbitale bei der Ausbildung chemischer Bindungen einen nennenswerten Energiegewinn ergibt.

Für die Bildung homonuklearer Moleküle ist diese Bedingung optimal erfüllt.

2. Das *Symmetrie-Kriterium*: Die Symmetrie der kombinierenden Orbitale muß so sein, daß insgesamt eine positive Überlappung resultiert (Bild 6.2).

Das ist zum Beispiel gegeben für die „+/+"-Kombination der s-Zustände miteinander, aber auch für die „+/+"-Kombination eines s-Orbitals mit einem p_z-Orbital, da dann ein p_z-„Lappen" mit seiner Rotationssymmetrie um die Kernverbindungslinie z der Kugelsymmetrie des Partner-Orbitals hinreichend ähnelt. Kombinationen „+/-" führen dagegen zu einer Knotenebene zwischen den Kernen, also zu negativer Überlappung. Gleich Null wäre der Effekt, wenn ein s-Orbital mit einem senkrecht zu z orientierten p_x- bzw. p_y-Zustand kombinierte; hier kompensiert – durch den Vorzeichenwechsel der Wellenfunktion beim Übergang von einem Lappen zum anderen – der Gewinn („+/+") den Verlust („+/-").

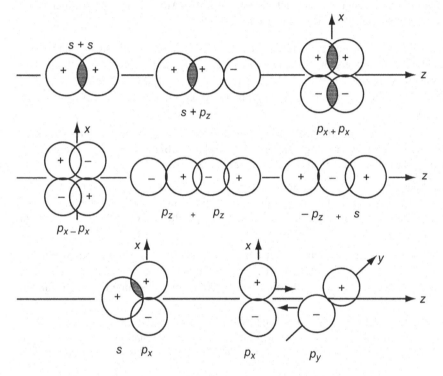

Bild 6-2 Wechselwirkung von s- und p-Orbitalen (günstige Überlappung schraffiert): Überlappung positiv (1. Reihe), negativ (2. Reihe), gleich Null (3. Reihe)

3. Das *Abstands-Kriterium*: Die zu kombinierenden Atome müssen hinreichend nahe beieinander sein, damit eine merkliche Überlappung der Wellenfunktionen zustandekommt, aber auch nicht zu nahe.

Bei zu großem Abstand der Atome ist die Aufenthaltswahrscheinlichkeit für die jeweiligen Valenzelektronen zu gering, um eine effektive Wechselwirkung zu ermöglichen. Bei zu geringem Abstand dominiert die starke Abstoßung von bereits besetzten Zuständen der Bindungspartner, was mit dem Wirken des Pauli-Prinzips erklärt werden kann.

6.1.3 Bindungen gemäß der Valenzbindungs- (VB) und der Molekülorbital-Theorie (MO)

Meist werden zwei Bindungskonzepte benutzt:

- Die *Valenzbindungs-Theorie*[2] (VB) geht wesentlich zurück auf Arbeiten von *Heitler, London* und *Pauling* um 1930. Sie kombiniert unmittelbar geeignete *Atomorbitale* (AO) der Partner, entweder reine s-, p-, d-Zustände oder daraus gebildete Mischfunktionen (s. 6.2).

- Bei der *Molekülorbital-Theorie* (MO: *Mulliken*[2], *Hund*, ab 1931) entstehen durch Linearkombination von Atomorbitalen (LCAO) neue Wellenfunktionen, die man als *Molekülorbitale* bezeichnet, da sie nicht mehr einzelnen Atomkernen zuzuordnen sind, sich sogar über vielatomige Moleküle erstrecken können.

Bei der qualitativen Beschreibung einfacher Moleküle liefern VB- und MO-Ansatz meist ähnliche Befunde: Allerdings ergibt schon bei *Disauerstoff* O_2 die LCAO-MO-Methode eine bessere Übereinstimmung mit der Wirklichkeit. – Tab. 6.1 beschreibt einfache Bindungsfälle nach VB. Die O_2-Molekel hat danach eine Doppelbindung (O=O), das Molekül N_2 sogar eine dreifache (N≡N).

Die *Molekülorbital-Methode LCAO-MO* sei für drei einfache zweiatomige Element-Moleküle verdeutlicht: Zuvor sind – analog zu s-, p-, d-Atomorbitalen – die Elektronen-Aufenthaltsräume für verschiedene MO-Typen zu definieren:

σ-Orbitale sind das Ergebnis der Überlappung von s-s-, s-p_z- und p_z-p_z-Atomzuständen. Sie weisen eine zylindrische, also Rotations-Symmetrie um die Bindungsachse z auf; die einem bestimmten Wert der Aufenthaltswahrscheinlichkeit entsprechende Oberfläche umschließt beide Kerne.

π-Orbitale resultieren aus der seitlichen Überlappung von p_x-p_x- und p_y-p_y-Atomzuständen; dementsprechend bilden sie zwei „Lappen" oberhalb und unterhalb der beiden Kerne. Längs der Bindungsachse z ist die Aufenthaltswahrscheinlichkeit von Elektronen in π-Zuständen gleich Null.

Nach der Definition der Molekül-Orbitale ist es nützlich, die Aussage in 5.2. dahingehend zu erweitern, daß es auch keine besonderen σ- oder π-Elektronen gibt. Alle Elektronen sind identisch; sie nehmen lediglich unterschiedliche Aufenthaltsräume ein, je nach dem Energieniveau, das sie „besetzen".

---

[2] Walter Heinrich Heitler (1904-1981), deutscher Physiker; Fritz Wolfgang London (1900-1954), US-amerikan. Physiker; Linus Carl Pauling (1901-1994), US-amerikan. Chemiker, Nobelpreise 1954 (Chemie), 1963 (Frieden); Robert Sanderson Mulliken (1896-1986), US-amerikan. Physiker und Chemiker, 1966 Chemie-Nobelpreis

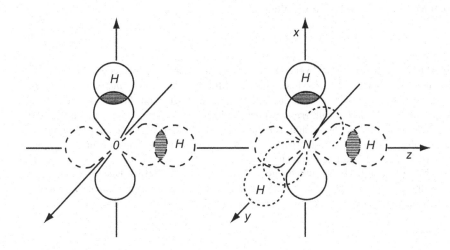

Bild 6-3 VB-Modelle von Wasser (links) und Ammoniak (rechts); Erläuterung s. Tab. 6.1

Tab. 6.1 VB-Beschreibung einfacher Moleküle (VE = Valenzelektronen)

Kombinierende Atome	Kombinierende VE-Zustände		Ergebnis
2 H	$1s^1$	(2x)	(lineares) Wasserstoff-Molekül H–H
2 O	$2p_x$, $2p_z$	(je 2x)	(lineares) Sauerstoff-Molekül O=O mit *Doppelbindung*
2 N	$2p_x$, $2p_y$, $2p_z$	(je 3x)	(lineares) Stickstoff-Molekül N≡N mit *Dreifachbindung*
1 H, 1 Cl	$1s^1$ (H) $3p_z$ (Cl)	(1x) (1x)	Chlorwasserstoff-Molekül H–Cl, wobei die Bindungsachse definitionsgemäß z-Achse ist
2 H, 1 O	$1s^1$ (H) $3p_x$, $3p_z$ (O)	(2x) (je 1x)	*gewinkeltes Wasser-Molekül* H–O–H (Bild 6.3); zwei bindende 3p-Orbitale stehen senkrecht zueinander[1]. Als Bindungswinkel ∠H–O–H wird 90° vorausgesagt[2] .
3 H, 1 N	$1s^1$ (H) $3p_x$, $3p_y$, $3p_z$ (N)	(3x) (je 1x)	*Ammoniak-Molekül* NH$_3$ *trigonal-pyramidal* (Bild 6.3); drei bindende 3p-Orbitale stehen senkrecht zueinander. Als Bindungswinkel ∠H–N–H wird 90° vorausgesagt[2].
4 H, 1 C	$1s^1$ (H) C: gemäß $2s^2 2p^2$ nur 2 VE ungepaart	(4x)	Man erwartet ein Molekül CH$_2$, H–C–H. Die Existenz des tetraedrisch gebauten *Methans* CH$_4$ kann über *Valenzhybridisierung* erklärt werden (s. 6.2).

[1] Die Kombination *beider* 1s-Orbitale(H) mit *demselben* p-Orbital(O) ist nach Pauli verboten.
[2] Die Bindungspolarität (s. 6.5) erklärt die tatsächlichen Meßwerte (H$_2$O 104,5°, NH$_3$ 107°).

Nunmehr zu den MO-Beispielen für drei Moleküle:

Beispiel 6.1

---

a) *Wasserstoff-Molekül* H_2 (Abb. 6.4): Zwei AO, hier zwei 1s-Zustände der beiden Atome, ergeben bei hinreichender Annäherung zwei σ-Molekülorbitale MO, von denen das *bindende* energetisch tiefer (σ), das *antibindende* (σ*) um denselben Betrag höher liegt. Sind die Spinquantenzahlen verschieden, wird der *Zustand* σ vollbesetzt, wobei zweimal der Differenzbetrag zur Energie der 1s-AO gewonnen wird. Bei parallelen Spins schließt das Pauli-Prinzip die Doppelbesetzung von σ aus. Dann resultiert aus der jeweils einfachen Besetzung der Zustände σ und σ* kein Energiegewinn, d.h., die Verbindung bleibt aus.

b) *Helium*: Was bei Wasserstoff H_2 der ungünstige Fall ist, gilt für das Edelgas generell: Das 1s-AO ist mit $1s^2$ vollbesetzt, die Kombination zweier Helium-Atome ergibt einen gefüllten Zustand σ und einen ebensolchen σ*, der Energiegewinn ist Null. Ein Molekül He_2 ist nicht stabil.

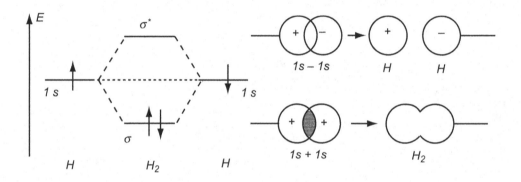

Bild 6-4 Schema zur Bildung einer Wasserstoff-Molekel H_2 nach der LCAO-MO-Theorie

---

Beispiel 6.2

Stickstoff-Molekül (Abb. 6.5; drei einfach besetzte 2p-Zustände je Atom): Die vollbesetzten AO 1s und 2s bringen wie bei Helium keinen Energiegewinn. Bei den in den freien Atomen je dreifach entarteten 2p-AO ist nun zu bedenken, daß sich durch deren verschiedene Orientierung zur Bindungsachse z des Moleküls nicht mehr drei energetisch gleiche MO ergeben: Die p_z-Orbitale sind zueinander gerichtet und ergeben zwei MO, ein tiefliegendes σ und ein hochliegendes σ*. Zwischen den dazu orthogonalen Orbitalen p_x, p_y ist der Abstand größer, die Wechselwirkung also schwächer; die je zwei gebildeten π- und π*-MO bleiben entartet. Somit gibt es 3 bindende MO (1x σ, 2x π) und 3 antibindende (1x σ*, 2x π*). Da 2 Stickstoffatome im Grundzustand $2s^2 2p^3$ drei einfach besetzte p-Zustände aufweisen, folgt bei entsprechendem Spin der 6 Valenzelektronen die Besetzung a l l e r bindenden Zustände zu einer *Dreifachbindung*.

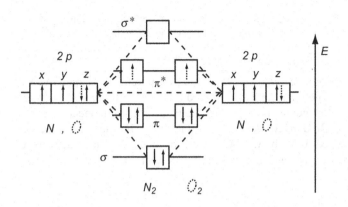

Bild 6-5 Vereinfachte MO-Beschreibung der Bildung von Stickstoff N_2 und Sauerstoff O_2 (vgl. Text)

Beispiel 6.3

Sauerstoff-Molekül (Abb. 6.5; drei p-Zustände je Atom, zwei davon einfach-, einer doppeltbesetzt): Den wesentlichen Unterschied zu Stickstoff bringt das zusätzliche, hier punktiert gezeichnete Valenzelektron je Atom. Die zwei "neuen" Elektronen müssen antibindende π^*-Zustände besetzen, und zwar gemäß der Hundschen Regel jeweils einfach. – Die Differenz aus sechs bindenden σ- bzw. π-Zuständen und zwei antibindenden π^*-Zuständen ergibt vier bindende Elektronen zwischen den beiden Sauerstoff-Atomen, entsprechend der Bildung einer Doppelbindung in der VB-Behandlung. Im MO-Diagramm zeigt sich aber genauer, daß keine echte Doppelbindung vorliegen kann, sondern das Sauerstoff-Molekül O_2 ein *Diradikal* •O–O• darstellt. Das erklärt wichtige Eigenschaften, wie die Eigenfarbe im kondensierten Zustand und den *Paramagnetismus* des Disauerstoffs (s. 24.2.1).

6.2 Valenzhybridisierung

In Tab. 6.1 ergab sich erstmals der Widerspruch, daß der in Millionen Verbindungen vierbindig auftretende Kohlenstoff aus der Sicht seiner Valenzelektronenkonfiguration $2s^2 2p^2$ eigentlich nur zwei Bindungen betätigen sollte. Ein Ausweg aus diesem Dilemma ergab sich über das Konzept der Valenzhybridisierung[3], das gleichermaßen in der VB- wie MO-Theorie genutzt wird.

Definition 6.1 Unter *Valenzhybridisierung* versteht man das Mischen von zwei oder mehr unterschiedlichen Atomorbitalen zu einer insgesamt identischen Anzahl neuer Orbitale, die nunmehr einheitliche Aufenthaltsräume für die entsprechende Zahl von Elektronen ermöglichen.

6.2.1 sp³-Hybridisierung, Methan und Ethan

Das Mischen einer s-Funktion mit drei p-Funktionen führt zu vier gleichwertigen neuen, sogenannten *sp³-Hybridorbitalen*. Die resultierenden Aufenthaltsräume sind in die Ecken eines *Tetraeders* gerichtet.

---

[3] *hybrid,* lat. von zweierlei Abkunft, zwitterhaft

Die Hybridisierung wird oft als Mehrstufenprozeß beschrieben, den dann die Lernenden fälschlich als Realität annehmen. Danach wird z.B. ein Kohlenstoffatom zunächst vom Grundzustand ($2s^2 2p^2$) in einen angeregten ($2s^1 2p^3$) überführt. Dann erfolgt das Mischen der Funktionen (s, p_x, p_y, p_z) zu vier einheitlichen sp^3-Orbitalen, die vier gleichwertige Atombindungen ermöglichen.

Für uns sollte hier die Feststellung ausreichend sein, daß es durch das Kombinieren unterschiedlicher Wellenfunktionen gelingt, die Anzahl und die Gleichwertigkeit bestimmter Bindungen in realen chemischen Verbindungen zu erklären, z. B. die vier Bindungen C–H in *Methan* CH$_4$ oder die vier C–C-Bindungen je Kohlenstoffatom im Diamant (s. 22.2.1). Nunmehr sind alle Bindungslängen C-H bzw. C-C identisch, und die Bindungswinkel ∠H-C-H bzw. ∠C-C-C stimmen mit dem Tetraederwinkel 109°28' überein.

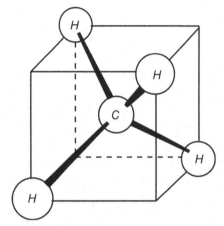

Bild 6-6
Tetraederstruktur von Methan, erklärt über
sp^3-Hybridorbitale von Kohlenstoff

6.2.2 Andere Hybridisierungs-Typen

Neben der für gesättigte Kohlenstoff-Verbindungen besonders wichtigen sp^3-Hybridisierung (s. Tab. 35.2) gibt es weitere Kombinationen unterschiedlicher AO, z. B. zur einfachen Beschreibung der Strukturen von ungesättigten Kohlenstoffverbindungen sowie von vielen Metallkomplexen. Tab. 6.2 nennt ausgewählte Hybridisierungsfälle für die Koordinationszahlen 2 - 6, also für gleichwertige Bindungen von zwei bis sechs Partnern mit dem betreffenden Atom.

Tab. 6.2 Valenzhybridisierungen für wichtige geometrische Anordnungen um das Zentralatom

Koordina-tionszahl	Hybridi-sierung	geometrische Anordnung der Bindungspartner	Stoffbeispiele und Textverweise
2	sp	linear, ∠180°	*Acetylen (Ethin)*, σ-Gerüst (s. 36.1.6)
3	sp^2	trigonal eben, ∠120° (gleichseitiges Dreieck)	*Ethen*, σ-Gerüst (s. 36.1.5); *Bortrifluorid* BF$_3$ (s. 21.2.2)
4	sp^3	tetraedrisch, ∠109°28'	*Methan, Ethan, Propan*, (s. 36.1.3)
5	sp^3d	trigonal bipyramidal, mit ∠120° innerhalb der Mittelebene und ∠90° zu den Spitzen	*Phosphorpentachlorid* PCl$_5$, *Phosphorpentafluorid* PF$_5$ (s. 23.3.2)
6	sp^3d^2	oktaedrisch, ∠90°	[Ni(NH$_3$)$_6$]$^{2+}$-Ion, *Schwefelhexafluorid* SF$_6$ (s. 24.3.2, 25.2.1)

Bild 6-7 beschreibt *Ethen* C_2H_4: Das σ-Grundgerüst aus 6 Atomen liegt in der y-z-Ebene, die durch die beiden Sätze der sp²-Orbitale vorgegeben ist. Die beiden $2p_x$-Orbitale können zu zwei Zuständen (π bindend, π* antibindend) kombinieren; im günstigen Fall führt die hier angedeutete (<–>) Überlappung in z-Richtung ˈoberhalb und unterhalb der (y-z)-Molekülebene zur Ausbildung einer π-Bindung.

Die freie Drehbarkeit, die beim durchgängigen σ-Bindungsgerüst der *Alkane* vorliegt, geht dadurch verloren, was bei 1,2-disubstituierten Ethenen zu Isomeren führt (s. 36.1.4).

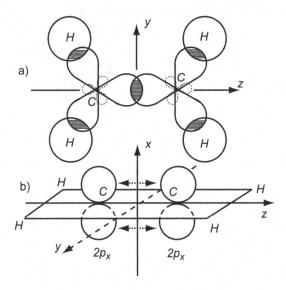

Bild 6-7
Valenzhybridisierung bei Ethen C_2H_4
a) σ-Bindungen,
b) π-Wechselwirkung

6.3 Bindungsrelevante Atomeigenschaften

Bisher wurde stillschweigend vorausgesetzt, daß die Bindungselektronen bei der Bindungsbildung beiden Partnern in gleicher Weise zur Verfügung stehen. Für *homonukleare* Element-Moleküle (A–A, B–B usw.) ist die Aufenthaltswahrscheinlichkeit der Elektronen um jeden Partner naturgemäß dieselbe; die Bindung ist *kovalent (homöopolar)*. Bei *heteronuklearen* Verbindungen (A–B, B–C, A–C usw.) ist sie dagegen meist unterschiedlich, je nach der Befähigung der verschiedenen freien Atome A, B, C, ..., Valenzelektronen abzugeben oder aufzunehmen. Hierüber geben *Ionisierungsenergie* und *Elektronenaffinität* der Elemente Auskunft; aus beiden Größen läßt sich eine für die Natur der chemischen Bindung besonders wichtige dritte ableiten, die *Elektronegativität*.

6.3.1 Ionisierungsenergie E_I, Elektronenaffinität E_A

Definition 6.2 Die 1., 2., 3., ... n. *Ionisierungsenergie* $E_I(n)$ ist aufzubringen, um das 1., 2., 3., ...n. Elektron aus der Elektronenhülle des Atoms abzulösen.

Die entsprechenden Werte $E_I(n)$ ändern sich periodisch mit wachsender Ordnungszahl (Bild 6-8). Eine besonders hohe Energie ist zur Ionisierung von Edelgasatomen notwendig, was die Stabilität der *Edelgaskonfiguration* unterstreicht. Demgegenüber wird das ns^1-Valenzelektron der *Alkalimetallatome* besonders leicht abgetrennt; das dabei entstehende Ion M^+ hat dann die Elektronenkonfiguration des v o r a u s gegangenen Edelgases.

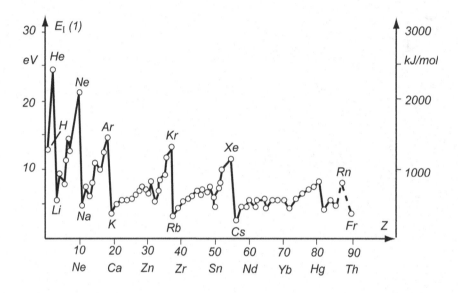

Bild 6-8 Die 1. Ionisierungsenergie $E_I(1)$ der Elemente als Funktion der Ordnungszahl Z

Definition 6.3 Die *Elektronenaffinität* E_A ist die Energie, die beim Anlagern eines Elektrons an ein neutrales Atom abgegeben (Vorzeichen ⊖) bzw. aufgenommen wird (Vorzeichen ⊕). Vorsicht: Manche Bücher haben die umgekehrte Vorzeichengebung oder unterscheiden zwischen Elektronenaufnahme-Enthalpie (⊖ bei Energieabgabe) und E_A (gleicher Betrag, aber ⊕)!

Während die Ionisierung von Atomen durch Abtrennen von Elektronen stets einen Energieaufwand von Hunderten Kilojoule je Mol erfordert, kann bei der Bildung einfach negativ geladener Ionen durch Anlagern eines Elektrons Energie freiwerden. Das gilt ganz besonders für die Halogenatome, die dabei die Elektronenkonfiguration des n a c h folgenden Edelgases erreichen (Tab. 6.3).

Tab. 6.3 Elektronenaffinitäten E_A (in kJ/mol) für die Hauptgruppenelemente bis Krypton: Werte meist nach Tab. 42.1, Lit. [15/3], aber mit Vorzeichenumkehr; andere, oft stärker abweichende Werte in Klammern

H -72,8							He +21 (+48)
Li -59,8	Be +18 (+48)	B -23	C -122,5	N +7	$O \rightarrow O^-$: -141 $O^- \rightarrow O^{2-}$: (+704 ... +844)	F -322	Ne +29 (+116)
Na -52,9	Mg +21 (+39)	Al -42,55	Si -133,6	P -71,7	$S \rightarrow S^-$: -200,4 $S^- \rightarrow S^{2-}$: (+530)	Cl -348,7	Ar +35 (+96)
K -48,3	Ca +186 (+29)	Ga -36	Ge -116	As -77	Se -195	Br -324,5	Kr +39 (+77)

Zur Bildung von zweifach negativ geladenen Ionen (Oxid O^{2-}, Sulfid S^{2-}) oder gar dreifach negativen (Nitrid N^{3-} oder Phosphid P^{3-}) sind so erhebliche Energiebeträge aufzubringen, daß das Vorliegen solcher Ionen in stabilen Verbindungen unrealistisch ist. Bestätigt wird das durch die Meßwerte für die tatsächlichen, sogenannten *effektiven Ladungen* der jeweiligen Bindungspartner (s. Beisp. 7.13).

6.3.2 Elektronegativität

In heteronuklearen Molekülen entscheiden nun E_I und E_A der freien Atome A/B, (H/F, Na/Cl, B/Br, ...) über die *Elektronendichte-Verteilung* zwischen den Partnern; als summarische Größe hierfür existiert die von Pauling 1932 aus thermochemischen Daten abgeleitete *Elektronegativität* [4].

Definition 6.4 Die Elektronegativität EN beschreibt die Fähigkeit des jeweiligen Atoms A, B, C, Bindungselektronen in kovalenten Bindungen A–B, A–C, B–C usw. an sich zuziehen.

Da die Werte für E_A meist klein sind gegenüber E_I, wird EN vor allem durch E_I bestimmt. Die Elektronegativität EN nimmt für die Hauptgruppenelemente mit wachsender Gruppennummer zu und innerhalb einer Hauptgruppe von den leichten zu den schweren Elementen ab (Bild 6.9). Die am wenigsten elektronegativen Elemente, *Cäsium* Cs und *Francium* Fr, stehen also im PSE links unten und die elektronegativsten, *Fluor* F und *Sauerstoff* O, rechts oben.

Bei den Hauptgruppenelementen sind die stärker elektronegativen Elemente *Nichtmetalle*, die weniger elektronegativen *Metalle*. Jedoch ist die Grenze Metall/Nichtmetall unscharf. Sie läuft etwa über *Bor-Silicium-Arsen-Tellur* zu *Astat* At. Nebengruppenelemente, Lanthanoide und Actinoide sind ausschließlich Metalle.

---

[4] Der theoretische Zusammenhang von EN mit E_I und E_A wurde erst später begründet (Robert Sanderson Mulliken, A.L. Allred, Eugen G. Rochow und R.T. Sanderson).

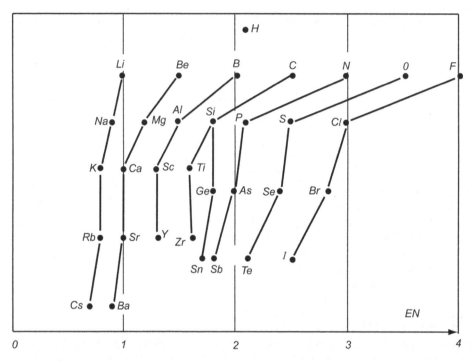

Bild 6-9 Die Elektronegativitäten der Elemente (nach Linus Pauling, ab 1932)

Haben zwei miteinander verbundene Elemente sehr unterschiedliche EN-Werte, so wird das Maximum der Elektronendichte deutlich aus der Bindungsmitte verschoben, die Bindung wird *polarisiert*. Im Grenzfall wird das bindende Elektronenpaar völlig vom elektronegativeren Atom beansprucht (*Ionenbindung*, s. 7.4). Bei geringeren Unterschieden Δ(EN) existiert zwischen den Partnern eine mehr oder weniger polarisierte *kovalente Bindung*; diese *polaren Bindungen* (s. 7.3.2) können als solche durch die Angabe von Partialladungen δ^+ bzw. δ^- verdeutlicht werden $\rightarrow A^{\delta+}-B^{\delta-}$.

Hinweis. Die auch gebräuchliche Darstellung der Elektronenverteilung durch ein entsprechend orientiertes Dreieck, z. B. zugunsten von B durch "A ◁ B" ist zu vermeiden; bei vielatomigen Molekülen besteht Verwechslungsgefahr mit deren räumlicher Darstellung (s. Tab. 35.2).

Die Angaben für EN sind nur als Richtwerte anzusehen, da sie von mehreren Faktoren abhängen, z. B. von der Oxidationszahl der betreffenden Elemente, vom Vorliegen von Mehrfachbindungen und von der Koordinationszahl um das Zentralatom. Dementsprechend gibt es mehrere Varianten zur frühen Pauling-Tabelle. Im vorliegenden Buch werden die Allred-Rochow-Werte verwendet.

Trotz mancher Unschärfe sind die *Elektronegativitäten* sehr nützlich, z.B.

- zur Abschätzung des *Bindungstyps* von Verbindungen (Bild 6.10)
- zur Festlegung der für Redoxgleichungen wichtigen *Oxidationszahlen* (s. 6.4.2),
- zur Voraussage von *Reaktionswegen* in Abhängigkeit von der Bindungspolarität.

Beispiel 6.4

Reaktionen einiger Wasserstoffverbindungen der Elemente der 1. Achterperiode,
LiH, BeH$_2$, B$_2$H$_6$, **CH$_4$**, NH$_3$, OH$_2$, **FH**,
mit Wasser bei Raumtemperatur: Während *Fluorwasserstoff* HF aufgrund seiner Polarisierung H$^{\delta+}$–F$^{\delta-}$ durch Wasser in hydratisierte Ionen H$_3$O$^+$$_{aq}$ und F$^-$$_{aq}$ überführt wird, reagiert *Lithiumhydrid* LiH wegen seiner Polarisierung Li$^{\delta+}$–H$^{\delta-}$ zu molekularem Wasserstoff H$_2$ und zu weitgehend dissoziiertem Lithiumhydroxid, Li$^+$$_{aq}$ und OH$^-$$_{aq}$. *Methan* CH$_4$ als mittleres Glied der Reihe hat nahezu unpolare Bindungen; es reagiert überhaupt nicht[5], wofür allerdings neben der kleinen Differenz ΔEN auch kinetische Argumente anzuführen sind.

6.4 Wertigkeits- und Bindungsbegriffe

Wegen der Mannigfaltigkeit der „chemischen Bindung" existieren dafür viele unterschiedliche Begriffe, deren Verwendung oft unkritisch erfolgt. Deshalb ist stets genau zu überlegen, was eigentlich ausgedrückt werden soll!

Von den neun nachstehend behandelten Begriffen ist die *Oxidationszahl* besonders wichtig! Alternativ dazu existiert die *formale Ladung*, die sich aus einer anderen Aufteilung der Bindungselektronenpaare ergibt. In beiden Fällen, also nicht nur bei der *formalen Ladung*, ist das Herangehen „formal", weil man sich die delokalisierten (Partial-)Ladungen auf bestimmte Atome konzentriert denkt[6].

6.4.1 Übersicht und Beispiele

1. *„Valenz"*, *„Wertigkeit"*: Beide Termini sind mehrdeutig, insofern unscharf und in der Regel zu vermeiden.

2. Die *„Ionenwertigkeit"* (Ionenladungszahl, elektrochemische Wertigkeit) gibt die Anzahl der positiven oder negativen Ladungen des Ions an, z. B. Na$^+$, Ca^{2+}, Al^{3+}, Nitrat NO$_3^-$, Sulfat SO$_4^{2-}$, (Ortho-)Phosphat PO$_4^{3-}$, (Ortho-)Silicat SiO$_4^{4-}$.

3. Die *„stöchiometrische Wertigkeit"* gibt die Zahl der als einwertig erkannten Atome/Atomgruppen an, die das betrachtete Atom oder die Formeleinheit binden bzw. ersetzen kann. Stöchiometrisch einwertig ist H, F, zweiwertig O, Ca, dreiwertig N; das wird durch die Formeln H^I$_2$O^{II}, Ca^{II}O^{II}, N^{III}H^I$_3$ ausgedrückt.

4. Nützlich ist es, „Wertigkeit von Verbindungen" im Hinblick auf Reaktionen oder Funktionen zu verwenden. So ist die *Orthophosphorsäure* H$_3$PO$_4$ dreiwertig hinsichtlich der Dissoziation als Arrhenius-Säure (s. 12.2) zu H$_2$PO$_4^-$, HPO$_4^{2-}$ und PO$_4^{3-}$; *Calciumhydroxid* Ca(OH)$_2$ ist zweiwertig hinsichtlich der Dissoziation als Arrhenius-Base. Der Gebrauch dieses Wertigkeitsbegriffs bedarf zwar stets einer

---

[5] Als Erd-/Sumpf-/Grubengas bleibt es lange stabil. Die geringe Reaktivität der *Alkane* (s. 36.1.3) führte früher (als man Reaktionen zwischen zwei Stoffen dadurch erklärte, daß diese miteinander "verwandt" seien) zu ihrem Namen „*Paraffine*" (*parum affinis* - lat. wenig verwandt).

[6] Nicht „formal" sind die tatsächlichen, also die *effektiven Ladungen* in den Verbindungen, die man z.B. aus röntgenspektroskopischen Daten erhält.

Erläuterung, es lassen sich aber damit die spezielleren Charakteristika als „dreibasige Säure" H_3PO_4 bzw. „zweisäurige Base" $Ca(OH)_2$ vermeiden.

5. *„formale Ladung, Formalladung":* Das ist die Ladung, die den Atomen im Molekülverband bei *homolytischer Bindungsspaltung* zukommt, d. h. bei Halbieren jedes Bindungselektronenpaars. Sie ergibt sich als Differenz aus der Anzahl der Valenzelektronen des betrachteten Atoms im neutralen, nichtgebundenen Zustand und ihrer Anzahl um das Atom im Molekül nach der („formalen") Halbierung der Bindung. So entfallen im Ammonium-Ion vier Elektronen auf Stickstoff und damit ein Elektron weniger als im freien Atom. In Ammoniak hat Stickstoff – wegen des voll in die Bilanz eingehenden freien Elektronenpaars – fünf Elektronen, wie auch im freien Atom.

im Ammonium-Ion,	$\overset{\oplus}{NH_4^+}$:	+1 für N,	±0 für H;
in Ammoniak,	$|NH_3$:	±0 für N,	±0 für H;
im Tetrafluoroborat-Ion,	$\overset{\ominus}{BF_4^-}$:	-1 für B,	±0 für F.

Die formale Ladung wird in der Formel über das jeweilige Atom geschrieben und meist mit einem Kreis umschlossen.

6. Die *„Bindigkeit"* ist die Zahl der Atombindungen um ein herausgegriffenes Atom; z. B. ist im Ion NH_4^+ der Stickstoff *vierbindig*, der Wasserstoff *einbindig*. Dagegen ist in Ammoniak, NH_3, der Stickstoff *drei-*, der Wasserstoff *einbindig*.

7. *„Bindungsgrad"* bzw. *„Bindungsordnung"* geben die Anzahl der Bindungen zwischen zwei Atomen an. So ist der Bindungsgrad = **1** bei einer *Einfachbindung* (Ethan $H_3C–CH_3$), = **2** bei einer *Doppelbindung* (Ethen $H_2C=CH_2$), = **3** bei einer *Dreifachbindung* (Acetylen $HC\equiv CH$, Stickstoff $N\equiv N$). Auch gebrochene Zahlen sind möglich, z.B. **1,5** für Kohlenstoff in Benzol, C_6H_6.

8. Die *„Koordinationszahl"* (KZ) ist die Zahl der nächsten Nachbarn um ein herausgehobenes Atom oder Ion. So hat Al(III) die KZ **6** im *„Hexafluoroaluminat"*- und im *„Aluminiumhexaaqua"-Komplex* , $[AlF_6]^{3-}$ bzw. $[Al(OH_2)_6]^{3+}$.

9. Bei der *„Oxidationszahl"* (OZ) bzw. *„Oxidationsstufe"* handelt es sich – wie schon bei **5.** – um eine fiktive Ladung[7], die den Atomen im Molekülverband bei *heterolytischer Bindungsspaltung* zugeschrieben wird. Hierbei werden die Bindungen so getrennt, daß alle bindenden Elektronenpaare ganz dem *stärker elektronegativen Element* zugeschrieben werden[8], also so, als wäre die Verbindung aus reinen Ionen aufgebaut. Die Differenz der Elektronenzahl von Atom und Ion ergibt dann die Oxidationszahl. – Zur Ermittlung der Oxidationszahlen nach dieser einfachen Vorschrift genügt eine Tabelle der Elektronegativitätswerte (s. PSE); die oft empfohlenen Regeln unterschiedlicher Priorität werden damit überflüssig.

---

[7] dementsprechend also ebenfalls um eine „formale" Ladung, aber anders gebildet als bei **5.**!

[8] Matthäus 25, *29* (Bibel, Neues Testament): „Denn wer da hat, dem wird gegeben werden, und er wird die Fülle haben; *wer aber nicht hat, dem wird auch, was er hat, genommen werden."*

6.4.2 Die Oxidationszahl OZ

In *Elementen* (Molekülen, Metall- oder Atom-Gitterverbänden) gilt für die Oxidationszahl zwangsläufig OZ = 0, da hier nur eine hälftige Aufteilung der Bindungselektronen möglich ist. Bei einatomigen Ionen ist OZ natürlich stets gleich deren *Ionenwertigkeit*.

Empfohlen wird die Angabe der Oxidationszahl in Summenformeln als hochgestellte römische Ziffer mit der Ladung als Vorzeichen nach dem Elementsymbol[9], also z.B. für Kaliumpermanganat(VII) als $K^{+I}Mn^{+VII}O_4^{-II}$. Für OZ = Null wird die – als römische Ziffer nicht existente – Ziffer 0 verwendet. Gebrochene Oxidationszahlen, wie -1/3 für Sauerstoff in *Kaliumozonid* KO_3[10], oder +2,5 für Schwefel im Tetrathionat-Ion $S_4O_6^{2-}$, lassen sich dann nicht angeben .

Weit verbreitet für die Angabe von OZ ist die Verwendung arabischer Ziffern mit der Ladung als Vorzeichen über den betreffenden Elementsymbolen:

$$\overset{+1\,-1}{NaH},\quad \overset{+2\,-1}{MgH_2},\quad \overset{+3\,-1}{AlH_3},\quad \overset{-4\,+1}{CH_4},\quad \overset{-3\,+1}{NH_3},\quad \overset{+1\,-2}{H_2S},\quad \overset{+1\,-1}{HCl},\quad \overset{+1\,+7\,-2}{KMnO_4},\quad \overset{+1\,-1/3}{KO_3},\quad \overset{+1\,+2,5\,-2}{Na_2S_4O_6}$$

Die Oxidationszahlen bilden eine gute Grundlage zur systematischen Darlegung vieler chemischer Reaktionen, z.B. zur Oxidations- oder Reduktionswirkung von Ionen oder hinsichtlich des Zusammenhangs zwischen Oxidationszahl und Säure-Base-Stärke von Oxosäuren der Elemente [vgl. die Reihe von *unterchloriger Säure* (HO)Cl bis zur *Perchlorsäure* (HO)ClO$_3$ (s. 25.3.2)].

Tab. 6.4 Oxide mit maximaler Oxidationszahl OZ der Hauptgruppenelemente der 2. und 3. Periode

Gruppe	1	2	13 (3)	14 (4)	15 (5)	16 (6)	17 (7)
OZ	+1	+2	+3	+4	+5	+6	+7
2. Periode	Li_2O	BeO	B_2O_3	CO_2	N_2O_5	–	–
3. Periode	Na_2O	MgO	Al_2O_3	SiO_2	P_2O_5	SO_3	Cl_2O_7

Oxidationszahlen der *Hauptgruppenelemente*. Bei ihnen entsprechen die maximalen positiven Oxidationszahlen – nach *Abziehen* sämtlicher Valenzelektronen – der (alten) Gruppennummer (Tab. 6.4). Die Elektronenkonfiguration des dabei formal gebildeten Ions gleicht der des vorangegangenen Edelgases.

Die Konfiguration des nachfolgenden Edelgases wird durch Zuordnen der noch zum Oktett fehlenden Elektronen herbeigeführt; dabei ergeben sich negative Oxidationszahlen, z.B. Kohlenstoff(-IV) in *Siliciumcarbid* SiC, Stickstoff(-III) in *Lithiumnitrid* Li$_3$N, Sauerstoff(-II) in den *Oxiden* und Fluor(-I) in den *Fluoriden*.

Nebengruppen- oder *Übergangselemente*. Sie ähneln sich, weil sich in der Regel zwei Valenzelektronen im s-Niveau der äußersten Schale der Atome befinden; sie unterscheiden sich aber durch die Anzahl der d-Elektronen in der nächstinneren Schale. Die beiden Valenzelektronen werden relativ leicht abgegeben, entsprechend häufig tritt die Oxidationszahl +2 auf. Einige Besonderheiten der Elektronenkonfiguration lassen sich

---

[9] also nicht nachgestellt wie bei der Ionenwertigkeit!

[10] Hierfür schlagen die IUPAC-Regeln die Angabe der Ionenladung vor, also $K^{+I}O_3^-$

dadurch erklären, daß halb- und vollbesetzte d-Niveaus, also d^5- bzw. d^{10}-Zustände, relativ bevorzugt werden (s. 5.3.2).

Zusätzlich zu den beiden s-Elektronen in der äußeren Schale werden oft auch d-Elektronen bindungswirksam. Dann treten *höhere Oxidationszahlen* als +2 auf. Maximal werden sämtliche d-Elektronen betätigt, so zum Beispiel in der Reihe *Scandium*(III) – *Titan*(IV) – *Vanadium*(V) – *Chrom*(VI) – *Mangan*(VII), entsprechend den Gruppennummern 3-7. In der Gruppe 8 kommt die OZ +8 nicht mehr bei *Eisen* selbst vor, wohl aber bei *Ruthenium* und *Osmium* (s. 30.3).

Lanthanoide **und** *Actinoide*. Bei den jeweils 14 Elementen, die auf *Lanthan* La bzw. *Actinium* Ac folgen, besetzen die Elektronen die 4f- bzw. 5f-Niveaus. Zusätzlich sind der 6s- bzw. 7s-Zustand mit jeweils zwei Elektronen besetzt. Lanthanoid- und Actinoid-Ionen betätigen im allgemeinen die Oxidationszahl +3. Bei ihnen ist in der Regel der s^2-Zustand nicht besetzt und die Besetzung der f-Zustände – im Vergleich zu der bei den Elementen – um ein Elektron vermindert.

6.4.3 Mesomerie (Resonanz)

Während sich für die in Tab. 6.1 und 6.2 enthaltenen Verbindungen ohne weiteres einfache Strukturformeln angeben lassen, die den Valenzelektronen-Konfigurationen entsprechen, also H–H, O=O (bzw. •O–O•), N≡N, H–O–H usw., gelingt das nicht mehr bei Sauerstoffsäuren, wie Salpetersäure $(HO)NO_2$, und Anionen wie Nitrat NO_3^- oder Sulfat SO_4^{2-}. Ähnlich schwierig war die Aufstellung einer Formel für Benzol (s. 36.1.7).

Beispiel 6.5

Das Nitrat-Ion NO_3^- kann keinesfalls mit drei Doppelbindungen N=O formuliert werden, da dann Stickstoff sechsbindig würde und an 12 Valenzelektronen Anteil hätte. Stickstoff stehen aber, ebenso wie den anderen Elementen der ersten Achterperiode, nur 2s- und 2p-Niveaus zur Verfügung, also nicht mehr als insgesamt acht Valenzelektronen. Damit konsistent wären aber folgende drei Formulierungen mit je einer Doppelbindung N=O und zwei Bindungen N–O$^\ominus$, wodurch sich an den einfachgebundenen Sauerstoff-Atomen die formale Ladung -1 ergäbe, am Stickstoff insgesamt +1:

Die Strukturformeln Ia-c stellen nun aber drei gleichwertige Möglichkeiten dar, zwischen denen nicht unterschieden werden kann. Keine der drei trifft den wahren Zustand, der zwischen diesen *mesomeren*[11] *Grenzstrukturen* angesiedelt ist. Das sollen auch die Mesomeriepfeile "↔" ausdrücken. Der wahre Zustand ist keinesfalls als stoffliches Gemisch der Grenzstruktur-Species aufzufassen, eher als energetischer Mischzustand. Er ist über bloße Elektronenverschiebungen mit jeder der Grenzstrukturen verwandt, ohne mit einer von ihnen identisch zu sein. Mit der Angabe einer Bindungsordnung von 1,333 für die N–O-Bindungen im Nitrat kann der Sachverhalt zutreffend, wenn auch weniger anschaulich ausgedrückt werden.

Weitere Beispiele für Mesomerie bzw. Resonanz[12] werden an zahlreichen anderen Stellen des Buches vorkommen (z.B. 36.2.4).

6.5 Typen der chemischen Bindung (Kurzcharakteristik)

Die Anwendung des Elektronegativitäts-Begriffs (s. 6.3.2) zeigte, daß rein kovalente Bindungen eher die Ausnahme darstellen als die Regel. Bei wachsender Elektronegativitäts-Differenz $\Delta(EN)$ werden die Bindungen zunehmend polar; bei den maximal möglichen Unterschieden von etwa 3 Einheiten ist der Grenzfall der Ionenbindung (Ionenbeziehung, heteropolare Bindung) weitgehend verwirklicht.

Hinweis. Vollständig kann dieser Grenzfall per definitionem nicht eintreten, da das zugrunde-liegende Modell einer Coulomb-Wechselwirkung zwischen den punktförmig gedachten Ladungen – also ohne gegenseitige Beeinflussung der Elektronenhüllen – streng genommen nur bei sehr viel größeren Koordinationszahlen als 6 oder 8 berechtigt ist.

Die alternative Bezeichnung „Ionenbeziehung" soll ausdrücken, daß wegen der ungerichteten Wechselwirkung zwischen den Ionen in einem reinen Ionengitter von eigentlichen „Bindungen" gar nicht gesprochen werden kann. „Heteropolare Bindung" versteht sich als Antonym zu „homöopolare Bindung".

Gemäß Pauling kann der Übergang von überwiegend kovalentem zu überwiegend ionischem Zusammenhalt der Partner bei etwa $\Delta(EN) \approx 1,7$ angesetzt werden. In Bild 6.10 werden Übergänge "kovalent ⇔ ionisch" durch die Tetraeder-Kante zwischen **1** (*Ionenbindung*) und **2** (*Atombindung*) verkörpert.

Dort ist in der Tetraeder-Grundfläche unter „*metallische Bindung*" (**3**) eine dritte Variante für den Zusammenhalt von Atomen durch starke Anziehungskräfte verzeichnet: Metallatome geben in kondensierter Phase je ein Elektron oder auch mehrere Elektronen ab, wodurch sie zu positiv geladenen Atomrümpfen werden. Die Elektronen sind dazwischen weitgehend frei beweglich und sorgen als sogenanntes „*Elektronengas*" für den Zusammenhalt des Gitters.

---

[11] griech. *mesos* mittlerer, *meros* Teil

[12] Dieses Synonym ist im angelsächsischen Schrifttum verbreitet; der Name, von *resonare* lat. widerhallen, geht auf ein angewendetes Rechenverfahren zurück

Beispiel 6.6

Für den Übergang „kovalent ⇒ metallisch" repräsentativ ist die Reihe vom Diamant bis zum Blei, mit den halbleitenden Elementen Silicium und Germanium sowie Zinn in einer nichtmetallischen und einer metallischen Modifikation als Zwischengliedern.

Ein einfaches Modell zur Abschätzung des Verhältnisses kovalent/metallisch wie die Paulingsche Regel für polare Atombindungen existiert hier allerdings nicht.

Gleiches gilt für Übergänge „ionisch ⇔ metallisch", obwohl es auch hier nicht schwer ist, für den entsprechenden Übergang repräsentative Substanzen zu nennen, z. B. NaF ⇒ Na_2S ⇒ Na_3P ⇒ Na-Legierungen mit anderen Metallen ⇒ Na.

Bei den Bindungstypen noch zu nennen sind die allgegenwärtigen „Restvalenzen", die man vereinfacht als „van-der-Waals-Bindungen"[13] (4) bezeichnet. Sie gehen auf permanent vorhandene oder durch benachbarte Teilchen gegenseitig induzierte Kräfte zurück. Sie sind außerordentlich schwach und von sehr kurzer Reichweite[14]; um eigentliche „Bindungen" handelt es sich also nicht.

Beispiel 6.7

Edelgase: Durch *van-der-Waals-Kräfte* ziehen sich bei genügend tiefen Temperaturen sogar Edelgas-Atome in der Gasphase an; bei weiterem Abkühlen kondensieren sie zu einer Flüssigphase und kristallisieren letztlich als Feststoff aus.

Die Allgegenwart der *van-der-Waals-Kräfte* tritt naturgemäß dort kaum zutage, wo die um einen Faktor 10-100 stärkeren Bindungskräfte **1 - 3** wirken. Dennoch gibt es instruktive Beispiele für Mischbindungs-Typen.

Beispiel 6.8

Graphit: Die besonders großen Unterschiede in den C–C-Abständen, in den Schichten einerseits, zwischen ihnen andererseits, zeigen im Vergleich zum C–C-Abstand im Diamant, daß innerhalb der Schichten kovalente Bindungen mit einem π-Mehrfachbindungsanteil vorliegen, zwischen ihnen aber nur ein schwacher vdW-Zusammenhalt besteht (s. 22.2.1).

Beispiel 6.9

In den *Schichtengittern* von Hydroxiden oder Halogeniden wie *Cadmiumhydroxid* Cd(OH)₂ oder -iodid CdI₂ liegen polare Bindungen innerhalb der Schichten vor. Die gute Spaltbarkeit der Kristalle parallel zu den Schichten zeigt wie bei Graphit das überwiegende Wirken von van-der-Waals-Kräften zwischen den Schichten an (s. 32.3.1).

---

[13] Johannes Diderik van der Waals (1837-1923), niederländischer Physiker
[14] Die Wechselwirkungsenergie ist umgekehrt proportional der 6. bzw. 3. Potenz des Abstandes
      (s. 7.4.1), bei Ionenkristallen fällt sie dagegen nur mit 1/r ab.

Beispiel 6.10

Die Moleküle unpolarer organischer und anorganischer Verbindungen werden generell im festen und flüssigen Aggregatzustand überwiegend durch vdW-Kräfte zusammengehalten. Dementsprechend sind ihre Schmelz- und Siedetemperaturen vergleichsweise niedrig.

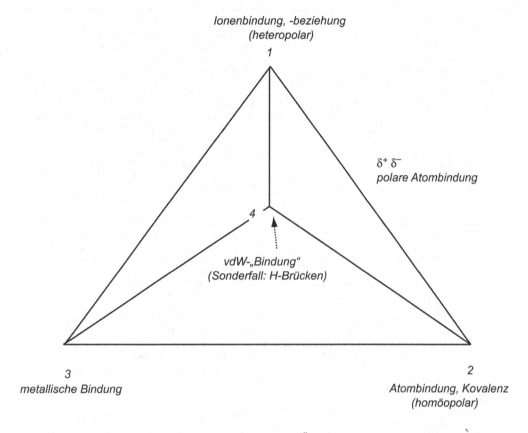

Bild 6-10 „Bindungstetraeder" (Draufsicht), die möglichen Übergänge zwischen den unterschiedlichen Typen der chemischen Bindung zeigend

Tab. 6.5 gibt eine Übersicht über die verschiedenen Bindungstypen und die Übergänge zwischen ihnen; dabei entsprechen die Ziffern denen in Bild 6.10.

Zusammenhänge zwischen Bindungstyp, Struktur und Eigenschaften der Elemente und Verbindungen werden in 7 ausführlich behandelt.

Viele weitere Beispiele hierzu sind in den Teilen „Anorganische Chemie" und „Organische Chemie" enthalten, betreffend z. B. die *Mehrfachbindungsregel* bei Kohlenstoffdioxid im Unterschied zu den Si–O-Einfachbindungen in Siliciumdioxid (s. 22.1.1), die *Oktettregel* bei Hauptgruppenelementen der ersten Achterperiode (s. 23.1.1) im Unterschied zur möglichen Aufweitung des Elektronenoktetts bei deren Homologen (Phosphorpentachlorid s. 23.3.2, Schwefelhexafluorid s. 24.3.3), oder den unterschiedlichen Aufbau der Polysaccharide *Stärke* und *Cellulose* in Abhängigkeit von der Stellung der glycosidischen Bindung (s. 38.5).

Tab. 6.5 Typen der chemischen Bindung und damit zusammenhängende Eigenschaften (AZ – Aggregatzustand, KZ – Koordinationszahl, LF – elektrische Leitfähigkeit, Δ(EN) – Elektronegativitätsdifferenz, T_{fus} – Schmelztemperatur, T_{vap} – Siedetemperatur)

Nr.	Typ [Bindungsenergie]	Beispiele	AZ	Allgemeine Charakteristik
1	*Ionenbindung, Ionenbeziehung* (heteropolar, Heterovalenz) [300-900 kJ/mol]	LiF, NaCl, CsCl MgO, CaO CaF_2	s [1] l	dreidimensional ungerichtet: Coulomb-Wechselwirkung von Punktladungen; Modell: Packungen starrer Kugeln; KZ hoch (6, 8); hart, spröde, T_{fus} u. T_{vap} hoch; LF elektrolytisch, steigt mit Temperatur
2	*Atombindung* (homöopolar, *Kovalenz*) [200-500 kJ/mol]	H_2, O_2, Cl_2, S_8, Se, As, $C_{Diamant}$, SiC, organische Moleküle	s [2] l g	gerichtete Elektronenpaarbindung; bei hetero-nuklearen Verbindungen oft gewisse Polarität; im allg. KZ niedrig; physikalische Eigenschaften der Feststoffe stark strukturabhängig; bei tiefen Temperaturen meist Nichtleiter
3	*metallische Bindung* [60-850 kJ/mol]	Hg Li, Na, Fe, Cu W	s l	dreidimensional ungerichtet: Zusammenhalt der Atomrümpfe durch "Elektronengas"; KZ hoch (8,12); Härte, T_{fus} u. T_{vap} sehr verschieden; LF metallisch, mit steigender Temperatur fallend
4	*van-der-Waals-Kräfte* ("Restvalenzen") [1-10 kJ/mol]	Edelgase, generell: Zu-sammenhalt von Molekül-verbindungen	s l (g)	unspezifische Wechselwirkungen zwischen permanenten und/oder induzierten Dipolen, ungerichtet, sehr schwach u. kurzreichweitig; T_{fus} und T_{vap} niedrig, Härte gering; schlechte Leiter für Elektrizität und Wärme
–	*Mischtypen*, z.B.: - *polare Bindungen* [3] ----------- - *Wasserstoff-brücken* [10-40 kJ/mol]	heteronukl. Moleküle [4] ---------- HF, Eis, Bio-moleküle	s, l, g $\Rightarrow\Rightarrow$ $\Rightarrow\Rightarrow$	Regelfall für heteronukleare Verbindungen mit nicht zu hohem Δ(EN) der Bindungspartner ----------- besonders bei den Bindungen der elektronega-tivsten Elemente (F, O, N) mit Wasserstoff

[1] Ionen-Gitter
[2] Atom- bzw. Molekül-Gitter mit null- (X_2, CH_4, S_8), ein- (Se), zwei- (As, $C_{Graphit}$) bzw. dreidimensionaler ($C_{Diamant}$) Vernetzung der Struktureinheiten
[3] Bindungsenergie ähnlich der bei 1 und 2
[4] hier sind neben gemischt ionisch-kovalenten Bindungen auch die Übergänge kovalent/metallisch und ionisch/metallisch einzuordnen);

Aufgaben

Aufgabe 6.1

Wodurch unterscheiden sich σ- und π-Bindungen voneinander? Erläutern Sie den Sachverhalt an Skizzen für ein geeignetes Substanzbeispiel.

Aufgabe 6.2 Mesomerie

a) Was verstehen Sie unter dem Begriff „Mesomerie" bzw. Resonanz?

b) Geben Sie Strukturformeln an für Salpetersäure HNO_3 und die Ionen Carbonat CO_3^{2-}, Sulfit SO_3^{2-} sowie Nitrat NO_3^-.

Aufgabe 6.3

Wie erklären Sie, daß Kohlenstoff und Silicium zwar analoge Tetrafluoride AF_4 bilden, ein Komplex $[AF_6]^{2-}$ aber nur für A = Si bekannt ist? (Anleitung: Welche Orbitale sind verfügbar?)

Aufgabe 6.4

Wie ändern sich Ionisierungsenergie E_I, Elektronenaffinität E_A und Elektronegativität EN von der 1. zur 7. Hauptgruppe innerhalb einer Periode des PSE?

Aufgabe 6.5

a) Welche physikalische Größe des Atoms erreicht bei Edelgasen Maxima?

b) Wenn Edelgase überhaupt chemische Reaktionen eingehen, welche von ihnen konkret, und welche Reaktionspartner haben die größte Chance zur Bildung kovalenter Verbindungen?

Aufgabe 6.6 „Elektronegativität" (EN)?

a) Was verstehen Sie unter EN,

b) Wodurch wird EN bestimmt?

c) Wie ändert sich EN von der 1.-7. HG innerhalb einer Periode des PSE bzw. innerhalb einer HG, z.B. der 6. oder 7.?

Aufgabe 6.7

Welcher Zusammenhang besteht zwischen der Größe der EN-Differenzen und dem Bindungscharakter in binären Verbindungen?

Aufgabe 6.8

Definieren Sie die folgenden Begriffe und geben Sie je ein Formelbeispiel zur Erläuterung: Oxidationszahl (OZ), formale Ladung (FL), Bindigkeit.

Aufgabe 6.9 Chemische Bindung / Bindungstyp:

Geben Sie für folgende Stoffe die Summenformel und den Bindungstyp an und begründen Sie Ihre Entscheidung: Phosphor(III)-iodid, Aluminiumfluorid, Methan, Bariumchlorid.

Aufgabe 6.10

Erklären Sie unter Zuhilfenahme der Begriffe EN und OZ die Reaktionen von Lithiumhydrid bzw. von Chlorwasserstoff mit Wasser.

Aufgabe 6.11

Oxidationszahl (OZ) von Schwefelverbindungen: Nennen Sie Stoffbeispiele zu den vorgegebenen Oxidationszahlen für Schwefel, OZ(S) = -2, $\pm$0, +2, +2,5, +4, +6.

Aufgabe 6.12

Geben Sie für folgende Verbindungen des Stickstoffs die Oxidationszahlen (OZ) sowie die rationellen und/oder sonstigen Namen an:

NH_3, N_2H_4, NH_2OH, HN_3, N_2O, NO, HNO_2, NO_2, HNO_3.

Aufgabe 6.13

Ergänzen Sie in folgender Tabelle die fehlenden Angaben:

Name	Bruttoformel	Oxidationszahlen der enthaltenen Elemente			
Beispiel: Wasser	H_2O			H: +1	O: -2
Ozon					O:
Natriumazid	NaN_3	Na:	N:		
Ammoniumnitrit		N:	N:	H:	O:
	$NaHSO_3$	Na:	S:	H:	O:
Lithiumhydrid		Li:		H:	
	$NaNO_3$	Na:	N:		O:
Kaliumfluorid		K:	F:		
	H_2SO_4		S:	H:	O:
Eisen(III)-chlorid		Fe:	Cl:		
Wasserstoffperoxid				H:	O:

Symmetrie, Struktur und Eigenschaften

Daß Symmetriebetrachtungen nicht nur für das Zustandekommen chemischer Bindungen wesentlich sind (s. 6.1.2), sondern auch für einige Eigenschaften der Stoffe in kondensierter Phase (Tab. 6.5), klang im Kapitel 6 schon an.

Nunmehr soll die Symmetrie von Kristallgittern und Molekülen im Zusammenhang beschrieben werden (7.1); ihre Aussagen sind exakt, sofern man die oberhalb des absoluten Nullpunkts unvermeidbaren Kristallbaufehler bzw. Molekülverzerrungen vernachlässigt. Über die Symmetrie gelingt eine vergleichende Betrachtung der Strukturen der chemischen Elemente (7.2) sowie ausgewählter anorganischer Verbindungen (7.3). Der für viele Stoffeigenschaften wichtige energetische Zusammenhalt von Teilchen im Gitter (7.4) ist im Unterschied zur Gittersymmetrie nur angenähert zu erfassen, was zum Teil eine Folge der spezifischen Herangehensweise durch die Kristallchemie ist.

Während die *Festkörperphysik* den Kristall vorzugsweise als Ensemble von Kernen, Elektronen und Quasiteilchen betrachtet, beläßt die Kristallchemie den Atomen, Ionen oder Molekülen im Gitter individuelle Eigenschaften (Ladungen, Radien, Elektronegativitätswerte, Koordinationszahlen). Das ergibt zwar anschauliche, aber oft ziemlich realitätsferne Modelle (s. 7.3.3).

Beispiel 7.1

Das *Natriumchlorid-Gitter* wird *energetisch* erklärt über den Coulomb-Zusammenhalt von Punktladungen Na^+ und Cl^-, die auf den Atomkernen lokalisiert sind. *Geometrisch* wird das Gitter dagegen aufgefaßt als mehr oder weniger dichte Packung starrer, inkompressibler kugelförmiger Ionen Na^+ und Cl^-. – Abgesehen davon, daß es sich bei der Elektronegativitäts-Differenz von $\Delta(EN) = EN_{Cl} - EN_{Na} \approx 1,8$ nicht um eine reine Ionenbeziehung handelt, ist bei der Koordinationszahl KZ 6 eine sphärische Ladungsverteilung um die Ionen nicht gegeben. Kugelsymmetrie gäbe es erst bei freien Ionen, also für KZ = 0 oder – was letztlich dasselbe ist – bei unendlich vielen „Nachbarn" (KZ $\approx \infty$) in dann sehr großem Abstand.

7.1 Symmetrie von Kristallgittern und Molekülen

Aus dem Alltag sind uns viele mehr oder weniger symmetrische Objekte bekannt. So kann eine einfarbige Kugel durch Drehungen um beliebige Winkel immer wieder in eine Position gebracht werden, die sich von der Ausgangslage nicht unterscheiden läßt. Für eine Kugel mit strukturierter Oberfläche (Fußball) reduziert sich die Zahl möglicher *Symmetrieoperationen* dagegen drastisch.

Beispiel 7.2

Ein Würfel aus einem Holzbaukasten wird in identische Lagen überführt, wenn man ihn um Winkel von 90 °, 180 ° (= 2·90 °), 270 ° (= 3·90 °) und 360 ° (= 4·90 °) dreht, und zwar um eine der drei Achsen, die durch die Mitten gegenüberliegender Flächen gehen. Man spricht hier von drei vierzähligen Drehachsen. Die Drehung um 360 ° ($\triangleq$ 0 °), die sogenannte *Identitätsoperation*, ist natürlich bei jedem Körper möglich; auch der am wenigsten symmetrische Körper hat das *Symmetrieelement „Identität"*

(≡ einzählige Drehachse). – Bisher wurden die Unterschiede in der Maserung der Würfelflächen ignoriert. Täte man das nicht, bliebe dem Holzwürfel nur die Identität, genauso wie allen Spielwürfeln mit den Zahlen 1 - 6.

Will man die Symmetrie von geometrischen Körpern erfassen, interessieren also die *Symmetrieelemente*, die der Körper aufweist, und die dadurch möglich werdenden *Symmetrieoperationen*, die den Körper in eine zur Ausgangslage äquivalente oder sogar mit ihr identische Lage überführen (s. Tab. 7.2).

Kristalline Stoffe und isolierte Moleküle unterscheiden sich hinsichtlich ihrer Symmetrie zweifach: Erstens können Moleküle Drehachsen beliebiger Zähligkeit haben, Kristalle dagegen nur solche, die mit einer lückenlosen Füllung des Raums vereinbar sind. Zweitens sind an Molekülen nur solche Operationen möglich, die das Molekül dadurch ortsfest belassen, daß mindestens ein Punkt seine Lage beibehält; die zugehörigen Elemente heißen deshalb auch *Punktsymmetrieelemente*. Bei Kristallgittern sind dagegen Ortsänderungen, z. B. durch Verschiebungen (*Translation*[1]), unabdingbar, um die *Raumsymmetrie* beschreiben zu können.

7.1.1 Symmetrie von Kristallen

Sind Kristalle gut ausgebildet, genügen oft schon die Punktsymmetrieelemente zur Charakterisierung der äußeren Form. Da aber Kristalle sich meist in *Habitus* (Erscheinungsform) bzw. *Tracht* (Flächenkombination) unterscheiden, sind die Neigungswinkel zwischen den Kristallflächen wichtiger als deren Größe und Zahl.

Definition 7.1 *Gesetz der Winkelkonstanz* (*Steno*[2] 1669): In Kristallen einer bestimmten Substanz sind die Neigungswinkel zwischen gleichartigen Flächen stets gleich.

Oft bilden Kristalle keine ebenen Flächen aus, z. B. beim raschen Erstarren von Metallschmelzen, weil sich die Primärkristallite beim Wachstum behindern, so daß ein polykristallines *Gefüge* entsteht (gut sichtbar z. B. an der Oberfläche verzinkter Gegenstände). Wegen des Zusammenhangs zwischen innerer und äußerer Symmetrie kann auch dann durch geeignete Methoden, z. B. durch *Röntgen-* oder *Elektronenbeugung*, exakt die Raumgitter-Symmetrie ermittelt werden.

Definition 7.2 Ein *Raumgitter* ist als periodische Punkt-Anordnung im Raum dadurch bestimmt, daß von einem beliebigen seiner Punkte aus jeder andere festgelegt ist durch den Vektor **v**,

$$v = n_1\,\mathbf{a} + n_2\,\mathbf{b} + n_3\,\mathbf{c} \qquad (7.1)$$

(**a**, **b**, **c** - drei linear unabhängige Grundvektoren; n_1, n_2, n_3 natürliche Zahlen). Die kleinsten Abstände benachbarter Gitterpunkte sind die *Gitterkonstanten*. Für $n_1 = n_2 = n_3 = 1$ wird von den Grundvektoren die kleinste oder primitive *Elementarzelle* aufgespannt. Durch Translation gehen die Elementarzellen verschiedener Gitterpunkte ineinander über und füllen den Raum lückenlos. Das jeweilige Raumgitter ist also charakterisiert durch die Gitterkonstanten **a**, **b**, **c** und die Winkel α, β und γ zwischen den Grundvektoren.

---

[1] lat. *translatio*, das Versetzen, Part. Perf. von *transferre* hinüberbringen

[2] Niels Stensen, latinisiert Steno(nius) (1638-1686), dänischer Naturforscher, Philosoph, Theologe

Zur eigentlichen physikalischen *Kristallstruktur* gelangt man nun durch Besetzung der geometrischen *Gitterpunkte* mit Atomen, Ionen oder Molekülen. Komplizierte Strukturen lassen sich durch Kombination von Teilgittern darstellen, die man z. B. bei Salzen zunächst getrennt für Kationen bzw. Anionen bildet.

Die Beziehungen zwischen äußeren Kristallflächen bzw. inneren Punktlagen lassen sich durch *Symmetrieoperationen* veranschaulichen, welche die betrachteten Flächen oder Punkte in eine gleichwertige Lage überführen. Zur Kennzeichnung der jeweiligen *Symmetrieelemente* sind alternativ zwei Reihen von Symbolen üblich: Bei Molekülen ist die ältere Nomenklatur nach *Schoenflies*[3] (S) ausreichend und üblich, in der Kristallographie dominiert die Nomenklatur (1928/31) nach *Hermann-Mauguin*[3] (HM). Zunächst seien die Punktsymmetrieelemente erläutert:

Drehachsen (Symmetrieachsen, Gyren)[4] Durch Drehung um einen bestimmten Winkel wird der Kristall in gleichwertige Lagen gebracht. Je nach den Winkeln von 360, 180, 120, 90 oder 60° unterscheidet man ein-, zwei-, drei-, vier- und sechszählige Drehachsen, bei HM als 1, 2, 3, 4, 6, gemäß S als C_1, C_2, C_3, C_4, C_6.

Fünfzählige und höhere als sechszählige Achsen gibt es bei Kristallen nicht, obwohl regelmäßige Körper mit gleichseitigen Fünfecken, z. B. das Pentagondodekaeder[4], bekannt sind. Mit entsprechenden Elementarzellen könnte der Raum nicht lückenlos ausgefüllt werden.

Das in der Chemie besonders häufig auftretende *Oktaeder* hat ein-, drei- und vierzählige sowie zwei Arten zweizähliger Achsen, deren Lage am besten an dem zugehörigen Würfel veranschaulicht werden kann (Bild 7-1).

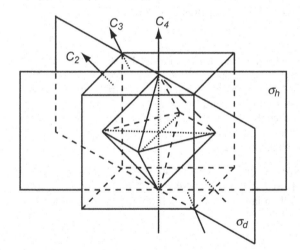

Bild 7-1
Oktaeder: Eine Drehachse C_4 und zwei der Symmetrieebenen σ_h, σ_d. Das Oktaeder besitzt drei C_4-, vier C_3- und sechs C_2-Achsen, drei Symmetrieebenen σ_h und sechs σ_d sowie ein Symmetriezentrum Z in der Oktaedermitte. Nicht eingezeichnet sind der Übersichtlichkeit halber die vier Raumdiagonalen des Würfels ($\equiv C_3$) sowie die sechs C_2-Achsen durch die Mitten gegenüberliegender Würfelkanten

---

[3] Arthur Moritz Schoenflies (1853-1928), dt. Mathematiker und Kristallograph; Carl Hermann (1898-1961), dt. Kristallograph; Charles-Victor Mauguin (1878-1958), französ. Mineraloge

[4] griech. *gyros,* Wendung; *Pentagondodekaeder*, Fünfeck-Zwölfflächner

Spiegel- oder **Symmetrieebenen** m [5] (HM) bzw. σ (S). Enthalten Kristalle Symmetrieebenen, so lassen sie sich in spiegelbildliche Hälften teilen. In einer quadratischen Pyramide sind z. B. zwei Sätze von je zwei solcher Ebenen denkbar, vertikal (σ_v) durch die Mitten gegenüberliegender Kanten der Basisfläche oder diagonal durch gegenüberliegende Ecken der Basisfläche(σ_d). – Spiegelebenen rechtwinklig zur vertikalen Hauptachse erhalten das Schoenflies-Symbol σ_h.

Symmetrie- oder **Inversionszentrum** $\bar{1}$ (HM) bzw. **i** (S). Hier handelt es sich um einen Punkt im Kristall mit der Eigenschaft, daß eine an ihm gespiegelte Fläche mit einer anderen zur Deckung kommt; ein Beispiel ist der Oktaedermittelpunkt.

Drehspiegelachsen nach Schoenflies, S_n [6], lassen sich als Kombination einer Drehachse mit einer senkrecht dazu stehenden Spiegelebene darstellen; sie können zwei-, vier- und sechszählig sein. Das Inversionszentrum ist identisch mit einer zweizähligen Drehspiegelachse S_2, d. h., man kann dasselbe erreichen, wenn man um 180 ° dreht und anschließend an einer Ebene senkrecht zur Drehachse spiegelt.

Drehinversionsachsen nach Hermann-Mauguin, $\bar{n}$ [6], erhält man alternativ als Kombination von Drehachse und Inversionszentrum.

Kristallklassen und **Kristallsysteme**. Die genannten Punktsymmetrieelemente können nicht beliebig kombiniert werden, da sie zum Teil einander bedingen. Liegt etwa eine Spiegelebene in einer vierzähligen Drehachse, so müssen vier solcher Ebenen vorhanden sein, z. B. bei der quadratischen Pyramide. Wie schon 1830 durch Hessel[7] und unabhängig davon um 1850 durch Bravais[7] gezeigt wurde, sind für Kristalle nur 32 verschiedene Kombinationsmöglichkeiten denkbar, die 32 *Kristallklassen*. Dafür drei Beispiele:

Beispiel 7.3

---

a)   Die niedrigste Symmetrie hat die *triklin-pediale Klasse* (HM: **1**; S: C_1), z. B. das *Calciumthiosulfat-hexahydrat* $CaS_2O_3 \cdot 6H_2O$. Hier ist nur die *Identitätsoperation* möglich.

b)   Bei der *triklin-pinakoidalen Klasse* (HM: **1**, S: C_i), tritt zusätzlich ein Symmetriezentrum auf; hier, z. B. bei *Kupfervitriol* $CuSO_4 \cdot 5H_2O$, existiert also zu jeder Fläche eine Gegenfläche.

c)   Die höchste Symmetrie liegt im kubischen Kristallsystem vor, bei der *hexakisoktaedrischen Klasse*[8] [HM (gekürzt): **m3m**; S: O_h]. Symmetrieelemente: Sechs zwei- und drei vierzählige Drehachsen mit Spiegelebenen, vier dreizählige Inversionsdrehachsen, ein Symmetriezentrum.

Am übersichtlichsten werden die 32 Kristallklassen, wenn man sie in sechs oder sieben *Kristallsysteme* einordnet (Tab. 7.1, Bild 7-2): Im *triklinen* System[9] sind die drei Koordinatenachsen, a, b und c, unterschiedlich lang und stehen schiefwinklig zueinander.

---

[5] m von *miroir* frz. Spiegel

[6] Die alternative Notation ist hier nicht üblich.

[7] Johann Friedrich Christian Hessel (1796-1872), deutscher Mineraloge;
   Auguste Bravais (1811-1863) französischer Physiker

[8] griech *hexákis*, sechsmal; *Oktaeder* Achtflächner; die Bezeichnung bezieht sich auf den sogenannten
   Vollflächner der Klasse, das *Hexakisoktaeder* mit 48 Flächen.

[9] griech. *tri* drei, *klinein* neigen

Im *monoklinen* System ist e i n Winkel ungleich 90°. Ausschließlich rechte Winkel haben das *kubische, tetragonale* und (ortho)*rhombische*[10] System.

Die Möglichkeit, sechs <u>oder</u> sieben Kristallsysteme festzulegen, resultiert daraus, daß sich aus dem *hexagonalen*[10] System der Spezialfall des *rhomboedrischen* Systems abspalten läßt.

Tab. 7.1 Kristallsysteme

Name	Seiten	Winkel	Kristallklassen
triklin	$a \neq b \neq c \neq a$	$\alpha \neq \beta \neq \gamma \neq \alpha$; $\alpha, \beta, \gamma \neq 90°$	2
monoklin	$a \neq b \neq c \neq a$	$\alpha = \gamma = 90°$; $\beta \neq 90°$	3
(ortho)rhombisch	$a \neq b \neq c \neq a$	$\alpha = \beta = \gamma = 90°$	3
tetragonal, quadratisch	$a = b \neq c$	$\alpha = \beta = \gamma = 90°$	7
hexagonal, trigonal	$a = b \neq c$	$\alpha = \beta = 90°$; $\gamma = 120°$ (60°)	
rhomboedrisch	$a = b = c$	$\alpha = \beta = \gamma \neq 90° \neq 60° \neq 109°28'$	12
kubisch, regulär, isometrisch	$a = b = c$	$\alpha = \beta = \gamma = 90°$	5
		Summe	**32**

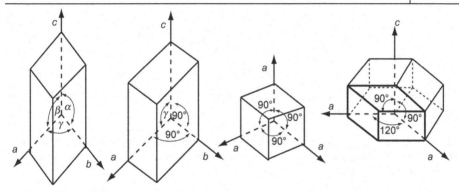

Bild 7-2 Vier der sieben Kristallsysteme (von links): triklin, monoklin, kubisch, hexagonal

Raumgruppen. Die 32 Kombinationen für die äußere Symmetrie von Kristallen reichen noch nicht aus für die Beschreibung der Teilchenlagen in den Elementarzellen, also für die innere, mikroskopische Symmetrie. Dazu benötigt man die *Translation* als weitere Symmetrieoperation, die aus *einem* Symmetrieelement eine parallele Schar unendlich vieler solcher Symmetrieelemente erzeugt.

Durch Translation in die jeweiligen Richtungen erhält man 14 verschiedene *Translations-* oder *Bravaisgitter* (1848), deren besonders dicht mit Teilchen besetzte Gitter- oder *Netzebenen* dann zu den makroskopischen Kristallflächen führen. Gleichartige Gitterebenen liegen parallel zueinander, ihr Abstand, die *Gitterkonstante*, läßt sich mit Hilfe von Beugungsmethoden bestimmen.

---

[10] griech.: *rhombos* verschobenes Quadrat, Kreisel, Doppelkegel; *goniá* Winkel

Verknüpft man die Translation mit Punktsymmetrieelementen, etwa einer Symmetrieebene oder einer Drehachse, so ergeben sich als weitere Raum- oder Mikrosymmetrieoperationen bzw. -elemente *Gleitspiegelung/Gleitspiegelebene* und *Schraubung/Schraubenachsen* (Bild 7-3). Im Bild ist zu sehen, daß bei der Gleitspiegelebene zweimaliges Spiegeln bei Translation um jeweils a/2 zur Identität führt; die Schraubung führt hier das betreffende Teilchen durch viermaliges Drehen um 90° und gleichzeitiges Verschieben um a/4 wieder in eine identische Lage.

Wie um 1890 Fedorow[11] und Schoenflies unabhängig voneinander zeigten, gelangt man – ausgehend von den 32 Kristallklassen – durch Kombination von Translation, Schraubung und Gleitspiegelung mit den Punktsymmetrie-Elementen Drehachse, Spiegelebene usw. für alle denkbaren physikalischen Kristallstrukturen zu maximal 230 verschiedenen Kombinationen, den sogenannten *Raumgruppen*.

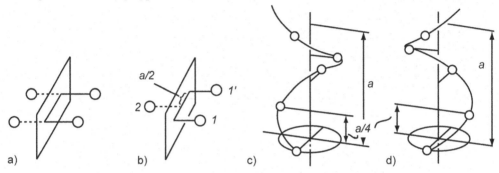

Bild 7-3 Spiegelebene (a), Gleitspiegelebene (b), vierzählige linke (c) bzw. rechte (d) Schraubenachse; Erläuterung im Text

Die tatsächlichen Raumgitter der Kristalle lassen sich nun darstellen als *Bravaisgitter*, die entsprechend der Raumgruppensymmetrie ineinandergestellt sind. Jede Raumgruppe ermöglicht das für unendlich viele Strukturen.

Beispiel 7.4

Das im Buch mehrfach erwähnte Natriumchloridgitter (s. Bild 19.1) besteht z. B. aus zwei achsenparallel verschobenen kubisch-flächenzentrierten Gittern von Na- und Cl-Lagen.

Tab. 7.2 faßt die beschriebenen Punkt(Makro)- und Raum(Mikro)-Symmetrieelemente zusammen. Für weitere Ausführungen zu Kristallklassen und Raumgruppen sowie zur kristallographischen Bezeichnung von Kristallflächen und Richtungen sei auf ein Lehrbuch der Kristallographie verwiesen.

Bisher wurde vorausgesetzt, daß sich alle jeweils vorhandenen Teilchen exakt auf den Positionen befinden, die der jeweiligen Kristallsymmetrie entsprechen. Diese Situation des *Idealkristalls* ist allerdings selbst bei sehr perfekt gebauten Kristallen erst nahe dem absoluten Nullpunkt angenähert erreicht.

---

[11] Jewgraf Stepanowitsch Fedorow (Fjodorow) (1853-1919), russ. Kristallograph und Petrologe

Tab. 7.2 Symmetrieoperationen und Symmetrieelemente

Symmetrieoperation	Symmetrieelement (Symbol)	Erläuterung/Beispiel
Drehung um 360°/n	Drehachse, Gyre (C_n) n = **1, 2, 3, 4,** 5, **6,** 7, 8, ..., ∞ [1]	bei Kristallen beschränkt auf die fett gedruckten Fälle mit n = 1, 2, 3, 4, 6
Spiegelung (an Ebene)	Spiegelebene (σ oder m), $\perp$ bzw. $\parallel$ zu Drehachsen	Teilen der Objekte in Hälften, die sich wie Bild und Spiegelbild verhalten
Inversion (Spiegelung an Punkt)	Inversionszentrum (i), auch Symmetriezentrum (Z)	Durch Spiegelung an einem Punkt wird ein gleichartiges Gegenobjekt erzeugt
Inversionsdrehung	Inversionsdrehachsen (X)	Kombination aus C_n und Z; Drehung und anschließende Inversion
Drehspiegelung[2]	Drehspiegelachsen (S_n), Gyroide	Kombination aus C_n und m; Drehung und anschließende Spiegelung
Translation[3]	–	Vervielfachen des jeweiligen Elements
Schraubung	Schraubenachsen, Gyroide	Verknüpfung Translation/Drehachse
Gleitspiegelung	Gleitspiegelebene	Verknüpfung Translation/Spiegelung

[1] bei kristallinen Festkörpern beschränkt auf die fettgedruckten Fälle (n = 1, 2, 3, 4, 6)
[2] bewirkt keine zusätzlichen Symmetriemöglichkeiten zur Inversionsdrehung; z. B. ist eine dreizählige Drehspiegelachse S_3 identisch mit einer sechszähligen Inversionsdrehachse
[3] Translation und damit kombinierte Operationen gelten nicht für die Molekülsymmetrie

Realkristalle sind in Mikrobereichen durch zahlreiche Baufehler gekennzeichnet, die wesentlichen Einfluß auf ihr Verhalten haben, z. B. auf die mechanischen Eigenschaften oder auf die chemische Reaktivität. Neben einer solchen *strukturellen Fehlordnung* kann es auch eine *chemische Fehlordnung* geben, z. B. durch Verunreinigungen. – Durch *Dotieren* mit anderen Elementen, d.h. durch gewollte Abweichungen von der Stöchiometrie, werden in den *Materialwissenschaften* die elektrischen bzw. optischen Eigenschaften im gewünschten Sinne beeinflußt.

7.1.2 Symmetrie von Molekülen

Die Molekülsymmetrie ist für die Chemie von großer Bedeutung, besonders für die Reaktivität der betreffenden Verbindungen und die dabei möglichen Mechanismen. Auch sind viele Eigenschaften von Molekülverbindungen struktur- und damit symmetrieabhängig. Beispiele sind die optische Aktivität (s. 38.2) und die Wechselwirkung von Spurengasen mit Infrarot-Strahlung („Treibhauseffekt").

Die Wechselwirkung von Molekülen mit elektromagnetischen Wellen wird zur Strukturbestimmung genutzt (s. 42, Lit. [106-113]), auch bei flüssigen und gasförmigen Stoffen, wo Beugungsmethoden wegen der fehlenden Fernordnung nur wenig verwertbare Aussagen liefern.

Die Symmetrieoperationen für Moleküle in ihrer idealen „Gleichgewichts-Geometrie", sind in Tab. 7.2 mit enthalten. Alle zugehörigen Symmetrieelemente sind *Punktsymmetrieelemente*. Möglich sind nunmehr beliebige Drehachsen C_n, also etwa auch die bei Kristallen ausgeschlossenen Fälle C_5, C_7, C_8, C_∞.

Beispiel 7.5

Benzol C_6H_6 hat eine sechszählige Drehachse (C_6). Das wie Benzol der *Hückel-Regel* (s. 36.1.7) für aromatische Kohlenwasserstoffe entsprechende *Tropylium-Kation* $C_7H_7^+$ hat eine siebenzählige Drehachse (C_7). – Die Bindungsachsen zwei- oder mehratomiger linearer Moleküle (O=O, N≡N, Cl–Cl, O=C=O) sind zugleich unendlich-zählige Drehachsen C_∞.

Dadurch ergeben sich für Moleküle nicht nur 32, sondern insgesamt 45 *Punkt-* oder *Symmetriegruppen*, die jeweils – wie bei den 32 Kristallklassen – bestimmte Sätze von Drehungen, Spiegelungen bzw. Drehspiegelungen darstellen.

Bei den Spiegelebenen sind je nach deren Orientierung zur Achse höchster Zähligkeit, der Hauptachse des Moleküls, drei Fälle zu unterscheiden:

σ_h – horizontale Spiegelebenen,   d. h. senkrecht zur Hauptachse,

σ_v – vertikale Spiegelebenen,   d. h. parallel zur Hauptachse,

σ_d – Dieder-Spiegelebenen,   d. h., sie halbieren den Winkel zwischen zwei Achsen C_2.

Einen Überblick über die 45 Punktgruppen gibt Tab. 7.3. Größere Chemielehrbücher und Monographien zur *Molekülspektroskopie* bringen

- Schemata zur raschen Ermittlung der *Punktgruppen* beliebiger Moleküle,
- die nötigen Grundlagen der *Gruppentheorie*, die als Teilgebiet der Mathematik zur Untersuchung von Symmetrieproblemen geeignet ist,
- in Form von *Multiplikationstafeln* die Kombinationen, die bei den einzelnen Symmetrieelementen der jeweiligen Punktgruppe möglich sind,
- in Form von *Charaktertafeln* das Verhalten von Orbitalen bei Anwendung der entsprechenden Symmetrieoperationen.

Tab. 7.3 Klassifizierung der Punktgruppen nach der Schoenflies-Symbolik

Symbol	Symmetrieoperationen	Beispiele
C_n (n= 1 - 8), C_s, C_i	Drehungen, bei C_s und C_1 nur E, bei C_i zusätzlich i	C_1: CHFClBr (Methanderivat mit 3 verschiedenen Halogenen); C_3: H_3C-CCl$_3$
C_{nv} (n= 2 - 6, ∞)	zusätzlich zu C_n Spiegelebenen σ_v	n: = 2, H_2O, H_2S, SO_2; = 3, NH_3; = 4, ClF_5; = ∞, HCN, NO
D_n (n= 2 - 6)	mehrere zweizählige Achsen	D_6: Hexaphenylbenzol
C_{nh} (n= 2 - 6)	zu Hauptachse mehrere C_n, S_n, und/oder i und Spiegelebene σ_h	n = 2: trans-1,2-Dichlorethen
D_{nd} (n= 2 - 6)	ähnlich C_{nh}, aber Spiegelebenen σ_d	n: = 2, Allen; = 3, Si_2H_6 (Disilan); = 4, S_8
D_{nh} (n= 2 - 6, ∞)	ähnlich C_{nh}, aber mehrere unterschiedliche σ	n: = 2, Ethen; = 3, BF_3; = 4, XeF_4; = 5, Ferrocen; = 6, Benzol; = ∞, CO_2
S_n (n= 4, 6, 8)	C_n, S_n, zum Teil i	n = 4: $LiNH_2$ (Lithiumamid)
T	mehrere C_3 und C_2	$C(CH_3)_4$ (Tetramethylmethan)
T_d	mehrere C_3 u. C_2, dazu S_4 und σ_d	CH_4, BF_4^-, SiF_4
O	mehrere C_2, C_3, C_4	$(CCH_3)_8$ (Octamethylcuban)
O_h	diverse C_n, z.T. auch S_n	SF_6, FeF_6^{3-}, C_8H_8 (Cuban)
K_h	unendlich viele C_∞ und S_∞	alle freien Atome und Atom-Ionen

7.1.3 VSEPR-Konzept und Molekülstruktur

Besonders einfach – ohne Quanten- bzw. Wellenmechanik – beschreibt das sogenannte *VSEPR-Modell*[12] (engl.: $\underline{V}$alence $\underline{s}$hell $\underline{e}$lectron $\underline{p}$air $\underline{r}$epulsion) die Strukturen vieler binärer Verbindungen vom Typ AB_n. Es wurde 1940 durch die britischen Chemiker Nevil Vincent Sidgwick (1873-1952) und H. M. Powell begründet und später (1957-63) durch Ronald J. Gillespie, Ronald Sidney Nyholm (1917-71) und andere wesentlich verbessert. Es betrachtet die bindenden bzw. freien Elektronenpaare (EP) um das Zentralatom A als dort weitgehend lokalisiert.

> **Definition 7.3** Das VSEPR-Modell schreibt einem Molekül AB_n d i e Gestalt zu, bei der die Abstoßung zwischen den Elektronenpaaren am geringsten ist.

Zunächst betrachten wir die Anordnung von Elektronenpaaren unabhängig davon, ob es sich dabei um bindende oder freie handelt: In Molekülen des Typs AB_n ordnen sich die Elektronenpaare in der Valenzschale des Zentralatoms so an, daß ihr Abstand voneinander möglichst groß wird (Tab. 7.4).

Tab. 7.4 Das VSEPR-Modell für binäre Verbindungen AB_n von Hauptgruppen-Elementen, ohne freie Elektronenpaare um das zentrale Atom (BE – Bindungselektronen, EP – Elektronenpaare)

Formeltyp	AB_2	AB_3	AB_4	AB_5	AB_6
Gesamtzahl BE	4	6	8	10	12
Zahl bindender EP	2	3	4	5	6
Molekülstruktur (Punktgruppen)	linear ($D_{\infty h}$)	trigonal eben (D_{3h})	tetraedrisch (T, T_d)	trigonal bipyramidal [1] (D_{3h})	oktaedrisch (O, O_h)
ungünstig wäre:	gewinkelt [2]		planarquadratisch; trigonal-pyramidal	gleichseitiges Fünfeck (Pentagon)	trigonales Prisma
Stoffbeispiele	$BeCl_2$	BF_3	CH_4	PF_5	SF_6

[1] Gelegentlich wird eine *quadratische Pyramide* (C_{4v}) bevorzugt, z. B. bei der elementorganischen Verbindung Antimon-pentaphenyl, $Sb(C_6H_5)_5$

[2] Dennoch hat *Magnesiumfluorid* MgF_2 eine gewinkelte Struktur

Sind nicht alle Elektronenpaare um A bindende, so können sich bei identischen Summenformeln AB_n (z. B. BCl_3, NH_3, ClF_3) unterschiedliche Molekülstrukturen ergeben, je nach An- oder Abwesenheit *freier Elektronenpaare E* (Bild 7.4). Auch sind nun die Unterschiede in der Abstoßung zwischen *bindenden* und *freien EP* zu berücksichtigen. Freie EP (E) in Molekülen $AB_{n-m}E_m$ beanspruchen mehr Raum als bindende. Wie die folgende Moleküle im gasförmigen Zustand zeigen, verringern sich die Bindungswinkel $\angle BAB$ mit wachsendem m:

CH_4 109,5°	ENH_3 106,8°	E_2H_2O 104,5°	
PF_5 120°/180°	ESF_4 101°/173°	E_2ClF_3 87,5°/175°	E_3XeF_2 180°

---

[12] Valenzschalen-Elektronenpaar-Abstoßung; eine deutsche Abkürzung VEPA ist nicht üblich.

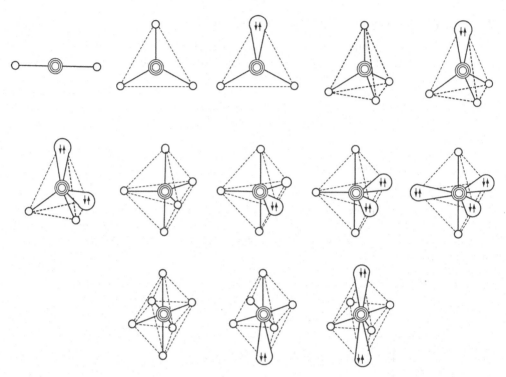

Bild 7-4 VSEPR-Modell: Strukturpolyeder von Molekülen $AB_{n-m}E_m$ und Molekül-Ionen
(n = 2 - 6, m maximal = 3) mit Stoff-Beispielen (jeweils von links nach rechts)

oben	linear	trigonal eben	gewinkelt	tetraedrisch	trigonal-pyramidal	
	AB_2	AB_3	B_2E	AB_4	AB_3E	
	$ZnCl_2$	NO_3^-	SO_2	NH_4^+	H_3O^+	
Mitte	gewinkelt	trigonal bipyramidal	verzerrt tetraedrisch	T-Form	linear	
	AB_2E_2	AB_5	AB_4E	AB_3E_2	AB_2E_3	
	H_2O, H_2S	$PCl_5(g)$	SF_4	BrF_3	I_3^-, XeF_2	
unten		oktaedrisch	tetragonal-pyramidal	planarquadratisch		
		AB_6	AB_5E	AB_4E_2		
		PF_6^-	IF_5	XeF_4		

Das VSEPR-Modell erklärt auch Änderungen der Bindungswinkel, die sich bei Reihen mit
unterschiedlicher *Elektronegativität* der Substituenten bzw. des Zentralatoms ergeben oder
beim Übergang von *Einfach-* zu *Mehrfachbindungen*:

- Elektronegative Substituenten ziehen bindende EP stärker an und vermindern deren Raumbedarf.
  Die Bindungswinkel nehmen daher mit wachsender Elektronegativität der Substituenten ab, etwa
  von 102° bei Phosphor(III)-iodid PI_3 auf 98° bei Phosphor(III)-fluorid PF_3.

- Bei gleichen Substituenten, aber wachsender Elektronegativität des Zentralatoms, steigen die
  Winkel von 89° bei Tellurwasserstoff H_2Te auf 104,5° bei Wasser.

- Mehrfachbindungen beanspruchen mehr Raum als Einfachbindungen; so fällt der Bindungswinkel
  $\angle FSiF$ von 109,5° in Siliciumtetrafluorid SiF_4 auf 93° in Thionylfluorid $O=SF_2$.

Somit gibt das VSEPR-Modell Tendenzen der Änderung von Bindungswinkeln wieder, allerdings ohne jede quantitative Erklärung. Es ignoriert die Unterschiede der Energien und räumlichen Orientierungen der Atomorbitale, auf denen die LCAO-MO-Methode aufbaut. Auch vernachlässigt es die Individualität der Substituenten und die spezifischen Wechselwirkungen zwischen ihnen. Auf die Verbindungen von Nebengruppenelementen ist es meist nicht anwendbar. Dennoch liefert es mit wenigen Regeln eine anschauliche Systematik vieler Molekülstrukturen.

7.2 Strukturen der chemischen Elemente

Bei der Beschreibung der Bindungstypen (s. 6.4, Tab. 6.5) wurden zwar auch einige Elemente als Stoffbeispiele erwähnt, ohne aber auf deren Strukturen im festen Aggregatzustand einzugehen. Das erfolgt jetzt im Zusammenhang, wobei oft auf Details im Teil „Anorganische Chemie" verwiesen werden kann.

Die Kenntnis der Elementstrukturen bereitet zugleich das Verständnis der Strukturen anorganischer Verbindungen vor (s. 7.3). Dort wird uns – wegen des zusätzlichen Auftretens von ionischer Bindung und von Mischbindungen – eine noch größere strukturelle Mannigfaltigkeit begegnen als bei den Elementen.

Bei den chemischen Elementen treten ganz unterschiedliche Strukturtypen auf, entsprechend ihrer Stellung im Periodensystem und dem Charakter der von ihnen betätigten Bindungen. Recht übersichtlich sind die Verhältnisse bei den *Metallen*, die den größten Teil der Elemente ausmachen. Ihre Strukturen lassen sich als mehr oder weniger dichte Packungen kugelförmiger Metall-Kationen beschreiben. Bei *Nichtmetallen* werden die Strukturen maßgeblich durch die Bindigkeit der Atome bestimmt, teilweise auch durch die Tendenz zur Bildung von Mehrfachbindungen. Elemente, die als *Halbmetalle* im Periodensystem zwischen Metallen und Nichtmetallen angesiedelt sind, neigen zum Auftreten in mehreren Modifikationen.

7.2.1 Dichte Kugelpackungen, Metallstrukturen

Viele Metalle kristallisieren in sogenannten *dichten* (auch dichtesten) *Kugelpackungen*: Um eine Kugel haben zwölf Kugeln gleicher Größe Platz, sechs <u>in einer Ebene</u>, drei <u>darüber</u> und drei <u>darunter</u> (Bild 7.5). Die Koordinationszahl ist demnach KZ = 12. Der geringfügige Unterschied in den zwei möglichen Packungsvarianten führt dennoch zu Gittertypen unterschiedlicher Kristallsysteme, zur *hexagonal dichtesten Packung* hcp[13] bzw. zur *kubisch dichtesten* (ccp[13]).

---

[13] engl.: hcp - *hexagonal close packing*; ccp - *cubic close packing*; hexagonal (kubisch) dichte Packung (deutsche Abkürzungen für hcp, ccp sind nicht üblich)

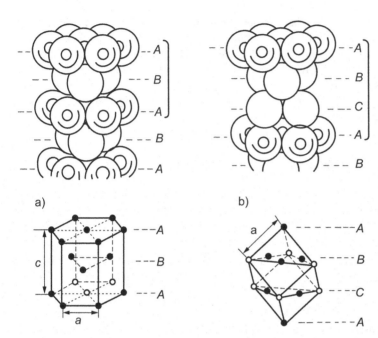

Bild 7-5
Schichtfolge bei dichten Kugelpackungen und Zusammenhang mit den Elementarzellen
a) hexagonal (hcp),
b) kubisch-flächen-zentriert (ccp)

Die dunklen Kugeln entsprechen den sichtbaren Teilchen in den durch Klammern markierten Schichten

Modell. Auf einer Schicht A bildet eine bestimmte Kugel mit den 6 angrenzenden Kugeln 6 Vertiefungen (Mulden, Lücken) zum Auflegen weiterer Kugeln. Analoges gilt für die Unterseite der genannten Schicht. Da unter und über die in Schicht A gewählte Kugel aber nur je 3 Kugeln dicht gepackt werden können, gibt es zwei Möglichkeiten für deren Orientierung zueinander:

1) *Hexagonale Packung*: In der Draufsicht werden die Kugeln B unter A durch die über A verdeckt, weil sie das gleiche Lückentripel besetzen. Obere Schicht B und die Schicht B unter A entsprechen sich. Wir erhalten eine Schichtenfolge ABABA... (Bild 7-5a). Jede 3., 5., 7. ... Schicht belegt äquivalente Plätze zur 1.; das <u>nie</u> genutzte alternative Lückentripel ist in der Aufsicht durch das gesamte Modell hindurch als 3 Hohlräume erkennbar. Dort könnten z. B. dünne Stäbe durch das Modell geschoben werden.

2) *Kubische Packung*: Von oben sieht man durch die Lücken der Schicht B unter der Ausgangsschicht A die Mitten der unteren Kugeln (Schicht C), da diese gerade unterhalb der in B freibleibenden Lücken angeordnet sind (Bild 7-5b). Die Schichten über und unter A sind gegeneinander verschoben, wir erhalten eine neue Folge ABCAB.... Jede 4., 7., 10. ... Schicht belegt äquivalente Plätze zur 1.; die Lücken sind hier nicht mehr durchgängig erkennbar.

Bild 7-5 zeigt neben der Schichtenfolge deren Zusammenhang mit den Elementarzellen. Er ist für hcp evident, da die Schichten ABAB... in Richtung der Hauptachse c gestapelt sind. Bei ccp fällt das Lot auf die Schichten ABCAB... mit der *Raumdiagonale* des Würfels zusammen. Die Elementarzelle ist *kubisch flächenzentriert*, sie enthält vier Atome (8 Ecklagen zu je 1/8 Atom, 6 Flächenlagen zu je ½ Atom).

Das Konzept dichtester und weniger dichter Packungen gestattet nicht nur eine einfache Systematik der Metallstrukturen, es ist auch sehr hilfreich für das Verständnis der Gitterstrukturen von heteronuklearen, insbesondere ionisch aufgebauten Stoffen (s. 7.3.3).

Dichteste Kugelpackungen hcp und ccp treten bei der Mehrzahl der Haupt- und Nebengruppenmetalle auf. Aus dem vereinfachten Modell sich berührender starrer Kugeln ergibt sich für beide Strukturen eine Raumerfüllung von 74 %.

Es gibt auch Übergänge zwischen den Grenzfällen hcp und ccp, und zwar dadurch, daß sich kubisch orientierte Schichtpakete BACBAC... mit hexagonal gestapelten ABAB... abwechseln. In solchen Fällen spricht man von *Stapelfehlern*.

Ein dritter häufiger Strukturtyp ist das mit einer Raumerfüllung von 68 % weniger dichte *kubisch raumzentrierte Gitter* (bcc[14]). Die Koordinationszahl ist auf KZ = 8 erniedrigt, die Elementarzelle enthält zwei Atome, 8/8 Atome an den Ecken und ein Atom in der Würfelmitte.

Ein *einfach kubisches Gitter*, mit der Koordinationszahl 6, einer Raumerfüllung von 52 % und mit lediglich 8/8 Atomen an den Würfelecken, tritt bei Metallen nicht auf, ausgenommen bei α-*Polonium*.

Beispiel 7.6

Metallstrukturen der Typen hcp, ccp und bcc (bei 1 bar und 25 °C).
hcp: *Beryllium* Be, *Magnesium* Mg, *Titan* Ti, *Cobalt* Co, *Zink* Zn, *Cadmium* Cd, *Thallium* Tl,
ccp: *Calcium* Ca, *Strontium* Sr, *Aluminium* Al, *Nickel* Ni, *Kupfer* Cu, *Silber* Ag, *Gold* Au,
bcc: alle *Alkalimetalle*, *Barium* Ba, *Vanadium* V, *Chrom* Cr, *Molybdän* Mo, *Eisen* Fe.

7.2.2 Strukturen der Nicht- und Halbmetalle, (8-N)-Regel

So verschieden *Edelgase* von den Metallen sind, bilden sie doch in fester Form ebenfalls dichte Kugelpackungen. *Helium* kristallisiert im Typ hcp, die anderen im Typ ccp. Darauf ist die Analogie allerdings schon beschränkt, denn die van-der-Waals-Kräfte (s. 7.4.1) zwischen den Edelgasatomen sind äußerst schwach im Vergleich zur Anziehung zwischen Atomrümpfen und Elektronen im Metallgitter.

Bei den Elementen der 3.-7. Hauptgruppe des Periodensystems (= IUPAC-Gruppen 13-17) lassen sich folgende Tendenzen erkennen:

- Bei den leichteren Elementen überwiegt die kovalente Bindung zwischen den Atomen. Oft wird sie über Hybridorbitale realisiert.

- Beim Übergang zu den schwereren Elementen tritt der Metallcharakter immer mehr hervor, zugleich fällt die abnehmende Hybridisierungsneigung auf.

Beispiel 7.7

---

a) So ist das *Diamantgitter* mit der sp^3-Hybridisierung der Valenzelektronen nicht durchgängig bei den anderen Elementen der Gruppe verwirklicht. Der Übergang zu metallischer Bindung (mit höherer Koordinationszahl) ist bei weißem *Zinn* und bei *Blei* nicht zu übersehen.

b) *Bor* hat bei Normaldruck neben einer glasig-amorphen Form vier kristalline Modifikationen komplizierter Struktur mit B_{12}-Ikosaedern und ungleichwertigen Atompositionen im Gitter, während schon bei *Aluminium* mit Koordinationszahl 12 das metallische Verhalten dominiert.

---

[14] bcc engl. *body-centred cubic* (structure), Struktur raumzentriert kubisch

Für das Verständnis der Atomgitter der Hauptgruppen-Elemente ist die *(8-N)-Regel* nach Hume-Rothery[15] nützlich. Ist N die (alte) Nummer der Hauptgruppe im PSE, so ist die Differenz (8-N) die *Bindigkeit* der jeweiligen Atome. Für Einfachbindungen resultiert ein einfacher Zusammenhang mit dem Strukturtyp (Tab. 7.5).

Tab. 7.5 Strukturtypen von Nicht- und Halbmetallen entsprechend der (8-N)-Regel

Hauptgruppe (= N)	4	5	6	7	8
Bindigkeit 8-N	4	3	2	1	0
Strukturtyp	Raumgitter	Schichtgitter	Ringe, Ketten	Moleküle X_2	Atome
Beispiele	$C_{Diamant}$ Si, Ge α-Sn	1) $P_{schwarz}$, As Sb, Bi	1) S_8, Se_8, Se_∞ Te_∞	F_2 Cl_2, Br_2 I_2	He Ne, Ar Kr, Xe, Rn

1) Bei Stickstoff und Sauerstoff versagt die Regel wegen der Ausbildung von Mehrfachbindungen

7. Hauptgruppe. Die einbindigen Halogenatome treten wie Wasserstoff zu zweiatomigen Molekülen zusammen. Im festen Zustand werden wie bei den Edelgasen *van-der-Waals-Gitter* gebildet (s. 7.4.1).

6. Hauptgruppe. Chalkogenatome haben zwei Möglichkeiten, zweibindig aufzutreten: *Disauerstoff* O_2 bildet im Einklang mit der Doppelbindungsregel zweiatomige Moleküle und dementsprechend ein Molekülgitter wie die Halogene. Die höheren Chalkogene bilden in kondensierter Phase Ringe und/oder Ketten.

Beispiel 7.8

Die mit wachsender Ordnungszahl abnehmende Hybridisierungstendenz zeigt sich an den Winkeln $\angle$YYY zwischen je drei Atomen Y: **108** ⁰ in S_8, **106** ⁰ in Se_8 bzw. **103** ⁰ in Se_∞, **103** ⁰ in Te_∞ und **90** ⁰ in α-Po. Während Schwefel dem für sp³-Orbitale erwarteten Wert nahekommt, ist bei Polonium der Wert für die zueinander orthogonalen p-Funktionen erreicht.

---

5. Hauptgruppe. Mit Ausnahme von *Distickstoff* N≡N mit seiner Befähigung zu pπ-pπ-Bindungen betätigen die übrigen Elemente im Gitter die Koordinationszahl KZ = 3. Im *schwarzen Phosphor* liegen gewellte Doppelschichten vernetzter Atome vor. Im *weißen Phosphor* besetzen jeweils vier Atome die Ecken regulärer Tetraeder, die zu einem *van-der-Waals-Gitter* zusammentreten; entsprechend niedrig ist die Schmelztemperatur (s. 23.3.1). Bei den *Schichtengittern* von *Arsen*, *Antimon* und *Bismut* ergibt sich – ähnlich wie bei den schweren Chalkogenen – eine zunehmende Tendenz zu höheren Koordinationszahlen (3 + 3), KZ = 6 wird aber bei Normaldruck-Modifikationen nicht erreicht.

4. Hauptgruppe. Zu den *Kohlenstoff*-Modifikationen s. 22.2.1. Das *Diamantgitter* mit seinen eckenverknüpften Tetraedern entsteht aus dem Gitter ccp, wenn man alternierend jeden zweiten der acht Teilwürfel, in die die Elementarzelle aufgeteilt werden kann, durch ein weiteres Kohlenstoffatom zentriert.

---

[15] William Hume-Rothery (1899-1968), britischer Chemiker

Die hohe thermische Stabilität von Diamant und seine sehr hohe Härte widersprechen anscheinend der geringen Raumerfüllung von 34 %, die sich für die Kugelpackung des Diamantgitters ergibt. Für KZ = 4 ist aber das Konzept sich berührender starrer Kugeln nicht aufrechtzuerhalten. Wegen der starken Überlappung benachbarter sp³-Orbitale müßte man Kugeln mit größerem „kovalenten Radius" annehmen, die sich erheblich durchdringen und so zu höherer Raumerfüllung führen. Dem tragen z. B. *Kalottenmodelle* Rechnung (s. Tab. 35.2).

Silicium, Germanium und graues α-*Zinn* kristallisieren auch im Diamanttyp (Beispiel 7.7a). Im weißen metallischen β-*Zinn* liegt ein tetragonal verzerrtes Gitter mit KZ = 6 (= 4 + 2) vor. *Blei* ist mit KZ = 12 ein typisches Metall.

Im *Graphit* (s. 22.2.1) nimmt ein einfach besetztes 2p-Orbital je C-Atom nicht an der sp²-Hybridisierung teil. Die über das σ-Gerüst mögliche pπ-pπ-Wechselwirkung erlaubt metallische Leitfähigkeit in den Schichten. Da senkrecht dazu van-der-Waals-Kräfte wirken, zeigt Graphit eine starke Eigenschafts-*Anisotropie*.

7.3 Strukturtypen anorganischer Verbindungen

Da bei Verbindungen mindestens zwei verschiedene Atomsorten zusammentreten, ergeben sich Besonderheiten gegenüber den Elementstrukturen vor allem bei deutlichen Unterschieden in Größe und Elektronegativität der Teilchen.

Kaum verändert gegenüber der Situation bei den Elementen ist die bei van-der-Waals-Gittern von wenig polaren anorganischen (und natürlich auch organischen) Verbindungen. Hier wird die meist relativ niedrige Gittersymmetrie wesentlich durch die Molekülform bestimmt.

Besonders an organischen Stoffen läßt sich zeigen, wie sich Symmetrieunterschiede zwischen homologen (z. B. in der Reihe der Alkane) oder isomeren Stoffen (z. B. bei ortho-, meta- und para-Isomeren disubstituierter Benzole) auf die Gitterstruktur und auf damit zusammenhängende Eigenschaften wie die Schmelztemperatur auswirken (s. Tab. 7.7).

Eine oft nur geringfügige Modifizierung der Elementgitter tritt bei der Bildung von *Mischkristallen* (s. 9.2) auf, z. B. bei der Einführung von Atomen eines zweiten Elements B in ein Metallgitter A.

Sind die Atome B in Raumbedarf und Bindungstyp den Atomen A ähnlich, können sie deren Gitterplätze einnehmen und *Substitutions-Mischkristalle* bilden. Bei erheblichen Größenunterschieden zwischen A und B kann es zu *Einlagerungs-Mischkristallen* kommen, in denen die jeweils kleineren Teilchen B, wie Wasserstoff-, Kohlenstoff- oder Stickstoffatome, Zwischengitterplätze der Metallstruktur einnehmen, z. B. Wasserstoff in *Palladium* (s. 30.3).

Während Mischkristalle nur feste Lösungen der einen Komponente in der anderen sind, gibt es auch bei Metallen *intermetallische Verbindungen*. Deren Stöchiometrie wird allerdings oft nicht durch die üblichen Ionenwertigkeiten oder gar Oxidationszahlen bestimmt, so daß eine Klassifizierung nicht einfach ist.

Beispiel 7.9

Mischkristalle, intermetallische Verbindungen:

a) Gold mischt sich mit Silber in jedem Verhältnis: Ag_xAu_{1-x} (x = 0 - 1). Dabei besetzen Silberatome in statistischer Verteilung Gitterplätze der Goldstruktur. Der Substitutionsgrad x in diesen Mischkristallen kann aus der Änderung der Gitterkonstanten ermittelt werden.

b) Kupfer kann durch Substitution Zink bis zu Masseanteilen von knapp 40 % aufnehmen (*begrenzte Mischkristallbildung*). Höhere Zinkgehalte führen zu *intermetallischen Verbindungen*. Sie haben – mit einer gewissen *Phasenbreite* – die Formeln $CuZn$, Cu_5Zn_8 und $CuZn_3$.

c) γ-Eisen nimmt unter geringfügiger Gitteraufweitung Stoffmengenanteile von bis zu 8 % Kohlenstoff auf. In der so entstehenden *Austenit*-Legierung ist ein kleiner Teil der Lücken in den Zentren und Kantenmitten der Elementarzelle der kubisch dichten Packung durch Kohlenstoffatome besetzt, und zwar in statistischer Verteilung (*Einlagerungs-Mischkristall*).

d) Die sogenannten *Zintl-Phasen*[16] sind intermetallische Verbindungen mit einem erheblichen Ionencharakter. In einigen Fällen lassen sich in ihren Lösungen in flüssigem Ammoniak Kationen und komplexe Anionen nachweisen, z. B. bei Na_4Sn_9 oder Na_3Sb_7. Die Struktur von Natriumthallid $NaTl$ läßt sich über eine Grenzstruktur Na^+Tl^- leicht verstehen: Tl^- mit vier Valenzelektronen baut ein diamantanaloges Gitter auf, in dessen Lücken Na^+ Platz findet.

7.3.1 Ionengitter

Das Konzept dichter Packungen ist auch sehr hilfreich für das Verständnis der *Ionengitter*. Hier wechselwirken wie bei Metallen positiv und negativ geladene Teilchen, jedoch sind nun die Anionen auf bestimmte Gitterplätze lokalisiert, also nicht mehr freibeweglich wie die Elektronen bei den Metallen.

Für die Beschreibung der wichtigsten Ionengitter geht man zweckmäßig von der kubisch (ccp) bzw. hexagonal (hcp) dichtesten Kugelpackung aus und betrachtet für die jeweilige Stöchiometrie (AB, AB_2, A_2B_3, ...) die unterschiedliche Besetzung der vorhandenen Oktaeder- bzw. Tetraederlücken (O, T), z. B. bei ...

... *Natriumchlorid* $NaCl$: Cl^- ccp, Na^+ besetzt alle *Lücken* O (s. Bild 19-1),

... *Zinkblende* ZnS: S^{2-} ccp, Zn^{2+} besetzt *50 % der Lücken* T,

... *Wurtzit* ZnS: S^{2-} hcp, Zn^{2+} besetzt *50 % der Lücken* T.

Obwohl die entstehenden Strukturen oft weit von dichtesten Packungen entfernt sind, auch sonst manche Gitterverzerrung unberücksichtigt bleibt, ist doch eine einfache und einprägsame Klassifizierung möglich.

Wie sind die Lücken in dichten Kugelpackungen zu verstehen? Gemäß 7.2.1

- berührt <u>eine</u> Kugel in <u>einer</u> Schicht <u>sechs</u> andere Kugeln,
- sind dadurch um diese Kugel <u>sechs</u> Mulden vorhanden,
- passen aber nur in je <u>drei</u> dieser Mulden Kugeln zum Bau einer weiteren Schicht.

Daraus folgen alternierend zwei unterschiedliche Typen von Lücken (Bild 7-6): Auf drei der sechs Mulden liegen Kugeln der oberen Schicht, drei bleiben „leer":

- Typ T: Die bedeckten Mulden (Lücken) sind tetraedrisch von vier Kugeln in gleichem Abstand umgeben, sie stellen also *Tetraederlücken* dar.

- Typ O: Der Mittelpunkt der „leeren" Lücken ist gleichweit von sechs Kugeln entfernt, drei in der Ausgangsschicht, drei darüber. Die Kugeln bilden ein in den beiden Schichten liegendes Oktaeder, sie schließen also eine *Oktaederlücke* ein.

---

[16] Eduard Zintl (1898-1941), deutscher Chemiker

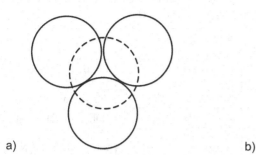 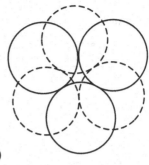

a)   b)

Bild 7-6 Wo **4** Kugeln dichtgepackt zusammentreffen, entsteht eine Tetraederlücke (**a**), beim Kontakt von **6** Kugeln miteinander eine Oktaederlücke (**b**)

Beispiel 7.10

Die Zahl der Lücken je dichtgepacktem Teilchen versteht man an einer ccp-, also flächenzentrierten Elementarzelle: Sie enthält (s. 7.2.1) summarisch vier Atome (8/8 + 6/2 = 4): Die Elementarzelle enthält je eine *Tetraederlücke* in jedem Achtelwürfel, also 8 oder 2 je Atom. *Oktaederlücken* befinden sich im Mittelpunkt des Würfels (= 1/1) sowie auf jeder Kantenmitte (12/4 = 3; jede Kante gehört vier Würfeln zugleich an). Also: *Pro Teilchen* einer dichten Packung gibt es *eine Oktaederlücke* und *zwei Tetraederlücken.* – Für hexagonal dichte Packungen gelten dieselben Werte, nur ist die Lücken-Anordnung entsprechend der Schichtenfolge anders.

Aus sterischen Gründen können nicht alle Oktaeder- und Tetraeder-Lücken zugleich genutzt werden. Füllt man die *Oktaederlücken* einer dichtgepackten A-Struktur durch Element B, folgt die Stöchiometrie AB. Sind alle *Tetraederlücken* besetzt, ergibt sich AB_2; füllt man nur die Hälfte, erhält man Typ AB. (Tab. 7.6).

Beispiel 7.11

Spinell hat die Formel $MgAl_2O_4$, Sauerstoff wird als dichtgepackt zugrundegelegt. Dann entfallen auf 4x Sauerstoff 4 Oktaeder- und 8 Tetraederlücken. Magnesium besetzt 1/8 aller Tetraederlücken, ist also mit einem Atom im Gitter vertreten (1/8 · 8 = 1). Aluminium besetzt die Hälfte der Oktaederlücken, d.h. auf die Formeleinheit kommen zwei Aluminium $\Rightarrow$ **$MgAl_2O_4$**

Abschließend werden weitere wichtige Strukturtypen beschrieben:

Cäsiumchlorid CsCl: Hier sind zwei einfach kubische Gitter, von Cl^- und Cs^+, zu $Cs^{[8]}Cl^{[8]}$ ineinandergeschoben (s. Bild 19-1). Dieser Typ tritt außer bei schwereren Alkalimetallhalogeniden auch bei Ammoniumbromid NH_4Br auf.

Rutil TiO_2 ist die technisch wichtigste Titandioxid-Modifikation. Das Rutilgitter $Ti^{[6]}O_2^{[3]}$ steht dichten Kugelpackungen mit hälftiger Besetzung der Oktaederlücken nahe, gehört aber zum tetragonalen System. Weitere Beispiele hierzu sind *Magnesiumfluorid* MgF_2, *Zinn(IV)-oxid* SnO_2 und *Blei(IV)-oxid* PbO_2.

Siliciumdioxid SiO_2 kommt in mehreren Modifkationen vor, am geläufigsten sind *Quarz* (s. 22.3.2), *Cristobalit* (Bild 7-7) und *Tridymit*, jeweils als Tief- und Hochtemperaturform, sowie *Kieselglas* (natürliche Funde als *Lechatelierit*).

Tab. 7.6 Ionengitter, die sich von dichtesten Kugelpackungen einer Teilchensorte herleiten (KZ in eckigen Klammern; ccp kubisch, hcp hexagonal dicht; Sch Schichtengitter)

Formeltyp	Packung B	Besetzung der Lücken: Oktaeder-	Tetraeder-	Strukturtyp	Beispiele
AB	ccp	1/1	–	Steinsalz (Halit) $Na^{[6]}Cl^{[6]}$	LiF, BaO, NaH, VC, CrN, RbAu
	hcp	1/1	–	Nickelarsenid $Ni^{[6]}As^{[6]}$	TiS, AuSn
	ccp	–	1/2	Zinkblende (Sphalerit) $Zn^{[4]}S^{[4]}$	CuF, CdS, ZnSe, AgI, GaP
	hcp	–	1/2	Wurtzit $Zn^{[4]}S^{[4]}$	ZnO, CdS, AgI, AlN
AB_2	ccp [1]	–	1/1	Fluorit (Flußspat) $Ca^{[8]}F_2^{[4]}$	SrF_2, PbF_2; anti-Fluorit: Li_2O, Cu_2S
	ccp	1/2	–	Cadmiumchlorid (Sch) $Cd^{[6]}Cl_2^{[3]}$	$MgCl_2$, $FeCl_2$, NiI_2; Cs_2O
	hcp	1/2	–	Brucit (Sch) $Mg^{[6]}(OH)_2^{[3]}$	CdI_2, PbI_2, $TiCl_2$, $Ca(OH)_2$
A_2B_3	hcp	2/3	–	Korund α-$Al_2^{[6]}O_3^{[4]}$	Fe_2O_3 (Hämatit), Cr_2O_3, V_2O_3
AMB_3	ccp	1/4 (A)	–	Perowskit $Ca^{[6]}Ti^{[6]}O_3^{[4]}$ (A = Ti; M + B $\rightarrow$ kd)	$BaTiO_3$, $LiNbO_3$, $KMgF_3$, $CsAuCl_3$
	hcp	1/3(A) +1/3(M)	–	Ilmenit (Titaneisenerz) $Fe^{[6]}Ti^{[6]}O_3^{[4]}$ [2]	$MnTiO_3$, $MgTiO_3$
AM_2B_4	ccp	1/2(M)	1/8(A)	Spinell $Mg^{[4]}Al_2^{[6]}O_4^{[4]}$	$FeAl_2O_4$; Sulfospinelle AM_2S_4
	ccp	1/4(A) +1/4(M)	1/8(M)	"inverser" Spinell {z. B. Magnetit $Fe^{II}Fe^{III}_2O_4$ [3]: $Fe^{II[6]}Fe^{III[6]}Fe^{III[4]}O_4^{[4]}$}	$MgFe_2O_4$, $CoFe_2O_4$
	hcp	1/2(M)	1/8(A)	Olivin $M_2^{[6]}Si^{[4]}O_4^{[4]}$ (M = Mg + Fe)	Al_2BeO_4 (Chrysoberyll)
	hcp	–	1/8(A) +2/8(M)	Phenakit $Be_2^{[4]}Si^{[4]}O_4^{[3]}$	Zn_2SiO_4 (Willemit), Li_2BeF_4

[1] bei Fluorit wird nicht B, sondern A (Ca) als dicht gepackt angenommen
[2] ähnlich Korundstruktur: Aluminium wird abwechselnd durch zwei dreiwertige Ionen ersetzt
[3] beim inversen Spinell sind M^{2+} auf Oktaeder-, M^{3+} hälftig auf Tetraeder- und Oktaederplätzen

In allen diesen Fällen liegen im Gitter über Ecken verknüpfte SiO_4-Tetraeder vor, so daß der Typ $Si^{[4]}O_2^{[2]}$ resultiert[17].

Das Cristobalitgitter läßt sich über die Diamantstruktur leicht erklären. Silicium besetzt Kohlenstoffplätze, und in jede Si–Si-Bindung wird ein Sauerstoffatom eingeschoben. Für die Tridymitstruktur geht man vom Wurtzitgitter aus: Silicium besetzt alle Positionen; durch Plazieren von Sauerstoff zwischen die Si–Si-Bindungen resultiert eine analoge Anordnung der SiO_4-Tetraeder zu der von OH_4-Tetraedern in der Struktur von Eis (s. 24.2.2).

---

[17] Auch gibt es mehrere Hochdruck-Modifikationen mit KZ = 6 um Silicium sowie einen Typ mit kantenverknüpften SiO_4-Tetraedern.

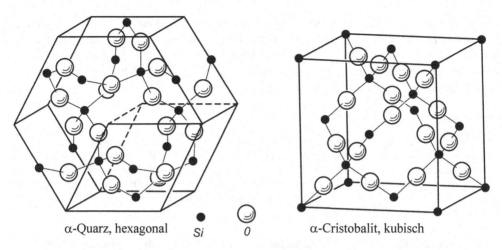

α-Quarz, hexagonal   Si   O   α-Cristobalit, kubisch

Bild 7-7 Zwei wichtige Modifikationen von kristallinem Siliciumdioxid

Amorphes Siliciumdioxid und die vorgenannten, bei Normaldruck stabilen Kristallmodifikationen sind als Endstufe der Kondensation von *Orthokieselsäure* $Si(OH)_4$ aufzufassen. Mit *Olivin* wurde in Tab. 7.6 schon ein *Orthosilicat* erwähnt. Zwischen ihm und SiO_2 existiert eine Fülle von Silicaten mit unterschiedlichen Baugruppen (s. 22.3.2), oft noch weiter modifiziert durch andere Anionen oder durch den isomorphen Ersatz von Silicium, vor allem durch Aluminium.

Borate, Phosphate. *Borsäure* $B(OH)_3$ und *Orthophosphorsäure* $OP(OH)_3$ ($\equiv H_3PO_4$) gehören zu den zur Kondensation befähigten Oxosäuren, die zu ähnlich vielfältigen Strukturtypen führen wie Orthokieselsäure (s. 21.2.2, 23.3.2).

Sulfate. Demgegenüber verdanken die Sulfate ihren Typenreichtum weniger einer unterschiedlichen Verknüpfung von SO_4-Baugruppen miteinander, als vielmehr deren Zusammenhalt mit anderen Kation-Sauerstoff-Polyedern und der Beteiligung von Hydratwasser am Gitteraufbau.

Beispiel 7.12

Gips, Calciumsulfat-dihydrat $CaSO_4 \cdot 2H_2O$. Durch mäßiges Erhitzen geht der sehr formenreich auftretende Gips in das als Dübelmasse verwendbare *Hemihydrat* $CaSO_4 \cdot \frac{1}{2} H_2O$ über (s. 20.3), oberhalb 180 °C zunehmend in wasserfreies Calciumsulfat, den *Anhydrit*[18].

7.3.2 Strukturen beim Vorliegen polarer kovalenter Bindungen

Die Strukturen der Moleküle einfacher binärer Stoffe AB_n mit geringer Bindungspolarität wurden in 7.1.3 besprochen. Für komplizierter gebaute Moleküle sei auf den Teil „Anorganische Chemie" verwiesen, z. B. auf *Carbonyl-Komplexe* (s. 28.3.6) oder auf *Clusterverbindungen* (s. 28.3.3).

---

[18] nicht zu verwechseln mit *Anhydrid*, einem wasserfreien Ausgangsoxid von Arrhenius-Säuren (z. B. SO_3 als Anhydrid zu H_2SO_4) bzw. -Basen [z. B. CaO als Anhydrid von $Ca(OH)_2$]

Kristallstrukturen kovalent gebundener anorganischer Verbindungen lassen sich häufig verwandten Elementgittern zuordnen. Auch ist der Übergang zu den Ionengittern naturgemäß fließend. Schon dort (Tab. 7.6) wurden wegen der analogen Strukturtypen einige Verbindungen mit Elektronegativitäts-Differenzen $\Delta(EN) \approx 1$ aufgeführt, die man eher als kovalent gebunden ansprechen sollte.

Beispiel 7.13

Ein echter „Zwitter" ist hier *Siliciumdioxid*, das mit $\Delta(EN) \approx 1,5 - 1,8$ (je nach der gewählten Elektronegativitäts-Skala) weitgehend dem „Grenzübergang" entspricht, den Pauling seinerzeit für den Bindungscharakter „50 % ionisch – 50 % kovalent" vorgeschlagen hat. Man könnte demnach mit gleichermaßen geringer Berechtigung ein Ionen-Modell mit Si^{4+} und O^{2-} vorschlagen oder ein Kovalenz-Modell mit $Si^{\pm 0}$ und $O^{\pm 0}$. – Die experimentell zugängliche *effektive Ladung* für Sauerstoff liegt in SiO_2 nicht bei -2 oder ± 0, sondern bei $z_{eff} \approx -0,8$.

Einige Beispiele für wichtige Verbindungen vom Mischbindungstyp, bei denen Bezüge zu Elementstrukturen erkennbar sind:

Beispiel 7.14

Siliciumcarbid SiC (s. 22.2.2/22.3.1): Mit $\Delta(EN) \approx 0,8$ (nach Allred-Rochow) haben die Bindungen eine recht geringe Polarität. Wie die Elemente bildet auch SiC ein diamantanaloges Zinkblende-Gitter, wobei die Si–C-Abstände mit 190 pm dem Mittelwert der Abstände C–C von 154 pm und Si–Si von 234 pm nahekommen. Es existiert auch eine wurtzitanaloge Modifikation. Für SiC ist die Bildung zahlreicher *Polytypen* charakteristisch, mit komplizierten Folgen teils hexagonal, teils kubisch dicht gepackter Schichten.

Beispiel 7.15

In *Bornitrid* BN (s. 21.2.2) kombinieren die zwei dem Kohlenstoff benachbarten Elemente mit $\Delta(EN) \approx 1,1$ miteinander. Die hexagonale Modifikation hat eine Schichtstruktur ähnlich der des Graphits. In BN_{hex} gibt es aber wegen der Valenzelektronenkonfigurationen von B ($2s^2 2p^1$) und N ($2s^2 2p^3$) keine π-Wechselwirkung innerhalb der Schichten; es ist deshalb farblos und nichtleitend. *Kubisches Bornitrid* ist ähnlich hart wie Diamant, entsprechend seiner diamantanalogen Zinkblendestruktur.

Beispiel 7.16

Schichtengitter von Halogeniden und Hydroxiden (s.Tab. 7.6; 32.3.1) sind charakteristisch für den Übergang von ionischer zu kovalenter Bindung. Die Metall-Ionen bei *Magnesiumhydroxid* Mg(OH)$_2$ mit $\Delta(EN) \approx 2,3$ und *Cadmiumchlorid* CdCl$_2$ mit $\Delta(EN) \approx 1,3$ liegen jeweils zwischen zwei Schichten von Halogenid- bzw. Hydroxid-Ionen. Die so gebildeten Schichtpakete haben viel größere Abstände voneinander als die Kat- und Anionen innerhalb eines Pakets. Für den dadurch implizierten van-der-Waals-Zusammenhalt der Schichtpakete spricht die *Anisotropie* der Eigenschaften, z. B. die gute Spaltbarkeit parallel zu den Schichten.

Besonders wichtig sind die strukturellen Konsequenzen von Stoffen mit ausgeprägten *Wasserstoffbrücken*-Bindungen, in denen also Wasserstoff kationisch polarisiert ist. Wie in Tab. 6.5 erwähnt, gilt das besonders für Bindungen von Wasserstoff mit den elektronegativsten Elementen *Fluor*, *Sauerstoff* und *Stickstoff*.

Elektronegativitätsdifferenzen für Bindungen   F–H   O–H   N–H
Δ(EN) (nach Allred-Rochow):   1,9   1,3   0,9

Die daraus resultierende Bindungspolarität $H^{\delta+}-F^{\delta-}$, $H^{\delta+}-O^{\delta-}$, $H^{\delta+}-N^{\delta-}$ erklärt die Orientierung von $H^{\delta+}$ in HF, H_2O und NH_3 zu negativierten Teilen der Nachbarmoleküle, also die Wechselwirkung des Wasserstoff-Orbitals 1s mit den Hybridorbitalen der einsamen Elektronenpaare von F, O bzw. N. Der sonst einbindige Wasserstoff betätigt dann zwei *ungleichwertige Bindungen*, eine polare kovalente und eine längere *Wasserstoff*(brücken)*bindung*.

Intermolekulare Wasserstoffbindungen bewirken die erhebliche Assoziation von *Fluorwasserstoff* (s. 25.2.2), *Wasser* (s. 24.2.2) und *Ammoniak*, die durch deren relativ hohe Siedetemperaturen angezeigt wird. Auch *Molekülspektren* sowie *Röntgenstrukturbefunde* geben Hinweise auf Wasserstoffbindungen, im Vergleich mit Daten für entsprechende, aber wasserstoffbrückenfreie Verbindungen.

Dennoch sind Wasserstoffbrücken viel schwächer als normale Atombindungen; ihre Bindungsenergie beträgt bei polymerem Fluorwasserstoff etwa 30 kJ/mol, bei Eis gut 20 kJ/mol. Zu den dessenungeachtet gravierenden Auswirkungen der Wasserstoffbindungen auf die Eigenschaften von Wasser und Eis vgl. 24.2.2.

Wasserstoffbindungen spielen auch in der organischen Chemie eine wichtige, für die Entstehung des Lebens und dessen Aufrechterhaltung sogar eine entscheidende Rolle. Hierzu sei auf den Teil "Organische Chemie" verwiesen, z. B. betreffend *intra-* und *intermolekulare* Brücken (s. 37.2), die Raumstruktur von *Proteinen* (s. 38.2), die besondere Stabilität von *Cellulose* (s. 38.5), den Aufbau von *DNS* und *RNS* (s. 38.6). –

Für die zahlreichen Reaktionen in lebenden Organismen, die durch spezielle Proteine als Biokatalysatoren (*Enzyme*) beschleunigt werden (s. 15.4), ist die anscheinend hohe "Zerbrechlichkeit" der Wasserstoffbindungen von besonderem Vorteil. Die Bindungen sind wesentlich stärker als van-der-Waals-Wechselwirkungen, also stark genug, um bestimmte Strukturen zu stabilisieren; sie sind andererseits hinreichend schwach, um flexibel auf veränderte Reaktionspartner und -bedingungen reagieren zu können.

7.3.3 Zur Problematik von Atom- und Ionenradien

Atom- und *Ionenradien* sind in der Strukturchemie trotz ihrer fragwürdigen Messung sehr beliebt. Grundlage für ihre Festlegung sind die röntgenographisch exakt bestimmbaren Abstände d_0 zwischen den Atomkernen, $d_{(A-A)}$, $d_{(A-B)}$, usw.

Bei der Aufteilung von d_0 entsprechend dem Platzbedarf der Teilchen A, B, ..., ist man aber immer auf Hypothesen angewiesen. Meist wird in grober Näherung vorausgesetzt, daß sphärische Atome bzw. Ionen vorliegen, die sich gerade berühren (aber s. Beispiel 7.1). Die Radien für Metalle und kovalent gebundene Elemente erhält man dann durch Halbieren von d_0.

Bei Verbindungen A–B, A–C usw. teilt man traditionell die Abstände d_0 kontrovers auf, je nachdem, ob man den jeweiligen Stoff als ionisch oder als kovalent gebunden anspricht. E i n Ionenradius wird willkürlich festgelegt, z. B. $r(O^{2-}) = 140$ pm, alle anderen folgen dann aus d_0. Bei Ionenkristallen entspricht oft das Elektronendichte*minimum* längs d_0 ungefähr einer solchen Radienaufteilung, so daß sich relativ kleine Kationen und ziemlich große Anionen ergeben. Das ist bei edelgasähnlichen Kationen wegen der entleerten Außenschale noch plausibel, weniger einsichtig ist der große Radienzuwachs allerdings bei Anionen-Bildung.

Bei kovalent gebundenen Festkörpern ist die 'Grenze' zwischen den Atomen das Elektronendichte*maximum* im Überlappungsgebiet der Wellenfunktionen; das Wort „Radius" ist hier also noch weniger am Platz als bei Ionen. Da die betreffenden Atome in unpolaren Molekülen nach außen, zu den benachbarten Molekülen, viel größere Abstände einhalten (*van-der-Waals-* oder *Wirkungs-Radien*), als sie durch die *Kovalenzradien* im Molekül beschrieben werden, muß man „van-der-Waals-Kugeln" postulieren, die sich im Molekül soweit durchdringen, daß die Kernabstände wieder d_0 entsprechen (*Kalottenmodelle* s. Tab. 35.2).

Da die verschiedenen Radien auch noch durch Bindungsordnung und -polarität, durch Ionenladung und Koordinationszahl beeinflußt werden, ergibt sich eine verwirrende Vielfalt von Radientabellen; von heuristischem Wert sind deshalb meist nur Radienvergleiche für sehr ähnlich aufgebaute Stoffe.

Durch die zueinander inversen Änderungen bei Kat- bzw. Anionisierung bleibt die Summe zweier „kovalenter" Radien zugleich auch etwa die Summe zweier Ionenradien derselben Elemente; z. B. ergeben die verschiedenen klassischen Radiensysteme (in Picometer) für Silicium/Sauerstoff:

$$Si^{4+}/O^{2-} \quad (40\text{-}45)/(130\text{-}145) \rightarrow \Sigma = 170\text{-}190 \text{ pm},$$
$$Si^{\pm 0}/O^{\pm 0} \quad (115\text{-}120)/(65\text{-}75) \quad \rightarrow \Sigma = 180\text{-}195 \text{ pm}.$$

Die Übereinstimmung berechneter Radiensummen mit gemessenen Abständen d_0 ist also kein Kriterium für das Vorliegen des einen oder des anderen Bindungstyps[19].

Durch die Wellenmechanik wurde die Angabe exakter Radienwerte weitgehend gegenstandslos. Die in den 60er Jahren des vorigen Jahrhunderts alternativ vorgeschlagenen *Orbital-* bzw. *ionisch-kovalenten Radien* (Waber/Cromer, Slater, Lebedev) verlangen aber ein so krasses Umdenken in der Strukturchemie, daß sie sich bis heute nicht durchsetzen konnten. – Abschließend bleibt die Empfehlung, möglichst oft statt der Radien mit den wohldefinierten Kernabständen zu arbeiten.

7.4 Ausgewählte Eigenschaften von Feststoffen

Wichtig für die Eigenschaften kristalliner Feststoffe ist neben der *Symmetrie* auch die jeweilige *Gitterenergie*. Nach ihrer Einführung können einige Eigenschaften behandelt werden; zu noch fehlenden Begriffen der Thermodynamik s. 8.

7.4.1 Gitterenergie

Die *Gitterenergie* U_G ist die Energie, die beim Entstehen des Kristallgitters aus einem Mol isolierter Teilchen (Ionen, Atomen) frei wird; auch die alternative Formulierung – Energiebedarf für die Zerlegung des Gitters in seine Bausteine – ist nicht unüblich. Bis auf das Vorzeichen sind beide Ausdrücke identisch.

---

[19] Beisp. 7.13 zeigte gerade für SiO_2, wie hilflos man bei der Festlegung des Bindungstyps sein kann; als Abstand d(Si–O) bei Quarz/Cristobalit wird 160-162 pm gemessen

Hinweis. Die Gitterenergie für die Zerlegung von „Nicht-Ionengittern" ist identisch mit der sogen. *Atomisierungsenthalpie* (s. Tab. 8.8), $\Delta_{at}H$, bei den Metallen oft auch mit deren *Sublimationsenthalpie* $\Delta_{sub}H$, da Metalle beim Sublimieren meist einatomige Dämpfe bilden.

Bei Feststoffen, die lediglich durch van-der-Waals-Kräfte zusammengehalten werden, ist der Bezugszustand für U_G unterschiedlich: Bei den Edelgasen sind es Atome, bei Wasserstoff und den Halogenen Moleküle X_2, bei höheren Kohlenwasserstoffen z. B. werden es Moleküle beachtlicher Größe.

Gitterenergien lassen sich über geeignete Ansätze für die Wechselwirkungs-potentiale berechnen. Eine indirekte Ermittlung gelingt auch über das Formulieren von *Kreisprozessen* mit geeigneten thermochemischen Daten (s. 8.3.4).

Gitterenergie bei Ionenkristallen AB. Aus den *Ionisierungsenergien E_I* und den *Elektronenaffinitäten E_A* (s. 6.3.1) der chemischen Elemente folgt deren unterschiedliche Neigung zur Bildung binärer ionischer Verbindungen $A^{n+}B^{n-}$. Als ionisch können bei 1:1-Verbindungen nur die Kombinationen A^IB^{VII} (*Alkalimetallhalogenide*) und $A^{II}B^{VI}$ (*Erdalkalimetallchalcogenide*) gelten. $A^{III}B^V$-Verbindungen, z. B. die Halbleiter *Galliumarsenid* GaAs und *Indiumantimonid* InSb, stehen wie die $A^{IV}B^{IV}$-Verbindung *Siliciumcarbid* SiC den Gittern von Silicium und Germanium näher.

Für den 1:1-Ionenkristall Na^+Cl^- ergibt sich: Der Hauptanteil der Gitterenergie U_G wird durch die *Coulomb-Wechselwirkung* der Ionen miteinander bewirkt:

$$U_G = -\frac{N_A \cdot e^2 \cdot A_M}{4 \cdot \pi \cdot \varepsilon_0 \cdot r_0} ; \tag{7.2}$$

(N_A – Avogadrokonstante, e – Elementarladung, A_M – Madelungkonstante, ε_0 – Dielektrizitätskonstante des Vakuums, r_0 – Abstand ungleich geladener Nachbar-Ionen)

Die Coulomb-Energie fällt mit der 1. Potenz des Teilchenabstands r: Nächste Nachbarn eines Ions sind entgegengesetzt geladen und werden angezogen, übernächste, also gleichgeladene, abgestoßen usw. Der Energiegewinn gegenüber isolierten Paaren Na^+Cl^- wird für jeden Strukturtyp durch die sogen. *Madelungkonstante*[20] A_M angegeben. Für NaCl gilt A_M = 1,748, für isolierte Paare A_M = 1.

Die Coulomb-Energie würde zu -∞, wirkte nicht bei r $\leq$ r_0 eine starke Abstoßung zwischen entgegengesetzt geladenen Ionen, zwischen ihren Valenzelektronen und zwischen den positiv geladenen Rümpfen. Nach Born ist diese Abstoßungsenergie umgekehrt proportional zur 9.-12. Potenz des Abstands. Sie folgt aus dem Pauli-Prinzip (s. 6.1.1) und liegt bei 10 % des Betrags der Coulomb-Energie. Zu U_G trägt auch die van-der-Waals-Wechselwirkung bei, die oft zu vernachlässigen ist, bei stark polarisierbaren Elementen (s. Definition 7.4) wie Thallium, Cäsium, Iod aber den Betrag der Bornschen Abstoßungsenergie erreichen kann. Einen vierten Beitrag zu U_G liefern die Schwingungen, die selbst am absoluten Nullpunkt ausgeübt werden; diese *Nullpunktsenergie* ist meist unter 1 % von U_G und kann dann vernachlässigt werden.

---

[20] Erwin Rudolf Madelung (1881-1972), deutscher Physiker

> **Definition 7.4** Unter (dielektrischer) *Polarisation* versteht man die Verschiebung von Ladungen in Molekülen, Atomen oder Ionen im elektrischen Feld. *Polarisierbarkeit* ist dann die zugehörige Verschiebbarkeit der Ladungen. Sie nimmt bei Atom-Ionen mit deren Ordnungszahl zu. – Die *Polarisationswirkung* kann grob über den Quotienten z_i/r_i^2 (mit Ionenladung z_i und -radius r_i) abgeschätzt werden, nur grob deshalb, weil für z_i und r_i stark idealisierende Annahmen gemacht werden müssen. Jedenfalls wirken Teilchen mit kleinem Raumbedarf und hoher effektiver Ladung stark polarisierend, so daß bei Verwendung der klassischen Ionenradien die *Kationen* in der Regel stärker *polarisieren*, die *Anionen* stärker *polarisiert* werden.

Zur Überprüfung der Modelle wird für Ionenkristalle meist der *Born-Habersche Kreisprozeß* herangezogen (s. 8.3.4). Für Alkalimetallhalogenide ergibt sich oft eine brauchbare Übereinstimmung. Für das NaCl-Gitter liefert die Theorie ein $U_{G(theor.)} \approx -750...-770$ kJ/mol; der vorgenannte Kreisprozeß sowie Gleichgewichtsmessungen im Dampf ergeben ein $U_{G(exp.)} \approx -755...-780$ kJ/mol.

Bei Erdalkalimetallhalogeniden und -chalkogeniden treten, besonders bei Kombinationen schwererer Elemente, große Abweichungen zwischen Theorie und Experiment auf. Hier erweist sich das Coulomb-Modell mit punktförmigen Ionenladungen als schon zu stark vereinfacht.

Energie bei van-der-Waals-Gittern. Haben Moleküle permanente Dipole, orientieren sie sich so, daß entgegengesetzt geladene Dipol-Enden benachbart sind. Permanente Dipole verursachen auch in kaum polaren Nachbarmolekülen *induzierte Dipole*. Außerdem fallen selbst bei völlig unpolaren Teilchen wie den Edelgas-Atomen nicht ständig die Ladungsschwerpunkte der Elektronen und Kerne zusammen, so daß sich *momentane Dipole* ausbilden können. Die drei Beiträge zur Gitterenergie sind umgekehrt proportional teils zur 6., teils zur 3. Potenz des Abstands, was die sehr geringe Reichweite der van-der-Waals-Kräfte erklärt. Die Gitterenergien liegen meist deutlich unter 10 kJ/mol, also beträchtlich unter denen der Ionen- oder Atomgitter. Das erklärt die relativ niedrigen Schmelz- bzw. Sublimationstemperaturen der entsprechenden Feststoffe.

Gitterenergie bei Metallen und bei kovalent gebundenen Kristallen. Für beide Typen existieren keine vergleichbar einfachen Ansätze wie für Ionengitter.

Die freibeweglichen Elektronen in Metallen gestatten keinen Coulomb-Ansatz. Bei Atomgittern gibt es nur selten den Fall wie bei Diamant, daß alle Atome gleichartige Bindungen ausbilden. Einige Kohlenstoff-Homologe haben zwar ebenfalls Diamantstruktur (s. 7.2.2), der Trend zu abnehmender sp^3-Hybridisierung und zunehmender Metallisierung ist aber schwer zu berechnen.

Für die Gitterenergie von Metallen genügt meist die Angabe der Sublimationsenthalpie $\Delta_{sub}H$. Führt die Sublimation nicht zu einatomigen Dämpfen, nutzt man die in dieser Hinsicht eindeutigen Atomisierungsenthalpien $\Delta_{at}H$ (s. 8.3.4), die die Überführung der Gitterbausteine in den Zustand der freien Atome beschreiben.

Die Bindungsenergien für Metalle und kovalent gebundene Festkörper ähneln denen von Ionengittern (Tab. 6.5). Beim Gebrauch solcher Werte ist aber Vorsicht geboten, sofern unterschiedliche Bindungstypen im Festkörper vorliegen.

Für Gitter, deren Atome nur in 1-2 Raumrichtungen durch kovalente (S_8, Se_∞) oder ionische Bindungen (Cadmiumchlorid) zusammengehalten werden, ansonsten aber durch van-der-Waals-Kräfte, widerspiegelt die Gitterenergie Eigenschaften wie die Schmelztemperatur nicht richtig. Das Schmelzen erfordert hier viel geringere Energien als das Zerschlagen in Atome oder Ionen.

7.4.2 Thermische und mechanische Eigenschaften

Die *Schmelztemperaturen* von Metallen stehen in einem klaren Zusammenhang mit deren Gitterenergie (Bild 7-8). Gleiches gilt für einfache ionisch aufgebaute Stoffe sowie für kovalent gebundene mit dreidimensionaler Vernetzung der Baugruppen, etwa bei den Elementen mit Diamantstruktur ($C_{Diamant}$, Si, Ge, Sn_{grau}) bzw. bei den Dioxiden von Silicium, Germanium, Zinn und Blei.

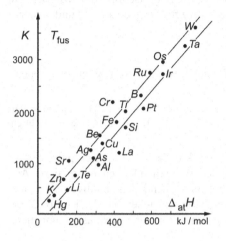

Bild 7-8 Schmelztemperatur T_{fus} von Metallen in Abhängigkeit von der molaren Atomisierungs-enthalpie $\Delta_{at}H$

Bei van-der-Waals-Gittern sind Symmetrieeinflüsse sehr wesentlich; bei höhersymmetrischen Stoffen ergeben sich höhere Schmelztemperaturen (Tab. 7.7).

Bei Benzol und seinen para-Disubstitutionsprodukten gibt es beim Abkühlen aus der Schmelze mehr günstige Positionen für die Anlagerung an Kristallkeime als bei niedrigersymmetrischen Derivaten; die Erstarrung erfolgt bei höheren Temperaturen als etwa bei Toluol (Tab. 7.7). Für die Siedetemperaturen entfällt eine solche Abhängigkeit, da den Flüssigkeiten eine Fernordnung fehlt. Dort ist eine ungefähre Proportionalität mit den molaren Massen zu verzeichnen.

Tab. 7.7 Symmetrieeinfluß auf die Schmelztemperaturen organischer Verbindungen

Verbindung (in Klammern alternative Namen)	Schmelztemp. ϑ_{fus} in °C	molare Masse in g/mol	Siedetemperatur ϑ_{vap} in °C
Benzol	+5,5	78,11	+80
Toluol (Methylbenzol)	-94,9	92,14	+110,6
1,2-Dimethylbenzol (o-Xylen)	-25,2	↑	+144,5
1,3-Dimethylbenzol (m-Xylen)	-47,8	106,17	+139,1
1,4-Dimethylbenzol (p-Xylen)	+13,2	↓	+138,3
1,2-Dichlorbenzol	-16,7	↑	+180
1,3-Dichlorbenzol	-24,8	147,00	+173
1,4-Dichlorbenzol	+52,7	↓	+174

Beim Einwirken von Deformationskräften verhalten sich Ionen- und Metallkristalle sehr unterschiedlich. *Ionenkristalle* spalten leicht, da eine Verschiebung der Netzebenen gegeneinander sehr starke Abstoßungskräfte zwischen den Kationen einerseits, den Anionen andererseits aufbaut. Als Konsequenz brechen die Kristalle leicht auseinander, sie weisen *Sprödigkeit* auf. Bei Metallen ergibt die Verschiebung von Netzebenen kaum eine Änderung in der Energiebilanz. Metalle zeichnen sich also durch *Duktilität* aus. Ohne diese Eigenschaft wäre der breite, über Jahrtausende den zivilisatorischen Fortschritt der Menschheit bestimmende Einsatz von metallischen Werkstoffen wie *Bronze, Eisen* oder *Stahl* undenkbar.

7.4.3 Elektrische Leitfähigkeit

Für die elektrische Leitfähigkeit von Festkörpern ist die Besetzung von Valenzelektronen-Zuständen wesentlich.

Erinnern wir uns zunächst daran, daß die Anzahl der Molekülorbitale (MO), die bei der Bindungsbildung entstehen, gleich der Anzahl der Atomorbitale (AO) ist, aus denen sie durch Linearkombination hervorgehen (s. 6.1.3).

Von der riesigen Anzahl N der Atome, die in metallisch, kovalent oder ionisch gebundenen Feststoffen miteinander wechselwirken, werden für jedes durch n,l,m charakterisierte AO eine gleichgroße Zahl MO gebildet. Da diese sich entsprechend dem Pauliverbot in der Energie E_{nlm} zumindest infinitesimal unterscheiden müssen, entstehen bei der Kombination von N energetisch einheitlichen Orbitalen isolierter Atome *Energiebänder* aus N sehr dicht beeinander liegenden MO (Bild 7-9).

Sind die Bänder nur teilweise mit Elektronen besetzt, so ist für deren Bewegung im elektrischen Feld de facto keine *Aktivierungsenergie der elektrischen Leitfähigkeit* erforderlich: Wir sprechen von *metallischer* bzw. von *Elektronen-Leitung.* Je tiefer die Temperatur, desto besser ist die Leitung, da die Elektronenbewegung dann weniger durch thermische Schwingungen der Gitterbausteine behindert wird.

Ist dagegen das MO-Band gefüllt, dann ist eine mehr oder weniger große Energie E_σ aufzuwenden, um Elektronen aus diesem „Valenzband" in höhere, noch unbesetzte Zustände anzuregen.

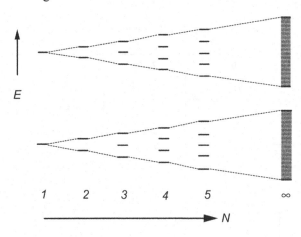

Bild 7-9 Energieschema zur Veranschaulichung des Bändermodells in Festkörpern: Aufbau von Energiebändern mit zunehmender Atomanzahl N

Ist das geschehen, so haben wir sowohl im bisher höchsten besetzten Orbital (*HOMO*[21]) des Valenzbandes als auch im bisher niedrigsten unbesetzten Orbital (*LUMO*[21]) im zuvor leeren „Leitungsband" Verhältnisse, die einen Ladungstransport ermöglichen, im LUMO von Elektronen, im HOMO von „positiv geladenen Löchern" (Defektelektronen). Im Unterschied zur metallischen Leitung wächst in diesen Fällen die Leitfähigkeit mit wachsender Temperatur, da immer mehr Bindungselektronen die verbotene Zone überwinden können.

Je nach der Breite der verbotenen Zone E_σ unterscheidet man zwischen *Halbleitern* und *Nichtleitern* (*Isolatoren*). Die Grenze ist nicht scharf zu ziehen, da zwischen beiden Typen keine prinzipiellen Unterschiede – wie etwa zu den Metallen[22] – bestehen, sondern nur quantitative (Bild 7-10).

Der Fall gemäß Bild 7-10a trifft auch für die metallische Leitung bei Elementen wie den Erdalkalimetallen zu, die an sich gemäß ihrer Valenzelektronenkonfiguration ns^2 über vollbesetzte MO-Bänder verfügen sollten. Da bei Metallen HOMO und LUMO energetisch aber so dicht beieinander liegen, daß die Bänder schon bei den Gleichgewichtsabständen der Atomrümpfe weitgehend überlappen, ist auch hier die freie Beweglichkeit der Elektronen möglich.

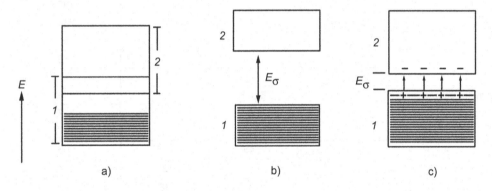

Bild 7-10 Besetzung von MO-Bändern und elektrische Leitfähigkeit
(1 – Valenz-, 2 – Leitungsband; E_σ – Aktivierungsenergie der elektrischen Leitfähigkeit):
a   Metalle   (1 nur partiell gefüllt oder gefüllt, aber mit 2 überlappend);
b   Isolatoren   (1 gefüllt, E_σ hoch);
c   Halbleiter   (1 gefüllt, E_σ gering)

Tab. 7.8 vergleicht einige Metalle, Halbleiter und Isolatoren miteinander. Angegeben wird der *spezifische elektrische Widerstand* ρ_{298}[23] bei Raumtemperatur, die *Aktivierungsenergie* E_σ *der elektrischen Leitfähigkeit* und – als Maß für die Gitterenergie – die molare *Atomisierungsenthalpie* $\Delta_{at}H$.

---

[21] Abkürzungen vom englischen *highest occupied molecular orbital* bzw. *lowest unoccupied MO,* also dem energetisch höchsten besetzten bzw. höchsten unbesetzten Molekülorbital

[22] Es wäre konsequenter, „Halbleiter" als „Halbisolatoren" zu bezeichnen, was aber unüblich ist.

[23] Der Kehrwert von ρ ist die *spezifische elektrische Leitfähigkeit* σ.

E_σ wird in der Physik meist in eV angegeben, d.h. in Elektronenvolt je Teilchen. Die Chemie bevorzugt molare Größen, also eine Umrechnung in kJ/mol. Ein Vergleich mit Bindungsenthalpien wird dadurch erleichtert: 1 eV $\triangleq$ 96,486 kJ/mol.

Hinweis. Nützlich ist es, sich für Vergleiche die thermische Energie bei Raumtemperatur einzuprägen. Sie beträgt ca. 0,03 eV, entsprechend knapp 3 kJ/mol.

Tab. 7.8 Zur Charakteristik einiger Isolatoren, Halbleiter und Metalle (Erläuterungen im Text)

Stoff	ρ_{298} ($\Omega \cdot m$)	E_σ (eV	und	kJ/mol)	$\Delta_{at}H$ (kJ/mol Atome) [1]
C(Graphit)	$1,4 \cdot 10^{-5}$ [2]	–	–		717
C(Diamant)	10^{11}	5,4	520		
Si	10^{-3}	1,11	107		456
Ge	0,45	0,67	65		375
Sn(grau)	–	(0,1-0,9)	(10-80)		302
Sn(weiß)	$1,1 \cdot 10^{-7}$	–	–		
Pb	$2 \cdot 10^{-7}$	–	–		195
Mn	$1,5 \cdot 10^{-6}$	–	–		281
W	$5,5 \cdot 10^{-8}$	–	–		851
Au	$2,3 \cdot 10^{-8}$	–	–		368
Ag	$1,6 \cdot 10^{-8}$	–	–		285
S(rhombisch)	$2 \cdot 10^{15}$	3,6 (0 K)	345		278
Se(grau)	10^{8}	1,8	175		227
Te	ca. 10^{7}	0,33	32		197
½ AlP ($\equiv Al_{0,5}P_{0,5}$)	–	2, 45	235		406
½ InP ($\equiv In_{0,5}P_{0,5}$)	–	1,3	125		324
½ InAs ($\equiv In_{0,5}As_{0,5}$)	–	0,4	38		302
½ InSb ($\equiv In_{0,5}Sb_{0,5}$)	–	0,2	19		269

[1] Um Vergleichbarkeit zu ermöglichen, werden die Formeleinheiten auf ein Atom normiert

[2] innerhalb der Schichten, senkrecht dazu etwa 10.000x größer (s. 22.2.1)

Bei gleichem Strukturtyp zeigt sich die Abnahme des spezifischen elektrischen Widerstands und der Breite der verbotenen Zone beim Übergang zu höheren Ordnungszahlen (z. B. $C_{Diamant} \rightarrow$ Ge, InP $\rightarrow$ InSb). Dort geht die Änderung von E_σ etwa konform mit der Änderung der Atomisierungsenthalpie; das ist plausibel, da in diesen Fällen die Anregung von Valenzelektronen eine umso höhere Energie erfordert, je höher die Energie zur Zerstörung des Gitters ist.

Die Metalle von Silber bis Mangan zeigen Unterschiede von 2 Zehnerpotenzen im spezifischen Widerstand. Obwohl diese Variationsbreite geringfügig erscheint, gemessen am Wertebereich bei Halbleitern und Isolatoren, spielt sie in Elektrotechnik und Mikroelektronik eine sehr wesentliche Rolle, z. B. für die notwendige Breite von Leiterbahnen zwischen den einzelnen Bauelementen.

7.4.4 Ausgewählte optische Eigenschaften

Für Halbleiter und Isolatoren ist es nützlich, die Aktivierungsenergie E_σ mit der zugehörigen Energie elektromagnetischer Strahlung in Relation zu setzen.

Gemäß der Gleichung 5.1, $E = h \cdot \nu = h \cdot c / \lambda$, kommt violettem Licht eine Energie von ca. 3 eV (290 kJ/mol) zu, tiefrotem eine von 1,8 eV (170 kJ/mol).

Bei Stoffen mit höheren E_σ-Werten als 3 eV (z. B. $C_{Diamant}$) genügt Licht nicht, um eine nennenswerte Leitfähigkeit zu bewirken, sie sind dementsprechend transparent. Stoffe mit merklich kleineren Werten als 1,8 eV, wie z. B. Silicium und Germanium, sind dagegen für sichtbares Licht undurchlässig. Oft besteht ein annähernd linearer Zusammenhang zwischen E_σ und der Atomisierungsenthalpie $\Delta_{at}H$ der entsprechenden Stoffe.

Optische Isotropie bzw. Anisotropie. Die optischen Eigenschaften von für sichtbares Licht durchlässigen, kristallinen oder glasig-amorphen Stoffen zeigen besonders deutlich den Zusammenhang zwischen Struktur und Eigenschaften:

Stoffe ohne jede Fernordnung, also zum Beispiel *Gläser*, weisen für durchtretendes Licht keinerlei Vorzugsrichtung auf. Sie sind *optisch isotrop*[24], d.h., sie haben für jede Richtung und die jeweils zugehörige Gegenrichtung identische Eigenschaften. Trägt man zum Beispiel die *Brechzahl*[25] n um einen gedachten Mittelpunkt für alle Raumrichtungen auf, so ergibt sich eine Kugel. Im polarisierten Licht, zwischen gekreuzten Polarisationsfiltern, findet vollständige Auslöschung des durchtretenden Lichtes statt.

Dasselbe gilt für Stoffe, die im *kubischen System* kristallisieren, also etwa für Natriumchlorid, Calciumoxid oder Diamant. Aufgrund der hochsymmetrischen Anordnung ihrer Baugruppen gibt es auch dort keine Richtungsabhängigkeit für die Lichtausbreitung. Sie sind wie Gläser durch e i n e Brechzahl n charakterisiert.

Ist die Symmetrie erniedrigt, zum Beispiel in Stoffen, wo statt angenähert sphärischer Teilchen (Chlorid- und Oxid-Ionen) ebene Baugruppen (Nitrat- oder Carbonat-Ionen) mit paralleler Ausrichtung zueinander vorliegen, sind die Stoffe *optisch anisotrop*. Solche Kristalle, die entweder dem hexagonalen/trigonalen oder dem tetragonalen Kristallsystem angehören (*Kaliumnitrat*, Calciumcarbonat als *Calcit*) sind durch zwei Brechungsindices ausgezeichnet. Man nennt sie *optisch einachsig*. Statt der Kugel ergibt sich beim Auftragen ihrer Brechzahlen über alle Raumrichtungen ein Rotationsellipsoid; abgesehen von ausgewählten Richtungen, findet hier keine vollständige Auslöschung von polarisiertem Licht mehr statt.

Beispiel 7.17

Liegt *Calcit* ($CaCO_3$) nicht feinkristallin als Marmor oder Muschelkalk vor, sondern in wohlausgebildeten Rhomboedern des *(isländischen) Doppelspats*, so läßt sich besonders gut die optische Anisotropie zeigen. Beim Auflegen eines Kristalls auf einen Text sieht man die Schrift doppelt. Die durch die ordentlichen Strahlen (Brechzahl n_o) wiedergegebene Schrift bleibt bei Kristalldrehung ortsfest, die durch die außerordentlichen Strahlen (n_{ao}) wiedergegebene wandert dagegen um das ortsfeste Bild. Bei Calcit ist die optische Anisotropie besonders stark ausgebildet, die Brechzahl-Differenz ist mit $n_{ao} - n_o = 0,17$ ungewöhnlich hoch.

---

[24] griech. *isos* gleich *tropos* gerichtet
[25] auch der Name *Brechungskoeffizient* ist üblich

Kristalle noch geringerer Symmetrie (orthorhombisch, monoklin und triklin) sind *optisch zweiachsig* und dementsprechend durch drei Brechungsindices charakterisiert; der „Brechzahlkörper" ist hier ein zweiachsiges Ellipsoid.

Der optische Charakter von Mineralien kann zu deren Identifizierung durch *Polarisationsmikroskopie* an Dünnschliffen oder Pulverpräparaten genutzt werden. Zu Einzelheiten hierzu, ebenso wie zur applikativ wichtigen Abhängigkeit der Brechzahlen von Druck, Temperatur, von äußeren elektrischen Feldern oder mechanischen Spannungen, sei auf Lehrbücher der Mineralogie, Kristallographie, Festkörperphysik und Materialforschung verwiesen.

Aufgaben

Aufgabe 7.1

Graphit und Diamant: Was ist ihnen gemeinsam, wodurch unterscheiden sie sich? (Struktur, Bindung, Härte, elektrische Leitfähigkeit, Farbe)

Aufgabe 7.2

Molekülstruktur: Sie ist wichtig für die Analytik, z. B. für die spektroskopische Bestimmung von Schadstoffen. Was ergibt das VSEPR-Modell für die Struktur von Kohlenstoffdioxid, Phosphorpentafluorid, Tetrachlorkohlenstoff, Wasser, Bortrifluorid, Schwefeldioxid ?

Aufgabe 7.3 Wasserstoffbrückenbindung (WBB):

a)   Unter welchen Voraussetzungen können sie sich ausbilden (Definition, Beispiel, Formel)?

b)   Nennen Sie zwei bis drei Fakten, die das Wirken von WBB veranschaulichen.

Aufgabe 7.4

Begründen Sie für die nachstehenden Sachverhalte die Sonderrolle von Wasser bzw. Eis:

a)   Volumenänderung beim Erstarren, b) Abhängigkeit der Schmelztemperatur T_{fus} vom Druck.

Aufgabe 7.5

Warum ist Ethanol $H_3C–CH_2–OH$ bei Raumtemperatur flüssig, Dimethylether $H_3C–O–CH_3$ mit derselben molaren Masse dagegen gasförmig?

Aufgabe 7.6

Welche Koordinationszahlen haben

a)   Na und Cl in Natriumchlorid,   b)   Ca und F in Calciumfluorid,

c)   Zn und S in Zinkblende bzw. in Wurtzit,   d)   Cs und Cl in Cäsiumchlorid?

Aufgabe 7.7

Was sind Perowskite, was sind Spinelle?

Aufgabe 7.8

Erklären Sie den Unterschied zwischen hexagonal und kubisch dichten Packungen.

Aufgabe 7.9

Welche Symmetrieoperationen sind bei Kristallgittern nicht möglich, sondern auf Moleküle beschränkt?

Aufgabe 7.10

Erklären Sie die Einteilung in Kristallsysteme, Kristallklassen und Raumgruppen.

Thermochemie (Chemische Thermodynamik I)

Die klassische Thermodynamik[1] hat etwas zu tun mit der Wärme und der ihr innewohnenden Kraft. Sie gilt allgemein als trocken und hochtheoretisch, angesichts der vielen Formeln in einschlägigen Lehrbüchern. Andererseits beschreibt sie Vorgänge, die uns aus der täglichen Praxis geläufig sind und die die Energie in jeglicher Form betreffen, ihre Umwandlung und Speicherung.

Auf die Einführung zu den Hauptsätzen und Teilgebieten der Thermodynamik (8.1) folgen notwendige Definitionen (8.2). Schließlich werden über die Zustandsfunktion Enthalpie H ausgewählte thermochemische Probleme behandelt (8.3).

8.1 Einführung

Die Thermodynamik basiert auf empirischen „Hauptsätzen" (Tab. 8.1).

Tab. 8.1 Übersicht zu den Hauptsätzen (HS) der Thermodynamik

Name	Hauptaussagen zu ...		Etappen der Formulierung, Namen[2], Jahr
Nullter HS	*Temperatur*	T, ϑ (s. 8.1)	–
Erster HS	*Innere Energie* *Enthalpie*	U H (s. 8.3.1)	Helmholtz 1847 (innere Energie, Zustandsfunktion), Clausius 1850 (Enthalpie)
Zweiter HS	*Entropie* *freie Energie* *freie Enthalpie*	S (s. 10.1) F G (s. 10.2.1)	Clausius 1850 (2. HS, Entropie), Thomson 1857 (Gibbs-Helmholtz-Gleichung);1869-78 F. J. D. Massieu, Maxwell, Gibbs (Generelles)
Dritter HS	Entropie am *absoluten Nullpunkt*		Nernst 1906, Planck 1911

Manche Aussagen erscheinen trivial, z. B. der *Nullte Hauptsatz* (Definition 8.1), sie sind aber notwendig zum konsistenten Aufbau des Thermodynamik-Gebäudes.

> **Definition 8.1** „Jedes (im Gleichgewicht befindliche) System hat eine bestimmte Temperatur", oder: „Sind zwei Körper A und B mit einem dritten Körper C (z. B. mit einem Thermometer) im thermischen Gleichgewicht, so sind sie auch miteinander im thermischen Gleichgewicht".

Die Thermodynamik als Wissenschaft hat sich vielfältig entwickelt. In der ersten Hälfte des 19. Jahrhunderts ging es meist um Vorgänge in *Wärmekraftmaschinen*, heute ein Teilgebiet

---

[1] griech.: *thermos*, warm, *dynamikós*, wirksam, kräftig

[2] Hermann Ludwig Ferdinand von Helmholtz (1821-1894), deutscher Physiker und Physiologe; Rudolf Julius Emanuel Clausius (1822-1888), deutscher Physiker; Sir William Thomson, ab 1892 Lord Kelvin of Largs (1824-1907), britischer Physiker; James Clerk Maxwell (1831-1879), britischer Physiker; Walther Hermann Nernst (1864-1941), deutscher Physiker u. Physikochemiker, 1920 Nobelpreis für Chemie

der *technischen Thermodynamik,* und um die Bestimmung des *mechanischen Wärmeäquivalents* (1842)[3]. Wichtig war die Erkenntnis, daß Wärme nur beim Übergang vom wärmeren zum kälteren Körper mechanische Arbeit leisten kann und daß die nutzbare Arbeit über Kreisprozesse (1824)[4] – als einem wichtigen Denkprinzip – ermittelt werden kann.

Ab Mitte des 19. Jahrhunderts erfolgte die Ausbildung der klassischen Thermodynamik im umfassenden Sinne. Andere Energieformen – elektrische, magnetische, elektromagnetische und chemische Energie – wurden einbezogen und verschiedene *Zustandsgrößen* zur Beschreibung des jeweiligen *Systems* definiert. Stets ging es dabei um *stationäre Zustände* oder *reversibel* ablaufende Prozesse.

> **Definition 8.2** *Reversibel*[5] (umkehrbar) sind Zustandsänderungen dann, wenn alle Änderungen in System und Umgebung durch Einschlagen des genau umgekehrten Weges vollständig rückgängig gemacht werden können. *Irreversibel*, also nicht umkehrbar, sind Vorgänge, wenn es bei der Rückführung des Systems in den alten Zustand zu Änderungen in der Umgebung kommt.

Beispiel 8.1

Reversibel erfolgt die Volumenänderung eines idealen Gases in einem Zylinder, wenn sich der Gasdruck auf den Kolben und der Gegendruck von außen weitgehend ausgleichen; durch eine infinitesimale Druckänderung läßt sich die Kolbenbewegung jederzeit umkehren. – Schließt man für diesen hypothetischen Grenzfall auch Reibungsverluste aus, dann sind die Beträge der zur Kompression benötigten und der bei der Expansion zu gewinnenden Arbeit gerade gleich. *Irreversibel* erfolgt die Änderung z. B. beim spontanen Austritt eines Gases in einen evakuierten Raum; ein Teil des Energievorrats des Gases wird zu kinetischer Energie der gerichteten Strömung. Um den Ausgangszustand wiederherzustellen, ist mehr Energie nötig.

Reversibilität kann also nur vorliegen, wenn das System immer im Gleichgewicht verbleibt. De facto heißt das, daß der betreffende Vorgang unendlich langsam abläuft. Auch im Labor kann das nur angenähert erreicht werden. Dementsprechend laufen *natürliche Prozesse* stets irreversibel ab.

In der Chemie erlaubt uns die *Thermodynamik,* Reaktionen energetisch zu charakterisieren, etwa um sie im gewünschten Sinne zu beeinflussen. Oft interessieren Energieänderungen, die als Wärmezu- oder -abfluß in Erscheinung treten. Diese *Thermochemie* basiert wesentlich auf dem Ersten Hauptsatz.

Die klassische chemische Thermodynamik bewertet zwar Möglichkeiten für bestimmte Stoffumwandlungen und Reaktionsabläufe, allerdings fragt sie nicht nach den zugrunde-liegenden atomaren Erscheinungen. Da sie nur *Gleichgewichtszustände* vergleicht, ist sie ihrem Wesen nach eine *Thermostatik.* Da ihr der Begriff der Zeit fehlt, kennt sie auch abgeleitete Größen (Geschwindigkeit und Beschleunigung) nicht. Zur *Reaktions-geschwindigkeit* kann sie also keine Auskunft geben. Hierfür zuständig ist die *Reaktionskinetik* (s. 15).

---

[3] nach der Formulierung des allgemeinen Energieerhaltungssatzes abgeleitet von Julius Robert von Mayer (1814-1878), deutscher Arzt und Naturforscher

[4] zuerst durch Nicolas Léonard Sadi Carnot (1796-1832), französischer Ingenieur

[5] reversibel zu lat. *reversus*, Part. Perf. von *revertere*, umkehren

Diese Einführung bringt nur die einfachsten Grundlagen der Gleichgewichts-Thermodynamik in ihrer Anwendung auf chemische Systeme. Sie sollen ein erstes Verständnis für die Energetik chemischer Prozesse ermöglichen und die spätere Vertiefung auf diesem technisch außerordentlich wichtigen Gebiet vorbereiten. Auf zwei andere wichtige Zweige der Thermodynamik sei deshalb hier nur verwiesen:

Definition 8.3 *Statistische Thermodynamik*: Hier wird das Gleichgewicht statistisch behandelt, als der wahrscheinlichste Zustand des *Makrosystems*, das aus vielen *Mikrozuständen* diskreter Teilchen besteht. Zwar erhält man nur *Wahrscheinlichkeitsaussagen*, dennoch sind die Ergebnisse wegen der sehr großen Teilchenzahlen exakt. – Sie helfen, die klassische Thermodynamik besser zu verstehen, z. B. durch die statistische Interpretation der *Entropie* (s. 10.1).

Definition 8.4 *Thermodynamik irreversibler Prozesse* (Nichtgleichgewichts-Thermodynamik): Hier ist auch die Zeit eine Zustandsvariable. Dadurch wird die klassische Thermodynamik erweitert auf Ungleichgewichtszustände, also auf Vorgänge fernab vom Gleichgewicht, die mit endlicher Geschwindigkeit ablaufen (chemische Reaktionen, Fließvorgänge, Diffusion, Wärmeleitung). – Es ließen sich damit auch naturwissenschaftliche Modelle[6] aufstellen für den *Stoffwechsel* von Lebewesen und zum Verständnis der Evolution biologischer *Makromoleküle*.

8.2 Grundbegriffe und Definitionen

8.2.1 Thermodynamisches System

Definition 8.5 Unter einem *thermodynamischen System* versteht man einen oder mehrere Körper, z. B. die Probe oder das Reaktionsgemisch, die nach bestimmten Merkmalen von der *Umgebung* abgegrenzt sind.

Tab. 8.2 Systeme der Thermodynamik nach ihrer Fähigkeit zum Energie- und Stoffaustausch

Systemtyp	Austausch von		Beispiele und Kurzkommentar
	Stoff	Energie	
abge-schlossen (isoliert)	nein	nein	Grenzfall der Thermodynamik: (1) das Weltall insgesamt (2) angenähert: verschlossenes Thermosgefäß
geschlossen	nein	ja	Normalfall der klassischen Thermodynamik: verschlossenes Gefäß, aber mit beweglichem Stempel (für mechanische Arbeit) und/oder mit gut wärmeleitenden Wänden (Austausch thermischer Energie mit der Umgebung); vgl. auch Tab. 8.5
offen	ja	ja	Normalfall in Alltag und chemischer Praxis: (1) alle Lebewesen (2) offene Reaktionsgefäße (z. B. Reagenzgläser)

---

[6] z. B. durch Manfred Eigen (geb. 1927), deutscher Physikochemiker, 1967 Nobelpreis Chemie

Diese Umgebung ist streng genommen alles außer dem System selbst, letztlich also der gesamte „Rest der Welt". Meist genügt es aber, nur die unmittelbare Umgebung zu betrachten, die über Trennbereiche mit dem System wechselwirkt, z. B. über ein Wärme- oder Kältebad um das Reaktionsgefäß herum.

Thermodynamische Systeme teilt man unterschiedlich ein (Tab. 8.2, Tab. 8.3), z. B. nach der Beschaffenheit der *„Wände"*, nach der Anzahl der *Phasen* oder *Komponenten* oder nach dem *Wechselwirkungs*-Typ zwischen den Komponenten.

Tab. 8.3 Einteilung thermodynamischer Systeme nach sonstigen Kriterien

Kriterium	Systemtyp	Beispiele
Zahl der *Phasen* (s. 2.2)	homogen (einphasig)	alle Gasmischungen, alle homogenen Flüssig-flüssig- und Fest-fest-Gemische (flüssige und feste Lösungen)
	heterogen (mehrphasig)	alle Heterogen-Kombinationen gasförmig/flüssig/fest (g, l, s): l-g, l-l, l-s, s-g, s-s, s-l-g, l-s-s, ...
Zahl der Komponenten	1: unitär 2: binär 3: ternär n: polynär [1]	1: reine Stoffe (s/l/g); (s. Wasser, Bild 2-1) 2: Schmelz-/Siedediagramme A-B (s. 9) 3: Octan-Wasser-Ethanol (s. 3.1) 7: Quecksilber-Gallium-Phosphor-Perfluorkerosin-Wasser-Anilin-Heptan [2]
Wechselwirkung (WW) der Stoffe	ideal	Ideale Gase: WW vernachlässigbar; ideale Mischungen l-l bzw. s-s: nur bei sehr ähnlichen Stoffen zu beobachten [3]
	real	die meisten Systeme im flüssigen oder festen Zustand; je nach WW-Energie entweder Energiegewinn beim Mischen oder Tendenz zu Phasentrennung

[1] bei 4 Komponenten *quaternär* (oder auch *quartär*), bei fünf *quinär*, bei sechs *hexär*
[2] etwas oberhalb Raumtemperatur flüssig; nach Durchmischen dennoch Trennung entsprechend der Dichte; Kerosin ist eine mittlere Erdölfraktion (hier perfluoriert)
[3] Alle WW-Energien sind hier praktisch identisch: $E_{A-A} \approx E_{B-B} \approx E_{A-B}$

Ideales Verhalten der im System vorhandenen Komponenten zeigt sich an der *Additivität* bestimmter, sogenannter extensiver Eigenschaften, z. B. des Volumens V einer Mischphase. Um diese Additivität auch bei „realen" Mischphasen beibehalten zu können, werden spezielle *partielle molare Größen* eingeführt und über die *Gibbs-Duhem-Gleichung* miteinander verknüpft (vgl. 42, Lit. [34]).

An Beispielen zu Tab. 8.3 sollen die Begriffspaare „homogen/heterogen" und „ideal/real" zusätzlich zu Abschnitt 2.2 erläutert werden.

Beispiel 8.2

„Homogen/heterogen": a) Wasser als *Eis*, oder als *Wasser*, oder als *Wasserdampf* stellt ein *homogenes* System dar, solange nur eine Phase vorliegt. Koexistieren zwei oder drei Aggregatzustände, ist das System mehrphasig, also *heterogen*. b) Das *heterogene* System *Benzin/Wasser/Tetrachlorkohlenstoff/Quecksilber* ist bei Raumtemperatur ein fünfphasiges Gemenge aus vier nur minimal ineinander löslichen Flüssigphasen und einer einheitlichen Dampfphase.

Beispiel 8.3

„Ideal/real": a) Reine Gase und Gasmischungen verhalten sich bei Raumtemperatur fast durchweg *ideal*. Erst nahe ihrer Kondensationstemperaturen geht durch stärkere Wechselwirkungen der ideale Charakter verloren. b) Sehr ähnliche Stoffe, wie *Octan* (O) und *Nonan* (N), mischen sich als Flüssigkeiten *„ideal"*, ohne spezifische Wechselwirkung E_{O-N} gegenüber E_{O-O} und E_{N-N}. c) *Real* mischen sich *Wasser-Alkohol* und *Wasser-Schwefelsäure* (s. 3.3). – Ideale und reale Mischungen geben sich durch unterschiedliche *Siedediagramme* (s. 9.1) zu erkennen.

8.2.2 Thermodynamischer Zustand, Zustandsgrößen

Der Zustand eines Systems wird durch *Zustandsgrößen* festgelegt. Diese fungieren teils als *Zustandsvariable*, teils als *Zustandsfunktionen*. Durch *„Zustands-"* wird die Unabhängigkeit dieser Größen von der „Vorgeschichte" ausgedrückt.

Zu nennen sind vor allem die *Temperatur* (in der Regel vorteilhaft als *absolute Temperatur* T in Kelvin), die *Masse* m, das *Volumen* v, der *Druck* p, bei Mischphasen geeignete Zusammensetzungsvariable (s. 3.3) wie *Stoffmengenanteil, Massenanteil* und *(Stoffmengen-)Konzentration*. In Spezialfällen sind weitere Größen wichtig, bei sehr feinteiligen Pulvern die *Oberfläche*, bei elektrochemischen Prozessen (s. 11) das *elektrische Potential*. – Wie erwähnt, ist die *Zeit* in der klassischen Thermodynamik *keine* Zustandsgröße. Zu den Zustandsgrößen gehören auch die in Tab. 8.1 vorweg genannten, später eingehend zu behandelnden *Zustandsfunktionen*.

Wollen wir den Zustand eines stofflichen Systems durch verschiedene Kennwerte beschreiben, stehen extensive und intensive Größen zur Verfügung:

Definition 8.6 *Extensive Zustandsgrößen*, wie *Volumen* v, *Masse* m oder *Stoffmenge* n, ändern sich additiv, wenn man *gleiche* Systeme[7] durch Wegnehmen einer Trennwand zu größeren Einheiten zusammenführt. – Dagegen bleiben *intensive Zustandsgrößen* konstant, wenn man zu veränderten Stoffportionen übergeht. Hierzu gehören *Temperatur* T, *Druck* p und alle Quotienten aus zwei extensiven Größen, z. B. die *Dichte* ρ = m/v als Quotient aus Masse und Volumen.

Beispiel 8.4

a) *„Extensive Zustandsgrößen"*: Die Zugabe von Lösung (1), einem Liter verdünnter Schwefelsäure der Konzentration c(H_2SO_4) = 1 mol/l, zu (2), drei Liter gleicher Lösung, ergibt das Volumen v = $v_{(1)}$ + $v_{(2)}$ = 4 l, identische Lösungstemperatur vorausgesetzt. Bei 20 °C haben (1) und (2), entsprechend ihrer Dichte ρ = 1,0608 g/cm^3 (s. Rechenbeispiel in 3.3) die Masse $m_{(1)}$ = 1060,8 g bzw. $m_{(2)}$ = 3182,4 g; beide addieren sich zu m = $m_{(1)}$ + $m_{(2)}$ = 4243,2 g.

b) *„Intensive Zustandsgrößen"*. Dichte und Temperatur der vorgenannten Lösungen wurden durch das Vervierfachen von Masse und Volumen nicht verändert, da man gleiche Systeme zusammenführt. – Führte man *ungleiche Systeme* zusammen, z. B. bei Raumtemperatur die Lösung (3), ein Liter einer Schwefelsäure mit c(H_2SO_4) = 4 mol/l mit Probe (4), drei Liter reinen Wassers, erhielte man auch eine verdünnte Säure mit insgesamt derselben Stoffmenge n(H_2SO_4) = 4 mol wie bei (1) + (2), wegen des nichtidealen Verhaltens aber nicht mit exakt v = 4 l, also mit leicht verändertem Wert für c(H_2SO_4).

---

[7] Beim Mischen *unterschiedlicher* Systeme gilt Volumenadditivität nur im „idealen" Fall (s. 3.3)

In der chemischen Thermodynamik ist es üblich, Stoffeigenschaften entweder auf Stoffmengen n zu beziehen oder auf Massen m. Wir haben das schon früher getan (s. 3.3), aber noch nicht unter dem Blickwinkel der Thermodynamik:

Definition 8.7 *Molare Größen* sind Quotienten aus der jeweiligen extensiven Größe und der Stoffmenge n. Ihre Symbole werden meist als Großbuchstaben angegeben:

- Molare Masse M: Quotient aus Masse m und Stoffmenge n   [z. B. in g/mol],

- Molares Volumen V: Quotient aus Volumen v und Stoffmenge n   [z. B. in cm^3/mol],

- molare Wärmekapazität[8] C: der Quotient aus aufgenommener Wärme und dem Produkt aus Temperaturänderung und Stoffmenge   [z. B. in J/(K mol)].

Definition 8.8 *Spezifische Größen* sind Quotienten aus der jeweiligen extensiven Größe und der Masse, ihre Symbole sind in der Regel Kleinbuchstaben:

- *Spezifisches Volumen* v: Quotient aus Volumen v und Masse m   [z. B. in cm^3/g],

- *spezifische Wärmekapazität* c: Quotient aus aufgenommener Wärme q und dem Produkt aus Temperaturänderung ΔT und Masse m   [z. B. in J/(K · g)].

In beiden Fällen, den molaren wie den spezifischen Größen, handelt es sich durch die Quotientenbildung aus zwei extensiven Größen nunmehr um intensive.

Beispiel 8.5

Man geht aus von Wasser der Stoffmenge n = 0,5 mol bei Raumtemperatur:

Molare Masse   M: m   = 9 g Wasser entsprechen n = 0,5 mol,
                            also ist die Molmasse
                            M(H_2O) = m/n = 9 g / 0,5 mol = <u>18 g/mol</u>.

Molares Volumen V(H_2O):   Wegen der Dichte ρ(H_2O) $\approx$ 1,00 g/cm^3 sind bei Wasser
                            <u>zufällig</u> die Zahlenwerte für m (in g) und v (in ml) identisch:
                            9 g Wasser $\triangleq$ 9 ml Wasser $\triangleq$ 0,5 mol. Also: V(H_2O) =
                            9 ml / 0,5 mol
                            = <u>18 ml/mol</u>.

Spezifisches Volumen   (= Kehrwert der Dichte), v(H_2O): v(H_2O) = <u>1,00 cm^3/g</u>.
Molare Wärmekapazität C(H_2O): 376,2 J sind erforderlich, um 9 ml H_2O von Raumtemperatur
                            um 10 K zu erwärmen: Also: C(H_2O)
                            = 376,2 J / (10 K · 0,5 mol) = <u>75,24 J/(K · mol)</u>.

Spezifische Wärmekapazität c(H_2O): Der vorstehende Wert C(H_2O) gilt für 18 g Wasser. Also:
                            c(H_2O) = (75,24 J/K · mol) / (18 g/mol) = <u>4,18 J/(K · g)</u>.

---

[8] zur Unterscheidung der Werte C_p und C_v s. 8.3.1

8.2.3 Thermodynamisches System unter Normalbedingungen

Verfolgt man intensive oder extensive Eigenschaften eines abgeschlossenen (isolierten) Systems, so stellt man nach gewisser Zeit keine Änderungen mehr fest. Dann ist das System im *Zustand des thermodynamischen Gleichgewichts*.

Für das besonders einfache System eines „idealen Gases" wurde die betreffende *Zustandsgleichung* $p \cdot v = n \cdot R \cdot T$ schon früher eingeführt (s. Gl. 4.4), extensiv als $p \cdot v = n \cdot R \cdot T$, intensiv als $p \cdot V = R \cdot T$ (s. 4.4).

Die universelle *Gaskonstante* R hat den Wert $\qquad$ $R = 8{,}314510 \text{ J/(mol} \cdot \text{K)}$.

Bezieht man R nicht auf ein Mol, sondern auf ein einzelnes Teilchen, so resultiert

die *Boltzmann-Konstante*[9] k: $\qquad$ $k = R/N_A = 1{,}380658 \cdot 10^{-23} \text{ J/K}$.

Hierbei ist N_A die *Avogadro-Konstante*, $\qquad$ $N_A = 6{,}0221367 \cdot 10^{23} \text{ mol}^{-1}$;

das *molare Normvolumen* bei 0 °C und 1,01325 bar ist im Idealfall $\qquad$ $V_{m,0} = 22{,}4141 \text{ l/mol}$.

Hier sei auf die Unterschiede zwischen *Standardzustand* und *Normalbedingungen* in der Chemie hingewiesen, da hierzu oft Unklarheiten bestehen.

Standardzustände gelten vereinbarungsgemäß für die *Standardbedingungen*.

- Bei reinen Stoffen (in der stabilen Modifikation) ist lediglich der *Standarddruck* oder *Standardzustandsdruck* p^0 festgelegt; in der Regel gilt laut IUPAC[10] $p^0 = 10^5$ Pa (= 1 bar). Es kann sinnvoll sein (z. B. in der Hochdruckchemie), auf andere Drücke zu beziehen.

- Bei Lösungen legt man außerdem eine *Standardmolalität* b^0 oder *Standardkonzentration* c^0 fest; meist arbeitet man mit $b^0 = 1$ mol/kg und $c^0 = 1$ mol/l, setzt dennoch ein Verhalten wie in ideal verdünnten Lösungen voraus.

Eine bestimmte <u>Temperatur</u> ist an sich <u>nicht festgelegt</u>. In Tabellenwerken mit thermochemischen Daten ist es aber üblich, als „*Standard*(umgebungs)*temperatur*" auf 298,15 K (= 25,00 °C) zu beziehen. Diese „*Normaltemperatur*" von 25 °C bietet sich aus experimentellen Gründen viel eher an als z. B. die Celsius-Temperatur $\vartheta = 0$ °C oder gar die absolute Temperatur T = 0 K.

> **Definition 8.9** Unter *Normalbedingungen* faßt man dementsprechend zusammen, wenn Stoffe im *Standardzustand* bei *Normaltemperatur* vorliegen.

<u>Zur Beachtung</u>: Nicht selten findet man bei der Behandlung idealer Gase den Ausdruck „Normalbedingungen" für eine Kombination von Standarddruck und $\vartheta = 0$ °C. In dieser Hinsicht praktikabler ist – trotz des Schwankens zwischen „atm" und „bar" – die angelsächsische Unterscheidung zwischen „STP" [<u>s</u>tandard <u>t</u>emperature and <u>p</u>ressure; 0 °C und 1 atm (veraltet für 1,01325 bar)], und „SATP" [<u>s</u>tandard <u>a</u>mbient <u>t</u>emperature and <u>p</u>ressure, also Standardumgebungstemperatur und -druck; 298,15 K und 1 bar]. – Zum vorgenannten molaren Normvolumen $V_{m,0} = V_{id}(STP) = 22{,}4141$ l/mol ergibt sich vergleichsweise der Wert $V_{id}(SATP) = 24{,}789$ l/mol.

Für reale Gase sind in der Zustandsgleichung das Eigenvolumen der Partikeln und die Anziehungskräfte zwischen Atomen und Molekülen zu berücksichtigen. Die bekannteste Näherungsformel hierzu ist die *van-der-Waals-Gleichung* (1873).

---

[9] Ludwig Boltzmann (1844-1906), österreichischer Physiker und Mathematiker
[10] abweichend von DIN 1343 für den „Normdruck" $p_n = 101325$ Pa (s. 4.1, zu Gl. 4.4)

8.2.4 Zustandsfunktion, Zustandsvariable

Ist ein System im thermodynamischen Gleichgewicht (und nur solche Fälle behandelt die klassische TD), so können seine Zustandsgrößen A, B, C... meist als eindeutige Funktion mehrerer anderer Zustandsgrößen z, y, x... dargestellt werden:

$$A = f(z, y, x...); \quad B = f(z, y, x...); \quad C = f(z, y, x...) \text{ usw.} \tag{8.1}$$

So erfaßt die *thermische Zustandsgleichung* das Volumen v von Wasser bei Raumtemperatur in Abhängigkeit von Druck p, Temperatur T und Stoffmenge n:

$$v = f(p, T, n) \tag{8.2}$$

Die Volumenänderung wird durch drei Anteile beschrieben: Man betrachtet jeweils die Abhängigkeit von einer Variablen bei Konstanthalten der beiden anderen. Da die Gleichgewichts-Thermodynamik nur infinitesimal kleine Änderungen zuläßt, werden diese als Differentiale dv, dp, dT, dn eingeführt. Die Volumenänderung dv ergibt sich also als *vollständiges Differential*:

$$dv = (\delta v/\delta T)_{p,n} \cdot dT + (\delta v/\delta p)_{T,n} \cdot dp + (\delta v/\delta n)_{p,T} \cdot dn \tag{8.3}$$
[Lies: „dee vau = delta v nach delta T für p und n = konstant mal dT + ...“]

Die Volumenänderung von Wasser in Abhängigkeit von Druck, Temperatur und Stoffmenge folgt also additiv aus den Beiträgen der einzelnen Variablen. Da es gleichgültig ist, wie man die Summanden in Gl. (8.3) verknüpft, welchen der Einflüsse man zuerst betrachtet, wird klar, warum man die *Zustandsgröße* Volumen als *Zustandsfunktion* bezeichnet. Die Zustandsgrößen, von denen das Volumen abhängt, sind nunmehr als *Zustandsvariable* anzusprechen.

Definition 8.10 Generell wird mit dem Begriff „*Zustandsfunktion*" Z ausgedrückt, daß für einen gegebenen thermodynamischen *Prozeß* die Änderungen $\Delta Z = Z_2 - Z_1$ nicht vom Weg – also den Zwischenetappen – abhängen, über den die Zustandsänderung erfolgt.

Hinweis. Die einzelnen partiellen Differentialquotienten, hier $(\delta V/\delta p)_T$ und $(\delta V/\delta T)_p$, sind nicht so abstrakt, wie man zunächst denken mag. Sie sind zusätzlich von Nutzen, um bestimmte Eigenschafts-Kennwerte zu definieren (Tab. 8.4). Zum Beispiel ist der Quotient $(\delta V/\delta T)_p/V$ der *kubische thermische Ausdehnungskoeffizient* α. Für Wasser ist α für 25 °C $= 257,2 \cdot 10^{-6}$ K^{-1}; in einem schmalen Intervall um 4 °C geht α auf Null zurück, zwischen 0 und 4 °C hat α negative Werte (bei 0 °C: $-67,9 \cdot 10^{-6}$ K^{-1}). Hier wirken die Besonderheiten der Wasserstruktur (s. 24.2.2).

Tab. 8.4 Übereinstimmung von partiellen Differentialquotienten mit intensiven Zustandsgrößen

Zustandsgröße	Definition	Richtwerte für fest, flüssig, gasförmig (s, l, g)
Molares Volumen V	$(\delta v/\delta n)_{T,p}$	s, l: < 100 ml/mol; g: > 10 l/mol
Ausdehnungskoeffizient α	$(1/v) \cdot (\delta v/\delta T)_{p,n}$	s, l: 10^{-6} - 10^{-3} K^{-1}; g: > 10^{-3} K^{-1}
Kompressibilität κ (kappa)	$(-1/v) \cdot (\delta v/\delta p)_{T,n}$ [1]	s, l: 10^{-6} - 10^{-4} bar^{-1}; g: > 10^{-1} bar^{-1}

[1] Das Minuszeichen wird eingeführt, um κ positiv zu erhalten, da $\delta v/\delta p$ negativ ist

Für endlich große Änderungen, um etwa vom Volumen v_1 auf v_2 zu kommen, ist Integrieren in den entsprechenden Grenzen erforderlich:

$$\int_1^2 dv = \Delta_{1,2}v = v_2 - v_1 \tag{8.4}$$

Zur Darstellung chemischer Prozesse verlassen wir künftig meist die Differentialschreibweise (dv, dT, dp, ...) zugunsten der mit Differenzen „Δ" und beziehen uns auf molare Größen (ΔV, ΔH, ...). Deren Art – $\Delta_r H$, $\Delta_{vap} H$, $\Delta_{fus} H$, $\Delta_{sub} S$ usw. – wird durch tiefgestellte Indices spezifiziert.

Zurück zur Untergliederung thermodynamischer Prozesse (Tab. 8.5).

Tab. 8.5 Einteilung thermodynamischer Prozesse nach verschiedenen Kriterien

Kriterium	Prozeßtyp [1]	Erläuterung
Prozeß-bedingungen	– isotherm	– bei konstanter Temperatur ablaufend
	– isobar (isochor)	– bei konstantem Druck (Volumen) ablaufend
	– isotherm-isobar	– Druck und Temperatur konstant bleibend
Prozeßrichtung	– reversibel	– umkehrbar (idealisierter Grenzfall)
	– irreversibel	– spontan in Vorzugsrichtung laufend
Freiwilligkeit oder Zwang	– freiwillig	– thermodynamisch erlaubt und auch ablaufend
	– gehemmt	– thermodynamisch erlaubt, aber Hemmung
	– unter äußerer Einwirkung	– erzwungen (z. B. durch Elektrolyse)
Art des Energieaustauschs	– adiabatisch	– ohne Austausch von Wärme erfolgend
	– exotherm (endotherm)	– Freiwerden (Zufuhr) von Wärme
	– exergonisch	– Verrichten von Arbeit durch das System
	– endergonisch	– Verrichten von Arbeit am System
	– exo-(endo-)energetisch	– Energieverlust(-gewinn) für das System

[1] Zur griech. Herkunft: *isos* gleich; *bar* Schwere, Gewicht, Druck; *choros* Raum, Platz; *a-* nicht, un-; *diabeinein* hindurchgehen; *ergon* Arbeit, Werk; *enérgeia* wirkende Kraft

Außerdem möglich wäre eine Einteilung der Prozesse nach der Art der *Stoffwandlung* beim Prozeß, z. B. a) mit Ablauf chemischer Reaktionen (ohne bzw. mit Berücksichtigung von Mischungswärmen in der Bilanz), b) nur Mischen verschiedener Stoffe (ideale oder reale Mischungen), c) lediglich Ändern des Aggregatzustands der Stoffe (Schmelzen, Verdampfen, Kondensieren etc.).

8.3 Enthalpie und 1. Hauptsatz

8.3.1   1. Hauptsatz Thermodynamik, Innere Energie, Enthalpie

Vorab zwei der zahlreichen Formulierungen des *1. Hauptsatzes*:

Definition 8.11
1) Wärme q läßt sich in Arbeit a umwandeln.
2) Die innere Energie u eines Systems ist eine Zustandsfunktion.

Beim freiwilligen Ablauf eines thermodynamischen Prozesses kann Arbeit a geleistet werden, z. B. als Volumenarbeit $a = p \cdot \Delta v$, also als Volumenänderung des Systems unter dem Einfluß des auf es ausgeübten äußeren Drucks p.

Beispiel 8.6

Zusammendrücken eines Gasvolumens im Zylinder durch Auflegen von Gewichten.

Das System kann auch Wärme q mit der Umgebung austauschen. In beiden Fällen verändert sich seine innere Energie gemäß $\Delta u = u_2 - u_1$ (1 Ausgangs-, 2 End-Zustand) und die Energiebilanz des Vorgangs wird

$$\Delta u = q + a \tag{8.5}$$

Das ist ein mathematischer Ausdruck des 1. Hauptsatzes.

Jeder Stoff enthält unter gegebenen äußeren Bedingungen (z. B. Druck, Temperatur, Volumen, Magnetfeld) eine bestimmte *innere Energie* u.

Definition 8.12 Die innere Energie u ergibt sich als Summe der Einzelenergien der entsprechenden Atome und Moleküle und der Energien der zwischenmolekularen Wechselwirkungen, sie ist also die Summe der kinetischen und potentiellen Energie aller Bestandteile des untersuchten Systems. Zwar kann ihr Absolutwert nicht angegeben werden, jedoch sind die Unterschiede Δu zwischen Ausgangs- und Endzustand experimentell zugänglich.

Da u eine Zustandsfunktion ist, nicht dagegen q und a, hängen zwar letztere von der Art der Prozeßführung ab, nicht aber die Änderung Δu selbst. Diese Folgerung aus dem Energieerhaltungsprinzip ist als *Hess'scher Satz*[11] wichtig (s. 8.3.2).

Das *Vorzeichen* von Zustandsfunktions-Änderungen wird vom *System* aus bestimmt: Bei Wärmeabgabe <u>verliert</u> das System innere Energie, das *Vorzeichen* ist *negativ*, die Reaktion *exotherm*, $\Delta u < 0$. Bei Wärmeaufnahme <u>gewinnt</u> das System innere Energie, das *Vorzeichen* ist *positiv*, die Reaktion *endotherm*, $\Delta u > 0$.

Betrachten wir nunmehr chemische Reaktionen, zunächst solche, die bei *konstantem Volumen* ablaufen, z. B. im Druckgefäß eines Bombenkalorimeters:

---

[11] Germain Henri Hess / German I. Gess (1802-1850), schweizerisch-russischer Chemiker

---

Definition 8.13 Bei v = const kann keine Volumenarbeit p · Δv geleistet werden, es wird

$$\Delta u = q \tag{8.6}$$

Gehen wir jetzt über zu den viel häufigeren chemischen Reaktionen, die bei *konstantem Druck* erfolgen, also z. B. in Kolben oder offenen Bechergläsern: Entstehen dabei Gase oder werden sie bei der Reaktion verbraucht, kann es zu beträchtlichen Volumenänderungen kommen. Auch wenn nur kondensierte Phasen an den Reaktionen teilnehmen, resultieren – wenn auch geringere – Volumenänderungen wegen der unterschiedlichen Ausdehnungskoeffizienten (Tab. 8.4). Dann gilt die einfache Relation zwischen u und q gemäß Gl. (8.6) nicht mehr:

Definition 8.14 Bei p = const ist die Volumenarbeit zu berücksichtigen, es wird

$$\Delta u = q + p \cdot \Delta v \tag{8.7}$$

In all diesen Fällen *isobarer Prozeßführung* ist das Arbeiten mit der inneren Energie u unbequem. Um den „Wärme-Inhalt" q analog einfach wie in Gl. 8.6 interpretieren zu können, wird auf der Grundlage des 1. Hauptsatzes eine weitere Zustandsfunktion h definiert, die man *Enthalpie*[12] nennt:

Definition 8.15 Die Enthalpie h des untersuchten Systems ergibt sich als Summe von innerer Energie u und Verdrängungsenergie (Expansions- bzw. Kontraktionsarbeit) p · v eines Systems vom Volumen v, das unter dem Außendruck p steht:

$$h = u + p \cdot v, \tag{8.8a}$$

für p = const wird $\Delta h = \Delta u + p \cdot \Delta v = q,$ (8.8b)

$$\Delta h = q \tag{8.8c}$$

Bei genügend langsamer (quasireversibler) isobarer Prozeßführung (p = const) ist also die Änderung der Enthalpie Δh gleich q, der vom System mit der Umgebung ausgetauschten Wärmemenge. Unmittelbar einsichtig ist das für isobare Phasenumwandlungen wie Schmelzen oder Verdampfen, wofür als latente[13] Umwandlungs-Wärme die Schmelz- und Verdampfungs-Enthalpien entweder aufzubringen sind bzw. beim Kondensieren und Erstarren freigesetzt werden.

Hinweis. Da die Enthalpie H somit bei p = const die äußere Arbeitsleistung und die Änderung der inneren Energie in einem Ausdruck zusammenfaßt, wird sie in der Praxis meist der inneren Energie U – als dem anderen Maß für den Energieinhalt eines Systems – vorgezogen. U behandelt die sehr häufigen Vorgänge bei p = const nicht so einfach; U wäre vorteilhaft für das Arbeiten bei v = const, was bei Flüssigkeiten und Festkörpern aber experimentell schwierig ist.

Bevor wir zu chemischen Reaktionen weitergehen, ein Nachtrag zu den spezifischen bzw. molaren Wärmekapazitäten, c bzw. C (s. 8.2.2). Am Beispiel soll veranschaulicht werden, wie

---

[12] *enthálpein* griech. darin erwärmen
[13] von *latere* lat. verborgen sein (da nicht an Temperaturänderungen zu erkennen)

sich eine isochore bzw. isobare Prozeßführung auf spezifische und molare Größen auswirkt: Wird ein Mol eines Gases *bei konstantem Volumen* v von einer Temperatur T_1 auf eine Temperatur T_2 erwärmt ($T_2 - T_1 = \Delta T$), so ändert sich seine innere Energie um $\Delta U = C_v \cdot \Delta T$. Erfolgt die Temperaturänderung *bei konstantem Druck* p, so wird ein Teil der vom System aufgenommenen Wärme für die mit der Volumenänderung Δv verbundene Arbeitsleistung $p \cdot \Delta v$ gegen den äußeren Druck **p** verbraucht.

Definition 8.16 Die *molare Wärmekapazität* C_v ist die Wärmemenge, die notwendig ist, um ein Mol eines Stoffes bei konstantem Volumen um 1 K zu erwärmen.

Definition 8.17 Die *molare Wärmekapazität* C_p ist die Wärmemenge, die notwendig ist, um ein Mol des Stoffes bei konstantem Druck um 1 K zu erwärmen.

Für ein Mol eines idealen Gases gilt der Zusammenhang

$$C_p = C_v + R \qquad \text{(R – Gaskonstante)} \tag{8.9}$$

Bei flüssigen und festen Stoffen ist der Unterschied zwischen C_p und C_v wegen der geringen Volumenänderungen meist vernachlässigbar. Das gilt dann auch für den Unterschied zwischen ΔU und ΔH.

Wichtig sind die molaren Wärmekapazitäten, wenn man Energie- bzw. Enthalpiewerte für andere als die Tabellierungstemperaturen benötigt. Kennt man die Temperaturabhängigkeit z. B. von C_p innerhalb des interessierenden Temperaturintervalls $\Delta T = T_2 - T_1$, so lassen sich Enthalpien für $T = T_1$ nach dem *Kirchhoffschen Gesetz* (1858)[14] auf solche für $T = T_2$ umrechnen:

$$\Delta H(T_2) = \Delta H(T_1) + \int_{T_1}^{T_2} \Delta C_p \, dT. \tag{8.10}$$

Für viele Stoffe sind die entsprechenden C_p-Werte in thermochemischen Tabellenwerken tabelliert, entweder für mehrere Einzeltemperaturen oder als Gleichung für größere Temperaturbereiche, etwa in Form einer Potenzreihe in T, z. B. $C_p = a + b \cdot T + c \cdot T^2 + ...$ (a, b, c, ... - experimentell ermittelte Konstanten).

8.3.2 Reaktions- und Bildungsenthalpien, der Satz von Hess

Zur vollständigen Charakterisierung einer chemischen Reaktion gehört die quantitative Erfassung der sie begleitenden *Energieumsätze*.

Die unter konstantem Druck auftretenden Reaktionswärmen werden *Reaktionsenthalpien* genannt. *Molare Reaktionsenthalpien* $\Delta_r H$ werden auf den Formelumsatz gemäß der vollständigen Reaktionsgleichung r bezogen, gelten also je Mol Formelumsätze. Liegen Normalbedingungen vor, wird das durch ein Zeichen „ ^{0} " angemerkt ($\Delta_r H^0$). Entsprechend den Vorzeichen-Festlegungen sind die Enthalpiewerte positiv bei *endothermen Reaktionen*, negativ bei *exothermen*.

---

[14] Gustav Robert Kirchhoff (1824-1887), deutscher Physiker

Beispiel 8.7

Magnesium-Metall (Späne) verbrennt, einmal gezündet, in Sauerstoffgas mit blendend weißem Licht und großer Wärmeentwicklung, also exotherm, zu festem weißen *Magnesiumoxid*; die molare Standardreaktionsenthalpie beträgt -601,7 kJ/mol Formelumsätze:

$Mg_{(s)}$ + 1/2 $O_{2(g)}$ → $MgO_{(s)}$; $\Delta_r H^o$ = -601,7 kJ/mol (298 K)

Die Reaktionsenthalpie, die mit der Bildung eines Mols einer Verbindung aus den Elementen verbunden ist, nennt man molare Bildungsenthalpie $\Delta_f H$ bzw. – unter Normalbedingungen – *molare Standardbildungsenthalpie* $\Delta_f H^o$ (Tab. 8.6). Der tiefgestellte Index „f" steht dabei für „formatio"[15]. Den Elementen selbst ordnet man für die unter Normalbedingungen stabile Modifikation[16] den Wert $\Delta_f H^o$ = 0 zu.

Beispiel 8.8

Bei 298 K und Normaldruck ...
(1) ... gilt für Kohlenstoff als Graphit $\Delta_f H^o$ = 0 und für Diamant $\Delta_f H^o$ = +1,88 kJ/mol.
(2) ... ist für Disauerstoff O_2 $\Delta_f H^o$ = 0; das Ozon O_3 hat ein $\Delta_f H^o$ = +142,7 kJ/mol.

Die Bildungsenthalpie einer Verbindung ist naturgemäß vom *Aggregatzustand* abhängig. In Reaktionsgleichungen, die sowohl die Stöchiometrie als auch die Reaktionsenthalpie angeben, ist deshalb durch tiefgestellte Indices (s, l, g) der Aggregatzustand aller Phasen anzugeben, wie schon in Beispiel 8.7 geschehen.

Beispiel 8.9

So ist die Differenz der $\Delta_r H^o$-Werte für *Wasserdampf* und *flüssiges Wasser* gerade die *molare Standard-Verdampfungsenthalpie* $\Delta_{vap} H^o$ des Wassers, $\Delta_{vap} H^o$ = +44,0 kJ/mol:
(1) Wasser als Flüssigkeit: 2 $H_{2(g)}$ + $O_{2(g)}$ → 2 $H_2O_{(l)}$; $\Delta_r H^o$ = 2 · (-285,8 kJ/mol),
(2) Wasser als Wasserdampf: 2 $H_{2(g)}$ + $O_{2(g)}$ → 2 $H_2O_{(g)}$; $\Delta_r H^o$ = 2 · (-241,8 kJ/mol).

Manche Reaktions- bzw. Bildungsenthalpien sind experimentell schwer zugänglich. Hier hilft der *Satz von Hess* (1840) weiter.

Definition 8.18 Die *Reaktionsenthalpie* für den Übergang von einem bestimmten Ausgangszustand in einen bestimmten Endzustand ist unabhängig vom Reaktionsweg.

Hierzu formuliert man *Kreisprozesse*, also verschiedene Wege zwischen Ausgangs- und Endzustand. Sofern nur für einen Reaktionsschritt der betreffende Enthalpiewert fehlt, ist er aus den übrigen leicht erhältlich. Zwei Beispiele:

Definition 8.19 *Reaktionsenthalpie*: Die molare Reaktionsenthalpie $\Delta_r H$ einer Reaktion ist gleich der Differenz aus der Summe ...
1. ...der *molaren Bildungsenthalpien* $\Delta_f H$ der Reaktionsprodukte P und der Ausgangsstoffe A,
   $\Delta_r H = \Sigma \, \Delta_f H(P) - \Sigma \, \Delta_f H(A)$; (8.11)
2. ...der *molaren Verbrennungsenthalpien* $\Delta_c H$[17] der Reaktionsprodukte und der Ausgangsstoffe,
   $\Delta_r H = \Sigma \, \Delta_c H(P) - \Sigma \, \Delta_c H(A)$. (8.12)

---

[15] lat. Bildung, Anordnung, Gestaltung
[16] bei Phosphor gilt – abweichend von der Regel – für $P_{weiß}$ (= P_4) ein $\Delta_f H^o$ = 0 (s. Tab. 8.6)
[17] Index „c" von lat. *comburere* verbrennen, *combustio* Verbrennung

So kann die *molare Standard-Bildungsenthalpie von Kohlenstoffmonoxid* aus der Kombination anderer Gleichungen und Enthalpiewerte erhalten werden.

Beispiel 8.10

Die Verbrennung von Kohlenstoff
a)   Sie führt bei Anwesenheit von Sauerstoff im Überschuß zum Kohlenstoffdioxid CO_2 gemäß
   $C_{Gr} + O_{2(g)} \rightarrow CO_{2(g)};$ $\Delta_rH^0(a) = -393,5$ **kJ/mol** Formelumsätze (FU).
   Die Reaktion (a) kann aufgefaßt werden
   – als *molare Standard-Verbrennungsenthalpie* von Graphit $\Delta_cH(C_{Gr})$, oder
   – als *molare Standard-Bildungsenthalpie von Kohlenstoffdioxid* $\Delta_fH^0(CO_2)$, oder
   – als *molare Standard-Reaktionsenthalpie* $\Delta_rH^0(a)$, für 1 mol Formelumsätze gemäß (a).
b)   Bei einem *Verhältnis C:O = 1:1* wird stets neben Kohlenstoffmonoxid CO etwas CO_2 gebildet, so daß die Reaktion $C_{Gr} + \frac{1}{2} O_{2(g)} \rightarrow CO_{(g)};$ {$\Delta_rH(b) = -110,5$ kJ/mol FU} nicht direkt verfolgt werden kann.
c)   *Reines CO* zu CO_2 umzusetzen, ist experimentell dagegen einfach:
   $CO_{(g)} + \frac{1}{2} O_{2(g)} \rightarrow CO_{2(g)};$ $\Delta_rH(c) = -283,0$ **kJ/mol FU**;
   hier ist $\Delta_rH(c)$ ist zugleich identisch mit $\Delta_cH(CO)$.

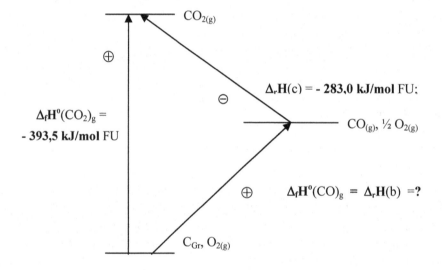

$\Delta_fH^0(CO)_g$ $= \oplus \Delta_fH^0(CO_2)_g$ $\ominus \Delta_rH^0(CO + 1/2\ O_2 \rightarrow CO_2)$
          $= -393,5$ kJ/mol $\ominus (-283,0$ kJ/mol$) = (-393,5 + 283,0)$ kJ/mol
          $= -110,5$ **kJ/mol**.

Zum gesuchten Wert $\Delta_fH^0(CO)_g$ kommt man nicht direkt, sondern über den kreisschließenden Umweg, wobei die Pfeilrichtung über das Vorzeichen entscheidet ($\rightarrow$„hin" $\oplus$; $\leftarrow$„zurück" $\ominus$).

So einfach diese bloßen Additionen oder Subtraktionen erscheinen mögen, so häufig werden vom Anfänger Fehler gemacht, z. B. durch Einsetzen unterschiedlicher Stoffmengen bei den Teilreaktionen oder durch falsche Wahl des jeweiligen Vorzeichens beim Durchlaufen des Schemas. Deshalb zwei weitere Beispiele:

Beispiel 8.11

Vollständige Verbrennung von einem Mol n-Octan. Gefragt ist nach der molaren Standard-Reaktionsenthalpie $\Delta_r H^o$ (hier $\equiv \Delta_c H^o$, der molaren Standard-Verbrennungsenthalpie). Die Reaktionsgleichung r lautet $C_8H_{18(l)} + 12,5\ O_{2(g)} \rightarrow 8\ CO_{2(g)} + 9\ H_2O_{(l)}$.

Die Energiebilanz läßt sich mit Hilfe der molaren Standard-Bildungsenthalpien (Tab. 8.6) aufstellen:

$\Delta_r H^o = 8\ \Delta_f H^o(CO_2)_g + 9\ \Delta_f H^o(H_2O)_l - \Delta_f H^o(\text{n-Oct})_l$

$= (-3.148 - 2.572 + 250)\ \text{kJ/mol} = \textbf{-5.470 kJ/mol} = \Delta_c H^o(\text{n-Octan})$.

Wichtig ist, bei den Tabellenwerten auf den jeweiligen Aggregatzustand bei 298 K zu achten.

Hinweise zu Aufg. 8.11.

a) Der hohe Wert $\Delta_c H^o(\text{n-Octan})$ ist nicht so zu verstehen, daß Octan ein viel effektiverer Brennstoff sei als Graphit mit $\Delta_c H^o(C_{Gr}) = $ **-393,5** kJ/mol. Bei Graphit gilt der Wert für 1 mol C, bei Octan für 26 mol C bzw. H. Bezieht man auch Octan auf 1 Mol Atome (= 1/26 mol $C_8H_{18} \equiv 1$ mol $C_{0,308}H_{0,692}$), ergeben sich statt -5.470 kJ/mol nur noch **- 210,4** kJ/mol.

b) Für praktisch-energetische Vergleiche sind molare Enthalpien wenig geeignet. Sind Volumina wichtig (PKW-Tank), haben octananaloge Treibstoffe Vorteile wegen ihrer hohen „Enthalpiedichte" (in kJ/l). Wo geringe Masse und hoher Gasausstoß zählen (Space shuttle), ist flüssiger Wasserstoff wegen seiner hohen spezifischen Standard-Verbrennungsenthalpie $\Delta_c h^o$ (in kJ/g) in Kombination mit flüssigem Sauerstoff von Vorteil. – Daneben sind zahlreiche nichtenergetische Kriterien zu berücksichtigen, wie Handhabbarkeit, Toxizität, Umweltschutz und anderes mehr.

Beispiel 8.12

Zu berechnen ist aus $\Delta_f H^o$-Werten (Tab. 8.6) die molare Standardreaktionsenthalpie $\Delta_r H^o$ der Reaktion r_1 von Stickstoffmonoxid mit Sauerstoff zu Stickstoffdioxid. Vor der Rechnung lohnt das Nachdenken über die Aufgabe! Die Reaktion r_1, **2 $NO_{(g)}$ + $O_{2(g)}$ → 2 $NO_{2(g)}$** ist – thermochemisch gesehen – ein Zwischenschritt der Bildung von NO_2 aus den Elementen: $N_{2(g)} + 2\ O_{2(g)} \rightarrow 2\ NO_{2(g)}$, mit $\Delta_{r2} H^o$ = 2 $\Delta_f H^o(NO_2)$ = **+66,4 kJ/mol** Formelumsätze FU (= 2 · +33,2 kJ/mol NO_2).

Mit $\Delta_f H^o(NO)$ = +91,3 kJ/mol ist der benötigte Kreisprozeß vollständig: Für 2 mol NO sind +182,6 kJ aufzubringen, für 2 mol NO_2 +66,4 kJ; damit ergibt sich

$\Delta_{r1} H^o = (-182,6 + 66,4)$ kJ / mol FU = **-116,2 kJ/mol** FU.

Bei hohen Fahrtgeschwindigkeiten wird in entsprechend hocherhitzten Kfz-Motoren die endotherme Bildung von farblosem Stickstoffmonoxid begünstigt, das dann an Luft leicht zu ebenfalls giftigem braunrotem Stickstoffdioxid oxidiert wird (s. 23.2.2, „Smog, nitrose Gase").

Tab. 8.6 Ausgewählte[18] thermochemische Daten (298,15 K, 1 bar = 10^5 Pa = 0,1 MPa): Molare Standard-Bildungsenthalpien $\Delta_f H^o$ und molare Standardentropien S^o

Stoff	$\Delta_f H^o$ kJ/mol	S^o J/(mol · K)	Stoff	$\Delta_f H^o$ kJ/mol	S^o J/(mol · K)
$Ag_{(s)}$	0	42,6	$H_{2(g)}$	0	130,7
$AgCl_{(s)}$	-127,0	96,3	$H_2O_{(l)}$	- 285,8	70,0
α-$Al_2O_{3(s)}$, Korund	-1675,7	50,9	$H_2O_{(g)}$	- 241,8	188,8
$BaO_{(s)}$	-548,0	72,1	$H_2O_{2(l)}$	-187,8	109,6
$BaSO_{4(s)}$	-1473,2	132,2	$HF_{(g)}$	-273,3	173,8
$CaCO_{3(s)}$, Calcit	-1207,6	91,7	$HCl_{(g)}$	-92,3	186,9
$CaO_{(s)}$	-634,9	38,1	$HBr_{(g)}$	-36,3	198,7
$C_{(g)}$	718,4	158,0	$HI_{(g)}$	+26,5	206,6
$C_{(Graphit)}$	0	5,7	$I_{(g)}$	+106,8	180,8
$C_{(Diamant)}$	+1,9	2,4	$I_{2(s)}$	0	116,1
$C_{60(s)}$, Fulleren	+2327,0	426,0	$KCl_{(s)}$	-436,5	82,6
$CH_{4(g)}$, Methan	-74,6	186,3	$KHSO_{4(s)}$	-1160,6	138,1
$C_2H_{6(g)}$, Ethan	-84,0	229,2	$KMnO_{4(s)}$	-837,2	171,7
$C_2H_{4(g)}$, Ethen	+52,4	219,3	$LiH_{(s)}$	-90,5	20,0
$C_2H_{2(g)}$, Acetylen	+227,4	200,9	$MgO_{(s)}$	- 601,6	27,0
$C_8H_{18(l)}$, n-Octan	-250,1	358	$N_{(g)}$	+472,7	153,3
$C_6H_{6(l)}$, Benzol	+49,1	173,4	$N_{2(g)}$	0	191,6
$C_6H_{12(l)}$, Cyclohexan	-156,4	298	$NH_{3(g)}$	-45,9	192,8
$CH_3OH_{(l)}$, Methanol	-239,2	126,8	$N_2O_{(g)}$	+81,6	220,0
$C_2H_5OH_{(l)}$, Ethanol	-277,6	160,7	$NO_{(g)}$	+91,3	210,8
$CO_{(g)}$	-110,5	197,7	$NO_{2(g)}$	+33,2	240,1
$CO_{2(g)}$	-393,5	213,8	$HNO_{3(l)}$	-174,1	155,6
$Cl_{(g)}$	+ 121,3	165,2	Na	0	51,3
$Cl_{2(g)}$	0	223,1	$Na_{(g)}$	+ 107,5	153,7
$CsF_{(s)}$	-553,5	92,8	$NaF_{(s)}$	-576,6	51,1
$CuSO_{4(s)}$	-771,4	109,2	$NaCl_{(s)}$	- 411,2	72,1
$H_{(g)}$	218,0	114,7	$NaBr_{(s)}$	-361,1	86,8

[18] nach: D. R. Lide, s. Tab. 42.1, Lit. [17]

Stoff	$\Delta_f H^o$ kJ/mol	S^o J/(mol · K)	Stoff	$\Delta_f H^o$ kJ/mol	S^o J/(mol · K)
$NaI_{(s)}$	-287,8	98,5	$H_2S_{(g)}$	-20,6	205,8
$Na_2CO_{3(s)}$	-1130,7	135,0	$SO_{2(g)}$	-320,5	248,2
$Na_2HPO_{4(s)}$	-1748,1	150,5	$SO_{3(s)}$	-454,5	70,7
$Na_2SO_{4(s)}$	-1387,1	149,6	$SO_{3(g)}$	-395,7	256,8
$O_{(g)}$	+249,2	161,1	$H_2SO_{4(l)}$	-814,0	156,9
$O_{2(g)}$	0	205,2	$Si_{(s)}$	0	18,8
Ozon $O_{3(g)}$	+ 142,7	238,9	$SiCl_{4(l)}$	-687,0	239,7
$P_{(weiß)}$	0	41,1	$SiO_{2(s)}$, α-Quarz	-910,7	41,5
$P_{(rot)}$	-17,6	22,8	$Sn_{(weiß)}$	0	51,2
$PF_{3(g)}$	-958,4	273,1	$Sn_{(grau)}$	-2,1	44,1
$PCl_{3(l)}$	-319,7	217,1	$SnO_{2(s)}$	-577,6	49,0
$PBr_{3(l)}$	-184,5	240,2	$SnCl_{4(l)}$	-511,3	258,6
$PI_{3(s)}$	-45,6	374,4	$Ti_{(s)}$	0	30,7
$H_3PO_{4(l)}$	-1284,4	150,8	$TiO_{2(s)}$	-944,0	50,6
$S_{(rhombisch)}$	0	32,1	$Zn_{(s)}$	0	41,6

8.3.3 Bindungsenthalpien

Ein Spezialfall von Reaktionsenthalpien sind die *Bindungsenthalpien*, in der Regel als *Bindungsenergien* oder Bindungsdissoziations- bzw. Bindungsspaltungsenergien E_{A-B} bezeichnet. Sie sollten nicht mit den Bildungsenergien verwechselt werden, auch wenn sie gelegentlich mit diesen identisch sind.

Beispiel 8.13

Bei der Bildung von 1 mol Atomen $Cl_{(g)}$ aus ½ mol Molekülen $Cl_{2(g)}$ ist die molare Standardreaktionsenthalpie $\Delta_r H^o$ identisch mit der molaren Standardbildungsenthalpie $\Delta_f H^o(Cl)_g$ und mit der molaren Standard-Bindungsdissoziationsenergie $E_{Cl-Cl} = \Delta_{diss} H^o$ (1/2 Cl_2)$_g$. Definiert man Bindungsenergien über Bindungsknüpfung, nicht -spaltung, so ist ihr Vorzeichen negativ.

Bindungsenergien gewinnt man – wie soeben E_{Cl-Cl} – aus thermochemischen Daten zu Molekülen mit eindeutigen Bindungsverhältnissen, z. B. für E_{C-C} in *Diamant* aus dessen Atomisierungsenthalpie $\Delta_{at} H^o_{Dia} \approx 717$ kJ/mol; jedes C-Atom geht vier Bindungen ein, die ihm halb zustehen: $E_{C-C(Dia)} = $ ½ $\Delta_{at} H^o(C) \approx 358$ kJ/mol.

Die Werte (Tab. 8.7) sind natürlich keine allgemeingültigen Konstanten, da sich unterschiedliche Bindungen in den Molekülen gegenseitig beeinflussen. Für unterschiedliche Stoffklassen gelten verschiedene Sätze von Bindungsenergien.

Tab. 8.7 Ungefähre Bindungsenergien (genauer: molare Standard-Bindungsdissoziationsenthalpien $\Delta_{diss}H^o$) für ausgewählte Ein- und Mehrfachbindungen in kJ/mol

	C–C	C=C	C≡C	C–N	C–H	H–H	Cl–H	N–H	O–H	Cl–Cl	Br–Br	I–I
E_{A-B}	350	610	840	305	410	436	431	390	460	242	193	151

Immerhin kann man für Reihen hinreichend ähnlicher Stoffe über die Bindungsenergien Reaktivitätsabstufungen bewerten, zum Beispiel für die Umsetzung von halogenierten Aliphaten mit nucleophilen Partnern (s. 36.2.5).

8.3.4 Enthalpieänderungen bei Phasenumwandlungen

Tab. 8.8 faßt Phasenumwandlungs- und Mischungsvorgänge zusammen und gibt die entsprechenden Namen (molare Schmelzenthalpie $\Delta_{fus}H$, molare Lösungsenthalpie $\Delta_{sol}H$ usw.) Weitere Indices beziehen sich auf „Gitterenergie" (U_G, $\Delta_G H$) oder Adsorption[19] ($\Delta_{ads}H$). Statt der molaren Größen in kJ/mol werden gelegentlich auch spezifische Größen $\Delta_{fus}h$, $\Delta_{sub}h$, $\Delta_{ads}h$ usw. angegeben, dann meist in J/g.

Tab. 8.8 Zur thermodynamischen Beschreibung von Phasenumwandlungen und Mischprozessen

Typ	Vorgang	Index[1]	Beispiele
Phasenumwand-lung reiner Stoffe	Umwandlung fester Stoffe (Modifikationswechsel)	trs	$S_{rhombisch} \rightleftharpoons S_{monoklin}$ $Sn_{grau} \rightleftharpoons Sn_{weiß}$; $C_{Graphit} \rightleftharpoons C_{Diamant}$
	Schmelzen/Erstarren	fus	$H_2O_{(s)} \rightleftharpoons H_2O_{(l)}$; $Sn_{(s)} \rightleftharpoons Sn_{(l)}$
	Verdampfen/Kondensieren	vap	Ethanol: $C_2H_5OH_{(l)} \rightleftharpoons C_2H_5OH_{(g)}$
	Sublimieren/Resublimieren	sub	$H_2O_{(s)} \rightleftharpoons H_2O_{(g)}$; $I_{(s)} \rightleftharpoons I_{(g)}$, Naphthalin: $C_{10}H_{8(s)} \rightleftharpoons C_{10}H_{8(g)}$
	Atomisierung [2]	at	$C(Graphit) \rightleftharpoons C_{(g)}$; $S_{8(s)} \rightleftharpoons 8\,S_{(g)}$
Änderung der Zusammensetzung bei Mischphasen [3]	Mischen von Fluiden (l-l, g-g)	mix	$Ag_{(l)}$-$Au_{(l)}$; Ethanol-Methanol; $N_{2(g)}$-$O_{2(g)}$; $N_{2(l)}$-$O_{2(l)}$
	Auflösen (eines Stoffes im Lösungsmittel)	sol	in Wasser: NaCl oder Zucker in Aceton: $AlBr_3$
	Verdünnen (einer Lösung)	dil	konzentrierte Salzsäure mit Wasser

[1] latein. Herkunft neuer Symbole: *transitio* Übergang; *fusio* Gießen, Schmelzen; *sublimis* gehoben, erhaben; *mixtus, miscere* mischen; *solutus, solvere* lösen; *diluere*, auflösen, verdünnen
[2] Zerlegung eines Stoffes in seine freien *Atome*, nicht in Ionen, s. 7.4.1
[3] Abgrenzung zum Teil willkürlich, da Lösevorgänge letztlich auch Mischvorgänge sind

---

[19] lat. *ad* hinzu, *sorbere*, schlucken, schlürfen

Verwickelt sind die Verhältnisse beim Lösen, da Lösungsenthalpien konzentrationsabhängig sind.

Die *integrale molare Lösungsenthalpie* $\Delta_{sol}H$ ist die Wärmemenge, die beim Lösen von 1 mol eines Stoffes in einem Lösungsmittel unter Bildung einer Lösung der Konzentration c an diesem Stoff umgesetzt wird. Bei großer Verdünnung strebt $\Delta_{sol}H$ einem Grenzwert zu.

Je nach den Beträgen der beim Lösungsprozeß aufzuwendenden bzw. freiwerdenden Energiebeträge können Lösungsenthalpien positiv oder negativ sein.

Beispiel 8.14

Die auf hohe Verdünnung extrapolierte molare Lösungsenthalpie in Wasser beträgt z. B. für wasserfreies *Calciumchlorid*, $CaCl_2$, $\Delta_{sol}H$ = -75,4 kJ/mol, dagegen für das entsprechende Hexahydrat, $CaCl_2 \cdot 6\,H_2O$, $\Delta_{sol}H$ = +19,1 kJ/mol.

Das wird verständlich, wenn man die beiden Enthalpiewerte vergleicht, die hierbei eine Rolle spielen, z. B. für Natriumchlorid mit seiner 1:1-Stöchiometrie:

Definition 8.20

a) Die (molare Standard-)*Gitterenergie* [20] $\Delta_G H^0$ ($\equiv U_G$) von Natriumchlorid gibt die Energie an, die frei wird, wenn je 1 mol der freien Ionen Na^+ und Cl^- unter Normalbedingungen zum Kristallgitter zusammentreten, oder die Energie, die – dann mit entgegengesetztem Vorzeichen – für die Zerlegung des Kristallgitters von 1 mol $NaCl_{(s)}$ in freie Ionen nötig ist (s. 7.4.1).

b) Die molare Standard-*Hydratationsenthalpie* $\Delta_{hydr}H^0$ ist die bei der *Hydratation* (allgemein: *Solvatation*) von je 1 mol der freien Ionen Na^+ und Cl^- zu $Na^+_{(aq)}$ und $Cl^-_{(aq)}$ freiwerdende Energie.

Beide Enthalpiewerte sind nicht direkt meßbar. Man erhält aber die Gitterenergie angenähert über einen *Haber-Born-Kreisprozeß* [21]; mit $\Delta_G H^0$ und den gemessenen *Lösungsenthalpien* ergeben sich die *Hydratationsenthalpien* der Salze. Der genannte Kreisprozeß (Bild 8-1) vergleicht zwei Wege miteinander, den *direkten* für die Reaktion der Elemente zum jeweiligen kristallinen Salz mit einem mehrstufigen *indirekten* Weg, wobei die Elemente in Ionen überführt werden, die dann unter Freiwerden der Gitterenergie zum Festkörper zusammentreten.

Beispiel 8.15

Der Haber-Born-Kreisprozeß umfaßt für NaCl folgende Schritte (Bild 8-1):
1. die molare Standard-Reaktionsenthalpie $\Delta_r H^0$ für die Umsetzung von festem Natrium mit Chlorgas zu Natriumchlorid, $Na_{(s)} + \frac{1}{2}\,Cl_{2(g)} \rightarrow NaCl_{(s)}$; **$\Delta_r H^0$ = - 411,1 kJ/mol);**
2. die Bildung der freien Atome, $Cl_{(g)}$ bzw. $Na_{(g)}$
a) durch Dissoziation der Chlormoleküle, $\frac{1}{2}\,Cl_{2(g)} \rightarrow Cl_{(g)}$; **$\Delta_{diss}H^0$ ($\frac{1}{2}\,Cl_2$)= + 121,3 kJ/mol,**
b) durch Atomisierung (hier identisch mit der Sublimation) von metallischem Natrium, $Na_{(s)} \rightarrow Na_{(g)}$, **$\Delta_{sub}H^0$(Na) = + 108 kJ/mol);**

---

[20] für Bildung/Zerlegung von Kristallgittern in freie *Ionen*; nicht gebräuchlich ist der an sich zutreffendere Name *Gitterenthalpie*, der Unterschied beider Größen ist aber nur gering

[21] Fritz Jacob Haber (1868-1934), deutscher Physikochemiker, Chemie-Nobelpreis 1919

3. die Bildung der freien Ionen, $Na^+_{(g)}$ bzw. $Cl^-_{(g)}$,
a) durch Anlagern je eines Elektrons an die Chloratome, entsprechend deren Elektronenaffinität E_A (s. 6.3.1),
$$Cl_{(g)} + e^- \to Cl^-_{(g)}; \; \Delta_r H^0 = E_A = -348{,}7 \text{ kJ/mol});$$
b) durch Ionisieren der Natriumatome, entsprechend deren Ionisierungsenergie E_I (s. 6.3.1),
$$Na_{(g)} \to Na^+_{(g)} + e^-; \; \Delta_r H^0 = E_I = +495{,}8 \text{ kJ/mol});$$
4. der Zusammentritt der freien Ionen zum kristallinen Feststoff,
$$\mathbf{Na^+_{(g)} + Cl^-_{(g)} \to NaCl_{(s)}; \; \Delta_r H^0 = \Delta_G H^0 =}$$
$$= \{\ominus E_A(Cl) \; \ominus E_I(Na) \; \ominus[\tfrac{1}{2}\Delta_{diss}H^0(Cl_2)] \; \ominus [\Delta_{sub}H^0(Na)] \; \oplus \Delta_r H^0\} \text{kJ/mol NaCl} =$$
$$= \{-(-348{,}7) -(+495{,}8) -(+121{,}3) -(+108) +(-411{,}1)\}\text{kJ/mol NaCl} = \mathbf{-788 \text{ kJ/mol NaCl}}.$$
Somit beträgt die Gitterenergie $\Delta_G H^0_{(NaCl)}$ für den Zusammentritt der freien Ionen $\approx$ -790 kJ/mol.

Von den Alkalimetallhalogeniden hat Lithiumfluorid LiF wegen der kleinen Gitterabstände $a(M^+X^-)$ mit ca. 1030 kJ/mol die höchste Gitterenergie. Für Li $\to$ Cs und F $\to$ I fallen die Werte entsprechend den abnehmenden Coulomb-Kräften; für Cäsiumiodid CsI gilt $\Delta_G H^0 \approx$ 600 kJ/mol. Wegen der uneinheitlichen Strukturen und Bindungspolaritäten (s. 7.4.1) gibt es aber keine einfache Abhängigkeit.

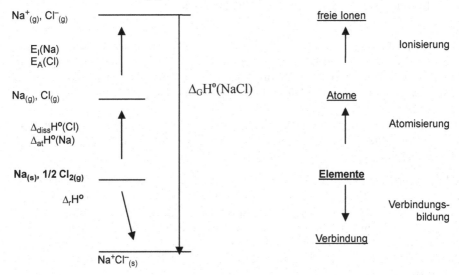

Bild 8-1 Schema des Haber-Born-Kreisprozesses für 1 mol NaCl unter Normalbedingungen

Gitterenergie, Lösungsenthalpie für unendliche Verdünnung und Hydratationsenthalpie hängen nun über einen anderen Kreisprozeß zusammen:

$$\Delta_{sol}H^0 = \Delta_G H^0 - \Delta_{hydr}H^0 \tag{8.13}$$

Die molare Lösungsenthalpie $\Delta_{sol}H^0$ ergibt sich also als Differenz aus zwei großen Energiebeträgen (Tab. 8.9), wobei deren Meßunsicherheit durchaus deutlich mehr als 10 kJ/mol erreichen kann.

Tab. 8.9 Richtwerte der molaren Standard-Hydratationsenthalpien $\Delta_{hydr}H^\circ$ (in kJ/mol) für ausgewählte Kat- und Anionen, $M^{n+}_{(aq)}$ und $X^-_{(aq)}$, bei unendlicher Verdünnung

Ion	Li$^+$	Na$^+$	K$^+$	Rb$^+$	F$^-$	Cl$^-$	Br$^-$	I$^-$	Mg^{++}	Ca^{++}	Sr^{++}	Ba^{++}
$\Delta_{hydr}H^\circ$	- 510	- 400	- 310	- 290	- 550	- 375	- 340	- 300	- 1900	- 1600	- 1450	- 1300

Die Tabelle zeigt, daß bei Ionen gleicher Ladung offensichtlich die Ionengröße entscheidend für die Hydratation ist. Zwar kann man für Ionenradien nur Näherungswerte angeben, unstrittig ist aber, daß sie von den leichteren zu den schwereren Elementen zunehmen. Kleinere Ionen haben bei gleicher Ladung n$^+$ die größere Ladungsdichte (Ladung je Volumeneinheit)[22], was zu einer stärkeren Wechselwirkung mit den polaren Wassermolekeln führt. Das bringt dann sogar mit sich, daß voluminöse Ionen wie Rb$^+$ trotz der günstigeren sterischen Bedingungen für große Koordinationszahlen weniger Wassermoleküle fixieren als etwa Li$^+$.

Für Natriumchlorid stimmt die Summe der Hydratationsenthalpien beider Ionen (Tab. 8.9) zufällig fast vollständig überein mit der zuvor berechneten Gitterenergie, woraus sich für $\Delta_{sol}H^\circ$ gemäß Gl. (8.13) ein Wert nahe Null ergibt.

Eine molare Lösungsenthalpie $\Delta_{sol}H^\circ$ nahe Null bedeutet nach dem Prinzip vom kleinsten Zwang (s. 4.2), daß sich Temperaturänderungen kaum auf die Löslichkeit des betreffenden Salzes auswirken sollten. In Übereinstimmung damit ist die Temperaturabhängigkeit der Löslichkeit von Natriumchlorid weitgehend zu vernachlässigen, wie auch Tab. 13.1 zeigt.

Hinweis. Dann wäre für wasserfreies Calciumchlorid, $CaCl_2$, eine starke Abnahme der Löslichkeit bei Temperaturerhöhung zu erwarten, dagegen für Calciumchlorid-hexahydrat, $CaCl_2 \cdot 6\,H_2O$, eine starke Zunahme. In diesem Fall, wo bei verschiedenen Temperaturen unterschiedlich hydratisierte Salze vorliegen (Hexahydrat bis 29,9 °C, Tetrahydrat von 29,9 bis 45 °C, Dihydrat von 45 bis 175 °C, wasserfreies Salz ab 175 °C), sind die Verhältnisse jedoch zu komplex, um einfache Regeln anwenden zu können.

Aufgaben

Aufgabe 8.1 Thermodynamische Systeme:

    a)   Wie nennt man in der Thermodynamik ein System, dessen Wände für Stoffe undurchlässig, für Energieänderungen aber durchlässig sind?

    b)   Welche beiden anderen Fälle gibt es? Nennen Sie je ein Beispiel.

Aufgabe 8.2 Standard-Bildungsenthalpie:

Für welche der genannten Stoffe ist die molare Standard-Bildungsenthalpie $\Delta_f H^\circ$ gleich Null? Kreuzen Sie die entsprechenden Felder an und begründen Sie Ihre Entscheidung.

Stoff	$O_{2(g)}$	$O_{3(g)}$	$C_{(Diamant)}$	$C_{(Graphit)}$	$N_{2(s)}$	$NH_{3(l)}$
$\Delta_f H^\circ = 0$ (= X)						

---

[22] Üblich als Maß ist auch das *Ionenpotential*, der Quotient aus Ladung und Ionenradius.

Aufgabe 8.3 Reaktionsenthalpie aus Bildungsenthalpien:

Welcher Zusammenhang besteht zwischen der Reaktionsenthalpie und den Bildungsenthalpien der an der Reaktion beteiligten Stoffe?
Formulieren Sie ihn für die allgemeine Reaktion AB + CD $\rightarrow$ AD + BC.

Aufgabe 8.4 Reaktion von festem Kohlenstoff mit Kohlenstoffdioxid zu Kohlenstoffmonoxid:

a)   Wie groß ist die Reaktionsenthalpie je Mol Formelumsätze bei Raumtemperatur, wenn für die molaren Bildungsenthalpien gilt: $\Delta_f H(CO_2)$ = -393,5 kJ/mol und $\Delta_f H(CO)$ = - 110,5 kJ/mol?

b)   Ist die Reaktion endo- oder exotherm?

c)   Wie sollte sich das Gleichgewicht bei Erhöhung von Druck bzw. Temperatur verändern?

Aufgabe 8.5 Verbrennungsenthalpien aus Bildungsenthalpien:

Berechnen Sie die molare Standardverbrennungsenthalpie von Benzol über einen geeigneten thermochemischen Kreisprozeß (benötigte Enthalpiewerte s. Tab. 8.6).

Hinweis: Die Verbrennungsenthalpie, also die Enthalpie der Reaktion r,   6 $C_6H_{6(l)}$ + 7,5 $O_{2(g)}$ $\rightarrow$ 6 $CO_{2(g)}$ + 3 $H_2O_{(l)}$, ist Bestandteil eines Kreisprozesses, der zusätzlich die vollständige Verbrennung von Benzol einerseits, die von Wasserstoff und Graphit andererseits enthält.

Aufgabe 8.6

Bei der als Thermitreaktion bezeichneten Umsetzung,

2 $Al_{(s)}$ + $Fe_2O_{3(s)}$ $\rightarrow$ 2 $Fe_{(s)}$ + $Al_2O_{3(s)}$, $\Delta_r H^o$ = -848 kJ/mol,

wurde die freigesetzte Wärme zu -658 kJ/mol bestimmt. Wieviel Gramm Aluminium wurden mit einem Überschuß des Eisen(III)-oxids umgesetzt?

Aufgabe 8.7 Darstellung von weißem Phosphor:

Stoff	$Ca_3(PO_4)_{2(s)}$	$SiO_{2(Quarz)}$	$C_{(Diam.)}$	$C_{(Gr.)}$	$P_{weiß}$	P_{rot}	$CaSiO_{3(s)}$	$CO_{(g)}$
$\Delta_f H^o$ (kJ/mol)	-4122	-911	2	0	0	-18	-1576	-111

a)   Bestimmen Sie mit Hilfe ausgewählter Tabellenwerte die molare Standard-Reaktionsenthalpie $\Delta_r H^o$ der Reaktion von 1 mol Tricalcium-orthophosphat mit Kohlenstoff und Quarzsand zu weißem Phosphor, Calciumsilicat $CaSiO_3$ und Kohlenstoffmonoxid (Gleichung, Rechnung).

b)   Was schließen Sie aus a) für die Verschiebung des Gleichgewichts bei Temperaturerhöhung?

Aufgabe 8.8 Salzlöslichkeit:

a)   Warum lösen sich einige Salze endotherm, andere exotherm (jeweils mit Stoffbeispiel)?

b)   Kochsalz löst sich in Wasser ohne nennenswerte Wärmetönung. Was folgern Sie daraus?

c)   Welche Möglichkeit sehen Sie, trotz der in b) geschilderten Tatsache verunreinigtes Kochsalz über einen Auflösungs-/Wiederausscheidungs-Prozeß zu reinigen?

Aufgabe 8.9 Hydratbildung:

Beim Herstellen eines vorgegebenen Volumens einer Bariumchlorid-Lösung aus 58,8 g des wasserfreien Salzes wurde eine Wärmemenge von 2,47 kJ frei. Beim Einsatz der gleichen Stoffmenge des Bariumchlorid-dihydrats wurden dagegen 6,07 kJ verbraucht. Wie ist die molare Reaktionsenthalpie für die Bildung des Dihydrats aus dem wasserfreien Salz?

Aufgabe 8.10 Bindungsenergien:

Wie groß ist die molare Bindungsenergie der (kovalenten) Bindungen von Wasser, wenn zu dessen Spaltung in die Atome eine Energie von 928 kJ/mol benötigt wird?

Aufgabe 8.11

Vergleich der Energie einer Sprengstoffexplosion mit der Energie der Kernspaltung:

a) Bei der Explosion von TNT [= Trinitrotoluol, $H_3C\text{-}C_6H_2(NO_2)_3$] werden 4520 kJ/kg TNT frei. Wie ist die molare Standard-Reaktionsenthalpie $\Delta_r H^0$ für diesen Vorgang?

b) Dem Zerfall von TNT bei der Explosion ist folgende Gleichung zuzuordnen:

$$2\ H_3C\text{-}C_6H_2(NO_2)_{3(s)} \rightarrow 7\ CO_{(g)} + 7\ C_{(gr)} + 5\ H_2O_{(l)} + 3\ N_{2(g)}.$$

Welche zusätzliche Verbrennungsenthalpie ließe sich je Mol TNT unter Normalbedingungen realisieren, wenn durch weiteren Sauerstoff die kohlenstoffhaltigen Species vollständig oxidiert würden? (Vgl. Tab. 8.6 mit den Bildungsenthalpien; der Wert für CO ist nach dem Heßschen Satz als Differenz der Bildungsenthalpien von CO_2 und CO erhältlich)

c) Die Stärke einer Atombombe pflegt man als die Masse von TNT anzugeben, die bei der Explosion dieselbe Energie liefert. Gegeben sei die Stärke einer Uranbombe, die vor allem ^{235}U als spaltbares Material enthält, mit 500 Kilotonnen TNT. Wieviel ^{235}U enthält eine solche Bombe, wenn je Spaltung eines Atomkerns ^{235}U eine Energie von 200 MeV freigesetzt wird?

Aufgabe 8.12 Spezifische Verdampfungsenthalpie:

a) Berechnen Sie aus den molaren Verdampfungsenthalpien $\Delta_{vap} H^0$ der Tabelle die spezifischen Verdampfungsenthalpien $\Delta_{vap} h^0$ für die drei genannten Verbindungen.

Stoff	Wasser	Ethanol	Diethylether
$\Delta_{vap} H^0$ (kJ/mol)	44,0	42,3	27,1
molare Masse (g/mol)			
$\Delta_{vap} h^0$ (kJ/g)			

b) Interpretieren Sie mit Ihren Kenntnissen zur chemischen Bindung die Abstufung der Werte.

Siede- und Schmelzdiagramme von binären Gemischen

Wie Bild 2-1 für Wasser zeigte, genügt bei reinen Stoffen ein einfaches zweidimensionales Druck-Temperatur-Diagramm, um die Phasenbeziehungen im thermodynamischen Gleichgewicht darzustellen. Bei Systemen mit zwei und mehr Stoffen ist zusätzlich die Abhängigkeit von der Zusammensetzung Z zu berücksichtigen, so daß schon bei binären Systemen A-B der Übergang zu einer dreidimensionalen Darstellung p-T-Z erforderlich wird. Um das zu umgehen, wird jedoch meist entweder p oder T konstant gehalten; es resultieren gesonderte Zusammensetzungs-Druck- bzw. Zusammensetzungs-Temperatur-Diagramme.

Bei den Flüssig-Gas-Gleichgewichten der Siedediagramme (9.1) sind beide Varianten üblich. Bei den Fest-Flüssig-Gleichgewichten der Schmelzdiagramme (9.2) beschränkt man sich meist auf das Zusammensetzungs-Temperatur-Diagramm; hier ist wegen der geringen Kompressibilität der beiden kondensierten Phasen s bzw. l der Druckeinfluß gering. Obwohl Siede- und Schmelzdiagramme an sich analog zu interpretieren sind, empfiehlt sich wegen der Unterschiede in den Aggregatzuständen doch eine getrennte Behandlung.

9.1 Siedediagramme

Hier werden lediglich drei sehr einfache Siedediagramme für binäre Gemische A-B im Zusammensetzungs-Temperatur-Diagramm erläutert (Bild 9-1 a-c). Sie zeigen unterschiedliche Grade der Mischbarkeit der beiden Komponenten. Nach dem *Phasengesetz* (s. 2.3) gilt für alle drei Fälle

$$P + F = K + 2 = 4 \qquad \text{(s 2.1)}$$

Auf eine Freiheit wird durch p = const (meist p = 1 bar) verzichtet; also

$$P + F = 3 \qquad \text{(9.1)}$$

Im Existenzbereich nur einer Phase lassen sich Zusammensetzung und Temperatur unabhängig voneinander variieren. Bei Zweiphasen-Gebieten hat man nur noch eine Freiheit. Durch die Temperaturwahl wird zwangsläufig die Gemisch-Zusammensetzung bestimmt, bei deren Vorgabe die Gleichgewichtstemperatur.

Bild 9-1a gilt für den Grenzfall *völliger Unmischbarkeit* im flüssigen Zustand (etwa verwirklicht im System A–B = *Quecksilber–Wasser*). Hier besteht das Diagramm lediglich aus zwei Parallelen zur Abszisse, entsprechend den Siedetemperaturen T_{vap} der beiden Flüssigkeiten.

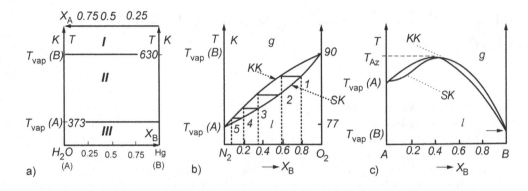

Bild 9-1 a-c Einfache Siedediagramme A–B: Stoffmengenanteil/Temperatur (vgl. Text)
a Wasser–Quecksilber; **b** Stickstoff–Sauerstoff; **c** azeotrop siedendes Gemisch

Beispiel 9.1

A–B ≡ Wasser–Quecksilber (Bild 9.1a): $T_{vap}(H_2O) = 373$ K, $T_{vap}(Hg) = 630$ K;
I Ein-Phasen-Gebiet: Oberhalb 630 K (357 °C) existiert nur noch eine Gasphase, die Wasser und Quecksilberdampf in den Anteilen enthält, die denen des Ausgangsgemischs entsprechen.
II Zwei-Phasen-Gebiet: Zwischen 100 °C und 357 °C ist flüssiges Quecksilber im Gleichgewicht mit quecksilbergesättigtem Wasserdampf, $H_2O_{(l)}$.
III Drei-Phasen-Gebiet: Unterhalb 100 °C befinden sich die Flüssigkeiten $H_2O_{(l)}$ und $Hg_{(l)}$ im Gleichgewicht mit Wasserdampf, der zugleich Spuren an Quecksilberdampf enthält.

Bild 9-1b gilt für den anderen Grenzfall, die *unbegrenzte* und zugleich *ideale Mischbarkeit* im flüssigen Zustand (z. B. für das System *flüssiger Sauerstoff–flüssiger Stickstoff*). Es existiert nur eine flüssige Mischphase der durch die Anteile A, B vorgegebenen Zusammensetzung. Der Dampf ist wegen der unterschiedlichen Partialdampfdrücke der Komponenten stets anders zusammengesetzt als die Flüssigkeit. Dadurch gelingt die Trennung in A und B, allerdings nicht durch einmalige Destillation, sondern erst durch *Fraktionierung*.

Beispiel 9.2

A–B ≡ *Stickstoff–Sauerstoff* (Bild 9-1b), $T_{vap}(N_2) = 77$ K, $T_{vap}(O_2) = 90$ K: Erwärmt man ein sauerstoffreiches Flüssiggemisch der Molenbruch-Zusammensetzung (1), $x_{B(1)} = 80 \%$, $x_{A(1)} = 20 \%$, so wird bei dessen Siedetemperatur (≈ 83 K) Stickstoff im Dampf (2) zunächst auf ca. 40 % angereichert, Sauerstoff geht auf ≈ 60 % zurück; die Flüssigkeit wird dadurch sauerstoffärmer, ihre Siedetemperatur sinkt. – Wird zur fraktionierenden Trennung von Stickstoff und Sauerstoff der Dampf (2) kondensiert und erneut erwärmt, dann bildet sich Dampf (3) mit $x(N_2) = 67 \%$, nach zwei weiteren Schritten (5) schon ein Gemisch mit $x(N_2) > 90 \%$. – Technisch erfolgt die Luftverflüssigung vor der Fraktionierung nach dem Linde-Verfahren[1]: Hierbei bewirkt der *Joule-Thomson-Effekt*[2], die Abkühlung eines komprimierten realen Gases beim Entspannen, einen fortschreitenden Temperaturabfall durch mehrfache Kompressions-Expansions-Zyklen.

---

[1] Carl Paul Gottfried von Linde (1842-1934), deutscher Ingenieur und Unternehmer
[2] James Prescott Joule (1818-1889), englischer Physiker

Bei der *diskontinuierlichen Arbeitsweise* von Beispiel 9.2 wäre die Ausbeute äußerst gering, da immer nur die ersten Destillat-Anteile nutzbar sind. – Im Labor und in der Großindustrie (z. B. bei der *Rektifikation* flüssiger Luft und bei der *Erdölfraktionierung*) nutzt man *kontinuierliche Gegenstromprozesse*, die Hunderten von Destillations-/Kondensations-Schritten entsprechen können.

Der durch *Siede-* und *Kondensationskurve* eingeschlossene linsenförmige Bereich verkörpert kein stabiles Existenzgebiet einer Phase. Zwar kann nach raschem Abkühlen des Dampfes ein Punkt in diesem Gebiet kurzzeitig den neuen Zustand wiedergeben, das Gleichgewichts-Diagramm verlangt aber, daß sich solch ein *übersättigter Dampf* oder *Naßdampf* in eine flüssige und eine Dampfphase trennt, jeweils mit der durch die Temperatur bestimmten Zusammensetzung. Analoges gilt für eine *überhitzte Flüssigkeit* (s. Beispiel 2.4, *Siedeverzug!*).

Bild 9-1c gilt für den häufigen Fall einer zwar noch *unbegrenzten Mischbarkeit*, die aber schon deutliche Abweichungen vom idealen Verhalten zeigt (z. B. für die Systeme A–B ≡ *Wasser–Chlorwasserstoff* oder *Chloroform–Aceton*). Das reale Verhalten zeigt sich daran, daß *Siede-* und *Kondensationskurve* bei einer systemspezifischen Zusammensetzung und Temperatur durch einen gemeinsamen Extremwert gehen, durch ein Maximum in den genannten Fällen, durch ein Minimum z. B. bei Wasser–Ethanol. Bei diesen Extremwerten sind jeweils Dampf und Flüssigkeit identisch zusammengesetzt; man spricht von konstantsiedenden, sogen. *azeotropen*[3] Mischungen. Destillierte man zufällig gerade ein solches Azeotrop, würde durch die konstante Siedetemperatur eine einheitliche Verbindung vorgetäuscht.

Beispiel 9.3

Azeotrope Gemische (Bild 9-1c) lassen sich destillativ trennen nur in Azeotrop einerseits und in A *oder* B andererseits, je nach der Relation zwischen der Zusammensetzung des Ausgangsgemischs zu der des Azeotrops. Bevorzugt verdampft d i e Komponente, deren Anteil höher ist als im *Azeotrop*. Wasser–Chlorwasserstoff siedet azeotrop bei 110 °C und einem Massenanteil an HCl von $w_{HCl} = 20{,}24\,\%$. Destilliert man eine schwächere Säure, reichert sich Chlorwasserstoff trotz seiner viel niedrigeren Siedetemperatur von -85 °C in der Flüssigkeit an. Es destilliert also solange eine stark verdünnte Salzsäure, bis die Zusammensetzung des Azeotrops erreicht ist. Umgekehrt gibt eine konzentrierte „rauchende" Salzsäure ($w_{HCl} \approx 40\,\%$) solange Chlorwasserstoff mit wenig Wasser ab, bis das Gemisch wieder 20,24%ig an HCl ist.

Das Auftreten und die Lage der azeotropen Punkte widerspiegelt spezifische Wechsel-wirkungen zwischen den Komponenten. Bei Chloroform–Aceton führt die schwache Anziehung zwischen der etwas polaren H–C-Bindung von Chloroform und den freien Elektronenpaaren des Aceton-Sauerstoffs bei einem Stoffmengenanteil $x_{Aceton} \approx 36\,\%$ zu einem flachen Siedetemperaturmaximum. Bei H_2O–HCl ist ohnehin evident, daß gar keine einfache Mischung vorliegen kann, da Chlorwasserstoff mit Wasser in exothermer Reaktion eine sehr starke Säure bildet, die praktisch vollständig zu hydratisierten Ionen reagiert (s. 12.3).

---

[3]   durch Sieden nicht trennbar; griech. *a-* nicht, *zeo* sieden 1. Person Sg., *tropos* Wendung

9.2 Schmelzdiagramme

Schmelzdiagramme widerspiegeln die Gleichgewichte zwischen flüssigen und festen Phasen in Abhängigkeit von Temperatur und Zusammensetzung[4]. Sie sind mannigfaltiger als die Siedediagramme: In b e i d e n Aggregatzuständen können jeweils mehrere Phasen miteinander koexistieren, auch ist die Bildung von thermisch mehr oder weniger stabilen Verbindungen A_nB_m möglich (Bild 9-2 a-c).

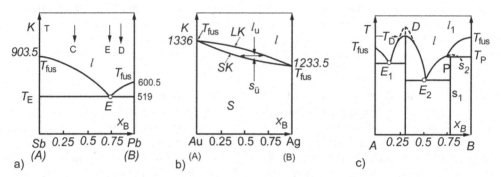

Bild 9-2 a-c Schmelzdiagramme Stoffmengenanteil/Temperatur (schematisch),
E, E₁, E₂ Eutektika, **D** Dystektikum, **P** Peritektikum, **SK** Soliduskurve, **LK** Liquiduskurvem,
l_u unterkühlte Schmelze, $s_{ü}$ überhitzter Festkörper, s_2 feste Phase B,
T_{fus}, T_E, T_D, T_P Schmelztemperaturen reiner Elemente (A, B) bzw. von E, D, P

Bild 9-2a zeigt den Typ *völliger Mischbarkeit im flüssigen Zustand,* bei zugleich *völliger Unmischbarkeit im festen.* Dieses *eutektische* Verhalten[5] ist häufig verwirklicht, z. B. im System A–B ≡ *Blei–Antimon.*

Beispiel 9.4

A–B ≡ *Antimon–Blei* (Bild 9-2a), $T_{fus}(Sb) = 903,5$ K, $T_{fus}(Pb) = 600,5$ K: Beim Abkühlen homogener Schmelzen der Zusammensetzung C bzw. D, die reich an Antimon bzw. an Blei sind, scheidet sich zunächst reines Antimon bzw. reines Blei aus. Dadurch reichert sich die jeweils andere Komponente in der Schmelze an. Das führt zum Abfall der Erstarrungstemperatur gegenüber der von Antimon bzw. Blei; bei E schneiden sich schließlich beide Liquiduskurven.
Bei der zugehörigen *eutektischen Temperatur* T_E, der minimalen Temperatur für die Existenz von Schmelze, erstarren das noch vorhandene Blei und Antimon nebeneinander als besonders feinteiliges *eutektisches Gemenge*, das die größeren Primärkristallite (Antimon bei C, Blei bei D) einschließt. – In der Metallhüttenindustrie strebt man von vornherein die zur Herstellung von *Lagermetall* geeignete eutektische Legierung E mit $w_{Pb} = 87\%$ an und erhält so ein besonders gleichmäßiges, also „gut gebautes" Gefüge mit günstigen Verarbeitungseigenschaften.

---

[4] Die außerdem vorhandene Gasphase wird zwar als existent vorausgesetzt, aber meist wegen der nur geringen Dampfdrücke der kondensierten Phasen als Variable vernachlässigt.
[5] griech.: *eutektos* – gut gebaut

Die Koexistenz der beiden reinen Phasen läßt sich z. B. röntgenographisch belegen: *Röntgendiffraktogramme* zeigen die charakteristischen Reflexe der beiden Feststoffe A und B, also von Antimon und Blei, unverändert nebeneinander.

Eutektische Gemenge werden wegen ihrer relativ niedrigen Schmelztemperaturen vielfältig verwendet, z. B. bei der Aluminium-Gewinnung durch Schmelzfluß-Elektrolyse (s. 21.3.1) oder zur Herstellung sogenannter „Kältemischungen[6]". Eine gesättigte wäßrige Kochsalzlösung (Massenanteil w_{NaCl} = 22,4 %) erstarrt erst bei einer eutektischen Temperatur (bei wäßrigen Systemen auch *kryohydratische Temperatur* genannt) von -21 °C. Gibt man zu Eis von 0 °C festes Kochsalz, schmilzt Eis solange unter Abkühlung, bis die genannte Lösung vorliegt. – *Glatteis* auf Wegen kann so aufgetaut werden; zum Schutz der Umwelt vor den ziemlich korrosiven Salzlösungen zieht man aber meist ein Abstumpfen durch Sand oder ähnliches vor.

Bild 9-2b zeigt den Typ *unbegrenzter* und darüber hinaus sogar *idealer Mischbarkeit* im festen wie im flüssigen Zustand. Hier sind die Komponenten A–B (z. B. Gold–Silber) einander so „ähnlich", daß sich ihre Teilchen *isomorph*[7] vertreten können und dementsprechend statistisch auf äquivalente Gitterplätze verteilt sind. Hier liefert die Röntgenphasenanalyse für alle Gemische Reflexe nur einer einzigen Phase, deren Gitterkonstante zwischen den Werten für A und B liegt, oft proportional zur jeweiligen Zusammensetzung (*Vegardsche Regel*).

Beispiel 9.5

A–B ≡ *Gold–Silber* (Bild 9.2b), $T_{fus}(Au)$ = 1337 K, $T_{fus}(Ag)$ = 1234 K: Dieser Idealfall der *unbegrenzten Mischkristallbildung* liefert ein völlig analoges Diagramm wie Bild 9-1b; lediglich analoge Begriffe sind zu vertauschen, Kondensations- und Siedekurve durch *Liquidus-* (LK) und *Soliduskurve* (SK), die Siedetemperaturen T_{vap} durch die *Schmelz-* bzw. *Erstarrungstemperaturen* T_{fus}. Liquidus- und Soliduskurve trennen die Schmelze im oberen Teil des Diagramms vom Feststoff im unteren; dazwischen ist das *metastabile* Gebiet der *unterkühlten Schmelze* (l_u) bzw. der *überhitzten kristallinen Phase* ($s_{\ddot{u}}$):
Die Liquiduskurve zeigt für jede Zusammensetzung die Temperatur, bei der sich aus den Schmelzen die ersten Mischkristalle ausscheiden. Zunächst ist in ihnen das höherschmelzende Gold angereichert. Da dadurch sein Gehalt in der Restschmelze sinkt, verändert sich die Erstarrungstemperatur hin zu der des Silbers. Nun sind die Primärkristallite nicht mehr im Gleichgewicht mit der Schmelze der veränderten Zusammensetzung; sie wandeln sich bei genügend langsamem Abkühlen in Mischkristalle entsprechend geringeren Goldgehalts um. Erreicht die Temperatur die *Soliduskurve* SK, so hat der nun erstarrende Mischkristall, der unmittelbar zuvor mit den letzten Spuren einer goldarmen Schmelze koexistierte, wieder die Ausgangszusammensetzung der Schmelze.

Bei zu rascher Abkühlung – weitab vom thermodynamischen Gleichgewicht – käme es zur Bildung von Kristallen, die im Kern goldreich, nach außen silberreich sind, aber insgesamt natürlich die alte Bruttozusammensetzung hätten. Solche Konzentrationsgradienten für Gold und Silber könnten durch ortsaufgelöste *Elektronenstrahl-Mikroanalyse* belegt werden.

Bild 9-2c ähnelt bezüglich der angezeigten Unmischbarkeit der festen Phasen miteinander dem Bild 9-2a, zusätzlich tritt aber *Verbindungsbildung* auf, erkenntlich am Auftreten von *Dystektika*[8] D bzw. *Peritektika*[8] P.

---

[6] Thermodynamisch gesehen, liegen hier keine Mischungen vor, sondern Gemenge (s. 2.1)

[7] *isomorph* griech. von gleicher Gestalt

[8] griech.: *dystektos* – schlecht gebaut; *peritektos*, um...herumgebaut

Beispiel 9.6

Bild 9-2c veranschaulicht die Bildung *kongruent* (dystektisch) bzw. *inkongruent* (peritektisch) *schmelzender Verbindungen.* Hier kommt es ...

... teils zum Fall D, d. h. zur Bildung thermisch so stabiler Verbindungen (z. B. AuSn, Bi_2Te_3, $CaCl_2 \cdot KCl$), daß sie ein Schmelztemperaturmaximum T_D oder *Dystektikum* aufweisen und ohne Änderung ihrer Zusammensetzung schmelzen,

... teils zum Fall P, d. h. zur Bildung thermisch weniger belastbarer Verbindungen (z. B. Na_2K, $Na_2SO_4 \cdot 10H_2O$), die bei der *peritektischen Temperatur* T_P unter Änderung ihrer Zusammensetzung schmelzen.

Die Bezeichnung *Dystektikum* geht darauf zurück, daß viele *intermetallische Verbindungen* grobkristalline Gefüge geringer Festigkeit bilden und dadurch keine guten Werkstoffe ergeben. Der Name *Peritektikum* erklärt sich daraus, daß beim Abkühlen einer entsprechend zusammengesetzten Schmelze zunächst Kristalle von B (s_2) ausgeschieden werden, die sich bei T_P in einer *peritektischen Reaktion* mit der Schmelze, $s_2 + l \rightleftharpoons s_{1(P)}$, von der Oberfläche her in die neue Feststoffphase umwandeln, im Bild mit der Zusammensetzung AB_4 ($x_B = 80\,\%$). Da bei üblichen Abkühlgeschwindigkeiten eine solche Feststoffreaktion kaum zum Abschluß kommt, sind auflichtmikroskopisch im Proben-Anschliff deutlich Hülle-Kern-Gebilde zu erkennen.

Das Ermitteln der Schmelzdiagramme durch thermische Analyse und Röntgenphasenanalyse ist schon bei binären Systemen wegen der langwierigen Gleichgewichtseinstellung oft sehr zeitaufwendig. – Auf kompliziertere Fälle, wie das besonders wichtige Fe–C-Diagramm oder auf ternäre bzw. quaternäre, also Drei- und Vierstoffsysteme, kann hier nicht eingegangen werden.

Aufgaben

Aufgabe 9.1 Siedediagramme:

    a)   Welches Siedediagramm (Skizze mit Achsenbezeichnung) zeigen binäre Gemische für den Grenzfall idealer Mischbarkeit der Flüssigphasen?

    b)   Welchen Wert erwarten Sie für die molare Standard-Mischungsenthalpie $\Delta_{mix}H^\circ$ einer idealen Mischung und warum?

    c)   Welches Siedediagramm erwarten Sie für binäre Gemische im Grenzfall völliger Unmischbarkeit der Flüssigphasen (Skizze)?

Aufgabe 9.2

Was sind azeotrop siedende Gemische? Nennen Sie zwei Beispiele.

Aufgabe 9.3 Schmelzdiagramme:

    a)   Erläutern Sie für ein binäres System A-B die Begriffe Eutektikum und Dystektikum.

    b)   Warum sind wichtige Legierungen häufig eutektisch zusammengesetzt?

Aufgabe 9.4 Kältebäder:

    a)   Erläutern Sie den Begriff „Kältebad" (weniger korrekt auch als „Kältemischung" bezeichnet) am Beispiel eines Kochsalz-Eis-Gemischs.

    b)   Warum setzt der Winterdienst auf verschneiten Straßen ungern Salzlauge ein?

Aufgabe 9.5

Ethanol ist durch fraktionierte Destillation nicht wasserfrei zu erhalten. Welche Möglichkeit sehen Sie, dennoch zu „100%igem" Alkohol zu gelangen?

Entropie und Zweiter Hauptsatz
(Chemische Thermodynamik II)

Jahrhundertelang blieb unklar, warum überhaupt manche chemischen Reaktionen – und auch viele physikalische Umwandlungen – freiwillig ablaufen. Der erste Hauptsatz, also das Energieerhaltungsprinzip, gibt hierzu keine klare Aussage. Erst die Einführung der Zustandsfunktion Entropie S führt hier weiter (10.1); sie erlaubt den Übergang von der Enthalpie H zur freien Enthalpie G und damit das Verständnis für die Triebkraft chemischer Reaktionen (10.2)

10.1 Der Entropiebegriff

Bis etwa 1870 wurde angenommen, daß Reaktionen von selbst ablaufen, wenn sie *exotherm* sind. Prozesse sollten also jeweils in der Richtung erfolgen, die zur Wärmeabgabe nach außen führt (*Prinzip nach Thomsen und Berthelot*[1]). In Wirklichkeit gibt es aber viele freiwillig ablaufende endotherme Vorgänge.

Beispiel 10.1

Freiwillig ablaufende endotherme Prozesse:
a) Festkörper, z. B. Eis, schmelzen oberhalb ihrer Schmelztemperatur T_{fus} ohne äußeren Zwang, aber unter Z u f u h r von Wärme.
b) Flüssigkeiten, z. B. Diethylether, verdunsten trotz positiver Verdampfungsenthalpie $\Delta_{vap}H$ spontan, unter deutlicher A b k ü h l u n g der Umgebung.
c) Beim Auflegen eines warmen Körpers (Wärmflasche!) auf einen kälteren findet ein spontaner Wärmeübergang bis zum Temperaturausgleich statt.
Die rückläufigen Vorgänge treten sämtlich nicht ein, obwohl sie nicht im Widerspruch zum Energieerhaltungsprinzip ständen.

Diesen Beispielen ist gemeinsam, daß sie einem im *2. Hauptsatz der Thermodynamik* formulierten Naturprinzip folgen, daß nämlich für Stoff und Energie die Tendenz gilt, sich in einer weniger geordneten Weise zu verteilen, also einen Zustand größerer „Unordnung" einzunehmen.

Diese Tendenz läßt sich quantitativ erfassen über die Einführung der Zustandsfunktion *Entropie*[2] s bzw. S. Vor der Definition der Entropie aber zunächst einige qualitative Feststellungen: Wird die Unordnung größer, erhöht sich auch die Entropie. Sie nimmt also zu, wenn sich Materie verteilt, Energie verstreut wird, gerichtete Bewegung verloren geht.

---

[1] Hans Peter Jørgen Julius Thomsen (1826-1909), dänischer Chemiker;
   Marcelin Pierre Eugène Berthelot (1827-1907), französischer Chemiker und Politiker
[2] *trepein* griech. wenden, gemäß dem Clausius-Synonym „Verwandlungsinhalt" für Entropie

Am *absoluten Nullpunkt* kann keine Wärmeenergie auf kältere Körper übergehen. Dementsprechend lautet eine der Formulierungen des 2. Hauptsatzes:

> **Definition 10.1** Eine vollständige Umwandlung von Wärme in Arbeit – also ohne ungenutzten Abfluß von Wärme auf die kältere Umgebung – ist nur am *absoluten Nullpunkt* möglich.

Auch chemische Reaktionen werden in Richtung zunehmender Entropie begünstigt. Häufig ist hier aber nur schwer oder garnicht einzuschätzen, ob und inwieweit eine Zunahme der Unordnung erfolgt, ob etwa die andere Anordnung der Atome nach einem Modifikationswechsel weniger geordnet ist als sie es zuvor war.

10.1.1 Thermodynamische Definition der Entropie

> **Definition 10.2** Die Änderung der Entropie s im geschlossenen System ergibt sich als totales Differential
>
> $$ds = dq_{rev} / T \qquad (10.1)$$
>
> Die infinitesimale Änderung der Entropie s bei einem reversiblen Prozeß ist also gleich dem Quotienten aus der ausgetauschten Wärmemenge und der Temperatur, bei dem der Vorgang stattfindet.

Mit den Mitteln der klassischen, makroskopisch beschreibenden Thermodynamik ist die Entropie nur schwer zu veranschaulichen, zum genannten Zusammenhang von Entropie und *„Unordnung"* gibt es aber eine plausible statistische Deutung (s. 10.1.2). Zunächst sei an Beispielen gezeigt, daß die Entropie beim Übergang „fest $\Rightarrow$ flüssig $\Rightarrow$ gasförmig" zunimmt.

Beispiel 10.2

Die beiden Phasen *Eis* und *Wasser* stehen bei 0 °C und Normaldruck beliebig lange miteinander im Gleichgewicht. Werden geringfügige Wärmemengen zu- oder abgeführt, bleibt die Temperatur unverändert, es ändert sich aber das Verhältnis Eis zu Wasser, wobei zum Schmelzen entsprechende Anteile der molaren Schmelzenthalpie ($\Delta_{fus}H$) aufzubringen sind, während beim Erstarren Anteile der molaren Erstarrungsenthalpie (= -$\Delta_{fus}H$) freiwerden.

Solche Phasenumwandlungen bei der Schmelz- oder auch bei der Siedetemperatur erfolgen weitgehend reversibel. – Aus $\Delta_{fus}H$ und T_{fus} für Eis ergibt sich als molare *Schmelzentropie* von Eis bei 0 °C der Wert $\Delta_{fus}S(Eis) = +22,0$ J/(mol·K). Der Übergang vom hochgeordneten Eis-Kristallgitter zu den weitgehend zufällig über Wasserstoffbrücken vernetzten Molekeln im Wasser ist also mit einem deutlichen *Anstieg der Entropie* des Systems verbunden. Der noch viel höhere Wert für die molare Verdampfungsentropie bei 100 °C, $\Delta_{vap}S(H_2O, l) = +109,6$ J/(mol·K), unterstreicht den gravierenden Zuwachs an „Unordnung" durch den Übergang einer kondensierten Phase in den „chaotischen"[3] gasförmigen Zustand.

Tab. 10.1 gibt für einige Elemente und anorganische Verbindungen die Entropieänderungen an, die mit verschiedenen Umwandlungen verbunden sind, also mit Modifikationswechseln oder Änderungen des Aggregatzustands der Stoffe (Schmelzen, Verdampfen, Sublimieren).

---

[3] Das Wort „Gas" entstand aus dem griech. *chaos*, leerer Raum

Tab. 10.1 Änderungen der molaren Umwandlungs-Entropien ($\Delta_{trs}S$, $\Delta_{fus}S$, $\Delta_{vap}S$) bei Phasenumwandlungen ausgewählter Stoffe

Stoff	Änderung der molaren Entropie (in $J \cdot mol^{-1} \cdot K^{-1}$) beim ...		
	...Modifikations-wechsel, $\Delta_{trs}S$	...Schmelzen, $\Delta_{fus}S$	...Verdampfen, $\Delta_{vap}S$
Neon Ne	–	+13,2	+64,1
Natrium Na	–	+7,1	+77,0
Quecksilber Hg	–	+9,9	+93,9
Schwefel		+4,4	+13,4
Schwefelwasserstoff H_2S	–	+126,9	+87,9
Wasser H_2O	[1]	+22,0	+109,6
Natriumchlorid NaCl	–	+28,2	+98,0
Siliciumdioxid SiO_2	+0,8 [2]	+5,0 [2]	–
Kohlenstoffdioxid CO_2	–	–	+41,7[3]
Benzol C_6H_6		+ 35,7	+87,0
Toluol $H_3C\text{-}C_6H_5$		+38,5	+ 86,5

[1] Bei Normaldruck ist nur eine Eis-Modifikation existent
[2] Übergang Tiefquarz-Hochquarz bei 847 K; Schmelze Cristobalit 2001 K
[3] Sublimation

Auffällig bei der Durchsicht der Stoffe in Tab. 10.1 ist z. B.

- die – das „Chaos" im Gas anzeigende – generell hohe Verdampfungsentropie,

- der große Unterschied zwischen *Wasser* und seinem schwereren Homologen *Schwefelwasserstoff*; die auch nach dem Schmelzen von Eis noch verbleibende starke Assoziation von Wassermolekülen erklärt die relativ geringe Schmelzentropie, das Aufbrechen der Assoziate beim Sieden die erhöhte Verdampfungsentropie.

Für freiwillig ablaufende Vorgänge gilt stets $\Delta S_{gesamt} > 0$, wobei sich ΔS hier auf das *Reaktionssystem* und seine *Umgebung* bezieht. Dieser Satz ist bereits eine weitere Aussage aus dem *2. Hauptsatz der Thermodynamik*, der sich verallgemeinert wie folgt formulieren läßt:

Definition 10.3 Die Entropie eines abgeschlossenen (isolierten) Systems kann im Verlauf von irreversiblen Prozessen nur größer werden. Sie bleibt konstant, wenn reversible Zustandsänderungen angenommen werden:

$$\Delta S > 0 \text{ (irreversible Versuchsführung)}, \quad \Delta S = 0 \text{ (reversible Versuchsführung)}. \quad (10.2)$$

Auf das *Universum* als Prototyp eines abgeschlossenen Systems bezieht sich eine weitere, auf Clausius zurückgehende Formulierung des 2. Hauptsatzes:

Definition 10.4 Die Entropie des Universums nimmt ständig zu.

Entropieänderungen bei Reaktionen, $\Delta_r S$, lassen sich – in Analogie zu $\Delta_r H$-Werten – berechnen aus der Differenz der Summen der Standardentropien der Produkte einerseits und der Ausgangsstoffe andererseits. Im Unterschied zu den Enthalpien lassen sich für Entropien jedoch auch *Absolutwerte* angeben, da nach dem (s. Tab. 8.1) *3. Hauptsatz der Thermodynamik* (1906/11) gilt:

Definition 10.5 Die Entropie nimmt für Stoffe, die sich im thermodynamischen Gleichgewicht befinden, am absoluten Nullpunkt den Wert Null an.

Tabellenwerke enthalten deshalb – neben den Differenzbeträgen ΔH für die Enthalpie bzw. ΔG für die freie Enthalpie – für die *Entropie* S A b s o l u t werte, die also die *Gesamt*entropie des jeweiligen Stoffes bei der betreffenden Tabellierungstemperatur angeben (s. Tab. 8.6).

10.1.2 Statistische Interpretation der Entropie

Zu einer anschaulichen Deutung der Entropie führt die *statistische Mechanik*, die z. B. die Wärmeenergie einer Gasmischung durch die ungeordnete Bewegung der Moleküle erklärt. Von allen Verteilungen der Moleküle auf räumliche Positionen und mögliche Geschwindigkeiten, also auf die verschiedenen *Mikrozustände* des Gases, wird sich über die riesige Zahl von Zusammenstößen je Zeiteinheit ein *Gleichgewichtszustand* mit gleichförmig statistischer[4] Verteilung einstellen. Dieser Zustand größter Unordnung besitzt dann auch die größte *Wahrscheinlichkeit*. Durch die Wärmebewegung geht ein abgeschlossenes System von selbst in ihn über, durch irreversible Zustandsänderungen, bei denen die Entropie zunimmt.

Der Zusammenhang zwischen *Wahrscheinlichkeit* und *Entropie* wurde 1866 von Boltzmann erkannt. Die berühmte *Boltzmann-Formel* gehört zweifellos zu den wichtigsten Gleichungen der Naturwissenschaft:

Definition 10.6
Entropie und Unordnung sind gemäß

$$S = k \cdot \ln W \tag{10.3}$$
(k – Boltzmann-Konstante, $k = 1{,}380658 \cdot 10^{-23}$ J / K).

verknüpft über die jeweilige Zahl W der möglichen verschiedenen *Mikrozustände* bei gleichem *Makrozustand* des Systems.

Es ist einsichtig, daß die Baugruppen einer Substanz bei steigender Temperatur immer mehr Mikrozustände einnehmen können, entsprechend der thermischen Ausdehnung des Stoffes und der hierin zum Ausdruck kommenden Zunahme der Teilchenbeweglichkeit. Aber selbst am absoluten Nullpunkt, also bei 0 K, kann die Zahl W der Mikrozustände für verschiedene Stoffe erheblich differieren.

---

[4] „gleichförmig" heißt nicht, daß die Verteilung „regelmäßig" ist; der Zusatz „statistisch" impliziert, daß in Mikrobereichen erhebliche Zusammensetzungsschwankungen auftreten können

Beispiel 10.3

a) Betrachtet man hundert Moleküle AB in einem *idealen Kristall*, so gibt es für sie nur eine einzige Möglichkeit der Anordnung, nämlich die durch die (Ideal-) Symmetrie des Gitters vorgegebene. Dann ist W = 1, der natürliche[5] Logarithmus ln W = 0, die Entropie wird ebenfalls 0. Bestenfalls am absoluten Nullpunkt ist ein solcher Zustand angenähert verwirklicht, und nichts anderes drückt der 3. Hauptsatz aus! Stark polare Moleküle ($A^{\delta+}$–$B^{\delta-}$, z. B. HF) werden sich eher wohlgeordnet in ein Gitter einfügen als weniger polare (z. B. HI, CO), für die es energetisch kaum von Belang ist, ob sie sich stets geregelt gemäß ...(AB)(AB)(AB)(AB)... aufreihen oder irgendwie statistisch verteilt [z. B. ...(AB)(BA)(AB)(AB)(BA)(BA)...].

b) Bei völlig *willkürlicher Anordnung* der 100 Moleküle gibt es je zwei Orientierungsmöglichkeiten je Molekül, also 2^{100} verschiedene Mikrozustände. Daraus folgt $S_{(100\ AB)}$ = 9,6·10^{-22} J/K; für 1 mol Teilchen AB ergäbe sich der um den Faktor 6·10^{21} höhere Wert, S = 5,8 J/(K·mol). Zum Vergleich: Eis hat bei 0 K einen Wert von S = 3,4 J/(K·mol).

Anmerkung zur (hier nicht ausgeführten) *Thermodynamik irreversibler Prozesse*. Bei den dort behandelten *offenen Systemen* spielt die Entropie und ihre Veränderung eine maßgebliche Rolle. – Die Entropiebilanz kann auch negativ sein, wenn dem offenen System Energie zugeführt wird, z. B. durch Sonnenlicht. Dadurch kann sich ein *Fließgleichgewicht* ausbilden, in dem der unwahrscheinliche Zustand hoher Ordnung aufrechterhalten oder weiter ausgebaut werden kann.

Diese bei Entropie-Abnahme mögliche Zunahme der Komplexität offener Systeme ist nach Eigen (vgl. 8.1) die Basis für die Entstehung von *Lebewesen*. In ihnen ist schon die summarische Zusammensetzung völlig anders als die der Erdkruste, ganz zu schweigen von der Fülle komplizierter Verbindungen, deren Existenz und zeitweilige Stabilität an den Stoffwechsel geknüpft ist.

10.2 Triebkraft chemischer Reaktionen

Wie häufig in den Wissenschaften, sind auch in der Chemie einige besonders grundlegende Begriffe am wenigsten scharf definiert. Neben Ausdrücken wie „Bindung", „Wertigkeit", „Energie" betrifft das zweifellos auch „Stabilität" und „Reaktivität". Das hängt wohl mit der Mühe zusammen, eine wirklich treffende Bezeichnung für die Tendenz chemischer Stoffe zu finden, sich miteinander umzusetzen. Ein weiter Weg liegt zwischen den frühen Gedanken über die *Affinität*[6] der Stoffe zueinander, wie sie etwa von Albertus Magnus[7], Paracelsus[7] und Glauber[7] überliefert sind, und der Bestimmung der chemischen Affinität als negativer Wert der *freien Reaktionsenthalpie* durch Helmholtz und van't Hoff[8].

---

[5] auch der dekadische Logarithmus ergäbe für W = 1 den Wert 0

[6] *affinitas* – lat. Verwandtschaft

[7] Albertus Magnus (um 1200-1280), dt. Naturforscher und Kirchenlehrer; Philippus Aureolus Theophrast Bombast von Hohenheim, genannt Paracelsus (1493-1541), dt. Arzt, Alchimist und Philosoph; Johann Rudolf Glauber (1604-1670), dt. Apotheker, Chemiker und Technologe

[8] Jacobus Hendricus van't Hoff (1852-1911), niederländischer Physikochemiker, 1901 erster Nobelpreisträger für Chemie

10.2.1 Freie Enthalpie, Gibbs-Helmholtz-Gleichung

Ein Maß für die Triebkraft einer Zustandsänderung ist die aus einer geeigneten Verknüpfung von *Enthalpie* und *Entropie* resultierende neue *Zustandsfunktion* g, die als *freie Enthalpie* g bezeichnet wird:

$$g = h - T \cdot s \tag{10.4a}$$

$$dg = dh - s \cdot dT - T \cdot ds \tag{10.4b}$$

Für isotherme Zustandsänderungen (T = const) und molare Größen ergibt sich

$$\Delta G = \Delta H - T \cdot \Delta S \tag{10.5}$$

Für diese Gleichung ist – wenn auch nicht ganz korrekt – die Bezeichnung *Gibbs-Helmholtz-Gleichung* üblich[9]. Demnach erhält man die freie molare Enthalpie ΔG für einen Prozeß als Differenz aus zwei Energie-Termen, der mit dem Vorgang verbundenen Enthalpieänderung ΔH und dem Produkt $T \cdot \Delta S$, das absolute Temperatur T und Entropieänderung ΔS verknüpft.

Freiwillig ablaufende Vorgänge sind nun gebunden an die Voraussetzung

$$\Delta G < 0, \tag{10.6}$$

sie müssen also *exergonisch* ablaufen (vgl. Tab. 8.5). Daß es sich hierbei um eine notwendige, jedoch noch nicht hinreichende Bedingung für den tatsächlichen freiwilligen Ablauf der Reaktion handelt, wird später verständlich werden (s. 15).

Beispiel 10.4

Für viele, insbesondere organische Stoffe, sowie für alle Lebewesen insgesamt ergeben sich für die Reaktion mit Luftsauerstoff unter Normalbedingungen stark negative Werte für die freie Enthalpie: $\Delta_r G^0 \ll 0$! Es sollte demnach in all diesen Fällen die Oxidation, z. B. zu Kohlenstoffdioxid und Wasser, freiwillig erfolgen, also spontan. Zum Glück verhindern die Reaktionshemmungen bei üblichen Temperaturen diese globale Katastrophe!

Ist $\Delta G > 0$, kann der betrachtete *endergonische* Prozeß nicht ohne äußeren Zwang ablaufen. Durch solche Zwänge – z. B. elektrochemisch bei entsprechender Polung – können dann selbst Reaktionen stattfinden, für die chemische Partner nicht verfügbar sind (s. 11.1, 11.2), etwa die Oxidation von Fluoriden zu Fluor.

Ist $\Delta G = 0$, so ist das System gerade im thermodynamischen *Gleichgewicht*.

Der unbestreitbare Wert der Gibbs-Helmholtz-Gleichung und der klassischen Thermodynamik insgesamt besteht also gerade darin, daß unterschieden werden kann zwischen Vorgängen, die *thermodynamisch erlaubt* sind (dahingestellt bleibt, ob sie tatsächlich spontan verlaufen oder gehemmt sind), und solchen, die *thermodynamisch verboten* sind, die also k e i n e s f a l l s spontan ablaufen werden.

---

[9] Die eigentlichen G.-H.-Gleichungen sind allgemeiner; sie enthalten noch diverse partielle Differentialquotienten, z. B. für die Temperaturabhängigkeit der freien Enthalpie bei p = const

Tab. 10.2 Einige Fallunterscheidungen, die sich aus der Gibbs-Helmholtz-Gleichung ergeben

ΔG ist …	ΔH…	ΔS…	Beispiele
… **immer negativ**, wenn …	negativ ist,	positiv ist,	(1) exotherme Verbrennung eines Feststoffs unter Volumenzunahme: $C_{Graphit} + \frac{1}{2} O_{2(g)} \rightarrow CO_{(g)}$ (2) „Chelateffekt" (s. 13.2.2)
… **negativ**, wenn …	negativ ist	nur so negativ ist, daß $\lvert T \cdot \Delta S \rvert < \lvert \Delta H \rvert$	geringfügiger Ordnungsproze\ß bei exothermer Reaktion: $CO_{(g)} + \frac{1}{2} O_{2(g)} \rightarrow CO_{2(g)}$
… **Null**, wenn …	ΔH und (-T · ΔS) entgegengesetzt gleich sind		*Gleichgewichtszustand* beliebiger chemischer Reaktionen
… **immer positiv**, wenn …	positiv ist	negativ ist	endotherme Reaktion von Gasen unter Bildung eines Endprodukts mit deutlich geringerem Volumen: $N_{2(g)} + 2 O_{2(g)} \Rightarrow 2 NO_{2(g)}$

Faßt man die Aussagen aus Tab. 10.2 zusammen, so gilt:

Definition 10.7 Zum Ablauf chemischer Reaktionen:

1) Bei tiefer Temperatur bestimmt vorwiegend ΔH den Wert von ΔG; hierin liegt der rationelle Kern des *Prinzips nach Thomsen und Berthelot*.

2) Mit steigender Temperatur wächst der Einfluß von {T · ΔS}, und bei hinreichend starker Zunahme der Entropie, also bei entsprechend positiven ΔS-Werten, werden auch endotherme Vorgänge (Phasenumwandlung) begünstigt.

3) Bei entsprechend hohen Temperaturen werden durch den dann dominierenden Term von {T · ΔS} auch stark endotherme Reaktionen begünstigt (*Verdampfung, Atomisierung, Ionisierung* von Stoffen).

Beispiel 10.5

Ein *spontan ablaufender endothermer Prozeß*: Für die *Calciumcarbonat*-Fällung aus wäßriger Lösung, gemäß $Ca^{2+}_{(aq)} + CO_3^{2-}_{(aq)} \rightarrow CaCO_{3(s)}\downarrow$, gilt die molare Standardreaktionsenthalpie $\Delta_r H° = + 12,3$ kJ/mol und die molare Standardreaktionsentropie $\Delta_r S° = 201,3$ J/(mol·K). Daraus folgt als freie molare Standardreaktionsenthalpie $\Delta_r G° = \Delta_r H° - T \cdot \Delta_r S° = - 47,7$ kJ/mol, d.h., $\Delta_r G° < 0$. – Die Entropiezunahme trotz Bildung eines Feststoffes mit relativ hohem Ordnungsgrad ist auf das Freisetzen zahlreicher Wassermoleküle aus den Hydrathüllen der Ionen zurückzuführen, so daß der „Unordnungsgrad" insgesamt zunimmt.

10.2.2 Ein Rechenbeispiel zum Ablauf chemischer Reaktionen

Um das Rechnen mit freien Enthalpien zu üben, soll die freie molare Standardreaktionsenthalpie $\Delta_r G°$ für die vollständige Umsetzung von Methan mit Sauerstoff bei 25 °C zu Kohlenstoffdioxid und Wasser ermittelt werden.

Erste Überlegung: Erfragt wird der thermochemische Ablauf der Reaktion $CH_{4(g)} + 2\ O_{2(g)} \rightarrow CO_{2(g)} + 2\ H_2O_{(l)}$, die mit einer starken Volumenkontraktion einhergeht. Ergäbe sich trotz des daraus folgenden $\Delta_r S^0 < 0$ insgesamt $\Delta_r G^0 < 0$, dann sollte die Reaktion freiwillig ablaufen.

Die Rechnung selbst:

a) Berechnung von $\Delta_r H^0$ (gemäß Beispiel in 8.3.2):

$$\Delta_r H^0 = \Delta_f H^0(CO_2)_g + 2\ \Delta_f H^0(H_2O)_l - \Delta_f H^0(CH_4)_g - 2\ \Delta_f H^0(O_2)_g =$$

$$= [-393,5 + 2 \cdot (-285,8) - (-74,6) - 2 \cdot \pm 0]\ kJ/mol \quad = \underline{-890,5\ kJ/mol}$$

b) Berechnung von $\Delta_r S^0$ aus der Differenz der Absolutwerte der molaren Standardentropien der Reaktionspartner:

$$\Delta_r S^0 = S^0(CO_2)_g + 2 \cdot S^0(H_2O)_l - S^0(CH_4)_g - 2 \cdot S^0(O_2)_g \quad =$$

$$= [213,8 + 2 \cdot 70,0 - 186,3 - 2 \cdot 205,2]\ J/(mol \cdot K) \quad = \underline{-242,9\ J/(mol \cdot K)}$$

c) Berechnung von $\Delta_r G^0$, der freien molaren Standardreaktionsenthalpie:

$$\mathbf{\Delta_r G^0} = -890,5\ kJ/mol - [298\ K \cdot (-242,9\ J \cdot mol^{-1} \cdot K^{-1})] =$$

$$= [-890,5 + 72,4]\ kJ/mol \qquad\qquad = \mathbf{-818,1\ kJ/mol}$$

Bewertung: Die negative Reaktionsentropie ergibt zwar einen stark positiven Entropieterm $\{T \cdot \Delta_r S^0\}$, der aber weit unter dem Betrag des Enthalpieterms bleibt. Die Reaktion ist also wegen $\Delta_r G^0 \ll 0$ thermodynamisch sehr begünstigt und sollte spontan ablaufen.

Vergleich mit der Realität: Mischt man Methan (Erdgas) bei Raumtemperatur mit Sauerstoffgas bzw. dem entsprechend größeren Volumen an Luft (z. B. schon durch kurzzeitiges Öffnen des Ventils eines mit Erdgas betriebenen Gasherds), so erfolgt entgegen den thermodynamisch begründeten Erwartungen keinerlei Reaktion; die Umsetzung ist also offensichtlich kinetisch gehemmt.

Wie verheerend allerdings *Gasexplosionen* erfolgen, wenn die Hemmung z. B. durch einen elektrischen Funken aufgehoben wird, dürfte aus Medienberichten zu Bergwerks-Unglücken oder Hauseinstürzen hinlänglich bekannt sein!

Immerhin gestattet die Hemmung der vorgenannten Reaktion auch, das über Mülldeponien durch anaerobe Zersetzung in großen Mengen freigesetzte Methangas aufzufangen und energetisch zu verwerten.

Aufgaben

Aufgabe 10.1 Freie Enthalpie.

  a)   Erläutern Sie den Begriff der Freien Enthalpie.

  b)   Welche Aussagen kann man aus dem Vorzeichen von ΔG gewinnen (je ein Beispiel für $\Delta G < 0$, $\Delta G > 0$, $\Delta G = 0$)?

Aufgabe 10.2

  Was folgt aus dem Fehlen der Zeit als Variable in thermodynamischen Gleichungen?

Aufgabe 10.3

Geben Sie an Beispielen eine anschauliche Deutung des Begriffs der Entropie.

Aufgabe 10.4

Fällungsreaktionen verlaufen oft unter Entropiezunahme, obwohl es dabei zur Bildung eines geordneten Feststoffes aus den frei beweglichen Ionen kommt, z. B. gemäß der Reaktionsgleichung $A^{2+}_{(aq)} + B^{2-}_{(aq)} \rightarrow AB_{(s)}$. Worin liegt die Ursache?

Aufgabe 10.5

Geben Sie für folgende Vorgänge durch Ankreuzen Ihre Erwartungen zur Entropieänderung an und begründen Sie ihre Wahl.

	Vorgang	$\Delta S < 0$	$\Delta S > 0$	Begründung
a	Lösen von Kochsalz (wasserfrei) in Wasser			
b	Verdampfen von Ethanol bei oder unterhalb Siedetemp.			
c	Gefrieren von Wasser			
d	Ammoniaksynthese aus Elementen (bei 298 K)			
e	Kohlenstoffmonoxid-Bildung aus Graphit und CO_2			
f	Chelatkomplex-Bildung aus Aqua-Komplex und Ligand			

Aufgabe 10.6 Chelateffekt:

Welche Analogie besteht zwischen dem sogenannten „Chelateffekt" (s. 13.2.2) und Fällungsreaktionen gemäß **10.4** im Hinblick auf die Entropiezunahme?

Aufgabe 10.7 Ideale Mischungen:

Welches Vorzeichen hat die freie molare Standard-Mischungsenthalpie $\Delta_{mix}G^0$ idealer Mischungen und warum?

Aufgabe 10.8 Methan-Luft-Gemisch:

Nach **10.2.2** ist die freie molare Standard-Verbrennungsenthalpie von Methan $\Delta_c G^0 = -817,9$ kJ/mol. Statt der erwarteten spontanen Verbrennung erfolgt keine Reaktion von Methan mit Luftsauerstoff bei 298 K.

a) Erklären Sie diesen Widerspruch.

b) Schlagen Sie zwei Wege vor, um die thermodynamische Möglichkeit einer spontanen Reaktion zu verwirklichen.

Aufgabe 10.9 Entgiften von Kfz-Abgasen:

Das bei hohen Temperaturen im Motor gebildete Stickstoffmonoxid soll mit dem gleichfalls gebildeten Kohlenstoffmonoxid zu Stickstoff und Kohlenstoffdioxid umgesetzt werden (zu Bildungsenthalpien und Normalentropien vgl. Tab. 8.6).

Stoff	NO	CO	CO_2	N_2
$\Delta_f H^0$ (kJ/mol)	+90,4	-110,5	-393,5	–
S^0 ($J \cdot mol^{-1} \cdot K^{-1}$)	+210,6	+197,9	+213,6	+191,5

a)   Welche Standardreaktionsenthalpie $\Delta_r H^o$ ergibt sich je Mol gebildeten Stickstoffs (Reaktionsgleichung; Rechnung, vorteilhaft mit Skizze zum entsprechenden Kreisprozeß)?

b)   Ist die Reaktion thermodynamisch begünstigt? Sollte sie also freiwillig ablaufen...

   (I)   bei Standardbedingungen,

   (II)   bei hohen Temperaturen (nur Tendenz angeben)?

c)   Was ist zum tatsächlichen Ablauf der Reaktion in den Kfz-Abgasen zu bemerken?

Aufgabe 10.10 Freiwilliger Ablauf endothermer Reaktionen:

Wann sollten endotherme Reaktionen freiwillig ablaufen? Nennen Sie einige Beispiele für solche Abläufe.

Elektrochemie, chemisches Gleichgewicht und Thermodynamik

Bevor wir Ionengleichgewichte in Lösung beschreiben (s. 12 - 14), empfiehlt es sich, im Überblick elektrochemische Reaktionen zu behandeln, also z. B. solche Vorgänge, die in galvanischen Elementen freiwillig ablaufen oder in Elektrolysezellen durch Strom erzwungen werden können (s. 11.2). Werden bei elektrochemischen Prozessen Gleichgewichtszustände erreicht, ermöglicht deren Studium einen alternativen Zugang zur thermodynamischen Beschreibung der Reaktionen:

- Erstens liefert der Zusammenhang zwischen der *Gleichgewichtszellspannung* ΔV und der zugehörigen *Gleichgewichtskonstante* K_{eq} (s. 11.5.1) eine Aussage darüber, ob und inwieweit die jeweilige Reaktion für quantitative Analysen geeignet ist (s. 11.3, 11.4).

- Zweitens erlaubt die *Gleichgewichtszellspannung* ΔV für die betreffende Reaktion die Berechnung der zugehörigen *freien Reaktionsenthalpie* $\Delta_r G$ (s. 11.5.2). Diese experimentelle Verbindung zwischen $\Delta_r G$ und K_{eq} erspart oft gesonderte thermochemische Untersuchungen. Das ist besonders dort wertvoll, wo kalorische Daten experimentell nur schwer zugänglich sind, z. B. bei allzu energischem Verlauf der unmittelbaren, also nicht elektrochemisch kontrollierten Umsetzung.

All diese Zusammenhänge können in dieser Einführung nur knapp erwähnt bzw. stark vereinfacht dargestellt werden. Zum Beispiel ist es oft eine ziemlich grobe Näherung, statt der Ionen-*Aktivitäten* (s. 4.2) die betreffenden -*Konzentrationen* zu verwenden. Auch bleiben mannigfache Einflußgrößen (z. B. Diffusions- und andere Störpotentiale) unberücksichtigt. – Für weitere Einzelheiten muß folglich auf Einführungen in die Grundlagen der physikalischen Chemie verwiesen werden, oder gleich auf entsprechende ausführlichere Darstellungen (s. Tab. 42.1, Physikalische Chemie).

11.1 Standardpotential E°, Zellspannung ΔV

Bald nachdem *Galvani*[1] 1791 geglaubt hatte, aus dem Ansprechen von Froschmuskeln beim Kontakt mit verschiedenen Metallen auf die Existenz einer besonderen „tierischen Elektrizität" schließen zu können, präzisierte *Volta*[1], daß die neue „galvanische" Elektrizität durch das Zusammenwirken der unterschiedlichen Metalle zustandekomme und das feuchte tierische Organ lediglich ein "tierisches Elektrometer" darstelle. Als Sensation empfunden wurde die *Volta-Säule* (um 1800). Mit ihr konnten beträchtliche elektrische Spannungen erzeugt werden, und zwar durch viele hintereinandergeschaltete – über feuchte Pappe elektrolytisch leitend verbundene – Kupfer- bzw. Zink-Platten. Durch elektrochemische Arbeiten, z. B. von *Davy*[2], *Berzelius* und *Faraday*[2], wurde die Entwicklung der Chemie zur modernen Wissenschaft sehr gefördert.

---

[1] Luigi Galvani (1737-98), Graf Alessandro Guiseppe Antonio Anastasio Volta (1745-1827), italienische Physiker

[2] englische Chemiker u. Physiker: Sir Humphry Davy (1778-1829), Michael Faraday (1791-1867)

Um von elektrochemischen Reaktionen sprechen zu können, bedarf es einer speziellen Führung der jeweiligen Redoxreaktion, nämlich des räumlich getrennten Ablaufs von Oxidations- und Reduktions-Vorgang in zwei gesonderten Halbzellen, die allerdings elektrisch leitend miteinander verbunden sein müssen. Eine Halbzelle besteht z. B. aus einem Stück eines reinen Metalls (Draht, Zylinder, Streifen, Platte), das in eine Lösung des zugehörigen Metall-Ions eintaucht. Durch entsprechende Gegen-Ionen ist dabei die Elektroneutralität gewährleistet.

Beispiel 11.1

Nicht-elektrochemische Versuchsführung. a) Beim Einrühren von Zinkstaub $Zn_{(s)}$ in eine Lösung, die hydratisierte Kupfer(II)-Ionen $Cu^{2+}_{(aq)}$ enthält, geht Zink durch Oxidation zu Ionen $Zn^{2+}_{(aq)}$ in Lösung, während die Kupfer-Ionen zu metallischem $Cu_{(s)}$ reduziert werden:

$$Cu^{2+}_{(aq)} + Zn_{(s)} \rightleftharpoons Cu_{(s)}\downarrow + Zn^{2+}_{(aq)} \tag{11.1a}$$

Die damit verbundene Änderung der freien Reaktionsenthalpie äußert sich hierbei aber nicht als nutzbare Arbeit, sondern überwiegend als Reaktionswärme. b) Ein zweiter Fall: Entsprechend wird durch Zinkstaub aus Silbernitrat-Lösung metallisches Silber $Ag_{(s)}$[3] ausgefällt:

$$2\,Ag^{+}_{(aq)} + Zn_{(s)} \rightleftharpoons 2\,Ag_{(s)}\downarrow + Zn^{2+}_{(aq)} \tag{11.1b}$$

Beispiel 11.2

Elektrochemische Versuchsführung (elektrochemische Zelle, *galvanisches Element, Batterie,* s. 11.2.1, Bild 11.1). Die Halbzellen der Reaktionspartner sind zwar elektrisch leitend miteinander verbunden, räumlich aber so getrennt, daß kein Vermischen mit der jeweils anderen Lösung stattfindet. Die Zellspannung ΔV dieser galvanischen Elemente kann durch ein – zwischen die beiden betreffenden Metallelektroden geschaltetes – Voltmeter gemessen werden. Für Gl. (11.1a) erhält man unter Normalbedingungen eine Zellspannung $\Delta V = 1{,}10$ V, für Gl. (11.1b) ein $\Delta V = 1{,}56$ V (Tab. 11.1). Schaltet man statt des Voltmeters einen Verbraucher in den Stromkreis, z. B. ein Lämpchen, so läuft die chemische Reaktion ab. Die freie Reaktionsenthalpie wird nun als elektrische Arbeit W_{el} genutzt, und die Erwärmung der Zellen bleibt gering.

11.1.1 Standardelektrodenpotential und Zellspannung

Taucht ein Metallstab in die Lösung eines seiner Salze ein, so bildet sich an der Phasengrenze Metall/Lösung eine Doppelschicht aus Elektronen im Metall einerseits, aus Metall-Ionen im Elektrolyten andererseits. Es kommt zum dynamischen Gleichgewicht zwischen den Metall-Ionen, die aus der Metalloberfläche in Lösung gehen (*Oxidation*) und den Ionen, die an der Elektrode wieder entladen werden (*Reduktion*).

Aus edlen Metallen, wie Kupfer, Silber oder Gold, gehen vergleichsweise wenige Ionen in Lösung, aus unedlen Metallen, wie Calcium, Zink oder Eisen, aber sehr viel mehr. Dementsprechend recht unterschiedlich ist die Aufladung der jeweiligen Metallstäbe durch die freigesetzten Elektronen. Ein solches *Einzelpotential* läßt sich aber nicht absolut messen,

---

[3] Diese Reaktion wird z. B. in 14.1 zum Rückgewinnen von Silber aus Lösungen erwähnt.

sondern nur relativ zu einer zweiten Halbzelle[4], als Zellspannung ΔV. ΔV wird zur *elektromotorischen Kraft* EMK (Symbol E), wenn kein Strom I durch die Zelle fließt und wenn Gleichgewicht an den Phasengrenzen und im Elektrolyten herrscht: $E = \lim \Delta V$ (für $I \rightarrow 0$).

Wäre e i n Absolutwert eines Standardelektrodenpotentials bekannt, ließen sich aus den Differenzen zu den anderen Halbzellen, die man unter stets gleichen Bedingungen mißt (z. B. Normalbedingungen: 298 K, Teilchenaktivitäten 1 mol/l, Normaldruck), alle anderen ableiten. Deshalb wurde die *Normalwasserstoffelektrode* $Pt \, | \, H_{2(g)} \, | \, H^+_{(aq)}$ als Standard mit $E^o = 0$ Volt festgelegt.

Beispiel 11.3

Normalwasserstoffelektrode. In saurem wäßrigen Medium {Wasserstoff-Ionenaktivität $a(H^+_{aq}) = 1$ mol/l} vermittelt ein von reinem Wasserstoff {$a(H_2) = 1$, Druck 1 bar} umströmtes Platinblech als inertes Medium den Redoxvorgang (s. Bild 11-2a).

11.1.2 Spannungsreihe und Redoxpotentiale

Unter Bezug auf den Standard können nunmehr die Werte E^o für alle Kombinationen des Typs Metall/*Metall-Ion* (*Metallelektroden 1. Art*) angegeben werden (Tab. 11.1). Den edlen Metallen kommen positive Werte zu, den unedlen negative. Diese *Spannungsreihe* gestattet, die im Idealfall erzielbare Zellspannung ΔV für Hunderte galvanischer Zellen nach der einfachen Gleichung vorauszusagen:

$$\Delta V = E^o_{Kathode} - E^o_{Anode} \qquad (11.2)$$

Dabei wird in der Elektrochemie als *Kathode*[5] stets d i e Elektrode bezeichnet, an der die Reduktion erfolgt, als *Anode* dementsprechend d i e Elektrode, an der oxidiert wird.

Beispiel 11.4

Die zu Gl. 11-1a,b genannten Werte für die Zellspannung ΔV wurden so aus den entsprechenden Elektrodenpotentialen für Zink-, Kupfer- und Silber-Halbzellen errechnet. In beiden Fällen ist ΔE^o groß genug für eine praktisch vollständige Umsetzung (s. 11.5).

Schon das Beispiel des Wasserstoff-Normalelements zeigte, daß man auch Halbzellen mit einer Kombination „*Nichtmetall-Ion*/Element" zwanglos in die Skala der E^o-Werte einfügen kann. Neben Wasserstoff betrifft das z. B. auch die Paarungen F^-/F_2, Cl^-/Cl_2). Für eine Halbzelle ist es auch keine notwendige Bedingung, daß Metall bzw. Nichtmetall e l e m e n t a r vorliegen müssen. Eine Potentialdifferenz ist schließlich auch meßbar, wenn der Elektronenaustausch zwischen ionischen oder elektroneutralen Species unterschiedlicher Oxidationszahl (Fe^{2+}/Fe^{3+}, Mn^{2+}/MnO_4^-, Sn^{2+}/Sn^{4+}, H_2O/H_2O_2) stattfindet, sofern er durch eine inerte Elektrode vermittelt wird. Dann spricht man meist von *Redoxpotentialen*.

---

[4] auch bei Enthalpie H und freier Enthalpie G sind nur Relativwerte zugänglich (s. 8.3.1, 10.2.1)

[5] fachsprachlich auch Katode, katodisch usw.

Tab. 11.1 Ausgewählte Standard-Elektroden- bzw. -Redoxpotentiale E^o (für 298 K, 1 bar und für eine Aktivität der Partner von a = 1); Werte nach Blachnik, Tab.42.1, Lit. [15/3], z. T. gerundet [6]

Red (reduzierte Form)		Ox (oxidierte Form)	+ z · e⁻	E^o (in Volt)
$Li_{(s)}$	$\rightleftharpoons$	$Li^+_{(aq)}$	$+ e^-$	-3,04
$Ca_{(s)}$	$\rightleftharpoons$	$Ca^{2+}_{(aq)}$	$+ 2 \cdot e^-$	-2,87
$Na_{(s)}$	$\rightleftharpoons$	$Na^+_{(aq)}$	$+ e^-$	-2,71
$Al_{(s)}$	$\rightleftharpoons$	$Al^{3+}_{(aq)}$	$+ 3 \cdot e^-$	-1,66
$H_{2(g)} + 2\,OH^-_{(aq)}$	$\rightleftharpoons$	$2\,H_2O_{(l)}$	$+ 2 \cdot e^-$	-0,83
$Zn_{(s)}$	$\rightleftharpoons$	$Zn^{2+}_{(aq)}$	$+ 2 \cdot e^-$	-0,76
$Cr_{(s)}$	$\rightleftharpoons$	$Cr^{3+}_{(aq)}$	$+ 3 \cdot e^-$	-0,74
$Cd_{(s)}$	$\rightleftharpoons$	$Cd^{2+}_{(aq)}$	$+ 2 \cdot e^-$	-0,40
$Sn_{(s)}$	$\rightleftharpoons$	$Sn^{2+}_{(aq)}$	$+ 2 \cdot e^-$	-0,14
$Pb_{(s)}$	$\rightleftharpoons$	$Pb^{2+}_{(aq)}$	$+ 2 \cdot e^-$	-0,13
$Fe_{(s)}$	$\rightleftharpoons$	$Fe^{3+}_{(aq)}$	$+ 3 \cdot e^-$	-0,04
$\mathbf{H_{2(g)}}$	$\rightleftharpoons$	$\mathbf{2\,H^+_{(aq)}}$	$\mathbf{+ 2 \cdot e^-}$	**±0**
$Sn^{2+}_{(aq)}$	$\rightleftharpoons$	$Sn^{4+}_{(aq)}$	$+ 2 \cdot e^-$	+0,15
$Cu^+_{(aq)}$	$\rightleftharpoons$	$Cu^{2+}_{(aq)}$	$+ e^-$	+0,15
$2\,S_2O_3^{2-}{}_{(aq)}$	$\rightleftharpoons$	$S_4O_6^{2-}{}_{(aq)}$	$+ 2 \cdot e^-$	+0,17
$Cu_{(s)}$	$\rightleftharpoons$	$Cu^{2+}_{(aq)}$	$+ 2 \cdot e^-$	+0,34
$Fe(CN)_6^{4-}{}_{(aq)}$	$\rightleftharpoons$	$Fe(CN)_6^{3-}{}_{(aq)}$	$+ e^-$	+0,36
$4\,OH^-_{(aq)}$	$\rightleftharpoons$	$O_{2(g)} + 2\,H_2O_{(l)}$	$+ 4 \cdot e^-$	+0,40
$2\,I^-_{(aq)}$	$\rightleftharpoons$	$I_{2(s)}$	$+ 2 \cdot e^-$	+0,54
$Fe^{2+}_{(aq)}$	$\rightleftharpoons$	$Fe^{3+}_{(aq)}$	$+ e^-$	+0,77
$Ag_{(s)}$	$\rightleftharpoons$	$Ag^+_{(aq)}$	$+ e^-$	+0,80
$Cl^-_{(aq)} + 2\,OH^-_{(aq)}$	$\rightleftharpoons$	$ClO^-_{(aq)} + H_2O_{(l)}$	$+ 2 \cdot e^-$	+0,81
$Hg_{(s)}$	$\rightleftharpoons$	$Hg^{2+}_{(aq)}$	$+ 2 \cdot e^-$	+0,85
$NO_{(g)} + 2\,H_2O_{(l)}$	$\rightleftharpoons$	$NO_3^-{}_{(aq)} + 4\,H^+_{(aq)}$	$+ 3 \cdot e^-$	+0,96
$2\,Br^-_{(aq)}$	$\rightleftharpoons$	$Br_{2(g)}$	$+ 2\ e^-$	+1,09
$H_2O_{(l)}$	$\rightleftharpoons$	$1/2\,O_{2(g)} + 2\,H^+_{(aq)}$	$+ 2\ e^-$	+1,23

[6] weitere Werte für Ti^o/Ti^{2+}...Ni^o/Ni^{2+} (s. 28.2), H_2O_2/H_2O bzw. H_2O_2/O_2 (s. 24.2.2), Al^o/Aluminat-Ion (s. 21.3.1)

Red (reduzierte Form)		Ox (oxidierte Form)	+ z · e⁻	E° (in Volt)
$2\ Cr^{3+}_{(aq)} + 7\ H_2O_{(l)}$	$\rightleftharpoons$	$Cr_2O_7^{2-}_{(aq)} + 14\ H^+_{(aq)}$	$+ 6 \cdot e^-$	+1,23
$2\ Cl^-_{(aq)}$	$\rightleftharpoons$	$Cl_{2(g)}$	$+ 2 \cdot e^-$	+1,36
$Br^-_{(aq)} + 3\ H_2O_{(l)}$	$\rightleftharpoons$	$BrO_3^-_{(aq)} + 6\ H^+_{(aq)}$	$+ 6 \cdot e^-$	+1,42
$Cl^-_{(aq)} + 3\ H_2O_{(l)}$	$\rightleftharpoons$	$ClO_3^-_{(aq)} + 6\ H^+_{(aq)}$	$+ 6 \cdot e^-$	+1,45
$Au_{(s)}$	$\rightleftharpoons$	$Au^{3+}_{(aq)}$	$+ 3 \cdot e^-$	+1,50
$Mn^{2+}_{(aq)} + 4\ H_2O_{(l)}$	$\rightleftharpoons$	$MnO_4^-_{(aq)} + 8\ H^+_{(aq)}$	$+ 5 \cdot e^-$	+1,51
$Ce^{3+}_{(aq)}$	$\rightleftharpoons$	$Ce^{4+}_{(aq)}$	$+ e^-$	+1,61
$Pb^{2+}_{(aq)}$	$\rightleftharpoons$	$Pb^{4+}_{(aq)}$	$+ 2 \cdot e^-$	+1,75
$Co^{2+}_{(aq)}$	$\rightleftharpoons$	$Co^{3+}_{(aq)}$	$+ e^-$	+1,83
$2\ SO_4^{2-}_{(aq)}$	$\rightleftharpoons$	$S_2O_8^{2-}_{(aq)}$	$+ 2 \cdot e^-$	+2,01
$O_{2(g)} + H_2O_{(l)}$	$\rightleftharpoons$	$O_{3(g)} + 2\ H^+_{(aq)}$	$+ 2 \cdot e^-$	+2,08
$2\ F^-_{(aq)}$	$\rightleftharpoons$	$F_{2(aq)}$	$+ 2\ \ e^-$	+2,87

Solche *Redoxreaktionen* sind in der Chemie sehr häufig. Beim Aufstellen der zugehörigen, zum Teil recht verwickelten Gleichungen (s. 14.1) ist stets zu beachten, daß die Oxidation eines redoxaktiven Stoffes immer im stöchiometrischen Verhältnis mit der Reduktion eines anderen einhergehen muß. Sonst träten bei chemischen Reaktionen freie Elektronen in Erscheinung!

In Tab. 11.1 sind für Normalbedingungen alle genannten Typen von Halbzellen zu e i n e r Skala von E°-Werten vereinigt worden; vor allem wurden dafür solche Beispiele ausgewählt, die an anderer Stelle des Buches benötigt werden. Der Wertebereich für E° liegt zwischen -3 und +3 V. – Der Umgang mit der Tabelle gestaltet sich nun wie folgt: Das Oxidationsmittel Ox aus dem Paar mit dem positiveren (bzw. weniger negativen) Wert E° ist aus thermodynamischer Sicht in der Lage, spontan alle Reduktionsmittel Red zu oxidieren, die zu Redoxpaaren mit kleinerem (bzw. stärker negativem) Wert E° gehören. Einfacher ausgedrückt:

Es reagieren Stoffe links (Red) mit Stoffen rechts weiter unten (Ox).

Je stärker negativ das Redoxpotential ist (d. h., je höher in der Redoxreihe ein Redoxpaar steht), um so stärker ist die reduzierende Wirkung der reduzierten Form, also etwa von metallischem Natrium, Zink oder Eisen. Analog ist die oxidierende Wirkung der oxidierten Form eines Redoxpaares um so ausgeprägter, je stärker positiv das Redoxpotential ist (je tiefer ein Redoxpaar in Tab. 11.1 steht); sehr starke Oxidationsmittel sind somit Fluor, Ozon und Kobalt(III)-Ionen.

Abgesehen von den Endgliedern der Tabelle, die auf chemischem Wege nicht oxidiert (Fluorid-Ionen) bzw. reduziert (Alkalimetall-Ionen) werden können, hängt es natürlich immer vom jeweiligen Redoxpartner ab, ob ein Stoff Oxidations- oder Reduktionsmittel ist[7]. Zu

---

[7] vgl. die analogen Verhältnisse bei korrespondierenden Säure-Base-Paaren (s. 12.1.2)

Beispielen für Stoffe wie Wasserstoffperoxid H_2O_2, die sich durch *Redoxamphoterie* auszeichnen, sei auf 14.2 verwiesen.

Anode und Kathode sind in der Chemie die stärksten Oxidations- und Reduktionsmittel! Sie erzwingen elektrochemisch Reaktionen, für die chemische Partner nicht mehr verfügbar sind.

Beispiel 11.5

Spektakulär war seinerzeit die Erstdarstellung von *Natrium-* und *Kalium*-Metall durch Davy 1807 (s. 19.2) und von elementarem *Fluor* durch Moissan[8] 1886 (s. 25.2.1).

Generell, wie bei allen auf der Thermodynamik basierenden Größen, erlauben die Potentiale E^o lediglich die Voraussage, ob ein interessierender Redoxvorgang spontan ablaufen sollte, nicht aber, ob das auch wirklich eintritt.

Oft weichen die Aktivitäten der betreffenden Species von denen bei Normalbedingungen ab, auch können pH-Einflüsse bzw. Komplexbildungsreaktionen zu Potentialverschiebungen führen. Gleichfalls bekannt sind die Phänomene der *„Passivierung"* bzw. *„Überspannung"*. Allen diesen Fällen werden Standardpotentiale nicht gerecht.

Schon bei Lösungen der *Konzentration* c = 1 mol/l – statt der *Aktivität* a = 1 mol/l – nimmt man nicht unbeträchtliche Fehler in Kauf. Das gilt weniger für 1:1-Elektrolyte (s. 4.2), wohl aber für höhergeladene Ionen. So werden in Lösungen der Molalität b = 1 mol/kg folgende Aktivitäts-koeffizienten $f_\pm$ gemessen: $f_\pm$ = 0,657 für NaCl, = 0,066 für $CdCl_2$, = 0,041 für $CdSO_4$!

Liegen die pH-Werte fernab von den durch die Normalbedingungen geforderten, behilft man sich manchmal durch Aufstellen gesonderter Reihen sogenannter *Realpotentiale*, z. B. für stark saure oder stark alkalische Lösung.

Beispiel 11.6

Variabilität des *Redoxpotentials Fe(II)/Fe(III)*. Der Standardwert E^o = +0,77 V gilt für das Gleichgewicht zwischen den hydratisierten Ionen unter Normalbedingungen. Beim Vorliegen bestimmter Anionen bilden sich auch andere als die Aqua-Komplexe, z. B. $[Fe(OH_2)_5(OH)]^{2+}$ oder $[Fe(OH_2)_4Cl_2]^+$. Im Verein mit anderen Ionen-Aktivitäten und/oder pH-Werten ergeben sich als Realpotentiale deutlich gegenüber E^o veränderte Werte, 0,70 Volt in Perchlor- bzw. Salpetersäure, 0,65 V in Salzsäure, 0,61 V in Schwefelsäure ($c_{Säure}$ = 1 mol/l).

„Passivierung" liegt vor, wenn sich besonders unedle Metalle wie Magnesium oder Aluminium (s. 20.2, 21.3.1) wegen der Bildung von Schutzschichten entgegen den Erwartungen nicht in Wasser lösen oder Metalle wie Eisen nicht in starken oxidierenden Säuren (s. 28.2). Zur *Überspannung* vgl. Beispiel 11.8.

11.2 Elektrochemische Zellen (Entladen und Aufladen)

Definition 11.1. Eine *elektrochemische Zelle* erzeugt entweder durch chemische Reaktionen elektrischen Strom (*galvanisches Element*) oder nutzt ihn (*Elektrolysezelle*).

---

[8] Henri Ferdinand-Frédéric Moissan (1852-1907), französischer Chemiker, Nobelpreis 1906

11.2.1 Galvanische Elemente

Bei der Stromerzeugung im *galvanischen Element* wird chemische Energie unmittelbar in elektrische umgewandelt. Ein Prototyp ist das in Beispiel 11.2 vorweggenommene *Daniell-Element* (1836)[9] (Bild 11.1). Sein Aufbau wird nach IUPAC durch folgendes Phasenschema symbolisiert:

$$Zn_{(s)} \mid Zn^{2+}{}_{(aq)} \mathbin{\|} Cu^{2+}{}_{(aq)} \mid Cu_{(s)}.$$

Links steht jeweils das Halbelement, in dem die Oxidation erfolgt (die *Anode*), rechts das für den Reduktionsvorgang (die *Kathode*). Die einfachen Striche stellen Phasengrenzen dar, die unterbrochenen Striche die elektrolytisch leitende Verbindung [Diaphragma[10] (Zeichen ¦), Salzbrücke oder „Strom-Schlüssel" (Zeichen ⁞)]. Letzterer erlaubt einerseits – entsprechend dem Fortschreiten der Reaktion – die Ionenwanderung zum Ausgleich der Ladungen, der notwendig wird durch den Überschuß von positiven Ionen im Zink-Halbelement bzw. von Anionen in der Kupfer-Halbzelle; andererseits verhindert sie ein direktes Vermischen beider Lösungen, also einen spontanen Versuchsablauf ohne Stromerzeugung.

Beispiel 11.7

Galvanische Elemente:

a) Das *Leclanché-Element*[11] besteht aus einer Zink- und einer Kohlenstoff-Elektrode, wobei letztere umgeben ist von Mangandioxid (MnO_2, Braunstein). Eine pastöse Ammoniumchlorid-Lösung dient als Elektrode. An der Anode geht Zink in Lösung, an der Kathode wird Mangan(IV) zu Mangan(III) reduziert; als Bruttogleichung ergibt sich

$$Zn + 2\,MnO_2 + 2\,NH_4Cl \rightarrow Zn[(NH_3)_2]Cl_2 + Mn_2O_3 + H_2O \tag{11.3}$$

b) Als Normalelement in der Meßtechnik gebräuchlich ist das *Weston-Element*[11], Cd-amalgam (12 %) | $CdSO_4 \cdot 8/3\,H_2O$ ⁞ $CdSO_4$ ⁞ Hg_2SO_4 | Hg, und zwar wegen der konstanten Zellspannung von 1,01807 V bei 298 K.

In *Primärzellen*, wie dem *Daniell*-Element (Bild 11-1) oder dem in einfachen Trockenbatterien gebräuchlichen *Leclanché*-Element, werden Elektroden und Elektrolyt während des Betriebs verbraucht.

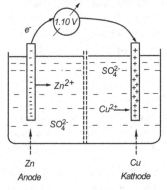

Bild 11-1
Schema eines Daniell-Elements
(s. auch Beispiele 11.1/11.2)

---

[9] John Frederick Daniell (1790-1845), englischer Chemiker

[10] *Diaphragma* griech. Zwischenwand, Zwerchfell

[11] Georges Leclanché (1839-1882), französischer Chemiker;
Eduard Weston (1850-1936), US-amerikanisch-britischer Elektrochemiker

Bei *Sekundärzellen* wie dem Blei-Akkumulator[12] ist die Arbeitsweise auch diskontinuierlich, immerhin besteht aber hier die Möglichkeit der Wiederaufladung.

Beispiel 11.8

Bleiakkumulator (s. auch 22.4.2): Die Elektroden bestehen aus Blei bzw. aus Bleidioxid PbO_2, als Elektrolyt fungiert verdünnte Schwefelsäure. Die Zellspannung ΔV liegt bei etwa 2 V. Entladen wird der Akku durch die *Syn-* bzw. *Komproportionierung* zwischen metallischem Blei [Blei(0)] und Blei(IV) zu Blei(II), das sich als $PbSO_4$ auf beiden Elektroden abscheidet:

	Pb + Pb⁴⁺	→	**2 Pb²⁺**
Reduktion an der Kathode:	**PbO₂ + HSO₄⁻ + 3 H⁺ + 2 e⁻**	→	**PbSO₄ + 2 H₂O**
Oxidation an der Anode:	**Pb + HSO₄⁻**	→	**PbSO₄ + H⁺ + 2 e⁻**
Gesamtreaktion in der Zelle:	**Pb + PbO₂ + 2 H₂SO₄**	→	**2 PbSO₄ + 2 H₂O**

Das Absinken der Säure-Konzentration kann durch Dichtemessung mit einem Aräometer[13] leicht verfolgt werden. Beim *Aufladen* werden die Vorgänge durch Disproportionierung von Blei(II) zu Blei(IV) und Blei(0) umgekehrt, zugleich die anfängliche Säurekonzentration regeneriert. – Gemäß Tab. 11.1 sollten beim Aufladen zuerst die „unedleren" Wasserstoff-Ionen entladen werden. Abgesehen davon, daß hier nicht Standard-, sondern entsprechende Realpotentiale zu vergleichen wären, wirkt sich auch die hohe Wasserstoff-„Überspannung" an Blei aus. Ist gegen Ende des Aufladens die Konzentration an Blei(II) hinreichend gering, wird allerdings an den Elektroden Wasserstoff und Sauerstoff frei (Vorsicht - *Knallgas*!).

In neuerer Zeit gewinnen *Brennstoffzellen* an Bedeutung, die durch ständige Zufuhr der Komponenten, z. B. von Wasserstoff, Methan, Kohlenstoffmonoxid oder Methanol als Brennstoff und von Sauerstoff als Oxidationsmittel, kontinuierlich elektrischen Strom liefern können.

Entsprechend den stark negativen freien Reaktionsenthalpien liegen ihre theoretisch zu erwartenden Zellspannungen bei 1,2 bis 1,3 Volt. Von ihrem perspektivischen Einsatz in Kraftfahrzeugen erwartet man Vorteile wegen der geringeren Umweltbelastung im Vergleich zu der durch die bisher dominierende Verbrennung höherer Kohlenwasserstoffe (s. 18.2).

11.2.2 Elektrolysezellen

Definition 11.2 In einer *Elektrolysezelle* bewirkt ein elektrischer Strom eine ansonsten spontan nicht mögliche Reaktion. – Bei ihr tauchen beide metallischen Leiter in denselben Elektrolyten, so daß hier also kein Stromschlüssel erforderlich ist.

Wie schon der *Blei-Akkumulator* zeigte, können freiwillig ablaufende Reaktionen durch äußeren Zwang rückgängig gemacht werden, nämlich durch Anlegen der entsprechenden Zersetzungsspannung. Man spricht dann von *Elektrolysen*, im Sinne des Wortes also von einer Zerlegung durch den elektrischen Strom.

---

[12] *accumulare* lat. anhäufen, sammeln

[13] Aräometer (Senkwaage, Spindel, Densimeter), von griech. *araios* dünn, *metrein* messen

Beispiel 11.9

Reinigung von Rohkupfer: Halbzeuge aus Rohkupfer, die sowohl edlere Metalle wie Silber und Gold als auch unedlere wie Zink enthalten, können dadurch gereinigt werden, daß man sie als Anode gegen Reinstkupfer als Kathode schaltet. Legt man eine solche Gleichspannung an, daß Kupfer und alle unedleren Metalle durch Oxidation herausgelöst werden, so sammeln sich die fest verbliebenen edleren Metalle als „Anodenschlamm" unter der Anode. Kupfer scheidet sich rein auf der Kathode ab, während die unedleren Metalle in Lösung bleiben.

Die quantitativen Zusammenhänge zwischen Stromfluß und Stoffabscheidung werden als *Faradaysche Gesetze* (1834) bezeichnet[14]. Es gilt:

Definition 11.3 *Elektrolyse und Stoffmenge*: Die elektrolytisch abgeschiedene Stoffmenge n_i ist proportional zur geflossenen elektrischen Ladungsmenge. Bei der Abscheidung von einem Mol eines einwertigen Stoffes i wird ein Mol Elektronen umgesetzt. Dessen Ladung wird als *Faraday-Konstante* F bezeichnet; F ergibt sich als Produkt aus *Avogadro-Konstante* N_A (s. 1.1.2) und elektrischer *Elementarladung* (s. Tab. 5.1) zu F = 96.485,309 A·s/mol (= C/mol).

Definition 11.4 *Elektrolyse und Stoffäquivalente*: Die durch eine bestimmte Elektrizitätsmenge abgeschiedenen Stoffmengen bzw. -massen sind zueinander äquivalent; sie werden durch die jeweilige Ionenwertigkeit bestimmt. – So bringt 1 mol Elektronen 1 mol Silber (107,88 g) aus einer Silbernitrat-Lösung zur Abscheidung, ½ mol Kupfer (31,773 g) aus einer Lösung von Kupfer(II)-sulfat, ⅓ mol Chrom (17,332 g) aus einer Lösung von Chrom(III)-sulfat.

11.2.3 Metallkorrosion

Ein wesentlicher Teil der – die Volkswirtschaft stark belastenden – Zerstörung metallischer Bauteile durch *Korrosion*[15] ist elektrochemisch bedingt. Wichtig in diesem Zusammenhang sind *Lokalelemente*, die entstehen, wenn zwei unterschiedliche Metalle in gemeinsamem Kontakt mit einer Elektrolytlösung sind.

Beispiel 11.10

Verzinktes Eisenblech: Wird die Zinkschicht beschädigt, bildet sich im Kontakt mit Flüssigkeitsfilmen ein galvanisches Element aus, in dem der Strom vom unedlen Zink zum edleren Eisen fließt. Die anodisch gebildeten Ionen $Zn^{2+}_{(aq)}$ führen zur allmählichen Auflösung von Zink („*Opferanode*"); Rosten des Eisens setzt erst nach Verschwinden der Zinkschicht ein.

Beispiel 11.11

Verzinntes Eisenblech: Hier rostet Eisen nach Beschädigung der Deckschicht aus Zinn rascher als im reinen Zustand, da nun der Elektronenfluß zum edleren Zinn erfolgt, sich also Ionen $Fe^{2+}_{(aq)}$ bilden.

---

[14] An sich hat Döbereiner mit Publikationen wie „Die einfache galvanische Kette stöchiometrisch angewandt" schon 1821/23 die später nach Faraday benannten Zusammenhänge aufgezeigt.

[15] *corrodere* lat. zernagen

Generell sind technische Metalle selten so rein, daß sie keinerlei unterschiedlich edle Fremdbestandteile enthielten. Die Bildung von Lokalelementen ist also ein weitverbreitetes Phänomen.

Je weiter die betreffenden Elemente in der Spannungsreihe auseinanderstehen, desto stärker wird die Korrosion thermodynamisch begünstigt, entsprechend dem Zusammenhang zwischen Zellspannung, Gleichgewichtskonstante und freier Reaktionsenthalpie (s. 11.5).

Gelegentlich ist allerdings die Lokalelement-Bildung auch erwünscht, z. B. bei der präparativen Darstellung von Wasserstoff im Labormaßstab aus Metall und nichtoxidierenden Säuren.

Beispiel 11.12

Wasserstoffentwicklung im Labor: Gießt man verdünnte Salzsäure auf Granalien reinsten Zinks, so ist die Wasserstoffentwicklung nur gering. Der an der Zinkoberfläche gebildete Wasserstoff verhindert die weitere Reaktion. Nach Zugabe einiger Tropfen verdünnter Kupfersulfatlösung entstehen durch abgeschiedene Kupferpartikeln an der Zinkoberfläche Lokalelemente. Die bei der Bildung von Ionen $Zn^{2+}_{(aq)}$ freiwerdenden Elektronen wandern nun zum Kupfer, wo sie die Reduktion der Wasserstoff-Ionen $H^+_{(aq)}$ vermitteln. Ein lebhafter Wasserstoffstrom setzt ein.

Erfreulicherweise sind viele Korrosionsreaktionen der Metalle kinetisch gehemmt[16], z. B. durch die Ausbildung dünner passivierender Oxidschichten an Luft, wie bei Aluminium (s. 21.3.1), oder in Gegenwart oxidierender Säuren, wie bei Eisen (s. 28.2). – Dadurch werden jedoch die zahlreichen Maßnahmen zum *Korrosionsschutz* keinesfalls überflüssig; sie umfassen außer dem Aufbringen von Deckschichten aus geeigneten Metallen auch vielfältige andere Beläge auf anorganisch-nichtmetallischer wie organischer Basis.

11.3 Die Nernstsche Gleichung

Es ist plausibel, daß die Tendenz zum Austritt von weiteren Ionen aus einer Metallelektrode abhängen wird von der Menge der im Elektrolyt schon vorhandenen. Liegen die Konzentrationen unter denen bei Normalbedingungen, so wird der Ionenaustritt begünstigt, ansonsten wird er erschwert. Auch können sich durch konkurrierende Fällungs-, Säure-Base- oder Komplexbildungs-Gleichgewichte sehr weitgehende Änderungen in den Ionenaktivitäten ergeben.

Allgemein wird die Abhängigkeit des Elektrodenpotentials von den Aktivitäten bzw. Konzentrationen der Reaktanten durch die *Nernstsche Gleichung*[17] (1889) erfaßt: Ursprünglich nur für Elektroden 1. Art formuliert, kann sie verallgemeinert werden auf beliebige Redox-Systeme[18], $A_{red} \rightleftharpoons A_{ox} + n \cdot e^-$:

---

[16] Aus thermodynamischer Sicht sollten z. B. die Bildungsreaktionen der meisten Metallchalkogenide und -halogenide wegen der negativen Werte für die freien Reaktionsenthalpien ΔG freiwillig, also spontan ablaufen

[17] Walther Hermann Nernst (1864-1941), deutscher Physikochemiker, Nobelpreis 1920

[18] Gelegentlich spricht man bei Halbzellen ohne Beteiligung eines Elements von der *Bredigschen Gleichung* (nach Georg Bredig, 1868-1944, deutscher Physikochemiker)

$$E_{eq} = E^\circ + \{R \cdot T/(n \cdot F)\} \cdot \ln (a_{ox}/a_{red}) \approx E^\circ + \{R \cdot T/(n \cdot F)\} \cdot \ln ([ox]/[red]) \qquad (11.4)$$

(E_{eq} – Gleichgewichtspotential zwischen reduzierter und oxidierter Form des Stoffes, E° – Standardpotential für a = 1 mol/l, genähert für c = 1 mol/l, R – Gaskonstante, n – Zahl der ausgetauschten Elektronen, F – Faradaykonstante)

Für 25 °C ergibt sich nach dem Übergang zum dekadischen Logarithmus[19]

$$E_{eq} \approx E^\circ + \{0,059 \text{ V} / n\} \cdot \lg ([ox] / [red]) \qquad (11.5)$$

Für Reinmetall-Elektroden ist die Aktivität definitionsgemäß a_{red} = 1; bei Legierungen ergäbe sich a_{red} als Stoffmengenanteil x_i des potentialbildenden Metalls i.

Bei Metallelektroden vergrößert sich also das Potential bei erhöhter Metall-Ionenkonzentration, bei Konzentrationserniedrigung sinkt es ab. Sind die Aktivitäten (Konzentrationen) der beiden Species „ox" und „red" identisch, geht das betreffende Potential in das Standardpotential E° über.

Beispiel 11.13

Silber-Konzentrationskette: In einer gesättigten Silberchloridlösung gilt für die Sättigungskonzentration von Silber-Ionen $[Ag^+]_{sat} \approx 10^{-5}$ mol/l (s. Tab. 13.2). Als Potential E_{eq} ergäbe sich hier gemäß Gl. 11.5 ein Wert $E \approx E^\circ + \{0,059 \text{ V} \cdot (-5)\} \approx (+0,80 -0,30) \text{ V} \approx +0,50 \text{ V}$.
Ein galvanisches Element, bestehend aus einer Standard-Halbzelle Ag/Ag^+ und einer Halbzelle Ag/Ag^+ mit gesättigter Silberchloridlösung, liefert also eine Zellspannung von 0,30 V. – Solche Ketten gestatten die quantitative Bestimmung sehr geringer Ionenkonzentrationen (s. 11.4).

Sind am potentialbildenden Vorgang mehrere hydratisierte Protonen beteiligt (s. „Mn^{2+}/MnO_4^-" in Tab. 11.1), wird das Potential stark pH-abhängig (s. Aufgabe 11.2), woraus wesentlich größere Änderungen ΔE resultieren als in Beispiel 11.13.

11.4 Potentiometrie und ihre analytische Anwendung

Das Potential der Wasserstoffelektrode (Beispiel 11.3, Bild 11-2a) ist von der Wasserstoffionen-Konzentration und vom Druck des Wasserstoffgases abhängig. Kombiniert man das Halbelement mit einer geeigneten Bezugselektrode (BE), so ist die bei $p(H_2)$ = const gemessene Potentialdifferenz proportional dem pH-Wert.

Die unhandlichen Wasserstoffelektroden wurden seit mehreren Jahrzehnten durch *Glaselektroden* (Bild 11-2b) verdrängt, bei denen Austauschprozesse zwischen den Alkalimetall-Ionen der Glasmembran (GM) und den hydratisierten Protonen in Lösung erfolgen. Zwischen der Gelschicht des Glases, die zur Probenlösung weist, und der Gelschicht im Gleichgewicht mit der im Innern befindlichen Lösung L (mit pH = const), bildet sich ein pH-proportionales Potential aus, das über eine inerte Ableitelektrode und eine pH-indifferente Bezugselektrode gemessen wird.

---

[19] Da Logarithmen (ln, lg) nur von Zahlen gebildet werden können, definiert man Quotienten, z. B. lg c $\equiv$ lg{c/(mol·l^{-1})}, und kommt so zu einheitenfreien Ausdrücken für die jeweilige Größe

Bezugselektroden sind hier *Elektroden 2. Art*, früher meist mit *Quecksilber/Kalomel* (s. 32.3.2), heute bevorzugt mit *Silber/Silberchlorid* (Bild 11-2c).

Definition 11.5 Bei *Elektroden 2. Art* wirkt – im Unterschied zu Elektroden 1. Art – die Metall-Ionenkonzentration nicht direkt, sondern über das *Löslichkeitsprodukt* eines schwerlöslichen Metallsalzes und damit über die *Anionen*-Konzentration. – So ist das Bezugspotential[20] $E_{eq} = +0,241$ V bei der „gesättigten" *Kalomel-Elektrode*, $Hg_{(s)} | Hg_2Cl_{2(sat)} || KCl_{(sat)}$, gewährleistet durch den Kontakt von metallischem Quecksilber mit einer Lösung, in der die Konzentration von Quecksilber(I)-Ionen Hg_2^{2+} gemäß $Hg_2Cl_{2(s)} \rightleftharpoons Hg_2^{2+}{}_{(sat)} + Cl^-{}_{(sat)}$ durch die gesättigte KCl-Lösung konstantgehalten wird. Analog liefert die *Silberchlorid-Elektrode*, $Ag_{(s)} | AgCl_{(sat)} || KCl_{(sat)}$, ein Bezugspotential $E_{eq} = +0,197$ V. – Stets gewährleistet ein Stromschlüssel (in Bild 11-2c ein Stück Glasfritte als Diaphragma D) den elektrolytischen Kontakt mit der Probelösung.

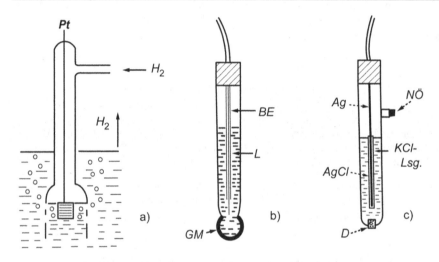

Bild 11-2 Verschiedene Elektroden zur Potentialmessung (schematisch; NÖ Nachfüllöffnung, weitere Erläuterungen vgl. Text): a) Wasserstoff- b) Glas-, c) Silber/Silberchlorid-Elektrode

Ähnlich wie $[H^+{}_{aq}]$ lassen sich Konzentrationen anderer Ionen bestimmen, wenn über geeignete Elektroden eine reproduzierbare Anzeige der Zellspannung gelingt.

Häufig werden solche Analysen als *Titrationen*[21] (*Maßanalyse, Volumetrie*) durchgeführt, indem man das betreffende (oxidierende bzw. reduzierende) Agens als *Maßlösung* bekannter Konzentration in kleinen Mengen aus einer graduierten Glasröhre, der *Bürette*, zur Probe gibt und die jeweilige Potentialänderung verfolgt. Der *Äquivalenzpunkt* kann aus dem Wendepunkt der resultierenden Kurve ermittelt werden, der sich als Potentialsprung bei gerade stöchiometrischer Zugabe der Maßlösung ergibt. In Analogie zur *Acidimetrie* bzw. *Alkalimetrie* bei Säure-Base-Titrationen (s. 12.4) spricht man bei solchen *potentiometrischen Titrationen* von *Argentometrie, Iodometrie, Manganometrie, Cerimetrie* usw.

---

[20] kein Standardpotential, da an der Potentialbildung eine *gesättigte* KCl-Lösung beteiligt ist
[21] *titulus* lat. Auf-, Inschrift; *titre* – frz. (aufgeschriebener) Gehalt

Beispiel 11.14

Argentometrische Titration von 100 ml einer Iodid-Lösung der Konzentration $[I^-] = 10^{-2}$ mol/l durch Umsetzung mit einer Silbernitratlösung bekannten Gehalts: Als Meßelektrode wird ein Silberstab eingeführt; dazu kommt die Vergleichselektrode mit Diaphragma. – Schon beim ersten Tropfen Maßlösung fällt AgI aus ($L_{AgI} \approx 10^{-16}$ mol^2/l^2, s. Tab. 13.2), wobei wegen des vorhandenen Iodid-Überschusses die Silber-Ionenkonzentration noch sehr gering ist; z. B. ergibt sich zu $[I^-] = 10^{-2}$ mol/l ein Wert $[Ag^+] = 10^{-14}$ mol/l. Im Äquivalenzpunkt ÄP liegen beide Ionen entsprechend der Formel von AgI im Verhältnis 1:1 vor, also mit $[I^-] = [Ag^+] = 10^{-8}$ mol/l. Danach wird die Silber-Ionenkonzentration dominant, beim Doppelten der äquivalenten Menge erreicht sie $[Ag^+] = 10^{-2}$ mol/l (Bild 11-3).

Bei der Titration steigt das Potential, $E(Ag/Ag^+)_{eq} = E^0 + 0,059$ V·lg $[Ag^+]$, mit $E^0 = 0,80$ V, von E = -26 mV bei $[Ag^+] = 10^{-14}$ mol/l auf +682 mV bei $[Ag^+] = 10^{-2}$ mol/l. Besonders stark ändert sich $E(Ag/Ag^+)_{eq}$ in der Nähe von ÄP, z. B. zwischen 99 und 101 % der stöchiometrischen Menge an Silber-Ionen um 472 mV, entsprechend $[Ag^+]_{99} = 10^{-12}$ und $[Ag^+]_{101} = 10^{-4}$ mol/l.

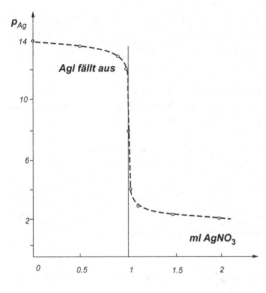

Bild 11-3
Potentiometrische (argentometrische) Iodid-Titration ($[I^-] = 10^{-2}$ mol/l) durch Umsetzung mit einer Silbernitratlösung ($[Ag^+] = 1,00$ mol/l); die hohe Konzentration gestattet, die Volumenänderung zu vernachlässigen

11.5 Zellspannung ΔV und Thermodynamik

11.5.1 Zellspannung ΔV und Gleichgewichtskonstante K_{eq}

Zur Gleichgewichtslage bei Redoxreaktionen gilt: Je größer die Differenz ΔV der Standardpotentiale zweier Systeme ist, desto größer ist nicht nur die Zellspannung ΔV[22] der entsprechenden galvanischen Zelle, sondern auch der Abfall der freien Reaktionsenthalpie

---

[22] IUPAC empfiehlt sowohl für EMK als auch für die Zellspannung das Symbol E, alternativ für die Zellspannung auch U bzw. ΔV; ΔV wird hier bevorzugt.

$\Delta_r G$ für den betreffenden Vorgang (s. 11.5.2). Um so weiter liegt dann auch das Gleichgewicht auf der Produktseite.

Die zugehörige Rechnung basiert auf der *Nernstschen Gleichung*. Sie soll am Beispiel der Umsetzung von Cer(IV)- mit Eisen(II)-Ionen erfolgen, das wegen der identischen stöchiometrischen Faktoren ($|v_i| = 1$) besonders einfach ist:

Beispiel 11.15

Die Gleichung: $Fe^{2+}_{(aq)} + Ce^{4+}_{(aq)} \rightleftharpoons Fe^{3+}_{(aq)} + Ce^{3+}_{(aq)}$;
die Gleichgewichtskonstante: $K_{eq} = \{[Fe^{3+}] \cdot [Ce^{3+}]\} / \{[Fe^{2+}] \cdot [Ce^{4+}]\}$.
Die Potentiale E für 25 °C: $E_{Fe} = E_{Fe}^o + \{0,059\ V \cdot lg([Fe^{3+}]/[Fe^{2+}])\}$,
                               $E_{Ce} = E_{Ce}^o + \{0,059\ V \cdot lg([Ce^{4+}]/[Ce^{3+}])\}$.
Im Gleichgewicht ist die Zellspannung $\Delta V = 0$, dementsprechend wird $E_{Ce} = E_{Fe}$; daraus folgt
$E_{Ce}^o + \{0,059\ V \cdot lg([Ce^{4+}]/[Ce^{3+}])\} = E_{Fe}^o + \{0,059\ V \cdot lg([Fe^{3+}]/[Fe^{2+}])\}$.
$E_{Ce}^o - E_{Fe}^o + 0,059\ V \cdot \{(lg[Ce^{4+}]/[Ce^{3+}]) - lg([Fe^{3+}]/[Fe^{2+}])\} = 0$ Volt
$E_{Ce}^o - E_{Fe}^o + 0,059\ V \cdot lg\ K_{eq} = 0$ V; $lg\ K_{eq} = (+1,44\ V - 0,77\ V) / 0,059\ V = +11,36$.
Die Gleichgewichtskonstante hat also den hohen Wert $K_{eq} = 2,27 \cdot 10^{11}$, das sind fast 230 Milliarden. Die Rückrechnung ergibt, daß von je einem Mol Fe^{2+} bzw. Ce^{4+} nur etwa $2 \cdot 10^{-4}$ % noch im Gleichgewicht präsent wären, entsprechend einem Reaktionsgrad $\tau = 99,9998$ %.

Wichtig: Bei der Differenzbildung ist es notwendig, gemäß Gl. 11.2 [$\Delta V = E^o_{Kat} - E^o_{An}$] als Minuend das Potential für den Reduktionsvorgang („kathodischer" Prozeß) zu setzen, als Subtrahend das Potential für den Oxidationsschritt („anodisch"), so wie hier geschehen.

Allgemein ergibt sich für den Zusammenhang zwischen der Differenz ΔV der Standardpotentiale und der Gleichgewichtskonstanten K_{eq} einer Redoxreaktion:

$$\Delta V = E = \{R \cdot T / (n \cdot F)\} \cdot ln\ K_{eq} = \{2,303\ R \cdot T / (n \cdot F)\} \cdot lg\ K_{eq} \qquad (11.6)$$

<u>für 25 °C:</u> $\Delta V = \{0,0592\ V / n\} \cdot lg\ K_{eq}$ (11.7)
(Dabei ist n die Zahl der umgesetzten Elektronen in der ausbalancierten Gleichung.)

Tab. 11.2 bringt für einige Reaktionen die Reaktionsgrade τ, die sich für unterschiedliche ΔV-Werte und Gleichgewichtskonstanten K_{eq} ergeben.

Danach verlaufen Reaktionen schon bei Potentialdifferenzen $\Delta V \geq 0,4$ V quantitativ genug, um für Gehaltsbestimmungen eingesetzt werden zu können, z. B. zur cerimetrischen Bestimmung von Eisen(II) oder von Wasserstoffperoxid mit Permanganat-Lösung. Kupfer(II) iodometrisch zu titrieren, verlangt allerdings einige zusätzliche Maßnahmen zur Gleichgewichts-Verschiebung.

Anmerkung zum System Cu^{2+}/I^-: Die Reaktion sollte kaum ablaufen! Da aber Kupfer(I)-iodid CuI ausfällt ($L_{CuI} \approx 3 \cdot 10^{-12}$ mol^2/l^2; $[Cu^+]_{sat} = 1,7 \cdot 10^{-6}$ mol/l), steigt das Potential $E_{Cu^+/Cu^{2+}}$ von +0,15 V auf +0,48 V. – Unter den Bedingungen der iodometrischen Titration von Cu(II), wo ein Iodid-Überschuß vorliegt, wird $E_{I^-/Iod}$ kleiner, die Iodid-Oxidation also zusätzlich gefördert. Auch bewirkt der Iodid-Überschuß nach dem Prinzip vom kleinsten Zwang, daß $[Cu^+]$ deutlich unter den Wert $[Cu^+]_{sat}$ für die reine gesättigte Lösung von CuI abfällt. Da schließlich das gebildete Iod durch Thiosulfat gebunden wird, läuft die Reaktion insgesamt hinreichend vollständig ab.

Tab. 11.2 Differenz ΔV (= E^o_{Kat} - E^o_{An}), Gleichgewichtskonstante K_{eq} und Reaktionsgrad τ für ausgewählte Redoxreaktionen

System (unter Normalbedingungen)	E^o_{Kat} - E^o_{An} = ΔV (alle in Volt)	K_{eq} [1)	(lg K_{eq})	Reaktionsgrad τ (%)
Permanganat im Sauren/Eisen(II)	1,51 - 0,77 = +0,74	$10^{+62,5}$	(+62,5)	100
Kupfer(II)/Iodid	0,15 - 0,54 = ⊖**0,39**	$10^{-6,6}$	(-6,6)	≈**0,05**
Eisen(III)/Iodid	0,77 - 0,54 = +0,23	$10^{+3,9}$	(+3,9)	≈99
Eisen(III)/Kupfer	0,77 - 0,34 = +0,43	$10^{+14,5}$	(14,5)	>99,9999
Iod/Eisen(II)	0,54 - 0,77 = ⊖**0,23**	$10^{-3,9}$	(-3,9)	≈**1**
Permanganat/Wasserstoffperoxid/	1,51 - 0,68 = +0,83	10^{+70}	(+70)	100
Wasserstoffperoxid/Iodid/	1,78 - 0,54 = +1,24	10^{+21}	(+21)	100
Cer(IV)/Eisen(II)	1,44 - 0,77 = +0,67	$10^{+11,3}$	(+11,3)	>99,999
Iod/Thiosulfat	0,54 - 0,17 = +0,37	$10^{+12,5}$	(+12,5)	≈99,99

[1) Auf die Wiedergabe der Einheiten zu K_{eq} wird hier verzichtet

11.5.2 Zellspannung ΔV, Gleichgewichtskonstante K_{eq} und freie Reaktionsenthalpie $\Delta_r G$

Mit Vorzeichen und Betrag der freien molaren Reaktionsenthalpie $\Delta_r G$ ist bekanntlich eine eindeutige Aussage gegeben, ob die betreffende Reaktion freiwillig entsprechend der Bruttogleichung verlaufen kann (s. 10.2).

Ein Vorzug der Elektrochemie ist, daß sie – nach Vertauschen der elektrischen Polarität der Elektrodenanschlüsse – auch solche Reaktionen zu erzwingen gestattet, die sonst wegen $\Delta_r G$ > 0 nicht freiwillig ablaufen könnten. Bei optimal, also nahe der Reversibilität geführten elektrochemischen Reaktionen ist $\Delta_r G$, die Änderung der freien Reaktionsenthalpie, mit der Zellspannung ΔV (hier mit der EMK übereinstimmend) der jeweiligen Reaktion wie folgt verknüpft:

$$\Delta_r G = - n \cdot F \cdot \Delta V \qquad (11.8)$$

n – Zahl der umgesetzten Elektronen je Formelumsatz, F – Faradaykonstante, ΔV = E = Zellspannung bei reversibler Versuchsführung

---

Beispiel 11.16

Für die Redoxreaktion im Daniell-Element (Gl. 11.1b) ergibt sich aus Gl. 11.8 entsprechend dem freiwilligen Ablauf der Reaktion als elektrische Arbeit im Grenzfall,
$\Delta_r G^o$ = -2 mol^{-1}·96.485 C·1,10 V = -212.267 VAs/mol ($\equiv$ J/mol) = -212,3 kJ/mol.
Für die umgekehrte Reaktion, die Auflösung von Kupfer und die Abscheidung von Zink, wäre ein $\Delta_r G^o$ = +212,3 kJ/mol aufzubringen, was unter Elektrolyse-Bedingungen möglich wird.

Kennt man den Zusammenhang zwischen der Zellspannung ΔV und der Gleichgewichtskonstante K_{eq} einerseits (Gl. 11.6), zwischen ΔV und der freien Reaktionsenthalpie $\Delta_r G$ andererseits (Gl. 11.8), so ergibt sich naturgemäß auch eine entsprechende Beziehung zwischen K_{eq} und $\Delta_r G$. Sie wird als *van't Hoffsche Reaktionsisotherme* bezeichnet:

$$\Delta_r G = - R \cdot T \cdot \ln K_{eq} = - 2{,}303 \cdot R \cdot T \cdot \lg K_{eq} \qquad (11.9)$$
$$R - \text{universelle Gaskonstante, } R = 8{,}314510 \text{ J/(mol} \cdot \text{K); s. 8.2.3 und Gl. 4.4)}$$

Beispiel 11.17

Für die im Anfängerpraktikum gern durchgeführte Redoxtitration von Permanganat mit Eisen(II)-Ionen (s. Beispiel 14.3) folgt aus der Differenz der Standardpotentiale {(Tabb. 11.1, 11.2), $\Delta V = E^0(Mn^{2+}/MnO_4^-) - E^0(Fe^{2+}/Fe^{3+}) = (1{,}52 - 0{,}77)V = +0{,}75 \text{ V}\}$ gemäß Gl. 11.6 mit $K_{eq} = 10^{+62{,}5} \text{ mol}^{-4}/\text{l}^{-4}$ (Tab.11.2) ein so hoher Zahlenwert, daß man vom vollständigen Ablauf der Reaktion sprechen kann. Dementsprechend ergibt Gl. 11.9 für die freie molare Standard-Reaktionsenthalpie mit $\Delta_r G^0 = -357 \text{ kJ/mol}$ einen stark negativen Wert.

Mißt man die Zellspannung ΔV in Abhängigkeit von der Temperatur, hat man damit auch einen von den üblichen thermochemischen Meßverfahren unabhängigen Zugang zur jeweiligen Reaktionsentropie $\Delta_r S$ und zur Reaktionsenthalpie $\Delta_r H$ (vgl. weiterführende Lehrbücher).

Aufgaben

Aufgabe 11.1

Was geschieht jeweils bei der Kombination folgender Redoxpartner

a) Cu-Blech/ZnSO$_4$,

b) Ag-Blech/Cu(NO$_3$)$_2$;

c) Zinkstaub/Lösung von Silbersalzen

Aufgabe 11.2

Berechnen Sie das Redoxpotential für Mn(II)/Mn(VII) für die pH-Werte 0 und 7. Die Temperatur und die Konzentrationen der Mangan-Species sollen dabei den Normalbedingungen entsprechen.

Aufgabe 11.3

Argentometrische Titration von Chlorid-Ionen {$c(Cl^-) = 10^{-2}$ mol/l} bei 25 °C: Wie groß ist der Potentialsprung zwischen 99 und 101 % der stöchiometrischen Zugabe?

(Das Löslichkeitsprodukt von AgCl ist $L_{AgCl} = 1{,}7 \cdot 10^{-10} \text{ mol}^2/\text{l}^2$, s. Tab. 13.2)

Aufgabe 11.4

Wie groß ist die Gleichgewichtskonstante K für die Reaktion A + B → C + D, wenn die freie molare Standardreaktionsenthalpie $\Delta_r G^0$ den Wert Null aufweist (Zahlenwert, Begründung)?

Aufgabe 11.5

Wie erklären Sie, daß sich aus stark saurer Pb(II)-Lösung bei der Elektrolyse an einer Bleikathode Blei abscheidet und kein Wasserstoff?

Aufgabe 11.6

Elektrolyse: Wieviel Gramm der folgenden Metalle kann man jeweils durch die Ladungsmenge 1 Faraday aus den angegebenen Lösungen erhalten?

a) Kupfer aus einer Cu(I)-Lösung

b) Zink aus $ZnSO_4$-Lösung;

c) Eisen aus $KFe(SO_4)_2$-Lösung;

d) Chrom aus $K_2Cr_2O_7$-Lösung.

Aufgabe 11.7

Wieviel Gramm der folgenden Stoffe werden durch einen Strom von geeigneter Spannung abgeschieden, wenn dessen Stärke I = 0,2 A beträgt und er für die Dauer t = 20 min fließt:

a) Wasserstoff und Sauerstoff aus verdünnt wäßriger Schwefelsäure,

b) Gold und Silber aus Lösungen von Cyanoaurat(I) bzw. Cyanoargentat(I),

c) Fluor aus einer Schmelze von Kaliumhydrogenfluorid, KHF_2.

Säure-Base-Reaktionen
(Gleichgewichte in wäßrigen Lösungen I)

Für chemische Synthesen und für andere Anwendungen werden zwar neben Wasser auch andere polare und unpolare Lösungsmittel eingesetzt, dennoch bleiben wäßrige Lösungen die wichtigsten, zumal sie auch d i e Grundlage der Lebensvorgänge bilden. – Wasser ist das verbreitetste Lösungsmittel. Es hat eine geringe Eigendissoziation (s. 12.1, 12.2), die formal zu den Ionen H^+ und OH^- führt. Es ist aufgrund seiner hohen Dielektrizitätskonstante von $\varepsilon \approx 80$ und seiner ausgeprägten Solvatationstendenz[1] vor allem geeignet zum Lösen echter Elektrolyte[2] (Salze), aber auch von potentiellen Elektrolyten (Säuren und Basen), die in polaren Lösungsmitteln gleichfalls mehr oder weniger dissoziieren (s. 12.3).

Säure- und Basegehalte lassen sich über pH-Messungen leicht quantitativ erfassen (s. 12.4). Von den zahlreichen Säure-Base-Definitionen (Tab. 12.1) ist die auf Arrhenius zurückgehende älteste im Alltag noch immer dominant (s. 12.5).

12.1 Ionenreaktionen, Säure-Base-Konzepte (Überblick)

Freie Protonen sind bekanntlich in kondensierter Phase nicht existent. Durch Reaktion der Protonen mit Wassermolekülen entstehen hydratisierte Teilchen $H^+_{hydr} \equiv H^+_{aq} \equiv [H(OH_2)_n]^+$ (n - variabel), die im Rahmen des dynamischen Dissoziations-Gleichgewichts rasch ihr Proton an benachbarte Wassermoleküle weitergeben[3].

> **Definition 12.1** *Benennung hydratisierter Protonen*: Da für n keine konstante Zahl angegeben werden kann, empfiehlt IUPAC zur Vereinfachung auch bei hydratisierten Protonen die Namen *Hydrogen-* oder *Wasserstoff-Ionen* bzw. *Hydronen*. – Als unzulässig gilt die frühere Benennung „Hydronium-Ion". Der ebenfalls gebräuchliche Name „*Oxonium-Ion*" für H_3O^+ ist auf Stoffe mit wohl definierten Ionen H_3O^+ zu beschränken, z. B. bei *Perchlorsäuremonohydrat*, $[H_3O]^+ClO_4^-$.

Die Solvatation von Protonen erfolgt unter beträchtlichem Energiegewinn, was ihre Abspaltung aus entsprechenden Verbindungen sehr begünstigt.

In den entstehenden Elektrolytlösungen stellen sich zahlreiche konzentrations- und temperaturabhängige, in der Regel miteinander gekoppelte *Dissoziations-* und *Assoziations-Gleichgewichte* ein. Ihr Ausmaß läßt sich über entsprechende *Gleichgewichtskonstanten* quantitativ erfassen.

---

[1] Solvatation ist die Anlagerung von Lösungsmittel-Molekülen (*solvens* lat. auflösendes Mittel) an Ionen oder Moleküle; bei Wasser spricht man von Hydratation (*hydor* griech. Wasser)

[2] *Elektrolyt* [griech. *elektron* Bernstein (Elektrizität beim Reiben von Bernstein mit Seide) + *lyein* lösen], d.h. durch Strom zerlegbar, verweist auf die Ionenleitfähigkeit wäßriger Lösungen

[3] Daß auch Hydroxid- und andere Anionen in wäßriger Lösung hydratisiert sind, wird beim Aufstellen von Gleichungen meist vernachlässigt.

Von den verschiedenen Möglichkeiten zur Einteilung von Reaktionen in wäßrigen Lösungen bietet sich für deren analytische Behandlung wie auch für einführende Laborpraktika die Untergliederung in *Säure-Base-* (s. 12.2), *Fällungs-* (s. 13.1), *Komplexbildungs-* (s. 13.2) und *Redox-Gleichgewichte* (s. 14) an. Es lassen sich nämlich über geeignet definierte Massenwirkungs-Quotienten ähnliche quantitative Zusammenhänge auch für andere Ionenreaktionen als Säure-Base-Gleichgewichte formulieren, also vor allem für Fällungs- und Komplexbildungs-Vorgänge. Der Bezug zu Redoxreaktionen ist dagegen eher formal, da es sich dort um *Elektronenaustausch-Reaktionen* handelt.

Die vier genannten Typen sind häufig ohnehin miteinander verkoppelt. Somit wird es erforderlich, nach Behandlung der Grundtypen auch einige praktisch wichtige kombinierte Fälle vorzustellen (s. 13.1.3, 13.2.4, 14.4).

Der Säure-Base-Begriff wurde mehrfach modifiziert, besonders in der 1. Hälfte des 20. Jahrhunderts (Tab. 12.1). Für die weitere Behandlung der Gleichgewichte in wäßriger Lösung ist deshalb eine genauere Festlegung erforderlich.

Tab. 12.1 Überblick über die wichtigsten Säure-Base-Konzepte

Urheber[4] /Jahr	Definition Säure (S) und Base (B)	Beispiele für (S) und (B)
Arrhenius 1884	Dissoziation in wss. Lösung in ... **S**: Protonen und Säurerest-Ionen, **B**: Metall-Ionen und Hydroxid-Ionen	**S**: HCl, H_2SO_4, HSO_4^- **B**:NaOH, $Ca(OH)_2$, $Ba(OH)_2$
Brønsted, Lowry, 1923	**S**: Protonen-Donatoren **B**: Protonen-Akzeptoren	**S**: HCl, H_2SO_4, HSO_4^-, H_2O, H_3O^+, OH^-, **B**: Cl^-, HSO_4^-, H_2O, OH^-, NH_3, NH_2^-
Ussanovitsch 1938	**S**: spalten Kationen ab bzw. nehmen Anionen oder Elektronen auf **B**: spalten Elektronen oder Anionen ab bzw. nehmen Kationen auf	**S + B →** ...: $As_2S_5 + 3\,S^{2-} \rightarrow 2\,AsS_4^{3-}$ $SO_3 + Na_2O \rightarrow SO_4^{2-} + 2\,Na^+$ $2\,HCl + Ba(OH)_2 \rightarrow BaCl_2 + 2\,H_2O$ $2\,HCl + Ba(s) \rightarrow BaCl_2 + H_2\uparrow$
Lewis 1938/39	**S: Elektronenpaar-Akzeptoren** **B**: Elektronenpaar-Donatoren	**S**: BF_3, $AlCl_3$, H^+, SO_2, Metall-Ionen, **B**: NH_3, Amine, Ether, OH^-, Anionen
Pearson 1963	Ausbau Lewis-Konzept: Berücksichtigung elektrostatischer Wechselwirkung („Härte" h bzw. „Weichheit" w, entsprechend der Polarisierbarkeit der Reaktanten **S** und **B**) erklärt generelle Begünstigung der S/B-Paarungen h/h bzw. w/w gegenüber h/w und w/h	**S** hart **h**: H^+, Li^+, Be^{2+}, weich **w**: Hg^{2+}, Tl^{3+}, Pb^{2+}; Donoratome in Lewis-Basen **B**... ...hart **h**: F, O, ...N, Cl, ...H ...weich **w**: Sb, As, P, Te, ...H (H^-),

Im Laboralltag ist die Beschreibung von Säuren und Basen nach *Arrhenius* (1887) zwar noch üblich, dennoch dominiert sonst in der allgemeinen Chemie das *Brønsted/Lowry*-Konzept

---

[4] Namen/Lebensdaten: Svante August Arrhenius (1859-1927), schwedischer Physikochemiker, Nobelpreis 1903; Johannes Nicolaus Brønsted (dt. Schreibung auch Brönsted/Brönstedt, 1879-1947), dänischer Physikochemiker; Thomas Martin Lowry (1874-1936) engl. Physikochemiker; Gilbert Newton Lewis (1875-1946), US-amer. Physikochemiker; Michail Iljitsch Ussanovitsch (1894-1981), sowjetischer Chemiker; Ralph G. Pearson (geb. 1919), US-amer. Chemiker

(1923). Es ist zur Berechnung von Säure-Base-Gleichgewichten besonders geeignet. Die Stärke der anderen Konzepte der Tab. 12.1 liegt in der qualitativen Bewertung von Reaktionsmöglichkeiten.

12.2 Wasser im Brønsted/Lowry-Konzept

> **Definition 12.2** *Brønsted-Säuren* sind *Protonendon(at)oren*, *Brønsted-Basen* sind *Protonenakzeptoren.*

Da in Wasser freie Protonen nicht existieren, benötigt man für Säure-Base-Reaktionen stets zwei *„korrespondierende" Säure-Base-Paare* [S_1/B_1, S_2/B_2][5]:

$$S_1 \quad + \quad B_2 \quad \rightleftharpoons \quad S_2 \quad + \quad B_1 \tag{12.1a}$$

$$HCl \quad + \quad HOH \quad \rightleftharpoons \quad H_3O^+ \quad + \quad Cl^- \tag{12.1b}$$

$$HOH \quad + \quad NH_3 \quad \rightleftharpoons \quad NH_4^+ \quad + \quad OH^- \tag{12.1c}$$

Die Lage des jeweiligen *Protolyse-Gleichgewichts* wird durch die relative Stärke der Reaktionspartner als Protonendonatoren oder -akzeptoren bestimmt. Zugleich folgt daraus, ob bzw. unter welchen Bedingungen Stoffe als Säure oder Base anzusprechen sind. Die Ladung der an Brønsted-Gleichgewichten beteiligten Teilchen ist ohne Einfluß auf die Säure-/Base-Natur; es gibt *Neutral-*, *Kation-* und *Anion-*Säuren sowie die drei entsprechenden Typen von Basen.

12.2.1 Wasser als Ampholyt, Ionenprodukt des Wassers

Ein Wassermolekül H_2O kann sowohl Protonen aufnehmen als auch abgeben (Gl. 12.1b,c). Wasser ist folglich ein *Ampholyt*[6]. Es geht mit sich selbst eine als *Autoprotolyse* bezeichnete Säure-Base-Reaktion ein:

$$H_2O \quad + \quad H_2O \quad \rightleftharpoons \quad H_3O^+ + OH^- \tag{12.2a}$$

Da hier statt definierter Ionen H_3O^+ bzw. OH^- solche mit nicht näher bekannter Zahl assozierter Wassermoleküle vorliegen, vereinfacht man zu

$$H_2O \quad \rightleftharpoons \quad H^+_{aq} \quad + \quad OH^-_{aq}, \tag{12.2b}$$

$$H_2O \quad \rightleftharpoons \quad H^+ \quad + \quad OH^-. \tag{12.2c}$$

Die Dissoziation erfolgt nur in äußerst geringem Ausmaß. Die entsprechende, mit den *Aktivitäten* der jeweiligen Partner formulierte *Gleichgewichtskonstante,*

---

[5] verwendet wird auch die Formulierung *„miteinander konjugierte* Säure-Base-Paare"

[6] griech.: *amphi* um...herum, von beiden Seiten; *lyein.* lösen

$$K_{diss} = \{a(H_3O^+) \cdot a(OH^-)\} / a(H_2O) \ , \tag{12.3}$$

ist stark temperaturabhängig; für 25 °C liegt sie bei $K_{diss} = 1,8 \cdot 10^{-16}$ mol/l.

Bei derart geringen Werten können die Aktivitäten a_i natürlich ohne weiteres durch die Konzentrationen $c(i) \equiv c_i \equiv [i]$ ersetzt werden.

Hinweis: Obwohl die Schreibweisen $c(i)$, c_i und $[i]$ an sich Gleiches ausdrücken und die DIN-Regeln die beiden ersten Kurzformen empfehlen, wird hier $[i]$ bevorzugt, da es entweder platzsparender ist oder kein Tiefstellen der Formeln erforderlich ist. Manchmal gibt c_i Bruttokonzentrationen an; die Klammerausdrücke beschreiben dann die Konzentrationen der verschiedenen zugehörigen Species $[i_1]$, $[i_2]$, $[i_3]$ (s. Gl. 12.11, Beispiel 12.1).

Durch die Dissoziation ändert sich die Konzentration $[H_2O]$ an undissoziiertem Wasser praktisch nicht. Mit der Dichte ρ von Wasser bei 25 °C, $\rho = 0,997$ g/cm^3, ergibt sich $[H_2O] = (997$ g/l$)/(18$ g/mol$) = 55,3$ mol/l. Dabei ist es ohne Belang, ob die Wasserstoff-Ionen als H_3O^+, H^+_{aq} oder H^+ in die Rechnung eingehen. – Aus $[H_2O]$ und K_{diss} ergibt sich als neue Konstante das *Ionenprodukt K_w des Wassers*:

$$K_w = K_{diss} \cdot [H_2O] = [H^+] \cdot [OH^-] \qquad \approx 1,0 \cdot 10^{-14} \ mol^2/ \ l^2 \ (\text{bei } 25 \text{ °C}) \tag{12.4}$$

In *reinem Wasser* ist die Konzentration $[H^+]$ gleich der der Hydroxid-Ionen $[OH^-]$; für beide gilt bei 25 °C: $[H^+] = [OH^-] = \sqrt{K_w} = 10^{-7}$ mol/l. Ein Liter Wasser enthält also $1,008 \cdot 10^{-7}$ g Wasserstoff-, $17,008 \cdot 10^{-7}$ g Hydroxid-Ionen.

Empfehlung. Versuchen Sie, sich die Gleichgewichtslage bei Wasser zu veranschaulichen: a) Wieviel intakte Wassermoleküle entfallen hier auf ein dissoziiertes? b) Wenn Sie durch die Länge der Gleichgewichtspfeile ⇌ den Dissoziationsgrad demonstrieren wollten und der „Dissoziationspfeil" 3 mm Länge hätte, wie lang wäre der Gegenpfeil?

12.2.2 Der pH-Begriff nach Sørensen

Um die unbequeme Schreibung von Potenzen mit gebrochenen negativen Exponenten zu umgehen, gibt man nach Sørensen (1909)[7] die Zahlenwerte für K_w, $[H^+]$ und $[OH^-]$ durch die entsprechenden *negativen dekadischen Logarithmen* an:

$$pK_w \equiv -lgK_w = -lg[H^+] \ -lg[OH^-] \equiv pH + pOH \tag{12.5}$$

Zur Veranschaulichung einige Aktivitäten $a_{(A)}$ bzw. Konzentrationen $[A]$ mit ihren p-Werten:

$a_{(A)}$, [A] (mol/l)	10^{-10}	$2 \cdot 10^{-8}$	10^{-7}	$3 \cdot 10^{-6}$	$4 \cdot 10^{-5}$	$5 \cdot 10^{-4}$	$6 \cdot 10^{-2}$	$7 \cdot 10^{-1}$	$10^{\pm 0}$	$8 \cdot 10^{\pm 0}$	10^{+1}
p-Wert	+10	$\approx$ +7,7	+7	$\approx$ +5,5	$\approx$ 4,4	$\approx$ 3,7	$\approx$ 1,2	$\approx$ 0,2	$\pm$0	$\approx$ - 0,9	-1

Prägt man sich noch Näherungswerte ein für die dekadischen Logarithmen der Zahlen 1-10,

num	1	2	3	4	5	6	7	8	9	10
lg	0	≈ 0.3	≈ 0.5	≈ 0.6	≈ 0.7	≈ 0.8	$\approx 0.8_5$	≈ 0.9	$\approx 0.9_5$	1

[7] Søren Peter Lauritz Sørensen [Sörensen] (1868-1939), dänischer Chemiker und Physiologe

ist man künftig ohne Hilfsmittel in der Lage, Werte anzugeben, die auf 0,1 lg-Einheiten genau sind. Das ist für praktische Zwecke fast immer ausreichend! Es wird darüber hinaus dem Näherungscharakter vieler Gleichgewichts-Berechnungen eher gerecht als die übliche – zwar gutgemeinte, aber Unkenntnis offenbarende – Angabe von zwei oder mehr Dezimalen.

Gibt man zu Wasser eine Säure HA, die stärker ist als die Brønstedsäure Wasser, so gehen Protonen auf Wasser über, $[H^+]$ steigt. Entsprechend fällt $[OH^-]$ wegen der Konstanz von K_w. Analog führt eine Base A^-, die stärker ist als die Brønstedbase Wasser, zum Abfall von $[H^+]$. Deshalb genügt die *Wasserstoffionen-Konzentration* a l l e i n als Maß für saure bzw. alkalische Reaktion.

Definition 12.3 Liegen in wäßriger Lösung mehr Hydroxid- als Wasserstoff-Ionen vor, steigt der pH-Wert (≡ das pH) über den Wert des Neutralpunkts (für 25 °C gilt hierfür: pH = 7), die Lösung wird als *basisch* oder *alkalisch* bezeichnet; *sauer* sind Lösungen bei einem pH < 7.

Eine scharfe Begrenzung der pH- bzw. pOH-Skala existiert nicht. Bei höheren Konzentrationen der jeweiligen Säuren und Basen entsprechen die Werte nicht einmal mehr annähernd den an sich benötigten Aktivitäten; auch komplizieren sich die pH-Messungen. Die Ansicht, daß der pH-Bereich wäßriger Lösungen bei 0-14 liegt, ist selbst für Temperaturen um 25 °C eine viel zu starke Vereinfachung!

Anmerkung. Weit verbreitet ist die Auffassung, daß neutralen Lösungen immer ein pH = 7 zukäme. Da die Autoprotolyse von Wasser stark temperaturabhängig ist, gilt das nur für 25 °C. Bei 100 °C ist z. B. $K_w = 10^{-12}$ mol²/l², d. h. die neutrale Lösung besitzt hier ein pH = 6.

12.3 Säurestärke und Dissoziationsgrad

Verallgemeinert man den Sonderfall der Autoprotolyse von Wasser (Gl. 12.2) nunmehr auf *Protonenübertragungs-Reaktionen* generell, so gelangt man zu den *Säure-* bzw. *Base-Dissoziationskonstanten*, K_S und K_B:

$$K_S = \{[H_3O^+] \cdot [A^-]\} / [HA] , \tag{12.6}$$

$$K_B = \{[BH^+] \cdot [OH^-]\} / [B] . \tag{12.7}$$

Da für ein *korrespondierendes Säure-Base-Paar* die einfache Beziehung gilt,

$$K_w = K_S \cdot K_B \quad \text{bzw} \quad pK_w = pK_S + pK_B, \tag{12.8}$$

ergeben die K_B-Werte keine zusätzliche Information. Deshalb werden meist nur die Säure-Dissoziationskonstanten K_S tabelliert. Einige Werte bringt Tab. 12.2, um den Umgang mit ihnen zu verdeutlichen. Danach kann der Dissoziationsgrad D in Abhängigkeit von K_S bzw. pK_S alle Werte D = 0-1 (bzw. 0-100 %) annehmen.

Definition 12.4 Der *Dissoziationsgrad* D ist der Quotient aus der Stoffmenge eines durch die Dissoziation entstandenen Teilchens und der Gesamt-Stoffmenge für das konjugierte Säure-Base-Paar. Entstehen z. B. aus einem Mol Säure 0,1 mol der Produkte, so ist D = 0,1 ≡ 10 %.

Tab. 12.2 <u>Spalte 1-3</u>: Dissoziationsgrad D von Brønstedsäuren HnA einer Brutto-Konzentration , cS = 0,1 mol/l in Abhängigkeit von der Dissoziationskonstante KS(n); <u>Spalte 4-6</u>: Einige pK_S-Werte; für Neutralsäuren gilt z. B.: $K_S = \{[H^+] \cdot [H_{n-1}X^-]\}/[H_nX]$)

K_S	pK_S	D (%)	Brønsted-Säure	konjugierte Base	pK_S
∞	$-\infty$	100		{Grenzfall}	
10^{10}	-10	99,999999999	$HClO_4$	$\leftrightharpoons$ ClO_4^-	-10
10^3	-3	99,99	H_2SO_4	$\leftrightharpoons$ HSO_4^-	-3
10^2	-2	99,9	H_3O^+	$\leftrightharpoons$ H_2O	-1,7
10^1	-1	99,0	HNO_3	$\leftrightharpoons$ NO_3^-	-1,4
$10^0 \equiv 1$	0	91,6	–	–	–
10^{-1}	1	61,6	–	–	–
10^{-2}	2	27,0	H_3PO_4	$\leftrightharpoons$ $H_2PO_4^-$	+2,2
			$[Fe(OH_2)_6]^{3+}$	$\leftrightharpoons$ $[Fe(OH)(OH_2)_5]^{2+}$	+2,5
10^{-3}	3	9,5	HF	$\leftrightharpoons$ F^-	+3,2
10^{-5}	5	1,0	$H_3C-COOH$ (Hac)	$\leftrightharpoons$ ac^-	+4,75
10^{-6}	6	0,3	CO_2/H_2O	$\leftrightharpoons$ HCO_3^-	+6,3
10^{-7}	7	0,1	$H_2PO_4^-$	$\leftrightharpoons$ HPO_4^{2-}	+7,1
10^{-10}	10	0,003	HCO_3^-	$\leftrightharpoons$ CO_3^{2-}	+10,3
10^{-12}	12	0,0003	HPO_4^{2-}	$\leftrightharpoons$ PO_4^{3-}	+12,3
$10^{-\infty}$	∞	0		{Grenzfall}	

Wie berechnet man nun die pH-Werte der Säurelösungen? Generell hat man – hier für Neutralsäuren HA formuliert – folgende Bestimmungsgleichungen:

1) die *Säuredissoziations-Konstante(n)* K_S $= \{[H_3O^+] \cdot [A^-]\} / [HA]$,   (12.9)

2) das *Ionenprodukt des Wassers* K_W $= [H^+] \cdot [OH^-]$,   (12.10)

3) die *Massenbilanz-Gleichung* für c_S c_S $= [HA] + [A^-]$,   (12.11)

4) die *Elektroneutralitäts-Beziehung* $[H_3O^+] = [A^-] + [OH^-]$ (12.12)

Diese Gleichungen für die Säure HA lassen sich leicht an andere Fälle anpassen.

Beispiel 12.1

Mehrwertige (s. 6.4.1.) *Säuren*: Bei Orthophosphorsäure H_3PO_4 haben wir ...
1) drei Dissoziationskonstanten, nämlich $K_{S(1)}, K_{S(2)}, K_{S(3)}$ (s. Tab. 12.1),
3) die Beziehung c_S $= [H_3PO_4] + [H_2PO_4^-] + [HPO_4^{2-}] + [PO_4^{3-}]$,
4) die Beziehung $[H_3O^+] = [H_2PO_4^-] + 2[HPO_4^{2-}] + 3[PO_4^{3-}] + [OH^-]$.
Die Faktoren „2" bzw. „3" bei der Elektroneutralitäts-Beziehung sind notwendig, da die beiden Ionen zwei- bzw. dreifach geladen und folglich doppelt bzw. dreifach zu berücksichtigen sind.

Meist fallen pH-Rechnungen den Studierenden zunächst schwer, wohl wegen der Verknüpfung von ungewohnten stöchiometrischen Überlegungen mit dem Berechnen von Potenzen und Logarithmen. Deshalb wird nun ein Beispiel ausführlich gerechnet. Dabei soll auch ersichtlich werden, daß bei wirklichem Verständnis für das Problem zeitsparende Näherungen möglich sind.

Tabellenwerke enthalten zwar meist auch Näherungsformeln für unterschiedliche Spezialfälle von Säure-Base-Reaktionen (die alle letztlich auf den vorgenannten vier Gleichungstypen basieren), aber auch deren Nutzung setzt ein Verständnis des Gesamtzusammenhangs voraus.

Beispiel 12.2

Wie ist der Dissoziationsgrad D und das pH einer wäßrigen Lösung von *Ameisensäure* (Methansäure) HCOOH? (Konzentration $c_S = 0,1$ mol/l; $K_S = 2 \cdot 10^{-4}$ mol/l, $pK_S = 3,7$)

a) Zunächst ergibt der <u>Blick in Tab. 12.2</u> für D einen Schätzwert von etwa 5 %, was zu einer Konzentration $[H^+] \approx 0,05 \cdot 0,1$ mol/l $\approx 5 \cdot 10^{-3}$ mol/l führte und damit ein pH $\approx 2,3$ ergäbe.

b) Die <u>Rechnungen im einzelnen</u>: Die Dissoziation liefert identische Stoffmengen x an Wasserstoff- und Formiat-Ionen gemäß

   $$HCOOH \; \leftrightharpoons \; H^+ \; + \; HCOO^-$$

   c_S-x $\quad \leftrightharpoons \quad$ x $\; + \;$ x; $\quad$ im Gleichgewicht ergäbe sich: x $= [H^+] = [HCOO^-]$.

   Für K_S folgt: $K_S = \{x$ mol/l $\cdot$ x mol/l$\} / (c_S$-x$) = [x^2 / (c_S$-x$)]$ mol/l $= 10^{-3,7}$ mol/l. –
   Nun gibt es zwei Möglichkeiten: Man kann näherungsweise in der Differenz „$(c_S$-x$)$" die Wasserstoffionen-Konzentration x vernachlässigen oder exakt weiterrechnen.

b$_1$) <u>Näherung</u> [HCOOH] $\approx 0,1$ mol/L: $[H^+] \approx \sqrt{(K_S \cdot 0,1 \text{ mol/l})} \approx (10^{-4,7} \text{ mol}^2/l^2)^{-1/2} \approx$
   $\approx (10^{+1,3} \cdot 10^{-6} \text{ mol}^2/l^2)^{-1/2} \approx 0,0045$ mol/l $\approx 4,5$ mmol/l.
   Somit wäre der pH-Wert der Lösung ca. 2,4, der Dissoziationsgrad D $\approx 4,5$ %.

b$_2$) Die <u>exakte Rechnung</u> führt zu einer gemischt-quadratischen Gleichung:
   $K_S = 10^{-3,7}$ mol/l $= [x^2 / (c_S$-x$)] \quad \Rightarrow \quad x^2 + K_S \cdot x - K_S \cdot c_S = 0$
   $x = \quad [H^+] = - K_S / 2 + (K_S^2 / 4 + K_S \cdot c_S)^{-1/2} = -10^{-4}$ mol/l $+ \sqrt{\{(10^{-7,4} / 4) + 10^{-4,7}\}}$ mol/l $=$
   $[H^+] = -10^{-4}$ mol/l $+ (10^{-8} + 10^{+1,3} \cdot 10^{-6})^{-1/2} = -10^{-4}$ mol/l $+ (10^{-8} + 2000 \cdot 10^{-8})^{-1/2}$ mol/l $=$
   $= (-10^{-4} + 44,7 \cdot 10^{-4})$ mol/l $= 43,7 \cdot 10^{-4}$ mol/l $= 4,37 \cdot 10^{-3}$ mol/l.
   Somit ist der pH-Wert der Lösung pH $= 2,36$; der Dissoziationsgrad D beträgt 4,37 %.

Der Unterschied zwischen Näherung und exakter Rechnung ist unerheblich. –Die Konzentrationen $[H^+]$ und $[OH^-]$ in Summen und Differenzen zu vernachlässigen, ist aber nur bei relativ schwachen Säuren/Basen und in nicht zu verdünnter Lösung zulässig. Sonst sind $[H^+]$ und $[OH^-]$ nicht klein genug gegen c_S bzw. c_B.

Organische Säuren (s. 36.3.2) wie *Essigsäure* oder die eben behandelte *Ameisensäure* sind mit pK_S-Werten zwischen 3 und 6 in der Regel mittelstark bis schwach; ihre saure Reaktion geht auf die Übertragung von Wasserstoff-Ionen aus der Carboxylgruppe auf Wassermoleküle zurück.

Anorganische Säuren haben einen weiten pK_S-Bereich (s. 18.3): Bei den *Halogenwasserstoffsäuren* HX (X = F, Cl, Br, I) wächst die Dissoziation mit der Ordnungszahl von X. Oxosäuren dissoziieren besonders stark, wenn auf viele Sauerstoffe wenige Wasserstoffatome entfallen. Der starke Aciditätsabfall mehrwertiger Säuren mit abnehmender Protonenzahl führt bei *Orthophosphorsäure* H_3PO_4 zu $pK_{S(1)} = +2,2$, $pK_{S(2)} = +7,1$ und $pK_{S(3)} = 12,3$. Demnach ist H_3PO_4 eine recht starke *Neutralsäure*, das *Dihydrogenphosphat*-Ion $H_2PO_4^-$ eine schwache, das *Monohydrogenphosphat*-Ion HPO_4^{2-} eine äußerst schwache *Anionsäure*.

Anmerkung. In wäßriger Lösung sind stärkere *Brønstedsäuren* als das *hydratisierte Proton* H_{aq}^+ und stärkere *Brønstedbasen* als das *Hydroxid-Ion* OH^-_{aq} nicht existent. Zwar gibt es Säuren und Basen mit größeren Werten K_S und K_B (s. Tab. 12.2), doch kommt es in Wasser zur *Nivellierung*, d.h. zu praktisch vollständiger Protolyse (z. B. zu $H_{aq}^+ + ClO_4^-$ bei *Perchlorsäure*, zu $NH_3 + OH^-$ bei *Amid-Ionen* NH_2^-). – In geeigneten polaren Lösungsmitteln kann die Nivellierung aufgehoben werden. So lassen sich sehr starke Brønstedsäuren in konzentrierter Essigsäure (*Eisessig*), starke Brønstedbasen in flüssigem *Ammoniak* unterscheiden.

Binäre Wasserstoffverbindungen H_2Y (mit Y = O, S, Se, Te) sind *zweiwertige Säuren*. Wasser H_2O ist sowohl eine sehr schwache Säure als auch eine überaus schwache Base. Schwefelwasserstoff H_2S mit $pK_{S(1)} = 7,0$ ist etwa 10^9mal saurer als Wasser ($pK_{S(1)} \approx 15,7$), die Anionsäure Hydrogensulfid HS^- mit $pK_{S(2)} \approx 13$ sogar um den Faktor 10^{16} saurer als OH^- mit seinem $pK_{S(2)} \approx 29$.

12.4 Säure-Base-Titrationen

Zur kontinuierlichen pH-Messung in wäßriger Lösung verwendet man meist *Glaselektroden* (s. Bild 11-2b), in der Regel als bequeme Einstab-Elektrode.

Führt man die Umsetzungen als *Titration* durch (s. 11.4), mißt man beim Erreichen der jeweils äquivalenten Stoffmenge einen mehr oder weniger ausgeprägten *pH-Sprung*. Die dadurch angezeigten *Äquivalenzpunkte* gestatten dann die Berechnung des Basen- bzw. Säure-Gehalts in der Probe (Bild 12.1 zu Beispiel 12.3). Wird mit Laugen wie KOH oder NaOH titriert, spricht man auch von *Alkalimetrie*, bei Säuren als Maßlösung von *Acidimetrie*.

Beispiel 12.3

Säure-Base-Titration: Umsetzung von je 100 ml Lösung ein- und mehrwertiger Säuren der Konzentration c_S = 0,1 mol/l mit x ml der Brønsted-Base OH^-, z. B. in Form einer Lösung der Arrhenius-Base KOH mit c_{OH} = 1,00 mol/l:

a) Chlorwasserstoff (*Salzsäure*): Die de facto vollständige Dissoziation ergibt $pH_{(0)}$ = -lg 10^{-1} = 1. Bei Laugenzugabe fällt $[H^+]$ ab; die Ionen K^+_{aq} und Cl^-_{aq} verändern als extrem schwache Brønsted-Säure bzw. -Base die Wasserdissoziation nicht. Sind nach Zugabe von 0,900 ml Lauge noch 10 % der Ionen $H^+_{(aq)}$ vorhanden (τ = 0,9 ≡ 90 %), folgt $pH_{(0,9)}$ = 2. Entsprechend folgen für 1 % (0,1 %, 0,01 %, ...) des Ausgangswertes $[H^+]$ die Werte $pH_{(0,99)}$ =3, $pH_{(0,999)}$ = 4, $pH_{(0,9999)}$ = 5 usw.; für exakt 100%ige Umsetzung (τ = 1) würde man ein $pH_{(1)} \rightarrow \infty$ erwarten.

Ein Laugen*überschuß* von 100 % (τ = 2,0; 2,000 ml Lauge) führte zu $[K^+]$ = 0,2 mol/l und zu $[OH^-]$ = $[Cl^-]$ = 0,1 mol/l. Für $[OH^-]$ folgt $pOH_{(2)}$ = -lg 10^{-1} = 1. Gemäß Gl. 12.4/12.5 gehört dazu ein $pH_{(2)}$ = 13. Bei einem 10 %igen *Überschuß* von OH^- (τ = 1,1) ergäbe sich ein $pH_{(1,10)}$ = 12, bei 1 % (0,1 %, 0,01 %, ...) entsprechend $pH_{(1,01)}$ = 11, $pH_{(1,001)}$ = 10, $pH_{(1,0001)}$ = 9 usw.; mithin würde man für eine exakt 100%ige Umsetzung (Reaktionsgrad 1) ein $pH_{(1)} \rightarrow -\infty$ erwarten.

pH am *Äquivalenzpunkt* ist nur dann unbestimmt, wenn die jeweiligen Gegen-Ionen OH^- und H^+ vernachlässigt werden. Die Gll. 12.4/12.5 ergeben hierfür $[OH^-]$ = $[H_3O^+]$; pH = pOH = +7.

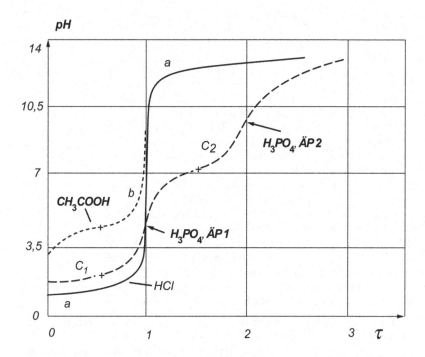

Bild 12-1 Titrationskurven für Säuren der Bruttokonzentration $c_S = 0,1$ mol/l bei 25 °C:
pH-Wert in Abhängigkeit von der Zahl τ der Stoffmengen-Äquivalente an KOH; in Klammern
geeignete pH-Indikatoren zur visuellen Bestimmung des Umschlags;

a) Salzsäure   (Bromthymolblau: pH 6,2 gelb $\rightleftharpoons$ 7,6; blau),

b) Essigsäure   (Phenolphthalein: pH 8,0 farblos $\rightleftharpoons$ 10,0; rot),

c) Orthophosphorsäure H_3PO_4 (1 Bromkresolgrün: pH 4,0 gelb $\rightleftharpoons$ 5,6; blau;

                          2 Thymolphthalein: pH 9,4 farblos $\rightleftharpoons$ 10,6; blau)

b) *Essigsäure* (Ethansäure, $pK_S = 4,75$): Für $pH_{(0)}$ ergibt Tab. 12.1 einen Dissoziationsgrad von etwas
mehr als 1 %; bei $c_S = 0,1$ mol/l folgt daraus $pH_{(0)} \leq 3,0$. Die Näherungsrechnung (Beispiel 12.2b$_1$)
liefert $pH_{(0)} = 2,88$, die exakte Rechnung (Beispiel 12.2b$_2$) ein $pH_{(0)} = 2,87_5$ [8].
Für die weitere Rechnung ist die logarithmierte Form des Ausdrucks für K_S vorteilhaft, wobei „ac$^-$" für
das Acetat-Ion H_3C-COO$^-$ stehe: $\lg K_S = \lg[H^+] + \lg[ac^-] - \lg[Hac]$. In der „p-Schreibweise" folgt
daraus $pK_S = pH - \lg[ac^-] + \lg[Hac]$; nach Umstellen für pH ergibt sich

$$pH = pK_S + \lg([ac^-] / [Hac]),\qquad\qquad\qquad (12.13)$$

die 1916 aufgestellte *Henderson-Hasselbalch-Gleichung*. Für die weitere Rechnung genügt es, bis in
die Nähe des Äquivalenzpunktes ÄP bestimmte Verhältnisse [Hac] / [ac] zu betrachten:

---

[8] Bei der üblichen Meßunsicherheit der pH-Messungen von ca. 0,05 Einheiten bringt die exakte
     Rechnung keinerlei Gewinn; für die Interpretation der Kurve **b**) reicht der 1. Überschlag aus

[ac⁻]/[Hac]	1/100	1/10	1/5	1/3	1/2	**1/1**	2/1	3/1	5/1	10/1	100/1
lg([ac⁻]/[Hac])	(-2)	-1	-0.7	-0.48	-0.30	**0**	+0.30	+0.48	+0.7	+1	+2
pH	$(2,75)^9$	3,75	4,05	4,27	4,45	**4,75**	5,05	5,23	5,45	5,75	6,75

Es verbleibt, den pH-Wert für ÄP zu berechnen. Zum Einsetzen in die Gleichung für die Dissoziationskonstante K_S, $K_S = [H^+] \cdot [ac^-] / [Hac]$, stehen zur Verfügung:
– die *Elektroneutralitätsbeziehung* (s. Gl 12.12): $[ac^-] + [OH^-] = [H^+] + [K^+] = [K^+]$, [10]
– die *Massenbilanz*-Gleichung (s. Gl 12.11): $c_S = 0,1$ mol/l $= [ac^-] + [Hac]$.
$[K^+]$ ist mit der Ausgangskonzentration c_S und dem Reaktionsgrad τ gemäß $[K^+] = \tau \cdot c_S$ eindeutig verknüpft; wegen $\tau = 1$ für ÄP wird dort $[K^+] = c_S = 0,1$ mol/l.
Damit folgt: 0,1 mol/l $= [ac^-] + [Hac] = [ac^-] + [OH^-]$; $\Rightarrow [Hac] = [OH^-]$.
Für $[OH^-]$ gilt gemäß Gl. (12.4): $[OH^-] = K_w / [H^+] = \{10^{-14} \text{ mol}^2/l^2\} / [H^+]$.
Es gibt nun genügend Bestimmungsgleichungen. Analog zu Beispiel 12.2 kann genähert oder exakt weitergerechnet werden. Wir beschränken uns auf die Näherung:
$K_S = \{[H^+] \cdot [ac^-]\} / [Hac] \approx [H^+] \cdot c_S / [OH^-] \approx [H^+] \cdot c_S / (K_w / [H^+]) \approx [H^+]^2 \cdot c_S / K_w$
$[H^+]^2 \approx K_S \cdot K_w / c_S \approx (1,75 \cdot 10^{-5} \text{ mol/l} \cdot 10^{-14} \text{ mol}^2/l^2) / (10^{-1} \text{ mol/l}) \approx 1,75 \cdot 10^{-18} \text{ mol}^2/l^2$
$[H^+] \approx 1,3 \cdot 10^{-9}$ mol/l; als pH-Wert für den Reaktionsgrad $\tau = 1$ ergibt sich somit $pH_{(1)} \approx 8,88$. [11]
Bei dieser gemeinhin als „*Neutralisation*" bezeichneten Umsetzung ist also ÄP kein „Neutralpunkt", da Acetat eine weit stärkere Brønsted-Base ist als das Ion K^+_{aq} eine Brønsted-Säure.

c) *Orthophosphorsäure* H_3PO_4: Die Umsetzung dieser dreiwertigen Säure ist nunmehr auch quantitativ leicht zu verstehen, wenn man die pK_S-Werte von Tab. 12.2 heranzieht:
Bei Reaktionsgraden $\tau = 0 - 1$ reagiert die relativ starke Brønstedsäure H_3PO_4 zur konjugierten Base $H_2PO_4^-$ ($pK_{S(1)} = +2,2$). Die Titrationskurve ähnelt sehr der von Salzsäure, ist aber wegen des größeren $pK_{S(1)}$ zu höheren pH-Werten verschoben. Der pH-Sprung bei ÄP ist wesentlich geringer als bei Salzsäure, da sich die nächste Umsetzung unmittelbar anschließt.
Bei Reaktionsgraden $\tau = 1 - 2$ reagiert die schwache Brønstedsäure $H_2PO_4^-$ zur konjugierten Base HPO_4^{2-} ($pK_{S(2)} = +7,1$). Die Titrationskurve ähnelt der von Essigsäure, ist aber wegen des höheren Wertes $pK_{S(2)}$ zu höheren pH-Werten verschoben. Der pH-Sprung bei ÄP ist geringer als bei Essigsäure. Während dort Acetat-Ionen unmittelbar mit der Brønstedsäure Wasser reagieren, ist hier noch eine Umsetzung vorgeschaltet, nämlich für Reaktionsgrade $\tau = 2 - 3$ die Umsetzung der außerordentlich schwachen Brønstedsäure HPO_4^{2-} zur Base PO_4^{3-} ($pK_{S(3)} = +12,3$). Zwar ist HPO_4^{2-} 2500x saurer als H_2O, der Unterschied genügt aber nicht für einen weiteren pH-Sprung.
Der Bereich $\tau = 0 - 2$ ist auch quantitativ-analytisch gut verwertbar. Für die jeweils hälftige Umsetzung ($\tau = 0,5$ bzw. 1,5) gilt näherungsweise pH $\approx$ pK; die pH-Werte an den Äquivalenzpunkten bei $\tau = 1$ bzw. $\tau = 2$ ergeben sich als Mittelwerte aus den betreffenden pK-Werten, also $pH_{(1)} \approx \frac{1}{2} (2,2 + 7,1) \approx 4,65$ bzw. $pH_{(2)} \approx \frac{1}{2} (7,1 + 12,3) \approx 9,7$.

Wie erwähnt, enthalten Tabellenwerke Formeln für pH-Berechnungen. Wir empfehlen dennoch, zuerst mit den Grundgleichungen einige Aufgaben selbständig zu lösen, um ein Gefühl für die geeigneten Näherungen zu entwickeln.

pH-Indikatoren[12]. Geht es nur um die Anzeige des *Äquivalenzpunkts* ÄP, ist das Registrieren der pH-Kurve überflüssig. Es genügt, geringe Mengen eines geeigneten pH-Indikators

---

[9] Dieser Wert wäre nur realistisch in Gegenwart einer stärkeren Säure, die die Eigendissoziation der Essigsäure zurückdrängt; Hac selbst ist ja schon zu etwas mehr als 1 % dissoziiert.

[10] In Summen und Differenzen ist $[H^+]$ zu vernachlässigen, da nahe ÄP $[H^+] \leq 10^{-6} [K^+]$.

[11] Die genaue Rechnung führt über eine gemischt-quadratische Gleichung auch zu $pH_{(1)} = 8,88$.

zuzusetzen. Hierbei handelt es sich meist um organische Farbstoffe, bei denen die Brønstedsäure der allgemeinen Formel HInd eine andere Farbe besitzt als die konjugierte Base Ind.[13]

Um den gewünschten pH-Sprung bei ÄP zu indizieren, werden Indikatoren benötigt, deren pK_S-Wert dem jeweiligen $pH_{(ÄP)}$ nahekommt. Dann existieren im allgemeinen bei $pK_{S(HInd)}$ = $pH_{(ÄP)}$ gerade gleiche Stoffmengen der verschieden gefärbten Species HInd und Ind. Weil nur wenig Indikator zugegeben wurde (im Idealfall entsprechend e i n e m Tropfen Maßlösung), führt schon ein sehr geringes Überschreiten von ÄP durch starke Änderung des Quotienten [HInd]/[Ind] zum *Farbumschlag*. Zuviel Indikator bewirkte zwei Fehler: Der Umschlag wäre in der zu intensiv gefärbten Lösung schwer zu erkennen, außerdem erfolgte er schleppend wegen des nötigen Mehrverbrauchs an Maßlösung.

Die zu Bild 12-1 genannten Indikatoren entsprechen den Vorgaben. Bei Salzsäure ist die Wahl unkritisch. Selbst *Methylorange* mit dem Umschlag bei pH = 3,1-4,4 gibt wegen des sehr steilen pH-Sprungs meist genügend genaue Resultate.

Im Labor reicht es oft aus, einen geeigneten pH-Wert näherungsweise einzustellen. Hierzu dienen Teststreifen aus Filterpapier, die mit Lösungen von pH-Indikatoren vorbehandelt sind. Sie indizieren den pH-Wert ungefähr, bei *Mischindikatoren* auch schon für relativ enge Intervalle.

Pufferlösungen. Die Kurven **b** und **c** in Bild 12-1 belegen, daß bei mittleren Reaktionsgraden τ, $\tau \approx 0,5$ bzw. $\approx 1,5$, der pH-Wert am wenigsten auf Lauge- oder Säurezusatz reagiert. Die durch OH^- bzw. H^+ bedingten Störungen des Dissoziationsgleichgewichts werden gewissermaßen „abgepuffert", durch Gleichgewichtsverschiebung effektiver kompensiert als bei anderen τ-Werten.

Pufferlösungen haben also ihre maximale *Pufferkapazität* bei pH = pK_S. Eine Tabelle der pK_S-Werte gestattet unmittelbar, für bestimmte pH-Bereiche geeignete Puffer vorzuschlagen, z. B. Essigsäure/Acetat für pH $\approx$ 4-5 und Ammoniak/Ammoniumchlorid für pH $\approx$ 9-10. – Das Einhalten weitgehend konstanter pH-Werte ist besonders für biochemische Vorgänge von großer Bedeutung. So trägt der Puffer „Kohlensäure"(= $CO_2 \cdot H_2O$)/Hydrogencarbonat wesentlich bei zur lebensnotwendigen Konstanz des Blut-pH-Wertes um pH $\approx$ 7,4.

12.5 Das Arrhenius-Konzept im Chemie-Alltag

Das alte Arrhenius-Konzept findet auch heute noch verbreitet Anwendung, z. B., wenn man im Labor in Abzügen oder Chemikalienschränken die starken, zum Teil flüchtigen „Säuren" {HCl, HNO_3, H_2SO_4, H_3PO_4} getrennt aufbewahrt von den „Basen" oder „Laugen" {NaOH, KOH, $NH_3 \cdot aq$, $Ba(OH)_2$}, oder auch, wenn man vom „Ansäuern", „Neutralisieren" oder „Alkalischmachen" der Lösungen spricht. Auch für qualitative Betrachtungen zu manchen Reaktionstendenzen ist es durchaus geeignet. – Im Brønsted-Konzept dagegen gibt es die klassischen Arrhenius-Begriffe Salzbildung, Neutralisation und Hydrolyse überhaupt nicht mehr.

---

[12] *indicare* latein. anzeigen
[13] Wegen der unterschiedlichen Indikatortypen wird auf die Angabe von Ladungen verzichtet.

Nach Arrhenius ...

1) ...sind Säuren Stoffe, die in wäßriger Lösung in Protonen und Säurerest-Ionen dissoziieren,

2) ...sind Basen Stoffe, die in wäßriger Lösung in Hydroxid-Ionen und Metall-Ionen zerfallen,

3) ...bilden sich Salze aus der Umsetzung von Säuren mit Basen, also durch deren Neutralisation, z. B. gemäß $HCl + NaOH \rightleftharpoons NaCl + H_2O$,

4) ...ist Hydrolyse die Umkehr der Neutralisation, also die Reaktion der Salz-Ionen mit Wasser.

Im Brønsted-Konzept „bilden" sich keine Salze, sondern deren Ionen bleiben in der Lösung „übrig", nachdem H^+- und OH^--Ionen zusammengetreten sind. Diese Reaktion bewirkt nur dann eine „Neutralisation", wenn sie ohne jede Verschiebung der in reinem Wasser vorliegenden Relation $H^+ : OH^- = 1:1$ erfolgt. Das ist sowohl bei gleichstarken oder gleichschwachen Partnern gegeben: So ist zufällig $pK_S(Hac) = pK_B(NH_4^+)$, damit hat eine Ammoniumacetat-Lösung ein $pH = 7$.

Beispiel 12.4

„Neutralisation": Meist wechselwirken Brønstedbase und Brønstedsäure verschieden stark mit Wasser, so daß dessen Autoprotolyse-Reaktion verschoben wird:

a) Das *Acetat-Ion* $H_3C\text{-}COO^-$ ist eine relativ starke Brønstedbase, das hydratisierte Natrium-Ion $Na(OH_2)_n^+$ eine extrem schwache Brønstedsäure; eine Natriumacetat-Lösung reagiert alkalisch.

b) Das *Hexaaquaeisen(III)-Ion* $[Fe(OH_2)_6]^{3+}$ ist eine recht starke Brønstedsäure, etwa 200fach stärker als Essigsäure (s. Tab. 12.1), das Sulfat-Ion ist dagegen eine extrem schwache Brønstedbase. In einer $Fe_2(SO_4)_3$-Lösung verschiebt sich das Gleichgewicht weit in den sauren Bereich. – So resultieren pH-Werte von ≤ 3 in Restseen des Braunkohlentagebaus aus der Verwitterung anstehender Eisen(II)-sulfide unter Bildung von Sulfat und Fe(III)-Aquakomplexen.

Die Abweichung des pH-Werts vom Neutralpunkt 7 spielte bei Säure-Base-Titrationen (Bild 12.1) eine Rolle. Obgleich dort die pH-Rechnungen auf dem Brønsted-Konzept basierten, sind „Säure" {HCl, H_3PO_4 etc.} und „Base" {KOH, „NH_4OH"} dennoch implizit Arrhenius-Ausdrücke.

Schließlich verwenden wir alle den Salzbegriff nach Arrhenius noch für die aus der wäßrigen Lösung letztlich erhältlichen „Protolyseprodukte":

Einwertige Säuren bilden e i n e Reihe *Salze*, z. B. Chloride und Nitrate, mehrwertige Säuren entsprechend mehrere Reihen, Orthophosphorsäure z. B. d r e i Reihen, nämlich Dihydrogen-phosphate $M^I H_2PO_4$, (Mono)Hydrogen-phosphate $M^I_2HPO_4$ sowie tertiäre Phosphate $M^I_3PO_4$.

Salze werden auch gebildet durch Umsetzung von Säureanhydriden, wie SO_3, CO_2, mit Basen oder Basenanhydriden, z. B. gemäß $SO_3 + CaO \rightarrow CaSO_4$.

Beim Lösen von Metallen in Säuren wird neben der Bildung von *Salzen* in einer Redoxreaktion auch Wasserstoff frei, z. B. nach: $Al + 3\,H_3O^+_{aq} + 3\,Cl^-_{aq} \rightarrow Al^{3+}_{aq} + 3\,Cl^-_{aq} + 3/2\,H_2\uparrow + 3\,H_2O$.

Aufgaben

Aufgabe 12.1

Chemikalienflaschen sollten nicht offen stehen. Beispielsweise verändern sich Alkalimetall-hydroxide $M^I OH$, wenn sie unverschlossen aufbewahrt werden. Warum (Gleichung)?

Aufgabe 12.2

Ordnen Sie die folgenden Species, HCN, NH_4^+, HCO_3^-, H_2O, $[Al(OH_2)_4(OH)_2]^+$, H_3O^+, HSO_4^-, H_3PO_4, NH_3, HPO_4^{2-}, entsprechend ihrer Ladung und Funktion nachstehenden Brønstedschen Stoffgruppen zu (Mehrfachnennungen sind erwünscht): Neutral-, Kation-, Anion-Säuren; Neutral-, Kation-, Anion-Basen; Ampholyte

Aufgabe 12.3

pH-Wert. Berechnen Sie $[H_3O^+]$ für Lösungen mit den Werten pH = 1,70, = 9,80.

Aufgabe 12.4

Für die Dissoziationskonstante der Essigsäure (Hac) bei 25 °C gilt: K_{Hac} = 1,8 · 10^{-5} mol/l. Wie groß sind näherungsweise Konzentration $[H^+]$, pH-Wert und Dissoziationsgrad D (s. Definition 12.4) in einer wäßrigen Lösung der Ausgangskonzentration c_{Hac} = 0,1 mol/l? Hinweis als Frage: Warum ist als Näherung die Gleichsetzung $[Hac]$ = c_{Hac} erlaubt?

Aufgabe 12.5 Äquivalenzpunkt (ÄP) von Säure-Base-Titrationen:

In welchem pH-Gebiet (<, =, >7) liegt ÄP, je nach verwendeter Säure/Base-Kombination (S / B; st – stark, schw – schwach)?

Kombination	a) S schw, B st	b) S st, B st	c) S st, B schw	d) S schw, B gleich schw
pH-Bereich				

Aufgabe 12.6

Nur wenige Elektrolyte zeigen in wäßriger Lösung ein pH = 7. Ordnen Sie die pH-Werte = 1, 3, 7, 11, 13 den Lösungen nachstehender Stoffe zu (jeweils c = 0,1 mol/l):

Essigsäure, Kaliumcarbonat, Salzsäure, Natriumhydroxid, Kaliumchlorid

Aufgabe 12.7 Säure-Base-Titrationen mittels pH-Farbindikatoren: Welche Anforderung wird an den Indikator gestellt, damit der Äquivalenzpunkt (ÄP) optimal erkannt werden kann?

Aufgabe 12.8

Für die Titration einer verdünnten Ameisensäure mit verdünnter Natronlauge stehen folgende pH-Indikatoren zur Auswahl; welchen würden Sie einsetzen und warum?

Indikator HInd	Methylorange	Bromthymolblau	Phenolphthalein	Methylrot
pH-Umschlagsbereich	3,1 – 4,4	6,2 – 7,6	8,0 – 9,8	4,4 – 6,2

Aufgabe 12.9 pH-Puffer I:

Welche der unten angegebenen Stoffe eignen sich? Stellen Sie in einer Tabelle Brønsted-säure/konjugierte Base der jeweiligen schwachen Säure die entsprechende korrespondierende Base gegenüber: Cl^-; H_2SO_4; NO_3^-; H_3PO_4; NH_4^+; $H_2PO_4^-$; „H_2CO_3" (CO_2 · aq); NH_3; HNO_3; $H_3C-COOH$; HCl; H-COOH; HSO_4^-; H_3C-COO^-; HPO_4^{2-}; CO_3^{2-}; SO_4^{2-}; PO_4^{3-}; $H-COO^-$; HCO_3^-.

Hinweis: Bei mehrwertigen Säuren ergeben sich mehrere Säure/Base-Paare.

Aufgabe 12.10 pH-Puffer II:

Häufig gebrauchte Puffer sind:

a)   Essigsäure/Acetat;

b)   Ammonium/Ammoniak;

c)   Dihydrogenphosphat/Monohydrogenphosphat;

d)   Hydrogencarbonat/Carbonat.

Geben Sie die pH-Werte an, bei denen die Pufferwirkung optimal ist. Begründen Sie Ihre Entscheidung.

Aufgabe 12.11 pH-Puffer III:

In 500 ml einer verdünnt-wäßrigen Lösung von Essigsäure (Hac) mit c_{Hac} = 0,1 mol/l wird 1,0 g festes Natriumhydroxid gelöst (Das Volumen ändert sich dabei nicht).

a)   Welcher Vorgang läuft ab (Gleichung)?

b)   Welches pH hat die Lösung (Dissoziationskonstante K_{Hac} = 1,78·10^{-5} mol/l; pK = 4,75) ?

c)   Zeichnen Sie schematisch in einem Diagramm „pH / Äquivalente NaOH" die Titrationskurve einer verdünnten Essigsäure mit Natronlauge und markieren Sie den unter b) charakterisierten Punkt bezüglich Zusammensetzung und pH-Wert der Lösung.

d)   Wie ändert sich der pH-Wert, wenn man zu der unter b) charakterisierten Lösung 25 ml einer verdünnten Salzsäure (c_{HCl} = 0,1 mol/l) zugibt? (Die Volumenänderung werde vernachlässigt.)

e)   Tragen Sie auch den Punkt gemäß d) in das Diagramm c) ein.

Aufgabe 12.12 Umweltanalytik I: pH-Wert von Tagebauseen.

a)   Wie ist [H^+] an hydratisierten Protonen in einem Tagebausee, wenn für eine 250-ml-Probe bis zum Indikatorumschlag 6,25 ml einer Natronlauge (c_{NaOH} = 0,1 mol/l) benötigt werden?

b)   Welchen pH-Wert hat das Wasser des Tagebausees?

c)   Die saure Reaktion geht hauptsächlich auf Eisen(III)-Ionen zurück, die letztlich bei der Verwitterung sulfidischer Eisenerze entstehen. Wie erklären Sie diesen Befund?

Aufgabe 12.13 Umweltanalytik II: Neutralisation von Abwässern.

In einem Chemiebetrieb fallen täglich 30 m^3 Abwässer von Raumtemperatur an, die wegen ihres Gehalts an starken Säuren bzw. Laugen vor dem Abfluß neutralisiert werden müssen. Hierzu kann HCl bzw. KOH zugemischt werden, beide mit einer Konzentration von jeweils 2 mol/l.

a)   Wieviel Liter der entsprechenden Lösung werden bei pH = 2,0 des Abwassers benötigt?

b)   Wieviel Liter der entsprechenden Lösung braucht man, wenn das Abwasser ein pH = 12 hat? (Zusatzfrage: Warum ist Rechnen hier überhaupt nicht mehr notwendig?)

Fällung und Komplexbildung (Gleichgewichte II)

Hat man im Praktikum die vielfältigen, in Farbe und Kristallform unterschiedlichen Niederschläge vor Augen (s. 13.1), außerdem die oft intensiv gefärbten Komplexe von Ionen mit unterschiedlichen Liganden (s. 13.2), so wird man kaum vermuten, wie sehr die quantitative Behandlung beider Reaktionstypen der von Säure-Base-Reaktionen ähnelt (s. 12.3). – Oft hat man auch Überlagerungen der genannten Gleichgewichte zu berücksichtigen (s. 13.1.3, 13.2.4).

13.1 Fällungsreaktionen

13.1.1 Löslichkeit und Löslichkeitsprodukt

Die *Löslichkeit* von Stoffen in Wasser oder anderen Lösungsmitteln hängt von vielen Faktoren ab. Neben Druck und Temperatur als äußeren Einflußgrößen sind substanz- bzw. ionenspezifische Parameter wesentlich (s. 8.3.4, 24.2.2), wie *Ionensolvatation, Gittertyp, Ionenladung* und *-größe, Bindungspolarität* und *Teilchenpolarisierbarkeit.* Deshalb sind meist nur qualitative Voraussagen zur Löslichkeitsabstufung bei Substanzreihen möglich, zumal zu einigen der genannten Größen ohnehin nur Näherungswerte zugänglich sind. – Hier wird die Löslichkeit von *Salzen* behandelt, die in wäßriger Lösung in hydratisierte Ionen dissoziieren.

Wird mehr Salz zu Wasser gegeben, als der Löslichkeit bei der jeweiligen Temperatur entspricht, koexistiert nach Einstellen des Gleichgewichts ein *Bodenkörper* mit der *gesättigten Lösung.* Die Anzahl der gemäß

$$AB_{(s)} \rightleftharpoons A^+_{(aq)} + B^-_{(aq)} \tag{13.1}$$

daraus in Lösung gehenden bzw. sich aus der Lösung abscheidenden Teilchen bleibt konstant. Ist weniger Substanz in Lösung, als die Sättigungskonzentration c_{sat}[1] zuläßt, spricht man von *ungesättigten Lösungen.*

Anmerkung. In Analogie zu *unterkühlten Flüssigkeiten* und *übersättigtem Dampf* (s. 2.3) gibt es auch *übersättigte Lösungen,* in denen mehr Stoff gelöst ist als eigentlich „erlaubt". Man erhält sie z. B. durch langsames Abkühlen heißgesättigter Lösungen von solchen Stoffen, die sich in der Hitze besser lösen. Übersättigte Lösungen sind *metastabil,* halten sich also nur solange, bis durch Zusatz von *Kristallisationskeimen* oder auch durch bloßes Schütteln die *kinetische Hemmung* aufgehoben wird und der überschüssig gelöste Anteil zur Ausscheidung kommt.

Ein Löslichkeitsmaß wäre die *Sättigungskonzentration* $c_{sat}(i)$ des gelösten Stoffes i. Im Alltag verbreiteter sind zwei Quotienten aus den in Frage kommenden Massen,

1) die Masse m_i des gelösten Stoffes i je 100 g Lösungsmittel" oder

2) der Massenanteil w_i („Ma.-%"), meist in Gramm i je 100 g Lösung" (Tab. 13.1).

---

[1] *saturatio,* latein. Sättigung

Tab. 13.1 Temperaturabhängigkeit der Löslichkeit anorganischer Salze in Wasser und deren integrale molare Standard-Lösungsenthalpie $\Delta_{sol}H^\circ$ bei unendlicher Verdünnung

Stoff	Löslichkeit w_i (in %) bei					$\Delta_{sol}H^\circ$
	0 °C	25 °C	50 °C	70 °C	100 °C	(kJ/mol)
KNO_3	12	27,5	45,5	58	71	+35
KCl	22	26,5	30	32,5	36	+18,5
NaCl	26,3$_0$	26,4$_5$	26,8$_5$	27,2$_5$	28,0$_5$	+4
Li_2CO_3	1,5$_5$	1,3$_0$	1,0$_5$	0,9$_0$	0,7$_0$	-15
KF	31 (4) [1]	50,5 (2)	58 (0)	59 (0)	–	-16,5
Na_2SO_4	4,5 (10) [1]	22 (10)	32 (0)	30,5 (0)	29,5 (0)	+79 (10); -1,2 (0)

[1] in Klammern die Mole an Kristallwasser im Bodenkörper, sofern nicht einheitlich Null

---

Beispiel 13.1

Temperaturabhängigkeit der Löslichkeit von Salzen (s. 8.3.4): Tab. 13.1 ist keine einfache Widerspiegelung der Enthalpieunterschiede, zumal der Bezugszustand nicht der der gesättigten Lösungen ist: Bei wasserfreien Salzen sind die Erwartungen etwa erfüllt; vgl. z. B. die starke Zunahme der Löslichkeit mit der Temperatur bei *Kaliumnitrat* („*Salpeter*")[2]. Koexistieren unterschiedliche Hydrate mit der gesättigten Lösung, werden die Abhängigkeiten komplizierter.

Liegen mäßig- bis schwerlösliche, in Lösung praktisch vollständig dissoziierende Stoffe AB vor, so verwendet man das *Löslichkeitsprodukt* L_{AB} (bzw. pL_{AB}):

$$L_{AB} = a_A{}^+ \cdot a_B{}^- \approx [A^+] \cdot [B] \tag{13.2a}$$

$$\text{bzw. } pL \approx p[A^+] + p[B]. \tag{13.2b}$$

Es ist das Produkt der jeweiligen *Ionenaktivitäten* in der gesättigten Lösung. Da die Aktivitätskoeffizienten hier sehr nahe bei $f_\pm = 1$ liegen, ist der Übergang zu *Ionenkonzentrationen* im weiteren voll gerechtfertigt.

Beispiel 13.2

Fällung von Silberchlorid (vgl. Beispiel 4.2) bei 25 °C ($L_{AgCl} \approx 2 \cdot 10^{-10}$ mol²/l²):
a) Wieviel mg Ionen $Ag^+{}_{(aq)}$ bleiben in Lösung, wenn durch Mischen von je 1,0 l NaCl- und AgNO$_3$-Lösung mit jeweils c = 1,0 mol/l ein Mol AgCl ausgefällt wird?
b) Wieviel mg Silber bleiben ionisch gelöst, wenn danach 2,0 mol NaCl in die gesättigte Lösung von a) eingegeben werden? (Hinweis: Die Volumenänderung sei vernachlässigbar.)
<u>Erstes Nachdenken</u>: Bei a) liegen beide Ionen im Verhältnis 1:1 vor; $[Ag^+] = [Cl^-] = (L_{AgCl})^{-1/2}$.
Bei b) verschiebt der gleichionige Zusatz das Gleichgewicht. Nun fällt zusätzlich AgCl, bis das neue Produkt – mit viel kleinerem Faktor $[Ag^+]$ – wieder mit L_{AgCl} identisch wird.
<u>Die Rechnung</u>: a) $[Ag^+] = (L_{AgCl})^{-1/2} = (2 \cdot 10^{-10}$ mol²/l²$)^{-1/2} = 1,4 \cdot 10^{-5}$ mol/l; m(Ag$^+$) $\approx$ <u>3,0 mg / 2 l</u>
b) $[Cl^-] \approx 2,0$ mol/l; $[Ag^+] = L_{AgCl}/[Cl^-] \approx (2 \cdot 10^{-10}$ mol²/l²$)/2,0$ mol/l $\approx 10^{-10}$ mol/l; pAg = +10).
   m(Ag$^+$) = 10^{-10} mol/l $\cdot$ 107,87 g/mol $\approx 1,1 \cdot 10^{-8}$ g/l = <u>2,2$\cdot 10^{-8}$ mg je 2 l Lösung</u>
<u>Bewertung des Ergebnisses</u>: Der Chlorid-Überschuß fällt die Silber-Ionen praktisch vollständig aus, allerdings unter zusätzlicher Abwasserbelastung mit Natriumchlorid (s. 4.1).

---

[2] Dieser stark endotherme Vorgang wurde schon vor 2000 Jahren in Indien zur Kühlung genutzt.

Für Stoffe mit beliebiger Summenformel A_nB_m [z. B. $Al(OH)_3$, Sb_2S_3, Ag_2S] nimmt das Löslichkeitsprodukt die allgemeingültige Form an:

$$L(A_nB_m) \quad = [A^{m+}]^n \cdot [B^{n-}]^m \tag{13.2c}$$

$$\text{bzw.} \quad pL = n \cdot p[A^{m+}] + m \cdot p[B^{n-}]. \tag{13.2d}$$

Tab. 13.2 enthält häufig gebrauchte Löslichkeitsprodukte als L- und pL- Werte; besonders bei extrem kleinen L-Werten (Sulfide, Hydroxide) sind die Daten wenig gesichert. Für das Rechnen selbst sind die je nach der Summenformel wechselnden Einheiten „mol^2/l^2, mol^3/l^3, mol^4/l^4, mol^5/l^5" zu beachten.

Tab. 13.2 Löslichkeitsprodukte L (25 °C) und zugehörige pL-Werte für ausgewählte Salze A_nB_m

Typ	Verbindung	Formel	L ≈		pL ≈
	Bleisulfid	PbS	10^{-28}	mol^2/l^2	28
	Quecksilber(II)-sulfid	HgS	10^{-54}	„	54
	Silberchlorid	AgCl	$1,7 \cdot 10^{-10}$	„	9,7
	Silberbromid	AgBr	$5 \cdot 10^{-13}$	„	12,3
AB	Silberiodid	AgI	10^{-16}	„	16,0
	Kupfer(I)-iodid	CuI	$3 \cdot 10^{-12}$	„	11,5
	Calciumcarbonat	$CaCO_3$	$5 \cdot 10^{-9}$	„	8,3
	Bariumcarbonat	$BaCO_3$	$2 \cdot 10^{-9}$	„	8,7
	Calciumsulfat	$CaSO_4$	$2 \cdot 10^{-5}$	„	4,7
	Bariumsulfat	$BaSO_4$	10^{-9}	„	9
	Silberchromat	Ag_2CrO_4	$4 \cdot 10^{-12}$	mol^3/l^3	11,4
	Silbersulfid	Ag_2S	10^{-50}	„	50
A_2B,	Bleichlorid	$PbCl_2$	$1,6 \cdot 10^{-5}$	„	4,8
AB_2	Calciumfluorid	CaF_2	$2 \cdot 10^{-10}$	„	9,7
	Magnesiumhydroxid	$Mg(OH)_2$	$2 \cdot 10^{-12}$	„	11,7
	Eisen(II)-hydroxid	$Fe(OH)_2$	10^{-15}	„	15
AB_3,	Eisen(III)-hydroxid	$Fe(OH)_3$	10^{-38}	mol^4/l^4	38
A_3B	Chrom(III)-hydroxid	$Cr(OH)_3$	10^{-30}	„	30
	Lithiumphosphat	Li_3PO_4	$2 \cdot 10^{-11}$	„	10,7
A_2B_3	Arsen(III)-sulfid	As_2S_3	10^{-28}	mol^5/l^5	28

Will man Stoffe nach ihrer Löslichkeit klassifizieren, so kann man nur bei gleichem Formeltyp die Löslichkeitsprodukte *unmittelbar* miteinander vergleichen. Sonst ist der Umweg nötig über die *Gleichgewichtskonzentrationen* für die jeweils interessierenden Ionen, z. B. für ein Kation A^{m+}. Sind mehrere schwerlösliche Verbindungen möglich, wird vorrangig d e r Niederschlag gebildet, zu dem die Gleichgewichtskonzentration $[A^{m+}]$ am geringsten, der Wert p[A] am höchsten ist.

Beispiel 13.3

Reihenfolge von Fällungen. Welche Verbindung Ag_nB_m fällt zuerst aus einer wäßrigen Lösung mit je 10^{-1} mol/l Carbonat-, Chromat- und Chlorid-Ionen bei Zugabe von Silber-Ionen?
[pL (25 °C): a) Ag_2CO_3 11,3; b) Ag_2CrO_4 11,4; c) AgCl 9,7]
Generell folgt aus Gl. (13.2d): **pAg = (pL - m · pB) / n**;   pB ist hier einheitlich = +1.
Also: a) pAg = 5,15; b) pAg = 5,2; **c**) pAg = 8,7.
<u>Ergebnis</u>: Zuerst fällt AgCl, die anderen Salze fallen erst bei einem 3000x *höheren* Wert [Ag^+].

13.1.2 Fällungstitrationen

Daß man auch Lösungs-Fällungs-Gleichgewichte elektrochemisch untersuchen kann, wurde in 11.4 gezeigt. Die *argentometrische* Bestimmung von Iodid-Ionen mit definierten Volumina einer $AgNO_3$-Maßlösung (Bild 11-3) ergab eine Kurve, analog zu der einer acidimetrischen Titration von OH^--Ionen mit Salzsäure (s. Bild 12-1a: dort wird allerdings „umgekehrt" titriert, nämlich HCl mit KOH). Statt „pH" ist jetzt lediglich „pAg" zu setzen. Enthält die Probe sowohl Iodid als auch Chlorid in gleicher Stoffmenge, dann ergibt sich ein Bild[3] (Bild 13-1) wie für die Titration von zwei Stufen der *Orthophosphorsäure* mit Lauge (s. Bild 12-1c).

Im allgemeinen werden unterschiedliche Mengen an Chlorid und Iodid vorliegen, so daß eine solche *Fällungstitration* besser zu vergleichen wäre mit der pH-Titration eines Gemischs zweier ungleich starker Säuren, die nicht im Molverhältnis 1:1 vorliegen. – So wie dort hinreichend verschiedene pK_S-Werte (etwa $\Delta pK_S \geq 3$) notwendig sind, um beide Säuren *getrennt* erfassen zu können, ist auch bei Mehrfach-Fällungen ein erheblicher Unterschied in der Sättigungskonzentration c_{sat} d e s Ions erforderlich, das allen Niederschlägen gemeinsam ist. Bei AgCl und AgI mit $\Delta pL \approx 6$ ist das gegeben (s. Tab. 13.2), aber nicht für die Kombination AgCl/AgBr ($\Delta pL < 3$).

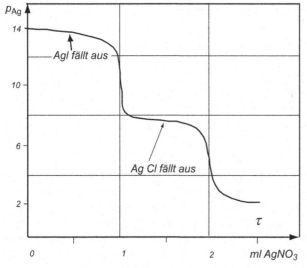

Bild 13-1
Titration von 100 ml I^-/Cl^--Gemisch [$c_{I^-} = c_{Cl^-} = 0{,}010$ mol/l] mit einer $AgNO_3$-Maßlösung [c = 1,00 mol/l] bei 25 °C: *Ionenexponent* pAg in Abhängigkeit von der Zahl τ der Stoffmengen-Äquivalente an $AgNO_3$ bzw. vom Volumen der Maßlösung {$pL_{AgI} \approx 16$; $pL_{AgCl} \approx 10$}

---

[3] abgesehen von den gegenläufigen p-Werten ($\downarrow$ pAg, $\uparrow$ pH) bei üblicher Ordinatenbeschriftung

Zu Bild 13-1: 1,00 ml $AgNO_3$-Lösung wird benötigt für die Fällung von Iodid, nochmal 1,00 ml für die von Chlorid: Bei Zugabe der ersten Tropfen fällt aus dem Gemisch nur gelbes AgI aus, da L_{AgI} 10^6-fach kleiner ist als L_{AgCl}. $[Ag^+]$ bleibt bis fast zum Äquivalenzpunkt sehr gering, pAg entsprechend hoch. Bei fast völliger AgI-Fällung verringert sich pAg sprunghaft bis auf den zur Fällung des weißen Silberchlorids notwendigen Wert. – Der Vorgang wiederholt sich bis zum zweiten Sprung. Von da an fällt pAg nur allmählich ab, entsprechend dem zunehmenden Überschuß an Silbernitrat.

Wie bei Säure-Base-Titrationen, wo statt einer pH-Meßkette *pH-Indikatoren* zur Bestimmung des Äquivalenzpunktes ÄP eingesetzt werden können, gibt es auch *Fällungsindikatoren*, die Elektroden zur pAg-Messung entbehrlich machen. Sie sind so auszuwählen, daß sie gerade bei den für ÄP geltenden Ionenkonzentrationen umschlagen, für Silber also bei $pAg_{(ÄP)}$, für Analysen von Halogeniden/Pseudohalogeniden bei dem jeweiligen $pX_{(ÄP)}$ (X = Cl⁻, Br⁻, I⁻, CN⁻, SCN⁻).

Beispiel 13.4

Fällungsindikator: Braunrotes *Silberchromat* Ag_2CrO_4 (s. Beispiel 13.3) fällt aus einer durch Chromat-Zusatz gelblich gefärbten Lösung von Chlorid-Ionen unmittelbar nach Erreichen von ÄP der Silberchlorid-Titration. – Auch für das schwerer lösliche Silberbromid ist die Indikation zufriedenstellend. Für eine Iodid-Bestimmung wäre Silberchromat aber schon zu leichtlöslich; es käme erst deutlich nach dem wahren Äquivalenzpunkt zur Ausfällung.

13.1.3 Überlagerung von Säure-Base- und Fällungsreaktionen

Mit dem nunmehr erreichten Einblick können auch Gleichgewichte behandelt werden, bei denen Fällungs- und Säure-Base-Reaktionen gekoppelt auftreten. So lassen sich Gemische zwei- und dreiwertiger Metall-Ionen $\{M^{2+}, M^{3+}\}$ trennen über die unterschiedliche Löslichkeit ihrer Hydroxide (Tab. 13.2). – Hierzu ist der pH-Wert so einzustellen, daß das Angebot an Hydroxid-Ionen zwar zur Fällung von $M(OH)_3$ ausreicht, aber nicht mehr für die Fällung von $M(OH)_2$. Für pH = 9-10 ist ein NH_3/NH_4Cl-Puffer geeignet.

Beispiel 13.5

pH-Werte gesättigter Lösungen der Metallhydroxide von $Mg(OH)_2$, $Fe(OH)_2$, $Fe(OH)_3$ und $Cr(OH)_3$ bei 25 °C: Verfügbar sind die Löslichkeitsprodukte (s. Tab. 13.2), aus denen sich $[OH^-]$ ergibt, sowie das Ionenprodukt des Wassers zur Umrechnung auf $[H^+]$. Die Wertetabelle faßt die Ergebnisse zusammen: Danach sind die Hydroxide der dreiwertigen Ionen schon in schwach saurer, die der zweiwertigen erst in schwach alkalischer Lösung beständig.

Metallhydroxid	$Mg(OH)_2$	$Fe(OH)_2$	$Fe(OH)_3$	$Cr(OH)_3$
pL	11,7	15	38	30
pH = 14 - pOH	10,2	9,1	4,6	6,6

Überlagerungen von Fällungs- und Säure-Base-Reaktionen werden im chemischen Praktikum häufig zur Identifizierung von Stoffen benutzt:

Beispiel 13.6

Ausnutzen der *pH-Abhängigkeit* bei qualitativ-analytischen Nachweisen zur ...
a) gruppenweisen *Fällung von Metallsulfiden*: Das Gleichgewicht $H_2S \rightleftharpoons HS^- + H^+ \rightleftharpoons S^{2-} + 2\,H^+$ ist im Sauren verschoben zu H_2S, bei pH > 7 zu Hydrogensulfid und Sulfid. Entsprechend den Gleichgewichtswerten für $[S^{2-}]$ fallen im Sauren nur die schwerstlöslichen, im Ammoniakalischen die weniger schwerlöslichen Sulfide; Alkali- und Erdalkalimetallsulfide bleiben gelöst. – Diese *Trennungsgänge* sind zum Verstehen von Gleichgewichten in Lösung sehr dienlich.

b) *Trennung von Sulfat und Carbonat*: Beide fallen als weiße Calciumsalze $[CaSO_4\downarrow, CaCO_3\downarrow]$. Das Carbonat geht aber gemäß $CaCO_3 + H^+ \rightleftharpoons Ca^{2+} + HCO_3^-$; $HCO_3^- + H^+ \rightleftharpoons CO_2\uparrow + H_2O$ mit verdünnter Salzsäure in Lösung, da sich durch Freisetzen und Zerfall der Kohlensäure das Gleichgewicht verschiebt. Calciumsulfat bleibt unter diesen Bedingungen im Rückstand.

Fällungs-/Auflösungsprozesse treten uns auch im Alltag entgegen. Wie in Beispiel 13.6b nutzen wir Säuren, meist Essig- oder Ameisensäure, um Kalk im Wasserkocher zu beseitigen. – Wir bedauern, daß *„saurer Regen"* Marmor-Statuen im Freien „anlöst" (auch *Marmor* ist Calciumcarbonat) und zugleich bewirkt, daß $CaCO_3$ an der Oberfläche allmählich – durch Reaktion mit sehr verdünnter schwefliger oder Schwefelsäure – ersetzt wird durch Ausblühungen von *Gips* (Calciumsulfat-dihydrat). Gegen diese bleibende Zerstörung hilft nur, die Originale rechtzeitig zu verwahren und sie vor Ort durch Kopien zu ersetzen.

13.2 Komplexbildungsreaktionen

Die Benennung von Komplexen erfolgte in 1.2.2. ohne deren genauere Begriffsbestimmung. Das ist nun nachzuholen. Als *Komplexe* bzw. *Koordinationsverbindungen*[4] bezeichnet man Moleküle oder Molekül-Ionen, die von Werner[5] als „Verbindungen höherer Ordnung" charakterisiert wurden. Damit sollte ausgedrückt werden, daß hierbei Stoffe zusammentreten, die als „Verbindungen erster Ordnung" (also aus den Elementen selbst) auch selbständig existieren können. So bildet Kupfer(II)-sulfat $CuSO_4$ mit Ammoniak NH_3 die „höhere Einheit" Tetra-amminkupfer(II)-sulfat $[Cu(NH_3)_4]SO_4$. Im Komplex ML_n sind an M, das *Koordinationszentrum* oder „Zentralatom", Moleküle oder Ionen als *Liganden*[4] L gebunden, deren Anzahl durch die *Koordinationszahl* n des Zentralatoms angezeigt wird,

$$M + n\,L \rightleftharpoons ML_n \tag{13.3}$$

Häufig ist n = 4 oder 6, eine einfache Korrelation zwischen bestimmten Eigenschaften der Koordinationszentren M (z. B. Elektronenkonfiguration, Größe, Oxidationszahl) und der Koordinationszahl n läßt sich aber nicht angeben.

Die Liganden L haben teils e i n für den Komplex verfügbares Ligand-Atom („*Ligator*"), teils mehrere; dementsprechend werden sie als *ein-, zwei-, drei-* oder *mehrzähnig* bezeichnet. Die Ligand-Bindung an das Zentralatom erfolgt über freie Elektronenpaare, so wie bei Säure-Base-Gleichgewichten (s. 12.1) das Proton an ein freies Elektronenpaar der Brønsted-Base angelagert werden kann.

---

[4] lat.: *complexus* Umarmung; *coordinare* zuordnen; *ligare* binden
[5] Alfred Werner (1866-1918), schweizerischer Chemiker, Chemie-Nobelpreis 1913

Da Metall-Ionen in Wasser wie Protonen nicht „nackt" vorliegen, sondern hydratisiert, ist dort die Umsetzung mit Liganden L keine echte Komplexbildungsreaktion, sondern lediglich eine *Austauschreaktion* zwischen L und Wasser als weiterem – meist schwächerem – Ligand. Stärkere Liganden verdrängen Wasser aus der *Hydrathülle* von M ebenso, wie eine starke Brønstedbase ein Proton vom Ion H^+_{aq} an sich bindet und dabei Wassermoleküle freisetzt.

13.2.1 Stabilitätskonstanten von Metallkomplexen

In Analogie zu Säure-Base-Gleichgewichten könnte die jeweilige Neigung zur Komplexbildung durch Komplex-*Dissoziationskonstanten* beschrieben werden, also durch „Instabilitäts-Konstanten" mit [M] und [L] im Zähler des Massenwirkungsquotienten. Üblicher ist der Gebrauch von *Komplexstabilitäts-Konstanten*, die als *Assoziationskonstanten* reziprok zu den Dissoziationskonstanten sind:

$$K_{stab} (= \beta_n) = [ML_n] / ([M] \cdot [L]^n) \qquad = 1/K_{instab}; \; lgK_{stab} \equiv pK_{instab} \qquad (13.4)$$

In der Regel erfolgt die Bildung eines Komplexes ML_n stufenweise gemäß

$$M + L \leftrightharpoons ML_1; \; ML + L \leftrightharpoons ML_2; \; ML_2 + L \leftrightharpoons ML_3; \; L_3 + L \leftrightharpoons ML_4; \qquad (13.5),$$

so daß neben den *(Brutto-)Stabilitätskonstanten* – durch das Symbol β_n markiert – auch *individuelle Stabilitätskonstanten*, $K_1, K_2, K_3, ..., K_n$, tabelliert werden.

Beispiel 13.7

Stufenweise Komplexbildung: Für die Komplexbildung von Kupfer(II)-Ionen mit Ammoniak zu $[Cu(NH_3)_4]^{2+}$ gilt seit der klassischen Arbeit (1940) von Bjerrum[6] über die stufenweise Bildung von Amminkomplexen (Meßbedingungen: 30 °C; in NH_4NO_3, c = 2 mol/l)

$K_1 = [Cu(NH_3)^{2+}] / [Cu^{2+}] \quad \cdot \quad [NH_3] \quad = 1{,}4_0 \cdot 10^4; \quad lgK_1 = 4{,}15,$
$K_2 = [Cu(NH_3)_2^{2+}] / [Cu(NH_3)^{2+}] \cdot [NH_3] \quad = 3{,}1_5 \cdot 10^3; \quad lgK_2 = 3{,}50,$
$K_3 = [Cu(NH_3)_3^{2+}] / [Cu(NH_3)_2^{2+}] \cdot [NH_3] \quad = 775; \quad lgK_3 = 2{,}89,$
$K_4 = [Cu(NH_3)_4^{2+}] / [Cu(NH_3)_3^{2+}] \cdot [NH_3] \quad = 135; \quad lgK_4 = 2{,}13.$

Die Stabilitätskonstante für die Gesamtreaktion, $\mathbf{Cu^{2+} + 4\ NH_3 \rightleftharpoons [Cu(NH_3)_4]^{2+}}$, ist dann in Zusammenfassung der vier Teilschritte eine *Bruttostabilitätskonstante* β_4:

$\beta_4 = \mathbf{K_1 \cdot K_2 \cdot K_3 \cdot K_4} \approx 4{,}6 \cdot 10^{12}$ oder einfacher: $lg\beta_4 = \Sigma\ lgK_n = 12{,}67.$

Ein vergleichender Blick zurück: Säure-Base-, also Protonenaustausch-Gleichgewichte (s. 12) lassen sich formal als Bildung oder Zerfall von Wasserstoffkomplexen beschreiben. Umgekehrt gibt es zahlreiche Analogien zwischen stufenweiser Komplexbildung M, ML, ML_2, ML_3... einerseits und der Protolyse mehrwertiger Säuren H_3A, H_2A, HA, A. – Vergleichen wir Säure-Base- und Komplexbildungs-Gleichgewichte, so entspräche dem „unendlich stabilen" Metall-komplex die „unendlich schwache" Brønstedsäure (keinerlei Neigung zur Abgabe eines Protons an Wasser), dem äußerst schwachen Metallkomplex die überaus starke Brønstedsäure.

---

[6] Jannik Bjerrum (geb. 1909-1992), dänischer Chemiker

Komplexstabilitätskonstanten haben oft ziemlich hohe positive Werte, so daß sie als Logarithmen „lg K_{stab}" tabelliert werden. Tab. 13.3 bringt – in Analogie zu Tab. 12.2 für Säure-Base-Gleichgewichte – Stabilitätskonstanten von Komplexen, um ein Gefühl für den Umgang mit ihnen zu vermitteln.

Zum theoretischen Teil a) der Tabelle 13.3: Der Komplexbildungsgrad τ kann prinzipiell alle Werte annehmen zwischen 1 (d.h. vollständige Komplexierung der Liganden L durch das Zentralatom) und 0 (d.h. keinerlei Komplexbildung); dem entsprächen Werte von lgK_{stab} zwischen $+\infty$ und $-\infty$.

Tab. 13.3 a) Zusammenhang zwischen dem Grad τ der Komplexbildung von Zentralatomen M (für Ausgangskonzentrationen c_M = 0,1 mol/l bzw. 1 mol/l) in Abhängigkeit vom Wert der Stabilitätskonstante K_{stab} (lg K_{stab}) eines hypothetischen Komplexes ML_2 b) Ausgewählte Stabilitätskonstanten (lg K_{stab}) für Komplexe ML_n (n = 2 - 6) in verdünnt-wäßriger Lösung (ca. 25 °C, Elektrolytgehalt nicht spezifiziert) { K_{stab} = $[MX_n]$ / $[M] \cdot [X]^n$; z. B.: K_{stab} = $[Ag(NH_3)_2^+]$ / $[Ag^+] \cdot [NH_3]^2$ }

a)				b) B e i s p i e l e [1]	
K_{stab}	lgK_{stab}	τ (%) für 0,1 mol/l	1 mol/l	(Komplexformel und lgK_{stab}, meist als $lg\beta_n$, je einmal lgK_1 und lgK_3)	
∞	∞	100		{Grenzfall: ML_n ∞ stabil gegenüber Aquakomplex}	
10^{30}	30	100		$[Fe(CN)_6]^{4-}$ +35	$[Co(NH_3)_6]^{3+}$ +35
10^{20}	20	100		$[Ag(CN)_2]^-$ +20,8	$[Ni(en)_3]^{2+}$ +19
10^{10}	10	100		$[Ag(S_2O_3)_2]^{3-}$ +13,5 $[Ni(NH_3)_6]^{2+}$ +8,7	Ca-EDTE +10,7 Mg-EDTE +8,7
10^8	8	100		$[Ag(NH_3)_2]^+$ +7,1	Mg-Erio T +7
10^6	6	97,1	100	$[CuCl_4]^{2-}$ +6,5	$[CdI_4]^{2-}$ +6,3
10^5	5	93,8	98,7	$[AgCl_2]^-$ +5,4;	Ca-Erio T +5,4
10^4	4	87	97,1	$[Co(NH_3)_6]^{2+}$ +4,7	$[PbI_4]^{2-}$ +3,85
10^3	3	74	93,8	lgK_1: $[Ag(NH_3)]^+$ +3,2	I_3^- (aus I^- und I_2) +2,9
10^2	2	50	87,0	$[Fe(SCN)]^{2+}$ +2,3	$[Ag(acetato)_2]^-$ +2,7
10^1	1	20,2	73,6	$[CdCl_3]^-$ +1,5	lgK_3: $[Ag(CN)_3]^{2-}$ +1
10^0	0	3,6	50	$[Fe(H_2O)_5Cl]^{2+}$ +0,5	$[ZnCl_3]^-$ 0
10^{-1}	-1	0,4	20,3	$[MnCl_3]^-$ -0,5	
10^{-2}	-2	0,04	3,6	—	
$10^{-\infty}$	$-\infty$	0		{Grenzfall: keinerlei Austausch von H_2O gegen L}	

[1] en – Ethylendiamin (s. 13.2.2); EDTE – Ethylendiamintetraessigsäure, Erio T (s. 13.2.3)

Zum Teil b) der Tabelle 13.3 mit den experimentellen Daten: Hier werden wäßrige Lösungen betrachtet, die Liganden L stehen also in Konkurrenz zu entsprechenden Aqua-Komplexen.

Die Konstanten $lgK_{stab} = \infty$ bzw. $lgK_{stab} = -\infty$ bedeuten demnach vollständige bzw. gar nicht stattfindende Verdrängung der Aqua-Liganden; Werte um $lgK \approx 0$ (d.h. $K \approx 1$) stehen für vergleichbare Stabilität der Aquakomplexe und der sonstigen Komplexe ML_n mit einzähnigen Liganden.

Für Rechnungen zu Komplexgleichgewichten in verdünnt-wäßrigen Lösungen kann wegen der konstantbleibenden Aktivität des Wassers auch hier auf dessen Einbeziehung in die Gleichungen verzichtet werden.

Da besonders Übergangsmetall-Ionen oft Koordinationsverbindungen bilden, die sich durch charakteristische Färbung[7] oder stark veränderte Löslichkeit von den zugrundeliegenden Komponenten unterscheiden, wird die Komplexbildung in der qualitativen Analyse häufig für Nachweise herangezogen. Die unterschiedlichen Komplexstabilitäten können hierbei – und oft auch in der präparativen Chemie – ausgenutzt werden, um Trennungen selektiv zu gestalten.

Beispiel 13.8

Selektiver Nachweis von Co(II) neben Fe(III): Mit Thiocyanat-Ionen SCN^- ergibt Fe(III) in wäßriger Lösung eine blutrote Färbung durch Bildung von undissoziiertem *Eisen(III)-thiocyanat* $Fe(SCN)_3$. Überdeckt wird dadurch die weit weniger intensive blaue Farbe der Co(II)-Species, *Cobalt(II)-thiocyanat* $Co(SCN)_2$ und Tetrathiocyanato-cobaltat(II) $[Co(SCN)_4]^{2-}$. – Ein Fluoridzusatz „maskiert" die Fe(III)-Ionen, da sehr stabile farblose Fluoroferrat(III)-Komplexe, $[FeF_{3+n}]^{n-}$, gebildet werden {z. B. $lgK_{stab}(FeF_5^{2-}) = 15,4$}. Da Cobalt(II)-fluoro-Komplexe recht schwach sind, kann blaues Cobalt(II)-thiocyanat trotz der Eisen(III)-Präsenz erkannt werden.

13.2.2 Der Chelateffekt

Die besonders häufigen Liganden Ammoniak, Wasser und Halogenid-Ionen sind *einzähnig*, haben also nur eine Haftstelle zur Bindung an das Zentralatom. *Mehrzähnige* Liganden (s. 37.5) besitzen zwei oder mehr dieser *Ligatoren*, die zugleich an das Zentralatom fixiert werden können. Das wurde verglichen mit dem Ergreifen der Beute durch einen Krebs; daher die Bezeichnung *Chelatkomplex*[8]. Je nach der Zahl der Atome zwischen benachbarten Ligatoren im Liganden variiert die Gliederzahl der „Chelatringe"; fünfgliedrige sind besonders stabil.

Beispiel 13.9

1,2-Diamino-ethan, in der Komplexchemie besser bekannt als *Ethylendiamin* (Kurzzeichen **en**), ist ein zweizähniger Ligand H_2N-CH_2-CH_2-$\underline{N}H_2$, der über das an jedem Aminstickstoff verfügbare freie Elektronenpaar an das Zentralatom M koordiniert. Zwischen den Stickstoffatomen sind zwei Kohlenstoffatome, mit M ergibt sich ein *fünfgliedriger Chelatring*.

---

[7] Eine Erklärung dafür gibt die - hier nicht behandelte - *Kristallfeld*- bzw. *Ligandenfeldtheorie*.

[8] *chele* griech. Krebsschere

Chelatkomplexe sind stabiler als solche mit der entsprechenden Anzahl ähnlicher einzähniger Liganden. Dieser von *Schwarzenbach*[9] so benannte *Chelateffekt* ist über den 2. Hauptsatz der Thermodynamik (s. 10.2.1) zu verstehen.

Beispiel 13.10

Chelateffekt I: Wir vergleichen zwei Reaktionen von Nickel(II), a) mit sechs *einzähnigen* Liganden (Methylamin H_2N-CH_3 bzw. Ammoniak NH_3) sowie b) mit drei *zweizähnigen* Liganden, in beiden Fällen unter Einbeziehen der beteiligten Wassermoleküle:

a) $[Ni(OH_2)_6]^{2+} + 6\ NH_2CH_3 \rightleftharpoons [Ni(NH_2CH_3)_6]^{2+} + 6\ H_2O;$

$\quad [Ni(OH_2)_6]^{2+} + 6\ NH_3 \rightleftharpoons [Ni(NH_3)_6]^{2+} + 6\ H_2O;$

b) $[Ni(OH_2)_6]^{2+} + 3\ en \rightleftharpoons [Nien_3]^{2+} + 6\ H_2O$

Für die freie molare Reaktionsenthalpie gilt dann:

a) $\Delta_rG(a) = \Delta_rH(a) - T \cdot \Delta_rS(a)$ b) $\Delta_rG(b) = \Delta_rH(b) - T \cdot \Delta_rS(b)$

Kalorimetrische Messungen zeigen recht ähnliche Reaktionsenthalpien, da in beiden Fällen jeweils 6 analoge Ligatoren koordinieren. Sehr unterschiedlich ist dagegen die Reaktionsentropie.

a) Es erfolgt nur ein *Ligandenaustausch*, die Zahl der beteiligten Species bleibt konstant ($7 \rightleftharpoons 7$).

b) Es wird doppelt soviel Wasser freigesetzt wie „en" gebunden, die Zahl der Moleküle nimmt zu ($4 \rightleftharpoons 7$); wegen der größeren „Unordnung" der Produkte wächst die Entropie. Mit $\Delta_rS(b) > \Delta_rS(a)$ wird $\Delta_rG(b)$ stärker negativ als $\Delta_rG(a)$. Gemäß Gl. 11.9 bedeutet $\Delta_rG(b) < \Delta_rG(a)$, daß der Chelatkomplex $[Ni(en)_3]^{2+}$ stabiler ist als der Amminkomplex $[Ni(NH_3)_6]^{2+}$, und zwar (vgl. Tab. 13.3) um den Faktor $2 \cdot 10^{10}$ (zwanzig Milliarden!).

Beispiel 13.11

Chelateffekt II: Das als *Tschugajews Reagens* bekannte *2,3-Butandion-dioxim*[10] (DH_2) ist leicht zugänglich durch Umsetzung des Diketons *Butandion* mit *Hydroxylamin* NH_2OH. Es bildet mit Nickel(II) in schwach ammoniakalischer Lösung einen intensiv scharlachroten, in Wasser schwerlöslichen Chelatkomplex. Die Abkürzung DH_2 deutet an, daß Diacetyldioxim als Brønstedsäure agieren kann, da die O–H-Bindung in den beiden Oximgruppen =NOH recht polar ist. Bei pH > 7 dissoziiert eine der beiden Oximgruppen, der Ligand wird zum Anion DH^-. Die Koordination an Nickel(II) erfolgt über das freie Elektronenpaar jedes der beiden Stickstoffatome der Oximgruppen. DH_2 ist also ein zweizähniger Ligand, befähigt zur Ausbildung stabiler fünfgliedriger Chelatringe (s. 28.3.7). Es ergibt sich für $Ni(DH)_2$ eine planarquadratische Anordnung, die durch die Ausbildung starker *Wasserstoffbrücken* eine zusätzliche Stabilisierung erfährt. Mit $Ni(DH)_2$ gelingt nicht nur ein sehr empfindlicher Nachweis von Nickel(II)-Ionen, es ist auch für quantitative Bestimmungen sehr gut geeignet.

Die planarquadratische Koordination von vier Haftgruppen über Stickstoff an das Zentralatom findet sich wieder in wichtigen Naturstoffen, die sich vom Grundkörper *Porphin* ableiten [*Chlorophyll* mit Magnesium-, *Hämoglobin* mit Eisen(II)-, *Vitamin B12* mit Cobalt(III)-Ionen]. Einfachere Komplexe, analog zu $Ni(DH)_2$, sind deshalb in der *bioanorganischen Chemie* als Modelle nützlich.

---

[9] Gerold Karl Schwarzenbach (1904-78), schweizerischer Chemiker

[10] Üblicher sind die Namen *Diacetyldioxim* bzw. *Dimethylglyoxim*, die auf Stammverbindungen verweisen, auf das Diketon *Diacetyl* (2,3-Butandion) bzw. den Dialdehyd *Glyoxal* (Ethandial)

Besonders prägnant ist der Chelateffekt bei d e n sechszähnigen Liganden, die als *Komplexone* analytisch genutzt und deshalb gesondert behandelt werden.

13.2.3 Komplexometrische Titrationen

Von den durch Schwarzenbach ab 1945 in die Analytik eingeführten Komplexonen ist *Ethylendiamintetraessigsäure* (EDTE, H_4Y; Bild 13-2a) das bekannteste. Es hat in der deprotonierten Form Y^{4-} sechs Haftstellen. Das ist eine sehr günstige Konstellation zur Bildung von 1:1-Komplexen (Bild 13-2b) für die vielen Kationen, die die Koordinationszahl n = 6 bevorzugen. Geht man wie üblich vom gutlöslichen Dinatriumsalz der EDTE aus, so werden je Mol Komplex zwei Mol Protonen freigesetzt: $M^{2+} + H_2Y^{2-} \leftrightharpoons MY^{2-} + 2\,H^+$. Bei potentiometrischer pH-Titration mit Lauge zeigten die bis zum pH-Sprung erfaßten Protonen genau die doppelte Stoffmenge des zu bestimmenden Metall-Ions an.

Einfach wäre es, hätte man für jedes Metall eine Indikatorelektrode zur Verfügung (wie etwa bei der Argentometrie). Dann wäre der Verlauf analog zur alkalimetrischen Titration einer starken Säure (Bild 12-1a); lediglich pH ist durch pM zu ersetzen, die Stoffmenge an Lauge durch die an EDTE: Anfangs liegen hydratisierte Metall-Ionen einer Konzentration $[M^{2+}]$ vor, das zugehörige pM ist relativ niedrig. Bei Zugabe von EDTE steigt pM, zunächst allmählich, nahe am Äquivalenzpunkt sprunghaft. Danach, mit EDTE-Überschuß, ändert sich pM nur noch wenig.

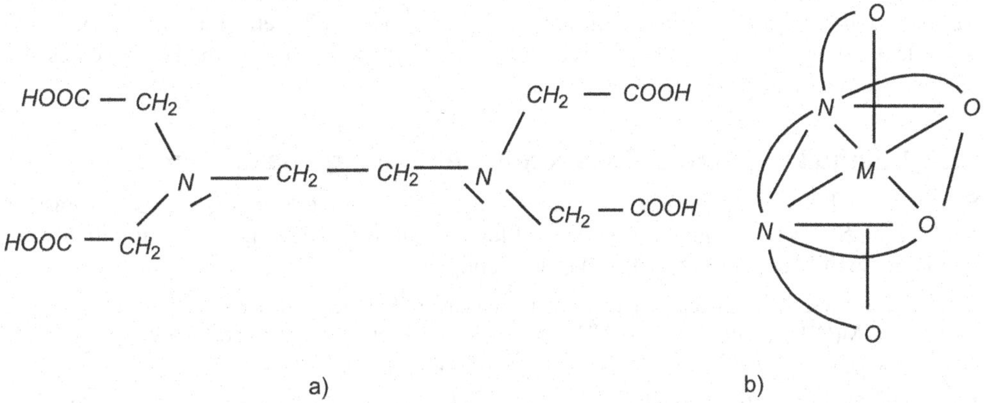

a)   b)

Bild 13-2
Komplexone: a) Ethylendiamintetraessigsäure (EDTE), H_4Y; b) 1:1-Komplex MY, mit oktaedrischer Anordnung der 6 Haftgruppen von Y^{4-} um das Zentralatom M

Die anfangs umständliche indirekte Bestimmung von Metallen durch eine pH-Titration konnte stark vereinfacht werden durch das Auffinden geeigneter *Metallindikatoren*. Das sind Farbstoffe wie das in Tab. 13.3 genannte *Erio T*[11], die analog zu pH-Indikatoren wirken, aber nicht pH-, sondern pM-Sprünge anzeigen. Deren Komplexbildung mit den Metall-Ionen (z. B. Ca-Erio T, Mg-Erio T) äußert sich im Übergang der Farbe des freien Farbstoffs in die des Komplexes. Bei Zugabe des Indikators zur Probelösung vor Titrationsbeginn bildet sich

---

[11] vollständiger Name: *Eriochromschwarz T*; das ist ein Beizenfarbstoff für Wolle

zunächst der Metall-Indikator-Komplex, da er viel stabiler ist als der Metall-Aqua-Komplex. Zur richtigen Endpunkts-Anzeige muß die Stabilität des Metall-Farbstoff-Komplexes zwar deutlich geringer sein als die von M-EDTE, aber doch so nahe daran, daß erst nach völligem „Aufzehren" des Aqua-Komplexes der Indikator freigesetzt wird[12].

Beispiel 13.12

Komplexometrische Titration von Magnesium-Ionen: Da EDTE in seiner nichtprotonierten Form in den 1:1-Komplex eintritt, muß dafür durch Pufferlösungen ein hinreichend basisches Milieu geschaffen werden. Nach Zugabe von wenig Erio T bildet sich etwas weinroter Komplex Mg-ErioT. Die durch EDTE-Maßlösung freigesetzten Protonen werden „gepuffert", d.h. aus dem Gleichgewicht entfernt; es bildet sich der farblose Komplex Mg-EDTE. Am Äquivalenzpunkt werden die letzten Mg-Ionen aus dem Komplex Mg-ErioT an EDTE gebunden, die blaue Eigenfarbe des Indikators zeigt den Endpunkt an.

Anmerkung. Laut Tab. 13.3 sind bei Magnesium-Ionen die Konstanten M-ErioT und M-EDTE günstig für eine Direkttitration; bei Calcium-Ionen sind die Werte zu verschieden. Hier ergäbe sich mit Erio T ein schleppender, also nicht hinreichend genau auswertbarer Farbumschlag.

Zur komplexometrischen Bestimmung zahlreicher Elemente gibt es eine große Vielfalt unterschiedlicher „Komplexone" und dazu passender Metallindikatoren. In Fällen, wo das Metall-Ion zu langsam mit EDTE reagiert oder den Indikatorumschlag blockiert, ist eine *Rücktitration* möglich: Ein definierter EDTE-Überschuß erzwingt zunächst die Komplexbildung, danach wird der verbliebene EDTE-Anteil mit der Maßlösung eines gut geeigneten Metall-Ions ermittelt.

13.2.4 Einfluß von Säure-Base- und/oder Fällungsreaktionen

Schon in 13.1.3 wurden *gekoppelte Gleichgewichte* behandelt, wo mindestens ein Partner zugleich an Säure-Base- und an Lösungs-Fällungs-Reaktionen beteiligt war. Zusätzlich wäre hier Komplexbildung oder -zerfall zu berücksichtigen.

Implizit war diese Möglichkeit schon in 13.1.3 enthalten, nämlich bei der selektiven Fällung von Hydroxiden $M(OH)_3$ dadurch, daß der NH_3/NH_4Cl-Puffer neben seiner regulierenden Wirkung auf das Angebot an Hydroxid-Ionen auch freies Ammoniak NH_3 als Ligand bereitstellt.

Instruktiv und analytisch wichtig ist das Wechselspiel zwischen der unterschiedlichen Löslichkeit von *Silberhalogeniden* AgX (mit X = Cl, Br, I) einerseits und der Bildung verschiedener 1:2-Komplexe AgY_2 andererseits (s. 31.3.2). Mit Y = *Ammoniak* NH_3, *Thiosulfat* $S_2O_3^{2-}$ und *Cyanid* CN^- bilden sich teils kationische, teils anionische Komplexe. Mit den in Tab. 13.2 und 13.3 enthaltenen Werten L_{AgX} und $K_{stab}(AgY_2)$ lassen sich die in 31.3.2 geschilderten *selektiven Löslichkeiten* der Silberhalogenide für vorgegebene Konzentrationen der genannten Komplexbildner nachrechnen.

---

[12] Diese Forderung ähnelt der Aufgabe bei Säure-Base-Titrationen, den richtigen pH-Indikator auszuwählen, also passend zum pK_S-Wert der zu titrierenden Brønstedsäure.

Aufgaben

Aufgabe 13.1

a) Was sind gesättigte,

b) was übersättigte Lösungen?

c) Wie vermeidet man Übersättigung?

Aufgabe 13.2

Kupfer(I)-iodid: Berechnen Sie $[Cu^+]$ in einer gesättigten Lösung von Kupfer(I)-iodid ...

a) ... in reinem Wasser,

b) ... in einer NaI-Lösung mit $c_{NaI} = 1,0$ mol/l.   ($L_{CuI} = 3 \cdot 10^{-12}$ mol^2/l^2)

Aufgabe 13.3

Fällt Calciumsulfat aus, wenn 200 ml einer Calciumnitrat-Lösung ($c = 10^{-3}$ mol/l) zu 100 ml einer Natriumsulfat-Lösung ($c = 10^{-4}$ mol/l) gegeben werden? {zu $L(CaSO_4)$ s. Tab. 13.2}

Aufgabe 13.4

Bleisulfid: Salzsäure (pH = 1) wird mit Schwefelwasserstoff gesättigt {$c(H_2S) = 0,1$ mol/l}. Wie groß muß in dieser Lösung die Konzentration an Pb(II)-Ionen mindestens sein, damit Bleisulfid ausfällt? {$K_{S(1,2)}(H_2S) = [S^{2-}] \cdot [H^+]^2 / [H_2S] = 10^{-22}$ mol^2/l^2; $L_{PbS} = 10^{-28}$ mol^2/l^2}

a) Reaktionsgleichung Schwefelwasserstoff;

b) Sulfid-Ionenkonzentration $[S^{2-}]$;

c) Mindestkonzentration $[Pb^{2+}]_{min}$.

Aufgabe 13.5

Fällung von Zinkhydroxid: Gibt man NH_3 zu einer $Zn(NO_3)_2$-Lösung, bildet sich

a) ein weißer Niederschlag, der sich

b) in überschüssigem NH_3 löst. Wird aber

c) NH_3 zu einer Lösung von $Zn(NO_3)_2$ und NH_4NO_3 gegeben, fällt kein Niederschlag. Warum?

Aufgabe 13.6

Komplexone:

a) Was ist EDTE (Name, Formel)?

b) Worin besteht der Vorteil von EDTE gegenüber einzähnigen Liganden?

c) Was ist der Chelateffekt? Wodurch wird er bewirkt?

Aufgabe 13.7

Komplexometrie I: Wieviel ml EDTE ($c_{EDTE} = 0,050$ mol/l) benötigen

a) 50,0 ml einer Ca^{2+}-Maßlösung ($c = 0,010$ mol/l),

b) 20,0 ml einer Maßlösung von Al^{3+} ($c = 0,025$ mol/l)?

Aufgabe 13.8

Komplexometrie II (Rücktitration): Eine 50,0-ml-Probe mit Nickel(II)-Ionen wurde mit 25,0 ml EDTE versetzt ($c_{EDTE} = 0,05$ mol/l), um Nickel zu komplexieren und einen EDTE-Überschuß zu gewährleisten. Für dessen Rücktitration wurden 5,00 ml einer Zink(II)-Maßlösung ($c_{Zn} = 0,05$ mol/l) benötigt. Wie war die Ausgangskonzentration $[Ni^{2+}]$?

Redoxreaktionen (Gleichgewichte III)

Wir kommen auf Reaktionen zurück, bei denen sich – im Unterschied zu den Gleichgewichten in 12 und 13 – bei den beteiligten Partnern die Oxidationszahlen ändern: Ein Partner, das Oxidationsmittel, nimmt Elektronen auf und wird dadurch selbst reduziert; ein anderer, das Reduktionsmittel, gibt Elektronen ab und wird dadurch oxidiert. Die allgemeine Behandlung solcher Redoxvorgänge erfolgte in 11.1, wobei in 11 der Schwerpunkt generell auf elektrochemischer, möglichst weitgehend reversibler Versuchsführung lag.

Hier geht es nun um die Spezifika beim Aufstellen der Gleichungen von Redoxreaktionen in wäßrigen Lösungen. Manche der aufgeführten Beispiele sind von Bedeutung für qualitativ-analytische Nachweise im Grundpraktikum bzw. für quantitativ-analytische Bestimmungen. Häufig sind hierbei Redoxvorgänge gekoppelt mit anderen Reaktionstypen (Säure-Base-, Fällungs-, Komplexbildungs-Reaktionen).

14.1 Korrespondierende Redoxpaare, Redoxgleichungen

So wie es in wäßrigen Lösungen keine freien Protonen H^+ gibt, so existieren dort auch keine freien Elektronen e^-. In Analogie zu Säure-Base-Reaktionen sind deshalb bei Redoxreaktionen Elektronenaufnahme und -abgabe über *korrespondierende Redoxpaare* miteinander gekoppelt:

$$Ox_{(1)} + Red_{(2)} \rightleftharpoons Red_{(1)} + Ox_{(2)} \qquad (14.1)$$

Die Redoxpotentiale für die jeweils gewählten Reaktionsbedingungen entscheiden darüber, ob ein bestimmter Stoff bei der aktuellen Umsetzung als Oxidations- oder Reduktionsmittel wirkt. Diese Abhängigkeit des Verhaltens vom jeweiligen Reaktionspartner ist analog zur Situation bei korrespondierenden Säure-Base-Paaren (s. 12.2). Für uns wichtige *Standard-Redoxpotentiale* E^o sind neben zahlreichen Standard-Elektrodenpotentialen in Tab. 11.1 zusammengefaßt. Da diese Werte definitionsgemäß nur für Normalbedingungen gelten, ist jeweils zu entscheiden, ob sie für die betreffende Reaktion geeignet sind oder nicht.

Weichen lediglich die Aktivitäten der redoxaktiven Partner vom Standard ab, so kann das durch Anwendung der Nernstschen Gleichung (s. 11.3) weitgehend berücksichtigt werden. Sind die Lösungen zusätzlich stark sauer oder stark alkalisch, wäre die Benutzung anderer Tabellen notwendig, mit Realpotentialen für die entsprechend modifizierten Bedingungen.

An mehreren Beispielen soll nunmehr das Aufstellen einer *Redoxgleichung* geübt werden:

a) *Voraussetzungen*: Wie bei anderen Reaktionen müssen die „wesentlichen" Partner bekannt sein, im vorliegenden Falle also die für den *Elektronenaustausch* verantwortlichen Ausgangsstoffe und die dabei entstehenden Produkte. Besonders wichtig sind die Oxidationszahlen d e r Elemente, die redoxaktiv in Erscheinung treten. Die Reaktionsprodukte können im allgemeinen nicht durch einfache Regeln erschlossen werden. Der in 4.1.1 gegebene allgemeine Hinweis zum Formulieren von Reaktionsgleichungen gilt hier in besonderem Maße.

Als einfaches Startbeispiel greifen wir Gl. 11.1b wieder auf, die Umsetzung von Zinkstaub mit Silbernitrat-Lösung; dabei wird metallisches Silber ausgefällt, und Zink-Ionen Zn^{2+}_{aq} gehen in Lösung.

b) Formulieren der beiden *Redoxpaare*: Obwohl am Ende in der Bruttogleichung freie Elektronen nicht auftreten dürfen, ist deren Einbeziehen für die ersten Teilschritte unbedingt zu empfehlen:

$$Ag^+_{(aq)} + e^- \; \rightleftharpoons Ag_{(s)} \tag{14.2a}$$

$$Zn_{(s)} \qquad \rightleftharpoons Zn^{2+}_{(aq)} \; + \; 2\,e^- \tag{14.2b}$$

Meist ist es günstig, zusätzlich über den redoxaktiven Elementen die Oxidationszahlen zu vermerken. Hier wäre das trivial, da für Elemente definitionsgemäß ±0 gilt und bei Ionen Ionenwertigkeit und Oxidationszahl übereinstimmen (s. 6.4.2).

c) Ausgleichen der *Elektronenbilanz*: Da die Zahl der an beiden Teilreaktionen beteiligten Elektronen im allgemeinen Fall – so auch hier – unterschiedlich ist, sind die stöchiometrischen Faktoren entsprechend zu modifizieren, hier durch Multiplizieren von Gl. (14.2a) mit 2.

$$2\,Ag^+_{(aq)} + 2\,e^- \rightleftharpoons 2\,Ag_{(s)} \tag{14.2c}$$

d) Summieren beider Teilgleichungen: Im vorliegenden Fall ergibt sich aus den Gleichungen 14.2c und 14.2b die Gleichung 14.3.

$$2\,Ag^+_{(aq)} + Zn_{(s)} \; \rightleftharpoons 2\,Ag_{(s)}{\downarrow} + Zn^{2+}_{(aq)} \tag{14.3 $\equiv$ 11.1b}$$

e) Probe: Überprüfen der Richtigkeit der Massen- und Ladungsbilanz für Ausgangsstoffe und Reaktionsprodukte. In Gl. (14.3) sind rechts und links sowohl die Stoffmengen der Partner als auch die Gesamtladungen (+2) identisch.

Anmerkung: Die hohe Zellspannung ΔV für diese Reaktion (s. Beispiel 11.2) bedeutet, daß sie praktisch vollständig abläuft, also auch bei geringen Konzentrationen an Silber-Ionen, z. B. in verdünnt-wäßriger Lösung von Silberkomplexen. Durch Einrühren von Zinkstaub in gebrauchte *Fixierbäder* wird so der Thiosulfato-Komplex zerstört und elementares Silber zurückgewonnen.

Nicht immer ist das Aufstellen einer Redoxgleichung für wäßrige Lösungen so einfach wie im gewählten oder im folgenden Beispiel.

Beispiel 14.1

Iodid-Nachweis: In Wasser gelöstes *Chlor* Cl_2 [$E^0(Cl^-/Cl_2) = +1{,}36$ V] oxidiert Iodid-Ionen I^- zu *Iod* I_2 [$E^0(I^-/I_2) = +0{,}54$ V], erkennbar an der Braunfärbung der Lösung oder – nach Zugabe von wenig *Chloroform* – an der Violettfärbung der organischen Phase:

$$\overset{\pm 0}{Cl_{2(g)}} + 2\,\overset{-1}{I^-_{(aq)}} \; \rightleftharpoons \; \overset{\pm 0}{I_{2(s)}} + 2\,\overset{-1}{Cl^-_{(aq)}} \tag{14.4}$$

Iod selbst wäre nicht in der Lage, Chlorid-Ionen zu elementarem Chlor zu oxidieren; von den Halogenen gelingt das nur elementarem Fluor [$U^0(F^-/F_2) = +2{,}87$ V].

Oft ist schon die Redox-Stöchiometrie selbst recht verwickelt (Beispiel 14.2). Dazu kann die Überlagerung durch Säure-Base-, Komplexbildungs- oder Fällungs-Gleichgewichte kommen, woraus unterschiedliche Reaktionswege resultieren.

Beispiel 14.2

Umsetzung von *Arsen(III)-sulfid* mit konzentrierter *Salpetersäure* zu Arsensäure und Schwefelsäure; aus der Salpetersäure entsteht vor allem Stickstoffmonoxid:

$$\overset{+3\ -2}{3\,As_2S_3} + \overset{+5}{28\,HNO_3} + 4\,H_2O \rightarrow \overset{+5}{6\,H_3AsO_4} + \overset{+6}{9\,H_2SO_4} + \overset{+2}{28\,NO} \tag{14.5}$$

Durch Anwendung der genannten Regeln kann diese Gleichung schrittweise verifiziert werden.

Sind – wie auch im Beispiel 14.2 – in wäßriger Lösung redoxaktive Teilchen mit Sauerstoff in dessen üblicher Oxidationszahl -2 präsent, etwa Oxo-Ionen wie Nitrat NO_3^- oder Permanganat MnO_4^-, dann kann die Massenbilanz für Sauerstoff durch „sinnvolles" Einbeziehen von Wasser und seinen Dissoziationsprodukten H_3O^+ und OH^- ausgeglichen werden. „Sinnvoll" in Beispiel 14.2 ist für die stark salpetersaure Lösung zweifellos Wasser. Mit „4 OH^-" statt „4 H_2O" ließe sich zwar auch die Massen- und Ladungsbilanz ausgleichen (rechts stünden dann statt 9 nur noch 5 H_2SO_4, und dazu 4 HSO_4^-, also Hydrogensulfat-Ionen), das würde den Versuchsbedingungen aber nicht gerecht. Weitere Beispiele s. Gl. 14.9 und 14.11.

Beispiel 14.3

Permanganat MnO_4^-, in dem Mangan die Oxidationsstufe +7 hat, wird durch Reduktionsmittel im sauren Milieu zu Mangan(II)-Ionen Mn^{2+}_{aq} reduziert, bei mittleren pH-Werten zu Mangandioxid mit Mangan(IV), in stark alkalischer Lösung zu Manganaten(V) oder Manganaten(VI), also zu MnO_4^{3-} oder MnO_4^{2-} (s. 28.3.4). Analytisch genutzt wird vor allem die praktisch vollständig ablaufende (s. Tab. 11.2) *Redoxtitration* im Sauren: Eine Permanganat-Maßlösung [$E^0(Mn^{2+}/MnO_4^-)= +1,51$ V] oxidiert im Sauren Fe(II) zu Fe(III) [$E^0(Fe^{2+}/Fe^{3+}) = +0,77$ V], wobei in der vorliegenden Verdünnung farblose Mangan(II)-Ionen gebildet werden:

$$\overset{+7}{MnO_4^-}{}_{(aq)} + 5\,\overset{+2}{Fe^{2+}}{}_{(aq)} + 8H^+{}_{(aq)} \rightleftharpoons \overset{+2}{Mn^{2+}}{}_{(aq)} + 5\,\overset{+3}{Fe^{3+}}{}_{(aq)} + 4\,H_2O; \tag{14.6}$$

bis zum Erreichen des Äquivalenzpunkts wird die eintropfende tiefviolette Permanganat-Lösung immer wieder entfärbt; erst danach bleibt die Färbung bestehen. Ein Indikator zum Anzeigen des Äquivalenzpunkts wird hier also nicht benötigt (*Selbstindizierung*).

Beispiel 14.4

Nitrat-Nachweis: Nitrat-Ionen NO_3^- [$E^0(NO/NO_3^-) = +0,96$ V] sind in saurer Lösung in der Lage, Eisen(II)-Ionen zu Eisen(III)-Ionen zu oxidieren. Dabei wird Nitrat zu Stickstoffmonoxid NO reduziert, das mit überschüssigen Hexaaquaeisen(II)-Ionen $[Fe(OH_2)_6]^{2+}$ intensiv braun gefärbte Pentaaquanitrosoeisen(II)-Ionen $[Fe(OH_2)_5(NO)]^{2+}$ bildet:

$$\overset{+5}{NO_3^-}{}_{(aq)} + 3\,\overset{+2}{[Fe(OH_2)_6]^{2+}} + 4\,H^+{}_{(aq)} \rightleftharpoons 3\,\overset{+3}{[Fe(OH_2)_6]^{3+}} + \overset{+2}{NO}{}_{(aq)}\,, \tag{14.7a}$$

$$NO_{(aq)} + [Fe(OH_2)_6]^{2+} \rightleftharpoons [Fe(OH_2)_5(NO)]^{2+} + H_2O\,. \tag{14.7b}$$

14.2 Redoxamphoterie

Analog zu den Säure-Base-*Ampholyten* (s. 12.1.1) treten auch bei Redoxreaktionen Stoffe auf, die *redoxamphoter* sind. Sie wirken entsprechend ihrer Stellung in der Spannungsreihe (s. Tab. 11.1) als Oxidationsmittel gegenüber den schwächeren Oxidationsmitteln, als Reduktionsmittel gegenüber den stärkeren.

Beispiel 14.5

In *Wasserstoffperoxid* H_2O_2 hat Sauerstoff die Oxidationszahl -1. H_2O_2 vermag ...
a) ... Iodid zu Iod zu oxidieren, wobei es selbst zu Wasser reduziert wird:

$$\overset{-1}{H_2O}_{2(aq)} + 2\ \overset{-1}{I^-}_{(aq)}\ 2\ H^+_{(aq)} \rightleftharpoons 2\ \overset{-2}{H_2}\overset{\pm0}{O}_{(l)} + I_{2(s)}\ ; \tag{14.8}$$

b) ... Permanganat zu Mangan(II) zu reduzieren, wobei es selbst zu Sauerstoff oxidiert wird:

$$2\ \overset{+7}{Mn}O_4^-{}_{(aq)} + 5\ \overset{-1}{H_2O}_{2(aq)} + 6\ H^+_{(aq)} \rightleftharpoons 2\ \overset{+2}{Mn}^{2+}_{(aq)} + 5\ \overset{\pm0}{O}_{2(g)} + 8\ H_2O_{(l)}\ . \tag{14.9}$$

Wasserstoffperoxid kann auch mit sich selbst eine Redoxreaktion eingehen, wobei Sauerstoff(-I) zugleich eine niedrigere Oxidationszahl (-II) und eine höhere (in $O_2 = \pm0$) annimmt. Man spricht hier – ebenso wie bei der Reaktion von Chlor mit kalter bzw. warmer Lauge – von *Redoxdisproportionierung*:

$$2\ \overset{-1}{H_2O}_{2(aq)} \rightleftharpoons 2\ \overset{-2}{H_2}\overset{\pm0}{O}_{(l)} + O_{2(g)}\ . \tag{14.10}$$

Beispiel 14.6

Leitet man *Chlor* Cl_2 in Natronlauge ein, so erfolgt Disproportionierung, und zwar
a) in der Kälte zu Chlorid Cl^- und *Hypochlorit* OCl^-,

$$\overset{\pm0}{Cl}_{2(g)} + 2\ OH^-_{(aq)} \rightleftharpoons \overset{+1}{O}Cl^-_{(aq)} + \overset{-1}{Cl^-}_{(aq)} + H_2O \tag{14.11a}$$

b) in der Hitze dagegen zu Chlorid und Chlorat(V) ClO_3^- (s. 25.3.2):

$$3\ \overset{\pm0}{Cl}_{2(g)} + 6\ OH^-_{(aq)} \rightleftharpoons \overset{+5}{Cl}O_3^-{}_{(aq)} + 5\ \overset{-1}{Cl^-}_{(aq)} + 3\ H_2O \tag{14.11b}$$

Anmerkung: Eine Natriumhypochlorit-Lösung (*Eau de Javelle)* wurde 1785 als ein frühes chemisches Massenprodukt hergestellt, und zwar zum Stoffbleichen anstelle der Rasenbleiche.

Auch das Gegenstück zur Disproportionierung ist bekannt, die *Komproportionierung* oder *Synproportionierung*. So zersetzt sich Ammoniumnitrit NH_4NO_2 beim Erhitzen zu Stickstoff und Wasser (s. 23.2.2),

$$\overset{-3}{N}H_4\overset{+3}{N}O_{2(s)} \rightleftharpoons \overset{\pm0}{N}_{2(g)} + 2\ H_2O_{(l)}\ ; \tag{14.12}$$

analog entsteht aus Ammoniumnitrat Wasser und das auch als *Lachgas* bekannte Distickstoffmonoxid:

$$\overset{-3}{N}H_4\overset{+5}{N}O_{3(s)} \rightleftharpoons \overset{+1}{N_2}O_{(g)} + 2\ H_2O_{(l)}\ . \tag{14.13}$$

Hier einzuordnen wäre auch die Reaktion von Permanganat mit Mangan(II), die bei mittleren pH-Werten Braunstein, $MnO_{2(aq)}$[1], ergibt.

14.3 Redoxtitrationen

Wie schon Beispiel 14.3 zeigte, kann die quantitative Bestimmung redoxaktiver Stoffe in wäßriger Lösung durch *Redoxtitration* erfolgen. Zwei Wege sind üblich, die potentiometrische Titration oder die mit Redox-Indikatoren:

Zur *potentiometrischen* Titration ist ein Elektrodenpaar erforderlich. Dabei vermittelt eine redoxstabile Metallelektrode, zum Beispiel ein Platindraht, den Elektronenaustausch. Gemessen wird die Potentialdifferenz zwischen den beiden beteiligten Redox-Paaren gegen eine Bezugselektrode (s. 11.4).

Die visuelle Endpunktserkennung gelingt mit *Redox-Indikatoren*, bei denen oxidierte und reduzierte Form unterschiedlich gefärbt sind. Sie zeigen den jeweiligen Äquivalenzpunkt richtig an, wenn ihr Standardpotential günstig zwischen den Werten für die beiden Redoxpaare liegt, also etwa bei +1,1 V, wenn Fe(II)-Ionen [$E^0(Fe^{2+}/Fe^{3+}) = +0,77$ V] mit Cer(IV)-sulfatlösung [$E^0(Ce^{3+}/Ce^{4+}) = +1,44$ V] titriert werden. Für diesen Fall ist z. B. *Ferroin* gut geeignet, ein rot gefärbter 1:3-Komplex von Eisen(II) mit *ortho-Phenanthrolin*[2], $[Fe^{II}(phen)_3]^{2+}$, der bei E = 1,2 V oxidiert wird zum blauen Eisen(III)-Komplex $[Fe^{III}(phen)_3]^{3+}$.

Auf Redoxindikatoren kann verzichtet werden, wenn einer der Redoxpartner selbst deutliche Farbänderungen bewirkt [vgl. Permanganat im Beispiel 14.3 bzw. die durch Stärkelösung zu tiefblau vertiefte braune Eigenfarbe von freiem Iod in wäßriger Lösung (s. Beispiel 14.1)].

Aufgaben

Aufgabe 14.1

Umsetzung von festen *Alkalimetallhalogeniden* mit konzentrierter *Schwefelsäure*:

a)   Mit dem betreffenden Fluorid und dem Chlorid wird Halogenwasserstoff freigesetzt,

b)   mit Bromid kommt es partiell zur Bildung von Brom und Schwefeldioxid,

c)   mit Iodid wird neben Iodwasserstoff Iod und Schwefelwasserstoff freigesetzt. –

Formulieren Sie die Gleichungen für a) und die genannten R e d o x reaktionen.

---

[1]   Die hier und in den Gleichungen zuvor gebrauchten Indices zur Kennzeichnung des Zustands der jeweiligen Partner werden beim Formulieren der Redoxgleichungen meist der Einfachheit halber weggelassen; besonders gilt dies für die Metall-Ionen und die hydratisierten Protonen.

[2]   Hier sind 2 HC-Gruppen im tricyclischen aromatischen Kohlenwasserstoff *Phenanthren* so durch Stickstoff ersetzt, daß ein zweizähniger Chelatligand entsteht.

Aufgabe 14.2

Oxidationsschmelze: Schwerlösliches Chrom(III)-oxid kann auf einer Magnesiarinne (bestehend aus hochgeglühtem Magnesiumoxid) mit einem Gemisch aus wasserfreier Soda und Kaliumnitrat zu Chromat(VI) oxidiert werden; Nitrat wird dabei zu Nitrit reduziert. Aus dem durch Cr_2O_3 grünlich gefärbten Gemenge entsteht ein gelber wasserlöslicher Schmelzkuchen. Formulieren Sie die Reaktionsgleichung.

Aufgabe 14.3

Kupfer iodometrisch: Diese Titration basiert auf der Redoxreaktion von Kupfer(II) mit Iodid zu schwerlöslichem Kupfer(I)-iodid und Iod (s. 11.5.1). Das freie Halogen wird mit Thiosulfat reduziert, wobei *Tetrathionat* entsteht.

a)   Formulieren Sie die Reaktionsgleichungen.

b)   Wieviel mg Kupfer(II) werden durch 1 ml Natriumthiosulfat-Maßlösung einer Konzentration $c(Na_2S_2O_3) = 0,1$ mol/l angezeigt?

Aufgabe 14.4

Oxalat manganometrisch: In saurer Lösung werden Oxalat-Ionen (ox = $C_2O_4^{2-}$) durch Permanganat zu Kohlenstoffdioxid oxidiert, wobei Mangan(II)-Ionen gebildet werden.

a)   Formulieren Sie die Reaktionsgleichungen.

b)   Wieviel ml einer Kaliumpermanganat-Maßlösung [$c(KMnO_4) = 0,02$ mol/l] werden benötigt, um 100 mg Oxalat-Ionen zu oxidieren?

c)   Warum benötigt eine Titration mit Permanganat keinen Indikator?

Aufgabe 14.5

Bromatometrie: Kaliumbromat(V) oxidiert zahlreiche niederwertige Ionen, z. B. Arsen(III) in Arseniten AsO_3^{3-} und Antimon(III) in Antimoniten $Sb(OH)_4^-$, und zwar zu Arsenaten(V) AsO_4^{3-} und Hexahydroxoantimonaten(V) [$Sb(OH)_6$]$^-$. Dabei entsteht Bromid, das nach Erreichen des Äquivalenzpunkts mit überschüssigem Bromat freies Brom bildet, welches zur Selbstindizierung dienen kann.

a)   Formulieren Sie die beiden Reaktionsgleichungen.

b)   Zur Verdeutlichung des Äquivalenzpunkts kann ein organischer Farbstoff zugesetzt werden, z. B. der pH-Indikator Methylrot, der durch Bromat-Überschuß entfärbt wird. Warum wohl?

Aufgabe 14.6

Bestimmung von *Eisen(II) neben Eisen(III)*: Das Mineral *Magnetit*, Fe_3O_4, enthält Eisen in beiden Oxidationsstufen. In einer unter nichtoxidierenden Bedingungen erhaltenen schwefelsauren Lösung kann Eisen(II) direkt mit Permanganat titriert werden [$c(KMnO_4) = 0,02$ mol/l]. – In einer Parallelprobe wird Eisen(III) zuvor reduziert, z. B. beim Durchlaufen der Lösung durch eine mit feinkörnigem Silber gefüllte Säule, und danach der Gesamteisengehalt [ΣFe(II),Fe(III)] bestimmt. – Welchen Permanganat-Verbrauch erwarten Sie bei der Titration von 1 mmol reinen Magnetits,

a)   für die Direktbestimmung von Eisen(II),   b)   für die Titration des Gesamteisengehalts?

Aufgabe 14.7

Cyanidlaugerei: Aus goldhaltigem Staub kann Gold von verdünnter Kaliumcyanid-Lösung unter Durchblasen von Preßluft als Dicyano-Komplex gelöst werden. Durch nachfolgendes Einrühren von Zinkstaub fällt Gold aus, wobei Tetracyanozincat(II) gebildet wird.

a)   Formulieren Sie die Reaktionsgleichungen.

b)   Wie bewerten Sie die Cyanidlaugerei vom Standpunkt des Umweltschutzes?

Chemische Kinetik (Reaktionskinetik)

Die chemische Kinetik kann kurz als die Lehre von der Geschwindigkeit chemischer Reaktionen bezeichnet werden. Sie ist für das Verständnis chemischer Reaktionen und für deren Optimierung genauso unverzichtbar wie die Thermodynamik. Sie sagt uns nämlich erst, ob eine thermodynamisch mögliche Reaktion tatsächlich abläuft und wie das geschieht. Sie ist ein umfangreiches Teilgebiet der physikalischen Chemie. Hier können deshalb nur einführende Grundlagen geboten werden. Für weiterführende Darstellungen siehe z. B. Tab. 42.1, Lit. [34, 39].

Vorbemerkungen. Wozu brauchen wir die Kinetik in der Chemie? Was unterscheidet sie von der Kinetik in der Physik? – In der *Mechanik* ist *Kinetik*[1] die Lehre von den Bewegungen der Körper unter dem Einfluß innerer oder äußerer Kräfte, also gleichbedeutend mit der *Dynamik* materieller Körper. Die *Statik*[1] ist der Sonderfall, wo am ruhenden Körper ein Gleichgewicht der Kräfte besteht.

Gewisse Analogien zur *Statik* weist die klassische *chemische Thermodynamik* auf, die sich mit der Beschreibung chemischer *Zustände* beschäftigt[2]. Sie bewertet Möglichkeiten für bestimmte Reaktionen, aber ohne jede Aussage über die Zeit bis zur Gleichgewichtseinstellung. Auch die von der „Zeit" abgeleiteten Begriffe „Geschwindigkeit" und „Beschleunigung" sind ihr fremd! Das ist oft unbefriedigend: So kann eine offensichtlich nicht ablaufende Reaktion einerseits deshalb ausbleiben, weil sie thermodynamisch verboten ist ($\Delta_r G > 0$), andererseits dadurch, daß ihr Ablauf trotz stark begünstigter Reaktion ($\Delta_r G \ll 0$) gehemmt ist und so verhindert wird.

Für die Stoffwandlung ist es aber natürlich von größter prinzipieller wie auch technischer Bedeutung zu wissen, ob und wie eine mögliche Reaktion abläuft, d. h.,

- ob augenblicklich oder über viele Stunden hinweg (*Reaktionsgeschwindigkeit, Geschwindigkeitskonstante*, s. 15.1),

- ob und wie die Mengenanteile der Reaktionspartner den Ablauf beeinflussen (*Zeitgesetz, Reaktionsordnung*, s. 15.2),

- ob Reaktionshemmungen zu überwinden sind (*Aktivierungsenergie, s. 15.3*) und wie (Art der Reaktionsführung, *Katalyse*, s. 15.4),

- ob die Produkte direkt oder über Zwischenstufen gebildet werden (*Reaktionsmechanismus, Molekularität* der Reaktion, s. 15.5),

- ob die Reaktionen praktisch vollständig oder reversibel ablaufen[3].

Für thermodynamisch erlaubte Reaktionen sollen kinetische Untersuchungen also angeben, welche Zeit benötigt wird bis zu bestimmten Umsetzungsgraden oder bis zum Erreichen des thermodynamischen Gleichgewichts selbst: Ist die Reaktionsgeschwindigkeit hoch, liegt ein

---

[1] griech.: *kinetikos*, die Bewegung betreffend; *statos*, (still)stehend

[2] Dementsprechend wurden in älteren Lehrbüchern, z. B. durch W. Nernst um 1900 in „Theoretische Chemie", wesentliche Teile der Thermodynamik als „chemische Statik" behandelt

[3] „Reversibel" hat hier nicht die in der Thermodynamik geltende Bedeutung; es verweist auf simultane, wenn auch in der Regel unterschiedlich schnelle Hin- und Rückreaktion

kinetisch instabiles (*labiles*[4], sehr reaktives) System vor, ist sie sehr gering, ein *kinetisch stabiles* (*inertes*[4], gehemmtes) System. Äußerlich als stationär, mithin als thermodynamisch stabil erscheinende Zustände werden als *metastabil* bezeichnet (d. h. stabil bis zur Aufhebung der Hemmung) oder auch als *pseudostabil* (d. h., als fast unmerklich langsam ablaufend).

Nebenbei bemerkt, ist die Hemmung oft sehr erwünscht! Im Hinblick auf die thermodynamisch stark begünstigte Oxidation pflanzlicher und tierischer Gewebe an Luft bei Normaltemperatur zu Kohlenstoffdioxid, Wasser und anderen energiearmen Produkten ist die Oxidationshemmung sogar die Grundvoraussetzung unserer eigenen Existenz!!

„Kinetische Stabilität" bezieht sich also auf die Geschwindigkeit der Gleichgewichtseinstellung, „thermodynamische Stabilität" dagegen auf die Richtung dorthin. Bis zum Gleichgewicht ist das System *thermodynamisch instabil* (unstabil, nichtstabil). – Als ein verbindendes Glied zwischen *Thermodynamik* und *Kinetik* haben wir schon das *Massenwirkungsgesetz* kennengelernt, das einerseits thermodynamisch bestimmt ist (s. 4.2), andererseits kinetisch abzuleiten ist, nämlich über die Geschwindigkeitskonstanten von Hin- und Rückreaktion (s. Gl. 15.8).

15.1 Die Reaktionsgeschwindigkeit (RG)

Die *Reaktionsgeschwindigkeit* v erfaßt die Abhängigkeit der Stoffmengen-Konzentration der Reaktanten R_1, R_2, ...R_n von der Zeit. *Reaktanten* sind die *Ausgangsstoffe* (*Edukte*) und die Endstoffe (*Produkte*).

Als *mittlere Reaktionsgeschwindigkeit* v_{mitt} gilt der Differenzenquotient aus der Konzentrationsänderung des Stoffes R_i und und dem Zeitintervall Δt,

$$v_{mitt} = \Delta[R_i] / \Delta t, \hspace{5cm} (15.1)$$

als *momentane Reaktionsgeschwindigkeit* v_{mom}, also für eine Länge der Zeitintervalle gegen Null, ergibt sich der entsprechende Differentialquotient:

$$v_{mom} = d[R_i] / dt \hspace{5cm} (15.2)$$

Eine übliche Einheit der Reaktionsgeschwindigkeit ist "mol/(l · s)".Wie immer beim Rechnen mit Stoffmengen und "Mol" ist die Bezugsgröße genau anzugeben.

Beispiel 15.1

Für die reversible Reaktion $2\,HI_{(g)} \rightleftharpoons H_{2(g)} + I_{2(g)}$ bezieht sich der Zerfall von HI auf 2 mol, die Bildung von H_2 bzw. I_2 dagegen jeweils nur auf 1 mol als erreichbare Stoffmenge.

Deshalb ist es sinnvoll, v von vornherein auf den Formelumsatz zu beziehen und dadurch von der jeweiligen Stöchiometrie zu abstrahieren. Für eine allgemeine Reaktion, $z \cdot A + y \cdot B \rightleftharpoons x \cdot C + w \cdot D$, ergibt sich dann

---

[4] *labilis* spätlat. „leicht gleitend"; *iners* lat. untätig, träge

$$v = - 1/z \cdot d[A] / dt = - 1/y \cdot d[B] / dt = 1/x \cdot d[C] / dt = 1/w \cdot d[D] / dt; \qquad (15.3)$$

dem Konzentrationsabfall der Ausgangsstoffe entspricht das Vorzeichen „$\ominus$", dem Anstieg bei den Produkten das „$\oplus$". Zwischenprodukte bleiben außer Betracht.

Aus der Reaktionsgleichung läßt sich das jeweilige v nicht ableiten. Meist verringert sich v mit fortschreitender Zeit, wegen der abnehmenden Konzentration der Ausgangsstoffe. Oft läßt sich v durch Erhöhen der Konzentration der Ausgangsstoffe steigern. – Zur experimentellen Ermittlung von v dienen viele chemische und instrumentell-analytische Methoden. Günstig sind Verfahren, die schnell arbeiten und keine aufwendige Probenahme erfordern, also etwa spektroskopische Methoden. Leicht kinetisch zu verfolgen sind Fällungen oder Umsetzungen mit Gasentwicklung.

Beispiel 15.2

1) In wäßriger Lösung reagieren Ammonium- mit Nitrit-Ionen zu Stickstoff und Wasser.

$$NH_4^+{}_{(aq)} + NO_2^-{}_{(aq)} \rightarrow N_{2(g)}\uparrow + 2\ H_2O_{(l)} \qquad (15.4)$$

2) Wasserstoffperoxid, H_2O_2, spaltet in wäßriger Lösung langsam Sauerstoff ab gemäß

$$2\ H_2O_{2(aq)} \rightarrow 2\ H_2O_{(l)} + O_{2(g)}\uparrow \qquad (15.5)$$

3) Das stark giftige *Sublimat* $HgCl_2$ oxidiert Oxalat-Ionen $C_2O_4^{2-}$ unter Bildung von *Kalomel* Hg_2Cl_2 und Kohlenstoffdioxid (zu den Quecksilbersalzen s. 32.3.2):

$$2\ HgCl_{2(aq)} + C_2O_4^{2-}{}_{(aq)} \rightarrow 2\ Cl^-{}_{(aq)} + 2\ CO_{2(g)}\uparrow + Hg_2Cl_{2(s)}\downarrow \qquad (15.6)$$

Für Gl. 15.4 ergibt die Stickstoffbestimmung, daß die Reaktionsgeschwindigkeit v direkt proportional ist zu den Konzentrationen $[NH_4^+]$ und $[NO_2^-]$; mit dem Proportionalitätsfaktor k folgt als *Geschwindigkeitsgleichung ($\equiv$ Zeitgesetz)*

$$v = d[N_2]/dt \sim [NH_4^+] \cdot [NO_2^-] ; \quad v = d[N_2]/dt = k \cdot [NH_4^+] \cdot [NO_2^-] \qquad (15.7)$$
$$k - \text{Geschwindigkeitskonstante}$$

Die *Geschwindigkeitskonstanten* k üblicher chemischer Reaktionen können einen außerordentlich großen Wertebereich von mindestens 20 Größenordnungen überstreichen; sie sind in der Regel stark temperaturabhängig (s. 15.3).

Beispiel 15.3

Geschwindigkeitskonstante k des Iodwasserstoff-Zerfalls: Treffen Iodwasserstoff-Moleküle HI geeignet aufeinander, so findet eine Umordnung zu den Elementen, H_2 und I_2 statt, als Reaktion 2. Ordnung mit dem Zeitgesetz $v = -d[HI]/dt = k \cdot [HI]^2$. Die durch das niedrige k bei 500 K ($k_{500} = 6,4 \cdot 10^{-9}$ l·mol^{-1}·s^{-1}) belegte geringe Reaktionsgeschwindigkeit steigt bei weiterem Erhitzen drastisch, bei 800 K auf mehr als das Zehnmillionenfache ($k_{800} = 9,7 \cdot 10^{-2}$ l·mol^{-1}·s^{-1})!

Ionenreaktionen erfolgen in wäßriger Lösung äußerst schnell, Bildung und Verseifung von Estern recht langsam (s. Tab. 37.6). Der *Zerfall* radioaktiver Elemente vollzieht sich manchmal in Sekundenbruchteilen, manchmal merklich erst über Jahrmillionen. Von dem bei der Bildung der Erde – also vor über 4 Milliarden Jahren – vorhandenen Isotop ^{238}U ist z. B. noch etwa die Hälfte existent. Das kurzlebige Isotop ^8Li dagegen ist schon 10 s nach der Bildung fast 100%ig zerfallen.

Bisher haben wir die im kinetischen Sinne reversiblen Reaktionen als *Gleichgewichtsreaktionen* bezeichnet (s. 11-14); die Gleichgewichtskonstante K wurde entweder experimentell bestimmt oder berechnet, z. B. über den Zusammenhang zwischen K und freier Reaktionsenthalpie $\Delta_r G$ (s. Gl. 11.9) oder – bei elektrochemischer Versuchsführung – zwischen K und Zellspannung ΔV (s. Gl. 11.6/11.7).

Kinetisch läßt sich für Hin- und Rückreaktion je eine Geschwindigkeitsgleichung formulieren, mit den Geschwindigkeitskonstanten k_h und k_r. Im dynamischen Gleichgewicht ist die Konzentration der Ausgangsstoffe soweit gefallen, die der Endprodukte soweit gestiegen, daß die Geschwindigkeiten von Hin- und Rückreaktion identisch sind. Makroskopisch ist keine Änderung mehr meßbar.

Definition 15.1 Wie von Guldberg und Waage 1867 abgeleitet (s. 4.2), ist die Gleichgewichtskonstante K des Massenwirkungsgesetzes zugleich der Quotient der Geschwindigkeitskonstanten k_h von Hin- und k_r von Rückreaktion:

$$K = k_h / k_r \qquad\qquad (15.8)$$

Tab. 15.1 und Aufg. 15.9 belegen die Gültigkeit dieser Gleichung für einige Säure-Base-Reaktionen. Erwartungsgemäß erfolgt die Vereinigung entgegengesetzt geladener Ionen (k_r zu 1, 2, 4) sehr viel rascher als die Ladungstrennung (k_h zu 1, 2, 4) oder die Reaktion zwischen gleichsinnig geladenen Teilchen (k_r zu 5).

Tab. 15.1 Hin- und Rückreaktionen in wäßriger Lösung bei ca. 20 °C unter Beteiligung hydratisierter Ionen; Geschwindigkeitskonstanten k_h, k_r und mit Gl. 15.8 berechnete Gleichgewichtskonstanten K; nach Hammes (1966) {Hac – Essigsäure; EDTE – Komplexon (s. 13.2.3)}

Reaktion	k_h (s^{-1})	k_r $(l \cdot mol^{-1} \cdot s^{-1})$	$K = k_h / k_r$	pK = - lgK
1) $H_2O \rightleftharpoons H^+_{(aq)} + OH^-_{(aq)}$	$2,6 \cdot 10^{-5}$	$1,4 \cdot 10^{+10}$	$1,9 \cdot 10^{-16}$	15,7
2) $Hac \rightleftharpoons H^+_{(aq)} + ac^-_{(aq)}$	$8 \cdot 10^{+5}$	$4,5 \cdot 10^{+10}$	$1,8 \cdot 10^{-5}$	4,75
3) $NH_4^+ \rightleftharpoons NH_3 + H^+_{(aq)}$	24	$4,3 \cdot 10^{+10}$	$5,6 \cdot 10^{-10}$	9,25
4) $NH_3 + H_2O \rightleftharpoons NH_4^+_{(aq)} + OH^-_{(aq)}$	$5 \cdot 10^{+5}$	$3,4 \cdot 10^{+10}$	$1,5 \cdot 10^{-5}$ [1)]	4,8
5) $EDTE^{4-} + H_2O \rightleftharpoons HEDTE^{3-} + OH^-_{(aq)}$	$6,9 \cdot 10^{+3}$	$3,8 \cdot 10^{+7}$	$1,8 \cdot 10^{-4}$ [2)]	3,75

[1)] bei 4) ist K die Base-Dissoziationskonstante K_B von Ammoniak; mit der zugehörigen Säure-Dissoziationskonstante von NH_4^+ bei 3) ergibt sich das Ionenprodukt des Wassers (s. Gl. 12.8)
[2)] K = K_B des einfach protonierten EDTE-Ions; die Säurekonstante wäre $K_{S(4)} \approx 5 \cdot 10^{-11}$ mol/l; alle pK_S-Werte für EDTE sind: $pK_{S(1)} = 2,0$; $pK_{S(2)} = 2,7$; $pK_{S(3)} = 6,2$; $pK_{S(4)} = 10,3$.

15.2 Die Reaktionsordnung

Gleichung 15.7 zur Stickstoffbildung ist ein Beispiel für das *Zeitgesetz der Reaktion (Geschwindigkeitsgleichung)*, also für den Zusammenhang zwischen der Reaktionsgeschwindigkeit v und den Konzentrationen $[R_i]$ der Reaktanten R_i.

Die Potenzen für die Konzentrationen der einzelnen Reaktanten bestimmen die jeweilige *Reaktionsordnung*. Allgemein gilt:

$$v = k \cdot [R_1]^m \cdot [R_2]^n; \qquad m, n - \text{Reaktionsordnungen} \qquad (15.9)$$

Die Gesamt-Reaktionsordnung ist dann die Summe der einzelnen Ordnungen. Da die Konzentrationen $[NH_4^+]$ und $[NO_2^-]$ in Gl. 15.7 in der 1. Potenz stehen (also $m = n = 1$; Σ $m,n = 2$), ist die Gesamtreaktion hier eine von zweiter Ordnung.

Chemische Teil- oder *Elementarreaktionen* sind mono- (uni-), bi- oder trimolekular, d. h., sie kommen zustande durch Zerfall *einzelner* Teilchen, durch Wechselwirkung zwischen *zwei* Teilchen, sehr selten auch zwischen *drei*. In solche Geschwindigkeitsgesetze gehen die entsprechenden Konzentrationen in der jeweils 1. Potenz ein, so daß dann Reaktionsordnung und *Molekularität* übereinstimmen.

Meist überlagern sich mehrere Teilreaktionen, ohne daß man das der Bruttogleichung ansehen kann. Dann sind sehr verschiedene Gesamt-Reaktionsordnungen möglich. Auch gebrochene oder gar negative Werte und Null kommen vor.

Hinweis. Obwohl aus der Stöchiometrie eines Vorgangs weder auf die Ordnung noch auf die Molekularität der Reaktion geschlossen werden kann, auch die experimentell ermittelte Ordnung keinen Beweis für die vorliegende Molekularität liefert, ist dennoch die Reaktionsordnung ein wertvolles Klassifizierungsprinzip, weil für die verschiedenen Reaktionen gleicher Ordnung eine jeweils identische mathematische Auswertung möglich ist (s. Bild 15-1b).

Reaktionen erster Ordnung. Hier ist die Reaktionsgeschwindigkeit v proportional zur jeweils vorhandenen Restkonzentration des Ausgangsstoffes R. Als Differentialgleichung für v ergibt sich

$$v = - d[R] / dt = k \cdot [R] \qquad (15.10)$$

Variablentrennung und Integration für $[A]_0 \rightarrow [A]_t$ sowie für $t_0 \rightarrow t$ führt zu

$$\ln[R]_t = -k \cdot t + \ln[R]_0 \quad \text{bzw.} \quad [R]_t = [R]_0 \cdot e^{-kt} \qquad (15.11)$$

Die zeitliche Abnahme von $[R]$ folgt einem Exponentialgesetz; ist k groß, erfolgt der Abfall schnell. Auftragen von $\ln[R]_t$ über der Zeit t ergibt eine Gerade, ihre Steigung liefert die *Geschwindigkeitskonstante* k (Bild 13-1b).

Somit läßt sich sowohl $[R]$ zu einer beliebigen Reaktionszeit bestimmen als auch die Dauer bis zu einem vorgegebenen Umsatz. Als *Halbwertszeit* $t_{1/2}$ gilt die Zeit, in der die Ausgangskonzentration $[R]_0$ des Reaktanten auf die Hälfte abgefallen ist: $[R]_t = [R]_0 / 2$. Sie ist bei allen Reaktionen 1. Ordnung von $[R]_0$ unabhängig.

Beispiele für diesen Reaktionstyp sind viele Umwandlungen eines Stoffes in neue Produkte, z. B. die Umlagerung eines Isomeren in ein anderes, die Hydrolyse von Pestiziden in Gewässern, die nachlassende Wirksamkeit von Medikamenten bei unsachgemäßer Lagerung, auch der „nichtchemische" Zerfall instabiler Nuklide.

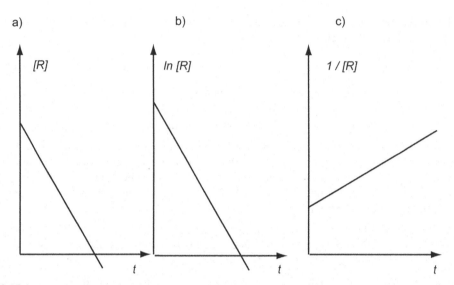

Bild 15-1
Zeitlicher Ablauf von Reaktionen verschiedener Ordnung

a) **0. Ordnung**   b) **1. Ordnung**   c) **2. Ordnung**
    Anstieg $= \ominus$ k, in mol/(l·s)   Anstieg $= \ominus$ k, in s^{-1} Anstieg $= \oplus$ k, in l/(mol·s)

Beispiel 15.4

Radioaktiver Zerfall instabiler Isotope, bei ^{14}C ausgenutzt zur Altersbestimmung kohlenstoffhaltiger Proben: In der Atmosphäre besteht ein Gleichgewicht zwischen der Synthese von ^{14}C gemäß ^{14}N + ^{1}n $\rightarrow$ ^{14}C + + ^{1}p und dessen Zerfall nach ^{14}C $\rightarrow$ ^{14}N + ^{0}e, dem der lebende Organismus über Atmung bzw. Photosynthese folgt. Der Tod beendet den Austausch mit der Atmosphäre. – Aus dem Restgehalt an ^{14}C kann entsprechend dessen *Halbwertszeit*, $t_{1/2}$ = 5570 a, („a" = Jahr, von lat. *annus*) das Alter bestimmt werden, wenn man die Langzeit-Konstanz des ^{14}C-Gehalts der Atmosphäre postuliert. Da das nicht ganz erfüllt ist, sind die Befunde durch andere zu korrigieren, bei größeren Holzproben z. B. durch Vergleich mit den Jahresring-Sequenzen von Baumscheiben-Reihen über Jahrtausende zurück (*Dendrochronologie*).

Wie leicht nachgerechnet werden kann, ist nach 10 Halbwertszeiten die Konzentration $[R]_t$ auf etwa 1 ‰ von $[R]_o$ abgesunken. Solche Rechnungen sind wichtig, will man Prognosen zur Schadstoffbelastung abgeben, z. B. betreffend die Mindestdauer einer sicheren Lagerung von radioaktivem Abfall mit bekanntem Isotopenbestand bis zum Abklingen der Restaktivität.

Reaktionen zweiter Ordnung. Das Zeitgesetz einer Reaktion, die nur bezüglich e i n e s Reaktanten 2. Ordnung ist, lautet

$$- d[R] / dt = k \cdot [R]^2 \tag{15.12}$$

Hier ist die Halbwertszeit $t_{1/2}$ = 1/k · $[R]_0$; sie ist also – im Unterschied zu Reaktionen 1. Ordnung – nicht mehr unabhängig von der Ausgangskonzentration $[R]_0$. So benötigt die Umsetzung von 50 auf 75 % d o p p e l t soviel Zeit wie die Umsetzung von 0 auf 50 %. Entsprechend fällt die Ausgangskonzentration $[R]_0$ nicht exponentiell wie bei Reaktionen

1. Ordnung; sondern wesentlich langsamer. Eine Reaktion 2. Ordnung liegt dann vor, wenn das Auftragen der r e z i p r o k e n Meßwerte, $1/[R]_t$, über der Zeit zu Geraden führt (Bild 15-1c).

Eine Reaktion ist – vgl. Gl. 15.7 – auch dann 2. Ordnung, wenn sie 1. Ordnung hinsichtlich z w e i e r Ausgangsstoffe ist (s. Gl. 15.7). Allgemein gilt dann:

$$- d[R] / dt = k \cdot [R_1] \cdot [R_2] \tag{15.13}$$

Reaktionen 0. Ordnung. Die Reaktionsgeschwindigkeit v wird durch einen nicht-chemischen Vorgang bestimmt und ist dementsprechend unabhängig von der Konzentration des Reaktanten. Die Ausgangs-Konzentration $[R_0]$ fällt mit konstanter Geschwindigkeit solange ab, bis R verbraucht ist (Bild 15-1a). Dann fällt zwangsläufig v vom bis dahin konstanten Wert auf Null.

Beispiel 15.5

Reaktionen 0. Ordnung:
1) Adsorptions-Desorptions-Vorgänge an Stoffen mit großer spezifischer Oberfläche,
2) die Absorption eines Gases in einer Flüssigkeit bei konstanter Gaszufuhr,
3) die Ammoniak-Zersetzung in die Elemente an einem Heizdraht.

Pseudoordnung von Reaktionen. Manchmal liegt ein Reaktant R in so großem Überschuß vor, daß sich seine Konzentration $[R]_0$ kaum verändert. Auch die Konzentration von Katalysatoren (s. 15.4) bleibt während einer Reaktion konstant.

Beispiel 15.6

Die saure *Verseifung* eines *Carbonsäure-Esters* (s. 36.3.3) wird ebenso wie die *Inversion* von *Rohrzucker* (*Saccharose*) zu *Glucose* und *Fructose* (s. 38.5) in verdünnt-wäßriger Lösung durch Wasserstoff-Ionen katalysiert. – Monomolekular können die Elementarreaktionen nicht sein, da Wasser und Wasserstoff-Ionen notwendige weitere Partner sind. Die konstanten Werte für $[H_2O]$ und $[H^+]$ kann man aber – ähnlich wie bei der Formulierung des Ionenprodukts von Wasser (s. 12.2.1) – in die Konstante k einbeziehen, so daß sich für alle beiden Änderungen, $-d[Saccharose]/dt$ und $-d[Ester]/dt$, Zeitgesetze pseudo-erster Ordnung ergeben.

Die Ordnung solcher Reaktionen wird also niedriger erhalten, als die Molekularität sein kann; man spricht hier von der *Pseudoordnung* der Reaktion, entsprechend von *pseudomonomolekularen* Reaktionen.

Hinweis. Beispiel 15.6 zeigt, daß die Ordnung einer bestimmten Reaktion nicht einfach aus der jeweiligen Stöchiometrie hergeleitet werden kann. Geschwindigkeitsgesetze sind somit stets experimentell zu ermitteln, unter Variation der wesentlichen Einflußgrößen.

Beispiel 15.7

Fehlende Kongruenz von Stöchiometrie und Reaktionsordnung: Die Umsetzung von Bromat- mit Bromid-Ionen (s. Aufg. 14.5) verläuft nach der folgenden Gleichung:
1) $5\,Br^-_{(aq)} + BrO_3^-{}_{(aq)} + 6\,H^+_{(aq)} \rightarrow 3\,Br_{2(aq)} + 3\,H_2O_{(l)}$. Völlig analog reagieren Iodat und Iodid,
2) $5\,I^-_{(aq)} + IO_3^-{}_{(aq)} + 6\,H^+_{(aq)} \rightarrow 3\,I_{2(aq)} + 3\,H_2O_{(l)}$.
Die ermittelten Geschwindigkeitsgesetze sind dessenungeachtet unterschiedlich:

1) $v = k \cdot [Br^-] \cdot [BrO_3^-] \cdot [H^+]^2$;   2) $v = k \cdot [I^-]^2 \cdot [IO_3^-] \cdot [H^+]^2$.
Demnach ist die Gesamtordnung von Reaktion 1) gleich 4, von Reaktion 2) gleich 5.

Schon die Behandlung *reversibler Reaktionen* zeigte, daß Umwandlungen der Ausgangsstoffe in die Produkte oft unvollständig ablaufen. Komplikationen bei der kinetischen Analyse von Reaktionen erwachsen auch daraus, daß Reaktionen

- teils in einigen Schritten n a c h einander erfolgen (*Folgereaktionen*, z. B. *Kettenreaktionen*, s. 39.2),

- teils n e b e n einander über verschiedene Reaktionswege zu unterschiedlichen Produkten führen (*Parallelreaktionen*),

- teils in Verkopplung der bisher genannten Grundtypen ablaufen (s. 37.3).

Besonders interessant, aber nur schwer aufzuklären sind, sogenannte *oszillierende Reaktionen*, bei denen das Reaktionssystem über längere Zeit und über viele Schritte regelmäßig zwischen zwei unterschiedlichen stationären Zuständen hin und her „pendelt". Geeignete Indikatoren zeigen das an Farbumschlägen an.

Beispiel 15.8

Oszillierende Reaktion: Klassisch ist hier die in mehreren Varianten publizierte *Reaktion nach Belousov und Zhabotinsky*[5], bei der z. B. in schwefelsaurer Lösung Bromat, Bromid, Malonsäure (s. 36.3) und Cer(IV)-sulfat zusammentreffen. Als Redox-Indikator wird „*Ferroin*" zugesetzt (s. 14.3). Der periodische Umschlag zwischen reduzierendem und oxidierendem Milieu wird durch den Farbwechsel rot ⇌ blau angezeigt.

15.3 Aktivierungsenergie

Wie erwähnt (s. 15.1), sind die Geschwindigkeitskonstanten k und damit die Reaktionsgeschwindigkeiten temperaturabhängig. In der Regel wächst v mit der Temperatur, bei biochemischen Reaktionen ebenso wie bei einfacheren. Die Erklärung dafür geht letztlich zurück auf ein Postulat von *Arrhenius* (1888):

Definition 15.2. Moleküle reagieren, wenn sie eine bestimmte Mindestenergie aufweisen, um die Energiebarriere zwischen Ausgangs- und Endzustand zu überwinden, die *Aktivierungsenergie* E_a. Die Atomanordnung mit der höchsten Energie wird als *aktivierter Komplex* bezeichnet.

Beispiel 15.9

Acetonitril $H_3C–C\equiv N$ (s. 36.3.5/6) läßt sich exotherm umwandeln zu *Methylisonitril* $H_3C–N\equiv C$: $H_3C–C\equiv N \rightleftharpoons H_3C–N\equiv C$. Die Rückreaktion ist endotherm. Für die mit einer Drehung der $C\equiv N$-Gruppe verbundene Umlagerung ist eine weitgehende Lockerung der C–C-Bindung im Nitril notwendig; entsprechend hoch ist die Aktivierungsenergie ($E_a = 160$ kJ/mol).

---

[5] russisch-sowjetische Naturforscher: Boris Pawlowitsch Belousov (1893-1970), Chemiker; Anatoli Markowitsch Zhabotinsky (geb. 1938), Physiker

Energie wird durch Teilchenzusammenstöße übertragen. Um dabei die *Reaktionsbarriere* zu überschreiten, müssen die Partikeln räumlich günstig zueinander orientiert sein. Das ist aber meist nur für einen sehr geringen Bruchteil gegeben.

Beispiel 15.10

Bei der Reaktion $H_2 + I_2 \rightarrow$ 2 HI (25 °C, 1 bar) gibt es in einer entsprechenden Gasmischung zwar je Sekunde 10^9-10^{10} Zusammenstöße jedes Moleküls mit einem anderen, aber nur einer von 10^{13} ist erfolgreich.

Bei höheren Temperaturen haben die Moleküle gemäß $E = k \cdot T$ eine höhere kinetische Energie und somit häufiger die zur Umwandlung nötige Minimalenergie. Für viele chemische Reaktionen gilt als Faustregel, daß sich die Reaktionsgeschwindigkeit v je 10 K Temperaturanstieg verdoppelt bis verdreifacht. Die Geschwindigkeitskonstante k folgt der *Arrhenius-Gleichung*,

$$k = A \cdot e^{(-E_a/ R \cdot T)} \quad (A - \text{Frequenzfaktor}), \tag{15.14a}$$

bzw. in logarithmierter Form

$$\ln k = - \ln A - E_a/(R \cdot T), \tag{15.14b}$$

E_a und A lassen sich leicht graphisch aus ln k gegen 1/T bestimmen (Bild 15-2).

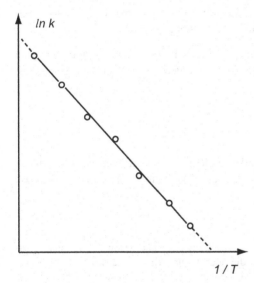

Bild 15-2
Bestimmung von Aktivierungsenergie E_a und Frequenzfaktor A: Der Anstieg der Geraden ist gleich $-E_a/R$, der Achsenabschnitt bei 1/T = 0 gibt A an. Über größere Temperaturintervalle treten Abweichungen von der Linearität auf, wegen der meist vorhandenen geringen Temperaturabhängigkeit von E_a.

Die *Aktivierungsenergien* E_a können recht unterschiedlich sein (Tab. 13.2). Bei niedrigen Werten ist die Reaktionsgeschwindigkeit vergleichsweise hoch und weniger stark von der Temperatur abhängig, bei hohen ist es umgekehrt.

Tab. 15.2 Aktivierungsenergien E_a (in kJ/mol) für einige Reaktionen

Reaktion	E_a	Reaktion	E_a
Ethanbildung ($\leftarrow C_2H_4, H_2$)	180	Zersetzung $N_2O_{5(g)}$ ($\rightarrow NO_2, O_2$)	100
Ethanzerfall in Methylradikale CH_3	385	Zersetzung von $NO_{2(g)}$ ($\rightarrow NO, O_2$)	110
Ethanbildung aus CH_3-Radikalen	0	Zersetzung von $N_2O_{(g)}$ ($\rightarrow N_2, O_2$)	245
Bildung Iodwasserstoff ($\leftarrow H_2, I_2$)	175	do. katalysiert an Platin	135
Zerfall Iodwasserstoff ($\rightarrow H_2, I_2$)	165	do. katalysiert an Gold	120
Zerfall Iodwasserstoff ($\rightarrow H, I$)	300	Zersetzung $H_2O_{2(aq)}$ ($\rightarrow H_2O, O_2$)	75
Isomerisierung Cyclopropan/Propen	270	do. katalysiert mit Iodid-Ionen	55
do. Acetonitril $\rightarrow$ Methylisonitril	160	do. katalysiert mit Platinsol	50
Verseifung Essigsäureethylester/OH^-	45	do. mit Enzym Leberkatalase	23
do. C_2H_5Br/OH^- ($\rightarrow C_2H_5OH/Br^-$)	90	Rohrzucker-Inversion (s. Beisp. 15.7)	≈ 100

Oft liegen die Aktivierungsenergien in der Größenordnung der Bindungsenergien (s. 8.3.3), die nötig sind, um die Ausgangsstoffe zu zerlegen. Aktivierungsenergien sind meist für die Hin- wie auch für die Rückreaktion aufzubringen.

> **Definition 15.3** Die Differenz der *Aktivierungsenergien* bzw. -enthalpien E_a von Hin- und Rückreaktion ist gleich der molaren *Standardreaktionsenthalpie*.[6]

Demnach ergibt sich für exotherme Reaktionen $E_{a(h)} < E_{a(r)}$; für endotherme Reaktionen wird $E_{a(h)} > E_{a(r)}$. Durch Katalysatoren können die Aktivierungsenergien deutlich beeinflußt werden.

15.4 Katalyse

Ende des 18., Anfang des 19. Jahrhunderts wurden zunehmend Reaktionen bekannt, deren Auslösung anscheinend durch den bloßen Kontakt der Reaktanten mit einem ansonsten unbeteiligtem weiteren Stoff bewirkt wurde.

Beispiel 15.11

Knallgasreaktion bei Raumtemperatur in Gegenwart von feinverteiltem Platin: 1823 publizierte Döbereiner, „...daß das metallische Platin in der That die höchst wunderbare Eigenschaft besitzet, das Wasserstoffgas durch *bloße Berührung*, d.h. ohne alle Mitwirkung sonstiger Thätigkeiten zu bestimmen, daß es sich mit Sauerstoffgas zu Wasser verbindet...".

---

[6] auch die Differenzen der Aktivierungsentropien sind gleich der *molaren Reaktionsentropie*.

Das Sensationelle dieses Befundes wird uns wohl erst dadurch bewußt, daß die Bildung von 1 mol Wasser durch unkatalysierte *Knallgasreaktion* bei 1 bar Druck und 280 K ca. 10^{11} Jahre erforderte, also ein Vielfaches des Erdalters!

Für die beschleunigende Wirkung bestimmter Stoffe auf den Ablauf von Reaktionen schlug Berzelius 1835 den Begriff *Katalysis*[7] vor, der sich mit den Termini *Katalyse, Katalysator, katalytisch* durchgesetzt hat, obwohl man katalytisch beeinflußte Prozesse meist mehr unter dem Gesichtspunkt des Aufbaus neuer Verbindungen sieht als unter dem der Zerstörung der zunächst vorliegenden.

Definition 15.4. *Katalysatoren* sind Substanzen, die die Reaktionsgeschwindigkeit v verändern, ohne selbst durch die Reaktion eine bleibende chemische Veränderung zu erfahren. Der Katalysator verändert den Mechanismus der Reaktion, was in der Regel[8] zu der Absenkung der Aktivierungsenergie E_a der betreffenden Reaktion führt, in Hin- wie auch in Rückrichtung. Die Lage des thermodynamischen Gleichgewichts wird dadurch also nicht beeinflußt, wohl aber die Geschwindigkeit der Gleichgewichtseinstellung.

Aus Katalysator und Reaktant(en) bilden sich intermediär aktive Species (Adsorbate, Zwischenverbindungen), die dann schneller miteinander reagieren. Dabei wird der Katalysator wieder freigesetzt.

Beispiel 15.12

Ozonverarmung in der Stratosphäre („Ozonloch"): Die in 24.2.1 und 39.4.2 beschriebene Gefährdung der Ozonschicht wird unter anderem zurückgeführt auf die katalytische Beschleunigung der Reaktion
1) $O_{3(g)} + O_{(g)} \rightarrow 2\,O_{2(g)}$ durch aktives Chlor, das aus Fluorchlorkohlenwasserstoffen freigesetzt wurde. Als Zweistufenmechanismus, der mit einer erheblichen Absenkung der Aktivierungsenergie für 1) verbunden ist, formuliert man vereinfacht:
2a) $Cl_{(g)} + O_{3(g)} \rightarrow ClO_{(g)} + O_{2(g)};$ **2b)** $ClO_{(g)} + O_{(g)} \rightarrow Cl_{(g)} + O_{2(g)};$
insgesamt ergibt sich aus 2a und 2b die vorgenannte Bruttogleichung 1.

Unterschiedliche Katalysatoren können bei identischen Ausgangsbedingungen zu sehr verschiedenen Produkten führen, sie können teils *selektiv* einen bestimmten Reaktionsweg fördern, teils relativ unspezifisch wirken. In der Technik ist man meist an möglichst selektiv wirkenden Katalysatoren interessiert, auch wenn man vom Idealfall der äußerst spezifischen *Biokatalysatoren* im Regelfall weit entfernt bleibt. Eine gezielte Entwicklung von technischen Katalysatoren setzt die Kenntnis der ablaufenden Elementarreaktionen voraus, was aber nur selten gegeben ist.

Fast alle Katalysatoren steigern die Reaktionsgeschwindigkeit v. In vielen Fällen, z. B. im Hinblick auf die Haltbarkeit von Lebensmitteln oder Medikamenten, ist man aber auch daran interessiert, unerwünschte Reaktionen zu unterdrücken, sie durch „Stabilisatoren" oder „*Inhibitoren*"[9] gleichsam „negativ zu katalysieren".

---

[7] *katalysis*, griech. Zersetzung, Zerstörung, Auflösung
[8] auch der *Frequenzfaktor* A der Arrhenius-Gleichung kann beeinflußt werden
[9] *inhibere* lat. anhalten, hindern

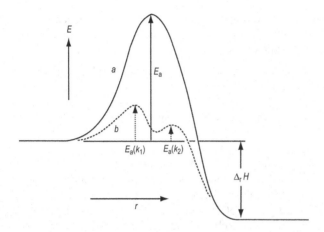

Bild 15-3
Wirkung eines Katalysators:

a) Reaktion unkatalysiert:
Für den Ablauf der exothermen Reaktion ist die Aktivierungsenergie E_a zu überwinden

b) Reaktion katalysiert: Der neue, mindestens zweistufige Reaktionsweg läuft mit wesentlich kleineren Aktivierungsenergien, $E_a(k_1)$ und $E_a(k_2)$, die Reaktion wird beschleunigt

Inhibitoren sind allerdings dann keine echten Katalysatoren, wenn sie durch das Ablaufen der Hemmreaktion selbst verbraucht werden, etwa durch Aufbau von Passivierungsschichten oder – im Falle von Chelatbildnern als Stabilisatoren – durch Bildung starker Komplexe mit störenden Spuren von Schwermetallen.

Die meisten Reaktionen verlaufen katalysiert, ob in lebenden Organismen, in der chemischen Industrie, in der Atmosphäre oder andernorts.

Beispiel 15.13

Katalyse: 1) *Kaliumchlorat*-Zersetzung unter Sauerstoffentwicklung gemäß
$2 \text{ KClO}_{3(s)} \rightarrow 2 \text{ KCl}_{(s)} + 3 \text{ O}_{2(g)}$; als Katalysator fungiert Braunstein MnO_2.
2) *Oxidation von Saccharose* zu CO_2 und Wasser gemäß $\text{C}_{12}\text{H}_{22}\text{O}_{11(aq)} + 12 \text{ O}_{2(aq)}$
$\rightarrow 12 \text{ CO}_{2(aq)} + 11 \text{ H}_2\text{O}_{(l)}$; Katalysator ist hier ein spezielles Protein als *Enzym*.

Biokatalysatoren (*Enzyme*[10], veraltet auch *Fermente*[10]) wurden vom Menschen unbewußt schon vor Jahrtausenden technisch genutzt, z. B. bei der alkoholischen Gärung. Gar nicht vorstellbar wäre der Stoffwechsel von Lebewesen ohne die Fülle der hierfür vorhandenen spezifischen Biokatalysatoren. So gelingt die Verdauung einer Fleischmahlzeit in Gegenwart eines geeigneten Enzyms in wenigen Stunden; unkatalysiert würden bei Körpertemperatur Jahrzehnte dafür benötigt!

Je nach der Anzahl der an katalytischen Reaktionen beteiligten Phasen unterscheidet man *homogene*, also Ein-Phasen-, und *heterogene*, also Mehr-Phasen-*Katalyse*.

Heterogene Katalyse. Hier liegt der Katalysator in einer anderen Phase vor als die miteinander reagierenden Stoffe, besonders häufig in fester Form.

Beispiel 15.14

Heterogene Katalyse: 1) Zersetzung von Wasserstoffperoxid in wäßriger Lösung, $H_2O_{2(aq)}$, in Gegenwart von feingepulvertem Braunstein MnO_2; 2) Katalyse der Gasphasenhydrierung von Ethen mit Wasserstoff zu Ethan durch festes feinverteiltes Metall (Ni, Pd, Pt);

---

[10] *en zyme* griech. in der Hefe, im Sauerteig; *fermentum*, latein. Sauerteig

Das Katalysator-„Design" sorgt für einen innigen Kontakt mit den Reaktionspartnern, z. B. durch Abscheiden des Katalysators in feinverteilter (*hochdisperser*) Form auf einem Träger, der seinerseits durch seine Porenstruktur eine hohe *spezifische Oberfläche* aufweist. Ein solcher Katalysator wird in der Technik als *Kontakt* bezeichnet (s. 24.3.2, *Kontaktverfahren* zur *Schwefelsäure*-Herstellung). – Ins allgemeine Bewußtsein gerückt sind Katalysatoren durch den „Kat" zur Reinigung von Autoabgasen.

Beispiel 15.15

Katalyse der *Abgasverbrennung* (PKW-„Kat") durch Edelmetalle oder Gemische von Übergangsmetalloxiden: Hierbei erfolgt die Oxidation von Kohlenstoffmonoxid und unverbrannten Kohlenwasserstoffen zu Kohlenstoffdioxid und Wasser, die Zerlegung von Stickoxiden NO, NO_2 zu N_2 und O_2. Dazu werden Wabenkörper, meist aus einer – durch ihre geringe Wärmeausdehnung vorteilhaften – *Cordierit*-Keramik[11], mit einer oberflächenreichen Schicht aus γ-Aluminiumoxid (γ-Al_2O_3) belegt, auf die der Edelmetall-Katalysator (*Platin, Rhodium*) aufgebracht wird. Die wirksame Oberfläche erreicht $20000 \ m^2$ je Liter Katalysatorvolumen.

Wichtig ist aber, daß die hohe spezifische Oberfläche der Katalysatoren nicht durch *Kontaktgifte* (Katalysatorgifte) unwirksam gemacht wird.

Beispiel 15.16

Benzin mit bleihaltigen Zusätzen führte z. B. im „Kat" zur Bildung einer intermetallischen Blei-Platin-Verbindung, d.h., zur bleibenden „Vergiftung" des Katalysators.

Für die moderne Hochpolymerenchemie (s. 39.2) sind Kombinationen aus einer Übergangsmetallverbindung (z. B. $TiCl_4$) und einer metallorganischen Verbindung eines Hauptgruppenelements [z. B. Triethylaluminium, $Al(C_2H_5)_3$] auf geeigneten Trägern, die sogen. *Ziegler-Natta-Katalysatoren*[12], von sehr großer Bedeutung.

Homogene Katalyse. Hier liegt der Katalysator in derselben Phase vor wie die Reaktanten, als Gas unter Gasen oder wie die Partner gelöst im Flüssiggemisch.

Beispiel 15.17

Homogene Katalyse: 1) *flüssig-flüssig*: Zersetzung von $H_2O_{2(aq)}$ in Gegenwart von Brom Br_2; 2) *gasförmig-gasförmig*: Beschleunigung der Zersetzung von Ozon O_3 durch Chlor oder Stickstoffmonoxid in der Stratosphäre (s. Beispiel 15.12).

Auch *Säure-Base-Katalysen*, wo Protonendonatoren bzw. -akzeptoren katalytisch wirken (s. Beispiel 15.6), sind oft den Homogenkatalysen zuzuordnen.

15.5 Reaktionsmechanismen

Zur Optimierung von Reaktionen wäre eine Ermittlung der Reaktionsmechanismen wünschenswert. Dazu ist die Reaktionskinetik wegen der Mehrdeutigkeit ihrer Aussagen aber

---

[11] *Cordierit* ist ein Magnesium-aluminium-silicat, $Mg_2Al_3[AlSi_5O_{18}]$
[12] Karl Ziegler (1898-1973), deutscher Chemiker, Chemienobelpreis 1963 zusammen mit dem italienischen Chemiker Giulio Natta (1903-1979)

nur beschränkt in der Lage (Tab. 15.3). Da die *Bruttogleichung* nur das „Vorher" und „Nachher" der Reaktion in Kurzform beschreibt, ohne direkten Bezug auf das Geschehen dazwischen, fehlt ein eindeutiger Zusammenhang

- zwischen dem Auftreten von Reaktionspartnern in der Bruttogleichung und dem Auftreten von (diesen und weiteren) Stoffen im *Zeitgesetz*,
- zwischen der *Stöchiometrie* der Bruttogleichung und der *Reaktionsordnung* einerseits, dem *Reaktionsmechanismus* andererseits,
- zwischen der Reaktionsordnung des Zeitgesetzes und den *Molekularitäten* der Elementarreaktionen.

Definition 15.5 1) Ein vorgeschlagener Mechanismus ist dann auszuschließen, wenn sein theoretisches Zeitgesetz nicht mit dem experimentell ermittelten übereinstimmt. 2) Die Übereinstimmung zwischen den Zeitgesetzen ist höchstens dann ein „Beweis" für den zugrundegelegten Mechanismus, wenn kein anderer chemisch „sinnvoller" zu diesem Resultat führt.

Die fehlende Eindeutigkeit spricht natürlich nicht gegen die Berechtigung kinetischer Untersuchungen. Sie impliziert lediglich die Notwendigkeit, deren Aussagen durch nichtkinetische Messungen zu stützen, z. B. durch vollständige Produktanalysen, durch den Einsatz von Isotopen sowie durch solche instrumentell-analytische Methoden, die reaktive Zwischenstufen, Eigendissoziations-Gleichgewichte und andere Änderungen der Reaktanten nachzuweisen gestatten.

Tab. 15.3 Möglichkeiten und Grenzen der Reaktionskinetik bei der Beschreibung von Reaktionen

Nr.	Teilaufgabe	Bewertung
–	Voraussetzung: 1) Zweifelsfreie Kenntnis der *Bruttogleichung* (dort ausgewiesene Partner i), 2) Kenntnis weiterer Partner x (Katalysatoren, Inhibitoren, Überschuß-Komponenten)	Diese Voraussetzungen sind nur selten hinreichend vollständig und unstrittig gegeben
1	Aufstellen des (einfachen/komplexen) *Zeitgesetzes*: 1) Geschwindigkeitskonstante k, 2) *Reaktionsordnung* bzw. *Pseudoordnung* der Reaktion, sowohl in bezug auf die Gesamtreaktion als auch in bezug auf die einzelnen Partner i bzw. x	Für viele einfache, besonders für praxisrelevante Fälle (Umsatz mit Reaktionspartnern im Überschuß) liegt sehr umfangreiches empirisches Material vor
2	Aussagen zum *Reaktionsmechanismus*, speziell zu 1) Natur der reaktiven *Zwischenstufen*, 2) Molekularität des geschwindigkeitsbestimmenden Schrittes, 3) Bau des zugehörigen *aktivierten Komplexes*: Zu ermitteln sind die Werte für *Geschwindigkeitskonstante* und Aktivierungsgrößen in Abhängigkeit von inneren[1] und äußeren[2] Einflüssen	Experimentelle Zeitgesetze erlauben meist nur einige Schlußfolgerungen auf den Mechanismus, sie beweisen ihn nicht! Erst die Hinzunahme von Befunden aus nichtkinetischen Messungen vermag, den Kinetik-Vorschlag für den Mechanismus zu erhärten
3	Folgerungen für die Reaktionssteuerung: Gezielte Veränderung innerer[1] bzw. äußerer[2] Reaktions-bedingungen durch möglichst weitgehendes Steuern von Einflußgrößen	Hieran besteht das eigentliche Interesse der angewandten Chemie und der Verfahrenstechnik

[1] d.h., in der Struktur der Ausgangsstoffe liegender
[2] z. B. Konzentration, Temperatur, Druck, Medium, Katalysatoren

Somit ist zwar die Kinetik nur eine Methode unter vielen zur Aufklärung eines Reaktionsmechanismus, andererseits aber – durch Vergleich des jeweils geforderten Zeitgesetzes mit dem experimentell belegten – der Prüfstein für die Plausibilität des vorgeschlagenen Mechanismus!

Daß die kinetische Aufklärung der Reaktion einen unabhängigen Weg eröffnet, thermodynamische Daten zu prüfen, wurde schon erwähnt (s. Def. 15.3).

Aufgaben

Aufgabe 15.1

Warum dauert es länger, sich auf der Zugspitze (Höhe knapp 3000 m über NN) ein *Frühstücks-Ei* zu kochen als am Nord- oder Ostseestrand?

Aufgabe 15.2

Reaktionsordnung:

a) Wie ist die Reaktionsordnung des Zeitgesetzes $v = k [A] \cdot [B]^2$?;

b) welche Ordnung liegt vor für die Reaktionspartner A und B?

Aufgabe 15.3

Zeitgesetze: Eine Tabelle mit Geschwindigkeitskonstanten enthält die folgenden Angaben:

a) $k_1 = 5 \cdot 10^{-4}$ s^{-1};

b) $k_2 = 5 \cdot 10^{-4}$ $l \cdot mol^{-1} \cdot s^{-1}$. Was schließen Sie daraus für die Zeitgesetze?

Aufgabe 15.4

Invertierung von *Rohrzucker*: Eine Rohrzucker-Lösung wird im Salzsauren in einer Reaktion pseudo-erster Ordnung in 30 min zu je 18 % in Glucose und Fructose umgewandelt. Nach welcher Zeit t_{75} ist der Invertierungsgrad 75 %?

Aufgabe 15.5

Bestimmen Sie aus der Meßreihe zur *Esterverseifung* im Alkalischen, R'-COOR + OH$^-$ → R'-COO$^-$ + R-OH, graphisch die *Reaktionsordnung* und die *Geschwindigkeitskonstante* k.

t (min)	0	5	10	20	40	60	80	100	120	150
[Ester] (mmol/l)	25	15,5	11,3	7,3	4,3	3,0	2,3	1,9	1,6	1,3

Aufgabe 15.6

Nitr(yl)amid, O_2N-NH_2, die Stammform einiger Explosivstoffe, zerfällt in einer Reaktion 1. Ordnung in Gegenwart von Alkali zu N_2O und Wasser. Aus 100 mg entstanden nach 70 min 12,38 ml trockenes N_2O (288 K, 1 bar). Wie ist die Halbwertszeit $t_{1/2}$ des Zerfalls?

Aufgabe 15.7

Aktivierungsenergie E_A: NO zerfällt beim Erhitzen zu N_2 und O_2. Bestimmen Sie aus den k/T-Wertepaaren (Geschwind.-konst./Temperatur) die Aktivierungsenergie nach Arrhenius:

Geschwind.-konstante k ($l \cdot mol^{-1} \cdot s^{-1}$)	0,0013	0,135	0,38	1,67	11,55
Temperatur (K)	838	967	1001	1053	1125

Aufgabe 15.8

Nach einer Faustregel erhöht sich die *Reaktionsgeschwindigkeit* auf das Zwei- bis Dreifache, wenn die Temperatur um 10 K steigt (bzw. fällt auf ½ bis ⅓ bei Temperaturabfall um 10 K). In welchem

Bereich muß die Aktivierungsenergie E_a liegen, jeweils für $k \to 2k$ und $k \to 3k$ sowie für einen Temperaturanstieg von a) 25 auf 35 °C, b) 90 auf 100 °C.

Aufgabe 15.9

Iodwasserstoff-Gleichgewicht: $H_2 + I_2 \rightleftharpoons 2 HI$; es wurde 1897 durch Bodenstein[13] untersucht, um Gl. 15.8 zu verifizieren, also den Zusammenhang zwischen der Gleichgewichtskonstante K_{eq} gemäß *Massenwirkungsgesetz* und den *Geschwindigkeitskonstanten* k_h und k_r für Hin- und Rückreaktion. Im Gleichgewicht sind die Ausgangskonzentrationen an Iod und Wasserstoff, $[H_2]_o$ und $[I_2]_o$, jeweils um x vermindert, [HI] ist von 0 auf 2x gestiegen;
$\to K_{eq} = [HI]^2 / [H_2] \cdot [I_2] = [2x]^2 / ([H_2]_o - x) \cdot ([I_2]_o - x)$. Statt der Konzentrationen können die Gasvolumina v verwendet werden, da keine Volumenänderung erfolgt: $K_{eq} = v^2(HI)/\{v(H_2) \cdot v(I_2)\} = 4x^2/\{v(H_2)_o - x\} \cdot \{v(I_2)_o - x\}$. Für 448 °C ergaben sich folgende – auf 0 °C und 1 bar rückgerechnete – Volumina v (in cm^3)

$v(H_2)_o$	20,57	20,53	20,41	20,28	19,99
$v(I_2)_o$	5,22	25,42	52,80	67,24	100,98
$v(HI)_{eq}$ = {2x}	10,22	34,72	38,68	39,54	39,62

a) Berechnen Sie die *Gleichgewichtskonstante* K_{eq} für die Bildung von HI bei 448 °C.

b) Vergleichen Sie mit K_{eq} aus $k_h = 0,14$ $l/(mol^{-1} \cdot s^{-1})$ und $k_r = 2,50 \cdot 10^{-3}$ $l/(mol^{-1} \cdot s^{-1})$.

Aufgabe 15.10

Uranmineralien im stationären Gleichgewicht enthalten stets Spuren des Radiumisotops ^{226}Ra (s. 20.1.2), und zwar im Stoffmengenverhältnis $n(^{226}Ra) : n(^{238}U) = 3,47 \cdot 10^{-7}$. Wie groß ist die *Halbwertszeit* von ^{238}U, wenn $t_{1/2}(^{226}Ra) = 1580$ a?

Aufgabe 15.11

In einem Aceton-Wasser-Gemisch (Massenanteil Aceton 90 %) reagiert *tert*-Butylbromid (BB) bei 25 °C gemäß $(H_3C)_3C-Br + H_2O \rightleftharpoons (H_3C)_3C-OH + HBr$ so langsam zu *tert*-Butanol, daß der Reaktionsfortschritt durch HBr-Titration an entnommenen Proben verfolgt werden kann.

Zeit (h)	0	3,15	4,1	6,2	10,0	18,3	30,8	37,3	43,8
[BB] (mol/l)	0,1039	0,0896	0,0859	0,0776	0,0639	0,0353	0,0207	0,0142	0,0101

Zu bestimmen sind:

a) Reaktionsordnung,

b) Geschw.-konstante k,

c) *Halbwertszeit* der Reaktion $t_{1/2}$ (Hinweis: Welcher Graph empfiehlt sich für Reaktionen 1. bzw. 2. Ordnung?)

---

[13] Max Ernst August Bodenstein (1871-1942), deutscher Physikochemiker

Anorganische Chemie

Ru$_3$(CO)$_{12}$

Os$_2$(CO)$_9$

Ir$_4$(CO)$_{12}$

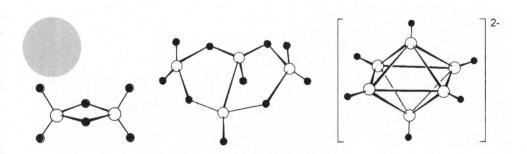

Einführung

16

Von den bekannten 116 chemischen Elementen wurden 94, nämlich Wasserstoff bis Plutonium, auf der Erde gefunden. Die Einteilung in Anorganische und Organische Chemie ist historisch entstanden. Sie entstammt dem relativ geringen Erfahrungsschatz des 19. Jahrhunderts und wird der Vielfalt der heute bekannten chemischen Verbindungen nicht mehr gerecht. In der heutigen Komplexchemie, der elementorganischen und bioanorganischen Chemie sind neben Kohlenstoff auch typisch anorganische Elemente, wie Metalle, von bestimmender Bedeutung. Die Kenntnisse über die Funktionen der Elemente im Naturgeschehen wachsen schnell, und es gibt wahrscheinlich kaum ein natürliches Element, das nicht irgendwie mit der Biosphäre verknüpft ist. Der Lebensprozeß kann demnach nicht länger als eine Domäne der Kohlenstoff-Chemie aufgefaßt werden! Entsprechend dieser breiteren Sichtweise wird in folgendem auch auf Themen der Umwelt- und der bioanorganischen Chemie eingegangen. Dabei sollte deutlich werden, daß bei aller relativen Spezifik der einzelnen Verbindungsklassen die Chemie eine einheitliche Wissenschaft ist.

Jedes Kapitel des folgenden Buchteils wird mit einer Tabelle wichtiger Element-Daten eröffnet, so daß insgesamt für fast alle Elemente vollständige Datensätze zur Verfügung stehen. Diese Tabellen sollten häufig herangezogen werden, da sie den Text ergänzen und vertiefen und Vergleiche zwischen den Elementen erleichtern. Die angeführten Elektronegativitäten sind Allred-Rochow-Werte. Von den Oxidationszahlen wurden nur diejenigen wiedergegeben, die in der weit überwiegenden Anzahl handhabbarer Verbindungen des entsprechenden Elements auch realisiert und damit für dieses charakteristisch sind. Die jeweils wichtigsten Oxidationszahlen sind fett gedruckt. Die Dichte-Werte beziehen sich auf 20 °C und 0,1013 MPa.

Die Abschnitte „Vorkommen" werden eingeleitet mit einer Tabelle der Element-Häufigkeit in der Erdhülle, worunter man die Gesamtheit von Erdkruste, Hydrosphäre und Atmosphäre versteht. Die Häufigkeiten der Elemente werden in „Atome/10^6 Si-Atome" angegeben, was der wirklichen Verteilung eher gerecht wird als die meist anzutreffende Einheit „Masse-%", die naturgemäß die leichteren Elemente in ihrer Häufigkeit gegenüber den schwereren benachteiligt.

18. Gruppe (VIII. Hauptgruppe) Edelgase Helium He, Neon Ne, Argon Ar, Krypton Kr, Xenon Xe, Radon Rn

17.1 Vergleichende Übersicht

Element	He	Ne	Ar	Kr	Xe	Rn[3]
Ordnungszahl	2	10	18	36	54	86
Elektronenkonfiguration	$1s^2$	[He] $2s^2 2p^6$	[Ne] $3s^2 3p^6$	[Ar] $3d^{10}$ $4s^2 4p^6$	[Kr] $4d^{10}$ $5s^2 5p^6$	[Xe] $4f^{14}5d^{10}$ $6s^2 6p^6$
Oxidationszahl	–	–	–	2	2, 4, 6, 8	2
1. Ionisierungsenergie[1]	2372,3	2080,6	1520,4	1350,7	1170,4	1037
Vol.-Anteil in Luft/ ppm	5,24	18,18	9340	1,14	0,087	Spuren
relative Dichte ρ_{rel}[2]	0,1381	0,6961	1,3799	2,89	4,51	8,07
Schmelztemperatur/°C	-272,2	-248,6	-189,4	-157,26	-111,9	-71,2
Siedetemperatur/°C	-268,9	-246,1	-185,87	-153,5	-108,1	-62,2

[1] in kJ/mol   [2] $\rho_{rel} = \rho(\text{Gas i})/ \rho(\text{Luft})$; Luftdichte $\rho(\text{Luft}) = 0,001205$ g/cm^3;   [3] nur Radioisotope

17.1.1 Chemisches Verhalten

> Die Valenzelektronenkonfiguration der Edelgasatome, die sog. Edelgaskonfiguration: $1s^2$ bei Helium, die Achterschale $ns^2 np^6$ bzw. die Achtzehnerschale $(n-1)d^{10} ns^2 np^6$, ist besonders stabil und beeinflußt dadurch weitgehend die Chemie aller anderen Elemente.

Die Edelgase, als einzige Elemente in allen Aggregatzuständen ausschließlich einatomig, weisen die höchste Ionisierungsenergie in jeder Periode auf und sind dadurch die reaktionsträgsten Elemente überhaupt. Jahrzehntelang nahm man an, daß „echte" Edelgasverbindungen nicht existieren könnten, obwohl die Ionisierungsenergie des Argons kleiner ist als die des Fluors und die des Xenons kleiner als die von Sauerstoff und Wasserstoff!

17.1.2 Vorkommen

Häufigkeitsfolge	Ar (41.)	He (67.)	Ne (72.)	Kr (82.)	Xe (83.)	Rn (88.)
Atome/10^6 Si-At.	9,8	0,11	0,03	$2,5 \cdot 10^{-4}$	$2,0 \cdot 10^{-5}$	$3,0 \cdot 10^{-12}$

> Argon ist mit 0,934 Vol.-% in der Luft viel häufiger als Kohlenstoffdioxid (0,035 Vol.-%)

Im Kosmos und in der Sonne ist Helium nach Wasserstoff das zweithäufigste Element. Helium und Argon sind in manchen Erdgasen (USA, Polen, Island) reichlich enthalten. Die irdischen Edelgase stammen weit überwiegend aus dem radioaktiven Zerfall.

> Radon besteht nur aus Radioisotopen. Auf Grund seiner Zerfallsprodukte ist es die stärkste Quelle der natürlichen radioaktiven Belastung des Organismus. Es sickert ständig aus dem Erdboden und kann sich vor allem in Kellern und Erdgeschossen ansammeln. Schutz bietet häufiges Lüften.

17.2 Elemente und Verbindungen

Die Edelgase sind farb-, geschmack-, geruchlos und, außer Helium, schwerer als Luft. Helium diffundiert auf Grund seines kleinen Atomradius durch Gummi und sogar durch Glas, also auch durch normale Dewargefäße (!), hindurch.

> Flüssiges ^{4}He (He I) geht unterhalb 2,186 K in das ebenfalls flüssige He II über. Dieses ist *superfluid* (Viskosität $\approx$ 0); seine Wärmeleitfähigkeit ist 10^4mal größer als die des Kupfers bei 20 °C.

Vom Helium zum Radon werden die Atome größer, weicher, leichter polarisierbar. Dadurch wachsen die Van-der-Waals[1]-Kräfte zwischen ihnen, damit auch die Schmelz- und Siedetemperaturen, und die Atome werden in dieser Richtung zunehmend oxidierbar (Ionisierungsenergien s. 17.1).

Helium wird aus geeigneten Erdgasen, Argon in großen Mengen aus den Restgasen der Ammoniaksynthese gewonnen. Die übrigen Edelgase werden aus der Luft abgetrennt. Argon dient als Schutzgas in der Metallurgie, beim Schweißen und im Laboratorium. Mit Neon, Argon, Krypton und Xenon werden Beleuchtungskörper (Neonröhren) gefüllt. Taucher benutzen ein Sauerstoff/Helium-Gemisch als Atemgas, weil sich Helium im Blut weniger löst als Stickstoff und damit die gefährliche Bläschenbildung im Blut (Luftembolie) beim Auftauchen vermieden wird. Helium wird als Kühlmittel in Hochtemperatur-Kernreaktoren verwendet. Xenon wirkt wie ein Barbiturat und wird als Narcoticum eingesetzt.

Edelgas-Verbindungen. Erst die für die Kernwaffenproduktion entwickelte Technik zur Herstellung und Anwendung von Fluor erlaubte eine Chemie der Edelgase, weil nur Fluor und einige seiner Verbindungen Krypton, Xenon und Radon zu oxidieren vermögen. Xenonhexafluoroplatinat, $Xe[PtF_6]_n$ (1<n<2), wurde 1962 als die erste Edelgasverbindung hergestellt! Die Edelgas-Chemie ist bis heute im wesentlichen eine Fluorchemie des Xenons (s. 25.2.2) geblieben.

---

[1] Johannes Diderik van der Waals (1837-1923), niederländischer Physiker.

Wasserstoff H

18.1 Vergleichende Übersicht

Ordnungszahl	1	Elektronegativität	2,2
Elektronenkonfiguration	1s	relative Dichte ρ_{rel} [1]	0,06952
Oxidationszahl	1, −1	Schmelztemperatur/°C	−259,15
Ionisierungsenergie/kJ·mol^{-1}	1312,0	Siedetemperatur/°C	−252,88

[1] Luftdichte (20°C; 0,1013 MPa): ρ(Luft) = 0,001205 g/cm^3

18.1.1 Chemisches Verhalten

> Wasserstoff bildet von allen Elementen die bei weitem größte Anzahl chemischer Verbindungen!

Wasserstoff hat eine weitere Besonderheit unter den Elementen: Wird das H-Atom oxidiert, resultiert ein Elementarteilchen – das Proton, H^+. Dessen Durchmesser beträgt nur $1,5 \cdot 10^{-3}$ pm gegenüber 50 - 220 pm normaler Kationen!

Die *Ionisierungsenergie* des H-Atoms ist so groß, daß Protonen unter normalen Bedingungen nicht frei existieren. Sie sind stark *elektrophil,* d.h. ziehen Elektronen an sich, und polarisieren so die Elektronenhülle des Bindungspartners.

18.1.2 Vorkommen

Wasserstoff, in der Kosmogenese zusammen mit Helium der Urquell für alle anderen Elemente, ist im Universum mit **88,6 mol-%**, in der Sonne mit 80 mol-% und in den Weltmeeren mit ca. 66 mol-% das häufigste Element.

> In der Erdhülle (Erdkruste, Hydrosphäre und Atmosphäre) ist Wasserstoff mit 15,5 mol-% nach Sauerstoff und Silicium das dritthäufigste Element. Die wichtigste Wasserstoffverbindung ist das Wasser, das Medium, in dem sehr wahrscheinlich das Leben auf der Erde entstanden ist. Auch im menschlichen Körper ist Wasserstoff mit 62 mol-% das häufigste Element.

In der Erdkruste steht Wasserstoff mit 3,10 mol-% an vierter Stelle der Häufigkeit. Er kommt darin fast ausschließlich chemisch gebunden vor und zwar als Wasser, als Kristallwasser, in Biomolekülen gebunden an Kohlenstoff, Stickstoff, Sauerstoff und Schwefel, sowie in Kohle, Erdöl und Erdgas.

18.2 Das Element

Freier Wasserstoff kommt auf der Erde nur in Form der zweiatomigen Moleküle vor. Er ist das spezifisch leichteste aller Gase, farb-, geschmack- und geruchlos, wenig wasserlöslich, läßt sich erst bei sehr tiefen Temperaturen kondensieren und hat unter allen Gasen die höchste Wärmeleitfähigkeit und die größte Diffusionsgeschwindigkeit.

Neben dem Hauptisotop *Protium*, ^{1}H, enthält irdischer Wasserstoff die Isotope *Deuterium*, ^{2}H oder D, und *Tritium*, ^{3}H oder T, zu 0,0156 bzw. 10^{-16} %. Tritium ist radioaktiv; die Zerfalls-Halbwertszeit beträgt 12,26 a. Es entsteht in der oberen Atmosphäre durch Kernreaktion von Stickstoffatomen mit Partikeln der kosmischen Strahlung. Natürliches Wasser enthält 0,015 % Deuteriumoxid, D_2O, das sogen. *schwere Wasser*. Es reichert sich bei der Wasserelektrolyse im Rückstand an und wird in Kernreaktoren zum Abbremsen von Neutronen eingesetzt.

Mit stark elektronegativen Elementen reagiert das H-Atom reduzierend, überträgt dabei sein Elektron auf den Partner und knüpft dann eine polare Atombindung, wie z. B. im Wassermolekül. Gegenüber stark elektropositiven Elementen oxidiert das H-Atom und wird dabei zum Hydrid-Ion, H^-, wie in den Hydriden der Alkali- und Erdalkalimetalle. Mit Elementen mittlerer Elektronegativität werden schwach polare Atombindungen, wie im Methan, CH_4, oder es werden Übergangsmetallhydride gebildet.

Die H-H-Bindung ist eine der festesten Einfachbindungen:

$$H_2 \rightarrow 2\,H \qquad \Delta H_{298} = +436\ \text{kJ/mol} \tag{18.1}$$

Diese beträchtliche Energie wird bei der Rekombination von H-Atomen, erzeugt z. B. im elektrischen Lichtbogen, wieder frei und führt in der Langmuir-*Fackel*[1] zu Temperaturen von bis zu 4000 ^{6}C (*Arcatom*-Schweißen). Hierbei wirkt der Wasserstoff gleichzeitig als Schutzgas.

Wasserstoff reagiert bei normaler Temperatur spontan nur mit Fluor. Für andere Umsetzungen müssen einige H_2-Moleküle zumindest angeregt werden, durch Wärme, UV-Strahlung oder Katalyse, z. B. an Platin. Einmal gestartet, verlaufen viele dieser Reaktionen äußerst heftig, z. B. die mit Sauerstoff (s. 24.2.1).

Wasserstoff hat mit 120 065 kJ/kg die größte spezifische Verbrennungswärme aller Stoffe, so daß er seit Jahrzehnten, zusammen mit Sauerstoff, als Brennstoff für schwere Raketen eingesetzt wird.

Wasserstoff/Sauerstoff-Gemische können mit vernichtender Wucht explodieren (*Knallgas*).

In kontrollierter Form, im Daniell*schen Hahn*[2], wird diese Reaktionswärme für das autogene Schweißen und zum Verarbeiten von Kieselglas genutzt.

Reagiert ein unedles Metall, wie Zink, mit Säure, lassen sich dabei Reduktionen erzielen, die der normale Wasserstoff nicht zeigt.

---

[1] Irving Langmuir (1881-1957), US-amerikanischer Chemiker, Nobelpreis für Chemie 1932.
[2] John Frederic Daniell (1790-1845), britischer Chemiker.

Bezogen auf die Stoffmenge in mol (!), ist Wasserstoff das meistproduzierte technische Produkt!

Wasserstoff wird heute zu mehr als 90 % aus Erdgas, Erdöl und Kohle gewonnen. Das derzeit wichtigste Verfahren besteht in der Umsetzung von Erdgas oder Erdöl mit Wasserdampf am Nickeloxid-Kontakt bei 800 °C (*steam reforming*):

$$CH_4 + H_2O \rightarrow 3\,H_2 + CO \qquad \Delta H_{298} = +205\ kJ/mol \tag{18.2}$$

Außerdem wird die partielle Oxidation von Erdölrückständen und Schweröl bei 1200 °C (Gl. 18.3) sowie, bei Verfügbarkeit billiger Kohle, die Kohlevergasung bei 800-1600 °C (Gl. 18.4) durchgeführt:

$$2\,C_nH_{2n+2} + n\,O_2 \rightarrow (2n+2)\,H_2 + 2n\,CO \tag{18.3}$$

$$3\,C + O_2 + H_2O \rightarrow H_2 + 3\,CO \tag{18.4}$$

Das Kohlenstoffmonoxid wird bei 350 °C an Eisen/Chrom-Katalysatoren in Kohlenstoffdioxid überführt (*Konvertierung*), das sich leicht aus dem Gemisch entfernen läßt:

$$CO + H_2O \rightarrow CO_2 + H_2 \tag{18.5}$$

Neben diesen Verfahren hat die Wasserelektrolyse bisher nur lokale Bedeutung, z. B. in Assuan, Ägypten, sowie in Kanada und in Norwegen. Mobile Wasserstoff-Generatoren, die auf der katalytischen Konversion von Methanol beruhen, werden bereits für die Versorgung von Brennstoffzellen in Kraftfahrzeugen eingesetzt:

$$CH_3OH + H_2O \rightarrow 3\,H_2 + CO_2 \tag{18.6}$$

Nahezu 60 % des erzeugten Wasserstoffs gehen in die Ammoniaksynthese (s. 23.2.2). Die Umsetzung von Wasserstoff mit Chlor dient zur Herstellung von reinem Chlorwasserstoff, HCl. Höhere Oxidationsstufen von Metallen, z. B. in Gold(III)- oder Eisen(III)-oxid, werden beim Erhitzen im H_2-Strom schon bei 100-600 °C zu niederen Oxidationsstufen oder sogar zu den Elementen reduziert.

Die Wasserstoffwirtschaft. Darunter versteht man ein Energieversorgungskonzept auf der Basis von Wasserstoff. Dieser wäre zunächst durch Elektrolyse von Wasser mit alternativen Energien zu gewinnen, jedoch nicht mittels Kernkraft wegen der damit verbundenen Risiken! In der *Brennstoffzelle* würde aus Wasserstoff und Sauerstoff mit hohem Wirkungsgrad Gleichstrom erzeugt. Die Brennstoffzelle wird schon heute in Kraftwerken und zum Antrieb von Kraftfahrzeugen eingesetzt. Die Wasserstoffwirtschaft hat einige hervorstechende Vorteile:

– Wasserstoff läßt sich großtechnisch einfacher speichern als Elektroenergie;
– bei der Wasserstoffverbrennung werden weder CO_2 noch andere Schadstoffe frei.

18.3 Die Verbindungen[3]

Das Oxonium-Ion. Durch Wasser wird das Proton zum Oxonium-Ion, H_3O^+, *hydratisiert*:

$$H^+(g) + H_2O(g) \rightarrow H_3O^+(g) \qquad \Delta H_{298} = -708 \text{ kJ/mol} \qquad (18.7)$$

Es enthält drei identische, starke O-H-Bindungen und hat die Gestalt einer flachen trigonalen Pyramide. Das H_3O^+-Ion wurde auch als Gitterbaustein einiger kristalliner Verbindungen erkannt, z. B. von Oxoniumhexafluoroantimonat(V), $[H_3O][SbF_6]$. In wässriger Lösung wird das H_3O^+-Ion noch von zahlreichen weiteren Wassermolekülen undefinierter Anzahl exotherm zum *Hydronium*-Ion hydratisiert. Die Summe der beiden Energien ist die *Hydratationsenergie* des Protons: $\Delta H_{298} \approx -1168$ kJ/mol. Sie ist es im wesentlichen, die Säuren in wäßriger Lösung dissoziieren läßt und die große Wärmemenge freisetzt, wenn man wasserfreie Säuren, z. B. Schwefelsäure, mit Wasser mischt.

Tab. 18.1 Protonsäuren.

Säuretyp	Formel	Beispiel
Binäre Säuren	H_nX	HCl Chlorwasserstoff, H_2S Schwefelwasserstoff
Oxosäuren	$O_mX(OH)_n$	$O_2S(OH)_2$ Schwefelsäure, ON(OH) Salpetrige Säure
Aquakationen	$[M(OH_2)_n]^{m+}$	$[Cu(OH_2)_4]^{2+}$ Tetraaquakupfer(II)-Ion
Carbonsäuren	$R-(COOH)_n$	CH_3COOH Essigsäure, $(COOH)_2$ Oxalsäure
X nichtmetallisches, M metallisches Element, R organischer Rest		

Binäre Säuren. Sie sind strukturell am einfachsten, da sie neben Wasserstoff nur noch ein weiteres Element enthalten. Die ungefähren pK_s-Werte für die Abspaltung eines Protons in wäßriger Lösung sind in nachfolgender Tabelle angegeben.

CH_4 46	NH_3 35	H_2O 16	HF 3
	PH_3 27	H_2S 7	HCl −7
		H_2Se 4	HBr −9
		H_2Te 3	HI −10

Danach nimmt die Säurestärke in einer Periode von links nach rechts und in einer Gruppe von oben nach unten zu.

> Iodwasserstoff ist also die stärkste binäre Säure!

Daß die Säurestärke innerhalb einer Gruppe nach unten zunimmt, läßt sich in erster Näherung durch die Abnahme der H–X-Bindungsstärke erklären.

Die zweite Säurekonstante einer mehrwertigen Säure ist stets wesentlich kleiner als die erste, weil die nach Dissoziation des ersten Protons verbliebenen Wasserstoffatome von der

---

[3] Wasser wird in der 16. Gruppe unter Sauerstoff behandelt.

negativen Ladung des Anions besonders stark angezogen werden. So gilt für Schwefelwasserstoff, H_2S: $pKs_1 = 7$, $pKs_2 = 14$.

Oxosäuren. Für deren Säurestärke gelten die Paulingschen Regeln[4]:

1.) Die Säurekonstanten K_{s1}, K_{s2}, K_{s3} einer mehrwertigen Oxosäure verhalten sich wie $1 : 10^{-5} : 10^{-10}$.

2.) Der Wert der 1. Säurekonstante ist durch die Zahl m in der Formel $O_mX(OH)_n$ gegeben (Tab. 18.2).

Tab. 18.2 Säurestärke von Oxosäuren

m	Säurestärke	K_{S1} mol/l	Beispiel
0	sehr schwach	$\leq 10^{-7}$	$Cl(OH)$ Hypochlorige Säure, $B(OH)_3$ Borsäure
1	schwach	10^{-7}-10^{-2}	$OS(OH)_2$ Schweflige Säure, $OC(OH)_2$ Kohlensäure
2	stark	10^{-2}-10^3	$O_2S(OH)_2$ Schwefelsäure, $O_2N(OH)$ Salpetersäure
3	sehr stark	10^3-10^8	$O_3Cl(OH)$ Perchlorsäure

Erklärung: Je mehr Sauerstoffatome in dem Säure-Anion gebunden sind, desto stärker kann sich die zurückgebliebene negative Ladung *delokalisieren*, desto geringer ist deren Ladungsdichte und somit die Anziehungskraft auf das Oxonium-Ion. Die Anzahl dieser Sauerstoffatome wächst vom Hypochlorit-Ion, ClO^-, zum Perchlorat-Ion, ClO_4^-, so daß in dieser Richtung die Säurestärke zunimmt.

Perchlorsäure, $HClO_4$, ist die stärkste Oxosäure überhaupt

Element-Wasserstoff-Verbindungen. In binären Verbindungen, wie Methan, CH_4, Ammoniak, NH_3, Schwefelwasserstoff, H_2S und Chlorwasserstoff, HCl, liegen polare Atombindungen vor. Dagegen werden die Moleküle untereinander durch die viel schwächeren van-der-Waals-Kräfte zusammengehalten, wodurch diese Substanzen leichtflüchtig und bei Raumtemperatur meist gasförmig sind.

Mit den Alkali- und Erdalkalimetallen bildet Wasserstoff salzartige Hydride. Die Hydride der Übergangsmetalle dagegen sind metallartig und oft nichtstöchiometrisch zusammengesetzt. Einige Schwermetalle, wie Palladium, Kupfer und Eisen, können beträchtliche Mengen Wasserstoff in fester Lösung aufnehmen und werden bei höheren Temperaturen für Wasserstoff selektiv durchlässig, was zu dessen Abtrennung aus Gasgemischen verwendet wird (s. 30.2).

---

[4] Linus Pauling (1901-1994), US-amerikanischer Chemiker, Nobelpreis für Chemie 1954, für die Erhaltung des Friedens 1962.

Aufgaben

Aufgabe 18.1

Welche neutralen oder geladenen Teilchen kann Wasserstoff unter normalen Bedingungen bilden?

Aufgabe 18.2

Schätzen Sie gemäß Tab. 18.1 die Säurestärke folgender Sauerstoffsäuren:

Chlorsäure $HClO_3$; chlorige Säure $HClO_2$; Kieselsäure H_4SiO_4; Phosphorsäure H_3PO_4.

Aufgabe 18.3

Elementarer Wasserstoff kann sowohl durch Kohlevergasung (Gl. 18.4) als auch durch Wasserelektrolyse gewonnen werden. Sehen sie einen Unterschied in der Isotopen-zusammensetzung der beiden unterschiedlich hergestellten Arten Wasserstoff?

1. Gruppe (I. Hauptgruppe) Alkalimetalle Lithium Li, Natrium Na, Kalium K, Rubidium Rb, Cäsium Cs, Francium Fr

19.1 Vergleichende Übersicht

Element	Li	Na	K	Rb	Cs	Fr[2)]
Ordnungszahl	3	11	19	37	55	87
Elektronenkonfiguration	[He] 2s	[Ne] 3s	[Ar] 4s	[Kr] 5s	[Xe] 6s	[Rn] 7s
Oxidationszahl	1	1	1	1	1	1
1. Ionisierungsenergie[1)]	513,3	495,8	418,8	403,0	375,7	400,4
Elektronegativität	0,97	1,01	0,91	0,89	0,86	0,86
Dichte/g·cm^{-3}	0,534	0,971	0,862	1,532	1,873	n.b.[3)]
Schmelztemperatur/°C	180,5	97,8	63,6	39,0	28,4	26,8
Flammenfärbung	rot	gelb	violett	rotviolett	blau	–

[1)] in kJ/mol   [2)] nur Radioisotope   [3)] nicht bestimmt

19.1.1 Chemisches Verhalten

Die Alkalimetallatome haben in jeder Periode die größten (vom Lithium zum Francium zunehmenden) Atomradien, so daß ihr Valenzelektron besonders leicht ablösbar ist und sie damit die kleinsten Ionisierungsenergien in jeder Periode aufweisen. Das Valenzelektron wird schon durch die Gasflamme angeregt, wobei diese charakteristisch gefärbt wird. Bereits die Quanten des sichtbaren Lichts schlagen aus Rb- und Cs-Oberflächen Elektronen heraus (*äußerer Photoeffekt*).

> Die Alkalimetalle haben die kleinsten Elektronegativitäten, sind also die elektropositivsten aller Elemente. Sie übertragen ihre Valenzelektronen besonders leicht auf Reaktionspartner und sind damit starke Reduktionsmittel! Ihre Oxide und Hydroxide sind in Wasser die stärkst basischen Verbindungen überhaupt.

Die Alkalimetalle bilden einfach geladene Kationen mit Edelgaskonfiguration, deren kleinstes, das Li^+-Ion, das größte Polarisationsvermögen und demzufolge die höchste Hydratisierungsenergie, die größte (!) Hydrathülle und damit die geringste elektrolytische Beweglichkeit aller Alkalimetall-Kationen aufweist. Das hohe Hydratisierungsbestreben bewirkt, daß Lithium von allen Alkalimetallen das negativste Standardpotential besitzt! Die Bindungen der kleinsten Element-Anionen H^-, F^-, O^{2-}, OH^-, N^{3-} und NH_2^- zum Li^+-Ion sind viel kürzer als zu den anderen Alkalimetall-Ionen. Demzufolge haben diese Verbindungen des Lithiums größere Gitterenergien und damit höhere Schmelztemperaturen und geringere Wasserlöslichkeiten als die der übrigen Alkalimetalle.

Die Elektronegativität nimmt, wie in allen Hauptgruppen, mit steigender Ordnungszahl ab. Francium und Cäsium sind demnach die elektropositivsten aller Elemente, während Fluor das elektronegativste Element ist.

Die für eine Hauptgruppe typischen Eigenschaften kommen im allgemeinen erst in dem jeweils dritten Element, hier also Kalium, voll zum Ausdruck. Kalium ist mit seinen schwereren Homologen enger verwandt als mit Lithium und Natrium. Das erste Element nimmt stets eine Sonderstellung ein, indem es durch die Ähnlichkeit der Ionenradien dem zweiten Element der folgenden Hauptgruppe ähnlicher ist als den eigenen Homologen (*Schrägbeziehung*). Demnach sind das Hydroxid, Carbonat, Fluorid und Phosphat des Lithiums, wie die entsprechenden Verbindungen des Magnesiums und anders als die der anderen Alkalimetalle, in Wasser schwerlöslich.

Alkalimetallverbindungen sind farblos, wenn nicht das Anion farbig ist.

19.1.2 Vorkommen

Häufigkeitsfolge	Na (5.)	K (9.)	Li (18.)	Rb (20.)	Cs (46.).	Fr (92.)
Atome/10^6 Si-At.	124 533	67 100	941	369	5,3	$6,3 \cdot 10^{-18}$

Das in den Ozeanen gelöste Volumen an Natriumchlorid wird auf $19 \cdot 10^6$ km^3 geschätzt – ausreichend, um das gesamte Festland mit einer etwa 130 m starken NaCl-Schicht zu bedecken. Im Meerwasser beträgt das Molverhältnis Na : K etwa 47, so daß Meerespflanzen natriumreich sind. In Landpflanzen überwiegen dagegen die Kalium-Ionen, weil diese infolge ihres größeren Radius von Tonmineralen und Huminstoffen des Bodens fest gebunden werden[1].

Natriumchlorid, NaCl, ist als Steinsalz oder Halit das wichtigste Mineral der Alkalimetalle, Kaliumchlorid, KCl (Sylvin), der meist verwendete Kalidünger. Einige Kalium/Magnesium-Minerale finden sich in den oberen Schichten von Steinsalzlagerstätten, den Eindampfrückständen vorgeschichtlicher Ozeane. Natrium und Kalium sind außerdem weltweit verbreitet in Feldspäten, Glimmern und Tonmineralen. Das Hauptmineral des seltenen Lithiums ist der Spodumen, LiAl[Si$_2$O$_6$].

Kalium und Rubidium sind durch ihre instabilen Nuclide ^{40}K und ^{87}Rb radioaktiv. ^{40}K zeigt die seltene Erscheinung des Kerneinfangs (K-Einfang, s. 33.1). Der radioaktive Zerfall des ^{40}K trägt wesentlich zur Wärmeproduktion im Erdmantel bei. Francium findet sich ausschließlich in geringsten Spuren als radioaktives Isotop ^{223}Fr in Uran-Mineralen.

---

[1] Im menschlichen Organismus ist das Na:K-Verhältnis extrazellulär (im Blutplasma) gleich 30, ähnlich dem Meerwasser (!), intrazellulär (in den roten Blutkörperchen) gleich 0,12.

19.2 Die Elemente

Alkalimetalle, bis auf das silberfarbene Cäsium, haben geringe Dichten, niedrige Schmelz- und Siedetemperaturen und sind sehr weich: Selbst das härteste, Lithium, ist noch weicher als Blei. Cäsium ist goldfarben, wachsartig und kann an heißen Tagen schmelzen! Flüssiges Natrium wird als Wärmeüberträger in Hochtemperatur-Kernreaktoren eingesetzt.

Natrium, Kalium, Rubidium und Cäsium bilden miteinander meist flüssige Legierungen, die sich an der Luft spontan entzünden können. Mit Quecksilber reagieren Alkalimetalle exotherm zu Amalgamen. Natrium/Blei-Legierungen waren bis zur Einführung bleifreien Benzins wichtige Ausgangsstoffe für die Antiklopfmittel Bleitetramethyl und -tetraethyl, $Pb(CH_3)_4$ bzw. $Pb(C_2H_5)_4$.

Alkalimetalle reagieren mit fast allen nichtmetallischen Elementen, mit Stickstoff setzt sich aber nur Lithium um (zu Lithiumnitrid, Li_3N). Die Metalle binden Sauerstoff, Wasserdampf und Kohlendioxid der Luft und werden darum unter Petroleum aufbewahrt. Mit flüssigem Wasser reagiert Natrium lebhaft, noch heftiger verläuft die Umsetzung mit Kalium, wobei sich der entstandene Wasserstoff sogar entzündet, und Rubidium wie Cäsium reagieren explosiv:

$$M + H_2O \rightarrow M^+ + OH^- + \tfrac{1}{2} H_2 \qquad (19.1)$$

In Chloriden gebundene Metalle werden durch Alkalimetalle zu den Elementen reduziert, was zu deren Herstellung in hochreiner Form genutzt wird, z. B. bei Titan, Uran und Thorium. Organische Halogenverbindungen, wie Tetrachlormethan, CCl_4, können z. B. mit Natrium heftig explodieren!

Alkalimetalle bilden in flüssigem Ammoniak tiefblaue, in hohen Konzentrationen bronzefarbene Lösungen hoher elektrischer Leitfähigkeit. Diese Lösungen dienen u.a. in der Synthesechemie als selektive Reduktionsmittel.

Natrium und Lithium werden durch Schmelzflußelektrolyse ihrer Chloride hergestellt. Kalium erhält man durch Reduktion von geschmolzenem Kaliumchlorid mit Natrium bei 850 °C. Ähnlich können Rubidium und Cäsium mit Calcium als Reduktionsmittel dargestellt werden. Als Metalle sind Kalium, Rubidium und Cäsium von nur geringer technischer Bedeutung.

19.3 Die Verbindungen

Hydride. Alkalimetallhydride entstehen durch Erwärmen der Metalle im Wasserstoffstrom. Sie sind aus M^+- und Hydrid-Ionen, H^-, aufgebaut (Steinsalzgitter, Bild 19-1) so daß bei der Schmelzflußelektrolyse Wasserstoff an der Anode entwickelt wird! Hydrid-Ionen werden von Wasser protoniert:

$$H^- + H_2O \rightarrow H_2 + OH^- \qquad (19.2)$$

Lithiumhydrid, LiH, ist das Metallhydrid mit der geringsten Dichte und wird als Wasserstoff-Speicher für Fahrzeugantriebe diskutiert.

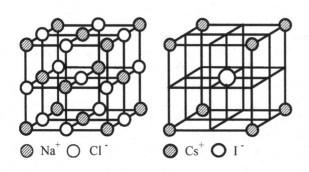

@ Na⁺ ⃝ Cl⁻   @ Cs⁺ ⃝ I⁻

Bild 19-1 Steinsalz- und Cäsiumiodid-Gitter

Halogenide. Es sind farblose Ionenverbindungen, die, außer Lithiumfluorid, LiF, in Wasser leichtlöslich sind. Die meisten Alkalimetallhalogenide (wie auch andere Salze der Zusammensetzung AB) kristallisieren im Steinsalz-Gitter (Bild 19-1), Cäsiumchlorid, -bromid und -iodid, CsCl, CsBr, CsI, auf Grund des größeren Kationenradius, im Cäsiumiodid-Gitter (Bild 19-1). Das wichtigste Alkalimetallhalogenid ist das Natriumchlorid, NaCl. Es wird hauptsächlich für die Chloralkali-Elektrolyse sowie für die Produktion von Soda und Speisesalz eingesetzt.

Unter *Chloralkali-Elektrolyse* versteht man die technische Elektrolyse wäßriger Natriumchlorid-Lösungen, wobei an der Katode Wasserstoff und Natronlauge entstehen und an der Anode Chlor gebildet wird. Um dabei den Kontakt von Chlor und Natronlauge zu vermeiden (hierbei entstünden Natriumhypochlorit, NaClO, und Natriumchlorat, NaClO₃), wurden drei Verfahren entwickelt:

Das Amalgam-Verfahren. Als Katode dient fließendes Quecksilber, in dem sich das Natrium als Amalgam löst. Dieses wird mit Wasser in exothermer Reaktion zu Wasserstoff und Natronlauge zersetzt. Das Quecksilber wird in die Zelle zurückgeführt.

Das Diaphragma-Verfahren. In diesem heute vorherrschenden Prozeß sind Katoden und Anoden durch ein Asbest-Diaphragma voneinander getrennt.

Das Membran-Verfahren. Hierin wird ein wasserundurchlässiges, aber ionenpermeables Diaphragma aus Perfluorpolyethylen eingesetzt. Die Natronlauge ist sehr rein, allerdings muß auch die Natriumchlorid-Sole von besonderer Reinheit sein, da sonst die teure Membran vorzeitig zerstört wird.

> Das Amalgam-Verfahren war noch vor wenigen Jahren eine der größten Quellen für Quecksilberemissionen. Diese wurden zwar inzwischen erheblich vermindert, stellen aber noch immer eine Umweltbelastung dar. Außerdem weist der Amalgam-Prozeß den höchsten spezifischen Elektroenergieverbrauch der drei Elektrolyseverfahren auf. Das *Membran-Verfahren* ist das ökologisch günstigste der drei Prozesse und wird wahrscheinlich in den nächsten 10 bis 15 Jahren die anderen beiden Verfahren verdrängt haben.

Sauerstoffverbindungen. Die Alkalimetalle bilden vielfältige feste Verbindungen mit Sauerstoff. Bei der Verbrennung an der Luft bildet Lithium das Oxid, Li_2O, Natrium das Peroxid, Na_2O_2, während Kalium, Rubidium und Cäsium zu den Hyperoxiden MO_2 reagieren. In diesen Verbindungen wird das Anionengitter durch die radikalischen, einfach negativ geladenen Hyperoxid-Anionen, O_2^-, aufgebaut.

Die Oxide lassen sich durch Reduktion der Peroxide mit dem entsprechenden Metall gewinnen:

$$Na_2O_2 + 2\,Na \rightarrow 2\,Na_2O \tag{19.3}$$

Die Oxide reagieren mit Wasser exotherm zu den Hydroxiden.

Alkalimetallperoxide sind als Salze des Wasserstoffperoxids, H_2O_2, kräftige Oxidationsmittel. Technische Bedeutung hat Natriumperoxid als Bleichmittel in der Papier- und Textilindustrie. Es kann mit leicht oxidablen Substanzen explodieren. Mit Wasser geben die Alkalimetallperoxide Wasserstoffperoxid, H_2O_2, und die Hydroxide. Bei der Umsetzung von Peroxiden mit Kohlendioxid wird Sauerstoff frei, was in Atemgeräten, Weltraumkapseln und U-Booten zur Lebenserhaltung genutzt wird:

$$Li_2O_2 + 2\,CO_2 \rightarrow 2\,Li_2CO_3 + O_2 \tag{19.4}$$

Werden die wasserfreien Hydroxide der Alkalimetalle Natrium bis Cäsium bei tiefen Temperaturen mit Ozon, O_3, behandelt, entstehen die roten *Ozonide* MO_3. Sie hydrolysieren leicht, wobei Sauerstoff und die entsprechenden Laugen gebildet werden (s. 24.2.2).

Hydroxide. Die Alkalimetallhydroxide sind kristalline, relativ niedrig schmelzende Substanzen, deren Schmelzen schon bei etwa 500 °C flüchtig sind. Die Hydroxide von Natrium und Kalium werden heute ausschließlich durch die Alkalichlorid-Elektrolyse hergestellt. Früher wurde Natronlauge durch die sogenannte „Kaustifizierung" der Soda gewonnen:

$$Na_2CO_3 + Ca(OH)_2 \rightarrow 2\,NaOH + CaCO_3 \tag{19.5}$$

Analog läßt sich das nur mäßig lösliche Lithiumhydroxid, LiOH, herstellen. Die anderen Alkalimetallhydroxide lösen sich in Wasser leicht und exotherm zu den Alkalilaugen, deren Basenstärke mit dem Kationenradius zunimmt. Sie binden unter Salzbildung saure Gase, wie Kohlenstoffdioxid, Schwefeldioxid und Chlorwasserstoff, worauf zahlreiche technische Anwendungen beruhen, z. B. die Rauchgasentschwefelung. Häufig dienen die Hydroxide zur Herstellung von Alkalimetallsalzen. Natronlauge wird hauptsächlich in der chemischen sowie in der Seifen- und Reinigungsmittelindustrie verwendet.

> *Seifen* (s. Org.Chem.) sind Salze höherer Fettsäuren mit 12 bis 18 Kohlenstoffatomen. Bei Raumtemperatur sind Natriumseifen fest, Kaliumseifen pastös (*Schmierseife*). Lithiumseifen, hauptsächlich Lithiumstearat, sind die Grundlage leistungsfähiger Hochtemperatur-Schmiermittel.

Carbonate. Alkalimetallcarbonate, außer Li_2CO_3 und $NaHCO_3$, sind leichtlöslich. Ihre wäßrigen Lösungen reagieren infolge Protolyse alkalisch (s. 22.2.2). Die thermische Stabilität, d.h. die Beständigkeit bei steigenden Temperaturen, nimmt vom Lithium- zum Cäsiumcarbonat zu.

Soda wird nach dem *Ammoniak-Soda-Verfahren* (Solvay[2]-Verfahren) hergestellt: In eine ammoniakalische, gesättigte Natriumchlorid-Lösung wird Kohlenstoffdioxid eingeleitet. Dabei fällt Natriumhydrogencarbonat, $NaHCO_3$, aus, das thermisch zersetzt wird zu

---

[2] Ernest Solvay (1838-1922), belgischer Chemiker.

Natriumcarbonat, Na_2CO_3, und Kohlenstoffdioxid, das in den Prozeß zurückkehrt. Ammoniak wird zurückgewonnen, indem in die entstandene Ammoniumchlorid-Lösung Calciumoxid eingetragen wird, wobei Calciumchlorid entsteht.

Die als Abprodukt anfallende Calciumchlorid-Lösung belastet die Umwelt. Hierdurch bedingt und durch den hohen Energieaufwand des SOLVAY-Verfahrens wird synthetische Soda voraussichtlich zunehmend durch Natursoda, hauptsächlich aus den USA, verdrängt werden.

Etwa 50 % der Soda wird von der Glasproduktion aufgenommen. Natriumhydrogencarbonat ist ein Bestandteil von Backpulvern. Lithiumcarbonat, Li_2CO_3, aus Lithiumsulfat- oder Lithiumchlorid-Lösungen mit Soda gefällt, wird heute hauptsächlich in der Kryolith-Elektrolyse (s. 21.3.1), sowie auch zur Herstellung feuerfester Gläser und Keramiken eingesetzt.

Natrium und Kalium sind für alle Organismen unentbehrlich, für den Menschen „essentiell." Sie sind im menschlichen Körper in etwa äquimolaren Mengen vorhanden. Als Zentralionen in Biomolekülen erzwingen sie deren optimale Konformation (*Template*-Effekt). Sie regeln den osmotischen Druck und den Informations- und Stofftransport durch die Zellmembran. Kalium ist auch entscheidend an der Regulierung des Pflanzenstoffwechsels beteiligt.

Das Nuclid ^{40}K trägt infolge der Häufigkeit und Allgegenwart des Kaliums in Gesteinen und mineralischen Baustoffen, pflanzlichen Lebensmitteln und der Milch erheblich zur natürlichen radioaktiven Belastung des Menschen bei (s. 33.1).

Aufgaben

Aufgabe 19.1

Übereinstimmend damit, daß die Elektronegativität der Elemente in einer Hauptgruppe nach unten abnimmt, werden die Standardpotentiale von Natrium bis Cäsium zunehmend negativ. Nur Lithium fällt aus der Reihe: Dessen Standardpotential ist genauso stark negativ wie das des Cäsiums. Haben Sie eine Erklärung dafür?

Aufgabe 19.2

Zu welchen Produkten reagiert Kaliumperoxid, K_2O_2, mit Wasser? Dabei wird Sauerstoff entwickelt, die Lösung wird alkalisch und hat eine hohe Oxidationskraft. Formulieren sie die Reaktionsgleichung!

Aufgabe 19.3

Die Umsetzung von Kaliumhyperoxid, KO_2, mit Wasser besteht in der Reaktion der Wassermoleküle mit den Hyperoxid-Anionen O_2^-. Die Lösung entwickelt Sauerstoff noch heftiger als unter 19.2, hat aber sonst die gleichen Eigenschaften wie dort. Formulieren sie die Reaktionsgleichung!

2. Gruppe (II. Hauptgruppe) Erdalkalimetalle Beryllium Be, Magnesium Mg, Calcium Ca, Strontium Sr, Barium Ba, Radium Ra

20.1 Vergleichende Übersicht

Element	Be	Mg	Ca	Sr	Ba	Ra[2)]
Ordnungszahl	4	12	20	38	56	88
Elektronenkonfiguration	[He] $2s^2$	[Ne] $3s^2$	[Ar] $4s^2$	[Kr] $5s^2$	[Xe] $6s^2$	[Rn] $7s^2$
Oxidationszahl	2	2	2	2	2	2
1. Ionisierungsenergie[1)]	899,4	737,7	589,7	549,5	502,8	509,3
Elektronegativität	1,47	1,23	1,04	0,99	0,97	0,97
Dichte/g·cm⁻³	1,848	1,738	1,55	2,63	3,62	5,5
Schmelztemperatur/°C	1287	649	839	768	727	(700)
Flammenfärbung	–	–	rot	rot	grün	rot

[1)] in kJ/mol   [2)] Nur Radioisotope

20.1.1 Chemisches Verhalten

Die Erdalkalimetalle haben kleinere Atom- und Ionenradien sowie höhere Ionisierungsenergien und Elektronegativitäten als die Alkalimetalle und sind damit etwas weniger reaktionsfähig als diese. Ihre Ionenpotentiale[1]

$$\varphi = \frac{n \cdot e}{r}$$

steigen im Vergleich zur 1. Gruppe an und damit auch die Gitterenergien der Salze, so daß z. B. die Carbonate, Oxalate, Phosphate, Sulfate und Fluoride in Wasser schwerlöslich sind. Die Oxide sind Anhydride starker Basen, deren Basizität vom Beryllium- zum Radiumhydroxid anwächst.

Die Valenzelektronen sind leicht anregbar, wie die Flammenfärbungen zeigen.

Gemäß der *Schrägbeziehung* steht Beryllium dem Aluminium chemisch näher als den eigenen Homologen, und Magnesium ähnelt einerseits dem Lithium, andererseits dem ersten Element der II. Nebengruppe, dem Zink.

---

[1] n Anzahl der Elementarladungen, e Elementarladung, r Ionenradius

Die Bindungen des Berylliums sind infolge der stark polarisierenden Wirkung des Berylliumatoms (vgl. Lithium. 19.1.1) weitgehend kovalent im Unterschied zu den meist ionischen Bindungen seiner Homologen. Die wichtigsten metallorganischen Verbindungen der 2. Gruppe sind die Grignard[2]-Verbindungen RMgX (R Alkyl- oder Arylrest, X Halogen), die eine Vielfalt organischer Synthesen ermöglichen (s. Org. Chem.).

20.1.2 Vorkommen

Calcium ist das zweithäufigste metallische Elemente in der Erdkruste und Magnesium, als Magnesiumchlorid, das zweithäufigste in den Ozeanen.

Häufigkeitsfolge	Ca (6.)	Mg (8.)	Ba (24.)	Sr (26.)	Be (30.)	Ra (84.)
Atome/10^6 Si-At.	91.806	87.338	206	174	64	$4{,}6 \cdot 10^{-7}$

Das Hauptmineral des Calciums, Calcit, $CaCO_3$, bildet weltweit Gebirge. Eine seltenere $CaCO_3$-*Modifikation* ist der Aragonit, aus dem auch die „echten" Perlen und der Kesselstein bestehen.

Weitere wichtige Minerale sind der gebirgsbildende Dolomit, $MgCa(CO_3)_2$, der Magnesit, $MgCO_3$, Kieserit, $MgSO_4 \cdot H_2O$, sowie in Kalisalzlagerstätten der Carnallit, $KMgCl_3 \cdot 6H_2O$, und Kainit, $KCl \cdot MgSO_4 \cdot 3H_2O$. Magnesium und Calcium sind auch am Aufbau zahlreicher Silicate beteiligt.

Die Minerale der übrigen Erdalkalimetalle sind viel seltener. Beryllium kommt hauptsächlich als Beryll vor, $Be_3Al_2[Si_6O_{18}]$. Radium, entdeckt durch M. Sklodowska-Curie[3], besteht ausschließlich aus Radioisotopen. Es ist in Spuren in Uranerzen vorhanden.

20.2 Die Elemente

Magnesium ist als das leichteste Konstruktionsmetall Bestandteil vieler Legierungen, die vor allem im Flugzeug- und Kraftfahrzeugbau zunehmend wichtig werden. Auch Beryllium ist eine wichtige Legierungskomponente, aber als Neutronenmoderator und -reflektor auch bedeutend in der Kerntechnik (s. 33.3). Beryllium ist grau, hart und spröde, die anderen Erdalkalimetalle sind dagegen silberweiß und verhältnismäßig weich. Beryllium und Magnesium sind bei Raumtemperaturen auf Grund einer dünnen, *passivierenden* Oxidschicht an der Luft beständig, wogegen die schwereren Erdalkalimetalle dabei sofort grau anlaufen.

Calcium, Strontium und Barium entwickeln mit Wasser Wasserstoff, lösen sich, wie die Alkalimetalle, in flüssigem Ammoniak und geben bei höheren Temperaturen mit Sauerstoff neben den Oxiden die Peroxide. Beryllium aber reagiert selbst bei Rotglut noch nicht mit Wasserdampf, und Magnesium setzt sich mit Wasser von Zimmertemperatur nur langsam um.

---

[2] Victor Grignard (1871-1935), französischer Chemiker. Nobelpreis für Chemie 1912.

[3] Marie Sklodowska-Curie (1867-1934), französische Chemikerin polnischer Herkunft, Nobelpreise für Physik 1903, für Chemie 1911. Sie arbeitete 1 t Pechblende auf, um daraus etwa 100 mg Radiumchlorid, $RaCl_2$, zu gewinnen.

Als einziges amphoteres Metall dieser Gruppe löst sich Beryllium auch in Natronlauge (wie Aluminium!). Magnesium verbrennt an der Luft hochexotherm und sendet dabei ein gleißend helles, weißes Licht (*Blitzlicht, Feuerwerk*) mit hohem UV-Anteil aus.

Magnesium und Calcium reduzieren bei erhöhten Temperaturen die Oxide und Halogenide nahezu aller anderen Elemente (Metallothermie). CaO ist das thermodynamisch stabilste Oxid überhaupt.

Um Beryllium herzustellen, wird Berylliumfluorid bei 900 °C mit Magnesium reduziert. Magnesium erhält man durch Schmelzflußelektrolyse von Magnesiumchlorid. Die anderen, in nur geringen Mengen benötigten Erdalkalimetalle werden durch Reduktion der Oxide mit Aluminium (s. 21.4.1) gewonnen.

20.3 Die Verbindungen

Hydride und Halogenide. Calcium, Strontium und Barium bilden beim Erwärmen im Wasserstoffstrom salzartige Hydride MH_2. Magnesium reagiert nur unter Wasserstoffdruck, und das hochpolymere Berylliumhydrid, BeH_2, ist auf diese Weise nicht mehr zugänglich. Alle Erdalkalimetallhydride entwickeln mit verdünnten Säuren Wasserstoff, Calcium-, Strontium- und Bariumhydrid auch schon mit Wasser.

Außer den Fluoriden MF_2 von Calcium, Strontium und Barium sind die Halogenide wasserlöslich. Berylliumchlorid bildet in wässriger Lösung tetraedrische Berylliumtetraaqua-Kationen, $[Be(OH_2)_4]^{2+}$, die infolge der polarisierenden Wirkung der kleinen Beryllium-Ionen sauer reagieren (Protolyse):

$$Be(OH_2)_4]^{2+} + H_2O \rightleftharpoons [Be(OH_2)_3(OH)]^+ + H_3O^+ \qquad (20.1)$$

Die Lösungen der anderen Erdalkalimetallchloride sind neutral. Die „Hydrate" $[Be(OH_2)_4]Cl_2$ und $[Mg(OH_2)_6]Cl_2$ spalten beim Erwärmen Chlorwasserstoff ab und gehen schließlich in die Oxide über, so daß die wasserfreien Chloride nicht einfach durch Erhitzen ihrer Hydrate erhältlich sind. Wasserfreies Magnesiumchlorid wird gewonnen, indem man entweder das Hydrat im Chlorwasserstoffstrom, um die Protolyse zurückzudrängen (!), entwässert oder das Oxid chloriert:

$$MgO + C + Cl_2 \longrightarrow MgCl_2 + CO \qquad (20.2)$$

Rührt man in eine konzentrierte Lösung von Magnesiumchloridhexahydrat hochgeglühtes Magnesiumoxid ein, bilden sich Magnesiumhydroxidchloride vom Typ $Mg_2(OH)_3Cl \cdot 4\,H_2O$, wobei die Masse erhärtet (Sorelzement). Wasserfreies Calciumchlorid ist stark hygroskopisch und wird darum als Trockenmittel eingesetzt. Calciumchlorid erniedrigt den Gefrierpunkt des Wassers erheblich und eignet sich dadurch als Gefrierschutzmittel für Straßen bis $-54\,°C$.

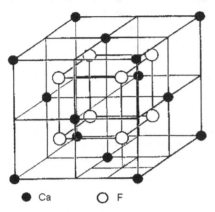

● Ca   ○ F

Calciumfluorid, Fluorit, CaF_2, ist das schwerstlösliche Erdalkalifluorid und thermisch wie chemisch äußerst stabil. Die Fluorit-Elementarzelle besteht aus einem Würfel, dessen Ecken und Flächenzentren durch Ca^{2+}-Ionen besetzt sind, während sich die F^--Ionen in den Raumzentren der acht Teilwürfel befinden. In diesem Gittertyp kristallisieren auch andere ionische AB_2-Verbindungen, z. B. die Fluoride von Strontium, Barium, Radium und Blei sowie Strontiumchlorid.

Sauerstoffverbindungen. Die Erdalkalimetalloxide sind farblose Feststoffe, die durch Verbrennen der Metalle oder durch thermische Zersetzung der Carbonate gewonnen werden können. Außer Berylliumoxid kristallisieren die Oxide im Steinsalzgitter. Magnesiumoxid, MgO, ist mit 2827 °C das höchstschmelzende aller Erdalkalimetalloxide und wird darum als *Sintermagnesia* zur Auskleidung von Hochtemperaturöfen verwendet. Calciumoxid, CaO, wird durch thermische Zersetzung von Kalkstein, $CaCO_3$, bei etwa 1200 °C (*Kalkbrennen*) in großem Umfang hergestellt (*gebrannter Kalk*). Es dient hauptsächlich in der Metallurgie dazu, Phosphor und Schwefel aus Stahlschmelzen zu entfernen. Weitere Einsatzgebiete sind die Bauindustrie, Neutralisations- und Fällungsreaktionen, die Absorption saurer Gase in der Rauchgasreinigung und der Düngemittelsektor.

Erdalkalimetalloxide reagieren mit Wasser zu den relativ schwerlöslichen Hydroxiden, deren Löslichkeit und Basizität mit steigender Ordnungszahl zunehmen. Bariumhydroxid, $Ba(OH)_2$, ist fast so stark basisch wie Natriumhydroxid. Berylliumhydroxid ist amphoter und löst sich, frischgefällt, in überschüssiger Natronlauge zu Tetrahydroxoberyllat-Ionen, $[Be(OH)_4]^{2-}$. Magnesiumhydroxid, $Mg(OH)_2$, (*Brucit*) und Calciumhydroxid, $Ca(OH)_2$, kristallisieren in einem Schichtgitter vom Cadmiumhydroxid-Typ (s. 32.3.1).

Calciumoxid reagiert mit Wasser stark exotherm zu Calciumhydroxid (*gelöschter Kalk*), dessen gesättigte Lösung als *Kalkwasser*, und dessen überschüssiges Hydroxid enthaltende Suspension als *Kalkmilch* bezeichnet wird. Gelöschter Kalk reagiert mit Kohlenstoffdioxid und ist dadurch die für das Bauwesen wichtigste chemische Verbindung:

$$Ca(OH)_2 + CO_2 \longrightarrow CaCO_3 + H_2O \qquad (20.3)$$

Die im *Mörtel* kristallisierenden Calcitnadeln verfilzen zunehmend miteinander und auch mit den als Stützsubstanz dienenden Sandkörnern, wodurch die Masse langsam von außen nach innen erhärtet. Dieser „*Abbindeprozeß*" dauert bei dicken Mauern Jahrhunderte und führt zu der hohen Festigkeit alten Mauerwerks.

Carbonate. Die Erdalkalimetallcarbonate sind schwerlöslich. Berylliumcarbonat, $BeCO_3$, verliert CO_2 schon ab 120 °C, Magnesiumcarbonat, $MgCO_3$, ab 550 °C (s. 19.3). Die Carbonate der schwereren Erdalkalimetalle sind thermisch stabil. Calciumcarbonat wird als Kalkstein in der Bauindustrie, für die Zementproduktion, zur Gewinnung von Calciumoxid sowie als Kreide und Marmor in riesigen Mengen wirtschaftlich genutzt. Durch CO_2-haltige

Wässer wird Calciumcarbonat gelöst und bei CO_2-Verarmung, z. B. infolge Eindunstens oder Kochens, wieder ausgefällt:

$$CaCO_3 + H_2O + CO_2 \rightleftharpoons Ca(HCO_3)_2 \qquad (20.4)$$

Durch diese Reaktion wird Calciumcarbonat gelöst oder ausgefällt. Ihr ist es zuzuschreiben, daß in Kalksteingebirgen Höhlenräume ausgewaschen wurden und Kalkstein in Form von Tropfsteinen sich wieder abschied sowie auch, daß in den Ozeanen stets eine genügend hohe Ca^{2+}-Konzentration als Baustoff für verschiedene Organismen, wie Algen, Korallen und Muscheln, verfügbar ist. Diese nehmen im Meerwasser gelöstes $Ca(HCO_3)_2$ auf und scheiden $CaCO_3$ als Stütz- und Hüllenmaterial wieder aus (*Biomineralisation*) – eine Konzentrierung von geologischen Ausmaßen!

Der Gehalt natürlicher Wässer an Calciumhydrogencarbonat, $Ca(HCO_3)_2$, bedingt deren *temporäre Carbonathärte*, die beim Kochen durch die Abscheidung von „Kesselstein" verschwindet (unterer Pfeil der Gl. 20.4). Die *permanente Härte* ist durch Chloride und Sulfate von Magnesium und Calcium verursacht, deren Kationen die Fettsäure-Anionen der Seife als schwerlösliche „Kalkseife" ausfällen und damit die Waschwirkung beeinträchtigen.

Sulfate. Beryllium- und Magnesiumsulfat sind leicht-, die Sulfate der restlichen Erdalkalimetalle schwerlöslich. Aus wäßriger Lösung kristallisiert Magnesiumsulfat-„Heptahydrat", $MgSO_4 \cdot 7\,H_2O$, in dem oktaedrische $[Mg(OH_2)_6]^{2+}$-Kationen vorliegen und das darum als Hexaaquamagnesiumsulfat-monohydrat, $[Mg(OH_2)_6]SO_4 \cdot H_2O$, zu bezeichnen ist. Es ist mit den analog zusammengesetzten Sulfaten von Zink, Mangan, Eisen, Cobalt und Nickel isomorph[4].

Gebrannter Gips, $CaSO_4 \cdot \frac{1}{2}\,H_2O$, gewonnen durch partielle Thermolyse von Gips, $CaSO_4 \cdot 2\,H_2O$, ist im Bauwesen wichtig. Bariumsulfat, $BaSO_4$, ist eine der schwerstlöslichen Verbindungen und dient darum zur gravimetrischen Bestimmung von Barium- und Sulfat-Ionen. Natürlich vorkommendes Bariumsulfat, Baryt, Schwerspat, wird hauptsächlich für Schwerflüssigkeiten bei Erdölbohrungen, ferner als Füllstoff in Farben u.ä. sowie, nach Reduktion zu Bariumsulfid, BaS, zur Herstellung anderer Bariumverbindungen eingesetzt.

Kein anderes Kation übt eine so große Anzahl biochemischer Funktionen aus wie das Calcium-Ion. Im menschlichen Organismus ist es wesentlich an der Blutgerinnung und der Erregungsregulation in Nerven und Muskeln beteiligt. Calciumphosphate bilden die Gerüstsubstanz des Skeletts und der Zähne. Das Magnesium-Ion ist das Zentralion einiger Enzyme und auch am Aufbau des Skelettsystems beteiligt. Beide Elemente sind essentiell für die menschliche Ernährung.

Calciumcarbonat ist der hauptsächliche Baustoff für die Stütz- und Hüllsysteme vieler niederer Tiere sowie für die Eischalen. Das Mg^{2+}-Ion als Zentralatom der Chlorophylle, der grünen Lichtrezeptoren der Photosynthese, ist für das gesamte irdische Leben von grundlegender Bedeutung! Berylliumverbindungen sind toxisch und cancerogen. Das im Tabak enthaltene Beryllium wird beim Rauchen größtenteils inhaliert! Lösliche Bariumverbindungen sind ebenfalls giftig, werden aber nach wie vor in Feuerwerkskörpern eingesetzt.

---

[4] Sulfate der Zusammensetzung $M^{II}SO_4 \cdot 7\,H_2O$ wurden früher als *Vitriole* bezeichnet (ausnahmsweise wurde auch $CuSO_4 \cdot 5\,H_2O$ dazu gerechnet).

Aufgaben

Aufgabe 20.1

Leiten Sie aus der im Text beschriebenen Elementarzelle des Fluorits dessen chemische Formel CaF_2 ab! Berücksichtigen Sie dabei, daß einige Atome nur zu einem Bruchteil der betrachteten Elementarzelle angehören.

Aufgabe 20.2

Warum lassen sich die Erdalkalimetalle in ihren Verbindungen (analog zu den Alkalimetallen) so leicht durch die Flammenfärbung nachweisen?

Aufgabe 20.3

Woraus besteht „Kesselstein"? Nennen Sie den Mineralnamen, den chemischen Namen und die chemische Formel!

Aufgabe 20.4

Warum läßt sich wasserfreies Magnesiumchlorid nicht durch einfaches thermisches Entwässern von Magnesiumchlorid-hexahydrat, $MgCl_2 \cdot 6\ H_2O$, gewinnen?

Aufgabe 20.5

Die Hydride von Calcium, Strontium und Barium reagieren mit Wasser unter Entbindung von Wasserstoff. Beschreiben Sie mit einer einzigen Reaktionsgleichung den für alle diese Hydride zutreffenden Reaktionsschritt!

Aufgabe 20.6

Wie läßt sich, ausgehend von Salzsäure und dem sehr schwerlöslichen Mineral Schwerspat, Bariumchlorid, $BaCl_2$, herstellen? Beschreiben Sie den Vorgang und formulieren Sie die entsprechenden zwei Reaktionsgleichungen!

13. Gruppe (III. Hauptgruppe) Bor B, Aluminium Al, Gallium Ga, Indium In, Thallium Tl

21.1 Vergleichende Übersicht

Element	B	Al	Ga	In	Tl
Ordnungszahl	5	13	31	49	81
Elektronenkonfiguration	[He] 2s^2 2p	[Ne] 3s^2 3p	[Ar] 3d^{10} 4s^2 4p	[Kr] 4d^{10} 5s^2 5p	[Xe]4f^{14}5d^{10} 6s^2 6p
Oxidationszahl	3	3	1, 3	1, 3	1, 3
1. Ionisierungsenergie[1]	800,6	577,4	578,8	558,3	589,3
Elektronegativität	2,01	1,47	1,82	1,49	1,44
Dichte/g·cm^{-3}	2,34	2,69	5,90	7,31	11,85
Schmelztemperatur/°C	2300	660	29,8	156,2	303,5

[1] in kJ·mol^{-1}

21.1.1 Chemisches Verhalten

In den Atomen der III. Hauptgruppe sind im Vergleich zu denen der im Periodensystem vorangehenden II. Gruppe die Kernladungs- und Elektronenzahlen und damit die elektrostatischen Anziehungskräfte zwischen Atomkern und Elektronenhülle weiter angestiegen. Infolgedessen sind die Atome und Ionen der Bor-Gruppe kleiner, ihre Ionisierungsenergien und Elektronegativitäten größer als die der entsprechenden Werte der Erdalkalimetalle.

Die Sonderstellung des Bors in seiner Gruppe ist stärker ausgeprägt als die von Lithium und Beryllium in den ihrigen, so daß Bor nur noch wenig Gemeinsamkeiten mit seinen Homologen aufweist: Diese sind Metalle, Bor ist ein Nichtmetall. Es bildet, wie der benachbarte Kohlenstoff und das Silicium, ausschließlich kovalente Bindungen. Gemäß der *Schrägbeziehung* ähnelt Bor dem Silicium stärker als dem Aluminium: Bor und Silicium sind harte, nichtmetallische Substanzen mit Halbleitereigenschaften, ihre Oxide, harte Festkörper mit Kovalenzbindungen, sind Säureanhydride, Borsäure, H_3BO_3, und Kieselsäure, H_4SiO_4, nur schwach dissoziiert, bilden Borate bzw. Silicate, mit vielfältigen, meist polymeren, Strukturen; ihre Hydride Diboran, B_2H_6, und Monosilan, SiH_4, sind bei Raumtemperatur gasförmig, und Bortrichlorid, BCl_3, sowie Siliciumtetrachlorid, $SiCl_4$, hydrolysieren leicht.

Das Bor-Atom zeigt eine Besonderheit: Es hat einen sehr kleinen Atomradius und, bei vier Valenzorbitalen, nur drei Valenzelektronen. Dadurch resultieren Elektronenpaar-Acceptor (Lewis-Säure)-Verhalten und Elektronenmangel-Strukturen mit hohem Kovalenzanteil – Charakteristika der Bor-Chemie! Die anorganische Chemie des Bors ist reichhaltiger und komplexer als die jedes anderen Elements.

Aluminium ist das unedelste Metall dieser Gruppe. Bei den darauffolgenden, dem Aluminium chemisch sehr ähnlichen Elementen Gallium, Indium und Thallium macht sich erstmals der Einfluß der d-Element- und der Lanthanoidenkontraktion (s. 27.1.1) bemerkbar: Die Elektronegativität nimmt nicht mehr, wie in der I. und II. Hauptgruppe, vom zweiten zum schwersten Element fortlaufend ab, sondern steigt vom Aluminium zum Gallium zunächst an, um erst danach bis zum Thallium, dem metallischsten Element dieser Gruppe, wieder abzufallen (s. 21.1). Ein derartiger Verlauf findet sich bis zur VI. Hauptgruppe.

Gemäß ihrer Valenzelektronenkonfiguration s^2p^1 betätigen die Elemente der Bor-Gruppe überwiegend die Oxidationsstufe +3. Anders als in den vorangegangenen Hauptgruppen aber wird hier die gegenüber der Gruppennummer um zwei Einheiten niedrigere Oxidationszahl +1 zum Thallium hin zunehmend beständig. Das ist so, weil mit wachsendem Atomradius die Energie der Bindungen zu anderen Atomen sinkt, so daß die Bindungsenergie schließlich nicht mehr ausreicht, um die Energie zur Promotion der einbindigen Konfiguration s^2p in den dreibindigen Hybridzustand sp^2 zu kompensieren (*Inertpaar-Effekt*[1]). So sind Thallium(I)-Verbindungen schon beständiger als die des Thallium(III), die bereits oxidieren.

M(III)-Verbindungen sind farblos, M(I)-Verbindungen aber meist gefärbt.

21.1.2 Vorkommen

Häufigkeitsfolge	Al (4.)	B (28.)	Ga (36.)	Tl (65.)	In (70.)
Atome/10^6 Si-At.	305	161	22	0,16	0,09

Aluminium ist das häufigste metallische Element der Erdkruste und damit praktisch unerschöpflich. Der überwiegende Teil des Aluminiums ist in Silicaten gebunden, hauptsächlich in Feldspäten, Glimmern und Tonmineralen.

Durch Verwitterung dieser Minerale entstand der Bauxit, ein Gestein mit Aluminiumhydroxiden als Hauptgemengteil, sowie mit Eisenoxiden, Titanoxiden und Tonmineralen, – Hauptrohstoff für die heutige Aluminiumproduktion. Die größten Bauxitproduzenten sind Australien, Guinea und Jamaika. Vereinzelt kommen in der Natur auch Korund, α-Al_2O_3, und Kryolith, $Na_3[AlF_6]$, vor. Die wichtigsten Borvorkommen sind Borax (Tinkal), $Na_2[B_4O_5(OH)_4]\cdot 8\ H_2O$, und Kernit, das entsprechende Dihydrat. Ferner finden sich Natrium/Calcium- und Calciumborate. Hauptförderländer sind die USA und die Türkei, die vermutlich über die größten Reserven verfügt. Borate werden auch aus Salzseen gewonnen. In Ausdünstungen mancher Vulkane findet sich auch Borsäure, H_3BO_3 (Sassolin).

Die selteneren Elemente Gallium, Indium und Thallium bilden keine wirtschaftlich bedeutenden Vorkommen. Gallium ist in Kohleaschen mit bis zu 0,75 % enthalten und kommt in geringen Konzentrationen (< 0,01 %) stets auch im Bauxit vor. Indium und Thallium finden sich in Blei/Zink-Sulfiden.

---

[1] Der Inertpaar-Effekt ist auch in der IV., V. und VI. Hauptgruppe zu beobachten.

21.2 Bor

21.2.1 Das Element

Kristallisiertes Bor ist ein äußerst harter, dunkelroter bis schwarzer Festkörper geringer Dichte. Die thermodynamisch stabilste rhomboedrische Modifikation hat mit 2300 °C die (nach Diamant) zweithöchste Schmelztemperatur unter den nichtmetallischen Elementen. Bor tritt in mehreren Modifikationen auf, deren komplizierte Strukturen noch nicht in jedem Fall genau bekannt sind.

Bei normalen Temperaturen ist Bor reaktionsträge und reagiert nur mit Fluor. Bei erhöhten Temperaturen jedoch setzt es sich mit fast allen Nichtmetallen (außer Wasserstoff und Edelgasen) und den meisten Metallen um. Eine besondere Affinität hat es zu Sauerstoff. Bor läßt sich durch oxidierende Natriumcarbonat-/-nitrat-Schmelzen zu Boraten oder durch Schwefelsäure/Salpetersäure-Gemische zu Borsäure aufschließen und dadurch in Lösung bringen.

Bor dient in der Metallurgie als Desoxidationsmittel und als Legierungsbestandteil und wird, nach Dotierung, auch als Halbleiter verwendet. Das Nuclid ^{10}B ist ein außerordentlich wirksamer Neutronenabsorber und wird darum in der Kerntechnik in Bremsstäben sowie in der Nuclearmedizin zur Tumorbekämpfung eingesetzt.

Faserförmiges Bor ist Bestandteil von Verbundmaterialien, die u. a. im Flugzeugbau Anwendung finden.

Das Element läßt sich durch Reduktion von Dibortrioxid mit Magnesium oder Aluminium (*Metallothermie*) herstellen, wobei es aber mit den entsprechenden Metallboriden verunreinigt wird. Hochreines Bor kann durch Reduktion von Bortribromid mit Wasserstoff bei 1200 °C oder auch durch das Van-Arkel-/de-Boer-Verfahren (s. 28.2) gewonnen werden.

21.2.2 Die Verbindungen

Boride. Diese Verbindungen des Bors mit Metallen sind meist harte, hochschmelzende, chemisch indifferente Festkörper großer elektrischer Leitfähigkeit. Die Zusammensetzung der binären Boride bewegt sich von M_5B bis MB_{66}, Stöchiometrien, die nicht den üblichen Bindungsvorstellungen entsprechen.

Die gebräuchlichste Methode zur Herstellung binärer Boride besteht darin, ein Gemenge der pulverförmigen Elemente auf hohe Temperaturen zu erhitzen. Außerdem lassen sich die Metalloxide mit Bor oder Borcarbid, $B_{13}C_2$, z. B. zu Europiumborid, EuB_6, reduzieren oder man setzt die Gemische der flüchtigen Chloride mit Wasserstoff um:

$$TiCl_4 + 2\,BCl_3 + 5\,H_2 \longrightarrow TiB_2 + 10\,HCl \qquad (21.1)$$

Die Boride fallen meist als Pulver an und erfordern zu ihrer Formgebung pulvermetallurgische und keramtechnologische Verfahren (Sintern, Heißpressen).

Boride werden hauptsächlich im militärischen Bereich verwendet: Raketen-Hitzeschilder, Leichtgewichtspanzerungen für Personen und Flugzeuge, Turbinenschaufeln für

Strahltriebwerke. Insbesondere Titandiborid, TiB_2, wird für Schmelztiegel sowie für dimensionsstabile Elektroden in der Aluminium-Schmelzflußelektrolyse eingesetzt.

Borane. Das denkbar einfachste Borhydrid Monoboran, BH_3, ist infolge seines starken Lewis-Säure-Charakters nicht existenzfähig. Damit ist das einfachste Borhydrid das Diboran, B_2H_6. Dieses Molekül verfügt nur über 12 Valenzelektronen und kann damit eine Ethananaloge Struktur mit ihren 14 Bindungselektronen nicht ausbilden. Dadurch wird eine Elektronenmangelstruktur mit zwei Dreizentren-Zweielektronenbindungen erzwungen, in der die drei Atome einer B–H–B- Brücke durch nur zwei Elektronen, eines vom Brücken-H-Atom und eines von einer BH_2-Gruppe, zusammengehalten werden. Es sind etwa dreißig Borane und noch mehr Boranat-Anionen in vielfältigen Strukturtypen bekannt, z. B. geschlossene Polyeder von Bor-Atomen, wie im Hexahydrohexaborat(2-), $[B_6H_6]^{2-}$, und offene Strukturen, wie im Tetraboran(10), B_4H_{10}.

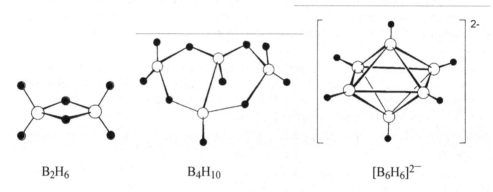

B_2H_6 B_4H_{10} $[B_6H_6]^{2-}$

Bild 21-1 Boran-Strukturen

Das wichtigste Borhydrid ist das Diboran, weil, von ihm ausgehend, die anderen Borane wie auch weitere Borverbindungen zugänglich sind und weil es in der präparativen Chemie als vielseitiges Reagenz dient. Zur technischen Herstellung setzt man gasförmiges Bortrifluorid bei 180 °C mit Natriumhydrid um:

$$2\,BF_3 + 6\,NaH \longrightarrow B_2H_6 + 6\,NaF \tag{21.2}$$

Die spezifische Verbrennungswärme des Diborans wird nur noch durch die von Wasserstoff, Berylliumhydrid und Berylliumboranat, $Be[BH_4]$, übertroffen:

$B_2H_6 + 3\,O_2 \rightarrow B_2O_3 + 3\,H_2O$ $\Delta H_{298} = -2165$ kJ/mol $\approx -78\,250$ kJ/kg

---

Infolgedessen eignen sich Borane als Komponenten für Raketentreibstoffe.

Lewis-Basen, z. B. Trimethylamin, spalten das B_2H_6-Molekül in zwei neue Moleküle, in denen der Elektronenmangel am Bor durch das freie Elektronenpaar des Stickstoffs aufgehoben ist:

$$B_2H_6 + 2\,(CH_3)_3\,N \longrightarrow 2\,(CH)_3\,\overset{(+)}{N} - \overset{(-)}{B}\,H_3 \tag{21.3}$$

Mit Metallhydriden setzt sich Diboran zu Tetrahydridoboraten um, z. B. mit Natriumhydrid zu $Na[BH_4]$, die in der präparativen Chemie und auch zur stromlosen Abscheidung dichter, festhaftender Nickelschichten, verwendet werden.

Die nahezu unerschöpfliche Vielfalt der Boran-Chemie wird deutlich, wenn man noch berücksichtigt, daß in den Boran-Clustern die Bor-Atome teilweise durch Kohlenstoff- und Metallatome substituiert werden können.

> Keine andere Verbindungsgruppe hat in den letzten dreißig Jahren unsere allgemeinen Kenntnisse von der chemischen Bindung und Struktur derart tiefgreifend erweitert, vertieft und präzisiert wie die der Borane[2].

Halogenide. Bei Raumtemperatur sind Bortrifluorid und Bortrichlorid gasförmig, das Tribromid ist flüssig und das Triiodid fest. Durch Wasser werden die Halogenide hydrolysiert. Im Unterschied zu den anderen Borhalogeniden ergibt Bortrifluorid mit Wasser ein Hydrolysegleichgewicht, in dem neben Borsäure hauptsächlich die, wasserfrei nicht isolierbare, starke Tetrafluoroborsäure, $H[BF_4]$, vorliegt. Sie bildet stabile Alkalimetallsalze.

Die Borhalogenid-Moleküle BX_3 sind trigonal-planar. Alle Borhalogenide sind starke Lewis-Säuren, die mit einer großen Reihe von Lewis-Basen zu meist recht stabilen (tetraedrischen!) Addukten reagieren. So ist Bortrifluorid-monoetherat, $(C_2H_5)_2O \cdot BF_3$, unzersetzt destillierbar.

Das wichtigste Borhalogenid ist Bortrifluorid, eine der stärksten Lewis-Säuren und damit ein aktiver Katalysator für viele organische Reaktionen. Es wird in großem Maßstab durch Einwirkung von konzentrierter Schwefelsäure auf ein Flußspat/Borax-Gemenge hergestellt Bortrichlorid wird durch Carbochlorierung gewonnen (Gl. 21.5).

$$6\ CaF_2 + Na_2B_4O_7 + 8\ H_2SO_4 \longrightarrow 4\ BF_3 + 6\ CaSO_4 + 2\ NaHSO_4 + 7\ H_2O \qquad (21.4)$$

$$B_2O_3 + 3\ C + 3\ Cl_2 \longrightarrow 2\ BCl_3 + 3\ CO \qquad (21.5)$$

Oxide und Oxosäuren. Dibortrioxid, B_2O_3, schmilzt schon bei 450 °C und erstarrt in der Regel als Glas, das sich nur schwer kristallisieren läßt. Es löst sich in Wasser stark exotherm zu Borsäure und kann durch vorsichtige Entwässerung derselben gewonnen werden. Geschmolzenes B_2O_3 löst viele Metalloxide zu charakteristisch gefärbten Boratgläsern. Dibortrioxid dient zur Herstellung anderer Borverbindungen, z. B. Borcarbid, $B_{13}C_2$, sowie von Geräteglas mit kleinen thermischen Ausdehnungskoeffizienten (Jenaer Glas, *Pyrex*-Glas) und von Emails.

Orthoborsäure[3], H_3BO_3, kristallisiert in einem Schichtgitter, in dem die Bindekräfte zwischen den Schichten nur schwach sind, woraus sich die leichte Spaltbarkeit zu schuppigen Kristallen erklärt. In der Schichtebene liegen koplanar trigonal-planare $B(OH)_3$-Moleküle, deren jedes mit drei weiteren über Wasserstoffbrückenbindungen verknüpft ist. Borsäure ist wasserlöslich und mit Wasserdämpfen flüchtig. Beim Übergang in die wäßrige Lösung

---

[2] William Nunn Lipscomb, 1919, US-amerikanischer Physikochemiker, Nobelpreis für Chemie 1976.
[3] Als *Orthosäure* wird die OH-reichste, als *Metasäure* die OH-ärmste Form einer Oxosäure bezeichnet. Beispiel: H_3BO_3 Orthoborsäure; HBO_2 Metaborsäure.

erzwingt die starke Elektrophilie des Bor-Atoms eine Erhöhung der Koordinationszahl am Bor, wobei das tetraedrische Tetrahydroxoborat-Anion und ein Oxonium-Ion entstehen:

$$B(OH)_3 + 2\,H_2O \rightleftharpoons [B(OH)_4]^- + H_3O^+ \qquad\qquad (21.6)$$

Demgemäß reagiert Borsäure in wäßriger Lösung als einwertige Säure. Ihre Säurestärke ist nur gering: $pK_S = 9{,}24$. Borsäure ist leicht zu verestern. Sie bildet mit Methanol den flüchtigen Borsäuretrimethylester, $B(OCH_3)_3$, der mit grüner Flamme brennt, was zum qualitativen Borsäure-Nachweis benutzt wird.

> Die Borate, die Salze der Borsäuren, bilden eine umfangreiche Gruppe von Verbindungen, deren strukturelle Vielfalt nur noch durch die der Silicate übertroffen wird.

Diese Reichhaltigkeit beruht darauf, daß die zwei Grund-Baueinheiten, das BO_3-Dreieck und das BO_4-Tetraeder, sowohl monomer als auch polymer, verbunden über O-Atome, in Form von Ringen, Ketten, Bändern und dreidimensionalen Netzwerken auftreten, wobei endständige O-Atome protoniert sein können. Beispiele: Natriumperborat, $Na_2[B_2(O_2)_2(OH)_4]\cdot 6\,H_2O$ und Borax, $Na_2[B_4O_5(OH)_4]\cdot 8\,H_2O$, (Bild 21-2).

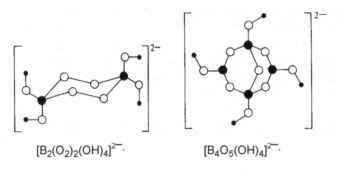

$$[B_2(O_2)_2(OH)_4]^{2-}\cdot \qquad\qquad [B_4O_5(OH)_4]^{2-}\cdot$$

Bild 21-2 Borat-Strukturen

Boraxschmelzen lösen Schwermetalloxide zu farbigen Gläsern, was in der qualitativen Analyse genutzt wird (*Boraxperle*). Aus Borax werden fast alle anderen Borverbindungen gewonnen. Er wird in der Metallurgie als Flußmittel, zur Herstellung von Gläsern und Emails sowie als Bestandteil von Körperpflegemitteln eingesetzt. Natriumperborat ist das bleichende Agens vieler Waschmittel.

Stickstoff-Verbindungen. Die Gruppierung BN kann in vielen Kohlenstoffverbindungen die Gruppierung CC ersetzen (Bild 21-3), weil beide Gruppen isoster sind. Dementsprechend tritt Bornitrid, BN, in zwei Modifikationen auf, die denen des Kohlenstoffs ähneln: Die eine ist graphit-, die andere diamantartig. Diamantartiges Bornitrid ist fast so hart wie Diamant. In analoger Weise steht das cyclische Borazin, $B_3N_3H_6$, sogen. *anorganisches Benzol*, physikalisch und strukturell dem Benzol nahe. Borazinderivate bilden die größte Gruppe von Bor-Stickstoff-Verbindungen.

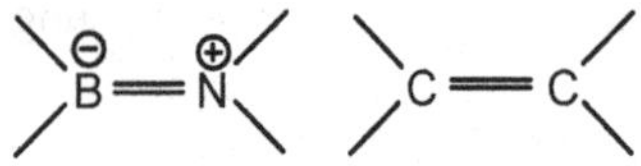

Bild 21-3

21.3 Aluminium

21.3.1 Das Element

Aluminium ist ein silberweißes Leichtmetall. Es ist chemisch unedel ($E^0 = -1{,}706$ V) und müßte sich demzufolge vollständig mit der Luftfeuchtigkeit umsetzen. Tatsächlich aber ist Aluminium an der Atmosphäre relativ stabil, was es einer dünnen *passivierenden* Oxidschicht verdankt. Deren Schutzwirkung kann besonders wirksam durch Quecksilber aufgehoben werden. Die Oxidschicht läßt sich noch erheblich verstärken, indem die Metalloberfläche in Schwefelsäure anodisch oxidiert wird (*Eloxal* = **el**ektrisch **ox**idiertes **Al**uminium).

In nicht zu schwachen, verdünnten Säuren (nicht aber in der passivierenden, kalten Salpetersäure!) löst sich Aluminium unter Wasserstoffentwicklung ($E^0 = -1{,}67$ V) als Hexaaquaaluminium-Ion, $[Al(H_2O)_6]^{3+}$, eine Brønsted-Kationensäure. Die amphotere Natur des Metalls zeigt sich darin, daß es auch mit Laugen energisch reagiert, wobei es sich als Aluminat-Ion $[Al(OH)_n(H_2O)_{6-n}]^{(n-3)-}$ (mit $4 \leq n \leq 6$), löst und lebhaft Wasserstoff entwickelt. Das Standardpotential dieser Reaktion ist mit $E^0 = -2{,}35$ V infolge der hohen Komplexstabilität noch negativer als das der Umsetzung im sauren Medium.

Wird feinverteiltes Aluminium entzündet, verbrennt es mit außerordentlich heißer Flamme und blendend weißer Lichtstrahlung zu Korund, α-Al_2O_3. Die treibende Kraft dieser Reaktion ist die große Stabilität des Korundgitters, wie sie in der freien Standardbildungsenthalpie zum Ausdruck kommt:

$$2\,Al + 3/2\,O_2 \longrightarrow \alpha\text{-}Al_2O_3 \qquad \Delta G_{298} = -1577 \text{ kJ·mol}^{-1} \qquad (21.7)$$

Bei höheren Temperaturen reduziert Aluminium viele Metalloxide bis zu den Elementen. In diesen *aluminothermischen* Reaktionen können Temperaturen bis 2400 °C erreicht werden. Dabei entsteht neben dem zunächst geschmolzenen Aluminiumoxid, das beim Abkühlen zu dem sehr harten Korund, α-Al_2O_3, kristallisiert, das jeweilige Metall schmelzflüssig bis dampfförmig. Nach diesem Verfahren können kohlenstofffreie Metalle gewonnen werden[4]. Mit dem bei Zündung eines Aluminium/Eisenoxid-Gemenges (*Thermit*) entstehenden flüssigen Eisen lassen sich z. B. Eisenbahnschienen zusammenschweißen.

Die hochexotherme Reaktion des Aluminiums mit Sauerstoff wird in Waffen besonders grausamer Wirkung mißbraucht: Thermit ist der wirksame Bestandteil von Brandbomben. „Napalm", geliertes Benzin mit darin suspendiertem Aluminiumpulver, erzeugt in der Brennzone Temperaturen über 2000 °C.

Mit 30 Mio. t Hütten-Aluminium (2004) steht das Element in der Welt-Metallproduktion an dritter Stelle hinter Stahl und Roheisen (1 Md. t bzw. 500 Mio. t). Aluminium ist damit das wichtigste Nichteisenmetall und, nach Stahl, das zweitwichtigste Gebrauchsmetall.

Die noch immer zunehmende Anwendungsbreite des Aluminiums beruht auf einer einzigartigen Kombination von Eigenschaften: Geringe Dichte, niedrige Schmelztemperatur,

---

[4] Hans Goldschmidt (1861-1923), deutscher Chemiker.

leichte Bearbeitbarkeit, Korrosionsbeständigkeit, hohe elektrische und Wärmeleitfähigkeit. Hinzu kommt, daß Aluminium zahlreiche Legierungen bildet, die hauptsächlich angewendet werden im Bau- und Transportwesen, im Maschinenbau, in der Luft- und Raumfahrt, für Haushaltsgeräte, Hochspannungsleitungen, Folien und Verpackungsmaterial. Aluminiumpulver ist auch in Anstrichfarben sowie in Treibsätzen von Feststoffraketen enthalten.

Die Aluminium-Herstellung ist außerordentlich energieaufwendig. Zunächst wird durch das Bayer[5]-Verfahren Aluminiumoxid gewonnen. Dazu wird gemahlener Bauxit (s. 21.1.2) mit Natronlauge bei 140-250 °C in kontinuierlich arbeitenden Rohrreaktoren aufgeschlossen, wobei das Aluminiumhydroxid als Aluminat (s. oben) in Lösung geht und der *Rotschlamm*, ein Gemenge von Oxiden der Elemente Aluminium, Eisen, Titan, Silicium, Calcium und Zink, zurückbleibt.

Nach der Filtration wird die klare Lösung mit viel Hydrargillit, α-Al(OH)$_3$, *angeimpft*, wodurch sich das Aluminat zersetzt und Hydrargillit abscheidet, der isoliert und bei 1200 °C zu Korund calciniert wird. Dieses wird der Schmelzflußelektrolyse unterworfen (*Hall-Héroult-Verfahren*[6]). Das Elektrolysebad besteht hauptsächlich aus Kryolith, Na$_3$[AlF$_6$], etwa 10 % Aluminiumoxid und 5 % Lithiumfluorid, LiF, das die elektrische Leitfähigkeit der Schmelze erhöht und Fluorid-Emissionen vermindert.

Für die moderne Zivilisation ist Aluminium unverzichtbar. Sein Einsatz beim Bau von Straßen- und Schienenfahrzeugen erlaubt Energieeinsparungen. Die gegenwärtige technische Gewinnung hat jedoch trotz großer Verbesserungen der Energiebilanz und Verminderungen der Schadstoffemissionen noch gravierende ökologische Nachteile: Einen Gesamtenergieverbrauch (vom Bauxit zum Metall) von mindestens 20 kWh/kg Al, die viel Landfläche beanspruchenden, stark alkalischen Rotschlamm-Spülhalden und die noch immer beträchtlichen Emissionen fluoridhaltiger Stäube. Die Aluminiumherstellung aus Schrott benötigt nur 5 % der Energie für Primär-Aluminium, woraus die große ökologische Bedeutung des Aluminium-Recyclings hervorgeht!

21.3.2 Die Verbindungen

Hydride. Die wichtigste Verbindung dieser Gruppe, das Lithiumtetrahydrido-aluminat (Lithiumalanat), Li[AlH$_4$], ist ein vielseitiges, hauptsächlich in der organischen Synthese angewandtes Reduktions- und Hydrierungsreagenz. Im Laboratorium wird es durch Umsetzung von Lithiumhydrid mit wasserfreiem Aluminiumchlorid in Ether hergestellt, in dem Lithiumalanat leichtlöslich ist :

$$AlCl_3 + 4\ LiH \longrightarrow Li[AlH_4] + 3\ LiCl \tag{21.8}$$

Setzt man Lithiumalanat mit Aluminiumchlorid in Ether um, läßt sich auch die Stammverbindung Aluminiumhydrid, AlH$_3$, gewinnen, ein polymer gebauter Feststoff, der mit Wasser heftig unter Wasserstoffentwicklung reagiert.

---

[5] Karl Josef Bayer (1847-1904), österreichischer Chemiker.
[6] Charles Martin Hall (1863-1914), US-amerikanischer Chemiker.
   Paul Louis Héroult (1863-1914), französischer Metallurge.

Halogenide. Das wichtigste Halogenid der III. Hauptgruppe ist das Aluminiumchlorid, $AlCl_3$, ein farbloser, sublimierender Feststoff, der, wasserfrei, als starke Lewis-Säure *der* Katalysator der organischen *Friedel-Crafts-Synthese* ist (s. Org. Chem.). Das wasserfreie Aluminiumchlorid kristallisiert in einem Gitter aus Cl^--Ionen-Doppelschichten mit Al^{3+}-Ionen in den Oktaederlücken. In Wasser löst sich Aluminiumchlorid exotherm. Die Lösung enthält hauptsächlich die sauer reagierenden $[Al(OH_2)_6]^{3+}$-Ionen, die auch in dem aus dieser Lösung kristallisierbaren Aluminiumchloridhexahydrat, $AlCl_3 \cdot 6\ H_2O$, erhalten bleiben. Man beachte, daß $AlCl_3$ und $AlCl_3 \cdot 6\ H_2O$ zwei Verbindungen mit ganz unterschiedlichen Eigenschaften sind, was allgemein auf wasserfreie Salze und deren Hydrate zutrifft!

Als einziges der wasserfreien Aluminiumhalogenide ist Aluminiumfluorid, AlF_3, nichtflüchtig und schwerlöslich.

Sauerstoffverbindungen. Aluminiumorthohydroxid, $Al(OH)_3$, tritt in den Modifikationen Hydrargillit (Gibbsit), Bayerit und Nordstrandit auf. Außerdem existiert Aluminium-metahydroxid, $AlO(OH)$, als Böhmit und Diaspor. Hydrargillit, Böhmit und Diaspor sind Bestandteile des Bauxits (s. 21.3.1). Frischgefälltes Aluminiumhydroxid löst sich entsprechend seinem amphoteren Charakter sowohl in Säuren als auch in Laugen zu komplexen Aquahydroxo-Ionen (Bild 21-4). Die Monomeren 2 und 3 aggregieren pH-abhängig unter Abspaltung von Wasser aus intermolekular benachbarten OH-Gruppen (*Kondensation*) über Isopoly-Ionen zu größeren Einheiten, bis diese oberhalb einer gewissen Größe unlöslich werden und als hochkondensiertes, amorphes $Al(OH)_3 \cdot aq$ ausfallen. Dieser Mechanismus trifft wahrscheinlich auch auf andere schwerlösliche Hydroxide zu, wie die von Magnesium, Zink und Eisen, sowie auch auf die Kieselsäure.

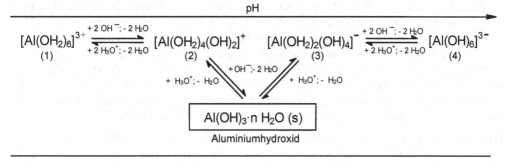

Bild 21-4 Das amphotere Verhalten von Aluminiumhydroxid

Isopoly-Ionen des Aluminiums, z. B. $[Al_6(OH)_{15}]^{3+}$, tragen zur Pufferkapazität des Bodens bei. Bei stärkerer Bodenversauerung (pH < 4) werden aus Aluminiumsilicaten, z. B. Tonmineralen, Hexaaquaaluminium-Ionen, $[Al(OH_2)_6]^{3+}$, freigesetzt, die phytotoxisch wirken und als Mitverursacher der neuartigen Waldschäden diskutiert werden.

Werden Aluminiumhydroxide langsam und bei nicht zu hohen Temperaturen entwässert, entsteht γ-Al_2O_3, ein lockeres Pulver, das als Adsorptionsmittel vielseitig angewendet wird, u.a. in der Chromatographie sowie in der Aluminiumindustrie zur Reinigung der fluoridhaltigen Elektrolyse-Abgase. Bei Temperaturen über 1000 °C wird Korund (Tonerde) (s. 21.3.1) gebildet, ein chemisch nahezu inerter, harter Feststoff, der zu Schleifmitteln,

Auskleidungen für Hochtemperaturöfen, Laborgeräten und zu Lagern für Uhren und Meßinstrumente verarbeitet wird. Korundvarietäten sind der rote Rubin mit Cr_2O_3/TiO_2-Gehalten und der blaue Saphir mit Fe_2O_3/TiO_2-Gehalten, die, synthetisch hergestellt, auch als Laserkristalle dienen.

Aluminiumoxid bildet mit Magnesiumoxid ein Doppeloxid, den *Spinell*, $MgAl_2O_4$, der aus O^{2-}-Ionen in einer kubisch dichtesten Kugelpackung aufgebaut ist. Ein Achtel der darin befindlichen Tetraederlücken werden von Mg^{2+}- und die Hälfte der Oktaederlücken von Al^{3+}-Ionen besetzt. Viele Doppeloxide zwei- und dreiwertiger Metalle kristallisieren im Spinelltyp.

Fehlerfrei ausgebildete Rubine, Saphire und Spinelle werden als Schmucksteine verwendet.

21.4 Gallium, Indium, Thallium

Die Elemente. Gallium, Indium und Thallium sind niedrig schmelzende, weiche Schwermetalle. Gallium schmilzt in der Hand! Thallium steht im Periodensystem zwischen Quecksilber und Blei und ist, wie diese, ebenfalls toxisch („giftige Triade"). Gallium und Indium werden in der Halbleitertechnologie eingesetzt, z. B. als Galliumarsenid, GaAs. Gallium wird heute aus den Restlösungen des Bayer-Verfahrens (s. 21.3.1) gewonnen. Indium und Thallium fallen bei der Aufarbeitung von Blei/Zink-Sulfiden an.

Die Verbindungen. Die Chemie von Gallium und Indium ist der des Aluminiums recht ähnlich (so auch die Radien von Al^{3+} und Ga^{3+}: 57 bzw. 62 pm). Thallium dagegen weicht deutlich davon ab. In wäßriger Lösung liegen ausschließlich hydratisierte Thallium(I)-Ionen vor! Diese zeigen auffallende Ähnlichkeiten mit den Ionen der Alkalimetalle: Thallium(I)-hydroxid, TlOH, ist eine leichtlösliche, starke Base, Thallium(I)-carbonat, Tl_2CO_3, *ist das einzige leichtlösliche Schwermetallcarbonat.* Andererseits ähneln einige Thallium(I)-verbindungen denen des Silbers: Thalliumfluorid ist leichtlöslich, das Chlorid, Bromid und Iodid sind schwerlöslich, die letzten beiden gefärbt, Thallium(I)-sulfid, Tl_2S, fällt als schwarzer Niederschlag aus schwach sauren Lösungen. Thallium(III)-Verbindungen sind Oxidationsmittel und als solche leicht zur Oxidationsstufe +1 zu reduzieren.

Die drei Elemente wurden spektralanalytisch entdeckt: Gallium strahlt violett, Indium indigoblau und Thallium grün.

Aufgaben

Aufgabe 21.1

Was ist der Unterschied zwischen Boraten und Boranaten ?

Aufgabe 21.2

Wie erklären Sie das Auftreten von Borsäure (Sassolin) in der Nähe von Vulkanen ?

Aufgabe 21.3

Was geschieht, wenn nicht zu wenig Bortrichlorid in wenig, auf nahe 0 °C abgekühltes Wasser eingetragen wird ? Formulieren Sie die Reaktionsgleichung und beschreiben Sie den Vorgang!

Aufgabe 21.4

Wasser reagiert sowohl mit Aluminiumhydrid, AlH_3, als auch mit Aluminium (dieses muß vorher mit etwas Quecksilbersalz aktiviert werden). Obwohl in jeder der beiden Umsetzungen die gleichen Reaktionsprodukte entstehen, gibt es einen Unterschied zwischen beiden Reaktionen. Formulieren Sie die Reaktionsgleichungen und bestimmen Sie, worin dieser Unterschied besteht!

Aufgabe 21.5

Von einem sehr feinteiligen Gemenge aus Aluminiumoxid und Aluminium sollen die Massenanteile der beiden Komponenten bestimmt werden. Welche experimentellen Möglichkeiten sehen Sie dafür (zwei Methoden)?

Aufgabe 21.6

Wie ist zu erklären, daß in Flugaschen (die stets Aluminiumsilicate enthalten!) und auch im Bauxit Galliumverbindungen vorkommen?

Aufgabe 21.7

Thallium tritt in seinen Verbindungen mit den Oxidationszahlen +1 und +3 auf. Wie deuten Sie die diesen Oxidationszahlen scheinbar nicht entsprechenden Summenformeln a) $TlCl_2$ und b) Tl_2Cl_3 ?

14. Gruppe (IV. Hauptgruppe)
Kohlenstoff C, Silicium Si, Germanium Ge, Zinn Sn, Blei Pb

22.1 Vergleichende Übersicht

Element	C	Si	Ge	Sn	Pb
Ordnungszahl	6	14	32	50	82
Elektronenkonfiguration	$[He]2s^22p^2$	$[Ne]3s^23p^2$	$[Ar]3d^{10}$ $4s^24p^2$	$[Kr]4d^{10}$ $5s^25p^2$	$[Xe]4f^{14}$ $5d^{10}6s^26p^2$
Oxidationszahl	4, 3, 2, 1, 0, -1, -2, -3, -4	4, 2, -4	4, 2	4, 2	4, 2
1. Ionisierungsenergie[1]	1086,2	786,5	762,1	708,6	715,5
Elektronegativität	2,50	1,74	2,02	1,72	1,55
Dichte/g·cm⁻³	2,26[2]	2,33	5,32	7,29[3]	11,34
Schmelztemperatur/°C	3650[2]	1410	937,4	232[3]	327,5

[1] in kJ/mol   [2] Graphit; Sublimation bei Normaldruck   [3] β-Zinn

22.1.1 Chemisches Verhalten

Die Atome der IV. Hauptgruppe besitzen vier Valenzelektronen in der Konfiguration s^2p^2. Das Kohlenstoffatom ist also maximal vierbindig. Das Siliciumatom ist in seinen Verbindungen fast ausschließlich tetraedrisch koordiniert, kann aber, im Unterschied zum Kohlenstoffatom, schon d-Orbitale einbringen und tritt folglich in einigen Verbindungen sogar oktaedrisch koordiniert auf.

Das C-Atom, wie auch das N- und das O-Atom, gehorcht der *Mehrfachbindungsregel*: Weil sein Atomradius relativ klein ist, können sich bei der Bindung mit ebenfalls kleinen Atomen die p-Orbitale der Partner einander weit annähern, dadurch wirksam überlappen und starke p_π-p_π-Mehrfachbindungen bilden. Hierbei entstehen häufig kleine, in sich abgesättigte Moleküle, wie z. B. Kohlenstoffdioxid, O=C=O. Das Siliciumatom ist für eine effektive seitliche Überlappung seiner p-Orbitale schon zu groß. Bei derartigen Atomen ist es darum energetisch günstiger, wenn z. B. statt zweier Doppelbindungen vier Einfachbindungen entstehen, die häufig noch durch d_π-p_π-Bindungen zusätzlich verstärkt werden können. Darum ist Siliciumdioxid nicht, wie Kohlenstoffdioxid, aus Molekülen aufgebaut, sondern bildet eine dreidimensionale Raumnetzstruktur, in der von jedem Si-Atom vier tetraedrisch zueinander orientierte Si–O-Einfachbindungen ausgehen.

Kohlenstoffatome können zu Ketten, Ringen, Schichten und Raumnetzstrukturen zusammen-treten und echte p_π-p_π -Doppelbindungen mit ihresgleichen sowie mit O- und N-Atomen bilden. Diese Strukturmannigfaltigkeit wird durch nur drei Grundbausteine

$$\underset{\displaystyle sp^3}{\overset{\displaystyle |}{\underset{\diagdown}{\diagup}C\diagdown}} \qquad \underset{\displaystyle sp^2}{\overset{\displaystyle ||}{\diagup C\diagdown}} \qquad \underset{\displaystyle sp}{-C\equiv}$$

verwirklicht, nämlich

- durch das Kohlenstofftetraeder mit vier Einfachbindungen. Der ideale Tetraederwinkel beträgt 109° 28' 16,4". Das C-Atom ist sp^3-hybridisiert, wie z. B. im Diamant und im Methan, CH_4;

- das Dreieck mit zwei Einfachbindungen und einer Doppelbindung, zwischen denen der Winkel 120° beträgt. Diese sp^2-Hybridisierung des C-Atoms tritt auf in Graphit und Formaldehyd, H_2CO;

- die lineare Anordnung mit einer Dreifach- und einer Einfachbindung. Diese sp-Hybridisierung findet sich z. B. in Ethin, Acetylen, C_2H_2.

> Diese einmaligen Eigenschaften des C-Atoms ermöglichten die potentiell unendliche Vielfalt von Kohlenstoffverbindungen – relativ stabil, zugleich aber anpassungsfähig an die Forderungen der Evolution, so daß Kohlenstoffverbindungen zur Grundlage des Lebens werden konnten.

Silicium hat mit Kohlenstoff und den schwereren Homologen dieser Gruppe chemisch nur wenig gemeinsam, zeigt aber auffallende Ähnlichkeiten mit Bor: Beide Elemente sind harte Festkörper mit Halbleiter-Charakter, ihre Oxide bilden hochmolekulare Raumnetzstrukturen, und Silicate wie Borate treten in einer außerordentlichen Vielfalt von nieder- bis hochmolekularen Verbindungen auf.

Wie schon in der III. Hauptgruppe (s. 21.4), wird auch hier zu den schwereren Elementen hin die gegenüber der Hauptgruppennummer um zwei Einheiten niedrigere Oxidationszahl zunehmend stabil (*Inertpaar-Effekt*), so daß Blei(II) die beständigste Oxidationsstufe dieses Elements ist.

In der gleichen Richtung nimmt die Elektronegativität der Elemente ab und ihr basischer, metallischer Charakter zu: Kohlenstoff und Silicium sind säurebildende Nichtmetalle, ihre Bindungen zu anderen Elementen fast ausschließlich kovalent, Germanium ist ein typisches Halbmetall, und Zinn wie Blei sind Metalle und bilden dementsprechend in wäßrigen Lösungen zweiwertige Kationen.

22.1.2 Vorkommen

Häufigkeitsfolge	Si (2.)	C (11.)	Sn (33.)	Pb (42.)	Ge (43.)
Atome/10^6 Si-At.	10^6	7.885	32	9,5	8,4

> 81 % aller Atome der festen Erdkruste sind Silicium- und Sauerstoffatome !

Kohlenstoff kommt als Diamant (Hauptproduzenten: Kongo, Rußland, Südafrika) und Graphit (Hauptproduzenten: Rußland, Korea, China, Indien, Mexiko, Brasilien, Österreich) vor. Wichtig sind die verschiedenen Kohlearten: Anthrazit (92-96 % C), Steinkohle (76-92 % C), Braunkohle (60-77 % C) und Torf (60 % C) - biogene, komplizierte Gemenge von Kohlenstoff, organischen Verbindungen, Mineralen und Wasser. Fast ausschließlich aus Kohlenwasserstoffen besteht Erdöl, und Erdgas enthält als Hauptbestandteil Methan.

Die wichtigsten anorganischen Kohlenstoffverbindungen sind die Carbonate, vor allem die des Calciums und Magnesiums (s. 20.3). Carbonate und Hydrogencarbonate lagern in riesigen Mengen auf den Böden der Tiefsee. Im Meer wie in der Atmosphäre befinden sich immense Massen Kohlenstoffdioxid, obwohl der CO_2-Gehalt der unteren Atmosphäre nur 0,037 Vol.-% beträgt!

Silicium kommt in Form der gesteinsbildenden Silicate und als Siliciumdioxid, SiO_2, vor, dieses in Form der Modifikationen Quarz, Cristobalit und Tridymit, ferner als Chalcedon, Opal und Kieselgur – insgesamt in etwa 80 mineralogisch unterscheidbaren Formen! *Quarz* tritt in einigen Vorkommen in Form großer, wasserklarer Kristalle als *Bergkristall* auf.

Germanium findet sich angereichert in Steinkohlen und gewissen Zinkerzen. Zinn kommt hauptsächlich als Cassiterit (Zinnstein), SnO_2, in Malaysia, Rußland, Bolivien, Indonesien Thailand und China, und lokal auch metallisch als Bergzinn oder Seifenzinn vor. Das Hauptmineral des Bleis ist der in vielen Ländern auftretende Galenit (Bleiglanz), PbS.

22.2 Kohlenstoff

22.2.1 Das Element

Neben Diamant und Graphit ist seit 1985 eine Gruppe weiterer Kohlenstoffmodifikationen bekannt, die *Fullerene*, C_n, die vor allem wegen ihrer einzigartigen Struktur mit gewölbten Flächen von Fünf- und Sechsecken Aufsehen erregt haben. Als erster Vertreter dieser Gruppe

wurde das Buckminster[1]-Fulleren isoliert, ein kristalliner Festkörper, der aus einer kubisch-dichtesten Kugelpackung fußballförmiger C_{60}-Moleküle aufgebaut ist. 1991 wurden Fullerene mit n = 70, 76, 78 und 84 und neuerdings sogar solche mit röhrenförmiger Struktur („Nanoröhren") isoliert.

Im Diamant ist jedes C-Atom sowohl Zentrum als auch Ecke von dreidimensional miteinander verknüpften Tetraedern (s. 32.3.1). So ist ein Diamant-Einkristall ein Makromolekül aus vierbindigen Kohlenstoffatomen mit ausschließlich reinen σ-Bindungen hoher Festigkeit (Bindungslänge 154,45 pm).

Reiner Diamant ist wegen der Bindungsfestigkeit seiner Elektronen farblos und ein elektrischer Isolator. Fehlerfreie, wasserklare Diamanten werden durch kunstvollen Schliff zu den wertvollsten Schmucksteinen, Brillanten, verarbeitet. Diamant hat unter allen Feststoffen

---

[1] Richard Buckminster Fuller (1895-1983), US-amerikanischer Architekt, dessen Kuppeln das Bauprinzip des C_{60}-Moleküls vorweggenommen hatten.

die größte Härte und Wärmeleitfähigkeit (!) und wird darum auf Bohrer und Schneidwerkzeuge aufgebracht sowie als Schleifpulver verwendet.

Zur Herstellung von Industriediamanten wird Graphit, mit der gegenüber Diamant geringeren

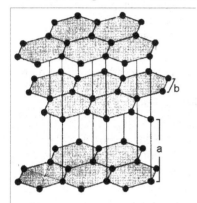

Dichte von 2,266 g·cm⁻³, mit Katalysatoren, vor allem Eisen, Mangan, Chrom, einige Minuten lang bei 100 kbar (= 10 GPa) auf 2500 °C erhitzt.

Graphit ist bei Temperaturen unter 2900 °C die thermodynamisch stabile Kohlenstoffmodifikation. Er bildet ein *Schichtgitter* (s. Bild), in dem benachbarte Schichten nur durch die schwachen van-der-Waals-Kräfte miteinander verbunden sind. Das erklärt den relativ großen Schichtabstand von a = 335,4 pm, infolgedessen die Schichten leicht gegenseitig verschoben und sogar voneinander getrennt werden können. Innerhalb der Schichten sind die hier dreibindigen C-Atome in den Ecken eines Netzes regelmäßiger Sechsecke mit einem C–C-Abstand von b = 141,5 pm angeordnet. Die jeweils vierten Valenzelektronen jedes Atoms sind über die gesamte Schicht delokalisiert und ermöglichen die parallel zur Schichtebene orientierte elektrische Leitfähigkeit, die ca. 10.000mal höher ist als die senkrecht dazu (*Anisotropie* der Leitfähigkeit)!

Die nur schwache Anziehungskraft zwischen den Graphitschichten ermöglicht, bestimmte Atome und Moleküle, z. B. Kalium, Brom, Eisen(III)-chlorid, in die Schichtzwischenräume einzuschieben. Derartige *Intercalationsverbindungen* sind auch von anderen Schichtstrukturen, z B. von Tonmineralen, bekannt.

Bis zu etwa 300 °C sind Graphit und Diamant chemisch nahezu inert. Bei höheren Temperaturen ab etwa 700 °C reduziert Graphit fast alle Oxide zu den Elementen oder Carbiden und reagiert mit Sauerstoff, Schwefel, Silicium und mit Fluor. Mit letzterem enstehen die schichtartig gebauten *Graphitfluoride*, $(CF)_X$, und das gasförmige, außerordentlich beständigeTetrafluormethan, CF_4.

Graphit wird technisch vielseitig eingesetzt, u. a. für Rinnen für flüssigen Stahl, für Schmelztiegel und hochbeanspruchte Elektroden für Elektrolysen und Lichtbogenöfen, darüber hinaus als Schmiermittel und, im Gemenge mit Ton, als Bestandteil von *Bleistiften*. Hochgereinigter Graphit eignet sich als Moderator in Kernreaktoren (s. 33.3).

Der größte Teil des benötigten Graphits wird industriell produziert! Dazu werden speziell hergestellte Kokse unter Luftabschluß 1-3 Wochen lang auf bis zu 3000 °C erhitzt (Acheson-Verfahren[2]), wobei die im Koks vorhandenen Graphit-Mikrokristallite zu beträchtlicher Größe anwachsen.

Andere wichtige, industrielle Kohlenstoffprodukte sind (mit abnehmender Produktionsgröße): Ruß (Füllmaterial für Reifengummi, Farbträger für Tuschen u. ä.), Koks (Reduktionsmittel in der Metallurgie) und Aktivkohle (für die adsorptive Reinigung von Gasen und Wässern). Ein modernes Produkt sind Kohlenstoffasern, die hauptsächlich im Flugzeug- und Automobilbau sowie für die Herstellung von Hochleistungs-Sportgeräten eingesetzt werden.

---

[2] Edward Goodrich Acheson (1856-1931), US-amerikanischer Chemiker.

22.2.2 Die Verbindungen

Carbide. Carbide sind Verbindungen des Kohlenstoffs mit elektropositiveren Elementen. Nach deren Elektronegativität unterscheidet man mehrere Typen:

Salzartige Carbide sind aus Metall-Kationen der I. bis III. Hauptgruppe und Carbid-Anionen aufgebaut. Der bekannteste Vertreter ist das Calciumcarbid, CaC_2, das aus CaO und Koks im Elektroofen bei etwa 2200 °C hergestellt wird:

$$CaO + 3\,C \rightarrow CaC_2 + CO \qquad \Delta H_{298} = +466\ kJ\cdot mol^{-1} \qquad (22.1)$$

Diese Reaktion war vor Ausbreitung der Erdölchemie die Grundlage der *Acetylenchemie*. Bei der Reaktion von Calciumcarbid mit Wasser entsteht nämlich neben Calciumhydroxid durch Protonierung des Acetylid-Ions Ethin (*Acetylen*):

$$[C\text{-}C]^{2-} + 2\,H_2O \rightarrow C_2H_2 + 2\,OH^- \qquad (22.2)$$

Kovalent gebaute Carbide werden von Bor und Silicium gebildet, nämlich $B_{13}C_2$ und SiC, chemisch inerte, äußerst harte Substanzen.

Metallartige Carbide sind Verbindungen des Kohlenstoffs mit Übergangsmetallen. In diesen Carbiden bilden die Metallatome eine dichteste Kugelpackung, in deren Oktaederlücken die kleinen Kohlenstoffatome eingelagert sind. Beispiele: Wolframcarbid, WC, und Tantalcarbid, TaC, Diamanthärte erreichende, inerte, elektrisch leitende Stoffe mit Schmelztemperaturen bis nahe 4000 °C.

Sauerstoffverbindungen. *Kohlenstoffmonoxid*, CO, ist ein farbloses, brennbares Gas. Es ist besonders gefährlich, weil es giftig[3] und zugleich geruchlos ist. Reines Kohlenstoffmonoxid läßt sich durch Dehydratisierung von Ameisensäure, HCOOH, mittels konzentrierter Schwefelsäure herstellen.

Das Kohlenstoffmonoxid- und das Stickstoffmolekül haben die gleiche Molmasse und gleiche Kernladungssumme, beide Moleküle sind also im strengen Sinne isoster: $|C\equiv O|$ $|N\equiv N|$. Dementsprechend sind einige Eigenschaften beider Moleküle recht ähnlich, wie Bindungsabstände (112,8 bzw. 109,8 pm), Reaktionsträgheit, geringe Wasserlöslichkeit sowie niedrige Schmelz- und Siedetemperaturen. Das CO-Molekül hat eine höhere Dissoziationsenergie als das N_2-Molekül: 1077 bzw. 945,4 $kJ\cdot mol^{-1}$!

Brennt Kohlenstoff bei Sauerstoff-Unterschuß, stehen Kohlenstoffmonoxid, Kohlenstoffdioxid und Kohlenstoff miteinander im *Boudouard*[4]-Gleichgewicht:

$$CO_2 + C \rightleftharpoons 2\,CO \qquad \Delta H_{298} = +172,6\ kJ\cdot mol^{-1} \qquad (22.3)$$

Ab etwa 700 °C überwiegt die Oxidation des Kohlenstoffs (oberer Pfeil), bei niedrigeren Temperaturen die *Disproportionierung*[5] des CO (unterer Pfeil).

---

[3] Das CO-Molekül bindet an das Fe-Atom des Hämoglobins weit stärker als das O_2-Molekül und blockiert so den Atmungsprozeß.

[4] Octave Leopold Boudouard (1872-1923), französischer Chemiker.

[5] Von der *Disproportionierung* zu unterscheiden ist die *Dismutierung* (s. 22.3).

Als *Disproportionierung* bezeichnet man eine Redoxreaktion, bei der die Verbindung eines Elements in einer mittleren Oxidationsstufe in zwei Verbindungen zerfällt, von denen die eine das Element in einer niedrigeren, die andere in einer höheren Oxidationsstufe enthält. Die Rückreaktion heißt *Komproportionierung*.

Kohlenstoffmonoxid wird in der Technik in großen Mengen für verschiedene Verfahren bereitgestellt, hauptsächlich durch den *Reforming*-Prozeß (s. 18.2) sowie bei der Produktion von *Generatorgas* aus Kohle und Luft (Gl. 22.4) sowie von *Wassergas* aus Kohle und Wasserdampf (Gl. 22.5).

$$C + \tfrac{1}{2} O_2 \rightarrow CO \qquad\qquad \Delta H_{298} = -109 \text{ kJ·mol}^{-1} \qquad\qquad (22.4)$$

$$C + H_2O \rightarrow CO + H_2 \qquad\qquad \Delta H_{298} = +130 \text{ kJ·mol}^{-1} \qquad\qquad (22.5)$$

Mit Sauerstoff verbrennt Kohlenstoffmonoxid stark exotherm zu Kohlenstoffdioxid. Technisch wichtig sind auch die Umsetzungen des Kohlenstoffmonoxids mit Wasserdampf zu Kohlenstoffdioxid und Wasserstoff (*Wassergasgleichgewicht*) und mit Wasserstoff zu Wasserdampf und Methan (*Methanisierung*). Kohlenstoffmonoxid/Wasserstoff-Gemische (*Synthesegas*) dienen zur Herstellung zahlreicher organischer Verbindungen sowie zur *Eisenerz-Direktreduktion*.

75 % der anthropogenen Kohlenstoffmonoxid-Emissionen entstammen den Abgasen von Verbrennungsmotoren. In der Atmosphäre wird Kohlenstoffmonoxid hauptsächlich durch OH-Radikale zu Kohlenstoffdioxid oxidiert, wobei in Anwesenheit von Stickstoffoxiden auch bodennahes Ozon, O_3 (s. 24.2.1), ein giftiges Treibhausgas, entsteht.

Mit Chlor bildet Kohlenstoffmonoxid das giftige Phosgen, $COCl_2$, das *Säurechlorid* der Kohlensäure, das im I. Weltkrieg als Kampfgas eingesetzt wurde.

Kohlenstoffdioxid, CO_2, ist ein farb- und geruchloses Gas, schwerer als Luft, das zwar nicht giftig ist, aber in hohen Konzentrationen erstickend wirkt, z. B. in Weinkellern!

Das Molekül ist linear, der C–O-Abstand beträgt 116,3 pm: $\ddot{O}\!=\!\!C\!=\!\ddot{O}$

Kohlenstoffdioxid ist wasserlöslich, aber nur etwa 0,1 % des gelösten CO_2 reagieren zu Kohlensäure, H_2CO_3. Diese ist in Abwesenheit von Wasser und in Übereinstimmung mit der Erlenmeyer-Regel (s. Org. Chem.) nicht beständig und zerfällt weitgehend in Wasser und ihr Anhydrid CO_2. Kohlensäure ist eine mittelstarke Säure, so wie es aus der *Pauling*schen Systematik der Oxosäuren (s. 18.3) zu erwarten ist:

$$CO_2 + H_2O \rightleftharpoons H_2CO_3 \qquad\qquad pK \approx 2,75 \qquad\qquad (22.6)$$

$$H_2CO_3 + H_2O \rightleftharpoons HCO_3^- + H_3O^+ \qquad\qquad pK_s = 3,60 \qquad\qquad (22.7)$$

Bezieht man aber die Säurestärke auf die gesamte Menge des gelösten CO_2 (die Gll. 22.6 und 22.7 sind dann, einschließlich der pK-Werte, zu addieren!), ergibt sich der pK-Wert einer schwachen Säure (pK$_s$ = 6,35), als die die Kohlensäure, nicht ganz richtig, meist bezeichnet wird. Das Hydrogencarbonat-Ion, HCO_3^-, ist dagegen eine äußerst schwache Brønsted-Säure (pK$_s$ = 10,31), das Carbonat-Ion, CO_3^{2-}, entsprechend eine starke Brønsted-Base.

Hieraus wird verständlich, daß Carbonate mit Säuren Kohlenstoffdioxid entwickeln und schwerlösliche Carbonate sich dabei auflösen. Saurer Regen zerstört nicht nur das Carbonat in Sedimenten, Korallenstöcken und Bauwerken, sondern setzt auch den pH-Wert von Gewässern herab und damit deren Aufnahmekapazität für Kohlenstoffdioxid!

Kohlenstoffdioxid bildet zusammen mit Wasser die stoffliche Grundlage für den Aufbau der Biomoleküle durch die Photosynthese (s. 24.1.2). Technisch wird aus Kohlenstoffdioxid und Ammoniak Harnstoff, $OC(NH_2)_2$, hergestellt, der wichtigste Stickstoffdünger. Harnstoff ist das *Säureamid* der Kohlensäure.

CO_2- und H_2O-Moleküle absorbieren und „reflektieren" einen großen Teil der von der Erdoberfläche emittierten Infrarotstrahlung (*natürlicher Treibhauseffekt*), wodurch sich das heutige Temperaturgleichgewicht auf der Erde eingestellt hat.

Durch Verbrennung von Kohle, Erdöl und Erdgas, durch die Carbonat-Thermolyse (Zementproduktion, Kalkbrennen) und Brandrodung ist der CO_2-Anteil in der Atmosphäre seit Beginn der Industrialisierung um 1750, und besonders steil seit 1950, angestiegen und hat nun den höchsten Wert seit 160 000 Jahren erreicht. Dazu kommen weitere anthropogene Treibhausgase, wie FCKW, Methan, Ozon, Distickstoffmonoxid und Schwefelhexafluorid. Der dadurch bewirkte *zusätzliche Treibhauseffekt* hat seit 1866 zu einem Anstieg der globalen Durchschnittstemperatur um 0,9 K geführt. Sollte der gegenwärtige Trend der Emissionsentwicklung weiter anhalten, könnte bis 2100 ein Anstieg bis zu 5,8 K eintreten. Verschärft wird der Treibhauseffekt dadurch, daß die CO_2-Aufnahmekapazität von Gewässern, Böden und Pflanzen infolge Temperaturerhöhung, Gewässer- und Bodenversauerung, Waldrodung, Wüstenausbreitung und Bodenversiegelung in bedrohlichem Tempo zurückgeht.

22.3 Silicium

22.3.1 Das Element

Silicium ist ein harter, blaugrauer, metallisch glänzender Feststoff mit Diamant-Struktur. Die Energie der Si–Si-Bindung ist kleiner als die der C–C-Bindung. Das zeigt sich in den Bindungsabständen: Si–Si 235,2 pm, C–C 154,45 pm sowie an der niedrigeren Schmelztemperatur des Siliciums gegenüber der des Diamanten: 1410 °C bzw. 3550 °C. Silicium ist ein elektronischer Eigenhalbleiter.

Ein elektronischer Halbleiter ist dadurch gekennzeichnet, daß seine elektrische Leitfähigkeit, getragen von Elektronen und Defektelektronen, erst oberhalb einer bestimmten Temperatur einsetzt und im allgemeinen mit der Temperatur zunimmt, wogegen metallische Leitfähigkeit mit der Temperatur abnimmt! Eigenhalbleiter zeigen dieses Verhalten bereits ohne jede Dotierung.

Silicium wird heute in Millionen Tonnen durch Reduktion von Siliciumdioxid, SiO_2, mit Koks im Lichtbogenofen (~ 2000 °C) hergestellt. Wird dabei Schrott hinzugefügt, entsteht Ferrosilicium, das in der Metallurgie als Desoxidationsmittel und Vorlegierung eingesetzt wird. Hochreines Silicium wird durch Reduktion von Trichlorsilan, $SiHCl_3$ (s. 22.3.2), mit Wasserstoff oder durch Thermolyse von Monosilan, SiH_4, gewonnen.

Um Silicium, als die stoffliche Grundlage der modernen Informationstechnik, in der erforderlichen Qualität (Verunreinigungsgehalt $< 10^{-10}$) technisch zu gewinnen, ist außerordentlich viel Energie aufzuwenden: Für die Reduktion des Siliciumdioxids zu Silicium, dessen Chlorierung zu Trichlorsilan, Reduktion zu Reinsilicium sowie Raffinierung durch Aufschmelzen und kontrollierte Kristallisation zu ultrareinem, einkristallinem Silicium. Dieses ist das energieintensivste Massenprodukt der Gegenwart!

Silicium ist bis zu etwa 300 °C relativ reaktionsträge. Bei Raumtemperatur reagiert es nur mit Fluor, wobei Siliciumtetrafluorid, SiF_4, entsteht. Selbst gegenüber heißen Säuren ist Silicium inert, reagiert aber in der Hitze mit Laugen:

$$Si + 4\,OH^- \rightarrow SiO_4^{4-} + 2\,H_2 \tag{22.8}$$

Hocherhitztes und geschmolzenes Silicium dagegen setzt sich äußerst heftig um mit Halogenen, Sauerstoff und Stickstoff. Mit fast allen Metallen bildet es Silicide. Mit Kohlenstoff bei ≈ 2000 °C gibt Silicium das grünlich-dunkelviolette, äußerst harte Siliciumcarbid (*Carborundum*), SiC, das hauptsächlich als Schleifmittel und für Hochtemperatur-Heizelemente dient.

22.3.2 Die Verbindungen

Silane. Silicium bildet eine Reihe von Hydriden, Si_nH_{2n+2}, dessen beständigstes das Monosilan, SiH_4, ist. Die höheren Glieder entzünden sich an der Luft und verbrennen stark exotherm zu Siliciumdioxid und Wasser. Die günstigste Herstellungsmethode besteht darin, Siliciumchloride mit Lithiumalanat in Ether umzusetzen:

$$2\,Si_2Cl_6 + 3\,Li[AlH_4] \rightarrow 2\,Si_2H_6 + 3\,LiCl + 3\,AlCl_3 \tag{22.9}$$

Wie in den Boranen ist der Wasserstoff der negativere Bindungspartner, so daß auch die Silane leicht hydrolysiert werden und dabei Wasserstoff entwickeln.

Halogenide. Das stabilste Siliciumhalogenid ist das Siliciumtetrafluorid, SiF_4, ein farbloses, giftiges Gas. Zur Herstellung erhitzt man ein Gemenge aus Flußspat und Quarzsand mit konzentrierter Schwefelsäure:

$$CaF_2 + H_2SO_4 \rightarrow CaSO_4 + 2\,HF \tag{22.10}$$

$$SiO_2 + 4\,HF \rightarrow SiF_4 + 2\,H_2O \tag{22.11}$$

Siliciumtetrafluorid wird in Wasser nicht vollständig zu Kiesel- und Flußsäure hydrolysiert, weil der Fluorwasserstoff sich an SiF_4 anlagert, wobei die starke (!) Hexafluorokieselsäure, $H_2[SiF_6]$, entsteht, in deren Molekül das Siliciumatom oktaedrisch koordiniert ist. Siliciumtetrachlorid, $SiCl_4$, dagegen wird normal hydrolysiert, was zur Gewinnung hochreinen Siliciumdioxids genutzt wird.

Wird Silicium bei etwa 350 °C mit Chlorwasserstoff umgesetzt, entsteht als Hauptprodukt Trichlorsilan, $SiHCl_3$, auch Silicochloroform genannt, das beim Erhitzen dismutiert:

$$2\,SiHCl_3 \rightarrow SiCl_4 + SiH_2Cl_2 \tag{22.12}$$

Unter *Dismutierung* versteht man den Zerfall der Verbindung eines Elements X in zwei Verbindungen dieses Elements unter Umverteilung der Bindungspartner, wobei die Oxidationszahl von X, im Unterschied zur *Disproportionierung* (s. 22.2.2), unverändert bleibt.

Siliciumdioxid ist aus eckenverknüpften SiO_4-Tetraedern aufgebaut; jedes Sauerstoffatom ist kovalent an 2 Siliciumatome gebunden, woraus sich die Formel $SiO_{4/2} = SiO_2$ ergibt.

Quarz, in der wohlkristallisierten Form *Bergkristall*, wird in elektronischen Geräten als *Steuerquarz* zur Frequenzkontrolle und, wegen seiner Durchlässigkeit für UV-Strahlen, z. B. für UV-Spektrometer verwendet. Durch natürliche Beimengungen gefärbte Quarze sind als Schmucksteine bekannt, z. B. Amethyst und Chrysopras. Achat und Feuerstein sind Varietäten des Chalcedons, eines kryptokristallinen Siliciumdioxids. Opale und Kieselgur bestehen aus amorphem Siliciumdioxid.

Quarz der höchsten Qualität wird in großem Umfang durch Hydrothermalsynthese aus amorphem SiO_2 und Natronlauge bei 400 °C und einem Druck von 170 MPa gewonnen.

Kieselglas, hergestellt aus geschmolzenem Quarz, eignet sich wegen der hohen Schmelztemperatur von $\approx$1700 °C sowie des kleinen Ausdehnungskoeffizienten hervorragend für Glasgerät, das hohen Temperaturen, praktisch bis $\approx$1200 °C, und schroffem Temperaturwechsel standzuhalten hat. Wegen seiner UV-Durchlässigkeit wird es in „Höhensonnen" und „Quarzlampen" verwendet.

Kieselgel (Silicagel), amorphes Siliciumdioxid, ein lockeres Pulver mit der großen spezifischen Oberfläche[6] von etwa 800 m²/g, wird u.a. als Adsorbens, Trockenmittel, Katalysatorträger und als Füllstoff in Gummi und Kunststoffen eingesetzt.

Silicate und Kieselsäuren. Der Grundbaustein der Silicat-Anionen ist das SiO_4-Tetraeder. Diese Tetraeder sind ausschließlich über gemeinsame Ecken, niemals über Kanten oder gar Flächen miteinander verknüpft! Die Silicate lassen sich nach der Anzahl n_0 der gemeinsamen O-Atome pro Tetraeder einteilen:

n_0	Bezeichnung	Beispiele
0	Monosilicate	**(1)**
1	Disilicate	**(2)**
2	Cyclo- und Kettensilicate	**(3)**, **(4)**
3	Band- und Schichtsilicate	**(5)**, $[Si_4O_{10}]^{4-}$, z. B. Kaolinit, $Al_4[Si_4O_{10}](OH)_8$
4	Raumnetzstrukturen	Siliciumdioxid, Feldspäte, Zeolithe

(1) $[SiO_4]^{4-}$:
Forsterit $Mg_2[SiO_4]$
Olivin $(Mg,Fe)_2[SiO_4]$

(2) $[Si_2O_7]^{6-}$:
Thortveitit $Sc_2[Si_2O_7]$

(3) $[Si_6O_{18}]^{12-}$:
Beryll $Be_3Al_2[Si_6O_{18}]$

---

[6] Einige Werte zum Vergleich: Korund 5 m²/g; Ruß 100 m²/g; Aktivkohle 800 m²/g.

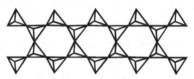

(4) $[Si_2O_6]^4$

β-Wollastonit $Ca_2[Si_2O_6]$

Enstatit $Mg_2[Si_2O_6]$

(5) $[Si_4O_{11}]^{6-}$

Tremolit $Ca_2Mg_5[Si_8O_{22}](OH,F)_2$

Anthophyllit $(Mg,Fe)_7[Si_8O_{22}](OH)_2$

Anthophyllit und Chrysotil, $Mg_6[Si_4O_{10}](OH)_2$, sind die Hauptvertreter der *Asbeste*. Sie wurden über Jahrzehnte hinweg in großem Umfang als Hochtemperaturwerkstoff, Isolier-, Dichtungs- und Filtermaterial verwendet.

> Asbeste bilden dünne, nadelförmige Fasern, die als Feinstaub bis in die Lungenbläschen vordringen und dann, meist erst nach jahrelanger Exposition, die Krankheit *Asbestose* hervorrufen können. Bei Rauchern führen Asbeststaub-Expositionen besonders häufig zu Lungenkrebs. Ebenso gefährlich sind Quarzstäube – Verursacher der gefürchteten Silikose.

In den *Alumosilicaten* ist ein Teil der SiO_4-Tetraeder durch AlO_4-Tetraeder ersetzt. Wichtige Vertreter sind die Glimmer, wie z. B. Muscovit, $K(Mg,Fe)_3[AlSi_3O_{10}](OH)_2$, und die Feldspäte, wie Kalifeldspat (Orthoklas), $K[AlSi_3O_8]$.

Tonminerale sind wichtige Bestandteile von Böden, in denen, neben den organischen Huminsäuren, Montmorillonite, $Al_2[Si_4O_{10}](OH)_2 \cdot n\ H_2O$, mit teilweiser Al^{3+}/Mg^{2+}-Substitution, als Ionenaustauscher wirken. Tone sind die Hauptrohstoffe für die konventionelle Grob- und Feinkeramik. Kaoline, mit ihrem Hauptmineral Kaolinit, sind unentbehrlich für die Herstellung von Porzellan sowie von hochwertigem Papier.

Zeolithe, x $(MAlO_2) \cdot y\ SiO_2 \cdot z\ H_2O$ (M Alkalimetall), sind natürliche oder synthetische Alumosilicate, deren Raumnetzstrukturen von außen zugängliche Hohlräume und damit hohe spezifische Oberflächen aufweisen. Sie werden darum in großem Umfang als Adsorbentien, Katalysatorträger und Ionenaustauscher, z. B. in Waschmitteln, eingesetzt.

Zement. Ton/Kalkstein-Gemenge sind die Rohstoffe für den *Portlandzement*, den Hauptvertreter der Silicatzemente. Das durch Feinstmahlung hergestellte *Rohmehl* wird in Drehrohröfen bei ca. 1500 °C gebrannt, wobei in komplizierten Reaktionen unter Freisetzung von Kohlenstoffdioxid der Klinker entsteht, ein Gemenge aus Tricalciumsilicat, $3\ CaO \cdot SiO_2$, Dicalciumsilicat, $2\ CaO \cdot SiO_2$, Tricalciumaluminat, $3\ CaO \cdot Al_2O_3$, Calciumaluminiumferrit, $2\ CaO \cdot (Al_2O_3, Fe_2O_3)$ und freiem Calciumoxid. Der Klinker wird feinst gemahlen. Das erhaltene graue Pulver hat hydraulische Eigenschaften, d. h. es reagiert mit Wasser unter Erhärtung.

> Zement ist das weltweit in der größten Masse hergestellte *Produkt eines chemischen Prozesses*: 2003 ca. $1,9 \cdot 10^9$ t/a. Damit entfielen auf jeden Menschen dieser Erde jährlich etwa 309 kg Zement!

Silicatgläser. Das gewöhnliche Natron-Kalk-Glas (90 % der Glasproduktion) ist eine amorphe erstarrte Schmelze von Natrium- und Calciumsilicaten und hat die ungefähre Zusammensetzung $Na_2O \cdot CaO \cdot 6SiO_2$. Aluminiumoxid-Zusätze erhöhen die thermische, solche von Dibortrioxid die chemische Beständigkeit (*Jenaer Glas*, *Pyrex-Glas*), von Blei(II)-oxid das Lichtbrechungsvermögen (*Bleikristall*, *Flintglas*). Silicatglas besteht aus einem ungeordneten Netzwerk von SiO_4-Tetraedern, in das die Kationen eingelagert sind. Gewöhnliches Glas wird aus Sand, Soda und Kalk bei 1200-1600 °C erschmolzen.

Wasserglas ist wasserlösliches Natriumsilicat und wird hergestellt durch Einschmelzen von Quarzsand mit Soda. Alkalimetallsilicate werden vielfältig eingesetzt für Waschmittel sowie zur Gewinnung von Fällungskieselsäure, die entsteht, wenn man Silicat-Lösungen ansäuert. Die dabei primär entstehende Orthokieselsäure, H_4SiO_4 (= $Si(OH)_4$), ist unbeständig, weil durch *Kondensation*, d. h. durch Abspaltung von H_2O aus OH-Gruppen benachbarter Säuremoleküle, hochpolymere Kieselsäuren wachsender Molekülgröße gebildet werden, bis schließlich voluminöses, wasserhaltiges Kieselgel (s. 22.3.2) ausfällt.

Silicone. Denkt man sich in den Silicatstrukturen die außenständigen $–O^-$-Ionen formal durch organische Gruppen, meist Methyl- oder Phenylgruppen, $–CH_3$ bzw. $–C_6H_5$, ersetzt, gelangt man zu den Siliconen, temperaturstabilen, chemisch resistenten, hydrophoben und physiologisch indifferenten Kunststoffen mit einem anorganischen Grundgerüst. Die Abbildung zeigt das Strukturprinzip:

D difunktionelle oder Mittelgruppe; T trifunktionelle oder Verzweigungsgruppe
M monofunktionelle oder Endgruppe

Silicone werden vielfältig angewendet, z. B. als Hydrauliköle, Spezialschmiermittel, Siliconkautschuk, Antischäumer, Lackrohstoffe und Textilhilfsmittel.

22.4 Germanium, Zinn, Blei

22.4.1 Die Elemente

Germanium. Es ist ein graues, metallisch glänzendes, sprödes Halbmetall, das bei Normaltemperaturen weder mit Säuren noch mit Basen reagiert. Wie Silicium kristallisiert es im Diamant-Gitter und ist ebenfalls ein elektronischer Eigenhalbleiter (s. 22.3.1). Am Germanium wurde 1947 der Transistor-Effekt entdeckt. Es wird zwar noch für elektronische Bauelemente verwendet, liegt aber darin weit hinter Silicium zurück. Germanium ist durchlässig für Infrarotstrahlung und wird darum für Nachtsichtgeräte und für Fenster in IR-Spektrometern verwendet.

Zinn. Das weiße β-Zinn ist die bei Normaltemperatur stabile Form, ein glänzendes, dehnbares Metall, das sich zu dünnen Folien, dem sogen. *Stanniol*, auswalzen läßt. Unterhalb 13,2 °C ist die üblicherweise pulvrig vorliegende α-Modifikation (Diamant-Gitter) stabil. Der β / α-Übergang ist gehemmt, kann aber stattfinden, wenn β-Zinn sich lange Zeit unterhalb 13 °C befindet. Zinngegenstände, z. B. Orgelpfeifen, können dadurch zerstört werden (*Zinnpest*). Gegen Luft und Wasser ist Zinn bei Raumtemperaturen beständig und wird auch von verdünnten Säuren nur langsam angegriffen. Heiße Laugen überführen Zinn unter Wasserstoffentwicklung in Hexahydroxostannat(IV), $[Sn(OH)_6]^{2-}$.

Der größte Teil des Zinns wird für die Produktion von Weißblech, mit Zinn beschichtetem Stahlblech, hauptsächlich für Konservendosen eingesetzt. Von den zahlreichen Zinnlegierungen sind die wichtigsten die Lötmetalle (Zinn/Blei) und die Bronze (Kupfer/Zinn; s. 31.2).

Blei. Das bläulich-graue, weiche Metall ist von einer dünnen schützenden Oxidschicht überzogen und darum an der Luft beständig. Nach seinem Standardpotential, $E^0 = -0,130$ V, sollte sich Blei in verdünnten Säuren unter Wasserstoffentwicklung lösen, was aber durch die Schwerlöslichkeit der meisten Blei(II)-Salze und die *Wasserstoffüberspannung* (s. 11.2.1) verhindert wird. In carbonat- und sulfathaltigen Wässern überzieht sich Blei mit Schichten schwerlöslicher basischer Salze, z. B. Bleiweiß, $Pb_3(OH)_2(CO_3)_2$, so daß trotz der hohen Toxizität jahrhundertelang Trinkwasserleitungen aus Blei benutzt wurden. Heute wird das Metall hauptsächlich zur Herstellung von Akkumulatorplatten verwendet, ferner für Pigmente, Kabelmäntel, Rohre, Geschoßkerne und Schrot.

Noch immer geht ein Teil des produzierten Bleis in die Antiklopfmittel Bleitetramethyl und Bleitetraethyl, PbR_4, aus denen im Ottomotor durch Reaktion mit dem Zusatz Dihalogenethan Bleihalogenide entstehen. 90 % des Bleigehalts der heutigen Atmosphäre stammen aus dieser Quelle. Blei ist für Pflanzen, Tiere und Menschen toxisch, für letztere außerdem cancerogen!

Herstellung. *Germanium.* Aus den Flugstäuben der Zinkgewinnung abgetrenntes rohes Germaniumdioxid, GeO_2, wird chloriert, das flüssige Germaniumtetrachlorid, $GeCl_4$, fraktioniert und zu Germaniumdioxidaquat, $GeO_2 \cdot aq$, hydrolysiert. Aus dem durch Trocknen entstandenen Germaniumdioxid läßt sich bei etwa 550 °C durch Reduktion mit Wasserstoff das reine Metall gewinnen.

Zinn. Zinndioxid, SnO_2, wird durch Koks reduziert. Durch das flüssige Rohzinn wird Luft geblasen, wodurch Oxide von weniger edlen Metallen, hauptsächlich von Eisen, ausfallen.

Blei. Bleisulfid, PbS, wird abgeröstet zu Blei(II)-oxid, PbO, das mit Kohlenstoffmonoxid reduziert oder auch mit Bleisulfid umgesetzt wird:

$$2\ PbO + PbS \rightarrow 3\ Pb + SO_2 \tag{22.13}$$

22.4.2 Die Verbindungen

Halogenide. Zinn(II)-chlorid, $SnCl_2$, in wenig Wasser klar löslich, ist ein starkes Reduktionsmittel. Es scheidet aus sauren Lösungen von Quecksilber-, Silber- und Goldsalzen die Metalle ab und reduziert Eisen(III)- zu Eisen(II)-Ionen.

Alle Blei(II)-Halogenide sind schwerlöslich und beständiger als die des Blei(IV). Die Tetrachloride von Germanium, Zinn und Blei sind bei gewöhnlichen Temperaturen flüssig. Bleitetrachlorid, $PbCl_4$, entsteht, wenn Ammoniumhexachloroplumbat(IV), $(NH_4)_2[PbCl_6]$, mit konzentrierter Schwefelsäure umgesetzt wird:

$$(NH_4)_2[PbCl_6] + H_2SO_4 \rightarrow PbCl_4 + 2\ HCl + (NH_4)_2SO_4 \tag{22.14}$$

Zinntetrachlorid, $SnCl_4$, entsteht schon bei Zimmertemperatur aus den Elementen, was für die Entzinnung von Weißblechschrott technisch genutzt wird. Mit viel Wasser wird Zinntetrachlorid hydrolysiert, wobei sich wasserhaltiges Zinndioxid, $SnO_2 \cdot aq$, die sogenannte *Zinnsäure*, abscheidet.

Sauerstoffverbindungen. In der Reihe der Oxide wird zum Blei hin die Oxidationszahl +2 deutlich stabiler: Während Germanium(II)- und Zinn(II)-oxid bei Sauerstoffausschluß schon bei Temperaturen um ~700 °C disproportionieren:

$$2\ GeO \rightarrow GeO_2 + Ge, \tag{22.15}$$

ist PbO das beständigste der Bleioxide, Blei(IV)-oxid, PbO_2, dagegen ein energisches Oxidationsmittel. Gelbrotes Blei(II)-oxid, die sogen. *Bleiglätte*, durch Umsetzung von geschmolzenem Blei mit Luftsauerstoff bei 600 °C einfach herstellbar, ist der Ausgangsstoff für viele andere Bleiverbindungen sowie für das sogenannte *Bleikristall*. Das rotbraune Korrosionsschutz-Pigment Mennige, Pb_3O_4, entsteht, wenn Blei(II)-oxid an der Luft auf 500 °C erhitzt wird. Mennige ist als Blei(II)-plumbat(IV), $Pb_2[PbO_4]$, aufzufassen. Blei(IV)-oxid wird durch anodische Oxidation von Blei(II)-Salzen in stark schwefelsauren Lösungen hergestellt.

Der Bleiakkumulator. Bei Stromlieferung wird Blei durch Bleidioxid oxidiert:

$$\text{Minus-Pol: } Pb + SO_4^{2-} \rightarrow PbSO_4 + 2\ e^- \tag{22.16}$$

$$\text{Plus-Pol: } PbO_2 + SO_4^{2-} + 4\ H_3O^+ + 2\ e^- \rightarrow PbSO_4 + 6\ H_2O \tag{22.17}$$

Addiert man beide Gleichungen, ergibt sich die Bruttogleichung, die erkennen läßt, daß die Gesamtreaktion ihrem Wesen nach eine Komproportionierung ist:

$$Pb + PbO_2 + 2\ H_2SO_4 \rightarrow 2\ PbSO_4 + 2H_2O \tag{22.18}$$

Bei Stromlieferung, der Entladung, bedecken sich beide Elektroden mit dem schwerlöslichen Blei(II)-sulfat. Dabei wird die ursprünglich 20 %-ige Schwefelsäure verdünnt, weil H_2SO_4 verbraucht und Wasser gebildet wird, so daß der Ladezustand der Batterie durch eine einfache Messung der Säuredichte ermittelt werden kann. Beim Ladeprozeß werden die Pole einer äußeren Gleichstromquelle mit den gleichnamigen Polen des Akkumulators verbunden, wonach die beiden obigen Reaktionen (Gll. 22.16 und 22.17) von rechts nach links verlaufen. Daß dabei am Minus-Pol nicht Wasserstoff, wie nach der Spannungsreihe zu erwarten, sondern Blei abgeschieden wird, ist durch die an Bleioberflächen auftretende Wasserstoff-Überspannung (s. 11.2.1) bedingt, infolge deren der Bleiakkumulator erst funktionsfähig wird.

Die Elektroden-Bezeichnung hängt davon ab, ob der Akku Strom liefert oder aufgeladen wird: *Katode* ist stets die Elektrode, an der eine *Reduktion*, *Anode* die, an der eine *Oxidation* abläuft!

Aufgaben

Aufgabe 22.1

Kohlenstoffmonoxid, CO, ist das Säureanhydrid der Ameisensäure. Welche Verbindung entsteht demnach, wenn Natriumhydroxid mit Kohlenstoffmonoxid umgesetzt wird? Formulieren Sie die Reaktionsgleichung! Welche Reaktionsbedingungen sind dafür erforderlich?

Aufgabe 22.2

Die Reaktionsenthalpie für die Bildung von Kohlenstoffdioxid aus Kohlenstoffmonoxid und Sauerstoff:

$$CO + \tfrac{1}{2}\,O_2 \rightarrow CO_2 \qquad \Delta H = -283 \text{ kJ/mol}$$

ist mehr als doppelt so groß wie die für die Bildung von Kohlenstoffmonoxid aus Graphit und O_2:

$$C + \tfrac{1}{2}\,O_2 \rightarrow CO \qquad \Delta H = -109 \text{ kJ/mol}$$

Worin liegt nach Ihrer Meinung der Grund für diesen großen Unterschied?

Aufgabe 22.3

Geben Sie die Reaktionsgleichungen an

    a) für das Wassergasgleichgewicht

    b) für die Methanisierung des Kohlenstoffmonoxids!

Aufgabe 22.4

Was ist ein Säurechlorid? Nennen Sie mindestens vier Beispiele für Säurechloride aus der III. und IV. Hauptgruppe! Auf welche Säuren sind diese Säurechloride zurückzuführen?

Aufgabe 22.5

Formulieren Sie die Reaktionsgleichungen für die Hydrolyse von Siliciumtetrachlorid, $SiCl_4$, und von Silan, SiH_4.

15. Gruppe (V. Hauptgruppe)
Stickstoff N, Phosphor P, Arsen As, Antimon Sb, Bismut Bi

23.1 Vergleichende Übersicht

Element	N	P	As	Sb	Bi
Ordnungszahl	7	15	33	51	83
Elektronenkonfiguration	$[He]2s^22p^3$	$[Ne]3s^23p^3$	$[Ar]3d^{10}$ $4s^24p^3$	$[Kr]4d^{10}$ $5s^25p^3$	$[Xe]4f^{14}$ $5d^{10}6s^26p^3$
Oxidationszahl	**5**, 4, 3, 2, **–3**	**5**, 3, –3	5, **3**, –3	5, **3**, –3	5, **3**
1. Ionisierungsenergie[1]	1402,3	1011,7	947,0	833,7	703,2
Elektronegativität	3,1	2,1	2,2	1,8	1,7
Dichte/g·cm^{-3}	0,00117	1,82[2]	5,72	6,69	9,80
Schmelztemperatur/°C	–209,9	44,1[2]	817[3]	630,7	271,3
Siedetemperatur/°C	–195,8	279,4	616[4]	1635	1560

[1] in kJ/mol; [2] weißer Phosphor; [3] unter Druck; [4] Sublimation

23.1.1 Chemisches Verhalten

Die Valenzelektronen-Konfiguration in dieser Gruppe ist – gemäß der Hundschen Regel – mit $s^2p_xp_yp_z$ zu beschreiben. Stickstoff kann 2-bindig sein wie im NO, 3-bindig, wie im NH_3, und, der *Oktettregel* entsprechend, maximal 4-bindig, wie im NH_4^+-Ion und im HNO_3-Molekül, niemals aber 5-bindig. Phosphor ist 3-, 4-, 5- und 6-bindig. Arsen, Antimon und Bismut bevorzugen die 3-Bindigkeit, wobei der kovalente Charakter der Bindungen in dieser Richtung abnimmt.

In keiner der bisher behandelten Gruppen unterscheidet sich das erste Element so stark von den übrigen wie in der V. Hauptgruppe: Im Unterschied zu seinen schwereren Homologen bildet Stickstoff zweiatomige Moleküle und ist normalerweise ein Gas. Das N-Atom ist relativ klein, so daß seine p_y- und p_z-Orbitale mit anderen geeigneten Orbitalen zu stabilen π-Bindungen überlappen können, wie im Stickstoffmonoxid, N=O. Diese Tendenz zur Bildung von Mehrfachbindungen ist charakteristisch auch für die anderen Elemente der 2. Periode Kohlenstoff und Sauerstoff (*Mehrfachbindungsregel*) und wird besonders deutlich daran, daß das N≡N-Molekül durch eine Dreifachbindung, das tetraedrische P_4-Molekül aber durch vier Einfachbindungen zusammengehalten wird.

Die Elektronenhülle des Stickstoff-Atoms mit dem vollbesetzten 2s-Orbital und den halbbesetzten 2p-Orbitalen ist so stabil, daß die Anlagerung eines weiteren Elektrons Energie *erfordert* (29,31 kJ/mol). Auch an das Phosphor-Atom können die für die Argon-Konfiguration erforderlichen drei Elektronen nur unter Energie*aufwand* angelagert werden (1465 kJ/mol). Damit ein stabiles ionisches Phosphid entstehen kann, muß also die für die Bildung der Anionen und Kationen aufzuwendende Energie überkompensiert werden durch die Gitterenergie. Das ist nur gegeben, wenn der Mittelpunktsabstand von Anion zu Kation möglichst klein und das Metall möglichst elektropositiv ist, wie z. B. im Natriumphosphid, Na_3P.

Wie in allen Hauptgruppen nimmt auch hier der basische, metallartige Charakter der Elemente mit wachsender Ordnungszahl zu. Während Stickstoff- und Phosphor(III)-oxid, N_2O_3 bzw. P_2O_3, Säureanhydride sind, gibt Bismut(III)-oxid, Bi_2O_3, mit Wasser die Base Bismuthydroxid, $Bi(OH)_3$, die schon in schwach sauren Lösungen definierte (hydratisierte) Bismut(III)-Ionen bildet.

Auch in dieser Gruppe wird in Richtung zum schwersten Element die gegenüber der Gruppennummer um zwei Einheiten niedrigere Oxidationszahl stabiler (Inertpaar-Effekt, s. 22.1), so daß Natriumbismutat(V), $NaBiO_3$, ein starkes Oxidationsmittel ist.

Der Übergang Nichtmetall→Metall widerspiegelt sich auch in den Strukturen der Element-Modifikationen: Stickstoff ist unter allen Bedingungen ein Nichtmetall, von den Phosphor-Modifikationen sind drei noch nichtmetallisch, eine ist schon metallähnlich, bei Arsen und Antimon ist die metallische Modifikation schon stabiler als die nichtmetallische, und Bismut ist ausschließlich metallisch.

23.1.2 Vorkommen

Häufigkeitsfolge	P (13.)	N (14.)	As (45.)	Sb (61.)	Bi (68.)
Atome/10^6 Si-At.	3 163	2 332	8,0	0,58	0,10

Keine andere Elementsubstanz ist auf der Erde in solch großen Massen vorhanden wie Stickstoff – mit 78.084 Vol.-% N_2 der Hauptbestandteil der Erdatmosphäre.

In der Lithosphäre kommt Stickstoff hauptsächlich in Form von Nitraten vor: Kalisalpeter, KNO_3 (Indien, Bolivien, Spanien, Italien, Rußland), und Natronsalpeter, $NaNO_3$, der sogen. *Chilesalpeter* (wegen der riesigen Lager in Chile).

Phosphor tritt hauptsächlich als Fluorapatit, $Ca_5(PO_4)_3F$, auf, worin F teilweise durch Cl und OH ersetzt sein kann. Große Apatit-Lager finden sich in den USA und in Rußland (Kola-Halbinsel). Die apatitähnlichen, aber weitgehend amorphen Phosphorite treten in großen Lagerstätten in Marokko auf.

> Stickstoff und Phosphor gehören zu den Basiselementen allen Lebens! Sie sind Bausteine der Ribonucleinsäure (RNS), Desoxyribonucleinsäure (DNS), des Adenosintriphosphats (ATP), der Proteine und anderer Biomoleküle und sind beteiligt an der Photosynthese und der Stickstoff-Fixierung. Hydroxylapatit ist der anorganische Hauptbestandteil von Wirbeltierknochen und Zähnen.

Die häufigsten Arsen-Minerale sind Realgar, As_4S_4, Auripigment, As_2S_3, und Arsenolith, As_2O_3, die technisch bedeutendsten sind Arsenopyrit (Arsenkies), FeAsS, und Löllingit, $FeAs_2$. Das wichtigste Antimon-Mineral ist der Antimonit (Grauspießglanz), Sb_2S_3. Bismut findet sich hauptsächlich als Bismuthinit (Wismutglanz), Bi_2S_3, und Bismutocker, Bi_2O_3.

23.2 Stickstoff

23.2.1 Das Element

Stickstoff ist ein farb-, geschmack- und geruchloses Gas. Das N_2-Molekül ist infolge der großen Festigkeit der N–N-Dreifachbindung äußerst reaktionsträge:

$$N_2 \text{ (g)} \rightarrow 2 \text{ N (g)} \qquad \Delta H_{298} = +945{,}4 \text{ kJ/mol} \qquad (23.1)$$

Zum Vergleich: O_2: +495,7 kJ/mol und H_2: +431,2 kJ/mol.

Auf Grund seiner Inertheit wird Stickstoff in großem Umfang als Schutzgas verwendet. Er wird industriell durch Fraktionierung der flüssigen Luft gewonnen.

Die technisch wichtigste Reaktion des Stickstoffs ist die mit Wasserstoff zu Ammoniak (s. 23.2.2). Nach einem anderen Verfahren wird Stickstoff durch Calciumcarbid fixiert (s. 22.2.2 und 23.2.2). Bei hohen Temperaturen, z. B. im Lichtbogen, in elektrischen Entladungen, wie Gewitterblitzen, und auch im Verbrennungsmotor, wird Stickstoff zu Stickstoffmonoxid, NO, oxidiert. Bei höheren Temperaturen bildet Stickstoff mit vielen Elementen Nitride (s. 23.2.2), z. B. mit Erdalkalimetallen, Bor, Aluminium, Silicium und vielen Übergangsmetallen. Mit Lithium reagiert Stickstoff bereits bei Zimmertemperatur zu Lithiumnitrid, Li_3N. Als zukunftsträchtig könnte sich die neuartige, unter milden Bedingungen verlaufende Stickstoff-Fixierung an Übergangsmetallkomplexen erweisen!

> Bei der Reaktionsträgheit des Stickstoffmoleküls überrascht es, daß einige Bakterienstämme, z. B. Rhizobium (*Knöllchenbakterien*) in den Wurzelknöllchen von Leguminosen (Hülsenfrüchtlern), Stickstoff zu Ammoniak hydrieren können. Diese biologische Stickstoff-Fixierung ist in ihrer Bedeutung für das Leben vergleichbar mit der Photosynthese.

23.2.2 Die Verbindungen

Nitride. In den Nitriden ist Stickstoff der elektronegativere Bindungspartner. Je nach Elektronegativität des Partners sind die Nitride ionisch: Li_3N, Mg_3N_2; metallartig: TiN, TaN; kovalent-diamantartig: Kubisches BN (s. 21.2.2), AlN; oder kovalent-niedermolekular: S_4N_4.

Die ionischen Nitride sind als Metallsalze der sehr schwachen „Säure" Ammoniak aufzufassen. Sie hydrolysieren dementsprechend unter Bildung von NH_3, weil Nitrid-Ionen infolge ihrer sehr hohen Basizität in Wasser sofort protoniert werden:

$$N^{3-} + 3\ H_2O \rightarrow NH_3 + 3\ OH^-$$ (23.2)

Metallartige Nitride sind hochschmelzend (TaN 3090 °C), hart, chemisch inert und elektrisch leitend. Ähnlich verhalten sich die diamantartigen Nitride, die aber elektrische Nichtleiter sind. Siliciumnitrid, Si_3N_4, dient als Grundstoff für Hochleistungskeramiken. Diese sind chemisch nahezu indifferent, formstabil bis etwa 1300 °C, temperaturwechselbeständig, sehr hart, und schmelzen unter Zersetzung erst bei 1900 °C. Sie werden für Gasturbinen, Dieselmotoren, Wärmetauscher u. ä. eingesetzt. Kovalent-niedermolekulare Nitride hydrolysieren relativ leicht unter Ammoniak-Bildung.

Wasserstoffverbindungen. *Ammoniak*, NH_3, ist die wichtigste Verbindung dieser Klasse und wird in riesigen Mengen nach dem Haber-Bosch[1]-Verfahren gewonnen:

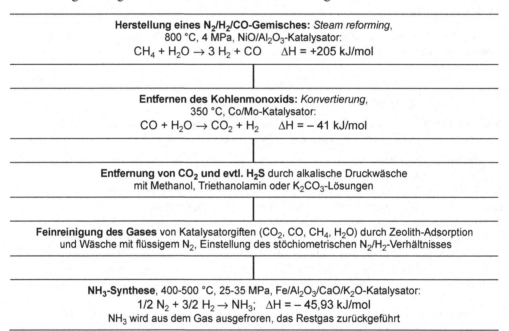

Herstellung eines N_2/H_2/CO-Gemisches: *Steam reforming,*
800 °C, 4 MPa, NiO/Al_2O_3-Katalysator:
$$CH_4 + H_2O \rightarrow 3\ H_2 + CO \qquad \Delta H = +205\ kJ/mol$$

Entfernen des Kohlenmonoxids: *Konvertierung,*
350 °C, Co/Mo-Katalysator:
$$CO + H_2O \rightarrow CO_2 + H_2 \qquad \Delta H = -41\ kJ/mol$$

Entfernung von CO_2 und evtl. H_2S durch alkalische Druckwäsche
mit Methanol, Triethanolamin oder K_2CO_3-Lösungen

Feinreinigung des Gases von Katalysatorgiften (CO_2, CO, CH_4, H_2O) durch Zeolith-Adsorption
und Wäsche mit flüssigem N_2, Einstellung des stöchiometrischen N_2/H_2-Verhältnisses

NH_3-Synthese, 400-500 °C, 25-35 MPa, Fe/Al_2O_3/CaO/K_2O-Katalysator:
$$1/2\ N_2 + 3/2\ H_2 \rightarrow NH_3; \qquad \Delta H = -45{,}93\ kJ/mol$$
NH_3 wird aus dem Gas ausgefroren, das Restgas zurückgeführt

Die Ammoniakbildung verläuft exotherm ($\Delta H < 0$) und unter Volumenverminderung ($\Delta S < 0$). Gemäß $\Delta G = \Delta H - T\ \Delta S$ werden also hohe NH_3-Ausbeuten ($\Delta G < 0$) durch 1.) hohe Drücke und 2.) niedrige Temperaturen begünstigt. Bedingung 2 würde aber die Geschwindigkeit der Reaktion derart vermindern, daß sie praktisch nicht abliefe. Obige Bedingungen sind der Kompromiß.

---

[1] Fritz Haber (1868-1934), deutscher Chemiker, Nobelpreis für Chemie 1918.
  Carl Bosch (1874-1940), deutscher Ingenieur und Chemiker, Nobelpreis für Chemie 1931.

Die technische Stickstoff-Fixierung ist einer der größten Eingriffe des Menschen in natürliche Kreisläufe:
Natürliche Stickstoff-Fixierung: $\approx 200 \cdot 10^6$ t N/a,
NH_3-Synthese: $\approx 120 \cdot 10^6$ t N/a!

Aus Ammoniak werden fast alle anderen Stickstoffverbindungen hergestellt (s. Schema). Der weitaus größte Teil des Ammoniaks, selbst ein wichtiges Düngemittel, wird für Stickstoffdünger, wie Harnstoff und Ammoniumsalze, verwendet.

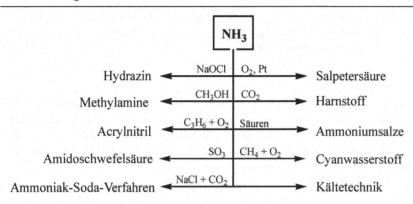

Ammoniak ist ein farbloses, giftiges Gas von stechendem Geruch, das unter Atmosphärendruck schon bei $-33,4$ °C flüssig wird und in dieser Form ein bewährtes wasserähnliches Lösungsmittel (s. 19.2) und Reaktionsmedium darstellt. Ammoniak löst sich begierig exotherm in Wasser: Bei 20 °C nimmt 1 cm³ Wasser 733 cm³ NH_3-Gas auf! In dieser Lösung liegen weit überwiegend hydratisierte NH_3-Moleküle vor, von denen nur sehr wenige ($\approx 10^{-3}$) als Protonenacceptor reagieren (Lewis-Base, s. 23.1):

$$NH_3 + H_2O \rightleftharpoons NH_4^+ + OH^- \tag{23.3}$$

Ammoniaklösungen (*Salmiakgeist*) reagieren also basisch ($pK_B = 4,75$). Der untere Pfeil der Gleichung läßt erkennen, daß starke Basen aus Lösungen von Ammoniumsalzen NH_3 austreiben (qualitativer Nachweis von NH_4^+-Ionen!).

Die als Düngemittel wichtigsten Ammoniumsalze sind $(NH_4)_2SO_4$, NH_4NO_3 und die Phosphate. Ammoniumchlorid, NH_4Cl (*Salmiak*), ist Bestandteil von Lötsteinen und von Elektrolyten in Trockenbatterien.

Gegenüber stark elektropositiven Metallen reagiert wasserfreies Ammoniak als Säure und bildet Nitride (s. 23.2.1 und 23,2,2) oder Amide, z. B. $NaNH_2$. Amide sind salzartig, aus Metall-Kationen und NH_2^--Ionen aufgebaut und werden leicht hydrolysiert zu Ammoniak und dem entsprechenden Hydroxid (analog Gl. 23.2).

Ersetzt man formal OH-Gruppen einer Säure durch Amid-, also NH_2-Gruppen, gelangt man zu den Säureamiden: So ist Harnstoff, $OC(NH_2)_2$, das Diamid der Kohlensäure. Harnstoff ist der wichtigste Stickstoffdünger! Säureamide hydrolysieren zu Ammoniak und der entsprechenden Säure.

Hydrazin, N_2H_4. Von allen denkbaren Anordnungen der beiden NH_2-Gruppen zueinander ist die links abgebildete *gauche*-Konformation[2] (s. Org. Chem.) die stabilste, weil darin die interelektronische Abstoßung am geringsten ist. Die einsamen Elektronenpaare an den N-Atomen (N–N-Abstand 145 pm) lassen das Molekül als 2-wertige Base reagieren, die also zwei Reihen von Salzen bildet, wie z. B. Hydraziniummonochlorid und Hydraziniumdichlorid, N_2H_5Cl bzw. $N_2H_6Cl_2$.

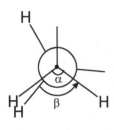

$\alpha=108°$; $\beta=95°$

Im Hydrazin haben die N-Atome die Oxidationszahl -2. Es ist ein sauberes Reduktionsmittel, weil dessen Oxidation nur Stickstoff und Wasser zurückläßt[3]:

$$N_2 + 4\,H_2O + 4\,e^- \rightleftharpoons 4\,OH^- + N_2H_4 \qquad\qquad E° = -1{,}16\ V \qquad\qquad (23.4)$$

Hydrazin, hauptsächlich durch Oxidation von Ammoniak mit Natriumhypochlorit, NaOCl, über Chloramin, NH_2Cl, (Raschig[4]-Verfahren) gewonnen, ist eine farblose, rauchende Flüssigkeit, die bei 113,5 °C siedet. Sie wird hauptsächlich als Raketentreibstoff, z. B. mit dem Oxidator N_2O_4, eingesetzt. Geringe Hydrazin-Zusätze zum Speisewasser verhindern die Korrosion in Dampfkesseln und Fernheizleitungen.

$$N \overset{113}{-\!\!-} N \overset{124}{-\!\!-} \underset{\underset{H}{110°}}{N} \qquad \left[N \overset{116}{-\!\!\!-\!\!\!-} N \overset{116}{-\!\!\!-\!\!\!-} N \right]^{\ominus}$$

Stickstoffwasserstoffsäure, HN_3. Während im Molekül der Säure die N-N-Abstände (in pm) sehr unterschiedlich sind, ist das Azid-Ion symmetrisch! Es ist isoster mit CO_2, mit dem Cyanamid-Ion, $[NCN]^{2-}$, und dem Cyanat-Ion, $[NCO]^-$.

Stickstoffwasserstoffsäure ist eine farblose, stechend riechende, sehr giftige und explosive Flüssigkeit, die schon bei 35,7 °C siedet. Sie löst sich unbegrenzt in Wasser und reagiert darin als schwache einwertige Säure ($pK_s = 4{,}67$).

Natriumazid, NaN_3, die Ausgangsverbindung für HN_3 und auch für andere Azide, wird technisch durch Einleiten von N_2O in eine Lösung von Natriumamid in flüssigem Ammoniak hergestellt. Ein NaN_3/KNO_3-Gemenge ist die Hauptkomponente des Airbags, der nach Zündung, mittels der stark exothermen Oxidation von amorphem Bor mit KNO_3, durch den freigesetzten Stickstoff schlagartig aufgeblasen wird. Schwermetallazide sind stoßempfindlich und hochexplosiv. Besonders Bleiazid, $Pb(N_3)_2$, wird als Initialzünder verwendet.

Hydroxylamin, H_2NOH. Das Molekül ist verzerrt trigonal-pyramidal und läßt sich formal vom Ammoniak durch Austausch eines H-Atoms gegen eine OH-Gruppe ableiten. Hydroxylamin ist ein farbloser, zersetzlicher, zuweilen spontan explodierender Feststoff.

---

[2]   In der Newman-Projektion symbolisiert der zentrale Punkt das vordere und der Kreis das hintere N-Atom. Striche ohne Elementsymbol bedeuten einsame Elektronenpaare. β ist der Diederwinkel (sprich: Di-eder).

[3]   Bezüglich der Schreibweise bedenke man den Zusammenhang $\Delta G = -z \cdot F \cdot E$ und, daß in Redoxgleichungen das Oxidationsmittel stets auf die linke Seite zu schreiben ist!

[4]   Friedrich Raschig (1863-1928), deutscher Chemiker.

Er löst sich leicht in Wasser zu einer stark reduzierenden Lösung. Im sauren Medium bilden sich beständige Salze, z. B. Hydroxylammoniumchlorid, $[H_3NOH]Cl$.

Technisch wird Hydroxylamin u. a. durch Reduktion von Natriumnitrit mit Schwefeldioxid (nach Raschig) gewonnen. Fast das gesamte Hydroxylamin dient als Ausgangsstoff für das Polyamid Perlon (s. Org. Chem.).

Oxide. Die Moleküle sind linear bzw. planar gebaut. Die wichtigsten Oxide des Stickstoffs sind: Distickstoffmonoxid, N_2O, Stickstoffmonoxid, NO, Distickstofftrioxid, N_2O_3, Stickstoffdioxid, NO_2, Distickstofftetraoxid, N_2O_4, und Distickstoffpentaoxid, N_2O_5.

Alle Stickstoffoxide sind in bezug auf den Zerfall in die Elemente thermodynamisch instabil.

Distickstoffmonoxid, das reaktionsträgste Stickstoffoxid, reagiert weder mit Sauerstoff noch mit Ozon. Es wird als Narkosegas (*Lachgas*) verwendet. N_2O ist isoster mit CO_2! Erst oberhalb 500 °C wirkt es oxidierend. Distickstoffpentaoxid dagegen reagiert äußerst heftig mit oxidablen Substanzen und neigt zu explosiver Selbstzersetzung. Die übrigen Stickstoffoxide wandeln sich leicht ineinander um. Sauerstoff verschiebt die Gleichgewichte zugunsten von Stickstoffdioxid und Distickstofftetraoxid. Distickstofftrioxid, Stickstoffdioxid, und Distickstoffpentaoxid sind Säureanhydride:

$$N_2O_3 + H_2O \rightarrow 2\,HNO_2 \tag{23.5}$$

$$N_2O_5 + H_2O \rightarrow 2\,HNO_3 \tag{23.6}$$

$$2\,NO_2 + H_2O \rightarrow HNO_2 + HNO_3 \tag{23.7}$$

NO, NO_2 und N_2O_4 werden zusammenfassend als *nitrose Gase*, NO_x, bezeichnet. Die Oxide lassen sich gemäß den folgenden Gleichungen gewinnen:

NH_4NO_3 $\rightarrow N_2O + 2\,H_2O$

$8\,HNO_3 + 3\,Cu$ $\rightarrow 2\,NO + 3\,Cu(NO_3)_2 + 4\,H_2O$

$2\,HNO_3 + As_2O_3 + 2\,H_2O$ $\rightarrow N_2O_3 + 2\,H_3AsO_4$

$2\,Pb(NO_3)_2$ $\rightarrow 4\,NO_2 + O_2 + 2\,PbO$

$2\,NO_2$ $\rightarrow N_2O_4$

$4\,HNO_3 + P_4O_{10}$ $\rightarrow 2\,N_2O_5 + 4/n\,(HPO_3)_n$

Einige Stickstoffverbindungen sind wichtig für die Umwelt: N_2O ist ein Treibhausgas. Es ist in der Stratosphäre die Hauptquelle für NO, das zum Ozonabbau beiträgt. Der Nitratgehalt auf der Nordhalbkugel ist in den letzten 90 Jahren auf das Dreifache angestiegen, und der N_2O-Gehalt der Atmosphäre wächst jährlich um 0,3 %! Das wird hauptsächlich auf Biomasse-Verbrennung und den Abbau von Stickstoffdünger zurückgeführt (NH_4^+-Ionen werden biochemisch nitrifiziert zu Nitrat, dieses wird denitrifiziert zu Nitrit, N_2O, NO und N_2). Nitrat aus Düngemitteln verursacht ein Nährstoff-Überangebot in Gewässern (*Eutrophierung*). Salpetersäure ist Bestandteil des sauren Regens. NO und NO_2 sind, zusammen mit Ozon und Kohlenwasserstoffen, die Wirkkomponenten des sogen. Los-Angeles-Smogs. NO_2 ist ein starkes Gift für Pflanze, Tier und Mensch. 60 % der NO-Gesamt-Emissionen ist anthropogen, ca. 70 % davon kommt von Verbrennungsmotoren.

Stickstoffmonoxid, NO, obwohl toxisch, wurde als bioaktives Molekül des menschlichen Organismus erkannt. Es wirkt als Neurotransmitter und stimuliert die Muskelrelaxation, die Gefäßerweiterung und die Immunabwehr.

Säuren. *Salpetersäure.* Sie wird heute ausschließlich nach dem Ostwald[5]-Verfahren hergestellt. Dabei wird Ammoniak mit dem Sauerstoff der Luft bei etwa 850 °C und 0,5 MPa an Platin/Rhodium-Netzen als Katalysatoren zu Stickstoffmonoxid oxidiert. Dieses reagiert mit weiterem Sauerstoff zu Stickstoffdioxid, das mit Luft in Wasser eingeleitet wird:

$$NH_3 + 5/4\ O_2 \rightarrow NO + 3/2\ H_2O\ (g) \qquad\qquad \Delta H_{298} = -249\ kJ \cdot mol^{-1} \qquad (23.8)$$

$$NO_2 + \tfrac{1}{4}\ O_2 + \tfrac{1}{2}\ H_2O \rightarrow HNO_3 \qquad\qquad\qquad\qquad\qquad\qquad (23.9)$$

Die HNO_3-Moleküle in der Gasphase sind planar! Im Laboratorium läßt sich Salpetersäure gewinnen, indem Kaliumnitrat mit konzentrierter Schwefelsäure versetzt und die leichter flüchtige HNO_3 abdestilliert wird. Wasserfreie Salpetersäure, eine farblose, bei 82,6°C siedende Flüssigkeit, ist weitgehend dissoziiert in H_3O^+-, NO_2^+- und NO_3^--Ionen und beginnt schon bei 0 °C in Wasser, NO und NO_2 zu zerfallen (Braunfärbung). *Rote rauchende Salpetersäure* enthält zusätzlich Stickstoffoxide gelöst. Salpetersäure reagiert in Wasser als starke einwertige Säure.

planar (Abstände in pm)

Konzentrierte Salpetersäure ist ein energisches Oxidationsmittel. Die meisten organischen Substanzen werden von ihr oxidativ zerstört oder nitriert, d. h. H-Atome werden durch Nitrogruppen, $-NO_2$, ersetzt. Von den Metallen werden nur einige nicht gelöst: Gold, Platin, Rhodium und Iridium wegen ihres edlen chemischen Charakters, Aluminium, Eisen und Chrom wegen Passivierung. Aus Silber/Gold-Legierungen kann das Silber mit Salpetersäure herausgelöst werden, woher die Bezeichnung *Scheidewasser* stammt. *Königswasser* ist ein Gemisch konzentrierter (69%iger) Salpeter- mit konzentrierter (42%iger) Salzsäure im Volumenverhältnis 1:3. In diesem Gemisch läuft folgende Redoxreaktion ab:

$$HNO_3 + 3\ HCl \rightarrow Cl_2 + NOCl + 2\ H_2O \qquad\qquad\qquad\qquad\qquad (23.10)$$

---

[5] Wilhelm Ostwald (1853-1932), deutscher Chemiker, Nobelpreis für Chemie 1909.

Königswasser löst sogar Gold und Platin, weil nach der Oxidation der Metalle durch das Chlor die entstandenen Kationen durch die Chlorid-Ionen aus dem Nitrosylchlorid, NOCl, in stabile Chlorokomplexe überführt werden. Etwa 85 % der Salpetersäure werden zu Mineraldünger verarbeitet, hauptsächlich zu Ammoniumnitrat, NH_4NO_3, das auch als Sicherheitssprengstoff verwendet wird[6]. Salpetersäure dient auch zur Herstellung wichtiger organischer Verbindungen, z. B. von Nitrobenzen und der Sprengstoffkomponenten Trinitrotoluen (TNT), Cellulosenitrat (*Nitrocellulose*) und Glyceroltrinitrat (*Nitroglycerin*). Salpetersäure wird auch als Oxidator in Raketentreibsätzen verwendet.

Salpetrige Säure, HNO_2. Sie ist eine mittelstarke Säure, $pK_s = 3{,}35$, die in reiner Form nicht bekannt ist. Sie ist nur in verdünnten Lösungen halbwegs beständig und disproportioniert schon bei Raumtemperatur zu NO_3^- und NO. Ihre Salze, die Nitrite, dagegen sind stabil. Ammoniumnitrit, NH_4NO_2, liefert bei der thermischen Zersetzung Stickstoff, was zur Reinstdarstellung des Elements verwendet wurde.

Alkalimetallnitrite können durch Reduktion der Nitrate mit Blei gewonnen werden. Natriumnitrit wie auch Natriumnitrat werden zum Haltbarmachen von Fleisch und Wurstwaren verwendet, obwohl sich Nitrit im Organismus zu den krebserregenden Nitrosaminen umsetzt (!), was bei gleichzeitiger Vitamin-C-Gabe unterbunden werden kann. Natriumnitrit dient außerdem zur Synthese von Hydroxylamin (s. 23.2.2) sowie von Diazoverbindungen für Farbstoffe und Pharmaka (s. Org. Chemie)

Cyanide. Der Ausgangsstoff für diese Verbindungen ist der Cyanwasserstoff, HCN (*Blausäure*), eine bei 25,6 °C siedende, farblose, äußerst giftige Flüssigkeit. In wäßriger Lösung reagiert Cyanwasserstoff als sehr schwache Säure, $pK_s = 9{,}40$. Cyanwasserstoff wird heute ausschließlich aus Methan und Ammoniak gewonnen:

Andrussow-Verfahren:

$$CH_4 + NH_3 + 3/2\,O_2 \xrightarrow{\text{Pt/Rh, 1000 °C}} HCN + 3\,H_2O \qquad (23.11)$$

Degussa-Verfahren:

$$CH_4 + NH_3 \xrightarrow{\text{Pt,1200 °C}} HCN + 3\,H_2 \qquad (23.12)$$

Cyanwasserstoff, eine der giftigsten chemischen Verbindungen, war, neben Formaldehyd, HCHO, bereits in der Uratmosphäre vorhanden und gehörte somit zu den ersten stofflichen Voraussetzungen für irdisches Leben!

Natriumcyanid, NaCN, wird aus Blausäure und Natriumhydroxid hergestellt. Cyanid-Ionen werden in wäßriger Lösung durch Kupfer(II)-Ionen zu dem gasförmigen Dicyan, $(CN)_2$, oxidiert. Dieses, ein Pseudohalogen, hydrolysiert, analog den Halogen-Molekülen, in alkalischer Lösung zu Cyanid- und Cyanat-Ionen, OCN^-. Cyanate sind die Salze der Cyansäure, HOCN. Wöhler[7] dampfte eine wäßrige Lösung des „anorganischen" Ammoniumcyanats, NH_4NCO, ein und erhielt dadurch 1828 die „organische" Verbindung

---

[6] Als im September 1921 in dem Werk der I.G.Farbenindustrie in Oppau (Ludwigshafen) ein Teil eines 4500-t-Vorrats steinhart gewordenen Ammoniumnitrats durch Sprengung gelockert werden sollte, explodierte es mit verheerender Wirkung: 561 Tote waren zu beklagen!

[7] Friedrich Wöhler (1800-1882), deutscher Chemiker.

Harnstoff, $OC(NH_2)_2$. Er bewies damit, daß die Bildung organischer Verbindungen keiner mystischen Lebenskraft („vis vitalis") bedarf.

Das Tautomere der Cyansäure ist die Isocyansäure, HNCO. Ein Ausbruch von Methylisocyansäureester (Methylisocyanat), CH_3NCO, im Gemisch mit Phosgen und Cyanwasserstoff, aus einer Anlage der Union Carbide in Bhopal (Indien) 1984 forderte in der Unglücksnacht 3 000 Tote. Bis 2004 registrierte man 15 200 Tote und 555 000 Verletzte! Es war die bisher folgenschwerste Chemie-Katastrophe der Technikgeschichte.

23.3 Phosphor

23.3.1 Das Element

Phosphor ist eine vielgestaltige Elementsubstanz. Man kennt 9 kristalline und 6 amorphe Modifikationen. Die wichtigsten (mit Angabe des Strukturtyps, der Schmelztemperatur und der Dichte) sind:

Violett		**Rot**		**Weiß**		**Schwarz**
Raumnetz-	$\xleftarrow{\text{aus Pb (fl.)}}$	(amorph)	$\xleftarrow{300\,°C}$	P_4-Molekül-	$\xrightarrow[1200\,MPa]{200\,°C}$	Schicht-
gitter		Raumnetz-		gitter		gitter
$2,35\ g/cm^3$		gitter		$44,1\ °C$,		$610\ °C$,
		$600\ °C$,		$1,82\ g/cm^3$		$2,69\ g/cm^3$
		$2,16\ g/cm^3$				

Der weiße Phosphor ist die häufigste und chemisch reaktivste Modifikation. Sie besteht auch in der Schmelze und im Dampf aus P_4-Tetraedern. Der Bindungswinkel von nur 60° am P-Atom deutet auf eine hohe Ringspannung im Molekül, was dessen große Reaktionsfähigkeit verstehen läßt. Weißer Phosphor ist eine wachsartige, schneidbare Masse, die an der Luft spontan Feuer fängt und darum unter Wasser aufbewahrt wird. Bei langsamer Oxidation ist ein grünliches Leuchten, eine *Chemilumineszenz*[8], zu beobachten, das dem Phosphor seinen Namen gegeben hat (griech. *phos-phor*: Lichtträger). Da zwischen den P_4-Molekülen nur van-der-Waals-Kräfte herrschen, ist weißer Phosphor flüchtig und leichtlöslich in unpolaren Lösungsmitteln, wie Schwefelkohlenstoff, CS_2, Benzen, C_6H_6, und Tetrachlormethan, CCl_4. Weißer Phosphor ist sehr giftig!

Weißer Phosphor reagiert mit nahezu allen Elementen und ist dadurch der Ausgangsstoff für die meisten anderen Phosphorverbindungen. Mit Metallen werden Phosphide gebildet, deren Strukturen und chemisches Verhalten, wie bei den Nitriden, von der Elektronegativität des Metalls abhängen.

Die anderen, hochpolymeren Formen des Phosphors sind relativ reaktionsträge sowie nahezu unlöslich und darum auch ungiftig. Der schwarze Phosphor ist die bei Normalbedingungen thermodynamisch stabile Modifikation. Er hat schon metallartige Eigenschaften (Halbleiter).

Weißer Phosphor wird durch carbothermische Reduktion von Apatit unter Zugabe von schlackebildendem Siliciumdioxid im Elektroofen gewonnen:

---

[8] Emission von Licht als Teil der Reaktionsenergie einer chemischen Umsetzung.

$$2\ Ca_3(PO_4)_2 + 6\ SiO_2 + 10\ C \xrightarrow{\ 1500\ °C\ } 6\ CaSiO_3 + 10\ CO + P_4 \qquad (23.13)$$
$$\Delta H_{298} = +3080\ kJ/mol$$

Das Gasgemisch wird gereinigt und in Wasser geleitet, wo sich weißer Phosphor abscheidet. Je Tonne Phosphor werden 12 t Rohmaterial und 13 000 kWh benötigt, und neben gasförmigem Siliciumtetrafluorid, SiF_4, aus dem Fluoridgehalt des Apatits fallen 8 t feste Abprodukte an. Etwa 85 % des weißen Phosphors werden auf Orthophosphorsäure verarbeitet.

Technisch wird roter Phosphor hergestellt, indem weißer Phosphor in Kugelmühlen mechanisch aktiviert wird. Die Umwandlung verläuft exotherm. Roter Phosphor wird hauptsächlich für die Zündmasse von Streichhölzern verwendet.

23.3.2 Die Verbindungen

Wasserstoffverbindungen (Phosphane). Phosphor bildet eine große Anzahl von Phosphanen PH_x. Das stabilste von ihnen ist das Monophosphan, PH_3, ein farbloses, übel nach Knoblauch riechendes, giftiges Gas. Es wird technisch durch Hydrolyse von weißem Phosphor mit warmer Kalilauge hergestellt, wobei außerdem Hypophosphit anfällt:

$$P_4 + 3\ OH^- + 3\ H_2O \rightarrow PH_3 + 3\ H_2PO_2^- \qquad (23.14)$$

Diese Reaktion ist eine Disproportionierung des Phosphors, denn aus Phosphor der Oxidationsstufe null entstehen Verbindungen einer höheren und einer niedrigeren Oxidationsstufe: +3 im Hypophosphit-Ion und –3 im Monophosphan.

PH_3 (trigonal-pyramidal) ist viel schwächer basisch als Ammoniak, und, wie alle Verbindungen mit einer P–H-Gruppierung, ein starkes Reduktionsmittel.

Diphosphan, P_2H_4, das bei der Herstellung von Monophosphan aus Phosphor als Nebenprodukt entsteht, ist selbstentzündlich und kann dadurch auch das Monophosphan entflammen.

Halogenide. Phosphortrichlorid, PCl_3, entsteht direkt aus den Elementen. Es ist eine Flüssigkeit, die von Wasser heftig zu Phosphonsäure (phosphoriger Säure), $H_2[HPO_3]$, und Salzsäure hydrolysiert wird. Phosphortrichlorid reagiert mit Chlor zu Phosphorpentachlorid, PCl_5, mit Sauerstoff zu Phosphoroxidchlorid, $POCl_3$.

Phosphortrifluorid, PF_3, ist komplexchemisch und auch physiologisch dem Kohlenstoffmonoxid ähnlich, also ein sehr giftiges Gas.

Phosphorpentachlorid, ein weißer, kristalliner Festkörper, spaltet leicht Chlor ab, steht schon bei Raumtemperatur mit Phosphortrichlorid im Gleichgewicht und existiert ab 300 °C nicht mehr:

$$PCl_5 \leftrightharpoons PCl_3 + Cl_2 \qquad\qquad \Delta H_{298} = +130\ kJ/mol \qquad (23.15)$$

Durch viel Wasser wird Phosphorpentachlorid zu Phosphorsäure und Salzsäure hydrolysiert.

Phosphorpentachlorid zeigt die Erscheinung der *Bindungsisomerie*, d. h. in Abhängigkeit vom Aggregatzustand und von der Polarität des Lösungsmittels werden von einer Verbindung unterschiedliche Bindungstypen realisiert: Kristallines Phosphorpentachlorid besteht aus

$[PCl_4]^+$- und $[PCl_6]^-$-Ionen. In ionisierenden Lösungsmitteln liegen $[PCl_4]^+$-, $[PCl_6]^-$- und Cl^--Ionen vor, und in unpolaren Lösungsmitteln sowie im Dampf trigonal-bipyramidale PCl_5-Moleküle.

Phosphor   Phosphor(III)-oxid   Phosphor(V)-oxid

Oxide. Die wichtigsten Oxide des Phosphors sind das Phosphor(III)-oxid, P_4O_6, und das Phosphor(V)-oxid, P_4O_{10}. Beide Verbindungen bilden Moleküle mit den oben abgebildeten Strukturen[9].

Phosphor(III)-oxid ist ein farbloser, weicher, kristalliner Festkörper, der schon bei 23,8 °C schmilzt und sich spontan entzünden kann. Er ist in vielen organischen Flüssigkeiten löslich. In kaltem Wasser wird er zur Phosphonsäure $H_2[HPO_3]$, hydrolysiert. Das P_4O_6-Molekül kann formal abgeleitet werden vom P_4-Molekül, indem darin jedes bindende Elektronenpaar durch ein zweibindiges O-Atom ersetzt wird. Die strukturellen Beziehungen zum P_4O_{10}-Molekül gehen aus der Abbildung hervor.

Phosphor(V)-oxid ist ein weißes, äußerst hygroskopisches Pulver, das durch Verbrennen von Phosphor entsteht. Es ist eines der wirksamsten Trockenmittel. Es wird durch Wasser stark exotherm und heftig hydrolysiert. Die Hydrolyse verläuft in komplizierten Reaktionen über Polyphosphorsäuren und führt erst nach längerer Zeit zu dem Endprodukt Ortho-phosphorsäure.

Sulfide. Das meistproduzierte Phosphorsulfid ist das Phosphor(V)-sulfid, P_4S_{10}, dessen Molekülstruktur sich aus der des P_4O_{10} durch formalen Austausch der O-Atome gegen S-Atome ergibt. Phosphor(V)-sulfid dient zur Herstellung organischer Thiophosphorsäure-Derivate, die für Schmieröl-Additive, Korrosionshemmer und Pestizide benötigt werden. Viel verwendet, z. B. auch für an allen rauhen Flächen entzündbare Streichholzköpfe, wird Phosphor(III)-sulfid, P_4S_3. Dessen Struktur ist herzuleiten, indem im P_4-Molekül formal in drei der sechs P-P-Bindungen je ein S-Atom eingeschoben wird.

Säuren.

Kein zweites Element bildet eine so große Anzahl freier, stabiler Säuren wie der Phosphor. In diesen Säuremolekülen ist jedes P-Atom tetraedrisch koordiniert und betätigt fünf polare Atombindungen, darunter eine P=O-π-Bindung.

---

[9] Die je zwei freien Elektronenpaare pro O-Atom wurden der Übersichtlichkeit wegen weggelassen

Die wichtigste Säure des Phosphors ist die Orthophosphorsäure[10]. Daneben gibt es noch die phosphorige Säure (Phosphonsäure), die hypophosphorige (Phosphinsäure) und die Hypodiphosphorsäure:

Orthophosphorsäure	Phosphonsäure	Phosphinsäure	Hypodiphosphorsäure
Phosphor(V)-säure	Phosphor(III)-säure	Phosphor(I)-säure	Diphosphor(IV)-säure
3-wertige Säure	2-wertige Säure	1-wertige Säure	4-wertige Säure

Phosphorsäuren niedrigerer Oxidationsstufen, H_3PO_3, H_3PO_2, $H_4P_2O_6$ (s. Bild). Es sind niedrigschmelzende Festkörper, die durch die P–H-Bindung reduzierend wirken. Die direkt an Phosphor gebundenen H-Atome reagieren nicht sauer! Phosphonsäure läßt sich durch Hydrolyse von Phosphortrichlorid gewinnen. Die daraus zu erwartende „tautomere"[11] Form $P(OH)_3$ der Phosphonsäure existiert nicht, wohl aber deren Derivate, z. B. die Triethylester. Phosphinsäure läßt sich aus den Lösungen ihrer Salze mit Ether extrahieren. Natriumphosphinat, NaH_2PO_2, z. B. entsteht bei der Disproportionierung von weißem Phosphor in Natronlauge (Gl. 23.14). Hypodiphosphorsäure wird durch Oxidation von rotem Phosphor mit Natriumchlorit, $NaOCl_2$, hergestellt und isomerisiert infolge der hohen Stabilität der P–O–P-Gruppierung leicht zu Diphosphor(III,V)-säure, $O(HO)HP–O–PO(OH)_2$.

Orthophosphorsäure, H_3PO_4. Sie wird größtenteils durch Aufschluß von Apatit mit Schwefelsäure bei 80-100 °C unter Ausfällung von Gips gewonnen. Für hohe Reinheitsansprüche wird sog. *thermische* Phosphorsäure hergestellt, indem weißer Phosphor in einem Luft/Wasserdampf-Gemisch verbrannt wird.

Wasserfreie Phosphorsäure ist ein farbloser, kristalliner, hygroskopischer Festkörper, der fast nur durch Wasserstoffbrückenbindungen zusammengehalten wird und bei 42,4 °C schmilzt. In wäßriger Lösung reagiert H_3PO_4 als mittelstarke Säure mit den pK_s-Werten 1,96; 7,12 und 12,32 und bildet demgemäß Dihydrogen-, Monohydrogen- und Orthophosphate, z. B. NaH_2PO_4, Na_2HPO_4 bzw. Na_3PO_4. Die Phosphate der Alkalimetalle und des Ammoniums sind leichtlöslich (außer Li_3PO_4), die aller anderen Metalle schwerlöslich.

Etwa 80 % der hochreinen Phosphorsäure wird in der Lebensmittelindustrie und zur Herstellung von Waschmittel-Phosphaten verwendet, während fast die gesamte Aufschlußphosphorsäure zur Produktion von Düngemitteln dient, vor allem für das sogen. *Tripelsuperphosphat* $Ca(H_2PO_4)_2$ (aus Apatit und Phosphorsäure) und Ammoniumphosphate.

Kondensierte Phosphorsäuren. Die außerordentliche Fülle an Phosphorsäuren resultiert vorrangig daraus, daß zwei P–OH-Gruppen zweier Säuremoleküle unter H_2O-Abspaltung eine P–O–P-Bindung bilden können (*Kondensation*). Die beiden P-Atome können auch von unterschiedlicher Oxidationszahl sein, wie die Diphosphor(III,V)-säure zeigt. Im sauren Medium wird die P–O–P-Bindung wieder langsam hydrolysiert.

---

[10] Zur Bedeutung der Vorsilbe „Ortho" siehe Borsäure (s. 21.2.2)!
[11] Vgl. Schweflige Säure (s. 24.3.2).

Im engeren Sinne versteht man unter *kondensierten Phosphorsäuren* allerdings die Kondensationsprodukte der Orthophosphorsäure. Je nach Anzahl der kondensierenden OH-Gruppen je $OP(OH)_3$-Molekül (1, 2 oder 3) entstehen unterschiedliche Baugruppen[12]:

$$
\underset{\text{Endgruppe}}{
\begin{array}{c}
\text{OH} \\
\text{O}=\text{P}-\text{OH} \\
\text{O}_{1/2}
\end{array}}
\qquad
\underset{\text{Mittelgruppe}}{
\begin{array}{c}
\text{OH} \\
\text{O}=\text{P}-\text{O}_{1/2} \\
\text{O}_{1/2}
\end{array}}
\qquad
\underset{\text{Verzweigungsgruppe}}{
\begin{array}{c}
\text{O}_{1/2} \\
\text{O}=\text{P}-\text{O}_{1/2} \\
\text{O}_{1/2}
\end{array}}
$$

Zwei Moleküle H_3PO_4 können zur Diphosphorsäure (Pyrophosphorsäure), $H_4P_2O_7$, kondensieren, die quasi aus zwei Endgruppen besteht:

$$H_2O_3P-OH + HO-PO_3H_2 \rightarrow H_2O_3P-O-PO_3H_2 + H_2O \tag{23.16}$$

Verbinden sich ausschließlich Mittelgruppen miteinander, entstehen zu Ringen geschlossene Tetraederketten, die Cyclophosphorsäuren[13] $P_nO_{3n}H_n$. Unverzweigte, offene Ketten von Mittelgruppen sind an den Enden mit je einer Endgruppe abgesättigt und bilden die Klasse der Polyphosphorsäuren $P_nO_{3n+1}H_{n+2}$, deren Kettenlänge n in einigen Verbindungen Werte um 100 erreichen kann. Verzweigungsgruppen vernetzen mehrere Ketten miteinander, wodurch die sog. *Ultraphosphorsäuren* enstehen.

Alkalimetallpolyphosphate werden durch thermische Dehydratisierung der entsprechenden Dihydrogenphosphate hergestellt, z. B.:

$$n\, NaH_2PO_4 \rightarrow Na_nH_2\, P_nO_{3n+1} + (n\text{-}1)\, H_2O \tag{23.17}$$

Sie sind effektive Komplexbildner und werden darum zur Wasserenthärtung und als Waschmittelkomponente, z. B. Natriumtriphosphat, $Na_5P_3O_{10}$, verwendet. Wegen ihrer wasserbindenden Wirkung werden sie auch einigen Lebensmitteln, z. B. Schmelzkäse und Bockwurst, zugesetzt.

23.4 Arsen, Antimon, Bismut

23.4.1 Die Elemente

Arsen, Antimon und Bismut bilden in ihren α-Modifikationen Schichtgitter mit gewellten Schichten. Es sind spröde, gegen Luft, Wasser und nichtoxidierende Säuren beständige Festkörper, von denen Arsen noch einige nichtmetallische Eigenschaften zeigt: α-Arsen sublimiert bei relativ niedrigen Temperaturen und liegt im Dampf, analog Phosphor, in Form von As_4-Molekülen vor. Arsen reagiert, wie ein Nichtmetall, mit Salpetersäure zu arseniger oder Arsensäure, H_3AsO_3 bzw. H_3AsO_4, Bismut als Metall dagegen zu Bismutnitrat, $Bi(NO_3)_3$. Arsenverbindungen werden hauptsächlich in Pestiziden und Holzschutzmitteln eingesetzt.

---

[12] Die Indices ½ ergeben sich, weil jedes Brücken-O-Atom nur zur Hälfte jeder Gruppe gehört!

[13] Früher meist als Metaphosphorsäuren bezeichnet.

> Alle wasserlöslichen und gasförmigen Arsenverbindungen sind starke Gifte und außerdem cancerogen! Arsenwasserstoff ist etwa 20mal giftiger als Kohlenstoffmonoxid!

Bedeutend sind die sog. III/V-Halbleiter, binäre Verbindungen des Arsens und Antimons mit Aluminium, Gallium und Indium. Sie emittieren Licht, wenn eine Spannung angelegt wird (LED) oder liefern bei Belichtung Strom. Galliumarsenid, GaAs, ist das nach Silicium zweitwichtigste Halbleitermaterial und hat in photovoltaischen Solarzellen einen höheren Wirkungsgrad als Silicium.

Antimon wird zu einem großen Teil für Legierungen verwendet, vorrangig als Antimonblei für Platten in Bleiakkumulatoren. Bismut ist, neben Blei und Zinn, das Hauptmetall einiger, schon zwischen 60 und 70 °C schmelzender Legierungen, die sich für thermische Sicherungen, Weichlote und Heizbäder eignen. Ein großer Teil des Bismuts wird, meist als Bismutoxidnitrat oder -oxidgallat, als Medikament eingesetzt, vor allem zur Magensäurebindung (Antacidum) und Wunddesinfektion. Zur Darstellung von Arsen wird Eisen(II)-arsenidsulfid, FeAsS (Arsenopyrit, Arsenkies) unter Luftabschluß erhitzt, wobei Arsen verdampft und anschließend kondensiert wird. Antimon, das meistproduzierte der drei Elemente, wird durch Umsetzung von Antimontrisulfid, Sb_2S_3, mit Eisen gewonnen. Arsen, Antimon und Bismut werden auch durch Reduktion ihrer Oxide mit Aktivkohle hergestellt.

23.4.2 Die Verbindungen

Halogenide. Alle zwölf *Trihalogenide* der Arsengruppenelemente sind bekannt. Bei normalen Temperaturen sind Arsentrifluorid, AsF_3, und Arsentrichlorid, $AsCl_3$, flüssig, die anderen Verbindungen kristallin. Die weitaus meisten Halogenide dieser Elemente hydrolysieren leicht.

Die Trifluoride werden durch Umsetzung der entsprechenden Oxide mit Fluorwasserstoff, die übrigen Halogenide durch Einwirkung der Halogene auf die Elemente oder deren Oxide hergestellt.

Von den *Pentahalogeniden* kennt man die Fluoride, herzustellen aus den Elementen oder Oxiden mit Fluor, das Antimonpentachlorid, $SbCl_5$, und das äußerst instabile Arsenpentachlorid, $AsCl_5$. Wiederum ist hier zu beobachten, daß vom Arsen zum Bismut die Verbindungen der höchsten Oxidationsstufe instabiler werden: Bismutpentafluorid ist die einzige binäre Verbindung des Bismut(V) und das reaktionsfähigste Pentahalogenid der drei Elemente! Auch die anderen Pentafluoride sind effektive Fluorierungs- und Oxidationsmittel. Antimonpentachlorid, $SbCl_5$, ist sowohl ein wirksamer Donor als auch Acceptor von Cl^--Ionen:

$$PCl_3 + 2\ SbCl_5 \rightarrow [PCl_4]^+ [SbCl_6]^- + SbCl_3 \tag{23.18}$$

Oxide und Säuren. Alle drei Elemente bilden Oxide M_2O_3 eines hochmolekularen Schichtgitter-Typs, Arsen und Antimon darüber hinaus die polymorphen molekularen Formen M_4O_6. Außerdem existiert Antimon(III,V)-oxid, Sb_2O_4. Das Arsen(III)-oxid, As_2O_3, aus den Flugstäuben der Kupfer- und Bleimetallurgie, ist die für die Technik wichtigste Quelle für andere Arsenverbindungen. Die sehr schwache, dreiwertige arsenige Säure existiert wahrscheinlich in wäßrigen Lösungen von As_2O_3 in der Form $As(OH)_3$ (vgl. mit phosphoriger Säure 23.3.2), konnte aber bisher nicht isoliert werden. Dagegen sind ihre Salze, z. B. Silberarsenit, Ag_3AsO_3, beständige Verbindungen. Arsen(III)-oxid und Arsenite sind Reduktionsmittel.

In stark salzsauren As(III)-Lösungen stellt sich ein Gleichgewicht ein:

$$H_3AsO_3 + 3\ HCl \rightleftharpoons AsCl_3 + 3\ H_2O \qquad\qquad (23.19)$$

Aus derartigen Lösungen kann Arsentrichlorid abdestilliert werden, was zur Abtrennung von Arsen in der chemischen Analyse verwendet wird.

Wird Arsen(III)-oxid mit Salpetersäure oxidiert, entsteht die Arsensäure, H_3AsO_4, eine dreiwertige Säure, die, wie zu erwarten, etwas schwächer als Phosphorsäure ist. Arsensäure und Arsenate sind Oxidationsmittel. Viele Arsenate sind isomorph mit den analogen Phosphaten, z. B. $MgNH_4AsO_4 \cdot 6\ H_2O$ mit $MgNH_4PO_4 \cdot 6\ H_2O$.

Das Anhydrid der Arsensäure, Arsen(V)-oxid, As_2O_5, entsteht, wenn kristalline Arsensäure dehydratisiert wird. Es zerfließt an der Luft, ist leicht wasserlöslich und ein starkes Oxidationsmittel, das z. B. aus Salzsäure Chlor freisetzt.

Eine antimonige Säure ist unbekannt, obwohl deren Salze, die Antimonite, existieren. Die Koordinationszahl in den Antimonaten bringt den gegenüber dem Arsenatom größeren Radius des Antimonatoms zum Ausdruck: Antimon(V) bevorzugt *oktaedrische* Koordination, wie z. B. in dem schwerlöslichen Natriumhexahydroxoantimonat(V), $Na[Sb(OH)_6]$.

Bismut(III)-oxid, Bi_2O_3, löst sich in Säuren zu den entsprechenden Bismut(III)-Salzen, aus deren Lösungen bei pH-Erhöhung basische Salze ausfallen, z. B. Bismutoxidchlorid, BiOCl.

Aufgaben

Aufgabe 23.1

Ist die Reduktionswirkung des Hydrazins in saurer Lösung stärker als in alkalischer Lösung oder umgekehrt?

Aufgabe 23.2

Zwei Stickstoffwasserstoffverbindungen haben die Brutto-Zusammensetzung N_4H_4 und N_5H_5. Welche Verbindungen verbergen sich dahinter?

Aufgabe 23.3

Welche durchschnittliche Oxidationszahl kommt dem Stickstoff in der Stickstoffwasserstoffsäure HN_3 zu?

Aufgabe 23.4

Stellen Sie in einer Tabelle die Werte zusammen für Bindigkeit, Oxidationszahl und Koordinationszahl des N-Atoms in den Verbindungen Ammoniak NH_3, Ammonium-Ion NH_4^+, Stickstofftrichlorid NCl_3, Hydrazin N_2H_4, Hydroxylamin NH_2OH, salpetrige Säure HNO_2 und Salpetersäure HNO_3!

Aufgabe 23.5

Geben Sie Bindigkeit, Oxidationszahl und Koordinationszahl für das P-Atom in der Phosphorsäure an!

Aufgabe 23.6

Welche Sauerstoffverbindung des Phosphors besteht ausschließlich aus Verzweigungsgruppen $(O=PO_{3/2})$?

16. Gruppe (VI. Hauptgruppe) Chalkogene
Sauerstoff O, Schwefel S, Selen Se,
Tellur Te, Polonium Po

24.1 Vergleichende Übersicht

Element	O	S	Se	Te	Po[3]
Ordnungszahl	8	16	34	52	84
Elektronenkonfiguration	[He] $2s^2\,2p^4$	[Ne] $3s^2\,3p^4$	[Ar] $3d^{10}$ $4s^2\,4p^4$	[Kr] $4d^{10}$ $5s^2\,5p^4$	[Xe]$4f^{14}\,5d^{10}$ $6s^2\,6p^4$
Oxidationszahl	–1, **–2**	–2, 4, **6**	–2, **4**, 6	–2, **4**, 6	–2, **4**, 6
1. Ionisierungsenergie[1]	1313,9	999,6	940,9	869,2	812
Elektronegativität	3,5	2,4	2,5	2,0	1,8
Dichte/g·cm^{-3}	0,00133	2,07[2]	4,19	6,25	9,20
Schmelztemperatur/°C	-218,4	119,6[2]	221	449,5	254
Siedetemperatur/°C	-183,0	444,7	684,9	989,8	961,8

[1] in kJ/mol   [2] monokline Modifikation   [3] nur Radioisotope

24.1.1 Chemisches Verhalten

Um die Edelgaskonfiguration zu erreichen, muß ein Atom dieser Gruppe zwei Elektronen aufnehmen, wodurch es in die Oxidationszahl –2 übergeht. Das kann, je nach der Natur des Bindungspartners, folgendermaßen verwirklicht werden:

- Von elektropositiven Elementen kann ein Chalkogen-Atom zwei Elektronen unter Bildung zweiwertiger Anionen aufnehmen. Hierdurch entstehen z. B. die ionisch gebauten Alkali- oder Erdalkalimetalloxide und -sulfide. Während die Anlagerung des 1. Elektrons an das O-Atom noch Energie liefert (–590,3 kJ/mol), muß zur Anlagerung des zweiten Elektrons so viel Energie *aufgewendet* (!) werden, daß der Gesamtprozeß endotherm wird:

$$O + 2\,e^- \rightarrow O^{2-} \quad \Delta H_{298} = +657{,}3\ kJ/mol \tag{24.1}$$

- Oxid-Ionen können darum nur dann stabile ionische Verbindungen bilden, wenn die aufzuwendende Energie, nämlich die Summe aus Elektronenaffinität und Ionisierungsenergie, durch die bei der Bildung der festen Oxide freiwerdende Gitterenergie überkompensiert wird.

- Bildung von bis zu drei kovalenten Einfachbindungen, wie z. B. in den tetraedrisch gebauten Spezies:

$$\left[\, I\overline{\underline{O}}\text{---}H \,\right]^{-} \qquad \overset{\overset{\displaystyle\frown}{\overline{O}}}{\underset{H\qquad\quad H}{}} \qquad \left(\, H\text{---}\overset{\overline{\underline{O}}\,\text{\tiny\textbackslash\textbackslash\textbackslash}\cdots H}{\underset{H}{}} \,\right)^{+}$$

Hydroxid-Ion   Wassermolekül   Oxonium-Ion

- Bildung von Doppelbindungen wie im O=C=O-Molekül.

Sauerstoff unterscheidet sich chemisch wiederum erheblich von seinen Homologen:

- Für Sauerstoff, wie fast allgemein für die Elemente der 2. Periode, gilt die Oktettregel (s. oben Strukturen von OH^{-}, H_2O und H_3O^{+});

- Das Sauerstoffatom, ähnlich wie das Kohlenstoff- und Stickstoffatom, bevorzugt p_π-p_π-Mehrfachbindungen, wie in vielen Oxiden und Sauerstoffsäuren. Besonders deutlich wird diese Tendenz in den Molekülstrukturen von Sauerstoff und Schwefel: Das O_2-Molekül wird durch eine Doppelbindung, das ringförmige S_8-Molekül nur durch Einfachbindungen zusammengehalten (vgl. mit dem N_2-Molekül (s. 23.2.1) und dem P_4-Molekül (s. 23.3.1)!).

- Sauerstoff tritt fast ausschließlich mit negativen Oxidationszahlen, überwiegend mit –2, auf und läßt sich, als Element mit der zweithöchsten Elektronegativität, nur durch Fluor in positive Oxidationsstufen überführen.

Die Ursache für die Sonderstellung des Sauerstoffs liegt hauptsächlich in seiner hohen Elektronegativität und darin, daß die Elektronegativität des jeweils zweiten Elements jeder Hauptgruppe wesentlich kleiner als die des ersten ist. Außerdem werden für die schwereren Elemente d-Orbitale verfügbar, wodurch diese, abweichend von der Oktettregel, mehr als vier Atombindungen eingehen können, wie z. B. Schwefel im Schwefelhexafluorid, SF_6. Für diese Elemente werden nun auch d_π-p_π-Mehrfachbindungen zwischen den freien d-Orbitalen der schweren Atome und den besetzten p-Orbitalen der Partner, z. B. Sauerstoffatome, möglich. Z. B. sind die im SO_2- und SO_3-Molekül vorliegenden Bindungen kürzer und fester als Einfachbindungen. Die obige Modellvorstellung schreibt diesen Bindungen einen partiellen *Doppelbindungs-Charakter* zu (P=O-Bindungen s. 23.4).

Mit der Zunahme der Atomradien von Sauerstoff bis Polonium und der in dieser Richtung wachsenden Abschirmung der positiven Kernladung durch die inneren Elektronen nimmt die Bindungsfestigkeit der Valenzelektronen ab, und die Elemente werden zunehmend elektropositiv und damit metallähnlich: Sauerstoff und Schwefel sind Nichtmetalle, Selen und Tellur Halbmetalle, Polonium ist ein Metall.

Wie zu erwarten, wird vom Schwefel zum Polonium die Oxidationszahl +4 zunehmend stabil zuungunsten der von +6.

24.1.2 Vorkommen

Häufigkeitsfolge	O (1.)	S (16.)	Se (57.)	Te (75.)	Po (87.)
Atome/10^6 Si-At.	3 367 937	1 630	1,1	$8{,}5 \cdot 10^{-3}$	$1{,}1 \cdot 10^{-10}$

Sauerstoff ist das in der Erdhülle (Erdkruste, Hydrosphäre, Atmosphäre) häufigste Element und mit 55 mol-% stärker an deren Aufbau beteiligt als alle anderen Elemente zusammen. An der Atmosphäre, bis 60 km Höhe, ist Sauerstoff zu 23,1 %, an der Hydrosphäre zu 85,8 % und an der Erdkruste, bis 16 km unterhalb des Meeresspiegels, zu 47,4 % beteiligt.

Praktisch der gesamte, heute auf der Erde existierende freie Sauerstoff entstammt der Photosynthese, die vor etwa $3,6 \cdot 10^9$ Jahren entstand und dazu führte, daß vor $2 \cdot 10^9$ Jahren O_2 sich in der Erdatmosphäre anzureichern begann. Die Schlüsselsubstanzen für das Leben auf der Erde sind die Sauerstoffverbindungen Wasser und Kohlenstoffdioxid.

Erst die Photosynthese ermöglichte die Ausbreitung höheren Lebens auf der Erde. In diesem vielstufigen Prozeß synthetisieren grüne Pflanzen[1] aus den energiearmen Verbindungen Kohlenstoffdioxid und Wasser mit Hilfe der Sonnenenergie, des Chlorophylls sowie einer Reihe von Enzymen, an denen Mangan-, Calcium- und Chlorid-Ionen sowie Eisensulfid-Cluster beteiligt sind, energiereiche Kohlenhydrate, $(CH_2O)_n$, und setzen Sauerstoff frei[2]:

$$CO_2 + H_2O \underset{Atmung}{\overset{Photosynthese}{\rightleftharpoons}} n(CH_2O)_n + O_2 \quad \Delta H_{298} = +471 \, kJ/mol \tag{24.2}$$

Die Photosynthese ist auf unserem Planeten die chemische Reaktion mit dem größten Stoffumsatz: Sie verbraucht pro Jahr 10^{16} mol CO_2. Der atmosphärische Sauerstoffvorrat mit 10^{15} t ist so groß, daß er selbst bei Verbrennung aller heute vermuteten Vorkommen an Erdgas, Erdöl und Kohle sowie der gesamten Biosphäre nur um etwa ein Prozent vermindert würde! 1 m³ luftgesättigtes Wasser enthält bei 20 °C und 0,1013 MPa 9,17 g O_2. Damit enthalten die Weltmeere ca. 10^{13} t O_2 – ein beträchtliches Reservoir an molekularem Sauerstoff.

Der weitaus größte Teil des Sauerstoffs ist jedoch chemisch gebunden, überwiegend in Silicaten, darüber hinaus in Form von anderen Oxosalzen, Oxiden, Hydroxiden, Wasser und in Biomolekülen. In der Atmosphäre finden sich auch äußerst geringe Mengen Ozon, O_3.

Sauerstoff wurde erstmals von Scheele[3] und Priestley[4], unabhängig voneinander, durch thermische Zersetzung sauerstoffhaltiger Verbindungen, vor allem von Quecksilber(II)-oxid (s. 32.3.2), hergestellt.

Schwefel ist auf der Erde weit verbreitet. Wirtschaftlich wichtig sind die Vorkommen von kristallinem Schwefel (USA, Kanada, Polen), einem Produkt anaerob-bakterieller Redoxreaktionen zwischen Anhydrit und Kohlenwasserstoffen:

$$CaSO_4 + 1/n \, C_nH_{2n+2} \rightarrow (1-1/n) \, S + 1/n \, H_2S + CaCO_3 + H_2O \tag{24.3}$$

Wichtig sind die Schwefelverbindungen in Erdgasen, hierin vor allem der Schwefelwasserstoff, H_2S, sowie das Thiophen im Erdöl. Auch Kohlen enthalten Schwefel, insbesondere in Form des Pyrits, FeS_2. Der in Lagerstätten auftretende Pyrit oder Eisenkies ist nach wie vor das technisch wichtigste Sulfid. Bedeutung haben ferner Zinkblende, ZnS, Bleiglanz, PbS, und Arsenkies, $FeAsS$. Weitverbreitet sind die Lagerstätten von Gips,

---

[1] Auch verschiedene Bakterienarten, sogen. phototrophe, sind zur Photosynthese fähig.
[2] Man vergegenwärtige sich: Diese unter heutigen technischen Bedingungen undurchführbare Reaktion läuft geräuschlos bei Umgebungstemperaturen und Normaldruck ab!
[3] Carl Wilhelm Scheele (1742-1786), schwedischer Chemiker.
[4] Joseph Priestley (1733-1804), englischer Chemiker.

$CaSO_4 \cdot 2\,H_2O$, und Anhydrit, $CaSO_4$. Vulkangase enthalten Schwefelwasserstoff und Schwefeldioxid sowie, als Reaktionsprodukt aus beiden Verbindungen, auch Elementarschwefel. Das größte Schwefelreservoir sind die in den Weltmeeren gelösten Sulfate von Magnesium, Calcium und Kalium: $1\,km^3$ Ozeanwasser enthält durchschnittlich 10^6 t Schwefel.

Selen und Tellur sind demgegenüber selten. Beide treten zuweilen zusammen mit Schwefel elementar auf, wie auch in fester Lösung von Seleniden und Telluriden in Sulfiden.

Polonium findet sich in Uranerzen in Spuren von etwa 0,1 mg Po pro t Erz.

24.2 Sauerstoff

24.2.1 Das Element

Sauerstoff, Disauerstoff, O_2, ist unter normalen Bedingungen ein farb-, geruch- und geschmackloses Gas mit einer etwas höheren Dichte als Luft: Setzt man $\rho_{Luft} = 1$, so ist die relative Dichte $\rho_{O2} = 1{,}1053$. Sauerstoff löst sich in Wasser etwas mehr als Stickstoff, so daß in Wasser gelöste Luft sauerstoffreicher ist als normale Luft: 34 Vol.-% gegenüber 21 Vol.-% O_2.

> Wird durch Temperaturerhöhung oder Eutrophierung der natürliche Sauerstoffgehalt von Gewässern stark vermindert, kann das dazu führen, daß alles höhere Leben darin abstirbt und aerobe, d. h. sauerstoffbedürftige, durch anaerobe, also sauerstoffunabhängige Abbauprozesse, sogen. Gärungsprozesse, verdrängt werden. Diese setzen fast stets Methan, Schwefelwasserstoff und Ammoniak frei – das Gewässer „kippt um".

Zur Spaltung des O_2-Moleküls mit einem Bindungsabstand von 120,7 pm ist relativ viel Energie aufzuwenden:

$$O_2 \rightarrow 2\,O \qquad\qquad \Delta H_{298} = +\,490{,}4\ kJ/mol \qquad\qquad (24.4)$$

Sauerstoff ist in allen drei Aggregatzuständen paramagnetisch und wird demgemäß in einem inhomogenen Magnetfeld in das Gebiet höherer Feldstärken gezogen. Das O_2-Molekül besitzt das magnetische Moment von zwei ungepaarten Elektronen, was mit der üblichen Valenzstrichformel nicht ausgedrückt werden kann. Dagegen läßt das MO-Energieniveau-Schema (s. 6.1.3) erkennen, daß im Grundzustand des O_2-Moleküls die beiden am schwächsten gebundenen Elektronen sich mit parallelen Spins in zwei antibindenden, entarteten π^*2p-Orbitalen aufhalten. Durch Absorption von Photonen oder der Energie bestimmter chemischer Reaktionen kann auch eine angeregte, besonders reaktionsfähige Form des O_2-Moleküls, der sogen. *Singulett-Sauerstoff*, entstehen.

Sauerstoff im Grundzustand ist bei gewöhnlicher Temperatur infolge der Festigkeit der O=O-Doppelbindung reaktionsträge und wird unter diesen Umständen nur von besonders reaktiven Substanzen, wie den Alkalimetallen oder weißem Phosphor, mehr oder weniger schnell chemisch gebunden.

Unter Mitwirkung von Sonnenlicht und Feuchtigkeit aber werden fast alle oxidablen Substanzen in langsam verlaufender Reaktion, der sogen. *Autoxidation*, durch den Sauerstoff der Luft angegriffen. Eine große volkswirtschaftliche Belastung ist die Autoxidation des Eisens (s. 28.2), das sog. *Rosten*.

Bei höheren Temperaturen reagiert Sauerstoff meist heftig und stark exotherm mit fast allen Elementen, außer mit Edelgasen, Gold und Platin, sowie mit nahezu allen organischen Substanzen.

Technisch wird Sauerstoff durch Rektifikation von flüssiger Luft hergestellt. Die produzierten Mengen sind in den vergangenen Jahrzehnten immens angestiegen und erreichen heute 10^8 t pro Jahr, hauptsächlich darum, weil in der Metallurgie, vor allem im Hochofen- und Bessemer-Prozeß, Luft als Oxidationmittel weitgehend durch Sauerstoff ersetzt wurde. Sauerstoff wird weiterhin zur Gewinnung von Synthesegas, zur Oxidation von Titantetrachlorid zu Titandioxid (s. 28.2), zum autogenen Schweißen und Schneiden und, in flüssiger Form, als Oxidator in Raketentriebwerken verwendet.

Die für das höhere Leben wichtigste Reaktion des Sauerstoffs ist die mit Hämoglobin (s. 28.2).

Die Moleküle von Disauerstoff, O_2, und Ozon, O_3, werden durch elektrische Entladungen oder Photolyse in Atome aufgespalten. Atomarer Sauerstoff oxidiert äußerst energisch, z. B. Stickstoffmonoxid zu Stickstoffdioxid, Disauerstoff zu Ozon und Schwefelwasserstoff zu Schwefelsäure. Viele derartige Reaktionen verlaufen heftig und manchmal unter Leuchterscheinungen (*Chemilumineszenz*).

Sauerstoffatome aus der Photolyse des Ozons in der oberen Atmosphäre reagieren dort mit Wassermolekülen zu Hydroxid-Radikalen: $\cdot O + H_2O \rightarrow 2 \cdot OH$. OH-Radikale[5] sind die reaktionsfähigsten Teilchen im Selbstreinigungsprozeß der Atmosphäre. Sie oxidieren Verunreinigungen, wie Schwefeldioxid, Stickstoffdioxid, Ammoniak, Methan, Kohlenstoffmonoxid u.a., zu wasserlöslichen Verbindungen, meist Säuren, die dann durch Regen ausgewaschen werden.

Ozon, Trisauerstoff, O_3, ist ein blaues, charakteristisch stechend riechendes, schleimhautreizendes, giftiges Gas.

Das Ozonmolekül ist V-förmig gebaut mit einem Winkel von 116°50'. Der O–O-Abstand auf den freien Schenkeln beträgt 127,8 pm und liegt damit zwischen dem der O–O-Einfach- und dem der O=O-Doppelbindung (148 bzw. 121 pm), was einen partiellen Doppelbindungscharakter der beiden O–O-Bindungen im Ozonmolekül erkennen läßt. Das O_3-Molekül ist isoster mit dem Nitrosylchlorid-Molekül, ONCl, und dem Nitrit-Ion, $[ONO]^-$.

Stets, wenn Sauerstoffatome auf Sauerstoffmoleküle treffen, entsteht Ozon. Demnach bildet es sich bei der Spaltung von O_2-Molekülen durch UV-Strahlen, z. B. in Kopiergeräten, oder durch stille elektrische Entladungen (übliche Herstellungsmethode), anodisch bei der Elektrolyse von Schwefelsäure wie auch bei der Umsetzung von Fluor (s. 25.2) mit Wasser.

Bezüglich Disauerstoff ist Ozon thermodynamisch instabil:

$$O_3 \rightarrow 3/2\ O_2 \qquad\qquad \Delta H_{298} = -142,6\ \text{kJ/mol} \qquad\qquad (24.5)$$

---

[5] Nicht zu verwechseln mit Hydroxid-Ionen, OH⁻ ! Das ·OH-Radikal ist elektrisch neutral und hat ein einsames Elektron.

Da sich beim Ozonzerfall das Volumen erhöht, ist $\Delta S > 0$. Nach der Gleichung $\Delta G = \Delta H - T\cdot\Delta S$ ergibt sich $\Delta G < 0$, so daß die Reaktion gemäß der Thermodynamik bei allen Temperaturen spontan nach rechts verlaufen müßte. Tatsächlich aber ist sie bis etwa 250 °C gehemmt, Ozon ist also metastabil. Die Hemmung kann durch Katalysatoren, wie Mangandioxid, Bleidioxid, oder auch durch UV-Strahlen aufgehoben werden. Wie alle stark endothermen Verbindungen, kann auch Ozon spontan explodieren, weil nach begonnener Reaktion die dabei freiwerdende Reaktionswärme die Substanz zunehmend aufheizt und dadurch die Zerfallsgeschwindigkeit weiter erhöht.

Ozon ist eines der stärksten Oxidationsmittel, besonders in saurer Lösung:

$$O_3 + 2\,H_3O^+ + 2\,e^- \rightarrow O_2 + 3\,H_2O \qquad\qquad E^0 = +2,07\ V \qquad\qquad (24.6)$$

Es wirkt aggressiv, zumeist zerstörend, auf alle organischen Substanzen, ist demgemäß bakterizid und wird darum u.a. für die Entkeimung von Trinkwasser eingesetzt. Ozon oxidiert schon bei normalen Temperaturen auch viele anorganische Substanzen, selbst solche, die unter diesen Umständen mit O_2 nicht reagieren, z. B. Bleisulfid, PbS, zu Bleisulfat, $PbSO_4$, und Silber zu Silber(I)-oxid, Ag_2O. Die Oxidation von Iodid wird zur iodometrischen Bestimmung von Ozon herangezogen:

$$O_3 + 2\,I^- + H_2O \rightarrow O_2 + I_2 + 2\,OH^- \qquad\qquad\qquad\qquad (24.7)$$

Die Erdkugel wird von der sog. *Ozonschicht*, umhüllt, die in der Stratosphäre bei ca. 30 km Höhe ihre maximale O_3-Konzentration erreicht. Diese Schicht schützt irdisches Leben, weil Ozonmoleküle die UV-Strahlung im Wellenlängenbereich 200-310 nm, also die harte UV-B-Komponente, absorbieren. Der Abbau der Ozonschicht, hauptsächlich bewirkt durch NO aus Verkehrsabgasen und Cl-Atome aus FCKW und Chlorkohlenwasserstoffen, läßt die UV-Intensität auf der Erde ansteigen, was zu Hautkrebs, Augenerkrankungen und zu Schäden an Bakterien und Pflanzen führen kann. In Bodennähe andererseits entwickeln sich zeitweilig zu hohe Ozon-Konzentrationen, wenn Sonnenstrahlung auf Autoabgase trifft. Hierdurch wird ein Komplex photochemischer Reaktionen zwischen O_2 und den Abgaskomponenten (Kohlenwasserstoffen, CO und NO_x) gestartet, was zu einer Fülle meist oxidierender Verbindungen führt – dem sog. *photochemischen* oder *Los-Angeles-Smog* (im Unterschied zum reduzierenden *London-Smog* (s. 24.3.2)). Er reizt Schleimhäute und Atemwege, hemmt die Photosynthese, oxidiert Textilien und organisch-technische Produkte, wie Gummi[6], Kunststoffe und Lacke. Ozon ist außerdem ein Treibhausgas. Die Konzentration des bodennahen Ozons hat mit der Industrialisierung stetig zugenommen: 1880: 10 ppb; 1978: 39 ppb; 1990: 50 ppb[7]!

24.2.2 Die Verbindungen

Oxide. In diesen wichtigsten anorganischen Sauerstoffverbindungen ist Sauerstoff stets der negativere Partner und, je nach der Elektronegativität des anderen Elements, mehr oder weniger polar gebunden.

---

[6] Der Ozongürtel verhindert, daß Freiballone mit Gummihaut höher als 20 km aufsteigen.

[7] ppb = 10^{-9} (1 Volumen pro 10^9 Volumen); für O_3 (20 °C, 0,1013 MPa) gilt: 1 ppb = 2,00 $\mu g/m^3$.

Viele Metalloxide, wie Calciumoxid, reagieren mit Wasser zu Basen, $M(OH)_n$, und sind darum Basenanhydride. Nichtmetalloxide, wie Schwefeltrioxid, bilden mit Wasser Oxosäuren, $O_mX(OH)_n$, und sind dementsprechend Säureanhydride (s. Wasser). Basen bilden mit Oxosäuren Oxosalze, eine der größten Gruppen sauerstoffhaltiger Verbindungen.

Peroxide. Diese Verbindungen enthalten das Peroxid-Ion, $[O–O]^{2-}$, wie z. B. im Bariumperoxid, BaO_2, oder die kovalent gebundene Peroxogruppe, $–O–O–$, wie im Wasserstoffperoxid, das als Muttersubstanz aller Peroxide und Peroxoverbindungen angesehen werden kann.[8]

Wasserstoffperoxid (veraltet: Wasserstoffsuperoxid, H_2O_2) ist im reinen Zustand eine farblose, wasserähnliche und mit Wasser unbegrenzt mischbare Flüssigkeit. Wasserstoffperoxid ist eine sehr schwache Säure, und die Metallperoxide sind als deren Salze aufzufassen. Es entsteht stets dann, wenn aktivierter Wasserstoff, z. B. gelöst in Palladium, naszierend oder katodisch entwickelt, auf O_2-Moleküle trifft.

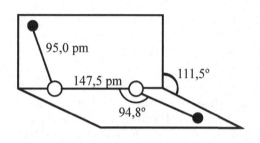

Bild 24-1 Struktur des H_2O_2-Moleküls

Die Struktur des H_2O_2-Moleküls ähnelt der des Hydrazins (s. 23.2.2): Die freie Drehbarkeit um die O–O-Achse ist aufgehoben, und die Abstoßung zwischen den bindenden und den nichtbindenden Elektronenpaaren erzwingt die sogen. *gauche*-Konformation[9] (s. Abb. 24-1).

Wasserstoffperoxid wird heute fast nur noch nach dem *Anthrachinonverfahren* hergestellt. Hierbei wird 2-Alkyl-anthrachinon katalytisch zu 2-Alkyl-anthrahydrochinon hydriert. Dieses ergibt bei Oxidation mit Luft Wasserstoffperoxid und die Ausgangsverbindung, die erneut hydriert wird, so daß die Chinone lediglich als H-Überträger in der Reaktion zwischen H_2 und O_2 fungieren:

$$+H_2 \text{ (Pt)}$$
$$+O_2, -H_2O_2$$

Wasserstoffperoxid hat eine relativ stark negative freie Bildungsenthalpie:

$$H_2 \text{ (g)} + O_2 \text{ (g)} \rightarrow H_2O_2 \text{ (l)} \qquad \Delta G_{298} = -120{,}6 \text{ kJ/mol} \qquad (24.8)$$

und man könnte auf Grund dessen erwarten, daß die Verbindung stabil und reaktionsträge sei. Tatsächlich aber kann Wasserstoffperoxid durch Einwirkung selbst sehr kleiner Mengen katalytisch wirkender Substanzen, wie Staubkörnchen, Schwermetalloxide, aber auch OH^--Ionen, explosionsartig zerfallen. Wasserstoffperoxid ist nämlich zwar *stabil* bezüglich

---

[8] *Dioxide*, z. B. SiO_2, sind keine *Peroxide*, da sie nicht Peroxid-, sondern Oxid-Ionen enthalten!

[9] Der Winkel zwischen den Ebenen, oben 111,5°, ist der *Diederwinkel*.

des Zerfalls in die Elemente, aber nur *metastabil* in Bezug auf seine Disproportionierungsprodukte:

$$H_2O_2 \text{ (l)} \rightarrow H_2O \text{ (l)} + \tfrac{1}{2} O_2 \text{ (g)} \qquad \Delta G_{298} = -116{,}8 \text{ kJ/mol} \qquad (24.9)$$

Infolge kinetischer Hemmung zerfällt Wasserstoffperoxid aber nur sehr langsam und kann unter gewissen Vorsichtsmaßnahmen normal gehandhabt werden. Also:

> Selbst eine stark negative freie Bildungsenthalpie bedeutet nicht unbedingt, daß die Verbindung beständig ist, nämlich dann nicht, wenn diese unter Energiegewinn in stabile „Nachbarn" übergehen kann. Das ist stets dann möglich, wenn die Verbindung eines Elements in einer mittleren Oxidationszahl in eine Verbindung höherer und in eine niedrigerer Oxidationszahl zerfallen, also disproportionieren kann.

Wasserstoffperoxid ist in wäßriger Lösung ein vielgebrauchtes Reagens, das in sauren Lösungen stark oxidierend (Gl. 24.10), in alkalischen Lösungen schwächer oxidierend (Gl. 24.11) und sogar reduzierend (Gl. 24.12) reagiert:

$$\text{Oxidation pH} < 7: H_2O_2 + 2\,H_3O^+ + 2\,e^- \rightarrow 4\,H_2O \qquad E^0 = +1{,}77 \text{ V} \qquad (24.10)$$

$$\text{Oxidation pH} > 7: HO_2^- + H_2O + 2\,e^- \quad \rightarrow 3\,OH^- \qquad E^0 = +0{,}87 \text{ V} \qquad (24.11)$$

$$\text{Reduktion pH} > 7: O_2 + 2\,H_3O^+ + 2\,e^- \quad \rightarrow H_2O_2 + 2\,H_2O \qquad E^0 = -0{,}68 \text{ V} \qquad (24.12)$$

Färbende Verunreinigungen werden durch Wasserstoffperoxid oxidativ zerstört, so daß es zum Bleichen eingesetzt wird, hauptsächlich in der Papier- und Textilindustrie, in Haarbleichmitteln, sowie in Waschmitteln, hier als Natriumperborat, $Na_2[(HO)_2B(O_2)_2B(OH)_2]\cdot 3\,H_2O$, und als Natriumcarbonat-peroxidhydrat, $Na_2CO_3\cdot 1{,}5\,H_2O_2$. Die chemische Industrie benötigt Wasserstoffperoxid auch zur Synthese organischer Peroxoverbindungen. Hochkonzentriertes Wasserstoffperoxid dient als Oxidator in Flüssigkeitsraketen.

Hyperoxide, MO_2, werden besonders leicht von den Alkalimetallen gebildet und enthalten als anionischen Gitterbaustein das Hyperoxid-Ion, O_2^-, dessen einsames, delokalisiertes Elektron den Paramagnetismus der Substanzen bedingt.

Dioxygenylsalze sind charakterisiert durch das Dioxygenyl-Kation, O_2^+, z. B. in $O_2[MF_6]$, worin M für Pt, P, As, und Sb steht. Die Oxidation des O_2-Moleküls zum O_2^+-Ion gelingt nur mit den stärksten Oxidationsmitteln, wie Fluor.

Ozonide, MO_3, sind salzartige, tiefgefärbte Alkali- oder Erdalkalimetall-Verbindungen, die Ozonid-Ionen, O_3^-, enthalten. Das O_3^--Ion entsteht, indem an ein Ozon-Molekül ein Elektron angelagert wird. Dieses Elektron ist über das ganze O_3^--Ion delokalisiert und verursacht dessen Paramagnetismus.

Das Sauerstoffatom kann demnach in mehreren Oxidationszahlen auftreten. Die in Tab. 24.1 angeführten Ionen werden durch Wasser zu unterschiedlichen Produkten protoniert. Beispiele:

$$O_2^{2-} + 2\,H_2O \rightarrow H_2O_2 + 2\,OH^- \qquad (24.13)$$

$$2\,O_3^- + 2\,H_2O \rightarrow H_2O_2 + 2\,OH^- + 2\,O_2 \qquad (24.14)$$

Wasser ist eine der stabilsten Verbindungen:

$$H_2(g) + \tfrac{1}{2} O_2(g) \rightarrow H_2O(g) \tag{24.15}$$
$$\Delta H_{298} = -242 \text{ kJ/mol}$$
$$\Delta G_{298} = -229 \text{ kJ/mol}$$

Tab. 24.1 Eigenschaften von Sauerstoff-Spezies

Verbindung	Formel	Oxidationszahl
Dioxygenyl-Ion	O_2^+	+ 1/2
Disauerstoff	O_2	0
Hyperoxid-Ion	O_2^-	– 1/2
Peroxid-Ion	O_2^{2-}	– 1
Oxid-Ion	O^{2-}	– 2
Ozon	O_3	0
Ozonid-Ion	O_3^-	– 1/3

Dementsprechend läßt sich Wasser erst oberhalb 2000 °C thermisch zersetzen. Leicht dagegen gelingt es, die Verbindung mittels *Elektrolyse* in die Elemente zu zerlegen, was an einigen Orten zur technischen Gewinnung von Wasserstoff (s. 18.2) durchgeführt wird.

Im Wassermolekül beträgt die O–H-Bindungslänge 95,7 pm, der H–O–H-Winkel 104,5°. Damit umgeben die beiden H-Atome und die zwei freien Elektronenpaare das O-Atom nahezu tetraedrisch (Tetraederwinkel 109,47°), was zwei Donor- und zwei Acceptorzentren ergibt. Diese ermöglichen vier dementsprechend angeordnete H-Brückenbindungen. Die gemäß den Elektronegativitäten, $x_O = 3,5$; $x_H = 2,2$, stark polaren O–H-Bindungen bedingen ein hohes Dipolmoment des Moleküls mit dem negativen Pol am O-Atom. Die relativ festen Wasserstoffbrückenbindungen prägen die Struktur von Wasser und Eis und beeinflussen fast alle anderen Eigenschaften des Wassers.

Eis kristallisiert in der Struktur des Tridymits, einer SiO_2-Modifikation. Dementsprechend ähneln sich die Baugruppen $SiO_{4/2}$- und $OH_{4/2}$ beider Stoffe.

Diese Tridymit-Struktur des Eises enthält viel Leervolumen, so daß beim Schmelzen, wobei die H-Brücken teilweise brechen, die Wassermoleküle umorientiert und dichter gepackt werden. Die Dichte des flüssigen Wassers am Gefrierpunkt, $\rho = 0,99987$ g/cm³, ist also größer als die des Eises, $\rho = 0,9168$ g/cm³, so daß Eis auf Wasser schwimmt! Bei weiterer Erwärmung steigt die Wasserdichte zunächst weiter, bis sie schließlich bei 3,98 °C ihr Maximum mit $\rho = 0,999\,973$ g/cm³ erreicht.

Diese *Anomalie des Wassers* ermöglicht das Überleben von Wasserlebewesen im Winter: Bei Frost kühlen sich die oberen Wasserschichten stetig ab, werden dadurch, wie auch bei allen anderen „normalen" Flüssigkeiten, schwerer und sinken auf den Grund, wärmere Schichten steigen auf. Sinkt die Temperatur der oberen Schicht unter 4 °C, verbleibt diese bei weiterer Abkühlung nun aber an der Oberfläche und gefriert schließlich bei 0 °C zu Eis, das als schlechter Wärmeleiter das darunter befindliche Wasser thermisch isoliert.

Diese Anomalie läßt beim Gefrieren das spezifische Volumen des Eises gegenüber dem des

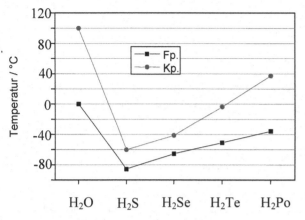

flüssigen Wasser um 9 % zunehmen. Dadurch kann in Hohlräumen eingeschlossenes Wasser Gestein sprengen, ein wesentlicher Schritt der physiko-chemischen Verwitterung, in deren Verlauf schließlich die Bodenkrume entsteht.

Bild 24-2 Fp. und Kp. der Chalkogenwasserstoffe

Weil Wassermoleküle durch die H-Brückenbindung besonders fest aneinander gebunden sind, liegen die Schmelz- und Siedetemperaturen des Wassers viel höher, als die Extrapolation aus den entsprechenden Werten der höheren Chalkogen-wasserstoffe (Abb. 24-2) erwarten ließe.

Das hohe Dipolmoment des Wassermoleküls, die Festigkeit seiner Wasserstoffbrückenbindungen, die große Dielektrizitätskonstante ($\varepsilon = 80$), die hohe Siedetemperatur sowie der weite Temperaturbereich der flüssigen Phase – diese Eigenschaftskombination ermöglicht, daß sich in Wasser mehr Stoffe lösen können als in irgend einer anderen Flüssigkeit.

Ionische Substanzen lösen sich in Wasser, indem die Ionen *hydratisiert* werden, d. h. sie werden durch Wassermoleküle umhüllt, wobei den Kationen die negativeren O-Atome und den Anionen die positiveren H-Atome zugewandt sind (Ionen-Dipol-Beziehungen). Bei der Hydratation wird die *Hydratationsenergie* frei. Sie ist proportional dem Ionenpotential $\varphi = n \cdot e/r$ (n Ladungszahl, r Radius des nichthydratisierten Ions, e Elementarladung). Da Kationen in der Regel viel kleiner als Anionen sind, kommt der Hauptanteil der Hydratationsenergie einer Verbindung von den Kationen. Besonders energisch werden hochgeladene und kleine Kationen hydratisiert, wie das Proton (s. 18.1.1). In vielen dieser Hydrate ist die Wasserhülle so fest gebunden, daß diese auch bei der Kristallisation festgehalten wird, das Salz also als Hydrat ausfällt. Beispiele dafür sind $[Ca(OH_2)_6]Cl_2$ und $[Al(OH_2)_6]Cl_3$.

Wasser fördert den Löseprozeß, weil gemäß dem *Coulomb*schen Gesetz[10] (Gl. 24.16) die im Kristall herrschende elektrostatische Anziehungskraft zwischen Kationen und Anionen nach Eindringen des Wassers herabgesetzt wird, und zwar durch dessen Dielektrizitätskonstante $\varepsilon = 80$ auf 1/80 des Vakuumwertes:

$$K = \frac{1}{4\pi\varepsilon_0\varepsilon} \cdot \frac{e^+ \cdot e^-}{r^2}$$

$$(24.16)^{[11]}$$

---

[10] Charles Augustin de Coulomb, 1736-1806, französischer Physiker.
[11] ε_0 ist die Influenzkonstante: $8{,}854 \cdot 10^{-12}$ A·s·V^{-1}·m^{-1}.

Eine Ionensubstanz löst sich dann leicht in Wasser, wenn die Hydratationsenergie deutlich größer ist als die Gitterenergie, wie z. B. bei Calciumchlorid. Verhalten sich die Energien umgekehrt, ist das Salz schwerlöslich, wie Bariumsulfat. Bei manchen Salzen ist der Energieunterschied zwischen Gitter und Lösung nur gering. Dann liegt die treibende Kraft für den Löseprozeß in dem Entropiezuwachs, der eintritt, wenn die Ionen aus dem hochgeordneten Gitter in der Lösung frei beweglich werden. Wie jede chemische Reaktion läuft also auch der Löseprozeß nur dann spontan ab, wenn dessen freie Enthalpie ΔG negativ wird (s. 10.2).

Bei kleinen, stark positivierten Atomen, wie z. B. dem Siliciumatom im Siliciumtetrachlorid, bleibt es nicht bei der Hydratation, sondern es schließt sich eine durchgreifende chemische Reaktion an. So läßt sich z. B. die Hydrolyse von Siliciumtetrachlorid wie folgt beschreiben:

$$SiCl_4 + 4H_2O \xrightarrow{-4Cl^-} [Si(OH_2)_4]^{4+} \xrightarrow{4H_2O} Si(OH)_4 + 4H_3O^+ \tag{24.17}$$

Die hypothetische Kationsäure $[Si(OH_2)_4]^{4+}$ protolysiert, weil das stark polarisierende Si(IV)-Kation vom O-Atom Elektronendichte abzieht, wodurch eine O–H-Bindung entscheidend geschwächt wird und ein Proton freigibt. Dadurch wird die Lösung stark sauer (Gl. 24.17). Analog hydrolysieren die Halogenide anderer kleiner Atome, wie z. B. BCl_3, NBr_3, PCl_5 und SCl_4.

> Eine Reaktion, in der ein kovalent gebundene Partner X, im obigen Beispiel Cl, durch die OH-Gruppe des Wassermoleküls ersetzt wird, bezeichnet man als *Hydrolyse*. Deren Triebkraft liegt hauptsächlich in der großen Affinität der entsprechenden Elemente zum Sauerstoff der OH-Gruppe.

Auch die Reaktionen von Wasser mit Oxiden lassen sich hypothetisch in eine Folge von Hydratisierung und Protolyse zerlegen. Bei sauer reagierenden Nichtmetalloxiden, z. B. CO_2 und SO_3, wird das saure Zentralatom, eine Lewis-Säure, zunächst hydratisiert. Dann protolysiert das Hydrat:

$$CO_2 + H_2O \rightarrow \{O_2C–OH_2\} \xrightarrow{H_2O} O_2COH^- + H_3O^+ \tag{24.18}$$

$$SO_3 + H_2O \rightarrow \{O_3S–OH_2\} \xrightarrow{H_2O} O_3SOH^- + H_3O^+ \tag{24.19}$$

Bei basisch reagierenden Metalloxiden, wie z. B. Calciumoxid, CaO, greift das Wassermolekül mit seiner Protonenseite am O^{2-}-Ion, einer Lewis-Base, an und protoniert dieses, wobei Hydroxid-Ionen entstehen. Analog reagiert Wasser mit anderen Anionen hoher Protonenaffinität, wie z. B. dem Peroxid-, Sulfid-, Nitrid- , Carbid-, Cyanid-, Carbonat- und Acetat-Ion. In all diesen Reaktionen wird die Lösung alkalisch.

Das Wassermolekül reagiert in einer Säure-Base-Reaktion, der sogen. *Autoprotolyse*, auch mit seinesgleichen, wobei die für wäßrige Systeme charakteristischen Oxonium- und Hydroxid-Ionen entstehen (s. pH-Wert 12.2.2):

$$H_2O + H_2O \rightleftharpoons H_3O^+ + OH^- \tag{24.20}$$

Für manche Prozesse in Technik und Laboratorium müssen aus den verwendeten Gasen, z. B. Luft, Stickstoff, Argon, Feuchtigkeitsspuren entfernt werden. Das kann physikalisch geschehen, z. B. durch Adsorption an Zeolithen oder durch Ausfrieren bei tiefen Temperaturen, oder auch chemisch durch Reaktion mit wasserbindenden Stoffen, z. B. Phosphor(V)-oxid, P_4O_{10}, oder Magnesiumperchlorat, $Mg(ClO_4)_2$. Ist das zu trocknende Gas reaktiv, darf dafür natürlich nicht ein Trockenmittel eingesetzt werden, das mit dem Gas reagiert, z. B. also nicht Phosphor(V)-oxid, um Ammoniak, und auch nicht Kaliumhydroxid, um Chlorwasserstoff zu trocknen. Natürliche Wässer müssen je nach Verwendungszweck mehr oder weniger gründlich aufbereitet werden. Die Aufbereitung von Trinkwasser aus Süßwasser hat zum Ziel, Mikroorganismen, Ammoniak, Eisen- und Mangansalze sowie organische Verbindungen zu entfernen. Dazu wird das Wasser zunächst mit Chlor oder Ozon versetzt, dann von festen Teilchen befreit, mit Aktivkohle behandelt und nochmals mit einer geringen Menge Chlor versetzt. Trinkwasser enthält bis zu 0,2 mg Chlor/l und, darüber hinaus, meist noch die Hydrogencarbonate, Sulfate und Chloride des Magnesiums und Calciums (s. 20.3)

Speisewasser für Hochdruckdampfkessel muß „absolut" rein sein (Verunreinigungen < 0,02 ppm), da Salzgehalte zu Verstopfungen, zur Verminderung des Wärmeübergangs und sogar zu Kesselexplosionen führen können. Dieser außerordentlich hohe Reinheitsanspruch, übertroffen nur noch von dem für Halbleitersilicium, betrifft ein Produkt, von dem täglich einige Millionen Tonnen bereitgestellt werden! Als Reinigungsmethoden hierfür werden der Ionenaustausch und die Umkehrosmose[12] angewendet.

24.3 Schwefel

24.3.1 Das Element

Schwefel tritt in der Natur fast ausschließlich als stabiler, rhombischer α-Schwefel auf, in den alle anderen Modifikationen mehr oder weniger schnell übergehen. α-Schwefel besteht aus Molekülen, regelmäßigen, gewellten S_8-Ringen (S–S-Abstand 206,0 pm, Winkel ∠S–S–S 108,0°).

Bei 95,3 °C geht α-Schwefel in den monoklinen β-Schwefel über (θ_F = 119,6 °C), der ebenfalls aus S_8-Ringen besteht, die aber etwas anders gepackt sind. Die α/β-Umwandlung verläuft relativ langsam, so daß α-Schwefel durch schnelles Erhitzen geschmolzen werden kann (θ_F = 112,8 °C). Weitere Modifikationen wurden synthetisiert, Ringmoleküle mit 6 bis 20 Schwefelatomen, sowie schraubenförmige Kettenmoleküle. Damit ist Schwefel das Element mit der größten Anzahl allotroper Modifikationen.

Die Schwefelschmelze ist kurz oberhalb der Schmelztemperatur zunächst hellgelb und dünnflüssig. Wird sie weiter erwärmt, ändern sich bei etwa 160 °C abrupt viele ihrer physikalischen Eigenschaften. Von da ab wird die Schmelze zunehmend dunkelbraun und zähflüssig bis zu einem Viskositätsmaximum bei 200 °C, um danach bis zur Siedetemperatur (444,674 °C) wieder dünnflüssiger zu werden. Diese Veränderungen beruhen darauf, daß bei

---

[12] Hierbei wird aus einer Lösung mittels erhöhten Drucks durch eine Membran reines Lösungsmittel heraustransportiert.

steigender Temperatur der Schmelze zuerst S_8-Ringe aufbrechen und die entstandenen kurzen Bruchstücke dann zu immer längeren Ketten polymerisieren, die miteinander verknäult sind, was eine hohe innere Reibung bewirkt. Ab 200 °C werden die langen Ketten aus ca. $2 \cdot 10^5$ S-Atomen zu immer kürzeren Bruchstücken von etwa 1000 S-Atomen abgebaut. Der grün-violette Dampf über der siedenden Schmelze enthält überwiegend S_{10}-Moleküle, die bei weiterer Temperaturerhöhung bis zu den auffallend stabilen S_2-Molekülen und darüber hinaus zu den Atomen zerfallen.

Schwefel ist wasserunlöslich. α-Schwefel löst sich leicht in Schwefelkohlenstoff, CS_2, und in Dischwefeldichlorid, S_2Cl_2.

Schwefel ist verhältnismäßig reaktionsfähig und setzt sich bei erhöhter Temperatur mit den meisten Elementen direkt um. Bei Normaltemperatur an feuchter Luft unterliegt er langsamer Autoxidation, bei etwa 250 °C entzündet er sich und verbrennt stark exotherm zu Schwefeldioxid, SO_2. Energisch verlaufen die Umsetzungen mit Fluor und Chlor. Mit Wasserstoff reagiert Schwefel ab ca. 200 °C zu Schwefelwasserstoff, H_2S. Viele Metalle, vor allem Natrium (Na/S-Batterie!), Quecksilber, Silber und Kupfer, bilden mit Schwefel schon bei gewöhnlichen Temperaturen Sulfide.

Große Bedeutung hatte Schwefel als Bestandteil des historisch ersten Sprengstoffs, des *Schwarzpulvers*[13], das daneben noch Kaliumnitrat (Kalisalpeter), KNO_3, und Holzkohlepulver enthielt.

Natürlich vorkommender Schwefel wird durch überhitzten Wasserdampf unter Tage aufgeschmolzen und mittels Preßluft zu Tage gefördert (*Frasch*[14]-Verfahren). Die Umwandlung von Schwefelwasserstoff aus Erdgas, Raffinerie-, Synthese- und Koksofengasen in Schwefel erfolgt nach dem *Claus*[15]-Verfahren. Hierbei wird ein Teil des Schwefelwasserstoffs mit Luft zu Schwefeldioxid oxidiert und dieses dann an Cobalt/Molybdän-Trägerkatalysatoren mit weiterem Schwefelwasserstoff zu Schwefel umgesetzt:

$$2\,H_2S + SO_2 \rightarrow 3/8\,S_8 + 2\,H_2O \qquad \Delta H_{298} = -146{,}5\ \text{kJ/mol} \qquad (24.21)$$

Ein neueres Verfahren besteht in der thermokatalytischen H_2S-Spaltung in die Elemente. Interessant hieran ist die gleichzeitige Gewinnung von Wasserstoff.

Schwefel wird auch aus Pyrit, FeS_2, gewonnen. Dazu wird dieser unter Luftabschluß auf 1200 °C erhitzt, wobei er in Schwefel und Eisen(II)-sulfid, FeS, zerfällt. 90 % des Schwefels wird über Schwefeldioxid zu Schwefelsäure verarbeitet. Der restliche Teil geht in die Vulkanisation von Kautschuk, in die Herstellung von Kohlenstoffdisulfid, Phosphor(V)-sulfid, organischen Schwefelfarbstoffen u.a.m. Schwefel ist auch in Schwefelbeton sowie in schwefelhaltigem Straßenbelag enthalten, in dem Schwefel bis zu 50 % des Asphalts ersetzen kann.

---

[13] Bertholdt der Schwarze, Mönch in Freiburg (Breisgau), 2. Hälfte des 14. Jh.
[14] Hermann Frasch (1851-1914), US-amer. Chemiker und Technologe.
[15] Karl Karlowitsch Claus (1796-1864), russischer Chemiker.

24.3.2 Die Verbindungen

Wasserstoffverbindungen (Sulfane). Das einfachste Sulfan ist der Schwefelwasserstoff, Monosulfan, H_2S, ein farbloses, mäßig wasserlösliches, übelriechendes, brennbares Gas, das ebenso giftig ist wie Cyanwasserstoff! Schwefelwasserstoff ist in wäßriger Lösung eine noch etwas schwächere Säure als Kohlensäure. Er reagiert als zweiwertige Säure und bildet dementsprechend Hydrogensulfide und Sulfide. Die Alkalimetallsalze, z. B. Kaliumsulfid, K_2S, sind leicht wasserlöslich, die Lösungen infolge der Anionen-Protolyse stark alkalisch.

Im Unterschied zu Wasser liegen im flüssigen Schwefelwasserstoff keine Wasserstoffbrückenbindungen vor, was sich in dessen sehr niedriger Siedetemperatur widerspiegelt (Bild 24-2).

Schwefelwasserstoff entsteht bei dem anaeroben bakteriellen Eiweißabbau, z. B. in faulen Eiern und im Darm. Aus den Elementen bildet er sich in schwach exothermer Reaktion und zerfällt bereits ab 1000 °C wieder (vgl. mit Wasser 24.2.2):

$$H_2 \text{ (g)} + 1/8 \text{ } S_8 \underset{200\,°C}{\overset{1000\,°C}{\rightleftharpoons}} \text{(s)}H_2S \text{ (g)} \qquad \Delta H_{298} = -20,2 \text{ kJ/mol} \qquad (24.22)$$

Im Laboratorium wird Schwefelwasserstoff häufig durch Einwirkung von verdünnter Schwefelsäure auf Eisen(II)-sulfid, z. B. im Kippschen Apparat, entwickelt und dient im analytischen Trennungsgang dazu, schwerlösliche Sulfide auszufällen, z. B. As_2S_3 gelb, Sb_2S_3 orange, Bi_2S_3 schwarz, ZnS weiß, SnS braun. Das Schwefelwasserstoffmolekül hat, wie alle Moleküle mit S–H-Bindungen, stark reduzierende Wirkung. Dementsprechend wird es in wäßriger Lösung durch Sauerstoff oder Iod zu Schwefel oxidiert.

Alkalimetallsulfide reagieren mit Schwefel zu Polysulfiden, z. B. Dinatriumtetrasulfid, Na_2S_4, den Salzen der kettenförmigen Polysulfane, H–$(S)_n$–H, deren Vertreter mit n = 2-8 wohldefiniert sind. Ein mineralisch vorkommender Vertreter der Polysulfide ist das Disulfid Pyrit, FeS_2.

Oxide und Oxosäuren. *Schwefeldioxid*, SO_2, ist ein farbloses, stechend riechendes, giftiges Gas. Das Molekül ist wegen des freien Elektronenpaars am S-Atom gewinkelt. Der Winkel O–S–O beträgt 119°, der S–O-Abstand 143,1 pm.

Schwefeldioxid entsteht bei der Verbrennung von Schwefel:

$$S\text{(s)} + O_2\text{(g)} \rightarrow SO_2\text{(g)} \qquad \Delta H_{298} = -297,1 \text{ kJ/mol} \qquad (24.23)$$

Diese Umsetzung wird heute industriell zunehmend durchgeführt, da sie wirtschaftlicher und weniger umweltschädlich ist als die früher überwiegend praktizierte Oxidation von Sulfiden mit Luftsauerstoff, das sogen. *Abrösten*. In den letzten Jahren wird die Thermolyse von Abfallschwefelsäuren aus Petrochemie und Metallurgie für die SO_2-Gewinnung immer wichtiger.

Schwefeldioxid wird zu ca. 98 % für die Schwefelsäureproduktion eingesetzt. Darüber hinaus dient es zur Herstellung von Sulfiten, Thiosulfaten und Dithioniten, als Aufschlußmittel in der Zellstoffgewinnung sowie zur Konservierung in der Lebensmittelindustrie.

Schweflige Säure. Schwefeldioxid ist ein Säureanhydrid und löst sich in Wasser exotherm zu einer sauren Lösung, in der neben hydratisierten SO_2-Molekülen die Ionen H_3O^+, HSO_3^-,

SO_3^{2-} und $S_2O_5^{2-}$ vorliegen. Die freie Säure H_2SO_3 ist nicht bekannt. Das Hydrogensulfit-Ion tritt in wäßriger Lösung in zwei *tautomeren* Formen auf:

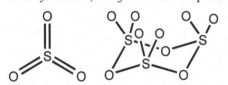

$$(24.24)$$

> Tautomere sind Konstitutionsisomere, die durch Umlagerung einer Atomgruppe oder eines Atoms, meist eines H-Atoms, zustande kommen und, in der Regel, im Gleichgewicht miteinander stehen.

Schwefeldioxid und dessen Folgeverbindungen sind ökologisch schädlich:

> Schwefeldioxid entsteht bei der Verbrennung von Kohle und Erdölprodukten. Die SO_2-Emissionen von Metallhütten, Kraftwerken, Raffinerien und Verbrennungsmotoren übersteigen auf der nördlichen Hemisphäre bereits seit Jahren die der Natur, und trotz lokaler Entschwefelungsmaßnahmen ist die Tendenz insgesamt weiter steigend. Schwefeldioxid und sein atmosphärisches Oxidationsprodukt Schwefelsäure sind gesundheitsschädlich: Der 14tägige London-Smog im Dezember 1952 forderte 4000 Tote! Schwefeldioxid stört die Photosynthese und ist dadurch phytotoxisch. Schweflige Säure und Schwefelsäure stellen den Hauptanteil der Acidität der sauren Niederschläge, die zur Gewässerversauerung und zu Waldschäden führen. Beide Säuren verursachen große volkswirtschaftliche Verluste durch Korrosion an Gebäuden und Metallteilen.

Schwefeltrioxid, SO_3. In der Gasphase ist das SO_3-Molekül trigonal-planar. Unterhalb 16,86 °C scheiden sich aus der Schmelze eisartige Kristalle ab, das γ-SO_3, das aus cyclischen S_3O_9-Molekülen aufgebaut ist. Schwefeltrioxid ist äußerst hygroskopisch! Es raucht an der Luft, weil es mit Feuchtigkeit Schwefelsäurenebel bildet. Mit flüssigem Wasser reagiert es explosiv zu Schwefelsäure. Aus organischen Substanzen, wie Zucker, Papier und Baumwolle, werden OH-Gruppen und H-Atome als Wasser abgespalten, so daß Kohlenstoff zurückbleibt. Schwefeltrioxid ist auch ein energisches Oxidationsmittel. Es oxidiert u. a. Phosphor zu Phosphor(V)-oxid, Phosphortrichlorid zu Phosphoroxidchlorid und Tetrachlormethan zu Carbonylchlorid.

Schwefelsäure, H_2SO_4, ist eine farblose, schwere, infolge Wasserstoffbrückenbindungen viskose Flüssigkeit, die schon bei 10,37 °C erstarrt. Schwefelsäure ist hygroskopisch und wird darum im Laboratorium als Trockenmittel in Exsiccatoren und für hindurchperlende Gase verwendet. Verdünnt man konzentrierte, das ist etwa 98 %ige, Schwefelsäure mit Wasser, wird dabei eine beträchtliche Wärmeenergie frei. Darum vergesse man niemals:

> Niemals darf das Wasser in die Säure gegossen werden, weil diese dabei stets verspritzt, was zu schweren Verletzungen führen kann! Man läßt vielmehr umgekehrt die Säure langsam in das Wasser laufen und kontrolliert dabei die Temperatur. Oder kürzer: „Erst das Wasser, dann die Säure, sonst geschieht das Ungeheure!"

Schwefelsäure kann bis zu 70 % Schwefeltrioxid aufnehmen. Diese Lösung wird *rauchende Schwefelsäure* oder *Oleum* genannt. Konzentrierte und erst recht wasserfreie Schwefelsäure oxidieren stark und greifen dadurch auch relativ edle Metalle, wie Kupfer und Quecksilber, an. Dagegen ist die verdünnte Säure kein Oxidationsmittel, weil darin nicht mehr die allein oxidativ wirksamen H_2SO_4-Moleküle, sondern neben den Oxonium- die stabilen Sulfat-Ionen vorliegen.

Das ist eine allgemeine Erscheinung: Oxo-Anionen sind wesentlich stabiler, d. h. aber auch weniger reaktiv, als die entsprechenden freien Säuren. Demzufolge ist eine große Anzahl wohldefinierter Salze bekannt, deren freie Säuren aber noch nicht gefaßt werden konnten. Erklärung: Die Moleküle fast aller Oxosäuren sind infolge der stark polarisierenden Wirkung der Protonen mehr oder weniger verzerrt, wodurch das Zentralatom als reaktives Zentrum für Reaktionspartner zugänglich ist. Außerdem sind alle Elektronen weitgehend lokalisiert - ein Zustand hoher potentieller Energie. Die entsprechenden Anionen dagegen sind hochsymmetrisch gebaut und werden im Kristall durch die Kationen und in Lösung durch die Hydrathülle weitgehend abgeschirmt, ihre Elektronen sind über das gesamte Anion delokalisiert – ein energiearmer, reaktionsträger Zustand.

Schwefelsäure ist eine starke, zweiwertige Säure, die folglich zwei Reihen von Salzen bildet: Sulfate, M_2SO_4, und Hydrogensulfate, $MHSO_4$. Die Sulfate der Alkalimetalle sind leichtlöslich, ebenso die der meisten Schwermetalle. Schwerlöslich sind die Sulfate von Calcium, Strontium, Barium und Blei.

Schwefelsäure ist die wichtigste Industriechemikalie und das in der größten Tonnage hergestellte Produkt der chemischen Industrie[16]. Sie wird heute fast ausschließlich nach dem *Kontakt*-Verfahren hergestellt. Dabei wird Schwefeldioxid bei etwa 430 °C mit Sauerstoff an Vanadiumpentaoxid-Katalysatoren zu Schwefeltrioxid oxidiert:

$$SO_2 + \tfrac{1}{2} O_2 \rightarrow SO_3 \qquad\qquad \Delta H_{298} = -99 \text{ kJ/mol} \qquad\qquad (24.25)$$

Das Schwefeltrioxid wird in 99 %iger Schwefelsäure absorbiert und diese Lösung mit schwächerer Säure auf die benötigte Konzentration verdünnt. Das Bleikammer- und das Turmverfahren, in denen Schwefeldioxid mit Stickstoffoxiden als Sauerstoffüberträger oxidiert wurde, haben kaum mehr technische Bedeutung.

Der größte Teil der Schwefelsäure wird weltweit von der Düngemittelindustrie zur Produktion von Phosphor- und Stickstoffdüngern aufgenommen. Weitere Anteile gehen in die Petrochemie, Chemieindustrie und Metallurgie.

Thioschwefelsäure, $H_2S_2O_3$. Ersetzt man formal in einer Verbindung ein Oxid-Ion durch ein Sulfid-Ion, so gelangt man zu der entsprechenden Thioverbindung, ausgehend von der Schwefelsäure also zur Thioschwefelsäure. Diese ist nur bei sehr tiefen Temperaturen beständig. Ihr Natriumsalz $Na_2S_2O_3$ dagegen ist stabil und entsteht, wenn man eine wäßrige Lösung von Natriumsulfit mit Schwefel kocht. Wird eine wäßrige Natriumthiosulfat-Lösung angesäuert, zerfällt die primär freigesetzte Thioschwefelsäure sofort unter Abscheidung von Schwefel.

---

[16] Molar gerechnet, steht aber Ammoniak an erster Stelle.

Natrium- und Ammoniumthiosulfat werden in der Photographie als Bestandteile des sogen. *Fixierbades* verwendet (s. 31.3.2).

Das Thiosulfat-Ion reduziert in wäßriger Lösung Iod zum Iodid und wird dabei selbst zum Tetrathionat-Ion, dem Anion der Tetrathionsäure, $H_2S_4O_6$, oxidiert:

$$2 S_2O_3^{2-} + I_2 \rightarrow S_4O_6^{2-} + 2 I^- \tag{24.26}$$

Gl. 24.26 ist die Grundgleichung der Iodometrie, in der eine Natriumthiosulfatlösung genau bekannten Gehalts, die sogen. *Maßlösung*, zur Bestimmung von Iod dient. Chlor ist ein wesentlich stärkeres Oxidationsmittel als Iod und oxidiert darum das Thiosulfat zum Sulfat (Gl. 24.27). Mit Hilfe dieser Umsetzung werden Reste des zum Bleichen verwendeten Chlors aus den Textilien entfernt.

$$S_2O_3^{2-} + 4 Cl + 15 H_2O \rightarrow 2 SO_4^{2-} + 8 Cl^- + 10 H_3O^+ \tag{24.27}$$

Peroxosäuren. Peroxodischwefelsäure, $H_2S_2O_8$, ist ein farbloser, leicht wasserlöslicher Feststoff, der bei 65 °C unter Zersetzung schmilzt. Das Ammoniumperoxodisulfat, $(NH_4)_2S_2O_8$, läßt sich durch Elektrolyse einer konzentrierten, auf –20 °C gekühlten Ammoniumsulfatlösung gewinnen. Die ansonsten stabilen Peroxodisulfate des Ammoniums und Kaliums werden beim Erhitzen ihrer wäßrigen Lösungen zu Sulfaten hydrolysiert, wobei ozonhaltiger Sauerstoff frei wird. Peroxodisulfate werden als Oxidations- und Bleichmittel eingesetzt.

Durch eine Kondensationsreaktion zwischen Chlorschwefelsäure, HSO_3Cl, und wasserfreiem Wasserstoffperoxid läßt sich die Peroxomonoschwefelsäure, die sogen. *Caro*sche Säure, H_2SO_5, gewinnen, ein farbloser, kristalliner Feststoff, der bei 45 °C schmilzt, sich aber auch explosiv zersetzen kann.

Halogenide. Unter den Halogeniden nimmt das direkt aus den Elementen entstehende Schwefelhexafluorid, SF_6, eine Sonderstellung ein: Das Gas ist farb-, geruch- und geschmacklos, ungiftig, unlöslich und unbrennbar. Das oktaedrisch gebaute Molekül ist infolge der durch die Fluoratome bewirkten vollständigen Umhüllung des an sich reaktiven S-Atoms bis etwa 500 °C chemisch nahezu inert! Darum und wegen der hervorragenden dielektrischen Eigenschaften dient Schwefelhexafluorid als Isolations- und Löschgas in Hochspannungsanlagen.

> Diese Art des Einsatzes von Schwefelhexafluorid ist ökologisch allerdings bedenklich, denn SF_6 weist ein erhebliches Treibhauspotential auf und verläßt auf Grund seiner chemischen Inertheit die Atmosphäre praktisch nicht mehr!

Bei der Reaktion von Chlor mit geschmolzenem Schwefel entsteht hauptsächlich Dischwefeldichlorid, S_2Cl_2, eine gelbe, übelriechende Flüssigkeit, die mit weiterem Chlor zu Schwefeldichlorid, SCl_2, reagiert, einer tiefroten Flüssigkeit. Dischwefeldichlorid löst größere Mengen Schwefel, wobei die S_8-Ringe zu Ketten aufgebrochen und deren Enden mit S–Cl-Gruppen abgesättigt werden: Es entstehen so Dichlorpolysulfane ($n \leq 100$), die sich als gelbe Flüssigkeiten isolieren lassen:

$$S_2Cl_2 + n/8 S_8 \rightarrow Cl-S-(S-)_nS-Cl \tag{24.28}$$

Schwefelhaltige Dischwefeldichlorid-Lösungen werden zur Kaltvulkanisation von Kautschuk verwendet.

Die Schwefelchloride können mit Schwefeldioxid/Chlor-Gemischen zu Thionylchlorid, $SOCl_2$, dem Säurechlorid der schwefligen Säure, umgesetzt werden. Thionylchlorid ist eine farblose Flüssigkeit, die energisch mit Wasser reagiert und sich darum dazu eignet, aus Metallchlorid-Hydraten die wasserfreien Chloride zu gewinnen. Diese lassen sich auch herstellen, indem man Thionylchlorid auf Metalloxide einwirken läßt. Hauptsächlich wird Thionylchlorid als Chlorierungsmittel in der organischen Synthese eingesetzt, um Pestizide, Pharmaka und Farbstoffe herzustellen (s. Org. Chem.). Ein technisch wichtiges Chlorierungs- und Sulfonierungsmittel ist Sulfurylchlorid, SO_2Cl_2, das Säurechlorid der Schwefelsäure, eine farblose, erstickend riechende, an der Luft rauchende Flüssigkeit. Die Verbindung wird aus Schwefeldioxid und Chlor am Aktivkohlekontakt hergestellt. Das Halbchlorid der Schwefelsäure ist die Chlorschwefelsäure, $O_2S(OH)Cl$, früher Chlorsulfonsäure, eine farblose, rauchende, mit Wasser explosiv reagierende Flüssigkeit. Chlorschwefelsäure entsteht, wenn Chlorwasserstoff mit Schwefeltrioxid umgesetzt wird. Sie dient u.a. zur Synthese aromatischer Sulfochloride, die hauptsächlich für die Produktion von Waschmitteln verwendet werden. Wird Chlorschwefelsäure erhitzt, dismutiert sie zu Schwefelsäure und Sulfurylchlorid:

$$2\ HSO_3Cl \rightarrow H_2SO_4 + SO_2Cl_2 \qquad\qquad (24.29)$$

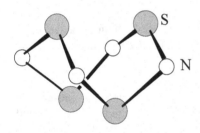

Stickstoff-Verbindungen. Die wichtigste Verbindung dieser Gruppe ist das Tetraschwefeltetranitrid, S_4N_4 (s. Abb.), ein an der Luft beständiger, kristalliner Stoff. Wird S_4N_4 thermisch depolymerisiert, entsteht das kristalline Dischwefeldinitrid, S_2N_2, das bei Raumtemperatur spontan zu dem hochmolekularen, kristallinen Polythiazyl, $(SN)_n$, polymerisiert, das metallische (!) elektrische Leitfähigkeit zeigt und unterhalb 0,33 K zum Supraleiter wird!

Technisch vielseitig verwendet wird Amidoschwefelsäure, früher: Amidosulfonsäure, $O_2S(OH)NH_2$, eine farblose, kristalline Substanz. Sie kann als das Halb-Säureamid der Schwefelsäure aufgefaßt werden, liegt aber im Kristall als tautomeres Zwitter-Ion $\overset{-}{O_3}S-\overset{+}{N}H_3$ vor! In wäßriger Lösung reagiert Amidoschwefelsäure als starke, einwertige Säure. Sie wird verwendet, um Metalloberflächen zu reinigen und Kesselstein zu entfernen und dient, in reiner Form, in der Acidimetrie als Urtitersubstanz.

24.4 Selen, Tellur, Polonium

24.4.1 Die Elemente

Die Anzahl allotroper Modifikationen nimmt von den Halbleitern Selen und Tellur zum Metall Polonium ab: Selen bildet noch sieben, Tellur drei und Polonium nur noch zwei Modifikationen. Das graue, hexagonale, metallartige Selen ist die thermodynamisch stabile Modifikation, in die sich alle anderen Selen-Formen beim Erwärmen umwandeln. Sie ist als einzige Selen-Modifikation aus Ketten aufgebaut. Handelsüblich ist die schwarze, glasige Modifikation, die aus großen Ringen mit bis zu 1000 Selen-Atomen besteht. Strukturelement der anderen Modifikationen ist der Se_8-Ring.

Selen und Tellur verhalten sich chemisch noch recht schwefelähnlich, wobei die Reaktionen mit anderen Elementen weniger energisch verlaufen und die Verbindungen auch meist weniger beständig sind als die des Schwefels. Selen und Tellur sind in Wasser und in nichtoxidierenden Säuren unlöslich.

Die Hauptmenge des Selens wird in der Glasindustrie zur Entfärbung von Gläsern verwendet. Als Halbleiter und Photohalbleiter wird Selen in Selengleichrichtern, Photozellen und Kopiergeräten eingesetzt.

Selenverbindungen, an sich stark toxisch, wurden vor einigen Jahren als für Mensch und Säugetier essentiell erkannt: Die Aminosäure Selenocystein gehört zu den biochemisch aktiven *Antioxidantien*, die · zellschädigende, cancerogene Peroxoverbindungen im Organismus abbauen.

Tellur, in nur geringen Mengen produziert, wird überwiegend in Legierungen eingesetzt, insbesondere in Stählen und einigen Messing- und Bleisorten. Außerdem dient es als Material für verschiedene elektronische Geräte und Thermoelemente.

Polonium ist als α- und γ-Strahler derart stark radioaktiv, daß schon ein halbes Gramm kompakten Metalls infolge Selbstabsorption sich auf Rotglut aufheizt. Ein Polonium/Beryllium-Gemenge ist eine intensive Neutronenquelle[17] und wird darum in Kernspaltungsbomben als Zünder für die Kernkettenreaktion verwendet.

Das im Tabak enthaltene stark radioaktive Isotop ^{210}Po wird beim Rauchen inhaliert!

Selen und Tellur werden hauptsächlich aus dem Anodenschlamm der Kupfer-Elektrolyse durch Reduktion der Dioxide gewonnen. Polonium wird in Gramm-Mengen im Kernreaktor durch Bestrahlung von ^{209}Bi mit Neutronen hergestellt.

24.4.2 Die Verbindungen

Selen, Tellur und Polonium bilden mit nahezu allen Metallen Selenide, Telluride und Polonide. Viele Selenide und Telluride reagieren mit verdünnten Säuren zu Selenwasserstoff, H_2Se, und Tellurwasserstoff, H_2Te, übelriechenden, giftigen Gasen. Tellurwasserstoff zerfällt schon bei Raumtemperatur.

Gut definiert sind die kristallinen Dioxide, von denen Selendioxid farblos ist, Tellurdioxid eine farblose und eine gelbe und Poloniumdioxid eine gelbe und eine rote Modifikation bildet. Selen- und Tellurdioxid reagieren mit Wasser zu seleniger bzw. telluriger Säure, H_2SeO_3 bzw. H_2TeO_3, beides feste Stoffe.

Die Dioxide zeigen eindrucksvoll, wie das Anwachsen der Atomradien immer höhere Koordinationszahlen in den Kristallstrukturen begünstigt:

---

[17] Dem liegt folgende Kernreaktion zugrunde: $^4_2\alpha + ^9_4Be \rightarrow ^1_0n + ^{12}_6C$.

	SO_2	SeO_2	TeO_2	PoO_2
Struktur	Moleküle	Kettenpolymere	Schichten	Raumnetz
Koordinationszahl	2	3	4	8

Wasserfreie Selensäure, H_2SeO_4, ist, wie Schwefelsäure, eine viskose Flüssigkeit. Orthotellursäure, $Te(OH)_6$, dagegen, ist ein farbloser Feststoff, der in wäßriger Lösung als schwache, oxidierende Säure reagiert. In der Orthotellursäure bildet Tellur infolge seines großen Atomradius oktaedrisch gebaute $Te(OH)_6$-Moleküle. Orthotellursäure ist isoster mit den analogen Verbindungen des Zinns und des Antimons: $[Sn(OH)_6]^{2-} - [Sb(OH)_6]^- - Te(OH)_6$.

Unter den Halogenverbindungen sind am häufigsten die Tetrahalogenide MX_4 vertreten (M = Se, Te, Po und X = F, Cl, Br, I). Von den Hexahalogeniden sind nur die farblosen, bei Raumtemperatur gasförmigen Verbindungen Selenhexafluorid, SeF_6, und Tellurhexafluorid, TeF_6, bekannt.

Aufgaben

Aufgabe 24.1

Hyperoxide und Dioxygenylverbindungen reagieren mit Wasser unter Gasentbindung. Beschreiben Sie für jede der beiden Reaktionen, a) was für ein Gas entweicht, b) welchen pH-Wert die entstandene Lösung hat und c) wie sie mit einer angesäuerten Iodid-Lösung reagiert! d) Formulieren Sie die Reaktionsgleichungen für die Protonierung des Hyperoxid- und des Dioxygenyl-Ions durch Wasser!

Aufgabe 24.2

a) Bestimmen Sie die durchschnittliche Oxidationszahl des Schwefels in Trisulfan, H_2S_3, und Octasulfan, H_2S_8!

b) Trisulfan und Octasulfan neigen zur Disproportionierung. Geben Sie die Produkte dieser Reaktionen an und formulieren Sie die Reaktionsgleichungen!

Aufgabe 24.3

Legen Sie sich eine ständig weiterzuführende Tabelle an mit Salzen, deren Säuren in *freier* Form bisher nicht bekannt sind (z. B.: Carbonate, Na_2CO_3 - Kohlensäure, H_2CO_3)!

Aufgabe 24.4

Stellen Sie zusammen mit Namen und Formel: a) die wichtigsten Oxosäuren von Bor, Kohlenstoff, Silicium, Stickstoff, Phosphor und Schwefel; b) die Säurechloride dieser Säuren. Versuchen Sie, mindestens 10 Säuren und 11 Säurechloride zu finden.

Aufgabe 24.5

Welche einfachen Möglichkeiten gibt es, in der Luft oder in Lösung befindlichen Schwefelwasserstoff zu identifizieren?

Aufgabe 24.6

Was geschieht, wenn Natriumsulfit mit verdünnter Schwefelsäure übergossen wird? Beschreiben Sie die Erscheinungen und formulieren sie die Reaktionsgleichung!

Aufgabe 24.7

Wie reagiert Chlorschwefelsäure, $HOSO_3Cl$, beim Erhitzen? Formulieren Sie die Reaktionsgleichung und benennen Sie den Reaktionstyp!

17. Gruppe (VII. Hauptgruppe) Halogene
Fluor F, Chlor Cl, Brom Br, Iod I, Astat At

25.1 Vergleichende Übersicht

Element	F	Cl	Br	I	At[2]
Ordnungszahl	9	17	35	53	85
1. Ionisierungsenergie[1]	1 681	1 251,1	1 139,9	1 008,4	930
Elektronegativität	4,10	2,83	2,74	2,21	1,96
Oxidationszahlen	-1	-1, 1, 3, 4, 5, 6, 7	-1, 1, 3, 4, 5, 7	-1, 1, 3, 5, 7	-1, 1, 3
X-X-Abstand in X_2/pm	142	199	229	267	(290)
Dissoziationsenergie[1]	159	242	193	151	(110)
Dichte/g·cm^{-3}	0,00158 (g)	0,00295 (g)	3,14 (l)	4,94 (s)	9,5 (s)
Schmelztemperatur/°C	-219,6	-101,0	-7,26	113,5	(302)
Siedetemperatur/°C	-188,2	-33,98	58,77	184,3	(339)

[1] in kJ/mol   [2] nur Radioisotope

25.1.1 Chemisches Verhalten

Entsprechend ihrer Stellung in der VII. Hauptgruppe des Periodensystems besitzen die Halogenatome sieben Valenzelektronen in der Konfiguration $s^2p_x^2p_y^2p_z^1$. Wird das eine, zur Edelgaskonfiguration noch fehlende Elektron angelagert, entsteht das Halogenid-Ion, X^-, wobei ein beträchtlicher Energiebetrag, die *Elektronenaffinität* (EA), frei wird. Die Halogenatome haben die höchste Elektronenaffinität der jeweiligen Periode. Wie schon in den Hauptgruppen III bis VI, ist auch hier die Elektronenaffinität des ersten Elements kleiner als die des zweiten: EA_F = –328 kJ/mol und EA_{Cl} = –349 kJ/mol. Chlor hat von allen Elementen die höchste Elektronenaffinität!

Die freien Halogene liegen in allen Aggregatzuständen als zweiatomige Moleküle vor und sind dementsprechend elektrische Nichtleiter. Die allgemeine Tendenz jedoch, daß der metallartige Charakter der Elemente einer Hauptgruppe mit steigender Ordnungszahl zunimmt, zeigt sich auch hier: Iod zeigt schon metallischen Glanz und erlangt oberhalb 160 kbar metallische Leitfähigkeit.

Die Halogene sind die elektronegativsten Elemente jeder Periode und folglich energische Oxidationsmittel, wobei allerdings Elektronegativität und Oxidationskraft vom Fluor zum Iod stark abnehmen. Fluor ist, trotz der höheren Elektronenaffinität des Chlors, das elektronegativste und reaktionsfähigste Element überhaupt.

Die freien Halogene oxidieren fast alle Elemente und bilden mit denen niedriger Elektronegativität Salze, die Halogenide, z. B. Natriumchlorid, NaCl, und mit den stärker elektronegativen Elementen kovalent gebaute Verbindungen, wie z. B. Schwefeldichlorid, SCl_2. Da die Elektronegativität vom Fluor zum Iod sinkt, nimmt in dieser Richtung die Stabilität der Verbindungen mit elektropositiven Elementen, z. B. Wasserstoff, ab und mit elektronegativen Elementen, z. B. Sauerstoff, zu. Gegenüber Sauerstoff können die Halogene, außer Fluor, auch in positiven Oxidationszahlen auftreten, wie z. B. in den Halogenoxiden und Halogensauerstoffsäuren.

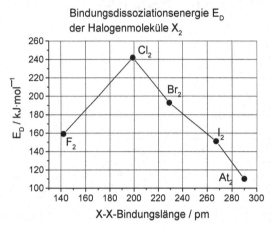

Auch im Verhalten der Halogene gegenüber Wasser zeigt sich die Sonderrolle des Fluors: Es reagiert mit Wasser heftig und exotherm hauptsächlich zu Fluorwasserstoff, HF, und Sauerstoff, während Chlor, Brom und Iod sich nur mäßig in Wasser lösen und dabei in geringem Ausmaß hydrolytisch disproportionieren.

25.1.2 Vorkommen

Häufigkeitsfolge	Cl (12.)	F (17.)	Br (44.)	I (71.)	At (93.)
Atome/10^6 Si-At.	5 834	1 604	8,2	0,05	$1,6 \cdot 10^{-20}$

In der Natur treten die Halogene fast ausschließlich in Form von Metallhalogeniden auf. Das wichtigste Fluorvorkommen ist der Flußspat, CaF_2. Weitere Fluor-Minerale sind Apatit, $Ca_5(PO_4)_3(OH, F)$, und Kryolith, $Na_3[AlF_6]$. Chlor findet sich in riesigen Lagerstätten als Steinsalz, NaCl, als Sylvin, KCl, sowie als Carnallit, $KCl \cdot MgCl_2 \cdot 6 \, H_2O$, Brom in Form von Bromcarnallit; $KBr \cdot MgBr_2 \cdot 6 \, H_2O$. Iod kommt im Chilesalpeter als Calciumiodat, $Ca(IO_3)_2$, vor.

Praktisch unerschöpfliche Mengen von Chloriden und Bromiden sind im Meerwasser gelöst. Iod ist darin nur zu 0,05 ppm enthalten, findet sich aber angereichert in Seetang, Algen, Korallen und Schwämmen. Von größerer Bedeutung sind heute die z. T. hohen Iodgehalte von 30 bis >100 ppm in Solen, stark salzhaltigen Tiefenwässern, die vor allem in den USA, Japan, Rußland und China, häufig verbunden mit der Erdgas- und Erdölförderung, ausgebeutet werden.

Astat entsteht in den natürlichen radioaktiven Zerfallsreihen, zerfällt aber sehr schnell weiter, so daß sich in Uran- und Thorium-Mineralen nur Spuren des Elements ansammeln können. Der Astat-Inhalt des äußersten Kilometers der Erdkruste wird auf 44 mg (!) geschätzt. Damit ist Astat das seltenste unter den natürlichen Elementen der Erdkruste.

25.2 Fluor

25.2.1 Das Element

Fluor ist ein farbloses, giftiges Gas mit einer relativen Dichte von 1,311 (ρ_{Luft} = 1). Es reagiert außerordentlich aggressiv, häufig unter Flammen- und Explosionserscheinungen, mit den meisten Verbindungen und Elementen außer mit Helium, Neon, Argon und Stickstoff. Dadurch erfordert der experimentelle Umgang mit Fluor spezielle Materialien, z. B. bestimmte Metalle, Kieselglas, Fluorcarbone, und eine ausgefeilte Versuchstechnik, vor allem Ausschluß von Feuchtigkeit und Schliff-Fett, sowie besondere Arbeitsschutzmaßnahmen. Elementares Fluor ist einer der gefährlichsten Stoffe, mit denen Chemiker zu tun haben können.

Fluor hat infolge der hohen Stabilität des Fluorwasserstoffs, HF, eine besonders große Affinität zu Wasserstoff (Gl. 25.1).

$$\tfrac{1}{2} F_2 + \tfrac{1}{2} H_2 \rightarrow HF \qquad\qquad \Delta H_{289} = -542 \text{ kJ/mol} \qquad (25.1)$$

Das führt dazu, daß Fluor allen H-haltigen Verbindungen in exothermer Reaktion den Wasserstoff entreißt. Selbst Wasser wird in komplizierter Reaktion zersetzt, wobei als Hauptprodukte Fluorwasserstoff und Sauerstoff, daneben Sauerstoffdifluorid, OF_2, und Ozon entstehen.

Fluor oxidiert die meisten Elemente bis zu ihrer höchsten Oxidationsstufe, wie z. B. in Bismutpentafluorid, BiF_5, Schwefelhexafluorid, SF_6, und Iodheptafluorid, IF_7. Kohlenstoff verbrennt in Fluor zu dem gasförmigen, nahezu inerten Tetrafluormethan, CF_4. Manche Metalle und Legierungen, wie Kupfer, Nickel, Monelmetall (Cu/Ni) und Elektron (Mg/Al), passivieren sich in einer Fluoratmosphäre, d. h. sie überziehen sich mit einer schützenden Fluoridschicht, und sind dann als Gerätematerial für die Fluorchemie bis zu mittleren Temperaturen von etwa 500-800 °C geeignet.

Das Fluorid-Ion, F^-, ist das kleinste und härteste, am wenigsten polarisierbare, Anion überhaupt. Darum ergibt es mit passenden Kationen hohe Gitterenergien, wie im Falle des stabilen, schwerlöslichen Calciumfluorids, CaF_2. In wäßrigen Lösungen wird das Fluorid-Ion stark exotherm hydratisiert, und das hydratisierte Ion bildet dann besonders feste $H\cdots F^-$-Brückenbindungen (s. 25.2.2).

Industriell wird elementares Fluor hauptsächlich zur Fluorierung von Urantetrafluorid zu Uranhexafluorid verwendet, das zur Trennung der Uranisotopen $^{235}U/^{238}U$ in der Kerntechnik benötigt wird (s. 34). Durch Fluorierung von Schwefel wird das nahezu inerte Isoliergas Schwefelhexafluorid, SF_6 (s. 24.3), gewonnen. Wichtig ist die Oberflächen-fluorierung von Kunststoffen, wobei H- gegen F-Atome ausgetauscht werden. Derartig behandelte Materialien werden für die Herstellung von Treibstofftanks eingesetzt, da sie chemisch beständig und für Kohlenwasserstoffe undurchlässig sind.

Fluor hat mit 3,05 V das höchste Standardpotential aller Oxidationsmittel und kann darum nur durch anodische Oxidation von Fluorid-Ionen hergestellt werden. Dazu werden Kaliumfluorid/Fluorwasserstoff-Schmelzen an Stahl-Katoden und Kohle-Anoden bei 70-130 °C elektrolysiert, wobei eine Vermischung zwischen dem anodisch entstehenden Fluor und dem katodisch gebildeten Wasserstoff durch Magnesiumschürzen verhindert wird, weil diese zur Explosion führen würde. HF-Verunreinigungen im Fluor werden durch Tiefkühlung und Adsorption an Natriumfluorid entfernt.

25.2.2 Die Verbindungen

Fluorwasserstoff, HF, ist eine farblose, rauchende Flüssigkeit, die bei −83,4 °C erstarrt und bei 19,5 °C siedet. Dieser Wert liegt weit über dem aus den Siedetemperaturen der anderen Halogenwasserstoffe extrapolierten – eine Auswirkung der im Fluorwasserstoff besonders stabilen Wasserstoffbrücken:

H–F···H–F (s. 24.2). Fluorwasserstoff ist mit Wasser in jedem Verhältnis mischbar. Dieses Gemisch, Flußsäure, ist im Unterschied zu den übrigen Halogenwasserstoffen nur eine mittelstarke Säure: $pK_S = 3,14$, was ebenfalls auf die besonders festen Wasserstoffbrückenbindungen zurückgeht. Diese bewirken nämlich, daß in der Lösung größtenteils nicht H_3O^+-Ionen und HF-Moleküle, sondern die nur gering dissoziierten Ionenpaare $[H_3O^+F^-]$ und Anionen $[HF_2]^-$ vorliegen.

> Flußsäure, Hydrogenfluoride und leicht hydrolysierende Fluorverbindungen verursachen auf der Haut sehr schmerzhafte, tiefgehende und langwierig heilende Wunden mit Vernarbungstendenz!

Mit Siliciumdioxid, Silicaten und Silicatgläsern reagiert Flußsäure zu Hexafluorokieselsäure, einer starken zweiwertigen Säure (Gl. 25.2). Diese Reaktion liegt dem Glasätzen zugrunde. Beim Aufschluß von Apatit (s. 23.3.1) fällt auch Hexafluorokieselsäure an – ein Nebenprodukt von zunehmender Bedeutung für die Produktion von Fluorwasserstoff und Fluoriden.

$$6\ HF + SiO_2 \rightarrow H_2[SiF_6] + 2\ H_2O \tag{25.2}$$

Flußsäure, die wirtschaftlich wichtigste Fluorverbindung, dient hauptsächlich zur Herstellung von anorganischen Fluoriden, wie Aluminiumfluorid, AlF_3, und Kryolith, $Na_3[AlF_6]$, für die Aluminiumelektrolyse und Urantetrafluorid für die Kerntechnik, sowie von Fluorchlorkohlenwasserstoffen (FCKW). Flußsäure wird ferner als Katalysator in der Petrochemie, als Ätzmittel in der Glasindustrie und zur Edelstahlbeize eingesetzt. Natriumfluorid und Natriumhexafluorosilicat, $Na_2[SiF_6]$, Zahnpasten und dem Trinkwasser zugesetzt, bewirken, daß sich auf den Zahnoberflächen harte, kariesresistente Fluorapatit-Schichten ausbilden.

Technisch wird Fluorwasserstoff hergestellt, indem man Flußspat, CaF_2, mit oleumhaltiger Schwefelsäure bei etwa 300 °C in Drehrohröfen umsetzt. Das Koppelprodukt Anhydrit, $CaSO_4$, dient zur Herstellung von Estrich und als Zementzusatz.

Sauerstofffluoride. Fluor bildet mit Sauerstoff die Verbindungen Sauerstoffdifluorid, OF_2, ein farbloses, giftiges Gas, und Disauerstoffdifluorid, O_2F_2, eine bereits bei −100 °C rasch zerfallende Verbindung. Fluor/Sauerstoff-Verbindungen sind nicht als Oxide, sondern als *Fluoride* zu bezeichnen, da das Fluor-Atom der elektronegativere Partner ist!

Edelgasfluoride. Fluor bildet mit Xenon Fluoride XeF_n mit n = 2, 4, 6. Es sind farblose, kristalline, relativ leichtflüchtige Verbindungen. Schon durch Spuren von Feuchtigkeit werden sie in der angegebenen Folge zunehmend schnell hydrolysiert, wobei aus dem

Tetrafluorid und Hexafluorid das hochexplosive Xenontrioxid, XeO_3, entsteht. Xenondi- und Xenontetrafluorid, XeF_2 und XeF_4, bilden sich leicht, wenn man Xenon/Fluor-Gemische im Kieselglaskolben mit Sonnenlicht bestrahlt!

Von den übrigen Edelgasen bildet nur noch Krypton ein Fluorid, das KrF_2, ein Feststoff, der schon bei Raumtemperatur zu zerfallen beginnt.

25.3 Chlor, Brom, Iod, Astat

25.3.1 Die Elemente

Unter normalen Bedingungen ist Chlor, Cl_2, ein grüngelbes Gas, Brom, Br_2, eine tief dunkelbraunrote Flüssigkeit und Iod, I_2, ein schwarz-violetter, leicht sublimierender Festkörper. Die Halogene haben einen erstickenden, die Atemwege reizenden Geruch und sind giftig.

Chlor wurde im I. Weltkrieg bei Ypern (Belgien) von deutscher Seite erstmals als Kampfgas eingesetzt.[1]

Die Halogene sind in zahlreichen organischen Lösungsmitteln löslich. In 1 l Wasser (20 °C; 0,1 MPa) lösen sich 195 mmol Chlor, 444 mmol Brom bzw. 1,7 mmol Iod. Die Moleküle sind darin nicht nur physikalisch gelöst, sondern werden zu einem geringen Anteil, von Chlor zu Iod abnehmend, hydrolysiert. So reagiert Chlor zu Chlorwasserstoff und hypochloriger Säure, HOCl, einem wirksamen Oxidationsmittel (vgl. die Umsetzung von Fluor mit Wasser: 25.2.1):

$$Cl_2 + 2\,H_2O \rightarrow HOCl + Cl^- + H_3O^+ \tag{25.3}$$

Dieses *Chlorwasser* zerstört oxidativ die meisten Farbstoffe (Bleichwirkung!).

Viel stärker als in reinem Wasser löst sich Iod in Iodid-Lösungen, weil sich darin das relativ stabile Triiodid-Ion, I_3^-, bildet. Dieses tritt mit den Amylose-Molekülen der Stärke zu einer tiefblauen Intercalationsverbindung[2] zusammen (*Iodstärke-Reaktion*), die vor allem in der Iodometrie (s. 25.3.2) als empfindlicher Indikator für freies Iod dient.

Die Oxidationskraft der Elemente Chlor, Brom und Iod nimmt in dieser Folge stark ab. Chlor reagiert mit allen metallischen und vielen nichtmetallischen Elementen zu Chloriden meist der höheren Oxidationsstufen. Kohlenstoff, Stickstoff, Sauerstoff und die Edelgase setzen sich nicht direkt mit Chlor um. Mit Wasserstoff bildet Chlor das sog. *Chlorknallgas*, ein Gemisch, das bei normalen Temperaturen beständig ist, durch UV-Bestrahlung, z. B. Sonnenlicht, oder Erwärmen aber gezündet werden kann. Dann läuft eine stark exotherme Kettenreaktion ab, die sich schnell zur Explosion steigern kann:

$$\tfrac{1}{2}\,Cl_2 + \tfrac{1}{2}\,H_2 \rightarrow HCl \qquad \Delta H_{298} = -91{,}69 \text{ kJ/mol} \tag{25.4}$$

---

[1] Initiator der Giftgaskriegsführung war Fritz Haber (Haber-Bosch-Verfahren s. 23.2.2).
[2] Intercalation: Nichtstöchiometrische Einlagerung kleiner Moleküle in die Hohlräume von Makromolekülen oder kristallinen Festkörpern.

Infolge dieser hohen Affinität zum Wasserstoff wird manche organische Verbindung durch Chlor total zerstört, wobei sich Ruß abscheidet. Inzwischen existieren jedoch Verfahren, mit denen sich fast jede organische Verbindung gezielt chlorieren läßt.

Brom ähnelt chemisch sehr dem Chlor, ist aber weniger reaktionsfähig als dieses. Z. B. wird Natrium von Brom selbst bei 200 °C nur schwach angegriffen! Iod reagiert noch träger als Brom. Es setzt sich zwar noch lebhaft mit Schwefel, Phosphor, Eisen und Quecksilber direkt um, kaum mehr aber mit Wasserstoff.

In organischen Lösungsmitteln löst sich Iod mit durchweg intensiver Färbung: Tiefviolett (Farbe von Iod-Dampf (!)) in aliphatischen Kohlenwasserstoffen und Tetrachlormethan, rötlichbraun in aromatischen Kohlenwasserstoffen und tiefbraun in Ethanol, Aceton, Ethern und Aminen. Diese Färbungen sind Ausdruck der in obiger Folge zunehmenden Solvatationsenergie.

Chlor, das bedeutendste der Halogene, ist ein industrielles Großprodukt. Der Hauptanteil, 70-80 %, wird für die Herstellung organischer Chlorverbindungen eingesetzt. Die wichtigsten sind das Polyvinylchlorid sowie die verschiedenen Chloralkane, die als Zwischenprodukte und Lösungsmittel verwendet werden. Noch immer werden auch Fluorchlorkohlenwasserstoffe (FCKW) produziert. Geringere Mengen Chlors werden zum Bleichen in der Papier- und Textilindustrie, zur Gewinnung anorganischer Chloride sowie zur Wasserdesinfektion verwendet.

> Bei der Behandlung von Trink- und Badewasser mit Chlor werden gelöste organische Verbindungen, z. B. aus Körperschweiß oder von Bakterien, in gesundheitsschädliche, z. T. cancerogene chlororganische Substanzen umgewandelt. Unbedenklich dagegen ist die Entkeimung des Wassers mit Chlordioxid oder Ozon.

Chlor wird ausschließlich durch Elektrolyse hergestellt[3], weit überwiegend durch die Chloralkali-Elektrolyse, mit den Koppelprodukten Natronlauge und Wasserstoff, und zu einem geringen Anteil durch die zur Natriumgewinnung durchgeführte Natriumchlorid-Schmelzflußelektrolyse (s. 19.2).

Brom ist Ausgangsstoff für viele Bromverbindungen. Bis vor kurzem ging es zu mehr als 50 % in die Produktion von 1,2-Dibromethan, das als Zusatz zu verbleitem Benzin große Bedeutung hatte. Gegenwärtig sind die wichtigsten Produkte einige Bromalkane als Pestizide, bromierte Diphenylether als Flammschutzmittel für Teppiche, Kunststoffe u.a. sowie Silberbromid als das lichtempfindliche Agens photographischer Filme.

Iod wird benötigt für Desinfektionsmittel, Pharmaka, z. B. gegen Schilddrüsenerkrankungen, für spezielle Katalysatoren in der organischen Synthese, für Natriumiodid zur Vorbeugung gegen die Wirkungen ionisierender Strahlung (z. B. aus Kernenergieunfällen) auf die Schilddrüse und für Silberiodid als Zusatz zu photographischen Emulsionen.

Brom und Iod werden aus natürlichen Iodidlösungen, z. B. aus Solen und dem Wasser des Toten Meeres, durch Oxidation mit Chlor gewonnen. Iod wird auch aus Chilesapeter hergestellt: Hierfür werden die aus dem primär vorliegenden Calciumiodat erhaltenen Natriumiodat-Lösungen mit Schwefeldioxid partiell reduziert, wonach infolge Komproportionierung Iod ausfällt:

---

[3] Der erste technische Prozeß zur Herstellung von Chlor war das Weldon-Verfahren (s. 28.3.4).

$$5\,I^- + IO_3^- + 6\,H_3O^+ \rightarrow 3\,I_2 + 9\,H_2O \qquad (25.5)$$

> Halogenverbindungen sind physiologisch bedeutsam: Freie Salzsäure, bis ca. 0,5 %ig, im Magensaft wirkt bakterizid und ist für den Verdauungsprozeß unentbehrlich. Im Zahnschmelz und in den Knochen befindet sich Fluorapatit (s. 23.1.2). Iod ist Bestandteil des Schilddrüsenhormons Thyroxin. Bromhaltige Enzyme fungieren in Meereslebewesen als bromierende Agenzien – eine natürliche Quelle von Tribrommethan (Bromoform), das zum größten Teil an die Atmosphäre abgegeben wird!

25.3.2 Die Verbindungen

Interhalogenverbindungen. Fluor oxidiert alle anderen Halogene zu Halogenfluoriden. Darin tragen stets die schwereren Halogenatome die positiven Partialladungen.

ClF	BrF	IF
ClF$_3$	**BrF$_3$**	IF$_3$
ClF$_5$	BrF$_5$	**IF$_5$**
		IF$_7$

Die stabilsten Halogenfluoride (**Fett**-Druck) sind Chlormonofluorid, Bromtrifluorid und Iodpentafluorid, die in der Tabelle darüberliegenden können durch Disproportionierung, die darunterliegenden durch Fluor-Abspaltung in sie übergehen. Bei Raumtemperatur sind die Chlorfluoride farblose Gase, die übrigen farblose Flüssigkeiten bzw. Feststoffe. Nur BrF ist eine orangefarbene Flüssigkeit.

All diese Verbindungen sind fluorierungsaktiv. Das bei Raumtemperatur gasförmige Chlortrifluorid, ClF$_3$, ist eine der reaktionsfähigsten chemischen Verbindungen überhaupt. Sie reagiert selbst mit Holz, Stahl, anderen Baustoffen und mit Asbest (!) unter spontaner Entflammung und wurde darum zur Füllung von Brandbomben verwendet. Heute dient Chlortrifluorid zur Wiederaufbereitung von Kernbrennstoffen.

Fluorfreie Interhalogenverbindungen sind die Monochloride von Brom und Iod, das Iodmonobromid und das Diiodhexabromid, I$_2$Cl$_6$. Diese Verbindungen sind mehr oder weniger starke Halogenierungsmittel.

Halogenwasserstoffe. Im Unterschied zum Fluorwasserstoff sind Chlor-, Brom-, und Iodwasserstoff, HCl, HBr bzw. HI, unter normalen Bedingungen gasförmig. Sie riechen stechend, reizen die Schleimhäute und sind giftig. In Wasser lösen sie sich exotherm in großen Mengen. Z. B enthält ein Liter Wasser bei Raumtemperatur und Atmosphärendruck 450 l HCl-Gas! Halogenwasserstoffsäuren gehören zu den stärksten Mineralsäuren. Iodwasserstoffsäure ist die stärkste binäre Säure überhaupt (s. 18.3).

Chlorwasserstoff und dessen wäßrige Lösung, Salzsäure, sind bedeutende Industriechemikalien. Die größte Menge Salzsäure wird in der Schwarzmetallurgie verwendet, um Oxidbeläge von Metalloberflächen zu entfernen (*Beizen*). Chlorwasserstoff dient auch zur Herstellung von Metallchloriden und zur Neutralisation in vielen chemischen Prozessen. In der Lebensmittelindustrie wird besonders reine Salzsäure zur Produktion von Gelatine sowie zur hydrolytischen Umwandlung von Stärke in Glucose benötigt.

Etwa 90 % der technisch hergestellten Salzsäure stammt aus dem Zwangsanfall in der organisch-chemischen Industrie, z. B. bei der Herstellung von Vinylchlorid aus 1,2-Dichlorethan:

$$Cl-CH_2-CH_2-Cl \rightarrow H_2C{=}CH-Cl + HCl \qquad (25.6)$$

Nicht anderweitig zu verwendende Mengen an Salzsäure werden meist elektrolytisch zu Chlor und Wasserstoff aufgearbeitet.

Sehr reiner Chlorwasserstoff wird aus den Elementen in Brennern aus Graphit oder Kieselglas hergestellt, wobei in der Flamme Temperaturen bis zu 2000 °C erreicht werden! Nur noch geringe Bedeutung für die HCl-Produktion hat der historische Natriumchlorid/ Schwefelsäure-Prozeß, mit dem heute Natriumsulfat für die Papier- und Glasindustrie gewonnen wird:

$$2\ NaCl + H_2SO_4 \rightarrow Na_2SO_4 + 2\ HCl \tag{25.7}$$

Die Abnahme der Elektronegativität von Chlor zu Iod bewirkt, daß sich schon das Bromid-Ion verhältnismäßig leicht oxidieren läßt. Iodwasserstoff ist bereits ein kräftiges Reduktionsmittel. Oxidationsmittel, wie Mangandioxid, Wasserstoffperoxid, hypochlorige Säure, Chromat, Permanganat und auch Kupfer(II)-Ionen, lassen sich durch Iodid-Ionen in schwach saurer Lösung reduzieren. Das freiwerdende Iod kann mit Thiosulfat (s. 24.3.2) reduziert werden, das dabei zum Tetrathionat oxidiert wird:

$$I_2 + 2\ S_2O_3^{2-} \rightarrow 2\ I^- + S_4O_6^{2-} \tag{25.8}$$

Dieses Verhalten des Redoxpaares I_2/I^- ist die Grundlage der Iodometrie.

Brom- und Iodwasserstoff können aus den Elementen hergestellt werden. Sie dienen hauptsächlich zur Gewinnung von Bromiden und Iodiden.

Säurehalogenide. Diese Verbindungen lassen sich von den Oxosäuren ableiten, indem man formal deren OH-Gruppen teilweise oder vollständig durch Halogenatome ersetzt. Z. B. ist: Nitrosylchlorid, O=N–Cl, das Säurechlorid der salpetrigen Säure, O=N–OH.

Halogenoxide. Gegenwärtig sind elf mehr oder weniger beständige Verbindungen dieser Klasse bekannt:

Mittlere Oxidationszahl	+1	+3	+4		+4,5	+5	+6	+7
	Cl_2O	Cl_2O_3	ClO_2	Cl_2O_4	–	–	Cl_2O_6	Cl_2O_7
	Br_2O		BrO_2		–	–		
	–		I_4O_9		I_4O_9	I_2O_5		

Alle Chloroxide sind endotherm und endergonisch, lassen sich darum nicht direkt aus den Elementen gewinnen und können z. T. spontan explodieren.

Technisch bedeutend ist vor allem das Chlordioxid, ClO_2. Es wird in großen Mengen als Bleichmittel von Zellstoff und außerdem in der Trinkwasseraufbereitung eingesetzt (s. 25.3.1). Zur Herstellung, die wegen der Explosionsgefahr stets vor Ort geschieht, wird Natriumchlorat mit Salzsäure reduziert:

$$NaClO_3 + 2\ HCl \rightarrow ClO_2 + \tfrac{1}{2}\ Cl_2 + NaCl + H_2O \tag{25.9}$$

Chlordioxid ist leichter wasserlöslich als Chlor und kann darum durch Auswaschen abgetrennt werden. Um Explosionen zu vermeiden, wird es mit Stickstoff oder Kohlenstoffdioxid verdünnt.

Dichlormonoxid, Cl_2O, wird hauptsächlich als Bleichmittel und für die Gewinnung von Hypochloriten verwendet. In der technischen Synthese läßt man Chlor auf feuchtes Natriumcarbonat einwirken.

> Chlormonoxid, ClO, ein äußerst reaktionsfähiges, instabiles Radikal, wurde als Reaktionspartner beim Abbau des stratosphärischen Ozons erkannt. Aus chlororganischen Verbindungen, hauptsächlich FCKW, werden durch die harte Strahlung Chlor-Atome freigesetzt, die mit Ozon reagieren:
> $$Cl + O_3 \rightarrow ClO + O_2 \quad \text{und} \quad ClO + O \rightarrow Cl + O_2$$
> Im Endeffekt stehen die Cl-Atome immer wieder zur Verfügung, die Ozon-Konzentration nimmt ab, und die UV-Strahlungsintensität auf der Erdoberfläche steigt an (s. 24.2.1).

Bromoxide sind unbeständig und bisher nur wenig untersucht.

Iod bildet die stabilsten Oxide der Halogene. Das beständigste unter ihnen ist das farblose, kristalline, hygroskopische Diiodpentaoxid, I_2O_5, das Anhydrid der Iodsäure, HIO_3.

Oxosäuren.

Säuren	Chlor	Brom	Iod	Salze
Hypohalogenige Säuren	HOCl	HOBr	HOI	Hypohalogenite
Halogenige Säuren	$HClO_2$	$HBrO_2$	–	Halogenite
Halogensäuren	$HClO_3$	$HBrO_3$	**HIO_3**	Halogenate
Perhalogensäuren	**$HClO_4$**	$HBrO_4$	**HIO_4, H_5IO_6**	Perhalogenate

Fettdruck: Nur diese Säuren konnten in reiner Form hergestellt werden.

Entsprechend den *Pauling*schen Regeln (s. 18.3) wachsen in obiger Tabelle die Säurestärken von oben nach unten und von rechts nach links. Perchlorsäure ist also die stärkste aller Oxosäuren!

Die hypohalogenigen Säuren, HOX, sind nur in wäßriger Lösung bekannt. Sie entstehen, neben Halogenid-Ionen, wenn das Halogen in eine durch Natriumhydrogencarbonat oder Calciumcarbonat schwach alkalisch gestellte Lösung eingeleitet wird:

$$Cl_2 + OH^- \rightarrow HOCl + Cl^- \tag{25.10}$$

Die Oxidationskraft der hypohalogenigen Säuren nimmt von HOCl zu HOI ab.

In wäßriger Lösung bei Belichtung zerfallen sie langsam unter Sauerstoffentwicklung in die Halogenwasserstoffsäuren. Bei Erwärmen disproportionieren sie:

$$3\,HOX + 3\,H_2O \rightarrow 2\,X^- + XO_3^- + 3\,H_3O^+ \tag{25.11}$$

Die hypohalogenigen Säuren und ihre Salze, vor allem das Calcium- und das Natriumhypochlorit, $Ca[OCl]_2$ und NaOCl, werden als Bleich- und Desinfektionsmittel eingesetzt.

Die halogenigen Säuren, HOX_2, werden zum Iod hin zunehmend instabil und sind nur in verdünnter wäßriger Lösung bekannt. Natriumchlorit, $NaClO_2$, das stabilste Halogenit, wird verwendet als Bleichmittel und als Oxidans für übelriechende Abgaskomponenten, wie Schwefelwasserstoff, Mercaptane und Thioether.

Das wichtigste Salz der Chlorsäure, $HClO_3$, ist das Natriumchlorat, das durch diaphragmalose Elektrolyse von Natriumchlorid-Lösungen bei 80 °C hergestellt wird. Dabei reagiert das primär entstandene Chlor mit den Hydroxid-Ionen zunächst zu Hypochlorit, ClO^-, und dieses disproportioniert zu Chlorid und Chlorat.

Das ClO_3^--Ion ist isoster mit dem Sulfit-Ion, SO_3^{2-}. Beide Ionen sind, übereinstimmend mit den VSEPR-Regeln(s. 7.1.3), trigonal-pyramidal gebaut.

Der größte Anteil des Natriumchlorats, $NaClO_3$, wird zur Herstellung von Chlordioxid (Gl. 25.9), weitere beträchtliche Mengen werden als Herbicid eingesetzt. Das im Unterschied zum Natriumchlorat nicht hygroskopische Kaliumchlorat ist das in Signalraketen und Feuerwerkskörpern am häufigsten verwendete Oxidationsmittel. Auch die Köpfe von Sicherheitszündhölzern enthalten Kaliumchlorat, daneben noch Schwefel, Antimontrisulfid, Glaspulver und Dextrin.

Wird Kaliumchlorat geschmolzen, disproportioniert es zu Kaliumperchlorat, $KClO_4$, und Kaliumchlorid. In Anwesenheit von Katalysatoren, wie Mangandioxid, MnO_2 (*Braunstein*), jedoch zerfällt Kaliumchlorat dabei zu Kaliumchlorid und Sauerstoff – eine Methode zur Reinherstellung dieses Gases im Laboratorium.

Die stabilsten Oxoverbindungen des Chlors sind die Perchlorate. Natriumperchlorat, $NaClO_4$, wird durch anodische Oxidation von Natriumchlorat technisch hergestellt und ist das Ausgangsprodukt für andere Perchlorate und für die Perchlorsäure, $HClO_4$. Wichtig sind das Ammoniumperchlorat, NH_4ClO_4, als Oxidator in Feststoffraketen, z. B. für das Space shuttle. Als Reduktor wird Aluminiumpulver verwendet. Wasserfreies Magnesiumperchlorat, $Mg(ClO_4)_2$, ist eines der wirksamsten Trockenmittel.

Perchlorsäure-Lösungen können gewonnen werden, indem Natriumperchlorat mit konzentrierter Salzsäure umgesetzt und und das dabei entstehende Natriumchlorid abfiltriert wird. Wasserfreie Perchlorsäure ist stoßempfindlich und ein energisches Oxidationsmittel, das in Gegenwart selbst geringster Mengen organischer Substanz, wie Staub oder Schliffett, detonieren kann.

Die stabile Form der Iod(VII)-säure ist die Orthoperiodsäure, $OI(HO)_5 = H_5IO_6$. Auf Grund seines großen Radius betätigt das Iod-Atom in dieser Verbindung die Koordinationszahl 6! Orthoperiodsäure bildet weiße, hygroskopische Kristalle, die bei 129 °C schmelzen und dabei Sauerstoff freisetzen. H_5IO_6 ist eine 5-wertige, schwache Säure. Durch sehr starke Säuren läßt sich das Molekül zum oktaedrischen $[I(OH)_6]^+$-Ion protonieren, dem letzten Glied der isosteren Reihe hexakoordinierter Hydroxid-Verbindungen:

$[Sn(OH)_6]^{2-} - [Sb(OH)_6]^- - Te(OH)_6 - [I(OH)_6]^+$.

Aufgaben

Aufgabe 25.1

Cl_2O, ClO_2, Cl_2O_6 und Cl_2O_7 reagieren als Säureanhydride. Geben Sie an, welche Säuren bei der Umsetzung dieser Oxide mit Wasser (zumindest formal) entstehen können!

Aufgabe 25.2

Bestimmen sie die Oxidationsstufe des Cl-Atoms in der hypochlorigen Säure. Beim Erhitzen disproportioniert sie „symmetrisch" um jeweils zwei Oxidationsstufen. Welche beiden Verbindungen werden gebildet?

Aufgabe 25.3

Warum heißt die Verbindung OF_2 Sauerstofffluorid und nicht Fluoroxid?

Aufgabe 25.4

Warum kann Fluor nicht durch Elektrolyse einer wäßrigen Lösung von Kaliumfluorid gewonnen werden?

Aufgabe 25.5

Vergleichen Sie die Reaktionen

a)   von F_2 und

b)   von Cl_2

mit flüssigem Wasser.

Welche Reaktionsprodukte entstehen in jedem dieser beiden Fälle?
Formulieren Sie die Reaktionsgleichungen (für Fluor ohne Neben- und Folgereaktionen!)!
Worin liegt der Grund für den Unterschied zwischen beiden Reaktionen?

Aufgabe 25.6

Entwickeln Sie die Valenzstrichformel des Chlorat-Ions, ClO_3^-. Beachten Sie dafür die Oktettregel und die Tatsache, daß das Chlorat-Ion isoster ist mit dem Sulfit-Ion, SO_3^{2-}! Leiten Sie mit Hilfe der VSEPR-Theorie aus der Valenzstrichformel die (dreidimensionale) Struktur des Chlorat-Ions ab!

3. Gruppe (III. Nebengruppe)
Scandium Sc, Yttrium Y, Lanthan La,
Actinium Ac[1]

26.1 Vergleichende Übersicht

Element	Sc	Y	La	Ac[2]
Ordnungszahl	21	39	57	89
Elektronenkonfiguration	[Ar] 3d 4s^2	[Kr] 4d 5s^2	[Xe] 5d 6s^2	[Rn] 6d 7s^2
Oxidationszahl	3	3	3	3
1.Ionisierungsenergie[1]	631	616	538	499
Elektronegativität	1,20	1,11	1,08	1,00
Dichte/g·cm^{-3}	2,99	4,47	6,16	10,07
Schmelztemperatur/°C	2087	2068	1467	(1600)

[1] in kJ·mol^{-1} [2] nur Radioisotope

26.1.1 Chemisches Verhalten

Nachdem in den Hauptgruppen das Valenzelektron in der „normalen" Reihenfolge eingebaut wurde, also ns^1, ns^2 und np^1 bis np^6, ist in der 4. Periode beim Scandium, dem rechten Nachbarn des Calciums, eine neue Erscheinung zu beobachten: Das hinzukommende Elektron tritt nicht in ein 4p-, sondern in ein *3d-Orbital* ein, die Elektronenkonfiguration des Scandium-Atoms ist also [Ar] 3d 4s^2. Damit ist Scandium der erste Vertreter der Übergangselemente.

Ein Übergangselement ist ein Element, dessen Atom eine unvollständige d- oder f-Unterschale hat, oder das eine wichtige Oxidationsstufe mit einer unvollständigen d- oder f-Unterschale bildet.
Dementsprechend gehören zu dieser Klasse die Elemente der 3. bis 11. Gruppe, die d-Elemente, und die der Lanthanoiden und Actinoiden, die f-Elemente. Alle Übergangselemente sind Metalle.

Gemäß ihrer Valenzelektronenkonfiguration (n-1)d ns^2 treten Scandium bis Actinium in der Oxidationsstufe +3 und überwiegend ionisch auf, was ihre Chemie übersichtlich macht. Scandium, mit dem kleinsten Kation und der geringsten Basizität in dieser Gruppe, ähnelt chemisch dem Aluminium; Yttrium und Lanthan mehr dem Calcium, während Actinium Lanthan-ähnlich ist.

---

[1] Die systematisch auch hierher gehörenden Actinoide werden wegen ihrer Radioaktivität und der nur geringen Ähnlichkeit mit den übrigen Elementen der 3. Gruppe extra besprochen.

26.1.2 Vorkommen

Häufigkeitsfolge	Y (34.)	La (39.)	Sc (40.)	Ac (86.)
Atome/10^6 Si-At.	32	13	12	$2{,}9{\cdot}10^{-10}$

Die Vorkommen dieser Elemente[2] werden besonders deutlich von ihren Ionenradien bestimmt. So ähnelt der Radius von La^{3+} den größeren Radien der leichteren Lanthanoid-Ionen (s. 27.1.1), so daß Lanthanoxid, La_2O_3, zu den sog. *Ceriterden* (s. 27.1.2) gehört, während die kleineren Yttrium-Ionen mit den kleineren Ionen der schwereren Lanthanoiden in den sogen. *Yttererden* vergesellschaftet sind.

Scandium ist in den Lanthanoidmineralen infolge seines relativ kleinen Ionenradius nur untergeordnet vorhanden. Es ist in der Erdkruste in geringer Konzentration verteilt und bildet nur das seltene Mineral Thortveitit, $Sc_2Si_2O_7$. In Uranerzen ist spurenweise Actinium enthalten, dessen Isotope alle radioaktiv sind.

26.2 Die Elemente

Die Elemente dieser Gruppe sind relativ weiche, reaktive Metalle, die an der Luft beschlagen und aus Wasser Wasserstoff freisetzen. Sie reagieren schon bei Raumtemperatur mit Halogenen, verbrennen beim Erwärmen an der Luft zu den Oxiden und bilden mit starken Säuren lösliche, mit einigen mittelstarken und schwachen Säuren, wie Phosphor-, Oxal- und Flußsäure, schwerlösliche Salze.

Yttrium, das wichtigste Metall dieser Gruppe, ist in zahlreichen Speziallegierungen enthalten. Für Scandium gibt es keinen nennenswerten Markt. Die Metalle werden durch Reduktion der Trifluoride mit Calcium im Vakuum hergestellt. Die Trifluoride sind Produkte mehrstufiger Prozesse, in denen aus dem Mineralaufschluß gewonnene Salzlösungen mittels Ionenaustausch und Solventextraktion aufgearbeitet werden. Wägbare Mengen Actinium, ca. 1 mg, wurden erstmals nach dem II. Weltkrieg kernchemisch gewonnen.

26.3 Die Verbindungen

Die Oxide M_2O_3 sind weiße Feststoffe, die sich direkt aus den Metallen gewinnen lassen. Lanthanoxid reagiert mit Wasser, ähnlich heftig wie Calciumoxid, zu dem stark alkalischen, nur mäßig löslichen Lanthanhydroxid, $La(OH)_3$. Scandiumhydroxid ist amphoter und löst sich dementsprechend, ähnlich Aluminiumhydroxid, in überschüssiger Alkalilauge, wobei hauptsächlich Hexahydroxoscandiat-Ionen, $[Sc(OH)_6]^{3-}$, gebildet werden.

Größere technische Bedeutung erlangten in den letzten Jahren die dotierten Doppeloxide vom Granat-Typ[3] $Y_3Al_5O_{12}$ und $Y_3Fe_5O_{12}$ als Leuchtstoffe für Bildschirme und als Laserkristalle.

---

[2] Scandium, Yttrium, Lanthan und die Lanthanoiden werden auch als *Seltenerdmetalle* bezeichnet, die Oxide als *Seltene Erden*. Diese Bezeichnungen geben aber ein falsches Bild: Das seltenste dieser Elemente, Thulium, ist noch häufiger als Bismut, Silber oder Iod!

[3] Granate im engeren Sinne sind Silicatminerale des Typs $M^{II}_3M^{III}_2[SiO_4]_3$ mit M^{II} = Mg, Ca, Fe(II) und M^{III} = Al, Cr, Fe(III).

Aufgaben

Aufgabe 26.1

Was ist zu beobachten, wenn man eine wäßrige Scandiumchlorid-Lösung zunächst tropfenweise mit Natronlauge versetzt und zum Schluß die Lösung verhältnismäßig stark alkalisch macht?

Bedenken Sie die Verwandschaftsbeziehungen des Elements Scandium.

Formulieren Sie zwei Reaktionsgleichungen, um alle Vorgänge formelmäßig zu beschreiben!

Aufgabe 26.2

Was geschieht, wenn etwas Lanthanoxid, das ähnlich reagiert wie Calciumoxid, in Wasser gegeben wird? Woraus besteht der Bodenkörper? Welche Eigenschaften zeigt die entstehende Lösung?

Lanthanoide
Cer Ce, Praseodym Pr, Neodym Nd, Promethium Pm, Samarium Sm, Europium Eu, Gadolinium Gd, Terbium Tb, Dysprosium Dy, Holmium Ho, Erbium Er, Thulium Tm, Ytterbium Yb, Lutetium Lu

27.1 Vergleichende Übersicht

Element	Ce	Pr	Nd	Pm[2]	Sm	Eu	Gd
Ordnungszahl	58	59	60	61	62	63	64
1. Ionisierungsenergie[1]	527	523,1	529,6	535,9	543,3	546,7	592,5
Elektronegativität	1,06	1,07	1,07	1,07	1,07	1,01	1,11
Oxidationszahl	3, 4	3, 4	3	3	2, 3	2, 3	3
Dichte/g·cm^{-3}	6,77	6,48	7,00	7,22	7,54	5,25	7,89
Schmelztemperatur/°C	1345	1477	1567	1714	1623	1368	1859
Element	Tb	Dy	Ho	Er	Tm	Yb	Lu
Ordnungszahl	65	66	67	68	69	70	71
1. Ionisierungsenergie[1]	564,6	572	580,7	589	596,7	603,4	523,5
Elektronegativität	1,10	1,10	1,10	1,11	1,11	1,06	1,14
Oxidationszahl	3, 4	3	3	3	2, 3	2, 3	3
Dichte/g·cm^{-3}	8,25	8,56	8,78	9,05	9,32	6,97	9,84
Schmelztemperatur/°C	1902	1958	2020	2075	2091	1370	2209

[1] in kJ·mol^{-1} [2] nur Radioisotope

27.1.1 Chemisches Verhalten

Bei diesen auf das Barium folgenden, chemisch einander besonders ähnlichen Elementen der 6. Periode werden die 4f-Orbitale aufgefüllt:

	La	Ce	Pr	Nd	Pm	Sm	Eu	Gd
Ek.[3]	5d 6s^2	4f^2 6s^2	4f^3 6s^2	4f^4 6s^2	4f^5 6s^2	4f^6 6s^2	4f^7 6s^2	4f^7 5d 6s^2
3. IE[4]	1850	1949	2086	2130	2150	2260	2404	1990
	Gd	Tb	Dy	Ho	Er	Tm	Yb	Lu
Ek.[3]	4f^7 5d 6s^2	4f^9 6s^2	4f^{10} 6s^2	4f^{11} 6s^2	4f^{12} 6s^2	4f^{13} 6s^2	4f^{14} 6s^2	4f^{14} 5d 6s^2
3. IE[4]	1990	2114	2200	2204	2194	2285	2415	2022

[3] Ek. = Elektronenkonfiguration; zu jedem Eintrag hinzufügen: [Xe];
[4] 3. IE = dritte Ionisierungsenergie/kJ·mol^{-1}

Die Valenzbetätigung erfolgt meist nur durch die äußeren drei Elektronen der Konfiguration 4f 6s², bei Gadolinium und Lutetium aber durch die 5d 6s²-Elektronen. Als energetisch besonders stabil erweisen sich die vollbesetzten f-Orbitale f^{14} bei Ytterbium und Lutetium und die halbbesetzten f^7 bei Europium und Gadolinium.

Dementsprechend ist die Energie für die Entfernung eines Elektrons aus den Europium(II)- und Ytterbium(II)-Ionen besonders groß, weil dabei die stabile f^7- bzw. f^{14}-Konfiguration angegriffen werden muß, bei den Gadolinium(II)- und Lutetium(II)-Ionen dagegen besonders klein, weil das einzelne 5d-Elektron besonders locker gebunden ist (s. Bild 27-1).

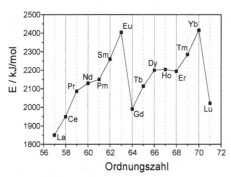

Bild 27-1
Dritte Ionisierungsenergie der Lanthanoiden

So ergibt sich ein *periodischer* Verlauf der Ionisierungsenergie.

Die Radien der Ionen gleicher Ladungszahl, nämlich La³⁺ bis Lu³⁺, nehmen in dieser Richtung von 103,2 pm bis 86,1 pm nahezu linear, also *aperiodisch*, ab, was als *Lanthanoidenkontraktion* bezeichnet wird. Sie ist so zu erklären: Jede Zunahme der Kernladung wird zwar durch eine gleich große Zunahme der Elektronenladung kompensiert, doch werden infolge der Richtungseigenschaften der f-Orbitale die 4f-Elektronen weniger effektiv als bei den d-Elementen die d-Elektronen vor der Kernladung abgeschirmt. Demzufolge wird die gesamte Elektronenwolke durch die schrittweise zunehmende Kernladung immer stärker angezogen, so daß ein jedes Ion gegenüber dem vorangegangenen etwas kleiner ist. Entsprechende Kontraktionen sind auch in den Reihen des d-Blocks zu beobachten: Vom Sc(III) zum Cu(III) nehmen die Radien um 20,5 pm und von Y(III) zu Ag(III) um 15 pm ab. Die Lanthanoiden-kontraktion wirkt sich tiefgreifend auf die im Periodensystem folgenden Elemente Hafnium bis Gold aus: Die bei ihnen gegenüber ihren leichteren Homologen zu erwartende Zunahme der Atom- und Ionenradien wird durch die Lanthanoiden-

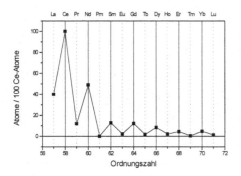

Bild 27-2 Lanthanoidenhäufigkeit

kontraktion kompensiert, so daß homologe Ionen der 5. und 6. Periode, z. B. Zr⁴⁺ und Hf⁴⁺, nahezu gleich groß und dadurch chemisch außerordentlich ähnlich sind!

27.1.2 Vorkommen

Bei den Lanthanoiden kommt besonders deutlich die Harkinssche Regel zum Ausdruck, nach der Elemente mit gerader Ordnungszahl im allgemeinen häufiger sind als ihre Nachbarn mit ungeraden Ordnungszahlen (Bild 27-2). Die leichteren Lanthanoiden Cer, Praseodym, Neodym und Samarium finden sich diadoch[1] vor allem im Monazit, $CePO_4$, und im Bastnäsit, $CeCO_3F$ (*Ceriterden*), die schwereren Lanthanoiden Ytterbium, Erbium und Terbium vorrangig in den Yttrium-Mineralen Xenotim, YPO_4, und Gadolinit, $Be_2Y_2Fe[Si_2O_{10}]$ (*Yttererden*[2]). Der Bastnäsit der Sierra Nevada (USA) ist heute die wirtschaftlich bedeutendste Quelle für die Lanthanoiden. Beachtlich sind auch bestimmte lanthanoidreiche Tone Chinas.

27.2 Elemente und Verbindungen

Die Elemente sind silberfarbene, weiche Metalle: So ähnelt das Cer dem Zinn, und Terbium und Thulium lassen sich mit dem Messer schneiden. Die Metalle sind sehr reaktionsfähig und ähneln chemisch den Erdalkalimetallen: Sie reagieren mit Wasser zu den Hydroxiden $M(OH)_3$, deren Basizität auf Grund der Lanthanoidenkontraktion vom Cer zum Lutetium abnimmt. Die feinverteilten Metalle lassen sich an der Luft leicht entzünden und verbrennen dann stark exotherm zu den Lanthanoid(III)-oxiden M_2O_3. Im Falle des Cers entsteht dabei das Cer(IV)-oxid, CeO_2! Mit Wasserstoff reagieren die Metalle zu Hydriden, die z. T., anders als die Erdalkalimetalle, metallartiges Verhalten aufweisen.

Die meisten Lanthanoid(III)-Verbindungen sind gefärbt: Die von Praseodym und Thulium grün, von Neodym lila, von Promethium und Erbium rosa, von Samarium, Holmium und Dysprosium gelb sowie von Europium und Terbium blaßrosa. Zusätzlich zu den vorherrschenden und stabilen Verbindungen der Oxidationsstufe +3 existieren auch solche der Oxidationsstufen +2 und +4. Diese tendieren aber dazu, durch Reduktion bzw. Oxidation in die +3-Stufe überzugehen. Ce(IV)-Ionen sind in saurer Lösung starke Oxidationsmittel und werden in der Maßanalyse benutzt (*Cerimetrie*).

Die Herstellung reiner Verbindungen der Lanthanoiden ist auf Grund ihrer ausgeprägten chemischen Ähnlichkeit recht aufwendig. Heute werden im technischen Maßstab Lösungen der Lanthanoid-Nitrate mittels kontinuierlich arbeitender Extraktionsverfahren aufgetrennt.

Die Lanthanoiden werden außerordentlich vielfältig angewendet und erobern ständig neue Einsatzgebiete. Lange bekannt ist das pyrophore *Mischmetall*, eine Cer/Lanthan/Eisen-Legierung, als Zündstein in Feuerzeugen. Verbreitet ist der Einsatz der Metalle in Stahl- und Magnesiumlegierungen. Hohe Wachstumsraten haben Magnetwerkstoffe, z. B. das Neodym-Eisen-Borid $Nd_2Fe_{14}B$ und Samarium/Cobalt-Legierungen, sowie elektronische Speichermedien, wie die Terbium/Eisen/Cobalt-Legierung. Gadolinium hat von allen Elementen das höchste Neutronenabsorptionsvermögen und wird darum in Atomreaktoren für Regelstäbe verwendet. Einige Oxide werden als Katalysatoren eingesetzt, bei der Herstellung von optischen und von Farbgläsern wie auch von Leuchtstoffen für Leuchtröhren und Bildschirme.

---

[1] Diadochie = Ersetzbarkeit bestimmter Ionen oder Atome in einem Kristallgitter durch andere Ionen oder Atome. Voraussetzung dafür ist die Ähnlichkeit der Ionen- oder Atomradien.

[2] Unter Cerit- bzw. Yttererden versteht man die Oxide der entsprechenden Elemente.

Aufgaben

Aufgabe 27.1

Aus welchem Grunde sind die 3. Ionisierungsenergien zwischen Europium und Gadolinium sowie zwischen Ytterbium und Lutetium derart stark unterschiedlich? Ziehen Sie dafür die Tabelle in 27.1.1 und Bild 27-1 über die Dritte Ionisierungsenergie heran!

Aufgabe 27.2

Entwickeln Sie die Redoxgleichung für die Titration einer Arsenit-Lösung (s. 23.4.2) mit einer Ce(IV)-sulfat-Lösung! Stellen Sie zunächst die noch die freien Elektronen enthaltenden getrennten Gleichungen für das Oxidations- und das Reduktionsmittel auf und addieren Sie dann die beiden Teilgleichungen!

Die 1. Reihe der Übergangselemente
Titan Ti, Vanadium V, Chrom Cr,
Mangan Mn, Eisen Fe, Cobalt Co, Nickel Ni

28.1 Vergleichende Übersicht

Element	Ti	V	Cr	Mn	Fe	Co	Ni
Ordnungszahl	22	23	24	25	26	27	28
Oxidationszahlen	3, **4**	2, 3, **4**, **5**	2, 3, 6	**2**, 3, 4, 6, 7	**2**, 3, 6	**2**, 3	**2**, 3
1. Ionisierungsenergie[1)]	658	650	652,7	717,4	759,3	760	736,7
Elektronegativität	1,32	1,45	1,56	1,60	1,64	1,70	1,75
Dichte/g·cm^{-3}	4,51	6,09	7,14	7,44	7,87	8,89	8,91
Schmelztemperatur/°C	1660	1887	1857	1244	1535	1495	1453

[1)] in kJ·mol^{-1}

28.1.1 Chemisches Verhalten

Die Übergangselemente Titan bis Nickel[1] werden hier gemeinsam behandelt, weil sie einander chemisch ähnlicher sind als ihren Gruppenhomologen: So liegen ihre Elektronegativitätswerte dicht beieinander, von 1,3 bis 1,75; und die Radien gleichartig geladener Ionen unterscheiden sich nur wenig: 67 pm für Ti^{3+} und 54,5 pm für Co^{3+}.

Alle Elemente dieser Reihe treten in wäßriger Lösung auch als Kationen der Oxidationsstufen +2 und +3 auf, von denen Titan(III) und Vanadium(III) sowie Titan(II) bis Mangan(II), in dieser Richtung abnehmend, reduzierend wirken. Weil von Titan bis Nickel die Elektronen durch die steigende Kernladung immer fester gebunden werden, ist die der Gruppennummer entsprechende Höchstwertigkeit bei Mangan schon relativ unbeständig und wird bei Eisen, Cobalt und Nickel nicht mehr erreicht. Nickel tritt in seinen einfachen Verbindungen fast nur noch in der Oxidationsstufe +2 auf.

Tabelle 28.1 2. Ionisierungsenergie der Elemente Ti - Zn

Element	Ti	V	Cr	Mn	Fe	Co	Ni	Cu	Zn
Elektronen-konfiguration	$3d^24s^2$	$3d^34s^2$	$3d^54s$	$3d^54s^2$	$3d^64s^2$	$3d^74s^2$	$3d^84s^2$	$3d^{10}4s$	$3d^{10}4s^2$
2. Ionisierungs-energie[1)]	1310	1414	1592	1509	1561	1646	1753	1958	1733,3

[1)] $M^+ \rightarrow M^{2+} + e^-$; in kJ·mol^{-1}

---

[1] Die Elemente der 8. bis 10. Gruppe werden zuweilen als VIII. Nebengruppe zusammengefaßt, was aber durch das chemische Verhalten nicht zu begründen ist.

Ähnlich wie bei den Lanthanoiden die 3., zeigt hier die 2. Ionisierungsenergie (s. Tab. 28.1), daß die halb- und die vollbesetzten Orbitale d^5 und d^{10} von Chrom bzw. Kupfer besonders energiearm sind (Bild 28-1). Dementsprechend sind Mangan(II)- und Eisen(III)-Ionen stabil, Eisen(II)-Ionen aber Reduktionsmittel. Bei Komplexverbindungen kann sich diese Folge umkehren. Die Anzahl der betätigten Oxidationsstufen nimmt von Titan bis Mangan zu und von da bis zum Nickel wieder ab. Mangan steht in der Anzahl der Oxidationsstufen von –3 bis +7 an der Spitze aller Elemente!

Die Energiedifferenzen zwischen den Valenzorbitalen sind relativ klein, was Wertigkeitswechsel erleichtert – Ursache für die katalytische Aktivität vieler dieser Verbindungen wie auch für die Tendenz einiger Oxide, unter Sauerstoffabspaltung in Oxidphasen niedrigerer Oxidationsstufen überzugehen. Die Elektronen der Übergangsmetallatome werden schon durch die relativ energiearmen Photonen des sichtbaren Spektrums angeregt, so daß die meisten dieser Verbindungen farbig sind, im Unterschied zu denen der Hauptgruppen.

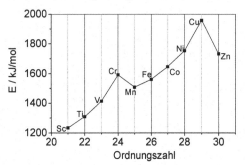

Bild 28-1

Zweite Ionisierungsenergie der Elemente Sc - Zn

Das vielfältige Komplexbildungsvermögen der d-Elemente, besonders von Chrom und Cobalt, war die Grundlage für die Entwicklung der Komplexchemie[2].

28.1.2 Vorkommen

Häufigkeitsfolge	Fe (7.)	Ti (10.)	Mn (15.)	Cr (19.)	V (21.)	Ni (22.)	Co (29.)
Atome/10^6 Si-At.	91 614	9 322	1 684	398	299	278	68

Eisen ist das fünfthäufigste Metall überhaupt und das häufigste Schwermetall der festen Erdkruste. Die größte Menge ist in Silicaten gebunden. Die dunklen Farben der Urgesteine sowie die rotbraunen mancher Böden gehen auf Eisenverbindungen zurück. Die wichtigsten Erze sind: Hämatit, Fe_2O_3, Magnetit, Fe_3O_4, Pyrit, FeS_2, das verbreitetste Sulfid überhaupt, und Pyrrhotin (Magnetkies), FeS. Berücksichtigt man auch den Erdmantel und den aus Nickel und Eisen bestehenden Erdkern, ist Eisen mit 35 % sogar das häufigste Metall des Erdballs!

---

[2] Alfred Werner (1866-1919), schweizerischer Chemiker, Nobelpreis für Chemie 1913.

Vor mehr als 3 Milliarden Jahren begann die Photosynthese im Meerwasser durch die Cyanobakterien. Der dabei freigesetzte Sauerstoff oxidierte die gelösten Eisen(II)-Verbindungen, und Eisen(III)-oxidaquat fiel aus. Im Höhepunkt dieser Entwicklung, vor etwa 2 Milliarden Jahren, entstanden mehr als 90 % der irdischen Eisenerze. Also: Ohne das frühe Leben auf unserem Erdball keine Eisenerzlager und damit keine Technik!

Die wichtigsten Titanminerale sind der Ilmenit, $FeTiO_3$, sowie die Titandioxid-Modifikationen Rutil und Anatas.

Vanadium ist in Eisen- und Titanerzen enthalten, von denen die Magnetite in Südafrika, China und Australien am wichtigsten sind. In Erdöl und Kohle finden sich Vanadium-Porphyrine[3], so daß das Element auch aus Erdölrückständen und Aschen gewonnen werden kann.

Das Hauptmineral des Chroms ist der Chromit (Chromeisenstein), $FeCr_2O_4$, der vor allem in Südafrika gefunden wird.

Mangan, das zweithäufigste Schwermetall, kommt überwiegend als Pyrolusit, MnO_2, Hauptbestandteil des Braunsteins, vor. Die oxidischen „Manganknollen" des Meeresbodens enthalten u.a. beträchtliche Mengen Mangan

Cobalt, das seltenste Element dieser Reihe, findet sich, stets mit Nickel vergesellschaftet, meist als Sulfid und Arsenid. Wichtige Nickelerze sind Pentlandit, $(Ni,Fe)_9S_8$ (Kanada), und Garnierit, $(Ni,Mg)_3[Si_2O_5(OH)_4]$ (Neukaledonien).

28.2 Die Elemente

Alle Metalle dieser Reihe haben hohe Schmelztemperaturen (s. 28.1), bedingt durch die besonders große Kohäsionskraft zwischen den d-Elektronen und den positiven Atomrümpfen. In hochreinem Zustand sind die Metalle duktil und leicht bearbeitbar, aber schon Spuren anderer Elemente, meist Sauerstoff, Kohlenstoff und Wasserstoff, lassen sie hart und spröde werden. Eisen, Cobalt und Nickel sind *ferromagnetisch*.

Die Metalle sind unedel und sollten darum aus Wasser Wasserstoff freisetzen:

M^{2+}/M	Ti	V	Cr	Mn	Fe	Co	Ni
Standardpotential/V	-1,63	-1,13	-0,90	-1,18	-0,44	-0,277	-0,257

Mit Ausnahme von Eisen und Mangan sind aber die kompakten Metalle infolge stabiler oxidischer Schutzschichten auch an feuchter Luft, Titan und Vanadium sogar gegen nichtoxidierende, verdünnte Säuren in der Kälte beständig. Von oxidierenden Säuren, wie Salpeter- und Schwefelsäure, werden die meisten von ihnen passiviert und nicht angegriffen, was im Falle des Eisens wirtschaftlich außerordentlich wichtig ist.

In feinverteilter Form sind diese Metalle pyrophor, d. h. sie reagieren spontan unter Aufglühen und Funkenbildung mit dem Sauerstoff der Luft zu Oxiden. Bei höheren

---

[3] Porphyrine sind als cyclische Tetrapyrrole (s. Organ. Chem.) organische Verbindungen biogenen Ursprungs!

Temperaturen reagieren die Metalle dieser Reihe mit den meisten Nichtmetallen, insbesondere mit Halogenen und Chalkogenen.

Titan. Bei höheren Temperaturen bildet Titan mit Wasserstoff metallartige Hydride TiH_x ($x \leq 2$) und brennt sogar in Stickstoff (!), wobei sich Titannitrid, TiN, bildet. Angesichts dieser hohen Reaktionsfähigkeit erscheint es paradox, daß kompaktes Titan korrosionsbeständig ist. Das ist jedoch, wie bei Magnesium und Aluminium, auf die bereits erwähnte Passivierung zurückzuführen.

Die Kombination geringer Dichte mit großer Festigkeit, hoher Schmelztemperatur und Korrosionsbeständigkeit hat Titan seit etwa 1950 zu einem der meistgefragten Metalle werden lassen. Titanlegierungen wurden immer wichtiger für Luft- und Raumfahrt, für chemische Anlagen, Bohrplattformen und Schiffe.

Das Metall kann nicht durch Reduktion von Titandioxid mit Kohlenstoff gewonnen werden, weil dabei Titancarbid, TiC, ensteht. Darum werden Gemenge aus Rutil und Petrolkoks im Wirbelschichtreaktor bei 900 °C mit Chlor umgesetzt (*Carbochlorierung*; *Kroll*-Verfahren[4]):

$$TiO_2 + 2\,C + 2\,Cl_2 \rightarrow TiCl_4 + 2\,CO \tag{28.1}$$

Titantetrachlorid destilliert ab, wird rektifiziert und unter Argon reduziert:

$$TiCl_4 + 2\,Mg \rightarrow Ti + 2\,MgCl_2 \tag{28.2}$$

Das dabei entstandene Magnesiumchlorid sowie restliches Magnesium werden mit Wasser und Säure ausgewaschen.

Hochreines Titan wird nach dem *van-Arkel-/de-Boer*[5]-Verfahren hergestellt: Im Vakuum wird das vorgereinigte Titan mit Iod auf ca. 500 °C erhitzt. Das absublimierende Titantetraiodid zersetzt sich an einem auf 1300 °C befindlichen Wolfram-Glühdraht, auf den hochreines Titan aufwächst. Das „Transportmittel" Iod kehrt in den Prozeß zurück. Das Verfahren ist auch auf andere Metalle und Halbmetalle anwendbar.

Vanadium. Die Hauptmenge des Vanadiums wird als Ferrovanadium Gußeisen und Stählen zulegiert, die vorrangig als Werkzeugstahl und Federstahl, sowie für Schneidwerkzeuge eingesetzt werden. Ferrovanadium (60-80 % V) wird gewonnen, indem man Vanadiumpentaoxid, V_2O_5, im Lichtbogenofen mit Ferrosilicium reduziert, wobei zur Bindung des Silicats Kalk zugesetzt wird. Reines Vanadium wird durch Reduktion von Vanadiumpentaoxid mit Calcium hergestellt.

Chrom. Im Unterschied zu den bisher behandelten Metallen dieser Reihe verhält sich reines Chrom gegenüber nichtoxidierenden Mineralsäuren unedel und wird z. B. von Salzsäure unter Wasserstoffentwicklung zu Chrom(II)-Ionen gelöst. Ansonsten aber ist das Metall durch die oxidische Deckschicht korrosionsfest und nach Passivierung auch gegen verdünnte Säuren inert. Es wird darum als hochglänzender Schutzüberzug für andere Metalle verwendet. Die Hauptbedeutung des Chroms liegt jedoch in den hervorragenden Eigenschaften der Chromnickelstähle (s. Nickel). Chrom wird aluminothermisch aus Chrom(VI)-oxid oder durch Elektrolyse von Chromalaun- oder Chromsäure-Lösungen hergestellt.

---

[4] William Justin Kroll (1889-1973), luxemburgischer Metallurge
[5] Anton Eduard van Arkel (1893-1976), J. H. de Boer (1899-1971), niederländische Chemiker.

Mangan. Das Metall ist reaktionsfähiger als seine Nachbarn im Periodensystem. Es ähnelt in seinem chemischen Verhalten dem Eisen, „rostet" aber nicht ganz so schnell. Mangan wird von Mineralsäuren, langsamer auch von Wasser, unter Bildung von Wasserstoff und Mangan(II)-Ionen angegriffen.

Mangan ist die mengenmäßig wichtigste Legierungskomponente für Eisen. Etwa 95 % des geförderten Manganerzes gehen in die Stahlmetallurgie. Hier dient hauptsächlich Ferromangan als Vorlegierung wie auch zur Desoxidation und Entschwefelung von Stahlschmelzen.

Reines Mangan wird durch Elektrolyse von Mangan(II)-sulfat-Lösungen gewonnen.

Eisen. Ein weltweites Problem ist die Korrosion des Eisens, das sog. *Rosten*. Hierbei wird Eisen durch Luftsauerstoff und Oxonium-Ionen unter Mitwirkung von Wasser, Kohlenstoffdioxid und gelösten Salzen oxidiert. *Rost*, ein braun-schwarzes Gemenge von Eisen(III)-oxidhydroxid, $FeO(OH)$, und Eisen(II,III)-oxid, Fe_3O_4, ist durchlässig für die reaktiven Komponenten, so daß Eisen durch Korrosion vollständig aufgezehrt werden kann.

Die jährlichen Schäden durch Metallkorrosion in der BRD werden auf ca. 50 Md. € geschätzt.

Der Korrosionsschutz zielt darauf ab, die gefährdeten Metalloberflächen mit Schutzschichten zu versehen, z. B. aus Zink, Zinn, Nickel, Mennige, Lack u. a.

Kein anderes Metall hat die Geschichte der Menschheit in den letzten 3000 Jahren derart tiefgreifend bestimmt wie das Eisen. Stahl, im weitesten Sinne, ist nach wie vor der metallische Hauptwerkstoff der Technik und bildet das technische Rückgrad der heutigen Zivilisation.

Roheisen entsteht, wenn Eisenerz im Hochofen reduziert wird. Dazu wird der Hochofen schichtweise abwechselnd beschickt mit Koks und einem Gemenge von Erz und dem sogen. Zuschlag, meist Kalk, der mit den Nebenbestandteilen des Erzes, der sogen. Gangart, eine leichtschmelzende, vorwiegend aus Calciumsilicaten bestehende, Schlacke bildet. Die vom unteren Ofenende eingeblasene Heißluft reagiert exotherm bei etwa 2000 °C mit dem Koks zu Kohlenstoffmonoxid. Dieses reduziert im unteren Ofenbereich Silicate und Phosphate zu den Elementen, die sich im Eisen lösen. Im mittleren Ofenbereich wird Eisenoxid zu festem, feinverteiltem Eisen reduziert, das mit der Beschickung langsam tiefer rutscht und dort Kohlenstoff aufnimmt, der aus der Disproportionierung des Kohlenstoffmonoxids, gemäß dem *Boudouard*-Gleichgewicht, entstanden ist.

Boudouard -Gleichgewicht: $2\,CO \rightleftharpoons CO_2 + C$ (28.3)

Durch die Kohlenstoffaufnahme erniedrigt sich die Schmelztemperatur des Systems, so daß sich flüssiges Roheisen abscheidet. Es sammelt sich, bedeckt von der Schlacke, im Schmelzraum, aus dem beide flüssige Phasen von Zeit zu Zeit „abgestochen" werden. Roheisen enthält 3,2-5 % C und ist hauptsächlich der Ausgangsstoff für Stahl, zu einem kleinen Teil auch für Gußeisen (2-4 % C).

Unter *Stahl*, der meist weniger als 2 % Kohlenstoff enthält, versteht man heute alle Eisenlegierungen, die weder Roheisen noch Gußeisen sind. Zur Stahlerzeugung wird Sauerstoff durch die in einem Konverter befindliche Roheisenschmelze geblasen (*Frischen*). Dabei werden die störenden Elemente Kohlenstoff, Mangan, Silicium, Phosphor und

Schwefel oxidiert und weitgehend als Oxide verflüchtigt bzw. als Calciumsalze mit der Schlacke entfernt. Abschließend wird der Rohstahl noch entgast, desoxidiert und entschwefelt.

Chemisch reines Eisen ist wirtschaftlich von untergeordneter Bedeutung. Es läßt sich durch Elektrolyse von Eisen(II)-Salz-Lösungen herstellen.

Cobalt. Cobalt wird vor allem für Speziallegierungen verwendet: Cobaltstahl ist sehr hart und warmfest, so daß er sich als Schnellarbeitsstahl für Bohrer, Fräsköpfe u. ä. eignet. Cobalt-Legierungen mit Samarium dienen als Magnetwerkstoffe, solche mit Chrom für die Beschichtung von Videobändern.

Die Gewinnung von Cobalt ist überwiegend mit der von Kupfer, Blei und Nickel verbunden. Die durch Flotation erhaltenen Konzentrate werden meist auf Cobalt(II)-sulfat-Lösungen verarbeitet, aus denen nach Ausfällung störender Metallkationen reines Cobalt katodisch abgeschieden wird.

Nickel. Nickel, dem Eisen sehr ähnlich, aber korrosionsfest, wird häufig als Schutzüberzug auf Eisen abgeschieden.

Von Nickel sind etwa 3000 Legierungen bekannt! Die Hauptmenge des Metalls dient zur Produktion von Edelstahl. Der häufigst verwendete ist der Chromnickelstahl. Eine wichtige Speziallegierung für besonders korrosionsbelastete chemische Anlagen ist das *Monelmetall* (Ni/Cu/Mn/Fe/Si).

Feinteiliges Nickel ist ein sehr aktiver Hydrierkatalysator (*Raney*-Nickel).

Für die Nickel-Herstellung wird aus den Konzentraten in einem Schmelzverfahren zunächst ein Nickelsulfid-reicher „Rohstein" gewonnen. Das daraus durch Abrösten erhaltene Nickeloxid wird direkt der Stahlerzeugung zugeführt oder carbothermisch zum Rohmetall reduziert. Dieses wird in einem Elektrolysebad als Anode geschaltet, die sich bei Stromfluß auflöst, während sich an der Katode reinstes Nickel abscheidet. Nach dem *Mond*-Verfahren[6] wird Rohnickel mit Kohlenstoffmonoxid zu Nickeltetracarbonyl umgesetzt (Gl. 28.4, oberer Pfeil). Dieses wird destilliert und an Nickelkugeln thermisch zersetzt (unterer Pfeil):

$$Ni + 4\ CO \xrightleftharpoons[250°C]{50\ °C} Ni(CO)_4 \qquad\qquad (28.4)$$

Einige dieser Elemente sind lebenswichtig: Das Eisen(II)-Ion ist das Zentralatom im Hämoglobin, Eisen-Ionen sind integraler Bestandteil von Enzymen und Proteinen im Säugetierorganismus und unentbehrlich in der Photosynthese und der Stickstofffixierung. Mangan-Komplexe katalysieren die Oxidation des Wassermoleküls in der Photosynthese. Cobalt(III)-Ionen fungieren als Zentralatome im Coenzym B_{12} und Vitamin B_{12}. Bakterien- und Pflanzenenzyme, z. B. Ureasen[7], enthalten Nickel-Ionen. Chrom(III)-Faktoren verstärken die Funktion des Insulins. Aber Nickel, z. B. in Modeschmuck und Dentallegierungen, verursacht auch Allergien, und Chrom(VI)-Verbindungen wirken cancerogen.

---

[6] Ludwig Mond (1839-1909), britischer Chemiker.
[7] Ureasen katalysieren die Hydrolyse von Harnstoff, $OC(NH_2)_2$, zu CO_2 und Ammoniak.

28.3 Die Verbindungen

28.3.1 Titan

Oxide. Das heute in Farben, Kunststoffen und Textilien meistverwendete Weißpigment ist der Rutil, TiO_2, weil er den höchsten Brechungsindex aller farblosen Feststoffe hat und zudem farbbeständig und physiologisch unbedenklich ist. Titandioxid-Pigment wird nach dem *Chlorid-Prozeß* durch Oxidation von hochreinem Titantetrachlorid bei etwa 1400 °C hergestellt:

$$TiCl_4 + O_2 \rightarrow TiO_2 + 2\,Cl_2 \tag{28.5}$$

Nach dem älteren *Sulfat-Prozeß* wird Ilmenit, $FeTiO_3$, mit Schwefelsäure aufgeschlossen, das entstandene Eisen(II)-sulfat-heptahydrat, $FeSO_4 \cdot 7\,H_2O$, abfiltriert und das Titanoxidsulfat, $TiOSO_4$, zu Titandioxid hydrolysiert.

Titandioxid bildet zahlreiche Doppeloxide, die z. T. wichtige physikalische Eigenschaften aufweisen, wie Piezoelektrizität oder hohe Dielektrizitätskonstante.

Halogenide. Titantetrachlorid, $TiCl_4$, ist eine dem Siliciumtetrachlorid ähnliche, farblose, hygroskopische, an der Luft stark rauchende, ätzende Flüssigkeit. Es wird durch viel Wasser zu Titandioxidaquat hydrolysiert. Titantetrachlorid ist ein Schlüsselprodukt für die Herstellung von Titan, Titandioxid und von wichtigen Katalysatoren, z. B. für die Niederdruckpolymerisation von Ethen (Ethylen).

Wird Titantetrachlorid bei höherer Temperatur mit Titan reduziert, entsteht das stark reduzierende, rotviolette Titan(III)-chlorid, $TiCl_3$. Es bildet in wäßrigen Lösungen oktaedrisch gebaute Kationen, die die Erscheinung der *Hydratisomerie* zeigen. Hierbei werden koordinierte Wassermoleküle unter Farbänderung reversibel teilweise durch Ionen substituiert:

$$[Ti(H_2O)_6]_3 + 3\,Cl^- \rightleftharpoons [TiCl_2(H_2O)_4] + Cl^- + 2\,H_2O \tag{28.6}$$
$$\text{violett} \qquad\qquad\qquad \text{grün}$$

Weitere Verbindungen. Titannitrid, TiN, ist ein goldglänzender, im Steinsalz-Gitter kristallisierender, elektrisch leitender, verschleißfester Hartstoff. Er ist gegenüber heißen Säuren und Laugen resistent, gegen Chlor sogar bis etwa 250 °C. Titannitrid wird darum für schützende Überzüge auf Werkzeugen oder für dekorative Beschichtungen, z. B. auf Schmuckgegenständen, verwendet.

Titan(IV)-Ionen bilden mit Wasserstoffperoxid das intensiv orangefarbene Titan(IV)-peroxohydroxotetraaqua-Ion $[Ti(O \cdot O)(OH)(H_2O)_4]^+$, was einen empfindlichen Nachweis von Titanverbindungen wie auch von H_2O_2 erlaubt.

28.3.2 Vanadium

Oxide. Vanadiumpentaoxid, V_2O_5, ein orange-gelber Feststoff, läßt sich durch thermische Zersetzung von Ammoniummetavanadat gewinnen:

$$2\,NH_4VO_3 \rightarrow V_2O_5 + 2\,NH_3 + H_2O \tag{28.7}$$

Divanadiumpentaoxid kann reversibel Sauerstoff abspalten und ist darum ein hervorragender Redoxkatalysator. Es hat bei der technischen Oxidation des Schwefeldioxids zu Schwefeltrioxid (s. 24.3.2) das wesentlich teurere, arsenempfindliche Platin abgelöst. Divanadiumpentaoxid ist amphoter: Es löst sich in Säuren zu den gelben Vanadyl-Ionen, $[VO_2]^+$, in starken Basen zu den farblosen Vanadat-Ionen, $[VO_4]^{3-}$. Vanadium(V)-oxid läßt sich zum Dioxid VO_2 (blau), zum Vanadium(III)-oxid V_2O_3 (schwarz) und zum Monoxid VO (grau) reduzieren.

Polyvanadate. Wird eine stark alkalische Vanadat-Lösung portionsweise mit Säure versetzt, ändert sich ihre Farbe von orange über rot nach dunkelrot. Hierbei bilden sich unter Kondensation höhermolekulare Homopolyvanadat-Ionen:

$$[VO_4]^{3-} \rightarrow [VO_2(OH)_2]^- \rightarrow [V_2O_7]^{4-} \rightarrow [V_3O_9]^{3-} \rightarrow [V_4O_{12}]^{4-} \rightarrow [H_2V_{10}O_{28}]^{4-},$$

bis schließlich bei pH ≈ 2 das hochmolekulare Divanadiumpentaoxid ausfällt, das durch weitere Oxonium-Ionen wieder zu monomeren, blaßgelben Vanadyl-Ionen gelöst wird. Die sog. Metavanadate, wie $NaVO_3$, enthalten nicht etwa $[VO_3]^-$-Ionen, sondern Ketten von VO_4-Tetraedern mit je zwei gemeinsamen Ecken (s. 23.3.2).

Halogenide. Alle Halogenide von Vanadium(II) bis Vanadium(IV) sind farbig. In der Oxidationsstufe +5 existiert nur das farblose Vanadiumpentafluorid, VF_5, das im festen Zustand aus Ketten eckenverbrückter VF_6-Oktaeder besteht.

Vanadiumoxidchlorid, $VOCl_3$, ist bei Raumtemperatur eine gelbe, schon bei 127 °C siedende Flüssigkeit. Es bildet sich relativ leicht, wenn Chlorid-Ionen bei etwas erhöhter Temperatur auf Vanadium(V)-Verbindungen einwirken. Vanadium(V) kann so aus Gemengen verflüchtigt werden, wovon manchmal in der chemischen Analyse Gebrauch gemacht wird:

$$NaVO_3 + 4\,NH_4Cl \rightarrow VOCl_3 \uparrow + NaCl + 2\,H_2O + 4\,NH_3 \tag{28.8}$$

28.3.3 Chrom

Oxide, Chromate. Chrom(III)-oxid, Cr_2O_3 (Korundstruktur), ist das stabilste Chromoxid. Es entsteht, wenn Ammoniumdichromat thermisch zersetzt wird:

$$(NH_4)_2Cr_2O_7 \rightarrow Cr_2O_3 + N_2 + 4\,H_2O \tag{28.9}$$

Chrom(III)-oxid wird auch als Pigment „Chromoxidgrün" verwendet. Mit verschiedenen Oxiden zweiwertiger Metalle bildet Chrom(III)-oxid Spinelle (s. 21.4.2), zu denen auch das wichtigste Chrom-Mineral, der Chromit, $FeCr_2O_4$, gehört.

Wesentlich reaktionsfähiger als das bei hohen Temperaturen entstandene Oxid ist das aus Chrom(III)-Lösungen mit Lauge ausgefällte Chrom(III)-oxidaquat, $Cr_2O_3 \cdot aq$. Es reagiert, wie Aluminiumhydroxid, amphoter und bildet mit Säuren Salze des Hexaaquachrom(III)-Ions, $[Cr(H_2O)_6]^{3+}$, und mit Basen Hydroxochromat(III)-Ionen, wie z. B. $[Cr(OH)_6]^{3-}$.

$$2\,H_2CrO_4 \underset{+H_2O}{\overset{-H_2O}{\rightleftharpoons}} H_2Cr_2O_7$$

$$H_2Cr_2O_7 + H_2CrO_4 \underset{+H_2O}{\overset{-H_2O}{\rightleftharpoons}} H_2Cr_3O_{10}$$

$$2\,H_2Cr_2O_7 \underset{+H_2O}{\overset{-H_2O}{\rightleftharpoons}} H_2Cr_4O_{13}$$

$$H_2Cr_4O_{13} \underset{+H_2O}{\overset{-H_2O}{\rightleftharpoons}} 4\,CrO_3$$

Das tiefrote, kristalline, weitgehend kovalent gebaute Chrom(VI)-oxid, CrO_3, beginnt bereits um 50 °C Sauerstoff abzuspalten und reagiert mit oxidablen Stoffen explosionsartig. Chrom(VI)-oxid ist leicht wasserlöslich und bildet mit viel Wasser Chromsäure, H_2CrO_4, die in reinem Zustand nicht bekannt ist. In wäßrigen Lösungen bestehen Gleichgewichte, in denen mit sinkendem pH-Wert und steigender Konzentration der Kondensationsgrad wächst. Aus konzentrierten, stark sauren Lösungen kristallisiert schließlich Chrom(VI)-oxid. In all diesen Chrom(VI)-Verbindungen ist das Chrom-Atom tetraedrisch von Sauerstoffatomen umgeben.

Die wichtigste Chromverbindung, das Natriumchromat, wird durch oxidierenden Aufschluß des Chromits gewonnen:

$$2\,FeCr_2O_4 + 4\,Na_2CO_3 + 7/2\,O_2 \rightarrow 4\,Na_2CrO_4 + Fe_2O_3 + 4\,CO_2 \qquad (28.10)$$

Natriumchromat ist der Ausgangsstoff für andere Chromverbindungen, vor allem für Natriumdichromat, $Na_2Cr_2O_7$, ein in der organischen Chemie verwendetes Oxidationsmittel, und für das giftige Pigment Chromgelb, $PbCrO_4$.

Halogenide. Die stabilsten Chromhalogenide sind die der Oxidationsstufe +3. Chrom(III)-chlorid, $CrCl_3$, verhält sich merkwürdig: Das wasserfreie Salz ist ein violettrotes, in Wasser *unlösliches* Pulver. Wird es jedoch auch nur leicht „anreduziert", löst es sich exotherm zu einer dunkelgrünen Lösung, die beim Abkühlen schließlich violett wird. Diese Farbänderungen beruhen auf Hydratisomerie (s. 28.3.1). Die Cl^--Liganden in den oktaedrischen Komplexen sind derart fest gebunden, daß sie sich nicht als Silberchlorid fällen lassen!

$$[CrCl_3(H_2O)_3] \underset{+Cl^-,-H_2O}{\overset{+H_2O,-Cl^-}{\rightleftharpoons}} [CrCl_2(H_2O)_4]^+ \underset{+Cl^-,-H_2O}{\overset{+H_2O,-Cl^-}{\rightleftharpoons}} [CrCl(H_2O)_5]^{2+} \underset{+Cl^-,-H_2O}{\overset{+H_2O,-Cl^-}{\rightleftharpoons}} [Cr(H_2O)_6]^{3+}$$

dunkelgrün · · · · · · grün · · · · · · blaugrün · · · · · · violett

Von den Chrom(VI)-Halogenverbindungen existieren nur Oxidhalogenide. Chrom(VI)-oxidchlorid, CrO_2Cl_2, ist eine dunkelrote, stark oxidierende Flüssigkeit. Die Verbindung läßt sich durch Destillation gewinnen, wenn ein Gemenge von Kaliumdichromat und Kaliumchlorid mit konz. Schwefelsäure erwärmt wird.

Weitere Verbindungen. Chrom(II)-Verbindungen sind im allgemeinen starke Reduktionsmittel und damit sehr luftempfindlich. Nicht so das rote, schwerlösliche Dichrom(II)-tetraacetat-dihydrat, $[Cr_2(CH_3COO)_4(OH_2)_2]$. In dessen Baueinheit sind die beiden Chrom-Atome durch eine Vierfachbindung verknüpft und oktaedrisch koordiniert (Krypton-Konfiguration)[8]. Das Molekül gehört zu den *Metallclustern*. Das sind nichtklassische Komplexe, charakterisiert durch ein hochsymmetrisches Zentrum aus Metallatomen, die von meist weichen Liganden, wie Cl, CN, CO u.ä., umgeben sind. Verbindungen dieses Typs werden von fast allen Übergangsmetallen gebildet.

28.3.4 Mangan

Oxide und Hydroxide. Das wichtigste Oxid des Mangans ist das Mangan(IV)-oxid, MnO_2 (*Pyrolusit, Braunstein*). Es beginnt bei etwa 550 °C Sauerstoff abzuspalten und bildet dabei zunächst Mangan(III)-oxid, Mn_2O_3, dann, bei noch höheren Temperaturen, Mangan(II,III)-oxid, Mn_3O_4 (*Hausmannit*), und schließlich Mangan(II)-oxid, MnO.

Mangandioxid oxidiert konzentrierte Salzsäure zu Chlor. Hierauf baute der *Weldon*-Prozeß[9] auf, das erste industrielle Verfahren zur Chlorproduktion 1866. Dabei wurden die durch die Reduktion entstandenen Mangan(II)-Ionen durch Calciumhydroxid als Mangan(II)-hydroxid, $Mn(OH)_2$, ausgefällt, und dieses ließ sich mit Luftsauerstoff leicht wieder in MnO_2 umwandeln. Mangandioxid wird vor allem in Trockenbatterien, außerdem als Oxidationsmittel in der organischen Synthese verwendet. Es dient auch zur Herstellung von Ferriten, $MnFe_2O_4$, für die Hochfrequenztechnik und die elektronische Speicherung.

Die Manganoxide reagieren mit steigender Mangan-Oxidationszahl zunehmend als Säureanhydride und Oxidationsmittel. Mangan(II)-oxid ist basisch und löst sich in Säuren zu stabilen Mangan(II)-Salzen. Mangan(VII)-oxid, Mn_2O_7, eine dunkelrote, molekulare Flüssigkeit, kann explosiv in MnO_2 und O_2 zerfallen. Mangan(VII)-oxid ist ein Säureanhydrid und bildet mit Wasser die tiefviolette, stark oxidierende Permangansäure, $HMnO_4$, die aber wasserfrei nicht bekannt ist.

Manganate. In wäßrigen Lösungen lassen sich die oktaedrischen Hydroxo- und die tetraedrischen Oxomanganate der Oxidationsstufen +2 bis +7 herstellen:

$[Mn(OH)_3(H_2O)_3]^-$	$[Mn(OH)_6]^{3-}$	$[MnO_4]^{4-}$	$[MnO_4]^{3-}$	$[MnO_4]^{2-}$	$[MnO_4]^-$
farblos	moosgrün	braun	hellblau	dunkelgrün	violett

Die wichtigste Verbindung dieser Reihe ist das schwarzviolette Kaliummanganat(VII) oder Kaliumpermanganat, $KMnO_4$. Es wird als Oxidationsmittel in der organischen Synthese, zur Entfernung oxidabler Verunreinigungen aus Trinkwasser sowie als Desinfektionsmittel verwendet. Der Verlauf einer Redoxreaktion mit Kaliumpermanganat hängt vom pH-Wert der Lösung ab: Im stark alkalischen Medium entsteht Manganat(VI), in schwach alkalischer bis schwach saurer Lösung fällt Mangandioxid aus, und in saurer Lösung werden Mangan(II)-Ionen gebildet. Letztere Reaktion läuft bei der *manganometrischen* Titration ab, z. B. von Eisen(II)-Salzen, Wasserstoffperoxid oder schwefliger Säure. Diese Titration bedarf keines zusätzlichen Indikators, weil nach Erreichen des Äquivalenzpunktes schon der kleinste Überschuß an Permanganat-Ionen die Lösung violett färbt:

---

[8] Zwei O-Atome und vier C-Atome sind je 3bindig, zwei Cr-Atome sind 9bindig - die Summe der formalen Ladungen ist natürlich null!

[9] Walter Weldon (1832-1885), britischer Chemiker

$$MnO_4^- + 8\,H_3O^+ + 5\,e^- \rightarrow Mn^{2+} + 12\,H_2O \qquad (28.11)$$

Mangan(II)-Salze. Das schwach rosafarbene, wasserfreie Mangan(II)-sulfat, $MnSO_4$, läßt sich gewinnen, indem ein beliebiges Manganoxid mit konzentrierter Schwefelsäure abgeraucht wird. In der wäßrigen Mangan(II)-sulfat-Lösung liegen oktaedrische Hexaaqua-Ionen vor, die auch in der kristallinen Verbindung erhalten bleiben: $[Mn(OH_2)_6]SO_4 \cdot H_2O$. Aus Mangan(II)-sulfat werden das Metall und auch andere Manganverbindungen hergestellt, wie das Carbonat, Phosphat, reines Mangandioxid sowie auch Mangan(II)-Salze organischer Säuren, die sogen. *Metallseifen* und *Sikkative*. Mangan(II)-sulfat wird bestimmten Glasschmelzen und in geringen Konzentrationen auch Dünge- und Futtermitteln zugesetzt.

28.3.5 Eisen

Oxide und Hydroxide. Werden Eisen(II)-Salzlösungen alkalisch gemacht, fällt das weiße Eisen(II)-hydroxid, $Fe(OH)_2$ (Brucitgitter), aus. Es oxidiert sich spontan an der Luft und geht dabei über dunkelgrüne bis schwarze Zwischenstufen, in denen Eisen(II)- und Eisen(III)-Ionen nebeneinander existieren[10], in das rotbraune, schwerlösliche, röntgenamorphe Eisen(III)-oxidaquat, Fe_2O_3 aq, über, das sich auch aus Eisen(III)-Lösungen mit Basen ausfällen läßt. Ein definiertes Eisen(III)-hydroxid, $Fe(OH)_3$, ist nicht bekannt. Wird Eisen(III)-oxidaquat getrocknet, bildet sich Hämatit, Fe_2O_3, kristallines Eisen(III)-oxid. Dieses spaltet beim Glühen Sauerstoff ab und geht über in den reaktionsträgen, ferromagnetischen, schwarzen Magnetit, Fe_3O_4, Eisen(II,III)-oxid. Wird Eisen mit Wasserdampf oxidiert, entsteht in endothermer Reaktion unter Freisetzung von Wasserstoff, je nach Reaktionstemperatur, Eisen(II,III)- oder Eisen(II)-oxid:

$$3\,FeO \xleftarrow[>560\,^\circ C]{+3\,H_2O,\,-3\,H_2} 3\,Fe \xrightarrow[<560\,^\circ C]{+4\,H_2O,\,-4\,H_2} Fe_3O_4 \qquad (28.12)$$

Technisch sind Eisenoxide in den Farben gelb, rot, braun bis schwarz erhältlich und bilden damit die größte Gruppe der Buntpigmente.

Eisen erreicht seine höchste Oxidationsstufe +6 in den Ferraten. Diese lassen sich in stark alkalischem Medium herstellen, indem entweder Eisen(III)-oxidaquat durch Chlor oder aber Eisen anodisch oxidiert wird. Das rotviolette Kaliumtetraoxoferrat(VI), K_2FeO_4, isomorph mit K_2CrO_4, ist ein stärkeres Oxidationsmittel als Kaliumpermanganat! In saurer Lösung oxidiert es sogar Wasser:

$$2\,[FeO_4]^{2-} + 5\,H_2O \rightarrow 2\,Fe^{3+} + 10\,OH^- + 3/2\,O_2 \qquad (28.13)$$

Cyanide. Eisen-Ionen haben eine hohe Affinität zu Cyanid-Ionen und bilden in wäßrigen Lösungen die oktaedrischen Hexacyanoferrat-Komplexe $[Fe(CN)_6]^{4-}$ und $[Fe(CN)_6]^{3-}$. Die entsprechenden Kaliumsalze wurden früher als „gelbes" bzw. „rotes Blutlaugensalz" bezeichnet. Das Eisen(II)-Ion erreicht in dem Komplex die Kryptonkonfiguration[11] $d^{10}s^2p^6$, wodurch das Hexacyanoferrat(II)-Ion besonders stabil ist: Es dissoziiert derart geringfügig,

---

[10] Verbindungen, die ein Übergangsmetall in mehreren Oxidationsstufen nebeneinander enthalten, sind fast stets besonders intensiv gefärbt!

[11] Hierin stammen 6 Elektronen vom Eisen(II)- und je 2 Elektronen von jedem Cyanid-Ion.

daß in der wäßrigen Lösung weder Eisen(II)- noch Cyanid-Ionen fällbar sind und das Kalium-Salz ungiftig ist! Dagegen sind die weniger beständigen Hexacyanoferrat(III)-Salze giftig! Diese oxidieren sogar, weil sie dadurch in die stabileren Eisen(II)-Komplexe übergehen.

Hexacyanoferrat-Ionen lassen sich mit Eisen- und Kalium-Ionen ausfällen und bilden dabei eine Reihe z. T. intensiv gefärbter Verbindungen. *Berliner Blau* oder auch *Turnbulls Blau* (5 und 6) werden technisch hergestellt und dienen als hochwertige, thermisch relativ beständige hellblaue bis blauschwarze Pigmente für Druckfarben und Autolacke.

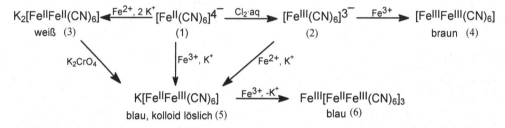

Die blauen Eisenhexacyanoferrate ermöglichen den Nachweis von Eisen-Ionen wie auch von organisch gebundenem Stickstoff, der zu diesem Zweck durch vorheriges Erhitzen der Substanz mit metallischem Natrium in NaCN überführt wird.

Halogenide. Eisen(II)-chlorid entsteht, wenn man Eisen in Salzsäure löst. Aus der Lösung läßt sich Eisen(II)-chlorid-hexahydrat, $FeCl_2 \cdot 6H_2O$, auskristallisieren. Wird in eine Eisen(II)-chlorid-Lösung Chlor eingeleitet, entsteht Eisen(III)-chlorid, das ebenfalls als kristallines Hexahydrat $FeCl_3 \cdot 6H_2O$ gewinnbar ist. Beide feste Salze sind aus oktaedrischen Aquachloro-Komplexen aufgebaut: $[FeCl_2(OH_2)_4] \cdot 2H_2O$ bzw. $[FeCl_n(OH_2)_{6-n}]Cl_{3-n} \cdot n\, H_2O$ (n = 1, 2, 3). Infolge Protolyse der komplex gebundenen Wassermoleküle reagieren Eisenchloridlösungen sauer (vgl. mit Aluminiumchlorid 21.4.2), und zwar die von Eisen(III) sehr viel stärker als die von Eisen(II)!

Wasserfreie Eisenchloride lassen sich nicht durch Erhitzen der Hydrate gewinnen, weil dabei auch Chlorwasserstoff abgespalten wird, so daß schließlich die Oxide zurückbleiben. Das wasserfreie, weiße Eisen(II)-chlorid entsteht, wenn Chlorwasserstoff-Gas bei leicht erhöhten Temperaturen auf Eisenspäne einwirkt. Wenn Chlor ab etwa 150 °C über Eisen oder Eisenoxid strömt, sublimiert Eisen(III)-chlorid und setzt sich in Form hygroskopischer, rotbrauner Kristalle ab.

Eisen(III)-chlorid, wie auch Eisen(III)-sulfat, wird in der Wasseraufbereitung als Koagulationsmittel eingesetzt, weil das schon ab pH = 5 ausflockende, äußerst oberflächenaktive Eisen(III)-oxidaquat Schwebstoffe mit sich reißt.

Weitere Eisenverbindungen. Eisen(II)-sulfat entsteht, wenn Eisen in Schwefelsäure gelöst wird. Es kann als blaßgrünes Eisen(II)-sulfat-heptahydrat, $FeSO_4 \cdot 7\, H_2O$ (*Eisenvitriol*), auskristallisiert werden. Eisen(III)-sulfat, $Fe_2(SO_4)_3$, wird als wasserfreies Salz hergestellt, indem man Eisen(III)-oxid mit Schwefelsäure abraucht. Eisen(III)-sulfat bildet, analog Aluminiumsulfat, mit Alkalimetallsulfaten Eisenalaune - bewährte Beizmittel in der Textilfärbung.

Erhitzt man Eisenspäne mit Schwefel oder versetzt man Eisen(II)-Lösungen mit Ammoniumsulfid, $(NH_4)_2S$, entsteht das schwarze, wasserunlösliche Eisen(II)-sulfid, FeS. Feuchtes Eisen(II)-sulfid ist autoxidabel und wandelt sich an der Luft langsam in Eisensulfate um. In Säuren löst sich Eisen(II)-sulfid, was zur Schwefelwasserstoff-Entwicklung im *Kipp*schen Apparat genutzt wird:

$$FeS + 2\,H_3O^+ \rightleftharpoons H_2S + Fe^{2+} + 2\,H_2O \tag{28.14}$$

Die Verbindung FeS_2, die in der Natur in den Modifikationen Pyrit und Markasit häufig vorkommt, ist strukturell ein echtes Disulfid: Es kristallisiert in einem verzerrten Steinsalzgitter, in dem die Positionen der Natrium-Ionen durch Fe^{2+}- und die der Chlorid-Ionen durch Disulfid-Ionen, $[S–S]^{2-}$, eingenommen werden. Eisendisulfid oxidiert sich leicht an der Luft und geht dabei exotherm in Eisen(III)-oxid und Schwefeldioxid über – Ursache für spontan entstehende Brände ganzer Kohleflöze. Pyrit wird auch zur Erzeugung von Schwefeldioxid für die Schwefelsäureproduktion herangezogen, wobei die zurückbleibenden, hauptsächlich aus Eisen(III)-oxid bestehenden *Kiesabbrände* in die Stahlindustrie gehen.

Bemerkenswert ist die Würfelstruktur der Eisen-Schwefel-Komplexe[12] $[Fe_4S_4(SR)_4]^{n-}$.

Eisen-Schwefel-Verbindungen wurden in den letzten zwanzig Jahren als wesentlich für die Entwicklung des Lebens erkannt. Strukturen obigen Typs sind vor allem darum bedeutsam, weil sie Modelle für ähnlich gebaute reaktive Zentren einiger elektronenübertragender Enzyme darstellen, die u.a. an der Photosynthese, der Atmung wie auch der Stickstoff-Fixierung beteiligt sind.

28.3.6 Cobalt

Oxide, Hydroxide, Sulfide. Die Oxide des Cobalts ähneln denen des Eisens. Cobalt(II)-oxid, CoO (olivgrün), ist durch Thermolyse von Cobalt(II)-hydroxid, $Co(OH)_2$, oder von leicht zersetzlichen Cobaltsalzen, wie Cobalt(II)-nitrat oder -carbonat, erhältlich. Feuchtes Cobalt(II)-oxid oxidiert sich an der Luft zu braunem Cobalt(II)-oxidhydroxid, CoO(OH). Beim Erhitzen im Sauerstoffstrom wird Cobalt(II)-oxid zu Cobalt(II,III)-oxid, Co_3O_4, oxidiert. Durch Cobalt(II)-oxid intensiv dunkelblau gefärbte *Cobaltgläser* werden, fein gemahlen, als Blaupigmente verwendet. Aluminiumoxid, mit der verdünnten Lösung eines Cobalt(II)-Salzes betropft und dann geglüht, gibt den Cobalt-Spinell $CoAl_2O_4$, das sogen. *Thénards Blau*, was einen empfindlichen Nachweis von Aluminiumsalzen gestattet.

Ammoniumsulfid fällt unter Luftausschluß aus Cobalt(II)-Lösungen das schwarze, zunächst säurelösliche Cobalthydrogensulfid, $Co(SH)_2$, das unter Alterung langsam in unlösliches Cobalt(II)-sulfid, CoS, übergeht, an der Luft aber sich zu Cobalt(III)-sulfid-hydroxid, CoS(OH) oxidiert. Diese Verbindung ist einer der wenigen Katalysatoren für die Oxidation von Kohlenstoffmonoxid an der Luft!

---

[12] R = Kohlenwasserstoffrest. Die SR-Gruppe am hinteren Fe-Atom wurde der Übersicht halber weggelassen.

Einfache Cobaltsalze. In wäßrigen Cobalt(II)-Salz-Lösungen liegt das rosafarbene Hexaaquacobalt(II)-Ion, $[Co(OH_2)_6]^{2+}$, vor. Wird eine Co(II)-chlorid-Lösung erwärmt, ändert sich deren Farbe infolge von Hydratisomerie und Koordinationszahlwechsel:

$$[Co(OH_2)_6]^{2+} + 4\ Cl^- \rightleftharpoons [CoCl_4]^{2-} + 6\ H_2O \tag{28.15}$$

oktaedrisch, rosa   tetraedrisch, blau

Das feste Hexaaquacobalt(II)-chlorid, $[Co(OH_2)_6]Cl_2$, geht bei niedrigen Wasserdampfpartialdrücken schon bei Raumtemperatur in das wasserfreie, blaue Cobalt(II)-chlorid über, das als Feuchte-Indikator des Trockenmittels Silicagel bekannt ist.

Einfache Cobalt(III)-Salze sind in wäßriger Lösung nicht beständig, weil sie infolge ihres hohen Redoxpotentials unter Ausfällung von Cobalt(II)-hydroxid Wasser oxidieren. Im festen Zustand aber sind Cobalt(III)-sulfat, $Co_2(SO_4)_3$, und auch die Cobaltalaune, z. B. $KCo(SO_4)_2 \cdot 12\ H_2O$, beständig. Cobalt(III)-fluorid, CoF_3, ist ein selektives Fluorierungsmittel für organische Verbindungen.

Komplexverbindungen. Bei den hier anzutreffenden Komplexen mit weicheren Liganden, wie Ammoniak, Aminen, Cyanid- und NO_2-Gruppen, sind die Stabilitätsverhältnisse umgekehrt wie bei den einfachen Cobaltsalzen: Cobalt(III)-Komplexe, z. B. $[Co(CN)_6]^{3-}$, sind stabiler als die entsprechenden des Cobalt(II), weil die oktaedrisch koordinierten Cobalt(III)-Ionen die Kryptonkonfiguration erreichen. Die Menge stabiler Cobalt(III)-Komplexe ist nahezu unüberschaubar. Vorrangig bearbeitet wurden viele Jahre die „Cobaltiake", Ammoniak-Komplexe, wie z. B. $[Co(NH_3)_6]^{3+}$ oder $[CoCl(OH_2)(NH_3)_4]^{2+}$. Die große Bildungstendenz der Cobalt(III)-Komplexe wird in der folgenden, für den Nachweis von Cobalt-Ionen analytisch verwendeten Reaktion deutlich: Eine Cobalt(II)-Ionen-haltige Lösung, mit Kaliumnitrit und Natriumacetat versetzt, scheidet alsbald das gelbe Natrium-Kalium-hexanitrocobaltat(III), $(Na,K)_3[Co(NO_2)_6]$, ab, in dem unter dem Mikroskop charakteristische Würfel und Oktaeder zu erkennen sind:

$$Co^{2+} + 7\ NO_2^- + 2\ H_3O^+ \rightarrow [Co(NO_2)_6]^{3-} + NO + 3\ H_2O \tag{28.16}$$

Ein Beispiel für eine Clusterverbindung (s. 28.3.3) des Cobalts ist das Tetracobaltdodekacarbonyl, $[Co_4(CO)_{12}]$.

28.3.7 Nickel

Die Chemie des Nickels ähnelt sehr der des Cobalts, ist jedoch übersichtlicher, weil Nickel fast nur noch in der Oxidationsstufe +2 auftritt. Es bildet mit fast allen Säuren Salze. Dagegen sind einfache Nickel(III)-Salze nicht bekannt. Nickel(II)-sulfat-heptahydrat (Nickelvitriol), $NiSO_4 \cdot 7H_2O$, enthält als kationischen Bestandteil das oktaedrische, grüne Hexaaquanickel(II)-Ion, $[Ni(OH_2)_6]^{2+}$. Aus derartigen Lösungen fällt auf Zusatz von Hydroxid-Ionen das basische, grüne Nickel(II)-hydroxid, das beim Glühen in das grüngraue Nickel(II)-oxid übergeht.

Die Koordinationsgeometrie von Nickelkomplexen in Lösung kann sich, abhängig von Art und Konzentration der angebotenen Liganden, flexibel verändern:

$$\left[Ni(OH_2)_6\right]^{2+} \xrightarrow{\ CN^-\ } \left[Ni(CN)_4\right]^{2-} \xrightarrow{\ CN^-\ } \left[Ni(CN)_5\right]^{3-}$$

oktaedrisch   quadratisch-planar   quadratisch-pyramidal
grün   orange   rot

$$\tag{28.17}$$

Ein analytisch wichtiger Chelatkomplex, das Nickeldiacetyldioxim, fällt als leuchtend roter, schwerlöslicher Niederschlag aus, wenn man Diacetyldioxim (*Tschugajews Reagens*[13]) zu Nickel(II)-haltigen Lösungen gibt. Diacetyldioxim wurde 1905 als das erste organische Reagens in der qualitativen anorganischen Analytik verwendet (s 13.11).

Aufgaben

Aufgabe 28.1

Titan hat in der Reihe der Elemente Ti - Ni mit $-1,63$ V das negativste Standardpotential und sollte dementsprechend aus Wasser Wasserstoff freisetzen. In Wirklichkeit ist Titan aber gegen Wasser beständig und überhaupt als ein korrosionsfestes Metall bekannt. Worauf beruht diese Beständigkeit des Titans?

Aufgabe 28.2

Wie erklären Sie, daß im CrO_3 die Cr-Atome tetraedrisch (cn = 4), im V_2O_5 die V-Atome aber verzerrt oktaedrisch koordiniert sind (cn = 6)?

Aufgabe 28.3

Formulieren Sie die Redoxgleichung für die Oxidation von Chrom(III)-Ionen zu Chromat(VI)-Ionen, CrO_4^{2-}, mit Wasserstoffperoxid! Stellen sie zunächst die beiden getrennten Gleichungen mit der Angabe der Elektronen zuerst für die Reduktion des H_2O_2 und dann für die Oxidation des Cr^{3+}-Ions auf.

Aufgabe 28.4

Bei der in saurer Lösung vorgenommenen manganometrischen Titration der Oxalsäure, $C_2O_4H_2$, wird diese zu Kohlenstoffdioxid oxidiert. Formulieren Sie die Redoxgleichung!

Aufgabe 28.5

Warum reagieren in wäßriger Lösung Fe(III)-Salze stärker sauer als Fe(II)-Salze?

Aufgabe 28.6

In der 1. d-Reihe werden einkernige Carbonyle, $M(CO)_n$, nur von den Metallen der geradzahligen Nebengruppen gebildet (M = Ti, Cr, Fe, Ni). Geben Sie an, worauf das zurückzuführen ist und welche Formeln den einkernigen Carbonylen dieser Metalle zukommen!

Aufgabe 28.7

Zur Herstellung von wasserfreiem Eisen(II)-chlorid, $FeCl_2$, bzw. Eisen(III)-chlorid, $FeCl_3$, wird metallisches Eisen oxidiert. Welches Oxidationsmittel kann man für den ersten und welches für den zweiten Fall anwenden?

---

[13] Lev Aleksandrovič Čugaev (1873-1922), russischer Chemiker.

Die 2. und 3. Reihe der Übergangselemente Zirconium Zr, Hafnium Hf, Niobium Nb, Tantal Ta, Molybdän Mo, Wolfram W, Technetium Tc, Rhenium Re

29.1 Vergleichende Übersicht

Element	Zr	Nb	Mo	Tc[2)]
Ordnungszahl	40	41	42	43
1. Ionisierungsenergie[1)]	660	664	685	702
Elektronegativität	1,22	1,23	1,30	1,36
Oxidationszahlen	4	3, 5	0, 2, 3, 4, 5, 6	7
Dichte/g·cm^{-3}	6,51	8,57	10,22	11,50
Schmelztemperatur/°C	1852	2468	2617	2172
Element	Hf	Ta	W	Re
Ordnungszahl	72	73	74	75
1. Ionisierungsenergie[1)]	642	761	770	760
Elektronegativität	1,23	1,33	1,40	1,46
Oxidationszahlen	4	5	0, 2, 3, 4, 5, 6	-1, 2, 4, 6, 7
Dichte/g·cm^{-3}	13,31	16,65	19,25	21,04
Schmelztemperatur/°C	2227	2996	3410	3180

[1)] in kJ·mol^{-1} [2)] nur Radioisotope

29.1.1 Chemisches Verhalten

Die beiden Elemente jeder dieser Nebengruppen sind chemisch einander sehr ähnlich. Das ist eine Folge der Lanthanoidenkontraktion (s. 27.1.1), infolge deren die Atom- und Ionenradien der Elemente Hafnium bis Rhenium, entgegen der Erwartung, praktisch nicht ansteigen, so daß sowohl die Atome als auch gleichartig geladene Ionen beider Elemente einer Gruppe fast gleich groß sind.

Die Unterschiede zu den jeweils ersten Elementen dieser Gruppen, Titan bis Mangan, bestehen hauptsächlich darin, daß, anders als in den Hauptgruppen, mit steigender Ordnungszahl die höheren Oxidationsstufen beständiger und die niedrigeren unbeständiger werden, letztere also reduzierende Eigenschaften haben oder gar nicht existieren. Die

Komplexbildungstendenz ist insgesamt groß. Auf Grund der gewachsenen Ionenradien betätigen die schwereren Elemente meist höhere Koordinationszahlen als die der ersten Reihe. In wäßriger Lösung bilden die Elemente auch in niederen Oxidationsstufen überwiegend anionische Komplexe, wogegen einfache Aquakationen nur in Spuren auftreten.

29.1.2 Vorkommen

Häufigkeitsfolge	Zr (23.)	W (31.)	Nb (35.)	Mo (38.)	Ta (48.)	Hf (53.)	Re (80.)	Tc (89.)
Atome/10^6 Si-At.	251	38	22	16	4,8	2,6	$5,8 \cdot 10^{-4}$	$6,6 \cdot 10^{-13}$

Diese Elemente sind viel seltener als die der 1. d-Element-Reihe.

Zirconium findet sich vor allem als Zirkon, $Zr[SiO_4]$, und als Baddeleyit, ZrO_2. Hafnium bildet keine eigenen Minerale, sondern ist stets mit Zirconium vergesellschaftet, wobei der Hafniumgehalt 1-5 % des Zirconiumgehalts beträgt. Auch Niobium und Tantal kommen fast nur in gemeinsamen Mineralen vor: Als Pyrochlor, $(Na,Ca)_2(Ti,Nb,Ta)_2O_6(OH,F,O)$, Niobit (Columbit), $(Fe,Mn)(NbO_3)_2$, und Tantalit, $(Fe,Mn)(TaO_3)_2$. Das Columbit/Tantalit-Mischerz wird auch als „Coltan" bezeichnet. Das wichtigste Molybdänerz ist der stets auch Rhenium(IV)-Ionen enthaltende Molybdänit (Molybdänglanz), MoS_2, der mit Kupfersulfiden vergesellschaftet auftritt. Die wichtigsten Wolframerze sind Wolframit, $(Fe,Mn)WO_4$, und Scheelit, $CaWO_4$. Natürliches Technetium läßt sich in Form kurzlebiger Radioisotope nur spurenweise in Uranerzen nachweisen. Die heute verfügbare Menge Technetium wurde aus erschöpften Kernreaktor-Brennstäben isoliert und dürfte der Menge des natürlichen Elements entsprechen. Technetium war das erste vom Menschen hergestellte Element (1937), das in der Natur faktisch nicht vorkommt!

29.2 Die Elemente

Bei diesen Elementen handelt es sich um hochschmelzende Metalle besonders hoher Dichte. Wolfram hat die höchste Schmelztemperatur aller Metalle und, nach Kohlenstoff, die zweithöchste aller Elemente. Die reinen Metalle sind duktil und leicht verarbeitbar, werden jedoch äußerst spröde, wenn sie auch nur Spuren an Sauerstoff, Wasserstoff, Stickstoff, Kohlenstoff u.a. aufnehmen.

Redoxsystem	Zr^{4+}/Zr	Nb^{3+}/Nb	Mo^{3+}/Mo	Tc^{2+}/Tc
E^0/V [1)]	−1,553	−1,099	−0,200	+0,400
Redoxsystem	Hf^{4+}/Hf	Ta^{5+}/Ta	W^{4+}/W	Re^{4+}/Re
E^0/V [1)]	−1,505	−0,750	−0,09	−0,251

[1)] Standardpotential

Außer Technetium haben diese Metalle negative Standardpotentiale und sollten sich demnach in Mineralsäuren unter Wasserstoffentwicklung lösen. Die kompakten Metalle sind aber, wie die der 1. Übergangsreihe, passiviert. Allerdings werden sie von Flußsäure und von

Alkalischmelzen angegriffen, weil hierbei die Passivierungsschicht unter Bildung löslicher, stabiler Fluorokomplexe bzw. Oxometallate aufgelöst wird.

Die meisten dieser Metalle sind in Legierungen enthalten, wie sie z. B. für die mechanisch und thermisch hochbelasteten Gasturbinenschaufeln, z. B. in Strahltriebwerken, benötigt werden.

Zirconium, Hafnium. Es sind silberweiße, elektropositive Metalle, die bei höheren Temperaturen mit den meisten Nichtmetallen reagieren, vor allem mit Sauerstoff und den Halogenen. Zirconium brennt in Sauerstoff, wobei bis zu 4600 °C erreicht werden! Im kompakten Zustand sind diese Metalle jedoch beständig. Lediglich Flußsäure greift Zirconium an, weil hierbei die stabilen Hexafluorozirconat-Ionen, $[ZrF_6]^{2-}$, enstehen.

Etwa 90 % des Zirconiums dienen zur Ummantelung von Kernreaktor-Brennstäben, weil es einen der kleinsten Einfangquerschnitte für thermische Neutronen aufweist, allerdings nur, wenn es frei von Hafnium ist, weil dieses Neutronen 600mal stärker absorbiert als es Zirconium tut! Die für die Zirconium/Hafnium-Trennung entwickelten Verfahren, wie Extraktion, Ionenaustausch oder fraktionierende Destillation geeigneter Komplexverbindungen, liefern auch das gesamte technisch verwendete Hafnium. Zirconiumlegierungen werden auch für Chemieanlagen verwendet.

Zirconium kann nach dem *Kroll*-Verfahren, in hochreiner Qualität nach dem *van-Arkel/de-Boer*-Verfahren gewonnen werden (s. 28.2).

Niobium, Tantal. Niobium verhält sich chemisch ähnlich dem Zirconium: Es ist in kompakter Form beständig, selbst gegen Königswasser, und reagiert erst oberhalb 300 °C mit Sauerstoff, Stickstoff und Schwefel. Niobium geht zu 90 % in die Produktion von Stählen, insbesondere von Baustahl.

Reines Tantal ist außerordentlich korrosionsfest, selbst gegen Chlor, heiße, konzentrierte Schwefelsäure und Alkalischmelzen. Es wird darum u.a. als „Platin-Ersatz" verwendet, z. B. für Stahlplattierungen, chemische Geräte, chirurgische Instrumente und Implantate. Höchstreines Tantalpulver wird für Hochkapazitäts-Kondensatoren benötigt, von denen gegenwärtig jährlich etwa 10^{10} Stück produziert werden.

Molybdän, Wolfram. Molybdän wird von halbkonzentrierter Salpetersäure schneller angegriffen als von konzentrierter, da in dieser die Passivierung dominiert. Passiviertes Wolfram widersteht selbst Königswasser. Dagegen werden die Metalle durch Soda/Salpeter-Schmelzen schnell aufgeschlossen.

85 % des Molybdäns wird für Stähle verwendet, insbesondere für Baustähle und nichtrostende Chromstähle, wie Werkzeugstahl. Wolfram ist auch in verschleiß- und warmfesten Schnelldrehstählen enthalten. Das Metall wird zu Glühdrähten verarbeitet, die für Dauerbelastungen bis zu 2600 °C geeignet sind.

Technetium, Rhenium. Technetium und Rhenium sind weniger reaktiv als ihr leichteres Homologes Mangan. Sie sind gegen nichtoxidierende Mineralsäuren beständig. Aber Rhenium „rostet" langsam schon an feuchter Luft, wobei hauptsächlich Perrheniumsäure, $H[ReO_4]$, entsteht. Von oxidierenden Säuren wie von Oxidationsschmelzen werden beide Metalle schnell gelöst. Rhenium wird häufig Molybdän- und Wolframlegierungen zugesetzt, die dadurch nicht mehr verspröden und sich dann für Thermoelemente und Heizleiter eignen. Technetium-Metall wird wegen seiner Radioaktivität nicht verwendet.

Der Ausgangsstoff für die Gewinnung von Rhenium ist das beim Abrösten des Molybdänsulfids anfallende Rheniumheptaoxid, Re_2O_7. Das daraus erhältliche Ammoniumperrhenat(VII) wird mit Wasserstoff zum Metall reduziert. In analoger Weise läßt sich Technetium gewinnen.

29.3 Die Verbindungen

29.3.1 Zirconium, Hafnium

Infolge der Lanthanoidenkontraktion (s. 27.1.1) sind die Radien des Zirconium(IV)- und des Hafnium(IV)-Ions nahezu gleich groß. Demzufolge sind beide Elemente chemisch einander besonders ähnlich, so daß das hier für Zirconium Gesagte auf Hafnium übertragen werden kann. Es gibt keine anderen zwei Elemente, deren chemische Trennung voneinander derart schwierig ist.

Zirconiumtetrachlorid, $ZrCl_4$, eine weiße, feste, bei 330 °C sublimierende, mit Wasser heftig reagierende Substanz, ähnelt in ihrem chemischen Verhalten dem Titantetrachlorid. Aus ihren salzsauren Lösungen läßt sich „Zirconylchlorid", genauer: Zirconium(IV)-chloridoxid-octahydrat, $ZrOCl_2 \cdot 8\,H_2O$, kristallisieren. Dieses enthält aber keine ZrO^{2+}-Ionen als Gitterbausteine, sondern die quadratischen Komplex-Kationen[1] $[Zr_4(OH)_8(OH_2)_{16}]^{8+}$. Gibt man zu Lösungen von Zirconium(IV)-Salzen Hydroxid-Ionen, fällt Zirconiumdioxidaquat, $ZrO_2 \cdot n\,H_2O$, als Gel aus, das durch Glühen in das kristalline, chemisch äußerst beständige, erst bei 2700 °C schmelzende Zirconiumdioxid übergeht. Aus Zirconiumdioxid werden Schmelztiegel, Auskleidungen für Hochtemperatur-Schmelzöfen sowie auch die λ-Sonde für den geregelten Dreiweg-Katalysator von Kraftfahrzeugen gefertigt. Gut ausgebildete Stücke des Minerals Zirkon, $ZrSiO_4$, werden als Schmucksteine verwendet, z. B. der gelbrote Hyacinth. Das metallartige Hafniumcarbid, HfC, hat eventuell mit (3890 ± 150) °C eine noch höhere Schmelztemperatur als Tantalcarbid (s. 29.3.2)!

29.3.2 Niobium, Tantal

Die Pentahalogenide beider Elemente liegen im Gaszustand als trigonal-bipyramidale Moleküle vor. Im Festkörper aber wird die Koordinationszahl sechs realisiert. Die Pentahalogenide reagieren als *Lewis*-Säuren, z. B. lagert Tantalpentafluorid weitere Fluorid-Ionen bis zum Oktafluorotantalat-Ion, $[TaF_8]^{3-}$, an. Wie alle Halogenide der d-Elemente in der höchsten Oxidationsstufe sind auch die von Niobium und Tantal hydrolyseempfindlich.

Diniobium- und Ditantalpentaoxid Nb_2O_5 und Ta_2O_5 sind weiße, reaktionsträge Festkörper, die durch Kaliumhydroxid-Schmelzen aufgeschlossen werden können. Die resultierenden wäßrigen Lösungen enthalten, wie bei Vanadium, Homopolyanionen, und es lassen sich die Kaliumsalze auskristallisieren, z. B. Kaliumhexaniobat, $K_8[Nb_6O_{19}] \cdot 16\,H_2O$. Die meisten „Niobate" und „Tantalate" sind aber Doppeloxide, enthalten also keine diskreten Niobat-oder Tantalat-Anionen.

---

[1] Das ist ein weiteres Beispiel dafür, daß die Struktur einer Verbindung sich nicht aus ihrer Summenformel ableiten läßt!

Niobium und Tantal bilden Boride, Carbide, Silicide und Nitride, hochschmelzende, metallisch leitende Hartstoffe, die in großem Umfang für Schneidwerkzeuge verwendet werden. Tantalcarbid, TaC, schmilzt erst bei 3880 °C, und damit höher als Diamant, die Elementsubstanz mit der höchsten Schmelztemperatur von 3547 °C!

29.3.3 Molybdän, Wolfram

Die Trioxide MoO_3 (weiß) und WO_3 (gelb) können gewonnen werden durch Oxidation der Disulfide MS_2 an Luft wie auch aus Lösungen von Molybdaten bzw. Wolframaten $Na_2[MO_4]$. Wie bei den Vanadaten (s. 28.3.2) liegen auch hier einfache, tetraedrische $[MO_4]^{2-}$-Ionen nur in stark alkalischen Lösungen vor. Säuert man diese Lösungen an, kondensieren die Anionen über definierte, lösliche Homopolyanionen schließlich zu den hochkondensierten Oxidaquaten $MO_3 \cdot aq$, die als sogen. „Molybdän-" bzw. „Wolframsäure" ausfallen. Diese lassen sich leicht, z. B. mit Zink und Schwefelsäure, reduzieren, wobei tiefblaue, kolloide Lösungen entstehen, das sogen. „Molybdänblau" bzw. „Wolframblau", was einen empfindlichen Nachweis dieser Elemente gestattet.

Homopolyanionen, obwohl auch von Vanadium, Niob, Tantal u.a. bekannt, sind für Molybdän und Wolfram charakteristisch. Man kennt Homopolymolybdat-Ionen mit 2, 6, 7, 8 und 36, Homopolywolframat-Ionen mit 4, 7, 10 und 12 Metall-Atomen. In all diesen kondensierten Anionen, von denen manche auch in festen Salzen existieren, besetzen die Kationen die Zentren von O^{2-}-Oktaedern, die miteinander über gemeinsame Kanten und Ecken zu hochsymmetrischen Anionen verbunden sind. Molybdän(III)- und Wolfram(III)-oxid bestehen aus Schichten derartiger Oktaeder.

Aus salpetersaurer Ammoniumpolymolybdat-Lösung kristallisiert, bei Anwesenheit von Phosphaten, das schwerlösliche, intensiv gelbe Ammoniumdodecamolybdatophosphat, $(NH_4)_3[PMo_{12}O_{40}]$, das bekannteste Heteropolymolybdat. Es wird zur gravimetrischen Bestimmung von Phosphaten verwendet. Von etwa 70 Elementen sind Heteropolymolybdate und -wolframate bekannt. Einige von diesen sind geeignet als Redoxkatalysatoren, Ionenaustauscher, Feststoffelektrolyte und Virostatica.

Das natürlich vorkommende Molybdändisulfid, MoS_2, ist auch bei relativ hohen Temperaturen ein noch funktionsfähiges Schmiermittel mit so hervorragenden Eigenschaften, wie sie bei keinem synthetischen Molybdänsulfid bisher erreicht werden konnten. Der Schmierstoffeffekt beruht darauf, daß die den Kristall aufbauenden S–Mo–S-Schichten nur durch die schwachen van-der-Waals-Wechselwirkungen aneinander gebunden sind und sich darum leicht gegeneinander verschieben lassen, ähnlich den Kohlenstoffschichten im Graphit.

29.3.4 Technetium, Rhenium

Technetium- und Rheniumverbindungen ähneln denen des Mangans, wobei aber von Mangan zu Rhenium die niedrigen Oxidationsstufen unbeständiger und die höheren beständiger werden. Dementsprechend ist Rheniumheptafluorid, ReF_7 (pentagonal-bipyramidal), stabil, Manganheptafluorid aber unbekannt. Dirheniumheptaoxid, Re_2O_7, ein gelbes, hygroskopisches Pulver, ist das stabilste Rheniumoxid. Es kann sogar unzersetzt destilliert werden, wobei Dimanganheptaoxid explodieren würde. Dirheniumheptaoxid löst sich in Wasser zu der starken Perrheniumsäure, die als $HReO_4 \cdot \frac{1}{2} H_2O$ in Form blaßgelber Kristalle isolierbar ist. In diesen Kristallen liegt als Baueinheit nicht das ReO_4^--Ion vor, sondern ein Molekül der Struktur $[O_3Re–O–ReO_3(OH_2)_2]$, in dem also ein ReO_4-Tetraeder und ein $ReO_4(OH_2)_2$-Oktaeder über eine Ecke miteinander verbunden sind.

Das angeregte Radioisotop ^{99m}Tc ist metastabil und wird wegen seiner γ-Strahlung vielfältig in der medizinischen Szintigraphie eingesetzt.

Aufgaben

Aufgabe 29.1

Nennen sie den jeweiligen Vertreter mit der höchsten Schmelztemperatur unter den

- a)   Metallen,
- b)   Verbindungen,
- c)   Elementsubstanzen.

Aufgabe 29.2

Wie ist zu erklären, daß Zirconium und Hafnium in der Natur stets miteinander vergesellschaftet vorkommen?

Aufgabe 29.3

Zirconium sollte sich seinem Standardpotential gemäß ($E^0 = -1,55$ V) in verdünnten Mineralsäuren unter Wasserstoffentwicklung lösen, erweist sich aber als beständig. Wie erklären Sie das?

Die Platinmetalle
Ruthenium Ru, Osmium Os, Rhodium Rh, Iridium Ir, Palladium Pd, Platin Pt

30.1 Vergleichende Übersicht

Element	Ru	Rh	Pd	Os	Ir	Pt
Ordnungszahl	44	45	46	76	77	78
Elektronenkonfiguration	[Kr] $4d^7$ 5s	[Kr] $4d^8$ 5s	[Kr] $4d^{10}$	[Xe] $4f^{14}$ $5d^6$ $6s^2$	[Xe]$4f^{14}$ $5d^7$ $6s^2$	[Xe]$4f^{14}$ $5d^9$ 6s
Oxidationszahlen	-2, 0, 2, 3, 4, 6, 8	0, 1, 2, 3, 4, 5	0, 2, 4	-2, 0, 2, 3, 4, 6, 8	-1, 0, 1, 2, 3, 4, 6	0, 2, 4
1. Ionisierungsenergie[1]	711	720	805	840	880	870
Elektronegativität	1,42	1,45	1,35	1,52	1,55	1,44
Dichte/g·cm^{-3}	12,37	12,41	12,02	22,59	22,65	21,45
Schmelztemperatur/°C	2310	1966	1554	3051	2410	1772

[1] in kJ·mol^{-1}

30.1.1 Chemisches Verhalten

Der Einfluß der Lanthanoidenkontraktion (s. 27.1.1) auf die Radien setzt sich bei den Platinmetallen fort, und auch hier werden mit steigender Ordnungszahl die höheren Oxidationsstufen einer Gruppe stabiler und die niederen weniger stabil.

Mit den jeweils ersten Elementen ihrer Gruppen, Eisen, Cobalt und Nickel, haben die Platinmetalle fast nichts mehr gemein. Ihr Charakter als Edelmetalle wird daran deutlich, daß fast alle ihre Verbindungen relativ leicht bis zu den Metallen reduziert oder zersetzt werden können. Ruthenium und Osmium bilden Verbindungen in je 10 Oxidationsstufen (vgl. Mangan 28.1.1). Die Verbindungen der Platingruppe gehören fast ausschließlich zu den kovalent gebauten Komplexverbindungen. Typisch dafür sind die Carbonyle, Neutralkomplexe mit Kohlenstoffmonoxid als Liganden. Es gibt einkernige Carbonyle des Typs $M(CO)_5$ von trigonal-bipyramidaler Struktur (M = Ru, Os), und mehrkernige: $M_n(CO)_m$ (M = Ru, Os, Rh, Ir). Letztere stellen Metallcluster dar. Beispiele:

Ru₃(CO)₁₂   Os₂(CO)₉   Ir₄(CO)₁₂

30.1.2 Vorkommen

Häufigkeitsfolge	Ru (73.)	Pd (74.)	Os (76.)	Pt (77.)	Rh (79.)	Ir (81.)
Atome/10^6 Si-At.	0,02	0,01	$5{,}7 \cdot 10^{-3}$	$2{,}8 \cdot 10^{-3}$	$1{,}1 \cdot 10^{-3}$	$5{,}7 \cdot 10^{-4}$

Die Elemente der Platingruppe kommen fast ausschließlich miteinander vergesellschaftet vor, sulfidisch in Eisen-, Kupfer- und Nickel-Sulfiden wie auch gediegen als Iridosmium, Osmiridium oder Polyxen, natürliche Legierungen, die neben weiteren Platinmetallen noch Eisen, Nickel und Kupfer enthalten.

30.2 Die Elemente

Die Platinmetalle haben die höchsten Dichten von allen Elementen ihrer jeweiligen Periode, und *Iridium ist das Element mit der höchsten Dichte überhaupt* (s. 30.1.). Ruthenium, Osmium und Iridium sind hart und spröde, die anderen Metalle dieser Gruppe duktil.

Redoxsystem	Ru^{2+}/Ru	Rh^{3+}/Rh	Pd^{2+}/Pd
E^0/V [1)]	0,455	0,758	0,951
Redoxsystem	Os^{8+}/Os	Ir^{3+}/Ir	Pt^{2+}/Pt
E^0/V [1)]	0,85	1,156	1,118

[1)] Standardpotential

Die Platinmetalle sind reaktionsträge, als Edelmetalle aber nicht infolge von Schutzschichten, sondern „an sich", also thermodynamisch bedingt. Platin ist der Nachbar von Gold! Die Standardpotentiale (s. Tabelle und 11.1) der Metalle sind positiv, was bedeutet, daß die Metalle nur schwer zu oxidieren, also chemisch beständig sind. Dementsprechend lassen sie sich nur durch Oxidation mit nachfolgender Komplexbildung in Lösung bringen, z. B.:

$$Ir + 2\,Cl_2 + 2\,NaCl \rightarrow Na_2[IrCl_6] \qquad\qquad (30.1)$$

Ruthenium, Osmium. Im Unterschied zu ihrem leichteren Homologen Eisen sind Ruthenium und Osmium gegen sauerstofffreie Mineralsäuren und, bis zu etwa 100 °C, sogar gegen Königswasser beständig. Charakteristisch für Osmium ist dessen auffallend hohe Affinität zu Sauerstoff: Schon unter Normalbedingungen läßt sich über dem Metallpulver der Geruch des hochtoxischen Osmiumtetraoxids, OsO_4 (s. 30.3), wahrnehmen.

Rhodium, Iridium. Iridium ist das edelste, damit auch chemisch inaktivste, der Platinmetalle. Es hat das positivste Standardpotential der sechs Elemente und das nach Gold zweitpositivste aller Metalle. Rhodium und Iridium sind gegen Säuren beständig, können aber durch eine heiße, Natriumchlorathaltige konzentrierte Salzsäure in Lösung gebracht werden. Rhodium kann auch durch eine natriumhydrogensulfatschmelze und Iridium durch eine Oxidationsschmelze von Kaliumhydroxid/Kaliumnitrat in lösliche Verbindungen überführt werden.

Palladium, Platin. Beide Metalle sind duktil und nicht sehr hart. Palladium hat von allen Platinmetallen die geringste Dichte und die niedrigste Schmelztemperatur. Es ist das reaktionsfähigste Platinmetall. Es löst sich schon in sauerstoffhaltiger Salzsäure und erst recht in konzentrierter Salpetersäure. Charakteristisch für Palladium ist dessen Aufnahmevermögen für Wasserstoff, das von keinem anderen Metall auch nur annähernd erreicht wird (s. 30.3). Der absorbierte Wasserstoff ist chemisch aktiv und hydriert z. B. C–C-Mehrfachbindungen, was Palladium zum Hydrierkatalysator prädestiniert. Bei höheren Temperaturen diffundiert Wasserstoff als einziges unter allen Gasen so leicht durch Palladiumblech, als sei dieses nicht vorhanden! Das wird technisch genutzt, um hochreinen Wasserstoff zu gewinnen.

Platin ist in Salpetersäure beständig, löst sich aber in Königswasser. Das Metall reagiert infolge seiner Komplexbildungstendenz mit Alkalimetallhydroxid-Schmelzen, so daß derartige Aufschlüsse nicht in Platintiegeln vorgenommen werden dürfen. Feinstes Platinpulver, das sogen. *Platinmohr* und *Platinschwarz*, herzustellen durch Reduktion von Platin(II)-chlorid mit Formaldehyd oder Hydrazin, wird als wirksamer Katalysator für Hydrierungen und Oxidationen eingesetzt. *Döbereiner*[1], der 1823 die Katalyse an Platin entdeckte, nutzte die exotherme Reaktion von Sauerstoff mit Wasserstoff in dem nach ihm benannten Feuerzeug.

Platinlegierungen. Sie sind für einige großtechnische Prozesse sehr wichtig. So bestehen die Katalysatornetze der Ammoniakoxidation(s. 23.2.2) aus einer Platin/Rhodium-Legierung. Grundlegende petrolchemische Verfahren, wie das Hydrocracking, Reforming u.a., werden mit Platin-Trägerkatalysatoren durchgeführt, und der Dreiweg-Katalysator enthält Platin, Rhodium und Palladium. In Laboratorien verwendete widerstandsfähige Tiegel, Schalen u. a. bestehen aus Platin/Iridium-Legierungen. Ruthenium und Osmium machen Platin-legierungen, z. B. für Schmelztiegel, Spinndüsen und elektrische Kontakte, hart und thermostabil. Das wichtigste, bis 1600 °C einsetzbare Thermoelement besteht aus einem Platin- und einem Platin/Rhodium-Schenkel. Platinmetalle befinden sich auch in Dental-legierungen und in Schmuckgegenständen (s. 31.2).

Herstellung. Zur Gewinnung der reinen Metalle geht man meist von *Rohplatin* aus. Dieses hinterbleibt nach der Abtrennung der Hauptmetalle Nickel und Kupfer und wird mit heißer, chlorhaltiger Salzsäure gelöst, aus der beim Abkühlen Silberchlorid ausfällt. Aus der Lösung werden zuerst Ruthenium- und Osmiumtetraoxid abdestilliert und schließlich durch Extraktion und Ionenaustauschertrennung die Chloride der übrigen Platinmetalle isoliert. Daraus erhält man die Metalle durch thermische Zersetzung oder Reduktion.

---

[1] Johann Wolfgang Döbereiner (1780-1849), deutscher Chemiker.

30.3 Die Verbindungen

Ruthenium, Osmium. Osmiumtetraoxid, OsO_4, kann durch Erhitzen des Metalls im Luftstrom gewonnen werden. Es ist ein gelber, aus tetraedrischen OsO_4-Molekülen aufgebauter, in Tetrachlormethan löslicher Feststoff, dessen Schmelze schon bei 130 °C siedet. Osmiumtetraoxid ist ein Oxidationsmittel und vermag, C=C-Doppelbindungen selektiv in 1,2-Diole (Glycole) zu überführen. Osmiumtetraoxid bildet in Kalilauge das kristalline, rote Kaliumtetraoxo-dihydroxoosmat(VIII), Kaliumperosmat, $K_2[OsO_4(OH)_2]$. Die Oxidationsstufe +8 ist die höchste, die es überhaupt gibt![2] Von Ruthenium sind neben dem Tetraoxid weitere Ruthenium(VIII)-Verbindungen nicht bekannt. Unter den Halogeniden sind die höchsten Oxidationsstufen im Osmiumheptafluorid, OsF_7, sowie in Ruthenium- und Osmiumhexafluorid, RuF_6 bzw. OsF_6, vertreten. Die Heptafluoride von Osmium, Rhenium und Iridium enthalten die höchsten Metall-Oxidationsstufe, die man in Halogeniden kennt, nämlich +7. Die Hepta- und Hexafluoride zersetzen sich beim Erhitzen und gehen in die stabilen, unzersetzt destillierbaren Pentafluoride über. Die Chloride mit den höchsten Metall-Oxidationsstufen sind Osmiumpentachlorid und Rutheniumtetrachlorid.

Rhodium, Iridium. Hier überwiegt nun die in der 5. und 6. Periode infolge der gestiegenen Kernladung mit der Ordnungszahl zunehmende Anziehung der d-Elektronen, so daß Rhodium und Iridium nur noch die Oxidationsstufen +5 bzw. +6 erreichen. Dementsprechend kennt man, anders als bei Ruthenium und Osmium, von Rhodium und Iridium keine M(VIII)-oxide, und selbst die M(VI)-oxide sind nur bei hohen Temperaturen in der Gasphase beständig. Stabil dagegen sind die schwarzen Dioxide. In der Oxidationsstufe +3, der wichtigsten dieser beiden Elemente, werden in saurer Lösung Hexaaqua-Ionen, $[M(OH_2)_6]^{3+}$, gebildet, die als Kation-Säuren reagieren.

Unter den Halogeniden sind in den höheren Oxidationsstufen nur die Tetra-, Penta- und Hexafluoride bekannt. Von der Oxidationsstufe +3 dagegen existieren alle Halogenide.

Palladium, Platin. Unter den Palladiumverbindungen sind die Hydridphasen hervorzuheben: Palladiumschwamm vermag bei Raumtemperatur pro Volumen Palladium bis zu 935 Volumina Wasserstoff in fester Lösung aufzunehmen, was einer Zusammensetzung von $\approx PdH_{0,75}$ entspricht. Unter Wasserstoff-Druck kann sogar eine Stöchiometrie PdH_2 erreicht werden. Beim Erhitzen wird der Wasserstoff wieder freigesetzt. Platin dagegen absorbiert kaum Wasserstoff.

Im Vergleich zu den Verbindungen von Rhodium und Iridium geht in denen von Palladium und Platin die Anzahl der Oxidationsstufen weiter zurück: Beide Elemente bilden Verbindungen fast nur noch der Oxidationsstufen 0, +2 und +4.

Das Halogenid mit der höchsten Palladium-Oxidationsstufe ist das Palladiumtetrafluorid, PdF_4. Das beständige Palladium(II)-chlorid, $PdCl_2$, ist eine der wenigen Verbindungen, die Kohlenstoffmonoxid schon in wäßriger Lösung zu oxidieren vermögen. Da hierbei das Metall als feinteiliger, tiefschwarzer Niederschlag ausfällt, kann diese Reaktion zum qualitativen Nachweis von Kohlenstoffmonoxid benutzt werden:

$$Pd^{2+} + CO + 3\,H_2O \rightarrow Pd + CO_2 + 2\,H_3O^+ \tag{30.2}$$

---

[2] Sie findet sich nur noch in den Edelgasverbindungen XeO_4, XeO_3F_2 und XeO_2F_4 (s. 17.2)

Fluor überführt erhitztes Platin in Platinhexafluorid, PtF_6, eine flüchtige, dunkelrote Verbindung von enormer Oxidationskraft. Sie oxidiert z. B. das Sauerstoffmolekül zum Dioxygenyl-Kation, O_2^+, das im Dioxygenylhexafluoroplatinat(V) enthalten ist:

$$PtF_6 + O_2 \rightarrow O_2[PtF_6] \tag{30.3}$$

Chemiehistorisch bedeutend ist die Oxidation des Xenons durch Platinhexafluorid, weil durch diese Reaktion die ersten echten Edelgasverbindungen (s. 17.2) dargestellt worden sind, z. B. $[Xe^{II}F][Pt^VF_6]$.

Löst man Platin in Königswasser, läßt sich aus der Lösung die gelbe „Hexachloroplatinsäure", genauer: Dioxoniumhexachloroplatinat(IV), $(H_3O)_2[PtCl_6]$, kristallin gewinnen. Die gelben, schwerlöslichen Hexachloroplatinate von Kalium, Rubidium, Cäsium und Ammonium erlauben, spezifisch diese Ionen auszufällen und sie auf Grund ihrer charakteristischen Kristallform unter dem Mikroskop zu identifizieren.

Unter den durchweg quadratisch gebauten Platin(II)-Komplexen hat das Diammindichloroplatin(II), $[PtCl_2(NH_3)_2]$, als *Cisplatin* große Bedeutung in der Krebstherapie erlangt. Die Verbindung in der cis-Konfiguration, nicht aber als trans-Isomeres (!), blockiert nämlich das weitere Krebswachstum.

Aufgaben

Aufgabe 30.1

Was ist der Grund dafür, daß einige der Platinmetalle in der Natur auch als freie Metalle oder Metall-Legierungen vorkommen?

Aufgabe 30.2

Welches ist das „edelste" der Platinmetalle und in welcher physiko-chemischen Größe drückt sich dieser Charakter des Metalls aus?

Aufgabe 30.3

Das Verfahren zur Herstellung der Platinmetalle enthält eine Trennungsoperation, die zwar für Molekülverbindungen üblich, für Metallverbindungen aber ungewöhnlich ist: Die Abtrennung von Ruthenium- und Osmiumtetraoxid mittels Destillation. Was sind die Ursachen dafür, daß sich diese Oxide schon bei relativ niedrigen Temperaturen destillieren lassen?

Aufgabe 30.4

Warum ist Palladium so überaus wirksam als Katalysator für Hydrierungen und Reduktionen mit Wasserstoff?

11. Gruppe (I. Nebengruppe) Kupfer Cu, Silber Ag, Gold Au

31.1 Vergleichende Übersicht

Element	Cu	Ag	Au
Ordnungszahl	29	47	79
Elektronenkonfiguration	[Ar] $3d^{10}\,4s$	[Kr] $4d^{10}\,5s$	[Xe] $4f^{14}\,5d^{10}\,6s$
Oxidationszahl	1, **2**	**1**, 2	1, **3**
1. Ionisierungsenergie[1]	745,4	731,0	890,1
Elektronegativität	1,75	1,42	1,42
Dichte/g·cm^{-3}	8,92	10,49	19,32
Schmelztemperatur/°C	1083	962	1064

[1] in kJ·mol^{-1}

31.1.1 Chemisches Verhalten

Die Valenzelektronenkonfiguration in dieser Gruppe ist (n-1)d^{10} ns, und dementsprechend treten die Elemente mit der Oxidationszahl +1 auf. Die stabile Oxidationszahl ist aber beim Kupfer +2 und beim Gold +3. Gegenüber den vorangegangenen Elementen Nickel, Palladium und Platin sind die Kernladungen weiter angestiegen und damit die Valenzelektronen sehr fest gebunden, wodurch die Atomradien weiter schrumpfen und die Polarisationswirkung der gebundenen Atome wächst. Damit sind die Verbindungen überwiegend kovalent gebaut, meist farbig und häufig schwerlöslich. In wäßriger Lösung liegen kaum einfach hydratisierte Kationen vor, sondern fast durchweg beständige Komplexe.

Gold als das chemisch edelste unter den Metallen hat mit $E^0_{Au3+/Au}$ = +1,498 V das positivste Standardpotential und mit –222,8 kJ/mol die negativste Elektronenaffinität aller Metalle! Unerwartet ist, daß die Ionisierungsenergie des Silbers die kleinste der drei Elemente ist und daß Gold einen kleineren Atomradius als Silber hat.

Diese Sonderstellung des Goldes ist durch *relativistische Effekte* bedingt, die erstmals in der 6. Periode auftreten und bei Gold besonders ausgeprägt sind: Die Anziehung der kernnahen Elektronen durch die elektrisch hochgeladenen Atomkerne führt zu derart hohen Elektronen-Geschwindigkeiten, daß die hiermit einhergehende relativistische Zunahme der Elektronen-Massen und demzufolge auch der Gravitationskräfte zwischen Kern und Elektronen sich auf die Elementeigenschaften auswirken.

31.1.2 Vorkommen

Häufigkeitsfolge	Cu (27.)	Ag (69.)	Au (78.)
Atome/10^6 Si-At.	171	0,10	$2,8 \cdot 10^{-3}$

Kupfer, das häufigste Metall dieser Gruppe, findet sich in der Natur hauptsächlich in Form von Sulfiden: Chalkopyrit (Kupferkies), $CuFeS_2$; Bornit (Buntkupfererz), Cu_5FeS_4; Chalkosin (Kupferglanz), Cu_2S. Die größten Lagerstätten befinden sich in Kanada, USA, hier vor allem in Michigan, wo das Metall auch gediegen auftritt[1], in Peru, Chile, Papua-Neuguinea, Sibirien, Afrika, Australien, sowie auch in Spanien, Polen und Deutschland.

Silber kommt meist vergesellschaftet mit Kupfer- und Bleisulfiden vor, z. B. als Argentit, Ag_2S, und Tetraedrit (Fahlerz), $Cu_{12}Sb_4S_{13}$, daneben auch gediegen.

Der weitaus größte Teil des gewinnbaren Goldes (Rußland, Südafrika, Nordamerika, Indien, Australien, Rumänien) tritt gediegen auf als Berggold oder als Seifengold[2]. Die Ozeane enthalten riesige Mengen des Elements, das sich aber wegen der niedrigen Konzentration von ca. 0,01 mg Gold/m³ bisher nicht rentabel gewinnen läßt[3].

31.2 Die Elemente

Kupfer, Silber und Gold sind weiche, dehnbare Schwermetalle. Gold läßt sich bis zu einer Dicke von ca. 230 Atomlagen auswalzen, so daß die dabei entstehenden Folien schon schwach lichtdurchlässig sind. Kupfer und Gold sind die einzigen farbigen Gebrauchsmetalle. Silber hat die höchste Leitfähigkeit aller Metalle für Elektrizität und Wärme, gefolgt von Kupfer.

Kupfer wird an feuchter Luft langsam oxidiert und bildet dabei die graugrüne *Patina*, eine schützende Schicht hauptsächlich aus Kupferhydroxidcarbonat. Silber ist an der Luft beständig, reagiert aber empfindlich mit Schwefelverbindungen zu schwarzem Silbersulfid. Gold ist inert an der Luft und, als einziges Metall, auch gegen Schwefel.

Von nichtoxidierenden Säuren wird keines der drei Metalle angegriffen. Kupfer und Silber lösen sich leicht in Salpetersäure und in heißer, konzentrierter Schwefelsäure. Gold kann nur durch „Königswasser", ein Gemisch konzentrierter Salzsäure mit konzentrierter Salpetersäure (s. 23.2.2), in Lösung gebracht werden.

Kupfer, das wirtschaftlich bedeutendste Metall dieser Gruppe, dient etwa zur Hälfte der Weltproduktion als Material für elektrische Leitungen in der Energie- und Fernmeldetechnik, außerdem für Wärmetauscher, Braupfannen, Bedachungen und Regenrinnen.

Silber geht zum größten Teil in die Photoindustrie (als Halogenid). Daneben dient es zur Fertigung von Schmuckgegenständen, Kontakten und Elektroden, von Silberüberzügen auf

---

[1] Es wurden Aggregate von etwa 1 t Kupfer gefunden!

[2] Das größte je gefundene Gold-Nugget wog 71 kg und wurde 1896 in Australien entdeckt!

[3] Fritz *Haber*, ausgehend von unzutreffend hohen Analysenwerten, scheiterte 1925-27 mit einem derartigen Vorhaben.

Metall und Glas (Spiegel), als Katalysator für Oxidationsreaktionen und kolloidal als Bactericid in der Medizin.

Gold ist wahrscheinlich das erste Metall, auf das der frühe Mensch aufmerksam wurde[4]. In den letzten 5 000 Jahren sind schätzungsweise 140 000 t Gold gewonnen worden. Etwa 33 000 t sind heute als Staatsreserven deponiert, 87 000 t befinden sich in Form von Münzen, Schmuck und Barren in Privatbesitz. Die Weltjahresproduktion betrug 2001 etwa 2 530 t, wovon ca. 75 % zu Schmuck, Kunstgegenständen u.ä. verarbeitet wurden.

Die reinen Metalle werden ihrer geringen Härte wegen nur wenig verwendet, vielfältig jedoch ihre Legierungen. *Bronze* (Kupfer/Zinn) begleitet die Menschheit seit etwa 6000 Jahren („Bronzezeit"). Aus Bronze werden Gleitlager, Rohre und Ausrüstungen für die chemische Industrie gefertigt. Aluminium-, Beryllium-, Phosphor- u. a. „Bronzen" finden vielfältige technische Anwendung. *Messing* (Kupfer/Zink) wird in der Elektro- und der chemischen Technik, im Schiffs- und Instrumentenbau eingesetzt. Wichtig sind ferner *Konstantan* (Kupfer/Nickel) wegen der sehr geringen Temperaturabhängigkeit seiner elektrischer Leitfähigkeit und *Neusilber* (Kupfer/Nickel/Zink).

Häufig verwendete Dentallegierungen sind Silberamalgam mit Zinn, Kupfer und Quecksilber, „Sipal" aus Silber und Palladium sowie „Zahngold", das noch Silber, Platin, Iridium, Kupfer und Zink enthält. Als Schmuckmetall dienen Goldlegierungen mit Silber und Kupfer. *Weißgold* ist eine Gold/Nickel- oder Gold/Palladium-Legierung.

Zur Kupferherstellung aus sulfidischen Konzentraten werden diese zunächst oxidierend geschmolzen, *geröstet*, und die dabei entstehende Eisensilicatschlacke von der dichteren Kupfersulfidschmelze, dem sogen. *Kupferstein*, abgetrennt. Das Kupfer(I)-sulfid wird partiell zu Kupfer(I)-oxid oxidiert und reagiert mit diesem:

$$Cu_2S + 2\ Cu_2O \rightarrow 6\ Cu + SO_2 \qquad\qquad (31.1)$$

Die pyrometallurgische Raffination des entstehenden *Rohkupfers* liefert *Garkupfer*. Dieses wird anodisch gelöst und an einer Katode aus Reinstkupfer als *Elektrolytkupfer* wieder abgeschieden. Aus dem Anodenschlamm werden die anderen Edelmetalle gewonnen.

Der größte Teil des Silbers ist ein Nebenprodukt der Gewinnung von Kupfer, Blei, Zink und Gold. Das geschmolzene Rohsilber wird mit Chlor zu Silberchlorid und dieses mit konzentrierter Salpetersäure zum Nitrat umgesetzt. Aus der Silbernitrat-Lösung wird katodisch *Feinsilber* abgeschieden.

Zur Goldgewinnung wird die Aufschlämmung des fein gemahlenen Gesteins unter Einblasen von Preßluft mit Natriumcyanid gelaugt. Dabei geht Gold infolge der enormen Stabilität des Komplexes $[Au(CN)_2]^-$ in Lösung und wird daraus durch Reduktion mit Zink niedergeschlagen (*Zementation*). Das Rohgold wird elektrolytisch raffiniert.

---

[4] Die ältesten Artefakte aus Gold stammen aus dem 6. Jahrtausend v. Chr. aus Mesopotamien.

31.3 Die Verbindungen

31.3.1 Kupfer

Die normalen, stabilen Verbindungen enthalten Kupfer in der Oxidationsstufe +2. Das schwarze, unlösliche Kupfer(II)-oxid, CuO, entsteht aus den Elementen bei Rotglut. Ab etwa 200 °C oxidiert Kupfer(II)-oxid energisch Wasserstoff und auch Kohlenstoffmonoxid zu Wasser bzw. Kohlenstoffdioxid, was in der quantitativen organischen Elementanalyse genutzt wird. Zahlreiche Kupfer(II)-Salze, so das Chlorid, Bromid, Iodid, das Sulfat und Nitrat, sind leicht wasserlöslich. In ihren verdünnten Lösungen liegt das hellblaue $[Cu(H_2O)_6]^{2+}$-Ion vor, das mit Hydroxid-Ionen einen Niederschlag von blauem Kupfer(II)-hydroxid, $Cu(OH)_2$, ergibt. Dieses löst sich in Ammoniak, weil dabei der intensiv kornblumenblaue, zum Nachweis von Kupfer(II)-Ionen geeignete, quadratisch gebaute Tetraammin-kupfer(II)-Komplex entsteht:

$$Cu(OH)_2 + 4\,NH_3 \rightarrow [Cu(NH_3)_4]^{2+} + 2\,OH^- \tag{31.2}$$

Mit dieser Lösung, *Schweizers* Reagens[5], wird bei der Herstellung der *Cupro*-Fasern (früher: *Kupferkunstseide*) Zellulose gelöst. Für den qualitativen Nachweis reduzierender organischer Verbindungen, hauptsächlich von Glucose im Harn, dient die tiefblaue Lösung von Di-tartrato-cuprat(II), $[Cu(C_4H_3O_6)_2]^{2-}$, *Fehling*sche Lösung[6], die nach Reduktion einen gelbroten Niederschlag von Kupfer(I)-oxid, Cu_2O, abscheidet. Kupfer(I)-Ionen sind in wäßriger Lösung unbeständig, weil sie auf Grund der Stabilität des Kupfers und der hohen Hydratationsenergie des Kupfer(II)-Ions disproportionieren:

$$2\,Cu^+ + 6\,H_2O \rightleftharpoons Cu + [Cu(H_2O)_6]^{2+} \tag{31.3}$$

Die von rechts nach links gelesene Gleichung läßt eine Methode zur Gewinnung von Kupfer(I)-Verbindungen erkennen, die aber nur funktioniert, wenn diese Verbindungen schwerlöslich oder stark komplex sind: Kupferpulver wird durch eine Kupfer(II)-chlorid-Lösung aufgelöst, wobei sich diese entfärbt und einen weißen Niederschlag abscheidet, das Kupfer(I)-chlorid, CuCl. Kupfer(II)-iodid ist infolge des reduzierenden Charakters des Iodid-Ions unbeständig und scheidet Iod ab – Grundlage für die iodometrische Bestimmung (s. 24.3.2) von Kupfer(II)-Ionen, wobei das freigesetzte Iod mit Thiosulfat titriert wird:

$$2\,Cu^{2+} + 4\,I^- \rightarrow 2\,CuI + I_2 \tag{31.4}$$

Im Unterschied zu den „normalen" Verbindungen ist bei den starken Komplexen des Kupfers die Oxidationszahl +1 die beständigere. Das Tetracyanocuprat(I)-Ion (tetraedrisch) ist derart stabil, daß Kupfer in Cyanid-Lösungen unedel wird, und, bei Ausschluß von Sauerstoff, aus Wasser Wasserstoff entwickelt[7] und sich auflöst:

$$Cu + 4\,CN^- + H_2O \rightarrow [Cu(CN)_4]^{3-} + \tfrac{1}{2}\,H_2 + OH^- \tag{31.5}$$

---

[5] Schweizer, Matthias Eduard (1818-1860), schweizerischer Chemiker
[6] Hermann Christian v. Fehling (1812-1885), deutscher Chemiker
[7] Beachten Sie: Hier wirkt Wasser als Oxidationsmittel!

Das $[Cu(CN)_4]^{3-}$-Ion dissoziiert derart geringfügig, daß die Konzentration an Kupfer(I)-Ionen in der Lösung nicht einmal ausreicht, um das äußerst schwerlösliche Kupfer(I)-sulfid, Cu_2S, auszufällen!

31.3.2 Silber

Im Unterschied zum Kupfer ist bei Silber die Oxidationsstufe +1 die stabilste, so daß Silber(I)-Verbindungen nicht zur Disproportionierung neigen. Viele der Silber(I)-Salze von Oxosäuren sind mäßig bis schwer löslich, so das Sulfat, Carbonat, Phosphat und Arsenat. Leicht wasserlöslich ist das aus Silber und Salpetersäure erhältliche Silbernitrat, $AgNO_3$. Dieses fällt aus Halogenid-haltigen Lösungen die Silberhalogenide AgCl (weiß), AgBr (blaßgelb) und AgI (gelb), deren Kovalenz-Charakter und damit Schwerlöslichkeit in dieser Folge zunimmt. Das ionisch gebaute Silber(I)-fluorid dagegen ist leichtlöslich. Silberchlorid und -bromid lassen sich durch wäßriges Ammoniak, Silberiodid nur noch durch Cyanid in Lösung bringen:

$$AgCl + 2\,NH_3 \rightleftharpoons [Ag(NH_3)_2]^+ + Cl^- \qquad (31.6)$$

$$AgI + 2\,CN^- \rightarrow [Ag(CN)_2]^- + I^- \qquad (31.7)$$

Obwohl in derartigen Cyanid-Lösungen die Konzentration an „freien" Silber-Ionen äußerst niedrig ist, reicht sie doch aus, um mit Sulfid-Ionen das schwarze Silbersulfid, Ag_2S, die schwerstlösliche Verbindung des Silbers, auszufällen.

Die Lichtempfindlichkeit der Silberhalogenide und die Existenz eines sehr beständigen Silberthiosulfatkomplexes bilden die Grundlage der Photographie. Nach der Bildentwicklung muß das nichtbelichtete Silberbromid aus der Emulsion herausgelöst werden, wozu eine wäßrige Thiosulfat-Lösung, das sogen. *Fixierbad*, verwendet wird.

$$Ag^+ + 3\,S_2O_3^{2-} \rightarrow [Ag(S_2O_3)_3]^{5-} \qquad (31.8)$$

Wird eine Silber(I)-Ionen enthaltende Lösung mit Hydroxid-Ionen versetzt, fällt Silber(I)-oxid, Ag_2O, als schwarzbrauner Niederschlag aus. Dieses Oxid steht in wäßriger Suspension im Gleichgewicht mit dem leichtlöslichen, stark alkalischen Silber(I)-hydroxid, AgOH, so daß sich mit Silberoxid-Suspensionen aus löslichen Chloriden lösliche Hydroxide gewinnen lassen:

$$2\,MCl + Ag_2O + H_2O \rightarrow 2\,MOH + 2\,AgCl\downarrow \qquad (31.9)$$

31.3.3 Gold

Wie schon in den vorangegangenen Nebengruppen, ist auch hier die höchste Oxidationsstufe bei dem schwersten Element der Gruppe am beständigsten, nämlich in Form der Gold(III)-Verbindungen.

Wird Gold in Königswasser gelöst, bildet sich Tetrachlorogold(III)-säure:

$$Au + 3/2\,Cl_2 + HCl + H_2O \rightarrow H_3O^+ + [AuCl_4]^-, \qquad (31.10)$$

die durch Eindampfen als kristallines, gelbes Tetrahydrat $H[AuCl_4] \cdot 4\,H_2O$ erhalten werden kann. Das Tetrachloroaurat(III)-Anion ist quadratisch-planar gebaut. Ein vielverwendetes Salz ist das wasserlösliche Kaliumtetrachloraurat(III), $K[AuCl_4]$. Aus allen Gold(III)-Lösungen läßt sich durch Reduktionsmittel Gold abscheiden, z. B. durch schweflige Säure, Hydrazin, Wasserstoffperoxid, Formaldehyd oder Oxalsäure.

Infolge der relativ großen Stabilität des Goldes wie auch der Gold(III)-Stufe neigen Gold(I)-Verbindungen zur Disproportionierung, wenn sie nicht komplexstabilisiert sind. Z. B. disproportioniert das schwerlösliche Gold(I)-chlorid beim Erwärmen in Wasser zu Gold und Trichlorohydroxogold(III)-säure:

$$3\,AuCl + H_2O \rightarrow 2\,Au + H[AuCl_3OH] \tag{31.11}$$

Trockenes wasserfreies Gold(I)-chlorid läßt sich durch Erhitzen leicht in die Elemente zerlegen.

Sehr beständig dagegen sind manche Gold(I)-Komplexe, wie man eindrucksvoll an der Auflösung von Gold in Cyanid-Lösungen (s. 31.2) erkennt:

$$Au + 2\,CN^- + \tfrac{1}{4}\,O_2 + \tfrac{1}{2}\,H_2O \rightarrow [Au(CN)_2]^- + OH^- \tag{31.12}$$

Goldverbindungen werden seit langem als Therapeutika für Polyarthritis (Rheuma) eingesetzt.

Aufgaben

Aufgabe 31.1

Erklären Sie, warum in Lösung bei den normalen Kupferverbindungen die Oxidationsstufe +2, bei den starken Komplexen aber die Oxidationsstufe +1 die beständigere ist!

Aufgabe 31.2

Begründen Sie, warum Nickel und Zink fast ausschließlich in der stabilen Oxidationsstufe +2 auftreten, das im PSE aber zwischen diesen beiden Elementen stehende Kupfer auch einige stabile Verbindungen der Oxidationsstufe +1 bildet.

Aufgabe 31.3

Silber wird von heißer, konzentrierter Schwefelsäure in einer Redoxreaktion gelöst, wobei als gasförmiges Produkt Schwefeldioxid entsteht.

Formulieren sie die Redoxgleichung!

Aufgabe 31.4

Wie läßt sich aus Rubidiumchlorid, RbCl, die leichtlösliche, starke Base Rubidiumhydroxid, RbOH, herstellen?

12. Gruppe (II. Nebengruppe)
Zink Zn, Cadmium Cd, Quecksilber Hg

32.1 Vergleichende Übersicht

Element	Zn	Cd	Hg
Ordnungszahl	30	48	80
Elektronenkonfiguration	[Ar] $3d^{10} 4s^2$	[Kr] $4d^{10} 5s^2$	[Xe] $4f^{14} 5d^{10} 6s^2$
1. Ionisierungsenergie[1]	906,4	867,6	1007,0
Elektronegativität	1,66	1,46	1,44
Oxidationszahlen	2	2	1, 2
Dichte/g·cm^{-3}	7,14	8,64	10,437
Schmelztemperatur/°C	419,6	320,9	−38,88

[1] in kJ·mol^{-1}

32.1.1 Chemisches Verhalten

Die Außenelektronen sind in der Konfiguration $(n-1)d^{10} ns^2$ angeordnet, so daß bei allen drei Elementen die Oxidationszahl +2 vorherrscht, lediglich Quecksilber kommt auf Grund der Bildung von Hg–Hg-Bindungen außerdem die Oxidationszahl +1 zu. Zink, Cadmium und Quecksilber sind die einzigen Nebengruppenelemente, die nicht zu den Übergangselementen gehören, weil ihre d-Orbitale vollständig gefüllt sind, *analog* zu den Elementen der I. Nebengruppe, und weil d-Orbitale für die Kationenbildung nicht mehr herangezogen werden, im *Unterschied* zu den Elementen der I. Nebengruppe!

Freie d-Orbitale stehen bei diesen Elementen nicht mehr zur Verfügung, so daß ihre Komplexbildungstendenz nicht mehr so groß ist wie in den vorangegangenen Gruppen. Zink und Cadmium sind als elektropositive Metalle mit meist ionisch gebauten Verbindungen einander sehr ähnlich. Quecksilber dagegen ist noch relativ edel und bildet folglich überwiegend kovalente Verbindungen.

Die Valenzelektronenkonfiguration ns^2 dieser Elemente gleicht der der Erdalkalimetalle. Ansonsten ist die Verwandtschaft zur II. Hauptgruppe nur mäßig ausgeprägt. Immerhin zeigen sich noch einige Ähnlichkeiten zwischen Magnesium und Zink.

32.1.2 Vorkommen

Häufigkeitsfolge	Zn (25.)	Cd (63.)	Hg (64.)
Atome/10^6 Si-At.	200	0,29	0,22

Das wichtigste Zinkerz ist das Zinksulfid, ZnS, das als Sphalerit (Zinkblende) oder Wurtzit hauptsächlich in Kanada, Alaska, Mexico und Australien vorkommt. Daneben finden sich noch der Smithsonit (Zinkspat), $ZnCO_3$, und der Hemimorphit, $Zn_4(OH)_2[Si_2O_7]\cdot H_2O$, beide vorwiegend in Polen, Rußland, Österreich und den USA. Das viel seltenere Cadmium begleitet als Sulfid und Carbonat stets die entsprechenden Zinkerze. Das Hauptvorkommen des Quecksilbers ist der *Cinnabarit* (Zinnober), HgS, dessen weltgrößte, schon zur Römerzeit ausgebeutete Lagerstätte sich in Almadén (Spanien) befindet. Quecksilber tritt auch gediegen auf.

32.2 Die Elemente

Reines Zink ist an sich spröde, wird aber zwischen 100 und 200 °C duktil, und läßt sich dann leicht walzen. Cadmium ist ein weiches Metall, dessen Schmelztemperatur noch unter der des Bleis liegt. Quecksilber, das einzige bei Normaltemperatur flüssige Metall, siedet bereits bei 356,6 °C.

Redoxsystem	Zn^{2+}/Zn	Cd^{2+}/Cd	Hg^{2+}/Hg
Standardpotential/V	−0,763	−0,403	+0,860

Wie die Standardpotentiale zeigen, werden die Elemente vom Zink zum Quecksilber chemisch edler. An der Luft und in neutralem Wasser sind Zink und Cadmium, trotz der negativen Standardpotentiale, beständig, weil sie durch eine dünne Schicht von Oxiden und basischen Carbonaten passiviert sind. Säuren lösen diese Schicht und reagieren dann mit den Metallen unter Wasserstoffentwicklung. Die Reaktion von Zink mit verdünnter Schwefelsäure im *Kipp*schen[1]-Apparat wird im Laboratorium genutzt, um Wasserstoff herzustellen. Quecksilber ist an der Luft und gegen verdünnte, nichtoxidierende Säuren beständig, wird aber langsam schon durch verdünnte Salpetersäure, und zwar ohne Wasserstoffentwicklung (!), gelöst.

Etwa die Hälfte des weltweit geförderten Zinks wird für korrosionsschützende Überzüge von Stahlblech und Stahldraht eingesetzt. Zinkblech dient für Dachbedeckungen und Regenrinnen. Zink ist außerdem Legierungskomponente, vor allem mit Kupfer (s. 31.2), Nickel (s 28.2) und Aluminium.

> Zink gewänne noch an technischer Bedeutung, wenn sich die Zink/Luft-Batterie als mobile Stromquelle durchsetzte. Sie erbringt höhere spezifische Leistungen als alle anderen Batterien! Ihr Minus-Pol besteht aus Zink, der Plus-Pol aus einem porösen Kohlenstoff-Teflon-Verbund, durch den Luft geblasen wird. Elektromotorisch wirksam ist also die Reaktion zwischen Zink und Sauerstoff. Allerdings läßt sich die Batterie nicht nachladen und muß aufgearbeitet werden, aber der Austauschvorgang nimmt nur wenige Minuten in Anspruch!

---

[1] Jacobus Petrus Kipp (1808-1864), niederländischer Apotheker

Cadmium bewährt sich als seewasserfester Korrosionsschutzüberzug auf Stahlschrauben und -nieten.

Quecksilber wird vorrangig als Katodenmaterial in der Chloralkalielektrolyse (Amalgamverfahren s. 19.3) eingesetzt, zur Füllung von Thermometern und Barometern sowie in Quecksilberdampflampen und Leuchtstoffröhren.

Zur Zink-Herstellung, bei der stets auch Cadmium anfällt, werden die sulfidischen Erze abgeröstet und das entstandene Zinkoxid nach einem von zwei Verfahren weiter verarbeitet. Beim Carboreduktionsprozeß wird das Oxid bei ca. 1200 °C mit Kohle umgesetzt. Hierbei verdampft das Metall und kondensiert als Rohzink, das noch mit Blei, Eisen, Cadmium und Arsen verunreinigt ist und durch fraktionierende Destillation raffiniert wird. Als leichter flüchtige Komponente geht dabei Cadmium über. Nach dem zweiten Verfahren wird das Zinkoxid aus dem Röstprodukt mit Schwefelsäure in Lösung gebracht und das Metall daraus katodisch abgeschieden. Die in der Lösung enthaltenen Cadmium-Ionen werden vor der Elektrolyse durch Zinkpulver ausgefällt:

$$Cd^{2+} + Zn \rightarrow Cd + Zn^{2+} \tag{32.1}$$

Quecksilber wird ausschließlich aus Zinnober gewonnen, indem dieses unter Luftzutritt auf etwa 800 °C erhitzt wird. Das anfallende Quecksilber ist bereits sehr rein (Gl. 32.2). Das Schwefeldioxid dient zur Schwefelsäure-Produktion.

$$HgS + O_2 \rightarrow Hg + SO_2 \tag{32.2}$$

Zink ist nach Eisen das zweithäufigste Schwermetall im menschlichen Organismus. Es sind etwa 300 zinkhaltige Proteine bekannt, darunter viele essentielle Enzyme! Quecksilber und Cadmium sind toxisch, letzteres ist außerdem cancerogen. Beide Metalle werden darum zunehmend substituiert, so daß ein wachsender Anteil des mit dem Zink produzierten Cadmiums künftig zu Sondermüll werden könnte. Durch Phosphatdünger wird dem Boden ständig Cadmium zugeführt, das z. T. in die Pflanzen und damit in die Nahrungskette übergeht. Das im Tabak enthaltene Cadmium wird beim Rauchen zum größten Teil inhaliert!

32.3 Die Verbindungen

32.3.1 Zink, Cadmium

Zink zeigt noch einige Ähnlichkeiten mit Magnesium: Beide Hydroxide sind farblos und schwerlöslich, die Sulfate sind wasserlöslich und kristallisieren als Vitriole, $MSO_4 \cdot 7 H_2O$, mit Phosphorsäure bilden beide Kationen die farblosen, schwerlöslichen Verbindungen $MNH_4PO_4 \cdot 6 H_2O$, die auf Grund ihrer charakteristischen Kristalle erlauben, die Elemente zu identifizieren und auch gravimetrisch zu bestimmen.

In wäßriger Lösung liegen Hexaaquazink-Ionen vor, $[Zn(OH_2)_6]^{2+}$. Sie ergeben mit Hydroxid-Ionen einen weißen Niederschlag von Zinkhydroxid, $Zn(OH)_2$, das sich als amphoteres Hydroxid in Säuren und auch in Laugen löst. Im letzteren Fall entstehen

Hydroxozinkat-Ionen, $[Zn(OH)_4]^{2-}$. Cadmiumhydroxid löst sich wegen seiner größeren Basizität nur mehr in konzentrierter Lauge.

Cadmiumhydroxid, $Cd(OH)_2$, kristallisiert in einer hexagonal dichtesten Kugelpackung von OH^--Ionen, in der jede zweite Oktaederlücken-Schicht durch die Kationen besetzt ist. Da jede Oktaeder-Ecke drei Oktaedern gemeinsam angehört, ergibt sich als Formel $Cd(OH)_{6/3} = Cd(OH)_2$. In diesem Schichtgitter-Typ kristallisiert eine große Anzahl von AB_2-Verbindungen, z. B. Cadmiumiodid, CdI_2, sowie die Dihydroxide von Magnesium, Calcium, Mangan und Eisen.

Zink- und Cadmiumhydroxid sind in Ammoniak unter Bildung der Hexammin-Ionen löslich:

$$Zn(OH)_2 + 6\,NH_3 \rightarrow [Zn(NH_3)_6]^{2+} + 2\,OH^- \tag{32.3}$$

Die Oxide entstehen durch Verbrennen der Metalle an der Luft oder durch Calcination der Hydroxide oder Carbonate. Wird Zinkoxid, ZnO, mit Cobalt(II)-oxid an der Luft geglüht,

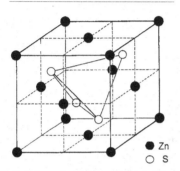

● Zn
○ S

entsteht *Rinmans Grün*, ein Spinell der Zusammensetzung $ZnCo^{III}_2O_4$, dessen Bildung zur Identifizierung von Zinkverbindungen genutzt wird.

Leitet man Schwefelwasserstoff in eine Zink(II)-Ionen enthaltende Lösung ein, fällt das weiße, säurelösliche Zinksulfid, ZnS, aus. Zinksulfid existiert in den zwei sehr ähnlichen Modifikationen *Sphalerit (Zinkblende)* (s. Bild) und *Wurtzit*, in denen jedes Atom der einen Sorte von vier Atomen der anderen Sorte tetraedrisch umgeben ist. Im Zinkblendegitter kristallisieren viele AB-Verbindungen[2], deren Valenzelektronen-Summe, wie bei dem Atompaar CC, gleich 8 ist, z. B. CuCl, CuBr, CuI, AgI, BeO, ZnO, CdS, HgS, BN, AlN, AlP, GaAs, SiC.

Das analog zum Zinksulfid erhältliche Cadmiumsulfid ist leuchtend gelb und wird als dauerhaftes Pigment *Cadmiumgelb* verwendet.

32.3.2 Quecksilber

In der Oxidationsstufe +1 tritt Quecksilber sowohl im Festkörper als auch in Lösung ausschließlich in der zweiatomigen Gruppierung –Hg–Hg– auf. Z. B. ist das in Wasser schwerlösliche Quecksilber(I)-chlorid, Hg_2Cl_2, aus Cl–Hg–Hg–Cl-Molekülen aufgebaut. Weitere schwerlösliche Verbindungen sind Quecksilber(I)-hydroxid, -sulfat und -dihydrogen-phosphat, $Hg_2(OH)_2$, Hg_2SO_4 bzw. $Hg_2(H_2PO_4)_2$. Wasserlöslich sind Quecksiber(I)-nitrat, $Hg_2(NO_3)_2$, und Quecksilber(I)-perchlorat, $Hg_2(ClO_4)_2$. Im wäßrigen Medium stehen das Metall und die Oxidationsstufen +1 und +2 im Gleichgewicht miteinander:

$$[Hg(I)]_2 \rightleftharpoons Hg + Hg(II) \tag{32.4}$$

---

[2] Nimmt man alle Atome im Zinkblende-Gitter als Kohlenstoff-Atome an, so resultiert das Gitter des kubischen Diamants.

Wird also in eine $Hg_2(NO_3)_2$-Lösung Schwefelwasserstoff eingeleitet, so fällt nicht etwa Quecksilber(I)-sulfid, Hg_2S, aus, sondern unter Disproportionierung werden Quecksilber und das extrem schwerlösliche Quecksilber(II)-sulfid, HgS, abgeschieden. Die $[Hg(I)]_2$-Gruppe disproportioniert auch, wenn man Quecksilber(I)-chlorid mit Ammoniak übergießt, wobei das Gleichgewicht infolge der Stabilität des Quecksilber(II)-amidchlorids und des Metalls nach rechts verschoben wird. Dabei wird das Weiß des Quecksilber(I)-chlorids durch

$$Hg_2Cl_2 + 2\,NH_3 \rightarrow Hg + Hg(NH_2)Cl + NH_4Cl \qquad (32.5)$$

das Tiefschwarz des dispersen Quecksilbers ersetzt (qualitativer Nachweis auf $[Hg_2]^{2+}$!), was Quecksilber(I)-chlorid zu dem Namen *Kalomel*[3] verholfen hat. Umgekehrt läßt sich Quecksilber(II)-chlorid, $HgCl_2$, mit feinverriebenem Quecksilber reduzieren, wenn das dabei entstehende Quecksilber(I)-chlorid durch Sublimation aus dem Gleichgewicht entfernt wird.

Das giftige Quecksilber(II)-chlorid (*Sublimat*), $HgCl_2$, wird technisch gewonnen, indem ein Gemenge von Quecksilber(II)-sulfat und Natriumchlorid erhitzt wird, wobei Quecksilber(II)-chlorid absublimiert. Es ist im Unterschied zum Quecksilber(I)-chlorid wasserlöslich. $HgCl_2$ ist kovalent gebaut. Im Kristall und in wäßriger Lösung liegen ausschließlich lineare Cl–Hg–Cl-Moleküle vor.

Wenn Quecksilber an der Luft auf etwa 330 °C erhitzt wird, entsteht Quecksilber(II)-oxid. Seine thermische Zersetzung oberhalb 400 °C war eine der ersten Methoden zur Darstellung von Sauerstoff (s. 24.1.2).

Alle Quecksilberverbindungen lassen sich einfach zum Metall reduzieren. Z. B. scheidet sich aus Quecksilbersalz-Lösungen auf Kupferblech metallisches Quecksilber ab, das sich leicht blankreiben läßt, was einen qualitativen Quecksilber-Nachweis erlaubt.

Aufgaben

Aufgabe 32.1

Formulieren Sie die Reaktionsgleichung für die Bildung von *Rinmans Grün* $ZnCo_2O_4$ durch Glühen von Zinkoxid und Cobalt(II)-oxid an der Luft!

Aufgabe 32.2

Zink reagiert sowohl mit Salzsäure als auch mit Natronlauge zu klaren Lösungen und setzt dabei Wasserstoff frei.

Leiten Sie aus diesen Beobachtungen zwei für den chemischen Charakter des Zinks wesentliche Aussagen ab!

Entwickeln Sie die entsprechenden Reaktionsgleichungen!

Aufgabe 32.3

Betrachten sie die Gleichung 32.5! Worin sehen Sie die treibende Kraft dieser Disproportionierung? Konzentrieren Sie sich dabei vorrangig auf die Bindungsstärken in den beiden beteiligten Quecksilberverbindungen.

---

[3] griech.: schön schwarz

Kernreaktionen

33.1 Natürliche Radioaktivität

Unter der 1896 von *Becquerel*[1] entdeckten Radioaktivität versteht man den spontanen Zerfall von Atomkernen, wobei unter Energieabgabe Atome anderer Elemente gebildet und gleichzeitig ionisierende Strahlungen emittiert werden. Es existieren mehrere Arten des natürlichen radioaktiven Zerfalls und der dabei ausgesendeten Strahlung:

1) α-Strahlung: Aus dem Atomkern wird ein α-Teilchen, d. h. ein Heliumkern, $_2^4\text{He}^{2+}$, ausgestoßen (α-Zerfall). Infolgedessen wird die Massenzahl, d. h. die Anzahl der Nucleonen, des Ausgangskerns um vier, die Kernladung um zwei Einheiten vermindert. Es entsteht also neben Helium ein Element, das im Periodensystem zwei Stellen *vor* dem Ausgangselement steht, z. B.:

$$_{88}^{226}\text{Ra} \rightarrow {}_{86}^{222}\text{Rn} + {}_2^4\text{He} \tag{33.1}$$

2) β⁻-Strahlung: Hierbei emittiert der Atomkern ein β⁻-Teilchen, ein Elektron (β⁻-Zerfall). Dadurch entsteht ein Kern mit derselben Massenzahl, aber mit einer um eine Einheit höheren Kernladungszahl. Das Tochterelement steht im Periodensystem also eine Stelle *hinter* dem Mutterelement:

$$_{89}^{227}\text{Ac} \rightarrow {}_{90}^{227}\text{Th} + \text{e}^- \tag{33.2}$$

3) γ-Strahlung: Als Folge eines α- oder β⁻-Zerfalls senden manche Kerne noch γ-Strahlung, eine nicht-korpuskulare, elektromagnetische energiereiche Strahlung aus, einer ultraharten Röntgenstrahlung vergleichbar.

4) K-Einfang: In diesem bei nur sehr wenigen Elementen anzutreffenden Prozeß nimmt der Atomkern ein Elektron aus der K-Schale seiner eigenen Elektronenhülle auf und verwandelt sich dadurch in einen Kern derselben Massenzahl, aber einer um eine Einheit niedrigeren Kernladungszahl. Gleichzeitig wird aus der Elektronenhülle Röntgenstrahlung, nämlich die K-Serie des Tochterelements, ausgesandt.

$$_{19}^{40}\text{K} + \text{e}^- \rightarrow {}_{18}^{40}\text{Ar} \tag{33.3}$$

5) Spontane Spaltung (sf-Zerfall): Hierbei zerfällt der Kern in zwei neue Kerne ähnlich großer Masse, wobei meist noch ein Neutron n emittiert wird (Neutronenstrahlung). Die Spontanspaltung tritt nur bei Nucliden[2] ab der Massenzahl 230 auf und dann meist neben dem α- oder β-Zerfall:

$$_{98}^{252}\text{Cf} \rightarrow {}_{56}^{142}\text{Ba} + {}_{42}^{106}\text{Mo} + 4{}_0^1\text{n} \tag{33.4}$$

---

[1] Henri Becquerel (1852-1908), französischer Physiker. Nobelpreis für Physik 1903 (gemeinsam mit Pierre und Marie Curie)
[2] Der Terminus „Nuclid" bezeichnet *allgemein* eine Kernart, „Isotop" das Nuclid eines *bestimmten* Elements.

Die Gesetzmäßigkeiten der infolge des radioaktiven Zerfalls eintretenden Bildung neuer Elemente werden als *radioaktive Verschiebungssätze*[3] bezeichnet.

Radioaktiv sind hauptsächlich die Elemente hoher Kernladungszahl, weil die Anhäufung der mit den Protonen verbundenen positiven Ladung den Atomkern instabil werden läßt. So bestehen alle Elemente mit einer Ordnungszahl größer als 83, also oberhalb Bismut, *ausschließlich* aus radioaktiven Nucliden!

Radionuclide finden sich aber auch bei einigen Elementen mit Ordnungszahlen kleiner als 83, nämlich bei Kalium, Rubidium, Cadmium, Indium, Tellur, Lanthan, Neodym, Samarium, Gadolinium, Lutetium, Hafnium, Tantal, Rhenium, Osmium, Platin und Blei. Besonders bekannt sind die Nuclide ^{40}K, das durch K-Einfang Argon bildet (s. 19.1.2), und ^{14}C wegen seiner Anwendung zu Altersbestimmungen.

Viele radioaktive Nuclide kommen als Glieder natürlicher Zerfallsreihen vor, in denen jedes Element durch den Zerfall des in der Reihe vor ihm stehenden Elements gebildet wird. Es sind vier natürliche Zerfallsreihen bekannt, deren jede nach dem Namen des jeweiligen Mutternuclids ^{232}Th, ^{237}Np, ^{238}U und ^{227}Ac als Thorium-, Neptunium-, Uran- bzw. Actiniumreihe benannt ist, und die (in der gleichen Folge) mit den stabilen Nucliden ^{208}Pb, ^{209}Bi, ^{206}Pb bzw. ^{207}Pb enden. In der Thorium-, Uran- und Actinium-Reihe werden bei diesem Zerfall Radioisotope des Radons frei – eine Quelle der natürlichen radioaktiven Grundbelastung.

Die pro Zeiteinheit zerfallende Menge an Atomkernen ist der jeweils vorhandenen Menge proportional. Jedes Radionuclid ist durch eine bestimmte Zerfallshalbwertszeit gekennzeichnet, in der die Hälfte einer beliebigen Ausgangsmenge von Nucliden zerfallen ist. Nach zehn Halbwertszeiten ist ein radioaktives Element zu 99,9 %, also praktisch vollständig, verschwunden. Die Halbwertszeit ist eine Konstante des jeweiligen Nuclids und unabhängig von äußeren Bedingungen, wie Druck, Temperatur und der chemischen Bindung des Atoms. Die Zerfallshalbwertszeiten überstreichen eine Zeitskala von etwa 10^{-11} s bis 10^{24} a.

33.2 Künstliche Radioaktivität

Werden stabile Nuclide mit Neutronen, Elektronen, α-Teilchen, Protonen, Deuteronen oder γ-Photonen bestrahlt, entstehen dabei meist instabile Nuclide, die also radioaktiv zerfallen. Bei diesem *induzierten Zerfall* tritt zusätzlich zu den aus der natürlichen Radioaktivität bekannten Strahlungsarten (α, β^-, γ, n) auch Positronenstrahlung (β^+) auf. Im Prinzip läßt sich jeder stabile Atomkern in einen künstlich radioaktiven Kern umwandeln. Heute sind etwa 2000 künstliche Radionuclide bekannt, eine große Anzahl, verglichen mit den 263 stabilen und etwas über 70 natürlich radioaktiven Nucliden!

Neutronen eignen sich am besten dazu, Kernumwandlungen herbeizuführen, weil sie als elektroneutrale Teilchen von den positiv geladenen Kernen nicht abgestoßen werden. Neutronenbestrahlung von Nucliden wird heute meist im Kernreaktor vorgenommen.

---

[3] Kasimir Fajans (1887-1975), US-amerikanischer Chemiker; Alexander Smith Russel (1888-1972), schottischer Naturforscher; Frederick Soddy (1877-1956), britischer Chemiker.

Künstliche Radionuclide werden vielfältig angewandt. Z. B. läßt sich in chemischen, biologischen oder technischen Vorgängen der Weg eines Elements durch die Strahlung eines seiner radioaktiven Isotope verfolgen. Zur Tumorbekämpfung wird die γ-Strahlung geeigneter künstlicher Nuclide, z. B. $^{60}_{27}\text{Co}$ und $^{137}_{55}\text{Cs}$, eingesetzt. Aus der Strahlungschwächung, die ein zwischen Strahlenquelle und Detektor gebrachtes Material bewirkt, kann man dessen Dicke ermitteln, was zur Banddickenmessung in der Papierindustrie genutzt wird. Mit Hilfe der sogen. γ-Defektoskopie lassen sich Strukturunregelmäßigkeiten in durchstrahlten Gußteilen erkennen. Die Wärme des radioaktiven Zerfalls erzeugt an Thermosäulen eine elektrische Spannung, worauf wartungsfreie Generatoren zur Energieversorgung in Raumkapseln beruhen. Eigenschaften von nicht in der Natur vorkommenden Elementen, z. B. Technetium, Promethium, Astat, Francium und Transuranen, konnten an künstlichen Radionucliden ermittelt werden.

33.3 Kernenergie

Wird das Nuclid $^{235}_{92}\text{U}$ von einem langsamen Neutron getroffen, entsteht der instabile Kern $^{236}_{92}\text{U}$, der in zwei instabile Kerne mittlerer Massenzahl und 2-3 Neutronen zerfällt, wobei eine etwa 10^6mal so große Energie wie bei chemischen Reaktionen frei wird[4]. Beispiel[5]:

$$^{235}_{92}\text{U} + {}^{1}_{0}\text{n} \rightarrow {}^{236}_{92}\text{U} \rightarrow {}^{140}_{56}\text{Ba} + {}^{93}_{36}\text{Kr} + 3\,{}^{1}_{0}\text{n} \qquad \Delta H = -1{,}74 \cdot 10^{10}\ \text{kJ} \cdot \text{mol}^{-1} \qquad (33.5)$$

Diese *Kernspaltung* erzeugt mehr Neutronen als sie verbraucht und kann dadurch eine Kettenreaktion auslösen, aber nur dann, wenn mindestens eines der freiwerdenden Neutronen für weitere Spaltungen zur Verfügung steht. Es dürfen also weder zu viele Neutronen von anderen Nucliden, z. B. $^{238}_{92}\text{U}$, absorbiert werden, noch den Uranblock verlassen, was durch Einhalten der „kritischen Größe" der Uranmenge verhindert wird. Außerdem ist ein „Moderator" (Wasser, schweres Wasser, Graphit) erforderlich, um die Neutronen auf die für die Kernspaltungsreaktion erforderlich niedrige Geschwindigkeit abzubremsen, ohne dabei Neutronen wesentlich zu absorbieren.

Die Kernreaktion wird gestartet durch Neutronen spezieller Quellen, z. B. durch $^{252}_{98}\text{Cf}$. Im Kernreaktor, der meist mit auf 2-4 % $^{235}_{92}\text{U}$ angereichertem Natur-Uran[6] arbeitet, wird die wirksame Neutronenkonzentration durch Neutronenabsorber-Stäbe aus Borstahl, Cadmium o. ä. automatisch eingeregelt. Ungesteuert verläuft die Kettenreaktion in der Kernspaltungsbombe, der sogen. *Atombombe*. Deren Sprengstoff besteht aus Uran-235 oder, heute wohl ausschließlich, aus Plutonium-239.

Unter bestimmten Bedingungen können auch leichte Kerne miteinander verschmelzen. Bei sehr hohen Temperaturen um 10^8 K haben z. B. Protonen derart hohe kinetische Energien, daß sie die gegenseitigen elektrostatischen Abstoßungskräfte überwinden und sich zu den stabilen α-Teilchen zusammenlagern können. Dabei werden neben Positronen e^+ und Neutrinos ν riesige Energiemengen frei:

---

[4] $^{235}_{92}\text{U}$ ist das einzige in der Natur vorkommende spaltbare Nuclid!

[5] Das Nuclid $^{236}_{92}\text{U}$ kann auch in andere Folgekerne zerfallen.

[6] Natürliches Uran besteht aus 99,3 % $^{238}_{92}U$ und nur 0,7 % $^{235}_{92}U$.

$$4\,{}^{1}_{1}H^{+} \rightarrow {}^{4}_{2}He^{2+} + 2\,e^{+} + 2\nu \qquad\qquad \Delta H = -\,2{,}58{\cdot}10^{9}\ kJ{\cdot}mol^{-1} \qquad (33.6)$$

Derartige *thermonucleare Fusionsreaktionen* liefern die Energie der Fixsterne, damit auch unserer Sonne, und laufen ebenfalls bei der Explosion der Kernfusionsbombe, der sogen. *Wasserstoffbombe*, ab. Seit etwa fünfzig Jahren wird daran gearbeitet, die Energie dieser Reaktion durch den *Fusionsreaktor* technisch nutzbar zu machen.

33.4 Radioaktivität und Leben

Das Leben auf der Erde hat sich von Anbeginn unter dem ständigen Einfluß ionisierender Strahlung entwickelt, nämlich der kosmischen Strahlung (Höhenstrahlung) und der natürlichen Radioaktivität der Erdkruste und der Atmosphäre. Diese Strahlung war vor Milliarden Jahren wesentlich intensiver als heute. Sie ist es, die Mutationen bewirkte und damit die genetischen Anlagen immer wieder veränderte, so daß diese, nach *Darwin*, unter dem Einfluß der Selektion zur Grundlage neuer Arten werden konnten.

Erhöht sich aber die radioaktive Belastung innerhalb eines relativ kurzen Zeitraums, wie es seit etwa hundert Jahren weltweit eingetreten ist durch medizinische Bestrahlungen, zunehmende Verwendung radioaktiver Nuclide in der Technik, Kernwaffenexplosionen, Verwendung von Munition mit abgereichertem Uran (deleted uranium = DU) sowie durch chronische und akute Emissionen von Radioaktivität durch die Kerntechnik (Wiederaufbereitungsanlagen, Zwischen- und Endlager, Katastrophen wie die von Harrisburg und Tschernobyl), können dadurch erhebliche Gesundheitsschäden verursacht werden. Anscheinend häufen sich in Laborversuchen und epidemiologischen Untersuchungen die Hinweise darauf, daß ionisierende Strahlung gerade geringer Intensität (sogen. Niedrigdosenstrahlung) besonders gefährlich sein könnte, weil sie, für längere Zeit unmerklich, die DNS und den zellularen Reparaturmechanismus schädigt, die Zellen aber nicht abtötet. Diese geschädigten Zellen können in späteren Lebensphasen bösartige Wirkungen auslösen, wie z. B. Krebs, Leukämie, Geburtsfehler und Säuglingssterblichkeit.

Im Interesse des Lebens müßte die Gesellschaft sich dazu entschließen, alle bekannten und potentiellen Quellen von Radioaktivität in Wissenschaft und Technik, hauptsächlich die Kernenergietechnik, so bald wie möglich zurückzudrängen oder zu beseitigen.

Aufgaben

Aufgabe 33.1

Natürliches Uran-238 geht bei dem natürlichen Zerfall in Thorium-234 über. Welche Art von Strahlung wird dabei von den Uran-Atomen ausgesandt? Aus welchen Teilchen besteht diese Strahlung?

Aufgabe 33.2

Die im Kernreaktor entstehenden Technetium-Isotope ${}^{98}Te$ und ${}^{99}Te$ sind β^{-}-Strahler. Welche Nuclide werden bei diesem Zerfall gebildet?

Formulieren sie die Gleichungen der Kernreaktionen!

Actinoide
Thorium Th, Protactinium Pa, Uran U, Neptunium Np, Plutonium Pu, Americium Am, Curium Cm, Berkelium Bk, Californium Cf, Einsteinium Es, Fermium Fm, Mendelevium Md, Nobelium No, Lawrencium Lr

34.1 Vergleichende Übersicht

Element	Th	Pa	U	Np	Pu	Am	Cm
Ordnungszahl	90	91	92	93	94	95	96
1. Ionisierungsenergie[1]	587	568	584	597	585	578	581
Elektronegativität	1,1	1,1	1,2	1,2	1,2	≈1,2	≈1,2
Oxidationszahl	**4**	4, **5**	3, 4, 5, **6**	3, 4, **5**, 6, 7	3, **4**, 5, 6, 7	3, 4, 5, **6**	**3**, 4
Dichte/g·cm⁻³	11,72	15,37	19,10	20,48	19,74	13,67	13,51
Schmelztemperatur/°C	1750	1554	1132	640	641	994	1340
Element	**Bk**	**Cf**	**Es**	**Fm**	**Md**	**No**	**Lr**
Ordnungszahl	97	98	99	100	101	102	103
1. Ionisierungsenergie[1]	601	608	619	627	635	642	–
Elektronegativität	≈1,2	≈1,2	≈1,2	≈1,2	≈1,2	–	–
Oxidationszahl	**3**, 4	**3**, 4	**3**	**3**	**3**	2, **3**	**3**
Dichte/g·cm⁻³	13,25	15,1	–	–	–	–	–
Schmelztemperatur/°C	986	900	–	–	–	–	–

[1] in kJ·mol⁻¹

34.1.1 Chemisches Verhalten

Element	Ac	Th	Pa	U	Np	Pu	Am	Cm
Elektronenkonfig.[1]	$6d\ 7s^2$	$6d^2\ 7s^2$	$5f^2\ 6s^2\ 7s^2$	$5f^3\ 6d\ 7s^2$	$5f^4\ 6d\ 7s^2$	$5f^6\ 7s^2$	$5f^7\ 7s^2$	$5f^7\ 6d\ 7s^2$
Element	Cm	Bk	Cf	Es	Fm	Md	No	Lr
Elektronenkonfig.[1]	$5f^7\ 6d\ 7s^2$	$5f^9\ 7s^2$	$5f^{10}\ 7s^2$	$5f^{11}\ 7s^2$	$5f^{12}\ 7s^2$	$5f^{13}\ 7s^2$	$5f^{14}\ 7s^2$	$5f^{14}\ 6d\ 7s^2$

[1] Zu jedem Eintrag hinzuzufügen: [Rn].

Bei den Actinoiden werden, in Analogie zu den Lanthanoiden, die (n-2)f-Orbitale, hier also die 5f-Orbitale, aufgefüllt. Dementsprechend tritt hier die „Actinoidenkontraktion" ein, die auf analogen Ursachen wie die Lanthanoidenkontraktion (s. 27.1.1) beruht. Andererseits gibt es zwischen beiden Elementreihen auch erhebliche Unterschiede. Sie gehen im wesentlichen darauf zurück, daß die 5f-Elektronen weiter vom Kern entfernt sind als die 4f-Elektronen der Lanthanoiden und dadurch weniger stark von den Atomkernen angezogen werden. Infolgedessen betätigen die leichteren Actinoiden bis Curium deutlich mehr Oxidationsstufen als die Lanthanoiden, was zu einer reichhaltigeren Chemie führt.

Alle Actinoid-Nuclide sind radioaktiv, mit Halbwertszeiten zwischen 10^{10} und 10^3 Jahren für die Elemente Thorium bis Californium und mit solchen von Tagen bis Minuten für Einsteinium bis Lawrencium. Die Eigenschaften stark radioaktiver Elemente und deren Verbindungen zu ermitteln, stößt auf erhebliche Schwierigkeiten, da die Substanzen sich und ihre Umgebung durch die Strahlung aufheizen und sich selbst durch ihre Zerfallsprodukte verunreinigen. Hinzu kommt die Gefahr der strahlungsbedingten Selbstzersetzung, der sogen. *Radiolyse*, wie auch der Zersetzung eines eventuellen Lösungsmittels, z. B. des Wassers, in dem, strahlungsbedingt, leicht Wasserstoffperoxid entsteht, das unerwünschte Redoxreaktionen bewirken kann.

34.1.2 Vorkommen

Häufigkeitsfolge	Th (47.)	U (56.)	Pa (85.)	Np (90.)	Pu (91.)
Atome/10^6 Si-At.	5,2	1,3	$4,2 \cdot 10^{-7}$	$1,8 \cdot 10^{-13}$	$8,9 \cdot 10^{-16}$

Von den Actinoiden kommen nur Thorium und Uran in technisch nutzbaren Mengen in der Natur vor. Thorium wird vor allem als Phosphat-Silicat zusammen mit den Lanthanoiden (s. 27.1.2) im Monazitsand gefunden, besonders in Brasilien, Indien, Sri Lanka und den USA, Uran als Uraninit (Pechblende), UO_2 bis U_3O_8, insbesondere im Kongo, in Kanada und Tschechien. Uranerze enthalten stets geringe Mengen Protactinium- sowie Spuren von Neptunium- und Plutonium-Verbindungen. Uran ist im Staub praktisch allgegenwärtig: Es ist dispers vorhanden in Braunkohlen wie im natürlichen Phosphatdünger und dadurch in vielen Böden zu finden.

Die Elemente Americium bis Lawrencium kommen nicht in der Natur vor.

34.2 Die Elemente

Die Actinoide, soweit in handhabbaren Mengen zugänglich, sind silberweiße, relativ weiche Schwermetalle. Metallisches Plutonium erhitzt sich durch seine Radioaktivität so stark, daß es nur unter Kühlung gelagert werden kann. Die Metalle sind chemisch sehr reaktionsfähig, laufen an der Luft an und entzünden sich in feinverteilter Form spontan. Sie reagieren nicht mit Wasser und Alkalien, lösen sich aber leicht in Säuren unter Wasserstoffentwicklung. Beim Erhitzen verbinden sie sich mit fast allen Nichtmetallen.

Thorium wird durch Reduktion von Thoriumdioxid, ThO_2, mit Calcium bei 1000 °C unter Argon gewonnen. Nach Herauslösen des Calciumoxids wird das pulverförmige Thorium eingeschmolzen. Uran und Protactinium, dieses lediglich in 100-g-Mengen, werden durch metallothermische Reduktion der Tetrafluoride hergestellt. Protactiniumtetrafluorid, PaF_4, gewinnt man aus dem bei der Urananreicherung isolierten Protactiniumdioxid, PaO_2.

Uran hat von allen in technisch interessanten Mengen natürlich vorkommenden Elementen die höchste relative Atommasse.

Alle *Transurane* wurden durch Kernreaktionen synthetisch hergestellt. Die im Kernreaktor gewonnenen Elemente Neptunium und Plutonium sind heute in großen Mengen zugänglich. Viele Eigenschaften der Elemente ab Curium konnten noch nicht ermittelt werden, weil die dafür erforderlichen Mengen nicht verfügbar waren und weil diese Elemente eine äußerst energiereiche Strahlung aussenden.

In Form der Metalle haben diese Elemente im zivilen Bereich nur untergeordnete Bedeutung. Z. B. wird als Kernbrennstoff anstelle des Urans heute überwiegend Urandioxid verwendet. Als Kernwaffensprengstoff werden die isotopenreinen Metalle ^{235}U und ^{239}Pu eingesetzt.

34.3 Die Verbindungen

Thorium betätigt ausschließlich die Oxidationszahl +4. Thorium-Verbindungen zeigen große Ähnlichkeit mit denen der IV. Nebengruppe, zu der das Element früher gerechnet wurde. Thoriumdioxid ist das Oxid mit der höchsten Schmelztemperatur, nämlich 3390 °C. Es fällt bei der Gewinnung der Lanthanoiden an und wird zwar heute kaum mehr verwendet, als Ausgangsstoff für das ebenfalls spaltbare Nuclid ^{233}U jedoch deponiert. Thorium ist nur schwach radioaktiv, so daß man es ungeschützt handhaben könnte, wenn nicht die Gefahr bestünde, daß thoriumhaltige Stäube eingeatmet oder verschluckt würden. Hierdurch kämen Körperzellen unter den unmittelbaren Beschuß vor allem durch die energiereichen α-Teilchen radioaktiver Tochterelemente, z. B. des ^{220}Rn, was bösartige Tumore verursachen könnte.

Uran, vor der Entdeckung der Kernspaltung 1938[1] eher ein Kuriosum und, in Form des Oxids, nur zum Gelbfärben von Glas und Emaille verwendet, ist heute infolge seiner Bedeutung für die Kerntechnik (s. 33.3) eines der besterforschten Elemente. Seine stabilste Oxidationszahl ist +6, und die technisch wichtigsten Verbindungen sind die Uranylsalze, z. B. das gelbe, wasserlösliche Uranylnitrat, $UO_2(NO_3)_2$, in dem hydratisierte, lineare $[O{\equiv}U{\equiv}O]^{2+}$-Ionen vorliegen. Dieses Salz ist in verschiedenen organischen Lösungsmitteln löslich, was zur Trennung des Urans von anderen Elementen genutzt wird. Ammoniak fällt aus derartigen Lösungen den sog. „yellow cake", ein Gemenge aus Uranylhydroxid, $UO_2(OH)_2$, und Ammoniumpolyuranaten, $(NH_4)_2[U_nO_{3n+1}]{\cdot}x\,H_2O$ mit n = 3, 4, 6, aus dem durch thermische Zersetzung über Urantrioxid, UO_3, und Triuranoctaoxid, U_3O_8, das Urandioxid, UO_2, für Kernreaktoren gewonnen wird. Dieses basisch reagierende Oxid bildet mit Oxosäuren Salze. Das aus verzerrt oktaedrischen UF_6-Molekülen aufgebaute, flüchtige Uran(VI)-fluorid, als Gas für die Trennung der Isotopen $^{235}U/^{238}U$ eingesetzt, ist ein energisches Fluorierungsmittel. Uran bildet unter allen Actinoiden die meisten Halogenide.

Die stabilste Oxidationszahl des Plutoniums ist +4. Wie bei den entsprechenden Lanthanoiden ist das Plutoniumtetrafluorid wasserunlöslich, während sich die übrigen

---

[1] Otto Hahn (1879-1968), deutscher Chemiker, Nobelpreis für Chemie 1944; Lise Meitner (1878-1968), österreichische Physikerin; Fritz Straßmann (1902-1980), deutscher Chemiker

Halogenide leicht in Wasser lösen. Gibt man zu einer frisch hergestellten Plutoniumtetrachlorid-Lösung Natronlauge hinzu, fallen schleimige, schlecht definierte Oxidaquate der Zusammensetzung $PuO_2 \cdot n\,H_2O$ aus. Läßt man jedoch die $PuCl_4$-Lösung einige Stunden stehen, hat sich darin ein Gleichgewicht der Oxidationsstufen +3 bis +6 eingestellt. In stark saurer Lösung aber sind die Plutonium(IV)-Verbindungen stabil. Plutonium bildet außerdem, wie auch Neptunium, einige Verbindungen der Oxidationsstufe +7, der höchsten bei den Actinoiden. In alkalischer Lösung liegen die stark oxidierenden, aber ansonsten stabilen, grünen Plutonat(VII)-Anionen, $[PuO_2(OH)_6]^{3-}$, vor, die sich beim Ansäuern schnell zu Plutonium(VI)-Verbindungen zersetzen.

Anwendungen der Actinoide, die nicht auf ihrer Radioaktivität oder ihrer Kernreaktivität beruhen[2], sind begrenzt. Thoriumdioxid dient wegen seiner sehr hohen Schmelztemperatur und seiner chemischen Beständigkeit als Material für spezielle Hochtemperatur-Schmelztiegel. Unter Zusatz von etwa 1 % Cerdioxid wird es für die Herstellung von „Glühstrümpfen" verwendet, das sind lockere Oxidnetze, die in der Gasflamme ein blendend weißes Licht ausstrahlen.

---

[2] Anwendungen von Radioaktivität wurden im Abschnitt „Kernreaktionen " (s. 33) beschrieben.

Organische Chemie

$$H_3C-C(=O)-NH_2$$

$$H-C(=O)-N(CH_3)_2$$

Polychlorierte Biphenyle
(PCB's, allg. Formel)

$$Cl_n \qquad Cl_m$$

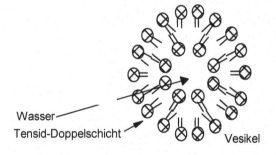

Wasser
Tensid-Doppelschicht

Vesikel

Einführung

35.1 Was ist „Organische Chemie"?

Im Laufe des 18. Jh. gelang es, aus Pflanzen und Tieren einfache Stoffe, z. B. Weinsäure oder Harnstoff, zu isolieren und zu untersuchen. Hierbei ergab sich, daß diese Substanzen im Gegensatz zu den schon bekannten mineralischen Stoffen niedrige Schmelz- und Siedepunkte haben und sich auch beim zu starken Erhitzen zersetzen. Die aus Organismen stammenden Stoffe verhielten sich also anders als die aus der unbelebten Natur. Man nannte sie deshalb organische Stoffe, den Wissenschaftszweig, der sich mit diesen Substanzen beschäftigte organische Chemie (Berzelius 1807).

Zu dieser Zeit bestand auch die Überzeugung, daß organische Verbindungen nur in der belebten Natur entstehen könnten. Erst ein Experiment von Friedrich Wöhler, dem es 1828 gelang, Harnstoff aus einem anorganischen Salz herzustellen, beseitigte dieses Dogma.

$$(NH_4)^+(OCN)^- \xrightarrow{\Delta} \underset{\underset{\displaystyle H_2N \qquad NH_2}{}}{\overset{\overset{\displaystyle O}{\|}}{C}}$$

Ammoniumcyanat   Harnstoff

Seit Mitte des 19.Jh. war es dann bekannt, daß alle organischen Verbindungen das Element Kohlenstoff enthalten – die organische Chemie war also die Lehre der Kohlenstoffverbindungen. Diese Kurzdefinition ist bis heute gültig[1].

Die organischen Chemie grenzt sich durch ihren Bezug auf einen bestimmten Typ chemischer Verbindungen von anderen Teilgebieten der Chemie ab. Die Übergänge zu anderen Bereichen der Chemie – auch zur anorganischen Chemie (z. B. metallorganische Chemie) – sind fließend. Auch soll an dieser Stelle darauf hingewiesen werden, daß die bis hierher dargelegten Gesetze (die der physikalische Chemie z. B. – Thermodynamik) und Konzepte (allgemeine Chemie – z. B. Säure-Base-Theorie, Vorstellungen zur chemischen Bindung) natürlich auch in der organischen Chemie ihre uneingeschränkte Gültigkeit haben. Schubladendenken wäre auch hier völlig fehl am Platze.

35.2 „Organische Chemie interessiert mich nicht!"

Wenn Sie sich morgens waschen und die Zähne putzen, haben Sie bereits den ersten Kontakt mit organischen Stoffen – den Tensiden. Der Zahnputzbecher besteht höchstwahrscheinlich aus Kunststoff oder, anders gesagt, aus einem organischen Polymer. Der frische Geschmack

---

[1] Einige Kohlenstoffverbindungen rechnet man zu den anorganischen Verbindungen, z. B. CO, CO_2, Carbonate, Cyanide und Cyanate.

Ihrer Zahnpasta beruht auf Menthol. Die anregende Wirkung des Morgenkaffees verdanken wir dem Coffein, sein Aroma einer Unzahl von Heterocyclen – alles organische Verbindungen. Sie werden im Laufe des Tages einer Vielzahl weiterer organischer Verbindungen begegnen (z. B. Vergaserkraftstoffe, Farben, Klebstoffe, nicht zuletzt Pharmaka) bis Sie schließlich am Abend mit Freunden bei einem Glas Bier oder Wein (beide enthalten die organische Verbindung Ethanol) Fragen der Gentechnik diskutieren. Um besser argumentieren zu können, wollen Sie vielleicht auch die molekularbiologischen Aspekte dieses Wissenschaftszweigs verstehen. Dann allerdings werden Sie ohne Kenntnisse der organischen Chemie nicht auskommen.

35.3 Die Kohlenstoff-Kohlenstoff-Bindung

Es mag zunächst überraschen, daß die organische Chemie Verbindungen nur eines Elementes – Kohlenstoff – zum Gegenstand hat. Von den bisher mehr als 13 Millionen bekannten Verbindungen (täglich werden es etwa 1000 mehr) gehören jedoch die allermeisten zu den organischen Stoffen. Diese Vielzahl organischer Verbindungen hat ihre Ursache zunächst in der hohen Stabilität der Kohlenstoff-Kohlenstoff-Bindung. C-C-Bindungen sind nicht nur energetisch sehr stabil (s. Tab. 35.1). Sie zeichnen sich auch durch geringe Polarität und Polarisierbarkeit aus und gehen deshalb kaum chemische Reaktionen ein.

$$Cl\text{-}Cl \ + \ 2\,OH^- \ \xrightarrow{\ 20°C\ } \ Cl^- \ + \ OCl^- \ + \ H_2O$$

$$H_3C\text{-}CH_3 \ + \ 2\,OH^- \ \xrightarrow{\ 20°C\ } \ \text{keine Reaktion}$$

$$HO\text{-}OH \ + \ 2\,I^- \ + \ 2\,H_3O^+ \ \xrightarrow{\ 20°C\ } \ I_2 \ + \ 4\,H_2O$$

$$H_3C\text{-}CH_3 \ + \ 2\,I^- \ + \ 2\,H_3O^+ \ \xrightarrow{\ 20°C\ } \ \text{keine Reaktion}$$

Tab. 35.1 Bindungsdissoziationsenergien zwischen Atomen gleicher Elemente (in $kJ \cdot mol^{-1}$)

$H_3C\text{-}CH_3$	347		Cl-Cl	242
$H_2N\text{-}NH_2$	253		Br-Br	193
HO-OH	214		I-I	151
F-F	159		H-H	436

3	4	5
B	C	N
	Si	

Die Elektronenkonfiguration seiner Atome macht Kohlenstoff zu einem einzigartigen Element. Das zeigt ein Vergleich der Wasserstoff-Verbindungen von Kohlenstoff bzw. der Nachbarn im PSE. Das Kohlenstoffatom erreicht im CH_4 durch vier kovalente Bindungen seine geschlossene Achterschale, ohne ein leeres Orbital wie im BH_3 oder ein freies Elektronenpaar wie im NH_3 zu hinterlassen. Im SiH_4 ermöglichen energetisch tiefliegende d-Orbitale durch Aufweitung der Achterschale eine chemische Reaktion. Das CH_4-Molekül bietet dagegen keinerlei „Angriffspunkt".

Die Vielfalt an Molekül-Strukturen, die auf unterschiedlichen, stabilen Kohlenstoff-Gerüsten beruht, wird jedoch erst durch die Vierbindigkeit des C-Atoms möglich. Diese Fähigkeit der Kohlenstoffatome, untereinander bis zu vier stabile Bindungen bilden zu können, ist auch die Ursache des Vorkommens von zwei stabilen Modifikationen des Kohlenstoffs – Graphit und Diamant.

Alle Verhaltensweisen der Stoffe erklären sich aus ihrer Struktur. Deshalb ist das Verständnis der chemischen Bindung, im Falle organischer Verbindungen insbesondere der C-C-Bindung von großer Wichtigkeit – auf diese Kenntnisse wird in den folgenden Kapiteln immer wieder zurückgegriffen werden. Eine nähere Betrachtung der von C-Atomen ausgehenden kovalenten Bindungen nach der VB(valence bond)-Theorie erfolgte bereits in 6.2. An dieser Stelle sollen die Ergebnisse dieser Überlegungen noch einmal am Beispiel der Bindung zwischen zwei C-Atomen zusammengefaßt werden (Tab. 35.2). Aus Gründen der Übersichtlichkeit wurden die anderen Bindungen zu Wasserstoffatomen gezeichnet[2].

Tab. 35.2 Bindungsmöglichkeiten zwischen zwei Kohlenstoff-Atomen

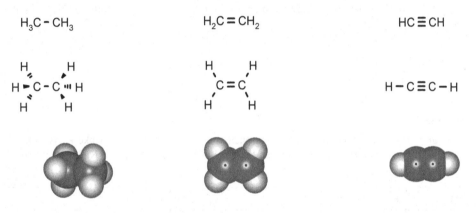

Bindung	Hybridisierung, Bindungstyp	Winkel zw. 2 Bindungen	Bindungs-länge (pm)	B.-energie (kJ/mol)	freie Drehbarkeit
H_3C-CH_3	sp^3, σ	109,5°	154	347	ja
H_2C=CH_2	sp^2, $\sigma + \pi_z$	120°	134	602	nein
HC≡CH	sp, $\sigma + \pi_x + \pi_z$	180°	120	836	–

Unbedingt beachtet werden muß, daß die Bindungen sp^3-hybridisierter Atome einen Tetraeder aufspannen. Das gezeigte Molekül C_2H_6 (Ethan) kann also als aus zwei Tetraedern bestehend aufgefaßt werden, die über eine Spitze (durch die die σ-Bindung verläuft) verbunden sind. Dagegen befinden sich alle Atome von C_2H_4 (Ethen) und natürlich auch von C_2H_2 (Ethin) in einer Ebene. Beachten Sie auch, daß beim Übergang von Einfach- zu Mehrfachbindungen die freie Drehbarkeit um die Bindung verloren geht.

---

[2] Die keilförmigen Bindungen zeigen an, ob die Bindung vor (voll) oder hinter (gestrichelt) die Zeichenebene weist. Normale Striche stehen für Bindungen, die in der Zeichenebene liegen.

An dieser Stelle soll auch noch einmal auf eine Besonderheit der VB-Theorie hingewiesen werden. In vielen Fällen ist eine Formel zur Beschreibung der Bindungsverhältnisse in einem Molekül nicht ausreichend – man behilft sich dann mit mesomeren Grenzstrukturen (Resonanzstrukturen, vgl. 6.4.3). Derartige mesomere Grenzstrukturen werden bei organischen Verbindungen oft benötigt.

Um zu zeigen, daß im Acetat-Ion die beiden O-Atome gleichartig gebunden sind, werden zwei mesomere Grenzstrukturen benötigt.

Aufgaben

Aufgabe 35.1

Geben Sie für die folgenden Verbindungen die Hybridisierung der Kohlenstoff- und Stickstoffatome an:

a) $CH\equiv C\text{-}COOH$

b) $CH_3\text{-}NH_2$

c) $CH_2=CH\text{-}CH_2\text{-}N=C=O$

d) CO_2

Aufgabe 35.2

Wie groß sind die folgenden Winkel zwischen drei Atomen (Bindungswinkel) aus unter 35.1 genannten Verbindungen? Vervollständigen Sie die Tabelle unter Angabe der Richtwerte, also 109°, 120° oder 180°.

Verbind.	a	a	b	c	c	c	d
Winkel	CCC	CCO	HCN	CCN	CNC	NCO	OCO
Wert							

Wichtige Stoffklassen
in der Organischen Chemie

36.1 Kohlenwasserstoffe
Isomerie, Konstitution und Konfiguration, Konformation
Nomenklatur

Kohlenwasserstoffe stellen die einfachsten organischen Verbindungen dar, da sie nur die beiden Elemente Kohlenstoff und Wasserstoff enthalten. Sie sind daher besonders geeignet, wichtige, für die organische Chemie typische Herangehensweisen zu erlernen. Eine zentrale Bedeutung haben hier die Strukturformeln. Sie sind das charakteristische Merkmal der chemischen Fachsprache. Jeder reine Stoff kann durch seine Strukturformel beschrieben werden. Es ist daher wichtig, Strukturformeln zu erstellen, zu vergleichen und Stoffe mit ähnlicher Struktur zu Stoffklassen zusammenzufassen. Es gilt, die in diesem Zusammenhang wichtigen Fachbegriffe beherrschen. Zentral ist dabei die Fähigkeit, Stoffen anhand ihrer Strukturformel einen systematischen Namen entsprechend den Regeln der chemischen Nomenklatur geben zu können[1]. Es ist daher für das weitere Verständnis sehr wichtig, den in den nächsten Kapiteln behandelten Stoff zu erlernen – auch wenn er etwas trocken erscheint.

36.1.1 Alkane und Cycloalkane – Konstitution und Nomenklatur

Alkane bestehen nur aus durch σ-Bindungen verknüpften Kohlen- und Wasserstoffatomen. Der einfachste Vertreter ist das Methan mit der Formel CH_4. Dieses Molekül hat, wie schon mehrfach erwähnt, eine tetraedrische Struktur. Die weiteren Alkane entstehen formal durch Abspalten von Wasserstoffatomen und Anlagerung von CH_3-Gruppen. Die Alkane bilden eine *homologe Reihe*, die Moleküle wachsen, ausgehend von CH_4 um die Baugruppe CH_2. Für die Benennung der Alkane wird immer die Endung „-an" verwendet. Die Silben davor geben die Anzahl der Kohlenstoffatome an. Für C_1-C_4 werden historisch entstandene Bezeichnungen verwendet[2], ab C_5 benutzt man griechische Zahlwörter (s. Tab. 36.1).

---

[1] Die Vielzahl organischer Verbindungen macht es erforderlich, daß jeder Stoff einen eindeutigen Namen bekommt, aus dem sich seine Struktur ableiten läßt. Die IUPAC (International Union of Pure and Applied Chemistry) hat dazu Regeln zur Bildung systematischer Verbindungsnamen empfohlen - die chemische Nomenklatur. Diese Regeln werden in der Praxis und natürlich auch in diesem Buch benutzt. Daneben gibt es viele Stoffe, für die Trivialnamen verwendet werden. Diese Namen sind häufig historisch entstanden und werden nach wie vor verwendet - sowohl in der Fachsprache als auch im Alltag. Bei kompliziert gebauten Naturstoffen ist es ebenfalls günstiger, beim Trivialnamen zu bleiben.

[2] In der älteren Literatur wird für Verbindungsnamen, die mit „Eth" beginnen, „Äth" verwendet.

Die ersten vier Alkane

CH_4 H_3C-CH_3 $H_3C-CH_2-CH_3$ $H_3C-CH_2-CH_2-CH_3$

Methan   Ethan   Propan   Butan

Tab. 36.1 Alkane – Nomenklatur

Summenformel	Name	Isomere
CH_4	Methan	1
C_2H_6	Ethan	1
C_3H_8	Propan	1
C_4H_{10}	Butan	2
C_5H_{12}	Pentan	3
C_6H_{14}	Hexan	5
C_7H_{16}	Heptan	9
C_8H_{18}	Octan	18
C_9H_{20}	Nonan	35
$C_{10}H_{22}$	Decan	75
$C_{15}H_{32}$	Pentadecan	4347
$C_{20}H_{42}$	Eicosan	366319

allgemeine Formel: C_nH_{2n+2}

Bisher wurden nur Alkane mit unverzweigten Ketten behandelt. Allerdings können einem C-Atom auch drei oder vier C-Atome benachbart sein. So gibt es für die Summenformel C_4H_{10} bereits zwei Anordnungsmöglichkeiten der Atome – *Konstitutionen* – für C_5H_{12} drei (s. Tab. 36-1). Anders formuliert: Es gibt drei *Konstitutionsisomere* des Pentans. *Isomere* sind Verbindungen mit gleicher Summenformel aber unterschiedlicher Strukturformel. Weitere Formen der Isomerie werden in späteren Kapiteln besprochen.

Bei der Namensbildung für die Pentan-Isomeren **1-3** wurden einige Regeln angewandt, die es zu erläutern gilt: Der Stammname wird von der längsten Kette im Molekül abgeleitet. In der unverzweigten Verbindung **1** ist das trivial – die C_5-Kette ergibt den Namen Pentan. Im Molekül **2** hat die längste Kette 4 C-Atome – Butan. Der verbleibende CH_3-Rest wird mit Methyl bezeichnet. „Meth" steht wiederum für C_1, die Endung „yl" zeigt an, daß es sich um einen Rest handelt, der formal durch Entfernung eines Wasserstoffatoms aus dem entsprechenden Alkan (in diesem Fall Methan) entstanden ist. Der vollständige Name für die Verbindung **2** lautet also Methylbutan.

$$H_3C-CH_2-CH_2-CH_2-CH_3 \qquad\qquad H_3C-\underset{\underset{CH_3}{|}}{CH}-CH_2-CH_3 \qquad\qquad H_3C-\underset{\underset{CH_3}{|}}{\overset{\overset{CH_3}{|}}{C}}-CH_3$$

1	**2**	**3**
Pentan	Methylbutan	Dimethylpropan
(n-Pentan)		

Für das Alkan **3** benötigen wir eine weitere Regel: Tritt ein Rest mehrfach auf, wird das durch ein griechisches Zahlwort (di-, tri-, tetra- u.s.w.) angegeben. Wir erhalten so den Namen Dimethylpropan. Das Molekül **3** kann man also als ein Propan auffassen, an dem zwei Wasserstoffatome durch Methylgruppen ersetzt, *substituiert* sind. Unter *Substitution* versteht man in der Chemie den Austausch von Atomen oder Atomgruppen im Molekül. Unter den systematischen Namen finden Sie in Klammern die Trivialnamen. Das „n-" vor einem Namen gibt an, daß es sich um eine unverzweigte Kette handelt.

Bei den höheren Alkanen wird eine weitere Regel notwendig. Der Substituent kann dann an verschiedenen Stellen der Hauptkette sitzen, wie das folgende Beispiel zeigt. Die Lösung dieses Nomenklatur-Problems ist offensichtlich. Die Atome der Hauptkette erhalten Nummern. Nun ist es sehr einfach, die Position anzugeben, an der sich der Substituent befindet.

$$\overset{1}{H_3C}-\overset{2}{CH_2}-\overset{3}{\underset{\underset{\underset{CH_3}{|}}{\underset{CH_2}{|}}}{CH}}-\overset{4}{CH_2}-\overset{5}{CH_2}-\overset{6}{CH_2}-\overset{7}{CH_3}$$

4
3-Ethylheptan

$$\overset{1}{H_3C}-\overset{2}{CH_2}-\overset{3}{CH_2}-\overset{4}{\underset{\underset{\underset{CH_3}{|}}{\underset{CH_2}{|}}}{CH}}-\overset{5}{CH_2}-\overset{6}{CH_2}-\overset{7}{CH_3}$$

5
4-Ethylheptan

Bei der Numerierung ist stets darauf zu achten, daß möglichst kleine Zahlen verwendet werden. Auch bei der links gezeigten Zeichenweise wird die Verbindung **4** als 3-Ethylheptan bezeichnet und nicht als 5-Ethylheptan.	$\overset{7}{H_3C}-\overset{6}{CH_2}-\overset{5}{CH_2}-\overset{4}{\underset{\underset{\underset{CH_3}{|}}{\underset{CH_2}{|}}}{CH}}-\overset{3}{CH_2}-\overset{2}{CH_2}-\overset{1}{CH_3}$ **4** 3-Ethylheptan

In der chemischen Literatur werden unterschiedliche Formen für Strukturformeln verwendet. Die folgende Abbildung zeigt Ihnen am Beispiel des Isooctans (s. a. Aufgabe 36.2) die wichtigsten Formen.

Verschiedene Formen der Isooctan-Formel

$$CH_3$$
$$H_3C\text{-}C\text{-}CH_2\text{-}CH\text{-}CH_3$$
$$CH_3 \quad CH_3$$

A

B   **C**   **D**

Zur Angabe der Konstitution einfacher Moleküle ist die Formel **A** gut geeignet. Die Darstellung **B** mit rechtwinklig angeordneten Bindungen unter Angabe aller Atome wirkt dagegen unübersichtlich. Günstiger sind stärker abstrahierende Zeichenweisen, die darüberhinaus die Bindungswinkel besser berücksichtigen (Formeln **C, D**). Die Geraden stellen dabei C-C-Bindungen dar – unter Weglassen der Atomsymbole und der C-H-Bindungen (Formeln **C**). Oft werden die endständigen C-Atome genauer spezifiziert (Formel **D**). Zeichenweise **D** wird in diesem Buch bevorzugt benutzt. In Texten schließlich könnten Sie auch diese Form finden: $CH_3\text{-}C(CH_3)_2\text{-}CH_2\text{-}CH(CH_3)\text{-}CH_3$.

Cycloalkane: Kohlenstoffatome können nicht nur Ketten bilden, sondern auch Ringe. Zunächst wollen wir wieder kurz auf Fragen der Konstitution und Nomenklatur eingehen. Die Anzahl der den Ring aufbauenden C-Atome ergibt die Bezeichnung, in völliger Analogie zu den offenkettigen Kohlenwasserstoffen. Der Präfix „Cyclo" zeigt an, daß es sich um eine ringförmige (cyclische) Verbindung handelt. An dieser Stelle soll auch die Regel eingeführt werden, die bei Mehrfachsubstitution[3] an verschiedenen Gerüstatomen notwendig wird.

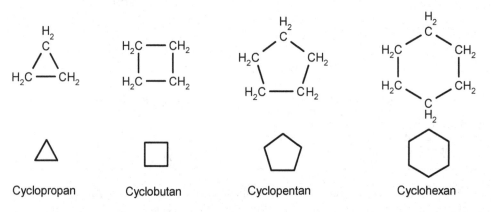

Cyclopropan   Cyclobutan   Cyclopentan   Cyclohexan

---

[3] Bei mehrfach substituierten Ringen lassen sich die Konstitutionsisomeren genau genommen noch in verschiedene geometrische Isomere unterteilen. Darauf wird in späteren Kapiteln eingegangen.

6	**7**	**8**
Ethylcyclohexan	1,2-Dimethylcyclohexan	1,3-Dimethylcyclohexan

Wie am Beispiel der beiden Dimethylcyclohexane **7** und **8** gezeigt, werden die jeweiligen, durch Kommata getrennten, Positionsnummern angegeben.

1,1,4-Trimethyl-3-ethylcyclohexan bedeutet also, daß das Molekül aus einem Cyclohexanring besteht, der an der 1-Position zwei und an der 4-Position eine Methylgruppe trägt. An der 3-Position befindet sich außerdem ein Ethyl-Substituent. Versuchen Sie doch einmal, dieses Molekül zu zeichnen (s. Aufgabe 3 am Ende dieses Kapitels).

Abschließend ein Wort zu den Trivialnamen von Alkyl-Substituenten[4]. Die gezeigten Reste und deren Bezeichnungen werden Sie recht oft antreffen. In der eckigen Klammer sind die Kurzzeichen[5] dieser Substituenten angegeben, welche bei komplizierteren Formeln oder abgekürzten Namen benutzt werden (z. B. ^{t}Bu-O-Me für *tert*-Butyl-methylether[6] – ein Treibstoffzusatz). In runden Klammern sind auch die systematischen Namen genannt.

Wichtige Alkyl-Substituenten

$H_3C\text{-}CH_2\text{-}CH_2\text{-}$	$H_3C\text{-}CH\text{-}$ $\quad\quad CH_3$	$H_3C\text{-}CH_2\text{-}CH_2\text{-}CH_2\text{-}$
n-Propyl [Pr] (Propyl)	Isopropyl [^{i}Pr] (Methylethyl)	n-Butyl [Bu] (Butyl)

$H_3C\text{-}CH\text{-}CH_2\text{-}$ $\quad CH_3$	$H_3C\text{-}CH_2\text{-}CH\text{-}$ $\quad\quad\quad CH_3$	$H_3C\text{-}C\text{-}$
Isobutyl [^{i}Bu] (2-Methylpropyl)	*sec*-Butyl [^{s}Bu] (1-Methylpropyl)	*tert*-Butyl [^{t}Bu] (Dimethylethyl)

---

[4] Häufig werden auch allgemeine Formeln verwendet, z. B. R-OH. Erfolgt keine nähere Erläuterung, (z. B. R = H, CH$_3$ also H$_2$O, CH$_3$-OH) so ist mit R ein beliebiger Kohlenwasserstoffrest gemeint.
[5] Die entsprechenden Kurzzeichen für Methyl und Ethyl lauten Me bzw. Et.
[6] Die Bezeichnungen primär, sekundär (*sec*) und tertiär (*tert*) sind Synonyma für den Verzweigungsgrad.

36.1.2 Alkane und Cycloalkane – Konformation

Warum löst sich Cyclohexan besser in Wasser als Hexan? Weshalb sind ungesättigte Fette flüssig?[7] Das sind nur zwei von unzähligen Fragen, zu deren Beantwortung Kenntnisse über die Verformbarkeit (intramolekulare Beweglichkeit) von Molekülen nützlich sind. Die Atome eines Moleküls befinden sich zueinander nicht in einer starren Anordnung. Besonders wichtig für das physikalische und chemische Verhalten von Stoffen ist, daß Einfachbindungen, wie in 35.3 erläutert, um ihre Achse drehbar sind. Das gibt größeren Atomverbänden die Möglichkeit, die Form zu ändern, anders ausgedrückt, verschiedene *Konformationen* anzunehmen.

Konformationen des Ethans

gestaffelt   ecliptisch

Die Rotation im Ethan-Molekül wird besonders gut sichtbar, wenn man entlang der C-C-Einfachbindung schaut (Newman-Projektion). In der gestaffelten Konformation haben die an benachbarten C-Atomen befindlichen H-Atome den größten Abstand. Sie ist die energieärmste, die ecliptische die energiereichste Konformation[8]. Längere Molekül-Ketten können eine erheblich größere Anzahl an Konformationen einnehmen. Schon das Butan-Molekül zeigt sechs Konformere, die sich in der Anordnung der C-Atome unterscheiden. Bedenken Sie, daß ein Molekül ständig seine Konformation ändert (außer bei sehr tiefen Temperaturen). Die Moleküle, z. B. alle Butan-Moleküle in einer Gasflasche, stehen zueinander in einem dynamischen Gleichgewicht, dem Konformationsgleichgewicht.

Durch Ringbildung wird die Beweglichkeit der Kohlenstoffkette erheblich eingeschränkt. So gibt es für das Cyclohexan nur noch zwei wichtige Konformationen.

Sessel   Wanne oder Boot

In der Sesselform stehen alle Wasserstoffatome zueinander gestaffelt. Außerdem kommen sich die mit einem Kreis gekennzeichneten H-Atome nicht so nah wie in der Wannenform. Die Sesselform ist deshalb um 45 kJ·mol⁻¹ energieärmer (stabiler).

---

[7] Die Antworten zu diesen Fragen werden in Kap.37.6 bzw. 38.4 gegeben.

[8] Die Energiebariere zur Rotation um die C-C-Bindung des Ethans beträgt etwa 13 kJ·mol⁻¹.

36.1.3 Alkane und Cycloalkane – physikalische und chemische Eigenschaften

Durch den geringen Elektronegativitätsunterschied zwischen Kohlenstoff (2,5) und Wasserstoff (2,1) ist die C-H-Bindung fast ideal kovalent. Die C-C-Bindung ist es ohnehin. Daher sind alle Kohlenwasserstoffe praktisch unpolar. Durch die geringe Polarität sind die intermolekularen Wechselwirkungen schwach. Aus diesem Grund sind die Alkane von C_1-C_4 und auch das Dimethylpropan unter Normalbedingungen gasförmig, ab C_5 sind Alkane flüssig und ab C_{20} fest. Alkane und Cycloalkane lösen sich aus dem gleichen Grund schlecht in Wasser und anderen polaren Flüssigkeiten. Flüssige Kohlenwasserstoffe haben eine geringere Dichte als Wasser. Sie schwimmen deshalb auf der Wasseroberfläche. Aus diesem Grund breitet sich nach Tanker-Unglücken rasch eine Ölschicht auf der Meeresoberfläche aus – Erdöl besteht überwiegend aus Alkanen und anderen Kohlenwasserstoffen.

Alkane und Cycloalkane (mit Ausnahme der 3- und 4-Ringe) gehen unter Normalbedingungen keine chemischen Reaktionen ein. Sie reagieren z. B. nicht mit starken Säuren oder Laugen, auch nicht mit Kaliumpermanganat. Daher rührt auch der alte Name – Paraffine (lat. *parum affinis*, wenig verwandt) – der auch heute noch für die festen Alkane verwendet wird[9]. Der unpolare Charakter der Alkane, die Festigkeit und geringe Polarisierbarkeit der Bindungen tragen dazu bei.

Trotzdem können Alkane sehr heftige Reaktionen eingehen, ausgelöst durch Licht, einen Funken oder lokale starke Erwärmung. Diese Reaktionen verlaufen immer nach einem radikalischen Mechanismus (radikalische Substitution, SR-Reaktion), er sei hier am Beispiel der Chlorierung[10] von Methan erläutert. Derartige Reaktionen sind stark exotherm, unkontrolliert verlaufen sie deshalb explosionsartig. Der Energiegewinn läßt sich leicht aus den Bindungsdissoziationsenergien berechnen.

Mechanismus einer radikalischen Substitution

Startreaktion: $Cl\text{-}Cl \longrightarrow 2\ Cl\cdot$

Radikalkettenreaktion: $CH_4 + Cl\cdot \longrightarrow CH_3\cdot + HCl$

$CH_3\cdot + Cl_2 \longrightarrow CH_3Cl + Cl\cdot$

usw.

Kettenabbruch: $CH_3\cdot + Cl\cdot \longrightarrow CH_3Cl$

Gesamt: $CH_4 + Cl_2 \longrightarrow CH_3Cl + HCl$

Energiebilanz: (in $kJ\cdot mol^{-1}$)	Bindungsspaltung	Bindungsknüpfung
	C-H (430)	C-Cl (-339)
	Cl-Cl (242)	H-Cl (-431)
Gesamt:	672	-770 = -98
Es werden also ca. 100 $kJ\cdot mol^{-1}$ frei.		

---

[9] Eine andere häufige Bezeichnung für Alkane ist „Aliphaten" (griech. *aleiphar*, Salbenöl, Fett)

[10] Die Chlorierung von Kohlenwasserstoffen ist eine technisch bedeutsame Stoffwandlungsmethode, die auch hinsichtlich ihrer Umweltaspekte beachtet werden muß (vgl. Kap. 38.4).

Die Reaktion bleibt nicht beim Chlormethan (CH_3Cl) stehen, man erhält auch die höher chlorierten Produkte einschließlich Tetrachlormethan (CCl_4, s. a. 36.2.5). Nach einem vergleichbaren Mechanismus verlaufen die Reaktionen mit Luftsauerstoff (Verbrennungen), die der Energie-Erzeugung dienen. Bei diesen Reaktionen wird Kohlendioxid und Wasser gebildet, hier formuliert am Beispiel des Methans.

$$CH_4 + 2\,O_2 \quad \longrightarrow \quad CO_2 + 2\,H_2O$$

Methan, ein geruchloses, ungiftiges Gas, ist der Hauptbestandteil des Erdgases. Es wird ständig von bestimmten Bakterien unter anaeroben Bedingungen gebildet (Sumpfgas, Biogas), auch im Pansen von Rindern[11]. Es ist leicht brennbar und explosionsgefährlich („schlagende Wetter" im Bergbau). Es wird hauptsächlich zur Energie- und zur Wasserstofferzeugung (durch Umsetzung mit Wasser unter Energiezufuhr) sowie zur Herstellung chlorierter Methane verwendet. Es trägt direkt (8 %) und indirekt, wie alle Kohlenwasserstoffe, durch die Verbrennung zu CO_2 zum Treibhauseffekt bei.

Propan und **Butan** kommen ebenfalls im Erdgas vor. Sie lassen sich schon bei Raumtemperatur unter Druck verflüssigen (Flüssiggas zur Wärmeerzeugung und als Treibstoff).

Flüssige Alkane und Cycloalkane werden, gemeinsam mit anderen Kohlenwasserstoffen, als Kraftstoff verwendet. Die unterschiedlichen Fraktionen Benzin (Siedebereich ca. 40-175 °C), Kerosin (Siedebereich ca. 170–360 °C), Dieselöl (Siedebereich ca. 175-325 °C) werden durch Destillation gewonnen. Heizöle fallen bei der Vakuum-Destillation an. Benzine hoher Oktanzahl[12] werden darüberhinaus durch chemische Umwandlung anderer Erdöl-Bestandteile gewonnen. Flüssige Kohlenwasserstoffe werden auch vielfach als Lösungsmittel eingesetzt – entweder als Gemisch (bestimmte Benzinfraktionen) oder auch als reiner Stoff (Pentan, Cyclohexan, Heptan). Selber unpolar, können Kohlenwasserstoffe nur andere unpolare Stoffe lösen, z. B. Öle und Fette.

Feste Alkane sind Bestandteil wasserabweisender Schutzschichten vieler Früchte und Blätter und auch des Gefieders von Schwimmvögeln. Sie bilden Lagerstätten (Erdwachs) und finden sich bei der Rohöl-Verarbeitung im Destillationsrückstand wieder. Technisch wichtig sind die unverzweigten Alkane mit einer C-Atomzahl ≥ 12 (n-Paraffine). Sie dienen als Ausgangsstoff für die Tensid-Herstellung (s.a. 39.2). Der entscheidende Stoffwandlungsschritt ist hierbei die Umwandlung einer CH_3-Gruppe. Dieses gelingt durch kalalytische Paraffinoxidation oder durch Sulfochlorierung.

Paraffinoxidation: $\quad (C_nH_{2n+1})\text{-}CH_3 \quad \xrightarrow{\ O_2/Kat\ } \quad (C_nH_{2n+1})\text{-}COOH$

Sulfochlorierung: $\quad (C_nH_{2n+1})\text{-}CH_3 \quad \xrightarrow{\ SO_2/Cl_2\ } \quad (C_nH_{2n+1})\text{-}CH_2\text{-}SO_2Cl$

---

[11] Hier entsteht das Methan bakteriell aus Cellulose. Es kommt vor, daß der Pansen verstopft ist, so daß er sich aufbläst. Nur der fachmännische Stich eines Tierarztes kann dann das Tier retten.

[12] Die Oktanzahl (OZ) ist ein Maß für die Eigenschaft eines Benzins, im Motor zum richtigen Zeitpunkt zu zünden (Klopffestigkeit). Isooctan bekommt die OZ 100 zugewiesen, n-Heptan die OZ 0. Ein brauchbarer Kraftstoff hat eine OZ > 90.

36.1.4 Alkene und Cycloalkene – Aufbau und Nomenklatur

Alkene enthalten im Molekül eine Doppelbindung, die von zwei sp²-hybridisierten C-Atomen[13] gebildet wird. Aufgrund ihres Reaktionsverhaltens (s. 36.1.5) werden sie auch als ungesättigte Verbindungen bezeichnet. Aus der Technik stammt der Name Olefine, der nach wie vor Verwendung findet. Die Namensbildung erfolgt in völliger Analogie zu den gesättigten Kohlenwasserstoffen. Der Wortstamm „Eth", „Prop" usw. zeigt an, wie viele Kohlenstoffatome in der Hauptkette vorhanden sind. Die Endung „en" weist auf die Doppelbindung hin.

Alkene –Nomenklatur

H₂C=CH₂	H₂C⌒CH₃	H₂C⌒CH₃
Ethen (Ethylen)	Propen (Propylen)	1-Buten

| H₃C⌒CH₃ | H₃C⌒CH₃ | H₃C, H₃C ⌒CH₂ |
| E-2-Buten (Sdp. 3,7 °C) | Z-2-Buten (Sdp. -0,9°C) | Methylpropen (Isobuten) |

| H₂C⌒CH₂ | | |
| 1,3-Butadien | 1,3-Cyclohexadien | 1,4-Cyclohexadien |

Durch die Doppelbindungen ergeben sich weitere Möglichkeiten zur Isomerie. Ist die Kette länger als drei C-Atome gibt es mehrere Möglichkeiten für die Position der Doppelbindungen. Wie Sie an den Beispielen sehen können, gibt man dieser Position wieder eine Nummer – ebenfalls mit der Maßgabe, möglichst kleine Zahlen zu verwenden[14].

Wie bereits erläutert (vgl. z. B. 35.3), sind Doppelbindungen nicht mehr frei drehbar. Deshalb sind Verbindungen wie E-2-Buten und Z-2-Buten[15] Isomere, obwohl sie formal durch Drehung um die Doppelbindung ineinander überführbar wären. Diese beiden Verbindungen besitzen zwar die gleiche Konstitution, daß heißt, sie sind aus den gleichen Strukturelementen aufgebaut. Sie unterscheiden sich jedoch in ihrer *Konfiguration* – die an sich gleichen Strukturelemente sind geometrisch unterschiedlich angeordnet.

---

[13] Beachten Sie, daß Atome, von denen zwei Doppelbindungen ausgehen, sp-hybridisiert sind (Bindungswinkel: 180°). Beispiele: O=C=O (Kohlendioxid), H₂C=C=CH₂ (Allen, Propadien).

[14] Nach den neuesten IUPAC-Empfehlungen wird der Lokant (die Positionsnummer) unmittelbar vor die Bezeichnung des Strukturelementes gestellt (z. B. But-1-en statt 1-Buten, Propan-1-ol statt 1-Propanol). In diesem Buch wird diese Regel nicht angewendet, um die Konsistenz zu anderen Lehrbüchern zu wahren.

[15] In älteren Lehrbüchern finden sie auch die Bezeichnung *trans*- und *cis*-Buten.

E-2-Brom-2-buten   Z-2-Brom-2-buten

Um zu ermitteln, ob E- oder Z-Konfiguration vorliegt, betrachtet man die Atome, die jeweils an einem Ende der Doppelbindung gebunden sind. Das Atom mit der höheren Ordnungszahl erhält die höhere Priorität (C2: $OZ_{Br} > OZ_C$; C3: $OZ_C > OZ_H$). Stehen die Atome mit hoher Priorität zu einer Seite der Doppelbindung, handelt es sich um eine Z(zusammen)-Konfiguration, stehen sie sich gegenüber, so liegt eine E(entgegengesetzt)-Konfiguration vor.

Abschließend seien noch die Bezeichnungen von ungesättigten Kohlenwasserstoffresten erwähnt. Hier sind die in Klammern genannten Trivialnamen zumindest ebenso wichtig wie die systematischen.

Ethenyl   2-Propenyl   1-Propenyl
(Vinyl)   (Allyl)

36.1.5 Alkene und Cycloalkene – physikalische und chemische Eigenschaften

In ihrem physikalischen Verhalten ähneln die Alkene stark den unpolaren Alkanen. C_2-C_4-Alkene sind unter Normalbedingungen gasförmig. Auch die C_5- und C_6-Alkene sind noch merklich flüchtig. Alle Alkene sind schlecht wasserlöslich.

Das chemische Verhalten der Alkene unterscheidet sich durch die C-C-Doppelbindung jedoch deutlich von den Alkanen. Energetisch betrachtet ist eine Doppelbindungen weniger stabil als zwei Einfachbindungen ($602 \text{ kJ} \cdot \text{mol}^{-1} < 2 \cdot 347 \text{ kJ mol}^{-1}$). Deshalb lassen sich an C-C-Doppelbindungen sehr leicht andere Moleküle anlagern (*addieren*). So reagieren Alkene mit Halogenen – sogar mit dem wenig reaktiven Iod – unter *Addition*. Alkane können dagegen keine Substitutionsreaktion mit Iod eingehen[16]. Die Energiebilanz, basierend auf den Bindungsdissoziationsenergien, erläutern diesen Befund.

$CH_4 + I_2$

$\downarrow$

$CH_3I + HI$

Energiebilanz: (in kJ·mol⁻¹)	Bindungsspaltung	Bindungsknüpfung
	C-H (430)	C-I (-226)
	I-I (151)	H-I (-298)
Gesamt:	581	-524 = + 57

$\Delta E > 0$, die Reaktion ist nicht begünstigt.

$H_2C=CH_2 + I_2$

$\downarrow$

Energiebilanz: (in kJ·mol⁻¹)	Bindungsspaltung	Bindungsknüpfung
	C=C (602-347)	2x C-I (-452)
	I-I (151)	
Gesamt:	406	-452 = -46

$\Delta E < 0$, die Reaktion ist begünstigt.

---

[16] Dieser Effekt wird bei der quantitativen Bestimmung von Doppelbindungen in Fetten genutzt (Jodzahl, s.a. 37.5).

Die Addition von Halogenen an Doppelbindungen von Alkenen erfolgt bereits sehr rasch bei Raumtemperatur. Unter geeigneten Bedingungen, zumeist in Gegenwart eines Katalysators können darüber hinaus Wasserstoff, Säuren (z. B. HCl, H_2SO_4), H_2O_2, Wasser[17] und viele andere Stoffe addiert werden. Diese Reaktionen erfolgen zumeist im Sinne einer elektrophilen Addition[18] (A_E-Reaktion).

Ein weiterer Reaktionstyp, der den ungesättigten Charakter von Alkenen verdeutlicht, ist die Polymerisation. Bei diesen Reaktionen werden Alkene ebenfalls unter Aufbruch der Doppelbindungen zu hochmolekularen Stoffen verknüpft.

Derartige Reaktionen verlaufen exotherm und freiwillig. Sie stellen deshalb ein Problem bei der Lagerung von Alkenen dar. Vor allen Dingen sind Polymerisationen jedoch von enormer wirtschaftlicher Bedeutung, da wichtige Kunststoffe auf diese Weise gewonnen werden (s. u., s. a. 38.2).

Polymerisation von Ethen und Propen

Polyethen
(Polyethylen)

Polypropen
(Polypropylen)

Ein weiterer wichtiger Reaktionstyp ungesättigter Kohlenwasserstoffe, der hier nur kurz erwähnt werden kann, ist die Cycloaddition. Die Triebkraft ist auch hier der Stabilitätsgewinn durch Umwandlung von Doppelbindungen in Einfachbindungen. So können Alkene mit Dienen zu Cyclohexenen reagieren ($4\pi+2\pi$-Cycloaddition, Diels-Alder-Reaktion).

Vorkommen von Alkenen: Alkene kommen gemeinsam mit den Alkanen im Erdöl und im Erdgas vor. Eine Reihe von Pflanzeninhaltsstoffen (z. B. die Terpene) und Sexuallockstoffe von Insekten (z. B. das Muscalur der Stubenfliege) sind Alkene.

Ethen (Ethylen) ist ein farbloses, schwach süßlich riechendes, brennbares Gas. Es wird hauptsächlich aus Erdöl durch Cracken langkettiger Kohlenwasserstoffe gewonnen. Das

---

[17] Unter Normalbedingungen reagieren Alkene nicht mit Wasser.
[18] Der Begriff „Elektrophilie" und der Mechanismus der elektrophilen Addition werden im Zusammenhang mit der elektrophilen Substitution erläutert (s. **36.1.8**)

dabei gleichzeitig entstehende Propen wird durch Tieftemperaturdestillation abgetrennt. Ethen ist eines der wichtigsten Ausgangsstoffe der chemischen Industrie (1985, BR Deutschland 3,1 Mio. t). An dieser Stelle seien nur die Herstellung von Kunststoffen (z. B. PE – Polyethylen, PVC – Polyvinylchlorid, PS – Polystyren) und die Herstellung von Grundchemikalien (z. B Ethanol, Acetaldehyd, Essigsäure) genannt. Ethen bewirkt eine raschere Reifung vieler Früchte. Dieses wird z. B. zur künstlichen Reifung von Bananen und Citrusfrüchten genutzt. Andererseits geben reife Früchte Ethen ab. Deshalb reifen grüne Äpfel schneller, wenn man zu ihnen eine leuchtend rote Tomate legt.

Thermisches Cracken von Erdöl

Auch **Propen** (Propylen) ist unter Normalbedingungen gasförmig. Es ist farb- und geruchlos und besitzt eine schwache narkotische Wirkung. Es wird ebenfalls durch Cracken gewonnen und in der chemischen Industrie vielseitig genutzt, z. B. zur Herstellung von Polypropylen (PP), der Propanole oder von Acrylnitril.

1,3-Butadien ist ein farbloses Gas. Es reizt die Schleimhäute und ist cancerogen. Hergestellt wird es aus n-Butan oder den n-Butenen durch Dehydrierung (Wasserstoff-Abspaltung). Es ist der Ausgangsstoff für Synthesekautschuk (s. a. 38.2).

36.1.6 Alkine

Alkine (Acetylene) enthalten zwei benachbarte sp-hybridisierte C-Atome, die eine C-C-Dreifachbindung bilden. Die Benennung dieser Verbindung erfolgt wie bei den Alkenen besprochen, allerdings erhalten die Namen die Endung „in".

$$HC \equiv CH \qquad\qquad HC \equiv C - CH_3 \qquad\qquad HC \equiv C - CH_2$$
$$\qquad\qquad\qquad\qquad\qquad\qquad\qquad\qquad\qquad\qquad\qquad CH_3$$

Ethin   Propin   1-Butin
(Acetylen)

Das chemische Verhalten der Alkine ist dem der Alkene sehr ähnlich. Außerdem sind die Alkine wirtschaftlich weniger bedeutend. Aus diesen Gründen soll an dieser Stelle nur auf das Ethin (Acetylen) kurz eingegangen werden.

Aufgrund der energiereichen Dreifachbindung ist Acetylen sehr reaktiv. Deshalb wurde es in früherer Zeit in der chemischen Industrie vielseitig verwendet (Reppe-Synthesen). Allerdings ist seine Darstellung sehr energieaufwendig und daher teuer. Deshalb wurde Acetylen durch Ethen verdrängt, da letzteres einfach und in großen Mengen aus dem Erdöl erhältlich ist.

Herstellung von Ethin (Acetylen) aus Branntkalk und Kohle

1. Calciumcarbid: $CaO + 3C \xrightarrow{\text{ca. 2000°C}} CaC_2 + CO$
(Lichtbogenverfahren)

2. Acetylen: $CaC_2 + 2 H_2O \longrightarrow HC \equiv CH + Ca(OH)_2$

Acetylen ist in reinem Zustand ein farbloses, geruchloses[19] und narkotisch wirkendes Gas. Als stark endotherme Verbindung ist es äußerst explosionsgefährlich. Generell verlaufen seine Umsetzungen mit anderen Stoffen stark exotherm. Die Verbrennung von Acetylen mit reinem Sauerstoff liefert eine bis zu 3400 °C heiße Flamme, die zum Schneiden und Schweißen von Stahlteilen genutzt wird.

Die C-H-Bindungen in Alkinen sind leicht polar[20]. Deshalb ist Acetylen, verglichen mit anderen Kohlenwasserstoffen, gut wasserlöslich (ca. 1 g·l^{-1}). Außerdem ist es eine schwache Säure. Wird Acetylen in eine ammoniakalische Lösung eines Kupfer(I)- oder Silbersalzes geleitet, so bilden sich die entsprechenden Acetylide (Cu_2C_2 bzw. Ag_2C_2), welche schwerlöslich und in trockenem Zustand explosiv sind. Aus diesem Grund dürfen für Acetylen keine Kupferrohre verwendet werden. Acetylen ist sehr gut in Aceton löslich. Acetylen-Druckflaschen enthalten deshalb Aceton.

36.1.7 Aromatische Kohlenwasserstoffe – Aufbau und Nomenklatur

Innerhalb der ungesättigten Kohlenwasserstoffen nehmen die Aromaten eine Sonderstellung ein. Das zeigt schon das folgende einfache Experiment: Cyclohexen und 1,3-Cyclohexadien entfärben Bromwasser sehr rasch. Das vermeintliche „1,3,5-Cyclohexatrien" – Benzen – addiert dagegen kein Brom. Die gelbe Farbe der Lösung bleibt bestehen. Berechnungen zeigen, daß das Benzen um 120 kJ mol^{-1} stabiler ist als eine Cyclohexatrien-Struktur erwarten läßt. Mit modernen physikalischen Methoden stellte man fest, daß alle C-C-Bindungen im Benzen-Molekül gleich lang sind und einen ebenen Sechsring bilden. Alle diese Befunde lassen sich durch Mesomerie erklären[21].

Das Benzen-Molekül

A   B   C   D

---

[19] Der Geruch, den aus Calciumcarbid gewonnenes Acetylen besitzt, ist seinen Verunreinigungen, insbesondere dem Phosphin (PH_3) zuzuschreiben.

[20] Die Polarität ist mit dem Hybridisierungsmodell erklärbar. Beim Übergang von sp^3 zu sp nimmt der s-Charakter der Orbitale und somit die Nähe des Bindungselektronenpaares zum Kohlenstoffkern zu.

[21] Die C-C-Bindungslänge liegt mit 139 pm zwischen einer Einfachbindung (154 pm) und einer Doppelbindung (134 pm). Die Benzenstruktur ließe sich auch mit Hilfe des genaueren, aber weniger anschaulichen MO-Modells erklären. In diesem Buch soll darauf jedoch verzichtet werden. Es bereitete der Wissenschaft erhebliche Schwierigkeiten, aus der Summenformel C_6H_6 eine Strukturformel abzuleiten, die das chemische Verhalten von Benzen erklärt. Der Durchbruch gelang A. Kekulè im Jahr 1865. Er faßte die Formeln **A** und **B** als sich rasch ineinander umwandelndes Isomerengemisch auf - zu einer Zeit, als es noch keinerlei Vorstellungen zur chemischen Bindung gab!

Die beiden mesomeren Grenzstukturen **A** und **B** unterscheiden sich nur durch die Verschiebung der Doppelbindung um ein Atom. Genau genommen bilden die 6 π-Elektronen, welche formal die drei Doppelbindungen bilden, ein einheitliches Elektronensystem (π-Elektronen-Sextett), welches auch als Ring dargestellt werden kann (Formeln **C** und **D**). Benzen und mit ihm verwandte Verbindungen nennt man *aromatische Kohlenwasserstoffe*, *Aromaten* oder *Arene*. Dieser sehr stabile, *aromatische Zustand* wird nicht nur vom Benzen erreicht, sondern von allen Molekülen, welche die Hückel-Regel erfüllen:

1. Das Molekül ist eben und ringförmig (alle Ringatome sind sp^2-hybridisiert)

2. Das Molekül besitzt $4n+2$ π-Elektronen ($n_{Benzen} = 1$, $n_{Naphthalin} = 2$, s. u.)

Nomenklatur: Für viele aromatische Verbindungen sind Trivialnamen gebräuchlich. Die Bildung der systematischen Namen erfolgt wie zuvor erläutert. Bei Disubstitution kann man zur Positionsangabe anstelle der Ziffern auch die Bezeichnungen ortho (o), meta (m) bzw. para (p) benutzen. Anstelle der Endung „en" wird auch die traditionelle Endung „ol" verwendet, z. B. Toluol statt Toluen.

Methylsubstituierte Benzene – Nomenklatur

Toluen	o-Xylen	m-Xylen	p-Xylen
Methylbenzen	1,2-Dimethylbenzen	1,3-Dimethylbenzen	1,4-Dimethylbenzen
	o-Dimethylbenzen	m-Dimethylbenzen	p-Dimethylbenzen

Beachten Sie bitte auch die besonderen Namen für aromatische Substituenten, die sich nicht immer aus dem zugrunde liegenden Kohlenwasserstoff ergeben.

Aromatische Substituenten – Nomenklatur

Phenyl	o-Tolyl	Benzyl	1-Naphthyl	2-Naphthyl
			α-Naphthyl	β-Naphthyl

36.1.8 Aromatische Kohlenwasserstoffe – physikalische und chemische Eigenschaften

Arene sind unpolare Verbindungen. Sie sind daher praktisch nicht wasserlöslich. Bei niedrigem Molekulargewicht sind sie leicht flüchtig und besitzen einen intensiven Geruch. Obwohl formal ungesättigt wie die Alkene, sind sie wenig reaktiv. Sie sind, wie alle Kohlenwasserstoffe brennbar. Typisch ist die dabei auftretende stark rußende Flamme.

Elektrophile Substitution (S_E) und elektrophile Addition (A_E): Bei einer Einfachbindung befinden sich zwei, bei einer Doppelbindung dagegen vier Elektronen zwischen den Atomen. Aromaten und Alkene gehören deshalb zu den elektronenreichen Verbindungen. Sie reagieren daher mit Elektrophilen[22] – sogar nach einem in den ersten Schritten vergleichbaren Mechanismus. Der aus einem Alken hervorgegangene σ-Komplex lagert dann ein Nucleophil[23] an. So kann der energiereiche Doppelbindungszustand überwunden werden (s. a. 36.1.5). Ein aus einem Aren entstandener σ-Komplex spaltet dagegen ein positives Teilchen ab (in der Regel H^+). Der stabile aromatische Zustand wird im Produkt wiederhergestellt (Rearomatisierung).

Vergleich der Mechanismen der elektrophilen Substitution und der elektrophilen Addition

Elektrophile Substitution – Beispiele

			angreifendes Elektrophil
Chlorierung:	C_6H_6 + Cl_2	$\xrightarrow{(FeCl_3)}$ C_6H_5-Cl + HCl	$\overset{\delta^+}{\underline{\underline{C}}l}$-$\overset{\delta^-}{\underline{\underline{C}}l}$····$FeCl_3$
Nitrierung:	C_6H_6 + HNO_3	$\xrightarrow{(H_2SO_4)}$ C_6H_5-NO_2 + H_2O	NO_2^+
Sulfonierung:	C_6H_6 + $ClSO_3H$	$\xrightarrow{(H^+)}$ C_6H_5-SO_3H + HCl	SO_3

---

[22] Elektrophile zeichnen sich durch einen deutlichen Elektronenmangel in einem Teil des Atomverbandes aus - dem elektrophilen (elektronenliebenden) Reaktionszentrum, welches aus Gründen der Elektrostatik bevorzugt mit elektronenreichen Bereichen anderer Moleküle reagiert. Bei großen Molekülen kann auch ein negativiertes Zentrum des gleichen Moleküls angegriffen werden.

[23] Ein Nucleophil („kernliebendes" Teilchen) ist ein Atomverband mit einem Elektronenüberschuß am Reaktionszentrum, also das Gegenstück zum Elektrophil.

S_E-Reaktionen sind technisch sehr bedeutend. An dieser Stelle seien nur die Chlorierung, Nitrierung und Sulfonierung von Aromaten genannt. Derartige Reaktionen erfordern immer einen Katalysator, der durch Bildung einer Zwischenverbindung die Elektrophilie des Reaktionspartners vergrößert.

Zweitsubstitution: Wird ein substituiertes Aren einer S_E-Reaktion ausgesetzt, so entstehen fast immer alle drei möglichen Produkte (o-,m- u. p-Produkt). Allerdings beeinflußt der schon vorhandene Substituent sowohl die Reaktionsgeschwindigkeit als auch die Position des neu eintretenden Substituenten (*dirigierende Wirkung*). Hauptsächlich verantwortlich sind mesomere Effekte. Die Nitro(NO_2)-Gruppe ist ein typischer Vertreter[24] für einen elektronen-ziehenden Substituenten (*-M-Effekt*). Er verringert die Reaktionsgeschwindigkeit und dirigiert den neuen Substituenten in die m-Position. Die mesomeren Grenzstrukturen **B-D** erläutern diesen Befund. Positive Formalladungen befinden sich in o- und p-Stellung. Der Benzenring hat also generell eine verringerte Elektronendichte mit besonderen Senken an den o- und p-Positionen. Ein Elektrophil wird sich also bevorzugt auf eine der m-Positionen orientieren.

Hauptprodukt der Bromierung

A   **B**   **C**   **D**

Im Phenol (Hydroxybenzen, E) wird ein Elektronenpaar des Sauerstoffatoms in das Elektronensystem des aromatischen Ringes mit einbezogen (+M-Effekt). Wie die mesomeren Grenzformeln F-H zeigen, erhöht sich deshalb im Ring die Elektronendichte, insbesondere an den o- und p-Positionen. Ein Elektrophil wird deshalb bevorzugt an diesen Stellen angreifen. Die Reaktion verläuft auch wesentlich rascher[25].

Hauptprodukte der Bromierung

E   **F**   **G**   **H**

---

[24] In gleicher Weise beeinflussen Carbonylgruppen (C=O, z. B. in Aldehyden und Estern), die Nitrilgruppe (C≡N) und Sulfon-Gruppen (SO_2R,-SO_2OH, SO_2OR) die Zweitsubstitution.

[25] Phenol reagiert bereits mit Bromwasser. Einen ähnlichen Substituenten-Effekt wie die OH-Gruppe haben OR- und NR_2-Gruppen (R= H, Alkyl, Aryl) sowie auch Alkylgruppen. Halogen-Substituenten üben durch ihre freien Elektronenpaare ebenfalls einen +M-Effekt aus und dirigieren daher auch in die o-, und p-Position. Aufgrund ihrer großen Elektronegativität verringern sie jedoch im aromatischen Ring die Elektronendichte und damit die Reaktionsgeschwindigkeit.

Für die technisch wichtige Halogenierung von Alkylaromaten gibt es prinzipiell zwei Reaktionsmöglichkeiten. So kann Toluen je nach Wahl der Reaktionsbedingungen zu o-Chlortoluen (Kernhalogenierung) oder zu Benzylchlorid (Seitenkettenhalogenierung) umgesetzt werden. Wichtig ist hier die *SSS*- bzw. *KKK-Regel*. Führt man die Reaktion bei hohen Temperaturen (*S*iedehitze) oder unter (UV)-Lichteinfluß (*S*onnenlicht) durch, so erhält man eine radikalischen Substitution in der *S*eitenkette. *K*älte und ein saurer *K*atalysator begünstigen dagegen die S_E-Reaktion am aromatischen *K*ern.

In der chemischen Industrie ist auch die Seitenkettenoxidation sehr wichtig. Methylgruppen werden dabei durch Luftsauerstoff in Gegenwart eines Katalysators in eine Carbonsäurefunktion überführt (s. a. Tab. 36.2).[26]

Aromaten sind, gemeinsam mit anderen Kohlenwasserstoffen, im Erdöl zu finden. Sie fallen auch bei der Kohleverarbeitung an (Kokereigas, Steinkohlenteer). Flüssige Aromaten besitzen eine hohe Oktanzahl (OZ). Ihr Anteil im Benzin wird deshalb durch katalytische Reformierungs-Verfahren erhöht. Obwohl weit mehr als die Hälfte der erzeuten Aromaten in Kraftstoffen verbraucht werden, sind sie auch Schlüsselprodukte der chemischen Industrie[27] (s. Tab. 36.2).

---

[26] Im Labor werden starke Oxidationsmittel wie Kaliumpermanganat oder Chrom(VI)-oxid genutzt.

[27] In der BR Deutschland wurden 1992 4,31 Mio. t Aromaten erzeugt, davon 37 % Benzen.

Tab. 36.2 Wichtige aromatische Kohlenwasserstoffe

Verbindung	Fp./Kp. (°C)	Anwendung
Benzen	6/80	Lösungsmittel, Grundstoff der chemischen Industrie
Toluen	-93/111	Lösungsmittel, Grundstoff der chemischen Industrie
o-Xylen	-25/144	Herstellung von Phthalsäure
p-Xylen	13/138	Herstellung von Terephthalsäure
Ethylbenzen	-95/136	Herstellung von Styren
Styren	-31/145	Herstellung von Polystyren
Diphenyl	70/254	Konservierungsmittel, hochsiedenes Lösungsmittel
Naphthalin	82/218	Herstellung von Farbstoffen u. Phthalsäureanhydrid, Mottenpulver
Anthracen	219/340	Herstellung von Farbstoffen, Szintillationszähler

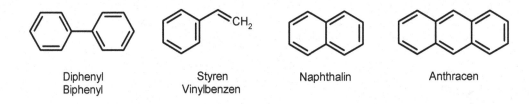

| Diphenyl | Styren | Naphthalin | Anthracen |
| Biphenyl | Vinylbenzen | | |

BTX: Unter dieser Bezeichnung werden Benzen, Toluen und die drei Xylen-Isomeren zusammengefaßt. Sie sind die technisch bedeutendsten und damit auch die umweltrelevantesten Aromaten (z. B. in Autoabgasen).

Giftigkeit: Ständiger Kontakt mit aromatischen Kohlenwasserstoffen führt oft zu Langzeitschäden. Aromaten schädigen das Nervengewebe und verschiedene Organe. Sie sind oft krebserregend. Besonders giftig ist das früher vielseitig verwendete Benzen. Jetzt wird es nach Möglichkeit durch das weniger giftige Toluen ersetzt. Letzteres kann enzymatisch zu Benzoesäure oxidiert und dann vom Körper ausgeschieden werden. Benzen hat dagegen keinerlei reaktive Substituenten und kann so seine schädigende Wirkung[28] voll entfalten.

---

[28] Aromaten können sich aufgrund ihres ebenen Aufbaus leicht in die DNA einlagern (Interkalation). Nicht nur Raucher sollten sich in diesem Zusammenhang über das Benzo[a]pyren informieren.

36.2 Verbindungen mit einwertigen funktionellen Gruppen

Im vorangegangen Kapitel wurden Stoffklassen behandelt, die nur aus den Elementen Kohlenstoff und Wasserstoff aufgebaut sind. Nun sollen Verbindungen besprochen werden, die auch Atome anderer Elemente (Heteroatome) enthalten. Diese Heteroatome bilden *funktionelle Gruppen*[29], d. h., Strukturelemente, die bestimmte Eigenschaften besitzen, die nur wenig vom Kohlenwasserstoffgerüst beeinflußt werden, an dem sie sich befinden. Anders ausgedrückt – funktionelle Gruppen verleihen den Molekülen (und damit den entsprechenden Stoffen) charakteristische Eigenschaften. Alle funktionellen Gruppen haben Analoga in der anorganischen Chemie. Dort erworbene Kenntnisse können hier oft sehr gut angewendet werden.

36.2.1 Alkanole (Alkohole)

Betrachten wir zunächst zwei Moleküle, die fast die gleiche Molmasse besitzen, sich jedoch in ihren physikalischen und chemischen Eigenschaften erheblich unterscheiden. Diese drastische Änderung der Eigenschaften wird durch eine funktionelle Gruppe – in diesem Falle die Hydroxy-Gruppe (-OH) – hervorgerufen.

Formel	Name	M ($g \cdot mol^{-1}$)	Kp. (°C)	Wasser-löslichkeit	Verhalten geg. Natrium
CH_3-CH_2-CH_3	Propan	44	-42	gering	keine Reaktion
CH_3-CH_2-OH	Ethanol	46	+78,5	vollständig mischbar	heftige Gasentwicklung

Die Hydroxy-Gruppe „begründet" eine neue Stoffklasse – die Alkanole. Sie werden auch nach der bekanntesten Verbindung (Ethanol = Alkohol) als Alkohole oder als aliphatische Alkohole bezeichnet. Die Namen der Alkanole enden immer auf „ol".

Alkanole – Nomenklatur

CH_3-OH
Methanol

CH_3-CH_2-OH
Ethanol

CH_3-CH_2-CH_2-OH
n-Propanol
1-Propanol

Isopropanol
2-Propanol

n-Butanol
1-Butanol

Isobutanol
2-Methylpropanol

sec-Butanol
1-Methylpropanol

tert-Butanol
Dimethylethanol

---

[29] Einwertige funktionelle Gruppen ersetzen ein H-Atom des Kohlenwasserstoffs.

Sauerstoff besitzt eine wesentlich größere Elektronegativität als Kohlenstoff bzw. Wasserstoff. Die C-O- und die O-H-Bindung sind polar. Am O-Atom befindet sich der negative Ladungsschwerpunkt.

Die Struktur der Alkohole ist eng verwandt mit der des Wassermoleküls – ein H-Atom ist durch einen Alkylrest ersetzt. Alkohole mit kleiner Alkylkette verhalten sich daher auch ähnlich wie Wasser. Erst bei größeren Alkylketten überwiegt der Einfluß des unpolaren Kohlenwasserstoffrestes – solche Alkohole sind lipophil[30]. Die niederen Alkohole (C_1-C_3) sowie *tert*-Butanol sind vollständig mit Wasser mischbar. Ihre Siedepunkte liegen weitaus höher, als die Molmasse vermuten läßt (s. o.). Beides wird durch Wasserstoff-Brücken-Bindungen verursacht, die sich sowohl zu Wasser- als auch zu anderen Alkanolmolekülen ausbilden können (s. a. 7.3.2 und 37.2).

Alkanole zeigen Säure-Base-Eigenschaften - analog dem Wasser (s. a. Tab. 36.4). Mit Säuren bilden sich Alkyloxonium-Ionen **1**, mit Basen Alkanolationen **2**. Auch bei der Reaktion mit Natrium entsteht **2**. Dabei bildet sich Wasserstoff.

$$R_3C \overset{\overset{\displaystyle H}{|}}{\underset{\underset{\displaystyle H}{}}{O^{\oplus}}} \quad \underset{-X^-}{\overset{+ HX}{\rightleftarrows}} \quad R_3C \overset{O}{\frown} H \quad \underset{+ BH \; ; \, - B^-}{\overset{+ B^- \; ; \, - BH}{\rightleftarrows}} \quad R_3C - \overline{\underline{O}}|^{\ominus}$$

$$\underline{\mathbf{1}} \hspace{10cm} \underline{\mathbf{2}}$$

Nucleophile Substitution und Eliminierung: Die Oxoniumionen **1** sind ausgesprochen elektrophil. Sie werden durch Nucleophile an dem C-Atom angegriffen, welches die stark elektronenziehende OH_2^+-Funktion trägt. Ein solches Nucleophil kann das Alkanol selbst sein, aufgrund der freien Elektronenpaare am negativierten Sauerstoffatom[31]. Mit anderen Worten, versetzt man einen Alkohol mit Säure, so findet eine Reaktion statt – eine *nucleophile Substitution (S_N-Reaktion)*[32], bei der ein Ether entsteht. Mechanistisch eng verwandt ist auch die technisch wichtige Reaktion mit Halogenwasserstoffsäuren zu Alkylhalogeniden.

Etherbildung durch S_N-Reaktion:	2 H_3C-CH_2-OH	$\xrightarrow[140°C]{(H_2SO_4)}$	H_3C-CH_2-O-CH_2-CH_3 + H_2O
	Ethanol		Diethylether

Alkylhalogenid-Bildung durch S_N-Reaktion:	H_3C-CH_2-OH + HCl	$\longrightarrow$	H_3C-CH_2-Cl + H_2O
	Ethanol		Ethylchlorid

---

[30] Lipophil (fettliebend) sind Verbindungen, die sich gut mit unpolaren Stoffen mischen. Polare Substanzen werden dagegen oft als hydrophil (wasserliebend) bezeichnet.

[31] Weitere chemische Reaktionen, in denen Alkanole als Nucleophile fungieren, werden in 36.2.5 (Halogenverbindungen) und 36.3 (Carbonylverbindungen) behandelt.

[32] Bei S_N-Reaktionen wird in einem Atomverband ein Nucleophil gegen ein anderes ausgetauscht. Bei der Etherbildung wird formal OH⁻ gegen RO⁻ getauscht. Ein Blick auf den Reaktionsmechanismus zeigt, daß genau genommen H_2O durch ROH verdrängt wird (s.a. Fußnote §§ auf der nächsten Seite).

Bei höherer Temperatur tritt häufig eine andere Reaktion in den Vordergrund – die Eliminierung (E-Reaktion) von Wasser unter Bildung von Ethen[33]. Die erhöhte Energiezufuhr begünstigt die Bildung eines energiereichen Alkens.

Alkenbildung durch
Eliminierung:

$$H_3C\text{-}CH_2\text{-}OH \xrightarrow[180°C]{(H_2SO_4)} H_2C{=}CH_2 + H_2O$$

Ethanol → Ethen

Die Neigung zu Eliminierungsreaktionen steigt auch mit dem Verzweigungsgrad des Kohlenwasserstoff-Gerüstes (s. a. 37.5). Die Triebkraft ist hier der Platzgewinn durch Aufweitung des Bindungswinkels (sp^3: 109°; sp^2: 120°). So reagiert *tert*-Butanol schon bei 90 °C vollständig zu Isobuten.

Oxidation von Alkanolen: Alkanole lassen sich zu CO_2 und Wasser verbrennen. Wichtiger sind jedoch die selektiven Oxidationen am OH-substituierten C-Atom. Das Endprodukt dieser Reaktionen hängt vom Substitutionsgrad dieses C-Atoms ab. Nur die H-Atome lassen sich leicht oxidativ entfernen. Derartige Reaktionen haben eine große industrielle Bedeutung. Sie laufen auch in fast allen Organismen ab[34].

primärer Alkohol:

$$R-\underset{\underset{H}{|}}{\overset{\overset{H}{|}}{C}}-OH \xrightarrow[-H_2O]{+\,1/2\,O_2} \underset{R \quad H}{\overset{O}{\|}} \xrightarrow{+\,1/2\,O_2} \underset{R \quad OH}{\overset{O}{\|}}$$

Aldehyd — Carbonsäure

sekundärer Alkohol:

$$R-\underset{\underset{R}{|}}{\overset{\overset{H}{|}}{C}}-OH \xrightarrow[-H_2O]{+\,1/2\,O_2} \underset{R \quad R}{\overset{O}{\|}}$$

Keton

tertiärer Alkohol:

$$R-\underset{\underset{R}{|}}{\overset{\overset{R}{|}}{C}}-OH \longrightarrow \text{keine Reaktion}$$

Unbeständige Hydroxy-Verbindungen: Verbindungen mit mehreren OH-Gruppen an einem C-Atom sind fast immer instabil (Erlenmeyer-Regel)[35]. Sie zerfallen mehr oder weniger vollständig in eine Verbindung mit C=O-Bindung (Carbonyl-Gruppe) und Wasser.

---

[33] Sowohl S_N- als auch E-Reaktionen verlaufen über ein Oxoniumion als Zwischenstufe. Eliminierungen sind nur möglich, wenn am C2-Atom ein H-Atom sitzt, daß dann als H^+ abgespalten wird.

S_N:

$$R\text{-}CH_2\text{-}\overset{+}{O}H_2$$

$|Nu$

E: $$R_2CH\text{-}CH_2\text{-}\overset{+}{O}H_2 \xrightarrow{-\,H_2O} R_2CH\text{-}\overset{+}{C}H_2 \xrightarrow{-\,H^+} R_2C{=}CH_2$$

[34] Ethanol wird von bestimmten Bakterien zu Essigsäure oxidiert (Essigsäuregärung). Dieser Prozeß wird zur Speiseessig-Herstellung genutzt, führt allerdings auch dazu, daß der Inhalt schlecht verschlossener Weinflaschen verdirbt. Viele Wirkungen (vor allem die unangenehmen), die das Trinken von Alkohol (also Ethanol) in unserem Körper hervorruft, werden durch Acetaldehyd hervorgerufen.

[35] Die Ursache für dieses Verhalten ist in der Stabilität sowohl der C=O-Bindung als auch des Wassermoleküls zu sehen. Die Erlenmeyer-Regel gilt auch für anorganische

$$R-\underset{\underset{R}{|}}{\overset{\overset{OH}{|}}{C}}-OH \quad \underset{\longleftarrow}{\longrightarrow} \quad R\overset{O}{\underset{}{\parallel}}R \quad + \ H_2O$$

Auch Moleküle mit einer OH-Funktion in direkter Nachbarschaft zu einer C-C-Doppelbindung (Enole) sind nur selten beständig. Unter Verschiebung des H-Atoms wird wiederum eine Carbonylverbindung gebildet (Keto-Enol-Tautomerie, 36.3.1).

Methanol könnte der Energieträger der Zukunft werden, wenn es gelingt, die Wasserspaltung durch Solarenergie effektiv zu gestalten. Wasserstoff selbst ist schlecht transportier- und lagerbar, da er erst bei sehr tiefen Temperaturen verflüssigt werden kann. Diese Nachteile lassen sich durch Überführen in Methanol beseitigen. Wie die Gleichungen zeigen, wird beim Energieliefernden Prozeß, der Verbrennung von Methanol, nur soviel CO_2 frei, wie bei der Herstellung gebunden wird.

Photolyse des Wassers: $2\,H_2O$ $\longrightarrow$ $2\,H_2 + O_2$

Herstellung von Methanol: $CO_2 + 3\,H_2$ $\longrightarrow$ $H_3C\text{-}OH + H_2O$

Verbrennung von Methanol: $2\,H_3C\text{-}OH + 3\,O_2$ $\longrightarrow$ $2\,CO_2 + 4\,H_2O$

Schon heute wird Methanol als Kraftstoffzusatz verwendet. In einigen Bereichen des Motorsports wird reines Methanol verwendet. Problematisch ist die unvollständige Verbrennung von Methanol, die zu giftigen Stoffen führt (Formaldehyd, Ameisensäure, Kohlenmonoxid).

Die alkoholische Gärung dient nicht nur der Herstellung von Genußmitteln wie Wein oder Bier. Vielmehr ist darin ein Prozeß zur Herstellung des regenerierbaren Energieträgers Ethanol zu sehen. Viele kohlenhydrathaltigen Abfälle aus Industrie und Landwirtschaft lassen sich zu Ethanol vergären. Dieses Potential wird erst teilweise genutzt.

Alkoholische Gärung: $C_6H_{12}O_6$ $\longrightarrow$ $2\,C_2H_5OH + 2\,CO_2$

Kohlenstoffverbindungen (z. B. für Kohlensäure). Sinngemäß gilt sie auch für viele Hydroxyverbindungen anderer Elemente - z. B. Schwefelsäure existiert nicht als H_6SO_6 ($S(OH)_6$) sondern als H_2SO_4.

Allgemeines: In reiner Form sind Alkanole als Gifte[36] aufzufassen. Sie werden daher als Desinfektionsmittel angewendet (Ethanol, Isopropanol). Alkanole sind nicht nur als solche in Natur und Technik weit verbreitet (s. Tab. 36.3), sondern auch in Form ihrer Ester (vgl. 36.3.3). Glycerol (alter Trivialname: Glycerin) ist ein Baustein der Fette (s. 38.4). Viele Naturstoffe haben die Hydroxy-Gruppe neben anderen funktionellen Gruppen als Strukturelement z. B. die Kohlenhydrate (s. 38.5).

| Glykol (1,2-Ethandiol) | Glycerol (1,2,3-Propantriol) | 2-Ethylhexanol | Benzylalkohol |

Tab. 36.3 Wichtige Alkanole

Verbindung	Fp./Kp. (°C)	Anwendung
Methanol	-97/65	Lösungsmittel, Formaldehyd-Herst., Methylierungsmittel
Ethanol	-114/78,5	Lösungsmittel, Herst. von Butadien u. Ether, alkohol. Getränke
Isopropanol	-90/82	Lösungsmittel, Herst. von Aceton
n-Butanol	-80/117	Lösungsmittel, Herst. von Estern
2-Ethylhexanol	-76/183,5	Lösungsmittel, Entschäumer, Herst. von Estern
Glykol	-11/136	Frostschutzmittel, Lösungsmittel, Herst. von Polyestern
Glycerol	-31/197	Frostschutzmittel, Herst. von Alkydharzen u. Dynamit, Kosmetik
Benzylalkohol	-15/205	Farbfilm-Ind., Riechstoff-Komponente, Lösungsmittel

36.2.2 Phenole (Hydroxyarene)

Diese Stoffklasse erhält ihren Namen von der einfachsten Verbindung dieses Typs – Phenol = Hydroxybenzen. Die Namensgebung erfolgt zumeist in der Weise, daß das Phenol als Grundgerüst aufgefaßt wird, z. B. o-Chlorphenol. Viele Phenole sind schon lange bekannt und besitzen daher Trivialnamen. Die Methylphenole werden als Kresole bezeichnet, auch die drei Dihydroxybenzene haben spezielle Bezeichnungen.

Unterschiede zu den Alkanolen: Wie in 36.1.8 anhand der mesomeren Grenzstrukturen erläutert, bilden ein Elektronenpaar des O-Atoms und die π-Elektronen des Ringes ein einheitliches Elektronensystem. Das führt einerseits zur Erhöhung der Elektronendichte im

---

[36] Die letale Dosis an Ethanol für ein 5-6-jähriges Kind beträgt 30 g. Methanol ist äußerst giftig (letale Dosis für Erwachsene: 30-100 ml, kleinere Mengen führen zur Erblindung). Auch hier wird die Giftwirkung durch die Oxidationsprodukte hervorgerufen (Formaldehyd, Ameisensäure). Der sogenannte „Kater" wird durch höhere Alkohole verursacht (Fuselöle -Propanole, Butanole, Pentanole).

Ring und somit zur Erleichterung der elektrophilen Substitution (vgl. 36.1.8). Andererseits wird das Sauerstoff-Atom positiviert (s. Formel), wodurch sich Unterschiede im Reaktionsverhalten im Vergleich zu den Alkanolen ergeben.

Phenole: Elektronenverteilung, Nomenklatur, Trivialnamen

Strukturformel   Elektronenverteilung

Phenol
(Hydroxybenzen)

o-Chlorphenol
2-Chlorphenol

p-Nitrophenol
4-Nitrophenol

m-Kresol
3-Methylphenol

Brenzkatechin

Resorcin

Hydrochinon

α-Naphthol
1-Naphthol

So spalten Phenole leichter ein Proton ab als Alkanole, d. h. sie reagieren saurer (Carbolsäure ist ein alter Name für Phenol). Diese Eigenschaft wird durch elektronenziehende Substituenten natürlich noch verstärkt (s. Tab. 36.4). Die bei den Alkanolen wichtige Protonenaufnahme ist dagegen bei den Phenolen aus den gleichen elektrostatischen Gründen erschwert.

Phenolat-Ion

Tab. 36.4 pK_s-Werte von Hydroxyverbindungen

Substanz	Wasser	Methanol	Ethanol	Phenol	p-Nitrophenol	Pikrinsäure*
pK_s-Werte	15,7	16	18	10,0	7,2	1,0

* 2,4,6-Trinitrophenol

Aufgrund der verringerten Elektronendichte am O-Atom sind Phenole auch schwächere Nucleophile[37] als Alkanole. So lassen sich Phenole nicht mit Alkanolen zu Aryl-alkylethern umsetzen (vgl. 36.1.2) oder mit Carbonsäuren verestern (vgl. 36.6.3).

Die C-O-Bindung in Phenolen ist durch den partiellen Doppelbindungscharakter (s. mesomere Grenzstrukturen in 36.1.8) sehr stabil und nur unter extremen Bedingungen spaltbar. Deshalb sind Phenole nicht zu S_N-Reaktionen am sauerstoffgebundenen C-Atom oder zu Eliminierungen befähigt (vgl. 36.2.1).

Wasserlöslichkeit: Einfache Phenole (Monohydroxyarene) sind nur wenig wasserlöslich, da der lipophile Molekülteil (der aromatische Ring) zu groß ist. Allerdings lassen sich Phenole gut in Laugen lösen. Das Natriumphenolat ist als ionische Verbindung polar genug, um in die wäßrige Phase überzugehen.

$$C_6H_5\text{-}OH \ + \ NaOH \ \longrightarrow \ C_6H_5\text{-}ONa \ + \ H_2O$$
$$\text{Natriumphenolat}$$

Oxidation: Phenole verfärben sich schon an der Luft, besonders rasch unter alkalischen Bedingungen, da sie leicht oxydierbar sind. Die dabei ablaufenden Reaktionen sind oft recht komplex. Eine Ausnahme bildet das Hydrochinon, daß in einer glatten Reaktion zu 1,4-Benzochinon (Chinon) oxidiert wird[38].

Hydrochinon   Chinon

Allgemeines: Phenole sind hautreizend und giftig[39]. Als lipophile Substanzen können sie gut in das Gewebe bzw. in Zellen eindringen und dort schwere Schädigungen auslösen. Auch ihre antiseptische Wirkung (Kresolseife, Lysolin, früher auch Phenol) und ihre Verwendung in Holzschutzmitteln (Carbolineum) hängt mit dieser Eigenschaft zusammen.

Viele Phenole bilden mit Eisen(III)-Salzen farbige Komplexe (z. B. Phenol, Resorcin: violett, Brenzcatechin: grün). Diese Reaktion dient als qualitativer Nachweis der Phenole. Jedoch ergeben auch andere Substanzklassen, insbesondere gut enolisierbare Carbonylverbindungen (vgl. 36.3) derartige Farbreaktionen.

---

[37] Die Nucleophilie des Sauerstoffatoms in Phenolen wird verstärkt, wenn Phenolate erzeugt werden. Allerdings wird dadurch auch die Reaktivität des aromatischen Rings gegenüber Elektrophilen erhöht.

[38] Hydrochinon reduziert Ag^+-Ionen zu elementarem Silber. Es ist daher in photographischen Entwicklern enthalten. Das Redoxpaar Chinon/Hydrochinon dient als Referenzelektrode (Chinhydron-Elektrode), als katalytisches System bei der Wasserstoffperoxid-Herstellung (s. 18.3) und ist auch für viele biologische Redoxvorgänge von Bedeutung. Ein spektakuläres Beispiel ist der Bombardierkäfer, der bei Gefahr in einer Art „Brennkammer" H_2O_2 und Hydrochinon zur Reaktion bringt, um dann eine stechend riechende, bis zu 100 °C heiße Dampfwolke auszustoßen.

[39] Die letale Dosis an Phenol beträgt 1g (oral) bzw. 10 g (resorbiert durch die Haut).

Tab. 36.5 Wichtige Phenole

Verbindung	Fp./Kp. (°C)	Anwendung
Phenol	41/181	Herst. v. Kunstharzen (Phenoplaste), Lacken, Farbstoffen, Aspirin.
o-Kresol	31/191	Desinfektionsmittel
m-Kresol	11/202	Desinfektionsmittel
p-Kresol	34/202	Desinfektionsmittel
Brenzcatechin	105/280	photographischer Entwickler
Resorcin	110/295	Farbstoff-Herstellung
Hydrochinon	170/246	photographischer Entwickler
α-Naphthol	94/288	Farbstoff-Herstellung
β-Naphthol	123/295	Farbstoff-Herstellung

36.2.3 Ether

Sowohl Alkanole als auch Ether kann man als organische Derivate des Wassers auffassen (s a. 36.2.1). Erstere entstehen formal durch Austausch eines H-Atoms, letztere durch den Austausch beider H-Atome gegen einen Alkylrest. Dieser „zweite Tausch" löst erhebliche Veränderungen der Eigenschaften aus, wie der Vergleich der beiden Isomeren Dimethylether und Ethanol zeigt (Summenformel jeweils C_2H_6O).

Formel	Name	Kp. (°C)	Wasserlöslichkeit	Verhalten geg. Natrium
CH_3-O-CH_3	Dimethylether	-24	gering	keine Reaktion
CH_3-CH_2-OH	Ethanol	+78,5	vollständig mischbar	heftige Gasentwicklung

Ether besitzen keine H-Atome, die zur Wasserstoffbrückenbindung befähigt sind. Das Sauerstoffatom – das negative Ladungszentrum des Moleküls – wird durch unpolare Kohlenwasserstoffreste abgeschirmt, so daß das gesamte Molekül nach außen unpolar erscheint. Offenkettige Ether sind daher schlecht wasserlöslich[40].

Diese geringe Polarität kommt auch darin zum Ausdruck, daß in Ethermolekülen keine ausgeprägten elektrophilen oder nucleophilen Zentren zu finden sind. Dialkylether sind daher chemisch recht inert. Aus diesem Grund werden sie oft bei chemischen Reaktionen als Lösungsmittel (Reaktionsmedium) verwendet.

Nachteilig ist allerdings die hohe Flüchtigkeit der Ether, die mit einer großen Entzündungs- bzw. Explosionsgefahr verbunden ist. Ether bilden darüberhinaus bei längerer Lagerung Peroxide, die sich beim Erhitzen explosionsartig zersetzen können. Auch diese Eigenschaft schränkt ihre technische Anwendbarkeit ein.

---

[40] Cyclische Ether wie Tetrahydrofuran oder Dioxan sind aufgrund des „Pferdeschwanz-Effektes" (vgl. 37.6 und 38.1.) relativ polare Verbindungen und auch vollständig mit Wasser mischbar.

Ether – Nomenklatur, Trivialnamen

| Diethylether (Ether) | *tert*-Butyl-methylether | Anisol Methyl-phenylether Methoxybenzen | 1,4-Dioxan | Tetrahydrofuran |

Etherperoxid

Etherspaltung: Durch konzentrierte Halogenwasserstoffsäuren (z. B. HBr) lassen sich Ether (mit Ausnahme der Diarylether) zerlegen. Diese Reaktionen entsprechen einer nucleophilen Substitution und werden, ähnlich wie bei den Alkanolen, durch eine Protonierung des Sauerstoffatoms eingeleitet (vgl. 36.2.1), z. B.:

Folgereaktion (falls R = Alkyl, vgl. 36.2.1): R-OH + HBr ⟶ R-Br + H₂O

Tab. 36.6 Wichtige Ether

Verbindung	Fp./Kp. (°C)	Anwendung
Diethylether	-116/34,5	Lösungsmittel, Narkosemittel[41], Hoffmannstropfen
Tetrahydrofuran	-108/66	Lösungsmittel
1.4-Dioxan	11,8/101	Lösungsmittel
tert-Butyl-methylether	-109/55	Lösungsmittel, Kraftstoffzusatz (Antiklopfmittel[42])
Anisol	-37/156	Herstellung von Arzneimitteln und Riechstoffen
Diphenylether	28/258	Riechstoff (Parfüm, Seife), Wärmeübertragungsmittel

[41] Aufgrund der Nebenwirkungen wird Ether heute nicht mehr in reiner Form zur Narkose verwendet.

[42] *tert*-Butyl-methylether, in 70iger Jahren noch völlig unbedeutend, wird heute im Millionen-t-Maßstab erzeugt. Es dient vor allem zur Herstellung bleifreier Vergaserkraftstoffe (Anteil: 10 – 20 %), da es das Bleitetraethyl als Antiklopfmittel ersetzen kann.

Allgemeines: Ether sind nicht nur in der Technik wichtig. Viele Naturstoffe enthalten, neben anderen Strukturelementen, Ethergruppen, zumeist als Methoxy-Substituent. Ether haben oft einen recht angenehmen Geruch. Das Einatmen von Ethern (nicht nur von „Ether" = Diethylether selbst) löst häufig eine narkotische Wirkung aus. Dioxan[43] ist darüberhinaus recht toxisch.

36.2.4 Amine

Ersetzt man im Ammoniakmolekül[44] eines oder mehrere H-Atome durch Kohlenwasserstoffreste, so gelangt man zu einer neuen Stoffklasse organischer Verbindungen – den Aminen. Die funktionelle Gruppe – NH_2 gibt dieser Stoffklasse ihren Namen. Amine sind also die organischen Derivate des Ammoniaks. Deshalb sei an dieser Stelle an die wichtigsten Eigenschaften des Ammoniaks erinnert. Es ist eine polare, gut wasserlösliche Verbindung. Stickstoff besitzt eine höhere Elektronegativität als Wasserstoff (und auch als Kohlenstoff). Im NH_3-Molekül bildet das N-Atom deshalb den negativen Ladungsschwerpunkt. NH_3-Moleküle bilden untereinander oder auch zu anderen polaren Molekülen (z. B. zu H_2O) Wasserstoff-Brücken-Bindungen aus. Die negative Partialladung am N-Atom bewirkt, daß an dem freien Elektronenpaar des N-Atoms leicht ein Proton angelagert werden kann – Ammoniak ist daher eine relativ starke Base. Aus „organisch-chemischer Sicht" muß noch ergänzt werden, daß das NH_3-Molekül aus den gleichen Gründen (negative Partialladung, freies Elektronenpaar) ausgeprägte nucleophile Eigenschaften besitzt.

Werden die H-Atome durch Alkylgruppen (aliphatische Amine) ersetzt, ändern sich die Eigenschaften (z. B. die Basizität) nur wenig. Lediglich die Wasserlöslichkeit sinkt mit steigender Anzahl der C-Atome[45], da der Einfluß der unpolaren Kohlenwasserstoffreste[46] zunimmt.

Aliphatische Amine – Nomenklatur, Basizität

Formel	$H-N\overset{H}{\underset{H}{|}}$	$H_3C-N\overset{H}{\underset{H}{|}}$	$H_3C-N\overset{CH_3}{\underset{H}{|}}$	$H_3C-N\overset{CH_3}{\underset{CH_3}{|}}$
Name (pK$_B$-Wert)	Ammoniak (4,70)	Methylamin (3,36)	Dimethylamin (3,29)	Trimethylamin (4,23)

---

[43] Dioxan ist gleichzeitig der einfachste Vertreter der Kronenether - Verbindungen, die je nach Größe bestimmte Metallionen selektiv binden können. Informieren Sie sich dazu in einem ausführlicheren, modernen Lehrbuch.

[44] Auch von anderen Stickstoff-Wasserstoff-Verbindungen (s. 23.2.2) lassen sich organische Derivate ableiten.

[45] Triethylamin ist noch vollständig mit Wasser mischbar.

[46] Bei primären Aminen ist, ausgehend vom NH_3-Molekül, ein H-Atom durch einen Kohlenwasserstoffrest ersetzt, im sekundären Amin sind es zwei und im tertiären Amin drei.

Aromatische Amine: Ähnlich wie bei den Hydroxyverbindungen (vgl. 36.2.1 und 36.2.2) existieren Unterschiede zwischen den aromatischen und den aliphatischen Verbindungen. Die Ursache dafür ist, daß aromatische Amine ein mit den Phenolen vergleichbares Elektronensystem bilden (vgl. 36.2.2). Aus diesem Grund ist die Elektronendichte am N-Atom erniedrigt und im aromatischen Ring erhöht. Die für das einfachste aromatische Amin (Anilin) gezeigten mesomeren Grenzstrukturen erläutern diesen Befund:

Anilin (Aminobenzen)
pK_b: 9,4

Die wichtigste Konsequenz aus dieser, gegenüber den aliphatischen Aminen veränderten Elektronenstruktur, ist die verringerte Basizität. So ist Anilin eine ca. einmillionenmal schwächere Base als Methylamin. Aromatische Amine sind aufgrund der geringeren Polarität auch nur wenig wasserlöslich.

Die Bezeichnung aromatischer Amine ist nicht immer einfach. Besonders wichtig ist die Regel, die Substitution am Stickstoffatom durch den Präfix „N-" zu verdeutlichen, falls der Verbindungsname anderenfalls nicht eindeutig ist (Beispiel: die Methyl-aniline). Nachfolgend sind einige wichtige Bezeichnungen genannt. Die in Klammern angegeben Namen sind weniger gebräuchlich.

N-Methylanilin

o-Toluidin
(2-Methylanilin)

o-Phenylendiamin
(1,2-Diaminobenzen)

Diphenylamin

Chemische Reaktionen: Amine (auch die aromatischen) bilden mit Säuren Ammoniumsalze. Durch diese Salzbildung werden auch unpolare Amine wasserlöslich.

Aniliniumchlorid
(Phenylammoniumchlorid)

Wie bereits für Ammoniak erläutert, sind Amine starke Nucleophile. Sie gehen daher mit einer Vielzahl von Elektrophilen Reaktionen ein. In diesem Buch werden die Reaktionen mit Halogenkohlenwasserstoffen (s. 36.2.5) und Carbonylverbindungen (s. 36.3) besprochen. An dieser Stelle sei bereits die Reaktion von tertiären Aminen mit Alkylhalogeniden erwähnt.

Das Stickstoffatom nimmt dabei einen weiteren Alkylrest auf. Es bildet sich ein *quartäres Ammoniumion* bzw. -salz.

$$H_3C-N\underset{CH_3}{\overset{CH_3}{\big|}} \quad + \quad CH_3Cl \quad \longrightarrow \quad \left[H_3C-\underset{CH_3}{\overset{CH_3}{\underset{|}{\overset{|}{N}}}}-CH_3\right]^+ Cl^-$$

Trimethylamin   Tetramethylammoniumchlorid

Quartäre Ammoniumsalze sind zumeist gut wasserlöslich und reagieren im Vergleich zu anderen Ammoniumsalzen nicht schwach sauer, sondern neutral, da sie kein Proton mehr abgeben können.

Cyclische Amine kann man auch zu den Heterocyclen rechnen (vgl. 38.1.). Pyrrolidin, Piperidin und Morpholin gehören zu den Heterocycloaliphaten. Derartige Verbindungen sind in ihren Eigenschaften mit den analogen offenkettigen Aminen (z. B. Dimethylamin) vergleichbar. Aufgrund des „Pferdeschwanz-Effektes" (vgl. 37.6, 38.1.) sind sie zumeist etwas stärkere Basen[47]. Pyridin ist ein Heteroaromat. In seinen Reaktionen verhält es sich wie ein schwach basisches, tertiäres Amin[48].

Formel				
Name (pK_b-Wert)	Pyrrolidin (2,7)	Piperidin (2,8)	Morpholin (4,7)	Pyridin (8,8)

Instabile Amine: In völliger Analogie zu den Sauerstoffverbindungen sind Aminogruppen an sp^2-C-Atomen sowie zwei Aminogruppen an einem C-Atom nur dann stabil, wenn alle H-Atome am Stickstoffatom substituiert sind. In beiden Fällen tritt eine Umwandlung in eine C=N-Bindung ein.

$$R-\underset{R}{\overset{NHR'}{\underset{|}{\overset{|}{C}}}}-NHR' \quad \underset{\longrightarrow}{\longleftarrow} \quad \underset{R}{\overset{NR'}{\parallel}}{R} \quad + \quad NR'H_2$$

[47] Im Morpholin wird der Effekt durch das stark elektronenziehende O-Atom wieder aufgehoben.
[48] Zu S_E-Reaktionen des Pyridins: s. 38.1.

Allgemeines: Alle Amine haben einen intensiven und unangenehmen Geruch, der an Ammoniak oder an Fisch[49] erinnert. Als basische und reaktive Verbindungen sind Amine in größeren Mengen giftig. Andererseits sind viele Amine von erheblicher biologischer Bedeutung (biogene Amine, z. B. Neurotransmitter und andere Hormone[50]). Mit der Nahrung aufgenommenes Nitrat oder Nitrit bildet mit im Körper vorhandenen Aminen sog. Nitrosamine (R_2N-N=O) – Stoffe, die als stark krebserregend angesehen werden müssen.

Tab. 36.7 Wichtige Amine

Verbindung	Fp./Kp. (°C)	Anwendung
Methylamin	-93,5/-6	Neutralisationsmittel, Grundstoff der chemischen Industrie
Dimethylamin	-93/7	Grundstoff der chem. Industrie, Enthaarungsmittel in der Lederind.
Trimethylamin	-117/3	Neutralisationsmittel, Herst. von Cholin u. a. quart. Ammoniumv.
Triethylamin	-115/89	Lösungsm., Katalys., Neutralisationsm., Herst. quart. Ammoniumv.
Anilin	-6/184	Grundstoff der chemischen Industrie, Farbenherstellung
Piperidin	-9/106	Grundstoff der chemischen Industrie, Katalysator
Morpholin	-8/129	Grundstoff der chemischen Industrie
Pyridin	-42/115	Grundstoff der chemischen Industrie, Lösungsmittel, Katalysator

36.2.5 Halogenkohlenwasserstoffe

Organische Halogenverbindungen sind von einer enormen ökonomischen Bedeutung. In diesem Kapitel werden wichtige Zusammenhänge zwischen Struktur und Eigenschaften von Halogenkohlenwasserstoffen behandelt. Darüber hinaus wird den wirtschaftlichen, ökologischen und physiologischen Aspekten von Organochlorverbindungen ein gesondertes Kapitel (39.4) gewidmet.

Wie bereits für die entsprechenden anorganischen Stoffe erläutert, unterscheiden sich die Verbindungen des Fluors von denen der anderen drei Halogene Chlor, Brom und Iod (z. B. die Silberhalogenide und die Halogenwasserstoffe, s. 25). Die gleiche Feststellung läßt sich für die organischen Halogenverbindungen treffen. Die wesentlichen chemischen und physikalischen Eigenschaften lassen sich sehr gut aus den Bindungsverhältnissen ableiten (s. Tab. 36.8).

---

[49] Viele Amine entstehen während der Eiweiß-Zersetzung durch Decarboxylieren von Aminosäuren. Cadaverin (1,5-Diaminopentan) entsteht z. B. aus der Aminosäure Lysin.

Vor allem Seefische enthalten merkliche Mengen Trimethylamin und auch andere Amine. Deshalb werden während der Fischzubereitung gern saure Zutaten (Zitronensaft, Essig) zugesetzt. Die Amine werden dabei in geruchfreie Salze überführt.

[50] Auch diese Amine entstehen zumeist durch Decarboxylierung der entsprechenden Aminosäuren. In modernen ausführlichen Lehrbüchern finden Sie viele Informationen zu diesen Verbindungen.

Tab. 36.8 Kohlenstoff-Element-Bindungen: Atomabstände und Dissoziationsenergien (Richtwerte)

Bindung Elektronegat.	C-C 2,5/2,5	C-H 2,5/2,2	C-F 2,5/4,0	C-Cl 2,5/3,0	C-Br 2,5/2,8	C-I 2,5/2,4
I (pm)	154	112	142	177	191	213
E (kJ·mol⁻¹)	347	430	448	339	280	226

Fluorkohlenwasserstoffe: Die große Polarität der C-F-Bindung fällt nicht ins Gewicht. Sie wird überkompensiert durch ihre enorme Stabilität. Die C-F-Bindung ist auch sehr kurz. Fluorkohlenwasserstoffe sind daher äußerst reaktionsträge und vergleichsweise unpolar.

(Mono)-Chlor-, Brom- und Iodalkane: Das chemische Verhalten wird nicht nur von der Polarität der C-Halogen-Bindung beeinflußt. Betrachten wir zunächst die C-Cl-Bindung (X = Cl).

$$R_3C \overset{\delta^+}{-} \overset{\delta^-}{\underline{X}} I \qquad X = Cl, Br, I$$

Die im Vergleich zu Kohlenstoff höhere Elektronegativität von Chlor bewirkt, daß am C-Atom eine positive Partialladung entsteht. Anders ausgedrückt, das dem Chloratom benachbarte C-Atom ist ein elektrophiles Zentrum, daß durch Nucleophile angegriffen wird. Die Elektronegativität der Halogene und damit die Polarität der C-X-Bindung nimmt zum Iod hin ab. Deshalb müßte die Reaktivität gegenüber Nucleophilen in der gleichen Reihenfolge sinken. Jedoch genau das Gegenteil ist der Fall:

Reaktivität gegenüber Nucleophilen: C-I > C-Br > C-Cl

Wichtiger als die Polarität der C-X-Bindung ist zum einen ihre Stabilität. Ein Vergleich der Bindungsenergien zeigt, daß die Kohlenstoff-Halogen-Bindung vom Chlor zum Iod immer einfacher spaltbar wird. Noch entscheidender ist die Polarisierbarkeit[51] dieser Bindung, die mit wachsender Größe des Halogen-Atoms zunimmt. Jodalkane bilden daher in Gegenwart eines Nucleophils am leichtesten einen sogenannten *induzierten Dipol* – wiederum mit dem C-Atom als positivem Pol.

Auch die physikalischen Eigenschaften der Halogenkohlenwasserstoffe werden vor allem durch die Größe der Halogenatome und nicht durch die Polarität der C-X-Bindung dominiert. Sie sind daher schlecht wasserlösliche und bei kleinem Molekulargewicht flüchtige Stoffe. Die Lipophilie organischer Verbindungen nimmt sogar durch den Austausch von H-Atomen gegen Halogenatome zu.

---

[51] Wirkt ein elektrisches Feld in Form eines Ions oder polaren Moleküls auf eine kovalente Bindung ein, so wird ihre Elektronenverteilung, also ihre Polarität, vergrößert. Anders ausgedrückt, die Bindung wird polarisiert. Eine Bindung läßt sich umso einfacher polarisieren, je voluminöser die bindenden Orbitale sind, da die Elektronendichte bei gleicher Elektronenzahl in einem kleinen Orbital größer ist als in einem großen. Makroskopisch läßt sich das mit einem Stück Watte vergleichen. Zusammengedrückt läßt es sich nur schwer verformen, als Wattebausch dagegen leicht.

Halogensubstituierte Alkene und Aromaten: Wie Tabelle 36.9 zeigt, verringert sich der Atomabstand und die Polarität einer Kohlenstoff-Halogen-Bindung beim Übergang vom sp- zum sp^3-C-Atom. Der zunehmende s-Charakter führt zur Verkleinerung der bindenden Hybridorbitale. Die damit verbundene Annäherung des bindenden Elektronenpaares an den C-Atomkern bewirkt zugleich eine Verringerung der Polarität der Bindung. Auch die Polarisierbarkeit wird verringert.

Tab. 36.9 Kohlenstoff-Chlor-Bindungen: Abhängigkeit vom Hybridisierungsgrad des C-Atoms

Bindung	sp^3-C-Cl	sp^2-C-Cl	sp-C-Cl
l (pm), Richtwert	177	169	163
Dipolmoment μ (Debye), Richtwert	2,02	1,44	0,44

Aus diesen Gründen wird deutlich, daß Halogenaromaten und -alkene ausgesprochen unpolar sind und im Vergleich zu den Halogenalkanen eine deutlich verringerte Reaktivität gegenüber Nucleophilen besitzen.

Polyhalogenierte Kohlenwasserstoffe: Diese Verbindungen sind sehr reaktionsträge und werden deshalb in der Natur nur sehr langsam abgebaut. Die geringe Reaktivität im Vergleich zu Monohalogenalkanen sei am Beispiel des Methylchlorids (Chlormethan) und des Tetrachlormethans erläutert: Die C-Cl-Bindung besitzt eine gewisse Polarität und Polarisierbarkeit, die im Methylchlorid voll zur Geltung kommt. Im Tetrachlormethan heben sich diese Effekte im Sinne einer Vektoraddition auf. Das Molekül ist unpolar und wenig reaktiv.

Chlormethan: (Methylchlorid) — Dipolmoment

Tetrachlormethan: unpolar

Chemische Reaktionen: Das Halogen-substituierte C-Atom ist ein elektrophiles Reaktionszentrum. Es ist, wie das Alkyloxoniumion (vgl. 36.2.1) vor allem zu zwei Reaktionen befähigt – zur nucleophilen Substitution und zur Eliminierung. Insbesondere Monohalogenalkane (Alkylhalogenide) reagieren rasch mit einer Vielzahl von Nucleophilen im Sinne einer S$_N$-Reaktion[52]. Derartige Reaktionen werden auch unter dem Begriff Alkylierungen zusammengefaßt. Wesentliche Reaktionsbeispiele sollen an dieser Stelle erläutert werden.

---

[52] Sowohl die nucleophile Substitution als auch die Eliminierung können als Reaktion 1. oder 2. Ordnung ablaufen (S$_N$1-, S$_N$2-, E1- bzw. E2-Reaktion). Die Kenntnis dieser Mechanismen ist für das Verständnis des Buches nicht entscheidend. Schauen Sie trotzdem einmal zu diesem Gesichtspunkt in ein ausführlicheres, modernes Lehrbuch.

S$_N$-Reaktion, O-Nucleophile: Alkylhalogenide werden bereits durch Wasser oder Alkanole langsam zersetzt. Wesentlich rascher verläuft die Reaktion, wenn die Hydroxid- oder Alkoxid-Ionen genutzt werden. Auch Phenolationen sind als Nucleophile geeignet. Verbindungen, die anstelle des O- ein S-Atom tragen, reagieren analog.

$$R\text{-OH} \xrightarrow[-BH]{+B^-} R\text{-O}^\ominus$$

$$R\text{-O}^\ominus + H_3C\text{-Cl} \xrightarrow[-Cl^-]{} R\text{-O-CH}_3$$

R = H: Hydrolyse zu Alkanolen
R = Alkyl, Aryl: Williamson-Ethersynthese

Unter energischen Bedingungen (hohe Temperaturen, hohe Konzentration des Nucleophils) ist auch die Halogensubstitution an aromatischen Verbindungen möglich.

Amine reagieren sehr leicht mit Alkylhalogeniden, allerdings sind diese auch technisch wichtigen Prozesse nicht selektiv. So führt die Umsetzung von Ammoniak mit Methylchlorid zunächst zum entsprechenden primären Ammoniumsalz. Da die Basizität eines Amins nur wenig vom Alkylierungsgrad abhängt, kommt es zur Protonenübertragung. Es entsteht Methylamin, das ebenfalls mit Methylchlorid reagieren kann. Die Fortsetzung dieses Prozesses führt dazu, daß sich ein Gemisch aller möglichen Alkylierungsprodukte bildet, welches dann getrennt werden muß.

$$NH_3 + CH_3Cl \longrightarrow CH_3NH_3^+Cl^-$$

$$CH_3NH_3^+Cl^- + NH_3 \rightleftharpoons CH_3NH_2 + NH_4^+Cl^-$$

$$CH_3NH_3 + CH_3Cl \longrightarrow (CH_3)_2NH_2^+Cl^-$$

$$(CH_3)_2NH_2^+Cl^- \xrightarrow{-HCl} \xrightarrow{+CH_3Cl} (CH_3)_3NH^+Cl^- \xrightarrow{-HCl} \xrightarrow{+CH_3Cl} (CH_3)_4N^+Cl^-$$

C-Nucleophile: Aromatische Kohlenwasserstoffe reagieren mit Alkylhalogeniden. Allerdings muß die Elektrophilie des Alkylhalogenids durch eine Lewis-Säure, zumeist ein Salz eines hochgeladenen Kations (z. B. AlCl$_3$) verstärkt werden[53].

---

[53] Diese technisch wichtige, als Friedel-Crafts-Alkylierung bekannte Reaktion ist gleichzeitig eine S$_E$-Reaktion am Aromaten (vgl. 36.1.8). Als solche wird sie auch in den meisten Lehrbüchern behandelt. An diesem Beispiel wird deutlich, daß die Benennung des Reaktionstyps immer auch davon abhängt, welchen Reaktionsteilnehmer (Reaktanden) man betrachtet.

angreifendes Elektrophil
$$\overset{\delta^+}{} \quad \overset{\delta^-}{}$$

$$C_6H_6 \ + \ CH_3Cl \ \xrightarrow{\text{(AlCl}_3)} \ C_6H_5\text{-}CH_3 \ + \ HCl \qquad H_3C\text{-}\bar{\underline{C}}l \cdots AlCl_3$$

Alkylhalogenide reagieren mit Carbanionen, z. B. mit Acetyliden (s. 36.1.6)[54]. Diese Reaktionen sind weitere Beispiele für die synthesechemisch bedeutsamen Verknüpfungen von zwei C-Atomen.

$$RC{\equiv}C^- \ + \ CH_3Cl \ \xrightarrow{} \ RC{\equiv}C\text{-}CH_3 \ + \ Cl^-$$

Die Eliminierung von Halogenwasserstoffen kann durch starkes Erhitzen erreicht werden. Wird die Umsetzung in Gegenwart von Basen durchgeführt, stehen SN-Reaktion und Eliminierung in Konkurrenz, da die Base (z. B. OH-) auch als Nucleophil reagieren könnte (s. o.). Die Wahl der Reaktionsbedingungen ist hier entscheidend. Wie schon für die Alkanole erläutert, begünstigen insbesondere eine hohe Temperatur und darüber hinaus ein hoher Verzweigungsgrad des Kohlenstoffgerüstes die Eliminierung (vgl. 36.2.1). Verbindungen, die am gleichen C-Atom oder an benachbarten C-Atomen zwei Halogenatome tragen, können, wie am Beispiel des 1,2-Dibromhexans gezeigt, zu Alkinen umgesetzt werden.

$$ClH_2C\text{-}CH_2Cl \ \xrightarrow{500\ ^\circ C} \ H_2C{=}CHCl \ + \ HCl$$

$$+ \ KOH \ \xrightarrow{200\ ^\circ C} \qquad + \ KCl \ + \ H_2O$$

$$+ \ 2\ KOH \ \xrightarrow{200\ ^\circ C} \qquad + \ 2\ KCl \ + \ 2\ H_2O$$

---

[54] Zur Alkylierung von Enolaten s. 36.3.1.

36.3 Carbonylverbindungen und Analoga

Unter dem Begriff Carbonylverbindungen werden alle Verbindungen zusammengefaßt, die die funktionelle Gruppe C=O (Carbonylgruppe) enthalten. Ein ähnliches Verhalten zeigen funktionelle Gruppen, in denen das O-Atom ersetzt ist (z. B. C=S, C=N-R, CN) oder anstelle von Kohlenstoff ein anderes Element vertreten ist (z. B. N=O, S=O). Sie werden deshalb als Carbonyl-analoge Gruppen bezeichnet.

In der Carbonylgruppe zieht das Sauerstoffatom aufgrund seiner höheren Elektronegativität beide Bindungselektronenpaare an. Am besten wird dieser Befund mit Hilfe mesomerer Grenzstrukturen beschrieben.

Die Carbonylgruppe besitzt also ausgesprochenen Dipolcharakter. Das negativierte Sauerstoffatom ist ein ausgezeichneter Wasserstoffbrückenakzeptor, das positivierte Kohlenstoffatom ein elektrophiles Reaktionszentrum[55.] Die Wirkung der Carbonylgruppe wird wesentlich von den an ihr befindlichen Substituenten beeinflußt. Deshalb unterscheidet man auch innerhalb der Carbonylverbindungen verschiedene Stoffklassen.

36.3.1 Aldehyde und Ketone

Beide Stoffklassen unterscheiden sich nur durch die Stellung der Carbonylgruppe im Kohlenwasserstoff-Gerüst.

Nomenklatur: Die von den Alkanen abgeleiteten Aldehyde erhalten die Endung „al", die Namen der entsprechenden Ketone enden auf „on". Alternativ lassen sich Ketone durch Angabe der an der Carbonylgruppe befindlichen Kohlenwasserstoffreste benennen (z. B. Diethylketon = 2-Pentanon). Für viele Verbindungen sind jedoch die Trivialnamen auch heute noch gebräuchlich.

Physikalische Eigenschaften: Die Carbonylgruppe ist etwas weniger polar als die OH-Funktion. Form- und Acetaldehyd sind daher bei Raumtemperatur gasförmig (s. Tab. 36.11) jedoch gut wasserlöslich[56]. Propionaldehyd ist im Unterschied zu den Propanolen nicht mehr vollständig mit Wasser mischbar. Aceton (Propanon) ist dagegen aufgrund seiner starreren und kompakteren Struktur unbegrenzt mischbar mit Wasser (vgl. 37.6). In höheren Aldehyden und Ketonen dominiert dann der Einfluß des lipophilen Kohlenwasserstoffgerüstes.

---

[55] Die Elektrophilie dieses Kohlenstoffatoms wird auch als Carbonylaktivität bezeichnet.
[56] Flüssiges Acetaldehyd ist unbegrenzt mit Wasser mischbar.

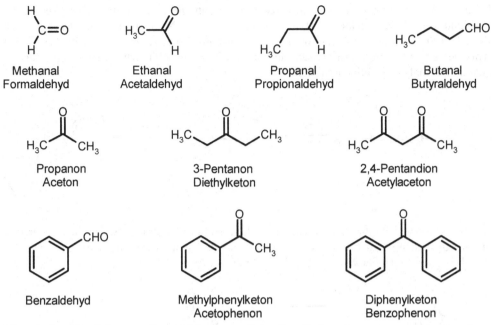

| Methanal | Ethanal | Propanal | Butanal |
| Formaldehyd | Acetaldehyd | Propionaldehyd | Butyraldehyd |

Propanon
Aceton

3-Pentanon
Diethylketon

2,4-Pentandion
Acetylaceton

Benzaldehyd

Methylphenylketon
Acetophenon

Diphenylketon
Benzophenon

Chemische Reaktionen: In Aldehyden wird die Carbonylgruppe nur durch einen Kohlenwasserstoffrest abgeschirmt, in Ketonen durch zwei. Deshalb sind Aldehyde reaktiver als Ketone. Das C-Atom der Carbonylgruppe besitzt eine positive Partialladung (s. o.) und reagiert daher elektrophil[57]. Nucleophile werden im ersten Reaktionsschritt addiert. Der weitere Verlauf der Reaktion hängt vom Nucleophil und von den Reaktionsbedingungen ab. Hier einige typische Beispiele.

Aldehyd   Halbacetal   Acetal

Aldehyde addieren in Gegenwart von Säuren Alkanole (nucleophile Addition). Das dabei gebildete Halbacetal ist instabil[58] und reagiert in einer Reaktion, die der Bildung von Ethern entspricht (vgl. 36.2.1), zum Acetal. Diese Reaktion ist reversibel – verdünnte Säuren spalten Acetale zu Aldehyden und den entsprechenden Alkoholen.

---

[57] Die Elektrophilie der Carbonylgruppe läßt sich durch Protonierung des O-Atoms erhöhen. Viele Carbonylreaktionen werden daher sauer katalysiert durchgeführt.

[58] Cyclische Halbacetale, wie sie z. B. von Zuckermolekülen gebildet werden, besitzen eine größere Stabilität. (vgl. 38.5)

Einen anderen Verlauf nimmt die Reaktion, wenn primäre Amine oder verwandte Verbindungen (Hydrazine, Hydroxylamin) als Nucleophil fungieren. Die Zwischenverbindung eliminiert Wasser. Das Produkt besitzt eine C=N-Bindung. Ein typisches Beispiel ist die Derivatisierung von Aldehyden mit Phenylhydrazin – eine für die qualitative Analyse wichtige Reaktion.

Phenylhydrazon

Aldehyde lassen sich sehr leicht oxidieren. Schon bei ihrer Lagerung werden Sie mit der Zeit durch Luftsauerstoff zu Carbonsäuren oxidiert. In der qualitativen Analyse nutzt man das Reduktionsvermögen der Aldehydgruppe zu ihrem Nachweis[59].

Aldehyd   Carbonsäure

Aldehyde und Ketone lassen sich auch zu den entsprechenden Alkoholen reduzieren (hydrieren). Hierzu wird Wasserstoff in Gegenwart eines Edelmetall-Katalysators oder, vor allem im Labor, ein Metallhydrid bzw. Hydridokomplex verwendet.

$M = B, Al$

C-H-Acidität, Keto-Enol-Tautomerie, Aldolreaktion: Die elektronenziehende Wirkung des Sauerstoffatoms reicht noch über das Carbonyl-C-Atom hinaus. Aus diesem Grund besitzt auch noch das benachbarte C-Atom (α-C-Atom) eine positive Partialladung und ist deshalb in der Lage, in Gegenwart von Basen ein Proton abzugeben – also als Säure zu reagieren. Da das Proton von einem C-Atom abgespalten wird, spricht man auch von C-H-Acidität. Tabelle 36.10 zeigt eine Aufstellung C-H- acider Stoffe im Vergleich mit „üblichen" schwachen Säuren. Wirken auf eine C-H-Bindung zwei Carbonylgruppen ein wird die Acidität mit Phenolen (z. B. Acetylaceton) oder sogar Essigsäure (Malondialdehyd = Propandial) vergleichbar.

---

[59] Fehlingsche Lösung - alkalische Cu(II)-Tartrat-Lösung: Aldehyde führen zur Bildung eines rostfarbenen Niederschlags (Cu_2O). Silberspiegel: Aus einer ammoniakalischen Silbernitrat-Lösung (Tollens-Reagens) scheidet sich nach Aldehydzugabe ein Silberspiegel an der Reagensglaswand ab. Auf diese Weise werden auch in der Technik Spiegel hergestellt. Als Aldehyd wird Glucose oder eine andere Aldose (vgl. 38.5) verwendet.

Tab. 36.10 pK_S-Werte in Wasser bei 25 °C

Substanz	pK_S-Wert	Substanz	pK_S-Wert
Methan	≈57	Malonsäurediethylester	12,9
Ammoniak	≈36	Acetessigsäureethylester	10,8
Acetylen	≈26	Nitromethan	10,2
Acetonitril	≈25	Phenol	10,0
Essigsäuremethylester	≈24	Blausäure	9,3
Aceton	≈20	Acetylaceton	9,0
Ethanol	18	Malondialdehyd	5,0
Wasser	15,7	Essigsäure	4,8

Die Abspaltung eines Protons vom α-C-Atom führt zum mesomeriestabilisierten Enolat-Ion. Die mesomeren Grenzstrukturen mit einer formalen Ladung am O- bzw. C-Atom weisen auf zwei Möglichkeiten für die Rückreaktion (Protonierung des Enolat-Ions) hin. C-Protonierung führt wieder zur Carbonylverbindung, O-Protonierung jedoch zu einer neuen Verbindung, dem Enol. Eine wichtige Konsequenz aus diesen Reaktionsmöglichkeiten ist, daß Carbonylverbindungen, die H-Atome am α-C-Atom besitzen, mit ihrer Enolverbindung im Gleichgewicht stehen. Dieser Prozeß wird als *Keto-Enol-Tautomerie* bezeichnet.

Wie das Reaktionsschema zeigt, wird die Einstellung des Keto-Enol-Gleichgewichtes nicht nur durch Basen[60], sondern auch durch Säuren beschleunigt. Bei einfachen Carbonylverbindungen sind die Gleichgewichtskonzentrationen an Enol äußerst gering. Stärker C-H-acide Verbindungen, z. B. 1.3-Dicarbonyl-Verbindungen wie Acetylaceton, liegen zu großen Teilen, in unpolaren Lösungsmitteln sogar überwiegend in der Enolform vor

---

[60] Durch Behandeln mit stöchiometrischen Mengen einer ausreichend starken Base werden Carbonylverbindungen quantitativ in Enolat-Ionen überführt.

(vgl. 37.2). Stark enolisierbare Carbonylverbindungen bilden mit Fe^{3+}-Ionen farbige Chelat-Komplexe – eine wichtige Nachweisreaktion.

Herstellung von Acetaldol und Crotonaldehyd

3-Hydroxybutanal
Acetaldol

2-Butenal
Crotonaldehyd

Weitere Aldolreaktionen

Aceton

Benzylidenaceton
(1-Phenylbut-1-en-3-on)

Dibenzylidenaceton
(1,5-Diphenylpenta-1,4-dien-3-on)

Aceton   Acetylaceton

Isopropylidenacetylaceton
(3-Isopropylidenpentan-2,4-dion)

Bromierung und Alkylierung C-H-acider Verbindungen

Bromaceton

3-Methylpentan-2,4-dion

Die Enolat-Anionen aber auch die Enole (s. mesomere Grenzstrukturen) haben einen Elektronenüberschuß am α-C-Atom, d. h., sie reagieren als Nucleophile. Aldehyde und Ketone sind deshalb in der Lage, mit sich selbst zu reagieren, langsam bei der Lagerung, rasch in Gegenwart von Säuren und Basen. So führt die Behandlung von Acetaldehyd mit verdünnter Natronlauge zu Acetaldol. Die Bezeichnung dieses Produktes gibt auch den Namen für den Reaktionstyp – Aldolreaktion[61]. Die Destillation von Acetaldol in Gegenwart von Essigsäure liefert unter Wasserabspaltung Crotonaldehyd, ein wichtiges Zwischenprodukt der chemischen Industrie, das z. B. zu Butanol oder Butanal weiterverarbeitet wird.

Unter dem Begriff Aldolreaktion werden alle Umsetzungen von Enolen bzw. Enolaten mit Carbonylverbindungen zusammengefaßt – eine Vielzahl von Reaktionen. Werden zwei verschieden Carbonylverbindungen zur Reaktion gebracht, so ist darauf zu achten, welche Verbindung als C-H-acide (enolisierbare) Komponente und welche als Carbonylkomponente fungiert. In der Reaktion zwischen Aceton und Benzaldehyd ergibt sich die „Rollenverteilung" aus dem Umstand, daß nur ersteres enolisierbar ist. Benzaldehyd verfügt nicht über ein bewegliches Proton am α-C-Atom. Aceton ist demzufolge der C-H-acide Reaktand und Benzaldehyd die Carbonylkomponente. In der nachfolgenden Reaktion, ein Beispiel für eine Knoevenagel-Kondensation[62], sind im Prinzip beide Stoffe enolisierbar. Hier muß jedoch das Aceton als die schwächer C-H-acide Verbindung als Carbonylkomponente reagieren. Enole und Enolate reagieren auch mit anderen Elektrophilen, z. B. mit Halogenen und Alkylhalogeniden.

Allgemeines: 35-40%ige Lösungen von Formaldehyd werden als Formalin bezeichnet. Derartige Lösungen sind sehr instabil und giftig[63]. Eine bessere Transport- und Lagerform stellt Paraformaldehyd dar. Es ist ein Polymerisat ($[-CH_2-O-]_n$), aus dem Formaldehyd sehr leicht durch Erhitzen erhalten werden kann. Aufgrund ihrer vielfältigen Reaktionsmöglichkeiten werden Aldehyde und Ketone in großem Maßstab in der Industrie verwendet (s. a. Tab. 36.11). Form- und Acetaldehyd sowie Aceton werden weltweit im Mio.-t.-Maßstab hergestellt.

Aldehyde und Ketone sind in der Natur weit verbreitet. In unserem Alltag finden wir sie oft als Riech- oder Aromastoffe – schon die Namen sind sehr aussagekräftig: Bittermandelöl (Benzaldehyd), Anisaldehyd (p-Methoxybezaldehyd, auch im Estragon und Fenchel enthalten), Zimtaldehyd, Vanillin, Muscon (Moschus-Geruch). Pyridoxal ist Bestandteil des Vitamin-B$_6$-Komplexes. Aceton ist ein Stoffwechselprodukt bei Diabetes mellitus.

---

[61] Aldol ist eine Zusammenfassung der Worte **Ald**ehyd und Alko**hol**. Der zweistufige Prozeß aus Aldolreaktion und Wasserabspaltung wird auch als Aldolkondensation zusammengefaßt. Aldolreaktionen führen zur Knüpfung von C-C-Bindungen. Deshalb spielen Sie auch in der belebten Natur eine wichtige Rolle, z. B. im Zitronensäure-Zyklus, beim Aufbau von Zucker- und Fettsäuremolekülen oder bei der Vernetzung von Kollagenfasern (Festigung des Bindegewebes).

[62] In der Knoevenagel-Kondensation werden besonders stark C-H-acide Verbindungen mit einfachen Carbonylverbindungen im Sinne einer Aldolkondensation umgesetzt.

[63] Letale Dosis: 10 - 20 ml. Form- und auch Acetaldehyd sind stark hautreizend und gelten als krebserregend.

| Zimtaldehyd | Vanillin | Pyridoxal | Muscon (3(R)-Methylcyclopentadecanon) |

Tab. 36.11 Wichtige Aldehyde und Ketone

Verbindung	Fp./Kp. (°C)	Anwendung
Formaldehyd	-92/-21	Pheno- und Aminoplaste, Desinfektionsm., Farbstoff-Herst.
Acetaldehyd	-123/21	Grundstoff der chem. Ind., u. a. Herst. von Butadien, Acetanhydrid
Propionaldehyd	-81/49	Herst. von Kunststoffen (Copolymerisate)
Butyraldehyd	-97/75	Herst. von Kunststoffen (Copolymerisate) u. 2-Ethylhexanol
Acrolein*	-88/52	Herst. von Kunststoffen (Copolymerisate)
Benzaldehyd	-26/178	Farbstoff-Herstellung, Riech- und Aromastoff
Aceton	-95/56	Lösungsmittel, Herst. v. Bisphenol-A u. Methacrylsäureestern
Cyclohexanon	-30/156	Herst. von Caprolactam (Ausgangsstoff der Perlon-Herst.)
Acetophenon	20/202	Lösungsmittel, Herst. von Riechstoffen u. Kunstharzen
Benzophenon	48/306	Arzneimittel-Herst., Einkristalle für Piezoelektrik u. Elektrooptik
* Propenal		

36.3.2 Carbonsäuren

Carbonsäuren sind die Oxidationsprodukte der Aldehyde. Sie besitzen die funktionelle Gruppe -COOH (Carboxylgruppe). Aus Alkanen hervorgegangene Säuren erhalten einen Namen entsprechend ihrer C-Atomzahl mit der Endung -säure. In den anderen Fällen wird an den Namen des Stammkörpers die Endung -carbonsäure angefügt. Für die einfachen Carbonsäuren und ihre Salze werden jedoch ausschließlich die Trivialnamen verwendet. Die Namen der entsprechenden Anionen (Carboxylate) sind in eckigen Klammern angegeben [systematischer Name, Trivialname].

Carbonsäuren und korrespondierende Anionen – Nomenklatur und Trivialnamen

Methansäure
Ameisensäure
[Methanoat, Formiat]

Ethansäure
Essigsäure
[Ethanoat, Acetat]

Propansäure
Propionsäure
[Propanoat, Propionat]

Butansäure
Buttersäure
[Butanoat, Butyrat]

Benzoesäure
[Benzoat]

2-Chlorbenzoesäure
o-Chlorbenzoesäure
[o-Chlorbenzoat]

Cyclohexancarbonsäure
[Cyclohexancarboxylat]

Die Elektronenverteilung in der Carboxyl- und Carboxylatgruppe läßt sich am besten durch mesomere Grenzstrukturen darstellen. Zweierlei wird deutlich. Die OH- bzw. O⁻-Funktion üben, ähnlich wie bei den Phenolen und Enolen, einen +M-Effekt aus. Dadurch besitzen Carbonsäuren und insbesondere Carboxylate, eine geringere Carbonylaktivität als Ketone. Das O-Atom der OH-Gruppe wiederum ist positiviert und deshalb in der Lage, relativ leicht ein Proton abzugeben. Das dabei gebildete Anion ist mesomeriestabilisiert. Der Name Carbon**säure** ist demzufolge gerechtfertigt.

Physikalisches Verhalten, Säure-Base-Eigenschaften: Die Carboxylfunktion ist eine polare und zur Wasserstoff-Brücken-Bindung befähigte funktionelle Gruppe. Deshalb besitzen Carbonsäuren vergleichsweise hohe Siedepunkte[64]. Carbonsäuren mit vier C-Atomen sind noch vollständig mit Wasser mischbar. Durch die große Polarität sind kurzkettige Carbonsäuren in Kohlenwasserstoffen praktisch unlöslich.

Chemische Reaktionen: Wäßrige Carbonsäurelösungen reagieren sauer. Schon durch Bicarbonat werden Carbonsäuren vollständig in Salze überführt. Diese Reaktion dient in der qualitativen Analyse zu Unterscheidung von den weniger sauren Phenolen (vgl. Tab. 36.10), welche erst durch das stärker basische Hydroxid vollständig deprotoniert werden.

---

[64] Noch in der Dampfphase sind Carbonsäuren assoziiert.

$$R\text{-}COOH + H_2O \rightleftarrows R\text{-}COO^- + H_3O^+$$

$$R\text{-}COOH + HCO_3^- \longrightarrow R\text{-}COO^- + CO_2 + H_2O$$

Die wichtigste Reaktion von Carbonsäuren ist ihre Umsetzung mit Alkoholen unter Bildung von Carbonsäureestern. Diese Reaktion verläuft nur sehr langsam. Ursache ist die geringe Carbonylaktivität der Carboxylgruppe (s. o). Wesentlich schneller verläuft die Reaktion unter saurer Katalyse. Das O-Atom der Carbonylgruppe wird protoniert. Dadurch wird der nucleophile Angriff der Hydroxyfunktion des Alkohols erleichtert. Das chemische Gleichgewicht dieser Reaktionen liegt nicht allzuweit auf seiten der Produkte. Um eine vollständige Umsetzung der Carbonsäure zum Ester zu erreichen, muß deshalb eines der Reaktionsprodukte (in der Regel das Wasser), aus dem Reaktionsgemisch entfernt werden[65].

Essigsäuremethylester
(Methylacetat)

Weiterhin von Bedeutung ist die Überführung von Carbonsäuren in Carbonsäureanhydride und -chloride – wichtige Zwischenstufen in der organischen Synthese (s. 36.3.4). Anhydride werden durch Erhitzen in Gegenwart eines wasserbindenen Mittels (z. B. P_4O_{10}), Säurechloride durch Umsetzung mit reaktiven anorganische Chlorverbindungen erhalten (z. B. PCl_5, PCl_3, $SOCl_2$). 1,4- und 1,5-Dicarbonsäuren reagieren, wie am Beispiel der Bernsteinsäure gezeigt, zu cyclischen Anhydriden – die Bildung von fünf- bzw. sechsgliedrigen Ringen ist bevorzugt[66].

Acetanhydrid   Acetylchlorid

Bernsteinsäure   Bernsteinsäureanhydrid

---

[65] Eine Variante besteht in der Verwendung von Schwefelsäure. Sie dient einerseits als Katalysator und ist darüberhinaus in der Lage, Wasser zu binden. Ist Wasser die am niedrigsten siedende Komponente, wird es destillativ entfernt, zumeist als Azeotrop mit einem unpolaren Lösungsmittel.

[66] Beachten Sie, daß in ungesättigten und aromatischen Dicarbonsäuren die Carboxylgruppen schon „günstig" für den Ringschluß stehen müssen. So bildet Maleinsäure ein cyclisches Anhydrid, Fumarsäure dagegen nicht bzw. erst bei sehr hoher Temperatur (Überwindung der Rotationsbarriere der C=C-Bindung).

Aufgrund der geringen Carbonylaktivität können Carbonsäuren nur in Ausnahmefällen mit Aminen zu Carbonsäureamiden (vgl. 36.3.5) reagieren. Es findet lediglich Salzbildung, also eine Säure-Base Reaktion, statt.

$$R\text{-}COOH \ + \ R'_3N \longrightarrow R\text{-}COO^- \ + \ R'_3NH^+$$

Bei Stoffwechselprozessen, aber auch bei einigen Syntheseverfahren sind Decarboxylierungen wichtig. Diese Reaktionen werden durch funktionelle Gruppen in der Nähe der Carboxylfunktion begünstigt. So wird Malonsäure beim Erhitzen in Essigsäure und CO_2 gespalten.

$$HOOC\text{-}CH_2\text{-}COOH \xrightarrow{\Delta} H_3C\text{-}COOH \ + \ CO_2$$

Malonsäure

Allgemeines: Obwohl keine starken Säuren, sind Carbonsäuren sehr hautreizend. Die Ursache ist, daß sie im Unterschied zu den hochpolaren Mineralsäuren lipophile Reste enthalten und so leicht in die Haut eindringen können. Carbonsäuren mittlerer Kettenlänge riechen äußerst penetrant. Das bekannteste Beispiel ist sicherlich die Buttersäure, die ranziger Butter und auch Schweiß einen unangenehmen Geruch verleiht[67]. Carbonsäuren greifen unedle Metalle an. Z. B. wirkt Essigsäure auf Stahl ausgesprochen korrosiv.

Die Salze langkettiger Carbonsäuren (ab. ca. C_{12}) werden als Tenside angewendet (s. 39.3). In der Natur finden sich Carbonsäuren zumeist als Derivate, jedoch auch als freie Säuren (s. a. 38.2. u. 38.3). Ameisensäure wird, wie schon der Name verrät, von Ameisen bei Gefahr abgesondert. Auch Brennnesseln enthalten diese Substanz. Essigsäure ist ein wichtiges Zwischenprodukt im Stoffwechsel, bei bestimmten Bakterien das Endprodukt (Essigsäure-Gärung, vgl. 36.2.1). Oxalsäure (HOOC-COOH, alter Name: Kleesäure) befindet sich in größeren Mengen im Sauerklee, im Sauerampfer, im Rhabarber und auch in Tomaten. Die Aufnahme zu großer Oxalsäure-Mengen ist schädlich, da die Bildung von Nierensteinen aus schwerlöslichem Calciumoxalat begünstigt wird.

Benzendicarbonsäuren
o: Phthalsäure
m: Isophthalsäure
p: Terephthalsäure

Maleinsäure

Fumarsäure

---

[67] Der auffällige Geruch von Ziegen (lat. *capra*) wird durch Capron-, Capryl- und Caprinsäure (Hexan-, Octan, und Dekansäure) verursacht.

Tab. 36.12 Wichtige Carbonsäuren

Verbindung	Fp./Kp. (°C)	Anwendung
Ameisensäure	-8/100,5	Desinfektions- und Entkalkungsmittel
Essigsäure	17/118	Grundstoff der chem. Ind., Speiseessig
Buttersäure	-6/164	Esterkomponente
Acrylsäure*	13/141	Herst. von Kunststoffen
Sorbinsäure**	133/-	Konservierungsmittel
Maleinsäure	131/-	Herstellung von Kunststoffen
Fumarsäure	287/-	Herstellung von Kunststoffen und von Äpfelsäure
Benzoesäure	122/250	Grundstoff der chem. Ind., Konservierungsmittel
Phthalsäure	208/-	Herstellung von Kunststoffen und Estern (Weichmacher)
Terephthalsäure	-/-	Herstellung von Kunststoffen

* Propensäure, ** Hexa-2,4-diensäure

36.3.3 Carbonsäureester

Viele Carbonsäureester haben einen angenehmen Geruch. Sie geben nicht wenigen Früchten ihren typischen Geruch und Geschmack und werden auch als künstliche Aromastoffe eingesetzt[68]. Hierzu einige Beispiele, an denen man auch gleich die zwei Möglichkeiten für die Bezeichnung von Estern erkennen kann. Die zweite Variante, die sich an die Nomenklatur der Salze anlehnt (z. B. Methylbutyrat), setzt sich zunehmend durch, da sie zu kürzeren Namen führt und auch der englischen Nomenklatur näher steht (methyl butyrate).

Buttersäuremethylester
Methylbutyrat
(Apfelaroma)

Buttersäurepropylester
Propylbutyrat
(Erdbeeraroma)

Propionsäureisobutylester
2-Methylpropylpropionat
(Rumaroma)

Daß wir den Geruch von Estern wahrnehmen können, weist darauf hin, daß Ester flüchtige, also wenig polare Stoffe sind. Ein Blick auf die Struktur erklärt diesen Befund. Ähnlich wie bei den Ethern (vgl. 36.2.3) wird die polare funktionelle Gruppe von zwei Kohlenwasserstoffresten abgeschirmt. Das Molekül erscheint nach außen weitgehend

---

[68] Der oft als „künstlich" empfundene Geschmack von aromatisierten Lebensmitteln beruht darauf, daß in der Regel nur die (synthetisch hergestellte) Hauptkomponente des natürlichen Aromas eingesetzt wird. Der Geschmack von Früchten setzt sich jedoch aus einer Vielzahl von Stoffen zusammen, die oft nur in Spuren nachweisbar sind, aber trotzdem zum Gesamteindruck beitragen. Der Geruch und Geschmack von Äpfeln wird beispielsweise von verschiedenen Butter- und 2-Methylbuttersäureestern, Aldehyden und anderen Stoffen erzeugt.

unpolar. Eine Ausnahme bilden wiederum die cyclischen Verbindungen („Pferdeschwanzeffekt", s. a. 37.6), die als Lactone bezeichnet werden.

Essigsäureethylester, Ethylacetat, wenig wasserl., Kp: 77°C

Butyrolacton, vollst. m. W. mischbar, Kp: 206°C))

Chemische Reaktionen: Ähnlich wie in Carbonsäuren übt das einfach gebundene Sauerstoff-Atom einen +M-Effekt auf die Carbonylgruppe aus. Das führt zu einer Verringerung der Elektrophilie. Ester sind demzufolge gegenüber Nucleophilen weniger reaktiv als Ketone. Typisch für Ester ist, daß das eintretende Nucleophil den Alkoxy-Rest (-OR) der Esterfunktion ersetzen.

Saure Hydrolyse:

Mesomere Grenzstrukturen:

Alkalische Hydrolyse:

Reaktion mit Aminen :

Die Hydrolyse kann sowohl sauer katalysiert[69] oder basisch verlaufen. Die Reaktion von Estern mit Aminen, verlangt zumeist energische Bedingungen, da Ester recht stabile Verbindungen sind. Sie verläuft nur dann erfolgreich, wenn das Amin stark basisch ist oder der gebildete Alkohol die am leichtesten flüchtige Komponente darstellt, so daß er ständig aus dem Reaktionsgleichgewicht entfernt werden kann.

---

[69] Die saure Hydrolyse ist die Umkehrreaktion der Esterbildung (vgl. 36.3.2). Auf welcher Seite das Gleichgewicht liegt, hängt also nur von den Reaktionsbedingungen ab. H^+ kann sich sowohl an das Carbonyl-O-Atom des Esters als auch der Säure anlagern und so die Reaktivität der Carbonylgruppe erhöhen. Die zugesetzte Säure ist also der Katalysator. Sie beschleunigt lediglich die Einstellung des Gleichgewichtes, beeinflußt jedoch nicht dessen Lage. Die basische Hydrolyse, auch als Verseifung bezeichnet, findet unter Verbrauch der OH^--Ionen statt. Primär entstehen die entsprechende Säure und das stark basische Alkoxid-Ion. In einer Säure-Base-Reaktion bilden sich die stabilen Endprodukte Carboxylat-Ion und Alkohol. Verwendet man statt Wasser Alkohole bzw. statt Hydroxid- Alkoxidionen, so kommt es zu Umesterungen (s. a. Aufgabe 36.23).

Einfache Ester sind schwach C-H-acid (s. Tab. 36.10)[70]. Sie können daher in Gegenwart einer Base[71] mit sich selbst reagieren (Esterkondensation).

Acetessigsäuremethylester

Das gebildete Carbanion greift ein weiteres Estermolekül an der Carbonylgruppe an, in völliger Analogie zur alkalischen Hydrolyse – einschließlich der Bildung eines neuen Anions. Aus diesem läßt sich durch Ansäuern nach beendeter Reaktion Acetessigsäuremethylester gewinnen.

Tab. 36.13 Wichtige Carbonsäureester

Verbindung	Fp./Kp. (°C)	Anwendung
Methylformiat	-81/54	Lösungsmittel, Rum- und Arrak-Aroma
Ethylacetat	-83/77	Lösungsmittel
Methylbutyrat	-95/103	Apfel-Aroma
Propylbutyrat	/143	Erdbeer- und Ananas-Aroma
Diethylmalonat	-50/199	Herstellung von Barbituraten
Ethylbenzoat	-34/212	Parfüm-Herstellung
Dibutylphthalat	-/340	Weichmacher in Kunststoffen

36.3.4 Carbonsäureanhydride und -halogenide

Carbonsäureanhydride und -halogenide werden in der chemischen Industrie vielseitig als Zwischenprodukte angewendet. Sie sind leicht herstellbar (vgl. 36.3.2) und hochreaktiv. Anhand der nachfolgend gezeigten Verbindungen können Sie auch gleich die üblichen Bezeichnungsweisen erkennen[72].

---

[70] Malonsäureester (z. B. EtOOC-CH$_2$-COOEt) sind stark C-H-acid (vgl. Tab. 36.10) und fungieren z. B. in der Knoevenagel-Kondensation als C-H-acide Komponente (vgl. 36.3.1).

[71] Die Base selbst darf nicht nucleophil sein, was nicht leicht zu gewährleisten ist. Ein Trick besteht darin, als Base das Anion der Alkoholkomponente des Esters zu verwenden, z. B. Natriummethanolat bei Umsetzungen mit Methylestern. Es findet zwar als Nebenreaktion eine Umesterung statt. Die ist jedoch ohne Folgen, da Ausgangsstoffe und Endprodukte identisch sind.

[72] Die Namen der Anhydride leiten sich in einfacher Weise von den entsprechenden Carbonsäuren ab. Die gleiche Methode kann auch für die Halogenide angewendet werden (z. B. Essigsäurechlorid). Bevorzugt werden jedoch Bezeichnungen, bei der der R-CO-Rest benannt und mit dem Halogen-

| Essigsäureanhydrid (Acetanhydrid) | Propionsäureanhydrid | Maleinsäureanhydrid | Phthalsäureanhydrid |

| Phosgen (Kohlensäuredichlorid) | Acetylchlorid | Propionylchlorid | Benzoylchlorid |

Die große Elektrophilie wird durch Betrachtung der mesomeren Grenzstrukturen erklärbar. In Anhydriden wirkt der an sich „störende" +M-Effekt des einfach gebundenen O-Atoms auf beide Carbonylgruppen. Er ist daher, im Vergleich zu Estern, geringer und wird durch den gleichzeitig auftretenden induktiven Effekt überkompensiert. Das die Carbonylgruppen verbindende O-Atom übt also insgesamt eine elektronenziehende Wirkung aus. In der COCl-Funktion trägt das Carbonyl-C-Atom zwei (im Phosgen sogar drei) elektronenziehende Reste. Carbonsäurehalogenide sind daher die reaktivsten Carbonylverbindungen überhaupt.

Physikalische Eigenschaften: Da beide Stoffklassen keine OH-Gruppen tragen sind sie nur wenig polar. Ähnlich wie bei Aldehyden sind niedermolekulare Verbindungen relativ flüchtig. An sich sind Carbonsäureanhydride und -halogenide schlecht wasserlöslich. Allerdings ist diese Eigenschaft kaum von Belang, da diese Stoffe mehr oder weniger rasch hydrolysiert werden.

Chemische Reaktionen: Carbonsäureanhydride und -halogenide reagieren mit O- und N-Nucleophilen. Mit Wasser bilden sich die entsprechenden Säuren, mit Alkoholen und Phenolen werden Ester gebildet. Bei Umsetzungen mit Aminen ist zu beachten, daß die während der Reaktion gebildete Säure mit dem Nucleophil unter Salzbildung reagiert. Es ist daher die doppelte Menge an Amin erforderlich. Das zweite Äquivalent an Amin kann durch eine sogenannte Hilfsbase, z. B. tertiäres Amin ersetzt werden. Tertiäre Amine können keine stabilen Produkte mit Carbonylverbindungen bilden und sind deshalb nur zur Salzbildung in der Lage. In günstigen Fällen kann auch Natronlauge als Hilfsbase verwendet werden (s. a. Aufgabe 2).

Namen (Endung: -id) verbunden werden - also Acetylchlorid. Da die Bezeichnungen von R-CO-Resten auch für andere Stoffe benötigt werden, seine hier die wichtigsten genannt: R=H: Formyl-; R= CH$_3$: Acetyl; R=C$_6$H$_5$: Benzoyl. Der zweibindige Rest o-C$_6$H$_4$(CO)$_2$ wird Phthaloyl genannt.

$$\underset{H_3C}{\overset{O}{\bigl\Vert}}\!\!-X \;+\; ROH \;\longrightarrow\; \underset{H_3C}{\overset{O}{\bigl\Vert}}\!\!-OR \;+\; HX \qquad \begin{array}{l} X = Cl,\ CO\text{-}CH_3 \\ R = H,\ Alkyl,\ Aryl \end{array}$$

$$\underset{H_3C}{\overset{O}{\bigl\Vert}}\!\!-X \;+\; 2\,R_2NH \;\longrightarrow\; \underset{H_3C}{\overset{O}{\bigl\Vert}}\!\!-NR_2 \;+\; R_2NH_2{}^{+}X^{-}$$

Carbonsäureanhydride sind in der Lage, aldolartige Reaktionen einzugehen. Derartige Reaktionen gelingen nur, wenn die Base der Austrittsgruppe des Anhydrids entspricht (z. B. Natriumacetat zur Deprotonierung von Acetanhydrid). Ein Beispiel dafür ist die Herstellung von Zimtsäure (Perkin-Reaktion). Carbonsäurechloride ergeben diese Reaktion nicht, da die Reaktivität der COCl-Funktion zu groß ist.

Insbesondere Säurechloride sind in der Lage, in Gegenwart von Aluminiumchlorid[73] mit aromatischen Verbindungen zu reagieren (Friedel-Crafts-Acylierung[74]).

Tab. 16.14 Wichtige Carbonsäureanhydride und -chloride

Verbindung	Fp./Kp. (°C)	Anwendung
Acetanhydrid	-73/139	Grundstoff der chemischen Industrie
Maleinsäureanhydrid	53/202	Kunststoff-Herstellung
Phthalsäureanhydrid	132/285	Kunststoff-Herstellung
Acetylchlorid	-112/51	Arzneimittel- und Farbstoffherstellung
Benzoylchlorid	-1/197	Arzneimittel- und Farbstoffherstellung
Phosgen	-126/8	Kunststoff-Herstellung

[73] Das Al^{3+}-Ion lagert sich an das O-Atom und erhöht so die Elektrophilie der Carbonylgruppe.
[74] Die Einführung der Gruppe R-CO- wird als Acylierung bezeichnet.

Allgemeines: Carbonsäurehalogenide und -anhydride besitzen, soweit flüchtig, einen stechenden Geruch. Aufgrund ihrer großen Reaktivität greifen sie die Haut und auch die Atmungsorgane an. Besonders gefährlich ist das bei Raumtemperatur gasförmige Phosgen[75], dessen großtechnische Anwendung erhebliche Sicherheitsvorkehrungen erforderlich macht. Es wurde im 1. Weltkrieg als Giftgas eingesetzt.

36.3.5 Carbonsäureamide

Amide sind die am wenigsten reaktiven Carbonylverbindungen. Die Stabilität der Amidbindung läßt sich durch mesomere Grenzstrukturen veranschaulichen. Sie sind zu denen der Ester völlig analog. Das N-Atom verringert die Elektrophilie der Carbonylgruppe jedoch stärker als ein O-Atom, da es einen größeren +M- und einen kleineren -I-Effekt ausübt.

Die „wahre" Struktur der Amidbindung wird also vor allem durch die bipolare Grenzformel verdeutlicht. In der Tat zeigt die C-N-Bindung in Amiden deutlichen Doppelbindungscharakter (hohe energetische Stabilität, keine freie Drehbarkeit).

Eine weitere Konsequenz aus der Elektronenstruktur ist, daß Amide im Unterschied zu Aminen keine ausgeprägt basischen Eigenschaften zeigen.

Aufgrund ihrer Stabilität spielt die Amidbindung eine herausragende Rolle in der belebten Natur (Polypeptide, Proteine, dort als Peptid-Bindung bezeichnet, vgl. 38.3). Aber auch in der Technik und in unserem Alltag begegnen uns viele Amide oder Polyamide (Pharmaka, Kunststoffe).

Acetamid	N,N-Dimethylformamid	Benzanilid	Harnstoff
(Essigsäureamid)	(Ameisensäuredimethylamid)	(N-Phenyl-benzoesäureamid)	(Kohlensäurediamid)

Die Namen der Amide werden von den entsprechenden Carbonsäuren abgeleitet. Ein „N" zeigt an, daß sich der entsprechende Substituent am Stickstoffatom befindet.

Die Amidgruppe ist eine polare funktionelle Gruppe. Amide besitzen demzufolge relativ hohe Siedepunkte und sind bei niedrigem Molekulargewicht gut wasserlöslich. In ihren chemischen Reaktionen verhalten sie sich analog den Estern. So lassen sich Amide sowohl sauer als auch alkalisch hydrolysieren, allerdings unter energischeren Reaktionsbedingungen als für Ester erforderlich. Säure und Base sind dabei in mindestens stöchiometrischen Mengen notwendig (s. a. Aufgabe 36.27). Darüberhinaus lassen sich primäre Amide zu Nitrilen entwässern.

---

[75] Zur Phosgenbildung aus Halogenkohlenwasserstoffen vgl. 39.4.

$$H_3C-C\equiv N$$

Acetamid   Acetonitril

Allgemeines: Verschiedene am N-Atom vollständig methylierte Amide werden als vielseitige Lösungsmittel verwendet. Dazu gehören N,N-Dimethylformamid, N-Methylpyrrolidon und Tetramethylharnstoff. Solche Lösungsmittel sind einerseits sehr polar und deshalb mischbar mit Wasser. Andererseits verfügen sie nicht, wie z. B. Alkohole, über bewegliche Protonen. Sie werden daher als *dipolar aprotische Lösungsmittel* bezeichnet.

Tetramethylharnstoff   N-Methylpyrrolidon

Durch den Abbau von Eiweißen entsteht in der Leber täglich die mehrfache letale Dosis an Ammoniak, die durch Reaktion mit CO_2 sofort in Form von Harnstoff gebunden wird und über die Niere ausgeschieden. Der Harn von Erwachsenen enthält täglich 20-30 g dieses ungiftigen und gut wasserlöslichen Stoffes (s. Aufgabe 36.28).

Tab. 36.15 Wichtige Carbonsäureamide

Verbindung	Fp./Kp. (°C)	Anwendung
Formamid	2/210	Lösungsmittel
N,N-Dimethylformamid	-61/153	Lösungsmittel
Acetamid	82/221	Lösungsmittelzusatz, Vulkanisationsbeschleuniger
Harnstoff	133/-	Kunststoff-Herstellung, Düngemittel
Tetramethylharnstoff	-1/177	Lösungsmittel
N-Methylpyrrolidon	-24/206	Lösungsmittel

36.3.6 Carbonsäurenitrile

Carbonsäurenitrile ($R-C\equiv N$) gehören zu den carbonylanalogen Verbindungen. Das Carbonyl-O-Atom ist durch ein Stickstoffatom ersetzt. Grundsätzlich ändert sich dadurch nichts, obwohl sogar eine C-N-Dreifachbindung vorliegt. Das Carbonyl-C-Atom ist ebenfalls durch I- und M-Effekte positiviert ($-C\equiv N \leftrightarrow -C^+=N^-$). Die Nitrilgruppe ist polar. Niedermolekulare Nitrile sind daher gut wasserlöslich.

Nitrile gehen zu den Carbonylverbindungen völlig analoge Reaktionen ein. So werden sie am N-tragenden C-Atom durch Nucleophile angegriffen. Ein Beispiel dafür ist die Hydrolyse, die jedoch nur unter energischen Bedingungen stattfindet und zu Amiden oder Carbonsäuren führt.

Unter den gleichen strukturellen Voraussetzungen wie für Carbonylverbindungen sind Nitrile C-H-acid (s. a. Tab 36.10). Ist das α-C-Atom deprotonierbar, reagieren sie als C-Nucleophil (z. B. in Aldolreaktionen). Besonders reaktiv ist Malonsäuredinitril.

Allgemeines: Oft werden Nitrile als Cyanide bezeichnet (z. B. Methylcyanid statt Acetonitril). Das suggeriert, daß diese Verbindungen leicht Cyanid-Ionen bzw. Blausäure bilden und deshalb von extremer Giftigkeit sein müssen. Einfache Nitrile lassen sich jedoch nicht zu Blausäure und dem entsprechenden Alkohol spalten (Ausnahme: Phenylacetonitril [Benzylcyanid]). Aus α-Hydroxycarbonsäurenitrilen (z. B. Cyanhydrine, cyanogene Glykoside) wird jedoch leicht Blausäure freigesetzt. Die hohe Giftigkeit von Acrylnitril beruht dagegen nicht auf der CN-Gruppe.

Tab. 36.16 Wichtige Carbonsäurenitrile

Verbindung	Fp./Kp. (°C)	Anwendung
Acetonitril	-45/82	Lösungsmittel
Benzonitril	-13/191	Lösungsmittel, Herst. v. Kunstharzen, Pharmaka u. a.
Acrylnitril	-82/78	Herst. von Polyacrylnitril
Malonsäuredinitril	32/219	Herst. von Spezialchemikalien und Pharmaka

H$_3$C-CN
Acetonitril

H$_2$C=CH-CN
Acrylnitril

Benzonitril

Phenylacetonitril
(Benzylcyanid)

36.3.7 Nitroverbindungen

Die Nitrogruppe ist isoelektronisch mit der Carboxylat-Funktion. Da Stickstoff im Atomkern ein Proton mehr besitzt als Kohlenstoff, ist die Nitrogruppe nach außen neutral. Die Bezeichnung von Nitroverbindungen ist, wie die Beispiele zeigen, sehr einfach.

Nitro-Gruppe   **Carboxylat-Gruppe**

H_3C-NO_2
Nitromethan

$H_3C-CH_2-NO_2$
Nitroethan

Nitrobenzen

2,4,6-Trinitrotoluen
(TNT)

Physikalische Eigenschaften: Die Nitrogruppe übt eine stark elektronenziehende Wirkung auf benachbarte Atome aus (s.u.). Nitroverbindungen sind daher polar und besitzen vergleichsweise hohe Siedepunkte. Andererseits ist die Polarität der N-O-Bindung und damit die Neigung H-Brücken zu bilden gering, auch wenn die mesomeren Grenzstrukturen eine hohe Polarität vortäuschen[76]. Aus diesem Grund sind auch schon niedermolekulare Nitroverbindungen schlecht wasserlöslich.

Chemische Reaktionen: Durch den starken I-Effekt der Nitrogruppe sind Nitroalkane C-H-acid. Die Acidität von Nitromethan entspricht der von Phenol (vgl. Tab. 36.10). Die dabei gebildeten Anionen sind mesomeriestabilisiert und stellen C-Nucleophile dar, die z. B. aldolartige Reaktionen eingehen können.

Auf aromatische Reste übt die Nitrogruppe neben dem -I-Effekt einen starken -M-Effekt aus, der zur Verringerung der Reaktivität gegenüber Elektrophilen führt (vgl. 36.1.8). Aus dem gleichen Grund wird die Acidität von Phenolen und Carbonsäuren erhöht und die Basizität von Aminen erniedrigt (s. a. Tab. 36.4). Hierzu einige weitere Beispiele:

pK$_S$-Werte: pK$_B$-Werte:
Benzoesäure: 4,2   Anilin: 9,4
4-Nitrobenzoesäure: 3,4   4-Nitroanilin: 13,0

---

[76] Im Rahmen des VB-Modells kann man sich das so vorstellen, daß das formal positiv geladene N-Atom die Elektronen der N-O-Bindungen stärker zu sich hinzieht und so ein gewisser Ausgleich erfolgt. Die hohe Elektronegativität von Stickstoff und die negativen Formalladungen an den O-Atomen rechtfertigen diese Annahme.

Technisch wichtig sind die Reduktionen der Nitrogruppe. Aromatische Amine werden überwiegend aus den entsprechenden Nitroverbindungen hergestellt. Unter geeigneten Bedingungen sind jedoch auch andere Produkte erhältlich, z. B. Hydroxyl-amine oder Azobenzene.

weitere Reduktionsprodukte

Phenylhydroxylamin   Azobenzen

Die Nitrogruppe kann auch Kohlenwasserstoffreste des eigenen Moleküls oxidieren. Ist die Verbindung reich an Nitrogruppen, verlaufen diese Reaktionen explosionsartig. Beispiele für solche Verbindungen sind Trinitrotoluen (TNT), Pikrinsäure (2,4,6-Trinitrophenol) und Nitroglycerin[77]. Diese Stoffe dienen daher als Sprengstoffe.

Allgemeines: Nitroverbindungen sind in der Natur sehr selten. Die wichtigste Ausnahme ist das Antibiotikum Chloramphenicol.

Tab. 36.17 Wichtige Nitroverbindungen

Verbindung	Fp./Kp. (°C)	Anwendung
Nitromethan	-29/101	Lösungsm., Herst. v. Insektiziden u. a., Treibstoffzusatz
Nitrobenzen	6/211	Grundstoff der chemischen Industrie
p-Nitrotoluen	55/238	Herst. von Pharmaka, Farbstoffen u.v.a. Produkten*
p-Chlornitrobenzen	84/242	Herst. von Pharmaka, Farbstoffen u.v.a. Produkten*
TNT	81/-	Sprengstoff

*: Die m- und o-Isomeren finden eine ähnliche Verwendung.

Aufgaben

Aufgabe 36.1

Geben Sie die Strukturformeln und die sytematischen Namen für die beiden isomeren Kohlenwasserstoffe der Summenformel C_4H_{10} an.

Aufgabe 36.2

Wie lautet der Nomenklatur-gerechte Name von Isooctan?

Aufgabe 36.3

Zeichnen Sie die Strukturformel von 1,1,4-Trimethyl-3-ethylcyclohexan.

---

[77] Nitroglycerin ist, genau genommen, keine Nitroverbindung, sondern ein Salpetersäureester. Richtiger Name: Glyceroltrinitrat.

Aufgabe 36.4

Welche Produkte bilden sich bei der Monobromierung von Isobutan (Methylpropan)? Formulieren Sie die Reaktionsgleichung. In welchem Verhältnis würden sich die Produkte bilden, vorausgesetzt, die Reaktion verläuft an jedem C-Atom gleich schnell?

Aufgabe 36.5

Geben Sie den systematischen Namen für die rechts gezeigte Verbindung an.

Aufgabe 36.6

Zeichnen Sie die Strukturformel von 2,3-Dimethyl-1,3-Cyclohexadien.

Aufgabe 36.7

Welche Produkte bilden sich bei der Reaktion von Propen mit Chlorwasserstoff?

Aufgabe 36.8

Dirigierende Wirkung von Substituenten: In welcher Reihenfolge sind die entsprechenden Reaktionsschritte durchzuführen, um aus Benzen, Salpetersäure und Brom m-Nitrobrombenzen herzustellen?

Aufgabe 36.9

Toluen, Heptan, 1-Hepten und Phenol werden mit Bromwasser (wäßrige Bromlösung) versetzt. In welchen Fällen tritt eine Entfärbung ein?

Aufgabe 36.10

Welche Produkte können beim Erhitzen von 1,4-Butandiol mit Schwefelsäure entstehen?

Aufgabe 36.11

Welche Produkte bilden sich bei der Oxidation von 1-Propanol bzw. von 2-Propanol?

Aufgabe 36.12

Die größere Stabilität (geringere Basizität) von Phenolat-Ionen im Vergleich zu Alkoxid-Ionen ist ebenfalls gut durch Mesomerie erklärbar. Zeichnen Sie die entsprechenden Grenzstrukturen.

Aufgabe 36.13

Phenol und Cyclohexanol haben (auf den ersten Blick) eine sehr ähnliche Struktur. Trotzdem kann man sie mittels Extraktion leicht trennen. Wie würden Sie vorgehen?

Aufgabe 36.14

Wie ändert sich der Geruch einer Aminlösung bei Zugabe verdünnter Salzsäure?

Aufgabe 36.15

Gleiche Stoffmengen von Dimethylammoniumchlorid und Aniliniumchlorid werden in Wasser gelöst. Welche der Lösungen reagiert stärker sauer?

Aufgabe 36.16

Ordnen Sie die angegeben Halogenmethane nach der Leichtigkeit ihrer Hydrolyse:

$CHCl_3$, CH_3Br, CH_3Cl, CCl_4, CH_3I.

Aufgabe 36.17

Durch Umsetzung von Toluen mit Chlor im Sinne einer radikalischen Substitution in der Seitenkette (SSS) lassen sich drei verschiedene Produkte erhalten, die zu unterschiedlichen Sauerstoffverbindungen hydrolisiert werden können. Formulieren Sie die Hydrolysegleichungen.

Aufgabe 36.18

2-Ethylhexanol ist ein technisch wichtiger Alkohol, der aus Butyraldehyd durch Aldolkondensation und anschließende Reduktion gewonnen wird. Formulieren Sie die Reaktionsgleichungen.

Aufgabe 36.19

Form- und Acetaldehyd dürfen nicht in Gewässer gelangen. Benennen Sie chemische und biochemische Gründe.

Aufgabe 36.20

Welche Produkte entstehen beim Erhitzen von Phthalsäure bzw. Terephthalsäure mit Thionylchlorid ($SOCl_2$)?

Aufgabe 36.21

Welches Produkt entsteht bei der Umsetzung von Terephthalsäure mit Glykol in Gegenwart von Säuren?

Aufgabe 36.22

Welches Produkt entsteht beim Verseifen von Butyrolacton?

Aufgabe 36.23

Polyethylenterephthalat (s. Aufg. 36.21) kann alternativ aus Dimethylterephthalat und Glykol durch Umesterung in Gegenwart von Säuren hergestellt werden. Formulieren Sie die Reaktionsgleichung.

Aufgabe 36.24

Eine besonders wirkungsvolle Methode, Ethanol von Wasserspuren zu befreien, besteht in der Umsetzung mit Natriumethanolat und Diethylphthalat. Formulieren Sie die Reaktionsgleichungen.

Aufgabe 36.25

Formulieren Sie für die folgenden Umsetzungen die Reaktionsgleichungen.

a)   Alkalische Hydrolyse von Acetanhydrid.

b)   Veresterung von Ethanol mit Phthalsäureanhydrid.

c)   Die Herstellung von Harnstoff aus Phosgen und Ammoniak.

Aufgabe 36.26

Die Reaktion von Benzoylchlorid und Anilin kann in Gegenwart von Pyridin oder Natronlauge durchgeführt werden. Formulieren Sie die Reaktionsgleichungen. Welche Nebenreaktion kann durch die Natronlauge verursacht werden? Begründen Sie, weshalb diese Nebenreaktion kaum stattfindet.

Aufgabe 36.27

Formulieren Sie für die Reaktionsgleichungen für die saure und die alkalische Hydrolyse von Acetamid.

Aufgabe 36.28

Berechnen Sie die Menge an Ammoniak, die zur Bildung von 30 g Harnstoff durch Reaktion mit Kohlendioxid erforderlich ist.

Struktur-Eigenschafts-Beziehungen
Ein allgemeiner Überblick

Bei der Vielzahl organischer Verbindungen ist es unmöglich, sich die Eigenschaften jedes einzelnen Stoffes einzuprägen. Es ist daher wichtig, allgemeine Kriterien anzuwenden, die eine Abschätzung von physikalischen und chemischen Eigenschaften ermöglichen. In diesem Kapitel sollen derartige, allgemein anwendbare Herangehensweisen vermittelt werden. Ausgangspunkt aller Überlegungen ist die Strukturformel.

37.1 Flüchtigkeit und Löslichkeit organischer Verbindungen

Gerade das Umweltverhalten von Stoffen wird stark durch deren physikalisches Verhalten geprägt. Die Flüchtigkeit und die Wasserlöslichkeit einer chemischen Verbindung sind neben der Stabilität entscheidend für ihre Ausbreitung in der Umwelt. Im folgenden werden die Strukturmerkmale untersucht, die diese physikalischen Eigenschaften beeinflussen.

Siedepunkte: Beim Übergang vom flüssigen in den gasförmigen Zustand vergrößert sich der Abstand zwischen den Molekülen um ein Vielfaches. Deshalb hängt die Flüchtigkeit von der Beweglichkeit und vom Zusammenhalt der Moleküle ab.

Innerhalb homologer Reihen steigen die Siedepunkte an (vgl. Tab. 37.1). Mit zunehmender Größe der Molekülen nehmen die intermolekularen Wechselwirkungen zu. Damit sinkt das Vermögen der Moleküle, in den gasförmigen Zustand überzugehen. Hierzu einige Beispiele:

Tab. 37.1 Vergleich von Siedetemperaturen homologer Reihen

Stoff	M (g·mol⁻¹)	Kp. (°C)	Stoff	M (g·mol⁻¹)	Kp. (°C)	Stoff	M (g·mol⁻¹)	Kp. (°C)
Methan	16	-164	Methanol	32	65	Chlormethan	50,5	-24
Ethan	30	-93	Ethanol	46	78	Brommethan	95	4
Propan	44	-45	n-Propanol	60	97	Iodmethan	142	43

Einen wesentlichen Einfluß auf die Flüchtigkeit von Stoffen hat deren Polarität. Während zwischen Molekülen unpolarer Stoffe nur die schwachen van-der-Waals-Kräfte wirken, kommt es bei polaren Molekülen zu elektrostatischer Anziehung (vgl. 7.3.2). Die Moleküle bilden dann relativ stabile Verbände. Um den Übergang in den gasförmigen Zustand zu erreichen ist mehr Energie, also eine erhöhte Temperatur notwendig. Die stärkste elektrostatische Wechselwirkung liegt in ionischen Verbindungen vor. Salze haben daher die geringste Flüchtigkeit[1]. Schwächer als die Ionenbindung, aber immer noch stärker als van der

---

[1] Organische Salze besitzen nur selten einen Siedepunkt, da sie sich bei höheren Temperaturen zersetzen. Natriumacetat zersetzt sich oberhalb 150 °C, Tetraethylammoniumbromid oberhalb 285 °C.

Waals-Kräfte sind Wasserstoff-Brücken-Bindungen (s. 37.2, s. a. 7.3.2). Aufschlußreich ist hier der Vergleich von Stoffen mit ähnlichem Molekulargewicht. So sind n-Butanol und Diethylether isomer (M= 74 g·mol⁻¹), die Siedepunkte betragen jedoch 118 °C bzw. 34 °C. Dieser Befund ist leicht erklärbar. Die Butanol-Moleküle bilden ein Netzwerk von Wasserstoffbrücken. Zwischen den wenig polaren Ether-Molekülen wirken nur van-der-Waals-Kräfte. Das fast isomere Butanal (M= 72 g·mol⁻¹) siedet bei 75 °C. Durch die Aldehydfunktion besitzen die Moleküle eine gewisse Polarität. Sie können jedoch untereinander keine Wasserstoffbrücken bilden. Der Siedepunkt von Butanal liegt deshalb zwischem dem des Butanols und des Diethylethers. Tab. 37.2 zeigt weitere Beispiele (s. a. 36.2.1 und 16.2.3, Vergleich von Propan bzw. Dimethylether mit Ethanol).

Tab. 37.2 Polarität und Flüchtigkeit – weitere Beispiele:

Polarität	Stoff	M (g·mol⁻¹)	Kp. (°C)	Stoff	M (g·mol⁻¹)	Kp. (°C)
klein	Butan	58	-0,5	Trimethylamin	59	3
größer	Nitromethan	61	101	n-Propylamin	59	48
am größten	Essigsäure	60	118	Acetamid	59	221

Die Löslichkeit hängt fast ausschließlich von der Polarität von Stoffen ab. Es gilt die Faustregel: Ähnliches löst sich in Ähnlichem. Der Grund: Bei der Wechselwirkung polarer Moleküle wird besonders viel Energie frei. Sind in einem System polare und unpolare Verbindungen enthalten, ist es energetisch am günstigsten, wenn jeweils die polaren und die unpolaren Moleküle zusammentreten.

Ionische Gruppen und solche, die Wasserstoff-Brücken bilden können, erhöhen die Wasserlöslichkeit (Hydrophilie). Unpolare (lipophile) Gruppen steigern dagegen die Löslichkeit in unpolaren Lösungsmitteln. Entscheidend ist daher das Verhältnis von polarer funktioneller Gruppe und unpolarem Kohlenwasserstoffrest[2]. Die Löslichkeit von Flüssigkeiten hängt nur von diesem Verhältnis ab. Wie die Reihe der Phenole zeigt, kommt bei festen Verbindungen ein weiterer Gesichtspunkt hinzu. Polare Stoffe bilden aufgrund der starken intermolekularen Anziehung einen stabilen Kristallverband. Dieses kann zu einer Verringerung der Löslichkeit führen (s. Tab. 37.3).

Eine wichtige Kenngröße für die Hydrophilie/Lipophilie eines Stoffes ist der P-Wert – der Verteilungskoeffizient im Zweiphasensystem Octanol/Wasser (P= c_O/c_W, s.a. 40.1). Unpolare Stoffe lösen sich bevorzugt in Octanol – sie haben also große P-Werte, polare Stoffe dagegen kleine.

---

[2] Die Hydrophilie von Verbindungen erhöhen Wasserstoff-Brücken-Donatoren (OH- und NH-Funktionen) und, weniger stark Wasserstoff-Brücken-Acceptoren wie Carbonyl- und Nitrogruppen. Die Lipophilie wird durch Kohlenwasserstoffreste und Halogenatome (außer Fluor) verstärkt. O-Atome in offenkettigen Ethern und Estern sowie N-Atome in tertiären Aminen haben wenig Einfluß auf die Polarität. Organische Salze sind in der Regel gut wasserlöslich. Die Bildung organischer Salze ist oft pH-abhängig (s. 37.4).

Tab. 37.3 Wasserlöslichkeit von Hydroxyverbindungen bei Raumtemperatur

Stoff	Fp (°C)	Wasserlöslichkeit	Stoff	Fp (°C)	Wasserlöslichkeit
n-Propanol	-126	vollst. mischbar	m-Kresol	10	3 $g \cdot l^{-1}$
n-Butanol	-80	7,4 $g \cdot l^{-1}$	Phenol	41	8 $g \cdot l^{-1}$
n-Octanol	-15	unlöslich	Resorcin	112	147 $g \cdot l^{-1}$
Butan-1,4-diol	16	vollst. mischbar	Phloroglucin*	221	1 $g \cdot l^{-1}$

*: 1,3,5-Trihydroxybenzen

Tab. 37.4 P-Werte ausgewählter organischer Verbindungen bei 25 °C.

Stoff	Butan	Chloro-form	Benzen	Chlor-benzen	Butanol	Hexanol	Phenol	Butylacetat	Aceton
P-Wert	955	85	135	831	6	107	28	60	0,57

Bei gleicher Polarität sinkt die Löslichkeit mit steigendem Molekulargewicht. Große Moleküle benötigen mehr Platz (eine größere „Höhle") im Netzwerk der Lösungsmittel-Moleküle. Hier ein Vergleich von Kohlenwasserstoffen:

Tab. 37.5 Maximale Wasserlöslichkeit von flüssigen Alkanen bei 25 °C.

Stoff	Pentan	Hexan	Octan	Decan
c_{max} (mol·l^{-1})	$5,6 \cdot 10^{-4}$	$1,5 \cdot 10^{-4}$	$6,3 \cdot 10^{-6}$	$2,7 \cdot 10^{-7}$

37.2 Wasserstoff-Brücken-Bindungen

Viele Verhaltensweisen von Stoffen lassen sich durch Wasserstoff-Brücken-Bindungen erklären. Dieser Bindungstyp tritt immer dann auf, wenn H-Atome an Atome hoher Elektronegativität gebunden sind (vgl. 7.3.2). Grundsätzlich werden zwei Varianten dieses Bindungstyps unterschieden: Bindung zwischen verschiedenen Molekülen (intermolekulare Wechselwirkung) und Bindung innerhalb eines Moleküls (intramolekulare Wechselwirkung).

Intermolekulare Brücken führen zu einem größeren Zusammenhalt der Moleküle. Dieses führt, wie bereits mehrfach erläutert, zu höheren Schmelz- und Siedepunkten. Die Fähigkeit von Stoffen, H-Brücken zu bilden, steigert auch deren Löslichkeit in Wasser und anderen polaren Lösungsmitteln (s. z. B. 37.1, s. a. 36.2.1, Vergleich von Propan und Ethanol). Solche Stoffe werden auch verstärkt an polare Oberflächen (z. B. Kieselgel) gebunden, was in der Dünnschichtchromatographie zu kleineren R_F-Werten führt (vgl. 40.3).

Intermolekulare Wechselwirkung
Beispiele:

Intramolekulare Brücken entstehen immer dann, wenn die Möglichkeit besteht, zu einer stabilen Ringstruktur[3] zu gelangen. Dadurch, daß die H-Brücke innerhalb des Moleküls realisiert wird, erscheint das Molekül nach außen vergleichsweise wenig polar. Aus diesem Grund hat z. B. o-Nitrophenol niedrigere Schmelz- und Siedetemperaturen als p-Nitrophenol. Es ist außerdem schlechter wasserlöslich und hat in der Dünnschichtchromatographie einen größeren R_F-Wert.

o-Nitrophenol
Fp: 45°C; Kp =217 °C
(Intramolekulare H-Brücken)

p-Nitrophenol
Fp: 114°C; Kp = 279 °C
(Intermolekulare H-Brücken)

Die Fähigkeit, intramolekulare Wasserstoffbrücken bilden zu können, kann die Lage von Keto-Enolgleichgewichten beeinflussen. Beispielsweise liegt Acetylaceton in unpolaren Lösungsmitteln bevorzugt in der Enolform vor, die durch eine intramolekulare H-Brücke stabilisiert wird. In polaren Lösungsmitteln bildet Acetylaceton dagegen bevorzugt intermolekulare H-Brücken aus und liegt deshalb überwiegend in der Ketoform vor.

Lösungsmittel	Enolgehalt (%)
ohne	85
Wasser	15
n-Hexan	92

Vorzugskonformation
von Aldolen

Wasserstoff-Brücken-Bindungen haben einen großen Einfluß auf die Geometrie von Molekülen. So bilden Aldole bevorzugt eine Konformation, die eine intramolekulare H-Brücke ermöglicht. Vor allem jedoch werden die Gestalt und auch die Funktionsweise von Biomolekülen wesentlich durch H-Brücken geprägt (vgl. 38).

[3] Unabhängig davon, ob es sich um Carbocyclen (z. B. Cycloalkane. s. 36.1.1), Heterocyclen (s. 38.1),Chelatkomplexe (s. 37.5) oder intramolekulare H-Brücken handelt, gilt: kleine Ringe (3-4

37.3 Chemische Reaktionen – Elektrophilie und Nucleophilie

Die organisch-chemischen Reaktionen kann man grob in fünf Gruppen einteilen.

1. Radikalische Reaktionen: Zu diesem Reaktionstyp gehören verschiedene Umsetzungen mit Luftsauerstoff und den Halogenen (S_R-Reaktion, s. z. B. 36.1.3). Auch Additionen an die Doppelbindung und Polymerisationen können radikalisch erfolgen.

2. Reaktionen zwischen Nucleophilen und Elektrophilen: Zu dieser Gruppe gehören die meisten Reaktionen. In diesem Kapitel werden allgemeine Prinzipien des Reaktionsverlaufs besprochen.

3. Pericyclische Reaktionen: Dieser Reaktionstyp wird nicht in diesem Buch besprochen. Die in 16.1.5 erwähnte Diels-Alder-Reaktion gehört in diese Gruppe.

4. Umlagerungen: Auch dieser Reaktionstyp ist nicht Gegenstand dieses Buches.

5. Fragmentierungsreaktionen: Dazu gehören z. B. Eliminierungen.

Reaktivität und Selektivität: Häufig hat ein Reagens mehrere Reaktionsmöglichkeiten. Dabei wird von Teilchen geringerer Reaktivität der Reaktionsweg bevorzugt, der die niedrigere Aktivierungsschwelle besitzt (hohe Selektivität). Sehr reaktive Teilchen sind jedoch auch in der Lage, den energetisch ungünstigen Weg zu beschreiten. Sie nehmen beide Reaktionswege war (geringe Selektivität). Dieses Grundprinzip sei am folgenden Beispiel erläutert (s.a. Aufgabe 36.4):

X	A : B
F	1 : 1,4
Cl	1 : 5,1
Br	1 : 1600

Die C-H-Bindung in einer Methylgruppe ist stabiler als die Bindung des tertiären H-Atoms an Kohlenstoff. Produkt **B** wird daher bevorzugt gebildet. Die Selektivität in Bezug auf **B** steigt jedoch mit sinkender Reaktivität des Halogens.

Elektrophile und nucleophile Reaktionszentren: Zur Abschätzung der Reaktivität chemischer Verbindungen ist das Erkennen dieser Reaktionszentren wichtig.

Elektrophile (elektronenliebende) Reaktionszentren haben einen Mangel an Elektronen, welcher durch positive Ladungen, -I- oder -M-Effekte verursacht wird. Viele Elektrophile entstehen durch Anlagerung von Protonen oder Metallkationen oder werden durch diesen Prozeß reaktiver.

In der organischen Chemie sind vor allem Stoffe mit elektrophilem Kohlenstoffatom von Interesse. Eine Reihe wichtiger und auch in diesem Buch behandelter Reaktionen beruhen auf der Protonierung von Carbonylverbindungen, so z. B. die Herstellung und die saure

---

Glieder) sind instabil, große Ringe (mehr als 7 Glieder) sind schwer herstellbar. Daher sind zumeist solche Ringe anzutreffen, die aus 5-7 Gliedern bestehen.

Hydrolyse von Estern oder Acetalen. Wichtige anorganische Elektrophile sind das Proton, die Halogene, Salpetersäure (N-Elektrophil) und Schwefelsäure bzw. SO_3 (S-Elektrophil).

Beispiele: positive Ladung   -I-Effekt   -M-Effekt

$$H_5C_6\text{-}\overset{\oplus}{CH_2} \qquad \overset{\delta^+}{R_3C}\text{—}\overset{\delta^-}{Cl} \qquad\qquad R_2C{=}\overset{..}{O}| \longleftrightarrow R_2\overset{\oplus}{C}\text{—}\overset{\ominus}{\underline{O}}|$$

$$R_3C\text{—}OH \quad +\ H^+ \longrightarrow \quad R_3C\overset{\displaystyle \overset{H}{|}}{\underset{}{\underset{\displaystyle H}{\overset{\oplus}{O}}}} \qquad \text{(das elektrophile Zentrum ist das C-Atom)}$$

$$R_3C\text{—}\underline{\bar{C}}|| \quad +\ AlCl_3 \longrightarrow \quad \overset{\delta^+}{R_3C}\text{—}\underset{}{\overset{\delta^-}{\underline{\bar{C}}||}}\cdots AlCl_3$$

> Nucleophile (kernliebende) Reaktionszentren haben einen Überschuß an Elektronen, welcher durch negative Ladungen, freie Elektronenpaare oder Mehrfachbindungen erzeugt wird. +I- oder +M-Effekte der angrenzenden Atome erhöhen die Nucleophilie. Viele Nucleophile entstehen durch Deprotonierung oder werden durch diesen Prozeß reaktiver.

Das wohl wichtigste Nucleophil ist das Wasser. Die Nucleophilie von Mehrfachbindungssystemen wird durch Substituenten mit +M-Effekt deutlich verbessert. So reagieren Phenole und aromatische Amine im Unterschied zu Benzen bereits ohne Katalysator bei Raumtemperatur rasch mit Brom.

Beispiele: freies Elektronenpaar
         +I-Effekt der Nachbaratome

$$\overset{\delta^+\ \delta^-}{R_3N|} \ ; \ \overset{\delta^+\ \delta^-\ \delta^+}{R\text{-}\underline{\bar{O}}\text{-}R}$$

Mehrfachbindungen
         Alkene, Aromaten

Verstärkung der Nucleophilie duch Deprotonierung

$$R\text{-}Z\text{-}H \quad \xrightarrow[-\ BH]{+\ B^-} \quad R\text{-}Z^{\ominus}$$

Erzeugung von C-Nucleophilen

$$R_2HC\overset{\displaystyle O}{\overset{\|}{\underset{}{\text{—}C\text{—}}}}R \quad \xrightarrow[-\ BH]{+\ B^-} \quad R_2\underline{\overset{\ominus}{C}}\overset{\displaystyle O}{\overset{\|}{\underset{}{\text{—}C\text{—}}}}R$$

R = H, Kohlenwasserstoffrest
Z = O, S, N-R

Elektrophile reagieren mit Nucleophilen: Das ist schon aus elektrostatischen Gründen plausibel – entgegengesetze Ladungen ziehen sich an. Für diesen Reaktionstyp gibt es zwei Möglichkeiten:

1. Addition: Voraussetzung für diesen Reaktionsweg ist, daß mindestens einer der Reaktionspartner Mehrfachbindungen besitzt. Beispiele:

Elektrophile Addition an Alkene: $H_2C=CH_2 + Br_2 \longrightarrow BrH_2C-CH_2Br$

Nucleophile Addition an Carbonylverbindungen:
Nu|: Nucleophil

Im Fall der nucleophilen Addition schließen sich häufig Folgereaktionen an – zumeist Eliminierungen, so daß der Gesamtprozeß als Kondensation (z. B. Aldolkondensation) oder Substitution (z. B. Esterhydrolyse) erscheint. Welcher Weg beschritten wird, hängt vom Vorhandensein nucleofuger Austrittsgruppen ab (s.u.).

2. Substitution: Diesen Reaktionsweg verfolgen gesättigte und auch aromatische Verbindungen. Beispiele:

Elektrophile Substitution an Aromaten: $C_6H_6 + HNO_3 \xrightarrow{(H_2SO_4)} C_6H_5-NO_2 + H_2O$

Nucleophile Substitution am sp^3-C: $CH_3Cl + (CH_3)_3N \longrightarrow (CH_3)_4N^+ + Cl^-$

Nucleofuge Austrittsgruppen: Bei der nucleophilen Substitution wird ein Nucleophil durch ein anderes ersetzt. Das verdrängte Nucleophil wird auch als nucleofuge Austrittsgruppe bezeichnet. Gute nucleofuge Gruppen begünstigen die Substitution, schlechte be- oder verhindern sie[4]. So reagieren Amine zwar sehr rasch mit Alkylhalogeniden, nicht jedoch mit Alkoholen oder Alkanen (nucleofuge Gruppe: Cl^-, OH^- bzw. H^-). Gute nucleofuge Gruppen begünstigen auch Eliminierungsreaktionen. Weiterhin wird der Reaktionsweg von Carbonylreaktionen durch das Vorhandensein von Austrittsgruppen geprägt. Als Beispiel sollen die Umsetzungen mit primären Aminen dienen.

---

[4] lat. *fugare* = fliehen - nucleofug bedeutet also: den Kern verlassend. Gute nucleofuge Gruppen sind stabil und nur schwach basisch. Dazu gehören, Cl^-, Br^-, I^-, $RCOO^-$, H_2O. Sehr schlechte Austrittsgruppen sind H^- und R_3C^-. Dazwischen liegen F^-, OH^-, RO^-.

Das zunächst gebildete Addukt **1** ist instabil. Ist A eine schlechte Austrittsgruppe (z. B. in Aldehyden, A= H⁻) so erfolgt eine Abspaltung von Wasser unter Bildung von **2**. Mittlere (z. B. in Estern, A= RO⁻) und gute Austrittsgruppen (z. B. in Säureanhydriden, A= RCOO⁻) ergeben dagegen Produkt **3**, wobei die Reaktion bei Anwesenheit guter nucleofuger Gruppen rascher verläuft (vgl. 36.3).

37.4 Säure-Base-Reaktionen in der organischen Chemie

Eine Reihe funktioneller Gruppen zeigt Säure-Base-Eigenschaften. Sowohl das physikalische als auch das chemische Verhalten von Stoffen, die solche funktionellen Gruppen tragen, hängt daher davon ab, ob sie sich in einer sauren oder einer basischen Umgebung befinden.

Die Löslichkeit und Flüchtigkeit hängt sehr stark von der Polarität ab (vgl. 37.1). Salzartige Stoffe sind besonders polar. Sie sind praktisch nicht flüchtig, lösen sich gut in Wasser, jedoch nicht in wenig polaren organischen Lösungsmitteln. Ob organische Verbindungen Salze bilden können, hängt von ihren funktionellen Gruppen ab. Saure Stoffe, z. B. Carbonsäuren und Phenole, bilden mit basischen Stoffen Salze. So reagiert Benzoesäure schon mit Natriumhydrogencarbonat zu einem Salz, welches dann eine wesentlich größere Wasserlöslichkeit besitzt, aber praktisch unlöslich in Ether ist.

In gleicher Weise wird Phenol mit Natronlauge in wasserlösliches Natriumphenolat überführt (vgl. 36.2.2). Gleichzeitig verschwindet der Geruch nach Phenol.

Amine lassen sich durch Säuren in wasserlösliche und geruchfreie Salze überführen. Diese Salze lösen sich ebenfalls schlecht in Ether. Die schlechte Löslichkeit organischer Salze in wenig polaren Lösungsmitteln läßt sich auch durch einen anderen einfachen Versuch zeigen. Mischt man z. B. etherische Lösungen von Benzosäure und Diethylamin, so kann man die Ausfällung eines weißen Feststoffes beobachten – Diethylammoniumbenzoat.

Die wichtigste Konsequenz aus dem beschriebenen Reaktionsverhalten ist, daß die Wasserlöslichkeit bestimmter Stoffe pH-abhängig ist. Mit steigendem pH-Wert steigt die Löslichkeit saurer Stoffe und sinkt die Löslichkeit basischer Stoffe. Das bedeutet z. B., daß der Salzsäuregehalt eines Abwassers darüber entscheidet, welche Mengen an Aminen sich in ihm lösen können.

Die pH-Abhängigkeit der Löslichkeit organischer Stoffe wird bei verschiedenen Operationen ausgenutzt, hier einige Beispiele:

Isolierung von Naturstoffen: Nicotin ist basisch und liegt in den Pflanzenzellen als Salz gebunden vor. Um es aus dem Tabak mit Chloroform extrahieren zu können, muß für eine basische Umgebung gesorgt werden – konzentrierte Ammoniaklösung.

Nicotin

Reinigung von Syntheseprodukten: Nach der Synthese eines Esters aus Carbonsäure und Alkohol enthält das Rohprodukt immer etwas unumgesetzte Säure und auch den Katalysator. Diese sauren Stoffe werden durch Behandeln mit Natriumhydrogencarbonat abgetrennt (s.o.).

Probenvorbereitung für die Analytik: Um die in einem Teer enthaltenen Phenole bestimmen zu können, müssen Sie von den anderen Inhaltsstoffen abgetrennt und angereichert werden. Dazu wird der Teer mit einem organischen Lösungsmittel und mit Natronlauge behandelt. In der Natronlaugen-Phase befinden sich dann die Phenole in Form ihrer Natriumsalze. Man trennt diese Phase ab und säuert sie an. Nun liegen wieder Phenole vor, die sich mit einem organischen Lösungsmittel extrahieren lassen. Nach Abdampfen des Lösungsmittels wird einen Rückstand erhalten, der hauptsächlich aus Phenolen besteht.

Beeinflussung chemischer Reaktionen: Säure-Base Reaktionen beeinflussen wesentlich den Ablauf organisch-chemischer Reaktionen. So werden viele Nucleophile durch Deprotonierung erzeugt. Andererseits wird die Elektrophilie von Alkoholen, Ethern oder Carbonylverbindungen erst durch eine Protonierung hervorgerufen bzw. verstärkt. Näheres zu diesen Prozessen finden Sie in 37.3.

37.5 Organische Metallkomplex-Verbindungen (Koordinationsverbindungen)

Wasser bzw. Ammoniak lagern sich an Metallionen wobei Komplex-Verbindungen entstehen (s. 13.2). Durch Austausch der Wasserstoffatome gegen organische Reste gelangt man zu neuen Liganden (Alkohole bzw. Amine) die vollkommen analoge Komplexe bilden.

$$CaCl_2 + 6 H_2O \longrightarrow [Ca(H_2O)_6]Cl_2 \qquad CuSO_4 + 4 NH_3 \longrightarrow [Cu(NH_3)_4]SO_4$$

$$CaCl_2 + 6 EtOH \longrightarrow [Ca(EtOH)_6]Cl_2 \qquad CuSO_4 + 4 MeNH_2 \longrightarrow [Cu(MeNH_2)_4]SO_4$$

Hierbei koordinieren die Liganden mit ihrem freien Elektronenpaar, also mit ihrem negativierten Teil, an das Metallion. Aus „organisch-chemischer Sicht" stellt diese Wechselwirkung eine Reaktion zwischen Elektrophil (Metall-Kation) und Nucleophil (Ligand) dar (vgl. 37.3). Diese Aussage läßt sich verallgemeinern: alle Nucleophile können als Komplexligand fungieren.

Dabei bilden nicht nur „klassische" O, N- oder S-Nucleophile Komplexe, sondern auch Alkene und Aromaten[5].

Chelatkomplexbildner, mehrzählige Liganden, sind in der Regel organische Verbindungen. Derartige Liganden besitzen mehrere nucleophile Zentren. Das Metallion wird dann in Ringstrukturen eingebunden. Chelatkomplexe sind – wie alle anderen Ringe auch – stabil, wenn sie 5-7gliedrig sind. Die nucleophilen Zentren in guten Chelatbildnern sind demzufolge durch 2-4 Atome getrennt. Hier einige einfache Beispiele:

Chelatkomplexe sind von großer Bedeutung für die qualitative und quantitative Analyse von Metallionen. Sie sind auch für wesentliche Stoffwechselprozesse verantwortlich, z. B. Chlorophyll für die Photosynthese und Hämoglobin für den Sauerstoff-Transport im Blut.

---

[5] Solche Verbindungen werden auch als π-Komplexe bezeichnet. Das Zeise-Salz und Ferrocen sind zwei Beispiele für derartige Komplexe Das Ferrocen gehört zu den sogenannten Sandwich-Verbindungen. Die „Brotscheiben" werden dabei aus aromatischen Cyclopentadienylanionen (6 π-Elektronen) gebildet. Eine andere bekannte Sandwich-Verbindung ist das Bisbenzenchrom(0).

Ferrocen   Zeise-Salz

37.6 Sterische Effekte

Das Verhalten organischer Verbindungen wird durch ihre funktionellen Gruppen geprägt. Allerdings entscheiden auch die sterischen (räumlichen) Verhältnisse im Molekül, inwieweit diese Gruppen wirksam werden können.

Kettenlänge: Damit ein Zusammenstoß zweier Teilchen zu einer chemischen Reaktion führt, müssen sie an den richtigen Stellen und auch im richtigen Winkel zusammentreffen. Das ist umso schwieriger, je größer ein inerter Kohlenwasserstoffrest ist. So erhöht sich z. B. mit zunehmender Kettenlänge die Anzahl an Konformationen, die es einem Reaktionspartner räumlich nicht gestatten, eine bestimmte funktionelle Gruppe anzugreifen. Die Reaktivität sinkt also mit steigender Kettenlänge – ein Beispiel finden Sie in Tab. 37.6.

Kettenverzweigungen: Die Folgen von Kettenverzweigungen sollen anhand der Butanole diskutiert werden. Die Reaktivität der nucleophilen OH-Gruppe gegenüber Elektrophilen und auch die Siedepunkte sinken mit zunehmender Verzweigung. Während im n-Butanol die OH-Gruppe relativ frei liegt, wird sie im *sec*-Butanol durch zwei im *tert*-Butanol sogar durch drei Alkylreste abgeschirmt. Der Zugang zur OH-Gruppe wird für Elektrophile deshalb erschwert. Auch die Bildung von Wasserstoff-Brücken zwischen Butanol-Molekülen wird mit zunehmender Verzweigung stärker behindert.

Butanol	n-Butanol	*sec*-Butanol	*tert*-Butanol

Anders verhält es sich mit der Wasserlöslichkeit. Wassermoleküle sind sehr klein. Die Bildung von H-Brücken zwischen Butanol- und Wassermolekülen wird daher durch die Verzweigung nicht beeinflußt. Mit zunehmender Verzweigung sinken jedoch die konformativen Bewegungsmöglichkeiten und damit der Raumbedarf imNetzwerk der Wassermoleküle. Das relativ starre *tert*-Butanol benötigt von allen Butanolen die kleinste „Höhle" und ist sogar vollständig mit Wasser mischbar.

Der Verzweigungsgrad beeinflußt auch den Reaktionsweg. So werden Veretherungen und Veresterungen durch Säuren katalysiert. Als Nebenreaktion treten dabei Eliminierungen ein. Beim *tert*-Butanol ist die Bildung von Isobuten zumeist die Hauptreaktion. Die Herstellung des Di-*tert*-Butylethers oder der entsprechenden Ester ist auf diesem Wege nicht möglich (vgl. 36.2.1 und 36.3.3).

Tab. 37.6 zeigt am Beispiel der basischen Hydrolyse von Dialkylphthalaten den Einfluß sowohl der Kettenlänge als auch der Kettenverzweigung.

Cyclische Verbindungen: In cyclischen Molekülen ist die Bewegungsfreiheit der Atome stärker eingeschränkt als in kettenförmigen. Ringförmige Moleküle haben daher einen geringeren Platzbedarf als vergleichbare Stoffe mit offenkettiger Struktur – so brauchen sie z. B. eine kleinere „Höhle" im Netzwerk der Wassermoleküle. Darüberhinaus treten polare Gruppen deutlicher zutage (Pferdeschwanzeffekt[6]). Deshalb sind cyclische Verbindungen generell besser wasserlöslich als deren offenkettige Analoga (s. Tab. 37.7).

Tab. 37.6 Geschwindigkeitskonstanten der basischen Hydrolyse von Dialkylphthalaten

R	k $(mol \cdot l^{-1} \cdot s^{-1})$
$-CH_3$	$6{,}9 \cdot 10^{-2}$
$-CH_2-CH_3$	$2{,}5 \cdot 10^{-2}$
$-CH_2-CH_2-CH_2-CH_3$	$1{,}0 \cdot 10^{-2}$
$-CH_2-CH{\Large<}{\small CH_3 \atop CH_3}$	$1{,}4 \cdot 10^{-3}$
$-CH_2-CH{\Large<}{\small CH_2-CH_3 \atop CH_2-CH_2-CH_2-CH_3}$	$1{,}1 \cdot 10^{-4}$

Tab. 37.7 Maximale Wasserlöslichkeit cyclischer und offenkettiger Verbindungen bei 25 °C.

Stoff	Hexan	Cyclohexan	Hexanol	Cyclohexanol	Diethylether	Tetrahydrofuran
c_{max} $(mol \cdot l^{-1})$	$1{,}5 \cdot 10^{-4}$	$7{,}1 \cdot 10^{-4}$	0,13	0,38	7,5	vollst. mischbar

---

[6] **Pferdeschwanzeffekt:** Die Stirn (funktionelle Gruppe) liegt frei, wenn die Haare (Alkylketten) nach hinten zusammengebunden werden. Vgl. hierzu 18.1. Heterocycloaliphaten.

37.7 Umweltverhalten von Stoffen – allgemeine Regeln, wichtige Begriffe

Unpolare (lipophile) Stoffe sind zumeist auch wenig reaktiv. Sind sie leicht flüchtig, werden sie in der Atmosphäre, jedoch kaum in der Hydrosphäre[7] transportiert. Persistente[8] Verbindungen (z. B. Chloroform) werden dabei sehr weit verteilt und sind anschließend im Boden, in Lebewesen, in Gewässern, also praktisch überall nachweisbar. In solchen Fällen spricht man von einer ubiquitären Verbreitung der Stoffe. Sind die Verbindungen wenig flüchtig und darüber hinaus persistent (z. B. chlorreiche Verbindungen, s. 36.2.5 und 39.4), werden sie im Fettgewebe von Lebewesen und auch in Böden gespeichert (Bioakkumulation, Geoakkumulation). Die Akkumulation birgt die Gefahr der Remobilisierung. Da allen bekannten Stoffen mit Akkumulations-Neigung eine gewisse Giftwirkung zugewiesen werden muß, ist die Tendenz zur Bio- und Geoakkumulation besonders kritisch zu bewerten. In den Industrieländern ist daher Herstellung, Handel und Anwendung solcher Stoffe zumeist verboten – im Gegensatz zu akut toxischen, aber abbaubaren Verbindungen (z. B. Phosgen, Cyanide).

Polare (hydrophile) Substanzen werden vor allem in der Hydrosphäre, und, wenn leicht flüchtig, in der Atmosphäre transportiert. Polare Stoffe sind nicht persistent, sie werden daher auch nicht in der Umwelt gespeichert (s.u.). Sehr reaktive Stoffe werden nur über kurze Entfernungen transportiert, da sie sofort durch chemische Reaktionen (z. B. Hydrolyse, Luftoxidation) zerstört werden. Solche Stoffe (z. B. Phosgen) haben jedoch zumeist eine hohe akute Toxizität, sie stellen also (z. B. nach einer Havarie) in der unmittelbaren Umgebung und für einen begrenzten Zeitraum eine Gefährdung dar.

Der Abbau von Stoffen wird als *Stofftransformation* bezeichnet. Man unterscheidet hierbei biologische und nichtbiologische Prozesse. Voraussetzung für einen biologischen Abbau ist eine Kompatibilität der Stoffe zu Enzymsystemen. *Xenobiotische*[9] Stoffe sollten strukturell ähnlich zu in der Natur vorkommenden Verbindungen sein. Besonders rasch werden Verbindungen abgebaut, die polare funktionelle Gruppen haben (OH, NH_2, Carbonylgruppen). Verbindungen mit verzweigten Kohlenstoffketten werden langsamer abgebaut als solche mit unverzweigten. Durch biologische Stofftransformation werden polarere, hydrophilere Produkte gebildet. Es erfolgt jedoch nicht immer ein Abbau zu anorganischen Produkten.

Dieser wird durch nichtbiologische Stofftransformationen erreicht. Man kennt hier zunächst photolytische Prozesse, die überwiegend in der Atmosphäre ablaufen. Dazu gehören vor allem Oxidationen und Dehalogenierungen, die durch Strahlung ausgelöst werden und überwiegend radikalisch verlaufen. Nichtphotolytische Prozesse (Hydrolysen, Oxidationen) finden in Böden, Sedimenten sowie in aquatischen Systemen (z. B. im Grundwasser oder in Flüssen) statt. Endprodukte der nichtbiologischen Stofftransformation sind anorganische

---

[7] Mit dem Begriff Hydrosphäre werden alle Formen von Wasser auf der Erde zusammengefaßt, also Oberflächengewässer wie Flüsse, Seen und Meere, unterirdisches Wasser (Grundwasser, Quellwasser u.a.), Gletscher sowie alle Arten von Niederschlägen.

[8] Unter Persistenz wird die Langlebigkeit von Stoffen verstanden. Persistente Verbindungen sind demzufolge äußert unreaktiv und werden biologisch nur sehr langsam abgebaut.

[9] griechisch *xenos* = fremd - also nicht durch biochemische Prozesse entstanden.

Stoffe wie H_2O, CO_2, N_2, Sulfat, Phosphat u.s.w.. Die Umwandlung organischer in anorganische Stoffe wird auch als *Mineralisierung* bezeichnet.

Aufgaben

Aufgabe 37.1

1 g der nachfolgend genannten Stoffe werden mit 1 M Salzsäure versetzt: o-Nitrobenzoesäure, CH_3OH, Anilin, CH_3COOCH_3, 1-Dekanol, Dibutylketon, Ethylamin, Toluen, n-Heptan, Chloroform, Aceton, 1,4-Butandiol. Welche der genannten Verbindungen lösen sich vollständig in der verdünnten Säure.

Aufgabe 37.2

Die in einem Abwasser enthaltenen Amine sollen gaschromatographisch bestimmt werden. Dazu muß man sie anreichern und von störenden Phenolen trennen. Wie geht man vor, unter Ausnutzung des unterschiedlichen Säure-Base-Verhaltens?

Aufgabe 37.3

Ordnen Sie die gezeigten Verbindungen nach der Leichtigkeit ihres Abbaus in der Natur.

Aufgabe 37.4

Nachfolgend sind Stoffe genannt, die weltweit im Mio-t-Maßstab erzeugt werden:

Methylamine, *tert*-Butylmethylether, Dichlorethan, Essigsäure, Ethylen, Formaldehyd, Methanol, n-Paraffine, Phthalsäureanhydrid, Vinylchlorid.

    a)   Welche Stoffe sind bei Raumtemperatur gasförmig bzw. leicht flüchtig?

    b)   Welche Stoffe sind gut wasserlöslich?

    c)   Welche Stoffe beeinflussen den pH-Wert?

Heterocyclen und Naturstoffe

38.1 Heterocyclen

Heterocyclen tragen im Unterschied zu Carbocyclen neben Kohlenstoff noch andere Atome im Ring. Ca. ein Drittel aller organischen Verbindungen sind Heterocyclen. Sie sind Bausteine wichtiger Naturstoffe. u. a. der Nucleinsäuren (vgl. 38.6). Auch Aminosäuren können Heterocylen enthalten (vgl. 38.3.1). Viele organische Stoffe unseres Alltags sind Heterocyclen – Coffein, Nicotin, eine Reihe von Arzneimitteln. Eine ausführliche Beschreibung dieser Stoffklasse würde den Rahmen dieses Buches sprengen. Nur einige allgemeine Gesichtspunkte sollen dargestellt werden. Auch auf eine Erläuterung der (nicht immer einfachen) Nomenklatur heterocyclischer Verbindungen soll verzichtet werden.

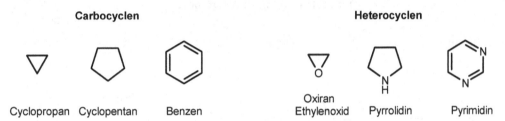

| Carbocyclen | | | Heterocyclen | | |

Cyclopropan Cyclopentan Benzen Oxiran Ethylenoxid Pyrrolidin Pyrimidin

Die Ringstabilität hängt zunächst einmal, wie bei Carbocyclen, von der Ringgröße ab. Fünf- und sechsgliedrige Ringe sind sowohl leicht herstellbar als auch stabil. Kleinere Ringe lassen sich zwar überraschend leicht herstellen, sind jedoch aufgrund der großen Ringspannung instabil (vgl. 36.1.3). Größere Ringe sind ebenfalls stabil, jedoch schwer herstellbar. Die entsprechenden offenkettigen Vorstufen haben viele konformative Möglichkeiten (vgl. 36.1.2), so daß sich „die Enden nur schwer finden". Weiterhin hängt die Stabilität stark vom Hydrierungsgrad ab. Gesättigte Verbindungen (Heterocycloaliphaten), die nur sp^3-hybridisierte Atome enthalten, sind zumeist stabil. Enthalten die Ringe nur sp^2-hybridisierte Atome, handelt es sich oft um *Heteroaromaten*, die ebenfalls stabil sind (s. u.). Dazwischen liegen instabile, ungesättigte Verbindungen. Sie lassen sich leicht zu den gesättigten Verbindungen hydrieren bzw. zu den Heteroaromaten oxidieren. Letztere Reaktion geschieht häufig schon bei Lagerung an der Luft. Auch sinkt die Stabilität mit steigender Anzahl der Heteroatome im Ring. Sind die Heteroatome benachbart, so trägt das ebenfalls zur Instabilität bei. Ein typisches Beispiel hierfür ist die Stabilität von Azolen.

stabil   instabil   stabil

Heterocycloaliphat   Heteroaromat

1,2,4-Triazol   1,2,3-Triazol   Tetrazol   Pentazol
                                                           (nicht existent)

abnehmende Stabilität

Heteroaromatische Verbindungen: Bestimmte Heterocyclen ähneln in ihrer Elektronenverteilung und auch in ihrem chemischen Verhalten stark den Aromaten. Man bezeichnet sie daher als Heteroaromaten. Voraussetzung für den aromatischen Zustand ist eine cyclische und ebene Struktur, deren Anzahl an π-Elektronen durch die Gleichung $4n+2$ beschrieben wird (Hückel-Regel, vgl. 36.1.7). Diese Bedingungen werden im Benzen in idealer Weise erfüllt. Durch formalen Austausch von bestimmten Strukturelementen des Benzens gelangt man zu Heteroaromaten.

Formale Bildung von Heterocyclen

A: Austausch von   gegen   z.B.

B: Austausch von   gegen   z.B.

Pyridin   Benzen   Furan   1,3-Oxazol

                                              Pyrrol

Sechsgliedrige Heteroaromaten entstehen formal durch Ersatz eines C-Atoms durch ein Heteroatom, das in gleicher Weise in den Ring integriert werden kann (Weg **A**). Zur formalen Bildung von fünfgliedrigen Ringen wird eine C=C-Bindung durch ein Atom mit einem freien Elektronenpaar ersetzt (Weg **B**). Das Elektronenpaar wird zum Bestandteil des π-Elektronen-

Sextetts im aromatischen Ring. Schließlich gibt es Heteroaromaten, die sich vom Benzen durch Anwendung beider Austauschwege ableiten lassen, z. B. 1,3-Oxazol.

Die Bezeichnung Heteroaromaten ist auch durch das chemischen Verhalten dieser Verbindungen gerechtfertigt, so gehen sie S_E-Reaktionen ein (vgl. 36.1.8). Pyrrol reagiert dabei wesentlich rascher als Benzen – verhält sich also wie ein elektronenreicher Aromat, z. B. Anilin. Das ist nicht überraschend, wenn man bedenkt, daß im Pyrrol den sechs π-Elektronen nur fünf Atome gegenüberstehen. Pyridin dagegen ähnelt in seinem Verhalten dem Nitrobenzen. Das elektronegativere N-Atom zieht die π-Elektronen zu sich heran und sorgt so für einen Elektronenunterschuß im Rest des Moleküls. Die Verteilung der π-Elektronen-Dichte erläutert diese Befunde. Als Faustregel gilt (außer für Pyrrol): Ein N-Atom im Ring hat die gleiche Wirkung wie eine Nitrogruppe am Ring.

π-Elektronendichteverteilung von Aromaten und Heteroaromaten

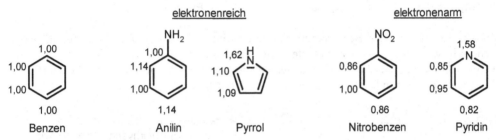

<table>
<tr><td>elektronenreich</td><td></td><td>elektronenarm</td></tr>
</table>

| Benzen | Anilin | Pyrrol | Nitrobenzen | Pyridin |

Basizität von Stickstoffhaltigen Heteroaromaten: Viele, aber nicht alle Stickstoff-Verbindungen sind basisch. An dieser Stelle soll die Basizität aromatischer N-Heterocyclen, Bausteine vieler Naturstoffe, kurz diskutiert werden. N-Atome sind immer dann in der Lage, ein Proton aufzunehmen, wenn sie elektronenreich sind und über ein freies Elektronenpaar verfügen (vgl. 36.2.4).

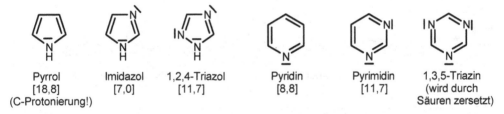

Pyrrol	Imidazol	1,2,4-Triazol	Pyridin	Pyrimidin	1,3,5-Triazin
[18,8]	[7,0]	[11,7]	[8,8]	[11,7]	(wird durch
(C-Protonierung!)					Säuren zersetzt)

Im Pyrrol wird das Elektronenpaar zur Bildung des π-Sextetts gebraucht. Pyrrol ist daher nicht basisch. Erst wenn sich zwei N-Atome im Fünfring befinden, existiert auch ein nach „außen" weisendes, freies Elektronenpaar. Imidazol besitzt daher basische Eigenschaften. Mit einem $pK_B= 7$ ist es eine Puffersubstanz für den Neutralbereich. Eine weitere Erhöhung der Anzahl der N-Atome führt zu einer Verringerung der Elektronendichte im Ring (s. o.) und damit auch der Basizität. Innerhalb der Sechsring-N-Heteroaromaten ist nur das erste Glied, Pyridin, merklich basisch. Es verhält sich in vielen Reaktionen wie ein tertiäres Amin (vgl. 36.2.4).

Heteroaliphaten zeigen die gleichen chemischen Eigenschaften wie offenkettige Verbindungen. So sind cyclische Ether wie Tetrahydrofuran chemisch sehr inert, cyclische Ester wie Butyrolacton lassen sich verseifen (s. 36.3.3, Aufg. 38.1). Allerdings besitzen in Ringen eingebunde Kohlenstoff-Ketten gegenüber offenkettigen Strukturen eine stark verminderte konformative Beweglichkeit. Funktionelle Gruppen cyclischer Verbindungen liegen deshalb freier als in offenkettigen Strukturen (Pferdeschwanzeffekt, s. a. 37.6). Das erklärt, warum niedermolekulare cyclische Ether und Ester (z. B. Tetrahydrofuran, Butyrolacton) im Unterschied zu offenkettigen Analoga (Diethylether, Ethylacetat, s. 36.2.3, 36.3.3) vollständig mit Wasser mischbar sind[1] oder warum Pyrrolidin eine stärkere Base ist als Diethylamin (s. 36.2.4).

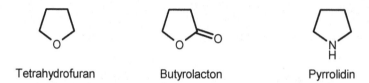

Tetrahydrofuran   Butyrolacton   Pyrrolidin

Epoxid ist eine andere Bezeichnung für ein Oxiran. Zu den Epoxiden gehören einige technisch wichtige Zwischenprodukte, vor allem Ethylenoxid und Epichlorhydrin. Sie werden durch katalytische Oxidation der entsprechenden Olefine erhalten. Die jährlichen Produktionsmengen in Deutschland betragen ca. 500000 t bzw. 100000 t.

H_2C⟍⟍R $\xrightarrow{[O]}$ (Oxiran mit R)   R= H: Ethylenoxid (Oxiran)
R= CH_2Cl: Epichlorhydrin (Chlormethyloxiran)

Diese Dreiringverbindungen lassen sich sehr leicht durch Nucleophile öffnen. So entstehen aus Ethylenoxid und Ammoniak die technisch wichtigen Ethanolamine. Aufgrund ihrer hohen Reaktivität sind Epoxide stark giftig und auch krebserregend (Alkylierung der DNS, vgl. 38.6).

(Oxiran) + NH_3 ⟶ H_2N⟍⟍OH $\xrightarrow{+ \text{(Oxiran)}}$ HO⟍⟍N(H)⟍⟍OH

Ethanolamin   Diethanolamin

$\xrightarrow{+ \text{(Oxiran)}}$ HO⟍⟍N⟍⟍OH / ⟍⟍OH

Triethanolamin

---

[1] Zum Einfluß des Raumbedarfs von Molekülen auf die Wasserlöslichkeit s. 37.6.

38.2 Was ist linksdrehende Milchsäure?
Hydroxycarbonsäuren, Chiralität

Bestimmte organische Verbindungen sind in der Lage, die Ebene des linear polarisierten Lichts zu drehen. Diese Fähigkeit wird als *optische Aktivität* bezeichnet und ist mit Hilfe des gezeigten Versuchsaufbaus meßbar.

Schema einer Apparatur zur Messung der optischen Aktivität (Drehwinkel)

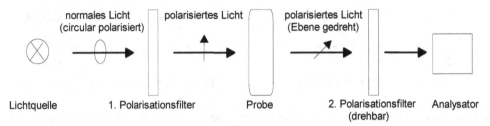

Wichtig sind vor allem die zwei Polarisationsfilter. Das erste Filter wandelt normales Licht in linear polarisiertes Licht, welches dann die Probe durchdringt. Enthält die Probe optisch aktive Verbindungen (s. u.), so wird die Ebene des polarisierten Lichtes gedreht. Diesen Drehwinkel kann man sehr leicht messen, indem man das zweite Polarisationsfilter solange dreht, bis die maximale Helligkeit erreicht ist. Definitionsgemäß wird, vom Analysator aus betrachtet, eine Drehung im Uhrzeigersinn als positive oder Rechtsdrehung bezeichnet. Eine derartige Drehung der Polarisationsebene verursacht rechtsdrehende Milchsäure. Linksdrehende Milchsäure bewirkt eine Drehung im entgegengesetzten Sinn.

Linksdrehende und rechtsdrehende Milchsäure unterscheiden sich in der <u>räumlichen Anordnung</u> der Substituenten. Die beiden Molekülformen entsprechen Bild und Spiegelbild. Dieser Sachverhalt wird als *Chiralität*[2] bezeichnet. Er wird durch ein *Asymmetriezentrum* verursacht – ein sp^3-hybridisiertes Atom mit vier unterschiedlichen Resten.[3] Es gibt dann zwei Möglichkeiten, die Reste tetraedrisch anzuordnen.

---

[2] Griech. *cheir* = Hand, Chiralität = Händigkeit: Linke und rechte Hand sind ebenfalls geometrisch nicht identisch und verhalten sich wie Bild und Spiegelbild. Die Chiralität ist wahrscheinlich die wichtigste Form der Stereoisomerie. Alle bedeutenden Naturstoffe (z. B. Proteine, Nucleinsäuren) sind chiral. Alle Stoffwechselprozesse werden durch chirale Verbindungen gesteuert (Enzyme, Hormone). Auch bei der Herstellung von Pharmaka muß die Chiralität berücksichtigt werden (vgl. 39.1)

[3] Das Asymmetriezentrum ist in der Regel ein C-Atom. Prinzipiell können auch andere Atome Asymmetriezentren bilden, so kennt man z. B. chirale Ammoniumionen ($R^1R^2R^3R^4N^+$). Es gibt noch weitere Formen der Chiralität (z. B. Helizität, planare und axiale Chiralität), die jedoch in diesem Buch nicht behandelt werden.

Jede dieser Molekülformen, sie werden als *Enantiomere*[4] bezeichnet, ist hier in zwei Zeichenweisen mit der dazugehörigen Nomenklatur für die *absolute Konfiguration* dargestellt[5].

Das in den Milchsäure-Formeln **fett**gedruckte C-Atom ist das Asymmetriezentrum.

Milchsäure

Spiegelebene

L-(+)-Milchsäure   (R)-(+)-Milchsäure   (S)-(-)-Milchsäure   D-(-)-Milchsäure

Die enantiomeren Formen von Stoffen besitzen gleiche Schmelz- und Siedetemperaturen und Löslichkeiten (außer in chiralen Lösungsmitteln). Sie unterscheiden sich jedoch in ihrer Wirkung auf polarisiertes Licht und sehr oft in ihrer biologischen Wirkung (s. Fußnote zur Chiralität, s. a. Abschnitt 39.1, Contergan). Dreht ein Enantiomer die Ebene in die eine Richtung, so bewirkt die spiegelbildliche Form eine Drehung in die entgegengesetzte Richtung, bei gleicher Konzentration auch um den gleichen Winkel. Die 1:1 Mischung beider enantiomeren Formen – sie wird als *Racemat, racemische Mischung* oder als DL-Form bezeichnet – hat demzufolge einen Drehwinkel von null.

Von der Weinsäure gibt es sogar drei Stereoisomere, da im Molekül zwei Chiralitätszentren gleicher Konstitution vorliegen. Zwei Formen bilden ein Enantiomerenpaar (D- bzw. L-Weinsäure), die dritte Form (*meso*-Weinsäure) ist davon grundsätzlich verschieden[6]. Die

---

[4] (griech. *enantion* = Gegenteil): Stoffe, die ein spiegelbildliches Isomer besitzen, werden als Enantiomer bezeichnet. *Enantiomerenrein* bedeutet, daß ein Stoff nicht mit seiner spiegelbildlichen Form verunreinigt ist.

[5] Unter „absoluter Konfiguration" ist die räumliche Anordnung an einem Asymmetriezentrum zu verstehen. Zur Angabe der absoluten Konfiguration wurde früher die FISCHER-Projektion mit rechtwinklig angeordneten Bindungen und den Deskriptoren D und L verwendet. Diese Darstellung finden Sie im Formelschema jeweils außen. Innen sind die Strukturen mit den „realistischeren" keilförmigen Bindungen dargestellt. Hier wird die IUPAC-gerechte Nomenklatur verwendet. (R) und (S) sind folgendermaßen definiert: Zuerst erhalten die benachbarten Atome eine Priorität entsprechend ihrer Ordnungszahl (genauso wie bei der E/Z-Isomerie, vgl. 36.1.4). Sollten diese Atome gleich sein, so werden deren Substituenten nach den gleichen Regeln verglichen, um zu einer Rangfolge zu kommen. Das Atom mit der geringsten Priorität (in der Milchsäure: H) wird nach hinten gestellt. Lassen sich nun die anderen drei Atome entsprechend ihrer Priorität im Uhrzeigersinn „abzählen", so liegt (R)-Konfiguration, im anderen Fall (S)-Konfiguration vor. Die von den Enantiomeren bewirkte Drehung der Polarisationsebene wird mit (+) für die positive oder Rechtsdrehung und mit (-) für die entgegengesetzte Richtung angegeben. Die linksdrehende Milchsäure ist also die D-(-)- bzw (R)-Milchsäure.

[6] Solche Isomere, die bei gleicher Konstitution nicht enantiomer sind, werden als *diastereomer* bezeichnet. Auch die E/Z-Isomeren sind Diastereomere. Diastereomere haben unterschiedliche

meso-Weinsäure ist ein sogenanntes „inneres Racemat". Die Verbindung enthält zwei Asymmetriezentren, die sich jedoch wie Bild und Spiegelbild verhalten. Sie ist deshalb symmetrisch und optisch inaktiv. Die Moleküle werden wiederum in der Fischerprojektion und mit keilförmigen Bindungen gezeigt.

Weinsäure

Spiegelebene

Struktur

HOOC   COOH
(2S,3S)-(-)-Weinsäure

HOOC   COOH
(2R,3R)-(+)-Weinsäure

HOOC   COOH
(2S,3R)-Weinsäure

Fischer-Projektion

COOH
HO—C—H
H—C—OH
COOH

D-(-)-Weinsäure

COOH
H—C—OH
HO—C—H
COOH

L-(+)-Weinsäure

COOH
H—C—OH
H—C—OH
COOH

meso-Weinsäure

Physikalische und chemische Eigenschaften von Hydroxycarbonsäuren: Hydroxycarbonsäuren tragen zwei polare funktionelle Gruppen. Sie besitzen daher hohe Siedetemperaturen und sind, bei kleiner C-Kette, gut wasserlöslich. Beide funktionellen Gruppen tragen auch zum chemischen Verhalten bei. Hydroxycarbonsäuren zeigen typische Reaktionen sowohl der Alkohole und der Carbonsäuren. Wie viele Verbindungen mit mehreren funktionellen Gruppen sind auch Hydroxycarbonsäuren in der Lage mit sich selbst zu reagieren. Welches Produkt dabei gebildet wird, hängt vom Abstand von OH- und COOH-Funktion ab. Das Verhalten sei am Beispiel der Hydroxybuttersäuren erläutert. α-Hydroxycarbonsäuren gehen bevorzugt – durch intermolekularen Ringschluß – in cyclische Diester (Lactide, Dioxandione) über. Die Bildung cyclischer Monoester (Lactone) gewinnt die Oberhand, wenn Fünf- oder Sechsringe gebildet werden können. γ- oder δ-Hydroxycarbonsäuren bevorzugen daher den Weg des intramolekularen Ringschlusses. β-Hydroxycarbonsäuren können keine fünf- oder sechsgliedrigen cyclischen Ester bilden. Sie neigen dagegen zur Eliminierung von Wasser. Diese Reaktion ist bevorzugt, da sich ein ausgedehnteres π-System bilden kann (konjugierte Doppelbindungen).

Auch Carbonsäuren mit phenolischen OH-Gruppen sind bekannt. Die wichtigste ist die Salicylsäure (o-Hydroxybenzoesäure) - eine schlecht wasserlösliche Verbindung. Sie kann aus Phenol CO_2 und NaOH hergestellt werden (Kolbe-Synthese). Wichtig ist ihre Umsetzung mit Acetanhydrid zu Acetylsalicylsäure (Aspirin).

---

physikalische Eigenschaften, z. B. verschiedene Schmelztemperaturen. Verbindungen, die zwei Chiralitätszentren unterschiedlicher Konstitution besitzen, bilden insgesamt vier Formen (zwei Diastereomerenpaare). S. hierzu 39.1, Ephedrin/Pseudoephedrin.

α-Hydroxybuttersäure   β-Hydroxybuttersäure   γ-Hydroxybuttersäure

(H⁺) | -2 H₂O   (H⁺) | - H₂O   (H⁺) | - H₂O

3,6-Diethyl-1,4-dioxan-2,5-dion   Crotonsäure   γ-Butyrolacton

Tab. 38.1 Wichtige Hydroxycarbonsäuren

Verbindung	Fp./Kp. (°C)	Charakteristika
D-Milchsäure	53/-	Stoffwechselprodukt bestimmter Mikroorganismen. Yoghurt enthält oft diese „linksdrehende Milchsäure".
L-Milchsäure	53/-	Entsteht beim anaeroben Abbau von Glukose in Tier und Mensch (Fleischmilchsäure). Verursacht „Muskelkater".
DL-Milchsäure	17/122[a]	Produkt der bakteriellen Milchsäuregärung. Dieser Prozeß wird z. B. zur Herstellung von Silage und zum Haltbarmachen von Lebensmitteln (z. B. saure Gurken) genutzt.
D-Weinsäure	170/ -	Kommt in der Natur fast nicht vor.
L-Weinsäure	170/ -	Ist in vielen Früchten enthalten. Anwendung: Herstellung von Back- und Brausepulver, Säuerungsmittel, Hilfsmittel zur Färbung von Textilien. Weinstein: Gemisch aus Calciumtartrat und Kaliumhydrogentartrat[b], daß sich bei der Weinherstellung abscheidet.
meso-Weins.	160/ -	Kommt in der Natur nicht vor.
DL-Weinsäure	206/ -	Entsteht in geringer Menge bei der Weingärung.
L-Äpfelsäure	100/ -	Kommt in vielen Früchten und Beeren vor, dient zur Säuerung von Lebensmitteln, insbesondere Süßwaren.
Citronensäure	153/ -	Wichtiges Zwischenprodukt des Stoffwechsels (Citronensäurecyclus), kommt in vielen Früchten vor. Wird vor allem in der Lebensmittelindustrie verwendet.
Salicylsäure	159/-	Konservierungsmittel, Herstellung von Acetylsalicylsäure
Acetylsalicyls.	135/-	Analgetikum, Antirheumatikum (Aspirin)

[a] Kp bei 15 Torr (2kPa) ; [b] Die Salze der Weinsäure heißen Tartrate.

$$
\begin{array}{c}
\text{COOH} \\
\text{HO—C—H} \\
\text{H—C—H} \\
\text{CH}_3
\end{array}
$$

L-Äpfelsäure

$$
\begin{array}{c}
\text{CH}_2\text{—COOH} \\
\text{HO—C—COOH} \\
\text{CH}_2\text{—COOH}
\end{array}
$$

Citronensäure

Salicylsäure

Acetylsalicylsäure

38.3 Aminosäuren, Proteine

Keine Stoffklasse wird so mit dem Leben verbunden wie die Proteine (Eiweiße). Sie steuern den Stoffwechsel im Organismus – als Enzyme (Biokatalysatoren), Hormone (Botenstoffe) oder Rezeptoren (Signalempfänger). Proteine sind wesentlich zur Abwehr körperfremder Stoffe (Immunreaktion). Sie dienen auch als Gerüstsubstanz (z. B. in Muskelfasern). Aus all diesen Gründen sind Proteine auch ein lebensnotwendiger Bestandteil unserer Nahrung.

38.3.1 Aminosäuren

Proteine sind Biopolymere, ihre Bausteine sind α-Aminocarbonsäuren, kurz *Aminosäuren* genannt. Von der Vielzahl natürlich vorkommender Aminosäuren, sind es jedoch nur 20, welche die Proteine aufbauen[7]. Man nennt sie *proteinogene* Aminosäuren. Da ihre Abfolge (die Aminosäuresequenz) durch die Nucleinsäuresequenz festgelegt ist, werden sie auch als *genetisch codierte* Aminosäuren bezeichnet[8].

Alle proteinogenen Aminosäuren haben die gleiche Grundstruktur, sie sind α-Aminosäuren. Die Aminogruppe befindet sich an dem der Carboxylgruppe benachbarten C-Atom (α-C-Atom). Dieses ist, außer beim Glycin, ein Chiralitätszentrum. Die absolute Konfiguration ist immer gleich (L bzw. S[9]). Die proteinogenen Aminosäuren unterscheiden sich also nur in ihrem Rest R (Ausnahme: das heterocyclische Prolin). In Abhängigkeit von R unterscheidet man neutrale, saure und basische Aminosäuren. Neutrale Aminosäuren besitzen einen unpolaren Kohlenwasserstoff oder eine funktionelle Gruppe ohne merkliche Säure-Base-Eigenschaften (OH, SH, SCH$_3$, CONH$_2$). Basische Aminosäuren haben eine zusätzliche Basenfunktion, saure eine zusätzliche Säurefunktion im Molekül.

---

[7] Auch diese 20 genügen, um all dem Variantenreichtum an Proteinen zu genügen - hierzu ein Rechenbeispiel: Gäbe es von jedem möglichen Protein-Molekül nur ein Exemplar u. würden nur aus 150 Aminosäure-Einheiten bestehende Proteine betrachtet, so ergäbe sich bei 20 verschiedenen Aminosäuren die unvorstellbar große Zahl von 20^{150} (eine Zahl mit 195 Stellen) unterschiedlicher Moleküle. Man schätzt, daß in unserem Lebensraum ca. 10^{11} verschiedene Proteine vorkommen; ein höherer Organismus besitzt ca. 10^5–10^6 verschiedene Proteine.

[8] zur Proteinbiosynthese vgl. 38.6.

[9] Aufgrund des S-Atoms (höchste Priorität) besitzt L-Cystein R-Konfiguration.

Grundstruktur proteinogener Aminosäuren

Strukturformel

R COOH
H NH₂

S-Aminosäure

≡

Fischerprojektion

COOH
H₂N—H
R

L-Aminosäure

Namen, Kurznamen, Strukturformeln und isoelektrische Punkte proteinogener Aminosäuren

Neutrale Aminosäuren

COOH
NH₂

Glycin
(Gly ; 5,97)

H₃C COOH
NH₂

Alanin
(Ala ; 6,00)

CH₃
H₃C COOH
NH₂

Valin
(Val ; 5,96)

H₃C COOH
CH₃ NH₂

Leucin
(Leu ; 5,98)

CH₃
H₃C COOH
NH₂

Isoleucin
(Ile ; 5,94)

HO COOH
NH₂

Serin
(Ser ; 5,68)

OH
H₃C COOH
NH₂

Threonin
(Thr ; 5,64)

HS COOH
NH₂

Cystein
(Cys; 5,02)

H₃C–S COOH
NH₂

Methionin
(Met ; 5,74)

COOH
NH

Prolin
(Pro ; 6,30)

COOH
NH₂

Phenylalanin
(Phe; 5,48)

COOH
NH₂
HO

Tyrosin
(Tyr ; 5,66)

COOH
NH₂
N
H

Tryptophan
(Trp ; 5,89)

H₂N COOH
O NH₂

Asparagin
(Asn ; 5,41)

O
H₂N COOH
NH₂

Glutamin
(Gln ; 5,65)

Saure Aminosäuren

Asparaginsäure
(Asp ; 2,77)

Glutaminsäure
(Glu ; 3,22)

Basische Aminosäuren

Arginin
(Arg ; 11,15)

Lysin
(Lys ; 9,59)

Histidin
(His ; 7,47)

Säure-Base-Eigenschaften: Die gleichzeitige Anwesenheit saurer und basischer Gruppen im Molekül löst eine Protonenübertragung aus. Aminosäuren liegen deshalb in zwitterionischer Form vor[10]. Zudem sind sie amphoter, sie reagieren sowohl mit Säuren als auch mit Basen. Als Folge davon, bilden Aminosäuren im sauren Kationen, im basischen dagegen Anionen.

Säure-Base-Reaktionen von Aminosäuren

Wird an eine saure Lösung einer Aminosäure ein elektrisches Feld angelegt, so bewegt sich die Verbindung zur Katode. Erhöht man den pH-Wert, so kommt man zu einem Punkt, an dem das Molekül sich nicht bewegt, da es elektrisch neutral ist. Man nennt den entsprechenden pH-Wert den *isoelektrischen Punkt[11]*. Erhöht man den pH-Wert über diesen Punkt hinaus, so bewegt sich die Aminosäure zur Anode, da sie jetzt als Anion vorliegt.

---

[10] Die Zwitterionen-Struktur der Aminosäuren erklärt zwanglos deren hohe Schmelzpunkte (sie liegen oberhalb 200 °C) sowie die schlechte Löslichkeit in fast allen Lösungsmitteln.

[11] Am isolektrischen Punkt liegt die Aminosäure als - elektrisch neutrales - Zwitterion vor. Der isoelektrische Punkt markiert zugleich die Stelle der geringsten Wasserlöslichkeit der Aminosäure.

Chemische Reaktionen: Prinzipiell können Aminosäuren alle Reaktionen zeigen, die ihre funktionellen Gruppen gestatten. Die mit Abstand wichtigste Reaktion ist die Bildung von Amidbindungen (Peptidbindung) zwischen Aminosäure-Molekülen. Dabei bildet sich unter Wasserabspaltung ein Polypeptid. Diese Reaktion findet während der Proteinbiosynthese statt (vgl. 38.6). Im Labor kann dieser Prozeß mittlerweile an Automaten durchgeführt werden (Merrifield-Synthese)[12].

Bildung von Polypeptiden

Polypeptid

Weiterhin ist die Decarboxylierung biochemisch bedeutsam. Sie führt häufig zur Bildung von Aminen, die eine biologische Funktion besitzen (biogene Amine). So bildet sich aus Histidin das Hormon Histamin, ein Stoff, der in Anwesenheit eines Allergens vermehrt ausgeschüttet wird und so die eigentliche allergischer Reaktionen auslöst[13].

Histidin   Histamin

38.3.2 Proteine

Die Bezeichnungen Polypeptid und Protein werden oft synonym verwendet, obwohl, genau genommen, unter einem Protein ein Polypeptid mit einem Molgewicht M > 10000 g·mol-1 verstanden wird. Zur Beschreibung des komplizierten Aufbaus eines Proteinmoleküls werden verschiedene Struktur-Kriterien herangezogen. Als *Primärstruktur* wird die Reihenfolge der Aminosäure-Bausteine (Aminosäuresequenz) der Polypeptidkette bezeichnet. Die Aminosäuresequenz ist nicht allein entscheidend für die Eigenschaften eines Proteins. Mindestens genauso wichtig ist die Raumstruktur, die die Polypeptidkette aufweist. Hier unterscheidet man die Begriffe *Sekundär-* und *Tertiärstruktur.* Unter der Sekundärstruktur werden regelmäßige, lokale Strukturen entlang einer Dimension verstanden. Wichtig sind hier

---

[12] Es sei daran erinnert, daß Carbonsäuren und Amine ohne weitere Vorkehrungen bei Raumtemperatur keine Amide bilden (vgl. 36.3.2).

[13] Eine weitere wichtige Gruppe biogener Amine, zu der z. B.das Adrenalin gehört, werden aus Tyrosin gebildet. Decarboxylierungen sind auch für den Abbau von Aminosäuren wichtig (vgl. 36.2.4).

die Faltblatt- und die Helixstrukur. Sie beruhen im wesentlichen auf Wasserstoff-Brücken-Bindungen. Entscheidend für die Wirkung eines Proteins ist seine Raumstruktur, Tertiärstruktur genannt.[14] Viele Eiweißkörper bestehen in ihrem aktiven Zustand aus mehreren Polypeptidketten, sogenannte Proteinaggregaten. Ihre räumliche Anordnung wird als *Quartärstruktur* bezeichnet. Die Fixierung von Tertiär und Quartär-Struktur wird durch H-Brücken, ionische und auch hydrophobe Wechselwirkungen gewährleistet. Darüberhinaus sind Disulfid-Brücken sehr wichtig. Hierbei werden SH-Gruppen von Cysteinbausteinen oxidativ verknüpft. Die S-S-Brücke ist durch Reduktionsmittel spaltbar[15]. Das Molekül des Insulins – ein zur Steuerung des Blutzuckergehaltes wichtiges Hormon – enthält drei Disulfid-Brücken, zwei davon dienen der Verbrückung von zwei Polypeptidketten (s. Formel).

Sekundärstrukturen (schematisch)   **Tertiärstruktur eines Proteins**

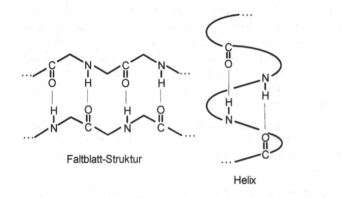

Faltblatt-Struktur

Helix

Bildung von Disulfid-Brücken

Cystein   Cystin

---

[14] Ein deutliches Beispiel sind Prionen, welche BSE und das Creutzfeld-Jakob-Syndrom auslösen. Prionen haben die gleiche Primärstruktur wie ein körpereigenes Eiweiß. Erst ihre gegenüber diesem Eiweiß veränderte Tertiärstruktur ermöglicht die schädigende Wirkung.

[15] Dieses Reaktionsverhalten wird vom Friseur bei der Herstellung von Dauerwellen genutzt. Haare bestehen aus Keratin, einem Cystin-reichen Eiweiß. Man behandelt die Haare zunächst mit einem Reduktionsmittel, um die Disulfid-Brücken aufzubrechen. Nachdem man dann dem Haar die gewünschte Form gegeben hat, werden durch ein Oxydationsmittel neue S-S-Brücken gebildet, die die neuen Tertiär- und Quartärstrukturen und somit die neue Frisur stabilisieren.

Humaninsulin

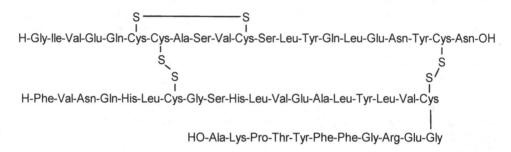

```
        S ——————————— S
        |              |
H-Gly-Ile-Val-Glu-Gln-Cys-Cys-Ala-Ser-Val-Cys-Ser-Leu-Tyr-Gln-Leu-Glu-Asn-Tyr-Cys-Asn-OH
        |                                                                      S
        S                                                                      |
         \ S                                                                   S
           |                                                                  /
H-Phe-Val-Asn-Gln-His-Leu-Cys-Gly-Ser-His-Leu-Val-Glu-Ala-Leu-Tyr-Leu-Val-Cys
                                                                               |
                              HO-Ala-Lys-Pro-Thr-Tyr-Phe-Phe-Gly-Arg-Glu-Gly
```

Fibrilläre Proteine (Faserproteine) gehören zum Gerüstmaterial von Tierzellen und sind wasserunlöslich. Haare, Haut und Fingernägel bestehen aus solchen Proteinen, aber auch Muskel- und Bindegewebe. *Globuläre Proteine* (Kugelproteine) sind wasserlöslich und nehmen biologische Funktionen in der Zelle bzw. im Organismus war – als Enzyme, Hormone, Transportproteine und Reserveproteine. Die *Enzyme* (Biokatalysatoren) sind dabei sicherlich die herausragenden Eiweißkörper. Sie steuern alle organisch-chemischen Reaktionen in der Zelle mit einer sonst unerreichten Präzision und Geschwindigkeit (unter milden Bedingungen!). Ihre Wirksamkeit können sie jedoch nur zeigen wenn sie in der korrekten Tertiär bzw. Quartärstruktur vorliegen (*Schlüssel-Schloß-Prinzip*[16]).

Die *Denaturierung von Proteinen* (Eiweiß gerinnung) führt zum Verlust ihrer Wirksamkeit. Sie wird durch Säuren, Basen, aber auch durch Hitze ausgelöst (z. B. beim Kochen von Eiern). Diese schädigenden Einflüsse zerstören vor allem die Tertiär- bzw. Quartärstruktur. Die Primärstruktur bleibt zumeist intakt.

Ernährung: Unter allen Nahrungsmitteln kann das Protein am wenigsten entbehrt werden. Mangelerkrankungen oder sogar der Tod sind die Folge, wenn über längere Zeit die Proteinzufuhr nicht ausreichend ist, da der Erwachsene täglich ca. 30 g seines

---

[16] Jedes Enzym ist wirkungsspezifisch und substratspezifisch. D. h, es kann nur eine bestimmte chemische Reaktion eines bestimmten Stoffes, oder einer strukturell eng verwandten Stoffgruppe katalysieren. Der wirksame Ort des Enzyms, das katalytische oder aktive Zentrum umfaßt etwa 20 Aminosäuren. Die Substratspezifität wird durch Bildung von Enzym-Substrat-Komplexen erreicht. Dabei muß das Substrat hinsichtlich seiner Form und auch der räumlichen Verteilung polarer Gruppen genau zum Enzym passen, wie ein Schlüssel zum Schloß, wie nachfolgend schematisch gezeigt.

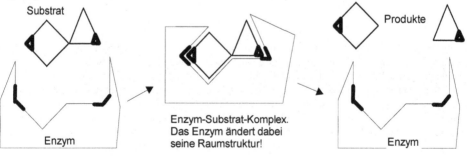

Substrat — Enzym

Enzym-Substrat-Komplex. Das Enzym ändert dabei seine Raumstruktur!

Produkte — Enzym

Körpereiweißes verbrennt. Die Proteine verschiedener Nahrungsmittel sind wegen unterschiedlicher Aminosäuren-Zusammensetzung ernährungsphysiologisch nicht gleichwertig. Mit der Vergleichszahl 100 für Milcheiweiß ergeben sich für Proteine aus anderen Nahrungsmitteln folgende Vergleichszahlen: Rindfleisch 104, Fisch 95, Reis 88, Kartoffel 79, Erbsen 55 und Weizenmehl 40.

Ursache dafür ist, daß der menschliche Körper nur die Hälfte der proteinogenen Aminosäuren selbst herstellen kann. Die vom Organismus nicht synthetisierbaren Aminosäuren, sie werden *essentielle Aminosäuren* genannt, <u>müssen</u> in ausreichender Menge mit der Nahrung zugeführt werden. Die für den Menschen essentiellen Aminosäuren (Kurznamen) sind: Cys, Ile, Leu, Lys, Met, Phe, Thr, Trp, Tyr, Val.

Abschließend sei noch einmal darauf hingewiesen, daß nur die L-Form der Aminosäuren verwertet werden kann. Die D-Form, die in synthetisch hergestellten Aminosäuren enthalten sein kann, ist bedeutungslos.

38.4 Fette, Lipide

Fette - allgemeine Struktur

$$H_2C - O - \overset{\overset{\displaystyle O}{\|}}{C} - R^1$$
$$HC - O - \overset{\overset{\displaystyle O}{\|}}{C} - R^2$$
$$H_2C - O - \overset{\overset{\displaystyle O}{\|}}{C} - R^3$$

Obwohl bei vielen schon fast verpönt, gehören Fette zu den physiologisch wichtigen Stoffen. Sie dienen als „Material" zur Wärmedämmung (nicht nur bei Meeressäugern) und zur Organpolsterung. Nicht zuletzt sind sie aufgrund ihres hohen Energiegehalts Reservestoffe. So liefert die Verbrennung von Fett 38-39 kJ g^{-1}, von Eiweiß oder Kohlenhydraten nur 17-19 kJ g^{-1}.

Fette sind Gemische gemischter Triester des Glycerols (Triglyceride). Die Säurekomponenten dieser Ester, sie werden als *Fettsäuren* bezeichnet, sind langkettige Carbonsäuren mit gerader C-Atom-Zahl (s. Tab. 38.2). Die Fette nehmen innerhalb der Hauptinhaltsstoffe der Nahrung eine Sonderrolle ein. Im Unterschied zu Eiweißen und Kohlenhydrate sowie auch zu Nucleinsäuren sind Fette unpolar. Ursache dafür sind die langen, unpolaren Kohlenwasserstoffreste der Fettsäuren. Darüberhinaus bilden Fette auch keine hochmolekularen Verbindungen. Auch ist bei Fetten die Chiralität der Moleküle unwesentlich, obwohl Fettmoleküle mit $R^1 \neq R^3$ chiral sind.

Wie Sie aus Tab. 38.2 entnehmen können, gibt es Fettsäuren, die einen gesättigten Kohlenwasserstoffrest besitzen (gesättigte Fettsäuren) und solche, die in ihrer Kette Doppelbindungen besitzen (ungesättigte Fettsäuren). Auffällig ist, daß ungesättigte Fettsäuren niedriger schmelzen als gesättigte gleicher Kettenlänge – je mehr Doppelbindungen, desto niedriger der Schmelzpunkt. Die gleiche Beobachtung machen wir bei Fetten. Ist der Anteil an gesättigten Fettsäure-Bausteinen hoch, so ist das Fett bei Raumtemperatur fest (z. B. Schmalz, Rindertalg). Der Grund: Die gesättigten C-Ketten liegen parallel, was die Kristallisation begünstigt. Die Fettmoleküle lassen sich gut „packen".

Tab. 38.2 Fettsäuren

Trivialname	Konstitution	Fp (°C)
Laurinsäure	$CH_3(CH_2)_{10}COOH$	44
Myristinsäure	$CH_3(CH_2)_{12}COOH$	58
Palmitinsäure	$CH_3(CH_2)_{14}COOH$	63
Stearinsäure	$CH_3(CH_2)_{16}COOH$	70
Arachidinsäure	$CH_3(CH_2)_{18}COOH$	77
Ölsäure	$CH_3(CH_2)_7CH=CH(CH_2)_7COOH$	13
Linolsäure	$CH_3(CH_2)_4CH=CHCH_2\text{-}CH=CH(CH_2)_7COOH$	-5
Linolensäure	$CH_3CH_2CH=CHCH_2CH=CHCH_2CH=CH(CH_2)_7COOH$	-11

Strukturen gesättigter und ungesättigter Fette

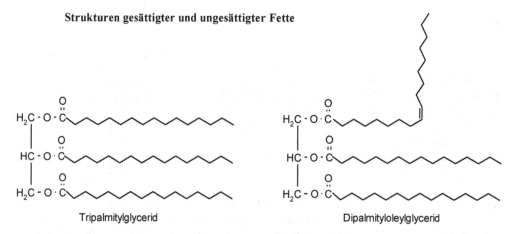

Tripalmitylglycerid   Dipalmityloleylglycerid

Steigt der Anteil an ungesättigten Fettsäuren, so entstehen flüssige Fette, also Öle (z. B. Sonnenblumenöl, Leinöl). Die Ursache dafür ist in allen Fällen die Z-Anordnung (cis) der Reste an den C=C-Bindungen. Sie behindert die parallele Anordnung der Reste. Um Fette zu härten, werden sie hydriert. Die Doppelbindungen werden dabei in Einfachbindungen umgewandelt, es entsteht ein gesättigtes, besser kristallisierendes Fett. Dieser Prozeß wird bei der Herstellung von Margarine aus Pflanzenölen genutzt.

Technische Anwendung von Fetten: Fette lassen sich, in Umkehrung ihrer Bildung, hydrolytisch spalten. Führt man diese Reaktion im alkalischen durch (Verseifung[17]), so gelangt man zu den Alkalisalzen der Fettsäuren – den Seifen. Seifen sind die ältesten bekannten Tenside[18]. Man hat sie schon vor der Zeitwende hergestellt (aus altem Fett und Pottasche) und zu

---

[17] Diese Bezeichnung wurde ursprünglich nur für die alkalische Hydrolyse von Fetten verwendet. Heute bezeichnet man damit ganz allgemein alkylische Hydrolysen (von Estern, Halogeniden u.s.w.).

[18] Tenside werden im Abschnitt 39.3 besprochen.

Reinigungszwecken genutzt. Die alkalische Hydrolyse dient auch der Fettanalyse (Verseifungszahl[19]).

$$
\begin{array}{ccc}
\underset{\displaystyle H_2C-O-\overset{\displaystyle O}{\overset{\|}{C}}-R^1}{} & \underset{\displaystyle H_2C-OH}{} & \underset{\displaystyle MO-\overset{\displaystyle O}{\overset{\|}{C}}-R^1}{} \\
\underset{\displaystyle HC-O\cdot\overset{\displaystyle O}{\overset{\|}{C}}-R^2}{} \xrightarrow{+\,3\,MOH} & \underset{\displaystyle HC-OH}{} + & \underset{\displaystyle MO-\overset{\displaystyle O}{\overset{\|}{C}}-R^2}{} \\
\underset{\displaystyle H_2C-O\cdot\overset{\displaystyle O}{\overset{\|}{C}}-R^3}{} & \underset{\displaystyle H_2C-OH}{} & \underset{\displaystyle MO-\overset{\displaystyle O}{\overset{\|}{C}}-R^3}{}
\end{array}
$$

Glycerol

M = K: Schmierseife
M = Na: Kernseife

Leinöl ist besonders stark ungesättigt (Iodzahl[20] 185; s. Tab. 38.3) – enthält also viele Doppelbindungen. Durch Kontakt mit Luft können diese Doppelbindungen polymerisieren. Sauerstoffmoleküle wirken dabei als Auslöser der Reaktion. Es kommt dabei zu einer Vernetzung der Fettmoleküle. Das Leinöl härtet aus. Deshalb ist Leinöl die Grundlage der Ölfarben und des Linoleums.

Tab. 38.3 Kennzahlen einiger Öle und Fette

Fett	Kokosfett	Butterfett	Schweinefett	Olivenöl	Sonnenblumenöl	Leinöl
VZ	250	225	200	190	190	190
IZ	9	38	60	84	132	185

Ernährung: Säugetier-Organismen können Kohlenhydrate in Fette umwandeln und umgekehrt. Deshalb macht der übermäßige Genuß von Mehlspeisen dick (Bildung von Fettgewebe). Andererseits sinkt der Blutzuckerspiegel bei verringerter Kohlenhydrat-Zufuhr nicht, wenn auf Fette aus der Nahrung oder auf Fettreserven zurückgegriffen werden kann. Weiterhin ist zu beachten, daß der menschliche Organismus mehrfach ungesättigte Fettsäuren selbst nicht synthetisieren kann. Da er sie jedoch benötigt, u.a. zur Herstellung bestimmter Hormone, müssen diese Fettsäuren mit der Nahrung aufgenommen werden (*essentielle Fettsäuren*).

Bioakkumulation: Fette sind unpolare Stoffe. Sie sind deshalb in der Lage, andere unpolare Stoffe zu lösen. Aus diesem Grund nennt man solche Stoffe auch lipophil. Sind lipophile Stoffe darüberhinaus schwer flüchtig und reaktionsträge, so werden sie für lange Zeit im Fettgewebe gespeichert – bioakkumuliert (s. hierzu auch 37.7 und 39.4).

---

[19] Verseifungzahl (VZ): Menge an KOH in mg, die benötigt wird, um 1 g Fett zuspalten. Aus diesem Wert, kann man auf die durchschnittliche Kettenlänge der Fettsäurereste schließen.

[20] Iodzahl (IZ): Iodmenge in g, die von 100 g Fett chemisch gebunden, d. h. an die Doppelbindungen addiert wird.

Phospholipide: Eine Reihe mit den Fetten verwandter Verbindungen sind biologisch außerordentlich bedeutsam. Diese Stoffe, sie werden als Lipide bezeichnet, sind ebenfalls Glyceride, allerdings sind ein oder zwei Fettsäurereste durch polare Gruppen ersetzt. Ist diese Gruppe ein (substituierter) Phophorsäurerest, so spricht man von Phospholipiden. Zwei wichtige Vertreter sind nachfolgend gezeigt.

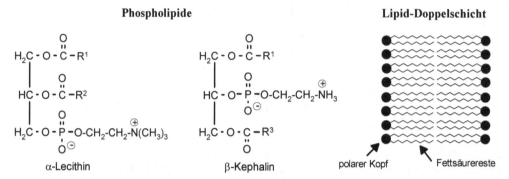

Phospholipide   Lipid-Doppelschicht

α-Lecithin   β-Kephalin   polarer Kopf   Fettsäurereste

Sowohl Lecithin als auch Kephalin sind Moleküle, die sowohl polare Gruppen (polarer Kopf) als auch langkettige unpolare Reste (unpolarer Schwanz) besitzen, und daher zur *Selbstorganisation* neigen. Dabei weisen jeweils die hydrophilen und hydrophoben Strukturelemente aufeinander zu. So bilden Phospholipide Doppelschichten, in denen die Kohlenwasserstoff-Ketten nach innen, die Phosphat-Gruppen nach außen weisen. Aus solchen Doppelschichten bestehen Zellmembranen. Phospholipide können außerdem Vesikeln (s. 39.3) bilden. Auf diese Weise entstehen abgeschlossene Räume innerhalb einer Zelle (Kompartimentierung).

38.5 Kohlenhydrate

Ca. 90 % der Biomasse sind aus Kohlenhydraten aufgebaut. Sie dienen z. B. als Energiespeicher oder Gerüstsubstanz. Das wichtigste Monosaccharid, Glucose, ist das Primärprodukt der Photosynthese. Alle Kohlenhydrate gehorchen der allgemeinen Formel $C_n(H_2O)_m$ – daher der Name.

$$\text{Photosynthese:} \quad 6\,H_2O + 6\,CO_2 \xrightarrow{\text{Licht}} C_6H_{12}O_6 + 6\,O_2$$

Monosaccharide sind die Grundbausteine der Kohlenhydrate. Alle C-Atome bis auf eins tragen Hydroxygruppen. Das verbleibende C-Atom trägt eine Carbonylgruppe. Befindet sich diese Gruppe im Innern der Kette, so spricht man von Ketosen (von Keton). Aldosen (von Aldehyd) tragen die Carbonylgruppe am Kettenende. Eine weitere Unterteilung erfolgt nach der Anzahl der C-Atome (z. B. -pent-, -hex-). Beachten Sie, daß alle C-Atome, die OH-Gruppen tragen (mit Ausnahme der CH_2-Gruppen) chiral sind. Es sind deshalb eine Reihe von Stereo-Isomeren möglich. So gibt es 16 verschiedene Aldohexosen.

Wichtige Monosaccharide – Strukturen (Fischerprojektion)

Aldopentosen	Aldohexosen		Ketohexosen

```
                        CHO              CHO            CH2OH
                         |                |               |
        CHO         H – C – OH       H – C – OH         C = O
         |               |                |               |
    H – C – OH      HO – C – H       HO – C – H      HO – C – H
         |               |                |               |
    H – C – OH      H – C – OH       HO – C – H       H – C – OH
         |               |                |               |
    H – C – OH      H – C – OH       H – C – OH       H – C – OH
         |               |                |               |
       CH2OH           CH2OH            CH2OH           CH2OH

   D-(+)-Ribose    D-(+)-Glucose    D-(+)-Galactose  D-(-)-Fructose
```

Ring-Ketten-Tautomerie: In offenkettigen Zuckermolekülen stehen OH-Gruppen und Carbonylfunktionen in einem solchen Abstand, daß sehr leicht stabile Halbacetale (vgl. 36.3.1) in Form von Fünf- bzw. Sechsringen gebildet werden. Monosaccharide liegen sogar überwiegend in der cyclischen Form vor. Beim Ringschluß wird aus dem Aldehyd-C-Atom ein neues Chiralitätszentrum. Die *glykosidische OH-Gruppen* an diesem C-Atom können zwei Positionen einnehmen – axial („nach unten", α-*Anomer*[21]) oder äquatorial (β-Anomer). Am Beispiel der D-Glucose ist gezeigt, wie die offenkettige Struktur in cyclische Formen übergeht. In Lösung liegen alle drei Formen vor. Sie bilden ein chemisches Gleichgewicht[22].

D-Glucose α-D-Glucose β-D-Glucose

---

[21] Die α- und β-Isomeren eines Zuckers werden als Anomere bezeichnet.

[22] Egal, von welchem Anomeren man ausgeht, bildet sich eine wäßrige Lösung, die ca. 36 % α- und ca. 64 % β-D-Glucose enthält. Das offenkettige Isomer ist nur in Spuren (<0,1 %) vorhanden. Die mit der Isomerisierung verbundene Änderung des Drehwertes wird als *Mutarotation* bezeichnet. Reine α-D-Glucose erhält man durch Kristallisation aus Methanol - das β-Isomer aus Essigsäure.

Redoxreaktionen von Aldosen: Obwohl die offenkettige Form nur in äußerst geringen Mengen vorliegt, sind viele Reaktionen auf sie zurückzuführen. Hierzu zählen insbesondere die Reaktionen der Aldehyd-Funktion. Wie in 36.3.1 erläutert, läßt sich die Aldehyd-Gruppe sowohl reduzieren als auch oxydieren. Die Reduktion von D-Glucose führt zu Sorbit, einem sechwertigen Alkohol. D-Sorbit wird als Zuckerersatzstoff für Diabetiker verwendet. Die Oxidation der CHO-Funktion zur Carbonsäure wird u.a. zum Nachweis von Aldosen genutzt.

Als Oxidationsmittel dienen hierbei Cu^{2+}-Ionen (Fehlingsche Lösung oder Silber-Ionen (Tollens-Reagenz). Enzymatisch ist auch die Oxydation der CH_2OH-Gruppe unter Erhalt der Aldehyd-Funktion zu Glucoronsäure möglich [23].

D-Sorbit   D-Glucose   D-Gluconsäure   D-Glucuronsäure

D-Glucose (Dextrose) ist mit Abstand das bedeutendste Monosaccharid. Es hat eine zentrale Funktion im Energiehaushalt von Lebewesen. Zunächst wird im Pflanzenreich Lichtenergie in Form von Glucose als chemische Energie gespeichert. Der Abbau von Glucose (Verbrennung, alkoholische Gärung, Milchsäuregärung) dient dann der Energiegewinnung. Glucose ist der Baustein der wichtigsten höheren Saccharide (s. dort) – unentbehrliche Speicher– oder Gerüststoffe der Lebewesen. Als Primärprodukt der Photosynthese ist Glucose zugleich die stoffliche Grundlage der Biosynthese aller anderen Naturstoffe. In der Technik ist Glucose der Ausgangsstoff für Sorbit (s.o.) und für Ascorbinsäure (Vitamin C).

Verbrennung: $C_6H_{12}O_6$ + 6 O_2 $\longrightarrow$ 6 H_2O + 6 CO_2

alkoholische Gärung: $C_6H_{12}O_6$ $\longrightarrow$ 2 C_2H_5OH + 2 CO_2

Milchsäuregärung: $C_6H_{12}O_6$ $\longrightarrow$ 2 CH_3-$CH(OH)$-$COOH$

Ribose ist die wichtigste Pentose. Die β-Form ist der Baustein der RNS und vieler Coenzyme. Desoxyribose ist der Baustein der DNS (s. 38.6).

---

[23] Die dabei gebildete Glucoronsäure dient zur Entgiftung des Körpers: lipophile Stoffe (z. B. Phenole) werden an die Aldehyd-Gruppe gebunden und so wasserlöslich gemacht. Sie sind dann über die Niere ausscheidbar.

D-Ribose (β-Form) D-Desoxyribose (β-Form)

Kondensation und Hydrolyse: Monosaccharide können miteinander unter Wasserabspaltung verknüpft werden. Diese Kondensations-Prozesse finden zumeist in der belebten Natur statt. Sowohl im Organismus als auch in der Technik spielt der umgekehrte Prozeß, die Spaltung von Oligo- und Polysacchariden, eine Rolle. Wie Sie sehen, werden bei diesen Reaktionen zumeist glykosidische C-Atome (1-Position[24]) mit einbezogen. Die Verknüpfung erfolgt, wie am Beispiel der α-D-Glucose gezeigt, zumeist mit der OH-Gruppe der 4-Position, in selteneren Fällen mit der der 6-Position. Die „Verknüpfungsstelle"[25] hat die Struktur eines Acetals (vgl. 36.3.1).

α-D-Glucose + Glu, - H_2O / - Glu, + H_2O Maltose (α-Form)

+ n Glu, - n H_2O | - n Glu, + n H_2O

Amylose $O \cdots (Glu)_{n-1} \cdots$

Disaccharide sind die einzige wichtige Gruppe der Oligosaccharide. Sie sind, ebenso wie die Monosaccharide gut wasserlösliche Feststoffe. Maltose entsteht beim enzymatischen Abbau von Stärke. Das Molekül ist aus zwei α-D-Glucose-Einheiten aufgebaut. Lactose ist in der

---

[24] Die Bezifferung der C-Atome finden Sie auf der vorangegangenen Seite.
[25] Die Bindungen von Resten zum C1-Atom werden als *glykosidische Bindung* bezeichnet.

Milch von Säugetieren enthalten (Milchzucker[26]). Hier ist eine Glucose-Einheit mit dem glykosidischen C-Atom der Galaktose verknüpft. Sowohl im Maltose- als auch im Lactose-Molekül ist noch eine glykosidische OH-Gruppe vorhanden. Deshalb sind diese Zucker, genauso wie Glucose, reduzierend und zur Mutarotation befähigt.

Saccharose, je nach Herkunft auch als Rüben- oder Rohrzucker bezeichnet, ist „der Zucker" schlechthin. Mit einer Weltproduktion von ca. 10^8 t/a gilt Zucker als diejenige organische Substanz, die in den größten Mengen als reiner Stoff hergestellt wird. Das Molekül ist aus einer Glucose- und einer Fructoseeinheit[27] aufgebaut, die jeweils über die glykosidischen C-Atome verknüpft sind[28]. Diese Struktur erlaubt keine Ring-Ketten-Tautomerie. Im Unterschied zu den vorgenannten Disacchariden zeigt Saccharose deshalb weder reduzierende Eigenschaften noch Mutarotation.

(+)-Lactose (α-Form)   (+)-Saccharose

Polysaccharide: *Stärke* ist der wichtigste Reservestoff der Pflanze. Stärkereiche Pflanzen (Getreide, Kartoffeln) bilden die Grundlage unserer Ernährung. Stärke besteht zu ca. 20 % aus wasserlöslicher Amylose – einem Polysaccharid, das durch 1,4-Verknüpfung von α-D-Glucose entsteht (s. vorherige Seite). *Amylose* bildet mit Iod tiefgefärbte Einschlußverbindungen (Iodstärke), die auch zum Stärkenachweis dienen. Hauptbestandteil der Stärke ist jedoch das *Amylopektin*, das im Unterschied zu Amylose aus verzweigten Ketten besteht und auch ein höheres Molekulargewicht besitzt (Amylose: 10000-50000 g·mol[-1]; Amylopektin: 50000- 180000 g mol[-1]). Die Kettenverzweigungen werden dabei durch zusätzliche 1,6-Verknüpfungen erreicht. Amylopektin quillt mit Wasser und ist in heißem Wasser kolloidal löslich, Eigenschaften, die man z. B. bei der Bereitung von Pudding oder Soßen nutzt.

Strukturell verwandt mit dem Amylopektin ist das *Glykogen*. Es ist noch stärker verzweigt und kann die ca. 20fache Molmasse des Amylopektins besitzen, was etwa 100000 Glucoseeinheiten entspricht. Glykogen ist das Reservekohlenhydrat der Tiere und des Menschen. Es wird in der Leber gespeichert.

---

[26] Die Fähigkeit, Lactose rasch abzubauen, besitzen oft nur heranwachsende Säugetiere. Daß viele Erwachsene keine rohe Milch vertragen, ist daher leicht verständlich.

[27] Die Furanose liegt dabei in der Fünfring-Form vor. Ringförmige Zucker können übrigens nach ihrem heterocyclischen Stammkörper (Fünfring: Furan, Sechsring: Pyran) benannt werden. Man spricht dann von Glucopyranose und Fructofuranose. Die Ringform der Ribose wird analog als Ribofuranose bezeichnet.

[28] Das durch Hydrolyse von Saccharose erhaltene Gemisch aus Fructose und Glucose wird als Invertzucker bezeichnet. Der Name ist in dem Umstand begründet, das dieses Zuckergemisch, verursacht durch den stark negativen Drehwert der Fructose, den entgegengesetzten optischen Drehsinn der Saccharose besitzt. Übrigens besteht Honig hauptsächlich aus Invertzucker.

Amylopektin

Ebenfalls aus Glucosebausteinen[29], allerdings aus denen des β-Isomers, besteht die *Cellulose*. Die veränderte Stellung der glycosidischen Bindung hat weitreichende Folgen. Obwohl wie das Amylopektin aus ca. 5000 Glucoseeinheiten aufgebaut, ist Celulose nicht quellfähig und absolut wasserunlöslich. Der Grund: Die β-D-Glucose-Einheiten bilden Ketten, die sowohl innerhalb als auch zu anderen Ketten sehr stabile Wasserstoff-Brückenbindungen ausbilden. Aufgrund ihrer Stabilität dient Cellulose als Gerüststoff im Pflanzenreich. Für den Menschen ist Cellulose[30] unverdaulich, als Ballaststoff ist sie trotzdem für die Verdauung wichtig.

Cellulose

---

[29] Polysaccharide, die nicht aus Glucose aufgebaut sind, werden in diesem Buch nicht besprochen. Dazu gehören z. B. Chitin, Pektin und Inulin.

[30] Rinder besitzen , wie der Mensch, keine körpereigenen Cellulasen. Sie haben jedoch in ihrem Pansen Bakterien, die Cellulose spalten können. Deshalb können sie auch Cellulose verwerten.

38.6 Nucleinsäuren

Nucleinsäuren sind die Bausteine der Gene. *DNS* und *RNS*[31] regeln den Aufbau der Proteine und damit die Eigenschaften von Zellen – ja sogar von Lebewesen überhaupt. Mit der immer besseren Kenntnis des Aufbaus und der Wirkungsweise der Nucleinsäuren greift auch der Mensch aktiv in die Vererbung ein – Stichwort Gentechnik. Grundkenntnisse zu dieser Problematik, nehmen diesem Wissenschafts- und mittlerweile auch Industriezweig das Mystische.

Prinzipieller Aufbau von DNS und RNS: Beide Moleküle bestehen aus einer langen[32] Kette, an die die eigentlichen Informationsträger, die Nucleobasen (kurz: Basen) gebunden sind. Diese Basen werden mit den Buchstaben A, T, C, und G bezeichnet. So entsteht ein fortlaufender „Text", der die *genetische Information* enthält. Die DNS ist der Träger der genetischen Information – also die Erbsubstanz schlechthin[33]. Wie Schema 18-1 zeigt, besteht sie fast immer aus einem verdrillten Doppelstrang (*Doppelhelix*), wobei sich immer A und T bzw. G und C gegenüberstehen (*Komplementäre Basenpaarung*). Die RNS-Moleküle haben eine gegenüber der DNS leicht modifizierte Kette und treten als Einzelstrang auf. RNS-Moleküle haben wichtige Aufgaben beim „Ablesen" der DNS (*Transscription, Translation*).

Bild 18.1 DNS-Doppelstrang (prinzipieller Aufbau)

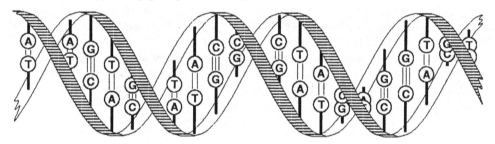

Nucleotide sind die Grundbausteine von Nucleinsäuren. Sie bestehen aus einem Zucker-molekül, an das ein Phosphatrest sowie die Base – ein N-Heterocyclus – gebunden sind. Die Struktureinheit, die nur aus dem Zucker und der Base aufgebaut ist, wird als *Nucleosid* bezeichnet. RNS-Bausteine enthalten als Zuckerkomponente D-Ribose, DNS-Nucleotide dagegen D-Desoxyribose. Die Base ist jeweils am glykosidischen C-Atom des Zuckers gebunden (1'-Position). Bei den Basen unterscheidet man nach dem heterocyclischen Grundgerüst zwischen Purinbasen (Adenin, Guanin) und Pyrimidinbasen (Cytosin, Thymin, Uracil). Thymin kommt nur in der DNS vor. In der RNS wird es durch Uracil vertreten. Der Phosphatrest ist an die 3'- bzw. 5'-Position des Zuckermoleküls gebunden.

---

[31] DNS: **D**esoxyribonucleinsäure. RNS: **R**ibonucleinsäure. Auch im deutschen Schrifttum werden häufig die englischen Abkürzungen DNA und RNA verwendet. Ein Gen ist ein Abschnitt der DNS, der, wie in diesem Kapitel erläutert wird, den „Bauplan" für ein bestimmtes Polypeptid trägt.

[32] Die in den menschlichen Chromosomen befindlichen DNS-Moleküle würden ausgestreckt ca. 4 cm lang sein. Sie enthalten ungefähr 10^7 Basen.

[33] Bestimmte Viren (Retro-Viren) enthalten RNS als Erbsubstanz. Sie wird dann erst in der Wirtszelle in DNS umgeschrieben (reverse Transscription). Grippe-Viren gehören z. B. zu dieser Gruppe.

Diese Positionen werden dann auch bei der Bildung von Polynucleotiden (DNS, RNS) durch eine Phosphatgruppe verbrückt (s. u.).

Nucleinsäure-Basen

Pyrimidin-Basen

Cytosin (C)   Thymin (T)   Uracil (U)

Purin-Basen

Adenin (A)   Guanin (G)

Nucleoside, Nucleotide (Beispiele)

Cytidin

Desoxyadenosyl-5'-monophosphat

Desoxyguanosin

Thymidin-3'-monophosphat

Neben den Nucleotiden, die die Nucleinsäuren aufbauen, sind für den Stoffwechsel weitere Mononucleotide wichtig. An dieser Stelle seien das Adenosintriphosphat (ATP) und das Nicotinamidadenindinucleotid genannt (NAD). ATP ist die Schlüsselverbindung für den Energiehaushalt der Zelle. Bei exothermen chemischen Prozessen wird die frei werdende Energie durch Bildung von ATP aus Adenosindiphodsphat (ADP) und Phosphorsäure gebunden. Durch Zerfall von ATP werden endotherme Reaktionen ermöglicht. NAD ist ein Wasserstoff-Überträger. Die reduzierte Form (NADH$_2$ s. Formel) kann in einem reversiblen Prozeß Wasserstoff abgeben und wird dabei zum Pyridiniumion (NAD$^+$) oxidiert.

Biologisch wichtige Nucleotide (Beispiele)

Adenosintriphosphat

Nicotinamid-adenin-dinucleotid; red. Form: NADH$_2$; ox. Form: NAD$^+$

Molekularer Aufbau der DNS: Die formale Bildung der hochmolekularen DNS erfolgt durch Verknüpfung der Nucleotide. Dabei bildet sich eine Kette, die abwechselnd Zucker-Bausteine und Phosphat-Gruppen enthält. Genauer, der Phosphatrest verbindet die 3'-OH-Gruppe des einen mit der 5'-OH-Gruppe des anderen Nucleotids. Man kann das DNS-Moleküls also auch als Polyphosphorsäureester auffassen. Die Basen bilden die Seitengruppen dieser Kette. Sie sind, wie bereits erläutert, glykosidisch (1'-Position) an den Zuckerbaustein gebunden. Die DNS besteht, wie schon erwähnt, aus zwei Strängen. Dabei liegen sich die Basen nicht zufällig gegenüber, sondern es bilden sich komplementäre Basenpaare. Der Durchmesser der Helix sorgt dafür, daß ein Basenpaar immer aus einer Purin- und einer Pyrimidinbase besteht. Von zentraler Bedeutung ist dabei, daß sich die richtigen Paare am Muster der Wasserstoff-Brücken, welches sie auszubilden in der Lage sind, „erkennen". Adenin und Thymin (bzw. Uracil) bilden zwei, Guanin und Cytosin drei Wasserstoff-Brücken. Wichtig ist noch der Hinweis, daß die beiden DNA-Stränge unterschiedliche Funktionen haben. Nur ein Strang trägt die Codierung der

Aminosäuresequenzen (codierender Strang, +-Strang), d. h., nur von diesem Strang werden m-RNS's abgeleitet (s.u). Der andere Strang (--Strang) ist eine Art „Arbeitsvorlage" für den +-Strang, welche bei der Replikation (s.u.) und bei der enzymatischen DNS-Reparatur benötigt wird.

Die DNS befindet sich im Kern einer Zelle und ist dort der wichtigste Bestandteil der Chromosomen.

Ausschnitt aus einem DNS-Doppelstrang mit komplementären Basenpaaren

Die biologischen Funktionen der Nucleinsäuren sind im nachfolgenden Schema zusammengefaßt. Während der *identischen Replikation* wird eine exakte Kopie des DNS-Doppelstranges erstellt. Dieser Prozeß findet während der Zellteilung statt und ermöglicht, daß jede Zelle in ihrem Kern die komplette genetische Information besitzt. Als *Transscription* und *Translation* werden die Prozesse bezeichnet, welche die Übersetzung der Basenfolge (DNS-Sequenz) in eine Aminosäuresequenz, also die *Proteinbiosynthese*, erlauben. Die Exaktheit all dieser Vorgänge beruht auf dem korrekten „Finden" der komplementären Basenpaare. Die Wesenszüge dieser Prozesse werden nachfolgend kurz erläutert.

Der Fluß der genetischen Information

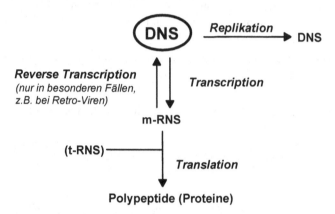

Die identische Replikation beginnt mit der Aufspaltung des DNS-Doppelstranges. Anschließend werden an die freien Stellen die komplementären Nucleotide angelagert und zu einem neuen Strang verknüpft. Jeder Einzelstrang bildet also die Matrix für den komplementären Strang. Im Ergebnis liegen zwei identische DNS-Doppelstränge vor.

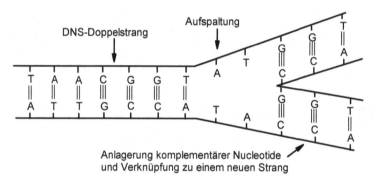

Die Proteinbiosynthese wird durch die Transcription eingeleitet. Darunter ist das Umschreiben der DNS in eine komplementäre RNS-Basenfolge zu verstehen. Dabei bildet ein für das jeweilige Protein codierender Abschnitt des +-Stranges (Gen) die Matrix für einen komplementären RNS-Strang, der als Boten- oder messenger-RNS (m-RNS) bezeichnet wird. Sie ist die Arbeitskopie für die Proteinsynthese. Jetzt greift ein weiterer RNS-Typ ein – die Transport-RNS (t-RNS). Mit ihrer Hilfe gelingt es, aus der Nucleinsäuresequenz ein Polypeptid abzuleiten. Von zentraler Bedeutung ist hier der genetische Code. Jeweils drei Nucleotide (Basen-Triplett) der m-RNS codieren für eine bestimmte Aminosäure (s. Tab. 38.4). Es gibt 61 verschiedene Typen[34] der t-RNS. Sie tragen jeweils eine der 20 proteinogenen Amino-

---

[34] Von den $4^3 = 64$ möglichen codes sind drei Nonsens-codes (UAA, UAG, UGA). Sie markieren das Ende eines Gens und damit auch das Ende der Aminosäuren-Kette. Der Beginn des Gens wird durch die Startcodons AUG oder GUG festgelegt. Der genetische Code gilt für alle Lebewesen.

säuren (vgl. 38.3.1) und an einer exponierten Stelle des Moleküls[35] das dazugehörige Basentriplett. Es wird als Anticodon bezeichnet. Mit diesem Anticodon setzt sich die t-RNS auf das passende (komplementäre) Basentriplett der m-RNS. Anschließend werden die Aminosäuren zu einem Polypeptid verknüpft und von den t-RNS-Molekülen getrennt. Die Proteinbiosynthese ist damit abgeschlossen.

Transcription

--Strang	- G - A - A - C - G - G - T - A - T-
+-Strang	- C - T - T - G - C - C - A - T - A -
m-RNS	- G - A - A - C - G - G - U - A - U-

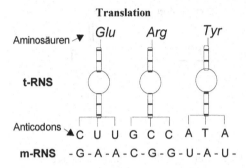

Translation

Aminosäuren ⟶ *Glu* *Arg* *Tyr*

t-RNS

Anticodons C U U G C C A T A

m-RNS - G - A - A - C - G - G - U - A - U -

Tab. 38.4 Der genetische Code (m-RNS-Codons für die 20 Aminosäuren)

Aminosäure	Code	Aminosäure	Code
Alanin	GCU, GCC, GCA, GCG	Leucin	UAA, UUG, CUU, CUC, CUA, CUG
Arginin	CGU, CGC, CGA, CGG,	Lysin	AAA, AAG
	AGA, AGG	Methionin	AUG*
Asparaginsr.	GAU, GAC	Phenylalanin	UUU, UUC
Asparagin	AAU, AAC	Prolin	CCU, CCC, CCA, CCG
Cystein	UGU, UGC	Serin	UCU, UCC, UCA, UCG, AGU, AGC
Glutaminsre.	GAA, GAC	Threonin	ACU, ACC, ACA, ACG
Glutamin	CAA, CAG	Tryptophan	UGG
Glycin	GGU, GGC, GGA, GGG	Tyrosin	UAU, UAC
Histidin	CAU, CAC	Valin	GUU, GUC, GUA, GUG*
Isoleucin	AUU, AUC, AUA	Nonsens(Stop)	UAA; UAG; UGA
* AUG und GUG sind gleichzeitig Startcodons (Beginn der Proteinsynthese)			

[35] Das Anticodon hat in seiner unmittelbaren Nachbarschaft (genauer: an seinem 3'-Ende) ein Nucleotid mit einer ungewöhnlichen, sonst nicht vorkommenden Base - Methylinosin. Die genaue, recht komplizierte Struktur von t-RNS-Molekülen ist für das Verständnis des Kapitels nicht von Belang.

Mutationen: Das DNS-Molekül ist recht stabil. Außerdem existieren im Organismus eine Reihe von Enzymen, die die DNS „kontrollieren" und auch „reparieren". Trotzdem kann es zu bleibenden Veränderungen der DNS, *Mutationen* genannt, kommen. Z. B. Erbkrankheiten oder die Bildung von Krebsgewebe sind auf Mutationen zurückzuführen. Sie können z. B. durch Strahlung oder Chemikalien ausgelöst werden. An dieser Stelle sollen kurz die *Punktmutation* und *Leserasterverschiebung* erläutert werden.

Als Punktmutation wird der Austausch einer Base gegen eine andere bezeichnet. Solche Prozesse werden durch chemische Veränderung einer Base ausgelöst. Typisch sind Alkylierungen und Desaminierungen. Im Resultat entsteht eine Base mit verändertem H-Brücken-Muster. Die Vorgänge seien am Beispiel des Cytosins erläutert, das in O-Methyl-cytosin bzw. Uracil umgewandelt wird.

| O-Methyl-cytosin | Cytosin | Uracil |

Beide Produkte können nur noch zwei Wasserstoff-Brücken ausbilden. Das H-Brückenmuster des O-Methylcytosins entspricht dem des Adenins. Uracil verhält sich wie Thymin. Die Folgen des Tausches C→U sollen kurz dargestellt werden:

Korrektes Basenpaar:	CG
Basenpaar nach Punktmutation:	UG
Baasenpaare nach Replikation:	UA, CG (korrekt: CG, CG)

Welche Folgen ergeben sich daraus für die Aminosäurensequenz? Betrachten wir das Basentriplett CCC (s. Tab. 38.5). Wie Sie sehen, hängt das Ergebnis davon ab, welche Stelle betroffen ist.

Tab. 38.5 Punktmutationen am DNS-Triplett CCC (Austausch gegen U)

DNS-Triplett	m-RNS-Triplett	Aminosäure
CCC	GGG	Glycin
CCU	GGA	Glycin
CUC	GAG	Glutaminsäure
UCC	AGG	Arginin

Eine Punktmutation an der dritten Position des Codons bleibt oft ohne Folgen (stille Mutation), da viele Aminosäuren durch mehrere Triplett, die sich nur an dieser Stelle unterscheiden, codiert werden. Findet jedoch der Austausch an der ersten oder zweiten

Position statt, so bildet sich fast immer eine andere Aminosäure. Insgesamt gesehen bleiben Punktmutationen oft harmlos, da der Austausch einer Aminosäure sich nur selten auf die Funktion des Proteins auswirkt[36].

Weitaus verheerender wirken sich *Duplikationen* (Einschub des gleichen Nucleotids) oder *Deletionen* (Entfernen eines Nucleotids) aus. Hier kommt es zu einer Verschiebung des Leserasters. Es entsteht ein völlig anderes, biologisch bestenfalls wertloses Protein, wie folgendes Beispiel zeigt (betroffen ist das dritte G).

Normal	DNS (+-Strang)	G G G - C C A - T C G - G A G
	m-RNS	C C C - G G U - A G C - C U C
	Aminosäuren	Pro - Gly - Ser - Leu

Duplikation	DNS (+-Strang)	G G G - G C C - A T C - G G A - G
	m-RNS	C C C - C G G - U A G - C C U - C
	Aminosäuren	Pro - Arg - Stop

Deletion	DNS (+-Strang)	G G C - C A T - C G G - A G
	m-RNS	C C G - G U A - G C C - U C
	Aminosäuren	Pro - Val - Ala - Ser

Aufgaben

Aufgabe 38.1
Welches Produkt entsteht bei der vollständige Hydrolyse von Epichlorhydrin?

Aufgabe 38.2
Welche der genannten Moleküle besitzen Chiralitätszentren?

CH_2ClBr, C_6H_5-$CHCl$-CH_3, $CHFClBr$, C_6H_5-CH_2-$CHCl_2$, 2-Butanol, Citronensäure

Aufgabe 38.3
Warum ist hohes Fieber lebensgefährlich?

Aufgabe 38.4
Zeichnen Sie die Strukturformeln der aus drei C-Atomen bestehenden Monosaccharide in der Fischerprojektion.

Aufgabe 38.5
Warum schmeckt Brot süß, nachdem man es eine Weile gekaut hat?

---

[36] Eine bekannte Ausnahme ist die Sichelzellenanämie, die durch eine Punktmutation ausgelöst wird.

Wirtschaftlich bedeutende und umweltrelevante organische Verbindungen

39.1 Die Herstellung organischer Verbindungen

Chemische Prozesse bilden, neben den Energie-Umwandlungen, die Grundlage für unsere Wirtschaft und somit für unseren Lebensstandard, unsere Alltagskultur u.s.w. Dabei werden nicht nur anorganische Stoffe in großen Mengen erzeugt, sondern auch organische. Industrieländer erzeugen organische Verbindungen in unvorstellbar großen Mengen. So wurden in der Bundesrepublik Deutschland in den 80iger Jahren jährlich ca. 25 Mio t an organischen Stoffen erzeugt. Das entspricht 400 kg je Einwohner bzw. 100 g m^{-2}. 1985 waren ca. 73.000 Industriechemikalien auf dem Markt. Davon wurden etwa 4600 in Mengen >10 t und 1080 in Mengen >1000 t pro Jahr hergestellt[1].

An dieser Stelle soll kurz erläutert werden, wie bei der Herstellung organischer Chemikalien Abfälle entstehen können[2]. Oft sind diese Abfälle im chemischen Prozeß selbst begründet. Hierzu einige Beispiele: Betrachten wir zunächst eine chemische Reaktionen, die das gewünschte Produkt **C** nach der folgenden allgemeinen Gleichung liefert:

$$A + B \quad \rightleftharpoons \quad C + D$$

Wie wir sehen, entsteht bei diesem Prozeß neben **C** in äquimolarer Menge das *Kuppelprodukt* **D**, welches nicht selten wertlos ist, aber entsorgt werden muß. Oft liegt das Gleichgewicht der Reaktion nicht ausreichend auf der Produktseite. Ist **B** der preiswertere Ausgangsstoff, so wird man ihn im Überschuß verwenden, um so einen möglichst vollständigen Umsatz der teureren Komponente **A** zu erreichen. Die Konsequenz: Nach beendeter Reaktion ist der Überschuß an **B** noch vorhanden. In anderen Fällen verläuft die Reaktion nicht rasch genug. Da lange Reaktionszeiten nicht wirtschaftlich sind, wird die Umsetzung abgebrochen[3]. Man wird immer versuchen, nicht umgesetzte Ausgangsstoffe zurückzugewinnen. Gelingt das nicht, entsteht zusätzlicher Abfall.

---

[1] Erdöl ist der wichtigste Ausgangsstoff zur Herstellung organischer Verbindungen. Trotzdem wird nur ein geringer Teil des Erdöls für synthesechemische Zwecke genutzt, wie folgende Aufstellung zeigt: Verbrauch in der BR Deutschland (1987): 105,7 Mio t. Davon zur Herstellung folgender Produkte: Benzin (23,7 %), Dieselöl (15 %), leichtes Heizöl (35,9 %), Schweres Heizöl (8,3 %). Der Rest (ca. 17 %) wurde für Schmierstoffe, Bitumen und Petrochemikalien u.a. genutzt.

[2] Die Emissionen aus der chemischen Industrie sind vergleichsweise gering - dank überwiegend moderner Anlagen sowie strenger und streng überwachter Regelungen. Die größten Probleme entstehen bei der Anwendung und Entsorgung von Chemikalien. Eine Erläuterung der daraus resultierenden Zusammenhänge würde jedoch den Rahmen dieses Buches sprengen.

[3] Ziel ist immer eine hohe *Raum-Zeit-Ausbeute*, d. h., man möchte in einem möglichst kleinen Reaktor in möglichst kurzer Zeit eine möglichst große Menge an Produkt erhalten.

Weitere Probleme erzeugen Reaktionen, die zu verschiedenen Isomeren führen, von denen nur eines benötigt wird. Ein Beispiel dafür sind Zweitsubstitutionen an Aromaten (vgl. 36.1.8), etwa die Nitrierung von Chlorbenzen. Sie führt zur Bildung von drei Regioisomeren (o-, m- und p-Nitrochlorbenzen). Nur das p-Isomer ist technisch bedeutend.

Stoffe, die Chiralitätszentren (vgl. 38.2) enthalten, fallen bei der Synthese, sofern man keine besonderen Vorkehrungen trifft, als Racemat an. Benötigt wird jedoch zumeist nur eines der Stereoisomeren – z. B. als Arzneimittel. Das andere Enantiomer ist günstigstenfalls harmlos, mitunter sogar schädlich. Ein bekanntes, tragisches Beispiel ist das Contergan, ein Schlafmittel, das als Racemat angewendet wurde. Nur das (R)-Enantiomer hat die gewünschte Wirkung, die S-Form wirkt beim Menschen stark fruchtschädigend (teratogen).

Nitrierung von Chlorbenzen

65 %   1 %   34 %

Contergan

(R)-Form (schlaffördernd)   (S)-Form (stark teratogen)

Aus Konstitutionsformeln, die zwei Chiralitätszentren besitzen, lassen sich vier Stereoisomere ableiten. So haben die vier Ephedrine alle die Konstitutionsformel C_6H_5-CH(OH)-CH(NHCH$_3$)-CH$_3$. D-Ephedrin wirkt herzstimulierend und bronchienerweiternd und wird z. B. gegen chronische Bronchitis und Asthma eingesetzt. Die L-Form hat nur noch ein Drittel der Wirksamkeit, auch die Pseudoephedrine sind wenig wirksam.

Um Nebenwirkungen zu reduzieren, dürfen neu angemeldete Arzneimittel generell nur das wirksame Stereoisomer enthalten. Die bei der Synthese anfallenden „falschen" Stereoisomere müssen abgetrennt werden[4]. Können sie nicht anderweitig genutzt werden, so stellen auch sie Abfall dar.

---

[4] Im Fall des Contergans würde die Isolierung der reinen R-Form nichts nützen, da sie im Organismus rasch racemisiert.

| D-Ephedrin (wirksam) | L-Ephedrin (wenig wirksam) | D-Pseudoephedrin (wenig wirksam) | L-Pseudoephedrin (wenig wirksam) |

39.2 Kunststoffe

Kunststoffe sind synthetische organische Stoffe mit hohem Molekulargewicht. Sie sind in der Regel fest, selten flüssig. Aus unserem Alltag sind sie nicht mehr wegzudenken. 1988 wurden weltweit ca. 94 Mio. t, in der BR Deutschland 9,2 Mio. t Kunststoffe erzeugt[5]. Kunststoffe haben eine Reihe von Vorteilen. Sie haben ein niedriges spezifisches Gewicht, eine hohe Langzeitstabilität, eine hohe elektrische Isolierfähigkeit und verfügen über eine gute Wärme- und Schalldämmung. Darüberhinaus eignen sich Kunststoffe sehr gut für die Massenfertigung. Sie sind leicht formbar, färbbar und metallisierbar. Aufgrund des breiten Angebots an preiswerten Rohstoffen sind Kunststoffe kostengünstig herstellbar.

Nachteilig sind die geringe mechanische Festigkeit und Formbeständigkeit und die Empfindlichkeit gegen Licht und Wärme. Häufig sind sie brennbar. Kunststoffprodukte sind zumeist schwierig zu reparieren und daher Wegwerfartikel. Allerdings ist die Entsorgung von Kunststoffen recht teuer.

Polymere sind mengenmäßig die bedeutendste Gruppe (s. a. Tab. 39.1). Sie werden aus niedermolekularen, ungesättigten Vorstufen (Monomere) hergestellt, die sich zu langen Ketten zusammenlagern. Triebkraft der Reaktion ist die Umwandlung von Doppelbindungen in Einfachbindungen (s. a. 36.1.5). Viele der Produkte leiten sich vom einfach substituierten Ethylen ab.

R = H	Polyethylen
R = CH_3	Polypropylen
R = C_6H_5	Polystyren
R = CN	Polyacrylnitril
R = Cl	Polyvinylchlorid
R = O-C(O)-CH_3	Polyvinylacetat

Der wichtigste Reaktionstyp ist die radikalische Polymerisation. Die Reaktion wird durch eine in geringer Menge zugesetzten Verbindung, die leicht Radikale bildet, ausgelöst, z. B. durch Benzoylperoxid[6]. Es bildet Phenylradikale, die sich an die Doppelbindung des Monomers anlagern. Dabei entsteht ein neues Radikal, daß wiederum mit einem Monomer

---

[5] Davon: Polyethylen (1,47 Mio t), Polypropylen u.a. Polyolefine (0,53 Mio t), PVC (1,41 Mio t)
[6] Radikalische Polymerisationen können auch durch energiereiche Strahlung ausgelöst werden. Deshalb bestrahlt der Zahnarzt Kunststoff-Füllungen mit UV-Licht. Das Füllmaterial (verschiedene aromatische Acrylamide) polymerisiert dann und härtet so aus.

reagieren kann. Auf diese Weise kann sich ein langes kettenförmiges Molekül bilden[7]. Der Abbruch des Kettenwachstums geschieht durch Kombination zweier Radikale oder durch Disproportionierung. Dabei wird ein Wasserstoff-Atom (H·) von einer Kette zur anderen übertragen.

Mechanismus der radikalischen Polymerisation

Bildung von Radikalen:

Benzoylperoxid   →   Ph· + 2 CO$_2$ (Ph = C$_6$H$_5$)

                                                    Phenylradikale

Kettenwachstum

Kettenabbruch

Kombination zweier Radikale, z.B:

Disproportionierung:

Ein anderer Weg, um zu Kunststoffen zu gelangen, besteht in der Umsetzung von geeigneten bifunktionellen Verbindungen. Eine wichtige Methode ist hier die *Polyaddition*. So nutzt man bei der Polyurethanbildung den Umstand, daß die stark elektrophile Isocyanat-Gruppe in der Lage ist, Alkohole zu addieren[8]. Setzt man nun Stoffe ein, die die jeweilige funktionelle Gruppe zweimal tragen, so können sich lange Ketten bilden – Polyurethane.

Bei Kondensationsreaktionen werden funktionelle Gruppen unter Abspaltung niedermolekularer Verbindungen (zumeist Wasser) verknüpft. Die gleiche Strategie, Verwendung von geeigneten bifunktionellen Stoffen, führt wiederum zur Bildung eines Polymers. Dieser Reaktionstyp wird als *Polykondensation* bezeichnet. Auch die Bildung von Polypeptiden (s. 38.3.2), Polysacchariden (s. 38.5) und Polynucleotiden (s. 38.6) sind Polykondensationen (s. a. Aufgaben 36.21 u. 36.23).

---

[7] Analog verlaufen die anionische und kationische Polymerisation, nur daß bei diesen Prozessen anstelle radikalischer ionische Zwischenstufen durchlaufen werden.

[8] Verbindungen mit der funktionellen Gruppe -NCO werden als Isocyanate bezeichnet . Urethane tragen die funktionelle Gruppe -N(R)-C(O)-O-. Beide funktionellen Gruppen leiten sich von der Kohlensäure ab.

Die Polyaddition am Beispiel der Polyurethan-Bildung

n Diol (Glycol)   + n Diisocyanat (Hexamethylendiisocyanat)

Polyurethan

Die Polykondensation am Beispiel der Polyamid-Bildung

n Dicarbonsäure (Adipinsäure)   + n Diamin (Hexamethylendiamin) $\xrightarrow[-2n\,H_2O]{280\,°C}$

Polyamid-6,6

Struktur-Eigenschafts-Beziehungen: Entscheidend für die physikalischen Eigenschaften von Kunststoffen ist die Wechselwirkung zwischen den Polymer-Ketten. Wirken zwischen den Polymer-Ketten nur schwache Kräfte (z. B. van-der-Waals-Kräfte), so sind die Ketten leicht aneinander vorbei zu bewegen. Bei Temperaturerhöhung erweicht der Kunststoff – man bezeichnet ihn deshalb als *Thermoplast*. Auf der anderen Seite gibt es Kunststoffe, die dreidimensional sehr engmaschig vernetzt sind. Hier ist die Beweglichkeit von Strukturteilen und damit die Verformbarkeit, auch bei erhöhter Temperatur, behindert. In diesem Fall spricht man von einem *Duroplast* (lat. *durus*: hart, beständig). Die *Elastomeren* – eine dritte, wichtige Form von Kunststoffen – besitzt ebenfalls eine dreidimensional vernetzte Struktur, allerdings bei größerer Maschenweite. Die Molekülstruktur ist nun bei mechanischer Einwirkung verformbar. Bindungsabstände und -winkel haben nach dieser Einwirkung jedoch nicht mehr optimale Werte. Die Struktur steht unter Spannung. Endet die äußere Krafteinwirkung, so geht die Struktur in ihre Ausgangsform zurück.

Die Herstellung dreidimensional vernetzter Polymere ist auf zwei Wegen möglich. Der eine Möglichkeit besteht in der Polymerisation von mehrfach ungesättigten Olefinen. Es verbleiben dann im Primär-Polymerisat Doppelbindungen, die zu weiteren Vernetzungs-reaktionen genutzt werden können. Das bekannteste Beispiel ist der Naturkautschuk, der durch Polymerisation von Isopren (2-Methylbutadien) entsteht[9]. Kautschuk, zunächst eine

---

[9] Kautschuk wird aus dem Milchsaft (Latex) verschiedener tropischer Bäume gewonnen.

plastische, chemisch instabile Masse, wird erst durch Erhitzen mit Schwefel (Vulkanisation) zu Gummi – also zu einem Elastomer. Schwefelbrücken[10] bewirken die für die Materialeigenschaften wichtige Vernetzung der Polymerketten. Durch den Schwefelgehalt lassen sich die Eigenschaften steuern. Weichgummi enthält 2 %, Hartgummi 30 % Schwefel. In analoger Weise erhält man künstliches Gummi aus Butadien[11].

Kautschuk und Gummi

Isopren   Kautschuk

Gummi (idealisierte Struktur)

Dreidimensional vernetzte Polymere lassen sich außerdem durch Polyadditions- bzw. Polykondensationsreaktionen unter Verwendung trifunktioneller Verbindungen erzeugen. Auch hierzu ein Beispiel: Wie oben erläutert führt die Umsetzung von Diolen und Dicarbonsäurederivaten zu Polyestern. Wird anstelle des Diols ein dreiwertiger Alkohol (Triol) verwendet, entsteht ein Alkydharz. Zunächst bildet sich ein „normales", kettenförmiges Polyestermolekül, das allerdings noch freie OH-Gruppen trägt. Werden diese OH-Gruppen mit weiterem Phthalsäureanhydrid umgesetzt, entsteht eine dreidimensional vernetzte Struktur – es bildet sich das unschmelzbare Alkydharz[12].

---

[10] Zur Rolle von Schwefelbrücken in Proteinstrukturen s. 38.3.2.

[11] Besser geeignet als reines Polybutadien (Buna: **Bu**tadien, mittels **Na**trium polymerisiert) ist das Copolymerisat aus Butadienen und Styren (Buna S).

[12] Weitere wichtige Kunststoffe mit dreidimensional vernetzter Struktur (Duroplaste) sind die Melamin-Formaldehyd- und die Phenol-Formaldehyd-Harze (Phenoplaste).

Herstellung von Alkydharzen

Glycerol   Phthalsäureanhydrid

Alkydharz (Glyptalharz)

Entsorgung von Kunststoffen: Wie generell die Vermeidung von Abfällen oberstes Gebot ist, gilt dies auch für Kunststoff-Abfälle. Die Reduzierung der enormen Mengen an Wegwerf-Produkten aus Kunststoffen wäre dazu ein wichtiger Beitrag. Eine andere Lösung, die Wiederverwendung von Kunststoffen (Recycling) ist oft nicht möglich. Die Ursachen sind in der Vielzahl an Kunststoffen zu sehen, dessen sortenreine Erfassung äußerst schwierig ist. Gelingt sie doch, sind die wiedergewonnen Kunststoffe zumeist mit verschiedenen Verunreinigungen behaftet, die nur eine geringerwertige Verwendung zulassen (down cycling, z. B. zu Vogelkästen oder Straßen-Pollern). So bleibt oft nur die Verbrennung. Wird sie zur Wärmeerzeugung genutzt, führt sie zum teilweisen Ersatz fossiler Brennstoffe (z. B. Erdöl) und ist somit sogar sinnvoll. Problematisch ist jedoch die Verbrennung halogenhaltiger Kunststoffe, insbesondere von PVC, das in sehr großen Mengen anfällt (s. 39.4).

Tab. 39.1 Wichtige Kunststoffe

Kunststoff [Ausgangsstoffe]	Herstellungsart	Verwendung
Polyethylen, PE [$CH_2=CH_2$]	Polymerisation	Folien, Rohre, Geräte, Maschinenteile
Polypropylen, PP [$CH_2=CHCH_3$]	Polymerisation	Folien, Rohre, Geräte, Maschinenteile
Polystyren, PS [$CH_2=CHC_6H_5$]	Polymerisation	Gebrauchsart., Isoliermat. (Schaumstoffe)
Polybutadien [$CH_2=CHCH=CH_2$]	Polymerisation	synthetischer Kautschuk[*1]
Polyvinylchlorid, PVC [$CH_2=CHCl$]	Polymerisation	Rohre, Kunstleder, Folien, Isoliermat.[*2]
Polytetrafluorethylen, PTFE [$CF_2=CF_2$]	Polymerisation	Rohre, Apparaturen, Beschichtungen (chemisch sehr beständig)
Polyacrylnitril, PAN [$CH_2=CHCN$]	Polymerisation	Fasern
Polymethyl-methacrylat, PMMA [$CH_2=C(CH_3)COOCH_3$]	Polymerisation	organisches Glas (Plexiglas)
Polyvinylacetat, PVAC [$CH_2=CHOC(O)CH_3$]	Polymerisation	wäßrige Anstrich-Dispersion, Klebstoff
Polyurethane [Diole + Diisocanate]	Polyaddition	Implantate, Schaumstoffe f. Matratzen u.a.
Polyester [Di- oder Triole + Di- oder Tricarbonsäurederivate]	Polykondensat./ -addition	lineare Struktur: Fasern vernetzte Strukt.: Formmassen, Anstrichst.
Polyamide [1. Diamine + Dicarbonsäurederivate 2. Aminosäurederiv.]	Polykondensat./ -addition	Fasern, Folien, Formmassen
Phenol-Formaldeyd-Harze [Phenole, Formaldehyd]	Polykondensat./ -addition	Formmassen, Füllstoffe, Bindemittel (ältester Kunststoff – Bakelit)

[*1] Als Butadien-Polystyren-Copolymerisat   [*2] s.a. 39.4

39.3 Tenside

Tenside sind aus unserem Alltag nicht mehr wegzudenken. Waschpulver, Seife und Geschirrspülmittel verdanken ihre Reinigungswirkung den Tensiden. In Lebensmitteln werden sie als Emulgatoren verwendet. Da sie oft an Phasengrenzen[13] wirken, werden sie auch als *grenzflächenaktive Stoffe* bezeichnet. Alle Tensid-Moleküle sind nach dem gleichen Prinzip aufgebaut. Sie bestehen aus einer polaren funktionellen Gruppe (hydrophiler Kopf) und einem langkettigen, unpolaren Kohlenwasserstoff-Rest (lipophiler Schwanz). Tenside werden nach der Art ihrer polaren Gruppe unterteilt.

Verhalten im Wasser: Aufgrund des großen lipophilen Restes können Tensidmoleküle nur schlecht in des Netzwerk der Wassermoleküle integriert werden. Kleine Mengen halten sich bevorzugt an der Phasengrenze, also z. B. an der Wasseroberfläche auf. Dabei orientiert sich der polare Kopf zum Inneren der wäßrigen Phase, der lipophile Schwanz in die entgegengesetze Richtung. Wird die Tensid-Menge weiter erhöht, so sind irgendwann alle Oberflächenplätze besetzt. Der Überschuß lagert sich zu kugelförmigen Gebilden, Micellen genannt, zusammen.

---

[13] Zum Phasenbegriff s. 2.2.

Aufbau von Tensid-Molekülen

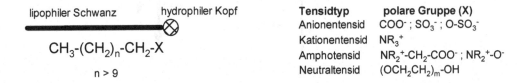

lipophiler Schwanz	hydrophiler Kopf

$$CH_3-(CH_2)_n-CH_2-X$$

$$n > 9$$

Tensidtyp	polare Gruppe (X)
Anionentensid	COO^- ; SO_3^- ; $O\text{-}SO_3^-$
Kationentensid	NR_3^+
Amphotensid	$NR_2^+\text{-}CH_2\text{-}COO^-$; $NR_2^+\text{-}O^-$
Neutraltensid	$(OCH_2CH_2)_m\text{-}OH$

Der Aufbau der Micelle leitet sich wiederum aus der Molekülstruktur der Tensidmoleküle ab. Die polaren Gruppen weisen zum Wasser hin, also nach „außen", die lipophilen Schwänze orientieren sich zum Inneren der Micelle[14].

Verhalten von Tensid-Molekülen im Wasser

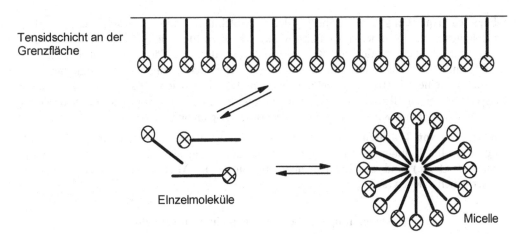

Tensidschicht an der Grenzfläche

Elnzelmoleküle

Micelle

Durch die Anreicherung der Tensidmoleküle an der Oberfläche wird die Oberflächenspannung herabgesetzt (s. Abb.). Dadurch besitzen Tensidhaltige, wäßrige Lösungen ein besseres Benetzungsvermögen (z. B. auf Textilien) – eine für alle Reinigungsprozesse wichtige Eigenschaft.

---

[14] Tenside, die zwei unpolare Ketten tragen (z. B. bestimmt Phospholipide, vgl. 38.4), bilden Vesikeln. Vesikeln bestehen aus einer Tensid-Doppelschicht, die eine kugelförmige Hülle bildet. Innerhalb der Vesikel befindet sich eine wässrige Phase. Vesikeln sind sehr wichtig, da sie innerhalb einer Zelle abgeschlossene Räume (Kompartimente) bilden.

Wasser

Tensid-Doppelschicht

Vesikel

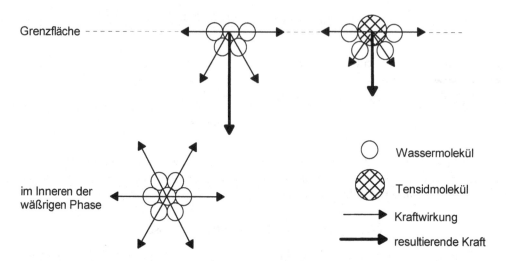

Oberflächenspannung: Zwischen den Molekülen einer Flüssigkeit wirken Anziehungskräfte. Im Inneren der Phase wirken diese Kräfte in alle Richtungen des Raums gleich stark – die resultierende Kraft ist null. An der Oberfläche entsteht jedoch eine resultierende Kraft, die nach innen weist. Sie zeigt sich darin, daß Flüssigkeiten eine möglichst kleine Oberfläche einnehmen wollen. Da die Anziehungskraft zwischen einem Wasser- und einem Tensidmolekül kleiner ist als die zwischen zwei Wassermolekülen, ist auch die resultierende Kraft und somit die Oberflächenspannung kleiner.

Anwendung von Tensiden: Tenside werden zu Reinigungszwecken aller Art (s. Tab. 39.2) eingesetzt. Ihr Reinigungsvermögen beruht auf zwei Eigenschaften. Sie verbessern die Benetzung (s. o.) und sie können unpolare Stoffe in Micellen einschließen und so wasserlöslich machen (s. Abb.).

Abtrennung von Schmutz von einer Oberfläche

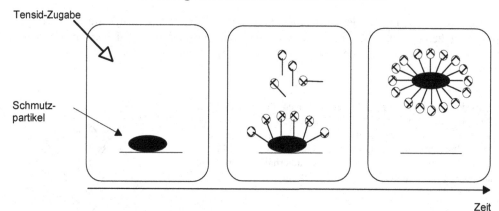

Eine weitere wichtige Anwendung ist die Herstellung von Emulsionen – dispersen Systemen[15] von zwei od. mehreren miteinander nicht mischbaren Flüssigkeiten. Die eine der flüssigen Phasen bildet dabei das Dispersionsmittel (auch: äußere, kontinuierliche od. zusammenhängende Phase), in dem die andere Phase (auch: innere od. disperse Phase) in Form feiner Tröpfchen verteilt ist. Man unterscheidet Wasser-in-Öl- (O/W-Emulsion) und Öl-in Wasser-Emulsionen (W/O-Emulsion). Bei ersterer bildet das Wasser, bei letzterer das Öl die kontinuierliche Phase. Stabile Emulsionen lassen sich sehr einfach durch Tensid-Zusatz, hier Emulgatoren genannt, erzeugen. Die Tensidmoleküle wirken in der beschriebenen Weise an der Grenzfläche Wasser-Öl: Sie orientieren sich mit dem lipophilen Teil zum Öl und mit dem hydrophilen Teil zum Wasser und stabilisieren so die Emulsion[16]. Die abstoßenden Kräfte zwischen den Phasen sowie auch die Neigung der dispersen Phase, zu großen Tropfen zusammenzulaufen, werden dadurch verringert.

Tab. 39.2 Anwendung von Tensiden

Tensid-Gruppe	Anwendung
Anionentenside[17]	Seifen, Shampoos, Badepräparate, Geschirrspülmittel, Haushaltsreiniger, Waschmittel, Schauminhibitoren, Emulgatoren
Kationentenside	Wäsche-Weichmacher
Amphotenside	Shampoos, Badepräparate
Nichtionische Tenside	Wasch-und Reinigungsmittel, Emulgatoren

Umweltaspekte: Der wachsende Bedarf an grenzflächenaktiven Stoffen kann nur durch die Bereitstellung synthetisch hergestellter Tenside gedeckt werden. Die erste Generation an synthetischen Tensiden war jedoch biologisch schwer abbaubar, was zu verschiedenen Umweltproblemen wie schaumbedeckten Flüssen und Fischsterben[18] führte. Ursache dafür war die Verwendung von Tensiden, dessen lipophiler Molekülteil aus verzweigten Kohlenwasserstoff-Ketten bestand. In der belebten Natur kommen jedoch hauptsächlich unverzweigte Ketten vor (z. B. Fettsäuren, Wachse). Deshalb gibt es keine Enzymsysteme, die stark verzweigten Ketten rasch metabolisieren können. Diese Erkenntnis, verbunden mit entsprechenden gesetzlichen Regelungen, führte zur Herstellung und Anwendung von Tensiden, die fast ausschließlich unverzweigte Kohlenstoff-Ketten tragen. Solche Tenside

---

[15] Zum Begriff Dispersion s. 3.2

[16] Milch und Eigelb sind natürliche Fett-in-Wasser-Emulsionen, in denen Lipide wie Keratin und Lecithin (vgl. 38.4) als Emulgatoren fungieren. Der Emulgatorengehalt im Eigelb ermöglicht auch die Herstellung von Mayonnaise. In der Lebensmittelindustrie werden für eine Reihe von Produkten Emulgatoren verwendet, z. B. zur Herstellung fettreduzierter Margarine (Erhöhung des Wasseranteils) oder in Backwaren (dort auch zur Regulierung der Porengröße).

[17] Klassische Seifen (RCOO⁻, s. a. 38.4) reagieren als Salze schwacher Säuren alkalisch und zerstören so kurzzeitig den Säureschutzmantel der Haut. Schonender sind die neutral reagierenden Sulfonate und Sulfate sowie Amphotenside.

[18] Durch die strukturelle Ähnlichkeit von Tensiden und Membran-Bausteinen (vgl. 38.4) wirken Tenside membranschädigend. Bei Fischen sind insbesondere die Kiemen betroffen. Tenside sind darüberhinaus auch keimtötend. In der Mikrobiologie nutzt man Tenside zum Aufschluß von Bakterien (z. B. zur der Gewinnung bakterieller DNS). Dabei wird die Zellmembran völlig zerstört.

werden in Kläranlagen nahezu vollständig abgebaut (das direkte Einleiten von Tensidlösungen in Gewässer ist verboten). Obwohl zur Zeit in Deutschland jährlich etwa 400.000 t Tenside erzeugt werden, ist die daraus resultierende Gewässerbelastung gering.

39.4 Chlororganische Verbindungen

39.4.1 Herstellung und Anwendung chlororganischer Verbindungen

Chlor ist sehr einfach und in großer Menge, wenngleich auch energieaufwendig, durch Chlor-Alkali-Elektrolyse (vgl. 25.3) herstellbar.

Chlor-Alkali-Elektrolyse
(Gesamtprozeß)

$$2\ NaCl + 2\ H_2O \xrightarrow{\text{elektr. Strom}} 2\ NaOH + H_2 + Cl_2$$

Dieses Verfahren wurde Ende des 19. Jh. entwickelt um vor allem den großen NaOH-Bedarf zu decken. Chlor war zunächst das Überschußprodukt. Forschungen mit dem Ziel, das Chlor sinnvoll zu nutzen, ergaben folgendes: Chlor reagiert sehr leicht mit organischen Verbindungen. Chlorreiche organische Stoffe bieten oft interessante Anwendungsmöglichkeiten. Chlorarme Stoffe sind reaktive Zwischenprodukte, die sich leicht zu anderen Produkten umsetzen lassen. Die Synthese chlororganischer Verbindungen im technischen Maßstab war damit ausreichend motiviert. In der Folgezeit kam es sogar zu Perioden, in denen die Natronlauge als Überschußprodukt galt.

1990 betrug die Chlorproduktion in Deutschland 3,4 Mio. t. Das entspricht ca. 1/10 der Weltproduktion. Der Umsatz an Produkten, die mit Chlor oder Natronlauge in Zusammmenhang stehen, betrug 100 Mrd. DM, ca. 60 % des Gesamtumsatzes der Chemischen Industrie in Deutschland (165 Mrd. DM). Tab. 39.3 zeigt, wie sich der Verbrauch an Chlor in Deutschland gliedert.

Tab. 39.3 Verbrauch von Chlor in Deutschland (1990, 3,4 Mio t, entspricht 100 %)

Stoffgruppe	Anteil am Chlorverbrauch (%)
C_1-Derivate	9,5
C_2-Derivate außer Vinylchlorid	8,7
C_3- und C_4-Derivate	7,3
Vinylchlorid	25,2
Sauerstoffhaltige Organika	35,1
sonstige organische Derivate	4,7
Anorganika (z. B. $AlCl_3$, $SiCl_4$)	8,7
Wasserbehandlung	0,6
Papier- und Zellstoffbehandlung	0,2

Die Herstellung von Organochlorverbindungen gelingt auf verschiedenen Wegen. Die wichtigsten Reaktionstypen seien an dieser Stelle noch einmal genannt. Reaktionen mit elementarem Chlor sind in der Regel stark exotherm und oft nicht selektiv[19]. So führt die Chlorierung von Methan zu einem Gemisch von Chlormethanen aller Substitutionsgrade. Die Addition von Chlor an C=C-Bindungen kann von Substitutionen begleitet sein. Häufig müssen unerwünschte Nebenprodukte in Kauf genommen werden[20].

elektrophile Addition:	$H_2C=CH_2 + Cl_2$	$\longrightarrow$	$ClH_2C\text{-}CH_2Cl$	vgl. 36.1.5
elektrophile Substitution:	$C_6H_6 + Cl_2$	$\longrightarrow$	$C_6H_5Cl + HCl$	vgl. 36.1.8
radikalische Substitution:	$CH_4 + Cl_2$	$\longrightarrow$	$CH_3Cl + HCl$	vgl. 36.1.3
nucleophile Substitution:	$CH_3OH + HCl$	$\longrightarrow$	$CH_3Cl + H_2O$	vgl. 36.2.1

Synthesen mit Organochlorverbindungen: Alkylhalogenide und Carbonsäurechloride (Acylhalogenide) sind reaktive Verbindungen (vgl. 36.2.5 bzw. 36.3.4) und dienen der chemischen Industrie als *Zwischenprodukte*. Auch reaktionsträgere Organochlorverbindungen, z. B. Chloraromaten, können unter energischen Bedingungen zur Reaktion gebracht werden. Durch Substitution des Chloratoms läßt sich eine Vielzahl von Produkten erzeugen[21]. Als Kuppelprodukt fällt dabei HCl oder auch Natriumchlorid an. Letzteres ist der Fall, wenn salzartige Nucleophile (z. B. NaCN) verwendet werden. Der Einsatz von Hilfsbasen (z. B. Triethylamin) führt ebenfalls zu salzartigen Kuppelprodukten[22].

Chlorkohlenwasserstoffe:	$R\text{-}Cl + NuH$	$\longrightarrow$	$R\text{-}Nu + HCl$	vgl. 36.2.5
	$R\text{-}Cl + NuNa$	$\longrightarrow$	$R\text{-}Nu + NaCl$	vgl. 36.2.5
Carbonsäurechloride:	$RC(O)\text{-}Cl + NuH + Et_3N$	$\longrightarrow$	$RC(O)\text{-}Nu + Et_3NHCl$	vgl. 36.3.4

Nu = OR, SR, NR$_2$, CN u.v.a.m. ; R = H, Kohlenwasserstoffrest
Auch Aromaten reagieren mit Alkyl- bzw. Säurechloriden.

Der Anfall von Kuppelprodukten ist nicht erwünscht und ist eine wichtige Motivation zur Suche nach neuen Verfahren. Beispielhaft sei hier die Synthese des technisch wichtigen Ethylenoxids (s. a. 38.1) genannt.

---

[19] Zum Zusammenhang zwischen Reaktivität und Selektivität s. 37.3.

[20] Generell neigen Umsetzungen mit Chlor zur Bildung von Nebenprodukten mit erhöhtem Chlorgehalt. So wird die Synthese von Chlorbenzen mit einem Chlorunterschuß durchgeführt (Stoffmengenverhältnis Cl_2/C_6H_6: 0,6). Nach der Umsetzung liegen folgende Stoffe vor: Benzen (40 %), Chlorbenzen (50 %), o-Dichlorbenzen (3 %), p-Dichlorbenzen (7 %, Stoff ist technisch schlecht verwertbar!).
Die Chlorierung von Alkylaromaten erfolgt je nach Reaktionsbedingungen (KKK- und SSS-Regel, s. 36.1.8) bevorzugt am aromatischen Ring oder an der Alkylkette, jedoch nicht ausschließlich dort.

[21] Beispiele: Phenol aus Chlorbenzen und NaOH, Diisocyanate (vgl. 39.2) aus Diaminen und Phosgen (COCl$_2$), Polycarbonate (Kunststoffglas für Brillen), aus Diolen und Phosgen. Viele Pharmaka benötigen für ihre Synthese chlorhaltige Zwischenprodukte.

[22] Von diesen Kuppelprodukten ist nur HCl gut weiter verwendbar. NaCl ist im Abwasser gelöst (Salzfracht). Zur Problematik von Kuppelprodukten s. a. 39.1.

Verbesserte Synthese von Ethylenoxid (Oxiran)

neues Verfahren: $2 \; H_2C{=}CH_2 + O_2$ $\xrightarrow{[Ag]}$ $2 \; \triangle^{O}$
(katalytisch)

altes Verfahren: $H_2C{=}CH_2 + Cl_2 + H_2O \longrightarrow ClH_2C{-}CH_2OH + HCl$

$ClH_2C{-}CH_2OH + NaOH \longrightarrow \triangle^{O} + H_2O + NaCl$

Die Reaktivität von Chlorkohlenwasserstoffen (CKW) sinkt mit steigender Anzahl von Chloratomen im Molekül (vgl. 36.2.5). Chlorreiche Verbindungen dienen daher nur selten als Zwischenprodukte. Sie werden hauptsächlich als Lösungsmittel und als Biozide genutzt. Diese Anwendungen sind jedoch nicht unumstritten (s. u.).

39.4.2 Spezielle Chlorkohlenwasserstoffe (CKW)

C_1-**CKW** werden gemeinsam durch Chlorierung von Methan erhalten. Die einzelnen Produkte werden durch Destillation abgetrennt. Chlormethan (Methylchlorid) läßt sich eleganter auch durch Umsetzung von Methanol und HCl erzeugen[23] (s. o.). Tetrachlormethan wird außerdem durch energische Chlorierung (Chlorolyse) organischer Rückstände erhalten. Die Herstellung von CCl_4 ist seit 1997 EG-weit verboten.

Methylchlorid wird ausschließlich zu Synthesezwecken verwendet (Methylierungen). Dichlormethan (Methylenchlorid) dient als Lösungsmittel (s. u. sowie Tab. 39.4). Obgleich es noch zwei H-Atome im Molekül trägt, ist es praktisch nicht entflammbar. Trichlormethan (Chloroform) wird hauptsächlich zur Herstellung von Wasserstoff enthaltenden Fluorchlorkohlenwasserstoffen (H-FCKW, s.u) und zur Herstellung von Fluorpolymeren (z. B. Polytetrafluorethylen, s. 39.2) verwendet. Als Lösungs- und Extraktionsmittel findet es aufgrund seiner hohen Toxizität kaum noch Verwendung[24].

H-FCKW-Herstellung: $CHCl_3 + 2\,HF \xrightarrow{[SbCl_5]} CHF_2Cl + 2\,HCl$
                                                         R22

Herstellung von Tetrafluorethylen (TFE): $2\,CHF_2Cl \xrightarrow[-\,2\,HCl]{700-800\,°C} F_2C{=}CF_2$

Tetrachlormethan (Tetra) war früher ein viel verwendetes Lösungsmittel. Obgleich seine Toxizität seit den 30iger Jahren bekannt war, wurde es noch weit nach dem 2. Weltkrieg genutzt. Z. Z. dient es noch zur Herstellung H-freier FCKW (s.u.).

C_2-**CKW:** Mengenmäßig herausragend ist hier das 1,2-Dichlorethan, das zu Vinylchlorid (VC) und weiter zu Polyvinylchlorid verarbeitet wird (s. dort). Weiterhin von Bedeutung sind

---

[23] Verschiedene Meeresorganismen produzieren enorme Mengen an CH_3Cl, Schätzungen gehen bis zu 5 Mio. t pro Jahr weltweit. Das ist nicht weiter problematisch, da Methylchlorid leicht, durch Hydrolyse, abbaubar ist.

[24] Aus dem gleichen Grund wird Chloroform nicht mehr für Narkosen verwendet. Es schädigt eine Reihe innerer Organe (vor allem bei langandauernder Einwirkung) und steht im Verdacht krebserregend zu sein. Beträchtliche Mengen an Chloroform entstehen auch bei der Bleiche von Papier und Zellstoff mit Chlor.

die als Lösemittel verwendeten C_2-CKW (s. Tab. 39.4). In der technischen Anwendung haben diese Verbindungen eine Reihe von Vorteilen. Sie sind chemisch sehr inert – also auch nicht brennbar (im Unterschied zu flüssigen Kohlenwasserstoffen, Ethern oder Estern). Chlorhaltige Lösemittel bilden daher keine explosionsgefährlichen Dampf-Luft-Gemische. Darüberhinaus besitzen sie für Farbanstriche, Schmiermittel und viele andere Stoffe ein hohes Lösevermögen. Trotzdem ist der Verbrauch rückläufig – eine Reaktion auf ihre Toxizität und Umweltgefährdung. Chlorhaltige Lösemittel wirken narkotisch und weisen ein gewisses Suchtpotential auf[25]. Problematisch sind jedoch vor allem Schädigungen (z. B. der Leber) und die erhöhte Krebsgefährdung, die durch erhöhte Aufnahme dieser Stoffe über eine langen Zeitraum verursacht werden (z. B. in der Vergangenheit bei Fabrikarbeitern).

Tab. 39.4 Chlorhaltige Lösungsmittel – Verbrauch in Deutschland (alte Bundesländer, in 1000 t)

Lösungsmittel	Formel	Verbrauch 1986	1988	1990
Perchlorethen (Per)	$Cl_2C=CCl_2$	45	35	27
Trichlorethen (Tri)	$Cl_2C=CHCl$	30	22	14
1.1.1-Trichlorethan	Cl_3C-CH_3	45	35	26
Methylenchlorid	CH_2Cl_2	60	45	33
Gesamt	–		180	137	100

Tab. 39.5 Substitution von Chlorkohlenwasserstoffen (CKW) als Lösemittel für die Kaltentlackung

Methode	Vorteile gegenüber CKW	Nachteile gegenüber CKW
Behandlung mit heißer Lauge	– keine Lösungsmittelemissionen	– nicht allgemein anwendbar – Verätzungsgefahr – lange Einwirkzeiten – hoher Wasserbedarf – energieaufwendig – erhöhte Abwasserbelastung
Pyrolyse	– kein Chemikalienbedarf – trockene Rückstände	– nicht allgemein anwendbar – energieaufwendig – Nachverbrennung der Schwelgase erforderlich
Behandlung mit flüssigem Stickstoff	– keine chemische Veränderung des Lackmaterials – optimale Arbeitsplatzhygiene – keine lösemittelhaltigen Schlämme	– nicht allgemein anwendbar – energieaufwendig
Strahlverfahren	– keine Lösungsmittelemissionen	– nicht allgemein anwendbar – erhöhte Abfallmengen
Behandlung mit Hochdruck-Wasser	– keine Lösungsmittelemissionen	– nicht allgemein anwendbar – hoher Wasserbedarf – erhöhte Abwasserbelastung

[25] Von den Personen, die vor dem 2. Weltkrieg Zugang zu Tri hatten, „schnüffelten" nicht wenige dieses Lösungsmittel. Heute überwiegt zum Glück die Furcht vor den gesundheitlichen Folgen.

Halogenreiche C_1-C_3-CKW vereinen eine große Persistenz[26] mit einer merklichen Flüchtigkeit, was ein rasches Verbreiten über die Atmosphäre und eine ubiquitäre Verteilung dieser Stoffe zur Folge hat. So lassen sich Spuren halogenierter Lösungsmittel fernab von Emissionsquellen in Gewässern oder Böden nachweisen. Aufgrund der Flüchtigkeit tritt jedoch keine Bioakkumulation auf.

Der Ersatz halogenhaltiger Lösungsmittel ist nicht automatisch auch die Lösung aller Toxizitäts- und Umweltprobleme (s. Tab. 39.5). Es wird demzufolge noch für lange Zeit Methoden und Verfahren geben, die auf CKW als Lösemittel angewiesen sind. Natürlich muß die Anwendung dieser Stoffe so erfolgen, daß die Gefährdung von Gesundheit und Umwelt minimal ist.

Fluorchlorkohlenwasserstoffe (FCKW, Freone, Frigene)[27] sind chemisch sehr inert und darüberhinaus nicht giftig. Sie sind als Kältemittel in Kühlschränken und Klimaanlagen, als Treibgas für Aerosole und Kunststoff-Schäume sowie als Lösemittel in der chemischen Reinigung geeignet. FCKW werden aus CKW durch Halogenaustausch erhalten (s. o.). Vollhalogenierte Produkte (z. B. R 12) tragen zum Treibhauseffekt bei. Vor allem jedoch gelangen sie unzersetzt in die Stratosphäre und zerstören dort die Ozonschicht – das Schutzschild der Erde gegen UV-Strahlung[28]. Deshalb soll die Produktion dieser Stoffe eingestellt werden. Weniger umweltschädigend, da leichter abbaubar, sind wasserstoffhaltige Freone (H-FCKW, z. B. R 22). Außerdem wird der Ersatz durch völlig andere Stoffe (Alkane, CO_2) angestrebt.

Polyvinylchlorid ist ein Massenprodukt (1990: 1,6 Mio. t). 25 % der Chlorproduktion werden zur Herstellung von PVC verwendet (s. Tab. 39.3). Die Synthese erfolgt durch Chlorierung von Ethen unter Bildung von Dichlorethan. Aus diesem wird HCl eliminiert. Es entsteht das Monomer – Vinylchlorid (VC). Der freiwerdende Chlorwasserstoff wird wieder zu Chlor oxidiert, so daß sämtliches Chlor zur Herstellung von VC genutzt wird[29].

Reines PVC ist schlecht verarbeitbar (spröde). Die Verarbeitung wird durch Zusatz bestimmter Dicarbonsäurediester (z. B. Dioctylphthalat) als Weichmacher[30] verbessert. Je

---

[26] Wichtige Begriffe zum Umweltverhalten von Stoffen wie Persisenz, ubiquitäre Verbreitung, Bio- und Geoakkumulation sind in 37.7 erläutert.

[27] Zur Bezeichnung der FCKW wird ein Bezifferungssystem verwendet, daß auf einer dreistelligen Zahl beruht. Die erste Ziffer ist die um eins verminderte Zahl der C-Atome. Ist diese Ziffer 0 (bei Methanderivaten), so wird sie weggelassen. Die zweite Ziffer ist die um eins erhöhte Zahl der H-Atome. Die dritte Ziffer gibt die Zahl der Fluoratome an. Alle übrigen Substituenten sind Chloratome. Beispiele: CCl_2F_2 (R 12) $CHClF_2$ ((R 22); $CClF_2$-CCl_2F (R 113)

[28] Der Zersetzung des Ozons liegen komplizierte, z. T. photochemische Prozesse zugrunde. Die folgenden Gleichungen sind nur eine grobe Charakterisierung.

$$CF_2Cl_2 \xrightarrow{h\nu} CF_2Cl + Cl \qquad Cl + O_3 \longrightarrow ClO + O_2 \qquad ClO + O \longrightarrow Cl + O_2$$

[29] Auch bei diesen Prozessen kommt es zur Bildung von Nebenprodukten. Sie werden überwiegend zu Lösungsmitteln aufgearbeitet.

[30] In großen Mengen verfüttert, erweisen sich Weichmacher im Tierversuch als krebserregend. Für die Praxis, wo die Belastung weitaus geringer ist, sind diese Ergebnisse jedoch wenig aussagekräftig. Für die Verpackung von Lebensmitteln erfolgt die Zulassung von Weich-PVC nach strengen Kriterien. Andererseits bestehen Blutbeutel und auch Schläuche medizinischer Geräte häufig aus Weich-PVC, da es sterilisierbar, bruchsicher und transparent ist.

nach Weichmacher-Gehalt unterscheidet man Hart-PVC (0-12 %) und Weich-PVC (12-50 %). Als vergleichsweise niedrig chlorierte Verbindung ist reines PVC chemisch nicht ausreichend stabil. Die Stabilität von PVC wird durch Zusatz von organischen Schwermetallsalzen erhöht. Früher wurden häufig stark giftige Cadmiumsalze verwendet. Heute findet Cadmium-stabilisiertes PVC nur noch im Baugewerbe Anwendung. Es wird auch hier zunehmend durch Zn/Ca-stabilisiertes PVC ersetzt. In der Vergangenheit war PVC häufig noch mit dem Monomer (VC) verunreinigt, welches stark cancerogen[31] wirkt. Heute wird VC sorgfältig entfernt (Restgehalt < 1 ppm).

Vinylchlorid (VC):

$$H_2C=CH_2 + Cl_2 \xrightarrow{[Fe\text{-}Kat.]} ClH_2C\text{-}CH_2Cl$$

$$H_2C=CH_2 + 2\,HCl + 1/2\,O_2 \xrightarrow{[Cu\text{-}Kat.]} ClH_2C\text{-}CH_2Cl + H_2O$$

$$2\,ClH_2C\text{-}CH_2Cl \xrightarrow{500\,°C} 2\,H_2C=CHCl + 2\,HCl$$

Gesamt: $$2\,H_2C=CH_2 + Cl_2 + 1/2\,O_2 \longrightarrow H_2C=CHCl + H_2O$$

Polyvinylchlorid (PVC):

$$n\,H_2C=CHCl \longrightarrow [\text{-}H_2C\text{-}CHCl\text{-}]_n$$

PVC läßt sich zu Rohren, Profilen, Schläuchen Folien u.a. verarbeiten. Fenster und Fußbodenbeläge bestehen häufig aus PVC. PVC-Produkte sind nicht toxisch, chemisch sehr stabil (auch über längere Zeiträume) und zeigen auch sonst gute Anwendungseigenschaften. Zudem sind sie recht preiswert. 50 % aller PVC-Artikel werden übrigens im Baugewerbe verwendet.

Problematisch wird PVC bei Bränden und bei der Entsorgung. PVC ist zwar schwer entflammbar. Im Brandfall (z. B. beim Flughafenbrand 1996 in Düsseldorf) entstehen aus PVC jedoch eine Reihe von Schadstoffen – vor allem HCl aber auch Aromaten, Dioxine (s. u.) sowie Schwermetallverbindungen (Freisetzung der Stabilisatoren). Die Entsorgung wird schon bald zum Problem werden, wenn großen Mengen langlebiger PVC-Artikel (z. B. Fensterrahmen) zum Abfall werden. Wünschenswert, aber auch schwierig ist das vollständige Recycling des Materials (s. a. 39.2). PVC auf Deponien gibt mit der Zeit Weichmacher und Stabilisatoren ab, die dann in das Grundwasser gelangen können. Die Entsorgung von PVC in Müllverbrennungsanlagen führt zu großen Mengen an HCl, das durch Reinigen der Abluft entfernt werden muß. 60 % des bei der Müllverbrennung anfallenden Chlorwasserstoffs entstammt dem PVC. Die Bildung von Dioxinen ist dagegen in modernen Müllverbrennungsanlagen kein Problem mehr.

Polychlorierte Biphenyle (PCB's) sind durch Chlorierung von Biphenyl herstellbar. Technische Produkte sind ein Gemisch unterschiedlich substituierter Verbindungen.

---

[31] Die Cancerogenität von Vinylchlorid beruht auf seinem ersten Metabolisierungsprodukt – Chloroxiran.

Es sind 209 *Kongenere*[32] möglich. PCB's sind schwer entflammbar und chemisch inert. Sie wurden deshalb als Zusatz zu Anstrichstoffen, Dichtungsmassen, Hydraulik-Ölen und im Transformatorenbau verwendet. PCB's sind persistente Verbindungen. Da sie schwer flüchtig sind, neigen sie zur Bio- und Geoakkumulation. Als lipophile Stoffe werden sie im Fettgewebe gespeichert. Hauptquelle der menschlichen Belastung sind tierische Lebensmittel (Fisch, Fleisch, Milchprodukte). Da PCB's im Verdacht stehen, auch für den Menschen giftig und tumorpromovierend zu sein, sind Produktion und Anwendung weitgehend verboten (Im Bergbau als Hydraulik-Öl zugelassen, PCB's enthaltende Transformatoren haben einen Bestandsschutz).

Polychlorierte Biphenyle
(PCB's, allg. Formel)

Biozide: Eine Reihe hochchlorierter Kohlenwasserstoffe sind als Insektizide wirksam. Hier einige wichtige Beispiele:

DDT   Ein Kongener des Toxaphens   Lindan (γ-HCH)

DDT ist sehr einfach aus Chloral (Trichloracetaldehyd) und Chlorbenzen herstellbar. Es wird nach wie vor in wenig entwickelten Ländern zur Bekämpfung Malaria-übertragender Mücken eingesetzt. In Deutschland ist die Anwendung verboten. Toxaphen ist ein Gemisch polychlorierter Bornane und steht hier beispielhaft für weitere hochchlorierte Bornan-Derivate (Dieldrin, Aldrin u.a.). Alle diese Stoffe zeichnen sich durch hohe Persistenz und Bioakkumulations-Neigung aus. Sie sind daher in Deutschland und anderen Industrieländern verboten[33].

Die Photochlorierung von Benzen führt zu einem Gemisch stereoisomerer Hexachlorcyclohexane (HCH). Nur eines dieser Isomeren darf verwendet werden – Lindan (γ-HCH), es bildet sich mit einem Anteil von ca. 15 %. Es wird durch Extraktion mit Methanol von den anderen Isomeren getrennt und darf erst ab einer Reinheit von 99,5 % eingesetzt werden. Lindan ist nicht persistent (biologische Halbwertszeit: ca. 6 Monate).

1,3-Dichlorpropene (E/Z-Mischung) wurden als Wurmbekämpfungsmittel (Nematizid) eingesetzt. 1,3-Dichlorpropene sind für den Menschen hautreizend, akut toxisch und krebs-

---

[32] Kongenere: Gemeinsam, im gleichen Prozeß entstandene Verbindungen. Mit diesem Begriff werden nicht nur Isomere (z. B. alle Monchlorbiphenyle) sondern auch die anderen Substitutionsgrade (Dichlor-, Trichlor- usw. biphenyle) erfaßt.

[33] Trotz des Verbots sind solche Stoffe immer noch nachzuweisen, z. B. in der Muttermilch.

erregend. Da es darüberhinaus auch die Pflanzen schädigt, wurden sie erst nach dem Abräumen der Kulturen bzw. in ausreichendem zeitlichen Abstand vor der Wiederbepflanzung in den Boden eingearbeitet (Bodenbegasung). 1,3-Dichlorpropene werden jedoch rasch abgebaut.

Pentachlorphenol diente als Konservierungsmittel für Holz, Textilien und Leder, da es stark toxisch auf Mikroorganismen wirkt. Es ist jedoch auch gegenüber Säugetieren schädigend. Zudem ist es herstellungsbedingt mit Dioxinen verunreinigt (s. u.) und schwer abbaubar. Herstellung, Handel und Anwendung sind in Deutschland verboten.

Chlorphenoxyessigsäuren wirken als Unkrautvernichtungsmittel (Herbizide). Diese Stoffe sind nicht aufgrund ihrer Giftigkeit oder ihrer mangelnden Umweltverträglichkeit problematisch. Der Grund: Bei der Herstellung der Zwischenprodukte, chlorierte Phenolat-Ionen, entstehen in einer Nebenreaktion in kleinen Mengen Dioxine. So entsteht bei der Synthese des 2,4,5-Trichlorphenolats, die Vorstufe für 2,4,5 T, das giftigste der Dioxine – 2,3,7,8-Tetrachlordibenzodioxin (2,3,7,8-TCDD). Aus diesem Grund ist 2,4,5-T in Deutschland verboten. Diese Nebenreaktion fand beim Seveso-Unfall in verstärktem Maße statt. Es wird geschätzt, daß während des Unfalls 0,5 - 3 kg 2,3,7,8-TCDD emittiert wurden. 2,3,5-T wurde in großen Mengen während des Vietnam-Krieges von der US-Airforce als Entlaubungsmittel eingesetzt. In der Folge kam es zu zahlreichen Mißbildungen bei Neugeborenen, die auch auf Dioxin-Verunreinigungen in den Herbiziden zurückgeführt werden. Ein wissenschaftlicher Beweis dieses Zusammenhanges steht jedoch noch aus.

Herstellung des Herbizids 2,4,5-T. Bildung von Dioxinen während der Phenolat-Synthese

Natrium-trichlorphenolat   2,3,5-T (2,3,5-Trichlorphenoxyessigsäure)

Nebenreaktion der Phenolat-Herstellung (in größerem Ausmaß beim Seveso-Unfall 1976, T = 180 °C)

2,3,7,8-TCDD (2,3,7,8-Tetrachlordibenzodioxin)

Dioxine (Polychlordibenzodioxine, PCDD) und die strukturell recht ähnlichen Polychlordibenzofurane (PCDF) werden nicht zielgerichtet synthetisiert. Sie entstehen jedoch überall dort in Spuren, wo Kohlenstoff, Chlor und Sauerstoff bei erhöhter Temperatur zusammen kommen, also bei vielen industriellen Verbrennungsprozessen, bei der Papier- und Zellstoffbleiche (mit Chlor) aber auch beim Verbrennen von Holz oder beim Rauchen einer Zigarette. Dabei entstehen immer Kongeneren-Gemische unterschiedlich chlorierter Verbindungen (s. Tab. 39.6). Viele Prozesse ergeben sogar bevorzugt bestimmte Kongenere, so daß sich mitunter anhand des *Kongeneren-Musters* auch der Verursacher einer Dioxin-Emission feststellen läßt.

Tab. 39.6 Kongenere der Polychlordibenzodioxine (PCDD) und Polychlordibenzofurane (PCDF)

Polychlordibenzo-p-dioxine (PCDD)   Polychlordibenzofurane (PCDF)

Anzahl der Chloratome	Anzahl der PCDD-Isomere	Anzahl der PCDF-Isomere
1	2	4
2	10	16
3	14	28
4	22	38
5	14	28
6	18	16
7	2	4
8	1	1
Kongenere	75	135

Die Kongeneren sind unterschiedlich wirksam. So werden im menschlichen Fettgewebe nur die Derivate gespeichert, die an den Positionen 2, 3, 7 und 8 Chloratome tragen[34]. Man ordnet diesen Kongeneren *Toxizitätsäquivalente* (TE) zu. Die Menge eines Kongeners wird dabei mit einem Faktor multipliziert. Das giftigste Kongener, 2,3,7,8-TCDD, bekommt den Faktor 1, die anderen, insgesamt 16 Verbindungen einen Faktor <1 entsprechend ihrer geringeren Toxizität. Die Angabe in TE entspricht also einer Umrechnung in reines 2,3,7,8-TCDD. Tab. 39.7 zeigt wichtige Dioxin-Quellen.

Tab. 39.7 Berechneter Eintrag an PCDD/PCDF aus Verbrennungsquellen (BR Deutschland 1990)

Quelle	Eintrag (TE in g)	Quelle	Eintrag (TE in g)
Hausmüll*	432	Privat, Öl	1,2
NE-Metalle	380	Klärschlamm	0,66
Privat, Kohle	164	Dieselkraftstoff	0,46
verbleites Benzin	20,9	Benzin (bleifrei)	0,45
Klinikmüll	5,4	Stahlwerke	0,03
Kabelverschwelung**	4,55	Zigaretten	0,012
Sondermüll	1,6		

* heute dank moderner Verbrennungsanlagen wesentlich niedriger   ** heute verboten

---

[34] Nur diese Kongeneren werden vom Menschen aufgenommen (fast ausschließlich mit tierischen Lebensmitteln) und im Fettgewebe gespeichert. Sie sind besonders persistent.

Dioxine bilden sich in einem Temperaturbereich von ca. 300 °C. Oberhalb 800 °C zerfallen sie wieder. Diesen Umstand nutzt man in modernen Müllverbrennungsanlagen, so daß diese unter den geforderten Grenzwerten der Dioxin-Emission bleiben ($0,1$ ng·m^{-3} Abluft). Insgesamt sind die Dioxin-Emissionen in Deutschland rückläufig.

PCDD und PCDF sind äußerst persistente Stoffe mit einer hohen Neigung zu Bio- und Geoakkumulation. Sie werden überwiegend im Boden gespeichert und dort nur sehr langsam abgebaut[35]. Über die Nahrungskette gelangen sie in unseren Organismus und werden im Fettgewebe gespeichert. Die tägliche Aufnahme liegt heutzutage durchschnittlich bei ca $0,9$ pg TE je kg Körpergewicht, der PCDD/PCDF-Gehalt im Fett bei ca. 10-15 ppt (ng·kg^{-1}). Eine gesundheitliche Gefährdung wird frühestens bei der 100fachen Belastung erwartet. Dank umfangreicher Maßnahmen (Verbot von Stoffen und Verfahren, Modernisierung der Müllverbrennung) ist die Dioxin-Belastung rückläufig. So haben sich die Werte für die tägliche Aufnahme und auch für den Dioxingehalt im Fettgewebe in den letzten 10 Jahren etwa halbiert.

Ähnlich wie bei den PCB's sind die Vorsichtsmaßnahmen bezüglich der Dioxine eher in ihrer Persistenz als in ihrer Toxizität begründet. Trotz umfangreicher Untersuchungen ist die Toxizität von Dioxinen für den Menschen sehr schwer zu bewerten. Gesichert ist das Auslösen einer speziellen Hauterkrankung (Chlorakne[36]) bei ständiger starker Dioxinbelastung. Weiterhin ist eine Tumor-Promoter-Wirkung von Dioxinen sehr wahrscheinlich. Die beim Seveso-Unfall aufgetretenen Gesundheitsschäden sind, mit Ausnahme der Chlorakne, vor allem auf die entwichene Natronlauge zurückzuführen. Eine erhöhte Krebsrate oder eine teratogene Wirkung konnten in der Folgezeit nicht festgestellt werden obwohl die Belastung der betroffenen Bevölkerung zwischen 1,7-56 µg TE je kg Fett betrug.

Entsorgung: Rückstände mit chlorreichen Verbindungen sind grundsätzlich Sondermüll, der in speziellen Anlagen verbrannt werden muß. Bis 1989 wurden solche Rückstände (z. B. aus der Textilreinigung) noch auf hoher See verbrannt.

Aufgaben

Aufgabe 39.1

Warum kann man mit einem Sodahaltigen Scheuerpulver Fettschmutz beseitigen?

---

[35] PCDD/PCDF-Gehalte von Böden (1991, Durchschnittswerte in ng TE je kg): Grundbelastung (1), an Müllverbrennungsanlagen (3), Straßenrand (30), Wald (60, Speicherung in Kiefern-Nadeln), Kabelabbrennanlagen (29000). Dioxine werden in Böden mit einer Halbwertszeit von 10 - 12 Jahren abgebaut. Photochemisch (z. B. an Wasseroberflächen) werden sie innerhalb einiger Tage abgebaut.
[36] Diese Erkrankung trat z. B. früher bei Arbeitern in der Chlor-Alkali-Elektrolyse auf. Die Dioxine bildeten sich dort an Graphit-Anoden.

Einführung in die Chromatographie

40.1 Verteilung, Absorption, Adsorption

Verteilungs-, Absorptions- und Adsorptionsphänomene spielen immer dann eine Rolle, wenn ein Stoff sich in einem Mehrphasensystem befindet. Als *Verteilung* bezeichnet man dabei die Einstellung bestimmter Konzentrationen eines Stoffes in zwei aneinander grenzenden, in der Regel flüssigen Phasen[1]. Verteilungsprozesse sind z. B. bei Extraktionen wesentlich. Unter *Absorption* versteht man das Eindringen von Gasen od. Gasgemischen in Flüssigkeiten od. Festkörpern (kondensierte Phasen). So absorbiert Wasser z. B. Sauerstoff aus der Luft – die Grundlage für tierisches Leben in Gewässern. Als *Adsorption* wird die Anreicherung von Stoffen an Phasengrenzflächen, insbesondere an Oberflächen von Festkörpern, bezeichnet. Adsorptionsprozesse werden z. B. zur Entgiftung des Magen-Darm-Trakts durch Aktivkohle oder Kieselgel genutzt. Auf der Oberfläche dieser Adsorbenzien werden die Giftstoffe gebunden.

Verteilungs-, Absorptions- und Adsorptionsgleichgewichte gehören zu den chemischen Gleichgewichten. Die Lage dieser Gleichgewichte hängt stark von der Polarität der beteiligten Phasen und Stoffe ab. So werden z. B. polare Stoffe gut in polaren Lösungsmitteln gelöst (bei der Verteilung oder der Absorption) bzw. von polaren Oberflächen stark adsorbiert. Darüberhinaus sind Absorptions- und Adsorptionsprozesse stark temperaturabhängig. Mit steigender Temperatur steigt die Tendenz zur Desorption[2]. Bei niedrigen Konzentrationen bzw. Partialdrucken werden die Gleichgewichte aller drei Prozesse durch einfache lineare Gleichungen beschrieben.

Verteilung:	$c_A = K_1 \cdot c_B$	(Nernstscher Verteilungssatz)
Absorption:	$c_A = K_2 \cdot p_B$	(Henrysches Gesetz)
Adsorption von Gasen:	$c_A = K_3 \cdot p_B$	
Adsorption von flüssigen oder gelösten Stoffen:	$c_O = K_3 \cdot c_B$	

c_A : Konzentration des Stoffes in Phase A K_1 : Verteilungskoeffizient

c_B : Konzentration des Stoffes in Phase B K_2 : Absorptionskoeffizient

p_B : Partialdruck des Stoffes in Phase B K_3 : Adsorptionskoeffizient

c_O : Konzentration des Stoffes an der Oberfläche der Phase A

Bei höheren Konzentrationen in Phase B kann es zur Sättigung in der Phase A bzw. an der Oberfläche der Phase A kommen. Obwohl c_B bzw. p_B weiter erhöht werden, steigt c_A bzw. c_O nicht mehr an. Der Grund ist, daß jede Phase und jede Phasengrenze nur eine begrenzte Aufnahmekapazität hat. Insgesamt ergibt sich für die Konzentration des absorbierten bzw. adsorbierten Stoffes die in Bild 40-1 gezeigte Abhängigkeit.

---

[1] Zum Phasenbegriff vgl. 2.2

[2] Die Umkehrung von Absorption und auch Adsorption wird als Desorption bezeichnet.

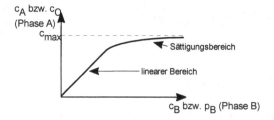

Bild 40-1 Abhängigkeit der Konzentration in bzw. auf Phase B von der Konzentration oder dem Partialdruck des gleichen Stoffes in Phase A.

40.2 Das Prinzip der chromatographischen Trennung

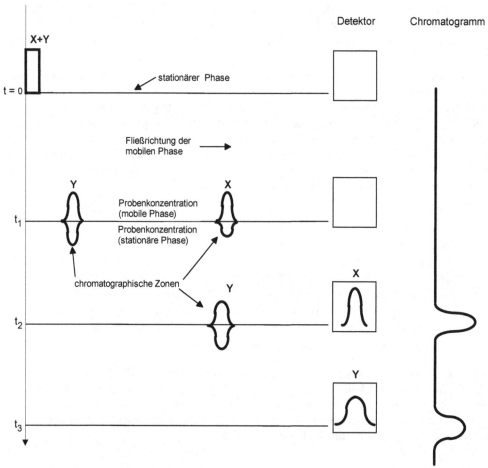

Bild 40-2 Schematische Darstellung der chromatographischen Trennung eines Zweistoffgemisches (Komponenten A und B)

Die Chromatographie ist eine Methode zur Stofftrennung. Das allgemeine Prinzip sei am Beispiel eines Zweistoffgemisches, bestehend aus den Komponenten X und Y erläutert (s. Bild 40-2). Das Stoffgemisch befindet sich in einem strömenden Medium (mobile Phase) und ist gleichzeitig einer stationären Phase ausgesetzt. Die mobile Phase ist flüssig oder gasförmig. Die stationäre Phase, sie ist fest oder ein dünner flüssiger Film auf einem Festkörper, ist in der Lage mit den Teilchen (Molekülen oder Ionen) der mobilen Phase und insbesondere mit denen des Stoffgemisches Wechselwirkungen einzugehen. Diese Wechselwirkungen – Verteilungs-, Absorptions- bzw. Adsorptionsprozesse – führen zum Festhalten von Teilchen. Je nach Art der Teilchen ist dieses Festhalten mehr oder weniger intensiv – sie bewegen sich also unterschiedlich schnell entlang der stationären Phase. Es kommt zur Stofftrennung, zur Bildung sogenannter chromatographischer Zonen.

40.3 Planar-Chromatographie

Planare Methoden bestechen durch ihre Einfachheit hinsichtlich Apparatur und Durchführung. Die wichtigste Methode ist die *Dünnschichtchromatographie* (DC). Kernstück ist hierbei die sogenannte Dünnschichtplatte (DC-Platte). Sie besteht aus einer ebenen Unterlage aus Glas, Metall oder Kunststoff, auf der das Adsorbens (die stationäre Phase) in dünner Schicht aufgetragen ist (s. Bild 40-3). Die stationäre Phase besteht zumeist aus Kieselgel oder Aluminiumoxid (s. a. Tab. 40.1). Die zu untersuchenden Probelösungen werden nun in einer Reihe auf die DC-Platte aufgetragen und dann in eine mit dem Laufmittel (mobile Phase) gefüllte Kammer gestellt (im einfachsten Fall in ein Becherglas), das anschließend abgedeckt wird. Das Laufmittel beginnt nun, durch Kapillarkräfte bedingt, nach oben zu steigen. Dabei kommt es zur chromatographischen Trennung, auch als Entwicklung bezeichnet (s. a. Schema 40-2, Situation zur Zeit t_1). Die Komponenten der Proben bilden auf der Oberfläche der Dünnschichtplatte Zonen, die als Flecke erkennbar sind (s. Bild 40.3) oder sichtbar gemacht werden können (s. u.). Die Position der Zonen (Flecke) wird als R_F-Wert[3] angegeben. R_F kann Werte zwischen 0 und 1 annehmen.

$$R_F = \frac{\text{Weglänge der Zone (des Fleckes)}}{\text{Höhe der Laufmittelfront}}$$

Die chromatographische Trennung wird, sofern Kieselgel oder Aluminiumoxid als stationäre Phase verwendet werden, vor allem durch Adsorptionsprozesse verursacht (*Adsorptionschromatographie*). Entscheidend ist, daß beide Adsorbentien polare Oberflächen besitzen. Diese hohe Polarität wird vor allem durch OH-Gruppen hervorgerufen. Moleküle orientieren sich daher mit der polaren funktionellen Gruppe an die Oberfläche des Adsorbens, häufig unter Bildung von Wasserstoff-Brücken. Je polarer das Molekül, desto größer ist dessen Fähigkeit, an die Oberfläche des Adsorbens zu binden (s. Bild 40-4). Polare Stoffe legen demzufolge einen kürzeren Weg auf der Dünnschichtplatte zurück als unpolare. Auf die Proben der entwickelten Dünnschichtplatte (Bild 40-3) angewandt, folgt, daß alle drei Proben den gleichen Stoff enthalten. Die mittlere Probe enthält darüberhinaus eine weniger polare, die rechte Probe eine polarere Verunreinigung.

---

[3] R_F-Wert: Retentionsfaktor oder Rückhaltefaktor

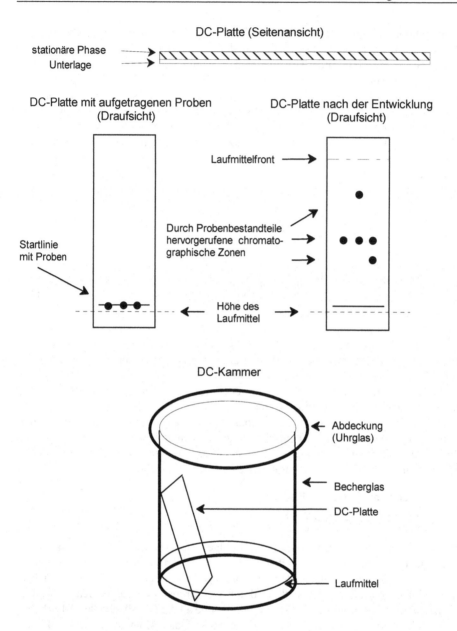

Bild 40-3 Dünnschichtchromatographie

Welchen Einfluß hat das Laufmittel? Es gilt: Je größer die Polarität , desto größer die R_F-Werte und umgekehrt. Sind die Laufmittelmoleküle polarer als die Probemoleküle, so werden sich bevorzugt erstere auf die Oberflächenplätze des Adsorbens setzen. Die Probenbestandteile müssen überwiegend in Lösung verbleiben und werden vom strömenden

Laufmittel fortgetragen. Es resultieren lange Wegstrecken. Im umgekehrten Fall werden die Probenbestandteile verstärkt adsorbiert. Im Extremfall strömt das Laufmittel nur über die adsorbierte Probe hinweg, was einen R_F-Wert von null zur Folge hätte.

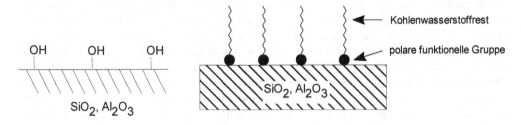

Bild 40-4 Adsorptionsprozesse an Kieselgel- und Aluminiumoxid-Oberflächen

In Tab. 40.1 sind die Lösungsmittel nach ihrem Vermögen, Stoffe vom Adsorbens zu eluieren[4], angeordnet. Weiterhin sind die Stoffklassen nach ihrer Fähigkeit, an polaren Oberflächen zu adsorbieren, aufgelistet.

Tab. 40.1 Adsorption und Elution von Proben (gültig für Kieselgel und Aluminiumoxid)

Probe		Elutionsmittel (Laufmittel)	
große Polarität (starke Adsorption)	starke Säuren und Basen	*große Polarität (R_F-Wert vergrößernd)*	Essigsäure (Eisessig)
	Amine		Wasser
	Alkohole, Phenole,		Methanol
	Aldehyde		Ethanol
	Ketone		Aceton
	Aromaten		Essigsäureethylester
	Halogenverbindungen		2-Propanol
	Ether		Acetonitril
geringe Polarität (schwache Adsorption)	Alkene		Diethylether
	Alkane		Dichlormethan
		geringe Polarität (R_F-Wert verkleinernd)	Toluen
			Heptan

Im Ergebnis einer dünnschichtchromatographischen Trennung sollen die untersuchten Proben bzw. Probenbestandteile möglichst gut unterscheidbare R_F-Werte liefern[5]. Dieses ist in der

---

[4] eluieren: herunterwaschen einer Substanz (vom Adsorbens). Substantiv: Elution. Die in Tab. 40.1 gezeigte Anordnung der Laufmittel (Elutionsmittel) wird auch als eluotrope Reihe bezeichnet.
[5] Aus diesem Grund sind R_F-Werte im Bereich um 0 oder 1 unerwünscht.

Regel nicht mit reinen Lösungsmitteln als Laufmittel zu erreichen, sondern nur durch auf das Trennproblem abgestimmte Lösungsmittelgemische.

Die *Trennleistung* ist ein zentraler Begriff der Chromatographie und steht in unmittelbarem Zusammenhang mit der *Zonenbreite*. In der planaren Chromatographie ist unter der Zonenbreite die Fleckgröße zu verstehen. Das Ziel besteht darin, möglichst kleine Zonen zu erhalten, so daß auch Proben mit geringer R_F-Wert-Differenz gut unterschieden werden können. Wichtig ist (für alle chromatographischen Methoden), daß die nach dem Auftragen am Start erhaltene Zone möglichst klein ist. Sie kann während eines chromatographischen Prozesses nicht kleiner, sondern nur größer werden. Zwei Prozesse führen zur Zonen(Fleck)-Vergrößerung. Zum einen sind hier Diffusionsprozesse zu nennen. Neben der durch das Laufmittel verursachten gerichteten Bewegung unterliegen die Probemoleküle auch der Brownschen Molekularbewegung. Zum zweiten legen nicht alle Teichen den selben Weg zwischen den Partikeln der stationären Phase zurück (Umwegphänomen). Weiterhin ist die Trennleistung mengenabhängig. Chromatographische Trennung müssen in einem Mengenverhältnis an stationärer Phase und Probe geführt werden, daß die zugrundeliegenden Prozesse dem linearen Teil der in Bild 40-1 gezeigten Kurve entsprechen. Ist die Probenmenge zu groß, reicht die Aufnahmekapazität der stationären Phase nicht mehr aus. Die überschüssigen Probemoleküle werden vom Laufmittel fortgetragen. Es kommt wiederum zu einer Zonenverbreiterung (Massentransfer, s. Bild 40-5).

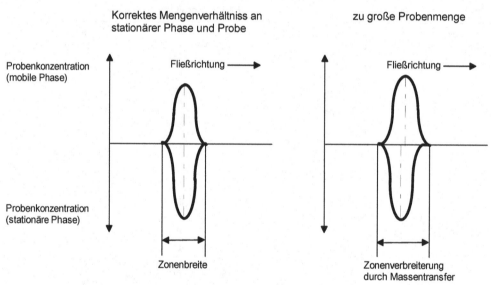

Bild 40-5 Zonenverbreiterung durch Massentransfer

Papierchromatographie (PC): Die Papierchromatographie entspricht in ihrer Durchführung der Dünnschichtchromatographie. Anstelle der Dünnschichtplatten wird spezielles Chromatographie-Papier verwendet. Als Laufmittel dienen in der Regel polare, zumeist wasserhaltige Lösungsmittelgemische. Das Papier quillt unter Bildung eines Films von Laufmittelbestandteilen. Diese dünne, flüssige Schicht ist die eigentliche stationäre Phase.

Die chromatographische Trennung wird, im Unterschied zur DC, durch Verteilungsprozesse bewirkt (*Verteilungschromatographie*). Trotzdem ist der Einfluß der Polarität von Laufmittel bzw. Probe auf die chromatographische Trennung wie für die DC beschrieben (s. o.), da auch in der Papierchromatographie die stationäre Phase polar ist. Allerdings ist die Polarität des flüssigen Films geringer als z. B. die von Kieselgel, so daß mittels Papierchromatographie auch stark polare Verbindungen (z. B. Aminosäuren) untersucht werden können. Insgesamt hat die Papierchromatographie erheblich an Bedeutung gegenüber der Dünnschichtchromatographie verloren.

Detektion in der Planar-Chromatographie: Nur in Ausnahmefällen sind die chromatographischen Zonen (Flecken) sichtbar. In den allermeisten Fällen müssen sie erst sichtbar gemacht werden. Die traditionelle Methode ist das Anfärben. Dazu wird die Dünnschichtplatte oder das Chromatographie-Papier nach dem Entwickeln getrocknet und anschließend mit einer Lösung behandelt, die mit den Substanzen der Zone in einer chemischen Reaktion farbige Produkte liefert. Die Palette reicht von allgemein wirksamen (z. B. alkalische Permanganat-Lösung) bis zu sehr spezifischen Reagentien, die nur mit bestimmten Stoffklassen reagieren. Weit verbreitet ist die Anwendung von stationären Phasen, die mit einem Fluoreszenz-Farbstoff imprägniert sind. Beim Betrachten der Platte unter UV-Licht erscheinen die Zonen als dunkle Flecke, da es an diesen Stellen zu einer Fluoreszenz-Löschung kommt.

Für die quantitative Bestimmung existieren Scanning-Methoden. Bei sehr sorgfältiger Arbeitsweise lassen sich auch mit dieser Methodik reproduzierbare Ergebnisse erzielen. Spurenanalytik ist jedoch nicht möglich. So liegt die Stärke der Planar-Chromatographie vor allem in der qualitativen Bestimmung. Besonders von Vorteil: Im Unterschied zu säulenchromatographischen Verfahren (s. u.) gestatten Planar-Methoden die gleichzeitige Bestimmung mehrerer Proben.

40.4 Säulenchromatographie (SC)

Für die Säulenchromatographie verwendet man Rohre, die mit der stationären Phase gefüllt sind[6] und vom Laufmittel durchströmt werden (s. Bild 40-6). Diese Anordnung führt zu zwei wesentlichen Unterschieden im Vergleich zur Planar-Chromatographie. Die Strömungsgeschwindigkeit der mobilen Phase ist nicht durch Kapillarkräfte festgelegt, sondern frei wählbar. Weiterhin können die Probenbestandteile nun die stationäre Phase verlassen. Die Detektion erfolgt in der SC im Anschluß an die Trennung (s. a. Bild 40-2, Situation zur Zeit t_2 und t_3). Die untersuchten Stoffe werden nun anhand der *Retentionszeit* t_R charakterisiert. Darunter ist die Zeit zu verstehen, die ein Stoff benötigt, um durch die Säule zu gelangen[7]. Dabei werden überwiegend nicht die Retentionszeit selbst, sondern daraus abgeleitete Größen benutzt (t_R', k', s. Bild 40-7).

---

[6] um eine effiziente Trennung zu erreichen, muß die Säule blasen- und rißfrei gefüllt sein.

[7] s. a. Bild 20-2: Die Zeiten t_2 und t_3 entsprechen den Retentionszeiten der Komponenten X bzw. Y (t_2 = $t_{R,X}$; t_3 = $t_{R,Y}$)

Einfache Apparatur
(für ein Grundpraktikum)

Fließschema einer modernen Anlage

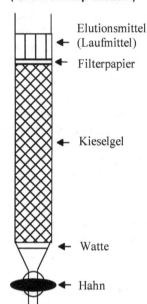

Elutionsmittel
(Laufmittel)

Filterpapier

Kieselgel

Watte

Hahn

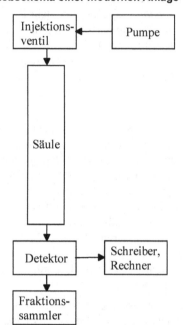

Bild 40-6 Säulenchromatographie

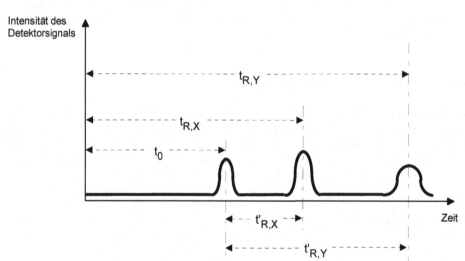

Bild 40-7 Wichtige Parameter der Säulenchromatographie
$t_{R,X}$, $t_{R,Y}$: Retentionszeit der Komponenten **X** und **Y**
t_0: Retentionszeit einer nicht zurückgehaltenen Substanz (Totzeit)
$t'_{R,X}$, $t'_{R,Y}$: korrigierte (oder effektive) Retentionszeit der Komponenten **X** und **Y** ($t'_{R,X} = t_{R,X} - t_0$)

Kapazitätsfaktor k': $k' = t'_R/t_0 = K \cdot V_S/V_M$
K: Adsorptions-, Verteilungs- oder Absorptionskoeffizient (je nach Mechanismus der Trennung)
V_S, V_M: Volumen der stationären bzw. mobilen Phase in der Säule

Wird Kieselgel oder Aluminiumoxid als stationäre Phase verwendet ist der Trennvorgang wie bei der DC als Adsorptionschromatographie anzusprechen. Polare Stoffe werden wiederum stärker vom Adsorbens festgehalten als unpolare. Erstere liefern daher unter sonst gleichen Bedingungen höhere Retentionszeiten als letztere. Eine Erhöhung der Polarität der mobilen Phase verkürzt die Retentionszeiten, da die Adsorptionsneigung der Probenbestandteile verringert wird (vgl. 40.2).

Trennleistung: In der SC entspricht die Peakbreite der Zonenbreite und ist somit ein Maß für die Trennleistung. Die Peakbreite hängt, analog zur DC (vgl. 40.3), von der Probenmenge und vom Volumen der Probe ab. Darüberhinaus ist die Peakbreite von der Fließgeschwindigkeit der mobilen Phase abhängig. Verringert man die Fließgeschwindigkeit, so sind die Proben länger dem Einfluß der Brownschen Molekularbewegung ausgesetzt – die Peaks werden breiter. Aus dem gleichen Grund sind auf einem Chromatogramm die Peaks mit kleiner Retentionszeit schmal, die später erscheinenden Peaks dagegen deutlich breiter (s. a. Bild 40-2 bzw. 40-7). Aber auch eine zu hohe Fließgeschwindigkeit führt zur Peakverbreiterung. Die Zeit zur Einstellung der Gleichgewichtskonzentration an der stationären Phase ist nicht ausreichend. Es kommt zum Massentransfer (s. Bild 40-5).

Auswertung der Trennung: In der SC verläßt die mobile Phase die in der Säule befindliche stationäre Phase und bildet das sogenannte Eluat (von *eluieren*, s. o.). Dieses Eluat läßt sich sehr einfach auf Probenbestanteile untersuchen, in dem man es durch Detektoren leitet (s. Schema 40-6). Am verbreitetsten sind UV-Vis-Detektoren. Hier wird die Licht-Absorption des durchströmenden Eluats gemessen[8] und von einem Schreiber (bzw. Rechner) registriert. Weiterhin von Bedeutung sind RI-Detektoren (RI: refractive index, Brechungsindex).

Anwendung der SC: Durch die Verwendung von Detektoren gestattet die SC nicht nur qualitative Untersuchungen (Messung von t_R bzw. t_R'), sondern auch quantitative Bestimmungen (Messung der Signalintensität). Aus diesem Grund finden säulenchromatographische Methoden vielfach Anwendung in der Analytik. Hervorzuheben sind hier die HPLC (high performance liquid chromatography, Hochleistungs-Flüssigchromatographie) und die GC (Gaschromatographie, Verwendung einer gasförmigen mobilen Phase), die Weiterentwicklungen der „klassischen" SC darstellen.

Säulenchromatographische Methoden werden auch in der präparativen Chemie zur Stofftrennung genutzt – sowohl im Labormaßstab als auch in industriellen Verfahren (mit Säulendurchmessern im Meter-Bereich). Dazu wird das Eluat in Abschnitten, sogenannten Fraktionen, aufgefangen. Das gelingt besonders bequem durch Verwendung von Fraktionssammlern (s. Bild 40-6). Die Isolierung der gewünschte Substanz gelingt durch destillatives Entfernen des Laufmittels von den entsprechenden Fraktionen.

---

[8] Man verwendet Licht einer bestimmten Wellenlänge, die so gewählt wird, daß die Probenbestandteile stark, das Laufmittel nur schwach adsorbiert, so daß man gut auswertbare Signale erhält.

Grundlegende Probleme der Analytischen Chemie

Analysenergebnisse haben oft einen großen Einfluß auf wichtige Entscheidungen. Die Spannbreite reicht dabei von der Diagnose und Therapie von Erkrankungen über das Verbot von Lebensmitteln bis zur Schließung von Betrieben. Sie spielen eine Rolle in der Politik und nicht zuletzt in Presse, Funk und Fernsehen.

Demgegenüber steht die Schwierigkeit für den Analytiker, exakte Analysenwerte zu ermitteln. Alle diejenigen, die aus Analysenwerten Schlußfolgerungen zu ziehen haben (z. B. Behörden) müssen die Aussagefähigkeit und Seriosität dieser Werte beurteilen. Im folgenden Kapitel sollen kurz die wichtigsten Probleme diskutiert werden, die bei der Ermittlung und Bewertung von Analysenmethoden wesentlich sind.

41.1 Validierung einer Analysenmethode

Jede Messung ist mit Fehlern behaftet. Eine erste Konsequenz aus diesem Umstand ist die Mehrfach-Bestimmung, d. h. man führt eine bestimmte Analyse nicht nur einmal durch, sondern wiederholt sie verschiedene Male, um die Sicherheit der Aussage zu erhöhen. Aus den Einzelergebnissen x_i wird dann der *Mittelwert* gebildet. Das ist in der Regel das arithmetische Mittel x, seltener das geometrische Mittel.

arithmetisches Mittel: $x = \dfrac{\sum\limits_{i=1}^{n} x_i}{n}$ 　　geometrisches Mittel: $y = \sqrt[n]{\prod\limits_{i=1}^{n} x_i}$ 　　x_i: Meßwert 　 n: Anzahl der Messungen

	Fall 1	Fall 2	Fall 3	Fall 4
systemat. Fehler	klein	klein	groß	groß
zufällig. Fehler	klein	groß	klein	groß
1. Messung	10,1	10,4	12,1	12,4
2. Messung	10,0	9,7	12,0	11,7
3. Messung	10,3	10,0	12,0	11,8
4. Messung	10,0	10,6	12,3	12,6
5. Messung	10,1	9,8	12,1	12,0
Mittelwert x	**10,1**	**10,1**	**12,1**	**12,1**

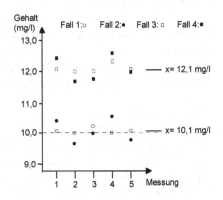

Bild 41-1 Systematischer und zufälliger Fehler – Beispiel: Bestimmung des Eisengehaltes im Grundwasser (wahrer Wert: 10,0 mg·l⁻¹)

Wir können zwei Fehlerarten feststellen: *systematische Fehler* und *zufällige Fehler*. Systematische Fehler führen zu einer Abweichung vom wahren Wert. Solche Fehler entstehen durch unsauberes Arbeiten aber auch durch unerwünschte Nebenprozesse während der Analyse (z. B. Zersetzungsreaktionen, Adsorption der Analysensubstanz an der Gefäßwand). Zufällige Fehler liegen auch bei sorgfältigster Arbeitsweise vor. Hierbei handelt es sich um statistische Streuungen der Ergebnisse von Einzelmessungen um den Mittelwert. Bild 41-1 zeigt an einem Beispiel, wie sich die beiden Fehlerarten auf das Analysenergebnis auswirken. Die statistische Streuung der Einzelwerte unterliegt oft einer Normalverteilung (Bild 41-2). Graphisch läßt sie sich durch eine Gaußkurve ausdrücken. Das Maß für die Streuung ist die *Standardabweichung* S.[1] Besonders wichtig ist der Streubereich x±3S, in dem praktisch alle Ergebnisse der Einzelmessungen liegen (99,74 %). Bitte beachten Sie auch, daß die relative Streuung mit der Kleinheit der Meßwerte stark zunimmt. In der Spurenanalytik, ist die relative Standardabweichung S_R also besonders groß.[2]

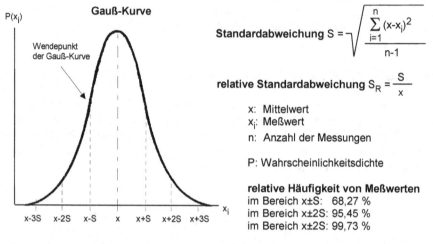

$$\text{Standardabweichung } S = \sqrt{\frac{\sum\limits_{i=1}^{n}(x-x_i)^2}{n-1}}$$

$$\text{relative Standardabweichung } S_R = \frac{S}{x}$$

x: Mittelwert

x_i: Meßwert

n: Anzahl der Messungen

P: Wahrscheinlichkeitsdichte

relative Häufigkeit von Meßwerten
im Bereich x±S: 68,27 %
im Bereich x±2S: 95,45 %
im Bereich x±2S: 99,73 %

Bild 41-2 Normalverteilung von Meßwerten, Standardabweichung

Blindwert, Nachweisgrenze, Bestimmungsgrenze: Insbesondere in der Spurenanalytik wird trotz eines Gehaltes µ= 0 ein Meßsignal erhalten, der sogenannte *Blindwert*, hervorgerufen z. B. durch das „Rauschen" des Meßinstruments. Auch der Blindwert unterliegt einer statistischen Streuung. Durch genügend häufige Messungen (Richtwert: 20) läßt sich die

---

[1] Die Theorien zur statistischen Streuung gehen von einer unendlichen Anzahl von Wiederholungsmessungen unter Erfassung der Grundgesamtheit (zu diesem Begriff: s. u.) aus. S ist genau genommen ein Näherungswert für die wahre Standardabweichung σ, der für eine größere (aber endliche) Anzahl von Wiederholungsmessungen gilt. Auch der Mittelwert x ist eine Näherung - für den wahren Wert µ. In vielen Lehrbüchern werden Sie daher die Gauß-Kurve mit µ und σ dargestellt finden. Die hier gewählte Form entspricht der Herangehensweise in der Praxis.

[2] Die Umweltanalytik (z. B. Bestimmung von Schwermetall- oder Dioxin-Gehalten) ist zumeist eine Spurenanalytik. Die Meßgrößen bewegen sich im ppm-Bereich (ppm = parts per million, $mg \cdot kg^{-1}$), oft sogar darunter (ppb = parts per billion, $µg \cdot kg^{-1}$), (ppt = parts per trillion, $ng \cdot kg^{-1}$). S_R beträgt im ppm-Bereich etwa 5-10 %, im ppb-Bereich bereits ca. 40-50 %.

Standardabweichung des Blindwertes S_B ermitteln. Ist diese dann bekannt, kann man den Bereich angeben, in dem erhaltene Mittelwerte nicht von einem tatsächlichen Gehalt verursacht sein können ($B+3S_B$, B: Mittelwert des Blindwertes). Erst oberhalb des Betrags $B+3S_B$, er wird als *Nachweisgrenze* bezeichnet, ist ein Mittelwert als durch einen Gehalt verursacht anzusehen. Quantitative Aussagen sind jedoch noch nicht möglich. Der Grund: Die Hälfte der zu diesem Mittelwert gehörenden Einzelmessungen liegen im Blindwert-Bereich $B+3S_B$ (s. Bild 41-3). Erst, wenn der Mittelwert mindestens $B+6S_B$ (*Bestimmungsgrenze*) beträgt, liegen keine Überschneidungen mit dem Streubereich des Blindwertes mehr vor. Nun sind auch quantitative Aussagen möglich.

Blindwert, Nachweisgrenze, Bestimmungsgrenze   **Kalibrierkurve**

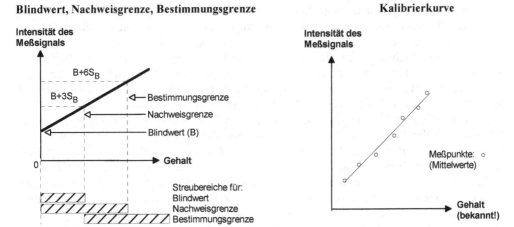

Bild 41-3 Blindwert, Nachweisgrenze, Bestimmungsgrenze, Kalibrierung

Kalibrierung: Bei instrumentellen Methoden ist der Zusammenhang zwischen Konzentration und Meßsignal gerätespezifisch und muß empirisch ermittelt werden. Dieser Arbeitsschritt wird als Kalibrierung bezeichnet. Eine Möglichkeit besteht darin, unterschiedliche, bekannte Gehalte zu vermessen. Die Ergebnisse werden in ein Diagramm eingetragen und durch eine Regressionskurve verbunden (die *Kalibrierkurve*, welche allerdings häufig eine Gerade ist, s. Bild 41-3). Die Untersuchung unbekannter Proben ist nun sehr einfach. Es wird die entsprechende Signalintensität ermittelt und dann die dazugehörige Konzentration am Diagramm abgelesen. Beachten Sie, daß Extrapolationen der Kurve unzulässig sind. Die Kurve gilt ausschließlich im untersuchten Konzentrationsbereich.

I_1: Signalintensität der unbekannten Probe mit dem Gehalt x_1

I_2: Signalintensität der Probe nach Zusatz des externen Standards mit dem Gehalt x_0

$$\frac{(I_2 - I_1)}{x_0} = \frac{I_1}{x_1} \qquad \text{oder} \qquad x_1 = x_0 \frac{I_1}{(I_2 - I_1)}$$

Bild 41-4 Additiv-Methode

Eine weitere Möglichkeit der Kalibrierung besteht in der Anwendung *Additiv-Methode*. Dazu wird zunächst die unbekannte Probe vermessen. Anschließend wird die Messung unter Zusatz einer bekannten Menge des gleichen Stoffes wiederholt. Aus den beiden Intensitäten kann dann der Gehalt der unbekannten Probe berechnet werden (s. Bild 41-4). Diese Methode ist nur anwendbar, wenn der Zusammenhang zwischen Signalintensität und Gehalt linear ist.

41.2 Probennahme und Probenvorbereitung

Soll z. B. die Dioxin-Belastung im Boden in der Umgebung einer Müllverbrennungsanlage beurteilt werden, wird man unmöglich aus dem gesamten Boden die Dioxine extrahieren und anschließend bestimmen können. Vielmehr wird man an bestimmten Stellen Proben, sogenannte *Stichproben*, entnehmen und diese untersuchen. Allerdings ist die Dioxinbelastung nicht an allen Stellen gleich – die *Grundgesamtheit*[3] (hier: der Boden) ist *inhomogen*. Die Entnahme *repräsentativer Proben* ist demzufolge schwierig. Je nach Entfernung und Himmelsrichtung in Bezug auf den Schornstein der Anlage, sowie nach Art des Bodens und der Vegetation werden stark unterschiedliche Werte für die einzelnen Stichproben erhalten. Durch diese Unterschiede werden allgemeine Aussagen ungemein erschwert. In der Umweltanalytik sind inhomogene Grundgesamtheiten die Regel – z. B. Menschen mit unterschiedlichen Lebens- und Ernährungsgewohnheiten, Flächen mit unterschiedlicher Belastung an Schadstoffen (s. o.). Auch Gewässer haben nicht an allen Stellen die gleiche Zusammensetzung. Inhomogenitäten entstehen hier durch den ungleichmäßigen Eintrag von Schadstoffen (z. B. nur vom Ufer aus), durch Temperaturunterschiede, Lichteinfall oder Abbauprozesse. Weiterhin sind zeitliche Inhomogenitäten zu beachten. So ist der Kohlendioxid-Gehalt der Luft abhängig von der Jahreszeit. Chemische Fabriken nutzen oft diskontinuierliche Anlagen, so daß die entsprechenden Abprodukte nur zu bestimmten Zeiten anfallen. Dem Problem der Inhomogenität von Grundgesamtheiten wird auf zwei Wegen entgegengetreten – durch entsprechende Probenahme-Pläne und eine ausführliche statistische Bewertung des gesamten Analysenprozesses.[4]

Probenlagerung: Oft werden die Proben nicht sofort analysiert, z. B. wenn eine große Anzahl an Proben anfällt, oder wenn Proben archiviert werden sollen. Dann müssen Vorkehrungen getroffen werden, daß sich die Zusammensetzung der Proben nicht verändert. Derartige Veränderungen werden durch eine Vielzahl von Prozessen verursacht – Entweichen flüchtiger Bestandteile, chemische Reaktionen (mit Luftsauerstoff, mit der Gefäßwand), biochemischer Abbau (z. B. Nitrat durch Bakterien in Grundwasserproben), Adsorption an

---

[3] Unter Grundgesamtheit wird das gesamte zu analysierende System verstanden. Es kann sich dabei um eine Gruppe von Lebewesen (also auch Menschen), die definierte Anzahl gleichartiger Gegenstände (z. B. Tagesproduktion eines Werks an Autoachsen), eine definierte Menge (wöchentliche Milchproduktion eines Bauernhofes) oder auch um eine definierte Fläche (s. Beispiel) oder einen Raum (Atmospäre, Gewässer) handeln. Auch der Inhalt eines Kochtopfes stellt eine Grundgesamtheit dar, von der Sie Teile (Stichproben) zur Analyse (kosten) entnehmen, um dann auf den gesamten Inhalt zu schlußfolgern (ob noch Salz fehlt).

[4] Eine ausführliche Besprechung würde den Rahmen des Buches sprengen. An dieser Stelle soll jedoch auch nicht verschwiegen werden, daß die Probennahme verschiedene Möglichkeiten zur Manipulation von Analysenergebnissen bietet.

der Gefäßwand u.s.w. Die Proben müssen demzufolge in dicht schließenden Behältern aus geeignetem Material aufbewahrt werden, oft auch bei tiefen Temperaturen (sogar in flüssigem Stickstoff, -196 °C).

Probenvorbereitung: Nur in Ausnahmefällen kann eine Probe direkt in das Einlaßsystem eines Analysengerätes gegeben werden. Im Regelfall muß die zu bestimmende Substanz zunächst in eine meßbare Form überführt werden. Dazu sind eine Reihe von Arbeitsschritten erforderlich, z. B. Aufschlüsse, Extraktionen, Reinigungsschritte, Anreicherungen. Jeder dieser Arbeitsschritte ist mit Verlusten an Analysensubstanz verbunden[5]. Diese Verluste werden durch die *Wiederfindungsrate* charakterisiert. Dazu wird eine bekannte Menge der Analysensubstanz in die zu untersuchende *Matrix*[6] gegeben, anschließend aus dieser Matrix isoliert und dann bestimmt. Jeder dieser Arbeitsschritte ist auch durch eine Streuung charakterisiert. Die Streuung des vollständigen Analysenverfahrens ergibt sich dabei nach der folgenden Gleichung[7]:

Gesamt-Standardabweichung des Analysenverfahrens:
$$S = \sqrt{\sum_{i=1}^{n} S_i^2}$$
S_i ; Standardabweichung eines Arbeitsschrittes

Mit der Anzahl an Einzelschritten eines Analysenverfahrens nimmt also nicht nur der systematische sondern auch der zufällige Fehler zu. Ein vollständiges Analysenverfahren sollte demzufolge so wenig Arbeitsschritte wie möglich enthalten.

41.3 Zuverlässigkeit und Aussagekraft von Analysenwerten

Aus dem bisher Dargelegten wird deutlich, wieviele Faktoren zu berücksichtigen sind, um zuverlässige Analysendaten zu ermitteln. Eine wichtige Voraussetzung ist daher die exakte Dokumentation aller Arbeitsschritte (genaue Angabe der Methode, der verwendeten Geräten und Chemikalien und des Zeitablaufs). Das gilt bereits für eine Analyse im Rahmen eines Chemie-Praktikums. Die Anforderungen an ein Analysenlabor, dessen Ergebnisse eine gewisse öffentliche Wirkung (s. o.) haben sollen, sind ungleich höher. Derartige Laboratorien werden eine sogenannte *Akkreditierung* anstreben. Dazu werden im betroffenen Laboratorium die technischen Voraussetzungen, die Qualifikation der Mitarbeiter und auch die Arbeitsabläufe überprüft. Außerdem muß sich das Labor erfolgreich an *Ringversuchen*[8] beteiligt haben.

---

[5] Ursachen für derartige Verluste sind z. B.: Anhaften an Gefäßwänden, ungünstige Gleichgewichtslage bei Extraktionen, Nebenreaktionen bei Aufschlüssen. In der Spurenanalytik kann es bei der Aufarbeitung auch zur Erhöhung der Menge an zu analysierender Substanz kommen. Diese Zusätze können z. B. der Laborluft, Gefäßwänden oder unzureichend reinen Lösungsmitteln entstammen.

[6] Unter Matrix wird das Material verstanden, das die Analysensubstanz umgibt. Die Analysensubstanz geht oft eine Wechselwirkung mit der Matrix ein (Adsorptions- und Löseprozesse, Einschlüsse). Die Matrix entscheidet über die Wahl der Methoden zur Probenvorbereitung. Es ist ein Unterschied, ob Dioxine aus einer Boden- oder einer Gewebeprobe isoliert und bestimmt werden sollen.

[7] Das Quadrat der Standardabweichung wird als Varianz bezeichnet.

[8] Eine Kontrollbehörde gibt Proben zur Analyse aus, deren Gehalt für die am Ringversuch beteiligten Untersuchungsstellen unbekannt ist. Das Ergebnis der Analyse muß innerhalb eines zulässigen Fehlerbereichs mit der Vorgabe übereinstimmen.

Kontrollwert: Die Zuverlässigkeit einer Analysenmethode muß ständig überprüft werden. Dazu werden (zumeist täglich) Proben bekannten Gehaltes untersucht. Der ermittelte Wert muß innerhalb einer zulässigen Fehlerbreite liegen und darf auch keine systematischen Abweichungen (z. B. stetiges Ansteigen) innerhalb des erlaubten Fehlerbereichs zeigen. Anderenfalls muß das Analysenverfahren überprüft werden.

Vergleichswert: Auch wenn an der Richtigkeit eines Analysenwertes nicht zu zweifeln ist, ist seine Aussagekraft gering. Erst durch Vergleich mit anderen Werten sind Aussagen möglich. Diese Werte können andere Analysenergebnisse, Richtwerte (z. B. für gesundheitliche Gefährdungen) oder auch gesetzlich festgelegte Grenzwerte sein.[9] Weiterhin muß berücksichtigt werden, daß häufig (z. B. aus Kosten- und Zeitgründen) nur eine geringe Anzahl von Wiederholungsmessungen durchgeführt werden kann, obwohl das Analysenverfahren durch eine große Standardabweichung gekennzeichnet ist. Es ist daher wahrscheinlich, daß der gefundene Mittelwert vom wahren Wert erheblich abweicht. Aus diesem Grund sind zu vergleichenden Analysenergebnisse häufig nur <u>zufällig</u> verschieden, falls der Unterschied zwischen ihnen gering ist. Erst ab einer ausreichenden Differenz der Mittelwerte liegt ein wirklicher – *signifikanter* – Unterschied der Ergebnisse vor. Mittels statistischer Methoden[10] läßt sich prüfen, inwiefern zwei Analysenergebnisse signifikant unterschiedlich sind.

Tabelle 41.1 Wichtige Begriffe zur Bewertung (Validierung) von Analysenverfahren

Bezeichnung	Aussage über
Genauigkeit	systematische und zufällige Fehler
Richtigkeit	systematische Fehler
Präzision	zufällige Fehler
Wiederholpräzision	laborinterne Präzision
Vergleichspräzision	Präzision im Vergleich zwischen Laboratorien
Wiederfindungsrate	Ausbeute der Probenvorbereitung
Selektivität	Störung durch Begleitstoffe
Robustheit	Störanfälligkeit durch veränderte Parameter
Nachweisgrenze	kleinste nachweisbare Menge
Bestimmungsgrenze	kleinste quantifizierbare Menge

---

[9] Dazu ein Beispiel: Die Aussage, daß unser Körper Dioxine enthält ist wissenschaftlich nur wenig aussagekräftig. Die Angabe des durchschnittlichen Gehalts an PCDD/PCDF (ca. 10-15 ppt-TE im Fettgewebe) erlaubt auch noch keine weitergehenden Interpretationen. Erst der Vergleich mit dem Wert, ab dem frühestens mit einer Gefährdung gerechnet werden muß (mindestens das 100fache, also 1 ppb), ermöglicht die Aussage, daß die Gehalte nicht bedrohlich sind. Ein weiterer Vergleich mit älteren Werten (sie lagen vor 10 Jahren etwa doppelt so hoch) macht überdies deutlich, daß die Maßnahmen zur Reduzierung der Dioxin-Emissionen erste Früchte tragen (vgl. 39.4.2).

[10] Auf eine Darlegung dieser Methoden soll an dieser Stelle verzichtet werden.

Literatur

Besonders behandelt werden – entsprechend den Buch-Schwerpunkten – die Allgemeine, Anorganische und Organische Chemie, daneben auch kleinere Nachschlagewerke (Lexika), die Physikalische, Umwelt- und Technische Chemie sowie die instrumentelle Analytik. Einige Titel verweisen auf „chemische" Belletristik und Chemiegeschichte (42.1). – 42.2 behandelt große Nachschlagewerke („Handbücher") und Referateorgane, Hinweise zur. Chemie im Internet gibt es in 42.3.

42.1 Ausgewählte Buchtitel zur Chemie

Aus Platzgründen sind die Angaben verkürzt; so fehlen die Verlagsorte und oft das Wort „Verlag". Solche Daten und Angaben zu Neuauflagen sind z. B. über www.buchkatalog.de zugänglich. Für häufiger zitierte Verlage gelten die Kürzel

D	– H. Deutsch,	S	– Springer,	V	– Vieweg,
G	– de Gruyter,	Te	– Teubner,	VCH	– WILEY-VCH, Verlag Chemie.
H	– Hirzel,	Th	– Thieme,		

Tab. 42.1 Auswahl zur Fachliteratur Chemie

Chemische Elemente, Periodensystem

[1] E. Fluck, K. G. Heumann: *Periodensystem der Elemente* (*zweiseitig bedruckt, in Kunststoff eingeschweißt*), VCH 2002, 3. Aufl.

[2] John Emsley: *Die Elemente*, G 1993, 256 S.

[3] L. F. Trueb: *Die chemischen Elemente – Ein Streifzug durch das Periodensystem*, H 1996, 416 S.

[4] H. H. Binder: *Lexikon der chemischen Elemente – Das Periodensystem in Fakten, Zahlen und Daten*, H 1999, 856 S.

Starthilfen (Abiturniveau)

[5] S. Hauptmann: *Starthilfe Chemie*, Te 1998, 2. Aufl., 112 S.

[6] R. Gärtner, H. Küstner, D. Linke, G. Wolf (Hrsg.): *Kleine Enzyklopädie Natur*, D 1987, 752 S. (Kapitel 9, *Chemie*, S. 513-602)

[7] K. Standhartinger: *Chemie für Ahnungslose – Eine Einstieghilfe für Studierende*, H 2002, 2. Aufl., 127 S.

[8] P. Heußler, H. Wolf: *Duden-Abiturhilfen, Grundlagenwissen und Abiturvorbereitung 12./13. Schuljahr*, Bibliograph. Inst., 2000: a) *Allgemeine Chemie*, b) *Organ. Chemie*, je ca. 100 S.

[9] M. Liersch, Auer: *Chemie 1 kurz & klar – Allgemeine und Anorgan. Chemie*, 3. Aufl. 2001, 167 S.; *Chemie 2 kurz & klar – Organische Chemie und Spezialgebiete*, 1991, 182 S.

[10] E. Kemnitz u. R. Simon (Hrsg.): *Duden, Basiswissen Schule, Chemie Abitur,* Bibliograph. Inst. 2004, 463 S. (mit CD-ROM)

[11] H. Breuer: *dtv-Atlas zur Chemie, Band 1, Allgemeine und anorganische Chemie,* 9. Aufl. 2000, 263 S.; *...Band 2, Organische Chemie und Kunststoffe,* 8. Aufl. 2002, S. 264-464

[12] *(Duden), Schülerduden Chemie,* Bibliograph. Inst. 2004, 5. Aufl., 447 S.

[13] A. Arni: *Verständliche Chemie für Basisunterricht und Selbststudium,* VCH 2003, 2. Aufl., 305 S.

Chemielexika

[14] J. Falbe, M. Regitz (Hrsg.): *RÖMPP Chemie Lexikon,* Th 1996-99, 10. Aufl., 6 Bd., 5070 S. (+ CD-ROM 2000); auch: *RÖMPP kompakt – Basislexikon Chemie,* 4 Bände 1999, 2400 S.

[15] *D'Ans Lax Taschenbuch für Chemiker und Physiker,* S, 4. Aufl., Band ...
      ...1, Physikalisch-chemische Daten, *M. D. Lechner (Hrsg.), 1992, 768 S.*
      ...2, Organische Verbindungen, *C. Synowietz (Hrsg.), 1983, 1129 S.*
      ...3, Elemente, anorg. Verbindgg. u. Materialien, Minerale, R. Blachnik (Hrsg.), 1998, 1463 S.

[16] H.-D. Jakubke, R. Karcher (Hrsg.): *Lexikon der Chemie, 3 Bände,* Spektrum 1998-99, 1440 S.

[17] D. R. Lide (Ed.): *CRC Handbook of Chemistry and Physics 2003-2004: A Ready-Reference Book of Chemical and Physical Data,* CRC Press, 84th ed. 2003, ca. 2450 S.

Nomenklatur der Chemie

[18] W. Liebscher, J. Neels (Hrsg.): *IUPAC Nomenklatur der Anorganischen Chemie, Deutsche Ausgabe der Empfehlungen 1990,* VCH 1995, 341 S.

[19] W. Liebscher, E. Fluck: *Die systemat. Nomenklatur der anorgan. Chemie,* S 1999, 388 S.

[20] G. Kruse (Hrsg.): *Nomenklatur der Organ. Chemie, Eine Einführung,* VCH 1997, 258 S.

[21] D. Hellwinkel: *Die systematische Nomenklatur der organischen Chemie – Eine Gebrauchsanweisung,* S 1998, 4. Aufl., 227 S.

[22] H. Reimlinger: *Nomenklatur Organ.-Chemischer Verbindungen - Beschreibung, Anwendung und Erweiterung der Systematik in Anlehnung an die Regeln der IUPAC,* G 1997, 606 S.

Chemie in Gesamtdarstellungen

[24] P. W. Atkins, J. A. Beran: *Chemie – einfach alles,* VCH 1998, 2. Aufl., 993 S.

[25] C. E. Mortimer: *Chemie – Das Basiswissen der Chemie,* Th 2001, 7. Aufl., 744 S.

[26] R. E. Dickerson: I. Geis, *Chemie – eine lebendige und anschauliche Einführung,* VCH 1990, 688 S.

[27] W. Schröter, K.-H. Lautenschläger und H.Bibrack: *Taschenbuch der Chemie,* D 2002, 19. Aufl., 857 S. (+ CD-ROM)

[28] J. Hoinkis, E. Lindner: *Chemie für Ingenieure,* VCH 2001, 12. Aufl., 681 S.

[29] H.-G. Henning, W. Jugelt, G. Sauer: *Praktische Chemie – Ein Studienbuch für Biowissenschaftler,* D 1991, 5. Aufl., 612 S.

[30] R. Pfestorf und H. Kadner: *Chemie – Ein Lehrbuch für Fachhochschulen,* D 2000, 7. Aufl., 601 S. (+ CD-ROM)

[31] D. Molch (Hrsg.): *Chemie für Ingenieure – Allgemeine Grundlagen und ausgewählte Anwendungen,* Dt. Verl. Wiss. 1991, 472 S.

Physikalische Chemie

[32] G. Wedler: *Lehrbuch der Physikalischen Chemie*, VCH 1997, 4. Aufl., 1070 S.

[33] P. W. Atkins: *Kurzlehrbuch Physikalische Chemie*, VCH 2002, 3. Aufl., 859 S.

[34] C. Czeslik, H. Seemann, R. Winter: *Basiswissen Physikalische Chemie*, Te 2001, 454 S.

[35] P. W. Atkins: *Quanten – Begriffe und Konzepte für Chemiker*, VCH 1993, 427 S.

[36] H. Preuss: *Atome und Moleküle als Bausteine der Materie – Eine elementare und unterhaltsame Darstellung unseres Wissens über die Materie und wie dieses Bildung und Herausforderung sein kann*, Salle/Sauerländer 1982, 298 S.

[37] H. Preuss: *Materie ist nicht materiell – Die Bedeutung der Quantenchemie für unser Denken und Handeln*, V 1997, 239 S.

[38] H. Preuss, A. Reimann: *Atom- und Molekülorbitale – Eine Einführung*, Diesterweg/Sauerländer 1990, 106 S.

[39] W. Bechmann, J. Schmidt: *Einstieg in die Physikalische Chemie für Nebenfächler*, Te 2006, 2. Aufl., 324 S.

[40] R. Reich: *Thermodynamik – Grundlagen und Anwendungen in der allgemeinen Chemie*, VCH 1993, 2. Aufl., 345 S.

[41] H. Rau, J. Rau: *Chemische Gleichgewichtsthermodynamik – Begriffe, Konzepte, Modelle*, V 1995, 235 S.

[42] H. Weingärtner: *Chemische Thermodynamik, Einführung f. Chemiker u. Chemieingenieure*, Te 2003, 221 S.

[43] R. Holze: *Leitfaden der Elektrochemie*, Te 1998, 315 S.

Allgemeine und Anorganische Chemie – „Kleine" Lehrbücher

[44] E. Riedel: *Allgemeine und anorganische Chemie – Ein Lehrbuch für Studenten mit Nebenfach Chemie*, G 2004, 8. Aufl., 414 S.

[45] E. Riedel, W. Grimmich: *Atombau – Chemische Bindung – Chemische Reaktion, Grundlagen in Aufgaben und Lösungen*, G 1992, 2. Aufl., 264 S.

[46] H. P. Latscha, H. A. Klein: *Anorg. Chemie, Chemie – Basiswissen I*, S 2002, 8. Aufl., 453 S.

[47] H. Pscheidl: *Grundkurs Allgemeine Chemie*, Barth 1992, 5. Aufl., 407 S.

[48] V. Wiskamp: *Anorganische Chemie – Ein praxisbezogenes Lehrbuch*, D 1996, 391 S.

[49] L. Beyer: *Grundkurs Anorganische Chemie*, VCH/Barth 1993, 7. Aufl., 364 S.

[50] A. Arni: *Grundkurs Chemie I – Allgemeine und Anorganische Chemie für Fachunterricht und Selbststudium*, VCH 2003, 4. Aufl., 350 S.

[51] G. Baars, H. R. Christen: *Allgemeine Chemie: Theorie und Praxis*, Diesterweg/Sauerländer 1999, 3. Aufl., 327 S.

[52] E. Wawra, E. Müllner u. and., Facultas: a) *Chemie verstehen – Ein Lehrbuch für Mediziner u. Naturwissenschaftler*, 2001, 270 S.; b) *Chemie berechnen – Ein Lehrbuch...*, 2002, 266 S.; c) *Chemie erleben – Anorganische, organische und analytische Chemie für ...*, 2003, 352 S.

[53] W. Kaim, B. Schwederski: *Bioanorganische Chemie – Zur Funktion chemischer Elemente in Lebensprozessen*, Te 2005, 4. Aufl., 460 S.

[54] L. Smart, E. Moore: *Einführung in die Festkörperchemie*, V 1997, 344 S.

[55]   U. Müller: *Anorganische Strukturchemie*, Te 2006, 5. Aufl., 391 S.

[56]   C. Weißmantel, R. Lenk, W. Forker, D. Linke (Hrsg.): *Kleine Enzyklopädie Atom- und Kernphysik, Struktur der Materie*, D 1983, 760 S. (Kap. 5-7, *Moleküle, Stoffe...*, S. 235-470)

Anorganische Chemie – „Große" Lehrbücher

[57]   N. Wiberg: Holleman-Wiberg, *Lehrbuch der Anorg. Chemie*, G 1995, 101. Aufl., 2033 S.

[58]   J. Huheey, E. A. Keiter und R. L. Keiter: *Anorganische Chemie – Prinzipien von Struktur und Reaktivität*, G 2003, 3. Aufl., 1261 S.

[59]   H. R. Christen, G. Meyer: *Allgemeine u. Anorg. Chemie (Band I, II)*, Salle/Sauerländer, 1994/95, ≈1135 S.; dazu H. Schubert: *Aufgaben zur ... Chemie mit Lösungen*, 1995, 383 S.

[60]   L. Kolditz (Hrsg.): *Anorganische Chemie*, Dt. Verl. Wiss. 1990, 3. Aufl., 982 S. (2 Bände)

[61]   J. Heck, W. Kaim, M. Weidenbruch (Hrsg.): D. F. Shriver, P. W. Atkins, C. H. Langford, *Anorganische Chemie*, VCH 1997, 909 S.

[62]   E. Riedel: *Anorganische Chemie*, G 2002, 5. Aufl., 937 S.

[63]   M. Binnewies, M. Jäckel, H. Willner, G. Rayner-Canham: *Allgemeine und Anorganische Chemie*, Spektrum Akad. Verl. 2004, 820 S. (mit CD-ROM)

[64]   F. A. Cotton, G. Wilkinson, P. L. Gaus: *Grundlagen der Anorg. Chemie*, VCH 1990, 800 S.

[65]   L. Kolditz (Hrsg.): *Anorganikum, Lehr- und Praktikumsbuch der anorg. Chemie mit einer Einführung in die physikal. Chemie*, Band 1, Barth 1993, 13. Aufl., 630 S. (Band 2, s. [92])

Organische Chemie – „Kleine" Lehrbücher

[66]   A. Arni: *Grundkurs Chemie II – Organische Chemie für Fachunterricht und Selbststudium*, VCH 2003, 3. Aufl., 197 S.

[67]   H. P. Latscha, U. Kazmaier, H. A. Klein: *Organische Chemie, Chemie – Basiswissen II*, S 2002, 5. Aufl., 617 S.

[68]   J. Bülle. A. Hüttermann: *Das Basiswissen der organischen Chemie – Die wichtigsten organischen Reaktionen im Labor und in der Natur*, VCH/Th 2000, 466 S.

[69]   K.-H. Wünsch, R. Miethchen, D. Ehlers: *Grundkurs Organische Chemie*, VCH 1993, 6. Aufl., 397 S.

[70]   S. Hauptmann: *Reaktion und Mechanismus in der organischen Chemie*, Te 1991, 227 S.

[71]   G. Jeromin: *Organische Chemie – ein praxisbezogenes Lehrbuch*, D 1996, 524 Seiten (B)

Organische Chemie – „Große" Lehrbücher

[72]   H. R. Christen, F. Vögtle: *Organische Chemie – Von den Grundlagen zur Forschung*, Diesterweg/Sauerländer 1992-96, 3 Bände, 1.-2. Aufl., ca. 2170 S.

[73]   F. A. Carey, R. J. Sundberg: *Organische Chemie – Ein weiterführendes Lehrbuch*, VCH 2004, 1635 S.

[74]   K. P. C. Vollhardt, N. E. Schore, VCH: *Organische Chemie*, 3. Aufl. 2000, 1445 S.; dazu N. E. Schore, *Arbeitsbuch Organische Chemie*, 3. Aufl. 2000, 328 S.

[75]   A. Streitwieser, C. H. Heathcock, E. M. Kosower, VCH 1994/95, 2. Aufl.:
       a) *Organische Chemie*, 1374 S.; b) *Arbeitsbuch zu Organische Chemie*, 447 S.

[76]   H. Beyer, W. Walter: *Lehrbuch der organischen Chemie*, H 2004, 24. Aufl., 1186 S.

[77] A. Wollrab: *Organische Chemie – Eine Einführung für Lehramts- und Nebenfachstudenten*, S 2002, 2. Aufl., 979 S.

[78] D. Voet, J.G. Voet, C.W. Pratt: *Lehrbuch der Biochemie*, VCH 2002, 1062 S. (+ CD-ROM)

[79] A. L. Lehninger, D. L. Nelson, M. M. Cox: *Lehninger Biochemie*, S 2001, 3. Aufl., 1342 S.

[80] H. Hart, L. E. Craine, D. J. Hart: *Organische Chemie*, VCH 2002, 2. Aufl., 716 S.

[81] P. Sykes: *Reaktionsmechanismen der Organischen Chemie – Eine Einführung*, VCH 2001, 9. Aufl., 514 S.

Chemisches Praktikum – Allgemeines, Labortechnik, Arbeitsschutz

[82] H. F. Bender: *Sicherer Umgang mit Gefahrstoffen, Sachkunde für Naturwissenschaftler*, VCH 2000, 2. Aufl., 230 S.

[83] E. Schmittel, G. Bouchée, W.-R. Less: *Labortechnische Grundoperationen*, VCH 1994, 3. Aufl., 309 S.

[84] E. Fanghähnel u. and.: *Einführung in die chemische Laboratoriumspraxis*, Dt. Verl. Grundstoffind. 1992, 304 S.

Chemisches Praktikum – Allgemeine, Anorganische und Organische Chemie

[85] E. Dane, F. Wille, H. Laatsch: *Kleines chemisches Praktikum*, VCH 2004, 10. Aufl., 349 S.

[86] E. Gerdes: *Qualitative Anorganische Analyse – Ein Begleiter für Theorie und Praxis*, S 2001, 2. Aufl., 300 S.

[87] J. Strähle, E. Schweda: *Jander · Blasius – Lehrbuch der analytischen und präparativen anorganischen Chemie*, H 2002, 15. Aufl., 700 S.

[88] J. Strähle, E. Schweda: *Jander · Blasius, Einführung in das anorganisch-chemische Praktikum (einschließlich der quantitativen Analyse)*, H 1995, 14. Aufl., 563 S.

[89] H. Fischer (Hrsg.): Helvetica Chimica Acta 1992/93, *Praktikum in Allgemeiner Chemie – Ein umweltschonendes Programm für Studienanfänger mit Versuchen zur Chemikalien-Rückgewinnung*, 2 Teile, ca. 515 S.

[90] G.-O. Müller: *Lehrbuch und Übungsbuch der anorganisch-analytischen Chemie, Band 3, Quantitativ-anorganisches Praktikum*, D 1992, 7. Aufl., 687 S.

[91] G. Schulze, J. Simon: *Jander · Jahr, Maßanalyse – Theorie und Praxis der Titrationen mit chemischen und physikalischen Indikationen*, G 2003, 16. Aufl., 355 S.

[92] L. Kolditz (Hrsg.): *Anorganikum, Lehr- und Praktikumsbuch der anorgan. Chemie mit einer Einführung in die physikal. Chemie, Band 2*, Barth 1993, 13. Aufl., 590 S. (Band 1 s. [65])

[93] U. R. Kunze, G. Schwedt: *Grundlagen der qualitativen und quantitativen Analyse*, VCH 2002, 5. Aufl., 343 S.

[94] C. Beyer: *Quantitative Anorganische Analyse – Ein Begleiter für Theorie und Praxis*, V 1996, 164 S.

[95] H. G. Aurich, P. Rinze: *Chemisches Praktikum für Mediziner*, Te 2001, 5. Aufl., 197 S.

[96] V. Wiskamp: *Umweltfreundlichere Versuche im Anorg.-Analyt. Praktikum*, VCH 1995, 123 S.

[97] H. G. O. Becker u. and.: *Organikum*, VCH 2004, 22. Aufl., 852 S.

[98] L. F. Tietze, Th. Eicher: *Reaktionen und Synthesen im organisch-chemischen Praktikum und Forschungslaboratorium*, VCH/Th 1991, 2. Aufl., 636 S.

[99] Th. Eicher, L. F. Tietze: *Organisch-chemisches Grundpraktikum unter Berücksichtigung der Gefahrstoffverordnung*, VCH/Th 1995, 2. Aufl., 327 S.

[100] J. Leonard, B. Lugo, G. Procter: *Praxis der Organischen Chemie*, VCH 1996, 285 S.

[101] G. Schwedt, VCH: a) *Experimente mit Supermarktprodukten – Eine chemische Warenkunde*, 2001, 194 S. (+ CD-ROM); b) *Noch mehr Experimente mit Supermarktprodukten – Das Periodensystem als Wegweiser*, 2003, 231 S.

Gleichgewichtsberechnungen, Instrumentelle Analytik insgesamt

[102] M. Binnewies: *Chemische Gleichgewichte – Grundlagen, Berechnungen, Tabellen*, VCH 1996, 237 S.

[103] E. Worch: *Klausurtraining Hydrochemische Berechnungen*, Te 2000, 136 S.

[104] D. C. Harris: *Lehrbuch der Quantitativen Analyse*, S 2002, 1178 S.

[105] M. Otto: *Analytische Chemie*, VCH 2000, 2. Aufl., 680 S.

[106] K. Doerffel, R. Geyer, H. Müller (Hrsg.): *Analytikum: Methoden der analytischen Chemie und ihre theoretischen Grundlagen*, VCH/Dt. Verl. Grundstoffind. 1994, 9. Aufl., 643 S.

[107] H. P. Latscha, H. A. Klein: *Analytische Chemie, Chemie – Basiswissen III*, S 2003, 476 S.,

[108] G. Schwedt: *Analyt. Chemie – Grundlagen, Methoden und Praxis*, VCH/Th 1995, 442 S.

[109] G. Schwedt: *Taschenatlas der Analytik*, VCH/Th 1996, 2.Aufl., 241 S.

[110] D. A. Skoog, J. J. Leary: *Instrumentelle Analytik, Grundlagen – Geräte – Anwendungen*, S 1996, 898 S.

[111] M. Hesse, H. Meier, B. Zeeh: *Spektroskopische Methoden in der organischen Chemie*, Th 2002, 6. Aufl., 437 S.

[112] W. E. Steger u. and.: *Strukturanalytik*, Dt. Verl. Grundstoffind. 1992, 340 S.

[113] W. Bechmann, J. Schmidt: *Struktur- u. Stoffanalytik mit spektroskopischen Methoden*, Te 2000, 179 S.

Technische Chemie

[114] K. H. Büchel, H.-H. Moretto, P. Woditsch: *Industrielle Anorganische Chemie*, VCH 1999, 3. Aufl., 676 S.

[115] K. Weissermel, H.-J. Arpe: *Industrielle Organische Chemie – Bedeutende Vorprodukte und Zwischenprodukte*, VCH 1998, 5. Aufl., 509 S.

[116] E. Fitzer, W. Fritz, G. Emig: *Technische Chemie – Eine Einführung in die chemische Reaktionstechnik*, S 1995, 4. Aufl., 541 S.

[117] E. Müller-Erlwein: *Chemische Reaktionstechnik*, Te 1998, 280 S.

Umweltchemie

[118] H. Kulpke, H. A. Koch, R. Nießner (Hrsg.): *RÖMPP Lexikon Umwelt*, Th 2000, 2. Aufl., 926 S.

[119] B. Streit: *Lexikon Ökotoxikologie*, VCH 1994, 2. Aufl., 899 S.

[120] R. Koch: *Umweltchemikalien, Physikalisch-Chemische Daten, Toxizitäten, Grenz- undRichtwerte, Umweltverhalten*, VCH 1995, 3. Aufl., 417 S.

[121] C. Bliefert: *Umweltchemie*, VCH 2002, 3. Aufl., 468 S.

[122] R. Kümmel, S. Papp: *Umweltchemie – Eine Einführung*, VCH/Dt. Verl. Grundstoffind. 1990, 2. Aufl., 312 S.

[123] V. Koß: *Umweltchemie – Eine Einführung für Studium und Praxis*, S 1997, 288 S.

[124] A. Heintz, G.A. Reinhardt: *Chemie und Umwelt – Ein Studienbuch für Chemiker, Physiker, Biologen und Geologen*, V 1996,4. Aufl., 366 S.

[125] G. Fellenberg: *Chemie der Umweltbelastung*, Te 1997, 3. Aufl., 273 S.

[126] A. Wokaun: *Erneuerbare Energien*, Te 1999, 235 S.

[127] H. H. Rump: *Laborhandbuch für die Untersuchung von Wasser, Abwasser und Boden*, VCH 1998, 3. Aufl., 232 S.

Chemielektüre, populär und anspruchsvoll zugleich; Chemiegeschichte

[128] R. Hoffmann: *Sein und Schein, Reflexionen über die Chemie*, VCH 1997, 287 S.

[129] P. Strathern: *Mendelejews Traum, Von den vier Elementen zu den Bausteinen des Universums*, Econ Ullstein List 2000, 344 S.

[130] O. Sacks: *Onkel Wolfram – Erinnerungen* (engl. Originaltitel ist aussagekräftiger: *Uncle Tungsten, Memories of a Chemical Boyhood*), Rowohlt 2003, 383 S.

[131] R. Kippenhahn: *Atom – Forschung zwischen Faszination und Schrecken*, Piper 1998, 359 S.

[132] P. Ball: *Chemie der Zukunft – Magie oder Design?*, VCH 1996, 415 S.

[133] P. W. Atkins: *Moleküle – Die chemischen Bausteine der Natur*, Sp 1988, 198 S.

[134] H. W. Roesky, K. Möckel: *Chemische Kabinettstücke – Spektakuläre Experimente und geistreiche Zitate*, VCH 1996, 314 S.

[135] F. R. Kreißl, O. Krätz: *Feuer und Flamme, Schall und Rauch – Schauexperimente und Chemiehistorisches*, VCH 1999, 271 S.

[136] G. Schwedt: *Chemische Experimente in …*
   a) *Schlössern, Klöstern und Museen – Aus Hexenküche und Zauberlabor*, VCH 2002, 239 S.;
   b) *naturwissenschaftlich-techn. Museen – Farbige Feuer und feurige Farben*, VCH 2003, 216 S.

[137] W. R. Pötsch, A. Fischer, W. Müller: *Lexikon bedeutender Chemiker*, D 1989, 470 S.

[138] W. H. Brock: *Viewegs Geschichte der Chemie*, V 1997, 472 S.

42.2 Große Chemie-Nachschlagewerke, Referateorgane

Vorbemerkung. Als Schüler oder Student im Grundstudium wird man oft schon aus Lehrbüchern und Lexika die gewünschten Auskünfte erhalten. In späteren Phasen, wenn Forschungsthemen zu bearbeiten sind, braucht man die Original-Literatur, z. B. die hier nicht behandelten Fachzeitschriften und Patente. Hier sind vielbändige Nachschlagewerke („Handbücher") und Referateorgane ein wichtiges Bindeglied. Sie vermitteln für einen langen, meist angegebenen Zeitraum einen Überblick über das vorliegende Wissen zum interessierenden Stoff, zu dessen Darstellung und Eigenschaften. Am aktuellsten sind jeweils die kostenpflichtigen elektronischen online-Versionen, deren Aufbau meist über vorgelagerte Lernhilfen erschlossen werden kann. – Die ermittelten Originalarbeiten sind in der Regel über Fachbibliotheken direkt oder per Fernleihe zugänglich, in günstigen Fällen auch im

Internet zumindest als Kurzfassung kostenfrei einzusehen. – Die Hochschulbibliotheken geben per Internet Auskunft über die frei oder hausintern zugänglichen Datenbanken und die möglichen Recherchen. – Auf einige besonders fundamentale Werke wird nunmehr besonders hingewiesen.

„Gmelin Handbook of Inorganic and Organometallic Chemistry" (Springer-Verlag Berlin, 8th ed.). Dieses umfangreichste anorganisch-chemische Sammelwerk wurde 1817-1819 in Frankfurt am Main als „Handbuch der theoretischen Chemie" von Gmelin[1] in drei Bänden mit insgesamt 1600 Seiten vorgelegt; nunmehr gibt es in 8. Auflage, neuerdings in Englisch, etwa 800 Bände. In der zugehörigen Datenbank ist mehr als eine Million anorganischer und metallorganischer Verbindungen durch kritische Auswertung der Originalarbeiten erfaßt, praktisch vollständig für die Zeit bis 1975. Außerdem sind Daten aus 110 wichtigen Zeitschriften für 1975-1997 verfügbar. Ein ständig aktualisiertes Formel-register ist online zugänglich. Hilfen zum Einarbeiten in das System gibt www.stn-international.de; für weitere Einzelheiten sei auf den „Römpp" (s. Lit. [14]) und auf das Internet verwiesen.

Beilstein Handbuch der organischen Chemie (Springer-Verlag Berlin). Dieses Pendant zum „Gmelin" für die organische Chemie erschien erstmals 1881; auf 2200 Seiten beschrieb Beilstein[2] 15.000 Verbindungen. Ende 2002 erfaßte die Datenbank (→ www.stn-international.de) schon 8,4 Millionen Verbindungen, wie bei „Gmelin" jeweils nach sorgfältiger Bewertung der Primärdaten. Das gedruckte Handbuch ist nach einem speziellen Beilstein-System gegliedert: Haupt- und Ergänzungswerke umfassen je 27 Bände (oft in Teilbänden) sowie Registerbände, was die Suche nach bestimmten Verbindungsklassen sehr erleichtert.

Landolt/Börnstein (Springer-Verlag Berlin). Hier handelt es sich um ein umfangreiches Informationssystem, in Buchform sowie als Online-Version, zu den Fachgebieten Physik, Chemie, Astronomie und Materialwissenschaft. Das gedruckte Werk wurde 1883 durch Landolt[3] und Börnstein[4] begründet und umfaßt mittlerweile über 280 Bände, unter den Titeln

- „Landolt-Börnstein, Zahlenwerte und Funktionen aus Physik, Chemie, Astronomie und Geophysik" *bzw. neuerdings als*

- „Landolt-Börnstein: Numerical Data and Functional Relationships in Science and Technology – New Series".

Ullmanns Enzyklopädie[5] **der industriellen Chemie** (seit 1914). Sie ist das umfangreichste deutschsprachige Handbuch der technischen Chemie und ihrer Randgebiete. Seit Mitte der 80er Jahre erscheint sie bei WILEY-VCH englischsprachig als *„ Ullmann's Encyclopedia of Industrial Chemistry"*; die 6. Auflage (2002) umfaßt 40 Bände mit insgesamt 32.000 Seiten. *Ullmann's Index* auf CD gibt Berechtigten den Zugriff auf eine elektronische Version der Datenbank.

---

[1] Leopold Gmelin (1788-1853), deutscher Chemiker
[2] Friedrich Konrad Beilstein (1828-1906), deutsch-russischer Chemiker
[3] Hans Heinrich Landolt (1831-1910) deutscher Physikochemiker
[4] Richard Börnstein (1852-1913), deutscher Chemiker und Meteorologe
[5] Fritz Ullmann (1875-1939), deutscher Chemiker

Chemical Abstracts (CA). Dieses wichtigste Referateorgan für die Chemie und ihre Grenzgebiete wird seit 1907 von der American Chemical Society herausgegeben, von den Mitarbeitern des *„Chemical Abstracts Service"* (CAS). Während im ersten Jahr knapp 12.000 Originalarbeiten aus der wissenschaftlich-technischen Chemieliteratur referiert wurden, liegt heute der wöchentliche Zuwachs bei etwa 14.000 Referaten; im Frühjahr 2003 lagen insgesamt etwa 22 Millionen Einträge vor. Jede Verbindung erhält seit 1965 zur eindeutigen Kennzeichnung eine *„CAS Registry Number"*. Das ist – bei der oft unterschiedlichen Benennung von Verbindungen schon in e i n e r Sprache – eine wesentliche Voraussetzung für erfolgreiche Recherchen. CAS-Datenbanken geben darüber hinaus auch Auskunft zu *Legierungen* und anderen Gemischen, zu *Mineralien, Polymeren* und *„Biosequenzen"*. Letztere machen als Nucleotid- und Aminosäure-Sequenzen derzeit sogar über 80 % der Neueinträge aus; im Jahr 2002 entfielen auf sie über 8,1 Millionen der knapp 9,8 Millionen neuer Registriernummern. Für die unterschiedlichen – und auch unterschiedlich kosten-günstigen – Recherchemöglichkeiten sei wieder verwiesen auf www.stn-international.de.

Einen guten Überblick über die zunehmende Anzahl kommerzieller Anbieter von chemisch relevanten Datensammlungen bieten die Fachinformationszentren Chemie (www.fiz-chemie.de), Technik (www.fiz-technik.de) und Karlsruhe (www.fiz-karlsruhe.de).

42.3 Chemie im Internet

Suchmaschinen. Die Komplexität chemischer Sachverhalte wird in herkömmlichen Suchmaschinen[6] (etwa bei www.google.de, http://de.yahoo.com, www.lycos.de, www.fireball.de, http://de.altavista.com) oft nicht so umfassend widergespiegelt wie in einigen chemiespezifischen Diensten, beispielsweise in www.chemie.de/search/index.php3, www.chemikalien.de, www.chemlin.de, http://www.chemistry.de/guides/search.pl). Auf sie wird man hingewiesen in www.klug-suchen.de oder über www.chemie-datenbanken.de, wo eine besonders übersichtliche Einteilung der Daten in „kosten-frei/kommerziell/allgemein" erfolgt. Erwähnt sei auch die auf Naturwissenschaften spezialisierte Suchmaschine von Elsevier Science (www.scirus.com).

Es empfiehlt sich stets, die zu identischen Suchbegriffen erhaltenen Angaben unterschiedlicher Anbieter zu vergleichen. – Oft erwachsen Komplikationen für das Suchen schon im Deutschen aus den uneinheitlichen Schreibweisen von Element- und Verbindungsnamen in der Fach- bzw. der Umgangssprache (s. 1.2.2) sowie aus der Koexistenz veralteter und IUPAC-gerechter Nomenklatur. Manchmal hilft es, Schreib-Alternativen durch unbestimmte Zeichen („wild cards") zuzulassen, also etwa „*?al?ium?arbonat*" für *Calciumcarbonat* bzw. *Kalziumkarbonat*, einige Suchmaschinen verlangen aber, beide Varianten gemeinsam einzugeben.

Nicht selten stößt man auch auf *Akronyme*[7], also auf Kurzworte aus den Anfangsbuchstaben mehrerer Wörter, deren Entzifferung für die gezielte weitere Suche notwendig oder zumindest nützlich ist. Hier hilft die „Acronym database" der Indiana University/USA weiter (www.indiana.edu/~cheminfo/databases.html). Sie berücksichtigt zur jeweiligen Abkürzung

---

[6] Das http:// vor der Adresse wird hier im Regelfall - wenn darauf „www." folgt - weggelassen
[7] griech. *akros* spitz, äußerst, oberst, *onyma*, Nebenform zu *onoma*, Name

(z. B. <u>DTA</u> – differential thermal analysis, dt. *Differenzthermoanalyse*) auch deren „Einbettung" in noch umfangreichere Kurzworte, wie D<u>DTA</u>, E<u>DTA</u>, <u>DTA</u>B. Diese sind manchmal verwandt [DDTA als 1. Ableitung der DTA (von D für „derivative")], oft aber völlig anderen Sachverhalten zuzuordnen [EDTA, deutsch oft EDTE, s. 13.2.3; DTAB – dodecyltrimethyl-ammonium bromide, ein quartäres Ammoniumbromid, s. 36.2.4].

Natürlich sind auch allgemeine Suchmaschinen erfolgreich bei Chemie-Anfragen: So führt die Google-Suche unter „Links für Chemie" zu Hunderten deutschsprachigen Stellen, etwas unter „Links für Chemie-Freaks" zum Ausbildungs-Server der ETH[8] Zürich (http://www.educeth.ethz.ch). Zu wesentlichen Oberbegriffen der Chemie werden dort viele wertvolle Quellen „im Umfeld der Sekundarstufe II" erschlossen. Tausende Hinweise in Deutsch oder Englisch gibt es über die Google-Eingabe zum Periodensystem der Elemente, etwa unter http://www.uniterra.de/rutherford oder www.webelements.com

Weitere Links zur Chemie. Nicht über den Umweg von Suchmaschinen, sondern unmittelbar werden Chemieinformationen von vielen Organisationen, Hochschulen, anderen Forschungseinrichtungen, Unternehmen und Verlagen kostenfrei angeboten. Der Fachverband *Gesellschaft Deutscher Chemiker e.V.* (GDCh) gibt hier einen besonders günstigen Einstieg (www.gdch.de./gdch.htm). Er vermittelt den Zugang zu einer überwältigen Fülle von Chemiedaten, unter „Links zu anderen" zum Beispiel über

- *„Organisationen"* zu vielen wissenschaftlichen Gesellschaften im In- und Ausland, zu Forschungseinrichtungen und Fachverbänden und zu deren Links,

- *„Informationsquellen"* zu Datenbanken, Chemiestudiengängen und zur Chemie an Schulen,

- *„Firmen und Verbände"* zu Chemie-Unternehmen und zu deren Produkten,

- *„Verlage"* zum Chemieangebot zahlreicher Verlage und Verlagsgruppen,

- *„Chemiefachbereiche"* zu gut 60 Universitäten, 25 Fachhochschulen und zu über 10 sonstigen chemieorientierten Lehranstalten in Deutschland.

Die meisten der erwähnten Hochschulen offerieren eine große Zahl von Quellen zu weiterführenden Studien, die entweder ganz oder teilweise frei zugänglich sind. Hier seien genannt Vorlesungsgliederungen, zum Teil auch vollständige Skripte, Übungsaufgaben mit Lösungen, auch bildliche Darstellungen zu eindrucksvollen Experimenten.

Beispiel 42.1 Experimente aus dem Internet.

„Professor Blumes Bildungsserver für Chemie" umfaßt über 3000 Internetseiten mit gut 1000 Experimenten, viele davon durch instruktive Photos ergänzt (http://dc2.uni-bielefeld.de).

Abschließend der Hinweis, daß zunehmend deutschsprachige Chemiebücher mit beigefügter CD-ROM auf den Markt kommen (s. Tab. 42.1, Zitate [10, 27, 30, 63, 78, 101]), wodurch oft auch der Zugang zu entsprechenden Internet-Recherchen einfach vermittelt wird. – Bei Lehrbüchern aus dem angelsächsischen Sprachraum sind solche CD-ROM-Zugaben, z. T. mit vielen weiterführenden Übungsaufgaben sowie Video-Animationen zu chemischen Sachverhalten und zu instruktiven Experimenten, allerdings schon wesentlich weiter verbreitet.

---

[8] ETH - Eidgenössische Technische Hochschule

Lösungen zu den Aufgaben

Kapitel 1

Lösung 1.1

a) 3,04 mol;

b) $9,274 \cdot 10^{-23}$ g;

c) 112 pm

Lösung 1.2

Die in der Aufgabenstellung fehlenden Angaben sind kursiv gedruckt:

Name	Formel/Stöchiometriezahl	Stoffmenge mol	molare Masse g/mol	Masse der Stoffmenge g
Schwefeldioxid	$2\,SO_2$	*2,0*	*64,07*	*128,14*
Kohlenstoffdioxid	$3\,CO_2$	3	44,01	132,03
Kupfer(II)-oxid	0,1 CuO	*0,1*	*79,54*	*7,954*
Natriumcarbonat	Na_2CO_3	*1*	*106,00*	106,00

Lösung 1.3

a) $\approx 3,8 \cdot 10^{-9}$ mol;

b) etwa 260 Millionen Jahre;

c) 0,21 µg Eisen

Lösung 1.4

$\approx 6,6 \cdot 10^{-18}$ mol = 6,6 amol (= 6,6 Attomol = 6,6 Trillionstel Mol)

Lösung 1.5

$HCl_{(aq)}$, N_2O, $NaOH_{(aq)}$, $HF_{(aq)}$, K_2CO_3, CaO, NaCl, NH_4Cl, HNO_3; (aq) = wäßrige Lösung

Lösung 1.6

Kalium-hexacyanoferrat(III) ($\equiv$ „rotes Blutlaugensalz"); Hexaaquaeisen(III)-chlorid; Silbertetraiodomercurat(II), Kalium-dicyanoargentat(I), Diamminsilber(I)-nitrat

Kapitel 2

Lösung 2.1

a) Räumlich konstant beschaffene, also makroskopisch homogene Anhäufung von Teilchen;

b) I: (hochreines) Silicium, (Rüben-)Zucker, II: Wein (Wasser, Ethanol, Aromastoffe), Meerwasser (Wasser, Natriumchlorid, weitere Salze), III: Eis/Wasser/-dampf, Graphit/Diamant;

c) „Fernordnung": regelmäßige geometrische Anordnung der Bestandteile in allen Raumrichtungen (Quarzkristalle SiO_2); „Nahordnung": Regelmäßige Anordnung der unmittelbaren Nachbarn, aber Variabilität in deren weiterer Verknüpfung (Kieselglas SiO_2)

Lösung 2.2

    a)   Wasser, Sieden bei $T_{vap} = 373,15$ K (= 100 °C); Eis, Schmelzen bei $T_{fus} = 273,16$ K (0,01 °C);

    b)   kinetische Hemmung der Bildung der neuen Phase (s. 15);

    c)   I: Zugabe von Impfkristallen (oder mechanisch: Schütteln, Rühren), II: Zugabe von Siedesteinen, III: wie I

Lösung 2.3

    a)   Gemenge: Granit (Feldspat, Quarz, Glimmer), (Kalk-)Mörtel (Branntkalk, Sand), Messing (α-Phase reich an Kupfer, β-Phase an Zink);

    b)   Mischkristalle: Messing (hochkupferhaltig: nur α-Phase), Gold(-schmuck) (Gold/Silber), viele Feldspäte [z. B. in der Reihe $NaAlSi_3O_8$–$CaAl_2Si_2O_8$ (*Albit–Anorthit*)]

Lösung 2.4

    a)   s. Bild 2-1;

    b)   Abnahme mit Druckzunahme; gegenläufig zu anderen Stoffen; durch Wasserstoffbrücken stabilisierte „aufgelockerte" Struktur von Eis (s. 24.2.2).

Lösung 2.5

    a)   Sublimieren unter dem Tripelpunktsdruck für den Übergang fest-flüssig, Sieden bei Dampfdruck = Umgebungsdruck;

    b)   nur, wenn er unzersetzt verdampft;

    c)   besonders empfindlichen Stoffen wird bei < 0 °C im Vakuum durch Sublimieren von Eis das Wasser entzogen (biologische Präparate, Raumfahrer-Nahrung, Löslich-Kaffee)

Kapitel 3

Lösung 3.1

    a) $c(H_2SO_4) = 2$ mol/l;

    b)   175,2 g H_2SO_4

Lösung 3.2

    a) $c(HNO_3) = 4,56$ mol/l;

    b) $x(HNO_3) = 0,087$ ($\equiv$ 8,7 %);

    c) $\beta(HNO_3) = 287,5$ g HNO_3/l

Lösung 3.3

    a)   137,3 ml;

    b)   136,3 mg H_2SO_4

Lösung 3.4

    45,37 g Glaubersalz

Lösung 3.5

    a)   400 g Wasser;

    b)   725,4 ml der 25%igen Säure;

    c)   Die beiden Volumina mischen sich nicht additiv (Volumenkontraktion!)

Kapitel 4

Lösung 4.1

a) m = 143,32 g AgCl;

b) w_{Ag} = 75,26 %, w_{Cl} = 24,74 %;

c) 169,87 g AgNO$_3$

Lösung 4.2

80 mg enthalten 0,417 mmol Molybdän, 1,247 mmol Schwefel → Molybdäntrisulfid MoS$_3$

Lösung 4.3

Ungefähr 90 g Wasser (genauer Wert: 89,356 g)

Lösung 4.4 (Eingefügte Teile *kursiv*)

a) Fe + *S* → FeS;

b) SO$_4^{2-}$ + *2 Ag$^+$* → Ag$_2$SO$_4$;

c) *2* Al + 3 Cu^{2+} → *2* Al^{3+} + *3 Cu*;

d) C$_6$H$_{12}$O$_6$ + *6* O$_2$ → *6* CO$_2$ + *6* H$_2$O

Lösung 4.5

a) Kontraktion Δv = 44,828 l (s. Gl. 4.4);

b) Das Volumen v_o von n_o = 4 mol Startgemisch [723 K, 20 MPa ($\equiv$ 2·10^7 N·m)] ist 0,00120 m^3 (1,20 l); bei 11 % Ausbeute ist die Stoffmenge Σn_i = (0,89 · 3 + 0,89 + 2 · 0,11) mol = 3,78 mol; als Kontraktion (Δn/n_o)·v_o folgt Δv = 0,066 l;

c) in MPa: p(H$_2$) = 14,1; p(N$_2$) = 4,7; p(NH$_3$) = 1,2; Σp_i = 20,0 MPa

Lösung 4.6

a) 56,9 g Al;

b) 71,1 g Al

Lösung 4.7

a) 146,1 g NaCl;

b) 288 ml

Lösung 4.8

Für die enthaltenen 7.747 mol P werden zur Ausfällung gemäß der Apatit-Stöchiometrie 12.912 mol CaO (das 5/3-fache) benötigt. Das sind ca. 724 kg CaO.

Lösung 4.9

a) je 3,6 mmol;

b) 3,6 mmol je 0,5 g entsprechen (zufällig!) 0,36 g Kalk, w(CaCO$_3$) = 72 %;

c) 5 mmol CO$_2$ bei 273 K → v_o = 0,112 l, bei 1073 K das 1073/273-fache → 0,44 l CO$_2$

Kapitel 5

Lösung 5.1

1 u = 1,660540·10^{-27} kg = 1/12 ^{12}C; 1/12 Σ(6m$_p$,6m$_n$,6m$_e$) = 1,674231·10^{-27} kg > u; die Differenz erklärt sich durch den Massendefekt (s. Gl. 0.1) beim Zusammentritt von je sechs Protonen, Elektronen und Neutronen.

Lösung 5.2

Nuklid: Atom bestimmter Ordnungszahl (Protonenzahl) und Massenzahl (Nukleonenzahl);

Isotope: Nuklide derselben Ordnungszahl, aber unterschiedlicher Massenzahlen.

Lösung 5.3

Reinelemente: Nur ein stabiles Isotop, z. B. Fluor, Natrium, Aluminium; Mischelemente: mehrere Isotope, z. B. Chlor, Magnesium, Eisen.

Lösung 5.4

Cobalt Co (27 p, 27 e, 32 n; Σ = 86), Barium Ba (56, 56, 81; 193), Blei Pb (82, 82, 125; 289)

Lösung 5.5

a) Unterschiedliche Isotopenverteilung;

b) $_{18}Ar/_{19}K$; $_{27}Co/_{28}Ni$;

c) Verknüpfung der Röntgenspektren der Elemente mit ihrer Kernladungszahl (Moseleysches Gesetz)

Lösung 5.6

a) $n = 1, 2, 3, 4...$; $0 < 1 \leq (n-1)$; $|m| \leq 1$; $s = \mp 1/2$;

b) Pauli-Prinzip: Keine Übereinstimmung des Zustandes zweier Elektronen eines Atoms in allen vier Quantenzahlen; Hundsche Regel: Elektronenzustände gleicher Energie werden zunächst nur einfach besetzt;

c) $1 = 0 \rightarrow s$, $1 = 1 \rightarrow p$, $1 = 2 \rightarrow d$, $1 = 3 \rightarrow f$;

d) $2 n^2 = 18$, entsprechend $3s^2 3p^6 3d^{10}$

Lösung 5.7

Analoge Valenzelektronenkonfigurationen, z. B. ns^1 für Alkalimetalle, $n(s^2p^6)$ für Edelgase

Lösung 5.8

Bohr postuliert exakt definierte Radien, für die eine Aufenthaltswahrscheinlichkeit $1 \equiv 100$ % folgt. Die Wellenmechanik gestattet nur Wahrscheinlichkeitsaussagen, die generell kleinere Werte (<<1) liefern; dennoch ergeben sich Aufenthaltswahrscheinlichkeits-Maxima gerade bei den Bohr-Radien.

Lösung 5.9

Beim Verdampfen erfolgt Atomisierung und Anregung des Valenzelektrons ($2s^1$, $3s^1$, $4s^1$); beim Zurückspringen in energieärmere Zustände wird die abgegebene Energie in günstigen Fällen als Emission von sichtbarem Licht wahrgenommen.

Kapitel 6

Lösung 6.1

σ-Bindungen: rotationssymmetrische Überlagerung von Wellenfunktionen längs der Bindungsachse; π-Bindungen durch Überlagerung von Wellenfunktionen außerhalb der Bindungsachse (zwei „Flügel" zentrosymmetrisch zur Verbindungslinie, dazwischen Knotenebene); als Skizze z. B. σ-Gerüst für Ethen, π-Bindung zwischen beiden C-Atomen

Lösung 6.2

a) Umschreibung der realen Struktur von Verbindungen durch als solche nicht existente Grenzstrukturen mit unterschiedlicher Elektronenanordnung;

b) vgl. 6.4.3 für Nitrat

Lösung 6.3

Kohlenstoff hat oberhalb 2s, 2p keine energetisch günstigen unbesetzten Orbitale zur Bildung der 5./6. Bindungen zur Verfügung; bei Silicium sind dagegen die 3d-Orbitale zur Ausbildung weiterer Bindungen verfügbar.

Lösung 6.4

Alle drei Größen haben ansteigende Zahlenwerte.

Lösung 6.5

a) Ionisierungsenergie;

b) Radon, Xenon, Krypton mit den geringsten Ionisierungsenergien; geeignete Partner wären Fluor und Sauerstoff mit den höchsten Elektronenaffinitäten.

Lösung 6.6

a) Die Fähigkeit eines Atoms, im Molekül die Elektronen aus den von ihm ausgehenden Bindungen anzuziehen;

b) durch Ionisierungsenergie und Elektronenaffinität der jeweiligen Elemente;

c) EN wächst von den Alkalimetallen zu den Halogenen, aber fällt innerhalb einer Gruppe ab.

Lösung 6.7

$\Delta(EN)$ klein → kovalente Bindungen, groß → polare Bindungen, Übergang zu Ionenbeziehung

Lösung 6.8

<u>OZ</u>: Vollständige Zuordnung der Bindungselektronen zum elektronegativeren Partner und Vergleich der sich ergebenden Elektronenzahlen mit denen im Grundzustand der Elemente, $[NH_4]^+$ mit: -3 für N und +1 für H;

<u>FL</u>: Hälftige Zuordnung der Bindungselektronenpaare zu jedem Partner; Vergleich der sich ergebenden Elektronenzahlen mit denen im Grundzustand der Elemente, $[NH_4]^+$ mit +1 für N und ±0 für H;

<u>Bindigkeit</u>: Anzahl der auf den jeweiligen Bindungspartner entfallenden Atombindungen, $[NH_4]^+$ mit Bindigkeit 4 für N und 1 für H

Lösung 6.9

PI_3: schwach polare Atombindung, $\Delta(EN)$ gering; AlF_3: Ionenbeziehung, $\Delta(EN)$ groß ($\gg 1{,}7$); CH_4: unpolar, Atombindung, $\Delta(EN)$ sehr gering; $BaCl_2$: Ionenbeziehung, $\Delta(EN)$ groß ($\geq 1{,}7$)

Lösung 6.10

$LiH + HOH \rightarrow Li^+ + OH^- + H_2\uparrow$: In LiH hat Wasserstoff die Oxidationszahl OZ -1 (→ Hydrid); er tritt mit einem Wasserstoff des Wassers (OZ = +1) zu molekularem Wasserstoff zusammen.

$HCl + HOH \rightarrow H_3O^+ + Cl^-$: In HCl hat Wasserstoff die OZ +1; mit Wasser entstehen hydratisierte Wasserstoff-Ionen $H^+_{(aq)}$

Lösung 6.11

OZ = -2 in Schwefelwasserstoff H_2S, ±0 in Schwefel S_8, +2 in Natrium-thiosulfat $Na_2S_2O_3$, +2,5 in Natriumtetrathionat $Na_2S_4O_6$, +4 in Schwefeldioxid SO_2, +6 in Schwefelsäure H_2SO_4

Lösung 6.12

-3: NH_3 Ammoniak; -2: N_2H_4 Hydrazin; -1: NH_2OH Hydroxylamin;

-1/3: HN_3 Stickstoffwasserstoffsäure; +1: N_2O Distickstoffoxid (Lachgas);

+2: NO Stickstoffmonoxid; +3: HNO_2 Salpetrige Säure; +4: NO_2 Stickstoffdioxid; +5: HNO_3 Salpetersäure

Lösung 6.13 (Ergänzungen *kursiv*)

Name	Bruttoformel	Oxidationszahlen der enthaltenen Elemente			
Ozon	O_3				O: ∓0
Natriumazid	NaN_3	Na: +1	N: -1/3		
Ammoniumnitrit	NH_4NO_2	$N(NH_4^+)$: -3	$N(NO_2^-)$: +3	H: +1	O: -2
Natriumhydrogensulfit	$NaHSO_3$	Na: +1	S: +4	H: +1	O: -2
Lithiumhydrid	LiH	Li: +1		H: -1	
Natriumnitrat	$NaNO_3$	Na: +1	N: +5		O: -2
Kaliumfluorid	KF	K: +1	F: -1		
Schwefelsäure	H_2SO_4		S: +6	H: +1	O: -2
Eisen(III)-chlorid	$FeCl_3$	Fe: +3	Cl: -1		
Wasserstoffperoxid	H_2O_2			H: +1	O: -1

Kapitel 7

Lösung 7.1

Zwei Kohlenstoff-Modifikationen; Graphit: Schichtengitter (Sechsecke, sp^2-Hybrid), weich („Bleistift"), 1 Elektron je C-Atom delokalisiert, schwarz, Leiter; Diamant: Raumnetz mit vier gleichen Bindungen je Kohlenstoff (Tetraeder, sp^3-Hybrid), extrem hart, farblos, Isolator

Lösung 7.2

Kohlenstoffdioxid CO_2: 8 Valenzelektronenpaare (VEP), 4 bindend, 4 nicht-bindend

→ 2 Doppelbindungen am C → dreiatomig linear O=C=O

Phosphorpentafluorid PF_5: 5 VEP, alle bindend → trigonale Bipyramide

Tetrachlorkohlenstoff CCl_4: 4 VEP, alle bindend → Tetraeder, Winkel 109,5°

Wasser H_2O: 4 VEP, 2 bindend, 2 nichtbindend → gewinkelt, Winkel <109,5°

Bortrifluorid BF_3: 3 VEP, alle bindend → trigonal eben, 120°

Schwefeldioxid SO_2: 9 VEP, 4 bindend, 5 nichtbindend (davon 1 VEP am S)

→ 2 Doppelbindungen, 1 freies EP → gewinkelt, Winkel <120°

Lösung 7.3

a) Beim Vorliegen polarer Element-Wasserstoff-Bindungen, benachbart zu stark elektronegativen Atomen (F, O, N), z. B. in flüssigem Fluorwasserstoff $HF_{(l)}$;

b) Struktur Wasser/Eis (geringere Dichte Eis, Sprengen von Urgestein, Verwitterung); anomal hohe Siedetemperaturen von Fluorwasserstoff, Wasser, Ammoniak; Strukturstabilisierung von Bio-Molekülen

Lösung 7.4

a) Volumenänderung beim Erstarren: Ausdehnung wegen Ausbildung voluminöser Eisstruktur;

b) Druckabhängigkeit T_{fus}: Hoher Druck begünstigt Bildung der dichteren Phase, T_{fus} fällt ab

Lösung 7.5

Ethanol hat Wasserstoffbrücken, die zu einem weit stärkeren Zusammenhalt der Moleküle führen als die sonst nur verbliebenen van-der-Waals-Kräfte.

Lösung 7.6

a) je 6;

b) Ca 8, F 4;

c) je 4;

d) je 8

Lösung 7.7

Ternäre Oxide mit kubisch dichtgepackten Sauerstoffschichten: Perowskite AMO_3, Prototyp $CaTiO_3$; Spinelle AM_2O_4, Prototyp $MgAl_2O_4$; zur Position der Metalle A und M vgl. Tab. 7.6

Lösung 7.8

Schichtenfolge hexagonal dicht (hcp) ABABAB..., kubisch dicht (ccp) ABCABCABC...

Lösung 7.9

Fünfzählige und höhere als sechszählige Drehachsen

Lösung 7.10

Kristallsysteme: Unterschiede in Achsen (a, b, c) und Winkeln (α, β, γ); Kristallklassen: Unterschiede in der Kombination der Punktsymmetrieelemente; Raumgruppen: Einbeziehen der Translation und ihrer Kombinationen mit Punktsymmetrieelementen

Kapitel 8

Lösung 8.1

a) geschlossen;

b) offen (Reagenzglas, Organismen), abgeschlossen (Universum, genähert: verschlossene Thermosflasche)

Lösung 8.2

$O_{2(g)}$, $C_{(Graphit)}$; alle anderen Stoffe entsprechen nicht dem Standardzustand bei Normalbedingungen

Lösung 8.3

Die Reaktionsenthalpie ist die Differenz der Bildungsenthalpien von Reaktionsprodukten und Ausgangsstoffen:

$$\Delta_r H_{(AB+CD \rightarrow AD+BC)} = \Delta_f H_{AD} + \Delta_f H_{BC} - (\Delta_f H_{AB} + \Delta_f H_{CD})$$

Lösung 8.4

a) +172,5 kJ/mol;

b) endotherm;

c) Druck↑: CO-Ausbeute↓; Temperatur↑: CO-Ausbeute↑

Lösung 8.5

-3267,5 kJ/mol C_6H_6 (zur Bewertung s. 8.3.2, Beispiel 8.11)

Lösung 8.6

1,55 mol Al, entsprechend 41,9 g

Lösung 8.7

a) $Ca_3(PO_4)_2 + 5\,C_{Gr} + 3\,SiO_2 \rightarrow 3\,CaSiO_3 + 2\,P$ (bzw. ½ P_4) + 5 CO; $\Delta_r H^o = +1572$ kJ/mol;

b) Stark endotherme Reaktion, Temperaturerhöhung begünstigt die Bildung der Produkte

Lösung 8.8

a) Salze lösen sich exotherm (wasserfreies $CaCl_2$) für $\Delta_{sol}H > \Delta_G H$, endotherm ($CaCl_2 \cdot 6H_2O$) im anderen Fall;

b) bei NaCl sind beide Terme etwa entgegengesetzt gleich;

c) Einleiten von HCl-Gas in die kaltgesättigte Lösung (in der Kälte lösen sich Gase besser!) wirkt als „Zwang" zur Ausfällung von Natriumchlorid

Lösung 8.9

Für die Bildung von einem Mol Bariumchlorid-dihydrat gilt:

$\Delta_r H = \Delta_{sol} H(BaCl_2) - \Delta_{sol} H(BaCl_2 \cdot 2H_2O) = (-8,46 - 21,54)$ kJ/mol $= -30,0$ kJ/mol

Lösung 8.10

1 mol $H_2O \triangleq 2$ mol Bindungen O-H $\rightarrow$ Bindungsenergie O–H = 464 kJ/mol

Lösung 8.11

a) $\Delta_r H = -1026,6$ kJ/mol;

b) Auf 1 mol TNT entfallen 3,5 mol CO und 3,5 mol C, deren Verbrennungsenthalpien sind: $\Delta_c H = 3,5 \Delta_f H(CO_2) + 3,5 \Delta_c H(CO) = -2367,8$ kJ/mol;

c) 500 kt TNT $\triangleq 2,26 \cdot 10^{12}$ kJ; ein Atomkern liefert $3,2 \cdot 10^{-11}$ J, 1 kg ^{235}U (= 4,26 mol) $8,22 \cdot 10^{10}$ kJ; es sind also 27,5 kg ^{235}U enthalten

Lösung 8.12

a) $\Delta_{vap} h^o$ (in kJ/g): Wasser 2,44, Ethanol 0,92, Diethylether 0,37;

b) Starke Vernetzung der Wassermoleküle über 2 Brücken je Sauerstoff; bei Ethanol nur eine Brücke je Sauerstoff; bei Ether lediglich van-der-Waals-Wechselwirkungen

Kapitel 9

Lösung 9.1

a) Siedediagramm analog Bild 9-1b;

b) $\Delta_{mix} H^o = 0$, da die Wechselwirkungen zwischen allen Komponenten gleich sind;

c) Siedediagramm analog zu Bild 9-1a

Lösung 9.2

Flüssigkeit und Dampf haben gleiche Zusammensetzung, eine destillative Trennung gelingt nicht; „azeotrope" ($\approx$ halbkonzentrierte) Salzsäure, „Primasprit" (Ethanol 96 %, Wasser 4 %)

Lösung 9.3

a) Eutektikum: Bei dem Schmelztemperaturminimum T_E koexistieren die festen Phasen A und B mit „eutektisch" zusammengesetzter Schmelze; Dystektikum: Schmelztemperatur-Maximum, e i n e n definierten Feststoff anzeigend (z. B. AB_2);

b) das sehr feine Gefüge beider Phasen bewirkt meist günstige mechanische Eigenschaften

Lösung 9.4

a) Ein solches Gemisch bildet unter Aufschmelzen von Eis eine gesättigte Lösung, deren eutektische Temperatur bei –21 °C liegt;

b) Die entstandenen Lösungen schaden der Vegetation und beschleunigen die Fahrzeugkorrosion.

Lösung 9.5

Vor dem Destillieren ist das verbliebene Wasser chemisch zu binden (z. B. durch Zugabe von Natriummetall oder durch längeres Kochen mit Branntkalk).

Kapitel 10

Lösung 10.1

a) ΔG umfaßt einen Enthalpie- und einen Entropieterm: $\Delta G = \Delta H - T \cdot \Delta S$;

b) $\Delta G < 0 \rightarrow$ die Reaktion sollte freiwillig ablaufen; $\Delta G > 0 \rightarrow$ freiwilliger Ablauf ist thermodynamisch unmöglich; $\Delta G = 0 \rightarrow$ Reaktion ist im Gleichgewicht

Lösung 10.2

Die klassische Thermodynamik liefert keinerlei Aussagen zu Reaktionszeit und -geschwindigkeit

Lösung 10.3

Die Entropie S eines Systems ist mit dessen Ordnungszustand verknüpft: Unordnung↑, „Wahrscheinlichkeit"↑, Entropie↑; S wächst z. B. bei Volumenvergrößerung, beim Übergang s→l, besonders aber bei s→g und l→g.

Lösung 10.4

Durch die Fällung werden die zuvor an die Ionen fixierten Wassermoleküle frei; damit steigt die Teilchenzahl im System. Die damit verbundene Entropiezunahme ist oft stärker als die Entropieabnahme durch die Feststoffbildung.

Lösung 10.5

a) $\Delta S > 0$, Zustand der stark verdünnten Lösung ist bei leichtlöslichen Salzen aus niedrig geladenen Ionen – trotz Fixierung von Wassermolekülen an die Ionen – meist „wahrscheinlicher" als Ausgangszustand;

b) $\Delta S > 0$, im Dampf liegt ein viel größeres Volumen vor;

c) $\Delta S < 0$, Übergang Nahordnung zu Fernordnung;

d) $\Delta S < 0$, da 4 mol Gasmischung nur 2 mol reinen Gases ergeben;

e) $\Delta S > 0$, entscheidend ist Zuwachs des Gasvolumens;

f) $\Delta S > 0$, Zunahme der Teilchenzahl durch Abbau der Hydrathülle bei der Chelatbildung

Lösung 10.6

Sowohl Fällung als auch Chelateffekt setzen Wassermoleküle aus den Hydrathüllen der Ionen frei → Zunahme der Teilchenzahl → Entropiezunahme

Lösung 10.7

$\Delta_{mix}G^o < 0$; zwar Mischungs-Enthalpie = 0 (Aufg. 9.1b), aber Entropie > 0

Lösung 10.8

a) Die Verbrennung bleibt kinetisch gehemmt bis zur Überwindung der Aktivierungsenergie;

b) Zünden durch Katalysator (z. B. Platinkontakt) oder elektrischen Funken

Lösung 10.9

a) $2\,NO + 2\,CO \rightarrow N_2 + 2\,CO_2$; $\Delta_r H^o = -747$ kJ/mol;

b) I: $\Delta_r S^o = -198$ J/(mol·K), $\Delta_r G^o = -688$ kJ/mol $<< 0 \rightarrow$ die Reaktion sollte freiwillig ablaufen; II: $\Delta_r G^o$ wird weniger stark negativ;

c) Reaktionshemmung ($\rightarrow$ Katalysator, erhöhte Temperatur nötig)

Lösung 10.10

Sie sollten – wie alle Reaktionen – freiwillig ablaufen für $\Delta G < 0$; alle Sublimations-, Verdampfungs-, Zersetzungsvorgänge, sofern $|T \cdot \Delta S| > \Delta H$

Kapitel 11

Lösung 11.1

a, b) keine Reaktion;

c)   Silber fällt aus, Zink-Ionen Zn^{2+} gehen in Lösung

Lösung 11.2

Redoxpaar (s. Tab. 11.1): $MnO_4^- + 8 H^+ + 5 e \rightarrow Mn^{2+} + 4 H_2O$; Nernstsche Gleichung: $E_{eq} = E^o + \{0,059 \text{ V} / 5\} \cdot \lg a^8(H^+)$; bei pH = 0 gilt wegen $a(H^+) = 1$ das Standardpotential E_{eq}; für pH = 7 folgt $E_{eq} = 1,51 \text{ V} + \{0,059 \text{ V} / 5\} \cdot (-56) = (1,51-0,66)\text{V} = +0,85 \text{ V}$

Lösung 11.3

Bei 99 % ist $[Cl^-] = 10^{-4}$ mol/l (pCl = 4) und $[Ag^+] = 1,7 \cdot 10^{-6}$ mol/l (pAg = 5,77); bei 101 % gilt umgekehrt pCl = 5,77 und pAg = 4; nach der Nernstschen Gleichung $\rightarrow \Delta E = 0,059 \text{ V} \cdot \Delta \lg[Ag^+] = 0,059 \text{ V} \cdot (-1,77) = 0,1044 \text{ V} \approx 104 \text{ mV}$

Lösung 11.4

K = 1; entsprechend Gl. 11.11 wird $\Delta_r G^o = 0$ für $K_{eq} = 1$

Lösung 11.5

Ursache ist die „Überspannung" für die Abscheidung von Wasserstoff an Blei

Lösung 11.6

a)   63,54 g Cu (1 mol);

b)   32,69 g Zn (½ mol);

c)   18,48g Fe (⅓ mol);

d)   8,67 g Cr ($^1/_6$ mol)

Lösung 11.7

Die Ladung 240 A·s $\triangleq$ 0,002487 mol $\approx$ 2,5 mmol Elektronen; a) 1,25 mmol H_2 $\triangleq$ 2,52 mg, 0,625 mmol O_2 $\triangleq$ 20 mg; b) je 2,5 mmol, entsprechend 492,6 mg Au und 269,6 mg Ag; c) 1,25 mmol F_2 $\triangleq$ 47,5 mg

Kapitel 12

Lösung 12.1

zunächst Carbonatbildung: $2 M^IOH + CO_2 \rightarrow M^I_2CO_3 + H_2O$; bei CO_2-Überschuß auch Bildung der Hydrogencarbonate M^IHCO_3

Lösung 12.2

Säuren: Neutral- (HCN, H_2O, H_3PO_4, NH_3); Kation- ($[Al(OH_2)_4(OH)_2]^+$, NH_4^+, H_3O^+); Anion- (HCO_3^-, HSO_4^-, HPO_4^{2-}). Basen: Neutral- (H_2O, NH_3), Kation- ($[Al(OH_2)_4(OH)_2]^+$), Anion- (HCO_3^-, HSO_4^-, HPO_4^{2-}). Ampholyte: H_2O, HCO_3^-, $[Al(OH_2)_4(OH)_2]^+$, HSO_4^-, NH_3, HPO_4^{2-}

Lösung 12.3

$[H^+]$ in mol/l:

a) $2,0 \cdot 10^{-2}$;

b) $1,6 \cdot 10^{-10}$

Lösung 12.4

$K_{Hac} = 1,8 \cdot 10^{-5}$ mol/l $= [H^+] \cdot [ac^-]/[Hac]$; $K_{Hac} \cdot [Hac] = 1,8 \cdot 10^{-6} \cdot mol^2/l^2 = [H^+] \cdot [ac^-] = [H^+]^2$; $[H^+]^2 = 1,8 \cdot 10^{-6}$ mol^2/l^2; $[H^+] = 1,33 \cdot 10^{-3}$ mol/l; pH = 2,88; $\alpha = 0,0133 = 1,33$ %; die Näherung für [Hac] ($\approx c_{Hac}$) ist erlaubt, da nur gut 1 % der Säure dissoziiert

Lösung 12.5

pH für...:

a) > 7;

b) $= 7$;

c) < 7;

d) $= 7$

Lösung 12.6

pH-Werte: 3 (Essigsäure), 11 (K_2CO_3), 1 (Salzsäure), 13 (NaOH), 7 (KCl)

Lösung 12.7

pK_S der Indikatorsäure HInd sollte etwa übereinstimmen mit pH am ÄP: $pK_{HInd} = pH_{ÄP}$

Lösung 12.8

Der Äquivalenzpunkt liegt bei pH $> 7 \rightarrow$ nur Phenolphthalein ist geeignet

Lösung 12.9

NH_4^+/NH_3, $H_2PO_4^-/HPO_4^{2-}$, HPO_4^{2-}/PO_4^{3-}, „H_2CO_3"/HCO_3^-, HCO_3^-/CO_3^{2-}, $H_3C\text{-}COOH/H_3C\text{-}COO^-$, $H\text{-}COOH/H\text{-}COO^-$

Lösung 12.10

Pufferwirkung ist optimal bei pH $= pK_S$ der Brønstedsäure:

a)   4,75;

b)   9,25;

c)   7,2;

d)   10,3

Lösung 12.11

a)   Hac + OH$^-$ $\rightarrow$ ac$^-$ + H_2O;

b)   Die Ausgangslösung enthält 50 mmol Hac. Dazu kommen 25 mmol NaOH. Es ergibt sich eine Pufferlösung mit [Hac] = [ac]; dort ist pH = pK = 4,75;

c)   vgl. Bild 12-1b;

d)   die Zugabe von 2,5 mmol HCl verschiebt das Verhältnis Hac : ac$^-$ (in mmol) von 25 : 25 auf 27,5 : 22,5 (das entspricht 5,5:4,5 mmol/l) $\rightarrow$ pH = pK + lg(4,5 : 5,5) = 4,66

Lösung 12.12

a)   6,25 ml NaOH enthalten 0,625 mmol Ionen OH$^-$, binden also 0,625 mmol Protonen je 250 ml Wasser; 1 l enthält 2,5 mmol; also [H$^+$] = $2,5 \cdot 10^{-3}$ mol/l;

b)   2,60;

c)   Eisen(III)-Ionen sind in wäßriger Lösung ziemlich starke Brønsted-Säuren (Tab. 12.1)

Lösung 12.13

a)   [H_3O^+] = 10^{-2} mol/l; 30 m^3 $\hat{=}$ 300 mol H_3O^+ $\rightarrow$ 150 l Kalilauge;

b)   der pH-Wert 12 entspricht bei 25 °C einem Wert [OH$^-$], der identisch ist mit [H_3O^+] bei pH = 2 $\rightarrow$ 150 l Salzsäure

Kapitel 13

Lösung 13.1

a) Lösungen im Gleichgewicht mit dem Bodenkörper;

b) Wegen kinetischer Hemmung der an sich überfälligen Kristallisation ist Sättigungskonzentration überschritten;

c) Zugabe von Impfkriställchen oder Fremdkeimen, oft schon durch mechanische Erschütterung

Lösung 13.2

a) $[Cu^+] = (3 \cdot 10^{-12} \text{ mol}^2/l^2)^{-1/2} = 1{,}7 \cdot 10^{-6}$ mol/l;

b) $[I^-] = 10^0$ mol/l; $\rightarrow [Cu^+] = 3 \cdot 10^{-12}$ mol/l

Lösung 13.3

$L(CaSO_4) = 2 \cdot 10^{-5} \text{ mol}^2/l^2$; für die Gesamtlösung (300 ml) gilt: $[Ca^{2+}] = (200/300) \cdot 10^{-3}$ mol/l $= 6{,}7 \cdot 10^{-4}$ mol/l, $[SO_4^{2-}] = (100/300) \cdot 10^{-4}$ mol/l $= 3{,}3 \cdot 10^{-5}$ mol/l; das Produkt $[Ca^{2+}] \cdot [SO_4^{2-}]$ ist mit $2{,}2 \cdot 10^{-8} \text{ mol}^2/l^2$ viel kleiner als $L(CaSO_4)$; $CaSO_4$ fällt nicht aus

Lösung 13.4

a) $H_2S \rightleftharpoons 2 H^+ + S^{2-}$;

b) $[S^{2-}] = K_{S(1,2)}(H_2S) \cdot [H_2S]/[H^+]^2 = (10^{-22} \cdot 0{,}1/10^{-2})$ mol/l $= 10^{-21}$ mol/l;

c) $[Pb^{2+}]_{min} = 10^{-7}$ mol/l

Lösung 13.5

a) $NH_3 + H_2O \rightleftharpoons NH_4^+ + OH^-$; $Zn^{2+} + 2 OH^- \rightleftharpoons Zn(OH)_2\downarrow$; die Konzentration $[OH^-]$ reicht aus für die Fällung;

b) $Zn(OH)_2 + 6 NH_3 \rightleftharpoons [Zn(NH_3)_6]^{2+} + 2 OH^-$; NH_3-Überschuß begünstigt die Komplexbildung;

c) $[OH^-]$ fällt durch die Pufferwirkung stark ab, es erfolgt von vornherein nur Komplexbildung

Lösung 13.6

a) Ethylendiamin-tetraessigsäure; Formel s. Bild 13-2;

b) EDTE bildet als sechszähniger Chelat-Ligand sehr stabile 1:1-Komplexe mit den meisten Kationen; der Äquivalenzpunkt ist dementsprechend scharf;

c) die Komplexstabilität ist sehr stark erhöht gegenüber der von Komplexen mit einzähnigen Liganden, und zwar durch die positive Reaktionsentropie und den entsprechend stärker negativen Wert der freien Reaktionsenthalpie (s. Aufg. 10.6)

Lösung 13.7

Komplexbildung erfolgt im Verhältnis Kation : Ligand = 1:1;

a) 10,00 ml (EDTE-Lösung ist 5x stärker als die der Ca^{2+}-Ionen);

b) ebenfalls 10,00 ml EDTE (Lösung ist zweimal stärker als die der Al^{3+}-Ionen)

Lösung 13.8

Für Ni(II) werden 20 ml EDTE ($c_{EDTE} = 0{,}05$ mol/l) benötigt; das entspricht gerade $n(Ni^{2+}) = 1$ mmol; somit enthalten 50 ml Ausgangslösung 1 mmol Ni(II), d. h.: $[Ni^{2+}] = 1{,}0$ mmol/50 ml $\equiv 0{,}02$ mol/l

Kapitel 14

Lösung 14.1

a) $H_2SO_4 + KX \rightarrow HX\uparrow + KHSO_4$ (X = F, Cl);

b) partiell: $3 H_2SO_4 + 2 KBr \rightarrow Br_2\uparrow + SO_2\uparrow + 2 KHSO_4 + 2 H_2O$;

c) partiell: $9 H_2SO_4 + 8 KI \rightarrow 4 I_2 + H_2S\uparrow + 8 KHSO_4 + 4 H_2O$

Lösung 14.2

$$Cr_2O_3 + 2 Na_2CO_3 + 3 KNO_3 \rightarrow 2 CrO_4^{2-} + 4 Na^+ + 3 NO_2^- + 3 K^+ + 2 CO_2\uparrow$$

Lösung 14.3

a) $2 Cu^{2+} + 4 I^- \rightarrow 2 CuI\downarrow + I_2$; $I_2 + 2 S_2O_3^{2-} \rightarrow 2 I^- + S_4O_6^{2-}$;

b) 2 mol $Cu^{2+} \triangleq 2$ mol $S_2O_3^{2-}$; 1 ml Maßlösg. $\triangleq 0,1$ mmol $S_2O_3^{2-} \triangleq 0,1$ mmol $Cu^{2+} = 6,354$ mg Cu^{2+}

Lösung 14.4

a) $2 MnO_4^- + 16 H^+ + 5 C_2O_4^{2-} \rightarrow 2 Mn^{2+} + 10 CO_2\uparrow + 8 H_2O$;

b) $M_{ox} = 88$ g/mol; 100 mg $\triangleq 1,136$ mmol; 1 mol MnO_4^- oxidiert $2,5$ mol ox; $1,136$ mmol ox $\triangleq 0,4544$ mmol $MnO_4^- \triangleq 0,4544 /0,02$ ml$^{-1} = 22,72$ ml Maßlösung;

c) Selbstindizierung durch Eigenfarbe von MnO_4^-

Lösung 14.5

a) $3 AsO_3^{3-} + BrO_3^- \rightarrow 3 AsO_4^{3-} + Br^-$; $3 [Sb(OH)_4^-] + BrO_3^- + 3 H_2O \rightarrow 3 [Sb(OH)_6^-] + Br^-$;

b) Das starke Oxidationsmittel Brom zerstört den Indikator

Lösung 14.6

1 mmol $MnO_4^- \triangleq 5$ mmol Fe^{2+}; 1 mmol $Fe^{2+}Fe_2^{3+}O_4 \triangleq 1$ mmol $Fe^{2+} + 2$ mmol Fe^{3+};

a) 10 ml MnO_4^--Verbrauch ($0,2$ mmol);

b) 30 ml MnO_4^- ($0,6$ mmol)

Lösung 14.7

a) $4 Au + 8 CN^- + O_2 + 2 H_2O \rightarrow 4 [Au(CN)_2]^- + 4 OH^-$; $2 [Au(CN)_2]^- + Zn \rightarrow 2 Au + [Zn(CN)_4]^{2-}$;

b) Cyanid und Cyanwasserstoff („Blausäure") sind hochtoxisch (s. 23.2.2)

Kapitel 15

Lösung 15.1

Wasser siedet in 3000 m Höhe bei etwa 90 °C; die Reaktion ist wesentlich langsamer (s. Aufg. 15.8)

Lösung 15.2

a) insgesamt: 3. Ordnung;

b) bezüglich A 1., hinsichtlich B 2. Ordnung

Lösung 15.3

a) Reaktion 1. Ordnung;

b) Reaktion 2. Ordnung

Lösung 15.4

Rohrzucker (RZ), Gl. 15.11: Aus $[RZ]_0 = 100$ und $[RZ]_t = 82$ sowie aus $t = 1800$ s folgt $k = 1,1025\cdot10^{-4}$ s^{-1}; mit k und $[RZ]_t = 25$ ergibt sich $t_{75} = 210$ min

Lösung 15.5

2. Ordnung ($1/[Ester]$ gegen $t \rightarrow$ Gerade); Geschwindigkeitskonstante $k \approx 8,1\cdot10^{-2}$ l·mol^{-1}·s^{-1}

Lösung 15.6

100 mg Nitr(yl)amid (NA) $\triangleq$ 1,612 mmol; beim Zerfall entstehen identische Stoffmengen N_2O und H_2O; 12,38 ml N_2O (288 K, 1 bar) $\triangleq$ 0,517 mmol; Gl. 15.11 gibt für $[NA]_{70}$ = 1,095 mmol und $[NA]_0$ = 1,612 mmol bei t = 4200 s ein k = $9,20 \cdot 10^{-5}$ s^{-1};

Einsetzen von k und ½ $[NA]_0$ für $[NA]_t$ in Gl. 15.11 ergibt dann als Halbwertszeit $t_{1/2}$ = 2 h 5 min

Lösung 15.7

Aus einer Wertetabelle mit ln k und $10^3/T$ und dem zugehörigen Diagramm folgt die Geradengleichung ln k = 28,79 - 29,737$\cdot 10^3/T$. Aus dem Anstieg, 29,737 = $E_a \cdot 10^{-3} \cdot$ K/R, ergibt sich mit R = 8,314 J/(mol·K) ein $E_a \approx$ 250 kJ/mol (die Verwechslung zwischen den Konstanten k und der absoluten Temperatur in K ist zu vermeiden)

Lösung 15.8

Aus je 2 Wertepaaren von ln k (ln 2k, ln 3k; k beliebig) und 1/T (T in Kelvin = 298, 308; 363, 373) können die Anstiege ermittelt und analog zu Aufg. 15.7 die E_a-Werte (in kJ/mol) berechnet werden:

a)   k $\rightarrow$ 2k: $E_a \approx$ 53; k $\rightarrow$ 3k: $E_a \approx$ 83;

b)   entsprechend, k $\rightarrow$ 2k: $E_a \approx$ 78; k $\rightarrow$ 3k: $E_a \approx$ 123

Lösung 15.9

a) K_{eq} = 62 ±20;

b) K_{eq} = k_h/k_r = 0,14 l/(mol$^{-1} \cdot$s^{-1}) / $2,50 \cdot 10^{-3}$ l/(mol$^{-1} \cdot$s^{-1}) = 56

Lösung 15.10

$t_{1/2}$ (^{238}U) = $4,56 \cdot 10^{+9}$ a (die Stoffmengen verhalten sich reziprok zu den Zeiten $t_{1/2}$)

Lösung 15.11

a)   Reaktion 1. Ordnung: Die Auftragung von $\ln[BB]_t$ über t ergibt eine Gerade, nicht dagegen die von $1/[BB]_t$ über t (was einer Reaktion 2. Ordnung entspräche);

b)   Geschwindigkeitskonstante k = $1,5 \cdot 10^{-5}$ s^{-1};

c) $t_{1/2}$= 13 h 15 min

Kapitel 18

Lösung 18.1

Die ortho-Moleküle H_2, D_2, T_2, HD, HT, DT; die entsprechenden para-Moleküle; die Atome H, D, T; die Kationen H^+, D^+, T^+ und die Anionen H^-, D^- und T^- - insgesamt also 21 Spezies!

Lösung 18.2

Die pK_S-Werte betragen:

$HClO_3$	≈ 0
$HClO_2$	2
H_4SiO_4	≈ 10
H_3PO_4	≈ 2

Lösung 18.3

Elektrolytisch gewonnener Wasserstoff ist stets an Deuterium verarmt und hat darum eine etwas geringere Dichte als der durch Kohlevergasung hergestellte, „natürliche" Wasserstoff.

Kapitel 19

Lösung 19.1

Weil das Li^+-Ion das kleinste Kation der Alkalimetalle ist, wird bei dessen Umhüllung mit Wassermolekülen im Vergleich zu den anderen Alkalimetall-Ionen die größte Hydratisierungsenergie freigesetzt, was die Reaktion des Lithiums mit Wasser stark begünstigt. Diese Reaktionstendenz wird in einem stark negativen Standardpotential widergespiegelt.

Lösung 19.2

$$O_2^{2-} + 2\,H_2O \rightarrow H_2O_2 + 2\,OH^-$$

Lösung 19.3

$$O_2^- + H_2O \rightarrow \tfrac{1}{2}\,H_2O_2 + \tfrac{1}{2}\,O_2 + OH^-$$

Kapitel 20

Lösung 20.1

Jedes der 8 Eck-Ionen gehört 8 Elementarzellen, jedes der 6 flächenzentrierenden Ionen 2 Elementarzellen an, während die 8 F^--Ionen vollständig der betrachteten Elementarzelle zuzurechnen sind. So resultiert für die Elementarzelle die Formel $Ca_{8/8}Ca_{6/2}F_8 = CaF_2$.

Lösung 20.2

Weil die Valenzelektronen der Erdalkalimetallatome auf Grund der niedrigen Kernladung und der großen Entfernung dieser Elektronen vom elektrostatisch positiv geladenen Atomkern nur relativ locker gebunden sind und darum schon durch die verhältnismäßig niedrige Energie der Gasflamme angeregt werden.

Lösung 20.3

Aragonit; Calciumcarbonat; $CaCO_3$.

Lösung 20.4

Weil bei dieser Behandlung die Cl^--Ionen schon in beträchtlichem Maße mit den Wasserstoffatomen des Wassermoleküle reagieren, so daß bei dem Versuch, Magnesiumchlorid-hexahydrat durch Erwärmen zu entwässern, nicht nur Wasserdampf, sondern auch gasförmiger Chlorwasserstoff entweicht. Dadurch entsteht als fester Rückstand nicht $MgCl_2$, sondern ein Magnesiumoxid-hydroxid-chlorid, dessen chemische Zusammensetzung von den Bedingungen des thermischen Prozesses, wie Aufheizgeschwindigkeit, Endtemperatur und Heizdauer, abhängt.

Lösung 20.5

$$H^- + H_2O \rightarrow H_2 + OH^-$$

Lösung 20.6

Der Schwerspat, Bariumsulfat, $BaSO_4$, muß zunächst mit Kohlenstoff zu Bariumsulfid reduziert werden (Gl. 1), und dieses wird mit Salzsäure umgesetzt (Gl. 2). Die Reaktionsgleichungen:

$$BaSO_4 + C \rightarrow BaS + 4\,CO \qquad (1)$$

$$BaS + 2\,HCl \rightarrow BaCl_2 + H_2S \qquad (2)$$

Kapitel 21

Lösung 21.1

Borate sind Salze von Borsäuren, Boranate Salze mit dem Tetrahydridoborat-Anion $[BH_4]^-$.

Lösung 21.2

Die Borsäure stammt aus den Exhalationen des Vulkans, was darauf beruht, daß Borsäure mit Wasserdämpfen flüchtig ist.

Lösung 21.3

$$BCl_3 + 3\ H_2O \rightarrow B(OH)_3 + 3\ HCl$$

Das Bortrichlorid reagiert heftig und exotherm mit dem Wasser. Dabei bildet sich Salzsäure und Borsäure, welche auskristallisiert.

Lösung 21.4

In jeder der beiden Reaktionen werden Wasserstoff, H_2, und Aluminiumhydroxid, $Al(OH)_3$, gebildet. Die Reaktionsgleichungen sind:

$$AlH_3 + 3\ H_2O \rightarrow Al(OH)_3 + 3\ H_2 \qquad (1)$$
$$Al + 3\ H_2O \rightarrow Al(OH)_3 + 3/2\ H_2 \qquad (2)$$

Der Unterschied besteht darin, daß pro mol $Al(OH)_3$ gemäß Gl. 1 doppelt so viel Wasserstoff entwickelt wird wie nach Gl. 2.

Lösung 21.5

a) Eine gewogene Probe m_1 des Gemenges wird mit verdünnter Salzsäure einige Zeit stehengelassen, filtriert, mit Aqua chloridfrei gewaschen und getrocknet. Der Rückstand wird gewogen: m_2. Die Massedifferenz m_1-m_2 ist gleich der Masse an metallischem Aluminium.

b) Im Kolben einer geschlossenen Apparatur wird eine gewogene Probe des Gemenges mit verdünnter Salzsäure übergossen. Dann wird das Volumen des entwickelten Wasserstoffs gemessen und daraus die Masse des Aluminiums berechnet.

Lösung 21.6

Die Größen der Ionenradien von Ga^{3+}-Ionen und Al^{3+}-Ionen sind sehr ähnlich, so daß Ga^{3+}-Ionen die Al^{3+}-Ionen auf deren Gitterplätzen in den Aluminiumsilicaten und im Bauxit ersetzen können.

Lösung 21.7

a) $TlCl_2$ stellt eine verknappte Darstellung der Formel von Thallium(I)-tetrachlorothallat(III) $Tl^I[Tl^{III}Cl_4]$ dar;

b) Analog entspricht Tl_2Cl_3 dem Tri-Thallium(I)-hexachlorothallat(III) $Tl^I_3[Tl^{III}Cl_6]$.

Kapitel 22

Lösung 22.1

Es entsteht das Natriumsalz der Ameisensäure, Natriumformiat,

$HCOONa$. $NaOH + CO \rightarrow HCOONa$

Bedingungen: Erhöhte Temperatur und CO-Druck.

Lösung 22.2

Die Ursache dafür ist die außerordentlich große Stabilität des Graphitgitters.

Lösung 22.3

a) $CO + H_2O \rightleftharpoons CO_2 + H_2$

b) $CO + 3\ H_2 \rightleftharpoons CH_4 + H_2O$

Lösung 22.4

Bortrichlorid – Borsäure; Kohlenstofftetrachlorid – Kohlensäure; Carbonylchlorid (Phosgen) – Kohlensäure; Formylchlorid – Ameisensäure; Siliciumtetrachlorid –Kieselsäure; Sulfurylchlorid – Schwefelsäure.

Die Formeln sind in der Tabelle angegeben:

Säurechlorid	BCl_3	CCl_4	$COCl_2$	$HCOCl$	$SiCl_4$
Säure	$B(OH)_3$	H_2CO_3	H_2CO_3	$HCOOH$	$Si(OH)_4$

Lösung 22.5

$$SiCl_4 + 4\,H_2O \rightarrow Si(OH)_4 + 4\,HCl$$

$$SiH_4 + 4\,H_2O \rightarrow Si(OH)_4 + 4\,H_2$$

Kapitel 23

Lösung 23.1

In alkalischer Lösung. Das gilt allgemein für protonenabhängige Redoxgleichgewichte: Die OH^--Ionen stehen stets auf der Seite des Reduktionsmittels, die Protonen stets zusammen mit den Elektronen auf der Seite des Oxidationsmittels.

Lösung 23.2

$N_4H_4 = (NH_4)N_3$, Ammoniumazid; $N_5H_5 = (N_2H_5)N_3$, Hydraziniumazid.

Lösung 23.3

$-1/3$.

Lösung 23.4

Verbindung	Bindigkeit	Oxidationszahl	Koordinationszahl
NH_3	3	-3	3
NH_4^+	4	-3	4
NCl_3	3	-3	3
N_2H_4	3	-2	3
NH_2OH	3	-1	3
HNO_2	3	+3	2
HNO_3	4	+5	3

Lösung 23.5

Bindigkeit: 5; Oxidationszahl: +5; Koordinationszahl: 4.

Lösung 23.6

Das Phosphor(V)-oxid, P_4O_{10}.

Kapitel 24

Lösung 24.1

a) In jeder der beiden Reaktionen wird Sauerstoff entwickelt.

b) Die Lösung der Hyperoxide wird alkalisch. Die Lösung der Dioxygenylverbindung wird sauer.

c) In jeder der beiden Reaktionen entsteht eine Lösung, die Iodid zu Iod oxidiert.

d) $\qquad O_2^- + H_2O \rightarrow \frac{1}{2}\,H_2O_2 + \frac{1}{2}\,O_2 + OH^-$

$\qquad O_2^+ + 2\,H_2O \rightarrow \frac{1}{2}\,H_2O_2 + O_2 + H_3O^+$

Lösung 24.2

a) Die durchschnittliche Oxidationszahl des Schwefels beträgt: Im Trisulfan, H_2S_3: $-2/3$; im Octasulfan, H_2S_8: $-1/4$.

b) Die Disproportionierungsprodukte sind Schwefelwasserstoff und Schwefel:

$$H_2S_3 \rightarrow H_2S + \frac{1}{4} S_8$$

$$H_2S_8 \rightarrow H_2S + 7/8 S_8$$

Lösung 24.3

Sulfite,	Na_2SO_3	–	schweflige Säure,	H_2SO_3,
Nitrite,	$NaNO_3$	–	salpetrige Säure,	HNO_2,
Orthosilicate,	Na_4SiO_4	–	Orthokieselsäure,	H_4SiO_4,
Hypochlorite,	$NaOCl$	–	hypochlorige Säure,	$HOCl$.

Lösung 24.4.

a) Orthoborsäure - H_3BO_3, Kohlensäure - H_2CO_3, Essigsäure - CH_3COOH, Orthokieselsäure - H_4SiO_4, salpetrige Säure - HNO_2, Salpetersäure - HNO_3, Orthophosphorsäure - H_3PO_4, phosphorige Säure - H_3PO_3, Schwefelsäure - H_2SO_4, schweflige Säure - H_2SO_3.

b) Bortrichlorid - BCl_3, Carbonylchlorid - $COCl_2$, Acetylchlorid - CH_3COCl, Siliciumtetrachlorid - $SiCl_4$, Nitrosylchlorid - $NOCl$, Nitrylchlorid - NO_2Cl, Phosphoroxidchlorid - $POCl_3$, Phosphortrichlorid - PCl_3, Sulfurylchlorid - SO_2Cl_2, Chlorschwefelsäure - HSO_3Cl, Thionylchlorid - $SOCl_2$.

Lösung 24.5

a) Durch den Geruch.

b) Durch die Ausfällung schwerlöslicher, charakteristisch gefärbter Metallsulfide, z. B. Bleisulfid PbS – schwarz; Quecksilbersulfid HgS – schwarz; Cadmiumsulfid CdS – gelb; Zinksulfid ZnS – weiß.

Lösung 24.6

Es wird ein stechend riechendes Gas entwickelt, das sich als Schwefeldioxid erweist.

$$Na_2SO_3 + H_2SO_4 \rightarrow Na_2SO_4 + SO_2 + H_2O$$

Lösung 24.7

$$2\ HSO_3Cl \rightarrow H_2SO_4 + SO_2Cl_2$$

Es handelt sich um eine Dismutierung der Chlorschwefelsäure.

Kapitel 25

Lösung 25.1

$Cl_2O \rightarrow HClO$

$ClO_2 \rightarrow HClO_2$ und $HClO_3$

$Cl_2O_6 \rightarrow HClO_3$ und $HClO_4$

$Cl_2O_7 \rightarrow HClO_4$

Lösung 25.2

In der hypochlorigen Säure liegt das Cl-Atom in der Oxidationsstufe $+1$ vor. Die bei der Disproportionierung gebildeten Verbindungen gehören demnach den Oxidationsstufen -1 und $+3$ an. Es entstehen Chlorwasserstoff, HCl, und Chlorsäure, $HClO_3$.

Lösung 25.3

Weil nach den Nomenklaturregeln in binären Verbindungen stets das elektronegativere Element die Endsilbe -id trägt und Fluor das elektronegativste Element überhaupt ist.

Lösung 25.4

Weil in wäßriger Lösung stets auch OH^--Ionen anwesend sind und diese sich wesentlich leichter oxidieren lassen als F^--Ionen, so daß stets O_2 anstatt F_2 entwickelt würde.

Lösung 25.5

a)   Fluorwasserstoff und Sauerstoff.

b)   Chlorwasserstoff und hypochlorige Säure.

a) $F_2 + H_2O \rightarrow 2\,HF + \frac{1}{2}\,O_2$

b) $Cl_2 + H_2O \rightarrow HCl + HOCl$

Fluor als das Element mit der höchsten Elektronegativität entreißt allen anderen Verbindungen ihren Wasserstoff.

Lösung 25.6

Die Valenzstrichformel sieht folgendermaßen aus:

Das Chlorat-Ion ist pyramidal gebaut, ganz analog dem Sulfit-Ion. Nach der VSEPR-Theorie ist das einsame Elektronenpaar am Cl-Atom als Ligand, das Cl-Atom damit als tetrakoordiniert aufzufassen.

Kapitel 26

Lösung 26.1

Scandiumchlorid, $ScCl_3$, ähnelt stark dem Aluminiumchlorid, $AlCl_3$. Dementsprechend erscheint schon nach den ersten Tropfen Lauge ein schleimiger Niederschlag von Scandiumhydroxid, $Sc(OH)_3$, dessen Menge allmählich zunimmt. Bei weiterem Laugezusatz beginnt er sich infolge der Bildung löslicher Hexahydroxoscandiat-Ionen langsam wieder aufzulösen, denn Scandiumhydroxid ist, wie Aluminiumhydroxid, amphoter.

$$Sc^{3+} + 3\,OH^- \rightarrow Sc(OH)_3\downarrow \qquad\qquad Sc(OH)_3 + 3\,OH^- \rightarrow [Sc(OH)_6]^{3-}$$

Lösung 26.2

Unter starker Wärmeentwicklung bildet sich eine Suspension. Der Bodenkörper besteht aus Lanthanhydroxid, $La(OH)_3$, die Lösung ist stark alkalisch.

Kapitel 27

Lösung 27.1

Die Energie für die Entfernung jeweils eines Elektrons aus den Eu^{2+}- und Yb^{2+}-Ionen ist besonders groß, weil dabei die stabilen f^7- bzw. f^{14}-Konfigurationen angegriffen werden müssen, bei den Gd^{2+}- und Lu^{2+}-Ionen dagegen besonders klein, weil das einzelne 5d-Elektron besonders locker gebunden ist.

Lösung 27.2

$$\begin{array}{ll} Ce^{4+} + e^- \quad \rightarrow Ce^{3+} & | \cdot 2 \\ \underline{AsO_3{}^{3-} + H_2O \rightarrow AsO_4{}^{3-} + 2\,e^- + 2\,H^+} & \\ 2\,Ce^{4+} + AsO_3{}^{3-} + H_2O \rightarrow 2\,Ce^{3+} + AsO_4{}^{3-} + 2\,H^+ & \end{array}$$

Kapitel 28

Lösung 28.1

Diese Beständigkeit des Titans beruht auf der Passivierung der Metalloberfläche.

Lösung 28.2

Das Cr^{6+}-Ion hat einen viel kleineren Radius als das V^{5+}-Ion: Cr^{6+} 26 pm; V^{5+} 54 pm.

Lösung 28.3

$$3 H_2O_2 + 6 e^- + 6 H_3O^+ \rightarrow 12 H_2O$$
$$\underline{24 H_2O + 2 Cr^{3+} + \rightarrow 2 CrO_4^{2-} + 6 e^- + 16 H_3O^+}$$
$$2 Cr^{3+} + 3 H_2O_2 + 12 H_2O \rightarrow 2 CrO_4^{2-} + 10 H_3O^+$$

Lösung 28.4

$$MnO_4^- + 8 H_3O^+ + 5e^- \quad \rightarrow Mn^{2+} + 12 H_2O \quad |\cdot 2$$
$$\underline{H_2C_2O_4 + 2 H_2O \rightarrow 2 CO_2 + 2 H_3O^+ + 2 e^- \quad |\cdot 5}$$
$$2 MnO_4^- + 5 H_2C_2O_4 + 6 H_3O^+ \rightarrow 2 Mn^{2+} + 10 CO_2 + 14 H_2O$$

Lösung 28.5

Die höherwertigen Kationen eines Elements sind stets kleiner, *härter*, als die niederwertigen. Dementsprechend haben Fe^{3+}-Ionen eine höhere Polarisationskraft als Fe^{2+}-Ionen und stoßen dadurch die Protonen der komplex gebundenen H_2O-Moleküle stärker ab.

Lösung 28.6

Das ist darauf zurückzuführen, daß nur die stabilsten Carbonyle gebildet werden und das sind diejenigen, in denen die Zentralatome Edelgaskonfiguration haben. Da jedes CO-Molekül 2 Elektronen in die Bindung einbringt, können nur Metallatome mit einer geraden Anzahl von Valenzelektronen die 18er Schale des Kryptons erreichen. Dementsprechend sind die Formeln:

$Ti(CO)_7$, $Cr(CO)_6$, $Fe(CO)_5$, $Ni(CO)_4$.

Lösung 28.7

Für den ersten Fall ($FeCl_2$) werden die Protonen im HCl-Gas, für den zweiten Fall ($FeCl_3$) wird Chlor eingesetzt.

Kapitel 29

Lösung 29.1

a)   Wolfram,

b)   Tantalcarbid, TaC;

c)   Diamant.

Lösung 29.2

Die beiden Elemente treten darum stets vergesellschaftet auf, weil ihre Ionenradien infolge der Lanthanoidenkontraktion nahezu gleich groß sind.

Lösung 29.3

Zirkon wird durch eine Passivierungsschicht vor dem Säureangriff geschützt.

Kapitel 30

Lösung 30.1

Die Elemente der Platingruppe gehören zu den Edelmetallen. Das bedeutet, daß sie als Elemente reaktionsträge und damit nur schwer in Verbindungen zu überführen sind und, umgekehrt, die Verbindungen unter Abscheidung des Metalls leicht zerfallen und auch leicht reduziert werden können.

Lösung 30.2

Das edelste Platinmetall ist Iridium. Dessen edler Charakter drückt sich klar in seinem Standardpotential aus: Dieses hat den größten positiven Wert aller Platinmetalle.

Lösung 30.3

Die eine Ursache ist in den atomaren Größenverhältnissen zu sehen, infolge derer die O-Atome in der Lage sind, das Zentralatom in tetraedrischer Koordination zu umgeben und es dabei einzuhüllen. Die zweite Ursache liegt in der ausgeglichenen Elektronenbilanz, auf Grund derer neutrale MO_4-Moleküle resultieren. Beide Ursachen führen dazu, daß *zwischen* den MO_4-Molekülen (*inter*molekular) nur schwache van-der Waals-Kräfte herrschen, die schon bei relativ niedrigen Temperaturen überwunden werden, also zu niedrigen Schmelz- und Siedetemperaturen führen.

Lösung 30.4

Palladium hat als einziges Metall in diesem Ausmaß die Fähigkeit, relativ große Volumina an Wasserstoff in fester Lösung aufzunehmen, auf die gelösten H_2-Moleküle partiell Elektronen zu übertragen und damit den Wasserstoff chemisch zu aktivieren.

Kapitel 31

Lösung 31.1

Cu^{2+}-Ionen haben ein größeres Ionenpotential $\varphi = n \cdot e/r$ als Cu^+-Ionen, wie man aus den Radien für die Tetrakoordination ersieht: Cu^{2+} 57 pm, Cu^+ 60 pm. Darum ergeben Cu^{2+} Ionen mit dem harten Liganden H_2O eine größere Hydratationsenergie als Cu^+-Ionen. In Komplexen mit vier weichen Liganden dagegen erreichen die Cu^+-Ionen die besonders stabile Edelgaskonfiguration (Krypton), die Cu^{2+}-Ionen aber nicht.

Lösung 31.2

Im Cu-Atom ist das 3d-Orbital mit 10 Elektronen voll besetzt und damit energetisch relativ stabil. Dagegen ist das einzelne 4s-Elektron des Cu-Atoms nur locker gebunden und durch Oxidation leicht zu entfernen, wobei die Cu^+-Stufe entsteht.

Lösung 31.3

Reduktion der Schwefelsäure:	$H_2SO_4 + 2\,H^+ + 2\,e^- \rightarrow SO_2 + 2\,H_2O$	(1)
mit $2\,H^+ = H_2SO_4$ wird Gl. 1 zu:	$2\,H_2SO_4 + 2\,e^- \rightarrow SO_2 + SO_4^{2-} + 2\,H_2O$	(2)
Oxidation des Silbers:	$2\,Ag \rightarrow 2\,Ag^+ + 2\,e^-$	(3)

Addition von Gl. 2 und Gl. 3: $\quad 2\,H_2SO_4 + 2\,Ag \quad \rightarrow SO_2 + SO_4^{2-} + 2\,Ag^+ + 2\,H_2O$

Lösung 31.4

Indem man eine Rubidiumchlorid-Lösung mit einer wäßrigen Suspension von überschüssigem Silberoxid, Ag_2O, versetzt und vom ausgeschiedenen Silberchlorid abfiltriert.

$2\,RbCl + Ag_2O + H_2O \rightarrow 2\,RbOH + 2\,AgCl$

Kapitel 32

Lösung 32.1

$ZnO + 2\,CoO + O_2 \rightarrow ZnCo_2O_4$

Lösung 32.2

Aussage 1: Zink ist ein elektropositives Metall oder ein Metall mit einem stark negativen Standardpotential. Aussage 2: Zink ist amphoter.

In Säuren:　　　　　$Zn + 2\,H_3O^+ \rightarrow Zn^{2+} + 2\,H_2O + H_2$

in Laugen:　$Zn + 2\,OH^- + 2\,H_2O \rightarrow [Zn(OH)_4]^{2-} + H_2$

Lösung 32.3

Die Reaktion verläuft nach rechts hauptsächlich darum, weil die Hg–N-Bindung im Quecksilberamidchlorid viel stärker polar und damit fester ist als die homöopolare Hg–Hg-Bindung im Quecksilber(I)-chlorid, Hg_2Cl_2.

Kapitel 33

Lösung 33.1

Die Uran-Atome senden dabei α-Strahlen aus. Diese bestehen aus He^{2+}-Ionen.

Lösung 33.2

Es entstehen die stabilen Ruthenium-Isotope $^{98}_{44}Ru$ und $^{99}_{44}Ru$.

Die Gleichungen sind:　　　$^{98}_{43}Te \rightarrow\, ^{98}_{44}Ru + e^-$　　　　　$^{99}_{43}Te \rightarrow\, ^{99}_{44}Ru + e^-$

Kapitel 35

Lösung 35.1

　　sp　sp sp^2　　　　sp^3　sp^3　　　　sp^2　sp^2 sp^3　sp^2 sp　　　　sp

a) CH≡C-COOH　　b) CH$_3$-NH$_2$　　c) CH$_2$=CH-CH$_2$-N=C=O　　d) CO$_2$

Lösung 35.2

Verbind.	a	a	b	c	c	c	d
Winkel	CCC	CCO	HCN	CCN	CNC	NCO	OCO
Wert	180°	120°	109°	109°	120°	180°	180°

Kapitel 36

Lösung 36.1

　　Butan　　　H$_3$C-CH$_2$-CH$_2$-CH$_3$　　　　Methylpropan　　H$_3$C-CH-CH$_3$
　（n-Butan）　　　　　　　　　　　　　　　　　（Isobutan）　　　　　　|
　　　　　　　　　　　　　　　　　　　　　　　　　　　　　　　　CH$_3$

Lösung 36.2

2,2,4-Trimethylpentan

Lösung 36.3

oder

Lösung 36.4

1
1-Brom-2-Methylpropan
(Isobutylbromid)

2
2-Brom-2-Methylpropan
(tert-Butylbromid)

Gleiche Reaktionsgeschwindigkeiten vorausgesetzt, bildeten sich sie Produkte **1** und **2** im Verhältnis 9:1. Tatsächlich wird ein Verhältnis von ca. 1:1600 gefunden. Die C-H-Bindung in einer Methylgruppe ist stabiler als die Bindung des tertiären H-Atoms an Kohlenstoff. Letztere wird daher leichter gespalten (vgl. 37.3).

Lösung 36.5

E-6-Methyl-2-hepten

Lösung 36.6

Lösung 36.7

1
1-Chlorpropan
(n-Propylchlorid)

und

2
2-Chlorpropan
(Isopropylchlorid)

Produkt **2** bildet sich bevorzugt aufgrund der MARKOWNIKOW-Regel: Das Wasserstoffatom der Säure orientiert sich zu dem Kohlenstoffatom, das die meisten Wasserstoffatome trägt.

NO_2 dirigiert in die m-Stellung, Br dagegen in die o- und p-Position. Um zum m-Nitrobrombenzen zu gelangen, muß zuerst nitriert werden.

Lösung 36.9

Heptan und Toluen reagieren unter den angewandten Bedingungen nicht. Die Mischung bleibt gelb. Die beiden anderen Stoffe bewirken eine Entfärbung. 1-Hepten addiert Brom an die C=C-Bindung. Phenol reagiert mit Brom im Sinne einer S_E-Reaktion.

Lösung 36.10

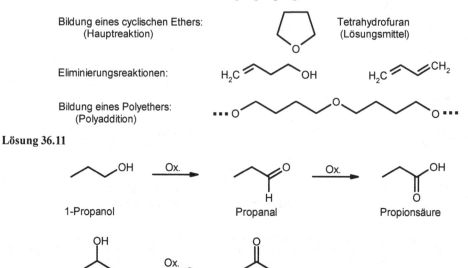

1,4-Butandiol: HOCH$_2$CH$_2$CH$_2$CH$_2$OH

Bildung eines cyclischen Ethers:
(Hauptreaktion)

Tetrahydrofuran
(Lösungsmittel)

Eliminierungsreaktionen:

Bildung eines Polyethers:
(Polyaddition)

Lösung 36.11

1-Propanol →Ox.→ Propanal →Ox.→ Propionsäure

2-Propanol →Ox.→ Aceton

Lösung 36.12

Lösung 36.13

Beide Stoffe werden in einem wenig polaren Lösungsmittel gelöst und anschließend mit Lauge behandelt.

Phenol: + NaOH →   + H$_2$O

Natriumphenolat (wasserlöslich)

Cyclohexanol: + NaOH → keine Reaktion
(verbleibt im Ether)

Lösung 36.14

Es entsteht die Lösung des entsprechenden Ammoniumsalzes (R$_3$N + HCl → [R$_3$NH]$^+$Cl$^-$). Das Salz ist polarer als das Amin. Sein Dampfdruck bei Raumtemperatur ist vernachlässigbar. Die Ammoniumsalz-Lösung ist daher geruchlos.

Lösung 36.15

Allgemein gilt: Je stärker eine Säure, desto schwächer ihre korrespondierende Base – und umgekehrt. Aliphatische Amine sind stärker basisch als aromatische. Deshalb sind arylsubstituierte Ammoniumionen saurer als alkylsubstituierte. Das Aniliniumsalz reagiert deshalb stärker sauer als das Dimethylammoniumsalz.

Aniliniumchlorid   Dimethylammoniumchlorid

Lösung 36.16

CH_3I, CH_3Br, CH_3Cl, $CHCl_3$, CCl_4. Monohalogenverbindungen sind reaktiver als hochhalogenierte. Innerhalb der Methylhalogenide steigt die Reaktivität mit der Polarisierbarkeit.

Lösung 36.17

Benzylchlorid   Benzylalkohol

Benzalchlorid   Benzaldehyd

Benzotrichlorid   Benzoesäure

Aufgrund der aktivierenden Wirkung des Phenylrestes werden auch die höher halogenierten Toluen-Derivate rasch hydrolisiert.

Lösung 36.18

2-Ethylhexanol

Lösung 36.19

Beide Aldehyde werden relativ rasch durch Luftsauerstoff zu Ameisen- bzw. Essigsäure oxidiert, d. h., das betroffene Gewässer bzw. Grundwasser wird sauer, der pH-Wert sinkt. Darüber hinaus sind sowohl Form- als auch Acetaldehyd toxisch, insbesondere für Mikroorganismen. Da beide Stoffe rasch abgebaut werden, gehen von ihnen keine Langzeitschäden aus.

Lösung 36.20

Durch die o-Stellung der Carboxylgruppen geht Phthalsäure in ein cyclisches Anhydrid über. Terephthalsäure (ebenso Isophthalsäure) bildet das zweifache Säurechlorid.

Lösung 36.21

Es bildet sich ein Polyester.

Lösung 36.22

Butyrolacton   4-Hydroxybutyrat-Ion

Lösung 36.23

Es bildet sich ebenfalls der entsprechende Polyester.

Lösung 36.24

Als nucleophile Komponenten liegen in diesem System OH⁻ und $C_2H_5O^-$ vor. Das Ethoxid-Ion reagiert im Sinne einer Umesterung – allerdings unter Neubildung von Ethoxid-Ionen, also ohne eine Veränderung zu bewirken. Die aus dem Wasser gebildeten OH⁻-Ionen verseifen den Ester und werden dabei verbraucht.

$$2\,H_2O + 2\,Na \longrightarrow 2\,NaOH + H_2$$

$$2\,C_2H_5OH + 2\,Na \longrightarrow 2\,C_2H_5ONa + H_2$$

Lösung 36.25

a)

$$+ \ 2 \ OH^- \longrightarrow 2 \ H_3C\text{-}COO^- + H_2O$$

b)

$$+ C_2H_5OH \longrightarrow$$

COOH
COOC$_2$H$_5$

c)

$$+ \ 4 \ NH_3 \longrightarrow$$

$$H_2N \quad NH_2 \qquad + \ 2 \ NH_4Cl$$

Lösung 36.26

COCl

$+$

NH$_2$

$+ \ NaOH \longrightarrow$

$+ \ NaCl + H_2O$

COCl

$+$

NH$_2$

$+$

N

$\longrightarrow$

$+$

$+ \ Cl^-$

Nebenreaktion:
(in Wasser)

COCl

$+ \ 2 \ NaOH \longrightarrow$

COO$^-$

$+ \ NaCl + H_2O$

Sowohl Benzoylchlorid als auch Anilin sind schlecht wasserlöslich. Sie bilden eine organische, lipophile Phase, zu der die OH$^-$-Ionen kaum Zugang haben.

Lösung 36.27

$$H_3C\text{-}CONH_2 + OH^- \longrightarrow H_3C\text{-}COO^- + NH_3$$

$$H_3C\text{-}CONH_2 + H_3O^+ \longrightarrow H_3C\text{-}COOH + NH_4^+$$

Lösung 36.28

2 mol NH$_3$ bilden 1 mol Harnstoff – $2 \ NH_3 + CO_2 \rightarrow H_2N\text{-}CO\text{-}NH_2$ – daraus folgt:

$$n_A = 2n_H = 2m_H/M_H = 2 \cdot 30 \cdot g \cdot mol/60 \cdot g = 1 \ mol$$

$$m_A = n_A M_A = 1 \cdot mol \cdot 17 \cdot g/mol = 17 \ g$$

Es werden also täglich ca. 17 g Ammoniak in der Leber gebunden. Zum Vergleich: Die letale Dosis an Ammoniak beträgt ca. 1-2 g.

Kapitel 37

Lösung 37.1

Es lösen sich vollständig: CH_3OH, Anilin, Ethylamin, Aceton, 1,4-Butandiol. Außer Anilin lösen sich die anderen Stoffe aufgrund ihrer hohen Polarität auch in Wasser. Anilin, selbst nur wenig mit Wasser mischbar, wird durch Säuren in wasserlösliche Aniliniumsalze überführt.

Lösung 37.2

Zunächst wird solange Lauge zum Abwasser zugesetzt, bis es eine alkalische Reaktion zeigt. Unter diesen Bedingungen liegen Phenole als wasserlösliche Phenolate, Amine jedoch keinesfalls als Ammonium-Ionen, sondern in ihrer nur wenig polaren Neutralform. Wird jetzt mit einem organischen Lösungsmittel (z. B. Diethylether) extrahiert, so gehen die Amine, nicht jedoch die Phenole in die organische Phase über. Nach Eindampfen des Ethers verbleibt ein Rückstand, der an Aminen angereichert ist.

Lösung 37.3

Reihenfolge: 1 - 2 - 4 - 3

Lösung 37.4

a)   Methylamine, *tert*-Butylmethylether, Dichlorethan, Essigsäure, Ethylen, Formaldehyde, Methanol, Vinylchlorid.

b)   Methylamine, Essigsäure, Formaldehyd, Methanol.

c)   Methylamine (heben den pH-Wert), Essigsäure (senkt den pH-Wert).

Kapitel 38

Lösung 38.1

Epichlorhydrin   Glycerol

Lösung 38.2

C_6H_5-C*HCl-CH_3, C*HFClBr, H_3C-C*H(OH)-C_2H_5

(Die Chiralitätszentren sind mit einem „*" markiert)

Lösung 38.3

Entscheidend für die biologische Wirksamkeit von Eiweißen ist deren korrekte Raumstruktur (Tertiär- und Quartärstruktur). Bereits Temperaturen oberhalb 42 °C führen aufgrund der vergrößerten Molekülbeweglichkeit bei vielen Proteinen zu Veränderungen der Raumstrukturen und somit zur massiven Beeinträchtigung der Lebensfähigkeit.

Lösung 38.4

CHO	CHO	CH$_2$OH
H — C — OH	HO — C — H	C = O
CH$_2$OH	CH$_2$OH	CH$_2$OH
D-Glycerinaldehyd	L-Glycerinaldehyd	Dihydroxyaceton

Lösung 38.5

Der Speichel enthält Stärke spaltende Enzyme (Amylasen). Verbleibt das Brot eine Weile im Mund, so wird die enthaltende Stärke zu Zuckern (z. B. Maltose) hydrolisiert.

Kapitel 39

Lösung 39.1

Soda (Natriumcarbonat) reagiert in Wasser schwach basisch. Es bewirkt daher die alkalische Hydrolyse (Verseifung, vgl. 38.4) von Fetten. Dabei bilden sich die Natriumsalze der Fettsäuren (Seifen). Diese haben, wie erläutert, eine Tensidwirkung und unterstützen deshalb die Beseitigung von Fettschmutz.

Register

G

Teubner Lehrbücher: einfach clever

Laue/Plagens

Namen- und Schlagwort-Reaktionen der Organischen Chemie

5., durchges. Aufl. 2006. IX, 367 S.
Br. EUR 25,90
ISBN 3-8351-0091-2

Von Acyloin-Kondensation bis Wurtz-Reaktion - Die klassischen Namenreaktionen z. B. Diels-Alder-Reaktion, Friedel-Crafts-Acylierung und Wittig-Reaktion - Moderne Entwicklungen wie Baylis-Hillman-Reaktion, Sharpless-Epoxidierung und Suzuki-Reaktion

In einem alphabetischen Überblick werden über ca. 140 herausragende Namen- und Schlagwort-Reaktionen der Organischen Chemie vorgestellt. Dabei steht die anschauliche Beschreibung der Reaktionsmechanismen im Vordergrund, ergänzend werden Varianten und Nebenreaktionen diskutiert. Besonderer Wert wird auf die Darstellung moderner Anwendungsbeispiele gelegt. Durch seinen alphabetischen Aufbau ergänzt das Buch Lehrbücher der Organischen Chemie für alle Studenten mit Chemie als Haupt- oder Nebenfach.

Stand Juli 2006.
Änderungen vorbehalten.
Erhältlich im Buchhandel
oder beim Verlag.

B. G. Teubner Verlag
Abraham-Lincoln-Straße 46
65189 Wiesbaden
Fax 0611.7878-400
www.teubner.de